Nr. 47 1957
S. 12945 – 13232 20. November

Chemisches Zentralblatt

Vollständiges Repertorium für alle Zweige der reinen und angewandten Chemie

1830 gegründet. 1897—1945 von der Deutschen Chemischen Gesellschaft fortgeführt. Im Auftrage der Deutschen Akademie der Wissenschaften zu Berlin, der Chemischen Gesellschaft in der DDR, der Akademie der Wissenschaften zu Göttingen und der Gesellschaft Deutscher Chemiker (in der BRD)

herausgegeben von Prof. Dr. Maximilian Pflücke

128. Jahrgang

1957

Chefredakteure: Dr. Eugen Klever und Prof. Dr. Maximilian Pflücke

Akademie-Verlag GmbH., Berlin — Verlag Chemie, GmbH., Weinheim/Bergstr.

Inhalt

Geschichte. Unterricht ... 12945
A. Allgemeine, physikalische und anorganische Chemie 12946
A_1 Kernphysik und Kernchemie ... 12946
A_2 Optisches Verhalten der Materie ... 12955
A_3 Elektrizität. Magnetism. Elektrochem. 12959
A_4 Thermodynamik. Thermochemie ... 12965
A_5 Kolloidchemie. Grenzschichtforschung 12969
A_6 Strukturforschung ... 12973
A_7 Gleichgewichte. Kinetik ... 12983
A_8 Präparative anorganische Chemie ... 12988
Komplexchemie ... 12988
Metallorganische Verbindungen ... 12988
A_9 Mineralogische u. geologische Chemie 12993
B. Allgemeine und theoretische organische Chemie ... 12995
C. Präparative organische Chemie. Naturstoffe ... 13011
Mono- und Oligosaccharide. Glykoside 13046
Alkaloide ... 13047
Natürliche Farbstoffe ... 13052
Terpene. Sapogenine ... 13052
Sterine. Gallensäuren ... 13054
Hormone. Vitamine. Enzyme ... 13060
Antibiotica ... 13061
Andere Naturstoffe ... 13063
D. Makromolekulare Chemie ... 13064
E. Biologische Chemie. Physiologie. Medizin ... 13070
E_1 Allgemeine Biologie und Biochemie ... 13070
E_2 Enzymologie. Gärung ... 13074
E_3 Mikrobiolog. Bakteriolog. Immunolog. 13084
E_4 Pflanzenchemie. Pflanzenphysiologie. Pflanzenpathologie ... 13088
E_5 Tierchemie. Tierphysiologie. Tierpathologie ... 13091
E_6 Pharmakologie. Therapie. Toxikologie. Hygiene ... 13115
F. Pharmazeutische Chemie. Desinfektion ... 13124
G. Analyse. Laboratorium ... 13135

H. Angewandte Chemie ... 13149
I. Allgemeine chemische Technologie. 13149
II. Betriebsschutz. Feuerschutz ... —
III. Elektrotechnik ... 13151
IV. Wasser. Abwasser ... 13152
V. Anorganische Industrie ... 13154
VI. Silicatchemie. Baustoffe ... 13156
VII. Agrikulturchemie. Schädlingsbekämpfung ... 13158
VIII. Metallurgie. Korrosion ... 13165
IX. Organische Industrie ... 13180
X. Färberei. Organische Farbstoffe ... 13184
XI. a) Farben. Anstriche. Lacke. Naturharze ... 13186
b) Plaste (Kunstharze. Plastische Massen) ... 13189
XII. Kautschuk ... 13193
XIII. Ätherische Öle. Parfümerie. Kosmetik ... 13196
XIV. Zucker. Kohlenhydrate. Stärke ... 13198
XV. Gärungsindustrie ... —
XVI. Nahrungs-, Genuß- u. Futtermittel 13200
XVII. Fette. Seifen. Wasch- u. Reinigungsmittel. Wachse. Bohnermassen usw. 13206
XVIII. a) Holz. Cellulose. Zellstoff. Papier. Papierdruck. Celluloid. Linoleum 13208
b) Textilfasern ... 13213
XIX. Brennstoffe. Erdöl. Mineralöle ... 13217
XX. Schieß- u. Sprengstoffe. Zündmittel 13224
XXI. Leder. Gerbstoffe ... 13226
XXII. Leim. Klebstoffe usw. ... 13228
XXIII. Tinte. Hektographenmassen u. a. Spezialpräparate ... —
XXIV. Photographie ... 13230

Bibliographien: 12958. 12965. 13063. 13148. 13154. 13165. 13180.

CHEMISCHES ZENTRALBLATT

VOLLSTÄNDIGES REPERTORIUM
FÜR ALLE ZWEIGE DER REINEN UND ANGEWANDTEN CHEMIE

GEGRÜNDET 1830

Im Auftrage der Deutschen Akademie der Wissenschaften zu Berlin,
der Chemischen Gesellschaft in der Deutschen Demokratischen Republik,
der Akademie der Wissenschaften zu Göttingen
und der Gesellschaft Deutscher Chemiker (in der BRD)
herausgegeben von
Prof. Dr. **Maximilian Pflücke**

128. JAHRGANG

1957

SEITE 9557 – 10660

Chefredakteure Dr. Eugen Klever und Prof. Dr. Maximilian Pflücke

1957
AKADEMIE-VERLAG GMBH · BERLIN
VERLAG CHEMIE, GMBH, WEINHEIM / BERGSTR.

Heft Nr.	Seitenzahl	Ausgabedatum
35	9557— 9816	28. August 1957
36	9817—10104	4. September 1957
37	10105—10380	11. September 1957
38	10381—10660	18. September 1957

Herausgeber und verantwortlich für den Inhalt: Prof. Dr. Maximilian Pflücke, Berlin N 4, Schiffbauerdamm 19, Fernsprecher: 425571. Redaktion: Chefredakteure Dr. Eugen Klever u. Prof. Dr. Maximilian Pflücke. Verlag: Akademie-Verlag GmbH, Berlin W 8, Mohrenstraße 39 (Fernsprecher 200386, Postscheckkonto Berlin 35021), u. Verlag Chemie, GmbH., Weinheim/Bergstraße (Fernsprecher: Weinheim 3635 [Sammelnummer]; Fernschreiber: 046381. chemieverl wnh; Postscheckkonten: Frankfurt/M. 145314 u. Berlin [West] 7430).

Bestell- und Verlags-Nr. 1007/128.

Satz und Druck: VEB Leipziger Druckhaus, Leipzig, III/18/203. 1157.

Veröffentlicht unter der Lizenznummer 1212 des Amtes für Literatur und Verlagswesen der Deutschen Demokratischen Republik.

Printed in Germany.

CHEMISCHES ZENTRALBLATT

VOLLSTÄNDIGES REPERTORIUM
FÜR ALLE ZWEIGE DER REINEN UND ANGEWANDTEN CHEMIE

GEGRÜNDET 1830

Im Auftrage der Deutschen Akademie der Wissenschaften zu Berlin,
der Chemischen Gesellschaft in der Deutschen Demokratischen Republik,
der Akademie der Wissenschaften zu Göttingen
und der Gesellschaft Deutscher Chemiker (in der BRD)
herausgegeben von
Prof. Dr. **Maximilian Pflücke**

128. JAHRGANG

1957

SEITE 10661—11764

Chefredakteure Dr. Eugen Klever und Prof. Dr. Maximilian Pflücke

1957

AKADEMIE-VERLAG GMBH · BERLIN
VERLAG CHEMIE, GMBH, WEINHEIM / BERGSTR.

Heft Nr.	Seitenzahl	Ausgabedatum
39	10661—10920	25. September 1957
40	10921—11196	2. Oktober 1957
41	11197—11480	9. Oktober 1957
42	11481—11764	16. Oktober 1957

Herausgeber und verantwortlich für den Inhalt: Prof. Dr. Maximilian Pflücke, Berlin N 4, Schiffbauerdamm 19, Fernsprecher: 425571. Redaktion: Chefredakteure Dr. Eugen Klever u. Prof. Dr. Maximilian Pflücke. Verlag: Akademie-Verlag GmbH, Berlin W 8, Mohrenstraße 39 (Fernsprecher 200386, Postscheckkonto Berlin 35021), u. Verlag Chemie GmbH, Weinheim/Bergstraße (Fernsprecher: Weinheim 3635 [Sammelnummer]; Fernschreiber: 046381. chemieverl. wnh; Postscheckkonten: Frankfurt/M. 145314 u. Berlin [West] 7430).

Bestell- und Verlags-Nr. 1007/128.

Satz und Druck: VEB Leipziger Druckhaus, Leipzig, III/18/203. 1157.

Veröffentlicht unter der Lizenznummer 1212 des Amtes für Literatur und Verlagswesen der Deutschen Demokratischen Republik.

Printed in Germany.

CHEMISCHES ZENTRALBLATT

VOLLSTÄNDIGES REPERTORIUM
FÜR ALLE ZWEIGE DER REINEN UND ANGEWANDTEN CHEMIE

GEGRÜNDET 1830

Im Auftrage der Deutschen Akademie der Wissenschaften zu Berlin,
der Chemischen Gesellschaft in der Deutschen Demokratischen Republik,
der Akademie der Wissenschaften zu Göttingen
und der Gesellschaft Deutscher Chemiker (in der BRD)
herausgegeben von
Prof. Dr. **Maximilian Pflücke**

128. JAHRGANG

1957

SEITE 11765—12944

1957

AKADEMIE-VERLAG GMBH · BERLIN
VERLAG CHEMIE, GMBH, WEINHEIM / BERGSTR.

Heft Nr.	Seitenzahl	Ausgabedatum
43	11765 – 12056	23. Oktober 1957
44	12057 – 12352	29. Oktober 1957
45	12353 – 12648	5. November 1957
46	12649—12944	12. November 1957

Herausgeber und verantwortlich für den Inhalt: Prof. Dr. Maximilian Pflücke, Berlin N 4, Schiffbauerdamm 19, Fernsprecher: 42 55 71. Redaktion: Chefredakteure Dr. Eugen Klever u. Prof. Dr. Maximilian Pflücke. Verlag: Akademie-Verlag GmbH, Berlin W 8, Mohrenstraße 39 (Fernsprecher 20 03 86, Postscheckkonto Berlin 350 21), u. Verlag Chemie GmbH., Weinheim/Bergstraße (Fernsprecher: Weinheim 36 35 [Sammelnummer]; Fernschreiber: 046 381. chemieverl. wnh; Postscheckkonten: Frankfurt/M. 145 314 u. Berlin [West] 7 430).

Bestell- und Verlags-Nr. 1007/127.

Satz und Druck: VEB Leipziger Druckhaus, Leipzig, III/18/203. 1157.

Veröffentlicht unter der Lizenznummer 1212 des Amtes für Literatur und Verlagswesen der Deutschen Demokratischen Republik.

Printed in Germany.

Chemisches Zentralblatt

1957 Nr. 47 20. November

Geschichte. Unterricht.

Wiktor Kemula, *50 Jahre wissenschaftlicher Arbeit von Wojciech Świętosławski.* Würdigung der wissenschaftlichen Arbeit des bes. durch seine Veröffentlichungen auf dem Gebiet der Thermochemie, der Ebulliometrie u. der physikal. Chemie der Steinkohlen bekanntgewordenen Direktors des Physikal.-Chem. Inst. der Warschauer Univ. der Jahre 1938—1954. (Roczniki Chem. [Ann. Soc. chim. Polonorum] **29.** 151—64. 1955.) F. URBAN. 1

W. Reif und **G. Wagner,** *Robert Strebinger zum 70. Geburtstag.* Würdigung der Arbeiten des Ordinarius des Inst. für anorgan. u. analyt. Chemie der Wiener Techn. Hochschule R. STREBINGER, bes. auf dem Gebiete der Mikroanalyse, aus Anlaß seines 70. Geburtstages am 31/3. 1956. (Österr. Chemiker-Ztg. **57.** 61—63. März 1956. Wien.) E. KLEVER. 1

—, *Sir John Craig. Hinscheiden eines großen Stahlherstellers.* Nachruf auf den 1874 geborenen, 1957 gestorbenen langjährigen Vorsitzenden der COLVILLES Ltd. (schott. Stahlwerke). (Brit. Steelmaker **23.** 74—75. März 1957.) K. BLUMRICH. 1

—, *A. L. Parsons.* Nachruf. PARSONS (1873—1957) war Professor der Mineralogie an der Univ. Toronto u. Leiter des Museums für Mineralogie. (Canad. Mining metallurg. Bull. **50.** 79. Febr. 1957.) W. WESLY. 1

Luigi Rolla, *Amedeo Avogadro.* Gedenkrede u. Würdigung der Forschungen von AVOGADRO († 9/7. 1856) anläßlich der 100. Wiederkehr seines Todestages. (Chim. e Ind. [Milano] **38.** 867—70. Okt. 1956.) R. K. MÜLLER. 1

Eric N. Simons, *Adolf Ledebur.* (1837—1906.) Würdigung des Lebenswerks des bedeutenden metallurg. Forschers u. Lehrers an der Bergakademie Freiberg (Lehrbücher, Kohlung von Schmiedeeisen, Stahlhärtung, Vorgänge beim Hochofen- u. Tiegelstahlprozeß, analyt. Kontrolle). (Brit. Steelmaker **23.** 110—11. April 1957.) K. BLUMRICH. 1

O. Ss. Stepanowa und **A. W. Mosharowskaja,** *Stereochemische Arbeiten von P. I. Petrenko-Kritschenko (1866—1944).* Würdigung der Arbeiten des am 27/6. 1866 in Cherson geborenen u. am 21/1. 1944 verstorbenen organ. Chemikers P. I. PETRENKO-KRITSCHENKO, der sich bes. mit dem Reaktionsvermögen bei der Ringschließung u. dessen Änderungen bei der Ringerweiterung u. -verengung beschäftigte. — Bild u. Verzeichnis der Arbeiten. — 18 Angaben. (Украинский Химический Журнал [Ukrain. chem. J.] **23.** 122—27. 1957.) O. LEBTAG. 1

M. Schofield, *Entdeckung des Tellurs.* Unabhängig u. vor MÜLLER hatte um 1789 der ungar. Chemiker KITAIBEL aus 2 Erzproben ein bis dahin unbekanntes Element isoliert. KLAPROTH hatte diese Arbeit gekannt, aber später vergessen, nur das MÜLLERsche Element untersucht u. es Te getauft. (Metal Ind. [London] **90.** 86. 1/2. 1957.) K. BLUMRICH. 2

W. J. Sparrow, *Rumfords Photometer.* Obwohl LAMBERT schon 1760 ein Schattenphotometer im Prinzip behandelt hatte, ist die Erfindung des von RUMFORD 1794 beschriebenen u. zu Messungen benutzten Geräts diesem allein zuzuschreiben (School Sci. Rev. **38.** 43—47 Nov. 1956. Birmingham, Univ.) K. BLUMRICH. 2

Giuseppe Caneva, *Etruskische Bergwerke und metallurgische Anlagen.* (Fonderia ital. **6.** 162—65. 175. April 1957.) K. RUMPF. 2

M. Schofield, *Regenerativöfen. 100 Jahre des Patentes von Sir William Siemens.* Würdigung der Bedeutung des Patents von SIEMENS für die Entw. des SIEMENS-MARTIN-Stahlschmelzverfahrens. (Iron and Steel **30.** 44 u. 68. Febr. 1957.) H. HOCHSTEIN. 2

Hugh O'Neill, *Die Erfindungen von Bessemer auf dem Gebiete der Nichteisenmetalle.* Überblick über die Unterss. von BESSEMER, bes. auf dem Gebiet der Metallurgie des *Cu*, *Pb*, *Bi* u. *Ni* u. der Pulvermetallurgie. — 15 Schrifttumsangaben. (Metallurgia [Manchester] **54.** 269—73. Dez. 1956. Swansea, Univ. Coll.) K. STEIN. 2

W. E. van Rij, *William Henry Perkin, der Entdecker des ersten synthetischen Farbstoffes.* Übersicht über Lebenslauf u. -werk von PERKIN, dem Entdecker des *Mauveins.* (De Tex **16.** 313—18. 15/3. 1957. Delft, Vezelinst. TNO.) W. WESLY. 2

C. V. Platts, *Modelle für den Unterricht in Atomstruktur und Valenztheorie.* Holzkugeln mit Nadeln in verschied. Farben u. Größen werden auf Tafeln (für Raummodelle auf Gummikugeln) gesteckt zum Demonstrieren von Atomen (Protonen, Neutronen u. Elektronen), Elektro- u. Kovalenzen, Rkk., Isomerien usw. (Valenzelektronen u. Atome). (School Sci. Rev. **38.** 96—98. Nov. 1956. Grimsby Wintringham, Boy's Grammar School.) K. BLUMRICH. 6

L. H. Angus und **A. S. Hartley,** *Apparat zum Demonstrieren des Druckes von ungesättigtem und gesättigtem Dampf.* Kleine Mengen Ae. werden in eine Saugflasche eingeschleust, von deren Boden dadurch Hg in einem engen Steigrohr hochgedrückt wird. (School Sci. Rev. **38.** 101. Nov. 1956. Devonport High School; Berkhamsted School.) K. BLUMRICH. 6

Syed Azmathullah und **Arcot Viswanathan,** *Wirkung von Wasser auf die Reaktion von Aluminium mit Jod.* (School Sci. Rev. **38.** 107. Nov. 1956. Madras, India, New Coll. and Loyola Coll. — C. **1957.** 1086.) K. BLUMRICH. 6

J. W. Davis und **J. Zussman,** *Herstellung von Silicium in kleiner Menge mit Veranschaulichung seiner Eigenschaften.* Das durch Glühen eines Gemisches von SiO_2 mit Mg, Zerstören nebenbei gebildeter Mg-Silicide mit sd. 20% ig. HCl, Auswaschen u. Abpressen erhaltene feuchte Si gibt H_2-Entw. bei Einw. von NaOH u. beim Glühen in Ggw. von Wasserdampf. — Anleitung für die Versuche. (School Sci. Rev. **38.** 101—02. Nov. 1956. Sittingbourne, Grammar School; Hastings, Grammar School.) K. BLUMRICH. 6

D. G. Chisman, *Zeitreaktion von Formaldehyd mit Bisulfit.* Die Rk. von WAGNER zwischen überschüssigem Formaldehyd, $NaHSO_3$ u. wenig Na_2SO_3 zu CH_2OHSO_3 führt am Ende zu steigendem p_H, das zugesetzte Indicatoren umschlagen oder aus Metallsalzen Hydroxyde ausfallen läßt. — Anwendung zum Demonstrieren der Massenwrkg. (Verdünnen mit W.). (School Sci. Rev. **38.** 100—01. Nov. 1956. London, Richmond and E. Sheen Grammar School.) K. BLUMRICH. 6

J. H. Wilkinson, *Darstellung von Diäthyläther (Halbmikromaßstab).* Unterrichtsversuche. Gleiche Voll. A. u. H_2SO_4 u. etwas akt. Al_2O_3 werden unter Kühlen gemischt u. in einem Kölbchen (mit Capillartrichter u. absteigendem Kühler) unter Zusatz von weiterem A. auf 155° erhitzt. — Das Destillat wird mit NaOH- u. NaCl-Lsg. ausgeschüttelt, mit $CaCl_2$ getrocknet u. fraktioniert. (School Sci. Rev. **38.** 104—05. Nov. 1956. Sunderland Techn. Coll.) K. BLUMRICH. 6

K. McDonald, *Darstellung von Acetamid in kleinem Maßstab.* Unterrichtsversuch. Gleiche Teile Äthylacetat u. konz. NH_3-W. werden nach Verschwinden der Schichtung (Stehenlassen u. wiederholtes Mischen) eingedampft u. auf 210° erhitzt. Die nach Abkühlen ausgeschiedenen Kristalle werden nach Abtrocknen in der angegebenen Vorr. destilliert. (School Sci. Rev. **38.** 106. Nov. 1956. Newcastle-upon-Tyne, Roy. Grammar School.) K. BLUMRICH. 6

K. McDonald, *Darstellung von Äthylacetat in kleinem Maßstab.* Unterrichtsversuch. A. u. H_2SO_4 (1:1 Vol.) werden unter Kühlen gemischt u. in einem Kölbchen (mit Tropfpipette u. absteigendem Kühler) unter Zutropfen eines Gemisches von A. u. Eisessig (1:1 Vol.) auf 145° erhitzt. Das Destillat wird mit Na_2CO_3-Lsg. gewaschen, mit $CaCl_2$ getrocknet u. fraktioniert. (School Sci. Rev. **38.** 105—06. Nov. 1956. Newcastle-upon-Tyne, Roy. Grammar School.) K. BLUMRICH. 6

A. Allgemeine, physikalische und anorganische Chemie.

A₁. Kernphysik und Kernchemie.

Ju. M. Lomssadse, *Über eine mögliche Lösung in der Quantentheorie des Feldes.* Die Schwierigkeiten der auftretenden Divergenzen werden auf Fehler nicht der Theorie, sondern der Störungsmeth. zurückgeführt u. durch eine geeignete Summenbldg. ausgeschaltet. Beim Potential der Wechselwrkg. zweier Spinoren treten in beliebiger Näherung der Paartheorie im Nullpunkt nur noch Singularitäten der Ordnung $1/r\ ln\ r$ auf. (Журнал Экспериментальной и Теоретической Физики [J. exp. theoret. Physik] **31.** 887—89. Nov. 1956. Moskau, Univ.) M. WIEDEMANN. 80

A. G. Meschkowski und **L. I. Ssokolow,** *Untersuchung der Ionisationsspektren von Höhenstrahlteilchen 3250 m über dem Meeresspiegel.* (Vgl. C. **1957.** 10107.) Unter Verwendung von Scintillationszählern wurde auf 3250 m Höhe das Ionisationsspektr. in Einheiten der Minimalionisation aufgenommen, u. zwar für Teilchen mit Reichweiten zwischen 2—3, 3—5, 5—9,9—15 cm Pb u. mehr als 15 cm Pb u. für solche mit Reichweiten in C mit 0,7—1, 1—1,5, 1,5—2 u. 2—3 cm Pb-Äquivalent. Für die Existenz von Teilchen mit 965 u. 550 m_e konnten keine sicheren Beweise gefunden werden. Das Impulsspektr.

der Protonen mit 0,36—1,0 GeV/c wurde abgeleitet. (Журнал Экспериментальной и Теоретической Физики [J. exp. theoret. Physik] **31.** 752—55. Nov. 1956.)
M. Wiedemann. 85

P. L. Marsden und **G. A. Doran,** *Die Nucleonenkomponente der Höhenstrahlung in ausgedehnten Luftschauern.* Auf Seehöhe wurde durch Koinzidenzmessungen zwischen einer Zähleranordnung zum Nachw. des Schauerkerns u. dem Nucleonendetektor, der die von diesen erzeugten Verdampfungsneutronen erfaßte, das Verhältnis β der Dichte der Nucleonen zu der der Elektronen in ausgedehnten Schauern bestimmt. β nahm mit steigendem Abstand r von der Schauerachse (bis zu 20 m) u. mit zunehmender Elektronendichte der Schauer in der Nähe der Achse (von 50—350/m²) ab. (Proc. physic. Soc., Sect. A **69.** 894—901. 1/12. 1956. Leeds, Univ., Dep. of Phys.) M. Wiedemann. 85

S. Higashi, I. Higashino, M. Oda, T. Oshio, H. Shibata, K. Watanabe und **Y. Watase,** *Über die Wechselwirkung der Höhenstrahlung mit Materie in 32 und 200 m Wasseräquivalent unter der Erde.* Mittels eines Zählerhodoskops wurde durch Koinzidenzmessungen in 32 u. 200 m Wasseräquivalent die Erzeugung durchdringender Schauer mit mehr als 7 GeV in Pb untersucht. Die Wirkungsquerschnitte ergaben sich zu $2,8 \pm 0,7 \cdot 10^{-31}$ u. $2,9 \pm 1,1 \cdot 10^{-30}$ cm²/Nucleon. Der Wirkungsquerschnitt für Kernwechselwirkungen in der Erde mit mehr als 100 GeV beträgt in 32 m Wasseräquivalent ca. 10^{-32} cm²/Nucleon u. in 200 m ca. 10mal mehr. (J. physic. Soc. Japan **11.** 1021—29. Okt. 1956. Osaka, City Univ. [Orig.: engl.]) M. Wiedemann. 85

O. A. Gushawina, W. W. Gushawin und **G. T. Satzepin,** *Vergleich der Fermi-Landau-Theorie mit einigen experimentellen Daten der Höhenstrahlen.* Auf der Grundlage der Landau-Theorie wird das Energiespektr. der in energiereichen (10^{12}—10^{18} eV) Kernstößen entstehenden Sekundärteilchen ermittelt u. daraus die Höhenabhängigkeit der kernakt. Teilchen in der Atmosphäre u. die Zahl der energiereichen μ auf Seehöhe bestimmt. Ein Vgl. mit den experimentellen Daten zeigt, daß die Landau-Theorie die Kaskadenprozesse noch nicht quantitativ erklären kann. (Журнал Экспериментальной и Теоретической Физики [J. exp. theoret. Physik] **31.** 819—30. Nov. 1956. Physik. Lebedew-Inst. der Akad. der Wiss. der UdSSR.) M. Wiedemann. 90

Saul Barshay, *Isobarenmodell für die Mesonenerzeugung bei Proton–Proton-Stößen.* Es wird ein Modell für die Einfach- u. Doppelpionenerzeugung entwickelt, wobei die Erzeugung über einen Zwischenzustand verläuft, in dem eins oder beide der ursprünglichen Nucleonen zu einem Isobarenzustand $J = I = 3/2$ angeregt sind. Die phänomenolog. Behandlung wird mit Verss. im 0,5 u. 1,5 GeV-Bereich verglichen. Die beobachtete bevorzugte Emission von Mesonen mit kinet. Energien von 50—150 MeV sowie das schnelle Anwachsen der Zweimesonenprozesse bei Beschußenergien oberhalb 1 GeV wird rechner. wiedergegeben. (Physic. Rev. [2] **106.** 572—85. 1/5. 1957. Berkeley, Calif., Univ. of California, Radiat. Labor.) Herbert Weber. 90

W. W. Alpers und **A. P. Mischakowa,** *Zerfall des τ'-Mesons.* In einer in der Stratosphäre exponierten Emulsionskammer wurde der Zerfall eines Teilchens nach 3,76 cm Reichweite in ein positives Pion beobachtet, dessen Bahn 0,6 mm u. dessen Energie 4,6 MeV betrugen u. das einen $\pi \rightarrow \mu \rightarrow$ e-Zerfall mit einer Bahn des μ von 0,55 mm erlitt. Vff. deuten den prim. Zerfall nach $\tau' \rightarrow \pi^+ + 2\pi^0$. (Журнал Экспериментальной и Теоретической Физики [J. exp. theoret. Physik] **31.** 904—05. Nov. 1956.)
M. Wiedemann. 90

Ss. A. Asimow, U. G. Guljamow, Je. A. Samtschalowa, M. Nisametdinowa, M. I. Podgoretzki und **A. Juldaschew,** *Untersuchung von σ-Sternen, die durch negative π-Mesonen gebildet werden.* Eine Emulsionskammer aus 126 Emulsionen von 0,45 mm Dicke wurde 7 Std. in der Stratosphäre exponiert. 983 durch Einfang von π^- gebildete σ-Sterne wurden bzgl. Zackenzahl u. Energie der Sekundärteilchen analysiert. Die aus den schweren Kernen entstandenen Sterne zeigten langsame Elektronen u. die geringere Anzahl von Zacken. Die Energie der Sekundärteilchen wurde aus der Reichweite unter der Annahme, daß es sich um Protonen handelt, berechnet. Der Anteil der σ-Sterne mit Sekundärteilchen mit mehr als 30 MeV betrug $20,1 \pm 1,3\%$, die mittlere Energie dieser Sekundärteilchen $43,3 \pm 0,9$ MeV, zwischen Sternen aus schweren u. leichten Kernen bestand kein Unterschied. Dagegen enthielten 65,4% der beim K^--Einfang entstandenen Sterne ohne π-Bahnen Sekundärteilchen mit mehr als 30 MeV, die mittlere Energie dieser Sekundärteilchen betrug $79,2 \pm 8,5$ MeV. (Журнал Экспериментальной и Теоретической Физики [J. exp. theoret. Physik] **31.** 756—61. Nov. 1956. Physik. Lebedew-Inst. der Akad. der Wiss. der UdSSR, Akad. der Wiss. der UsbekSSR.)
M. Wiedemann. 90

D. M. Haskin, Theodore Bowen und **Marcel Schein,** *Einfang von K^--Mesonen durch Kerne.* 67 K^--Einfänge werden in Emulsionsstapeln gefunden, die in einem magnet.

analysierten Kanal des Bevatrons exponiert wurden. Die Verteilung der Zackenzahl pro Stern wird bestimmt. (Mittel 3,3; Maximum 10). Der geringe mittlere Energiebetrag der Sterne läßt auf die Emission weiterer neutraler Teilchen schließen. Aus K^--Sternen werden Nucleonen mit bis zu 200 MeV Energie emittiert, was als ein Beweis für die direkte Bldg. von Λ^0-Hyperonen angesehen wird. Die Energieverteilung der emittierten Pionen zeigt zwei Gruppen, die den Σ- bzw. Λ^0-Hyperon-Rkk. entsprechen. Die Verhältnisse Σ/Λ^0 u. Σ^-/Σ^+ betragen ~ 2 bzw. $\geq 7/3$. (Physic. Rev. [2] **103.** 1512—18. 1/9. 1956. Chicago, Ill., Univ. of Chicago, Dep. of Phys.) K.-E. Seyb. 90

Myron L. Good, *Beziehung zwischen Streuung und Absorption im Pais-Piccioni-Phänomen.* Theoret. Unters. der Θ_1- u. Θ_2-Amplituden in einem Bündel neutraler Θ-Mesonen u. der Regeneration der Θ_1-Mesonen bei der Streuung. (Physic. Rev. [2] **106.** 591—95. 1/5. 1957. Berkeley, Calif., Univ. of California, Radiat. Labor.) Herbert Weber. 90

R. Marshak, S. Okubo und **G. Sudarshan,** *Folgerungen aus der Ladungsunabhängigkeit für die magnetischen Momente und Massen der Σ-Hyperonen.* Theoret. Unters. der magnet. Momente u. Massendifferenzen im $\Sigma^+, \Sigma^0, \Sigma^-$-Triplett als Folge des Postulats der Ladungsunabhängigkeit für starke Wechselwirkungen. (Physic. Rev. [2] **106.** 599—601. 1/5. 1957. Rochester, N. Y., Univ. of Rochester.) Herbert Weber. 90

Reinhard Oehme, *Dispersionsbeziehungen für Pion–Nucleon-Streuung: Nicht-Spinflip-Amplitude.* (Vgl. C. **1956.** **9342.**) Theoret. Behandlung der Dispersionsbeziehungen für die Ableitungen obenangeführter Amplitude bzgl. $1 - \cos \vartheta$. (Physic. Rev. [2] **102.** 1174—80. 15/5. 1956. Chicago, Ill., Univ. of Chicago, Inst. for Nucl. Stud.) Gerhard Schmidt. 90

B. P. Nigam und **L. L. Foldy,** *Darstellung der Ladungskonjugation für Dirac-Felder.* Theoret. Konstruktion expliziter Darstellungen für die Transformation der Ladungskonjugation in quantisierten Feldern, speziell in Fermi-Feldern. (Physic. Rev. [2] **102.** 1410—12. 1/6. 1956. Cleveland, O., Case Inst. of Technol.) Gerhard Schmidt. 90

Saul T. Epstein, *Theorie der Rückordnungsstöße (rearrangement collisions).* Theoret. Ableitung. (Physic. Rev. [2] **106.** 598. 1/5. 1957. Lincoln, Neb., Univ. of Nebraska.) Herbert Weber. 90

I. M. Schmuschkewitsch, *Über die Impulsnäherung.* Krit. Bemerkungen zu einer Arbeit von Brueckner (vgl. C. **1954.** **5223**) über die Streuung von Teilchen an einem Syst. mit 2 Zentren. (Журнал Экспериментальной и Теоретической Физики [J. exp. theoret. Physik] **31.** 725—26. Okt. 1956. Leningrad, Phys.-techn. Inst. der Akad. der Wiss. der UdSSR.) G. Kirschstein. 90

Joseph B. Keller, Ivin Kay und **Jerry Shmoys,** *Bestimmung des Potentials aus Streudaten.* Explizite Best. des sphär., symm. Rückstoßpotentials nach der klass. Mechanik aus dem differentiellen Streuquerschnitt für Teilchen einer bestimmten Energie u. Vgl. der Ergebnisse mit den entsprechenden quantenmechan. Werten. (Physic. Rev. [2] **102.** 557—59. 15/4. 1956. New York, N. Y., Univ., Inst. of Math. Sci.) Gerhard Schmidt. 90

H. E. Moses, *Berechnung des Streupotentials aus Reflexionskoeffizienten.* Durchführung der Berechnung für den Fall ein- u. dreidimensionaler red. Wellengleichungen mittels formaler Reihenerweiterung. (Physic. Rev. [2] **102.** 559—67. 15/4. 1956. New York, N. Y., Univ.) Gerhard Schmidt. 90

R. R. Lewis jr., *Potentialstreuung energiereicher Elektronen in 2. Bornscher Näherung.* Ableitung von Formeln für den Streuquerschnitt eines Elektrons hoher Energie in einem stat. Potential, u. zwar korrekt bis zur 2. Ordnung im Potential. Das Potential rührt von abgeschirmter, kugelförmiger Ladungsverteilung her. (Physic. Rev. [2] **102.** 537—43. 15/4. 1956. Notre Dame, Ind., Univ. of Notre Dame.) Gerhard Schmidt. 90

R. R. Lewis jr., *Streuung von Elektronen aus Kernladungsschwankungen.* (Vgl. vorst. Ref.) Diskussion des Einfl. der Nichtpotentialstreueffekte bei der elast. Streuung von Elektronen an Kernen. Die Streuung wird vollständig durch Spezifizierung der mittleren Ladungsdichte des Grundzustands bestimmt. (Physic. Rev. [2] **102.** 544—49. 15/4. 1956.) Gerhard Schmidt. 90

John A. McIntyre, *Elektronenstreuung am Deuteron.* Die Ladungsverteilung des Deuterons wird durch Streuung von 188 u. 400 MeV-Elektronen an deuteriertem Polyäthylen u. D_2-Gas untersucht. Die gestreuten Elektronen werden mit einem 36 in.—180°-Magnetspektrometer analysiert u. mit einem Lucite-Čerenkov-Zähler gezählt. Die Ladung des Deuterons verteilt sich auf ein größeres Vol., als durch n–p-Streuung mit niedrigerer Energie erhalten wurde. Die effektive Reichweite des n–p-Potentials beträgt $(2{,}18 \pm 0{,}15) \cdot 10^{-13}$ cm gegenüber $(1{,}70 \pm 0{,}03) \cdot 10^{-13}$ cm. Die Abweichung wird diskutiert. (Physic. Rev. [2] **103.** 1464—71. 1/9. 1956. Stanford, Calif., Univ., High-Energy Phys. Labor.) K.-E. SEYB. 90

Roger G. Newton, *Elektronenstreuung am Deuteron.* Krit. Stellungnahme zu den theoret. Folgerungen über die Deuteron-Wellenfunktion, die von MCINTYRE (vgl. vorst. Ref.) aus Elektron–Deuteron-Streuverss. gezogen wurden. (Physic. Rev. [2] **105.** 763—64. 15/1. 1957. Bloomington, Ind., Indiana Univ.) HERBERT WEBER. 90

F. N. Huffman, J. S. Čheka, B. G. Saunders, R. H. Ritchie und **R. D. Birkhoff,** *Räumliche Verteilung der von einem Elektronenbündel in Aluminium absorbierten Energie.* Die Streuung u. Absorption eines Elektronenbündels in einem unendlichen Medium mit fortschreitender Verlangsamung der Elektronen wird behandelt. Die vom Bündel in einem flachen Lufthohlraum (senkrecht zur ursprünglichen Bündelrichtung) erzeugte Ionisation wurde zur Messung der räumlichen Verteilung des Energieverlusts bei verschied. Entfernungen von der Einfallsebene benutzt. Bei Energien von 57, 80, 104 u. 126,5 keV wurde Übereinstimmung innerhalb weniger % auf einer absol. Basis mit der Theorie der Elektronendurchdringung von SPENCER gefunden, wenn für die Durchschnittsenergie W zur Erzeugung eines Ionenpaars in Luft ein Wert von 34 eV angenommen wird. (Physic. Rev. [2] **106.** 435—40. 1/5. 1957. Oak Ridge, Tenn., Oak Ridge Nat. Labor.) HERBERT WEBER. 90

M. F. Crouch, V. E. Krohn und **G. R. Ringo,** *Kohärente Neutronenstreuamplituden von Krypton und Xenon und die Elektron–Neutron-Wechselwirkung.* Die kohärenten Streuamplituden von Kr u. Xe für therm. Neutronen wurden mit einer Vergleichsmeth. gemessen, bei der mit Reflexion eines Neutronenbündels an einem Flüssigkeitsspiegel gearbeitet wurde. Aus den Meßwerten $7{,}68 \pm 0{,}19$ u. $5{,}10 \pm 0{,}17 \cdot 10^{-13}$ cm u. Vgl. mit anderen Messungen erhält man 3900 ± 800 eV als Elektron–Neutron-Wechselwirkungsenergie. (Physic. Rev. [2] **102.** 1321—24. 1/6. 1956. Lemont, Ill., Argonne Nat. Labor.) H. C. WOLF. 90

A. Ja. Temkin, *Zur Theorie der Neutronenbremsung.* Für das Stoßintegral der Neutronen mit den Kernen des bremsenden Mediums werden Gleichungen abgeleitet. (Журнал Экспериментальной и Теоретической Физики [J. exp. theoret. Physik] **31.** 893—95. Nov. 1956. Inst. für geophysik. Schürfungsmeth. des Minist. der Petroleumind. der UdSSR.) M. WIEDEMANN. 90

John H. Gibbons, *Neutronenresonanzen im keV-Bereich.* Mit einem Neutronenspektrometer nach dem Collimatorprinzip, das für die Messung von Neutronenresonanzquerschnitten im Bereich über 5 keV konstruiert wurde, konnten auch Resonanzen bis herunter zu 350 eV gemessen werden. Jedoch ist unter 5 keV das Auflösungsvermögen geringer als bei Instrumenten mit Geschwindigkeitsmonochromatisierung. In *Fe* wurden Resonanzen bei 8, 29, 75 u. 85 keV gefunden. Die drei höchsten Werte entsprechen vermutlich s-Neutronen von ^{56}*Fe.* In *Bi* wurden die Resonanzen 1, 3, 13, 16, 34, 47 u. 70 keV gemessen. Danach beträgt der Termabstand für einen J-Wert ca. 20 keV. Weitere Messungen an *Rb, Zn* u *Mn* ergeben weniger charakterist. Maxima. (Physic. Rev. [2] **102.** 1574—79. 15/6. 1956. Durham, N. C., Duke Univ., Dep. of Phys.) H. C. WOLF. 90

Henry W. Newson, J. H. Gibbons, H. Marshak, R. M. Williamson, R. A. Mobley, A. L. Toller und **R. Block,** *Neutronenresonanzen im keV-Bereich: Schwere gerade Elemente.* (Vgl. vorst. Ref.) Mit der gleichen App. wurden Neutronenresonanzquerschnitte als Funktion der Energie für *Se* (1—80 keV 8 Maxima), *Sr* (zwischen 6 u. 102 keV 4 Maxima), *Zr* (zwischen 2 u. 80 keV 11 Maxima), *Mo* (zwischen 1 u. 80 keV 9 Maxima), *Ba* (zwischen 15 u. 102 keV 5 Maxima), *Ce* (zwischen 5 u. 55 keV 12 Maxima) u. *Pb* (zwischen 2 u. 80 keV 10 Maxima) gemessen. Folgende Resonanzen lassen sich einzelnen Isotopen zuordnen: ^{80}Se 3 u. 7 keV; ^{88}Sr 15 u. 95 keV; ^{90}Zr 43 keV; ^{140}Ce 24 keV. Das Auflösungsvermögen in den Meßkurven wird durch die große Anzahl von Isotopen bei den schweren gerade–gerade-Kernen sehr schlecht. (Physic. Rev. [2] **102.** 1580—83. 15/6. 1956.) H. C. WOLF. 90

Chung Ying Chih und **Wilson M. Powell,** *Neutron–Proton-Streuung bei 90 MeV.* Die 90 MeV-Neutronen wurden aus dem Beschuß eines Be-Targets mit 190 MeV-Cyclotrondeuteronen erhalten. Das Neutronenenergiespektr. hatte beim Halbmaximum eine volle Breite von ca. 30 MeV. Die Unters. der an Protonen gestreuten 90 MeV-Neutronen wurde mit einer mit H_2 oder einer Mischung von Methan u. H_2 gefüllten Nebelkammer in einem Magnetfeld von 22000 Gauß durchgeführt. Die Neutronenstreuwinkel erstrecken sich von 8—180° im Schwerpunktssystem. Für den differentiellen Streuquerschnitt wird eine Symmetrie um 90° (Schwerpunktsyst.) gefunden. (Physic. Rev. [2] **106.** 539—44. 1/5. 1957. Berkeley, Calif., Univ. of California, Radiat. Labor.) HERBERT WEBER. 90

G. W. Skornjakow und **K. A. Ter-Martirossjan,** *Dreikörperproblem bei kurzreichweitigen Kräften. Streuung von Neutronen geringer Energie an Deuteronen.* Inhalt-

lich ident. mit der C. **1957.** 12356 referierten Arbeit. (Журнал Экспериментальной и Теоретической Физики [J. exp. theoret. Physik] **31.** 775—90. Nov. 1956.)
M. WIEDEMANN. 90

S. D. Drell und **M. A. Ruderman,** *Korrektur der Proton-Polarisierbarkeit bei Elektron–Proton-Streuung.* Der Beitrag der elektroneninduzierten Polarisation des Protons zur beobachteten Elektron–Proton-Streuung wird theoret. abgeschätzt (FEYNMAN-Diagramm). Er ist vernachlässigbar klein bei Elektronenenergien unterhalb 500 MeV. (Physic. Rev. [2] **106.** 561—63. 1/5. 1957. Stanford, Calif., Stanford Univ.; Berkeley, Calif., Univ. of California.) HERBERT WEBER. 90

E. Baskir, E. M. Hafner, A. Roberts und **J. H. Tinlot,** *Polarisation in der Proton–Proton-Streuung bei 130, 170 und 210 MeV.* Durch Streuung von Protonen an *C* oder *Be* wurde ein zu 90% polarisiertes Protonenbündel erhalten, mit dem durch Streuung an Polyäthylen- u. C-Targets (CH_2–C-Differenz) bzw. H_2-Gastargets die Polarisation in der p–p-Streuung bei Schwerpunktswinkeln zwischen 20 u. 81° bei 130 MeV, 31—82° bei 170 MeV, 14—112° bei 210 MeV gemessen wurden. Eine statist. Analyse der Daten bei 210 MeV zeigt, daß F-Welleneffekte zur Beschreibung der Streuung erforderlich sind. (Physic. Rev. [2] **106.** 564—68. 1/5. 1957. Rochester, N. Y., Univ. of Rochester.)
HERBERT WEBER. 90

T. W. Morris, E. C. Fowler und **J. D. Garrison,** *Proton–Proton-Wechselwirkungen bei 810 MeV.* Eine H_2-gefüllte Diffusionsnebelkammer wird im Protonenbündel von 810 ± 100 MeV beobachtet. Auf 17500 photograph. Aufnahmen werden 244 p–p-Streuprozesse registriert, wobei folgende Rkk. unterschieden werden: 1. $p + p \rightarrow p + p$ (126 Fälle), 2. $p + p \rightarrow p + n + \pi^+$ (84), 3. $p + p \rightarrow d + \pi^+$ (1), 4. $p + p \rightarrow p + \pi^0$ (5) u. 28 Fälle, die den Rkk. 2. oder 4. angehören. Mehr als ein Meson je Rk. oder schwere instabile Teilchen werden nicht festgestellt. Der totale p–p-Querschnitt beträgt 45 ± 6 mbarn, das Verhältnis der π^+/π^0-Erzeugung 17 ± 8. Die elast. differentielle Verteilung zeigt ein starkes Maximum in Bündelrichtung. Winkel- u. Impulsverteilungen der Teilchen u. Winkelkorrelationen von Teilchenpaaren der Rk. 2 werden dargestellt. (Physic. Rev. [2] **103.** 1472—78. 1/9. 1956. New Haven, Conn., Yale Univ.) K.-E. SEYB. 90

W. B. Fowler, R. P. Shutt, A. M. Thorndike und **W. L. Whittemore,** *Proton–Proton-Wechselwirkungen bei 1,5 GeV.* (Vgl. vorst. Ref.) 152 Fälle werden beobachtet. Der elast. Querschnitt beträgt 20 mbarn, die Querschnitte für die Erzeugung eines Pions 22 u. von 2 Pionen 5 mbarn. Die Erzeugung eines einzigen Pions erfolgt hauptsächlich durch die Rk. $p + p \rightarrow p + n + \pi^+$, daneben durch $\rightarrow d + \pi^+$ u. $\rightarrow p + p + \pi^0$. Der mittlere elast. Streuwinkel ist 24°. Unelast Fälle zeigen Pionen, die isotrop mit geringem Impuls, u. Nucleonen, die bei 0 u. 180° mit großen Impulsen emittiert werden. Die mittlere relative Energie beträgt für das p, π^+-Paar Q = 154 MeV. (Physic. Rev. [2] **103.** 1479—83. 1/9. 1956.) K.-E. SEYB. 90

M. M. Block, E. M. Harth, V. T. Cocconi, E. Hart, W. B. Fowler, R. P. Shutt, A. M. Thorndike und **W. L. Whittemore,** *Proton–Proton-Wechselwirkungen bei 2,75 GeV.* (Vgl. vorst. Reff.) 212 Fälle werden beobachtet. Die Querschnitte betragen für elast. Streuung 15, für die Erzeugung eines Pions 9, für 2 Pionen 13 u. für 3 Pionen 4 mbarn. Ein Beispiel mit 4 Pionen u. die Entstehung eines schweren instabilen Teilchens werden festgestellt. Der elast. Streuwinkel beträgt 19°. Winkel- u. Impulsverteilungen stimmen mit den bei niedriger Energie erhaltenen überein. (Physic. Rev. [2] **103.** 1484—89. 1/9. 1956.) K.-E. SEYB. 90

W. B. Fowler, R. P. Shutt, A. M. Thorndike, W. L. Whittemore, V. T. Cocconi, E. Hart, M. M. Block, E. M. Harth, E. C. Fowler, J. D. Garrison und **T. W. Morris,** *Interpretation der Proton–Proton-Wechselwirkungen bei Cosmotronenergien.* (Vgl. vorst. Reff.) Die elast. p–p-Wechselwirkungen werden mit einem einfachen opt. Modell, die unelast. mit statist. Theorien unter Einschluß einer Ladungsunabhängigkeit verglichen. Die elast. Streuung läßt sich durch einen sphär. Wechselwirkungsbereich mit gleichförmiger D., mit dem Radius $0,93 \cdot 10^{-13}$ cm u. mit einem Absorptionskoeff. von 4,3 bis $2,7 \cdot 10^{13}$ cm^{-1} beschreiben. Die unelast. Streuung zeigt bei 1,5 u. 2,75 GeV eine höhere multiple Pionenerzeugung als aus der FERMI-Statistik zu erwarten ist. Winkel- u. Impulsverteilungen sowie Korrelationswinkel u. Q-Werte für Teilchenpaare stimmen mit den Voraussagen der statist. Theorie nur bei 0,81, nicht aber bei 1,5 GeV überein. Eine mögliche Erklärung für die Abweichung ist eine zusätzliche π-Erzeugung durch π-Nucleon-Wechselwirkung. (Physic. Rev. [2] **103.** 1489—1501. 1/9. 1956.)
K.-E. SEYB. 90

Ralph H. Lovberg, *p–^{3}He-Streuung bei 9,75 MeV Protonenenergie.* Der differentielle Querschnitt für die elast. Streuung von 9,75 MeV-Protonen an ^{3}He wird bei Winkeln zwischen 30 u. 150° gemessen. In diesem Bereich fällt der Querschnitt von 345 mbarn/

Raumwinkel bei 30° auf 18,2 mbarn bei 110°, wonach ein Anstieg auf 84,5 mbarn bei 150° erfolgt. Vgll. mit theoret. Werten von SWAN ergeben nur rohe Übereinstimung. (Physic. Rev. [2] **103.** 1393—97. 1/9. 1956. Minneapolis, Minn., Univ. of Minnesota.) K.-E. SEYB. 90

K. Nishimura und **M. Ruderman**, *Polarisation energiereicher Nucleonen bei der Streuung an Kohlenstoff*. Der Beitrag einer fast elast. Streuung von Protonen an ^{12}C (Anregung des 4,3 MeV-Niveaus) wird unter der Annahme berechnet, daß ein tiefliegendes, stark angeregtes Energieniveau als eine Kollektivanregung betrachtet werden kann. Eine Trennung der Beiträge von elast. u. unelast. Polarisation mit partiellen Querschnitten, die aus der Elektronen- u. 90 MeV-Nucleonenstreuung folgen, stimmt qualitativ mit der Beobachtung überein. (Physic. Rev. [2] **106.** 558—60. 1/5. 1957. Berkeley, Calif., Univ. of California.) HERBERT WEBER. 90

J. A. Wheeler, *Kernmodelle und der Kollektivkern*. Übersicht über die Entw. der verschied. Kernmodelle sowie über Rotationsniveaus u. ihre Beziehung zu den Kollektivbewegungen des Kerns. (Suppl. del Nuovo Cimento Nr. **3** (zu [10] **2**). 909—18. 1955. Princeton, N. J., Princeton Univ.) E. HAHN. 95

Nobuyuki Fukuda, *Formale Theorie von Kernmodellen*. Die von EDEN u. FRANCIS (C. **1956.** 2642) diskutierte Theorie der Kernmodelloperatoren wird modifiziert. (Physic. Rev. [2] **103.** 420—25. 15/7. 1956. Bloomington, Ind., Indiana Univ., Dep. of Phys.) E. SCHMUTZER. 95

Hans-Peter Duerr, *Relativistische Effekte bei den Kernkräften*. Die phänomenolog. Theorie der Kernkräfte von JOHNSON u. TELLER (C. **1956.** 4903) wird in relativist. invarianter Weise neu formuliert. Als sek. Resultat liefert die Theorie eine extrem starke Spin–Bahn-Kopplung von der Größenordnung der im Schalenmodell verwendeten phänomenolog. Kopplung. Außerdem sagt die Theorie eine starke Anziehung zwischen Nucleonen u. Antinucleonen voraus. (Physic. Rev. [2] **103.** 469—80. 15/7. 1956. Berkeley, Calif., Univ. of California, Dep. of Phys.) E. SCHMUTZER. 95

J. Fregeau, R. H. Helm und **R. Hofstadter**, *Kernladungsverteilung*. Zur Prüfung der Relationen von Dicke der Kernhaut (ca. $2{,}4 \cdot 10^{-13}$ cm) u. Radius der Halbdichte werden die Kerne ^{12}C, ^{24}Mg, ^{28}Si, ^{32}S, ^{40}Ca u. ^{88}Sr untersucht. Es zeigt sich die Notwendigkeit der Einführung eines variablen Radius in die Gleichung $c = r_0 \cdot A^{1/3} \cdot 10^{-13}$ cm, wo c die Kernhautdicke–Halbdichte-Entfernung bedeutet. (Physica [Utrecht] **22.** 1195—96. Nov. 1956. Stanford, Calif., Stanford Univ.) GERHARD SCHMIDT. 95

J. Hope und **L. W. Longdon**, *Tensoroperatormethoden und die Zweikörper–Spin–Bahn-Wechselwirkung*. (Vgl. C. **1957.** 2904.) Unter Annahme von LS-Kopplung benutzen Vff. Tensoroperatormethoden zur Ableitung der Matrixelemente einer Zweikörper–Spin–Bahn-Wechselwrkg. zwischen Zweinucleonen-Zuständen u. auch zwischen Zuständen aus Konfigurationen unter Einschluß geschlossener u. nahezu geschlossener Schalen. (Physic. Rev. [2] **102.** 1124—29. 15/5. 1956. Southampton, Univ., Math. Dep.) GERHARD SCHMIDT. 95

Cabell A. Pearse, *Feinstruktur der Grundzustände von ^{15}N und ^{17}O*. Vf. versucht, die experimentellen Daten über die Grundzustandsaufspaltungen für ^{15}N u. ^{17}O unter Benutzung gleicher Nucleon–Nucleon–Spin–Bahn-Kräfte für beide Fälle theoret. abzuleiten. Hierbei zeigt sich, daß die Spin–Bahn-Kraftkonstante für ^{15}N etwa doppelt so groß wie die für ^{17}O angenommenen werden muß. Die Spin–Bahn-Kraftparameter für ^{15}N u. ^{17}O sind 5—10mal größer als die für die Grundzustandsaufspaltung von ^{7}Li. Die Beiträge der Austauschintegrale zur Aufspaltung betragen $^1/_4$—$^1/_2$ der direkten Integralbeiträge. Es werden GAUSSsche Fehlerpotentiale u. Wellenfunktionen benutzt. Die Bereichsparameter der Wellenfunktionen werden durch experimentelle Coulomb- u. Bindungsenergien festgelegt. (Physic. Rev. [2] **106.** 545—53. 1/5. 1957. New Haven, Conn., Yale Univ.) HERBERT WEBER. 95

Thomas A. Oliphant jr., *Drehimpulsverteilungen im Thomas-Fermi-Dirac-Modell des Atoms*. Bei gegebener Ordnungszahl Z kann die Zahl der Elektronen mit bestimmten Drehimpulsquantenzahlen quantenstatist. nach den vorliegenden Modellen noch nicht so genau berechnet werden, daß die empir. Daten willkürfrei zu deuten wären. Sicher ist nur, daß die Austauschwechselwrkg. zwischen den Elektronen nicht vernachlässigt werden darf. (Physic. Rev. [2] **104.** 954—58. 15/11. 1956. Ithaca, N. Y., Cornell Univ., Labor. of Nucl. Stud.) G. KIRSCHSTEIN. 95

W. G. Neudatschin, *Genauigkeit des Isobarenspins in Kernen mit der 1 $f_{7/2}$-Hülle*. Mittels der Wellenfunktion des Oscillators, dessen Parameter durch die Energiedifferenz der Spiegelkerne bedingt sind, wird das Amplitudenquadrat der Beimengung $\alpha_{TT'}$ bestimmt zu $5 \cdot 10^{-5}$ für ^{6}Li, $4 \cdot 10^{-4}$ für ^{18}F u. zu $1 \cdot 10^{-2}$ für ^{42}Sc (T = 0, T' = 1). (Журнал Экспериментальной и Теоретической Физики [J. exp. theoret. Physik] **31.** 892—93. Nov. 1956.) M. WIEDEMANN. 95

S. Goldstein und **I. Talmi**, *Aufeinander bezogene jj-Kopplungskonfigurationen in ^{40}K und ^{38}Cl.* Prüfung der Gültigkeit der Konfigurationszuordnung, bes. des Einfl. der Abweichungen von der jj-Kopplung. Für ^{38}Cl werden die Energieniveaus, Spins u. Paritäten angeführt. (Physic. Rev. [2] **102.** 589—90. 15/4. 1956. Rehovoth, Israel, Weizmann Inst. of Sci., Dep. of Phys.) GERHARD SCHMIDT. 95

Franz R. Metzger, *Kernresonanzfluorescenz in ^{75}As.* Mit ^{75}Se-Gasquellen (Selenoxyd) wurde die Resonanzstreuung des 265 keV-Niveaus in ^{75}As untersucht. Die Messungen deuten eine isotrope Verteilung der Resonanzstrahlung an u. eine bevorzugte Zuordnung des Spins $^1/_2$ zum 265 keV-Niveau von ^{75}As. Selbstabsorptionsverss. ergaben für den 265 keV-Übergang eine mittlere Lebensdauer von 10^{-11} sec. (J. Franklin Inst. **262.** 229. Sept. 1956.) H. LIEPACK. 95

J. P. Hobson, J. C. Hubbs, W. A. Nierenberg, H. B. Silsbee und **R. J. Sunderland**, *Die Spins der Rubidiumisotope 81, 82, 83 und 84.* Der Kernspin von 4 Rb-Isotopen mit Neutronendefizit wird mit Hilfe einer Atomstrahl–Magnetresonanz-Meth. bestimmt. Die Lebensdauern der Isotope schwanken zwischen 4,7 Std. u. 80 Tagen; sie werden im Cyclotron erzeugt. Die Spin-Werte betragen für ^{81}Rb 3/2, ^{82}Rb 5, ^{83}Rb 5/2 u. für ^{84}Rb 2. (Physic. Rev. [2] **104.** 101—06. 1/10. 1956. Berkeley, Calif., Univ. of California, Radiat. Labor. and Dep. of Phys.) E. HAHN. 95

R. M. Steffen und **W. Zobel**, *Magnetisches Moment des angeregten 247 keV-Zustandes von ^{111}Cd.* Ausführliche Darst. der C. **1956.** 8797 referierten Arbeit. (Physic. Rev. [2] **103.** 126—33. 1/7. 1956. Lafayette, Ind., Purdue Univ., Dep. of Phys.) H. LIEPACK. 95

G. Igo und **H. E. Wegner**, *Anomalie in den Energieniveaudichtemessungen.* Analyse der Daten aus Messungen der unelast. Streuung u. Anregungsfunktion für Rkk., bei denen Neutronen aus dem durch Beschuß mit energet. Teilchen oder Photonen gebildeten Compoundkernen emittiert werden. Die Berechnungen werden nach dem statist. Modell von Kern-Rkk. unter Verwendung der Niveaudichteformel des FERMI-Gases durchgeführt. (Physic. Rev. [2] **102.** 1364—65. 1/6. 1956. Upton, N. Y., Brookhaven Nat. Labor.) GERHARD SCHMIDT. 103

Peter Fong, *Statistische Theorie der Kernspaltung: Asymmetrische Spaltung.* Nach der entwickelten statist. Theorie wird die relative Wahrscheinlichkeit eines Spaltmodus durch die totale Anregungsenergie der beiden Fragmente unmittelbar vor der Trennung bestimmt. Die Ergebnisse werden zu einer quantitativen Berechnung der relativen Wahrscheinlichkeiten sämtlicher möglichen Spaltmodi benutzt. Die Massenverteilungskurve der Spaltprodd. von ^{235}U bei therm. Neutronen wird mit den experimentellen Werten verglichen. Die verschied. Anwendungsmöglichkeiten der statist. Theorie werden diskutiert. (Physic. Rev. [2] **102.** 434—48. 15/4. 1956. Chicago, Ill., Univ. of Chicago, Inst. for Nucl. Stud.) GERHARD SCHMIDT. 103

R. E. Segel und **S. S. Hanna**, *Polarisation bei der Reaktion $^2H(d, p)^3H$.* Die Polarisation der Protonen aus der Rk. ^{2}H(d, p)^{3}H wurde bei $E_d = 0{,}64$ MeV im Laboratoriumssyst. u. einem Protonenwinkel von 45° im Schwerpunktsyst. gemessen. Das D_2-Gastarget war ca. 70 keV dick. Die Polarisation wurde durch Streuung in He-Gas mit NaJ(Tl)-Kristall gemessen. Korrekturen für geometr. Asymmetrien wurden durch Vgl. der Streuung in He mit der in Xe bestimmt. Messungen bei Protonenenergien von 3,25, 2,94 u. 2,52 MeV ergaben eine durchschnittliche Polarisation von $-(17 \pm 7)$ %. (Physic. Rev. [2] **106.** 536—39. 1/5. 1957. Baltimore, Md., Johns Hopkins Univ., Dep. of Phys.) HERBERT WEBER. 103

J. B. French, *Deuteronenreaktionen und die $A = 14$-Polyade.* Mögliche Deuteronenabstreif- u. Einfang-Rkk., die zu verschied. Zuständen für A = 14 u. zu den zwei Einlochzuständen für A = 15 führen, werden diskutiert. Aussagen über die Wellenfunktionen der A = 14-Zustände u. Wege zur Messung von Einteilchenquerschnitten der BUTLERschen Theorie werden angedeutet. (Physic. Rev. [2] **103.** 1391—93. 1/9. 1956. Rochester, N. Y., Univ. of Rochester, Dep. of Phys.) K.-E. SEYB. 103

W. Tobocman, *Berechnung reduzierter Breiten aus Abstreifquerschnitten.* Durchführung der Berechnung für den (d, p)-Wirkungsquerschnitt mit Neutronen, die mit Bahndrehimpuls $l = 0$ eingefangen worden sind. Tabellar. Angabe der Koeffizienten der Erweiterung in LEGENDRE-Polynomen für Abstreifquerschnitte bei 14,3 u. 3,6 MeV-Deuteronen auf ^{19}F. (Physic. Rev. [2] **102.** 588—89. 15/4. 1956. Princeton, N. J., Inst. for Advanc. Stud.) GERHARD SCHMIDT. 103

B. J. Dropesky und **A. W. Schardt**, *Zerfall des neuen Nuclids ^{24}Ne.* Vff. erzeugen ^{24}Ne durch Beschuß eines Ne-Gastargets mit 1,5 MeV-Tritonen nach der Rk. ^{22}Ne(t, p)-^{24}Ne. Zum Nachw. von ^{24}Ne werden β- u. γ-Scintillationsspektrometer in Koinzidenzschaltung benutzt. ^{24}Ne zerfällt mit einer Halbwertszeit von 3,38 ± 0,02 Min. unter Emission von β^--Gruppen von 1,98 ± 0,05 u. 1,10 ± 0,05 MeV. Der Zerfall wird von γ-Strahlen mit 472 ± 5 u. 878 ± 9 keV mit relativen Intensitäten von 100:8 begleitet. Die angeregten Niveaus in ^{24}*Na*, die den obigen Übergängen entsprechen, liegen bei 0,472 u. 1,35 MeV. Das 0,472 MeV-Niveau ist ein isomerer Zustand mit einer Halbwertszeit in der Größenordnung von 20 msec. Die Spins u. Paritäten des Grundzustandes, des 0,472- u. 1,35 MeV-Niveaus von ^{24}Na sind 4+, 1+ bzw. 1+. Die ^{24}Ne–^{24}Na-Energiedifferenz ist 2,449 ± 0,035 MeV. Die ^{24}Ne-M. beträgt 24,001195 ± 0,000040 Masseneinheiten. (Physic. Rev. [2] **102.** 426—33. 15/4. 1956. Los Alamos, N. Mex., Univ. of California, Los Alamos Sci. Labor.) GERHARD SCHMIDT. 103

Kerson Huang, *Innere Paarbildung beim β-Zerfall.* Berechnung des Verhältnisses der Gesamtzahl der Positronen zur Gesamtzahl der Elektronen für den $^{32}P \rightarrow {}^{32}S$-Übergang. (Physic. Rev. [2] **102.** 422—26. 15/4. 1956. Cambridge, Mass., MIT, Dep. of Phys. and Labor. for Nucl. Sci.) GERHARD SCHMIDT. 103

Babulal Saraf, *Innere Bremsstrahlung beim Elektroneneinfangzerfall von ^{59}Ni, ^{37}Ar und ^{55}Fe.* Die kontinuierlichen γ-Spektren (innere Bremsstrahlung) beim Elektroneneinfang in ^{59}Ni, ^{37}Ar u. ^{55}Fe werden mit einem NaJ (Tl)-Scintillationsspektrometer untersucht. Der beobachtete Verlauf des Spektr. von ^{59}Ni entspricht einem Spektr. zweiten Verbotsgrades ($\Delta I = 2, -$) u. unterscheidet sich deutlich von dem eines Spektr. mit erlaubten Verlauf. Die Wahrscheinlichkeit der Emission eines Photons mit einer Energie >100 keV ist das 1,4 ± 0,4fache des theoret. Wertes. Das Spektr. von ^{37}Ar hat einen erlaubten Verlauf bei Energien bis ca. 35 keV, das Verhältnis der Emissionswahrscheinlichkeiten $P_{exp.}/P_{theoret.}$ ist 1,05 ± 0,25 für den Energiebereich oberhalb 35 keV. Das Spektr. von ^{55}Fe wird mit neueren Berechnungen verglichen. In diesem Falle ist das Verhältnis von $P_{exp.}/P_{theoret.}$ 1,1 ± 0,3 bei höheren Energien. (Physic. Rev. [2] **102.** 466—73. 15/4. 1956. Swarthmore, Pa., Franklin Inst., Bartol Res. Found.)
GERHARD SCHMIDT. 103

Robert L. Wolke und **Norman A. Bonner,** *Ausbeuten und Anregungskurven für energiereiche Photozersplitterung von Kobalt.* Durch chem. Trennmethoden erhaltene Ausbeuten verschied. Nuclide aus der γ-Zerplitterung von Co bei Verwendung der Bremsstrahlung aus dem 300 MeV-Elektronensynchrotron werden mit Endfenster-Durchflußproportionalzähler mit Ringanode gemessen. Mit 309 MeV-Bremsstrahlung sind die Ausbeuten an *Fe-*, *Mn-*, *Cr-*, *V-* u. *Ti*-Isotopen aus Co in der Größenordnung des $^1/_{200}$fachen des (γ, n)-Querschnittes. Eine allg. Abnahme der Ausbeute mit zunehmender Zahl der ausgesandten Nucleonen wird festgestellt. Aus den Anregungskurven für Energien von 174 u. 309 MeV geht hervor, daß die (γ, 2pn)-Rk. in erster Linie durch Photonen mit Energien < 174 MeV hervorgerufen wird, während die (γ, 2p5n)-, (γ, 2p6n)- u. (γ, 3p7n)-Reaktionsausbeuten von energiereicheren Photonen stammen. Die mittlere effektive Photonenenergie nimmt mit der Anzahl der ausgesandten Nucleonen zu. (Physic. Rev. [2] **102.** 530—34. 15/4. 1956. Ithaca, N. Y., Cornell Univ., Dep. of Chem., Labor. of Nucl. Stud.) GERHARD SCHMIDT. 103

E. G. Joki und **J. E. Evans,** *Der totale Neutronenwirkungsquerschnitt von Tm im Energiebereich von 0,038 bis 1,56 eV.* Vff. verwenden einen Kristallspektrometer mit 2,5% Auflsg. bei 1 eV. Die Ergebnisse lassen sich durch den Ausdruck σ (E) = 6,5 + 20,1 $E^{-1/2}$ (barn) beschreiben (E in eV). Die extrapolierten Werte für Neutronen unendlicher u. therm. Energie betragen 6,5 ± 3 bzw. 134 ± 3 barn. (Physic. Rev. [2] **103.** 1326—27. 1/9. 1956. Idaho Falls, Id., A. E. Div., Phillips Petroleum Co.)
K.-E. SEYB. 103

G. Goldring und **George T. Paulissen,** *Verhältnisse der Übergangswahrscheinlichkeiten zwischen Rotationszuständen in ungerade–A-Kernen.* Targets von ^{181}*Ta*, ^{185,187}*Re*, ^{177,179}*Hf*, ^{175}*Lu*, ^{153}*Eu* u. ^{165}*Ho* werden mit 3 GeV-Protonen beschossen, die entstehende γ-Strahlung mit zwei NaJ(Tl)-Scintillationszählern in Koinzidenzschaltung untersucht. Aus den Messungen ergeben sich die elektr. Anregungsquerschnitte der beiden ersten Niveaus. Die Quadrupolmomente stimmen mit der Theorie des Kollektivmodells mit starker Kopplung überein. (Physic. Rev. [2] **103.** 1314—20. 1/9. 1956. Cambridge, Mass., MIT, Dep. of Phys. and Labor. for Nucl. Sci.) K.-E. SEYB. 103

F. K. McGowan und **P. H. Stelson,** *Winkelverteilung von γ-Strahlen aus der Coulomb-Anregung in gerade–gerade-Kernen.* (Vgl. C. **1956.** 11325.) Für ^{104}*Ru*, ^{108,110}*Pd*, ^{110,112,114,116}*Cd*, ^{190,192}*Os* u. ^{194}*Pt* wurden die γ-Winkelverteilungen aus der Coulombanregung in bezug zum einfallenden Protonenbündel (5,5 MeV, VAN DE GRAAFF) an dicken Targets mit NaJ(Tl)-Zähler gemessen. Die aus den Messungen an ^{104}Ru, ^{110}Pd, ^{114}Cd u. ^{194}Pt abgeleiteten Teilchenparameter a_ν für ein dickes Target stimmen innerhalb der experimentellen Genauigkeit (± 2—5% für a_2) mit den numer. Daten aus der quantenmechan. Behandlung der Coulomb-Anregung überein. (Physic. Rev. [2] **106.** 522—29. 1/5. 1957. Oak Ridge, Tenn., Oak Ridge Nat. Labor.) HERBERT WEBER. 103

G. W. Greenlees und **L. G. Kuo,** *Der Beschuß von Osmium mit Stickstoffionen.* Das im Cyclotron erzeugte ^{14}N-Bündel hat eine kontinuierliche Energieverteilung mit E_{max} bei 130 MeV mit einem Intensitätsabfall um einen Faktor 2 für je 10 MeV oberhalb 50 MeV. Das Target besteht aus Os auf einer 5 μ dicken Al-Folie. Die durch Beschuß erzeugten Aktivitäten werden chem. vom Target mit einem Extraktionswirkungsgrad von ca. 70% abgetrennt. Das γ-Spektr. wird mit einem abgeschirmten NaJ(Tl)-Scintillationszähler beobachtet Es wird eine Spitze bei 63 keV gefunden, die der Kα-Röntgenenergie für Os entspricht. Die aufgenommene Zerfallskurve läßt sich in 3 Halbwertszeiten von 7,2 ± 1 Std., 39 ± 2 Std. u. 26 ± 2 Tagen auflösen. Aus den Ergebnissen wird geschlossen, daß mindestens 3 isomere Übergänge in Os-Isotopen mit Massenzahlen von 186—190 vorhanden sind. Der ersten Halbwertszeit wird ^{190}Os, der zweiten ^{187}Os u. der dritten ^{188}Os zugeordnet. Die Abwesenheit von γ-Halbwertszeiten läßt darauf schließen, daß die beobachteten isomeren Zustände durch einen direkten Anregungsmechanismus erzeugt worden sind. (Philos. Mag. [8] **1.** 973—75. Okt. 1956. Birmingham, Univ., Phys. Dep.) GERHARD SCHMIDT. 103

B. Ss. Dshelepow und **Ss. A. Schesstopalowa,** *Über den 0 → 0-Übergang in RaC'.* Die Frage der Ggw. eines Überganges zwischen 2 Zuständen mit dem Spin 0 in RaC' wird diskutiert. Dabei wird die 1416 keV-Linie im Spektr. der Rückstoßelektronen von RaC' untersucht. Da alle Multipoltypen ausgeschlossen erscheinen, dürfte es sich um einen 0 → 0-Übergang handeln. Der 1416 → 609 keV-Übergang ist vom Typ $0^+ \rightarrow 2^+$. Die weiteren Zerfallsmöglichkeiten des höheren Niveaus werden erörtert. Ferner wird das Verhältnis der Wahrscheinlichkeiten der Zerfälle durch γ- oder α-Strahlung des 609 keV-Niveaus berechnet. (Известия Академии Наук СССР, Серия Физическая [Nachr. Akad. Wiss. UdSSR, physik. Ser.] **20.** 933—40. Aug. 1956. Mendelejew-Forschungsinst. für Meteologie.) M. WIEDEMANN. 103

A. W. Kogan und **I. A. Ssokolow,** *Über die Gesamtenergie des RaC–RaC'–β-Überganges.* Die Messung der verzögerten β-γ u. β-α-Koinzidenzen ergab keinen Anhaltspunkt für die Existenz eines metastabilen Niveaus in RaC'. Es wird angenommen, daß die maximale β-Energie von 3,17 MeV nicht auf ein isomeres Niveau führt, sondern die Gesamtenergie des RaC–RaC'-Überganges darstellt. (Журнал Экспериментальной и Теоретической Физики [J. exp. theoret. Physik] **31.** 904. Nov. 1956. Leningrad, Physik.-techn. Inst. der Akad. der Wiss. der UdSSR.) M. WIEDEMANN. 103

Saburo Miyake, *Eine Hochdrucknebelkammer zur Höhenstrahlbeobachtung.* Vf. entwickelt eine Hochdrucknebelkammer von 50 cm Durchmesser u. 20 cm Tiefe, die bei 150 at betrieben u. durch Zählrohre gesteuert wird. Als Füllung dienen 5,6 kg N_2 oder 8 kg Ar. Sie ist empfindlich während 2—3 Sek., die Erholungszeit beträgt 20 Minuten. Die Wirksamkeit ist ca. 20mal größer als bei der kleineren Kammer. (J. physic. Soc. Japan **11.** 195—201. März 1956. Osaka, City Univ., Inst. of Polytechn. [Orig.: engl.]) M. WIEDEMANN. 112

Je. W. Kusnetzow, M. F. Lomanow, G. A. Blinow und **Chuan Schen-njan,** *Blasenkammer zur Untersuchung von Höhenstrahlen.* Es wurde eine Blasenkammer konstruiert, die 1 Liter faßte u. mit $CClF_3$ gefüllt wurde. Die Wirksamkeit konnte auf 0,1 erhöht werden. Pro Min. wurden ca. 5 Höhenstrahlbahnen beobachtet. (Журнал Экспериментальной и Теоретической Физики [J. exp. theoret. Physik] **31.** 911. Nov. 1956.) M. WIEDEMANN. 112

G. A. Blinow, Ju. Ss. Kresstnikow und **M. F. Lomanow,** *Messung der Ionisationsfähigkeit von Teilchen in einer Blasenkammer.* (Vgl. C. **1955.** 9957.) Mittels einer Propan-Blasenkammer von 92 mm innerem Durchmesser u. 70 mm Höhe, die bei 64° u. mit einem Beschleuniger betrieben wurde, wurde das Ionisationsvermögen von Teilchen ermittelt. Das Ionisationsvermögen wurde in einem Bereich bis zum 80fachen des minimalen aus der Dichte der Bahnen bestimmt. Für Geschwindigkeiten unter $\beta = 0{,}6$ variierte die Bahndichte wie $1/\beta^2$, für Werte nahe $\beta \rightarrow 1$ wurde der relativist. Anstieg der Bahndichte beobachtet. (Журнал Экспериментальной и Теоретической Физики [J. exp. theoret. Physik] **31.** 762—70. Nov. 1956.) M. WIEDEMANN. 112

Hugh J. Woodford und **John H. Gardner,** *Methode zur Eliminierung von Fehlern radialer Felder im Omegatron oder zur direkten Messung von Massenverhältnissen.* Mit einem Omegatron (vgl. HIPPLE u. Mitarbeiter, Physic. Rev. [2] **76.** [1949.] 1877), das 2 Paare Feldplatten zur Ionenbeschleunigung statt nur einer besitzt, gelang es, gleichzeitige Cyclotronresonanzen zweier verschied. Ionenarten im gleichen Feld zu erhalten. Wenn bei der Meth. Kernresonanzschwingungen, z. B. des Protons, zur Eichung benutzt werden, eliminiert sie wirksam die durch radiale elektr. Störfelder im Omegatron hervorgerufenen

Fehler; andererseits erlaubt sie, sobald die elektr. Felder zu vernachlässigen sind, die direkte Best. von Massenverhältnissen. (Rev. sci. Instruments **27.** 378—81. Juni 1956. Provo, Ut., Brigham Young Univ.) R. CONRAD. 112

L. L. Goldin und **D. G. Koschkarew**, *Synchrotronschwingungen in einem Beschleuniger mit harter Fokussierung.* 1. Mitt. *Lineare Theorie.* (Vgl. C. **1957.** 4878.) (Журнал Экспериментальной и Теоретической Физики [J. exp. theoret. Physik] **31.** 803—14. Nov. 1956.) M. WIEDEMANN. 112

W. Koeck, *Radioaktivität und Wasserwirtschaft.* Überblick über die Arten der Strahlenschäden, die Möglichkeiten radioakt. Verunreinigung von Grund- u. Oberflächenwässern, ihrer Verhütung u. des Schutzes vor ihnen. Die Wasserwirtschaft muß bei der Planung von Kernenergieanlagen vorher gehört werden, um ihren Einfl. bei der Standortwahl u. den techn. Schutzmaßnahmen rechtzeitig geltend zu machen. (Chem. Industrie **9.** 94—97. März 1957. Frankfurt/M.) H. MÜHLMEISTER. 112

A_2. Optisches Verhalten der Materie.

W. A. Krat und **W. M. Ssobolew**, *Die Heliumanregung der Sonnenchromosphäre.* (Vgl. C. **1957.** 9272.) Bei der He-Anregung in der Sonnenatmosphäre ergibt sich die Elektronentemp. T_e zu 25000—35000°, die Konz. der He-Atome im Grundzustand zu $n_{He} = n_{1,He}A_{21}/A(T_e)n_e$, wobei $n_{1,He}$ = Konz. der He-Atome im Zustand $2\,^3P$, $A(T_e)$ = Funktion von Anregungspotential u. T_e, A_{21} = Wahrscheinlichkeit des Übergangs $2^3P-1\,^1S = 8{,}5\cdot 10^7$, $n_e = 10^{10}$. (Доклады Академии Наук Азербайджанской ССР [Ber. Akad. Wiss. AserbaidshanSSR] **12.** 617—21. 1956.) R. K. MÜLLER. 113

K. Das Gupta, *Modifizierte Strahlung bei der Röntgenstreuung.* (Vgl. C. **1957.** 5779.) Behandlung der RAMAN-Streuung, des sichtbaren Anteils der Röntgenstreustrahlung. Beschreibung von 4 experimentellen Methoden zur Unters. der schwachen Linien in der Röntgenstreustrahlung. Aufnahmen der Streuspektren von Fe_2O_3, *NaCl* u. *ZnS*. (Sci. and Cult. **21.** 542—43. März 1956. Calcutta, Univ. Coll. of Sci., Khaira Labor. of Phys.) G. RUBAN. 114

Paul L. Sagalyn, *Ein Koinzidenzschema zur Eliminierung des Doppler-Effekts.* Vf. beschreibt ein Verf., bei dem 2 von einem Spektrographen aufgelöste Linien mit je einem Schlitz in Verbindung mit 2 Photomultipliern u. einem Koinzidenzzähler abgetastet werden. (Vgl. auch BRADLEY, C. **1957.** 6050.) (Physic. Rev. [2] **102.** 293—94. 1/4. 1956. Cambridge, Mass., MIT, Dep. of Phys., Res. Labor. of Electron.) H. LIEPACK. 118

M. Kasha und **S. P. McGlynn**, *Molekularelektronenspektroskopie.* Überblick über die Entw. 1955 auf dem Gebiet der Spektren von Mol.-Komplexen, der Spektroskopie von Moll. in Kristallen (einschließlich Polarisation u. Zuordnungen) sowie bes. der Unters. von Spinkombinationen in Moll.: Theorie; Photomagnetismus; strahlungslose Übergänge („innere Konversion"); Triplettzustände (Emissionen Triplett → Singulett, Absorptionsspektren Singulett → Triplett u. Triplett → Triplett); intermol. Spin–Bahn-Störungen; Zwischenkombinationen bei photochem. u. chem. Reaktionsmechanismen; Thermochromie u. Photochromie. — 162 Literaturangaben. (Annu. Rev. physic. Chem. **7.** 403—24. 1956. Tallahassee, Fla., Florida State Univ., Dep. of Chem.) G. RUBAN. 118

J. A. A. Ketelaar, *Kollisionskomplexe.* Die Unters. der Infrarotabsorptionsspektren komprimierter Gemische von CO_2 mit N_2, O_2 oder H_2 ergab, daß neue Banden beobachtet wurden, die einem gleichzeitigen Schwingungsübergang in beiden Moll. entsprechen. Zur Erklärung dieses Befunds werden Kollisionskomplexe angenommen, d. h. daß zwei Moll. in beträchtlicher Wechselwrkg. miteinander stehen. Die Frequenzen der neuen Banden ergeben sich als Summe der Frequenzen einer infrarotakt. Schwingung des CO_2 mit der des zweiatomigen Moleküls. Kollisionskomplexe wurden auch in Fll. beobachtet, z. B. in Lsgg. von CS_2 mit Br_2, J_2, Cl_3CSCl, PCl_3 u. S_2Cl_2. Hier wurden auch die von der Theorie geforderten Differenzbanden beobachtet. Die Theorie der gleichzeitigen Schwingung u. Intensitäts- u. Symmetrieregeln für erlaubte u. verbotene Schwingungsübergänge wird dargelegt. (Recueil Trav. chim. Pays-Bas **75.** 857—61. Juni 1956. Amsterdam, Univ., Labor. for Gener. and Inorg. Chem.) H. NÖTH. 118

Marija P. Mitrović, *Ein interessanter Fall von Interferenz der Spektrallinien von Bor und Kobalt im Bereich von 2496 Å.* Vf. untersucht den Einfl. verschied. Elemente auf die Intensitäten der Spektrallinien von B. Interferenz einer Co-Linie wird bei 2496 Å beobachtet; diese Co-Linie dient als innerer Standard für die quantitative Best. von B. (Bull. Inst. Nuclear Sci. „Boris Kidrich" **6.** 153—57. 1 Tafel. März 1956. Belgrad, Inst. of Nucl. Sci., Labor. of Phys. Chem.) G. RUBAN. 118

Guy Pannetier und **Henri Guenebaut**, *Spektrale Untersuchung der bei der Zersetzung von Hydrazinanhydrid auftretenden Chemiluminescenz. Neuere Anschauungen über den Ursprung der α-Bande des Ammoniaks.* Das Spektr. der bei der Zers. von N_2H_4 u. N_2H_4

mit ca. $^1/_2$ Mol W. auftretenden Chemiluminescenz zeigt eine Gruppe diffuser Banden im Gebiet 4200 bis über 6000 Å, die dem NH_2 zugeordnet werden, sowie schwach die beiden Hauptbanden des Radikals NH. Die Banden des 2. positiven Syst. des N sowie die diffusen Banden des Mol. NH_3 bei 5635 u. 5670 Å fehlen. Im Gebiet der sichtbaren diffusen Banden (4200—6500 Å) stimmt das Chemiluminescenzspektr. des N_2H_4 mit dem Spektr. bei der Verbrennung von NH_3 in bezug auf Bandenverteilung u. -intensität völlig überein, wodurch die Annahme von NH_2 als Träger der Bande des NH_3 bestätigt wird. Als wesentliche Zersetzungs-Rk. des N_2H_4 wird angenommen: $N_2H_4 + \varepsilon \rightarrow NH_2{}^* + NH_2{}^*$; daneben kann — in geringerem Maße — die Bldg. von N_2H_3, das in NH_2 u. NH zerfällt, auftreten. (C. R. hebd. Séances Acad. Sci. **243.** 1205—07. 22/10. 1956.) J. RUDOLPH. 118

Marie-Anne Guiochon, Jacques-Émile Blamont und **Jean Brossel,** *Über die Kohärenz bei resonanzoptischer Vielfachstreuung von Licht.* Aus Messungen der magnet. Resonanzlinienbreite wurde die Lebensdauer τ des durch die Resonanzlinie 2537 Å angeregten Niveaus 6^3P_1 in *Hg-Dampf* bei Sättigungsdrucken zwischen —35 u. 20° bestimmt. Gleiche Verss. von BROSSEL u. BITTER (C. **1953.** 6815) hatten für 0° einen Wert $T_e = 1,55 \cdot 10^{-7}$ sec ergeben, der jedoch von nach anderen Methoden bestimmten Daten abwich. Es zeigt sich nun, daß der Parameter T_e von den Anregungsbedingungen, der Geometrie der Anordnung u. der Temp. abhängt, im allg. nicht mit τ ident. u., wenn Vielfachstreuung eine Rolle spielt, stets größer als τ ist. Aus 3 Meßreihen (Bestrahlung mit einer reinen ^{202}Hg-, einer ^{198}Hg- u. einer Misch-Hg-Quelle) geht hervor, daß bei gegebener Temp. T_e für die konzentrierteren Isotope größer ist, für gleiche Anzahlen der gleichen Isotope, unabhängig von der Konz. der anderen, denselben Wert besitzt, bei —20° für alle Isotopen den gleichen minimalen Wert $\tau = 1,19 \cdot 10^{-7}$ sec annimmt, u. daß die Vielfachstreuung einen kohärenten Prozeß darstellt. (C. R. hebd. Séances Acad. Sci. **243.** 1859—62. 5/12. 1956.) D. JÖRCHEL. 118

Christian Volke, *Photochemie in sensibilisierten Silberhalogenidkristallen.* An den sensibilisierten Silberhalogenidkristallen $AgCl + Ag_2Se$, $AgBr + Ag_2S$, $AgBr + Ag_2Se$ u. $AgBr + Ag_2Te$ (Zusätze in der Größe 10^{-4} Mol) werden die durch Lichteinstrahlung bei Raumtemp. erzeugten Kolloidbanden sowie die bei tiefen Tempp. (—180°) erzeugten mol. Absorptionsbanden, die für die Kristallzus. charakterist. Lagen haben, gemessen. Die Quantenausbeute für die Bldg. dieser weniger stabilen Banden hängt nicht von der Wellenlänge des eingestrahlten Lichts, wohl aber von den Bestrahlungstempp. u. von der Kristallvorgeschichte (zwischenzeitliche Lagerung bei Raumtemp., opt. Ausbleichung u. ähnlichem) ab. Die Quantenausbeuten der bei Raumtemp. erzeugten Banden sind bei gleich behandelten Kristallen, unabhängig vom Zusatz, in der gleichen Größenordnung. Da aber Kristalle mit Telluridzusatz bei Raumtemp. am stärksten absorbieren, eignet sich dieser Zuastz am besten zur Erzeugung einer möglichst hohen Lichtempfindlichkeit. Die Ergebnisse werden an Hand von Reaktionsmodellen für die verschied. Störstellen diskutiert. (Ann. Physik [6] **12.** 203—28. 1956. Berlin-Adlershof, Deutsche Akad. der Wiss., Inst. für Kristallphys.) J. RUDOLPH. 119

Joseph F. Hall jr., *Optische Eigenschaften von Zinksulfid und Cadmiumsulfid im Ultraviolett.* Aus Reflexions- u. Durchlässigkeitsmessungen an aufgedampften ZnS- u. CdS-Schichten (Quarzträger) im Gebiet 2100—4000 bzw. 6000 Å ergibt sich für ZnS ein Verlauf des Brechungsindex n bzw. des Extinktionskoeff. k mit einem Maximum bei 2300 bzw. 2150 Å. Beim CdS hat n ein Maximum bei 2500 Å u. ein schwächeres bei 5000 Å; ein Gebiet anomaler Dispersion liegt zwischen 4000 u. 5000 Å. (J. opt. Soc. America **46.** 1013—15. Dez. 1956. New York, N. Y., Univ., Phys. Dep.) J. RUDOLPH. 119

D. Judge und **T. E. Nevin,** *Das Bandenspektrum von N_2 im Bereich $\lambda = 8050$ bis 8500 Å.* Das N_2-Spektr. im photograph. Infrarot, welches dem Übergang $B^2\,\Pi \rightarrow A\,^3\Sigma$ zuzuschreiben ist, wird untersucht. In Tabellen sind die Übergangswahrscheinlichkeiten u. die Wellenlängen der ersten positiven Banden angegeben. Photograph. Messungen im Gebiet von 8205—8500 Å sowie 8050—8205 Å werden beschrieben. (Suppl. del Nuovo Cimento Nr. 3 (zu [10] **2**). 774—78. 1955. Dublin, Univ. Coll., Phys. Dep.) E. HAHN. 120

William Klemperer, Stuart A. Rice und **R. Stephen Berry,** *Das Infrarotspektrum von Kupfer(I)-chloriddampf.* Dampfdichtemessungen an CuCl-Dampf im Gleichgewicht mit der fl. Phase deuten auf ein Gleichgewicht zwischen monomeren u. trimeren Dampfmoll. hin. Zur Klärung wird das Infrarotspektr. bei 900° zwischen 200 u. 500 cm^{-1} aufgenommen, das nur eine starke Absorption bei 350 cm^{-1} zeigt. Bei 420 cm^{-1} liegt keine Bande, obwohl die Schwingungsfrequenz des monomeren CuCl mit 416,9 cm^{-1} bekannt ist. Die Frequenzerniedrigung wird in der Diskussion durch die Abschwächung der CuCl-Bindungsenergie bei cycl. Polymeren gedeutet. Letztere sind im Dampf bei 900° also vorherrschend. (J. Amer. chem. Soc. **79.** 1810—11. 20/4. 1957. Cambridge, Mass., Harvard Univ., Dep. of Chem.) A. REUTER. 120

Leonard Yarmus, *Hyperfeinstruktur im l-Typ-Doppelspektrum von HCN.* Vf. beobachtete direkte l-Übergänge bei HCN für $J = 1, 2, 3, 4$ u. 5 in den L- u. S-Banden. Die daraus abgeleiteten Werte für den Assymetrieparameter $\eta = -0{,}082 \pm 0{,}005$ u. für die magnet. Kopplungskonstante $c_l = 13 \pm 5$ kH₂ stimmen mit Messungen anderer Autoren gut überein. Für ^{14}N liegt der Wert $eq_mQ = -4{,}81 \pm 0{,}02$ MH₂ um 5% höher als der aus dem Schwingungsgrundzustand erhaltene; diese Änderung erklärt Vf. durch eine Verringerung der Hybridisation der σ-Bindung. (Physic. Rev. [2] **104.** 365—67. 15/10. 1956. New York, N. Y., New York Univ., Univ. Heights, Coll. of Engng., Phys. Dep.) D. ERTEL. 121

A. Boivin, A. Dion und **H. P. Koenig,** *Experimentelle Versuche zur Beugung von Mikrowellen an rotationssymmetrischen Öffnungen.* Die Ergebnisse der mit einer Wellenlänge von 1,25 mm durchgeführten Verss. zeigen, daß die Rechnungen mit der KIRCHHOFFschen Näherung selbst für Beobachtungsebenen in einer Entfernung, die nur zweimal so groß wie der Durchmesser der beugenden Öffnung ist, Werte mit einer Genauigkeit von 5% liefern. Für weiter entfernte Meßebenen wird die Genauigkeit noch besser. (Canad. J. Physics **34.** 166—78. Febr. 1956. Quebec, Can., Univ. Laval, Fac. des Sci., Dép. de Phys.) D. JÖRCHEL. 121

L. Ja. Schekun, *Über die Rotation der Polarisationsebenen von Mikrowellen in Paramagnetica.* Ausgehend vom Tensor der magnet. Susceptibilität wird der FARADAY-Effekt für Mikrowellen in Gasen theoret. untersucht. Die erhaltenen Formeln lassen sich näherungsweise auch auf feste Stoffe anwenden. Die Abhängigkeit der Absorption, der Dispersion u. der Drehung der Polarisationsebene von der Stärke des Magnetfelds in paramagnet. Gasen wurde für verschied. Bedingungen berechnet. (Известия Академии Наук СССР, Серия Физическая [Nachr. Akad. Wiss. UdSSR, physik. Ser.] **20.** 1262—64. Nov. 1956. Kasan, Uljanow-Lenin-Univ.) M. WIEDEMANN. 121

W. A. Fabrikow, *Einige Fragen zur Theorie gyrotroper Medien.* Der allg. Fall des gyrotropen linearen elektrodynam. Mediums wird phänomenolog. behandelt. Dabei werden einige Resultate über den FARADAY-Effekt in Mischungen aus *Paraffin* u. *Ferriten* im Wellenbereich 10—14 cm an Proben, die in Feldern von 0—1800 Oe magnetisiert waren, diskutiert. Der Einfl. des inneren Anisotropiefelds auf die gyromagnet. Eigg u. die Abhängigkeit der Größe dieser Felder vom mechan. Zustand des Materials sowie vor allem die anomale Drehung der Polarisationsebene werden behandelt. (Известия Академии Наук СССР, Серия Физическая [Nachr. Akad. Wiss. UdSSR, physik. Ser.] **20.** 1318—28. Nov. 1956. Moskau, Molotow-Energieinst.) M. WIEDEMANN. 121

Jeanne Soutif, *Paramagnetischer Faraday-Effekt in Salzen mit Kristallwasser.* Vf. berichtet über Messungen des FARADAY-Effekts bei 3 cm, wobei maximale Drehung der Polarisationsebene bei $MnSO_4$ 20′, $MnSO_4 \cdot H_2O$ 10′, $CuSO_4$ 3′ u. $CuSO_4 \cdot 5\,H_2O$ 2′ beträgt, d. h. in Salzen mit Kristallwasser wird eine geringere Drehung der Polarisationsebene beobachtet. Es werden außerdem theoret. Überlegungen beigefügt. (Cahiers de Physique **1955.** Nr. 62. 31—32. Okt. Grenoble, Fac. des Sci.) G. SCHOFFA. 121

Ferdy Mayer, *Faraday-Effekt in Ferriten bei 9400 MHz.* Am Nickelferrit wird der Einfl. des Durchmessers der Probe, der Feldstärke u. des Hohlleiters auf die Drehung der Polarisationsebene bei 9400 MHz untersucht. Diese Unterss. sollen einheitliche u. vergleichbare Messungen ermöglichen. (Cahiers de Physique **1955.** Nr. 62. 39—41. Okt. Grenoble, Labor. de Haute Fréquence.) G. SCHOFFA. 121

Roger Servant, Pierre Loudette und **André Charru,** *Ein Beispiel für den hochfrequenten Cotton-Effekt bei 3000 MHz.* (Vgl. C. **1956.** 2086.) Im Hohlleiter TE_{11} beobachteten Vff. bei entlang der Achse des Hohlleiters angelegtem Magnetfeld bei 3000 MHz eine Polarisierung der durch Klystron erzeugten elektromagnet. Strahlung, was sie als hochfrequenten COTTON-Effekt bezeichnen. Die Abhängigkeit von der Wellenlänge wird untersucht. (Cahiers de Physique **1955.** Nr. 62. 28—30. Okt. Bordeaux, Fac. des Sci.) G. SCHOFFA. 121

D. Messner, *Über die Energieabhängigkeit der Fluorescenz polykristalliner Leuchtstoffe bei Anregung mit Elektronenstrahlen und Röntgenstrahlen.* Bei Anregungen von Leuchtstoffen durch Elektronen mit Energien E zwischen 5 u. 45 keV ergeben Bestimmungen der Fluorescenzlichtausbeute η (integrale Fluorescenzlichtenergie/elektr. Energie) einen konstanten Verlauf von η unabhängig von E nur für einen RbJ-Phosphor, dagegen eine Abnahme von η für kleine E bei $CaWO_4$ u. schwach bei einem Borsäure–Terephthalsäure-Phosphor. Auch für ZnS·Ag sowie für Anthracen u. Natriumsalicylat sinkt η mit abnehmendem E. Messungen der Wellenlängenabhängigkeit der Fluorescenz J im Röntgengebiet ($\lambda = 0{,}078$—$0{,}4$ kX) zeigen bei Anthracen, ZnS·Ag u. einem Flußspat einen starken Gang von J mit λ, bei Natriumsalicylat dagegen prakt. Unabhängigkeit des J von λ. Die Ergebnisse werden im Zusammenhang mit der Frage der

Umsetzung der Erregungsenergie u. im Zusammenhang mit dem Problem der Dosismessung von ionisierenden Strahlen diskutiert. (Z. Physik **147.** 24—42. 1957. Stuttgart, TH, Röntgeninst.) J. RUDOLPH. 125

Edmond Grillot, *Kristalline mineralische Stoffe mit infraroter Luminescenzemission.* Es wird zunächst nach einer Übersicht über Luminescenzfähigkeit im Infrarot u. Photoleitfähigkeitsverh. von Cu_2O ein Energieschema für das Cu_2O mitgeteilt, das die Beobachtungen unter der Annahme von Excitonenbldg. u. unter der Mitwrkg. von Cu-Lücken als Acceptoren zu deuten vermag. Ferner werden im Rahmen einer Übersicht über die Infrarotluminescenzen von CdS mit Ag oder Cu sowie von Cu-aktivierten CdS–HgS-Gemischen u. von CdSe·Cu die Bändermodelle von CdS- u. ZnS-Phosphoren vergleichsweise betrachtet. (Acta physica Acad. Sci. hung. **5.** 445—61. 1956. Paris, Labor. de Lum.) J. RUDOLPH. 125

Hans Meier, *Über die photoelektrischen Eigenschaften von Leuchtphosphoren.* Zusammenfassende Darst. der bisher an Leuchtstoffen durchgeführten lichtelektr. Arbeiten (212 Literaturhinweise). Behandelt werden: der äußere lichtelektr. Effekt, der innere lichtelektr. Effekt, der Sperrschichtphotoeffekt, der Kristallphotoeffekt, der DK.-Effekt. In einer Tabelle sind die wichtigsten Phosphore zusammengestellt, das Grundmaterial des Leuchtstoffs, die beigefügten Aktivatoren (Phosphorogene) u. Hinweise auf den Lichtstrom u. den Mechanismus des Leuchtens (Rekombinationsstrahler oder Zentrenstrahler). (Z. wiss. Photogr., Photophysik Photochem. **51.** 208—44. 1956, herausg. April 1957. Bamberg, Staatl. Forschungsinst. für Geochem.) W. GÜNTHER. 125

Simon Larach und **Ross E. Shrader,** *Mehrbandenluminescenz in Bornitrid.* Die aus zahlreichen Teilbanden (bis 17) im Gebiet **3000—6500** Å bestehende Luminescenz von BN zeigt sich bei Erregung mit UV, mit Kathodenstrahlen u. im elektr. Wechselfeld (vgl. C. **1957.** 6051). Die relative Höhe der Banden hängt von der erregenden Wellenlänge bzw. von der Energie des erregenden Elektronenstrahls ab. Mit der Temp. nimmt die Photoluminescenz bis zu einem Maximum bei 875° K zu u. sinkt dann auf 50% bei 1375° K. Die Elektroluminescenzintensität J nimmt bei Frequenzen bis 1 kHz mit der angelegten Spannung U entsprechend $J \sim U^{6,5}$ zu; die Helligkeitswellenform ist durch das Fehlen eines sek. Maximums u. durch eine Feinstruktur im Gebiet der Maxima gekennzeichnet. Reflexionsmessungen zwischen 2200 u. 3200 Å am BN-Pulver gaben keinen Anhalt für eine Absorptionskante. Die Feinstruktur der Luminescenz wird auf Grund der Übereinstimmung ihrer Termdifferenzen mit denen der Infrarotabsorptionsbanden einer Schwingungsstruktur zugeordnet. (Physic. Rev. [2] **104.** 68—73. 1/10. 1956. Princeton, N. J., Radio Corp. of Amer., RCA-Labor.) J. RUDOLPH. 125

Willi Lehmann, *Spannungsabhängigkeit der Elektroluminescenz pulvriger Phosphore.* (Vgl. C. **1957.** 5471.) Mit Hilfe der Interpolationsformeln: (1) $L = A \exp[-B/(V + V_0)]$ u. (2) $L = AV \exp[-B/(V + V_0)]$ wird experimentell geprüft, ob die (zeitlich gemittelte) Intensität L der Elektroluminescenz Sättigung für Spannung $V \to \infty$ zeigt oder nicht. Resultat: Sättigung ist vorhanden u. wird durch Gl. (1) mit $V_0 \ll V$ beschrieben. Die Sättigungshelligkeit L = A erweist sich als der Frequenz des Feldes proportional. Die „lokale" Helligkeit eines Volumenelements der Schicht ist $\beta = \alpha \exp[-b/cF]$; Feld F = V/c. Die Konstanten a u. b sind dabei ortsunabhängig, c dagegen nicht. (J. electrochem. Soc. **103.** 667—72. Dez. 1956. Bloomfield, N. J., Westinghouse El. Corp., Lamp Div.) P. BRAUER. 125

Dietrich Hahn und **F. W. Seemann,** *Der Einfluß der Ladungsträgerinjektion auf die Wechselfeldelektroluminescenz.* In einer bes. Elektroluminescenzzellenanordnung, die die gleichzeitige Beobachtung des zeitlichen Verlaufs der Luminescenzhelligkeit im elektr. Wechselfeld mit Hilfe von Multipliern von beiden Elektrodenseiten her sowie von der Schmalseite der Zelle gestattet, werden die verschied. Asymmetrien der Leuchtwellen bei Zellen mit leitenden Glaselektroden, mit verschied. Metallelektroden (C, Al, Cu, Fe, Pt), mit Metall- u. Glaselektrode sowie bei direkt anliegenden oder isolierten Elektroden als Funktion der Elektrodenpolung beobachtet u. oscillograph. aufgenommen. Aus den Beobachtungen folgt, daß neben den Volumeneffekten ein elektrod. Oberflächeneffekt an der (berührenden) Anode sowie unter bestimmten Umständen ein mikrokrist. anod. Oberflächeneffekt bei isolierter Anode auftreten. Bei Zellen mit Metallelektroden (seitliche Beobachtung), von denen eine von der Schicht isoliert ist, hängt die Beziehung zwischen Helligkeit der Lichtblitze u. Elektrodenpolung von der angelegten Spannung u. der Art des Elektrodenmetalls ab. Das Verh. wird mit Hilfe von Sperrschichteffekt u. Feldelektroneneffekt im Sinne von Trägerinjektionen diskutiert. (Z. Physik **146.** 644—54. 1956.) J. RUDOLPH. 125

W. W. Ssobolew, Übertragung der Strahlenenergie in der Atmosphäre von Sternen und Planeten. Moskau: Gosstechisdat. 1956. (391 S.) 11 Rbl. 20 Kop. [russ.]

A_3. Elektrizität. Magnetismus. Elektrochemie.

Robert Arnal, *Die elektrischen Mikroentladungen im dynamischen Vakuum.* (Vgl. C. **1955.** 6215.) Zur Klärung der Überschlagserscheinungen in elektrostat. Elektronenmikroskopen untersucht Vf. die Mikroentladungen, die vor dem eigentlichen Funken- oder Bogenüberschlag auftreten. Die Elektrodenabstände betragen 3—40 mm, der Druck variiert bei laufender Pumpe zwischen 10^{-6} u. 10^{-3} Torr u. die verwendeten Spannungen liegen zwischen 50 u. 140 kV. Die Mikroentladungen treten auf, wenn der Sekundäremissionskoeff. durch den Wert 1 geht. Die adsorbierte Wasserstoffschicht der nicht entgasten Elektroden hat einen entscheidenden Einfl. auf die Entladung, wodurch sich das Verh. der Metalle mit unterschiedlicher Wasserstoffdiffusion zur Oberfläche erklärt. Die Ladungsträger werden als Elektronen u. negative Wasserstoffionen einerseits u. positive Wasserstoffionen andererseits identifiziert. Da die Mikroentladungen eine Kaskadenstruktur aufweisen, kann man ihre Entstehung in Elektronenmikroskopen bei Spannungen von 55—100 kV durch Verwendung einer impulsförmigen Speisespannung (2 μsec) verhindern, wenn bei einer stat. Spannung von 55 kV die Mikroentladungen auftreten würden. Vf. gibt eine verbesserte Linsenkonstruktion an, bei der die Isolatoren weitgehend gegenüber dem schädlichen Ladungsträgerbombardement abgeschirmt sind. (Ann. Physique [12] **10.** 830—73. Sept./Okt. 1955.) G. F. MÜLLER. 131

E. E. Muschlitz jr., T. L. Bailey und **J. H. Simons,** *Elastische und unelastische Streuung von H^--Ionen niedriger Geschwindigkeit in Wasserstoff.* 2 Mitt. (1. vgl. C. **1957.** 15.) Messungen mit einer verbesserten App. ergaben, daß die ersten Messungen des Wirkungsquerschnitts der elast. Streuung mit einem Fehler von mindestens 10% infolge unvollständiger Trennung abgespaltener Elektronen behaftet sind. Bei großen Abständen nähert sich die H^-–H_2-Wechselwrkg. der Ion–Mol.-Polarisation, bei kleinen Abständen ist sie jedoch beträchtlich kleiner. Zwischen 1,0 u. 1,7 Å beträgt das Wechselwirkungspotential V (eV) $= -2{,}64/r^n$ mit $n = 2{,}66$ (r in Å). Zwischen 100 u. 250 eV wird ein wahrscheinlich durch Anregungsprozesse hervorgerufener schwacher Anstieg in α_s beobachtet, bei höheren Ionenenergien nimmt der elast. Streuquerschnitt α_s ab. (J. chem. Physics **26.** 711—12. März 1957. Gainesville, Fla., Univ. of Florida, Coll. of Engng.) H. LIEPACK. 131

H. Gränicher, C. Jaccard, P. Scherrer und **A. Steinemann,** *Dielektrische Eigenschaften des Eises bei sehr tiefen Frequenzen und der Einfluß eines Vorfeldes.* Messungen von ε' u. ε'' an reinen Eiskristallen bei Frequenzen von 0,7 —10^5 Hz zeigen zwei Dispersionsgebiete. Bei —10^0 liegen die zugehörigen Relaxationszeiten bei 10^{-1} u. 10^{-5} sec. Die höherfrequente Dispersion ist durch die Dipolrelaxation verursacht, die niederfrequente sehr wahrscheinlich durch bewegliche Ladungsträger, die den Kristall nicht verlassen können. Hierfür sprechen nicht nur der starke Einfl. der Reinheit auf die Relaxationszeit u. die Temperaturabhängigkeit, sondern auch die Wrkg. eines überlagerten Gleichfeldes (3000 V/cm), das die niederfrequente Dispersion zum Verschwinden bringt. (Helv. physica Acta **28.** 300—03. 31/8. 1955.) W. MAIER. 132

D. Aboav, H. Gränicher und **W. Petter,** *Über die Antiferroelektrizität von deuteriertem Diammoniumorthoperjodat.* Durch DK.-Messungen in Richtung der hexagonalen c-Achse an Einkristallen von $(ND_4)_2D_3JO_6$ wurde der Umwandlungspunkt in die antiferroelektr. Phase bei —7^0 festgestellt, während er beim leichten Salz bei —22^0 liegt. Röntgenstrukturbestimmungen haben dieses Ergebnis bestätigt. Beim Übergang zur antiferroelektr. Phase verdoppelt sich die Identitätsperiode in der a-Richtung, während sie in der c-Richtung unverändert bleibt. (Helv. physica Acta **28.** 299—300. 31/8. 1955. Zürich, ETH.) W. MAIER. 132

J. A. van den Berg, *Ein vereinfachtes Verfahren zur schnellen Bestimmung scheinbarer Dipolmomente in Lösung.* Vf. beschreibt eine Meßzelle für die gleichzeitige Best. von DK. u. D. leicht verdunstender Lösungen zur Dipolmomentsmessung nach der üblichen Methode. (J. South African chem. Inst. **9.** 46—50. März 1956. Potchefstroon, Transvaal, Univ., Dep. of Chem.) W. MAIER. 132

E. W. Kammer, *Änderungen in der Thermokraft von Kupfer bei Kaltbearbeitung bei der Temperatur des flüssigen Stickstoffs.* Durch plast. Deformation (Dehnung) hervorgerufene Änderungen der Thermokraft werden mit der Wrkg. von Leerstellen im Gitter erklärt, die eine entgegengesetzte Änderung wie Versetzungen verursachen. (Physic. Rev. [2] **104.** 265. 1/10. 1956. Washington, D. C., Naval Res. Labor.) G. KIRSCHSTEIN. 133

Frank Matossi, *Theorie der dynamischen Tilgung von Photoleitung und Luminescenz.* Reaktionskinet. Behandlung der Ausleuchtung u. Tilgung. Modell: Das Ultrarot bzw. elektr. Feld hebt Elektronen aus dem Valenzband in ionisierte Aktivatorterme (Tilgung) oder Elektronen aus Haftstellen ins Leitungsband (Ausleuchtung u. Tilgung). Die theoret. Resultate können den experimentellen Zeitabhängigkeiten von Luminescenz- u. Photoleitungstilgung von *CdS* angepaßt werden. (J. electrochem. Soc. **103**. 662—67. Dez. 1956. White Oak, Md., U. S. Naval Ordnance Labor.) P. BRAUER. 134

Georges Blet, *Über den Einfluß des nahen Infrarots auf die Eigenschaften von Selenphotozellen bei tiefen Temperaturen.* (Vgl. C. **1957**. 6053.) Durch Abkühlen einer Se-Photozelle auf 100° K wird die Empfindlichkeit stark herabgesetzt u. spektral auf eine einzige Bande zwischen 0,6 u. 0,9 μ mit Maximum um 0,72 μ eingeengt. Durch eine Belichtung der Zelle in diesem Bandenbereich λ_s wird sowohl außerhalb λ_s eine Lichtempfindlichkeit wieder erzeugt, als auch die Empfindlichkeit innerhalb λ_s verstärkt sowie die beim Einfrieren stark herabgesetzte elektr. Leitfähigkeit u. Kapazität wieder beträchtlich erhöht. Schließlich wird die wellenlängenunabhängige Zellenspannungsmodulation bei Belichtung mit moduliertem Wechsellicht durch Einfrieren auf den Bereich λ_s beschränkt. Die Erscheinungen lassen sich mit Hilfe eines Halbleitermodells mit tiefen Haftstellen erklären, die sich bei Abkühlung mit Elektronen füllen; Photonen geeigneter Energie können die Elektronen ablösen, ihre Rückkehrwahrscheinlichkeit bei sehr tiefen Tempp. ist aber nur gering, so daß gleichsam ein metastabiler Zustand für längere Zeit bestehen bleibt. (C. R. hebd. Séances Acad. Sci. **243**. 798—800. 10/9. 1956.) J. RUDOLPH. 134

Kiyoshi Miyake, *Ermüdung der lichtelektrischen Emission von Caesiumantimonid.* Durch intensive Belichtung mit Licht einer Wellenlänge $\lambda < 6000$ Å werden die maximale Empfindlichkeit von Caesium-Antimonid-Photoschichten (auf Ni-Träger) sowie ihre Empfindlichkeit gegenüber rotem Licht erhöht, durch intensive Bestrahlung mit langwelligem Licht ($\lambda > 6000$ Å) dagegen stark erniedrigt. Das Verh., das auf eine Änderung in der Zus. der Schicht zurückzuführen sein kann, wird kurz diskutiert. (J. physic. Soc. Japan **10**. 913—15. Okt. 1955. Tokyo, Nippon Telegr. and Teleph. Corp., Electr. Comm. Labor. [Orig.: engl.]) J. RUDOLPH. 134

R. L. Longini, *Temperaturabhängiger Faktor bei der Ladungsträgerlebensdauer.* Vf. diskutiert die Elektron-Defektelektron-Rekombination an Kantenversetzungen in Verbindung mit dem Modell von KULIN u. KURTZ (C. **1955**. 5482) u. die Möglichkeit einer Temperaturabhängigkeit von τ_d in der Gleichung für die Lebensdauer $\tau = \tau_d \exp(-\varphi/kT)$. Aus der Temperaturabhängigkeit des Sättigungsstromes eines p-n-Übergangs folgt aus der Defektelektronenlebensdauer in Übereinstimmung mit dem Modell von KULIN u. KURTZ eine Aktivierungsenergie φ von 0,2 eV bis herab zu 235° K; unterhalb 235° K ist die einfache exponentielle Beziehung nicht mehr erfüllt. Bei Voraussetzung des l. c. beschriebenen Modells kann τ_d nur schwach temperaturabhängig sein. (Physic. Rev. [2] **102**. 584—85. 15/4. 1956. Pittsburgh, Pa., Westinghouse Res. Labors.) H. LIEPACK. 135

R. Mansfield, *Der Halleffekt in Halbleitern.* Auf Grund der vom Vf. früher (vgl. C. **1957**. 3725) angestellten Betrachtungen wird gezeigt, daß die in der Literatur angegebenen Näherungsformeln für die HALL-Konstante nur innerhalb gewisser Grenzen brauchbare Werte liefern u. daß darüber hinaus z. T. beträchtliche Abweichungen auftreten. (Proc. physic. Soc., Sect. B **69**. 862—65. 1/8. 1956. London, Bedford Coll.) O. FUCHS. 135

Leon Bess, *Untersuchung des 1/f-Rauschens in Halbleiterdrähten.* Vf. entwickelt eine Theorie, bei der die Diffusion von Verunreinigungsatomen über die Oberfläche u. entlang von Kantenversetzungen berücksichtigt wird. Zum Nachw. der Gültigkeit werden Verss. angeführt. (Physic. Rev. [2] **103**. 72—82. 1/7. 1956. Lexington, Mass., MIT, Lincoln Labor.) H. LIEPACK. 135

Esther M. Conwell, *Verunreinigungsbandleitung in Germanium und Silicium.* (Vgl. C. **1956**. 7711.) Die Wellenfunktionen der Verunreinigungszustände werden durch wasserstoffähnliche Näherungen ersetzt. Die zur Ausbldg. eines Verunreinigungsbandes (Breite in der Größenordnung kT bei 10° K) u. zu seiner Überlappung mit dem Leitungsband erforderlichen Verunreinigungskonzz. (in cm^{-3}) werden geschätzt: *n-Ge* $>1\cdot10^{16}$, $>9\cdot10^{17}$, *p-Ge* $<5\cdot10^{16}$, $<3\cdot10^{18}$, *n-Si* $>1\cdot10^{17}$, $>2\cdot10^{19}$, *p-Si* $<1\cdot10^{18}$, $<1\cdot10^{20}$. Die Rechnungen zeigen, daß eine Leitung in Verunreinigungszuständen bei entarteten u. angenähert entarteten Proben selbst bei relativ hohen Tempp. zu berücksichtigen ist. Für niedrigere Konzz. wird eine Behandlung der Leitung angegeben, die der scharfen Zunahme im Verunreinigungsbandwiderstand mit abnehmender Verunreinigungskonz., der Kompensation u. der Größenordnung des spezif. Widerstands Rechnung trägt. Die Vorzeichenfrage der Träger im Verunreinigungsband wird diskutiert. Die Vorzeichenumkehr der Thermo-EMK. ist nicht notwendig mit der der effektiven M. verknüpft. (Physic. Rev. [2] **103**. 51—61. 1/7. 1956. Bayside, N. Y., Sylvania Electr. Prod., Inc., Phys. Labor.) H. LIEPACK. 135

Günter Adam, *Der Einfluß der Gasatmosphäre auf die Oberflächenrekombination bei Germanium.* Es wird ein Verf., die sogenannte Wendemeth., zur Messung der Oberflächenrekombinationsgeschwindigkeit u. der Volumdiffusionslänge beschrieben. Danach wird die stationäre eindimensionale Trägerdiffusion quer durch eine planparallele Platte bei konstanter Injektion durch Lichtbestrahlung auf der einen Seite untersucht. Gegenüber dem Abtastverf. mittels Lichtsonde (nach GOUCHER) besteht der Vorteil, daß die Oberflächenleitung auch bei Anwesenheit von Inversionsschichten nicht verfälscht wird. Die an n- u. p-Ge bei verschied. Gasatmosphären (O_2 trocken, $O_2 + O_3$, O_2 feucht, N_2 feucht, N_2 trocken) gemessenen Ergebnisse werden an Hand des BRATTAIN-BARDEENschen Modells der Ge-Oberfläche u. der SHOCKLEY-READschen Rekombinationstheorie erörtert. (Z. Naturforsch. **12 a.** 574—82. Juli 1957. Nürnberg, Standard Elektrik-AG., Gleichrichter- u. Bauelementewerk.) D. JÖRCHEL. 135

Henry T. Minden, *Einfluß von Sauerstoff auf PbS-Filme.* (Vgl. C. **1957**. 2913). Der Einfl. von O_2 auf die Leitfähigkeit von im Vakuum aufgedampften PbS-Filmen wird experimentell untersucht. Im entgasten Zustande sind diese Filme Halbleiter vom n-Typ. Werden sie O_2 bei Tempp. unter ca. 200° ausgesetzt, so nimmt die Leitfähigkeit mit steigendem Druck zuerst ab u. wächst dann wieder. Die Thermokraft wechselt von Minus nach Plus. Weniger als 10^{-3} Mol O_2 /Mol PbS werden vom Film absorbiert. Oberhalb 200° sinkt die Leitfähigkeit nur bei Ggw. von O_2, u. die Thermokraft wird gering. Der Film absorbiert allmählich die gesamte Masse O_2 in dem Vakuumsyst. u. entwickelt nennbare Mengen SO_2. Wenn die Rk. beendet ist, erreicht die Leitfähigkeit wieder den Ausgangswert, u. die Thermokraft wird wieder negativ. Der Film kann wiederholt größere Mengen O_2 absorbieren, ohne daß eine bleibende Änderung der elektr. Eigg. auftritt. Es wird angenommen, daß solche Filme aus 2 Schichten zusammengesetzt sind: Nächst dem Substrat ist eine leitende Schicht, die O_2 chemisorbiert, aber nicht mit ihm reagiert; die Acceptoren des chemisorbierten O_2 sind für die beobachteten Leitfähigkeitsänderungen verantwortlich. Die obere Schicht des Films ist nichtleitend u. reagiert mit O_2 vollständig, wahrscheinlich unter Bldg. von $PbSO_3 + PbO$ u. Entw. von SO_2. (J. chem. Physics **23.** 1948—55. Okt. 1955. Chicago, Ill., Midway Labors.) G. RUBAN. 135

J. Bruce Wagner und **Carl Wagner,** *Elektrische Leitfähigkeitsmessungen an Kupfer(I)-halogeniden.* Vff. bestimmen mit den in C. **1956.** 7146 angegebenen Verff. Gesamt- u. Defektelektronenleitfähigkeit von festem *CuCl, CuBr* u. *CuJ* zwischen 250 u. 450° Die Probekörper bestehen aus reinsten, aus den Elementen hergestellten Halogeniden, die zu Tabletten gepreßt sind. Die Best. der Gesamtleitfähigkeit erfolgt mit Wechselspannung von 1000 Hz in einer Brückenschaltung mit oscillograph. Nullpunktsanzeige unter Verwendung von Cu-Zuführungselektroden. Die Best. der Elektronenleitfähigkeit erfolgt in der Zelle *Cu/CuX/Graphit* (X = Cl, Br, J). Bei Anlegung einer Gleichspannung unterhalb der Zersetzungsspannung des CuX mit dem positiven Pol auf der rechten Seite wandern Cu-Ionen von rechts nach links entsprechend dem elektr. Feld. Mangels Nachlieferung von Cu-Ionen an der Graphitelektrode entsteht ein Cu-Defizit im CuX an der CuX–Graphit-Grenzfläche, u. somit diffundieren Cu-Ionen von links nach rechts. Im stationären Zustand kompensiert die Diffusion der Cu-Ionen die elektrolyt. Wanderung, d. h. der Stromtransport erfolgt ausschließlich durch Elektronen (sowohl Überschuß- als auch Defektelektronen) ohne chem. Änderungen an den Elektroden. Die Meßresultate zeigen, daß im Bereich vorwiegender Ionenleitfähigkeit fast nur Defektelektronenleitung u. nur zu einem sehr geringen Anteil Elektronenleitung in den Kupfer(I)-halogeniden vorliegt. (J. chem. Physics **26.** 1597—1601. Juni 1957. Cambridge, Mass., MIT, Dep. of Metallurgy.) HERBERT MÜLLER. 135

J. Bruce Wagner und **Carl Wagner,** *Untersuchungen an Kupfer(I)-sulfid.* (Vgl. vorst. Ref.) Vff. bestimmen die Aktivität von Cu in Cu_2S als Funktion der Zus. durch coulometr. Titration in der Zelle *Cu/CuBr/Cu$_x$S/Graphit*. In der Zelle ist CuBr zwischen 350 u. 450° ein prakt. reiner Ionenleiter, Cu_xS ein gemischter Leiter u. Graphit ein reiner Elektronenleiter. Bei Stromfluß von links nach rechts treten somit Cu-Ionen bzw. Elektronen von links bzw. rechts in die Cu_xS-Probe ein. Dementsprechend ist die EMK. $E = -(\mu_{Cu} - \mu^0_{Cu})/F$ mit μ^0_{Cu} als chem. Potential des reinen Cu u. μ_{Cu} als chem. Potential des Cu im gemischten Leiter entsprechend dessen genauer chem. Zusammensetzung. Beim Durchgang einer bestimmten Strommenge läßt sich das Verhältnis Cu/S im Cu_xS um kleine, wohldefinierte Beträge ändern. Die resultierende EMK. gibt den dazugehörigen Wert μ_{Cu}. Aus diesen Messungen folgt für den Homogenitätsbereich des Cu_xS bei 400° ein Cu/S-Verhältnis von 1,9996 ± 0,0002 für Proben in Koexistenz mit metall. Cu u. von < 1,93 für Proben in Koexistenz mit *Digenit* ($Cu_{1,8}S$). Das Verhältnis der M. der Defektelektronen zur M. von freien Elektronen wurde zu 7 ± 2 bei 435° bestimmt. Vorläufige Leitfähigkeitsmessungen an Cu_xS lassen eine beträchtliche Zunahme der Defektelektronenbeweglichkeit mit zunehmendem Cu-Defizit erkennen. Offenbar finden weniger Zusammenstöße zwischen Defekt- u. Überschußelektronen statt. (J. chem. Physics **26.** 1602—06. Juni 1957.) HERBERT MÜLLER. 135

Gert Lorenz und **Carl Wagner**, *Untersuchungen an Kupfer(I)-selenid und Kupfertelluriden.* Mit Hilfe der coulometr. Titration (vgl. vorst. Ref.) wird die Aktivität des *Cu* in Cu_2Se u. verschied. Phasen des Syst. *Cu–Te* als Funktion des Metall/Nichtmetall-Verhältnisses bestimmt. Die Abhängigkeit der EMK. der Zelle *Cu/CuBr/*Cu_xSe*/Graphit* von der Zus. des Cu_xSe liefert einen Homogenitätsbereich mit einem Cu/Se-Verhältnis von 1,9975 ± 0,001 bis < 1,86. Im Syst. Cu–Te, untersucht an der Zelle *Cu/CuBr/*Cu_xTe*/Graphit*, treten homogene Phasen zwischen den Cu/Te-Verhältnissen 2—1,92, 1,43—1,39 u. 1,32—1,30 auf Beziehungen zwischen der Phase $Cu_{1,4}Te$ u. *Rickardit* müssen allerdings noch geprüft werden. (J. chem. Physics **26.** 1607—08. Juni 1957.)
HERBERT MÜLLER. 135

G. Beck, *Phänomenologische Theorie der Leitfähigkeit.* Vf. macht einige Bemerkungen zu dem Problem, wie das mechan. Modell, nach dem die als Individuen angesehenen Elektronen mit dem äußeren Feld u. den Gitterschwingungen in Wechselwrkg. stehen, durch ein besser zutreffendes ersetzt werden müßte. (Nuovo Cimento [10] **4.** 1190—91. 1/11. 1956. São Paulo, Dep. de Fís.) G. KIRSCHSTEIN. 136

Leon N. Cooper, *Gebundene Elektronenpaare in einem entarteten Fermigas.* Wellenmechan. Betrachtungen mit dem Ziel, das Energiespektr. der supraleitenden Metalle zu erklären. (Physic. Rev. [2] **104.** 1189—90. 15/11. 1956. Urbana, Ill., Univ. of Illinois, Phys. Dep.) G. KIRSCHSTEIN. 136

Takeshi Miyauchi und **Harunobu Kimura**, *Elektrische Eigenschaften von Cd–Sb.* Von *Cd–Sb* (**I**) vom p-Typ des spezif. Widerstandes 0,1 Ohm·cm bei 20° wurde zwischen t = —60 u. 280° die elektr. Leitfähigkeit ϰ gemessen. Bei steigendem t fällt ϰ zunächst ab, bleibt von ca. 20—120° konstant u. steigt dann sehr steil an. Die Größe n_1n_2/T^3, wo n_1 bzw. n_2 = D. der Elektronen bzw. Löcher, T = absol. Temp., fällt mit steigendem 1/T linear ab. Daraus, sowie aus der Messung der Temperaturabhängigkeit der Thermokraft berechnet sich die Breite des verbotenen Bandes zu 0,3 ± 0,05 eV u. die Größe $m' = (m_1m_2)^{1/2}/m_0$ (m_1 bzw. m_2 = effektive Massen von Elektron bzw. Loch, m_0 = M. des freien Elektrons) zu 0,15 ± 0,05. Gleichrichterwrkg. sowie das Vorliegen von n-Typ-Bereichen in **I** bei 20° konnten nicht festgestellt werden, im Gegensatz zu den von JUSTI u. LAUTZ (vgl. C. **1953.** 4647) u. JOHNSON u. LARK-HOROVITZ (vgl. C. **1956.** 4629) gefundenen Ergebnissen. (J. physic. Soc. Japan **11.** 1013—14. Sept. 1956. Osaka Prefecture, Univ., Junior Coll. for Engng. [Orig.: engl.]) O. FUCHS. 136

C. W. Berghout, *Die Beziehung zwischen elektrischem Widerstand und Festigkeit bei verformtem Kupfer.* Vf. berichtet über Messungen des elektr. Widerstandes u. der Festigkeit von verformtem Cu bei —195°. Die Ergebnisse für verschieden stark verformte Proben sind in Diagrammen zusammengestellt. (Acta metallurg. [New York] **4.** 211—13. März 1956. Delft, Labor. voor Techn. Phys.) W. JENA. 136

R. W. Schmitt, *Die Möglichkeit der Annäherung an das Tieftemperatur-Widerstandsmaximum in verdünnten Legierungen der Übergangsmetalle in Edelmetalle.* Wenn eine verd. Legierung eines Übergangsmetalls in einem Edelmetall ferromagnet. wird, wird durch das lokale Feld die Spinentartung des Grundzustandes des Verunreinigungsatoms beseitigt. Es kann dann elast. u. unelast. Streuung der Leitungselektronen durch Verunreinigungsatome stattfinden. Ist der Wirkungsquerschnitt der elast. Streuung für die tiefer liegenden, nichtentarteten Zustände größer, so folgt: 1. Es existiert ein Maximum des temperaturabhängigen Widerstandes. 2. Die Temp. des Maximums ändert sich stark mit der Konz. des Übergangsmetalls. 3. Die magnet. Widerstandsänderung ist negativ bis zu Tempp. oberhalb der des Maximums. Das Modell setzt nicht die Annahme lokalisierter Elektronenzustände mit Energien in der Nähe der FERMI-Energie voraus. (Vgl. KORRINGA u. GERRITSEN, C. **1955.** 285.) (Physic. Rev. [2] **103.** 83—87. 1/7. 1956. Schenectady, N. Y., Gen. Electr. Res. Labor.) H. LIEPACK. 136

H. W. Lewis, *Oberflächenenergien in Supraleitern.* Berechnung der Grenzflächenenergie u. Vgl. mit experimentellen u. theoret. Literaturdaten. (Physic. Rev. [2] **104.** 942—47. 15/11. 1956. Murray Hill, N. J., Bell Telephone Labors.)
G. KIRSCHSTEIN. 136

A. N. Alfimov, *Eine empfindliche Einrichtung zur Untersuchung der Phasenumwandlungen.* (Research **9.** 302—05. Aug. 1956. — C. **1957.** 4020.)
M. GEHLEN-KELLER. 137

W. A. Fabrikow und **Ja. N. Kolli**, *Näherungsmethoden zur Berechnung gyromagnetischer Medien.* Einige Fälle der Anwendung gyromagnet. Medien werden durchgerechnet.

(Известия Академии Наук СССР, Серия Физическая [Nachr. Akad. Wiss. UdSSR, physik. Ser.] **20.** 1329—35. Nov. 1956. Moskau, Molotow-Energieinst.)
M. WIEDEMANN. 137

E. P. Wohlfarth, *Antiferromagnetismus im System Ti–H.* Vf. untersucht die magnet. Susceptibilität der verschied. im Syst. Ti–H auftretenden Phasen u. gibt eine theoret. Deutung der antiferromagnet. Erscheinungen. (Acta metallurg. [New York] **4.** 225—27. März 1956. London, Imp. Coll., Dep. of Mathem.) W. JENA. 137

Clyde A. Hutchison jr., *Magnetische Resonanz.* Zusammenfassender Überblick. Behandlung der elektronenmagnet. Resonanz in Einkristallen (z. B. ^{151}Eu, ^{153}Eu, ^{147}Sm, ^{149}Sm, ^{165}Ho, ^{159}Tb, ^{141}Pr, ^{63}Cu u. ^{65}Cu), in freien Radikalen (Semichinonen, z. B. *Tetramethyl-p-benzochinon* u. a.), in bestrahltem Material (Farbzentren), in Metallen u. Halbleitern, in *C*, in Gasen; kernmagnet. Resonanz in Einkristallen (z. B. von ^{27}Al in $HBeAl\cdot SiO_5$, Euklas), Resonanzbreiten u. -momente, chem. Verschiebungen (shifts), Spin–Spin-Wechselwrkg., Spinechos, Anwendungen; OVERHAUSER-Effekt. — 184 Literaturstellen. (Annu. Rev. physic. Chem. **7.** 359—82. 1956. Chicago, Ill., Univ., Enrico Fermi Inst. for Nuclear Studies and Dep. of Chem.) G. RUBAN. 137

Pierre Denis, *Über die Anwendung der Transistoren in der magnetischen Kernresonanz.* Beschreibung eines zur Unters. der magnet. Kernresonanz geeigneten Transistors. (Cahiers de Physique **1955.** Nr. 62. 26—28. Okt. Bordeaux, Fac. des Sci.)
G. SCHOFFA. 137

H. G. Beljers, *Anwendung der ferromagnetischen Resonanz auf Ferrite.* Allgemeine theoret. Betrachtungen. (Cahiers de Physique **1955.** Nr. 62. 43—44. Okt. Eindhoven, Labor. de Rech. Philips.) G. SCHOFFA. 137

J. S. van Wieringen, *Ferrimagnetische Resonanz der Ferrite bei der Kompensationstemperatur.* Die ferrimagnet. Resonanz des $Li_{0,5}Fe_{1,25}Cr_{1,25}O_4$ wird bei 24000 MHz u. des $Li_{0,5}Fe_1Cr_{1,5}O_4$ bei 24000 u. 9500 MHz im Temperaturbereich zwischen ca. 90° K u. 470° K untersucht. χ'' ist temperatur- u. feldstärkeabhängig. Der g-Faktor ist ebenfalls temperaturabhängig u. beträgt je nach der Temp. ca. 6,7 bis ca. 2,0. (Cahiers de Physique **1955.** Nr. 62. 45—47. Okt. Eindhoven, Labor. de Rech. Philips.)
G. SCHOFFA. 137

Jean Paulevé, *Untersuchung der ferrimagnetische Resonanz der Ferrite der Seltenen Erden in Abhängigkeit von der Temperatur.* (Vgl. C. **1956.** 12181.) In einem zylindr. Wellenleiter TE_{11} wird die Temperaturabhängigkeit der paramagnet. Resonanz bei 9000 MHz des *Gadoliniumferrits* untersucht. Bei 306° K ist $g \approx 12$, bei höheren u. niedrigeren Tempp. wird der g-Faktor kleiner. Für *Erbiumferrit* werden die Befunde von GUIOT-GUILLAIN u. Mitarbeitern (C. R. hebd. Séances Acad. Sci. **239.** [1954.] 155) bestätigt, wonach die magnet. Kompensation bei 70° K vorliegt. (Cahiers de Physique **1955.** Nr. 62. 47—48. Okt. Grenoble, Fac. des Sci.) G. SCHOFFA. 137

L. A. Fomenko, *Untersuchung der magnetischen Spektren von gemischten Ferriten im Zustand der Magnetisierung im Radiofrequenzintervall.* Die magnet. Spektren von gemischten *Li–Zn-*, *Ni–Zn–Mg-*, *Ni–Zn–Cu-*, *Ni–Zn–Be-* u. *Ni–Zn*-Ferriten mit μ_a von 100—600 $GsOe^{-1}$ zeigten im wesentlichen Resonanzcharakter, unabhängig von der Form der Proben. Die Beziehung zum Verlustwinkel wird diskutiert. Die Unterschiede der Spektren im magnetisierten u. im entmagnetisierten Zustand weisen darauf hin, daß der relative Anteil der Prozesse der Verschiebung u. Drehung von der Zus. der Ferrite u. ihrer technolog. Herst. abhängt. (Известия Академии Наук СССР, Серия Физическая [Nachr. Akad. Wiss. UdSSR, physik. Ser.] **20.** 1348—56. Nov. 1956.)
M. WIEDEMANN. 137

L. A. Fomenko, *Magnetische Spektren fester Lösungen von Ni–Zn-Ferriten im Radiofrequenzgebiet bei Temperaturen in der Nähe des Curie-Punktes.* (Vgl. C. **1957.** 6668.) Die magnet. Spektren von Ni–Zn-Ferriten in Ringform wurden im Bereich 0,2 bis 60 MHz bei Tempp. von 20—160° untersucht. Die Proben hatten einen CURIE-Punkt von ca. 70° u. einen Ausgangswert von $\mu = 2075$ $GsOe^{-1}$. Bei Erhöhung der Temp. wurden die Dispersions- u. Absorptionsbanden erst nach niedrigeren, dann nach höheren Radiofrequenzen verschoben. Bei Frequenzen unter dem Resonanzwert hatte der Verlustwinkel $tg\,\delta$ bei ca. 66° ein von der Meßfrequenz unabhängiges Maximum. Dort erreichte auch die hochfrequente magnet. Zähigkeit einen hohen Wert. Die Ergebnisse werden bei hohen Tempp. durch die gyromagnet. Resonanz im effektiven magnet. Feld u. bei niederen durch die inerte effektive M. der Grenzen zwischen den ferromagnet. Bereichen gedeutet. (Известия Академии Наук СССР, Серия Физическая [Nachr. Akad. Wiss. UdSSR, physik. Ser.] **20.** 1336—47. Nov. 1956.) M. WIEDEMANN. 137

L. Ja. Schekun, *Beziehung zwischen der paramagnetischen Resonanzabsorption und der paramagnetischen Resonanzrotation.* Für die Beziehung zwischen der paramagnet.

Resonanzabsorption u. der Resonanzrotation werden Formeln abgeleitet, die für Gase gelten, sich aber auch auf Festkörper anwenden lassen. (Известия Академии Наук СССР, Серия Физическая [Nachr. Akad. Wiss. UdSSR, physik. Ser.] **20.** 1265—66. Nov. 1956.) M. WIEDEMANN. 137

Lyle R. Dawson, Richard H. Graves und **Paul G. Sears,** *Lösungsmittel mit hoher Dielektrizitätskonstante.* 3. Mitt. *Lösungen von Natrium- und Kaliumhalogeniden in N-Methylpropionamid und in N-Methylbutyramid von 30—60°.* (2. vgl. C. **1956.** 10856; 4. vgl. C. **1956.** 13929.) Bestimmungen der Äquivalentleitfähigkeit bei Konzz. von $8 \cdot 10^{-4}$—0,5 mol. u. Tempp. von 30—60° an Lsgg. von *NaCl, KCl, KBr, KJ* u. *NaJ* in N-Methylpropionamid (DK. = 164,3 bei 30°) u. an Lsgg. von NaCl u. KCl in N-Methylbutyramid (DK. = 128,4 bei 25°). Bis zu Konzz. von 0,01 n sind die Ergebnisse in guter Übereinstimmung mit der ONSAGER-Theorie. Bei höheren Konzz. machen sich Viscositätseffekte bemerkbar, die durch eine Modifikation der ONSAGER-Gleichung erfaßt werden können. (J. Amer. chem. Soc. **79.** 298—300. 20/1. 1957. Lexington, Ky., Univ. of Kentucky, Dep. of Chem.) W. MAIER. 138

S. D. Hamann und **W. Strauss,** *Die chemischen Wirkungen von Druck.* 3. Mitt. *Ionisationskonstanten bei Drucken bis 12000 at.* (2. vgl. C. **1956.** 1525.) Aus Messungen der elektr. Leitfähigkeit wss. Lsgg. in Abhängigkeit vom Druck werden die Ionisationskonstanten von NH_4OH, $(CH_3)_2NH_2OH$, $(CH_3)_3NHOH$, HCO_2H, CH_3CO_2H u. $C_2H_5CO_2H$ mit einigen ihrer Salze nach der Meth. von DAVIES, SHERRILL, NOYES u. MACINNES ermittelt. Zur Vermessung kamen 5 Elektrolyte bei Drucken bis zu 12000 at bei 45° u. 10 bis zu Drucken von 3000 at bei 25°. Bes. auffallend ist die starke Zunahme der spezif. Leitfähigkeit der H_3O^+- u. OH^--Ionen u. von NH_4OH mit wachsendem Druck, desgleichen der starke Anstieg der Ionisationskonstante von NH_4OH, die bei 1 at $1{,}9 \cdot 10^{-5}$ u. bei 12000 at $1010 \cdot 10^{-5}$ [Mol/kg] beträgt. (Trans. Faraday Soc. **51.** 1684—90. Dez. 1955. Sydney, Univ., Ind. Chem.) R. BRÜCKNER. 139

B. F. Markow, *Berechnung von thermodynamischen Konstanten ungesättigter Halogenide aus der elektromotorischen Kraft und dem Temperaturkoeffizienten chemischer Ketten und Daniell-Jacobi-Ketten.* (Vgl. C. **1957. 12373.**) Da man für die ungesätt. Halogenide die thermodyn. Konstanten aus den EMK.-Werten nicht erhalten kann, berechneten Vff. diese Konstanten aus der EMK. u. ihrem Temperaturkoeff. von chem. Ketten ($Me_I/Me_IX_2/X_2$) u. von DANIELL-JACOBI-Ketten ($Me_I/Me_IX_2/Me_{II}X_2/Me_{II}$). Als Beispiele wurden die Berechnungen der thermodynam. Konstanten (ΔT, TΔS, ΔH) von *TlCl*, $SnCl_2$ u. *CuCl* durchgeführt. Die bei TlCl u. CuCl zum Vgl. thermochem. berechneten ΔH-Werte stimmen mit den elektrochem. berechneten gut bzw. befriedigend überein. (Журнал Физической Химии [J. physik. Chem.] **30.** 1537—39. Juli 1956. Kiew, Inst. für allg. u. anorgan. Chemie der Akad. der Wiss. der UdSSR.)
E. KORDES. 140

W. Tomassi, *Theoretische Grundlagen der Verwendung von Pulverelektroden.* Zusammenfassung der Unterss. des Vf. über Pulverelektroden (PE). Das Potential der PE ist von ihrer Oberflächenbeschaffenheit stark abhängig. Es besteht damit die Möglichkeit der Unters. der katalyt. Wrkg. von Substanzen sowie der quantitativen Best. von Substanzen, die an der Oberfläche der PE adsorbiert sind. (Przemysł chem. **12 (35).** 520—22. Sept. 1956. Warszawa, Politechn., Kat. Chem. Fiz.) F. URBAN. 140

H. Gerischer und **W. Vielstich,** *Zur Elektrolyse bei konstantem Elektrodenpotential.* 1. Mitt. *Der Strom-Zeit-Verlauf bei gehemmter Entladung mit Nachlieferung durch Diffusion und Rückschlüsse auf die Kinetik.* Es wird der Einstellvorgang an einer Elektrode nach Anlegen eines konstanten Potentials theoret. untersucht. Aus dem Strom-Zeit-Verlauf läßt sich durch Extrapolation auf den Zeitpunkt des Einschaltens eine „Anfangsstromstärke" ermitteln, die ausschließlich durch die Geschwindigkeit des Entladungsprozesses bestimmt wird. Daraus lassen sich Aufschlüsse über die Kinetik der Entladungs-Rk. gewinnen, was für die Entladung einfacher u. komplexer Metallionen näher erläutert wird. Bes. für den letzteren Fall ergibt die potentiometr. Meth. eine sehr einfache Möglichkeit zur Analyse des Reaktionsmechanismus. (Z. physik. Chem. Frankf. Ausg. [N. F.] **3.** 16—33. Jan. 1955. Stuttgart, MPI für Metallforsch.)
E. KLEVER. 141

Alex Lodding, *Haeffner-Effekt in Zinn, Cadmium und Zink.* Der Isotopieeffekt bei Gleichstromdurchgang in geschmolzenen Metallen wurde in *Sn I* (285°), *Sn II* (590°), *Cd I* (370°), *Cd II* (540°) u. *Zn* (510°) untersucht. Die aus Pyrexglas hergestellte App. bestand aus zwei ca. 20 cm langen waagerechten Capillaren mit einem Durchmesser von ca. 0,55 mm, die in der Mitte durch ein weites, mit einer Sauganordnung versehenes Rohr verbunden waren u. an deren Enden sich eingeschmolzene W-Elektroden befanden.

Die verwendeten Stromdichten lagen zwischen 4000 u. 5500 A/cm². Es zeigte sich, daß der Masseneffekt bei Sn mit der Temp. ansteigt, während bei Cd keine solche Temperaturabhängigkeit beobachtet wurde. (Z. Naturforsch. **12a.** 569—73. Juli 1957. Göteborg, Chalmers TH, Inst. für Phys.) D. JÖRCHEL.141

A. Rius, J. Llopis und **J. J. Royuela,** *Physikalisch-chemische Untersuchung der Fadenelektrode.* 2. Mitt. *„Rohr"-Effekt und Amalgambildung.* (1. vgl. C. **1957.** 11785.) In Ggw. von Stoffen, die mit Hg unlösl. Verbb. bilden können, treten nur die ersten Hg-Tropfen n. aus, die folgenden in längeren Fäden mit matter Oberfläche. Dieser „Rohr"-Effekt wird z. B. beobachtet mit KCl, HCl, K_2CrO_4, $H_2C_2O_4$, $Na_2C_2O_4$, NaF u. NaOH, nicht mit NH_4Cl, da NH_3 die Bldg. von Hg_2Cl_2 hindert, oder mit KCN, da $K_2 \cdot [Hg(CN)_4]$ lösl. ist. Der Effekt beruht auf anod. Polarisation. Die Stromstärke bei der er auftritt, hängt vom Löslichkeitsprod. der unlösl. Verb. ab. Bei Abscheidung eines Metalls am Hg kann die Amalgambldg. zu kathod. Polarisation führen u. ebenfalls die Strahllänge verändern; die zugrunde liegenden Änderungen der Phasengrenzspannung (σ_m) beim elektrocapillaren Maximum hängen mit der Potentialverschiebung bei diesem zusammen. Wenn Länge gegen Potential aufgetragen wird, ist an diesem Punkt ein Knick. Im absteigenden Teil der L/d-Kurve treten umgekehrte Änderungen ein. (An. Real Soc. españ. Física Quím., Ser. A **52.** 223—32. Sept./Okt. 1956.)
R. K. MÜLLER. 142

W. W. Gerassimow und **I. L. Rosenfeld,** *Untersuchung der Wirksamkeit von Protektoren aus Aluminium–Zink-Legierungen.* An Al, Zn u. Al–Zn-Legierungen mit 8,51 bis 95,52% Zn untersuchen Vff. den Schutzstrom, bezogen auf 1 cm² Überzugsfläche, die stationären Elektrodenpotentiale, die anod. Polarisierbarkeit bei 2,5 mA/cm², die % Stromabgabe in 10 Tagen, bezogen auf Anfangsstrom u. die beim Lösen von 1 g erhaltene Menge Ampèrestunden (Diagramme), u. stellen fest, daß Legierungen mit 30—70% Zn als Korrosionsschutz wirksamer sind als reines Al oder Zn oder Legierungen mit $<$30 u. $>$70% Zn. (Известия Академии Наук СССР, Отделение Химических Наук [Nachr. Akad. Wiss. UdSSR, Abt. chem. Wiss.] **1956.** 1050—52. Sept. Inst. für physik. Chem. der Akad. der Wiss. der UdSSR.) R. K. MÜLLER. 142

B. E. Conway, Elektrochemische Tabellen für Chemiker, Physiker, Ingenieure, Biochemiker und Biophysiker zum Gebrauch in der pharmazeutischen Industrie und in der medizinischen Forschung. Frankfurt a. M.: Govi-Verl. GmbH. 1957. (XX + 359 S.) DM 29.80.

A₄. Thermodynamik. Thermochemie.

Ernest Bauer und **Ta-You Wu,** *Thermische Ausdehnung einer linearen Kette.* Für eine Atomkette, zwischen deren Gliedern ein Potential von der Form $D \cdot (1 - e^{-au})^2$ wirkt — $u = l - l_0$, Abweichung des interatomaren Abstands vom Gleichgewichtswert —, wird quantenmechan. der Ausdehnungskoeff. berechnet. (Physic. Rev. [2] **104.** 914—15. 15/11. 1956. New York, N. Y., New York Univ., Inst. of Math. Sci.; Ottawa, Can., Nat. Res. Council, Div. of pure Phys.) G. KIRSCHSTEIN. 148

A. Dalgarno und **A. L. Stewart,** *Berechnung der Eigenschaften der Zustände $1 s \sigma$ und $2 p \sigma$ von HeH^{2+} nach der Störungstheorie.* Die Störungstheorie erwies sich als gut geeignet zur Berechnung der kinet. u. potentiellen Energie (bis zur 5. Ordnung) sowie des Dipol- u. des Quadrupolmoments (bis zur 3. bzw. 2. Ordnung). (Proc. Roy. Soc. [London], Ser. A **238.** 276—85. 18/12. 1956. Belfast, Queen's Univ., Dep. of Appl. Math., Dep. of Phys.) G. KIRSCHSTEIN. 149

H. E. Hall und **W. F. Vinen,** *Die Rotation von flüssigem Helium II.* 1. Mitt. *Versuche über die Ausbreitung von zweitem Schall in gleichmäßig rotierendem Helium II.* Die Angaben der vorläufigen Mitt. (vgl. C. **1956.** 6585) werden insofern ergänzt, als die Geschwindigkeit des zweiten Schalls sich als prakt. unabhängig von der Winkelgeschwindigkeit ω ergibt, während die Dämpfung in genügender Entfernung vom λ-Punkt proportional ω ist. Die Amplitude u. die Frequenz (1,5—4,5 kHz) haben keinen Einfl. auf die Dämpfung. Die Reibungskraft ist in dem Fall, daß die Schallwellen sich parallel zur Drehachse ausbreiten, mindestens 5mal kleiner als dann, wenn sie die Drehachse senkrecht kreuzen. (Proc. Roy. Soc. [London], Ser. A **238.** 204—14. 18/12. 1956. Cambridge, Univ., Royal Soc. Mond Labor.) G. KIRSCHSTEIN. 149

H. E. Hall und **W. F. Vinen,** *Die Rotation von flüssigem Helium II.* 2. Mitt. *Die Theorie der gegenseitigen Reibung in gleichmäßig rotierendem Helium II.* (1. vgl. vorst. Ref.) Die l. c. beschriebenen Versuchsergebnisse werden mit einer Theorie gedeutet, die auf dem von FEYNMAN (Progress in low temperature Physics **1.** [1955.] 36) entwickelten Modell basiert. (Proc. Roy. Soc. [London], Ser. A **238.** 215—34. 18/12. 1956.)
G. KIRSCHSTEIN. 149

J. W. Beams, *Zugfestigkeit von flüssigem Helium II.* Mit Hilfe einer rotierenden Capillare, deren Drehachse senkrecht auf ihrer Längsachse stand, wurde die Zugfestigkeit zwischen 1,8 u. 1,9° K zu 0,14 ± 0,02 kg/cm² bestimmt; der theoret. berechnete Wert liegt bei 4 kg/cm². (Physic. Rev. [2] **104.** 880—82. 15/11. 1956. Charlottesville, Va., Univ.) G. KIRSCHSTEIN. 149

N. Kurti und **J. McIntosh**, *Reversible Erzeugung von Temperaturwellen („zweitem Schall") in flüssigem Helium II.* In einem Resonanzhohlraum von 2 cm Durchmesser u. 2,3 cm Länge wurden zwischen 1,3° K u. dem λ-Punkt Temperaturwellen mit Frequenzen von 300—2400 Hz in He II erzeugt, indem in einem Preßkörper aus Eisenammoniumalaun Temperaturschwankungen von 0,01° magnet. angeregt wurden. Die Meth. ist um so besser anwendbar, je tiefer die Temp. ist. Verbesserungsmöglichkeiten werden angedeutet. (Philos. Mag. [7] **46.** 104—05. Jan. 1955. Oxford, Clarendon Labor.) G. KIRSCHSTEIN. 149

Alexander J. Dessler und **W. A. Fairbank**, *Abhängigkeit der Geschwindigkeit des zweiten Schalls von der Amplitude.* Messungen zwischen 0,936° u. 2,045° K ergeben eine Bestätigung für die von TEMPERLEY (vgl. C. **1951.** II. 3276) u. CHALATNIKOW (vgl. C. **1953.** 9079) abgeleitete Temperaturabhängigkeit des Faktors $(c_2 - c_{20})/v_n$, wo c_2 die Geschwindigkeit des 2. Schalls bei der gewählten, c_{20} bei der auf 0 extrapolierten Amplitude u. v_n die Geschwindigkeit der n. Phase ist. (Physic. Rev. [2] **104.** 6—10. 1/10. 1956. Durham, N. C., Duke Univ.) G. KIRSCHSTEIN. 149

B. L. van der Waerden, *Theorie der Trennschaukel.* Die von CLUSIUS u. HUBER (C. **1956.** 11628) zur Messung von Thermodiffusionskonstanten beschriebene Trennschaukel wird auf das Auftreten von systemat. Fehlern der Messungen untersucht. Die system. Meßfehler werden theoret. berechnet. (Z. Naturforsch. **12a.** 583—98. Juli 1957. Zürich.) E. KLEVER. 149

Joseph Himpan, *Thermische Zustandsgleichung für Gasgemische.* (Vgl. C. **1955.** 11513 u. C. **1956.** 8815.) Mit einer früher abgeleiteten (C. **1957.** 1601) therm. Zustandsgleichung zur befriedigenden Beschreibung des Gaszustandes reiner Stoffe kann das Verh. von Gasgemischen, deren Komponenten nicht miteinander in chem. Rk. treten, befriedigend dargestellt werden. Es werden die krit. Daten des Gasgemisches benötigt. Die Überprüfung erfolgt an dem Syst. C_3H_8–H_2S. (Mh. Chem. **87.** 646—53. 15/10. 1956. Savigny-sur-Orge, France.) H. SACKMANN. 150

Joseph Himpan, *Die definitive Form der neuen thermischen Zustandsgleichung nebst ihren Stoffkonstanten von über 100 verschiedenen Stoffen.* (Vgl. C. **1956.** 9092.) Vf. gibt in Fortsetzung früherer Arbeiten (C. **1956.** 8815) seiner neuen therm. Zustandsgleichung die definitive Form. Er teilt für ca. 100 Stoffe die numer. Werte der benötigten Stoffkonstanten nebst der zu ihrer Berechnung nötigen Daten mit. (Mh. Chem. **86.** 259—67. 15/4. 1955. Savigny-sur-Orge.) H. SACKMANN. 150

Louis C. W. Baker und **Thomas F. Anderson**, *Einige Phasenbeziehungen im flüssigen Dreikomponentensystem CO_2–H_2O–C_2H_5OH bei hohen Drucken.* Es werden die Phasendiagramme des fl. Syst. im Temperaturbereich von 10—50° bei Drucken von 3000 lbs./in² bis herab zu den Dampfdrucken der entsprechenden Mischungen sowie die krit. Daten mitgeteilt. Die Diagramme sind typ. für Systeme, in denen eine Komponente (A.) vollkommen mischbar mit jeder der zwei anderen ist, während die beiden anderen nur wenig ineinander lösbar sind. Bei einem gegebenen Verhältnis A./W. verursacht das Ansteigen der isobaren Temp. zuerst eine Erhöhung u. später eine Abnahme in der Ausdehnung des Gebietes, in dem nur eine fl. Phase existiert. Die Temp. der Maximalausdehnung dieses Gebietes wächst mit steigendem Druck u. nimmt ab mit einem größer werdendem A./W.-Verhältnis. Die Effekte sind zurückzuführen auf die Temperaturabhängigkeit der mol. Assoziation. (J. Amer. chem. Soc. **79.** 2071—74. 5/5. 1957. Philadelphia, Pa., Univ., Johnson Found. for Med. Phys.) P. WOLF. 150

W. W. Kafarow und **L. A. Gordijewski**, *Trennung azeotroper Systeme mit der Methode der extraktiven Destillation.* 2. Mitt. *Bestimmung des Gleichgewichtes Flüssigkeit–Dampf in azeotropen Systemen mit Lösungsmittel.* (1. vgl. C. **1957.** 4026.) Es wurden Unterss. azeotroper Systeme in einer etwas modifizierten App. nach OTHMER (Ind. Engng. Chem. **35.** [1943.] 614) durchgeführt. Das Syst. *Methanol–Bzl.* wurde mit einem Gemisch isomerer *Xylole, o-Xylol, Chlorbenzol* (**I**) u. *Anilin* als Lösungsm. untersucht u. refraktometr. analysiert; die nach dem Phasengleichgewicht erhaltenen Werte in Ggw. von 30 u. 60 Mol-% **I** u. o-Xylol (bei 30 Mol-% **I** bzw. o-Xylol ergibt sich eine Zus. von 88 bzw. 92% Methanol, Rest Bzl. im Destillat, bei 60 Mol-% **I** verschwindet der azeotrope Charakter des Gemisches vollständig) erweisen die Anwendbarkeit dieser Verbb. als Extraktionslösungsmittel dieses Systems. Ebenso verliert das Syst. *Äthylacetat–A.*–**I** bei 60 Mol-% **I** seinen azeotropen Charakter u. läßt sich trennen. Das Syst. *Aceton–*

Methanol wird in Ggw. von 50 Mol-% W. in der fl. Phase getrennt u. dabei die gute Übereinstimmung der nach den üblichen Verff. errechneten Werte mit den Versuchswerten festgestellt. (Журнал Прикладной Химии [J. angew. Chem.] **29.** 535—43. April 1956.) O. POLLAK V. EMHOFEN. 150

W. W. Kafarow und **L. A. Gordijewski,** *Durchführung des Prozesses der Extraktionsdestillation.* 3. Mitt. *zur Frage der Trennung von azeotropen Gemischen nach der Methode der extraktiven Destillation.* (2. vgl. vorst. Ref.) Es handelt sich um die Koordinierung der Versuchsergebnisse nach dem Phasengleichgewicht (vgl. vorst. Ref.) mit der Kinetik des Prozesses unter den Bedingungen der Dest. in der Kolonne. Die Unterss. werden in einer eigens konstruierten kontinuierlich arbeitenden Destillationsapp. durchgeführt. Die Anwendbarkeit der ausgewählten Lösungsmittel zur Trennung der azeotropen Systeme durch Extraktionsdest. bestätigt sich ganz allgemein. Die teilweise erzielte nur unvollständige Trennung geht auf das Konto der unzulänglichen Trennkraft der verwendeten Kolonne. So wurde bei der Trennung des Gemisches Methanol–Bzl. mit o-Xylol ein Destillat von 99%, bei einem Gemisch der Xylolisomeren von 93,5% Methanol erhalten. Chlorbenzol (I) erfordert zur Trennung höhere Konzentrationen. Die Trennung des Syst. Äthylacetat–A. erfolgte mit 72 Mol-% n-Butylalkohol bzw. 65 Mol-% Äthylenglykol zu je ca. 96% Äthylacetat im Destillat. Auch **I** läßt sich verwenden. Beim Gemisch Aceton–Methanol läßt sich nur mit 56 Mol-% W. ein von Methanol freies Destillat erhalten. (Журнал Прикладной Химии [J. angew. Chem.] **29.** 713—23. Mai 1956.) O. POLLAK V. EMHOFEN. 150

Jiro Oishi, Mitsuru Awano und **Takeshi Mochizuki,** *Neue Bestimmung der Temperaturpunkte von Gold und Silber auf der thermodynamischen Temperaturskala.* Mittels eines N_2-Gasthermometers konstanten Vol., das mit einem Gasbehälter aus Quarzglas versehen war, bestimmten Vff. die Gefrierpunkte von Au u. Ag. Die Temp. des Au-Punktes auf der internationalen Temperaturskala beträgt 1063,0° C; Vff. fanden $F._{Au} = 1063{,}69 \pm 0{,}05°$ C bzw. $1336{,}84 \pm 0{,}05°$ K. Entsprechende Messungen an Ag (F. = 960,8° C) ergaben $F._{Ag} = 961{,}28 \pm 0{,}05°$ C bzw. $1234{,}43 \pm 0{,}05°$ K. (J. physic. Soc. Japan **11.** 311—21. März 1956. Tokyo, Tokyo Inst. of Techn., Phys. Dep. [Orig.: engl.]) D. ERTEL. 150

G. V. Chester, *Spezifische Wärme im supraleitenden Zustand.* Mit einer für Sn durchgeführten Rechnung wird gezeigt, daß die Differenz zwischen der gemessenen u. der dem Gitter zuzuschreibenden spezif. Wärme nicht von den Elektronen allein herrührt, sondern z. T. von den Ionenbewegungen im Gitter. Eine mögliche Deutung für die genannte Differenz wird kurz skizziert. (Physic. Rev. [2] **104.** 883—85. 15/11. 1956. Chicago, Ill., Univ. of Chicago, Fermi Inst. for Nucl. Stud.) G. KIRSCHSTEIN. 151

W. G. Saba, K. F. Sterrett, R. S. Craig und **W. E. Wallace,** *Die Wärmekapazitäten von Magnesium und Cadmium zwischen 20 und 270°.* Mit Hilfe eines adiabat. arbeitenden Calorimeters bestimmte Vff. die spezif. Wärmen von Mg u. Cd im Temperaturbereich von 20—270° mit einer Genauigkeit von ±0,1%. Die erhaltenen Werte werden mit den Angaben anderer Autoren verglichen. Für beide Metalle wurden Abweichungen gefunden. Die der Cd-Werte sind kleiner als die für Mg. (J. Amer. chem. Soc. **79.** 3637—38. 20/7. 1957. Pittsburgh, Pa., Univ., Dep. of Chem.) H.-U. WOELK. 151

Robinson M. Swift und **David White,** *Wärmekapazitäten von Magnesiumdiborid (MgB_2) und Magnesiumtetraborid (MgB_4) bei niedrigen Temperaturen.* Mit einem NERNST-Calorimeter wurden die Wärmekapazitäten von MgB_2 u. MgB_4 zwischen 18 u. 305° K gemessen. MgB_2 wurde durch Erhitzen der Elemente auf 900° (in He), das MgB_4 durch Behandlung von MgB_2 mit B bei 1050° hergestellt. Die erhaltenen Werte folgen nicht dem T^3-Gesetz von DEBYE. Für die Entropie ermitteln Vff. durch Extrapolation die Werte $8{,}60 \pm 0{,}04$ u. $12{,}41 \pm 0{,}06$ cal·Grad^{-1} Mol^{-1} bei 298·16° K für MgB_2 bzw. MgB_4. In engen Temperaturbereichen, zwischen 20 u. 80° bzw. 30 u. 70° K, ergibt die Darst. c_p gegen log T Geraden. Die Neigung dieser Geraden beträgt 3,5 bzw. 2,6. (J. Amer. chem. Soc. **79.** 3641—44. 20/7. 1957. Syracuse, N. Y., Univ., Dep. of Chem.) H.-U. WOELK. 151

Ju. M. Golutwin, *Über die Bildungswärmen in binären Systemen mit metallischem Bindungscharakter.* In einer früheren Arbeit des Vf. (C. **1957.** 3736) war gezeigt worden, daß die Bildungswärmen Q der Oxyde u. Halogenide mit wechselnder Valenz aus den einatomigen gasförmigen Elementen, bezogen auf 1 g-Äquivalent, bei der graph. Darst. als Funktion des log. der Kationenvalenz eine Gerade bilden. Die Q-Werte für intermetall. Verbb., Carbide, Silicide, Nitride, Phosphide zeigen eine lineare Beziehung zwischen Q u. der Gesamtzahl der Valenzelektronen der an der Verb. beteiligten Atome. Bei der Feststellung der Zahl der Valenzelektronen von Atomen der Übergangselemente müssen neben den s-Elektronen der äußeren Hülle auch die d-Elektronen der vorletzten Hülle mitgezählt werden. Dies beweist nach Ansicht des Vf., daß die d-Elektronen an der Bldg. der Metallbindungen beteiligt sind. (Журнал Физической Химии [J. physik. Chem.] **30.** 2607—09. Nov. 1956. Moskau, Baikow-Inst. für Metallurgie der Akad. der Wiss. der UdSSR.) O. LEBTAG. 156

J. Stanley Griffith, *Über die Stabilität der Komplexe der Übergangsmetalle. 2. Mitt. Magnetische und thermodynamische Eigenschaften.* (1. vgl. C. **1957.** 6372.) Vf. diskutiert an Hand der berechneten Bindungsenergien der tetraedr. oder oktaedr. von Wassermoll. umgebenen Ionen der Übergangselemente das magnet. Kriterium zur Best. der ion. oder der kovalenten Bindung. Die Energie der Spin–Bahn-Kopplung wird berechnet. Die Lösungswärmen u. Bildungsentropien ändern sich in einer Serie der Übergangselemente nicht stetig. Vf. weist auf die Wechselwrkg. zwischen der COULOMB- u. der Austauschenergie hin. (J. inorg. Nuclear Chem. **2.** 229—36. April 1956. Cambridge, Univ., Dep. of Theoret. Chem.) G. F. MÜLLER. 156

Earl A. Gulbransen und **Kenneth F. Andrew,** *Löslichkeit und Zersetzungsdrucke von Wasserstoff im α-Zirkonium.* Eine thermodynam. Information über die exotherme Löslichkeit von H in Metallen ist nur beschränkt möglich. So nimmt nur die Gesamtlöslichkeit mit steigender Temp. ab, was darauf hinweist, daß die Lösungswärme von H in dem Metall negativ ist, jedoch nimmt die Endlöslichkeit in der Metallphase zu, so daß eine endotherm. Rk. vorliegen müßte. Es wurde daher eine thermodynam. Analyse von mehreren Gleichgewichten gemacht, die bei der Lsg. von H im Metall auftreten. Gleichungen werden abgeleitet, welche die Löslichkeit, die Endlöslichkeit u. die Zersetzungsdrucke von H in Ausdrücken der Wärme, Entropie u. der freien Energie der Lsg. von H in der gegebenen Phase angeben. Die Beziehungen zwischen den thermodynam. Funktionen für α-Zr u. die δ-Hydridphase werden abgeleitet. Die thermodynam. Größen werden experimentell durch Messung der Zersetzungsdrucke innerhalb eines breiten Bereichs der Zus. u. der Temp. bestimmt. Es werden zwei neue Verss. der Auswertung der experimentellen Ergebnisse zur Best. der Endlöslichkeit entwickelt u. erörtert. (J. Metals **7.** Trans. AIME **203.** 136—44. Jan. 1955. Pittsburgh, Pa., Westinghouse Electric Corp.) H. HOCHSTEIN. 156

C. Franze, W. Jost und **K.-J. Lesemann,** *Die Berechnung von Flammengeschwindigkeiten. Die „streng" kalte Flamme als Grenzfall.* Es wird ein vereinfachtes Reaktionsschema aufgestellt, das eine kettenverzweigende Rk. einer akt. Teilchenart enthält; Kettenabbruch erfolgt zwischen einem Reaktionsprod. u. diesen akt. Teilchen in bimol. Reaktion. Als homogene, zeitabhängige Rk. betrachtet, führt dieses Schema zunächst zu einem etwa exponentiellen Geschwindigkeitsanstieg, darauf klingt die Geschwindigkeit wieder ab. Es wird ein Endzustand erreicht, der nicht der Einstellung eines Gleichgewichts entspricht, sondern einem stationären Zustand. Wird in einer dritten Rk. das hemmende Endprod. verbraucht, so erfolgt der Gesamtvorgang aufs neue. Ein solcher Mechanismus entspricht in gewissen Zügen den kalten Flammen, die z. B. unter Umständen mehrmals hintereinander im gleichen Gemisch ablaufen können. Es wurde daher versucht, ob es möglich ist, mit dem obigen Mechanismus eine stationäre fortschreitende Flamme zu beschreiben. Zu diesem Zweck wurde der Grenzfall der „streng" kalten Flamme behandelt, nämlich der Fall verschwindenden Wärmeeffektes u. damit verschwindender Wärmeleitung. Lediglich Diffusion ist für die räumliche Ausbreitung verantwortlich. Es zeigt sich ferner, daß eine stationäre Flammenfortpflanzung mit Geschwindigkeiten oberhalb eines Grenzwertes $2\sqrt{D/\tau}$, wo D der Diffusionskoeff. u. τ eine Reaktionszeit ist. (Z. physik. Chem., Frankf. Ausg. [N. F.] **3.** 1—15. Jan. 1955. Göttingen, Univ., Inst. für Phys. Chem.; Darmstadt, TH, Inst. für prakt. Math.) E. KLEVER. 157

Paul Bussière, Barthélemy Domanski, Charles Eyraud und **Marcel Prettre,** *Über die Verdampfung des Platins während der Verbrennung von Methan (Verwendung von ^{197}Pt).* Durch Verwendung von radioakt. ^{197}Pt wurde die Verdampfung von glühendem Pt während der katalyt. Verbrennung von Methan (n. Druck, 1250°) durch Analyse des radioakt. Verbrennungsgases mittels besonderer Apparate untersucht. Es zeigt sich, daß in Anwesenheit des Verbrennungsgases (Luft + 3% CH_4) die Verdampfung von Pt beträchtlich größer ist, als in Ggw. von Luft bei gleicher Temp.; der heterogene Prozeß begünstigt den Übergang von Pt in die Gasphase unter einer (noch nicht untersuchten) Form, die vielleicht für die Rk. der „Nachverbrennung" verantwortlich ist. (C. R. hebd. Séances Acad. Sci. **243.** 1870—72. 5/12. 1956.) H. FECHTER. 157

F. J. Weinberg, *Die Schattenphotographie einer flachen Flamme.* Mathemat. Ableitung für die Struktur des Schattens einer von parallelem Licht getroffenen flachen Flamme. Für Schatten nahe der Flamme (ca. 1 cm) werden die Tempp. der kleinsten u.

größten Lichtintensität berechnet. So ist bei *Luft* von anfänglich 291° K der Schatten einheitlich, solange die Temp. T unter 291° K liegt. Hierüber folgt ein Intensitätsanstieg, der für 332° K ein Maximum erreicht, um danach ein Minimum bei 637° K zu erreichen, d. h. beim 1,14- u. 2,19fachen der Ausgangstemperatur. Für Schatten, weit von der Flamme entfernt, werden mathemat. beobachtete Unstetigkeitsstellen erklärt. (Proc. Roy. Soc. [London], Ser. A **235.** 510—17. 12/6. 1956. London, Imp. Coll., Dep. of Chem. Engng. and Appl. Chem.) E. ROEDER. 157

M. Krishnamurthi, *Durchgang von Ultraschallwellen durch binäre flüssige Gemische.* Von folgenden bin. Mischungen wurden bei 27—33° die Ultraschallgeschwindigkeit v u. der Ultraschallabsorptionskoeff. $\beta = a/f^2$ (f = Frequenz) gemessen: *Äthylendichlorid*(I) + *Bzl.* (**II**); *A.* + *Ölsäure* (**III**); *Methyläthylketon* (**IV**) + *Dioxan* (**V**), *Benzylalkohol* (**VI**) + A. u. **VI** + *Isopropylalkohol* (**VII**). Die Mischungsverhältnisse wurden je über den ganzen Mischungsbereich variiert. Während sich v gleichmäßig mit der Konz c der einen Komponente ändert (meistens lineare Abhängigkeit von v von c), treten in den β, c-Kurven größere charakterist. Anomalien auf. β von **II** fällt bei Zusatz von kleinen **I**-Mengen sehr stark ab (Ursache: Erhöhung der Wirksamkeit der mol. Stöße in Ggw. von **I**). β von **III** wird bei Zugabe von A. (bis zu 25%) zunächst nur wenig geändert, dann erfolgt ein starker Abfall (geringe Änderung der Viscosität von **III** durch kleine A.-Mengen). Bei Zusatz von **V** zu **IV** fällt β zuerst ab (Minimum bei ca. 8% **V**), steigt dann steil an bis zum Maximum bei ca. 23% **V**, geht durch ein flaches Minimum bei ca. 50% **V** u. nimmt schließlich wieder stark zu (das Maximum wird auf eine Entassoziation von **IV** durch **V** erklärt, im übrigen ähnlich wie bei **I** + **II**). Bei wachsendem A.-Geh. geht β des Syst. A. + **VI** zuerst durch ein Maximum (17% A.), durch ein Minimum (25% A.), ein 2. Maximum (33% A.) u. fällt dann gleichmäßig ab (Änderung der Assoziationszustände bei Variation von c, Minimum der Assoziation beim Minimum von β). β von **VI** geht bei **VII**-Zugabe zuerst durch ein Minimum (10% **VII**), dann durch ein breiteres Maximum (ca. 25% **VII**) u. fällt schließlich schwach ab (Deutung wie bei **VI** + A.). (Proc. Indian Acad. Sci., Sect. A **58.** 106—12. Febr. 1956. Hyderabad, Osmania Univ., Phys. Labor.) O. FUCHS. 159

A₅. Kolloidchemie. Grenzschichtforschung.

C. S. Whitehead, *Die magnetischen Eigenschaften einiger supraleitender Quecksilberkolloide.* An 14 koll. Hg-Proben, in denen der mittlere Teilchenradius zwischen $3 \cdot 10^{-6}$ u. $15 \cdot 10^{-6}$ cm lag, erwies sich in kleinen Feldern das magnet. Moment als proportional der Feldstärke H. Die Temperaturabhängigkeit des Proportionalitätsfaktors ist nach der Theorie von LONDON, seine Abhängigkeit von der Teilchengröße nach der Theorie von PIPPARD zu erklären. Ist der Teilchendurchmesser klein gegen die Eindringtiefe, so ist die Form der Magnetisierungskurve unabhängig von der Temp., was durch geeignete Modifikation des Zwei-Flüssigkeiten-Modells zu deuten ist; unerklärt bleiben jedoch Hystereseerscheinungen bei größeren Tropfen. (Proc. Roy. Soc. [London], Ser. A **238.** 175—93. 18/12. 1956. Cambridge, Univ., Roy. Soc. Mond Labor.) G. KIRSCHSTEIN. 162

B. W. Derjagin, *Theorie der Koagulation von Salzen unter Berücksichtigung des spaltenden Druckes und der mechanischen Eigenschaften von dünnen Schichten.* Krit. Behandlung der Theorien der Koagulation u. theoret. Begründung der eigenen Theorie, die der Bldg. einer Energiebarriere auf Kosten des spaltenden Druckes in den Schichten des Dispersionsmediums zwischen den sich nähernden Teilchen eine besondere Bedeutung beimißt. (Доклады Академии Наук СССР [Ber. Akad. Wiss. UdSSR] **109.** 967—70. 11/8. 1956.) O. LEBTAG. 163

Robert S. Hansen und **Mirella Miotto,** *Relaxationsphänomene und Kontaktwinkelhysteresis.* Vff. stellen einen kinet. Mechanismus für die von BARTELL u. BJORKLUND (C. **1954.** 9463) beobachtete Kontaktwinkelhysteresis an energiereichen, glatten Oberflächen zur Diskussion. (J. Amer. chem. Soc. **79.** 1765. 5/4. 1957. Ames, Io., Iowa State Coll., Inst. of Atom. Res. and Dep. of Chem.) D. ERTEL. 166

O. G. Dessjatnikow, *Oberflächenspannung von Schmelzen des Systems KCl–NaCl–$MgCl_2$.* Nach der Meth. des maximalen Blasendrucks wurden die Oberflächenspannungen der bin. Schmelzen von NaCl–KCl bei 800 u. 900°, NaCl–$MgCl_2$ u. KCl–$MgCl_2$ bei 700, 800 u. 900° in CO_2-Atmosphäre bestimmt (genaue Beschreibung der App. mit Zeichnung vgl. Original). Die Oberflächenspannung σ bei 800° (σ_{800}) des Syst. KCl–NaCl steigt mit Erhöhung des NaCl-Geh. nicht linear von 97,6 (90 : 10%) auf 110,5 (10 : 90%) u. der Temperaturkoeff. k sinkt von 0,075 auf 0,068 [erg/cm²·Grad]. σ_{800} des Syst. KCl–$MgCl_2$ verringert sich mit steigendem $MgCl_2$-Geh. von 89,6 (90 : 10%) auf 68,7 (10 : 90%) u. k von 0,066 auf 0,021. Die Kurven von σ, k u. der Oberflächenenergie des Syst. KCl–

$MgCl_2$ in Abhängigkeit vom $MgCl_2$-Geh. haben einen Wendepunkt bei 50—60% $MgCl_2$. Bei Temperaturerhöhung verlagert sich der Wendepunkt in Richtung des $MgCl_2$-Geh. von 50%. Es wird daraus auf die Bldg. der Verb. $KCl \cdot MgCl_2$ geschlossen, wie auch ein kleines, spitzes Maximum von σ im Syst. NaCl–$MgCl_2$ bei einem $MgCl_2$-Geh. von 50% von der Bldg. von $NaCl \cdot MgCl_2$ herrühren soll. σ_{800} vom Syst. NaCl–$MgCl_2$ sinkt von 103,8 (90 : 10%) auf 69,0 u. k von 0,056 auf 0,012. Zur Messung der tern. Schmelze wurde das Verhältnis NaCl:KCl gewählt u. der $MgCl_2$-Geh. von 10—80 bzw. 90% variiert. Bei 1 : 3 (NaCl : KCl) sinkt σ_{800} von 92,5 (10% $MgCl_2$) auf 71,7 (80%) u. k von 0,055 auf 0,027, bei 1 : 1 von 94,5 (10%) auf 68,9 (90%) u. von 0,057 auf 0,012 u. bei 3 : 1 von 98,5 (10%) auf 72,2 (90%) u. von 0,055 auf 0,017. Bei den tern. Salzschmelzen ist wie bei den bin. das Gesetz der Additivität der Oberflächenspannungen nicht erfüllt. Zusatz von 2% CaF_2 bzw. NaF zu den bin. Schmelzen von KCl–$MgCl_2$ (90 : 10), NaCl–$MgCl_2$ (90 : 10) u. KCl–$MgCl_2$ (50 : 50) erhöht σ allg. um 8 bzw. 5,5%, während ein Zusatz von 0,3—2% MgO ohne Einfl. auf σ ist. (Журнал Прикладной Химии [J. angew. Chem.] **29.** 870—78. Juni 1956.) CH. WEISKE. 166

Robert Wemelle, *Über die Beziehung zwischen den spannungsaktiven und dielektrischen Eigenschaften der Natriumalkylsulfate.* Messungen der Oberflächenspannung wss. Lsgg. von *Na-n-Octyl-* (**I**), *-n-Decyl-* (**II**), *-n-Dodecyl-* (**III**) u. *-n-Tetradecylsulfat* (**IV**) verschied. Konz. C ergeben zunächst einen leichten Anstieg der Capillarkonstanten $\varkappa$ mit C, von einer bestimmten Konz. C_0 an einen steilen Anstieg u. schließlich von einer höheren Konz. C_1 wieder einen leichten $\varkappa$-Anstieg bis zu einem Sättigungswert. Die C_0- u. C_1-Werte nehmen in der Reihe der Sulfate **I**—**IV** ab, der $\varkappa$-Grenzwert ist für alle gleich. Einen ganz analogen Konzentrationsverlauf zeigt die mit Wechselstrom gemessene (von der Frequenz unabhängige) Leitfähigkeit σ der Lsgg., jedoch sinkt der σ-Grenzwert in der Reihe der Sulfate **I**—**IV**. Im bin. Mischsyst. **I**–**II** treten Maxima von $\varkappa$ bei einem Mol-Verhältnis 90 : 10 u. 50 : 50 sowie Minima für die Mol-Verhältnisse 30 : 10 u. 10 : 30 auf; die σ-Werte zeigen dagegen Minima an Stelle der $\varkappa$-Maxima u. umgekehrt. Das Verh. der Mischung **III**–**IV** ist analog. Das Verh., das für das Auftreten einer zellenartigen Mol.- oder Ionenassoziation ohne permanentes elektr. Moment spricht, wird diskutiert. (J. Chim. physique Physico-Chim. biol. **53.** 96—100. Jan. 1956. Lille, Fac. des Sci., Labor. de Radioélectr. gén.) J. RUDOLPH. 166

Ss. G. Mokruschin und **Ju. A. Warwass,** *Elektrophorese disperser Teilchen an der Phasengrenzfläche Flüssigkeit–Gas.* Mit Hilfe einer „Oberflächenmikrokamera" wurde die elektrophoret. u. elektroosmot. Beweglichkeit der Teilchen von CuS, PbS u. $Fe(OH)_3$ ermittelt u. hieraus das elektrokinet. ζ-Potential errechnet. Die Verschiebung der dispersen Teilchen (Filme) erfolgt in einem Spalt der auf der Oberfläche der Lsg. liegenden Glasplatte. Ihre Verschiebung wird beim entsprechenden Potentialgefälle mit Hilfe eines Mikroskops beobachtet u. photographiert. Die ζ-Potentiale betragen im Film bzw. am Glas —10 bzw. —38 bei CuS, —16 bzw. —34 bei PbS, —29 bzw. —39 bei $Fe(OH)_3$. Hieraus ist ersichtlich, daß die Ladungen der Filme den Ladungen in Hydrosolen entsprechen. Vff. halten die Meth. der „Oberflächenkamera" als geeignet für die Klärung der elektrophoret. u. elektroosmot. Vorgänge an der Phasengrenze Fl.–Gas. (Доклады Академии Наук СССР [Ber. Akad. Wiss. UdSSR] **110.** 597—99. 1/10. 1956. Uraler Polytechn. Kirow-Inst.) O. LEBTAG. 168

Jean-Baptiste Donnet, Pierre Marguier und **Claude Reitzer,** *Untersuchung des Effektes der Elektroviscosität. Einfluß von Elektrolytzusätzen.* Es wird der Einfl. von HCl- u. KCl-Zusätzen auf die Viscosität von *Ruß*-Hydrosolen, die mittels Elektrodialyse u. Elektrodekantation gereinigt waren, untersucht. (C. R. hebd. Séances Acad. Sci. **242.** 1024—25. 20/2. 1956.) S. LANZ. 168

N. Riehl und **G. Wirths,** *Zur Trennung gelöster Stoffe durch Gegenstromdiffusion.* Es wird ein Verf. zur Trennung gelöster Stoffe mittels Diffusion in einem Gegenstrom des Lösungsm. beschrieben u. theoret. begründet. Die prakt. Durchführbarkeit wird am Stoffpaar *Glucose–Harnstoff* demonstriert. (Z. physik. Chem., Frankf. Ausg. [N. F.] **6.** 265—71. März 1956.) G. RUBAN. 171

Georg-Maria Schwab und **Elfriede Kolb,** *Zur Viscosität der Schwefelsäure.* Unter Verwendung eines OSTWALD-Viscosimeters wurden Messungen der Viscosität von Schwefelsäure im Konzentrationsbereich von 80—114,8% H_2SO_4 (93,7% SO_3) u. im Temperaturbereich von 20—132° durchgeführt. Genauigkeit der erhaltenen Werte ±0,5%. Ferner wurden verd. Lsgg. von *$NaHSO_4$* u. *Essigsäureanhydrid* in H_2SO_4 untersucht. Es werden Formeln für die Darst. der Temperaturabhängigkeit der Viscosität für jedes Gemisch, für die Konzentrationsabhängigkeit des Temperaturinkrements u. des temperaturunabhängigen Faktors angegeben. Es ergaben sich für die Zuss. $H_2SO_4 \cdot H_2O$, H_2SO_4 u. $H_2S_2O_7$ ausgezeichnete Punkte. In der Viscosität zeigen das Monohydrat u. die

Pyroschwefelsäure Maxima, die konz. H_2SO_4 eine Knickstelle. Das Temperaturinkrement weist ein Maximum, der temperaturunabhängige Faktor ein Minimum bei den Zuss. des Monohydrats u. der H_2SO_4 auf. Das Viscositätsmaximum der $H_2S_2O_7$ kommt nur durch das Zusammenwirken der beiden an dieser Stelle monoton verlaufenden Konstanten zustande. Fremdelektrolyte [Na^+ u. $(CH_3CO)_2OH^+$] steigern die Viscosität u. ihren Temperaturkoeffizienten. Die Ergebnisse lassen sich dahingehend deuten, daß die Ionendissoziation die Gleitung leichter u. häufiger macht, die Bldg. großer Moll. seltener u. schwerer. (Z. physik. Chem. Frankf. Ausg. [N. F.] **3.** 52—64. Jan. 1955. München, Univ., Phys.-Chem. Inst.) E. KLEVER. 172

L. N. Jerkowa und **N. I. Smirnow,** *Über die Bewegung von Körpern in einem Medium.* 11. Mitt. *Die Höhe einer Wirbelschicht von kugelförmigen Teilchen und ihre Abhängigkeit von den Bedingungen des Prozesses.* (10. vgl. C. **1957.** 5777.) In Modellverss. mit Glas-, Sn- u. Pb-Kügelchen in wss. Glycerinlsgg. u. alkoh. Lsgg. von Ricinusöl von verschied. Konz. u. Viscosität bei 20° werden in einer Kolonne von 23,1 mm Durchmesser Gleichungen für das Verh. von Wirbelschichten nachgeprüft. Das REYNOLDS-Kriterium (Re) wird zwischen 0,0001350 u. 2,367, das ARCHIMEDES-Kriterium (Ar) zwischen 0,0680 u. 572 verändert. Wenn h die Höhe der Wirbelschicht, h_0 die Anfangshöhe der nicht aufgewirbelten Schicht, ε_0 deren Porosität ist, ist die Porosität der Wirbelschicht gegeben durch $\varepsilon = 1 - (h_0/h)(1 - \varepsilon_0)$. Im Gebiet laminarer Strömung gilt $Re = 0{,}0472\, Ar\, \varepsilon^5$, im Übergangsgebiet $Re = 0{,}110\, (Ar\, \varepsilon^5)^{0{,}78}$, im Turbulenzgebiet $Re = 1{,}15\, (Ar\, \varepsilon^5)^{0{,}5}$. (Журнал Прикладной Химии [J. angew. Chem.] **29.** 1175—82. Aug. 1956. Leningrad, Technol. Lensowjet Inst., Lehrstuhl für organ. Synth. u. synthet. Kautschuk.) R. K. MÜLLER. 173

L. N. Jerkowa und **N. I. Smirnow,** *Über die Bewegung von Körpern in einem Medium.* 12. Mitt. *Die Höhe einer Wirbelschicht von Teilchen verschiedener Form und ihre Abhängigkeit von den Prozeßbedingungen.* (11. vgl. vorst. Ref.) In der Beziehung zwischen REYNOLDS-Zahl Re, ARCHIMEDES-Zahl Ar u. Porosität ε der Wirbelschicht $Re = a \cdot (Ar\, \varepsilon^5)^b$ ergibt sich für Teilchen von zylindr., kub. u. unregelmäßiger Form im laminaren Gebiet a = 0,0336, 0,0292, 0,0330, b = 1; im Übergangsgebiet a = 0,0881, 0,0800, 0,0916, b = 0,78. Die Abweichungen der Versuchsdaten von den danach errechneten übersteigen nicht $\pm$ 5 bis 7%. Eine allgemeinere Gleichung läßt sich mit Hilfe eines früher (C. **1952.** 2634) abgeleiteten Faktors f (Symplex) entwickeln: $f = F_t/F_k$; F = Oberfläche des untersuchten Teilchens, F_k = Oberfläche einer gleichgroßen Kugel. Dann ist im laminaren Gebiet $a = 0{,}0472 \cdot f^2$, b = 1, im Übergangsgebiet $a = 0{,}110 \cdot f^{1{,}3}$, b = 0,78, im Turbulenzgebiet (angenommene Werte) $a = 1{,}15 \cdot f$, b = 0,5. (Журнал Прикладной Химии [J. angew. Chem.] **29.** 1347—53. Sept. 1956.) R. K. MÜLLER. 173

L. N. Jerkowa und **N. I. Smirnow,** *Über die Bewegung von Körpern in einem Medium.* 13. Mitt. *Wirbelschicht fester Teilchen und ihre Gesetzmäßigkeiten.* (12. vgl. vorst. Ref.) Zum Vgl. mit den eigenen Verss. werden solche aus der Literatur besprochen. Es wird gezeigt, daß ihre Ergebnisse mit den von Vff. entwickelten Kriteriengleichungen gut übereinstimmen bzw. von ihnen nur insofern abweichen, als die Versuchsbedingungen verschieden sind. (Журнал Прикладной Химии [J. angew. Chem.] **29.** 1484—88. Okt. 1956.) R. K. MÜLLER. 173

B. W. Derjagin, N. N. Sachawajewa und **M. W. Talajew,** *Messung der inneren Oberfläche von Rußen mit der Derjagin-Apparatur.* Mit Hilfe der eingehend beschriebenen App. wurden die spezif. Oberflächen von therm., akt., Lampenruß (2 Sorten), Ofenruß u. Spheron-6 bestimmt u. mit den Werten nach der Meth. der N_2-Adsorption verglichen. Die erhaltenen Werte werden mit Literaturwerten verglichen. Danach besteht eine gute Übereinstimmung der Werte. (Журнал Прикладной Химии [J. angew. Chem.] **29.** 46—52. Jan. 1956.) O. LEBTAG. 176

A. W. Kisselew und **W. W. Platowa,** *Adsorption des Toluol–Heptan-Gemisches an oxydiertem und graphitiertem Ruß.* Die Unters. der Adsorption aus dem Gemisch *Toluol* (**I**)–*n-Heptan* (**II**) an oxydiertem Kanalruß u. am graphitierten Ruß (Erwärmen im H_2-Strom auf 1700°) ergab, daß am oxydierten Ruß **I**, ähnlich dem Bzl., fast im gesamten Konzentrationsbereich positiv adsorbiert wird, daß dagegen am graphitierten Ruß die positive **I**-Adsorption im Gebiet der geringen Konzz. abnimmt u. im mittleren Konzentrationsgebiet stark negativ wird. Die Adsorption von **II** an graphitiertem Ruß ist in einem breiten Bereich der hohen Konzz. positiv. (Журнал Физической Химии [J. physik. Chem.] **30.** 2610—11. Nov. 1956. Moskau, Lomonossow-Univ., Inst. für physik. Chem. der Akad. der Wiss. der UdSSR.) O. LEBTAG. 176

A. W. Kisselew, Ju. Ss. Nikitin und **Ju. A. Eltekow,** *Vergrößerung der Adsorption organischer Stoffe aus wässerigen Lösungen beim Verengen der Poren von Aktivkohle.* Aus einem Vgl. der Adsorptionsisothermen von *Phenol* (**I**), *A.*, *Propyl-*, *Butyl-* u. *Hexylalkohol* sowie von *Buttersäure* aus der wss. Lsg. an sehr grobporiger Kohle 1 (aus Zucker mit dem 5fachen Überschuß an $ZnCl_2$), etwas weniger grobporiger Kohle 2 (wie 1, nur mit 2fachem $ZnCl_2$-Überschuß), feinporiger aktivierter Torfkohle 3, Obstkernkohle 6 (feinporig), Birkenkohle 5 (feinporig) u. an Kanalruß geht hervor, daß im Gebiet der geringen Konzz. die red. I-Isothermen an Kanalruß u. Kohlen 1 u. 2 sich annähernd decken, bei höheren Konzz. ($c/c_s > 0,1$) bei Kohle 1 u. 2 höher verlaufen als an Kanalruß. In den großen Poren der Kohlen findet hier neben der Adsorption eine sek. Capillarentmischung statt. An den Kohlen 3, 4 u. 5 nimmt die Adsorption wegen der Erhöhung des Adsorptionspotentials im Gebiet der geringen Konzz. zu. Bei hohen Konzz. nimmt die Rolle der sek. Prozesse der polymol. Adsorption u. capillaren Kondensation wegen des geringen Vol. der großen Poren ab. Bei den begrenzt lösl. Alkoholen beobachtet man im Gebiet der geringen Konzz. ebenfalls eine Zunahme der Adsorption mit abnehmender Porengröße. Bei unbegrenzt lösl. Alkoholen führt die Abnahme der Porengröße zu einer Verschiebung der Adsorptionsmaxima nach den geringen Konzz., ein Hinweis auf die Erhöhung des Adsorptionspotentials. Bei Buttersäure ist die Adsorption an Kohle 4 im Vgl. zu aschefreiem Graphit stark erhöht. (Журнал Физической Химии [J. physik. Chem.] **30**. 334—39. Febr. 1956. Moskau, Lomonossow-Univ.) O. Lebtag. 176

A. B. Taubman und **Ss. A. Nikitina** (unter Mitarbeit von **Je. Je. Moros**), *Über die Rolle physikalisch-chemischer Faktoren bei der Wechselwirkung von Staubteilchen mit Tropfen von Lösungen oberflächenaktiver Stoffe.* Zwecks Klärung der Rolle der spezif. hydrophilisierenden Eigg. der Adsorptionsschichten der oberflächenakt. Stoffe bei der Staubbenetzung wurde die Benetzung von Staubteilchen von *Kohle* (bis 20 μ), *Quarz* u. *Talk* (bis 5 μ) durch Lsgg. von *OP-10*, *OP-25*, *OP-7*, *DB* (alle bisher genannten Prodd. sind Polyäthylenglykoläther von alkyliertem Phenol), *Sulfonol*, *RAS* (beides Alkylarylsulfonate), *Aerosol OT* (Sulfobernsteinsäuredioctylester) u. *Isoamylalkohol* untersucht. Aus den Werten für die Oberflächenspannung, die Gesamtbenetzung u. den Adsorptionseffekt geht hervor, daß der Adsorptionseffekt in allen Fällen einen positiven Wert besitzt. Hieraus folgt, daß die mit der Adsorption zusammenhängende Abnahme der Oberflächenspannung des W. nicht nur eine Erhöhung der Dispersität der Tropfen der Lsg. verursacht, sondern auch eine spezif. Änderung der Zus. der Oberflächenschichten, wodurch die Unterschiede in der Wirksamkeit verschied. Benetzungsmittel bestimmt wird. Der Adsorptionseffekt macht 75—90% des Gesamteffektes aus. Aus den Versuchsergebnissen wird geschlossen, daß die unvollständige dynam. Benetzbarkeit der hochdispersen Staubteilchen durch die Wassertropfen auf der Erschwerung der Benetzungsparameter auf der festen Oberfläche beruht. (Доклады Академии Наук СССР [Ber. Akad. Wiss. UdSSR] **110**. 600—02. 1/10. 1956. Inst. für physikal. Chem. der Akad. der Wiss. der UdSSR.) O. Lebtag. 176

W. Stöber, G. Bauer und **K. Thomas**, *Chemisorption von Alkoholen an amorphem Siliciumdioxyd.* Die Adsorption von n. prim. Alkoholen an amorphes SiO_2 (**I**) ist von der Bldg. echter chem. Bindungen begleitet. Diese Oberflächen-Rkk. erfolgen an den Hydroxylgruppen des **I**, wobei therm. abgebaute Hydroxylgruppen durch die Alkohole regeneriert u. verestert werden können. Zur Best. des Ausmaßes der Chemisorption wurde **I** mit einer Oberfläche von 136 m^2/g mit *Methanol* (**II**), *A.* (**III**), *n-Propanol* (**IV**), *n-Butanol* (**V**) u. *n-Octanol* (**VI**) durch Behandlung bei 150° in der Dampfphase, unter Rückflußkochen u. im Autoklaven bei 250° umgesetzt. Die Aktivierungsenergie der Veresterung ist vom Belegungsgrad des **I** mit den Alkoholen u. von der Vorbehandlung des **I** abhängig. So zeigt es sich, daß zur Veresterung von freien Hydroxylgruppen (an ungetemperten Proben) eine größere Aktivierungsenergie erforderlich ist als zur Rk. der Si—O—Si-Bindungen von deformierten SiO_4-Tetraedern in therm. bei 880° abgebautem **I** mit Alkoholen. Die maximale Belegungsdichte des **I** mit **II**, **III**, **IV** u. **V** liegt sehr dicht beim theoret. Wert, mit **VI** jedoch mit 6 $\mu Mol/m^2$ gegenüber 4,1 $\mu Mol/m^2$ wesentlich über dem theoret. Wert. Damit ist die Packung wesentlich dichter als in der fl. Phase u. zwingt zu der Annahme, daß eine gegenseitige Orientierung der Kohlenstoffketten stattgefunden hat. Mit zunehmendem Veresterungsgrad zeigen die Präpp. ein steigendes hydrophobes Verhalten. (Liebigs Ann. Chem. **604**. 104—10. 15/5. 1957. Göttingen, Max-Planck-Ges. zur Förder. der Wiss., Med. Forsch.-Anst., Si-Labor.)

Herbert Müller. 176

A. A. Babuschkin und **A. W. Uwarow**, *Untersuchung der Adsorption und der Oberflächenreaktionen von Äthylalkohol an Aluminiumoxyd nach den Methoden der Infrarotspektroskopie.* Die Adsorption von A. an Al_2O_3 wurde bei 20, 50, 150 u. 250° bei einem Druck von 40 mm Hg (bei 20° von 0,001—0,5 mm) bei 2std. Verweilen untersucht. Nach Aufnahme des Infrarotabsorptionsspektr. bei 20° wurde die stufenweise Desorption bei 100, 200 u. 300° verfolgt. Das bei der Adsorption von A. bei 20° u. 0,001 mm Druck aufgenommene Spektr. weist je ein Maximum bei 3484, 2922 u. 2553 cm^{-1} auf. Eine CO-

Bande fehlt. Das A.-Mol. wird demnach in die OH- u. $-CH_2-CH_2$-Gruppen aufgespalten. Diese Gruppen werden an die Oberfläche gebunden. Bei der A.-Adsorption bei 0,5 mm erfolgt eine Absorption im Gebiet 950—1500°, entsprechend den Valenzschwingungen der CO-Bindung u. der Oberflächenverb. vom Typ $>Al-O-C_2H_5$. Aus dem Spektr. bei der Adsorption bei 50° geht hervor, daß hier eine Oberflächenverb. vom Typ $Al-OC_3H_5$ entsteht. (Доклады Академии Наук СССР [Ber. Akad. Wiss. UdSSR] **110.** 581—84. 1/10. 1956. Inst. für physikal. Chem. der Akad. der Wiss. der UdSSR.) O. LEBTAG. 176

Tatsujirô Ishimori und **Hisateru Okuno,** *Über den Ionenaustausch von Uran.* Für die Unterss. finden die folgenden Harze Verwendung: Kationenaustauscher: *Dowex-50, -X-4* u. *Dowex-50,* Handelsware; Anionenaustauscher: *Dowex-1, -X-8.* Es zeigt sich, daß für die Elution beim Arbeiten mit Kationenaustauschern Acetatlsgg. sehr gut geeignet sind. Die Abtrennung des UO_2^{2+} gelingt unter Anwendung des Anionenaustauschers mittels Sulfatlösungen. (Bull. chem. Soc. Japan **29.** 78—82. Jan. 1956. Tokyo, Rikkyo Univ., Coll. of Sci., Dep. of Chem. [Orig.: engl.]) H. PITTACK. 177

A_6. Strukturforschung.

John H. L. Watson, *Kohleabdrücke von Einzelteilchen und ultramikroskopischen Kristallen.* Von Einkristallen u. Teilchen koll. Größe können leicht „Kohlebedampfungen" u. Kohleabdrücke hergestellt werden. Unaufgelöst, bewahren solche Präpp. von Teilchendispersionen ihre Morphologie bei vollkommener Verteilung u. sind in das verhältnismäßig starre, strukturlose Aufkittmedium fest eingebettet. Selektives Ätzen ermöglicht eine Identifizierung der Mischungskomponenten, unabhängig von der äußeren Geometrie. Kohleabdrücke von Einkristallen bieten verbesserte Möglichkeiten zur Best. kristallograph. Daten, zusätzlich zu der durch Elektronenmikroskopie bei ausgewählten Substanzen bestimmbaren Morphologie. Bei komplizierten Mikrostrukturen können durch Kohlebedampfung, partielles Ätzen u. auf stereoskop. Wege viele Einzelheiten ermittelt werden. Zur Deutung der Mikrostrukturen muß bes. darauf geachtet werden, wie C abgeschieden wird u. welchen Einfl. die Teilchenorientierung auf die Intensitäten im Elektronenbeugungsbild ausübt. (Analytic. Chem. **29.** [Part I]. 562—66. April 1957. Detroit, Mich., Henry Ford Hosp., Edsel B. Ford Inst. of Med. Res., Phys. Dep.) G. RUBAN. 181

R. Hosemann, R. Bonart und **G. Schoknecht,** *Faltungspolynom und Gitterfaktor parakristalliner Gitterwerke.* Vff. bringen eine Erweiterung der von HOSEMANN (vgl. C. **1952.** 492) entwickelten Theorie des idealen Parakristalls auf Raumgitter mit Korrelationen zwischen benachbarten Zellkanten. (Z. Physik **146.** 588—614. 1956. Berlin-Dahlem, Max-Planck-Ges., Fritz-Haber-Inst.) C. GOTTFRIED. 181

Laurens Jansen und **Rosemary T. McGinnies,** *Gültigkeit der Annahme der Wechselwirkung zwischen zwei Körpern in der Molekülphysik.* Zur stat. Gitterenergie der schweren Edelgase (außer He) tragen Drei-Körper-Kräfte großer Reichweite wesentlich bei. Sie bewirken auch, daß das kub.-flächenzentrierte Gitter stabiler ist als das hexagonal dichtest gepackte. (Physic. Rev. [2] **104.** 961—66. 15/11. 1956. College Park, Md., Univ. of Maryland, Inst. for Mol. Phys.) G. KIRSCHSTEIN. 182

S. Peter und **H. Peters,** *Über die Strukturviskosität des kristallin-flüssigen p.p'-Azoxyanisols.* Es wurde das Fließverh. von *p.p'-Azoxyanisol* (**I**) im Temperaturbereich von 119—154° bei Schergeschwindigkeiten von 60—18000 sec^{-1} mit einem Capillarviscosimeter untersucht. Im kristallin-fl. Zustand bei 118—135,4° zeigt **I** bei kleinen Schergeschwindigkeiten veränderliche Viscosität, während bei Schergeschwindigkeiten $>10000\ sec^{-1}$ sowie im isotrop-fl. Zustand NEWTONsches Fließverh. beobachtet wurde. Die Aktivierungsenergie für den Fließvorgang ergibt sich aus den Meßergebnissen für die kristallin-fl. Phase zu 2,9 kcal/Mol, für die isotrop-fl. Phase zu 5,6 kcal/Mol. Durch Beobachtung der Lichtdurchlässigkeit wurden die Geschwindigkeit des durch Scherung bewirkten Orientierungsprozesses in der kristallin-fl. Phase sowie diejenige des Abbauprozesses eines durch Scherung bzw. durch ein Magnetfeld verursachten Ordnungszustandes bei verschied. Tempp. gemessen u. gefunden, daß die Orientierungsvorgänge im Magnetfeld anderer Art sind als beim Fließen. Der durch Scherung verursachte Orientierungsprozeß sowie der Abbauprozeß eines durch Scherung bewirkten Ordnungszustands verlaufen nach dem Schema einer Rk. erster Ordnung. Für ersteren wurde die Geschwindigkeitskonstante bei 119° u. einer Schergeschwindigkeit von 1750 sec^{-1} zu 0,8 sec^{-1} bestimmt, während für den Abbauprozeß bei 119, 125 u. 131° Konstanten von $0{,}110 \pm 0{,}004$; $0{,}115 \pm 0{,}007$ u. $0{,}123 \pm 0{,}005\ sec^{-1}$ gemessen wurden. — Aus der Annahme eines kinet. Gleichgewichts beim stationären Fließen läßt sich eine Beziehung zwischen den einzelnen ablaufenden Umordnungs-Rkk. u. der Viscosität gewinnen, die mit den gemessenen Werten für die Geschwindigkeitskonstanten den Verlauf der Viscosität des kristallin-fl. I in Abhängigkeit von der Schergeschwindigkeit quantitativ wiedergibt. (Z. physik. Chem. Frankf. Ausg. [N. F.] **3.** 103—25. Jan. 1955. Hannover, TH, Inst. für physik. Chem.) E. KLEVER. 186

Jean Jaffray und **Robert Montmory,** *Orientiertes Gefrieren von unterkühltem Wasser auf kristalline Oberflächen. Der Fall des Bleijodids,* PbJ_2. (Vgl. C. **1957.** 6374.) Es wurde die Frage untersucht, ob PbJ_2 (I) das orientierte Gefrieren von unterkühltem W. fördert. Eine hierzu notwendige monokristalline frische I-Oberfläche wurde durch Aufdampfen von I bei 402° auf *Glimmer* (II) erzielt. Hierdurch wurde ein orientiertes Aufwachsen beobachtet, u. zwar nach zwei Richtungen. Die häufigere erfolgt nach [0 1 0] sowohl für I als auch für II u. kann nach der Theorie von FRIEDEL u. ROYER erklärt werden. Die zweite erfolgt nach [1 0 0] für II u. [0 1 0] für I; in diesem Falle erhält man keine Einzelkristalle, da die Parameterabweichung bereits 12% beträgt. Wassertröpfchen von einigen μ Durchmesser schlagen sich bevorzugt auf krist. Oberflächen nieder u. gefrieren beim Abkühlen auf —9°. An I ist die Orientierung einheitlich. Die Kanten [1 0 0] des I u. des W. koinzidieren. Die seitlichen Flächen des Eises verlaufen parallel zu den Kristallblöcken des I. Die relative Parameterabweichung beträgt nur 0,6%. (C. R. hebd. Séances Acad. Sci. **243.** 891—93. 24/9. 1956.) H. NÖTH. 190

G. W. Greenwood, *Das Wachstum disperser Ausscheidungen in Lösungen.* In einer gesätt. Lsg. lösen sich bei Vorhandensein einer 2. Phase infolge eines Überganges des gelösten Stoffes von Teilchen zu Teilchen die kleineren Teilchen auf, die größeren wachsen. Der Prozeß wird theoret. behandelt als resultierender Diffusionsstrom von den kleineren zu den größeren Teilchen. Für die Änderungsgeschwindigkeit der Teilchengröße werden Formeln abgeleitet. Die Theorie stimmt größenordnungsmäßig mit den beobachteten Wachstumsgeschwindigkeiten in Uran–Blei- u. Uran–Natrium-Schlamm überein. (Acta metallurg. [New York] **4.** 243—48. Mai 1956. Harwell, Berks., Atomic Energy Res. Establ.) W. JENA. 190

Charles de Rohden, *Struktur von hydrolysiertem Titandioxyd.* Bei der Darst. von TiO_2 für Pigmentfarben entsteht ein Nd. von TiO_2 durch Hydrolyse der schwefelsauren Lsg. (aus dem Aufschluß von Ilmenit, $FeTiO_3$). Elektronenmkr. Unters. des Hydrolysats u. der resultierenden koll. Lsg. führt auf folgende Ergebnisse: Das Hydrolysat ist ein aus sehr lockeren Flocken aufgebautes Gel, die Flockengröße ist von den Beobachtungsbedingungen abhängig; es hat eine Kornstruktur mit Korndurchmessern von ca. 0,6 bis 0,7 μ; jedes dieser Körner entsteht durch Agglutination von ca. 1000 Mikrokörnern mit 60—75 mμ, die durch adsorbierte SO_4^{2-}-Ionen verkittet sind; jedes Mikrokorn enthält ca. 20 Mikrokristalle von je 20 Å, welche als die zu Beginn der Hydrolyse zur Lsg. zugesetzten Kristallisationskeime anzusehen sind. (Chim. et Ind. **75.** 287—91. Febr. 1956.) G. RUBAN. 190

F. J. Blatt, C. T. Tomizuka und **L. M. Slifkin,** *Der feste Zustand.* Zusammenfassender Überblick. Behandelt werden: „Punktunvollkommenheiten" in Metallen (Leerstellen, Zwischengitterplätze; Volumendiffusion; spezif. Wärme u. Widerstand; Strahlungsschäden, kernmagnet. Resonanz; Widerstandsminima), Eigg. von *Ge* u. *Si* (Versetzungen, n- u. p-Typ; Bandstruktur, effektive M., Cyclotronresonanzmessungen; Transporteigg., Thermokraft; „Unreinheiten"-Niveaus u. a.). — 195 Literaturzitate. (Annu. Rev. physic. Chem. **7.** 311—34. 1956. Urbana, Ill., Univ. of Illinois, Dep. of Phys.; Chapel Hill, N. C., Univ. of North Carolina, Dep. of Phys.) G. RUBAN. 190

A. Münster und **K. Sagel,** *Zur statistischen Theorie der festen Lösungen.* Es wird ein Überblick über die von FUCHS (Proc. Roy. Soc. [London], Ser. A. **179.** [1942.] 340) entwickelte Theorie der festen Lsgg. gegeben. Die für den krit. Punkt der Entmischung sich ergebenden Folgerungen werden ausführlich diskutiert. Es wird gezeigt, daß die große Verteilungsfunktion einer bin. festen Lsg. mathemat. dem Problem des ISING-Modells äquivalent ist u. auf diesem Wege die Korrektheit der FUCHSschen Theorie nachgewiesen. Die Auswertung der FUCHSschen Theorie (die bisher nur für das raumzentrierte kub. Gitter vorlag) wird für das ebene quadrat. u. das flächenzentrierte kub. Gitter durchgeführt. Die daraus berechneten Entmischungskurven u. krit. Tempp. werden mit den Ergebnissen anderer Methoden verglichen. Es zeigt sich dabei, daß (im Gegensatz zu anderen Methoden) die FUCHSschen Reihen um so besser konvergieren, je dichter die Packung im Gitter ist. (Z. physik. Chem., Frankf. Ausg. [N. F.] **7.** 267—95. Juni 1956. Frankfurt/M., Metallges. Akt.-Ges., Metall-Labor.) G. RUBAN. 190

A. Steinemann, *Atomare Fehler im Aufbau der Kristalle.* Allg. Ausführungen über ideale u. reale Kristalle, Methoden zur Unters. des idealen Verh. durch Best. verschied. Eigg. (D., Härte, Festigkeit; spezif. Wärme, Fremd- u. Selbstdiffusion; opt. Absorption, Farbzentren, Luminescenz; elektr. Leitfähigkeit, DK. u. dielektr. Verluste, paramagnet. Resonanz u. a.), Fehler in Kristallen (Phononen, Elektronen u. Löcher, Excitonen; Leerstellen, Zwischengitterplätze; Versetzungen; Störungen durch Lichtquanten, geladene u. ungeladene Corpuscularstrahlen), isolierte atomare Fehler, Fremdatome, Ordnungs-Unordnungs-Übergänge, SCHOTTKY- u. FRENKEL-Defekte. (Schweiz. Arch. angew. Wiss. Techn. **22.** 226—37. Juli 1956. Zürich.) G. RUBAN. 190

J. Spaepen, *Grundlegende Untersuchung über die Bestrahlung von festen Stoffen.* Übersicht über die Schäden, die feste Körper (Metall-, Valenz-, Covalenz- u. Ionenkristalle) durch Bestrahlung mit schnellen Neutronen (Reaktoren), schweren, geladenen Teilchen (Cyclotrone) u. mit energiereichen Elektronen (VAN DE GRAAFF-Generatoren) erleiden, die Ursachen der Veränderung ihrer physikal. Eigg. u. deren Wiederherstellung. — 45 Schrifttumshinweise. (Chem. Weekbl. **53.** 277—85. 1/6. 1957. Brussel, Studiecentr. voor de toepassingen van kernenergie.) W. WESLY. 190

Frederick Seitz und **Eugene P. Wigner,** *Strahlungseinfluß auf feste Körper.* Allg. Betrachtungen. Die für Metalle u. andere Kristalle charakterist. geordnete Atomanordnung kennzeichnet viele ihrer Eigg.; energ. Bestrahlung zerstört diese Ordnung u. vermag diese Eigg. drast. zu verändern. (Sci. American **195.** Nr. 2. 76—84. Aug. 1956.) G. RUBAN. 190

K. Torkar und **P. Paulitsch,** *Die Anwendung der Mischkörpertheorie auf Gesteinsgefüge.* Bei der Anwendung der Mischkörpertheorie auf die Berechnung der Wärmeleitfähigkeiten eines *Bändermarmors*, von dem durch mkr. Unterss. das Gefüge genau bekannt war, konnte eine weitgehende Übereinstimmung der berechneten mit den gemessenen Wärmeleitzahlen erzielt werden. Wenn auch quantitative „absol." Aussagen über die Dicke der *Glimmer*-Blättchen infolge der Vielgestaltigkeit des Gefüges von seiten der Rechnung nicht gemacht werden konnten, so bestätigt die Mischkörpertheorie doch den opt. Befund über den Typ der „Ortslage" der Glimmerblättchen. Dadurch kann erklärt werden, warum in der Richtung *c* des Marmorgefüges die Wärmeleitfähigkeit ein Minimum aufweist, das nach der Regelung der Hauptkomponente *Calcit* nicht zu erwarten war. Es erscheint demnach möglich, aus bekannten physikal. Daten eines Gefüges mit Hilfe der Mischkörpertheorie auf das Gefüge, bes. auf die Anordnung seiner Gemengeteile, Schlüsse zu ziehen. Andererseits wird die physikal. Bedeutung des bei der Rechnung eingeführten komplexen „Strukturfaktors" K klarer, wenn von seiten der Korngefügekunde genügend Daten beigebracht worden sind. (Z. physik. Chem., Frankf. Ausg. [N. F.] **3.** 34—51. Jan. 1955. Graz, TH, Inst. für anorgan. u. physik. Chem.; Univ., Mineral.-Petrograph. Inst.) E. KLEVER. 190

C. V. Raman, *Röntgenstrahlen und Kristalle.* Zusammenfassende Ausführungen. Behandelt werden: Röntgenbeugung durch Kristalle; Atomkerne u. Röntgenbeugung; charakterist. Schwingungen des Kristallgitters; klass. u. quantenmechan. Behandlung des Problems; Infrarotaktivität u. Röntgenbeugung sowie die Geometrie der Röntgenreflexe. (Current Sci. **24.** 395. Dez. 1955.) G. RUBAN. 195

Laurens Jansen und **John M. Dawson,** *Über die intermolekularen Kräfte und die Kristallstrukturen der Edelgase.* Die Beziehung zwischen intermol. Potentialfeld u. Stabilität der Kristallstrukturen der Edelgase wird für ein flächenzentriert-kub. Gitter u. für eine Struktur mit hexagonal-dichtester Packung untersucht. Zwei Modelle für das Potentialfeld werden betrachtet: ein LENNARD-JONES (s, 6)-Potential u. ein „modifiziertes" BUCKINGHAM-Potential (α, 6). Der Einfl. der Nullpunktsenergie wird nach der Meth. von CORNER [1948] berücksichtigt. Es wird gefunden, daß für ein additives LENNARD-JONES (s, 6)-Potential (s zwischen 7 u. 16) die hexagonale Struktur die stabile ist. Für ein additives BUCKINGHAM-Potential (α, 6) mit variablem α von 10—16 ist wiederum das hexagonale Gitter stabiler als die kub. Struktur. Für beide Formen des in der Analyse betrachteten Potentialfeldes ist die Energiedifferenz zwischen beiden Strukturen von der Größenordnung $^1/_{10000}$ der Kohäsionsenergie im Kristall. Diese Ergebnisse stimmen überein mit den Folgerungen von KIHARA u. KOBA (J. physic. Soc. Japan **7.** [1952.] 348), die den Einfl. der Nullpunktsenergie vernachlässigt hatten. Wie jedoch vom Experiment her bekannt ist, krist. *Ne, Ar, Kr* u. *Xe* in einem flächenzentriert-kub. Gitter; deshalb zeigen die Ergebnisse, sofern Additivität der intermol. Kräfte vorausgesetzt wird, daß weder das LENNARD-JONES- noch das modifizierte BUCKINGHAM-Potential die Kristallstrukturen der Edelgase (außer *He*) erklären können. Die vielleicht wichtige Rolle der Vielkörperwechselwrkg. wird diskutiert. (J. chem. Physics **23.** 482—86. März; Erratum: 1729. Sept. 1955. College Park, Md., Univ. of Maryland, Dep. of Chem., Inst. of Mol. Phys.) G. RUBAN. 195

Aafje Vos und **E. H. Wiebenga,** *Verbesserung der P—P-Bindungslänge in P_4S_7.* (Vgl. C. **1956.** 12477.) Bei der l. c. mitgeteilten Strukturbest. von P_4S_7 (vgl. auch C. **1956.** 7724) ergab sich ein bemerkenswert großer Abstand P—P = 2,37 Å zugleich mit einer beträchtlichen Schwankungsbreite von $\pm$ 0,04 Å. Durch Berechnung einer dreidimensionalen FOURIER-Analyse unter Verwendung von Lochkartenmaschinen erhalten Vff. folgende verbesserte P-Koordinaten (x; y; z): P_1 (0,2821; 0,3791; 0,7088), P_2 (0,3531; 0,2932; 0,4637). Mit diesen Werten ergibt sich ein zuverlässigerer Abstand $P_1 - P_2 = 2,35 \pm 0,01$ Å, der den P—P-Abständen in anderen Verbb., z. B. $P_4S_3 \triangleq 2,24$ Å (vgl. C. **1956**. 9646. 13629), gegenübergestellt wird. (Acta crystallogr. [Copenhagen] **9**. 92—93. 10/1. 1956. Groningen, Rijksuniv., Labor. voor Anorg. en Fys. Chem.) G. RUBAN. 195

H. F. Fischmeister, *Röntgenmessungen der thermischen Ausdehnung von trigonalem Kalium-, Lithium- und Silbernitrat.* Vf. bestimmt die therm. Ausdehnung der trigonalen Hochtemperaturmodifikationen von $LiNO_3$, KNO_3 u. $AgNO_3$. Die Gitterkonstanten am Umwandlungspunkt u. am F. sowie die Ausdehnungskoeffizienten sind für diese 3 Salze u. $NaNO_3$ tabellar. zusammengestellt. Die Ausdehnung dieser Kristalle ist stark anisotrop u. in Richtung der hexagonalen c-Achse am größten. Für KNO_3 ist die Ausdehnung senkrecht zu dieser Achse sogar schwach negativ. (J. inorg. Nuclear Chem. **3**. 182—86. Okt. 1956. Uppsala, Univ., Inst. of Chem.) G. RUBAN. 195

Ljubica M. Manojlović, *Die Kristallstruktur von Caesiumhexajodotellurit.* Vf. bestimmt die Struktur von Cs_2TeJ_6 aus Röntgenpulveraufnahmen. Das kub.-flächenzentrierte Gitter hat die Kantenlänge $a = 11,700 \pm 0,004$ Å; D. 4,83 g/cm³ (berechnet), Z = 4; Raumgruppe O_h^5 — F m 3 m. Atomlagen (0, 0, 0; $^1/_2$, $^1/_2$, 0; $^1/_2$, 0, $^1/_2$; 0, $^1/_2$, $^1/_2$) +: Cs in 8(c) ± ($^1/_4$, $^1/_4$, $^1/_4$), Te in 4(a) (0, 0, 0), J in 24(e) ± (x, 0, 0; 0, x, 0; 0, 0, x) mit x = 0,250 u. einem Diskrepanzfaktor R = 0,071. Die Struktur ist vom selben Typ wie K_2PtCl_6; jedes Te-Atom ist von 6 J-Atomen oktaedr. umgeben, Abstände Te—J = 2,92 u. J—J = 4,13 Å. Bei Annahme einer ion. Bindung Te—J folgt für den Ionenradius von Te^{4+} 0,76 Å, der theoret. Wert 0,81 Å (PAULING) läßt jedoch auf einen kovalenten Bindungscharakter schließen. (Bull. Inst. Nuclear Sci. „Boris Kidrich" **6**. 149—52. März 1956. Belgrad, Inst. of Nuclear Sci., Labor. of Phys. Chem.) G. RUBAN. 195

Waltraud Hilmer und **Käte Dornberger-Schiff,** *Die Kristallstruktur von Lithiumpolyarsenat,* $(LiAsO_3)_x$. Die Substanz krist. aus der Schmelze (F. 745°) in langen durchsichtigen Nadeln, ist stark hygroskop. u. besitzt nach pyknometr. Messungen die D. 3,66 g/cm³. Drehkristallaufnahmen um 3 Achsen ergeben die Gitterkonstanten: a = 10,18, b = 9,43, c = 5,25 Å, $\beta = 110,53°$; $Z_{ber.} = 8,02 \approx 8$; Raumgruppe C_s^4 — C c oder C_{2h}^6 — C2/c, vermutlich letztere, zentrosymm., da piezoelektr. Eig. nicht nachgewiesen. PATTERSON- u. FOURIER-Projektionen auf die Ebenen a·b u. a·c sowie entsprechende Differenzsynthesen ergeben folgende Atomlagen (x; y; z): As (0,206; 0,404; 0,732), O_I (0,372; 0,409; 0,881), O_{II} (0,125; 0,255; 0,650), O_{III} (0,131; 0,475; 0,952), Li_I (0; 0,111; 0,750), Li_{II} (0; —0,220; 0,750); Diskrepanzfaktor R = 0,164 (h k 0) bzw. 0,126 (h 0 l). Die As-Atome sind tetraedr. von O-Atomen umgeben, wobei benachbarte Tetraeder durch ein O-Atom verbunden sind. Die Tetraeder bilden Ketten in Richtung der c-Achse; die Ketten sind leichtgeknickt u. enthalten die Tetraeder in einer solchen Anordnung, daß die Spitzen der Tetraeder in einer Kette jeweils nach einer Richtung zeigen. Die Ketten sind ähnlich gebaut u. angeordnet wie im *Diopsid,* nur sind die Tetraeder wesentlich stärker verzerrt. Die Abstände [Å] betragen im Tetraeder (Oktaeder): As—O = 1,60—1,81; O—O = 2,61—2,90, 2,91—3,85, 2,91—4,07 (3,00 bis 4,57); Li—O = 1,93—2,04 (2,54), 2,06. (Acta crystallogr. [Copenhagen] **9**. 87—88. 10/1. 1956. Berlin-Adlershof, Dtsch. Akad. der Wiss., Inst. für anorg. Chem.; Berlin-Buch, Arbeitsgruppe für Kristallstrukturanalyse.) G. RUBAN. 195

Robert E. Jones und **David H. Templeton,** *Die Kristallstruktur von Indium(I)-jodid.* Herst. von InJ erfolgt durch Erhitzen von *In* mit geringem Überschuß J_2 im evakuierten Rohr auf 300°; Kondensation des Dampfes ergibt bräunlichrote Tafeln nach {0 1 0}. Pulver- u. WEISSENBERG-Aufnahmen (CuK_α- u. CrK_α-Strahlung) ergeben eine rhomb. Elementarzelle mit den Dimensionen: a = 4,75, b = 12,76, c = 4,91 Å (±0,2%); Z = 4; D. 5,29 (berechnet) bzw. 5,32 g/cm³ (gemessen). Raumgruppen C m c m, C m c 2 oder C 2 c m; Übereinstimmung mit den Intensitäten bei C m c m — D_{2h}^{17} mit einer Struktur vom Typ *TlJ*. Atomlagen in 4(c) ± (0, y, $^1/_4$), + (0, 0, 0; $^1/_2$, $^1/_2$, 0) mit den durch angeschärfte ($F_0 - F_c$)-Synthesen bestimmten Parametern $y_{In} = 0,398 \pm 0,001$ u. $y_J = 0,145 \pm 0,001$. Jedes Atom hat 1 nächsten Nachbarn der anderen Atomart in 3,23 u. 4 weitere in 3,46 sowie 2 übernächste in 3,95 Å; kürzeste Abstände In—In = 3,58 u. J—J = 4,44 Å; hieraus folgt als Ionenradius von In^+ 1,32 Å, sofern InJ als Salz anzusprechen ist. (Acta crystallogr. [Copenhagen] **8**. 847. 10/12. 1955. Berkeley, Calif., Univ. of California, Dep. of Chem., Radiat. Labor.) G. RUBAN. 195

Don T. Cromer und **Paul E. Harper,** *Die Länge des Uranylions in Uranylcarbonat.* Die von THAMER synthet. dargestellten Kristalle des UO_2CO_3 bilden sehr dünne Nadeln nach [0 0 1] mit (0 1 0) als vorherrschenden Flächen. WEISSENBERG-Aufnahmen (Cu-Strahlung) ergeben die Zelldimensionen [Å]: $a = 4,85 \pm 0,01$, $b = 9,22 \pm 0,02$,

c = 4,30 ± 0,01; diese Werte stimmen mit den von CHRIST, CLARK u. EVANS (vgl. C. **1957.** 2133) an natürlichem UO_2CO_3 (*Rutherfordin*) erhaltenen Daten gut überein. Eine auf der Rechenmaschine IBM 701 durchgeführte Verfeinerung nach der Meth. der kleinsten Quadrate mit 5 Parametern [Absolutfaktor, 2 isotrop. Temperaturfaktoren (1 für U, 1 für die leichten Atome), x-Parameter des 4fachen Carbonat-O, y-Parameter des Uranyl-O] ergab folgende gegenüber den l. c. genannten verbesserte Werte: B_U = 0,51 ± 0,20, $B_{O,C}$ = 1,65 ± 0,86 Å²; x = 0,011 ± 0,018, y = 0,932 ± 0,010; R = 7,3% ohne (0 2 0), da durch Extinktion verfälscht. Bei Annahme eines linearen Uranylions ergibt sich ein Abstand U—O = 1,67 ± 0,09 Å, der kürzer ist, als je zuvor bei Uranyl- u. anderen Verbb. beobachtet worden ist. (Acta crystallogr. [Copenhagen] **8.** 847—48. 10/12. 1955. Los Alamos, N. Mex., Univ. of California, Los Alamos Sci. Labor.)
G. RUBAN. 195

J. M. Cowley, *Elektronenbeugungsdiagramme von CuO.* Zu den vom Vf. vorgenommenen Deutungen der anomalen Intensitäten im CuO-Diagramm (vgl. C. **1955.** 8098) haben HEIDENREICH u. STORKS (vgl. C. **1957.** 868) Stellung genommen, worauf Vf. hier näher eingeht. (J. appl. Physics **27.** 422. April 1956. Australia, CSIRO, Div. of Ind. Chem., Chem.-Phys. Sect.)
G. RUBAN. 195

J. Toussaint und **J. Melon,** *Über die Elementarzelle des Destinezits.* Der Destinezit ($2\,FePO_4 \cdot Fe_2O_3 \cdot 2\,SO_3 \cdot 12\,H_2O$) krist. triklin. Seine Elementarzelle hat die Konstanten a = 9,61, b = 10,27 u. c = 7,36 Å, sowie α = 81°45′, β = 108°01′ u. γ = 121°14′ u. enthält 1 Mol.; $D_{\text{berechnet}}$ = 2,35, $D_{\text{beobachtet}}$ = 2,27. Unter dem Mikroskop erscheinen pseudohexagonale Lamellen. (Ann. Soc. géol. Belgique, Bull. **79.** B41—44. Okt./Dez. 1955. Jan. 1956. Liège, Univ., Labor. de Cristallograph. et Minéralogie.) F. ENSSLIN. 195

J. Toussaint, *Über den Fibroferrit und seine Entwässerungsprodukte.* Der Fibroferrit ($Fe_2O_3 \cdot 2\,SO_3 \cdot n\,H_2O$, wobei n = 7—11) ist bis 50° beständig u. krist. monoklin. Seine Einheitszelle hat die Parameter a = 7,45, b = 12,10, c = 7,65 Å u. β = 110°7′ u. enthält 2 Moleküle. Oberhalb 50—80° wird n = 5—6, wobei wahrscheinlich die Elementarzelle erhalten bleibt. Zwischen 80 u. 300° entsteht ein rhomboedr. Prod. mit dem hexagonalen Gitter a = 18,8 u. c = 7,37 Å. In diesem Stadium ist n = 1—4. Zwischen 300 u. 500° entsteht eine orthorhomb. Phase mit a = 3,70, b = 6,43 u. c = 7,15 Å. Der Wassergeh. n ist 0,33—1. (Ann. Soc. géol. Belgique, Bull. **79.** B45—54. Okt./Dez. 1955. Jan. 1956.)
F. ENSSLIN. 195

J. Toussaint, *Über die Gitter des Plancheits und des Shattuckits.* Beide Mineralien sind chem. $CuSiO_3 \cdot x\,H_2O$. Der Plancheit ist nach der röntgenograph. Unters. orthorhomb. mit den Parametern a = 10,11, b = 19,08 u. c = 5,21 Å. Die Elementarzelle enthält $14\,CuSiO_3 \cdot 4\,H_2O$. Das Gitter des Shattuckits ist orthorhomb., pseudoquadratisch. Die Elementarzelle hat die Parameter a = 9,91, b = 9,91 u. c = 5,21 Å u. enthält $8\,CuSiO_3 \cdot 4\,H_2O$. (Ann. Soc. géol. Belgique, Bull. **79.** B111—18. Okt./Dez. 1955. Jan. 1956.)
F. ENSSLIN. 195

R. K. Hart, *Filmbildung auf in Wasser getauchtem Aluminium.* Werden Al-Bleche mit einer Reinheit von 99,995% vollständig in reines O_2-haltiges u. O_2-freies W. von 20—80° getaucht, so findet die Bldg. von Filmen aus „amorphen“ oder krist. Oxydhydraten statt. Unterhalb einer krit. Temp. (zwischen 60 u. 70°) verläuft die Filmbldg. in drei röntgenograph. nachgewiesenen Stufen: 1. amorphe Phase; 2. *Boehmit* (**I**; *γ-AlOOH*, orthorhomb., a = 3,78; b = 11,8 u. c = 2,85 Å) u. 3. *Bayerit* (**II**; *β-Al_2O_3 · 3 H_2O*, monoklin, a = 4,72; b = 8,68; c = 5,06 Å u. α = 90°11′). Oberhalb der krit. Temp. wird nur ein **I**-Film gebildet. Das Dickenwachstum des **I**-Films wird durch Ionendiffusion durch die Oxydschicht bestimmt. Der Grund für das plötzliche Einsetzen einer **II**-Bldg. ist nicht bekannt. Vff. vermuten eine Energieänderung in der Metall—Film- oder Film—Fl.-Zwischenschicht. Der **II**-Film wächst, bis er selbst durch seine Dicke ein weiteres Wachstum behindert. Das Aufwachsen der Filme erfolgt orientiert: (0 0 1) parallel zur Oberfläche für **I**, (0 1 0) für **II**. Eingetauchtes, hochreines Al ist weitgehend gegen Lochkorrosion beständig, erleidet aber oberhalb 60° starke intergranulare Korrosion. Die Lochkorrosion wird bes. in O_2-haltigem W. unterdrückt. (Trans. Faraday Soc. **53.** 1020—27. Juli 1957. Cambridge, Univ., Dep. of Metallurgy.)
HERBERT MÜLLER 196

H. H. Stadelmaier und **R. C. Hock,** *Hysterese der Kobalt-Umwandlung in dünnen Filmen.* Vff. beschreiben quantitativ den Einfl. der Oberfläche auf die Hysterese der Co-Umwandlung. Die Hysteresetemp. zeigt sich als umgekehrt proportional zur Dicke. Die Verss. zeigten, daß die Umwandlung von der kub.-flächenzentrierten zur hexagonalen Modifikation erst beginnen kann, wenn eine Energieschranke von der Größe der Oberflächenenergie überwunden ist. (Acta metallurg. [New York] **4.** 223—24. März 1956. Raleigh, N. C., North Carolina State Coll.)
W. JENA. 196

J. L. Meijering und **H. K. Hardy**, *Geschlossene Mischungslücken in ternären und quaternären regulären Lösungen von Legierungen.* Mit dem näherungsweise gültigen Modell der regulären Lsg. werden aus den Daten bin. Systeme halbquantitative Voraussagen über die Form tern. Mischungslücken gewonnen. Die Spinodalgleichung quaternärer regulärer Lsgg. wurde abgeleitet. Quaternäre krit. Punkte werden bes. diskutiert, da sie mit dem Auftreten geschlossener Mischungslücken zusammenhängen. Es werden die Bedingungen angegeben, unter denen eine tern. krit. Temp. durch Zufügen einer vierten Komponente erhöht wird. Die Ergebnisse werden auf Mischungslücken in fl. u. kub.-flächenzentrierten Legierungen angewendet. (Acta metallurg. [New York] **4.** 249—56. Mai 1956. Eindhoven, Philips Res. Labor.) W. JENA. 197

A. Münster und **K. Sagel**, *Entmischungskurve und kritischer Punkt des Systems Aluminium–Zink.* (Vgl. C. **1956.** 4935.) Es wird über eine Neubest. der Entmischungskurve des festen Syst. Al–Zn durch Messungen der elektr. Leitfähigkeit berichtet. Es ergibt sich, daß die Entmischungskurve einen oberen krit. Punkt bei einer Temp. von $351{,}5 \pm 0{,}4^0$ u. einem Geh. von $39{,}5 \pm 0{,}2$ At.-% Zn besitzt. Der Verlauf der Entmischungskurve wird mit den theoret. Kurven verglichen. Es wird gezeigt, daß die FUCHSsche Theorie (vgl. Proc. Roy. Soc. [London], Ser. A **179.** [1942.] 340) die experimentellen Ergebnisse gut wiedergibt, wenn man zusätzlich die Temperaturabhängigkeit des Energieparameters w berücksichtigt. Durch Kombination mit Messungen von AVERBACH u. Mitarbeitern (Acta metallurg. [New York] **2.** [1954.] 621) läßt sich die Theorie ohne Verwendung adjustierbarer Parameter prüfen. Es ergibt sich mit dem durch die Unsicherheit der (nur geschätzten) theoret. Daten gegebenen Vorbehalt eine gute Übereinstimmung. (Z. physik. Chem., Frankf. Ausg. [N. F.] **7.** 296—316. Juni 1956. Frankfurt/M., Metallges. A.-G., Metallabor.) G. RUBAN. 197

J. M. Silcock, *Doppelreflexe in Aluminium–Kupfer-Legierungen.* Bemerkungen zu Unterss. von GUINIER (vgl. J. Physique Radium [8] **3.** [1942.] 124) über die Zwischenausscheidung ϑ' in gealterten Legierungen; Röntgenaufnahmen (Mo–K_α) einer 100 Tage bei 190° gealterten Al-Cu-Legierung mit 4% Cu zeigen senkrecht $[1\,0\,0]_{Al}$ anomale Reflexe, die Vf. auf Grund des RENNINGER-Effektes (Röntgenbeugung von 2 Reihen stark reflektierender Ebenen) zu deuten versucht. (Acta crystallogr. [Copenhagen] **9.** 86. 10/1. 1956. Stoke Poges, Bucks., Fulmer Res. Inst.) G. RUBAN. 197

N. C. Baenziger, R. E. Rundle und **A. I. Snow**, *Strukturen der Verbindungen Th_2Cu, $ThCu_2$, Th_2Zn und $ThHg_3$.* Th_2Cu ist basisflächenzentriert tetragonal mit a = 7,28 u. c = 5,74 Å; Strukturtyp $CuAl_2$ (C 16) mit 4 Cu in $\pm(0, 0, {}^1/_4; {}^1/_2, {}^1/_2, {}^1/_4)$ u. 8 Th in $0, 0, 0; {}^1/_2, {}^1/_2, {}^1/_2 \pm (x, {}^1/_2 + x, 0; {}^1/_2 + x, \bar{x}, 0)$ mit $x = {}^1/_6$; die Struktur wurde durch Vgl. beobachteter u. berechneter Intensitäten aus Pulverdiagrammen aufgeklärt, die Übereinstimmung ist sehr zufriedenstellend. — $ThCu_2$ ist hexagonal mit a = 4,35 u. c = 3,47 Å vom Strukturtyp AlB_2 (C 32) mit Th in (0, 0, 0) u. 2 Cu in $\pm({}^1/_3, {}^2/_3, {}^1/_2)$; gute Übereinstimmung zwischen beobachteten u. berechneten Intensitäten. — Th_2Zn ist isomorph mit Th_2Cu u. besitzt die tetragonalen Gitterkonstanten a = 7,60 u. c = 5,64 Å; Typ C 16, Idealparameter $x = {}^1/_6$; eine von NOWOTNY (vgl. Z. Metallkunde **37.** [1946.] 31) neben $ThZn_9$ beschriebene Th-reichere Phase dürfte mit Th_2Zn nicht ident. sein. — Eine hexagonale Phase der ungefähren Zus. $ThHg_3$ mit a = 3,38 u. c = 4,72 Å, für die $z = {}^1/_2$ ist, paßt mit ihren Intensitätsdaten in eine fehlgeordnete, hexagonal-dichtestgepackte Struktur, die jedoch eine Ordnung nicht unbedingt ausschließt; die Gitterkonstanten variieren etwas von Probe zu Probe, wahrscheinlich ebenso die Zuss., jedoch wurden die Löslichkeitsdaten nicht ermittelt. (Acta crystallogr. [Copenhagen] **9.** 93—94. 10/1. 1956. Ames, Io., Iowa State Coll., Inst. for Atom. Res., Dep. of Chem.) G. RUBAN. 197

M. G. Bown, *Die Struktur von rhomboedrischem T(NiCuAl).* (Vgl. C. **1957.** 11517.) Einkristalle einer tern. Verb. des Syst. Ni–Cu–Al im Bereich 57,5—64 (At.-%) Al u. 5,5—10 Ni bei 500°, vermutlich $NiCu_3Al_6$, sind vom Vf. röntgenograph. untersucht worden; es ergeben sich 2 verschied. Modifikationen, eine rhomboedr. (T_1) u. eine kub. (T_2). In beiden Fällen sind die schweren u. leichten Atome wie im Typ CsCl angeordnet; geordnete Leerstellen in den Plätzen der schweren Atome lassen die beiden verschied. Übergitter entstehen. — T_1 besitzt die LAUE-Symmetrie $\bar{3}$m; Raumgruppe R 32, R 3 m oder R $\bar{3}$ m; Gitterkonstanten a = 13,53 Å; $\alpha = 17^0 27'$; Zellvol. 194,4 Å³; D. > 4,4 g/cm³; Zellinhalt 8 Al + 6 schwere Atome (H). Eine lückenlose Strukturaufklärung ist wegen der ungenauen Angaben über Zus. u. D. nicht möglich; eindimensionale FOURIER- u. Differenzsynthesen ergeben (in hexagonaler Aufstellung mit a = $4{,}105 \pm 0{,}001$ u. c = $39{,}97 \pm 0{,}01$ Å) die folgenden verfeinerten z-Parameter: Al_1 0; $Al_2 \pm 0{,}1255$; $Al_3 \pm 0{,}2515$; $Al_4 \pm 0{,}3800$; Al_5 0,5000; $H_2 \pm 0{,}1900$;, $H_3 + 0{,}3145$; $H_4 \pm 0{,}4380$. — T_2 besitzt die LAUE-Symmetrie m 3 m, Typ CsCl; Gitterkonstante a = 14,6 Å. Da keine Einkristalle zu erhalten waren, konnten keine genauen Intensitäten bestimmt werden. Die Reflexe von T_2 sind fast ident. mit solchen, die einer 4fachen Verzwillingung von T_1 entsprechen würden; eine solche Verzwillingung liegt jedoch in Wirklichkeit nicht vor. T_2 dürfte bei Zimmertemp. metastabil sein. (Acta crystallogr. [Copenhagen] **9.** 70—74. 10/1. 1956. Cambridge, Cavendish Labor., Crystallogr. Labor.) G. RUBAN. 197

Charles Stein und **Nicholas J. Grant,** *Der chromreiche Teil des Chrom–Nickel-Zustandsdiagrammes.* Durch Widerstandsmessungen wird eine vollständigere Best. des Cr-reichen Teils des Cr–Ni-Zustandsschaubildes durchgeführt. Die Existenz einer eutektoiden Rk. bei 1215° zusätzlich zu der bereits schon früher ermittelten eutekt. Rk. bei 1343° wurde bestätigt. Die Neigung der Lösungslinie von α-Cr zeigt an, daß die maximale Löslichkeit von Ni im α-Cr sehr schnell von 25 Gew.-% Ni bei der eutektoiden Temp. auf 16% Ni bei 950° abnimmt. (J. Metals **7.** Nr. 1. Sect. 2. Trans. AIME **203.** 127—34. Jan. 1955. Cambridge, Mass., MIT.) H. HOCHSTEIN. 197

Kazuhiko Ogawa und **Tamotsu Fukatsu,** *Über die dem zementierten Chromcarbid beigelegte Eigenschaft des übergroßen Oxydationswiderstandes.* Vff. bestimmten verschied. Eigg. von zementiertem Cr_3C_2 mit 14% Ni: D. ca. 6,9 g/cm³; Härte 84—88 („HrA.") bei Zimmertemp., 83—86 bei 500°, 73—81 bei 900°; Bruchfestigkeit 70 kg/mm²; therm. Ausdehnung $11{,}5\cdot10^{-4}$ bei 30—750°; elektr. Widerstand ca. $4{,}3\cdot10^{4-}$ $\Omega\cdot$cm; magnet. Verh. nicht beobachtet. Der hohe Oxydationswiderstand geht aus den Gewichtszunahmen (g/m²·Std.) bei 500 u. 600° (<0,1), 700 u. 800° (0,2), 900° (0,75) u. 1000° (1,2) an der Luft für die Dauer von 2 Std. hervor. Gleichzeitig ändern sich metall. Glanz u. Farbe (von Farblos über Bronzefarben, Grünschwarz nach Grüngrau ohne Glanz) sowie die Orientierungen der Oxydkriställchen (von geringer nach regelloser Orientierung). Zus. (im wesentlichen Cr_2O_3, bei 1000° zusätzlich NiO) u. Struktur der Oberflächenfilme werden durch elektronenmkr. Unterss. bestimmt u. diskutiert; die orientierten Filme spielen demzufolge bei dem Oxydationswiderstand eine größere Rolle als die nichtorientierten Filme. (Bull. chem. Soc. Japan **29.** 388—95. April 1956. Kyoto, Univ., Fac. of Sci., Chem. Dep.; Tungaloy Prod. Co.) G. RUBAN. 197

W. Rostoker, *Ausgewählte isotherme Schnitte in den titanreichen Ecken der Systeme Ti–Fe–O, Ti–Cr–O und Ti–Ni–O.* Die angenäherte Größe u. Lage der tern. Phasenfelder der mit Fe_3W_3C isomorphen Verbb. wurden für die drei Ti-reichen tern. Systeme Ti–Fe–O, Ti–Cr–O u. Ti–Ni–O bestimmt. Das mit Ti in der Art einer Zwischenphase verbundene Übergangselement scheint auf die Lage u. den Bereich der Mischbarkeit dieser Phasenfelder einen großen Einfl. auszuüben. Auf Grund der Anordnung der Phasenfelder bei 1000° erscheint es unwahrscheinlich, daß diese Phasen in den n. schmiedbaren Ti-Legierungen, die sich von den Ti–Fe- u. Ti–Cr-Systemen ableiten, auftreten. (J. Metals **7.** Nr. 1. Sect. 2. Trans. AIME **203.** 113—16. Jan. 1955. Chicago, Ill., Illinois Inst. of Technol.) H. HOCHSTEIN. 197

Paul Farrar und **Harold Margolin,** *Das System Titan–Blei.* Das System Ti–Pb wurde im Bereich von 0—58 Gew.-% Pb untersucht. Dieses Syst. wird durch 3 Rkk. gek.: 1. Die eutektoide Zers. der β-Phase in die α-Phase u. Ti_4Pb bei 725 ± 10°; 2. die peritekt. Rk. $\beta + L \rightarrow Ti_4Pb$ bei 1305 + 10° u. 3. die mögliche eutekt. Zers. von Schmelze in Ti_4Pb u. γ-Phase zwischen 1200 u. 1300°. Die eutektoide Zus. enthält 26% Pb, u. die maximale Löslichkeit von Pb im α-Ti beträgt 16 ± 0,5% bei der eutektoiden Temperatur. Die größte Löslichkeit von Pb im β-Ti bei der peritekt. Temp. beträgt 45%. Die F.-Werte zeigen, daß der Bereich Schmelze–fester Zustand ganz schmal ist u. daß Jodid–Titan bei 1665 ± 10° schmilzt. (J. Metals **7.** Nr. 1. Sect. 2. Trans. AIME **203.** 101—04. Jan. 1955. New York, N. Y., Univ.) H. HOCHSTEIN. 197

Paul Pietrokowsky, Ellis P. Frink und **Pol Duwez,** *Untersuchung des Teilzustandsschaubildes Ti–TiAu₂.* Die Ti–Au-Legierungen im Bereich von Ti bis zur Verb. $TiAu_2$, d. h. von 0—66²/₃ At.-% Au, wurden metallograph. im Temperaturbereich von 400 bis 1500° untersucht. Auf Grund der Untersuchungsergebnisse wird der entsprechende Teil des Zustandsschaubildes aufgestellt, u. die Gleichgewichtsphasen werden ermittelt. Der untersuchte Bereich wird durch die drei Zwischenphasen *Ti_3Au*, *TiAu* u. *$TiAu_2$* gekennzeichnet. Von diesen ist nur TiAu über einen abschätzbaren Bereich der Zus. vorhanden, u. die Ausdehnung der Homogenität der festen Lsg. zeigt eine deutliche Temperaturabhängigkeit. Alle Phasen zeigen offene Höchstschmelztempp., u. zwar Ti_3Au von 1392°, TiAu von 1490° u. $TiAu_2$ von 1455°. Es treten drei Eutektika auf. Bei der eutekt. Temp. von 1368° sind drei Phasen im Gleichgewicht geschmolzen, u. zwar eine Phase mit 21% Au, der β-Mischkristall mit 15% Au sowie Ti_3Au mit 25% Au. Eine eutekt. Rk., welche bei 1310° auftritt, betrifft die Schmelzen von einer Phase mit 33% Au, Ti_3Au mit 25% Au sowie die feste Lsg. TiAu mit 39% Au. Das letzte Eutektikum liegt bei 1385°, u. die hierbei beteiligten Phasen sind eine Schmelze mit 60%

Au, die feste Lsg. TiAu mit 53% Au u. die $TiAu_2$-Phase mit 67% Au. Zusätze von Au erniedrigen die Umwandlungstemp. von Ti. Bei $832,5 \pm 3,5^0$ tritt eine eutektoide Rk. auf, bei der sich die feste β-Lsg. mit 4,4% Au zu einer festen α-Lsg. mit 1,7% Au u. zu Ti_3Au mit 25% Au zersetzt. Die feste Löslichkeit von Au im Gleichgewicht mit der α-Phase nimmt von 1,7% bei der eutektoiden Temp. auf $< 0,5$% bei 400^0 ab. (J. Metals **8.** Nr. 8. Sect. 2. Trans. AIME **206.** 930—35. Aug. 1956. Pasadena, Calif., California Inst. of Technol.) H. HOCHSTEIN. 197

Th. Heumann und **M. Kniepmeyer,** *A_5B-Phasen vom Typ Cu_5Ca und Lavesphasen in den Systemen des Strontiums mit Palladium, Platin, Rhodium und Iridium.* Die bin. Systeme des Sr mit Pd, Pt, Rh u. Ir wurden an Hand von Schmelz- u. Sinterproben u. deren Schliffbildern (Abb.) sowie röntgenograph. auf der Edelmetallseite untersucht. In sämtlichen 4 Systemen treten LAVES-Phasen vom Cu_2Mg-Typ (C_{15}) auf, die auf Grund des hier vorliegenden Atomradienverhältnisses von ca. 1,6 nicht zu erwarten waren; Vff. führen dies auf die große Kontraktionsfähigkeit der Erdalkalielemente in edelmetallhaltigen Verbb. zurück, wodurch das Radienverhältnis auf den für das LAVES-Gitter charakterist. Wert von ca. 1,2 herabgedrückt wird. Vermutet wurde, daß Sr mit allen 4 Edelmetallen A_5B-Phasen vom Typ Cu_5Ca bilden würde, jedoch konnten entsprechende Verbb. nur bei den Systemen Pd–Sr u. Pt–Sr erhalten werden. Bei den Sinterverss. bildete sich, unabhängig von der Zus. der Ausgangsmischungen, prim. stets die LAVES-Phase; erst durch mehrstd. Tempern bei 1600^0 konnte z. B. Pt_5Sr erhalten werden. Die Gitterkonstanten der gefundenen A_5B-Phasen zeigen die zu erwartende Abhängigkeit vom vierfachen Atomradius des A-Atoms u. lassen sich durch die Gerade $y = 4\,\bar{r}_A$ ($\bar{r}_A = 0,99\,r_A$) beschreiben.

Versuche: *Pd_2Sr:* Kub. flächenzentriert, a = 7,800 Å, D. 8,474 (g/cm³). *Pd_5Sr:* Kongruent schm. Phase mit hexagonaler Struktur, a = 5,411, c = 4,416 Å, D. 9,266. *Pt_2Sr:* a = 7,742 Å, D. 13,65. *Pt_5Sr:* Inkongruent schm. Verb. hexagonaler Struktur, a = 5,397, c = 4,364 Å, D. 16,14. *Rh_2Sr:* Kongruent schm., kub.-flächenzentriert, a = 7,695 Å, D. 8,605. Durch eine Intensitätsrechnung wurde bestätigt, daß es sich um die kub. LAVES-Phase vom Typ C_{15} mit 24 Atomen/Elementarzelle handelt; entsprechende Analogieschlüsse für die Verbb. Pd_2Sr, Pt_2Sr u. Ir_2Sr. *Ir_2Sr:* a = 7,849 Å, D. 13,095. Zwischen Ir u. Ir_2Sr existieren mindestens noch 2 Phasen, von denen anzunehmen ist, daß sie entweder inkongruent schm. oder durch Umwandlungen im festen Zustand entstehen. — Die kürzesten Atomabstände A—A, B—B u. A—B, gebundene sowie aus den Inkrementen berechnete Voll./g-Atom u. die Kontraktion des Vol. gegenüber dem additiven Wert sind tabellar. zusammengestellt. (Z. anorg. allg. Chem. **290.** 191—204. Mai 1957. Münster, Univ., Inst. für phys. Chem.) D. ERTEL. 197

F. E. Jaumot jr. und **A. Sawatzky,** *Eine Untersuchung des isothermen Anlaßverhaltens von abgeschreckten und kaltbearbeiteten Kupfer-Palladium-Legierungen.* An abgeschreckten u. kaltbearbeiteten Cu–Pd-Legierungen (6—30 At.-% Pd) wurde das Anlaßverh. bis 450^0 studiert. Die Ordnungseinstellung erfolgt wahrscheinlich durch eine Keimbldg. u. einen Wachstumsprozeß. Das Wachstum von geordneten Bereichen ist ein einfach aktivierter Prozeß mit einer Aktivierungsenergie von 34—46 kcal/Mol. Die Keimbldg. stellt wahrscheinlich keinen einfach aktivierten Prozeß dar, ihre „mittlere" Aktivierungsenergie beträgt ca. 20 kcal/Mol. Ein Überblick über die Ordnungs–Unordnungs-Erscheinungen führt zu einer Revision des Zustandsdiagramms, dessen wahrscheinliche Gestalt diskutiert wird. (Acta metallurg. [New York] **4.** 118—26. März 1956. Philadelphia, Pa., Franklin Inst., Labor. for Res. and Developm.) W. JENA. 197

F. E. Jaumot jr. und **A. Sawatzky,** *Ordnungs–Unordnungs- und Kaltbearbeitungsphänomene in Kupfer–Palladium-Legierungen.* (Vgl. vorst. Ref.) Im Syst. Cu–Pd (6 bis 30 At.-% Pd) wurden Ordnungs–Unordnungs-Erscheinungen untersucht u. dabei eine gewisse Abweichung von der Arbeit von JONES u. SYKES beobachtet. Der Einfl. der Kaltverformung von ungeordneten Cu–Pd-Legierungen auf den elektr. Widerstand, die magnet. Susceptibilität, den Temperaturkoeff. des Widerstandes u. die Thermokraft wurde untersucht. An teilweise geordneten Proben wurde Ähnliches nur beobachtet, nachdem anfängliche Effekte, die der Ordnung zugeschrieben werden, abgeschlossen sind. Wahrscheinlich sind die prim. Folgen der Kaltverformung konsistent mit einer Änderung der Elektronenstruktur, die von einer Verschiebung der relativen Schwerpunktslagen des s-, p- u. d-Bandes herrührt. (Acta metallurg. [New York] **4.** 127—44. März 1956.) W. JENA. 197

G. W. Ssamssonow und **W. P. Latyschewa,** *Diffusion von Bor, Kohlenstoff und Stickstoff in die Übergangsmetalle der IV., V. und VI. Gruppe des Periodischen Systems.* Vff. untersuchten die Diffusion von B u. C in Ti, Zr, Nb, Ta, Mo u. W. Durch röntgenograph. u. chem. Analyse nach den Verss. konnte die Bldg. von TiC, ZrC, Ta_2C, Nb_2C,

W_2C, Mo_2C, TiB_2, TaB_2, NbB_2, Mo_2B u. W_2B festgestellt werden. Es werden die Aktivierungsenergien (E) u. die Temperaturabhängigkeit des Diffusionskoeff. (D) mitgeteilt: C in Ti 17500 ± 5600 (cal/Mol; E), $2,44 \cdot 10^3 \cdot e^{-8750/T}$ (= D), in Zr 17900 ± 5600, $4,52 \cdot 10^3 \cdot e^{-8950/T}$, in Nb 18900 ± 5700, $3,14 \cdot 10^4 \cdot e^{-9450/T}$, in Ta 19300 ± 6500, $1,98 \cdot 10^4 \cdot e^{-9560/T}$, in Mo 33400 ± 10300, $2,26 \cdot 10^6 \cdot e^{-16700/T}$, in W 39500 ± 13400, $1,82 \cdot 10^6 \cdot e^{-19750/T}$; B in Ti 9150 ± 2800, $2,15 \cdot 10^4 \cdot e^{-4570/T}$, in Nb 14130 ± 4900, $5,62 \cdot 10^3 \cdot e^{-7060/T}$, in Ta 16900 ± 6100, $5,62 \cdot 10^3 \cdot e^{-8450/T}$, in Mo 14300 ± 5400, $4,74 \cdot 10^3 \cdot e^{-7150/T}$, in W 20400 ± 6400, $3,72 \cdot 10^3 \cdot e^{-10200/T}$. Trotz des größeren Atomradius von B ist E für dessen Diffusion in vorst. Metalle $<$ C u. N. Der Grund hierfür ist in dem im Vgl. zu C u. N niedrigeren Ionisationspotential zu suchen. Der starke Anstieg von E bei der Diffusion von C in die Elemente der VI. Nebengruppe entspricht der PAULINGschen Theorie, nach der die ausgestrahlte Energie bei Auffüllung der d-Bahn um so kleiner wird, je mehr Elektronen diese enthält. (Доклады Академии Наук СССР [Ber. Akad. Wiss. UdSSR] **109.** 582—85. 21/7. 1956. Moskau, Buntmetall- u. Gold-Kalinin-Inst.) CH. WEISKE. 197

A. A. Schtscherbakowa, *Diffusion von Wasserstoff durch Eisen und binäre Eisen-Chrom- und Eisen-Nickel-Legierungen bei hohen Drucken und Temperaturen.* In eine im Original beschriebenen App. wird die Diffusionsgeschwindigkeit v [cm^2/Std.] von H_2 (H_2-Druck 100 at) durch 1,4—3 mm dicke Scheiben (Diffusionsfläche 3,14 cm^2) von Fe (Verunreinigung ca. 0,3%), Fe–Cr-Legierungen (**I**; Cr-Geh. 0,97—40,80%) u. Fe–Ni-Legierungen (**II**; Ni-Geh. 1,29—98,94%) bei verschied. Tempp. (**I** von 350—600°, **II** von 200—600°) durch volumetr. Messung bestimmt. Die Ergebnisse werden graph. wiedergegeben. Mit steigendem Cr-Geh. sinkt v rasch ab u. erreicht bei 19% Cr ein Minimum [v_{Fe} 0,15, v_{min} 0,03 (350°)]. Das Minimum liegt um so höher, je größer die Temp. ist [v_{min} 0,1 (600°)]. Bei hohen Tempp. wird ein stärkerer Abfall bis zum Minimum u. auch ein steilerer Anstieg bei Erhöhung des Cr-Geh. bemerkbar [v_{Fe} 1,15, $v_{41\%Cr}$ 0,33 (600°)]. Letzteres wird durch die Bldg. einer neuen β-Phase erklärt. v von **II** steigt zunächst infolge Deformation des Gitters des α-Eisens mit dem Ni-Geh. an, erreicht bei ca. 6% Ni ein Maximum [v_{max} 0,25 (350°)], sinkt im Gebiet der festen Lsg. von Ni in γ-Fe mit dem Ni-Geh. ab u. geht in ein Minimum bei ca. 74% Ni (verbunden mit der Bldg. der intermetall. Phase Ni_3Fe) über [v_{min} 0,04 (350°)]. Darauf steigt v wieder mit dem Ni-Geh. an. Wie bei **I** erhöht sich v bei **II** mit der Temp. [v_{max} 1,3, v_{min} 0,47 (600°)]. In den vorst. angeführten Versuchsgrenzen läßt sich v für **I** u. **II** durch $v = k \cdot e^{-E/RT}$ beschreiben (k = Konstante, E = scheinbare Aktivierungsenergie für die Diffusion von H_2 durch **I** u. **II**, R = Gaskonstante, T = absol. Temp.). E ist für **I** mit 0,97—41% Cr ca. 8500 bis 9100 u. für **II** mit 0—20% Ni ca. 8800—9500 cal/g-Atom H_2. E für **II** mit 74—99% Ni wird zu 11000 bis 13000 angegeben. (Журнал Прикладной Химии [J. angew. Chem.] **29.** 879—84. Juni 1956.) CH. WEISKE. 197

H. Knapp und **U. Dehlinger,** *Mechanik und Kinetik der diffusionslosen Martensitbildung.* Die sich ergebenden thermodynam. Schwierigkeiten bei der Keimbldg. von Martensit werden gelöst, wenn ein präformierter Keim vorhanden ist, der sich ohne jede Diffusion ausbildet. Die Verzerrungsenergie als Funktion der Keimgröße wird zu 300 cal/Mol Martensit berechnet. Aus der Abhängigkeit der Geschwindigkeit wandernder Versetzungen von der treibenden Schubspannung u. aus der freien Energie wird die Geschwindigkeit der Nadelbldg. berechnet. Die Bldg. einer Nadel erfolgt in ca. $5 \cdot 10^{-8}$ sec. Bei beendetem Längenwachstum wächst die Nadeldicke, bis die freie Energie erschöpft ist. (Acta metallurg. [New York] **4.** 289—97. Mai 1956. Stuttgart, TH, Inst. für theoret. Phys.) W. JENA. 197

H. B. Probst und **M. J. Sinnott,** *Das isotherme Austenitkornwachstum.* An im Vakuum erschmolzenem Elektrolyteisen mit nur 0,07% Verunreinigungen wurde der Einfl. von Zeit u. Temp. auf die Austenitkorngröße im Anlieferungszustand, nach einer 6std. Glühung bei 1200° F u. nach einer 6std. Glühung bei 1600° F ermittelt. Aus den Ergebnissen ergibt sich u. a., daß Austenit an den α-Korngrenzen Keime bildet. Hieraus folgt, daß die Anzahl der Austenitkeime pro Elementarfläche um so größer ist, je kleiner die α-Korngröße ist. Dies führt zu einer geringeren Korngröße sowie zu einem nachfolgenden Wachsen nach einer gewissen, von der Temp. abhängigen Zeit. Die während der Periode der $\alpha \rightarrow \gamma$-Umwandlung auftretenden Änderungen haben einen starken Einfl. auf das nachfolgende Wachsen der γ-Körner. (J. Metals **7.** Nr. 1. Sect. 2. Trans. AIME **203.** 215—16. Jan. 1955. Ann Arbor, Mich., Univ.) H. HOCHSTEIN. 197

H. P. Tardif, *Durch Sprengstoffe mit gefüllten Hohlräumen in Stahl erzeugte Effekte.* Vf. nimmt Bezug auf Unterss. an Stahl mit 0,4% C von SINGH u. GANDHI (vgl. Research **9.** [1956.] 55), die beobachtet hatten, daß das hoch kalt bearbeitete Metall direkt an der gehärteten Schicht keinerlei Rekristallisationseffekte zeigte. Im Gegensatz hierzu fand Vf. bei gleichlaufenden Unterss., daß in starkem Maße Rekristallisation auftrat. Es wurde gefunden, daß nahe der Oberfläche des Kraters der Ferrit rekrist. war u. daß Kornwachstum nahe der Kraterkante stattgefunden hatte. Außerdem wurde beobachtet, daß sich die ursprünglichen Perlitkörner in Austenit umgewandelt hatten, woraus geschlossen werden kann, daß die erreichte Temp. in diesem Gebiet zwischen der Ac_1- u. Ac_3-Temp. lag. Während der Abkühlung wurde dieser Austenit in Martensit u. wahrscheinlich sehr feinen Perlit umgewandelt. (Res. Corresp., Suppl. zu: Research **9**. Nr. 12. S42—S44. Dez. 1956. Quebec, Can., Canadian Armament Res. and Developm. Ass.) C. GOTTFRIED. 197

H. G. Vaughan und **M. E. De Morton**, *Der Einfluß von Wasserstoff auf die Fließgrenze von weichem Stahl.* Vff. berichten über Dehnungsverss. von Stahlproben, die kathod. mit Wasserstoff beladen wurden. Die Ergebnisse sind in Dehnungsdiagrammen dargestellt. (Acta metallurg. [New York] **4**. 224—25. März 1956. London, Brit. Welding Res. Assoc.) W. JENA. 200

C. Crussard, *Die elastische Wechselwirkung der Atome in fester Lösung.* Vf. nimmt Bezug auf eine eigene frühere Unters. (vgl. Metaux et Corrosion **1950**. Nr. 301. 203), in der eine allg. Theorie der Wechselwirkungsenergien zwischen einem erzwungenen Feld u. einem Gitterfehler gegeben worden war. Bei der Anwendung der Theorie auf 2 Fremdatome in fester Lsg. in einem Metall ließ sich voraussagen, daß sich, falls die Fremdatome „härtere Punkte" als die Matrix bilden, diese Atome gegenseitig anziehen. Nach neueren Berechnungen von ESHELBY (vgl. C. **1957**. 620), deren Ergebnisse sich qualitativ von denen des Vf. unterscheiden, müssen sich diese „harten Punkte" abstoßen. Vf. bespricht ausführlich die Unterschiede zwischen der eigenen Theorie u. der von ESHELBY (vgl. l. c.). (Acta metallurg. [New York] **4**. 555—56. Sept. 1956. Saint-Germain-en-Laye, Inst. de Rech. de la Sidérurgie.) C. GOTTFRIED. 200

Stanley Zirinsky, *Die Temperaturabhängigkeit der elastischen Konstanten von Gold-Cadmium-Legierungen.* An kub.-raumzentrierten Au–Cd-Legierungen, die einer diffusionslosen Phasenumwandlung unterliegen, wurde die Temperaturabhängigkeit der dyn. elast. Konstanten als Funktion der Zus. im Bereich der β-Phase u. in Abhängigkeit von der vorangegangenen Wärmebehandlung bestimmt. Die abnorm große elast. Schubanisotropie führt zu Betrachtungen über ein auf der elast. Schubanisotropie beruhendes Kriterium für die diffusionslose Umwandlung von Legierungen mit kub.-raumzentrierter β-Phase. (Acta metallurg. [New York] **4**. 164—71. März 1956. Schenectady, N. Y., Gen. Electr. Co., Spec. Def. Proj. Dep.) W. JENA. 200

J. J. Gilman, *Untersuchung einer neuen Art von plastischer Verformung in Zinkkristallen.* (Vgl. C. **1954**. 7140.) Zinkeinkristalle werden, wenn sie fast parallel zu ihren Basisflächen (innerhalb 2°) gedrückt werden, in einer neuen Weise verformt; bestimmte Verformungskennzeichnungen, genannt „μ-Bänder", sind für diese neue Verformungsart typisch. Die Kennzeichen dieser μ-Bänder werden beschrieben. Das mechan. Verh. der kleinwinkligen Zinkeinkristalle wurde im Einzelnen untersucht. Rekristallisation trat nach einem Glühen der μ-bebänderten Proben, die frei von Verformungszwillingen waren, nicht auf. μ-Bänder scheinen nicht von einem Gleiten auf einer Nichtbasisfläche herzurühren, sondern sind vielmehr das Ergebnis eines Mikroknickvorganges. μ-Bänder unterscheiden sich qualitativ u. quantitativ von Ortho-Knickbändern. Ein Versetzungsmodul, das einige Merkmale der μ-Bänder aufweist, wird beschrieben. (J. Metals **7**. Nr. 1. Sect. 2. Trans. AIME **203**. 206—14. Jan. 1955; **7**. Nr. 11. Sect. 2. Trans. AIME **203**. 1273—74. Nov. 1955.) H. HOCHSTEIN. 200

R. E. Jamison und **F. A. Sherrill**, *Die kritische Schubspannung von α-Messing als Funktion der Zinkkonzentration und der Temperatur.* Verschied. einkristalline Zugstäbe aus α-Messing (bis zu 30 At.-% Zn) wurden bei 4,2, 78, 195 u. 297° K gedehnt, um die krit. Schubspannung zu messen. Die Verhältniswerte der krit. Schubspannung bei jeder der tieferen Temp. zu derjenigen bei 297° K zeigen einen scharfen Anstieg von eins für 0% Zn zu einem Plateau bei ca. 7% u. einen weiteren Anstieg, der bei ca. 20% Zn beginnt. Für kleine Zn-Gehh. ist die krit. Schubspannung bei 4,2° K kleiner als bei 78° K. Diese Anomalie wird durch Sprungbldg. (jog) in den Versetzungen während ihrer Bewegung vor Beginn des plast. Fließens der Proben erklärt. (Acta metallurg. [New York] **4**. 197—200. März 1956. Oak Ridge, Tenn., Oak Ridge Nat. Labor.) W. JENA. 200

H. Wilsdorf und **J. T. Fourie**, *Eine experimentelle Untersuchung über die Art der Gleitung in α-Messing.* Mit dem Elektronenmikroskop wurden Abdrücke von Gleitlinien auf α-Messing untersucht, um zu entscheiden, ob die Gleitung homogen oder inhomogen ist. 5 verschied. Verff. wurden angewandt, die alle übereinstimmend zu dem Ergebnis führen, daß die Gleitung in α-Messing inhomogen ist. (Acta metallurg. [New York] **4**. 271—88. Mai 1956. Pretoria, South African Council for Scient. and Ind. Res., Nat. Phys. Labor.) W. JENA. 200

A_7. Gleichgewichte. Kinetik.

Francis Lions und **Kenneth V. Martin**, *Dreibindige Chelatverbindungen.* 1. Mitt. Es werden neue, dreibindige Chelatverbb. dargestellt, die 3 Donator-Stickstoffatome enthalten u. strukturelle Merkmale des Terpyridins besitzen. Vff. zeigten, daß sie leichtkoordinative Verbb. bilden. Einige Polymere, die period. wiederkehrende dreibindige Chelatgruppen enthalten, wurden dargestellt u. ihre Fähigkeit, mit Metallsalzen Verbb. einzugehen, beschrieben. Einige der Eisen enthaltende Polymere haben ungewöhnliche magnet. Eigenschaften.

Versuche: *2-Aminomethylpyridin* (I) farbloses Öl, Kp.$_{20}$ 104°, aus 2-Phthalimidomethylpyridin, $C_{14}H_{10}N_2O_2$, F. 125°, farblose Plättchen aus A. durch Hydrolyse. — *Bis-[2-(α-Pyridylmethylenaminomethyl)-pyridin]-eisen(II)-perchloratmonohydrat*; $C_{24}H_{22}\cdot N_6FeCl_2O_8\cdot H_2O$, durch Mischen von **I** mit *Pyridin-2-aldehyd* bei 60°, dann 15 Min. bei 100°, Zusatz von $FeSO_4$ u. Fällen mit gesätt. $NaClO_4$-Lösung. Aus W. rote, diamagnet. Plättchen (bei 193° Zers.). — *Bis-[2-(α-pyridylmethylenaminomethyl)-pyridin]-kobalt(II)-perchloratmonohydrat*, $C_{24}H_{22}N_6CoCl_2O_8\cdot H_2O$: aus $CoCl_2\cdot 6\ H_2O$ u. *2-(α-Pyridylmethylenaminomethyl)-pyridin* in W., filtrieren u. zum Filtrat gesätt. $NaClO_4$-Lsg. Nd. im Vakuum trocknen. Das rote Salz hat ein magnet. Moment von 4,2 BORNschen Magnetonen (bei 23°). — *2-Oximino-3-methyl-4-aza-5-pyridyl-Δ³-penten* (II), $C_{10}H_{13}N_3O$: aus **I** u. *Diazetylmonoxim*-Lsg. in A. unter Rückfluß 5 Min. gekocht. Farblose Nadeln, F. 157° aus A. — *Bis-(2-oximino-3-methyl-4-aza-5-α-pyridyl-3-penteneisen(II)-jodiddihydrat*, $C_{20}H_{26}N_6O_2FeJ_2\cdot 2\ H_2O$. Aus **II** u. $FeSO_4\cdot 7\ H_2O$ in W. mit gesätt. KJ-Lsg. gibt diamagnet. mikrokristalline M., schm. nicht unter 300°. — *Bis-(2-oximino-3-methyl-4-aza-5-α-pyridyl-Δ³-penten)-kobalt(III)-jodid*, $C_{20}H_{26}N_6O_2CoJ_3$, aus $CoCl_2\cdot 6\ H_2O$ in W. u. **II** in A., versetzt mit Cer(IV)-ammoniumnitrat in HNO_3 u. gesätt. KJ-Lösung. Die diamagnet. Kristalle werden im Vakuum getrocknet. — *Bis-8-(α-pyridylmethylenamino)-chinolinkobalt(III)-perchlorat*, $C_{30}H_{22}N_6CoCl_3O_{12}$, aus *8-(α-Pyridylmethylenamino)-chinolin* u. Lsg. von *Kobalt(II)-acetat* in Methanol. Zusatz von 3% H_2O_2 u. Einengen. Braunes Co-Salz (diamagnet.) im Vakuum getrocknet, über 265° Zersetzung. — *Bis-[8-(α-pyridylmethylenamino)-chinaldin]-eisen(II)-jodiddihydrat*, $C_{32}H_{26}N_6FeJ_2\cdot 2\ H_2O$, aus Lsg. von *8-Aminochinaldin* in A. u. Pyridin-2-aldehyd in A. werden 5 Min. gekocht u. $FeSO_4$ in W. zugegeben, sowie gesätt. Lsg. von KJ. Schwarze Prismen aus wss. A., Zers. über 250°. — *Bis-(8-chinolylmethylen-α-aminomethylpyridin)-eisen(II)-jodidtrihydrat*, $C_{32}H_{26}N_6FeJ_2\cdot 3\ H_2O$, durch Zusammengeben einer heißen Lsg. von *Chinolin-8-aldehyd* in A. u. *2-Aminomethylpyridin* in A. u. $FeSO_4$ in W. sowie gesätt. KJ-Lösung. Nd ist diamagnetisch. — *2.6-Pyridylen-bis-methylenanilin* (III), $C_{19}H_{15}N_3$, aus Anilin u. Lsg. von *Pyridin-2.6-dialdehyd* in A. 30 Min. gekocht, Nadeln aus A., F. 98°. — *Bis-[2.6-pyridylen-bis-methylenanilin]-eisen(II)-perchloratdihydrat*, $C_{38}H_{30}N_6FeCl_2O_8\cdot 2\ H_2O$, aus $FeSO_4$-Lsg. in W. u. **III** in A. Einengen u. Zusatz von $HClO_4$ (5%). Rote Plättchen aus A., Zers. bei 215°. *2.6-Pyridylen-bis-(methylenbenzylamin)* (IV), $C_{21}H_{19}N_3$, aus *Benzylamin* u. Pyridin-2.6-dialdehyd in A., Tafeln aus A., F. 80°. — *Bis-(2.6-pyridylen-bis-methylenbenzylamin)-eisen(II)-bromid-bis-esquihydrat*, $C_{42}H_{38}N_6FeBr_2\cdot 2{,}5\ H_2O$, aus $FeSO_4$ u. **IV** u. Zusatz von gesätt. KBr-Lösung. Aus W. stark rote diamagnet. Nadeln, F. 265°. — *Bis-(2.5-pyridylen-bis-methylenbenzylamin)-kobalt(II)-jodid*, $C_{42}H_{38}\cdot N_6CoJ_2$, aus $CoCl_2\cdot 4\ H_2O$ u. **IV** filtrieren, Nd. mit gesätt. KJ-Lsg. versetzen. Stark braune Nadeln aus A., F. 251°. Paramagnet. 3,8 BOHRsche Magnetone; Leitfähigkeit der 10 mol. Lsg.: 255 Ohm^{-1}. — *Bis-(2.6-pyridylen-bis-methylenbenzylamin)-kobalt(III)-jodid-dihydrat*, $C_{42}H_{38}N_6CoJ_3\cdot 2\ H_2O$, aus $CoCl_2\cdot 6\ H_2O$ u. **IV** in W., Durchleiten von Cl_2 bis zur Braunfärbung u. Zusatz von gesätt. KJ-Lösung. Mikrokristalline relativ unlösl. M., F. 212°, diamagnetisch. — *Bis-(2.6-pyridylen-bis-methylenbenzylamin)-kupfer(II)-perchlorat*, $C_{42}\cdot H_{38}N_6CuCl_2O_8$, aus **IV** u. $CuCl_2\cdot 2\ H_2O$ mit $HClO_4$ Fällung der graugrünen krist. Plättchen. — *Pyridin-2.6-dialdoxim* (V), $C_7H_7N_3O_2$, Nadeln aus A., F. 216°. — *2.6-Bis-(aminomethyl)-pyridin*, $C_7H_{11}N_3$, (VI) Herst.: Eisessig mit Zinkstaub werden in 2 Std. zu einer Lsg. von **V** in A. gegeben, filtrieren u. trocknen. NaOH setzt die Base in Freiheit. Auszug mit Ae. Vakuumdestillation. Kp.$_{1,2}$ 112°. — *2.6-Bis-(salicylidenaminomethyl)-pyridin*, $C_{21}H_{19}N_3O_2$, Nadeln aus A., F. 120°. — *Bis-[2.6-di-[aminomethyl)-pyridin)-eisen(II)-jodid*, $C_{14}H_{22}N_6FeJ_2$, aus **VI** u. $FeSO_4$, nach filtrieren mit gesätt. KJ-Lsg. versetzt. Grüner Nd. im Vakuum getrocknet, F. >300°, 5,24 BOHRsche Magnetone (23°). — *Bis-[2.6-(diaminomethyl)-pyridin]-nickel(II)-bromid*, $C_{14}H_{22}N_6NiBr_2$, aus **VI** u. $NiSO_4\cdot 6\ H_2O$ in W. u. gesätt. Lsg. von KBr. malvenfarbige Nadeln, F. >300°. — Kondensation von Pyridin-2.6-dialdehyd mit *1.6-Diaminohexan*, $(C_{13}H_{17}N_3)_n$, heiße Lsgg. (A.) beider Stoffe zusammengekocht, Nd. filtriert, kein F. lösl. in *Dimethylformamid.* Zusatz von $FeSO_4$-Lsg. gibt tiefrotes Pulver, das ferromagnet. ist: mol. Susceptibilität bei 24° $155{,}000\cdot 10^{-6}$ cgs-Einh. Kondensationsprod. mit $CoCl_2\cdot 6\ H_2O$ in A., braunes Produkt: $C_{13}H_{17}N_3CoCl_2$. (J. Amer. chem. Soc. **79.** 2733—38. 5/6. 1957. Sydney, Univ., Dep. of org. Chem.) G. KRIEN. 223

Denise Colaïtis, *Über einige Komplexe des Phthalocyanins.* (Vgl. C. **1957.** 7304.) Das Chlorid des Al-Phthalocyanins läßt sich durch Einw. von $AlCl_3$ bei 250° auf o-Cyanobenzamid darstellen. Vf. hat diese Rk. auf die Halogenide weiterer 3-wertiger Elemente ausgedehnt: $GaCl_3$, $InCl_3$, InJ_3 u. hat die Verbb. $(C_{32}H_{16}N_8)CaCl$, $(C_{32}H_{16}N_8)\cdot InCl$, $(C_{32}H_{16}N_8)InJ$ u. die entsprechenden Hydroxyde erhalten. Verss. mit GeJ_4 führten zu instabilen Phthalocyaninkomplexen mit nur 1 Atom J pro Mol. Wahrscheinlich lag eine Mischung von Verbb. des Ge(II) u. Ge(IV) vor. CJ_4 gab unter gewöhnlichen Bedingungen keine analoge Reaktion. (C. R. hebd. Séances Acad. Sci. **242.** 1026—27. 20/2. 1956.) S. LANZ. 223

B. Černicki und **B. Težak,** *Methorik der Fällungsprozesse.* 12. Mitt. *Gegenseitige Beeinflussung der Silberhalogenide bei Fällungsprozessen.* (11. vgl. Arhiv Kem. **26.** [1954.] 243.) Nach der früher beschriebenen Meth. (C. **1953.** 6824) wurde der Einfl. von AgJ auf die Fällung von AgBr u. AgCl an Solen in statu nascendi untersucht. Ausgangskonz. $2\cdot10^{-4}$ n $AgNO_3$. Der Koagulationswert mit reiner KBr-Lsg. von $3,8\cdot10^{-2}$n steigt bei Zusatz von 0,4—1,0 Mol-% KJ auf $8\cdot10^{-2}$n KBr. Während reines AgBr innerhalb einer Std. vollständig koaguliert, bleibt das Sol bei geringen KJ-Zusätzen u. kleinen KBr-Konzz. über eine Std. stabil. Größe u. Wachstumsgeschwindigkeit der Teilchen sind noch geringer als bei reinem AgJ. Vff. nehmen an, daß in gemischten Systemen die kleine J^--Konz. keine merkliche Komplexlöslichkeit des AgJ bewirkt u. deshalb die Kristallkeime nur langsam wachsen können. Die Bevorzugung der J^--Ionen bei der Bldg. der festen Phase u. der Adsorption an ihr folgt u. a. auch aus dem Auftreten neuer tyndallometr. Maxima im Äquivalenzpunkt J^-/Ag^+, die als isoelektr. Maxima des AgJ angesprochen werden. — Im Syst. AgCl–AgJ tritt infolge der größeren Löslichkeitsunterschiede der Jodidcharakter der Koagulation noch stärker hervor. Der Koagulationswert liegt von 0,15—1,0 Mol-% KJ bei $1,6\cdot10^{-2}$n KCl. Die AgJ-Maxima verschieben sich wie beim KBr gesetzmäßig mit dem KJ-Anteil. — Bei Ggw. variabler Mengen KNO_3 (Konz. an $Br^- + J^- = 4\cdot10^{-4}$) bewirkt ein Zusatz von 1 Mol-% KJ zur KBr-Lsg. eine starke Verschiebung der Koagulation zu höheren KNO_3-Konzentrationen. Oberhalb 10% KJ steigen die Koagulationswerte nur noch langsam, bis bei 50% (Äquivalenz J^-/Ag^+) der Wert für reines AgJ erreicht ist. Bei der AgCl-Fällung vermindert 1% KJ-Zusatz die Trübung, aber bis zu 40% KJ erfolgt die Koagulation im gesamten Konzentrationsbereich ($5—50\cdot10^{-2}$ n KNO_3). Erst bei 50% KJ nehmen die Kurven Jodidcharakter an mit einem Koagulationswert $18\cdot10^{-2}$ n KNO_3. In diesen Fällen sind also wegen der geringen J^--Konz. die Br^-- bzw. Cl^--Ionen ebenfalls am Aufbau des Gitters beteiligt, bis Äquivalenz J^-/Ag^+ bei 50% KJ erreicht ist. — Bei Ersatz des K^+ durch La^{3+} erfolgt die Koagulation des reinen AgBr bereits bei sehr kleinen Konzz. [$1,2\cdot10^{-4}$ n $La(NO_3)_3$] u. nimmt bei KJ-Zusatz regelmäßig weiter ab, bis bei 100% KJ der Koagulationswert des reinen AgJ erreicht ist ($4\cdot10^{-5}$ n), weil dreiwertige Kationen einen kleineren Koagulationswert für AgJ als für AgBr u. AgCl haben. (Croat. chem. Acta **28.** 13—18. 1956. Zagreb, Univ. of Zagreb, Fac. of Sci., Labor. of Phys. Chem.) F. UMLAND. 224

Rudolf Mosebach, *Die Löslichkeit der gefällten Kieselsäure und des Kieselglases in Wasser bei höheren Temperaturen und Drucken.* (Vgl. C. **1956.** 8015.) *Kieselglas* (**I**) verhält sich im Syst. SiO_2–H_2O bei erhöhten Tempp. u. H_2O-Drucken ähnlich wie Quarz. Die Abhängigkeit der Wasserlöslichkeit von der Temp. u. H_2O-Konz. beschreibt folgende Formel, die durch Anwendung der Reaktionsisotherme u. -isochore aus den Löslichkeitswerten abgeleitet wurde: $\gamma_{(SiO_2)} = D^a e^{(Q/RT\ \zeta+h)}$, worin $\gamma_{(SiO_2)}$ den Molenbruch der in Lsg. befindlichen Kieselsäure bedeutet u. D = Dichte der wss. Mischphase, Q = differentielle Lösungswärme, h = Integrationskonstante, a = 1,67. Solange eine Kristallisation der stabilen Modifikation nicht eintritt, verhalten sich die erreichbaren Endzustände wie metastabile Gleichgewichte. Bei geringen H_2O-Dichten, d. h. im Gebiet des ungesätt. Wasserdampfes, befolgt gefällte Kieselsäure (**II**) das gleiche Löslichkeitsgesetz; lediglich ein Teil scheint als $[SiO(OH)_2]$ statt $[Si(OH)_4]$ gebunden zu sein gemäß $SiO_2 + H_2O \rightleftharpoons [SiO(OH)_2]$ u. $SiO_2 + 2\,H_2O \rightleftharpoons [Si(OH)_4]$. Die differentielle Lösungswärme von **II** errechnet sich in diesem Bereich zu $Q_g = -12250$ cal/Mol SiO_2. Ihre Differenz zur Lösungswärme des β-Quarzes beträgt $\Delta Q \sim 2800$ cal/Mol SiO_2 u. stimmt befriedigend mit der Schmelzwärme des β-Quarzes überein ($Q_s \sim 3200—3400$ cal/Mol SiO_2). Die **II**-Löslichkeit im Bereich niederer Tempp. (bis ca. 300° C) u. größerer H_2O-Dichten ergibt andere, wesentlich höhere Werte als **I**; es gelingt nicht, sie durch ein ähnliches Gesetz darzustellen. Die Wasserlöslichkeit des α-Quarzes dürfte von derjenigen des β-Quarzes nicht sehr verschieden sein. (Neues Jb. Mineralog., Abh. **89.** 1—26. Jan. 1956. Tübingen.) D. ERTEL. 224

M. P. Babkin, *Über die Löslichkeit der Calcium-, Strontium-, Barium-, Cadmium-, Kupfer- und Bleioxalate in wässerigen Kaliumnitratlösungen.* Aus der Unters. der Löslichkeit (in Mol/Liter) von BaC_2O_4, SrC_2O_4, CdC_2O_4, CuC_2O_4, CaC_2O_4 u. PbC_2O_4 in 0,1 bis 1,0 mol. KNO_3 (I)-Lsgg. u. in H_2O geht hervor, daß die Löslichkeit in I um so geringer ist, je geringer sie in W. ist. Im Vgl. zu NH_4Cl erhöht I die Löslichkeit der Oxalate von Ba, Sr u. Ca weniger. (Журнал Общей Химии [J. allg. Chem.] **26**(**88**). 1025—27. April 1956. Donez, Industrie-Inst.) O. LEBTAG. 224

Luciano Selmi, *Die Verteilung von Uranylnitrat zwischen Wasser und Methylisobutylketon in Gegenwart von Ammoniumnitrat.* Verss. über die Verteilung von $UO_2(NO_3)_2$ zwischen W. u. Methylisobutylketon in Ggw. steigender Mengen von NH_4NO_3 bei 18° ergaben, daß mit zunehmendem NH_4NO_3-Geh. das Uranylnitrat von der organ. Phase aufgenommen wird. Für verschied. Konzz. von NH_4NO_3 sind die tern. Diagramme des Syst. H_2O–$UO_2(NO_3)_2$-Methylisobutylketon wiedergegeben. (Chim. e Ind. [Milano] **37.** 874—77. Okt. 1955. Milano, Labor. CISE.) C. GOTTFRIED. 224

F. Goodridge, *Kinetische Untersuchungen an Gas–Flüssigkeits-Systemen.* 2. Mitt. *Betrag der Anfangsabsorption von Kohlendioxyd in aminhaltiger Absorptionslösung.* (1. vgl. C. **1954.** 8301.) Nach der früher (l. c.) beschriebenen Meth. wurde die Absorption von CO_2 in frei fallenden Tropfen wss. Lsgg. von Aminen gemessen. Variiert wurde: Konz. des absorbierenden Amins, Partialdruck des CO_2, Konst. der absorbierenden Amine u. die absorbierende Grenzfläche der Lösung. Die Absorption von CO_2 ist direkt proportional der Konz. an Amin- u. dem Partialdruck des CO_2. Prim. (*2-Aminoäthylalkohol, 3-Diäthylaminopropylamin, N-Aminoäthylmorpholin*) u. sek. Amine (*2.2'-Dihydroxydiäthylamin*) verhalten sich ähnlich, tert. (*2.2'.2''-Trihydroxytriäthylamin*; *2-(2-Dimethylaminoäthoxy)-äthanol* u. *N-Methyl-2.2'-dihydroxydiäthylamin*) absorbieren schlechter, da sie kein bewegliches H-Atom besitzen. Eine kinet. Analyse der Ergebnisse zeigt, daß der geschwindigkeitsbestimmende Vorgang der Rk. wahrscheinlich eine Rk. nullter Ordnung ist. (Trans. Faraday Soc. **51.** 1703—09. Dez. 1955. Middlesbrough, Constantine Techn. Coll., Dep. of Sci. and Metall.) E. PASCHKE. 224

K. J. Laidler, *Die Rolle des Lösungsmittels bei chemischen Reaktionen, wie sie sich aus Untersuchungen bei hohen Drucken ergibt.* Die Druckabhängigkeit von Gleichgewichts- (K) u. Geschwindigkeitskonstanten (k) bei konstanter Temp. kann thermodynam. auf Änderungen des Gesamt-Mol.-Vol. ΔV bei der Rk. bzw. beim Übergang der Reaktanten in den aktivierten Zustand zurückgeführt werden. Bei Ionen hängen nun die Voll. in Lsg. von der Wertigkeit ab — je größer z, desto größer die Elektrostriktion von Lösungsmittelmoll. in der Nachbarschaft des Ions. Vf. zeigt, wie auf dieser Grundlage aus der Druckabhängigkeit der K- oder k-Werte Aussagen über die Änderung der Polarität während der Rk. u. über die Struktur des Übergangszustandes gewonnen werden können, als Beispiele bringt er die Auswertung von Literaturdaten bei folgenden Rkk.: $Tl^+ + 2\,Fe^{3+} \rightleftharpoons Tl^{3+} + 2\,Fe^{2+}$; $HCO_3^+ \rightleftharpoons H^+ + CO_3^{2+}$; $ClCH_2COO^- + OH^-$, $Br\cdot CH_2COO^- + S_2O_3^{2-}$; $[Co(NH_3)_5Br]^{2+} + OH^-$. In ähnlicher Weise wird die Temperaturabhängigkeit der ΔV-Werte, die mit den Entropieänderungen bei Variation des Druckes verknüpft ist, angedeutet. Beispiele sind hier die Umsetzungen: von *Pyridin* mit C_2H_5J, von *N.N-Dimethyl-o-toluidin* mit CH_3J, die Ionisation von *tert.-Butylchlorid* u. *Benzotrichlorid*, die alkal. Verseifung von *Chloressigsäure* sowie die Spaltung von *Methylphenylbenzylallylammoniumbromid.* (Discuss. Faraday Soc. Nr. **22.** 88—96. 1956. Ottawa, Can., Univ., Dep. of Chem.) G. KRESZE. 225

St. Popovici, *Betrachtungen über den Einfluß des Lösungsmittels auf die Parameter der Arrheniusgleichung.* Auf Grund einer Prüfung der Literatur, bes. der Arbeiten von HINSHELWOOD, wird der Gedanke entwickelt, daß das Lösungsm. die Struktur eines gelösten Mol., die an seiner Peripherie stattfindenden Vorgänge u. die entsprechenden Aktivierungsenergien u. die Wirkungskonstante verändert. Für die Geschwindigkeitskonstante ergibt sich eine Gleichung, die eine Verallgemeinerung der Gleichung von ARRHENIUS darstellt: $k = P\,\alpha_0\,e\,[a - (1/RT)]A$; P ist hier ein Faktor, der den Erscheinungen an der Peripherie des Mol. Rechnung trägt, α_0 der Grenzwert der Wirkungskonstante für das ionisierte Mol. (A = 0), a die Deformierbarkeit des Mol., d. h. seine Symmetrie in chem. Prozessen. (Rev. Chim. [Bucureşti] **7.** 49—53. Jan. 1956.) R. K. MÜLLER. 225

Bernard Lichstein und **Frank Brescia,** *Der Mechanismus der Magnesiumoxalatfällung aus übersättigten Lösungen.* 2. Mitt. *Die Aktivierungswärme und -entropie.* (1. vgl. C. **1956.** 9384.) Aus Messungen der Temperaturabhängigkeit (25,0—35,1°) der Reaktionsgeschwindigkeitskonstante für die Fällung von *MgC_2O_4* (I) aus übersätt. Lsgg. von konstanter Ionenstärke (0,938) u. konstantem p_H-Wert (5,70), sowie aus Löslichkeitsbestimmungen von I als Funktion der Ionenstärke u. Extrapolation der Resultate auf $\mu = 0$ erhalten Vff. für die Aktivierungswärme $\Delta H^* = 2978$ cal/Mol, für die Aktivierungsentropie $\Delta S^* = -68{,}1$ cal/Mol·Grad u. für die Entropieänderung der Gesamt-Rk. $MgC_2O_4 \cdot 2\ H_2O_{(fest)} = Mg^{2+} + C_2O_4^{2-} + 2\ H_2O_{(wss.\ Lsg.)}$ $\Delta S^* = -18{,}1$ cal/Mol · Grad. Wegen der relativ geringen Aktivierungswärme nehmen Vff. an, daß das Wachstum der einzelnen Kristallisationskeime von der Diffusionsgeschwindigkeit der **I**-Moll. abhängig ist. Die Keimbildungsgeschwindigkeit wurde auf Grund der VOLMER-BECKER-Theorie geschätzt. Die Diskussion der Ergebnisse wird im Sinne des bereits früher publizierten (vgl. l. c.) Reaktionsmechanismus durchgeführt. (J. Amer. chem. Soc. **79.** 1591—92. 5/4. 1957. New York, N. Y., City Coll. of New York, Dep. of Chem.) D. ERTEL. 225

M. Eigen und **J. Schoen,** *Untersuchungen sehr schnell verlaufender Ionenreaktionen in wässeriger Lösung mit Hilfe des Dissoziationsfeldeffektes.* (Vgl. C. **1956.** 12203.) Mit Hilfe eines Impulsmeßverf. wurde die Leitfähigkeit sehr verd. wss. Lsgg. von NH_3 u. Essigsäure in starken elektr. Feldern untersucht. Es wurde eine Dispersion des Dissoziationsfeldeffektes bei Impulszeiten der Größenordnung von 1 μsec gefunden, aus der sich die Geschwindigkeitskonstanten der sehr schnell verlaufenden Rkk. $NH_4^+ + OH^- \rightarrow NH_3 \cdot H_2O$ u. $H^+ + CH_3COO^- \rightarrow CH_3COOH$. (Z. physik. Chem., Frankf. Ausg. [N. F.] **3.** 126—30. Jan. 1955. Göttingen, MPI für phys. Chem.) E. KLEVER. 225

Maria Bruno und **Vittoria Santoro,** *Isotopenaustauschreaktionen zwischen Verbindungen des ein- und zweiwertigen Silbers.* Es wurde der Isotopenaustausch der folgenden Systeme in Ggw. verd. HNO_3 untersucht: $[Ag(dip)_2]NO_3$ — $[Ag(dip)_2](NO_3)_2$ (**I**), $AgNO_3$ (**II**)—**I**; **II**—$[Ag(ophen)_2](NO_3)_2$ (dip = $\alpha.\alpha'$-Dipyridyl; ophen = o-Phenantrolin). Die Markierung erfolgte mit ^{110}Ag. Innerhalb der zur Trennung der Komponenten notwendigen Zeit von 2 Min. hatte in allen Fällen vollständiger Austausch stattgefunden, unabhängig davon, welcher Partner des Austauschsyst. markiert war. (Ricerca sci. **26.** 3072—74. Okt. 1956. Padova, Centro di studio chim. nucl.) H. NÖTH. 225

Walter S. Koski, Joyce J. Kaufman und **Paul C. Lauterbur,** *Untersuchung der Austauschreaktion B_2D_6–B_5H_9 mittels magnetischer Kernresonanz.* Zweck der Unters. war es, die auf Grund von massenspektroskop. (C. **1956.** 11648) u. Infrarotunterss. (C. **1957.** 1343) gewonnenen Ergebnisse durch eine unabhängige Meth. zu bestätigen. Es konnte so erneut gezeigt werden, daß der D-Austausch zwischen Diboran u. Pentaboran an den Endwasserstoffen in Pentaboran stattfindet. Dabei ist die Austauschgeschwindigkeit des an der Pyramidenspitze gelegenen H innerhalb $\pm 10\%$ dieselbe wie die der vier Basis-End-H, während die vier an den Basis-Boratomen durch Brückenbldg. angelagerten H nicht am Austausch teilnehmen. (J. Amer. chem. Soc. **79.** 2382—85. 20/5. 1957. Baltimore, Md., Army Chem. Center, Chemical Warfare Labor.; Johns Hopkins Univ., Dep. of Chem.) D. JÖRCHEL. 225

M. Talât-Erben, *Verschiebung des Maximums im Konzentration–Zeit-Diagramm von uni-bi-, bi-uni- und bi-bimolekularen Folgereaktionen.* Wie früher (C. **1956.** 7468) für mono-monomol. Folge-Rkk., leitet Vf. jetzt für die obenst. Typen 1. $A \xrightarrow{k_1} B$, $2B \xrightarrow{k_2} C$, 2. $2A \xrightarrow{k_1} B$, $B \xrightarrow{k_2} C$ u. 3. $2A \xrightarrow{k_1} B$, $2B \xrightarrow{k_2} C$ allg. Ausdrücke ab, die die Abhängigkeit der Maximalausbeute an Zwischenprod., $[B]_{max}$, u. der Zeit, die zur Erreichung von $[B]_{max}$ notwendig ist, t_{max}, von der Anfangskonz. $[A]_0$ u. den Geschwindigkeitskonstanten wiedergeben. Bedeuten $\varkappa = (k_2/k_1)[A_0]$, $\varkappa' = (k_2/k_1)$, $\tau_{max} = e^{-k_1 t_{max}}$; $\tau'_{max} = 1 + [A_0]\,k_1\,t_{max}$, so gilt für 1. $[B]_{max}/[A]_0 = (\tau_{max}/k)^{1/2}$; für 2. $[B]_{max}/[A_0] - 1/(2\,k\tau'^2_{max})$ u. für 3. $[B]_{max}/[A]_0 = 1/(2k')^{1/2}(\tau_{max})$. Alle drei Ausdrücke sind bei Annahme gleicher Aktionskonstanten u. von Aktivierungsenergiedifferenzen, die das Auftreten von Folge-Rkk. erlauben, unabhängig von der Temp., wie numer. Berechnungen zeigen. (J. chem. Physics **26.** 75—77. Jan. 1957. Istanbul, Techn. Univ., Fac. of Mining Engng.) G. KRESZE. 225

Jerome Daen und **R. A. Marcus,** *Relativgeschwindigkeiten einiger sehr schneller bimolekularer Reaktionen in der Gasphase.* Vff. beschreiben ausführlich die Methodik zur Messung von Reaktionsgeschwindigkeiten sehr schneller Rkk. in einem Strömungssystem. Untersucht wurde die Umsetzung von BF_3 mit *mono-*, *Di-* u. *Trimethylamin* bei Drucken zwischen 0,009 u. 0,04 mm Hg durch infrarotspektroskop. Best. der Zus. der Aminmischung nach Passieren der Reaktionszone. Die Methodik wurde geprüft durch Unters. der BF_3-Sorption, die an Pyrexglasoberflächen sowie an Methylchlorsilan- oder Polythen-bedeckten Glaswänden beträchtlich ist, durch Variation der Relativlager der Ausströmöffnungen für die Reaktionspartner, berücksichtigt wurde ferner eine Selektivität im Abpumpen des Restamingemisches. Austausch-Rkk. zwischen fester Additionsverb. u. freien Aminen erfolgte innerhalb von 15 Min. nicht. — Für das Verhältnis der Geschwindigkeitskonstanten der 3 Amine folgt aus den Verss. 1:5:12. (J. chem. Physics **26.** 162—68. Jan. 1957. Brooklyn, N. Y., Polytechn. Inst., Dep. of Chem.) G. KRESZE. 225

I. Je. Ioschpa und **L. E. Slotnik** (unter Mitarbeit von **G. M. Arljuk**), *Gleichgewicht zwischen Stickstoffdioxyd und Nitrosylschwefelsäure.* Nach Sättigung von H_2SO_4-Lsgg. mit NO_2 (aus NO_2-Luftgemischen) wurde der Geh. an *Nitrosylschwefelsäure* (I), *HNO_3* (II), *Gesamtstickstoff* (III) u. das Verhältnis II/I in der fl. Phase in Abhängigkeit von der H_2SO_4-Konz. (0—98%), der Temp. (23—50°), vom NO_2-Partialdruck (30, 60 u. 120 Torr) u. der Durchsatzgeschwindigkeit (3 u. 50 Liter Gasgemisch/Std.) untersucht. Der III-Geh. ist bei 50°, einem NO_2-Partialdruck von 30 Torr u. einem Durchsatz von 50 Liter/Std. in 97—98% ig. H_2SO_4 ca. 20—21%. Der Geh. sinkt mit Erniedrigung der Säurekonz. auf 1—2% (in ca. 66% ig. H_2SO_4) u. steigt dann wieder auf 42,4% in H_2O. Der I-Geh. ist in 97—98% ig. H_2SO_4 ca. 18—19%. Er sinkt auf 0 bei 62% H_2SO_4 ab. In niedriger konz. H_2SO_4-Lsgg. hydrolysiert I. Mit steigendem Geh. an H_2SO_4 verringert sich die II-Konz. (von 42,4 → 0,5%), durchläuft in 75—90% ig. H_2SO_4 ein Minimum u. steigt danach wieder etwas an (II-Geh. in 98% ig. H_2SO_4 ca. 3,5%). Das Verhältnis II/I sinkt mit der H_2SO_4-Konz. u. erreicht bei 80% ig. H_2SO_4 den Wert 0,1, der mit steigender H_2SO_4-Konz. konstant bleibt. Ähnliche Ergebnisse werden bei einem Durchsatz von 3 Liter/Std. erzielt. Bei Änderung der Temp. von 50 auf 23° (NO_2-Druck 30 Torr) steigt in 92% ig. H_2SO_4 der Geh. an III, II (2—12,55%) u. das Verhältnis II/I, während die I-Konz. nahezu konstant bleibt. Bei Erhöhung des NO_2-Partialdruckes (60—120 Torr; bei 50°, Durchsatz 3 Liter/Std., in ca. 88—97% ig. H_2SO_4) erhöht sich der III- u. I-Geh. relativ um 15—20%. Wie Absorptionsverss. von NO_2 (28,5 u. 59,5 Torr) bei 50° in 92—94% ig. H_2SO_4, die so durchgeführt wurden, daß nach Durchgang des Gases durch 3 Absorptionsgefäße der NO_2-Geh. des austretenden Gases Null war, d. h. keine Gleichgewichtsbedingungen vorlagen, beweisen, bildet sich unter diesen Bedingungen zunächst I u. danach erst II. (Журнал Прикладной Химии [J. angew. Chem.] **29.** 862—70. Juni 1956.) CH. WEISKE. 225

Thomas J. Sworski, *Ausbeuten an Wasserstoffperoxyd bei der Zersetzung von Wasser durch Kobalt-γ-Strahlung.* 2. Mitt. *Wirkung von Chloridionen.* (1. vgl. C. **1955.** 5976.) Vff. vergleichen die Wrkg. von KCl mit derjenigen von KBr auf die Bldg. von H_2O_2 in luftgesätt. W., welches einer Co-γ-Strahlung ausgesetzt wird. Alle Messungen wurden bei 23° durchgeführt. Die Anfangsausbeute an H_2O_2 in O_2 enthaltenden Lsgg. hängt von der KCl-Konz. ab. Nimmt die Menge an anwesendem KCl zu, so fällt die Menge an gebildetem H_2O_2. Die Messungen wurden in schwefelsauren Lsgg. bei p_H 2 u. in 0,8 n H_2SO_4 durchgeführt. In letzterer Lsg. erfolgt die Bldg. des H_2O_2 bei geringen KCl-Konzz. rascher, bei höheren KCl-Konzz. langsamer als in Lsgg. von p_H 2. Die Geschwindigkeit der Bldg. des H_2O_2 ist von der Bestrahlungszeit — soweit die Messung durchgeführt wurden — linear abhängig. (Radiation Res. **2.** 26—32. Febr. 1955. Oak Ridge, Tenn., Oak Ridge Nat. Labor, Chem. Div.) R. MATTNER. 226

Anne-Marie Koulkes-Pujo, *Einfluß des p_H-Wertes auf die Wasserstoffperoxydbildung bei Anwesenheit von Luft unter Einwirkung der ^{60}Co-γ-Strahlung.* Unter der Einw. ionisierender Strahlung auf H_2O bildet sich bei Ggw. von Luft-O_2 das Radikal HO_2, das durch Dissoziation in O_2^- u. H^+ wesentlich zur Bldg. von H_2O_2 beiträgt. Die Ausbeute von H_2O_2 bei einer konstanten Strahlendosis von $85—10^{18}$ eV/cm³ nimmt zunächst zwischen p_H 0 u. 2 langsam, bei ca. 2,5 sehr schnell ab, bleibt zwischen p_H 7 u. 11 prakt. konstant, erfährt bei p_H 11,7 einen plötzlichen Anstieg u. fällt bei p_H 13,35 wieder schnell ab. Dieser Verlauf wird im einzelnen gedeutet. Die drei markanten p_H-Werte, bei denen rasche Änderungen auftreten, erklären sich durch die Dissoziationen von HO_2, H_2O_2 u. OH. (C. R. hebd. Séances Acad. Sci. **243.** 1865—68. 5/12. 1956.) D. JÖRCHEL. 226

Charles N. Satterfield und **Theodore W. Stein,** *Zersetzung von Wasserstoffperoxyddampf an relativ inerten Oberflächen.* Die Zers. von H_2O_2-Dampf wird untersucht an Oberflächen von *B_2O_3-*, *Borosilicat-*, *Quarz-*, *Weich-* u. *Bleiglas* mit u. ohne Oberflächenbehandlung; von *Teflon*, *Koroseal* (*Polyvinylchlorid*), *Polymethylmethacrylat*, *Polyäthylen*, *Fluorolube GR* (*Polytrifluorvinylchlorid*) u. polymerisiertem *Methyltrichlorsilan* auf Borosilicatglas; von oberflächenbehandelten Stählen „*303*", „*304*" u. „*416*", *2 S-Al*, *Ta* u. *Sn*. Die Temperaturbereiche waren für die *Gläser* (I) 215°, für die *organ. Polymeren* (II) 215 u. 120° u. für die *Metalle* (III) 150°. Die H_2O_2-Drucke betrugen für I u. II 0,04 at u. für III 0,03 at; die Reaktionsgeschwindigkeiten werden tabellar. wiedergegeben u. der Mechanismus diskutiert. (Ind. Engng. Chem. **49.** 1173—80. Juli 1957. Cambridge, Mass., MIT, Dep. of Chem. Engng.) HERBERT MÜLLER. 227

L. H. Reyerson, *Oberflächenchemie und Katalyse.* Überblick Dez. 1954—Dez. 1955. Behandlung der physikal. Adsorption in Theorie u. Experiment, der Chemisorption sowie der Katalyse. — 69 Literaturangaben. (Annu. Rev. physic. Chem. **7.** 383—402. 1956. Minneapolis, Minn., Univ. of Minnesota, School of Chem.) G. RUBAN. 227

Andrée Goudot, *Einfluß der Ladungen von Zusätzen auf das Redoxpotential des Enzym-Metall-Substrat-Komplexes.* (Vgl. C. **1957.** 3289.) Enzym-Metall-Substrat-Komplexe bilden sich durch Übergang von Ladungen. Da das magnet. Moment der durch Fe^{2+} gebildeten Komplexe (Atmungsenzyme) 3,9 Debyes beträgt, besteht die Tendenz, Elektronen kleinerer Moll., wie z. B. H_2O_2, die nur ein magnet. Moment von 1,8 Debyes haben, anzuziehen. Die Unters. der Redoxpotentiale bestätigte diese Annahme. Das Oxydationspotential des Hämins beträgt beim p_H des Blutes 0,1 V, das Redoxpotential des Zentralatoms Fe^{2+}/Fe^{3+} —0,771 V, das Redoxpotential des gesamten Syst. liegt also bei 0,67 V. Dieser Wert entspricht ungefähr der Anlagerung von 2 Moll. H_2O_2(O_2–H_2O_2 = 0,680 V). Ähnliche Komplexe finden sich bei der Decarboxylierung von Chlorophyll mit Mg^{2+}-Ionen u. von *Carbohydrase* mit Zn^{2+}-Ionen. Vf. folgert: Wenn das Metallion mit den polaren Gruppen des Enzyms einen ebenen Komplex mit der Koordinationszahl 4 bildet, so kann das entstandene Coenzym kleine geladene Substratmoll. mit kleinerem magnet. Moment anziehen u. einen stabilen Komplex bilden. Die katalyt. Rk. des Substrates kann ausgelöst werden, sobald die Aktivierungsenergie dieser Rk. einem annähernd gleichen Potential des Coenzyms entspricht. (C. R. hebd. Séances Acad. Sci. **241.** 1944—46. 19/12. 1955.) S. LANZ. 227

Andrée Goudot, *Redoxpotential des Komplexes Metall-Substrat und nichtenzymatische Katalyse.* (Vgl. vorst. Ref.) Vf. untersucht die Bedingungen, die zur Auslsg. katalyt. Rkk. durch Metallionen in Abwesenheit von Enzymen führen können: 1. Das Metallion muß ein stark positives Redoxpotential haben, wie z. B. Al^{3+} bei Decarboxylierungs-Rkk., oder ein stark negatives, wie z. B. Co^{2+} bei Hydrolysen. 2. Der gebildete Metall–Substrat–Komplexe muß genügend stabil sein. 3. Die Zahl der austauschbaren Elektronen des Metallions muß mit der des Chelates übereinstimmen. Experimente in vitro bestätigen diese Annahmen. Es wurden untersucht: Die Decarboxylierung von *Oxalessigsäure* durch Al^{3+} u. von *Oxalbernsteinsäure* durch Ni^{2+}, ferner die Hydrolyse von *Phenylalaninglycin* durch Co^{2+}. (C. R. hebd. Séances Acad. Sci. **242.** 1514—16. 19/3. 1956.) S. LANZ. 227

A_8. Präparative anorganische Chemie. Komplexchemie. Metallorganische Verbindungen.

Włodzimierz Rodziewicz, *Darstellung der Orthokieselsäureester in der Gasphase.* Durch Gasphasen-Rk. von 1 Mol $SiCl_4$ mit 4,4 Mol A. bei 130° wurden 140 g *$Si(OC_2H_5)_4$* (I) erhalten. Durch Fraktionierung u. Behandlung mit C_2H_5ONa wird reines **I**, Kp.$_{766,6}$ 165—167°, D. 0,9336, n_{20} 1,3838 erhalten. (Roczniki Chem. [Ann. Soc. chim. Polonorum] **29.** 284—86. 1955. Gdańsk, Politechn., Zakł. Chem. Nieorgan.) F. URBAN. 261

Cyrille Duc-Maugé, *Löslichkeit des Trikaliumorthoarsenats.* Vf. untersucht das Löslichkeitsdiagramm des Syst. *K_3AsO_4–H_2O* unter Atmosphärendruck. Die folgenden Fixpunkte wurden ermittelt: der kryohydrat. Punkt von Eis–*$K_3AsO_4 \cdot 10(11)H_2O$* (I) bei —29° u. die Umwandlungspunkte I–*$K_3AsO_4 \cdot 7\,H_2O$* (II) bei —23°, II–*$K_3AsO_4 \cdot 3\,H_2O$* (III) bei 50,3° u. III–*$K_3AsO_4 \cdot H_2O$* (IV) bei 98°. Dieselben Existenzbereiche der Hydrate wurden beim tensioeudiometr. Abbau von **II** gefunden; dabei erwies sich **IV** bis 140° stabil, um bei höheren Tempp. in wasserfreies *K_3AsO_4* überzugehen. (C. R. hebd. Séances Acad. Sci. **245.** 64—67. 1/7. 1957. Nancy, Fac. des Sci., Labor. de Chim. minérale ind.) HERBERT MÜLLER. 265

Jeannine Masson und **Henri Guérin,** *Die Pyrolyse der Erdalkaliarsenite.* Vff. untersuchen die therm. Zers. verschied. Erdalkaliarsenite. *$3\,BaO \cdot As_2O_3$* zerfällt oberhalb 1000° u. *$2\,BaO \cdot As_2O_3$* oberhalb 500° in *As*, *BaO* u. *$3\,BaO \cdot As_2O_5$* (I). *$3\,BaO \cdot 2\,As_2O_3$* u. *$BaO \cdot As_2O_3$* liefern ab 420°, *$2\,BaO \cdot 3\,As_2O_3$* ab 400° I u. ein Sublimat von *As* + *As_2O_3*. *$3\,SrO \cdot As_2O_3$* zerfällt oberhalb 1050° u. *$2\,SrO \cdot As_2O_3$* oberhalb 600° in As u. *$3\,SrO \cdot As_2O_5$* (II). *$SrO \cdot As_2O_3$* liefert bei 500° **II** u. ein Sublimat von As + As_2O_3. *$2\,CaO \cdot As_2O_3$* liefert bei 700° *$3\,CaO \cdot As_2O_5$* (III) u. As, *$CaO \cdot As_2O_3$* bei 500° **III** u. As + As_2O_3 als Sublimat. Der Reaktionsverlauf wird diskutiert. (C. R. hebd. Séances Acad. Sci. **245.** 67—70. 1/7. 1957. Nancy, Fac. des Sci., Labor. de Chim. minérale ind.)
HERBERT MÜLLER. 265

A. Ss. Karnauchow, *Untersuchung der ternären Systeme $NaNO_3$–NH_4NO_3–H_2O, KNO_3–NH_4NO_3–H_2O, $RbNO_3$–NH_4NO_3–H_2O mittels der Methoden der physikalisch-chemischen Analyse bei 25°.* Aus den bei 25° untersuchten Löslichkeitsisothermen geht hervor, daß im Syst. *$NaNO_3$* (I)–*NH_4NO_3* (II)–H_2O die krist. Doppelverb. *$2\,NaNO_3 \cdot NH_4NO_3$* (III) entsteht, die zum tetragonalen Syst. gehört. Der Übergangspunkt entspricht 28,41% **I**, 45,52% **II** u. 26,07% H_2O. Der euton. Punkt entspricht 21,02% **I**, 48,21% **II** u. 30,75% H_2O. **III** wurde erstmals isoliert. Die Löslichkeitsisotherme des

Syst. KNO_3 (**IV**)–**II**–H_2O weist 3 Zweige auf: Ausscheidung von festen Lsgg. von **IV** mit $3\,KNO_3 \cdot NH_4NO_3$ (**V**); Ausscheidung der erstmals isolierten Doppelverb. **V**; Ausscheidung der festen Lsgg. von **II** u. **V**. Der euton. Punkt entspricht 20,00% **IV**, 47,00% **V** u. 33,00% H_2O, der Übergangspunkt der Zus.: 22,73% **IV**, 43,81% **V** u. 34,09% H_2O. Im Syst. $RbNO_3$ (**VI**)–**II**–H_2O entstehen lückenlose feste Lsgg., bedingt durch die nahe beieinander liegenden Werte für die Ionenradien der Elemente u. durch die gleiche Struktur von **II** u. **VI**. (Журнал Общей Химии [J. allg. Chem.] **26**(**88**). 1027—34. April 1956. Jaroslawl, Pädagog. Inst.) O. LEBTAG. 276

G. W. Kukolew und **M. T. Melnik**, *Zur Frage der Stabilisierung von Dicalciumsilicat.* Die feinzerkleinerten brikettierten Gemische von $2\,CaO \cdot SiO_2$ (C_2S) mit den Stabilisatoren P_2O_5, Cr_2O_3, V_2O_5 u. BaO sowie mit den Nichtstabilisatoren Na_2O, K_2O, Al_2O_3, Fe_2O_3 u. MgO wurden im Kryptolofen bei 1400, 1450 u. 1500° 2 Std. lang gebrannt u. auf ihren Geh. an freiem CaO untersucht, die bei 1500° gebrannten Proben außerdem auf ihre Druckfestigkeit nach 28 Tagen. Hieraus ergibt sich, daß in Ggw. der kombinierten Zuschläge die Stabilisierung von C_2S bei niedrigerer Temp. erfolgt als in Ggw. des Stabilisators allein. Hierin sehen die Vff. einen Beweis dafür, daß die Nichtstabilisatoren in Kombination mit den stabilisierenden Zuschlägen eine stabilisierende Wrkg. zeigen, bedingt durch die Bldg. einer festen Lösung. Bei der Bldg. komplizierterer fester Lsgg. in C_2S nimmt dessen hydraul. Aktivität stark zu, u. zwar um so mehr, je größer die Zahl der zugesetzten Kationen ist. Es wird die Bedeutung dieser Versuchsergebnisse für die Herst. von Belit-Portlandzement mit erhöhter hydraul. Aktivität hervorgehoben. (Доклады Академии Наук СССР [Ber. Akad. Wiss. UdSSR] **109.** 1012—14. 11/8. 1956.) O. LEBTAG. 283

D. Grdenić, K. Strunjak und **H. Dedić**, *Untersuchungen über die Verbindungen der Elemente der V. Gruppe mit Quecksilber.* 2. Mitt. *Über Quecksilberarsenojodid $Hg_3As_2J_4$ und Quecksilberantimonojodid $Hg_3Sb_2J_4$.* (1. vgl. Arhiv Kemiju [Arch. Chim.] **24.** [1952.] 61.) Vff. beschreiben die chem. Rkk. von $Hg_3As_2J_4$ u. $Hg_3Sb_2J_4$. Die Verbb. gehören wahrscheinlich der Klasse der Arsonium- u. Stiboniumverbb. an, wobei jedoch andere Möglichkeiten nicht ausgeschlossen sind. Die Kristalle sind tetragonal; die Elementarzelle, die 9 stöchiometr. Einheiten von $Hg_3Sb_2J_4$ enthält, weist die Dimensionen auf: a = 21,22, c = 8,09 Å. Ferner wird ein Verf. zur Gewinnung von SbJ_3 beschrieben. (Croat. chem. Acta **27.** 59—65. 1955. Zagreb, Univ. of Zagreb, Fac. of Sci., Labor. for General and Inorg. Chem.) H. ELCHLEPP. 290

Vladimiro Scatturin, Roberto Zannetti und **Gaetano Censolo**, *Das Oxyd des dreiwertigen Thalliums als nichtstöchiometrische Verbindung.* Die Unters. des *Tl(III)-Oxyds* (**I**) hat ergeben, daß es den nichtstöchiometr. Verbb. zuzuordnen ist. Die röntgenograph. u. opt. Unters. von 4 **I**-Verbb. höheren O-Geh. ergab die folgenden Werte: $TlO_{1,52}$ (**II**), schwarz, D. 10,04, $\alpha_0 = 10{,}540$ Å; $TlO_{1,53}$ (**III**), grün, D. 9,68, $\alpha_0 = 10{,}537$ Å; $TlO_{1,54}$ (**IV**), braungelb, D. 9,96, $\alpha_0 = 10{,}536$ Å; $TlO_{1,75}$ (**V**), kastanienbraun, D. 8,66, $\alpha_0 = 10{,}534$ Å. Aus den röntgenograph. Daten wurde abgeleitet, daß im Gitter von **II**—**V** sowohl Kationen- als auch Anionenfehlstellen vorhanden sind. Die Kationenfehlstellen werden durch Tl^{4+}, die O^{2-}-Fehlstellen durch Tl^+ elektrostat. kompensiert. Alle Verbb. kristallisieren kub. im Typ D 5_3, Raumgruppe T_h^7, jedoch liegt in **V** neben der kub. auch eine tetragonale Phase mit vor. Außer **II** zeigen die Verbb. ein Reflexionsmaximum im Bereich von 850 bis 950 mμ. Bei **V** fehlt jedoch die rote bzw. grüne Bande von **III** u. **IV**. Auch aus dem opt. Verh. folgt, daß die Zahl der Fehlstellen von **II** nach **V** zunimmt. (Ricerca sci. **26.** 3108 bis 3114. Okt. 1956. Padova, Centro di studio per la strutt. mist. chim.) H. NÖTH. 297

Joseph A. Schufle und **Carl D'Agostino jr.**, *Die Stabilität des Thallium(I)-citratkomplexes.* Vff. bestimmten die Bildungskonstante des Tl(I)-Citratkomplexes bei den Ionenstärken $\mu = 0{,}1$, 0,2, 0,3 u. 0,5 (25°). Die Messungen wurden an Lsgg. durchgeführt, die sich im Gleichgewicht mit dem Ionenaustauscherharz *Amberlite IR-120* (28—65 mesh) befanden. Mittels einer modifizierten DEBYE-HÜCKEL-Beziehung wurden die gefundenen Bildungskonstanten auf $\mu = 0$ extrapoliert. Eine Geradlinigkeit der Meßpunkte bei der graph. Darst. konnte nicht erreicht werden, jedoch werden die Meßdaten durch den Ausdruck $K_f + 3{,}054\sqrt{\mu} = 1{,}482 + 5{,}92\,\mu - 6{,}80\,\mu^2$ genügend genau wiedergegeben; aus dieser Gleichung ergibt sich für die Bildungskonstante des Tl(I)-Citratkomplexes bei 25° ein Wert von $K_f = 30 \pm 3$ Liter/Mol. (J. physic. Chem. **60.** 1623—24. Dez. 1956. Socorro, N. Mex., New Mexico Inst. of Mining and Technol., Dep. of Chem.) D. ERTEL. 297

Donald L. Horrocks und **A. F. Voigt**, *Die Bildung von Thalliumchloridkomplexen und ihre Extraktion mit Äther.* Vff. untersuchen die Extraktion wss. $TlCl_3$-Lsgg. mit *Isopropyläther* in Abhängigkeit von Konz. u. Temperatur. Bei Ausgang von sauren Lsgg. entspricht die Zus. in der Ätherphase der Formel $HTlCl_4$. Mit steigender Acidität der wss. Lsg. oder starker Erhöhung der Cl^--Ionenkonz. sinkt die Extrahierbarkeit, weshalb Vff. einen Übergang in den ätherunlösl. Komplex H_2TlCl_5 postulieren. Die Extrahierbarkeit wss. Lsgg. geringer Acidität u. Cl^--Ionenkonz. deuten Vff. durch die Annahme, daß entweder $TlCl_3$ selbst extrahiert werden kann oder der gebildete $HTlCl_4$-Komplex in der Ätherphase ionisiert vorliegt. (J. Amer. chem. Soc. **79**. 2440—43. 20/5. 1957. Ames, Io., Iowa State Coll., Dep. of Chem.) H. Bock. 297

G. Brauer und **K. Gingerich,** *Zum System der Ceroxyde.* (Vgl. C. **1957**. 1129.) Vf. untersuchen die Frage, ob CeO_2 außer mit La_2O_3, Pr_2O_3 u. a. auch mit Ce_2O_3 Mischkristalle bildet. Zwischen $CeO_{2,00}$ u. $CeO_{1,81}$ besteht jedoch eine Mischungslücke. Die entsprechenden Präpp. sind heterogen zusammengesetzt. Durch Röntgenaufnahmen mit einer Hochtemperaturkamera konnten Vff. zeigen, daß diese Mischungslücke nur bei tiefen Tempp., bis ca. 200° in der oben angeführten Ausdehnung besteht. Mit weiter steigender Temp. erfolgt eine Verengung. Bei 685° ist die Lücke schließlich vollständig geschlossen. Gleichzeitig wandelt sich bei 420° das rhomboedr. Kristallgitter der β-Phase ($CeO_{1,81}$) im Gleichgewicht mit der α-Phase ($CeO_{2,00}$) in ein kub. Fluoritgitter α' um. Mit steigender Temp. gleichen sich die Gitterkonstanten der beiden Phasen einander an u. werden bei 685° prakt. identisch. Oberhalb 685° besteht dann eine lückenlose Reihe kub. Mischkristalle von $CeO_{2,00}$ bis $CeO_{1,81}$ u. darüber hinaus. Die O_2-Zersetzungsdrucke über den Ce-Oxyden stehen mit diesen Befunden im Einklang. (Angew. Chem. **69**. 480. 15/7. 1957. Freiburg/Br., Univ., Chem. Labor., Anorg. Abt.) H.-U. Woelk. 304

D. Patnaik und **S. Panda,** *Darstellung von Cer(IV)-acetat in wasserfreiem Zustand und seine photochemische und thermische Zersetzung.* Darst. von $Ce(CH_3COO)_4$ erfolgt durch Rk. von $Ce(NO_3)_4$ mit einer Mischung von Eisessig u. Acetanhydrid. Die abgetrennten, gut ausgebildeten Kristalle sind granatrot, im pulverisierten Zustand citronengelb. Mit W. erfolgt so energ. Rk., daß schon Ggw. von Spuren W. eine Farbänderung nach Weiß hin hervorruft, weshalb bei der Darst. bes. für Feuchtigkeitsausschluß zu sorgen ist. Die Zus. wird durch Best. des Ce-Geh. u. des durch Hydrolyse freigesetzten Alkalis ermittelt. Die Verb. ist lichtempfindlich: Sonnenlicht bewirkt — bei Abwesenheit von Feuchtigkeit — Red. zu Ce(III). Bei therm. Zers. wird offenbar die Stufe Ce(IV) beibehalten; als Zwischenprod. dürfte Carbonat entstehen, jedoch konnten Zersetzungstemp. sowie die M. von entwickeltem C u. H nicht bestimmt werden. (Current Sci. **25**. 287—88. Sept. 1956. Cuttack, Ravenshaw Coll., Dep. of Chem.) G. Ruban. 304

Ss. M. Arija, A. I. Sasslawski und **I. I. Matwejewa,** *Chemie der Verbindungen mit veränderlicher Zusammensetzung.* 4. Mitt. *System Tantal–Selen.* (3. vgl. C. **1957**. 11507.) Ein Präp. der Zus. $TaSe_{2,07}$ wird im Vakuum erhitzt. Bei 500° ist etwa die Zus. $TaSe_2$ erreicht, bei 900° beginnt rascher Zerfall unter Verlust an Se. Röntgenaufnahmen zeigen, daß im Gebiet $TaSe_{1,0}$–$TaSe_{2,0}$ (α-Phase) ein Homogenitätsbereich vorliegt. Die D. (Vakuumpyknometer, 20°, Kerosin) ist für $TaSe_{1,04}$ 10,18, $TaSe_{1,58}$ 9,05, $TaSe_{2,00}$ 8,46. Linien des freien Se treten erst bei der Zus. $TaSe_4$ auf. Offenbar existieren neben der α-Phase noch höhere Selenide. Beim Übergang vom Syst. V–Se zum Syst. Ta–Se nimmt der Homogenitätsbereich zu. (Журнал Общей Химии [J. allg. Chem.] **26** (**88**). 2373—75. Sept. 1956. Leningrad, Univ.) R. K. Müller. 332

G. Natta, R. Ercoli, F. Calderazzo und **A. Rabizzoni,** *Eine neue Synthese von Chromhexacarbonyl. Cr-Acetylacetonat* (I) u. Cr(II)- u. Cr(III)-Salze der *Essig-* u. *2-Äthylhexancarbonsäure* werden durch Mg rasch red. u. durch CO unter Druck zu $Cr(CO)_6$ (**II**) umgesetzt.

Versuche: 17,5 g **I**, 4,5 g Mg u. 80 g 2%ig. J_2-Lsg. in wasserfreiem *Pyridin* werden in einem 500 ml-Autoklaven unter einem CO-Druck von 190 at gesetzt u. 7 Std. auf 160 ± 2° erhitzt. Der Druck fällt während dieser Zeit von 325 auf 285 at. Aus den Reaktionsprodd. wird **II** durch Wasserdampfdest. abgetrennt u. durch Sublimation bei 15 Torr u. 70—75° gereinigt; Ausbeute 82%. (J. Amer. chem. Soc. **79**. 3611—12. 5/7. 1957. Mailand, Polytechn. Inst., Dep. for Ind. Chem.) Herbert Müller. 335

Arthur L. Phipps und **Robert A. Plane,** *Die Assoziation von SCN^- mit $Cr(H_2O)_6^{3+}$, $Cr(NH_3)_6^{3+}$ und $Cr(NH_3)_5Cl^{2+}$ in wässeriger Lösung.* Die schwache Assoziation zwischen SCN^--Ionen u. Chrom(III)-komplexkationen wie $[Cr(H_2O)_6]^{3+}$, $[Cr(NH_3)_6]^{3+}$ u. $[Cr(NH_3)_5 \cdot Cl]^{2+}$ in wss. Lsg. wird von Vff. durch Messung der UV-Spektren nachgewiesen u. Gleichgewichtskonstanten, Enthalpie- u. Entropieänderungen berechnet. Die im Gegensatz zu anderen Anionen bei der Assoziation eintretende Entropieverringerung wird von Vff. durch Verlust der Rotationsentropie des SCN^--Ions bei der Assoziation gedeutet u. erklärt zugleich die nur schwache Assoziationstendenz zwischen SCN^--Anion u. oben erwähnten Chrom(III)-komplexkationen. (J. Amer. chem. Soc. **79**. 2458—61. 20/5. 1957. Ithaca, N. Y., Cornell Univ., Baker Labor. of Chem.) H. Bock. 335

Berthe Charreton, *Konduktometrische Untersuchung der Bildung basischer Chromkomplexe.* Die Bldg. von bas. Cr-Komplexen wird auf konduktometr. Wege verfolgt. Einmal geht Vf. vom Chromhydroxyd aus, das mit $HClO_4$ titriert wird, zum anderen neutralisiert er eine Lsg. von $Cr(ClO_4)_3$ mit NaOH. Die Verss. finden in einem W.–Aceton-Milieu (1 : 1) statt, die Cr-Konzz. sind $4 \cdot 10^{-3}$ u. 10^{-2}molar. Bei Titration des violetten $Cr(ClO_4)_3$ (10^{-2} bis 10^{-3}mol.) mit einer Base findet zunächst die Bldg. eines lösl. grünen bas. Salzes statt (33,3%) u. dann erst die totale Fällung des $Cr(OH)_3$ bei Zugabe der stöchiometr. Menge Base. Wird das so gewonnene Hydroxyd wieder mit $HClO_4$ versetzt, so erhält man nicht mehr das violette Ausgangsprod. zurück $[Cr(ClO_4)_3]$, sondern bei geringen Konzz. das bas. Salz (33,3%) bzw. bei stärkeren Konzz. nacheinander die wenig lösl. bas. Perchlorate (66,6% u. 50%). Diese Salze zeigen indessen die Tendenz, sich bei Säureüberschuß in das 33,3%ig. bas. Salz umzuwandeln. Wird dagegen das Hydroxyd aus einer frisch bereiteten Lsg. des violetten Salzes dargestellt ohne Passierung der Zwischenstufe des bas. Salzes, so erhält man bei stöchiometr. Säurezusatz wieder das neutrale Ausgangssalz. (C. R. hebd. Séances Acad. Sci. **242.** 1616—18. 19/3. 1956.)
S. Lanz. 335

Ronald E. Bell und **Robert E. Herfert,** *Herstellung und Charakterisierung einer neuen kristallinen Form von Molybdändisulfid.* Beim Schmelzen von MoO_3 mit *S* in Ggw. von K_2CO_3 bei 900° wird nach den Rkk. $2\,MoO_3 + S = 2\,MoO_2 + SO_2$ u. $MoO_2 + 3\,S = MoS_2 + SO_2$ synthet. MoS_2 in einer Ausbeute von ca. 45% erhalten. Eine stets vorhandene Verunreinigung durch MoO_2 wird durch Schmelzen mit KSCN u. Digerieren mit verd. NH_4OH u. HCl entfernt. Das erhaltene Prod. enthält <0,4% Verunreinigungen verschied. Art. Die Zus. entspricht der des natürlichen *Molybdänits,* die Struktur besitzt jedoch nicht dessen 6zählige Symmetrie. Einkristallaufnahmen zeigen trigonale Symmetrie mit rhomboedr. Elementarzelle mit a = 3,16 u. c = 18,37 Å. Die Lagen der drei Mo-Atome in der rhomboedr. Einheit sind auf drei vertikalen 3zähligen Achsen 0 0 0; $^2/_3\,^1/_3\,^1/_3$ u. $^1/_3\,^2/_3\,^2/_3$ mit einem S-Atom oberhalb u. unterhalb von jedem Mo-Atom im Abstand $^1/_4$. Die d-Werte u. die relativen Intensitäten werden angegeben. Die röntgenograph. D. beträgt $5{,}024 \pm 0{,}002$ g/cm³. (J. Amer. chem. Soc. **79.** 3351—54. 5/7. 1957. Detroit, Mich., Climax Molybdenum Co. of Michigan.)
Herbert Müller. 336

Donald John Bettinger und **S. Young Tyree jr.,** *Untersuchung wolframhaltiger Teilchen in angesäuerten Natriumwolframatlösungen.* Vff. untersuchen mit Hilfe von Trübungs- u. Brechungsindexmessungen die durchschnittlichen Mol.-Geww. der in mit $HClO_4$ angesäuerten Na_2WO_4-Lsgg. auftretenden Aggregate oder Polymerisate. Aus der Abhängigkeit der Trübung τ vom H^+/WO_4^{2-}-Verhältnis folgt für ein Verhältnis >7/6 ein rasches Ansteigen von τ, u. zwar um so mehr, je größer die Absolutkonz. der Lsg. ist; d. h. mit steigender Konz. beginnen Teilchen mit einem höheren Aggregationsgrad als $HW_6O_{21}^{5-}$ vorzuherrschen. Die Abhängigkeit der Brechungsindexänderungen vom H^+/WO_4^{2-}-Verhältnis liefert die Existenz einer trimeren Stufe $W_3O_{11}^{4-}$ u. der hexameren Stufe $HW_6O_{21}^{5-}$. Die trimere Stufe tritt am ausgeprägtesten in konz. Ausgangslsgg. auf. (J. Amer. chem. Soc. **79.** 3355—58. 5/7. 1957. Morgantown, W. Va., West Virginia Univ., Dep. of Chem.; Univ. of North Carolina, Dep. of Chem.)
Herbert Müller. 337

James S. Johnson und **Kurt A. Kraus,** *Gleichgewichtsultrazentrifugierungen von sauren Hg(I)-, Hg(II)-, In(III)- und Au(III)-Lösungen.* (Vgl. Johnson, Kraus u. Young, C. **1954.** 5959.) Die durchgeführte Gleichgewichtsultrazentrifugierung, die bei $30 \pm 2°$ durchgeführt wurde, bestätigte, daß In(III) in HBr u. Au(III) in HCl als Monokomplexe vorliegen. Die Ergebnisse widerlegen somit Betrachtungen, die auf Lösungsmittelextraktionswerten beruhen, daß Dimere von In(III) u. Au(III) in der wss. Phase existieren. Geprüft wurde die Meth. von den Vff. durch Vgl. der scheinbaren Mol.-Geww. von Hg(I) u. Hg(II) in Nitratlösungen. Hg(II) wurde als monomer, Hg(I) als dimer nachgewiesen. (J. Amer. chem. Soc. **79.** 2034—36. 5/5. 1957. Oak Ridge, Tenn., Oak Ridge Nat. Labor., Chem. Div.)
P. Wolf. 350

Kerro Knox, S. Young Tyree jr., Ram Dularay Srivastava, Vello Norman, Joseph Y. Bassett jr. und **J. H. Holloway,** *Chemie von Rhenium und Technetium.* 1. Mitt. *Die Synthese von $ReCl_5$, $TcCl_4$ und verwandten Verbindungen.* Vff. verbessern die Synth. wasserfreier Metallhalogenide aus Metalloxyden u. CCl_4 (**I**) unter Druck im Bombenrohr von Michael u. Murphy (Amer. Chem. J. **44.** [1910.] 365) insofern, als durch Einschließen des Bombenrohres in ein Metallrohr u. Verwendung von **I** oder W. zur Herst. des notwendigen Druckausgleichs ein unnötiges Zerplatzen der Bombenrohre vermieden wird.

V e r s u c h e : $ReCl_5$; Re_2O_7 wird mit dem 5fachen Überschuß **I** entsprechend der Rk. $Re_2O_7 + 7\,CCl_4 - 2\,ReCl_5 + 7\,COCl_2 + 2\,Cl_2$ eingeschmolzen u. einige Std. auf 400° erhitzt. Nach dem Abkühlen wird $COCl_2$ u. Cl_2 abgeblasen, das Endprod. abgesaugt

u. mit I gewaschen; Ausbeute 99% mit Cl/Re = 4,94, große grünschwarze Kristalle, die sich allmählich wahrscheinlich unter Cl_2-Abgabe zersetzen. — *$TcCl_4$*; metall. Tc wird zu Tc_2O_5 verbrannt u. wie oben mit I umgesetzt; Ausbeute 79% mit Cl/Tc = 3,97, kleine blutrote Kristalle. — *$MoCl_5$*; aus MoO_3 in einer Ausbeute von 85% u. mit Cl/Mo = 4,93, große, sehr dunkel gefärbte Kristalle, die sich leicht zersetzen. — *WCl_6*; aus WO_3 in einer Ausbeute von 86% u. mit Cl/W = 6,00, große, schwarz erscheinende Kristalle, nicht gut lösl. in W. u. I. — *$TaCl_5$*; aus Ta_2O_5 ohne Ausbeuteangabe, weiße Kristalle mit Cl/Ta = 4,95. — Die Herst. von *$FeCl_3$*, *$ZrCl_4$*, *$BeCl_2$*, *VCl_4* u. *$NbCl_5$* wird angegeben, aber nicht näher beschrieben. Die Rk. von I mit *Al_2O_3*, *La_2O_3*, *ThO_2* u. *ZnO* verläuft unvollständig, *CoO* u. *NiO* reagieren nicht. Unter Verwendung von *CBr_4* bzw. *$CHBr_3$* als Bromierungsreagens erhielten Vff. *$ReBr_3$* u. *$FeBr_3$*. (J. Amer. chem. Soc. **79.** 3358—61. 5/7. 1957. Murray Hill, N. J., Bell Telephone Labors., Inc.; Chapel Hill, N. C., Univ. of North Carolina, Venable Hall of Chem.) HERBERT MÜLLER. 352

André Michel, Charles Lilin und **Maurice Lensen,** *Untersuchung der Reaktion von Schwefelwasserstoff mit Eisenoxyden.* 2. Mitt. *Sulfurieren von rhomboedrischem Fe(III)-oxyd. Faktoren der Reaktivität.* (1. vgl. C. **1956.** 9945.) Vff. untersuchen die Rk. von *H_2S* (I) mit rhomboedr. *Fe_2O_3* (II) u. stellen fest, daß die chem. Reaktivität von II gegenüber I von den Eigg. der Oberfläche abhängt. Die Größe u. das charakterist. Verh. der Oberfläche von II wird von den Reaktivitätsfaktoren, wie Herstellungsverf., therm. Behandlung u. Behandlung unter Druck in Ggw. von W. bestimmt. Die aus Adsorptionsverss. erhaltenen Ergebnisse werden graph. dargestellt (gebundene Menge an I in % in Abhängigkeit von der Zeit in Std.) u. bestätigen den Einfl. dieser Faktoren. (Bull. Soc. chim. France [5] **1956.** 283—86. Febr. Lille, Fac. des Sci.) H. SURAWSKI. 354

L. I. Karjakin, P. D. Pjatikop und **B. Ja. Ssucharewski,** *Veränderungen bei der Reaktion von Chromspinellid mit Magnesiumferrit beim Erhitzen.* Gemische von *Chromspinellid* (I) mit 5—50% *Magnesiumferrit* (II) wurden auf 1400, 1500, 1600 u. 1700° erhitzt u. mkr. untersucht. Es wurde festgestellt, daß im Oxydationsmedium (freier Luftzutritt) die Zahl der blättchenförmigen Neubildungen in den I-Körnern mit steigender Temp. u. steigendem II-Geh. abnimmt, dadurch bedingt, daß die überschüssigen Sesquioxyde aus I nach II wandern. Bei 50% II fehlen die Neubildungen bereits bei 1400°. Die Kurve Gitterparamater–II-Konz. weist bei 5% II ein Minimum auf u. oberhalb 5% II einen linearen Verlauf. Bei der Auflsg. von Cr_2O_3 in II nehmen die Gitterparameter ab, bei dessen Ausscheidung aus I dagegen zu. Es ist deshalb anzunehmen, daß die Ausscheidung von Cr_2O_3 u. Fe_2O_3 beim Erhitzen von I eine wichtige Rolle bei der Bldg. einer festen Lsg. zwischen I u. II spielt. Bei den bei 1400 u. 1700° gebrannten Proben zeigt das Röntgenogramm nur ein Syst. der I-Linien. (Доклады Академии Наук СССР [Ber. Akad. Wiss. UdSSR] **109.** 1009—11. 11/8. 1956. Allunions Wiss. Forschungsinst. für feuerfeste Materialien.) O. LEBTAG. 354

E. M. Ioffe, *Verteilung in Systemen mit anomalen Mischkristallen.* 4. Mitt. *Systeme NH_4Cl–$CuCl_2$–H_2O und NH_4Cl–$CrCl_3$–H_2O.* (3. vgl. Acta physicochim. URSS **17.** [1942.] 93.) Es wurden aus übersätt. Lsgg. von NH_4Cl, die a) $0{,}0022—1{,}3\cdot10^{-8}$ g $CuCl_2$/ml u. b) 0,0291—0,00044 g $CrCl_3$/ml enthielten, durch 4 std. Abkühlen auf 0° unter Rühren Mischkristalle abgeschieden u. deren Geh. an Cu^{2+} (colorimetr. oder bei kleinen Konzz. radiometr. unter Zusatz von ^{64}Cu) bzw. Cr^{3+} (radiometr. unter Verwendung von ^{51}Cr) bestimmt. Nach $x/y = D\cdot(100 - y/100 - y)$ wurde der Verteilungskoeff. D für die jeweilige Mikrokomponente ermittelt (x = % Mikrokomponente im Kristall, bezogen auf den Gesamtgeh.; y = % Makrokomponente). Während D für die Cu als Mikrokomponente enthaltenden Kristalle in allen Verss. konstant blieb, sank D in den Kristallen, die aus $CrCl_3$-haltigen Lsgg. ausfielen, bei Erreichung einer Grenzkonz. an Cr^{3+} (ca. 0,0115 g $CrCl_3$/ml) u. wurde bei einer $CrCl_3$-Konz. von 0,00044 = 0 [zwischen 0,0291—0,0115 (g/ml) ist D = 0,023, bei 0,0025 ist D = 0,0011]. Diese Anomalie paßt sich gut der von GREENBERG u. WALDEN stammenden Anschauung über Unregelmäßigkeiten bei Mischkristallen an. Hiernach vermag der Anionkomplex $[CuCl_4\cdot2\,H_2O]^{2-}$ zwanglos in das Kristallgitter des NH_4Cl eingebaut werden, während die Bldg. von Mischkristallen aus NH_4Cl u. dem 5 Chlorionen enthaltenden Komplex $[CrCl_5\cdot H_2O]^{2-}$ Schwierigkeiten bereitet u. nur bei höheren Konzz. möglich ist. (Известия Академии Наук СССР, Отделение Химических Наук [Nachr. Akad. Wiss. UdSSR, Abt. chem. Wiss.] **1955.** 586—93. Juli/Aug. Chlopin-Radiuminst. der Akad. der Wiss. der UdSSR.) CH. WEISKE. 358

G. I. Gorstein und **N. I. Ssilantjewa,** *Untersuchung der Gesetzmäßigkeiten bei der Verteilung von isomorphen Komponenten bei der Kristallisation aus wässerigen Lösungen unter Anwendung radioaktiver Indicatoren.* 1. Mitt. *Untersuchung des Gleichgewichtes im System Kupferammoniumsulfat–Zinkammoniumsulfat–Wasser bei 20° unter Anwendung* *radioaktiver Isotope* ^{65}*Zn und* ^{64}*Cu.* Im Syst. $CuSO_4\cdot(NH_4)_2SO_4$ (I)–$ZnSO_4\cdot(NH_4)_2SO_4$ (II)–H_2O wurde die Gleichgewichtsverteilung der Komponenten zwischen fester u. fl. Phase unter Anwendung von ^{65}Zn u. ^{64}Cu als Indicatoren bei 20 u. 25° untersucht. Danach ist das untersuchte Syst. im gesamten untersuchten Konzentrationsbereich von **I** u. **II** als ideal zu bezeichnen. Der Koeff. der Gleichgewichtsverteilung der **II**-Beimengung (0,01–1% **II**, bezogen auf **I**) $D_{(Zn)/Cu}$ ist mit 2,4 ± 0,1 unabhängig von der **II**-Konzentration. Der Gleichgewichtskoeff. der Verteilung von **I**-Beimengungen bei der Kristallisation von **II** ($D_{(Cu)/Zn}$) ist gleich 0,40. Das gleiche gilt für den gesamten untersuchten Makrokonzentrationsbereich. (Журнал Общей Химии [J. allg. Chem.] **26** (**88**). 1821 bis 1826. Juli 1956. Inst. für chem. Reagentien.) O. LEBTAG. 358

A₉. Mineralogische und geologische Chemie.

Wolfgang Dreyer, *Über die Genauigkeit der Absolutdichte-Bestimmung aus Mineraldichte und Modalwert.* An 10 ausgewählten Eruptiv- u. Sedimentgesteinen erprobt Vf. bes. im Hinblick auf eine meßtechn. Erfassung der Fehlergrenzen verschied. Methoden zur Best. der Absolutdichte. Zur petrograph. Unters. wird aus den Dünn- bzw. Anschliffbildern entnommen, ob eine Ausmessung am Integrationstisch oder Anwendung der phasenanalyt. Trennung angebracht ist. Vf. entwickelt eine Sedimentationsformel u. gibt Hinweise für eine Schnelltrocknung mittels Zentrifuge. Die Ergebnisse der Dichtebest. nach der röntgenograph. Meth., Schwebe-, Flüssigkeitspyknometer-, Luftpyknometer- u. Auftriebsmeth. sowie nach der Meth. zur Berechnung der Absolutdichte aus Mineraldichte u. Modalwert werden gegenübergestellt u. krit. diskutiert. Vf. stellt fest, daß sämtliche Methoden zu niedrige Dichtewerte liefern. Bei einer Einstufung der verschied. Verff. hinsichtlich der mit ihnen gemessenen Dichtewerte kommt Vf. zu folgender Reihe: 1. Luftpyknometer, 2. Mischdichtebest. aus den Mineralkomponenten, 3. Auftriebsmeth. u. 4. Flüssigkeitspyknometer (mit den niedrigsten Werten); jedoch weisen Luftpyknometermeth. u. Mischdichtebest. die größte Fehlerbreite unter diesen Verff. auf. Die Fehlergrenze der Mischdichtebest. liegt in der Größenordnung von 1–2%. (Neues Jb. Mineralog., Abh. **89.** 86–110. Jan. 1956. Clausthal, Berg-Akad., Mineralog. Inst.) D. ERTEL. 378

H. R. Crane, *Radiokohlenstoffdaten der Universität von Michigan.* 1. Mitt. Zusammenstellung der Ergebnisse von Altersbestimmungen nach der ^{14}C-Meth. die, an der genannten Universität seit 1950 durchgeführt wurden. (Science [Washington] **124.** 664–72. 12/10. 1956.) E. KLEVER. 378

Hubert Garrigue und **Albert Perrin,** *Radioaktives, blasendes Loch auf dem Gipfel des Puy-de-Dôme.* In der 20–30 cm starken Schneedecke des Puy-de-Dôme befand sich ein Loch mit 10 cm Durchmesser bis auf den Boden. Aus diesem entwich während 14 Tagen +3° warme Luft mit einer Radioaktivität von 400–800·10^{-16} Curie/cm^3, während die Lufttemp. der Umgebung –1 bis –27° betrug. Die Luft entstammt wahrscheinlich tieferen Bodenschichten mit geringen Mengen radioakt. Mineralien. (C. R. hebd. Séances Acad. Sci. **242.** 1345–46. 5/3. 1956.) F. ENSSLIN. 378

Theodor Hügi, *Verbreitung des Berylliums und der Berylliumminerallen in den Schweizer Alpen.* In den Schweizer Alpen werden folgende Be-Mineralien gefunden: *Bavenit, Bazzit, Bertrandit, Beryll, Chrysoberyll, Gadolinit, Milarit* u. *Phenakit,* deren Fundpunkte aufgezählt werden. Der Be-Geh. der Granite schwankt zwischen 5 u. 15 g Be/t, der der Aplite u. Pegmatite um 5 g Be/t, u. der Muskovitaplit enthält 15 g Be/t, liegt also höher als der Durchschnitt der Granite. Die Schweizer Be-Mineralien gehören alle zu Granitparagenesen. (Schweiz. mineralog. petrogr. Mitt. **36.** 497 bis 510. 1956. Bern, Univ., Mineralog.-petrograph. Inst.) F. ENSSLIN. 378

Hideo Kobayashi, *Metasomatose im Kalkstein durch Granit in der metamorphen Zone von Hida.* Durch die metasomat. Umsetzung des Kalks unter dem Einfl. eines granit. Magmas sind Skarngesteine, Skarngneise u. Kalkgneise entstanden, die von Amphibolgneisen begleitet sind. Nach Ansicht des Vf. ist auch der Amphibolgneis ein metasomat. Umwandlungsprod. des Kalks, wie auch aus der chem. Zus. u. dem Vgl. mit den anderen Gesteinen hervorgeht. (J. geol. Soc. Japan **62.** 529–40. Okt. 1956. [Orig.: japan.; Auszug: engl.]) F. ENSSLIN. 378

G. Monseur, *Über die Bedeutung des Wolframits bei der Mineralisation der Grube Salsigne (Aude, Frankreich).* An Hand von opt. Unterss. wird festgestellt, daß die Vererzung in der Reihenfolge *Wolframit–Scheelit–Mißpickel–Pyrit–Kupferkies* geschah. (Ann. Soc. géol. Belgique, Bull. **79.** B33–B39. Okt./Dez. 1955. Jan. 1956. Liège, Univ., Labor. de Géol. appl.) F. ENSSLIN. 378

Franz Hofmann, *Zur Frage der Entstehung des glimmerartigen Tons in der Trias des Monte Caslano, Kanton Tessin.* Der Ton von Monte Caslano zeigt viele übereinstimmende Eigg. mit den Bentoniten der sauren Eruption in der Ostschweiz. Die Schwermineralfraktion deutet auf dieselbe Entstehungsgeschichte. Die vulkan. Bldg. wird auch durch den grobdispersen Charakter des Tones wahrscheinlich. Schlämmanalysen, Basenaustauschvermögen u. Quellfähigkeit, der Zerfall in W. u. die Wasseraufnahme in Luft, Benetzungswärme u. Bindefähigkeit werden angegeben u. der Ton mineralog. untersucht. (Schweiz. mineralog. petrogr. Mitt. **36.** 489—96. 1956. Schaffhausen, Georg Fischer A. G.) F. ENSSLIN. 378

G. Monseur, *Über das Vorkommen von Kassiterit und die Mineralparagenese der Wolframlagerstätte von Montredon (Tarn, Frankreich).* Aus der Mineralparagenese wird der Schluß gezogen, daß die Lagerstätte in dem Übergang von pneumatolyt. zu hydrothermaler Phase, u. zwar mehr nach der Pneumatolyse hin entstanden ist. Die Mineralabfolge war *Turmalin—Kassiterit, Wolframit—Scheelit—Mißpickel—Pyrit, Zinkblende, Kupferkies—Bornit, Covellin.* (Ann. Soc. géol. Belgique, Bull. **79.** B103—B109. Okt./Dez. 1955. Jan. 1956.) F. ENSSLIN. 378

P. Antun, *Epidot von Libramont.* Der graugelbe Epidot hat die Lichtbrechung Ng = 1,723 ± 0,002 u. Np = 1,712 ± 0,002 u. den opt. Achsenwinkel — 2 V = 88,5 ± 2°. Seine Zus. ist 38,92 SiO_2, 0,27 TiO_2, 28,50 Al_2O_3, 6,21 Fe_2O_3, 0,37 FeO, 0,30 MnO, Spur MgO, 23,51 CaO, 0,02 Na_2O, Spur K_2O u. 2,16 H_2O^+. (Ann. Soc. géol. Belgique, Bull. **79.** B 29—B 31. Okt./Dez. 1955. Jan. 1956.) F. ENSSLIN. 380

Georges Branche, Marie-Edith Ropert, Francis Chantret, Bernard Morignat und **Robert Pouget,** *Francevillit, ein neues uranhaltiges Mineral.* In der Gegend von Franceville, Französ. Äquatorialafrika, wurde ein neues uranhaltiges Mineral, nun *Francevillit* (I) genannt, gefunden. Das Vork. in Sandstein besteht entweder aus Kristallen von mehreren mm Länge, aus kryptokrist. Adern von ca. 1 cm Stärke oder am häufigsten aus Imprägnierungen. Die Kristalle sind orthorhomb. u. besitzen ausgezeichnete Spaltbarkeit längs (0 0 1) mit den Winkeln a = 104° u. b = 76°. Die Flächen (1 1 1) u. bes. (1 0 0) u. (0 1 0) sind selten. Die D. beträgt 4,55, die Härte 3. I ist negativ zweiachsig, die Brechungsindices sind α = 1,785 ± 0,005, β = 1,952 ± 0,005 u. γ = 2,002 ± 0,005, die opt. Orientierung ist X = c, Y = b u. Z = a. Die Kristalle sind pleochroit. mit X farblos u. Y u. Z gelb, im UV tritt keine Fluorescenz auf. Das Pulverdiagramm zeigt Ähnlichkeit mit dem von *Metatyuyamunit,* die d-Werte mit den relativen Intensitäten werden tabellar. wiedergegeben. Die Zus. von I entspricht etwa der Formel $(Ba, Pb)O \cdot 2\, UO_3 \cdot V_2O_5 \cdot 5\, H_2O$ oder $(Ba, Pb)(UO_2)_2(VO_4)_2 \cdot 5\, H_2O$ mit BaO:PbO = 2:1. An Verunreinigungen enthält I ca. 0,2% Al_2O_3 + SiO_2 u. 0,1% Na_2O + MgO + Fe_2O_3, spektrograph. wurden K, Ca, Cu, Mn, Mo, Sn u. Ti nachgewiesen. Die Zus. einer Pb-freien Varietät von I konnte wegen der geringen zur Verfügung stehenden Mengen noch nicht ermittelt werden. Das thermogravimetr. u. differentialthermoanalyt. Verh. wird untersucht. (C. R. hebd. Séances Acad. Sci. **245.** 89—91. 1/7. 1957.) HERBERT MÜLLER. 380

Oliver R. Grawe, *Starkeyit, eine Korrektur.* In einer früheren Arbeit (Missouri Geological Survey and Water Resources **1945.** 209) war vom Vf. Starkeyit als $FeSO_4 \cdot 4\, H_2O$ bestimmt worden. Es wird jetzt berichtigt in $MgSO_4 \cdot 4\, H_2O$. (Amer. Mineralogist **41.** 662. Juli/Aug. 1956. Rolla, Mo., Missouri School of Mines.) J.-E. HILLER. 380

Ernst Niggli, *Stilpnomelan als gesteinsbildendes Mineral in den Schweizer Alpen.* Der „braune Biotit" in vielen Gesteinen der Schweizer Alpen stellte sich bei der röntgenspektroskop. Unters. als *Stilpnomelan* heraus. Er ist eine später nach der Hauptdeformation erfolgte Mineralbldg. u. kommt in Quarziten, Kalken, Schiefern u. Ophiolithen vor. Seine Bldg. scheint chem. von einer kleinen mg–Zahl (in der fm-Gruppe überwiegt Fe) u. einem geringen oder fehlenden Tonerdeüberschuß al–(alk + c) abhängig zu sein. (Schweiz. mineralog. petrogr. Mitt. **36.** 511—14. 1956. Bern, Univ., Mineralog.-petrograph. Inst.) F. ENSSLIN. 380

Mitsuo Funahashi, Seiji Hashimoto, Hiroshi Asai, Sachio Igi, Yono Sotozaki, Koshiro Kizaki, Shoichi Hirota und **Akira Kasugai,** *Gneise und Migmatite aus dem südlichen, äußersten Gebiet der metamorphen Zone von Hidaka, Hokkaido.* 3. Mitt. (2. vgl. C. **1957.** 10702.) (J. geol. Soc. Japan **62.** 541—49. Okt. 1956. [Orig.: japan.; Auszug: engl.]) F. ENSSLIN. 382

Rudolf A. Gees, *Ein Beitrag zum Ophiolithproblem, behandelt an einigen Beispielen aus dem Gebiet von Klosters-Davos (Graubünden).* Die Ophiolithe Mittel- u. Nordwestgraubündens sind keine Leitgesteine u. nicht auf den pennin. Raum beschränkt. Ihre Bldg. ist an große Orogengebiete gebunden. (Schweiz. mineralog. petrogr. Mitt. **36.** 454—88. 1956. Brea, Calif., Union Oil Co.) F. ENSSLIN. 382

Arthur Fehr, *Petrographie und Geologie des Gebietes zwischen Val Zavragia-Piz Cavel und Obersaxen-Lumbrein (Gotthardmassiv-Ostende).* Beschreibung der Paragneise, Amphibolite u. Mikroklin führenden Gneise, Granitgneise, Gangesteine u. Sedimente des genannten Gebietes. (Schweiz. mineralog. petrogr. Mitt. **36.** 351—453. 1956. Niederwil, Thurgau.) F. ENSSLIN. 382

G. A. Ssokolowa und **Ju. I. Ssorokin,** *Die bakterielle Sulfatreduktion im Schlamm des Rybinsk-Staubeckens.* Im Schlamm des Rybinsk-Staubeckens erfolgt, trotz relativ geringen Sulfatgeh. (20—40 mg/Liter), eine intensive bakterielle Red. der Sulfate. In den oberen Schlammschichten wurde unter Anwendung von ^{35}S die Bldg. bis zu 0,23 bis 0,28 mg/Liter H_2S je Tag festgestellt. Ein Zusatz von Glucose oder Lactose beschleunigt die Sulfatred. um das 3—4fache. (Микробиология [Mikrobiologie] **26.** 194—201. März/April 1957. Wiss. biol. „Borok"-Stat. der Akad. der Wiss. der UdSSR.) OTTO MAIER. 393

B. Allgemeine und theoretische organische Chemie.

J. N. Murrell und **K. Lenore McEwen,** *Wichtigkeit der doppelt angeregten Konfigurationen bei der Deutung von Elektronenspektren.* An *Bzl.* untersuchten Vff. die Wichtigkeit der Berücksichtigung von doppelt angeregten Konfigurationen bei der Berechnung der Energien der Elektronenzustände. Die berechneten niedrigenerget. Zustände werden dadurch nicht beeinflußt, es tritt jedoch ein E_{2g}-Zustand neu auf mit einer Energie, die der der E_{1u}-Zustände vergleichbar ist. Ferner wurden die Verschiebungen in dem niedrigstenerget. α-Übergang durch induktive u. mesomere Effekte für alle Substitutionsstellungen in Bzl. berechnet. Hier ist Berücksichtigung der doppelt angeregten Zustände bei der Berechnung notwendig, um die Effekte zuverlässig vorhersagen zu können. (J. chem. Physics **25.** 1143—49. Dez. 1956. Cambridge, Univ., Dep. of Theoret. Chem.) C. GOTTFRIED. B 114

Enrico Baciocchi und **Gabriello Illuminati,** *Wirkung der Substituentenverteilung auf die B-Bande der Halogenpolymethylbenzole. Vergleich mit den kinetischen Daten der elektrophilen Substitution.* Vff. untersuchten die Absorptionsspektren von *Monohalogenmesitylen, -durol* u. *-isodurol* im Bereich der B-Bande (230—290 mμ) u. verglichen die resultierenden strukturellen Eigg. mit den Daten der elektrophilen Substitution dieser Verbindungen. Zwischen beiden ließ sich keine direkte Beziehung erkennen. Die Absorptionsintensität der 2-Halogenmesitylene, in denen das Halogen in p-Stellung zur Methylgruppe steht, zeigte bes. für die F-Verb. eine starke Zunahme. Die Lage der Banden ähnelt der des Mesitylens. Ausgenommen davon ist die Jodverb., die kein charakterist. Maximum zeigt. Bei den in 3-Stellung halogensubstituierten Durolen, neutralisiert der induktive Effekt der Halogene in der Reihenfolge $F > Cl > Br$ die Wrkg. der p-ständigen Methylgruppen; demzufolge ist die Absorptionsintensität bei der F-Verb. am stärksten erniedrigt, verglichen mit Durol. Der Gang der Absorptionsintensitäten der 4-substituierten Isodurole entspricht im wesentlichen den Mesitylenen. Somit kann die Intensität der Absorption bei den Halogenpolymethylbenzolen nach der SKLAR-FÖRSTERschen Theorie erklärt werden. Auch für die Bandenverschiebung ergibt sich kein Zusammenhang zwischen chem. Reaktivität u. der p–π-Konjugation des Halogens mit dem aromat. System. Cl u. Br haben einen bathochromen, F einen hypsochromen Effekt. (Ricerca sci. **26.** 3040—46. Okt. 1956. Roma, Univ., Ist. di chim. gen. ed inorg. e Centro di stud. per la chim. gen.) H. NÖTH. B 118

H. Staude und **M. Teupel,** *Der Einfluß des p_H-Wertes auf die Spektren von Hydrochinonderivaten in wässeriger Lösung.* Die Maximalextinktion der langwelligen UV-Bande von *Hydrochinon, Brom-, Chlor-, Methyl-* u. *Nitrohydrochinon* durchläuft zwischen p_H 9 u. 12 ein Minimum, das bei *Resorcin* u. *Brenzcatechin* nicht beobachtet wird. Zur Klärung des Effektes werden die Extinktionen der Verbb. in Abhängigkeit vom p_H-Wert genau gemessen u. nach ausführlich abgeleiteten Formeln die Dissoziationskonstanten u. die UV-Spektren der einfach u. der zweifach ionisierten Moll. berechnet. Es zeigte sich, daß beim Abdissoziieren des ersten Protons die Rotverschiebung des UV-Maximums größer ist als beim Abdissoziieren des zweiten Protons. Durch Überlagerung der UV-Spektren der drei Ionisationsstufen der Moll. unter Berücksichtigung der Konzz. (nach den ermittelten Dissoziationskonstanten) ergibt sich der beobachtete Verlauf der Maximalextinktion in Abhängigkeit vom p_H-Wert. (Z. Elektrochem., Ber. Bunsenges. physik. Chem. **61.** 181—87. Febr. 1957. Leipzig, Karl-Marx-Univ., Physik.-chem. Inst.) A. REUTER. B 118

Enzo Borello und **Antonio Catino,** *Ultraviolettspektren und Struktur der Glyoxime.* (Vgl. C. **1956.** 13365.) Vff. untersuchten die UV-Absorptionsspektren der folgenden Monoxime: *Benzaldoxim* (F. 38°), *p-Toluylaldoxim* (F. 78°), *Anisaldoxim* (F. 60°), *Propiophenonoxim* (F. 51,5°), *p-Methylacetophenonoxim* (F. 87,5°), *m-* (F. 120°) u. *p-Nitrobenzaldoxim* (**VI**, F. 129°) u. *Benzophenonoxim.* Bei allen Verbb. (Ausnahme **VI**) lag die erste Hauptbande zwischen 240 u. 260 mμ. Es besteht Parallelität zwischen den Absorptionen der Oxime u. denen der analogen Äthylenverbindungen. Der Einfl. der Konjugation zwischen 2 C=NOH-Gruppen wurde untersucht bei *Glyoxim* (**I**, F. 180°), *Methyl-* (**II**, F. 157°), *Dimethyl-* (**III**), *Methyläthyl-* (**IV**, F. 172°), *Methylisopropyl-* (**V**, F. 157°) u. *Methylamylglyoxim* (F. 173°). Die Natur der Alkylgruppe hat danach nur wenig Einfl. auf die Lage u. Intensität der Absorption, dagegen ist in den Spektren der *Na-Salze* von **I** u. **III**, des *Monomethyläthers* von **II** u. **IV**, des *Dimethyläthers* von **III** sowie der *Dibenzoylderivv.* von **III** u. **V** eine deutliche Verschiebung der Absorptionsmaxima zu beobachten. Ferner wurden untersucht die Spektren von *Phenylglyoxim* (F. 168°), *Methylanisylglyoxim* mit den FF. 126, 213 u. 239°, *Diphenylglyoxim* mit den FF. 211 u. 248° u. *Phenylanisylglyoxim* mit den FF. 185 u. 223°. Aus den Ergebnissen kann geschlossen werden, daß in den anti-Verbb. die Gruppe HON=C(–)–C(–)=NOH eben, in den tieferschm. syn-Verbb. wegen ster. Hinderungen nicht eben ist. (Ann. Chimica **46**. 571–81. Juli/Aug. 1956. Torino, Univ., Ist. di Chim.) C. GOTTFRIED B 118

S. K. Sen, *Ultraviolettabsorptionsspektren von Phenylacetonitril, Phenylacetat, Phenylsalicylat und monomerem Styrol im flüssigen und festen Zustand.* Vf. bestimmte die UV-Absorptionsspektren von *Phenylacetonitril* (**I**), *Phenylacetat* (**II**), *Phenylsalicylat* (**III**) u. monomerem *Styrol* (**IV**) in fl. u. festem Zustand bei niedrigen Tempp. u. vergleicht die Resultate mit denen bei im Dampf u. gelösten Zustand aufgenommenen Spektren. Außerdem wurde das Spektr. von **III** im Dampfzustand bestimmt u. die Hauptbanden zugeordnet. Im fl. Zustand gibt **I** fünf breite Banden, die 0–0-Bande liegt bei **37844** cm^{-1}, im Dampfzustand bei 38010 cm^{-1}, im festen Zustand bei –180° bei 37917 cm^{-1}, hier ist der Anregungszustand in zwei Komponenten aufgespalten. **II** besitzt im fl. Zustand vier breite Banden mit der 0–0-Bande bei 37554 cm^{-1}. Die Banden verändern sich nicht beim Übergang in andere Aggregatzustände, bei niedriger Temp. werden sie etwas schärfer. **III** besitzt im fl. Zustand eine sehr breite Bande, deren Absorptionskante bei 31306 cm^{-1} als 0–0-Bande angesehen wird. Die 0–0-Bande im Dampfzustand liegt bei 36342 cm^{-1}. Die größte Veränderung des Spektr. findet beim Übergang vom dampfförmigen zum fl. Zustand statt. Im festen Zustand bei 180° treten vier schmale Banden mit der 0–0-Bande bei 31046 cm^{-1} auf. Bei **IV** sind fünf breite Banden mit der 0–0-Bande bei 34228 cm^{-1} vorhanden, im Dampfzustand liegt diese bei 34761 cm^{-1}. Im festen Zustand bei –180° verschiebt sich die 0–0-Bande nach 34215 cm^{-1} u. die Anregungszustände teilen sich in zwei Komponenten mit insgesamt 13 Banden. Es wird angenommen, daß zwei Mol.-Typen durch zwei Typen von assoziierten Mol.-Gruppen im Kristall gebildet werden, welche die Aufspaltung in zwei Elektronenenergieniveaus gestatten. (Indian J. Physics Proc. Indian Assoc. Cultivat. Sci. **30/41.** 321–33. Juli 1956. Calcutta, Ind. Ass. for Cult. of Sci., Opt. Dep.) M.-L. KLAAR. B 118

S. B. Banerjee, *Ultraviolettabsorptionsspektren von Phenol, o-Bromphenol und Diphenyläther in verschiedenen Zuständen.* Vf. bestimmt die UV-Absorptionsspektren von *Phenol* (**I**), *o-Bromphenol* (**II**) u. *Diphenyläther* (**III**) im fl., festen u. Dampfzustand. In den Spektren von **I** u. **II** tritt die größte Verschiebung der ν_0-Bande beim Übergang vom Gas in den fl. Zustand ein, während das Erstarren beim Abkühlen auf –180° prakt. keine Verschiebung hervorruft. Vf. schließt daraus, daß bei **I** u. **II** die Moll. im fl. Zustand sich assoziieren, beim Erstarren bleibt die Stärke ihrer virtuellen Bindung unverändert. Die Verschiebung, die beim Wechsel des Aggregatzustands von **II** beobachtet wird, ist unterschiedlich zu der bei *o-Chlorphenol* (**IV**; vgl. SWAMY, C. **1954.** 7373). Da angenommen wird, daß die Kristallstruktur bei **II** u. **IV** die gleiche ist, wird vermutet, daß nicht das Gitterfeld für die beobachtete Verschiebung entscheidend verantwortlich ist, sondern daß das verschied. Verh. aus der unterschiedlichen chem. Affinität das Chlor- u. Bromatoms resultiert. — Das Gasspektr. des **III** besteht aus zwei sich überlappenden Bandenserien, die Verschiebung beider gegeneinander beträgt 242 cm^{-1}. Im festen Zustand wurde nur eine Serie beobachtet. Dies wird durch das Vorhandensein von zwei Mol.-Typen im Gaszustand erklärt, die durch freie Rotation um die C–O-Bindung entstehen. (Indian J. Physics Proc. Indian Assoc. Cultivat. Sci. **30/41.** 353–62. Juli 1956. Calcutta, Ind. Ass. for Cult. of Sci., Opt. Dep.) M.-L. KLAAR. B 118

J. Segers und **A. Bruylants,** *Eine spektroskopische Methode zur Bestimmung von reaktionsfähigen Methylengruppen und die Synthese einiger Styryl- und Stilbenderivate.* 5. Mitt. *Die Homologen von Phenylacetonitril.* (4. vgl. C. **1957.** 13028.) Die spektroskop. Unters. von *Phenyl-* (**I**; [λ_{max}] 264; [log ε] 2,13 bzw. 258; 2,74), *4-Methylphenyl-* (**II**; 264; 2,49 bzw. 264; 2,63), *2-Methylphenyl-* (**III**; 262; 2,43 bzw. 262; 2,47), *2.4-Dimethylphenyl-* (**IV**; 265; 2,50 bzw. 265; 2,51) u. *Mesitylacetonitril* (**V**; 266; 2,32 bzw. 266; 2,32) in absol. A. bzw. alkoh. $NaOC_2H_5$-Lsg. ließ erkennen, daß ein hyperchromer Effekt auftritt, der bei **I** u. **II** stark, bei **III** u. vor allem bei **IV** u. **V** schwach bzw. kaum wahrnehmbar ausgeprägt ist. Dieser Effekt beruht auf der Ionisierung der H-Atome an der Methylengruppe, ist also ein Maß für die Acidität u. damit die Reaktionsfähigkeit der CH_2-Gruppe. Aus den Ergebnissen konnte folgende Reihe fallender Reaktionsfähigkeit aufgestellt werden: **I** $\gg$ **II** $>$ **III** $>$ **IV** $\gg$ **V**. Die zeitliche Verfolgung der Ionisierung durch Spektroskopie ließ erkennen, daß **I** sofort, **II**, **III** u. **IV** langsam erst nach Std. u. **V** überhaupt nicht ionisiert wird. Nach Ansicht der Vff. beruht die mit zunehmender Anzahl der CH_3-Gruppen abnehmende Reaktionsfähigkeit weniger auf ster. Effekten als auf eine durch die CH_3-Gruppen bewirkte Hyperkonjugation (+ M-Effekt). Dementsprechend fielen auch die Kondensationsverss. mit Benzaldehyd in Ggw. von $NaOC_2H_5$ aus: **I** bildete augenblicklich u. quantitativ *α-Cyanstilben* (F. 86°), **II** nach 3 Std. 21%, nach 72 Std. 41% *4-Methyl-α-cyanstilben* (F. 76—77°), **III** nach 3 Std. 0, nach 72 Std. 33% *2-Methyl-α-cyanstilben* (F. 45,5—47°), **IV** nach 3 Std. 0, nach 72 Std. 53% *2.4-Dimethyl-α-cyanstilben* (F. 70—71°), während **V** kein Stilben bildete.

V e r s u c h e : *Phenylacetonitril* (**I**), $Kp._{12}$ 107°, durch Photochlorierung von Toluol nach BRUYLANTS u. Mitarbeitern (Bull. Soc. chim. belges **58.** [1949.] 311) u. Halogenaustausch gegen CN. — *4-Methylphenylacetonitril* (**II**), $Kp._{10}$ 115°, durch Einleiten von HCl in ein Gemisch aus 200 g Toluol, 15 g 40%ig. HCHO u. 8 g $ZnCl_2$, Dest. der oberen, abgetrennten Schicht u. 4std. Kochen des erhaltenen *p-Methylbenzylchlorids* [$Kp._{20}$ 90°; 65 g (Ausbeute)] mit wss. alkoh. NaCN; 85%. — *2-Methylphenylacetonitril* (**III**), $Kp._9$ 119°, durch Photochlorierung von 105 g o-Xylol wie oben u. Behandeln des gebildeten *o-Methylbenzylchlorids* (Kp. 197°; 90 g) mit NaCN; 80%. — *2.4-Dimethylphenylacetonitril* (**IV**), $Kp._{11}$ 140°, durch $^3/_4$std. Chlormethylierung von 540 g m-Xylol wie oben bei 60° zu *2.4-Dimethylbenzylchlorid* ($Kp._{16}$ 117°; 36%) u. Behandeln mit NaCN; 77%. — *Mesitylacetonitril* (**V**; *2.4.6-Trimethylacetonitril*), F. 79°, $Kp._{15}$ 147°, durch Chlormethylieren von symm. Trimethylbenzol u. NaCN-Behandlung. (Helv. chim. Acta **40.** 561—68. 2/5. 1957. Louvain, Univ., Labor. de chim. gen.) H. LEHWALD B 118

Valentin Zanker, *Die Tieftemperaturabsorption des Phosphorescenzzustandes beim Acridinorangekation und ihre Abhängigkeit von der Konzentration.* 10^{-5} bis 10^{-2}mol. Lsgg. des einfach geladenen Acridinorangekations in 96%ig. A. + Ae. (2 : 1) wurden bei —183° mit einer Hg-Lampe HBO 200 über SCHOTT-Filter BG 25 u. GG 15 zur Phosphorescenz angeregt. Die Besetzung des Phosphorescenztermes im stationären Zustand wurde aus der Abnahme der n. Singulettabsorption bestimmt u. dann die Absorption aus dem Phosphorescenzterm lichtelektr. quantitativ gemessen. Sie wird als Triplett–Triplett-Spektr. gedeutet. Es wurden Banden bei 8100 ($\varepsilon \approx 11000$), 8400, 8600 (12500), 9000, 9200, 9600, 10200, 10800, 11200, 12500, 12900, 13700, 14600, 15600 (9700), 16200, 18000 u. 18600 (11000) cm^{-1} gefunden. Die Intensitäten der stärksten sind für die 10^{-5}mol. Lsg. in Klammern angegeben. Sie nehmen bei 10^{-4} Mol/Liter auf 91%, bei 10^{-3} auf 51% u. bei 10^{-2} auf 30% ab, ähnlich wie die Singulettbanden. Alle bisher bekannten Singulett- u. Triplett-Terme sind in einem Termschema zusammengefaßt. (Z. physik. Chem., Frankf. Ausg. [N.F.] **8.** 20—31. Juli 1956. München, TH, Phys.-chem. Inst.) F. DÖRR. B 118

A. A. Charcharow, *Absorptionsspektren und Molekülstruktur.* 3. Mitt. *Moderne Elektronentheorie und Farbe der Arylhydrazone von Acridinaldehyd-(9).* (2. vgl. C. **1955.** 9282.) Die Farbvertiefung beim Übergang bas. Acridinaldehydhydrazone in ihre Salze ist dadurch bedingt, daß die Anlagerung des Protons zum freien Elektronenpaar des Acridin-N dessen elektronenacceptor. Eigg. verstärkt u. die Energieniveaus des Mol. verändert. Daß die Energie für den Übergang in den angeregten Zustand bes. davon abhängt, wie hoch das Energieniveau des Grundzustandes liegt, geht aus folgenden Verschiebungen hervor: *Phenylhydrazon* von *Acridin-9-aldehyd* (**I**), Absorptionsmaximum λ_{max} 465 mu, gelb, → *Hydrochlorid* 562 mμ, rotviolett; *p-Methoxyphenylhydrazon* von **I**, 470 mμ, gelbbraun, → *Hydrochlorid*, 610 mμ, blaugrün; *α-Naphthylhydrazon* von **I**, 467 mμ, braun, → *Hydrochlorid*, 592 mμ, blau; *β-Naphthylhydrazon* von **I**, 470 mμ, braun, ← *Hydrochlorid*, 592 mμ, blau. Der Eintritt von Substituenten, die als Elektronendonatoren wirken, z. B. Acetylaminogruppen, in p-Stellung zum positiven Acridin-N führt zu einer teilweisen Neutralisierung u. zu einer Verschiebung von λ_{max} in das kürzerwellige Gebiet: *Phenylhydrazon* von **I** mit 562 mμ; von *2-Acetylaminoacridin-9-aldehyd* (**II**) mit 512 mμ u. *p-Nitrophenylhydrazon* von **I** 522 mμ; von **II** mit 375 mμ (alles Hydrochloride). Der Eintritt auxochromer Gruppen braucht also die Farbe nicht zu vertiefen, sondern kann sie auch aufhellen. Dagegen führt eine Acetylaminogruppe in p-Stellung zur Hydrazongruppe zu einer Farbvertiefung: *p-Acetylaminophenylhydrazon* von **I** hat λ_{max} 598 mμ, blau, der gleiche Substituent kann also je nach Stellung zur Aufhellung oder Vertiefung der Farbe führen. Das gilt sowohl für auxochrome als auch für chromophore Gruppen: die NO_2-Gruppe im p-Nitrophenylhydrazon von I hat eine Verschiebung um 40 mμ, die Acetylgruppe im p-Acetylphenylhydrazon von I (Hydrochlorid) um 22 mμ in das kürzerwellige Gebiet zur Folge. Die Elektronentheorie bestätigt also die alte Farbtheorie. — Folgende Hydrazone von I wurden untersucht: *Phenylhydrazon*, $C_{20}H_{15}N_3$, F. 215°; *p-Acetylaminophenylhydrazon*, $C_{22}H_{18}N_4O$, F. 120°; *p-Methoxyphenylhydrazon*, $C_{21}H_{17}N_3O$, F. 182°; *p-Formylphenylhydrazon*, $C_{21}H_{15}N_3O$, F. 138°; *p-Acetylphenylhydrazon*, $C_{22}H_{17}N_3O$, F. 201°; *p-Nitrophenylhydrazon*, $C_{20}H_{14}N_4O_2$, F. 252°; *α-Naphthylhydrazon*, $C_{24}H_{17}N_3$, F. 195°; *β-Naphthylhydrazon*, $C_{24}H_{17}N_3$, F. 207°. (Известия Академии Наук СССР, Отделение Химических Наук [Nachr. Akad. Wiss. UdSSR, Abt. chem. Wiss.] **1955**. 326—34. März/April. Leningrad, Kirow-Textilinst.) W. Schmelz. B 118

San-Ichiro Mizushima, Takehiko Shimanouchi, Kuyoshi Nakamura, Michiro Hayashi und **Soji Tsuchiya**, *C—Cl-Valenzschwingungsfrequenzen in Beziehung zur Rotationsisomerie.* Vff. geben auf Grund von Normalschwingungsberechnungen u. von Veränderungen des Spektr. beim Wechsel des Aggregatzustandes eine Zuordnung der ν(C—Cl) beim Vorliegen von Rotationsisomeren (der erste Bereich bezieht sich jeweils auf Verbb., bei denen C bzw. Cl, der zweite auf Verbb., bei denen H in trans-Stellung zu Cl steht: Prim. C—Cl-Bindung 700—760 (P_x), 650—690 (P_H); sek. 670—700 (S_x) 600—640 (S_H); tert. 610—640 (T_x), 550—580 cm^{-1} (T_H). Für folgende Moll. werden die Zuordnungen einzeln angegeben (Banden in cm^{-1}): CH_3CH_2Cl 656 (P_H); $CH_3CH_2CH_2Cl$ 728 (P_x), 651 (P_H); $ClCH_2CH_2Cl$ 709, 754 (P_x), 654, 677 (P_H); $CH_3CHClCH_3$ 612 (S_H); $CH_3CH(CH_3)CH_2Cl$ 726 (P_x), 689 (P_H); $CH_3CHClCH_2CH_3$ 679 (S_x), 610, 628 (S_H); $CH_3CHClCH_2Cl$ 722, 734 (P_x), 666 (P_H), 670 (S_x), 616, 624 (S_H); $(CH_3)_3CCl$ 568 (T_H); $(CH_3)_3CCH_2Cl$ 722 (P_x); $(CH_3)_2CClCH_2CH_3$ 613 (T_x), 558 (T_H); $(CH_3)_2CClCH_2Cl$ 724, 749 (P_x), 621 (T_x), 572 (T_H); $(-CH_2C(CH_3)ClCH_2CH_2-)_n$ 640 (T_x), 573 (T_H). *Polyvinylchlorid* $(-CH_2CHCl-)_n$ zeigt 3 Frequenzen: 692 (S_x), 634 (S_H), 610 (S_H). Cl-Atome u. CH-Gruppen in der Hauptkette stehen also in trans- u. gauche-Stellungen zueinander. (J. chem. Physics **26**. 970—71. April 1957. Hongo, Tokio Univ., Fac. of Sci.) Volkmar Schmidt. B 120

P. Tarte und **R. Deponthière**, *Zuordnung der OH-Spreizschwingungsfrequenz in Alkoholen.* Als Beitrag zur Diskussion über die umstrittene Lage der δ(OH)-Frequenz untersuchten Vff. die folgenden Alkohole u. ihre deuterierten Analoga. Sie geben die Lage der δ(OH) bzw. der δ(OD) wie folgt an: *Äthyl-* (1243, 1030; ca. 890, 790), *n-Propyl-* (ca. 1128; 842), *Allyl-* (ca. 1210; ca. 847), *Isopropyl-* (1253, 1073; 885), *sek.-Butyl-* (1243, 1084; 885) u. *tert.-Butylalkohol* (ca. 1330, ca. 1143; 878 cm^{-1}). Allg. läßt sich sagen: es treten meist 2 δ(OH)-Banden auf, der klass. Fall einer δ(OH) u. entsprechend einer δ(OD) ist die Ausnahme. Für A. kann diese Verdopplung vielleicht durch Rotationsisomerie erklärt werden. Dies trifft nicht zu für sek. u. tert. Alkohole, hier ist nur eine δ(OD) erkennbar. Für die Verdopplung der δ(OH) muß hier wahrscheinlich Fermi-Resonanz verantwortlich gemacht werden, wobei der Ursprung der Bande, die die Kopplung erzeugt, noch nicht bekannt ist. (J. chem. Physics **26**. 962—63. April 1957. Univ. of Liège, Belgium.) Volkmar Schmidt. B 120

Michiro Hayashi, Takehiko Shimanouchi und **San-Ichiro Mizushima**, *Raman- und Infrarotspektren des 2-Thiabutans.* Es wurden vom *2-Thiabutan* (Kp. 66,5°, n_D^{20} 1,4407) die Infrarotspektren im gasförmigen, fl. u. festen (—120°), die Raman-Spektren im fl. u. festen (gekühlt mit fl. Luft) Zustand aufgenommen. Alle beobachteten Infrarot- u. Raman-Banden sind tabellar. angegeben u. zugeordnet. Es wird bewiesen, daß Rotationsisomerie vorliegt, u. zwar bestehen im Gas u. in der Fl. trans- u. gauche-Form nebeneinander, im Festkörper dagegen nur erstere. Die Berechnung des Azimuthwinkels im Gleichgewicht aus den Gerüstdeformationsfrequenzen ergibt für trans $\Theta = 0°$ u. für gauche $\Theta = 105°$. Bei Anwendung der Produktregel errechnet sich $\Theta = 120°$ für die gauche-Form; die Differenz erklärt sich durch Vernachlässigung der Kupplung der $\varrho(CH_2)$-Frequenzen bei der ersten Berechnung. Die relative Intensität der Raman- wie der Infrarotbanden ist im Gas u. in der Fl. temperaturunabhängig, daher muß die Energie der beiden Rotationsisomeren dort gleich sein. Die Frequenzen beider Isomeren werden nach einer Urey-Bradley-Potentialfunktion berechnet, dabei werden folgende Kraftkonstanten zugrunde gelegt: $K(CH_3-S)$ 3,01; $K(CH_2-S)$ 2,43; $K(CH_3-CH_2)$ 3,80; $H(CH_3-S-CH_2)$,0,157; $H(CH_3-CH_2-S)$ 0,150; $F(CH_3...CH_2)$ 0,210; $F(CH_3...S)$ 0,470. (J. chem. Physics **26**. 608—12. März 1957. Hongo, Japan, Tokyo Univ., Fac. of Sci., Chem. Labor.) Volkmar Schmidt. B 120

D. E. DeGraaf und **G. B. B. M. Sutherland**, *Schwingungsspektrum von N-Methylformamid.* Es wurden die Infrarotspektren von *N-Methylformamid* (I) u. *N-Deutero-N-Methylformamid* (II) als Fll. u. in Lsgg., von I auch im gasförmigen Zustand, im Bereich ca. 320—3600 cm^{-1} sowie die RAMAN-Spektren von fl. **I** u. **II** im Bereich 225 bis 3600 cm^{-1} mit Depolarisationsverhältnissen aufgenommen. Sämtliche beobachteten Banden werden auf Grund ihrer Verschiebungen durch Deuterierung u. Assoziation den 21 Normalschwingungen von **I** unter Annahme eines trans-Modells mit einer symm. Ebene zugeordnet. Die Bande bei 2877 cm^{-1} wird der ν(CH) zugeordnet, da sie sich analog wie beim Formamid (**III**) durch Entassoziation stark verschiebt (2840 cm^{-1} beim Gas). Die Bande bei 778 cm^{-1} ist im RAMAN-Spektr. depolarisiert, muß also eine nichtebene Schwingung sein u. wird wie die bei 765 cm^{-1} von **III** der ϱ(CH) zugeschrieben. Die Bande bei 618 verschiebt sich beim Gas nach 576 cm^{-1}, ist im RAMAN-Spektr. polarisiert u. ist wahrscheinlich die γ(CO), vielleicht aber auch eine Deformationsschwingung des NCO-Winkels. Die polarisierte RAMAN-Linie bei 302 cm^{-1} ist eine ebene Gerüstdeformationsschwingung. Die Bande bei 356 cm^{-1}, in Lsg. bei niedrigerer Frequenz u. im RAMAN-Spektr. depolarisiert, ist die τ(CN). Eine Kombinationsbande der ν(NH) bzw. (ND) u. γ(CO) liegt in **I** bei 1314, in **II** bei 1119 cm^{-1}. (J. chem. Physics **26.** 716—17. März 1957. Ann Arbor, Mich., Univ., Harrison M. Randall Labor. of Phys.) VOLKMAR SCHMIDT. B 120

W. M. Padgett II, J. M. Talbert und **W. F. Hamner,** *Effekte im Infrarotspektrum der Cyanursäure im festen Zustand.* Es sind bisher folgende Spektren der *Cyanursäure* (**I**) im festen Zustand veröffentlicht worden: Spektr. **A**, von Vff. erhalten durch Sublimieren eines dünnen Films auf NaCl (NEWMAN u. BADGER, C. **1953.** 1938); **B** von KBr-Preßlingen (RAHMAN, C. **1957.** 6711); **C** bei Pressen von **I** in NaCl, von ROOSENS (C. **1951.** II. 1407) als Spektr. des **I**-Dihydrats bezeichnet. Vff. machten folgende zusätzliche Beobachtungen über die Spektren von **I** im festen Zustand: KBr-Preßlinge können auch **A** ergeben, wenn die Mischungszeit sehr kurz gehalten oder einige Min. auf 110° erhitzt wird; KCl an Stelle von KBr liefert stets **A**, NaCl **C**, bei kurzer Mischungszeit jedoch auch **A**. **C** aus Ölsuspensionen von aus W. umkrist. **I**, aber nur auf NaCl-Platten. Bei Platten aus KCl ergibt sich Spektr. **A**, bei solchen aus KBr **B**. Ölsuspensionen von trockener **I** liefern dagegen stets **A**. Das gilt auch für sublimierte Filme auf allen Arten von Platten, sofern sie sofort aufgenommen werden; bleiben sie aber einige Std. an feuchter Luft stehen, so entsteht wieder auf KCl **A**, auf KBr **B** u. auf NaCl **C**. Diese Veränderungen bleiben auch bestehen, wenn bei 150° wieder getrocknet wird. Aufnahmen von **I**-Dihydrat auf Glimmer, Glas u. Polyäthylen in Suspension liefern sehr schlechte Spektren, die **A** ähneln; die Spektren von **I**, in KJ u. NaBr gepreßt, sind keinem der drei Typen zuzuordnen, letzteres verändert sich während der Aufnahme. Alle diese Veränderungen werden durch Wechselwrkg. zwischen **I** u. dem Alkalihalogenid gedeutet, die als eine Art „Komplexbldg." unter Einschluß des Anions wie des Kations des Alkalihalogenids aufzufassen ist u. durch Feuchtigkeit begünstigt wird, da die Ionen dann beweglicher werden. Das trifft auch für neutrale Suspensionen zwischen Alkalihalogenidplatten zu, wenn genügend Feuchtigkeit zugegen ist. (J. chem. Physics **26.** 959—60. April 1957. Texas City, Tex., Monsanto Chem. Comp., Plast. Div.) VOLKMAR SCHMIDT. B 120

R. Mecke und **E. Greinacher,** *Infrarotspektroskopische Untersuchungen mit linear polarisiertem Licht an organischen, polykristallinen Schichten.* Es wird eine Meth. angegeben, die mit Hilfe infrarot-spektroskop. Messungen mit linear polarisiertem Licht an orientierten Kristallschichten Kriterien für die Zuordnung der Absorptionsbanden zu den einzelnen Symmetrieklassen liefert. Zur Erprobung u. Anwendung wurden die Spektren von *1-Bromnonadecan, 1.18-Dibromoctadecan, Phenol, Deuterophenol, Diphenyl, Tolan, Stilben, Azobenzol* u. *Nitrosobenzol* aufgenommen, deren Bandenzuordnungen bekannt sind. Es werden von jeder Kristallschicht (die jeweils durch Animpfen der unterkühlten Schmelze in der Presse hergestellt wurden) 6 Spektren aufgenommen (Stellung des Polarisators, 0, 30, 60, 90, 120, 150°; die Werte beziehen sich auf den Winkel ψ zwischen dem Vektor des eingestrahlten Lichts u. einer bestimmten Schwingungsrichtung der Verbindung). In einem Diagramm wird E/E_m (E_m = mittlere Extinktion) gegen ψ aufgetragen, durch die einzelnen Punkte eine $\cos^2$-Kurve gelegt u. so die Winkel ψ_{max}, bei denen die Bande ihre größte Extinktion zeigt, bestimmt. Werden die Banden nach ψ_{max} geordnet, so ergibt sich jeweils eine Einteilung in 2—3 Gruppen, die mit der Zuordnung der Banden zu den Symmetrieklassen der Schwingungen übereinstimmt. Beim Diphenyl waren in n. Lage nur 2 Gruppen zu erhalten, da 2 räumliche Schwingungsrichtungen in ihrer Projektion zusammenfallen; erst bei einer bestimmten Lage der Probe ergaben sich 3 Gruppen. Phenol zeigte überhaupt nur 2 Gruppen, da hier die Kristallnadeln nur in Längsrichtung, nicht aber in den beiden übrigen Richtungen orientiert sind („pseudowirtelige" Symmetrie). Mit Hilfe von Polarisationsmessungen im Infrarot lassen sich auch sehr geringe Bandenaufspaltungen im Kristallspektr. sicher nachweisen. (Z. Elektrochem., Ber. Bunsenges. physik. Chem. **61.** 530—36. Mai 1957. Freiburg i. Br., Univ., Inst. für physik. Chem.) VOLKMAR SCHMIDT. B 120

Aurelio Munoz, Ferdinand Mathis und **Raymonde Mathis-Noel,** *Absorptionsspektren einiger Hydroxylamine zwischen 600 und 4000 cm^{-1}.* Vff. haben die Infrarotspektren von folgenden Hydroxylaminen (Hy.) aufgenommen: *N-Phenyl-, N-Benzyl-, N-Tritylhydroxylamin* (I), *O-Acetyl-N-tritylhydroxylamin* (II), *N.N-Diäthyl-, N.N-Dibenzyl-* u. *N-Phenyl-N-benzylhydroxylamin.* Die prim. Hy. zeigen die ν(NH) bei 3200 [cm^{-1}], I hat in CCl_4 im Bereich 3200—3300 zwei Banden u. eine ν(OH) bei 3500, bei den beiden anderen Verbb. treten die Banden H-gebundener (OH···O bzw. OH···N)OH-Gruppen auf. Die ν(NO) liegt bei allen 7 Verbb. bei 910—920. Die Konst. von **II** als o-Acetylderiv. wird auch durch das Spektr. sichergestellt: in CCl_4-Lsg. tritt die ν(NH) bei 3200 auf. (C. R. hebd. Séances Acad. Sci. **244.** 1751—54. 25/3. 1957.) G. Kresze. B 120

Monique Harrand und **Henri Martin,** *Beitrag zur quantitativen Untersuchung der Raman-Spektren. Der Einfluß der Konjugation auf die Intensität der Spektren.* Es wurden die Raman-Spektren der folgenden Verbb. mit einer Polarisationsanordnung, die die Rayleigh-Streuung zu eliminieren gestattet, quantitativ vermessen u. die Linien den verschied. funktionellen Gruppen zugeordnet: *Äthylbenzol, Styrol, Phenylacetylen, Propylbenzol, Allylbenzol, Propenylbenzol, β-Phenylpropionaldehyd, Zimtaldehyd, Phenylpropiolaldehyd, β-Phenylpropionsäureäthylester, Zimtsäureäthylester, α-Methyl-, β-Methyl-* u. *α.β-Dimethylzimtsäureäthylester, Phenylpropiolsäureäthylester, Cinnamylchlorid, α-Methyl-, β-Methyl-, o-Methyl-, m-Methyl-, p-Methyl-* u. *o.o'.p-Trimethylcinnamylchlorid, Butyraldehyd, Acrolein* (I), *Crotonaldehyd, α-* u. *β-Äthylacrolein, β.β-Dimethylacrolein, α-Methylacrolein, Methylvinylketon, Äthylidenaceton, Propylidenaceton, Mesityloxyd, Isopropenylmethylketon, 3-Äthylbuten-(3)-on-(2).* Es wurden der Einfl. der Konjugation der Doppelbindungen auf die Exaltation der Intensität der Raman-Linien u. der Einfl. der gesätt. Gruppen an einem konjugierten Syst. nachgewiesen. Je nach Stellung dieser Gruppen werden die Intensitäten sehr stark vergrößert oder geschwächt. Der Depolarisationsfaktor ϱ ändert sich mit der Konjugation. In der Rayleigh-Streuung wächst ϱ mit der Zahl der Mehrfachbindungen, bei Konjugation ist ϱ bes. groß. In einem konjugiert-ungesätt. Mol. wird ϱ durch eine Dreifachbindung mehr vergrößert als durch eine Doppelbindung. Bei der Best. der Mol.-Refr. zeigte sich beim **I** eine Exaltation, die durch Substitution am Ende der Kette verstärkt wird. Die Exalationen der Mol.-Refr. der untersuchten Aldehyde u. Ketone sind so schwach, daß keine Folgerungen über die Schwächung der Konjugation durch Substituenten gezogen werden können. (Bull. Soc. chim. France [5] **1956.** 1383—92. Okt. Paris, Sorbonne, Labor. des Rech. phys. et de Chim. organ. I.) V. Braun. B 120

Ju. N. Scheinker, Je. M. Peressleni und **G. I. Bras,** *Schwingungsspektren von Äthylenimin und seinen Alkylderivaten.* Die Infrarotabsorptionsspektren im Bereich 2,5—13 μ u. die Raman-Spektren der folgenden Alkyläthylenimine wurden teilweise in CCl_4 oder Cyclohexan gemessen: *Äthylenimin, 2-Methyl-, 2.2-Dimethyl-, N-Isopropyl-, N-Butyl-(2)-* u. *N-Cyclohexyläthylenimin.* Die Schwingungsbanden im Bereich 1220 bis 862 cm^{-1} zeigen, daß die Schwingung des Dreirings kein Charakteristikum darstellt u. daß zwischen den Schwingungen der äußeren C—C- u. C—N-Bindungen u. des Rings starke Wechselwrkg. besteht. Die Spannung des Rings führt zu einer Erhöhung der Frequenz der C—H- u. einer Erniedrigung der Frequenz der C—N-Bindung. Die Basenkonstanten der Verbb. sind sehr niedrig (10^{-6} bis 10^{-7}). (Журнал Физической Химии [J. physik. Chem.] **29.** 518—22. März 1955. Moskau, Chem.-pharmazeut. Ordshonikidse-Forschungsinst.) M. Wiedemann. B 120

D. N. Schigorin, *Untersuchung der chemischen Struktur von Isatin und seinen Salzen mit Infrarotabsorptionsspektren.* Die Infrarotspektren von *Isatin* in krist., fl. u. gasförmigem Zustand, sowie in Lsg. in Dioxan, Aceton, Äthylalkohol u. Pyridin, ferner der *Na-, Ag-* u. *Hg-Salze* wurden von 2,5—10 μ aufgenommen. Im krist. Isatin liegt die N—H-Bande bei 3195 cm^{-1}, die erste CO-Bande bei 1728 u. die zweite bei 1620. In den Salzen wird nur eine C-Bande beobachtet. Im Dampf ist die NH-Bande nach 3465 cm^{-1} verschoben. Vf. zeigt, daß die Salze unabhängig von der Art des Metalls Enolstruktur u. das Isatin selbst in den verschied. Aggregatzuständen Amid-Struktur aufweist. (Журнал Физической Химии [J. physik. Chem.] **29.** 1033—41. Juni 1955. Moskau, Physik.-Chem. Karpow-Inst.) M. Wiedemann. B 120

Nowhan Kwak, J. H. Goldstein und **J. W. Simmons,** *Mikrowellenspektrum von β-Propiolacton.* Das Mikrowellenspektr. von *β-Propiolacton* im Bereich von 18—34 kMHz wurde untersucht. In diesem Gebiet ist das Spektr. sehr linienreich, die meisten Übergänge stammen, wie aus ihrem Stark-Effekt hervorgeht, von hohen I-Niveaus. Das Spektr. ist weiter kompliziert durch das Auftreten von Schwingungssatelliten starker u. mittlerer Intensität. Vom Grundzustandsspektr. wurden 8 Übergänge identifiziert u. zugeordnet. Die Rotationskonstanten im Grundzustand sind a = 12408,76 (MHz);

b = 5244,39; c = 3869,19; I_a = 40,74; I_b = 96,39; I_c = 130,66 u. $\varkappa$ = −0,67 792 3. Die Analyse führte zu dem Ergebnis, daß der Ring eben ist mit dem Winkel H—C—H = 112°. Die beobachteten Satellitenspektren werden der nichtebenen Deformationsschwingung mit einem ersten angeregten Zustand 120 cm^{-1} oberhalb des Grundzustandes zugeordnet. Die quantitativen Unterss. des STARK-Effekts bestätigten die ebene Form des Mol. u. führten zu einem Dipolmoment von 4,18 ± 0,04 Debye. (J. chem. Physics **25.** 1203—05. Dez. 1956. Emory University, Ga.) C. GOTTFRIED. B 121

A. McL. Mathieson, *Die Bestimmung der absoluten Konfiguration durch Anwendung eines inneren Bezugsasymmetriezentrums.* Für größere organ. Moll. mit 20—50 Atomen (außer H) sind die experimentellen Voraussetzungen (Röntgenstrahlung, Intensitätsmessung) bzgl. ihrer Genauigkeit nicht mehr ausreichend genug für eine Best. der absol. Konfiguration. Vf. entwickelt eine neue Meth., bei der an Stelle schwerer Atome ein zusätzliches, aber bekanntes asymm. Zentrum in das Mol. eingebaut wird. Die Röntgenanalyse eines solchen Diastereomeren [z. B. (—)X·1(—)A, worin X die Verb. unbekannter Konfiguration ist u. A eine Verb. oder ein Radikal bekannter Konfiguration] ermöglicht die Best. der absol. Konfiguration des asymm. Zentrums in dem großen Mol. X durch Feststellung der Beziehungen zur bekannten asymm. Gruppe A. Die Meth. wird an zwei Beispielen erläutert: 1. Anwendung des asymm. Radikals *$CH_3(C_2H_5)CH$.*, 2. Einführung des Chlorjodacetylrestes, *ClJCHCO*, z. B. in *Lanostenol*, $C_{30}H_{52}O$, bei dessen Strukturbest. durch FRIDRICHSONS u. MATHIESON (vgl. C. **1954.** 1915) lediglich das nur auf die relative Konfiguration führende Jodacetylderiv. Verwendung fand. (Acta crystallogr. [Copenhagen] **9.** 317. 10/3. 1956. Melbourne, C.S.I.R.O., Div. of Ind. Chem., Chem.-Phys. Sect.) G. RUBAN. B 123

V. O. G. Klingmüller und **G. Gedenk,** *Asymmetrische Dialyse von Racematen.* Vff. dialysieren Racemate durch künstliche Membranen aus opt.-akt. Material. Diese werden aus 2-[D-gluco-D-gulo-Heptohexahydroxyhexyl]-benzimidazol (I) u. einer 4%ig., mit HCl angesäuerten Kollodiumlsg. (in A.–Ae.) bei 35° gewonnen. Mit dieser Membran erhält man bei der Dialyse von *DL-Weinsäure* Lsgg. von geringer opt. Aktivität. Dialysiert man jedoch *D-*, *L-* u. *DL-Weinsäure* in Ggw. von **I** durch Cellophan-Membranen, so dialysiert infolge Bindung der L-Form als diastereomeres, weniger dissoziiertes Salz die D-Form schneller in die wss. Phase. Nach 15std. Dialyse einer DL-Weinsäurelsg. (0,31 g Säure + 0,28 g **I** in 10 cm^3 H_2O gegen 20 cm^3 H_2O außen) sank die opt. Drehung der Lsg. von +0,45° auf +0,11°, während die des W. von 0° auf +0,18° anstieg. (Nature [London] **179.** 367. 16/2. 1957. Hamburg, Univ., Physiol.-Chem. Inst.) M. SCHENK. B 123

Kurt Mislow und **Paul Newman,** *Eine allgemeine Methode zur Bestimmung der absoluten Konfiguration optisch-aktiver Biphenylderivate durch asymmetrische Synthese.* RS-6.6'-Dinitro-2.2'-diphensäuremethylester (Nomenklatur vgl. CAHN, INGOLD u. PRELOG, C. **1957.** 6986) wurde mit $LiAlH_4/AlCl_3$ red. zu *RS-6.6'-Dinitro-2.2'-bis-oxymethylbiphenyl*, F. 142—144°, dieses mit konz. HBr in *RS-6.6'-Dinitro-2.2'-bis-brommethylbiphenyl*, F. 183—185°, übergeführt u. mit KCN der Ring zum *Iminonitril*, F. 304° (Zers.), geschlossen. Saure Hydrolyse lieferte *RS-3'.6''-Dinitro-1.2;3.4-dibenzocycloheptadien-(1.3)-on-(6)* (**I**), F. 234—236°, dessen Red. mit Isopropanol/Al-Isopropylat *RS-3'.6''-Dinitro-1.2;3.4-dibenzocycloheptadien-(1.3)-ol-(6)* (**II**), F. 199—200°. Behandlung von **I** mit S-Pinakolinalkohol ($[\alpha]_D^{29}$ +7,73°) in Ggw. von Al-tert.-Butylat in Dioxan (7 Std., 63°) ergab (+)*-3'.6''-Dinitro-1.2;3.4-dibenzocycloheptadien-(1.3)-on-(6)* (**III**), $[\alpha]_D$ +136° (Äthylacetat[Äth.]), u. (—)*-3'.6''-Dinitro-1.2;3.4-dibenzocycloheptadien-(1.3)-ol-(6)* (**IV**), $[\alpha]_D$ −109° (Äth.), Red. von **III** mit Isopropanol/Al-Isopropylat (+)*-3'.6''-Dinitro-1.2;3.4-dibenzocycloheptadien-(1.3)-ol-(6)*, $[\alpha]_D$ +498° (Äth.). Die Red. von **I** mit dem Al-Alkoholat von (+)-Pinakolinalkohol während 25 Std. ergab nur opt.-inakt. **II.** Auf Grund der ster. Betrachtung des Reduktionsverlaufes schreiben Vff. **III** die S-, (**IV**) die R-Konfiguration zu. (J. Amer. chem. Soc. **79.** 1769. 5/4. 1957. New York, N. Y., New York Univ., Wm. H. Nichols Chem. Labor.) A. SCHMIDTPETER. B 123

C. C. Meredith, L. Westland und **George F. Wright,** *Deutung von Anomalitäten bei der Atompolarisation als Ausdruck eines endlichen elektrischen Moments.* Vff. bestimmten die dielektr. Konstanten von *Benzochinon, Naphthochinon* u. *Anthrachinon* im festen Zustand. Dabei verwendeten sie gepreßte Pillen u. stellten fest, daß die Atompolarisation nicht abnorm groß ist. Bes. durch die Temperaturabhängigkeit wurde die Deutung als Orientierungspolarisation bestätigt. Ferner wurden für die Verschiebungspolarisation von *4.4'-Dinitrodiphenyl* keine abnormen Werte gefunden, so daß auch dieser Substanz ein elektr. Moment von 1 D zukommt. So kann man nichtplanare u. nichtlineare Strukturen annehmen. Unterss. an *Eisenacetylacetonat* in Lsg. u. als festem Stoff geben den Hinweis, daß sich die sogenannte abnorme Polarisation aus der Atom- u. der Orientierungspolarisation zusammensetzt. Da einige Ergebnisse früheren Beweisen widersprechen, wird die Zuverlässigkeit der Messungen u. die Auslegung erörtert. (J. Amer. chem. Soc. **79.** 2385—90. 20/5. 1957. Toronto, Univ., Dep. of Chem.) S. SCHAAF. B 132

Robert C. Miller und **Charles P. Smyth,** *Mikrowellenabsorption und Molekularstruktur von Flüssigkeiten.* 16. Mitt. *Dipolrichtung und Relaxationszeit in Pyridin, Trioxan und ihren symmetrischen Trimethylderivaten.* (15. vgl. CALDERWOOD u. SMYTH, J. Amer. chem. Soc. **78.** [1956.] 1295.) Vff. berichten über die Ergebnisse von Messungen der DKK. u. dielektr. Verluste von *2.4.6-Trimethylpyridin* (**I**; *Kollidin,* Kp. 170,0—170,2°), *symm. Trioxan* (F. 60,5°) u. *Paraldehyd* (**II**; F. 12,3°, Kp. 123,8°) im Temperaturbereich von 20—80° u. bei den Wellenlängen 1,24; 3,22 u. 10,4 cm u. 300 m. Außerdem wurden die Viscositäten u. Dichten gemessen. Die Ergebnisse werden zusammen mit früher (HOLLAND u. SMYTH, C. **1957.** 379) an Pyridin (**III**) gewonnenen zur Unters. des Einfl. der Dipolorientierung im Mol. auf die dielektr. Relaxation benutzt. **I** u. **II** haben prakt. trotz ihrer größeren Molekülgröße die gleiche Viscosität wie **III**, jedoch liegt die krit. Wellenlänge, bei der der dielektr. Verlust ein Maximum aufweist, für **I** bei etwa dem vierfachen Wert wie bei **III**, wahrscheinlich wegen der dichteren Packung der dreieckigen **I**-Moll. in der Fl. u. der größeren Molekülgröße. **II**, dessen Mol. in seiner Größe u. Form dem des **I** ähnlich ist, hat eine etwa zweifach größere krit. Wellenlänge, da der Dipol senkrecht zu der Molekülebene steht, statt parallel wie bei **I**. (J. physic. Chem. **60.** 1354—56. Okt. 1956. Princeton, N. J., Univ., Frick Chem. Labor.) W. NIEMITZ. B 132

Robert C. Miller und **Charles P. Smyth,** *Mikrowellenabsorption und Molekularstruktur von Flüssigkeiten.* 18. Mitt. *Die Relaxationszeiten vier starrer polarer Moleküle, die von unpolaren Molekülen ähnlicher Größe und Gestalt umgeben sind.* (17. vgl. C. **1957.** 9607; 16. vgl. vorst. Ref.) Aus Messungen der DK. bei 300 m u. der DK., sowie der dielektr. Verluste bei 10,66 cm an *Chinolin* (**I**) u. *Isochinolin* (**II**) im Bereich von 20—60° u. Kombination der Ergebnisse mit früher mitgeteilten werden korr. Werte für die krit. Wellenlänge abgeleitet, die bei **I** gut übereinstimmen, während sie bei **II** etwas von den früheren abweichen. Ähnliche Messungen wurden an verd. Lsgg. von *Pyridin* (**III**) bzw. *symm.-Trioxan* (**IV**) in Bzl. u. an **I** bzw. **II** in *Naphthalin* (**IV**) bei 577 m, 3,22 u. 1,244 cm ausgeführt. Der Vgl. der für die reinen Verbb. berechneten mol. Relaxationszeiten (MR.) mit denen der Lsgg. zeigt, daß bei diesen Moll. die Annahme der Proportionalität der MR. zu der Viscosität der Lsgg. eine brauchbare Näherung darstellt. Die Ähnlichkeit der MR. von **III** u. **IV** läßt den Schluß zu, daß das **III**-Mol. mit der gleichen Leichtigkeit um die Achsen in der Ringebene wie auch senkrecht dazu rotieren kann. Die MR. der Benzol- u. **V**-Moll. werden diskutiert unter Berücksichtigung der Werte für die MR. von **III** u. **IV** in Bzl. bzw. von **I** u. **II** in **V**, es wird gezeigt, daß die Differenz zwischen den MR. von **I** u. **II** für eine beträchtliche Orientierung beider Moll. durch Rotation aus der Ringebene hinaus spricht. (J. Amer. chem. Soc. **79.** 308—10. 20/1. 1957.) W. NIEMITZ. B 132

Daniel Peltier und **Annick Pichevin,** *Ionisation von 3-Methylbenzoesäuren, die in 2- oder 6-Stellung substituiert sind.* Vff. bestimmten die pK-Werte der genannten Säuren bei 20° in 10^{-3}mol. wss.-alkoh. (1 Vol.-% A.) Lsg. durch elektrometr. Titration. Die Differenzen der pK-Werte zwischen den 6-substituierten m-Toluyl- u. den entsprechenden o-substituierten Benzoesäuren (vgl. C. **1957.** 12707) sind konstant. Das bedeutet, daß die Einfll. der 3-CH_3-Gruppe u. des 6-Substituenten auf die Ionisation der COOH-Gruppe additiv sind; bei den 2-substituierten m-Toluylsäuren besteht keine Additivität infolge ster. Wechselwrkg. (Störung der Konjugation Funktion–aromat. Kern–Substituent). — Folgende FF. u. pK-Werte (±0,03 bzw. ±0,05 für die Aminosäuren) werden angegeben (Daten der 6-substituierten Säuren ohne, die der 2-substituierten in Klammern): *3-Methylbenzoesäure,* 112°, 4,31; *Nitro-,* 134°, 2,55 (223°, 2,91); *Chlor-,* 150°, 3,12 (143°, 3,00); *Brom-,* 138°, 3,00 (136°, 2,90); *Jod-,* 118°, 2,95 (150°, 2,92); *Hydroxy-,* 151°, 3,14 (166°, 3,17); *Acetamido-,* 185°, 3,73 (203°, 4,05); *Amino-,* 179°, 4,89 (174°, 4,92). (C. R. hebd. Séances Acad. Sci. **245.** 436—37. 22/7. 1957. Rennes, Fac. des Sci., Labor. de Chim.) J. RICHTER. B 139

Petr Zuman und **Radmila Zumanová,** *Über Polarographie einiger Schwefelverbindungen.* 11. Mitt. *Oxydation und einige andere Reaktionen von 2.3-Dimercaptopropanol.* (10. vgl. Českoslov. Farmac. **4.** [1956.] 193.) Einige Rkk. von 2.3-Dimercaptopropanol (**I**) mit Oxydationsmitteln wurden polarograph. untersucht. Mit Hilfe von H_2O_2 wird **I** zum Disulfid oxydiert. In Ggw. von O_2 wird **I** in Lsg. nicht nur durch O_2, sondern auch durch das entstehende H_2O_2 oxydiert; der Mechanismus der Rk. ist kompliziert. Die Oxydationsgeschwindigkeit steigt mit wachsendem p_H der Lösungen. Das fl. **I** ist jedoch gegen O_2-Oxydation verhältnismäßig beständig, wahrscheinlich infolge seiner sauren Eigenschaften. Bei anderen Oxydationsmitteln — MnO_4^-, $Cr_2O_7^{2-}$, $Fe(CN)_6^{3-}$, J_2 u. $S_2O_8^{2-}$ — konnte aus den vorhandenen polarograph. Daten auf den Reaktionsmechanismus nicht eindeutig geschlossen werden. Im mittleren p_H-Bereich kondensiert 1 Mol. **I** sich mit 2 Mol Chinon. Bei höheren p_H-Werten reagieren 2 Mol **I** mit 1 Mol Cystin unter Bldg. von Disulfid, Cystein, bzw. auch anderen Monothiolen. (Chem. Listy **50.** 1908—17. Dez. 1956. [Orig.: tschech.]; Collect. czechoslov. chem. Commun. **22.** 929—40. Juni 1957. [Orig.: deutsch]. Praha, Českoslov. akad. věd, Polarograf. ústav; Ústav hyg. práce a chorob z povol.) L. MATOUŠEK/Prag. B 142

Anna Ryvolová, *Polarographisches Verhalten einiger ungesättigter Diketone vom Typus R·CO·CH=CH·CO·R.* Das Verh. der *Ester der Diketodicarbonsäuren* vom Typus $ROOC(CH_2)_nCOCH=CHCO(CH_2)_nCOOR$ (für n 2—8) wurde mit demjenigen des *Diacetyläthylens* u. des *Dibenzoyläthylens* verglichen. Diese Verbb. zeigen auf den polarograph. Kurven eine ziemlich positive irreversible Reduktionsstufe, die der Red. der Doppelbindung durch zwei Elektronen entspricht. Die Anzahl der CH_2-Gruppen beeinflußt das Halbstufenpotential nicht. Eine Stufe der katalyt. H-Abscheidung wurde bei —1,4 V beobachtet. In sauren Lsgg. werden die *cis*-Formen etwa um 150 mV negativer red. als die *trans*-Formen. Die Bldg. der *cis*-Form aus der *trans*-Form nach Belichtung wurde verfolgt. (Chem. Listy **50.** 1918—24. Dez. 1956 [Orig.: tschech.]. Collect. czechoslov. chem. Commun. **22.** 1114—21. Aug. 1957 [Orig.: deutsch]. Praha, Českoslov. akad. věd, Polarograf. ústav.) P. ZUMAN/Prag. B 142

L. W. Warjuchina und **S. W. Puschkarewa,** *Untersuchung heterocyclischer N-Oxyde. 3. Mitt. Polarographische Reduktion einiger heterocyclischer N-Oxyde.* (2. vgl. C. **1957.** 7601.) Bei der polarograph. Red. der 14 untersuchten heterocycl. Verbb. werden folgende Halbwellenpotentiale (V gegen n. Hg_2Cl_2-Elektrode) ermittelt: *Pyridin-N-oxyd* —1,364; *Chinolin-N-oxyd* —1,164; *Acridin-N-oxyd* —0,854; *Chinoxalinmono-N-oxyd,* —0,650, *-dioxyd* —0,618; *Phenazinmono-N-oxyd* —0,218, —0,382, *-dioxyd* —0,218, —0,364; *9-Chloracridin-N-oxyd* —0,746, —1,508 (*9-Chloracridin* —0,636, —1,409); *2-Methoxy-9-chloracridin-N-oxyd* —0,773, —1,472; *3-Nitro-9-chloracridin-N-oxyd* —0,290, —0,854, —1,368 (*3-Nitro-9-chloracridin* —0,317, —0,680, —1,400); *2-Methoxy-6.9-dichloracridin-N-oxyd* —0,663, —1,290; *Dimethylanilin-N-oxyd* —1,018. Mit Zunahme der Zahl der an den Heterocyclus kondensierten Phenylenringe oder Einführung eines zweiten nichtoxydierten N-Atoms wird die Red. der N→O-Bindung erleichtert. Die polarograph. Ergebnisse werden mit denen bei der Best. der Dipolmomente verglichen. (Журнал Общей Химии [J. allg. Chem.] **26** (**88**). 1740—46. Juni 1956. Polytechn. Inst. des Urals.) R. K. MÜLLER. B 142

K. Schwabe, *Über den Einfluß organischer Lösungsmittel auf Stufenhöhe und Halbstufenpotential organischer Depolarisatoren.* Der Einfl. des Geh. polarograph. untersuchter Lsgg. an organ. Lösungsmitteln (bes. Alkohole [*Methanol, Äthanol* u. *Isopropanol*], *Aceton, Dioxan*) auf Stufenhöhe u. Halbstufenpotential organ. Depolarisatoren (*Capriblau* u. *Phenosafranin*) wird erörtert. Die Stufenhöhe reversibler u. irreversibler diffusionsbedingter Rkk. wird durch Zusatz von organ. Lösungsmitteln in erster Näherung entsprechend der Viscositätsänderung der Lsg. beeinflußt. Bei kinet. bedingten Rkk. hingegen ist eine Umrechnung der Stufenhöhen in verschied. Lsgg. generell nicht möglich. Das Halbstufenpotential läßt sich bei reversiblen, unter H^+-Aufnahme verlaufenden Rkk. aus der Aktivität der H^+-Ionen in den verschied. Lösungsmitteln berechnen. Verläuft die Red. ohne Beteiligung von H^+-Ionen, so sind auch die Halbstufenpotentiale in den verschied. Lsgg. gleich. Bei irreversiblen Rkk. ist die meist erhebliche Verschiebung der Halbstufenpotentiale kinet. bedingt u. kann nicht vorausbestimmt werden. (Z. Elektrochem., Ber. Bunsenges. physik. Chem. **61.** 484—89. Mai 1957. Dresden, TH, Inst. für physikal. Chem. u. Elektrochem.) E. MOISAR. B 142

Ch. I. Amirchanow und **A. M. Kerimow,** *Untersuchung der Wärmekapazität C_v von 96%igem Äthylalkohol im kritischen Gebiet.* Mit Hilfe eines neuen, eingehend beschriebenen adiabat. Hochtemperaturcalorimeters wurde die Abhängigkeit der spezif. Wärme C_v von *A.* von der Temp. für verschied. spezif. Voll. v im krit. Gebiet untersucht u. gefunden, daß mit steigendem v der Maximalwert von C_v im heterogenen Gebiet zunimmt. Wird auf Grund der Versuchsdaten die das heterogene vom homogenen Gebiet trennende T, v-Kurve unter der Annahme aufgenommen, daß die Tempp. der beginnenden u. beendeten steilen Änderung des C_v-Wertes den Übergang vom heterogenen zum homogenen Zustand anzeigen, so ergibt sich, daß für 96% ig. A. das Dispergierungsgebiet von einer Parabel u. der krit. Isotherme begrenzt wird, die sich bei 248° schneiden. Die krit. Temp. von A. liegt demnach bei 248° u. nicht bei 246 oder 249°, wie in der Literatur angegeben. Aus dem Verlauf der krit. u. höherliegenden Isothermen von C_v geht hervor, daß mit zunehmender Näherung an das krit. v C_v schließlich ein Maximum erreicht, um dann wieder abzunehmen. Dieses Maximum nimmt mit Zunahme der Temp. über die krit. ab. Die VAN DER WAALSsche Gleichung beschreibt weder qualitativ noch quantitativ das beobachtete Verh. von C_v in der Nähe der krit. Temperatur. (Доклады Академии Наук СССР [Ber. Akad. Wiss. UdSSR] **110.** 578—80. 1/10. 1956. Machatschkala, Dagestan, Zweigstelle der Akad. der Wiss. der UdSSR.) O. LEBTAG. B 151

J. H. Beynon und **G. R. Nicholson,** *Ein Manometer zur Messung radioaktiver Ionisation und seine Anwendung auf die Messung der latenten Verdampfungswärme.* Es wird ein Ionisationsmanometer beschrieben, bei dem zur Ionisation des Gases nicht die Elektronen eines Heizdrahtes, sondern die geladenen α-Teilchen einer Ra-Quelle benutzt werden. Das Instrument gestattet Messungen in dem Druckbereich von 10^{-5} bis 10 mm Hg, enthält als α-Strahler eine eingeschmolzene 0,5 mC-Ra-Quelle, u. gestattet die Best. der latenten Verdampfungs- oder Sublimationswärme von organ. Substanzen mit Dampfdrucken in dem obigen Druckbereich bis zu 200°. Mit dem Instrument wurden die latenten Verdampfungswärmen der folgenden Verbb. gemessen (in Klammern sind die betreffenden Werte in kcal/Mol angegeben): *Benzylmethylketon* (13,78 ± 0,06); *1.1-Diphenyläthan* (16,6 ± 0,4); *1.1.2.2-Tetraphenyläthan* (32,1 ± 0,4); *Tetramethylglykolid* (18,8 ± 0,4), *Anthrachinon* (26,5 ± 0,2); *1-Oxyanthrachinon* (25,2 ± 0,1); *1.4-Dioxyanthrachinon* (25,7 ± 0,1); *1.5-Dioxyanthrachinon* (28,2 ± 1,1); *1.8-Dioxyanthrachinon* (26,2 ± 0,2); *1-Methoxyanthrachinon* (26,2 ± 0,3); *2-Methoxyanthrachinon* (29,4 ± 0,1); *1-Aminoanthrachinon* (28,7 ± 0,1); *1-Methylaminoanthrachinon* (28,4 ± 0,7) u. *2-Methylaminoanthrachinon* (29,3 ± 0,1). (J. sci. Instruments **33.** 376—80. Okt. 1956. Manchester, Imp. Chem. Ind. Ltd., Dyestuffs Div.) C. GOTTFRIED. B 155

M. A. Gerowitsch, *Besonderheiten des elektrocapillaren Verhaltens von aromatischen Verbindungen.* Zwecks Nachprüfung der Richtigkeit der Annahme, daß die in Lsgg. von oxysubstituierten aromat. Verbb. zu beobachtende Verschiebung des Punktes der Null-Ladung von Hg nach den negativen Werten weitgehend mit den Adsorptionseigg. des Benzolringes zusammenhängt, wurden die Elektrocapillarkurven von *Bzl.*, *Naphthalin* (**I**), *Phenanthren* (**II**), *Cyclohexan* (**III**) u. *Dekalin* (**IV**) in A. aufgenommen. Bei Bzl., **I** u. **II** nimmt die Adsorbierbarkeit an der positiv geladenen Hg-Oberfläche gegenüber der ungeladenen Oberfläche in der genannten Reihenfolge zu. **III** u. **IV** zeigen keine Verschiebung der Null-Ladung nach den negativen Werten u. keine bevorzugte Adsorption an der positiv geladenen Oberfläche. Hier ist das Maximum sogar nach den positiven Werten verschoben. Für die Adsorption der aromat. KW-stoffe an der positiv geladenen Hg-Oberfläche sind nach Ansicht des Vf. in der Hauptsache die π-Elektronen verantwortlich, die die Bindung zwischen den C-Atomen u. den positiven Ladungen der Hg-Oberfläche verwirklichen. Aus den Elektrocapillarkurven von **III**, *Cyclohexanol*, *Bzl.* u. *Phenol* in A. geht hervor, daß die Ggw. einer polaren Gruppe im hydroaromat. Ring allein nicht zu einer Verschiebung des Potentials der Null-Ladung nach den negativen Werten führt. Die Art der Adsorptionsänderung in der Reihe Bzl.–I–II bestätigt, daß die Ringebenen der Moll. der untersuchten aromat. Verbb. sich mehr der Absorptionsschicht anpassen. (Доклады Академии Наук СССР [Ber. Akad. Wiss. UdSSR] **105.** 1278—81. 21/12. 1955. Moskau, Lomonossow-Univ.) O. LEBTAG. B 167

W. I. Wedenejew und **W. W. Wojewodski,** *Dissoziationsenergie der C–Cl-Bindungen in verschiedenen Chloriden.* Aus Rkk. von Na-Dampf mit verschied. organ. Chloriden folgerte POLANYI (Trans. Faraday Soc. **34.** [1938.] 11), daß zwischen der Aktivierungsenergie exothermer Rkk. vom Typus $R_1 + R_2X \rightarrow R_1X + R_2$ (R_1 u. R_2 = Alkylradikale) u. ihrer Wärmetönung innerhalb homologer Reihen Linearität besteht. Vff. zeigen an einer größeren Zahl von Beispielen (unter Verwendung von Literaturwerten), daß diese Beziehung von POLANYI, deren Gültigkeit in neuerer Zeit mehrfach bezweifelt wurde, gut erfüllt ist. Zugleich wird diese Gleichung zur Berechnung der Dissoziationsenergie der C—Cl-Bindung verwendet. Die bei 26 organ. Verbb. erhaltenen Werte liegen zwischen 60 u. 81 kcal. (Журнал Физической Химии [J. physik. Chem.] **30.** 789—93. April 1956. Moskau, Lomonossow-Univ. u. Inst. für chem. Phys. der Akad. der Wiss. der UdSSR.) E. KORDES. B 182

John M. Patterson, *Die Struktur von Tetranitromethan.* Die chem. Eigg. von *Tetranitromethan* (**I**) werden neu untersucht u. mit Hilfe der Elektronentheorie gedeutet. Die vom Vf. aufgestellten nebenst. mesomeren Strukturformeln erklären das chem. Verh. von **I** u. die Bldg. gefärbter Komplexe bei der Rk. von **I** mit Olefinen u. LEWIS-Basen. Entsprechende Formeln für Bromtrinitromethan würden das

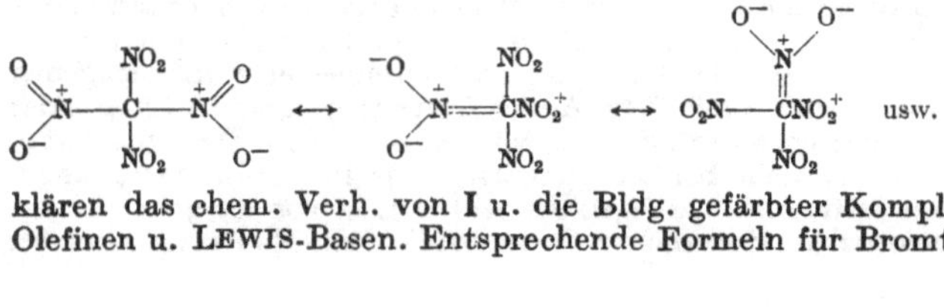

Verh. dieser Verb. als Bromierungsreagens erklären. (J. org. Chemistry **20.** 1277—81. Sept. 1955. Lexington, Ky., Univ., Dep. of Chem.) E. SCHRÖDER. B 182

F. A. Keidel und **S. H. Bauer,** *Struktur von Toluol, Phenylsilan und Diphenyldichlorsilan.* Mittels Elektronenbeugung unter Verwendung der Sektorenmeth. wurde die Mol.-Struktur von *Toluol* (**I**), *Phenylsilan* (**II**) u. *Diphenyldichlorsilan* (**III**) untersucht. Folgende Molekülparameter wurden durch Vgl. der berechneten u. beobachteten Verteilungskurven bestimmt: **I**: $C—CH_3 = 1{,}51 \pm 0{,}02$; C—C (im Ring) $1{,}39_2 \pm 0{,}005$; $C—H = 1{,}11 \pm 0{,}02$ Å. — **II**: $C—Si = 1{,}84_3 \pm 0{,}005$; C—C (im Ring) $= 1{,}39_2 \pm 0{,}005$ Å. — **III**: $C—Si = 1{,}84$; $Si—Cl = 2{,}05_7$; C—C (im Ring) $= 1{,}38_5$ Å. (J. chem. Physics **25.** 1218—27. Dez. 1956. Ithaca, N. Y., Cornell Univ., Dep. of Chem.) C. GOTTFRIED. B 182

Tsutomu Oda und **Tsutomu Koide,** *Über die Kristallstruktur von 2.3-Dichlor-2.3-dimethylbutan.* Pulveraufnahmen an *2.3-Dichlor-2.3-dimethylbutan,* das sich bei Zimmertemp. als opt.-isotrop erwies, ergaben ein kub., raumzentriertes Gitter mit der Würfelkantenlänge a = 7,58 Å. Mit einer bei 30° gemessenen D. von 1,14 erhält man Z = 2. In dem Gitter müssen die beiden Moll. mit ihren Zentren in 0 0 0 u. $^1/_2$ $^1/_2$ $^1/_2$ liegen, deren Symmetrie wenigstens T_{23} sein sollte. Anderseits kann die höchste Symmetrie des starren Mol. nur C_{2h} sein. Verschied. Möglichkeiten einer statist. Symmetrie werden diskutiert. Eines der möglichen Modelle zeigt eine freie Rotation des Mol. um die mittelständige C—C-Achse, da dann diese Achse statist. dreizählige Symmetrie erhalten könnte In diesem Fall sollte man eine Strukturumwandlung bei tieferen Tempp. erwarten. Eine therm. Differentialanalyse zeigte einen anomalen Wärmeeffekt bei —112°. (Bull. chem. Soc. Japan **29.** 208—09. Jan. 1956. Osaka, Univ. of Liberal Arts and Educat., Chem. Labor. [Orig.: engl.]) C. GOTTFRIED. B 195

P. G. Khubchandani, *Elementarzelle und Raumgruppe von Aluminiumacetylacetonat und Kobaltacetylacetonat.* Zur Überprüfung u. Ergänzung der von ASTBURY (vgl. Proc. Roy. Soc. [London], Ser. A **112.** [1926.] 449) bestimmten Drehkristalldaten von Al- u. Co-Acetylacetonat führt Vf. eine Röntgenunters. mittels Drehkristall- u. WEISSENBERG-Aufnahmen durch. Beide Verbb. sind isomorph u. krist. in der monoklinen Raumgruppe $C_{2h}^5 — P\,2_1/c$; Gitterkonstanten für die Al/Co-Verb.: $a_0 = 13{,}88/14{,}13$, $b_0 = 7{,}53/7{,}53$, $c_0 = 16{,}14/16{,}12$ Å, $\beta = 98°\,30'/98°\,30'$. (Current Sci. **25.** 285. Sept. 1956. Bombay, Atom. Energy Establ., Chem. Div.) G. RUBAN. B 195

Olav Foss, *Raumgruppen und Molekularsymmetrien von zwei Thiocyanaten.* Es wurde röntgenograph. *Schwefeldithiocyanat* (**I**), $S(SCN)_2$, u. *Äthylendithiocyanat* (**II**), $(CH_2SCN)_2$, untersucht. **I** krist. rhomb. u. hat die Elementarzelle a = 10,12; b = 12,83; c = 4,34 Å. Raumgruppe ist $D_{2h}^{16} — P\,n\,m\,a$; Z = 4. Da sich die Struktur als isomorph mit den bekannten Strukturen der Se-Analogen $Se(SCN)_2$ u. $Se(SeCN)_2$ erwies, folgt, daß **I** eine unverzweigte Kettenstruktur besitzt mit dem mittleren S-Atom in der Spiegelebene. **II** ist ebenfalls rhomb. mit a = 7,39; b = 7,81; c = 11,48 Å. Raumgruppe ist D_{2h}^{15} — P b c a; Z = 4. Die Moll. in den Kristallen sind zentrosymmetrisch. Dies stimmt mit den Infrarotmessungen von QUAGLIANO u. MIZUSHIMA (vgl. C. **1954.** 3882) überein, nach denen die Verb. im festen Zustand tians-Konfiguration besitzt. (Acta chem. scand. **10.** 136. 1956. Trondheim, Tekniske Høgskole, Inst. for uorgan. Kjemi.) C. GOTTFRIED. B 195

Yoshiharu Okaya, Akira Shimada und **Isamu Nitta,** *Regellose Struktur in kristallinem Cyclohexanonoxim.* Röntgenaufnahmen an *Cyclohexanonoxim,* $C_6H_{10}NOH$, ergeben hexagonale Symmetrie mit der Zelle a = 12,18; c = 8,10 Å. Raumgruppe ist $C_6^6 — P\,6_3$; Z = 6. Aus einer PATTERSON-Projektion auf (0 0 0 1) geht hervor, daß sich 3 Moll. durch 3 OH···N-Bindungen zu einem trimeren Mol. um die dreizählige Achse vereinigen u. daß diese trimeren Moll. in einer hexagonal dichtesten Packung im Gitter angeordnet sind. Die Länge der obigen H-Bindungen beträgt ca. 2,75 Å. Während die h k i 0-Reflexe regulär auftreten, zeigen die Interferenzen h k i l mit $l \neq 0$ diffuse Streuung, was auf eine teilweise Regellosigkeit in der Packung der Moll. in dem Kristall hindeutet. Wenn man annimmt, daß der Ring die stabilere Sesselkonfiguration hat, dann ist zu erwarten, daß die Moll. in 2 enantiomorphen Formen A u. B vorkommen. Bei der Bldg. der Trimeren sind die folgenden 4 Kombinationen möglich: AAA, BBB, ABA u. ABB. Diese 4 Typen können in dem Gitter mit den gleichen x- u. y-Koordinaten, doch mit teilweise verschied. z-Parametern, angeordnet werden. Dadurch lassen sich die obigen diffusen Interferenzen erklären, während gleichzeitig die Projektion auf (0 0 0 1) unverändert bleibt. Aus Gründen ster. Hinderung zwischen benachbarten Ringen muß angenommen werden, daß jede 6_3-Achse nur von der gleichen Art von Moll., A oder B, umgeben ist. Diese Bedingung läßt sich durch eine zweidimensionale regellose Verteilung der 6_3 (A)- u. 6_3 (B)-Achsen erfüllen. Die verschied. Möglichkeiten der Verteilung werden diskutiert. (Bull. chem. Soc. Japan **29.** 210—12. Jan. 1956. Osaka, Univ., Fac. of Sci., Dep. of Chem. [Orig.: engl.]) C. Gottfried. B 195

Ju. T. Strutschkow, *Kristallstruktur von Dibenzoylferrocen. Dibenzoylferrocen* (**I**) (rubinrote Nadeln aus PAe.) gehört der Raumgruppe P 2_1/n an; die Dimensionen der Elementarzelle ergeben sich zu: a = 11,69 ± 0,02; b = 25,36 ± 0,05; c = 6,27 ± 0,01 Å; β = 90 ± 1°; Vol. 1859 Å³; Z = 3,93; D. 1,40; $D._{röntg}$ 1,41. Die antiparallel zueinander orientierten Fünfringe von **I** haben die Form ebener, regelmäßiger Fünfecke; der Abstand zwischen den Ringebenen beträgt 3,32 Å. Die für die Ringatome gefundenen Atomabstände, Fe—C 2,05 u. C—C 1,41 Å, befinden sich in guter Übereinstimmung mit den von Pauson (vgl. C. **1956.** 13967) ermittelten Werten. Aus ster. Gründen (Behinderung der o-ständigen H-Atome von Fünf- u. Benzolring) sind die Benzolringe um 60° gegen die Ebene der Fünfringe verdreht. Der C—C-Abstand zwischen dem **I**-Kern u. dem CO der Benzoylgruppe wurde zu 1,51 Å gefunden. Die Unterss. zeigen, daß es sich bei **I** um das 1.2'-Isomere (**A**) handelt. Während die Existenz eines 1.3'-Isomeren aus ster. Gründen unmöglich ist, wird das Nichtauftreten des zentrosymm. 1.1'-Isomeren durch eine gegenseitige orientierende Beeinflussung der Fünfringe erklärt. — Von *Diacetylferrocen* (**II**), *Dipropionylferrocen* (**III**) u. *Dibutyrylferrocen* (**IV**) wurden Gitterparameter u. Raumgruppen bestimmt: **II**, a = 14,89; b = 13,03; c = 5,90 Å; β = 90°; Z = 4; P 2_1/a. **III**, a = 13,40; b = 5,80; c = 37,92 Å; Z = 8; P b c a. **IV**, a = 11,84; b = 14,07; c = 9,73 Å; Z = 4; A b a. — **II**, **III** u. **IV** sind nicht isomorph. Infolge des Fehlens der Benzoylgruppen ist b in **II** gegenüber **I** um die Hälfte kürzer; Vf. nimmt daher für **II** ebenfalls 1.2'-Konfiguration an. **IV** nimmt mit der Symmetrie m oder 2 eine besondere Lage ein; im ersten Falle ist nur das 1.2'-Isomere, im anderen Falle eine beliebige der 3 Rotationsisomeren möglich. (Доклады Академии Наук СССР [Ber. Akad. Wiss. UdSSR] **110.** 67—70. 1/9. 1956. Inst. für elementorgan. Verbb. der Akad. der Wiss. der UdSSR.) H.-E. Messerknecht. B 195

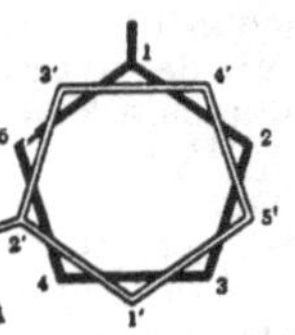

A

Lynne L. Merritt jr. und **Arthur E. Lessor,** *Kristallographische Daten für Rhodanin,* $C_3H_3S_2NO$. Zur Klärung der stereochem. Eigg. von Rhodanin u. seinen Metallsalzen führen Vff. röntgenograph. Unterss. zur Best. der Struktur dieser Verb. durch. Rhodanin krist. aus heißem A. in Form hexagonaler Plättchen mit gutausgebildeten Flächen {0 1 0} u. {1 0 1}. Drehkristall- u. Weissenberg-Aufnahmen in allen 3 kristallograph. Richtungen (mit Cu-K_α-Strahlung, Ni-Filter) ergeben eine monokline Elementarzelle der Raumgruppe C_{2h}^5 — P 2_1/n mit den Dimensionen: a = 10,02 ± 0,10, b = 7,67 ± 0,08, c = 7,28 ± 0,07 Å; β = 102° 38'; Z = 4; D. 1,61 (berechnet) bzw. 1,55 g/cm³ (Flotation). Brechungsindices: n_α = 1,585 ± 0,003, n_β = 1,78 ± 0,01, n_γ = 1,81 ± 0,01. Eine aus den geschätzten Intensitäten von 926 (h k l)-Reflexen berechnete dreidimensionale Patterson-Synth. konnte bisher nicht gedeutet werden. (Acta crystallogr. [Copenhagen] **8.** 848. 10/12. 1955. Bloomington, Ind., Indiana Univ., Dep. of Chem.) G. Ruban. B 195

O. Hassel und **J. Hvoslef,** *Struktur einer Additionsverbindung aus zwei Molekülen Jodmonochlorid und einem Molekül 1.4-Dioxan.* Die Molekülverb. $2\,JCl \cdot C_4H_8O_2$ wurde in Form gelber Nadeln vom F. 103° durch Rk. zwischen den Dämpfen der beiden Komponenten erhalten. Die Verb. krist. monoklin mit den Elementarkörperdimensionen a = 14,62; b = 8,00; c = 4,56 Å; β = 95,2°. Raumgruppe ist C 2/m; Z = 2. „Trial and error"- u. Fourier-Methoden lieferten für J u. Cl die Parameter 0,242; 0; —0,290 bzw. 0,389; 0; —0,424. Aus der Fourier-Projektion ist weiter ersichtlich, daß das Dioxanmol. in der Sesselform vorliegt u. daß an jedes O-Atom ein J-Atom gebunden ist, an dessen anderer Seite ein Cl-Atom gebunden ist. In der nahezu linearen O—J—Cl-Anordnung beträgt der Abstand O—J 2,6 Å, der Abstand J—Cl 2,3 Å. Der kürzeste Abstand Cl—Cl beträgt 3,38 Å, was besagt, daß zwischen den Cl-Atomen nur van der Waalssche Kräfte auftreten. (Acta chem. scand. **10.** 138—39. 1956. Oslo, Univ., Kjem. Inst.) C. Gottfried. B 195

Gunnar Eia und **O. Hassel,** *Struktur einer Additionsverbindung aus zwei Molekülen Brom und einem Molekül Hexamethylentetramin.* Die in gelben Nadeln kristallisierende Molekülverb. $2\,Br_2 \cdot C_6H_{12}N_4$ ist monoklin u. hat die Elementarzelle a = 6,05; b = 14,90; c = 13,88 Å; β = 91,4°. Raumgruppe ist P 2_1/c; Z = 4. „Trial and error"-Berechnungen u. Patterson-Projektionen ergaben, daß jedes Br_2-Mol. an eines der 4 tert. N-Atome gebunden ist. Die N—Br—Br-Gruppe ist linear; die Linie durch die 3 Atome liegt symm. zu den 3 C—N-Bindungen des N-Atoms. Jedes N-Atom besitzt damit 4 tetraedr. Bindungen, wobei die Tetraederwinkel nicht wesentlich von dem idealen Wert abweichen. Aus der Tatsache, daß der Winkel N—Br—Br nahezu 180° beträgt, folgt, daß Resonanzeffekte in der NBr_2-Gruppe nicht auftreten. Der Abstand Br—Br beträgt

2,4 Å, der Abstand N—Br 2,3 Å. Diese Entfernungen deuten auf eine starke Wechselwrkg. zwischen dem N-Atom u. dem nächsten Br-Atom hin, wodurch gleichzeitig die Bindung Br—Br stark geschwächt wird. (Acta chem. scand. **10.** 139—41. 1956. Oslo, Univ., Kjem. Inst.) C. GOTTFRIED. B 195

M. Ussanowitsch, K. Biljalow und **L. Krassnomolowa,** *Über Oxoniumverbindungen von Estern mit organischen Säuren.* 3. Mitt. *Systeme $HCOOC_2H_5$–CH_3COOH und $CCl_3COOC_2H_5$–CH_3COOH.* (2. vgl. C. **1956.** 2982.) Im Syst. *Äthylformiat–Essigsäure* (I) werden Viscosität (η) u. D., im Syst. *Äthyltrichloracetat*–I η u. D. bei 25, 40 u. 60° u. Dampfspannung bei verschied. Zuss. u. Tempp. untersucht. In beiden Systemen deuten die Isothermen auf eine chem. Umsetzung zwischen den Komponenten hin, die sich aber im η-Diagramm nicht auswirkt, weil die Assoziation der Säuremoll. vorherrscht. (Журнал Общей Химии [J. allg. Chem.] **26** (**88**). 1881—84. Juli 1956. Inst. für chem. Wiss. der Akad. der Wiss. der KasachSSR.) R. K. MÜLLER. B 224

F. H. C. Kelly, *Phasengleichgewicht in Zuckerlösungen.* 10. Mitt. *Das quinäre System Saccharose–Glucose–Fructose–KCl–Wasser.* (9. vgl. C. **1957.** 5808.) Die Phasengleichgewichtsbeziehungen wurden bei 30° bestimmt u. in einem Dreiecksdiagramm anschaulich gemacht. Mit Glucose u. KCl gesätt. Lsgg. sind meist im Gleichgewicht mit wasserfreier Glucose, in manchen Zuss. ist auch Glucose als Monohydrat stabil. Die Bldg. von Doppelverbb. wurde nicht beobachtet. Die Zus. am quinären Punkt beträgt 18% Saccharose, 44,6% Fructose, 11,7% Glucose, 11% KCl u. 14,7% W., dies ist nicht die höchstmögliche Gesamtkonz. an fester Substanz. — Der Aussalzeffekt von KCl auf Saccharose wird diskutiert. (J. appl. Chem. **5.** 170—72. April 1955. Hobart, Tasmania, Univ., Dep. of Chem.) H. ROSSOW. B 224

W. M. Byrko, K. Je. Krugljakowa und **A. F. Lukownikow,** *Über den chemischen Oxydationsmechanismus von Propan in der Gasphase.* Bei der nach dem Radikalmechanismus verlaufenden Oxydation von Propan in der Gasphase bilden sich nach der Theorie aus dem auftretenden Propylradikal im Höchstfalle 3 Moll. CH_2O, die von jeweils 1 C-Atom des Propans stammen. Aus dem durch Isomerisation entstehenden Isopropylradikal wird u. a. Acetaldehyd erhalten. Zum Beweis des von Vff. wiedergegebenen Oxydationsmechanismus wurde 2-^{14}C-markiertes Propan bei 340° im Mo-Glasrohr oxydiert (Verweilzeit am Kontakt 18,9 Sek.) u. die Reaktionsprodd. aus CH_3CHO u. CH_2O (mit Dimedon bestimmt), CO_2 u. CO (beide als $BaCO_3$) auf ihre Radioaktivität untersucht. Nach Umrechnung aller Reaktionsprodd. auf $BaCO_3$ ergibt sich, wenn die spezif. Aktivität von Acetaldehyd 100 gesetzt wird — CH_3CHO muß die gleiche Aktivität wie das Ausgangsprod. haben —, daß CH_2O 23% der spezif. Aktivität des CH_3CHO besitzt. Das bedeutet, daß tatsächlich jedes der 3 C-Atome des Propans zur Bldg. von CH_2O beiträgt. Die relative spezif. Aktivität von CO ist ca. 22 u. die von CO_2 52. (Доклады Академии Наук СССР [Ber. Akad. Wiss. UdSSR] **108.** 1093—95. 21/6. 1956. Physikal.-chem. Inst. der Akad. der Wiss. der UdSSR.) CH. WEISKE. B 225

Ja. B. Tschertkow, *Einige Probleme der Oxydation von Kohlenwasserstoffen in flüssiger Phase.* (Vgl. C. **1954.** 8019; **1956.** 6555.) Bei der Oxydation von ungereinigtem (a) bzw. chromatograph. gereinigtem (b) *Crackkerosin* bei gewöhnlicher Temp. wird nach 18 Monaten OH-Zahl (mg KOH/g) 100 (a) bzw. 126 (b), SZ. 12 (14,3), EZ. 23 (49) u. Carbonylzahl (mg O_2/g) 7,4 (24,1) erreicht. Die prim. gebildeten Peroxyde (I) zerfallen also überwiegend unter Bldg. von Alkoholen. Dasselbe ist bei 70° (15 Std.) der Fall. Wichtig für die Art der Vorgänge ist die O_2-Konz. im Reaktionsgemisch. Oxydiert werden nur die KW-stoffe geringster Stabilität (ca. 1%). Bei 110—150° nimmt nicht nur die Oxydationsgeschwindigkeit zu, sondern es ändert sich auch die Zus. der Prodd.: Es entstehen vor allem Säuren. Da die aliphat. prim. Alkohole selbst bei 170—175° nur teilweise zu Säuren oxydiert werden, ist anzunehmen, daß Alkohole u. Säuren beide prim. Zerfallsprodd. der **I** darstellen. **I** mit nur einer Peroxyd-Gruppe gehen in Alkohole, Aldehyde u. Ketone, solche mit zwei Peroxyd-Gruppen in Säuren über. (Журнал Прикладной Химии [J. angew. Chem.] **29.** 1405—11. Sept. 1956.) R. K. MÜLLER. B 225

Gilbert S. Panson und **C. Edwin Weill,** *Die Peroxyd-induzierte Reduktion von Anthrachinon-(9.10) mit Natriumborhydrid in Diglyme. Anthrachinon-(9.10)* (**I**) wird in gereinigtem Diglyme (Diäthylenglykoldimethyläther, **II**) unter Ar nicht von $NaBH_4$ reduziert. Wird die $NaBH_4$-**II**-Lsg. einen Tag der Luft ausgesetzt, so tritt nach 3 Min. die rote Farbe des *Anthradiol-(9.10)* (**IV**)-*Salzes* auf, u. die Gasanalyse beweist eine 100%ig. Red. von **I**, die vermutlich durch in **II** gebildete Peroxyde hervorgerufen wird. Unter Luftabschluß findet die Red. nach Zugabe von Benzoylperoxyd (**III**), Lauroylperoxyd u. tert.-Butylhydroperoxyd nach ca. 5 Min. statt. Zur Red. von einem Mol **I** genügen 0,005 Mol **III**. Ein Stehenlassen des Gemisches von **II** u. **III** vor der Zugabe von $NaBH_4$ u. **I** verkürzt die Induktionsperiode, so daß die induzierende Wrkg. wahrscheinlich auf einer Rk. zwischen II u. III beruht. Auch tert.-Butylperoxyd wirkt nicht unter obigen Bedingungen, sondern erst nach Erhitzen mit II. Die Wrkg. von Peroxyden ist auf die Bldg. von Aldehyden durch Spaltung von II zurückzuführen. In reinem II ist der SCHIFF-Test negativ, während nach Zugabe von III u. auch nach längerem Stehen Aldehyde nachgewiesen werden. Werden Aldehyde einer Lsg. von I u. $NaBH_4$ in II zugefügt, so findet Red. statt. Von Isobutyraldehyd genügen 0,01 Mol. Der Aldehyd wird wahrscheinlich zu einem Alkoxyborhydrid red., da bei Zugabe von Na-Trimethoxyborhydrid sofort ohne Induktionsperiode Red. stattfindet. Alkohole sind ohne Wrkg., während Amine die Red. katalysieren. 0,1 Mol n-Butylamin genügen für 1 Mol I. Der gasometr. bestimmte Verbrauch von H_2 entspricht vollständiger Red. zu **IV**, auch ist die tiefrote Farbe für **IV**-Salze charakteristisch. **IV**, das in A. grün fluoresciert, wird nach Ansäuern des Reaktionsgemisches mit n-HCl als gelbgrün krist. Rohprod. (F. 157—180°) erhalten. Beim Umkristallisieren aus A. entsteht I (F. 285°). Das *Diacetat* [F. 268—271° (Zers.), Nadeln], das in Eisessig blau fluoresciert, liefert nach Kochen mit wss. NaOH die rote Farbe des **IV**-Salzes. (J. org. Chemistry **22.** 120—21. Febr. 1957. Newark, N. J., Rutgers Univ., Newark Coll. of Arts and Sci., Dep. of Chem.) U. KRÜGER. B 225

Gabriello Illuminati, *Partialgeschwindigkeitsfaktoren des Toluols bei der Bromierung mit molekularem Brom.* Mit Hilfe einer Meth. von ILLUMINATI u. MARINO (vgl. C. **1957.** 1636) wurden die Partialgeschwindigkeitsfaktoren f für alle nicht äquivalenten Stellungen des *Toluols* bei der Rk. mit Br_2 bestimmt. Für die %-Zahlen an isomeren Prodd. u. die f-Werte wurde gefunden meta-% = 0,96 ≅ 1 u. f_m = 13,9 u. ortho-% = 30 u. f_o = 431 (Werte für die p-Stellung vgl. DE LA MARE u. HARVEY, C. **1956.** 11955). (Ricerca sci. **26.** 2752—55. Sept. 1956. Roma, Univ., Ist. di Chim. gen. ed inorgan. e Centro di studio per la chim. gen.) C. GOTTFRIED. B 225

A. Kergomard, *Die Reaktion organischer Säuren mit Pinen. Einfluß von Verbindungen mit hoher Dielektrizitätskonstante.* (Vgl. Ann. Chimie **8.** [1953.] 153.) *Pinen* (**I**) reagiert mit anorgan. u. organ. Säuren unter Bldg. a) von *Bornylestern,* b) von *α-Terpineol* (**II**, $C_{10}H_{18}O$, F. 33°), c) von *Limonen* (**III**, *Tetrabromid*, $C_{10}H_{16}Br_4$, F. 123—124°) (vgl. KHARASCH u. REYNOLDS, J. org. Chemistry **1944.** 148). Auf Grund früherer Verss. wurde geschlossen, daß in Ggw. von Verbb. mit hoher DK. die Rk. nach b) u. c), in schwach polarem Medium nach a) verläuft. Zur Aufklärung der hier vorliegenden Zusammenhänge ausgeführte Verss. zeigten, daß mit reiner Essigsäure die Rk. a), in Ggw. von Verbb. mit hoher DK b) u. c) unter gleichzeitiger Beschleunigung der Umsetzung eintritt. Bei Verss. zur Bevorzugung der **III**-Bldg. entstand mit Essigsäure u. Formamid oder N-Methylformamid (DK. 190,5 bei 20°) ein opt.-hochakt. **III**; HCOOH gab dabei in der Wärme monocycl. Isomerisierungsprodd. von **III**. Ersatz von Formamid durch W. unter verschied. Bedingungen führte über den *Essigsäureester* von **II** zu hochakt. **II** (α_j —98°) u. zu folgenden Feststellungen: Zu wenig W. (**I** : H_2O = 1 : 0,6 Mol) verringert die Hydrolyse des Esters; sein Anteil sinkt mit verlängerter Dauer der Rk. u. erhöhtem Wasserzusatz u. steigt bei Erhöhung der Säuremenge; der **I**-Umsatz steigt dabei, ebenso bei längerer Reaktionsdauer, u. geht bei Erhöhung des Wasserzusatzes bei ca. 0,4 Mol H_2O durch ein Maximum. Wss. HCOOH gab analog kein **II**, sondern nur **III**-Isomere; bei stärkerer Verdünnung trat keine Rk. ein. Nitrobenzol u. Essigsäure bewirkten einen 50%ig. **I**-Umsatz, dessen Prodd. nicht mehr definierbar waren. — Eine Erklärung der Rkk. wird auf der Basis der verschiedenartigen Anlagerung an konjugierte Doppelbindungen (hier Doppelbindung + Cyclobutanring) versucht. Das prim. Prod., der Ester von **II**, unterliegt je nach Lösungsm. u. Säureart sek. Rkk.; im Fall Essigsäure + W. wird er hydrolysiert; mit Formamid z. T. in **III** übergeführt; mit HCOOH wird **II** (aus der Hydrolyse des Formiats) dehydratisiert. In Ggw. von Verbb. mit hoher DK. tritt stets Rk. b) ein, deren Prodd. zu monocycl. KW-stoffen umgelagert werden [Rk. c)]. Möglicherweise sind die Rkk. nach c) noch komplizierter. Die Einw. von Säuren auf **I** in Ggw. von Verbb. mit hoher DK. kann nicht als eine allg. Rk. selbst stark ionisierter Säuren betrachtet werden; ihr Verlauf ist hier begründet durch die spezif. Struktur von **I** u. das „konjugierte Syst." Doppelbindung + Cyclobutanring. — *Terpenylacetat* (50 g; $Kp._{15}$ 102—103°; D. 0,962; n = 1,466; α_j —38°; VZ. 297; durch 6 std. Kochen von **II** mit Acetanhydrid; 35% Ausbeute), gab, mit 4 g Formamid 24 Std. auf 130° erhitzt, **III** in 50%ig. Umsetzung. (Bull. Soc. chim. France [5] **1956.** 1356—60. Okt. Clermont-Ferrand, Fac. des Sci., Labor. de Chim. Gén.) W. SCHULENBURG. B 225

Howard E. Zimmerman und **Harry J. Giallombardo,** *Die Stereochemie der Ketonisierungsreaktion von Enolen.* 3. Mitt. (2. vgl. C. **1956.** 11666.) Durch DIELS-ALDER-Rk. von 2-Phenylbutadien (**VI**) mit Methylenmalonsäurediäthylester (**VII**) wurde *4-Phenylcyclohexen-(3)-dicarbonsäure-(1.1)-diäthylester* (**I**) dargestellt. Durch Hydrierung von **I** u. Hydrolyse des erhaltenen *4-Phenylcyclohexan-1.1-dicarbonsäurediäthylesters* (**II**) wurde *4-Phenylcyclohexan-1.1-dicarbonsäure* (**III**) erhalten. Durch partielle Verseifung von **II** bei Raumtemp. entstanden 53% *1-Carbäthoxy-trans-4-phenylcyclohexancarbonsäure* (**IVb**), während die cis-Verb. (**IVa**) nur in 12% ig. Ausbeute isoliert werden konnte. Partielle Hydrolyse von **I** gab in guter Ausbeute *1-Carbäthoxy-4-phenylcyclohexen-(3)-carbonsäure*, die zu einem Gemisch von **IVa** u. **IVb** hydriert wurde. **IVa** wurde in geringer Ausbeute auch durch partielle FISCHER-Veresterung von **III** erhalten. *trans-4-Phenylcyclohexancarbonsäure* (**Vb**) wurde durch Red. von Biphenyl-4-carbonsäure mit Na u. Isoamylalkohol dargestellt. Isomerisierung von **Vb** mit rauchender HCl bei 185° ergab die von RASSOW [1894] für das cis-Isomere angesehene Verb. vom F. 116—117°, die als Gemisch des cis- u. trans-Isomeren (2 : 1) identifiziert wurde. Durch chromatograph. Reinigung konnte *cis-4-Phenylcyclohexancarbonsäure* (**Va**) rein isoliert werden. **Va** u. **Vb** lassen sich nebeneinander infrarotspektroskop. quantitativ bestimmen. Die in Decarboxylierungsprodd. von **III** vorhandene, nicht decarboxylierte Säure stört, sie konnte durch fraktionierte Extraktion mit Ae. aus citratgepufferter Lsg. entfernt werden. **III** wurde durch Erhitzen ohne Lösungsm. oder in Mesitylen oder Kollidin decarboxyliert. In allen Fällen wurde mehr **Va** gebildet, als auf thermodynam. Basis zu erwarten war. Die größte Stereospezifität zeigte die Decarboxylierung in Kollidin, wobei 61% **Va** gebildet wurden. **Va** ist unter den angewandten Bedingungen stabil. Durch 27std. Erhitzen auf 195° geht **Va** in 89% ig. Ausbeute in **Vb** über. Die gegenüber 1-Phenyl-2-benzoylcyclohexan (vgl. C. **1956.** 2696) geringe Stereospezifität der Ketonisierung eines intermediären Enols wird durch fehlende stereospezif. Hinderung eines a-Zustandes erklärt; der axiale Angriff wird jedoch etwas durch axiale H-Atome gehindert. Die geringere Stereospezifität der Ketonisierung bei der Decarboxylierung ohne Lösungsm. gegenüber der Rk. in Kollidin wird auf die geringere Größe des Protonendonators in ersterem Fall zurückgeführt.

Versuche: *4-Phenylcyclohexen-(3)-dicarbonsäure-(1.1)-diäthylester* (**I**), $C_{18}H_{22}O_4$, $Kp._{0,7}$ 162—164°, durch Zugabe von **VII** zu **VI** in Bzl. innerhalb 10 Min. u. $4^3/_4$std. Kochen; n_D^{25} 1,5292—1,5308; 58,5% (Ausbeute). — *4-Phenylcyclohexan-1.1-dicarbonsäurediäthylester* (**II**), $C_{18}H_{24}O_4$, $Kp._{2,2}$ 171—176°, durch Hydrierung von **I** in Äthylacetat an PtO_2; n_D^{25} 1,5038—1,5081; 78,5%. — *4-Phenylcyclohexan-1.1-dicarbonsäure* (**III**), $C_{14}H_{16}O_4$, F. 185—186° (Zers.; Äthylacetat–PAe.), durch 6std. Kochen von **II** mit alkoh. KOH; 68%. — *1-Carbäthoxy-trans-4-phenylcyclohexancarbonsäure* (**IVb**), $C_{16}H_{20}O_4$, F. 149—150° (Äthylacetat), a) durch Zugabe von **II** zu gekühlter alkoh. KOH u. 2tägiges Stehen bei Raumtemp.; 53%; b) durch Hydrierung von 1 g 1-Carbäthoxy-4-phenylcyclohexen-(3)-carbonsäure in Äthylacetat an PtO_2; 119 mg. — *1-Carbäthoxy-cis-4-phenylcyclohexancarbonsäure* (**IVa**), $C_{16}H_{20}O_4$, F. 76—78° (PAe.), a) neben **IVb** aus 5,0 g **II**; 100 mg; b) durch Zugabe von konz. H_2SO_4 zu **III** in absol. A., 1½std. Kochen u. chromatograph. Reinigung; 12%; c) neben **IVb** nach b); 86,5 mg. — *1-Carbäthoxy-4-phenylcyclohexen-(3)-carbonsäure*, $C_{16}H_{18}O_4$, F. 131—132° (Äthylacetat), durch Zugabe von **I** zu alkoh. KOH u. 2tägiges Stehen bei Raumtemp.; 30%. — *trans-4-Phenylcyclohexancarbonsäure* (**Vb**), F. 201—203° (wss. Essigsäure), a) durch Zugabe von Na zu einer sd. Lsg. von Biphenyl-4-carbonsäure in Isoamylalkohol unter Rühren innerhalb 15 Min. u. 45 Min. Kochen unter Rühren; 78%; b) durch Decarboxylierung von **III** neben **Va**. — *cis-4-Phenylcyclohexancarbonsäure* (**Va**), F. 129,5—130,5° (Äthylacetat–PAe.), a) durch 6std. Erhitzen von **Vb** mit rauchender HCl auf 185° im Rohr; 66%; b) durch 12 Min. Erhitzen von **III** auf 193°/1,5 Torr; 48%; daneben **Vb**; c) durch 0,3—9 Min. Erhitzen von **III** auf 194—225°; 48—56%; d) durch 20—27 Min. Erhitzen von **III** in Mesitylen auf 140—165°; 51—57%; e) durch 3—180 Min. Erhitzen von **III** in Kollidin auf 78—130°; 58—65%. (J. Amer. chem. Soc. **78.** 6259—65. 20/12. 1956. Evanston, Ill., Northwestern Univ., Chem. Dep.) H. BERTSCH. B 225

Kenneth C. Kennard, *Polyphosphorsäure.* Übersicht. *Polyphosphorsäure* (**I**), dargestellt durch Erhitzen von H_3PO_4 + 80—85% P_2O_5 (deshalb auch als „Phospholeum" bezeichnet) ist ein vielseitiger Katalysator in der präparativen organ. Chemie. Vf. gibt eine Zusammenstellung über Cyclisierungs- u. Acylierungs-Rkk., die durch **I** katalysiert werden. — 34 Literaturangaben. (Org. chem. Bull. **29.** 1—6. 1957. Rochester, N. Y., Eastman Kodak Co., Res. Labor.) S. SINGER. B 227

B. A. Bolotow und **L. K. Smirnowa,** *Katalytische Umwandlung von n-Butylalkohol unter Druck.* 2. Mitt. *über katalytische Umwandlung von Alkoholen unter Druck.* (1. vgl. C. **1956.** 8590.) Über einen mit ThO_2 aktivierten Cu-Katalysator werden nach Red. mit H_2 bei gewöhnlichem Druck u. 285—300° *n-Butylalkohol* (**I**) u. H_2 im Mol-Verhältnis 1 : 1 bei 305—410° u. 15 at Druck geleitet. Als Hauptprod. entsteht n-Heptan (**II**) mit maximaler Ausbeute (43,8%) bei 360°. Bei Drucken > 15 at nimmt die **II**-Ausbeute rasch ab, es erfolgt überwiegend Spaltung (von Butyraldehyd) zu Propan (bei 80 at 27%) u. Hydrierung zu Butan (10%), daneben entstehen 30% CO_2 durch Wassergasreaktion.

Bei gewöhnlichem Druck wird I bei 325—250° quantitativ in Dipropylketon umgewandelt, das bei 15 at u. 305° zu 18,8%, bei 340—385° zu 1,6—3,6, bei 410° zu 10% entsteht (neben 16,3% höheren Ketonen). (Журнал Общей Химии [J. allg. Chem.] **26** (**88**). 1662—65. Juni 1956. Leningrad, Univ.) R. K. Müller. B 227

Herman Pines und **William S. Postl**, *Modifizierter Nickel-Katalysator für die Hydrogenolyse und Alkylierung aromatischer Kohlenwasserstoffe.* Werden einem Nickelhydrogenolysekatalysator kleine Mengen schwefelhaltiger Verbb. (Thiophen) zugesetzt, so katalysiert er Rkk., wie sie von stark sauren Katalysatoren bekannt sind: Des-, Trans-, Cycloalkylierung u. Alkylierung von Aromaten. tert.-Alkyl- u. Cycloalkylaromaten werden bei 300—350° u. 10—75 at H_2-Druck in seiner Ggw. reduktiv dealkyliert, sek.-Alkylaromaten dagegen nur teilweise, u. prim.-Alkylaromaten bleiben unangegriffen. — *tert.-Butylbenzol* liefert dabei Bzl. (80%), *2-[p-Tolyl]-2.4-dimethylpentan* Toluol (80%) u. 2.4-Dimethylpentan, *1-Methylcyclohexylbenzol* Bzl. (80%) u. Methylcyclohexan, *Isopropylbenzol* Bzl. (20%), *1-Methyl-1.3-diphenylcyclopentan* Bzl. u. 1-Methyl-3-phenylcyclopentan. *2-Methyl-2.4-diphenylpentan* liefert bei 70 at H_2-Druck ein Gemisch von 41% Bzl., 24% Äthylbenzol, 4% Isopropylbenzol u. 15% 1.1.3-Trimethylindan (im Original: 1.1.3-indan, der Referent) u. Hexylbenzole, die Bldg. dieser Prodd. kann durch den n. Desalkylierungsmechanismus in Ggw. saurer Katalysatoren erklärt werden. Das Reaktionsprod. der Hydrogenolyse von *tert.-Butylbenzol* bei 10 at H_2-Druck enthält p- u. möglicherweise auch m-Di-tert.-butylbenzol. *Toluol* wird in Ggw. des Katalysators bei 350° u. 5—8 at H_2-Druck mit Isobutylen zu m- u. p-tert.-Butyltoluol alkyliert (35%), in Abwesenheit von Thiophen nur zu weniger als 4%. (J. Amer. chem. Soc. **79**. 1769—70. 5/4. 1957. Evanston, Ill., Northwestern Univ., Dep. of Chem., Ipatieff High Pressure and Catalytic Labor.) A. Schmidtpeter. B 227

B. A. Bolotow, **B. N. Dolgow** und **P. M. Adrow**, *Katalytische Umwandlung von Äthylalkohol in Aceton und Methylpropylketon.* 2. Mitt. (1. vgl. C. **1957**. 10165.) Vff. hatten l. c. festgestellt, daß bei der katalyt. Umwandlung von *A.* Richtung u. Geschwindigkeit der stattfindenden Rkk. abhängig sind von der Katalysatoraktivität, der Reaktionstemp., der Verweilzeit u. dem Wassergeh. des Ausgangsalkohols. In der vorliegenden Arbeit sollte eine Präzisierung der früher erhaltenen Ergebnisse u. ein Studium der Ketonbldg. in einer vergrößerten Laboratoriumsapp. erfolgen. Statt in einer kleinen Glasapp. wurden die Verss. hier in einer mit elektr. Außenbeheizung versehenen Cu-App. mit 1 Liter Katalysatorraum durchgeführt. Aufbau u. Anordnung der App. sowie Abscheidung, Trennung u. Unters. der Reaktionsprodd. werden beschrieben. Bei allen Verss. wurde der gleiche, gefällte, mit ThO_2 aktivierte u. bei 260—280° red. Cu-Katalysator verwendet. — Aus den Resultaten der Verss. ergab sich für die Bldg. von Aceton folgende Reihe aufeinanderfolgender Rkk.: *A.* → *Acetaldehyd* (**I**) → *Äthylacetat* (**II**) → *Aceton* (**III**). Durch Aldolkondensation mit **I** entsteht dann aus **III** *Methylpropylketon* (**IV**), in der gleichen Weise aus **IV** *Dipropylketon* (**V**) u. aus **V** *Methylamylketon* (**VI**). Die Verss. unter Variierung von Temp. u. Verweilzeit zeigten, daß eine Erhöhung dieser beiden Faktoren die Kondensations-Rkk. vorherrschen läßt, so daß im Reaktionsprod. eine Zunahme von **IV**, **V** u. **VI** auf Kosten von **I**, **II** u. **III** eintritt. Die Ausbeuten, bezogen auf Ausgangs-A., betrugen für **III** 20 (%), für **IV** 15, für **V** u. **VI** 8—10. — Die Ggw. von *Methylisobutylketon* (**VII**) in der über 110° sd. Fraktion ließ eine Selbstkondensation von **III** vermuten. Verss., bei denen **III** in Ggw. von H_2 über den gleichen Katalysator geleitet wurde, ergaben die Bestätigung: Bei 325—350° bildeten sich 22—26% **VII**, während bei 350—375° *Diisobutylketon* festgestellt wurde. (Журнал Прикладной Химии [J. angew. Chem.] **28**. 299—306. März 1955.) F. Berndt. B 227

B. A. Bolotow, **B. N. Dolgow** und **K. P. Katkowa**, *Mechanismus der Bildung von Aceton und Methylpropylketon aus Äthylalkohol.* 3. Mitt. (2. vgl. vorst. Ref.) In der 1. u. 2. Mitt. (l. c.) hatten Vff. gezeigt, daß bei der katalyt. Umwandlung von *A.* die Richtung der eintretenden Rkk. nicht nur eine Funktion der Katalysatorzus., sondern auch der Temp. ist, die vor allem die Zus. der Reaktionsprodd. bestimmt. Um den vorgeschlagenen Reaktionsmechanismus weiter zu stützen, wurden in der vorliegenden Arbeit Verss. über die Umwandlung der vermuteten Zwischenprodd. *Acetaldehyd* (**I**) u. *Äthylacetat* (**II**) am ThO_2-aktivierten Cu-Katalysator angestellt. Die Durchführung der Verss. geschah in der gleichen Weise wie in den früheren Mitteilungen, es wurde aber zur Herbeiführung der gleichen Bedingungen in Ggw. von H_2 gearbeitet, da bei der Umwandlung von A. äquimol. Mengen H_2 u. **I** entstehen. Zudem war gefunden worden, daß H_2 eine stabilisierende Wrkg. auf den Katalysator ausübt, dieser wird ohne H_2 durch Polymerisationsprodd. schnell inaktiviert. Bei den Verss. mit **I** u. **II** wurde einmal bei gleicher Verweilzeit von 20—24 Sek. die Temp. variiert zwischen 230 u. 335° u. im anderen Falle bei der gleichen Temp. von 325° die Verweilzeit variiert zwischen 8 u. 51 Sekunden. Anschließend wurden unter sonst gleichen Bedingungen Verss. zur Umwandlung von A.

durchgeführt, aber ohne H_2-Zusatz u. bei 200—375°, um die Temperaturgrenzen der Bldg. von I u. II festzustellen. — Aus den Ergebnissen ziehen Vff. folgende Schlüsse für den Mechanismus der Ketonbldg. aus A.: Zuerst findet Dehydrierung von A. zu I statt. I kondensiert sich dann bei 225—250° im wesentlichen zu II. Zugleich beginnt aber unter intermediärer Aldolbldg. die Umwandlung von I in *Aceton* (III), die von 250—275° die Haupt-Rk. bildet. Über 275° tritt die Kondensation von I mit III auf, die zur Bldg. von *Methylpropylketon* (IV) führt, das bis 325° das Hauptprod. bleibt, neben den höheren Ketonen, die sich durch weitere Aldolkondensationen von I mit den entstehenden Ketonen u. durch Selbstkondensation von III bilden. Infolge der hohen Reaktionsfähigkeit von I treten die zu III u. IV führenden Kondensations-Rkk. bei I als Ausgangsstoff bei merklich tieferen Tempp. ein als bei A. als Ausgangsstoff. — Bei Tempp. über 350° tritt in zunehmendem Maße neben der Aldolkondensation Dehydratisierung ein, wodurch die Ketonausbeute vermindert wird, während der Geh. des Reaktionsprod. an ungesätt. KW-stoffen zunimmt. Durch katalyt. Zers. von II bildet sich auf der einen Seite III, auf der anderen Seite I, das mit III u. IV in Rk. tritt u. höhere Ketone bildet. Daneben entsteht IV durch Kondensation von II mit III. Die Erhöhung der Verweilzeit bewirkt ganz allg. eine Zunahme der höherkondensierten Prodd. auf Kosten der Bldg. von I, II u. III. (Журнал Прикладной Химии [J. angew. Chem.] **28**. 414—21. April 1955.) F. BERNDT. B 227

A. I. Naumow und **S. G. Laptewa,** *Katalyse der Dampfphasenhydrolyse von Halogenderivaten organischer Verbindungen.* 1. Mitt. *Hydrolyse von 1.2.4-Trichlorbenzol.* Bei der Hydrolyse von *1.2.4-Trichlorbenzol* (I) in der Dampfphase (untersucht bei 380—480°) in Ggw. eines Phosphatkatalysators wird als Hauptprod. m-Chlorphenol (II) erhalten. In besonderen Verss. zeigt sich, daß die Bldg. von II nur zum geringeren Teil über m-Dichlorbenzol, zum größeren Teil über 2.5-Dichlorphenol verläuft. Bei [I] = mol. Konz. von I gilt in einem breiten Konzentrationsbereich die Beziehung — $d[I]/d\tau = k\cdot\sqrt{[I]} - d[I]/d\tau = K\sqrt{C_I}$ (τ = Kontaktzeit) bzw. $K = (2\sqrt{[I]_0/\tau'})(1-\sqrt{1-\alpha})$ ($[I]_0$ = Ausgangskonz. an I, α = Umwandlungsgrad). Neben II finden sich im Katalysat geringe Mengen Resorcin u. Hydrochinon, insgesamt nicht über 2—10% des II. Für die Aktivierungsenergie ergeben sich 25020 cal/Mol. Die Selektivität des Katalysators wird durch starke Herabsetzung der Wasserdampfkonz. verbessert. (Журнал Общей Химии [J. allg. Chem.] **26** (**88**). 1647—50. Juni 1956. Wiss. Forschungsinst. für organ. Zwischenprodd. u. Farbstoffe.) R. K. MÜLLER. B 227

C. Präparative organische Chemie. Naturstoffe.

Judd C. Nevenzel und **David R. Howton,** *Ungesättigte Fettsäuren.* 4. Mitt. *Darstellung von $^{14}C_{(1)}$-Ölsäure.* (3. vgl. HOWTON u. Mitarbeiter, J. Amer. chem. Soc. **76**. [1954.] 4970.) Vff. beschreiben die Darst. von *$^{14}C_{(1)}$-Ölsäure* aus $^{14}CO_2$ u. der GRIGNARD-Verb. von *cis-1-Bromheptadecen-(8)* (cis-III), welches über das *Ag-Salz* (II) der *threo-9.10-Dibromoctadecansäure* (I) u. *threo-1.8.9-Tribromheptadecan* erhalten wurde.

V e r s u c h e (FF. korr.): *threo-9.10-Dibromoctadecansäure* (I), F. 27—28°, aus Ölsäure u. Di-tert.-butyl-p-kresol in CCl_4 durch Erhitzen zum Sieden unter N_2, Zutropfen von Br_2 bei 0°, 30 Min. Rühren, Schütteln mit wss. $NaHSO_3$-Lsg. u. W., Eindampfen, Aufnehmen in Aceton, 75 Min. Rühren bei —20°, Filtrieren u. Eindampfen; n_D^{42} 1,4878; 98% (Ausbeute). *Ag-Salz* (II), analog der Tetrabromverb. (vgl. 3. Mitt., l. c.); 93%. *Methylester*, aus I u. überschüssigem äther. Diazomethan. — *threo-1.8.9-Tribromheptadecan*, $C_{17}H_{33}Br_3$, aus II u. Br_2 in CCl_4 unter Rühren bei 0° u. dann auf dem Wasserbad bis zur Abspaltung der annähernd theoret. CO_2-Menge, Chromatographie an SiO_2 u. Elution mit PAe., 30% Bzl. in PAe. u. absol. Ae.; blaßgelbes Öl, n_D^{25} 1,5065, $D.^{21,2}$ 1,384; 52—53%. — *cis-1-Bromheptadecen-(8)* (cis-III), $C_{17}H_{33}Br$, $Kp._{0,2}$ 140—146°, aus vorst. Verb. in Bzl. mit aktiviertem Zn in A. (15 Min. Erhitzen); n_D^{25} 1,4704, $D.^{24}$ 1,018; 85%; enthält ca. 20% trans-III. Ein Prod. mit ca. 10% trans-III wurde durch Tieftemperaturkristallisation aus Aceton erhalten; $Kp._{180\mu}$ 134—136,5, n_D^{25} 1,4708. *trans*-III, F. —9°, $Kp._{100-125\mu}$ 115—125°, durch Kristallisation aus Aceton bei —40°; n_D^{25} 1,4691, $D.^{27}$ 1,001; Geh. an trans-Verb. ca. 95%. — *$^{14}C_{(1)}$-Ölsäure,* durch Überführung von cis-III (10% trans-III enthaltend) in Ae. + CH_3J unter N_2 in die Mg-Verb., deren Umsetzung mit $^{14}CO_2$ aus $Ba^{14}CO_3$, Ansäuern, Aufnehmen in n-Pentan, Eindampfen u. Chromatographie an SiO_2; 63,2%. *Methylester*, mit Diazomethan in Ae.; 75%. (J. org. Chemistry **22**. 319—21. März 1957. Los Angeles, Calif., Univ., School of Med.) W. BURGHARDT. 480

J. Forrest Allen, Sherman K. Reed, Oscar H. Johnson und **N. J. Brunsvold,** *Struktur der Reaktionsprodukte von vollständig veresterten Phosphor(III)-säuren und α-Halogen-*

carbonylverbindungen. Im Gegensatz zu Upson (vgl. A. P. 2557805; C. **1952.** 3577) wird bei der Dehydrochlorierung von 2-Chloräthyldiäthylphosphat durch Kochen mit Triäthylamin (**II**) kein (polymeres) *Diäthylvinylphosphat* (**III**) erhalten, doch entsteht aus **II** u. **III** ein *Additionsprodukt.* **III** (vgl. C. **1956.** 11680) wird aus Diäthyl-2-bromäthylphosphat (**IV**) mit Natert.-Butylat (**V**) bzw. rein mit NaH dargestellt. Im ersten Fall wird daneben *Diäthyltert.-butylphosphat* gebildet, das auch aus Diäthylphosphorchloridat (**VI**) u. **V** entsteht. Durch Hydrierung wird **III** in *Triäthylphosphat* übergeführt. Br_2 u. Cl_2 werden von den Vinylestern addiert. Dabei tritt in verschied. Fällen Zers. unter Bldg. von Alkylhalogenid, einem gegenüber dem Phosphat um ein Halogenatom reicheren Aldehyd, z. B. aus *Diäthyl-2-chlorvinylphosphat* u. Br_2, *Äthylbromid* u. *Bromchloracetaldehyd* u. einer viscosen Fl. auf. Da z. B. *Diäthyl-1.2-dibrom-2.2-dichloräthylphosphat* (**I**) bei 30° gegen Br_2 beständig ist u. die Zers. von Diäthyl-2.2-dichlorvinylphosphat (**VII**) mit Br_2 schon $<0°$ beobachtet wird, handelt es sich um eine von der n. Bromierung unabhängige Spaltung. **VII** wird aus **I** durch Abspaltung mit Zn-Staub erhalten. Die Hydrolyse von **VII** mit konz. HCl führt zu *Dichloracetaldehyd.*

Versuche: Phosphate: *Diäthyl-2-bromäthyl-* (**IV**), $C_6H_{14}O_4BrP$, $Kp._1$ 100 bis 102°, aus Bromäthanol u. **VI** in Pyridin (bei 0—10° u. 2. Std. bei n. Temp.); n_D^{35} 1,4388, $D.^{35}_4$ 1,3898; 61% (Ausbeute). — *Diäthylvinyl-* (**III**), $C_6H_{13}O_4P$, $Kp._1$ 60—64°, durch Zugabe von NaH zu **IV** in Ae. u. 85std. Erhitzen auf 43°; n_D^{36} 1,4070, $D.^{35}_4$ 1,0687; 10%. — *Triäthyl-*, $C_6H_{15}O_4P$, $Kp._5$ 75°, aus **III** in Cyclohexan durch Hydrieren bei einem Druck von 50 pounds über Pd-Kohle (2 Tage); n_D^{35} 1,3975, $D.^{35}_4$ 1,0549; 73%. — *Diäthyl-1.2.2.2-tetrachloräthyl-*, $C_6H_{11}O_4Cl_4P$, $Kp._{1,5}$ 125—145°, durch Zugabe von fl. Cl_2 zu **VII** in CCl_4 bei 60° unter Belichtung mit einer Hg-Dampflampe; n_D^{35} 1,4600; 74%. — *Diäthyl-1.2.2-trichloräthyl-*, $Kp._1$ 111—142°; n_D^{35} 1,4512; 43%. — *Diäthyl-1(?)-chlor-2(?)-bromäthyl-*, $C_6H_{13}O_4BrClP$, $Kp._1$ 106—112°, durch Zugabe von je $^1/_{10}$ Mol Br_2 u. Cl_2 in CCl_4 zu **III** bei 20°; n_D^{35} 1,4518, $D.^{35}_4$ 1,4579; 48%. — *Diäthyl-1.2-dibrom-2-chloräthyl-*, $C_6H_{12}O_4Br_2ClP$, $Kp._1$ 120—122°, $Kp._{1,5}$ 148—150°, aus Diäthyl-2-chlorvinylphosphat in CCl_4, a) analog **I**; n_D^{35} 1,4660; 38%; b) (aus 429 g) durch Zugabe von Br_2 bei 60° unter Belichtung mit einer Hg-Dampflampe; 5%; daneben *Äthylbromid* (?), *Triäthylphosphat* (?, $Kp._1$ 70—95°, n_D^{35} 1,4025; 28 g) u. *Bromchloracetaldehyd* [Kp. 111,5—112°, n_D^{35} 1,4864, $D.^{35}_4$ 1,8576; 27 g; gibt mit Triäthylphosphit *Diäthyl-2-chlorvinylphosphat* ($Kp._1$ 88—94°, n_D^{35} 1,4269; 63%) u. *Äthylbromid* (Kp. 33 bis 40°; 80%)], sowie eine viscose *Fl.* mit 12,9% P u. 6,7 Milliäquivalenten Halogen/g. — *Diäthyl-1.2-dibrom-2.2-dichloräthyl-* (**I**), $C_6H_{11}O_4Br_2Cl_2P$, $Kp._{0,2}$ 114—121°, durch Zugabe von 80 g Br_2 zu 124,5 g **VII** in CCl_4 unter Selbsterwärmung auf 60° u. 3tägiges Stehen im Dunkeln; n_D^{35} 1,4867, $D.^{35}_4$ 1,741; 71%. — Analog: *Diäthyl-1.2-dibromisobutyl-*; 100%. — *Diäthyl-1.2-dibromcyclohexyl-*; 100%. — *Diäthyl-[1.2-dibrom-1-chlormethyläthyl]-*; 98%. — *Di-[β-chloräthyl]-1.2-dibrom-2-chloräthyl-*; 98%. — *Di-n-propyl-1.2-dibrom-2.2-dichloräthyl-*, $Kp._1$ 152—160°; n_D^{35} 1,4828; 47%. — *Trimethylen-1.2-dibrom-2.2-dichloräthyl-*; 100%. — *[α-Äthyl-β-methyltrimethylen]-1.2-dibrom-2.2-dichloräthyl-*; 100%. — *Di-[β.β.β-trichloräthyl]-1.2-dibrom-2.2-dichloräthyl-*; 100%. — *Diäthyl-2.2-dichlorvinyl-* (**VII**), $Kp._{0,1}$ 60°, durch Zugabe von Zn-Staub zur äther. Lsg. von **I** u. 3std. Kochen; n_D^{35} 1,4423. — *Dichloracetaldehyd*, Kp. 95,5—96,4°, durch 5std. Kochen von **VII** in wss. HCl; 53%; daneben 79% *Äthylchlorid* (Kp. 12,5°). *Harnstoffderiv.*, F. 125—126°. — *Verb.* $C_{12}H_{28}O_4NP$, durch 84std. Kochen von 18 g **III** u. 11 g **II**; krist. bei Abkühlen. — *Diäthyltert.-butylphosphat*, $C_8H_{19}O_4P$, $Kp._1$ 63—66°, durch Zugabe von **VI** bei 25 bis 30° zu Na in tert.-Butanol; n_D^{35} 1,4042, $D.^{35}_4$ 1,0105; 31%. — *1.2-Dibrom-2-methylpropan*, $C_4H_8Br_2$, Kp. 140—154°, durch Zugabe von Br_2 zu 21 g vorst. Verb. bei 10 bis 15°; n_D^{35} 1,4992; 83%; daneben Mischung von *Diäthylhydrogenphosphat* (?) u. *Diäthylphosphorbromid*, $Kp._1$ 136—148°; 10 μg. (J. Amer. chem. Soc. **78.** 3715—18. 5/8. 1956. South Charleston, W. Va., Food Machinery and Chem. Corp., Westvaco Chloralkali Div., Res. Dep.) F. J. Meyer. 590

D. L. MacDonald, Hermann O. L. Fischer und **Clinton E. Ballou,** *Die enantiomorphen Erythrit-4-phosphate.* 4-O-Trityl-2.3-di-O-acetyl-D-erythrosediäthylmercaptal (**I**, vgl. C. **1956.** 3582) wird durch Hydrolyse u. Red. in *4-O-Trityl-D-erythrit* übergeführt, dessen *Tribenzoat* durch hydrierende Spaltung, Phosphorylierung mit Diphenylphosphorchloridat (**II**), Hydrogenolyse u. Hydrolyse *D-Erythrit-4-phosphat* liefert. Das *L-Enantiomere* wird aus 2.4-O-Benzyliden-D-erythrose (**III**, vgl. Sowden, C. **1950.** II. 2315) durch Red., Phosphorylierung mit **II** u. Hydrogenolyse erhalten.

Versuche: *4-O-Trityl-D-erythrit*, $C_{23}H_{24}O_4$, F. 86—88° (Bzl.), a) aus dem Tribenzoat in Dioxan–Methanol mit Ba-Methylat (90 Min. in der Wärme; 63% (Ausbeute); b) aus **I** wie nachst. ohne Benzoylierung; $[\alpha]_D^{23}$ $-1{,}2°$ (c = 3; Dioxan); 54%. *Tribenzoat*, $C_{44}H_{36}O_7$, F. 141—142° (n-Propanol), aus **I** durch Desacetylierung mit Ba-Methylat in Methanol, 1std. Kochen mit HgO, W. u. $HgCl_2$ in Aceton, Red. des Chloroformextraktes in A. mit $NaBH_4$ u. Rk. des Reaktionsprod. mit Benzoylchlorid in Pyridin unter Eiskühlung (18 Std.); $[\alpha]_D^{25}$ + 12,2° (c = 2,5; Dioxan); 72%. — *1.2.3-Tri-O-benzoyl-D-erythrit*, $C_{25}H_{22}O_7$, F. 135—136° (A.), durch 20std. Schütteln von 2 g vorst. Tribenzoats unter H_2 mit $PdCl_2$/Kohle in A. u. Extraktion des Triphenylmethans mit PAe.; $[\alpha]_D^{25}$ —56,2° (c = 5; Chlf.); 78%. *4-Diphenylphosphat*, $C_{37}H_{31}O_{10}P$, F. 128 bis 132° (A.), aus vorst. Verb. in Pyridin durch Zugabe von **II** u. 17std. Stehen bei 5°; $[\alpha]_D^{25}$ —1,1° (c = 2,5; Chlf.); 90%. — *D-Erythrit-4-phosphat*, $[\alpha]_D^{25}$ +2,6° (c = 1,5; W.). *Bis-cyclohexylammoniumsalz*, $C_{16}H_{37}O_7N_2P$, F. 183—186° (Nadeln aus A.), durch Schütteln vorst. Tribenzoylderiv. mit PtO_2 in A. unter H_2 in 4½ Std., Filtrieren, 15std. Stehen mit 1n KOH, Filtration über Dowex-50 (H^+) u. Zugabe von Cyclohexylamin bis p_H 9; $[\alpha]_D^{25}$ —2,3° (c = 3; W.). — *2.4-O-Benzyliden-D-erythrit* [*1.3-O-Benzyliden-L-erythrit*), $C_{11}H_{14}O_4$, F. 135—136° (Chlf.), aus **III** in A. mit $NaBH_4$ in W. (1 Std. bei n. Temp.); $[\alpha]_D^{23}$ —43,0° (c = 2; Methanol); 80%. — *L-Erythrit-4-phosphat, Bis-cyclohexylammoniumsalz*, $C_{16}H_{37}O_7N_2P$, F. 186—190° (Zers.; A.), durch Zugabe vorst. Verb. zu **II** in Pyridin, 36std. Stehen bei 5°, Hydrieren des erhaltenen Sirups in Methanol (4½ Std. über $PdCl_2$-Kohle u. 1 Std. über PtO_2) u. Zugabe von Cyclohexylamin; $[\alpha]_D^{23}$ +2,3° (c = 5; W.); 53%. (J. Amer. chem. Soc. **78**. 3720—22. 5/8. 1956. Berkeley, Calif., Univ., Dep. of Biochem.) F. J. MEYER. 590

Janette K. Shetter, *Bildung von D-Erythrit-4-phosphat durch Propionibacterium pentosaceum.* Durch 2std. Stehen von 0,025 Mol Erythrit mit zellfreien Extrakten von Propionibacterium pentosaceum u. Adenosintriphosphat bei 30°, chromatograph. Trennung an Dowex-50 (H^+) u. Reinigung über das Ba-Salz wird *D-Erythrit-4-phosphat* [*Biscyclohexylammoniumsalz*, $C_{16}H_{37}O_7N_2P$, $[\alpha]_{589\,m\mu}$ — 2,6°; 116 mg (Ausbeute)] erhalten (vgl. vorst. Ref.). (J. Amer. chem. Soc. **78**. 3722—23. 5/8. 1956. Berkeley, Calif., Univ., Dep. of Plant Biochem.) F. J. MEYER. 590

Jørgen Fakstorp, *Bifunktionelle Amine und Ammoniumverbindungen.* 5. Mitt. *Bis-[trialkylammonioäthyl]-disulfide, -sulfoxyde und -sulfone.* (4. vgl. Acta chem. scand. **8**. [1954.] 350.) Es wird über die Darst. von *Bis-[β-dimethylaminoäthyl]-*, *Bis-[β-diäthylaminoäthyl]-* u. *N.N-Dimethyl-N'.N'-diäthyl-bis-[β-aminoäthyl]-sulfoxyd* durch Oxydation der entsprechenden Bis-tert.-aminoalkylsulfide (**A**) mit H_2O_2 oder Bromwasser berichtet. Mit CH_3J bzw. C_2H_5Br konnten die Verbb. bis-quaternisiert werden. Die Oxydation der **A** mit $KMnO_4$ führt zu den entsprechenden *Bis-tert.-aminoalkylsulfonen* (**B**). Bei der Rk. der **B** mit CH_3J oder C_2H_5Br konnten keine quaternären Ammoniumsalze erhalten werden, sondern *1.1-Dioxy-4.4-dialkylthiazaniumhalogenide*, deren Entstehen durch Abspaltung von Trialkylamin aus dem prim. gebildeten monoquaternären Sulfon u. anschließende intramol. Alkylierung durch das entstandene Carbeniumion erklärt wird. *Bis-[β-dimethylaminoäthyl]-* (**II**) u. *Bis-[β-diäthylaminoäthyl]-sulfid*, deren Darst. nach GILMAN u. Mitarbeitern (C. **1947**. 329) durch Oxydation der entsprechenden Na-Mercaptide mit J_2 oder nach BRETSCHNEIDER (S.-B. Akad. Wiss. Wien, math.-naturw. Kl., Abt. IIb **159**. [1950.] 385) durch Oxydation der Na-Aminoalkylthiosulfate mit J_2 gelang, konnten an beiden N quaternisiert werden.

V e r s u c h e: *Bis-[β-dimethylaminoäthyl]-sulfoxyd, Dihydrobromid* (**I**), $C_8H_{22}ON_2Br_2S$, F. 215° (A./W.), durch Oxydation von **II** mit Br_2 in wss. A. u. Einengen; 85% (Ausbeute). *Bis-methojodid*, $C_{10}H_{26}ON_2J_2S$, F. 230—233° (Zers.; Methanol/W. 5:1), durch Lösen von **I** in alkoh. $NaOC_2H_5$, Zugeben von CH_3J u. Stehen über Nacht; 64%. *Bis-äthobromid*, $C_{12}H_{30}ON_2Br_2S$, F. 205—208° (Methanol/Ae.); 11%. — *Bis-[β-diäthylaminoäthyl]-sulfoxyd*, $C_{12}H_{28}ON_2S$, $Kp._1$ 148—149°, aus Bis-[β-diäthylaminoäthyl]-sulfid in W./Methanol/konz. HCl u. 30% ig. H_2O_2, 2tägiges Stehen bei Raumtemp., Alkalisieren mit NaOH u. Ausäthern; 78%. *Bis-methojodid*, $C_{14}H_{34}ON_2J_2S$, F. 235—238° (Zers.; A./W. 5:1), mit überschüssigem CH_3J in Aceton u. A.; 38%. *Bis-äthobromid*, $C_{16}H_{38}ON_2Br_2S$, F. 211° (Aceton/Methanol 2:1), Rk. in Aceton/A.; 75%. — *N.N-Dimethyl-N'.N'-diäthyl-bis-[aminoäthyl]-sulfoxyd, Dihydrobromid*, $C_{10}H_{26}ON_2Br_2S$, F. 210 bis 212°; 81%. *Bis-methojodid*, $C_{12}H_{30}ON_2J_2S$, F. 223—224° (A./W. 5:1); 59%. *Bis-äthobromid*, $C_{14}H_{34}ON_2Br_2S$, F. 163—170° (Methanol), durch 3std. Rk. bei 100° im geschlossenen Rohr; 36%. — *Bis-[β-dimethylaminoäthyl]-sulfon, Dihydrochlorid*, $C_8H_{22}O_2N_2Cl_2S$, F. 245—247° (A./Methanol/W. 10:5:3), durch Oxydation von **II** mit $KMnO_4$ in Essigsäure; 41%. *Bis-methojodid*, $C_{10}H_{26}O_2N_2J_2S$, F. 268—272° (Zers.; verd. A.); 30%; daneben *1.1-Dioxy-4.4-dimethylthiazaniumjodid*, $C_6H_{14}O_2NJS$, F. 294° [*Bromid*, $C_6H_{14}O_2NBrS$, F. 320° (Zers.); 10%]. — *Bis-[β-diäthylaminoäthyl]-sulfon, Dihydrochlorid*, $C_{12}H_{30}O_2N_2Cl_2S$, F. 204°, durch Oxydation des Sulfids mit $KMnO_4$ in verd. H_2SO_4 bei 60°, Stehen über Nacht, Alkalisieren u. Extrahieren mit Ae.; 50%. — *1.1-Dioxy-4.4-diäthylthiazaniumjodid*, $C_8H_{18}O_2NJS$, F. 225—227° (verd. A.), durch Rk. der vorst. Verb. in Ae./Aceton mit 50% ig. Überschuß an CH_3J; 35%. *Bromid*, $C_8H_{18}O_2NBrS$, F. 234° (verd. A.); 11%. — *N.N-Dimethyl-N'.N'-diäthyl-bis-[β-aminoäthyl]-sulfon, Dihydrochlorid*, $C_{10}H_{26}O_2N_2Cl_2S$, F. 250° (verd. A.), durch Oxydation des Sulfids mit alkal. $KMnO_4$-Lsg.; 40%. — *Bis-[β-dimethylaminoäthyl]-disulfid*, $C_8H_{20}N_2S_2$, Kp.$_{12}$ 134°, Kp. 136—138°, a) aus β-Dimethylaminoäthylmercaptan nach GILMAN (l. c.); gelbe Fl.; 32%; b) durch Rk. von Na-β-Dimethylaminoäthylthiosulfat [F. 152° (A.), aus β-Dimethylaminoäthylchlorid nach PEAK u. WATKINS (C. **1953**. 7778) mit J_2 (Überschuß) in 1% ig. HCl nach BRETSCHNEIDER (l. c.); 42%. *Bis-methojodid*, $C_{10}H_{26}N_2J_2S_2$, F. 238—240°; 82,5%. *Bis-äthobromid*, $C_{12}H_{30}N_2Br_2S_2$, F. 237° (A.); 86,6%. — *Bis-[β-diäthylaminoäthyl]-disulfid*, Kp.$_{12}$ 172°, a) nach GILMANN; 37%; b) nach BRETSCHNEIDER; 68%. *Dihydrojodid*, $C_{12}H_{30}N_2J_2S_2$, F. 197° (verd. A.). *Bis-methojodid*, $C_{14}H_{34}N_2J_2S_2$, F. 208—210° (Aceton/Methanol 2:1); 83%. *Bis-äthobromid*, $C_{16}H_{38}N_2Br_2S_2$, F. 215° (Aceton/Methanol 2:1); 37%. (Acta chem. scand. **10**. 15—19. 1956. Copenhagen, Denmark, Aktieselskabet Pharmacia.) E. SCHRÖDER. 600

A. S. Perlin und **Carol Brice**, *Darstellung von* D- *und* L-*Glycerinaldehyd aus Ketohexosen.* Durch Rk. von D-Fructose (I) mit Pb-Tetraacetat in Eisessig (Verbrauch 2 Mol Oxydationsmittel) erhalten Vff. in 90% ig. Ausbeute *O-Formyl-O-glykoloyl-*D*-glycerinaldehyd*, der durch Hydrolyse mit verd. Säure D*-Glycerinaldehyd* (III) ergibt. Analog entsteht aus L-Sorbose (II) über *O-Formyl-O-glykoloyl-*L*-glycerinaldehyd* in 82% ig. Ausbeute L*-Glycerinaldehyd*. Aus einer Mischung von I u. II wird DL*-Glycerinaldehyd* gewonnen.

Versuche: D*-Glycerinaldehyd* (III), durch 20 Min. langes Behandeln von I mit Pb-Tetraacetat in Eisessig, Zugabe einer 10% ig. Lsg. von Oxalsäure in Eisessig, 20 Min. langes Rühren, Einengen, Aufnehmen in Essigester, Einengen, Lösen von *O-Formyl-O-glykoloyl-*D*-glycerinaldehyd* (94% Ausbeute) in 0,05n H_2SO_4, 8std. Erhitzen auf 50° u. Behandeln mit Dowex-1; $[\alpha]_D^{27}$ +8,3° (c = 0,75; W.); 89%. *Dimedonderiv.*, $C_{19}H_{28}O_6$, F. 194—200°, durch 5std. Rk. von III mit Dimedon in A. bei 40°, 18std. Stehen bei Raumtemp. u. Einengen; $[\alpha]_D^{27}$ +208° (c = 0,6; A.); 73%. — L*-Glycerinaldehyd*, analog III aus II; $[\alpha]_D^{27}$ −8,6° (c = 3,6; W.); nach 2std. Erhitzen der Verb. im Vakuum bei 55° $[\alpha]$ −14,3° (c = 5,5; W.). *Dimedonderiv.*, F. 197—198,5°, $[\alpha]_D^{27}$ −210° (c = 0,6; A.). — DL*-Glycerinaldehyd*, $C_3H_6O_3$, F. 138—140° (Aceton), analog III aus I u. II ohne Extraktion in Essigester; $[\alpha]_D^{27}$ 0 ± 0,1° (c = 3; W.); 87%. (Canad. J. Chem. **34**. 85—88. Jan. 1956. Saskatoon, Saskatchewan, Nat. Res. Council, Prairie Regional Labor.) E. SCHRÖDER. 690

R. Kuhn und **H. Schretzmann**, *Darstellung von Ketiminen aus α-Aminonitrilen.* Durch Abspaltung von HCN werden die in guter Ausbeute erhaltenen *α-Aminonitrile* in die entsprechenden SCHIFFschen Basen umgewandelt.

Versuche: *α-Phenylaminoisobuttersäurenitril* (I, *α-Anilinoisobuttersäurenitril*), $C_{10}H_{12}N_2$, F. 93° (Bzn.), aus Aceton u. Anilin in Eisessig u. KCN in W. (45 Min. unter Eiskühlung); Nadeln; 90% (Ausbeute). — *α-Phenylamino-α-äthylpropionitril* (II, *α-Anilino-α-methylbuttersäurenitril*), F. 44,7°, aus Methyläthylketon u. Anilin in Eisessig u. einer gesätt. wss. KCN-Lsg. in 12 Std.; aus Ligroin Nadeln; 75%. — *α-p-Carbäthoxyanilinoisobuttersäurenitril* (III), $C_{13}H_{16}O_2N_2$, F. 109,5°, aus Anästhesin u. Aceton in Eisessig u. KCN in W.; Blättchen; 76%. — *α-Benzylaminoisobuttersäurenitril* (IV), $C_{11}H_{14}N_2$, Kp.$_{10}$ 111°, aus Benzylamin u. Aceton durch Versetzen mit wasserfreier HCN unter Eiskühlung; n_D^{22} 1,5140; 70%. — *Acetonanil*, Kp.$_{10}$ 78°, aus I u. K in fl. NH_3; n_D^{21} 1,5474, n_D^{35} 1,5398; 66%. — *Methyläthylketonanil*, Kp.$_{10}$ 93—95°, aus II u. K in fl. NH_3; n_D^{23} 1,5300; 65%. — *p-Carbäthoxyacetonanil*, aus III u. Na in wasserfreiem NH_3; fast farbloses dickfl. Öl; n_D^{22} 1,5458; 45%. — *N-Benzylisopropylidenimin*, Kp.$_{11}$ 103—104°, aus IV u. $NaNH_2$ in Benzolsuspension unter Wasserausschluß bei 75°; aminartig riechende Fl.; $n_D^{23,5}$ 1,5235; 55%. (Биохимия [Biochemie] **22**. 183—85. Jan./Febr. 1957. Heidelberg, Max-Planck-Inst. für Med. Forschung, Inst. für Chem.) O. LEBTAG. 710

Z. Buděšínský und **A. Emr**, *Tuberkulostatische Stoffe.* 11. Mitt. *Die Hydrazide der aliphatischen α-Cyancarbonsäuren.* (10. vgl. C. **1956**. 2173.) Vff. haben 9 *Hydrazide* der aliphat. *α-Cyancarbonsäuren* von *Cyanessigsäurehydrazid* (I) bis zum *α-Cyancaprinsäurehydrazid* dargestellt u. diese Verbb. mit Aceton u. Benzaldehyd kondensiert. Die Verbb. sind meistens bekannt, Vff. konnten aber zahlreiche Konstanten der Verbb. korr. u. Unstimmigkeiten klären. Gegen *Mycobact. Tub.* sind *in vitro* am wirksamsten I (Wuchshemmung noch bei 6,25 μg/cm³; vgl. VALDECASAS u. Mitarbeiter, C. **1953**. 6717) u. *α-Cyanbuttersäurehydrazid* (II; Wuchshemmung bei 12,5 μg/cm³). Andere Verbb. sind viel weniger aktiv. Vff. bringen diese Feststellung in Zusammenhang mit den Spaltprodd. des *Mycobactins* u. halten die Verbb. I u. II für etwaige Antimetaboliten der Spaltprodd. des *Mycobactins*. Die *Isopropylidenderivv.* der *Hydrazide* sind etwa gleich wirksam wie die Muttersubstanzen.

Versuche: Die *Hydrazide* wurden aus den betreffenden α-Cyancarbonsäureäthylestern gewonnen; die Ester wurden nach bekannten Methoden dargestellt: a) aus α-Bromcarbonsäureäthylester mit KCN; b) aus Cyanessigester (**III**) durch reduktive Alkylierung mit Aldehyden; c) aus **III** u. Alkylbromid. Für die FF. einiger *Hydrazide* u. deren *Isopropyliden-* u. *Benzalderivv.* ist die Darstellungsweise des betreffenden *Äthylesters* von Wichtigkeit. — *Cyanessigsäurehydrazid* (**I**), F. 108°. *Isopropylidenderiv.*, $C_6H_9ON_3$, F. 147—148°. *Benzalderiv.*, $C_{10}H_9ON_3$, F. 170—171°. — *α-Cyanpropionsäurehydrazid*, $C_4H_7ON_3$, F. 77—78°, nach a). *Isopropylidenderiv.*, $C_7H_{11}ON_3$, F. 102—103°. *Benzalderiv.*, $C_{11}H_{11}ON_3$, F. 150°. — *α-Cyanbuttersäurehydrazid* (**II**), $C_5H_9ON_3$, F. 58—59°, nach b). *Isopropylidenderiv.*, $C_8H_{13}ON_3$, F. 109—110°. *Benzalderiv.*, $C_{12}H_{13}ON_3$, F. 135 bis 136°. — *α-Cyanvaleriansäurehydrazid*, $C_6H_{11}ON_3$, F. 71—72°, nach c). *Isopropylidenderiv.*, $C_9H_{15}ON_3$, F. 100—101°. *Benzalderiv.*, $C_{13}H_{15}ON_3$, F. 108—109°. — *α-Cyancapronsäurehydrazid*, $C_7H_{13}ON_3$, F. 51—52°, nach c). *Isopropylidenderiv.*, $C_{10}H_{17}ON_3$, F. 85°. *Benzalderiv.*, $C_{14}H_{17}ON_3$, F. 96—97°. — *α-Cyanönanthsäurehydrazid*, $C_8H_{15}ON_3$, F. 62—63°, nach b). *Isopropylidenderiv.*, $C_{11}H_{19}ON_3$, F. 83—84°. *Benzalderiv.*, $C_{15}H_{19}\cdot ON_3$, F. 92—93°. — *α-Cyancaprylsäurehydrazid*, $C_9H_{17}ON_3$, F. 72—73°, nach c). *Isopropylidenderiv.*, $C_{12}H_{21}ON_3$, F. 80—81°. *Benzalderiv.*, $C_{16}H_{21}ON_3$, F. 90—91°. — *α-Cyanpelargonsäurehydrazid*, $C_{10}H_{19}ON_3$, F. 88—89°, nach b). *Isopropylidenderiv.*, $C_{13}H_{23}ON_3$, F. 83—84°. *Benzalderiv.*, $C_{17}H_{23}ON_3$, F. 95—96°. — *α-Cyancaprinsäurehydrazid*, $C_{11}H_{21}\cdot ON_3$, F. 79—80°, nach c). *Isopropylidenderiv.*, $C_{14}H_{25}ON_3$, F. 81—82°. *Benzalderiv.*, $C_{18}H_{25}ON_3$, F. 84—85°. (Českoslov. Farmac. **4.** 409—11. Aug. 1955. Praha, Výzk. ústav pro farm. a biochemii.) J. PLEŠEK/Prag. 820

Joseph G. Cannon, *Notiz über eine neue Darstellungsmethode von Brommethylmalonester.* Malonester reagiert mit Formaldehyd unter Zusatz von wasserfreiem K- u. Cu-Acetat in Eisessig bei 3std. Erhitzen zum Sieden unter Bldg. von *Methylenmalonsäurediäthylester* [**I**, Kp.$_{750}$ 205—207°; 40% (Ausbeute)]. **I** lagert bei 0° in äther. Lsg. HBr an unter Bldg. von *Brommethylmalonsäurediäthylester*, $C_8H_{13}O_4Br$, Kp.$_1$ 95—97°, n_D^{20} 1,4501, D.^{20} 1,337; 68%. Das Prod. ist reiner als die bisher beschriebenen Präparate. (J. Amer. pharmac. Assoc., sci. Edit. **45.** 430. Juni 1956. Chicago, Ill., Univ., Coll. of Pharmacy.) B. LANGHAMMER. 820

T. L. Cairns, R. A. Carboni, D. D. Coffman, V. A. Engelhardt, R. E. Heckert, E. L. Little, Edith G. McGeer, B. C. McKusick und **W. J. Middleton,** *Cyankohlenstoffchemie. — Synthese und Chemie des Tetracyanäthylens.* Beim Behandeln von Dibrommalononitril-KBr-Komplex (**I**) mit Cu entsteht *Tetracyanäthylen* (**II**), das sich bei kurzem Erhitzen auf 600° als therm. stabil, bei 120° sublimierbar u. bei mäßiger Temp. gegen O_2 unempfindlich erweist. Dagegen tritt beim Stehen an feuchter Luft bei Raumtemp. HCN-Entw. ein. Mit Mercaptanen reagiert **II** unter Bldg. von *Disulfiden* u. *Tetracyanäthan*, mit H_2S entsteht *2.5-Diamino-3.4-dicyanthiophen*. Die Rk. von **II** mit Alkoholen führt zu *2.2-Dicyanketenacetalen* u. mit N.N-Dialkylanilinen zu *p-Tricyanvinylarylaminen*. Mit Butadien kondensiert sich **II** quantitativ bei 0° zu *4.4.5.5-Tetracyancyclohexen*. Ketone lassen sich durch **II** zu *α-Tetracyanäthylketonen* alkylieren.

Versuche: *Tetracyanäthylen* (**II**), C_6N_4, F. 118—120° (im geschlossenen Röhrchen), durch Kochen von **I** mit Cu-Pulver in Bzl.; 65% (Ausbeute). — *2.5-Diamino-3.4-dicyanthiophen*, $C_6H_4N_4S$, durch Behandeln von **II** mit H_2S in Ggw. von Pyridin; 92%. — *p-Tricyanvinyl-N.N-dimethylanilin*, $C_{13}H_{10}N_4$, F. 173—175°. — *4.4.5.5-Tetracyancyclohexen*, $C_{10}H_6N_4$, F. 201—202°. — *4.4.5.5-Tetracyanpentanon-(2)*, $C_9H_6N_4O$, F. 118—120° (Zers.), aus **II** u. Aceton in Ggw. von BF_3 bei Raumtemp.; 90%. (J. Amer. chem. Soc. **79.** 2340—41. 5/5. 1957. Wilmington, Del., E. I. du Pont de Nemours & Co., Exp. Stat., Chem. Dep.) K. DOMMAIN. 840

Clinton E. Ballou und **Robert Hesse,** *Synthese und Eigenschaften des Hydroxybrenztraubensäurephosphats.* Durch Oxydation des aus dem Cyclohexylammoniumsalz von Dihydroxyacetonphosphatdimethyl- (**I**) oder -diäthylketal (vgl. BALLOU u. FISCHER, C. **1957.** 1396) erhaltenen K-Salz mit $KMnO_4$ wird das *Dimethyl-* bzw. *Diäthylketal von Hydroxybrenztraubensäurephosphat* erhalten, die zu *Hydroxybrenztraubensäurephosphat* (**II**) hydrolysiert werden. **II** wird in n-HCl bei 90° in 20 Min., in n-NaOH bei n. Temp. in 15 Std. zur Hälfte hydrolysiert; mit einer Säurephosphatase läßt es sich zu 92% in *Hydroxybrenztraubensäure* überführen.

Versuche: *Hydroxybrenztraubensäurephosphat, Dimethylketal, Tricyclohexylammoniumsalz, Hydrat* (**III**), $C_{23}H_{50}O_8N_3P\cdot H_2O$, F. 183—185°, aus 1 g **I** mit n-KOH durch Entfernen des Cyclohexylamins (**V**) bei 35° im Vakuum, Versetzen mit wss. $KMnO_4$ in der Kälte, 36std. Stehen bei n. Temp., Zers. des $KMnO_4$ mit H_2O_2, Filtration über Dowex-50 (H^+) u. Zugabe von **V** bis p_H 8, Umfällen aus A.–Ae. u. aus W.–Aceton; R_F 0,52; 87% (Ausbeute). *Diäthylketal, Tricyclohexylammoniumsalz, Hydrat*

(IV), $C_{25}H_{54}O_8N_3P \cdot H_2O$, F. 170—173° (Zers.), aus Diäthylketal wie vorst.; Umfällen aus W.-Aceton. *Freie Ketosäure* (wss. Lsg., II), aus **III** bzw. **IV** durch Schütteln mit Dowex-50 (H^+) u. Stehen bei 40° (4 Tage bzw. 36 Std.); *Ba-Salz, Dihydrat*, $C_3H_5O_7PBa_{1,5} \cdot 2\,H_2O$, aus vorst. Lsg. durch Zugabe von Ba-Acetat u. Alkohol. (J. Amer. chem. Soc. **78.** 3718—20. 5/8. 1956. Berkeley, Calif., Univ., Dep. of Biochem.) F. J. MEYER. 870

A. N. Kosst und **A. P. Terentjew**, *Synthesen mit Hilfe von Acrylonitril.* 28. Mitt. *γ-Benzoylcapronsäure und ihre Derivate.* (27. vgl. C. **1957.** 3790.) γ-Benzoylcapronitril (I) gibt bei Verseifung mit H_2O_2 das nichtkristallisierende *γ-Benzoylcapronsäureamid*, das bei Dest. in *3-Äthyl-2-phenyl-4.5-dihydropyridon-(6)* (II) übergeht. Die durch Verseifung von **I** mit HCl erhaltene *γ-Benzoylcapronsäure* (III) läßt sich über ihren *Äthylester* (IV) oder *3-Äthyl-2-phenyl-4.5-dihydropyron-(6)* (V) durch Behandeln des letzteren mit NH_3 ebenfalls in **II** überführen.

Versuche: *γ-Benzoylcapronitril* (I), $C_{13}H_{15}ON$, Kp.$_4$ 153—154°, zu 50 g Butyrophenon + wenig Na-Äthylat läßt man in 30 Min. 10,6 g Acrylonitril tropfen, rührt 1 Std., läßt über Nacht stehen, neutralisiert mit Eisessig u. dest.; $D.^{20}_4$ 1,0420; n_D^{20} 1,5232; 25 g (Ausbeute). — *3-Äthyl-2-phenyl-4.5-dihydropyridon-(6)* (II), $C_{13}H_{15}ON$, F. 110 bis 110,5°, Kp.$_3$ 174°, a) durch Verseifung von **I** mit H_2O_2 (vgl. TERENTJEW u. Mitarbeiter, C. **1956.** 12547) u. Dest.; 50%; neben wenig **I**; b) aus **V** durch 5std. Schütteln mit der 5fachen mol. Menge 30%ig. NH_4OH; 79%; c) analog Vorst. aus **IV**; 62%. — *γ-Benzoylcapronsäure* (III), $C_{13}H_{16}O_3$, Kp.$_7$ 214°, aus **I** mit konz. HCl (40 Std. kochen); $D.^{20}_4$ 1,1183; n_D^{20} 1,5270; 92%. *Äthylester* (IV), $C_{15}H_{20}O_3$, Kp.$_8$ 170—171°, aus **III** u. absol. A. in Ggw. von wenig p-Toluolsulfonsäure (12 Std. Kochen); $D.^{20}_4$ 1,0512; n_D^{20} 1,5052; 52%. — *3-Äthyl-2-phenyl-4.5-dihydropyron-(6)* (V), $C_{13}H_{14}O_2$, Kp.$_{20}$ 183—185°, aus 10 g **III** in 50 ml Ae. durch 1std. Kochen mit 3 ml konz. HCl u. 1 g $MgSO_4$; $D.^{20}_4$ 1,1117; n_D^{20} 1,5440; 67%. (Журнал Общей Химии [J. allg. Chem.] **26** (**88**). 1992—93. Juli 1956. Moskau, Univ.) H. SCHÄFER. 870

A. P. Terentjew, A. N. Kosst, Ju. W. Ssaltykowa und **W. W. Jerschow**, *Synthesen mit Hilfe von Acrylonitril.* 29. Mitt. *Cyanäthylierung einiger Ketone.* (28. vgl. vorst. Ref.) Cyclohexanon (I) reagiert mit Acrylonitril (II) zu *2-[β-Cyanäthyl]-cyclohexanon* (III), wobei sich als Nebenprod. wenig *2-[Cyclohexen-(1)-yl]-cyclohexanon* (IV) bildet, dessen Menge bei höherer Temp. in Ggw. von Spuren Na-Äthylat oder H_2SO_4 auf 35—40% steigen kann. **III** bildet mit HCl das nichtisolierte 2-Imino-5.6-tetramethylen-3.4-dihydropyran, aus dem durch Hydrolyse mit W. *5.6-Tetramethylen-3.4-dihydropyron-(2)* erhalten wird. **IV** gibt mit HCl *2-[1'-Chlorcyclohexyl]-cyclohexanon* (V), das mit Hydrazin *3.4-Tetramethylen-5.5-pentamethylenpyrazolin* gibt. Verwendet man bei der Cyanäthylierung RODIONOW-Katalysator, so kondensiert **I** nicht, wird aber z. T. di- u. tetracyanäthyliert.

Versuche: *2-[β-Cyanäthyl]-cyclohexanon* (III), Kp.$_{7-8}$ 128—130°, a) aus **I** u. **II** in Ggw. von RODIONOW-Katalysator; 25% (Ausbeute); neben 16% *2.2.6.6-Tetrakis-[β-cyanäthyl]-cyclohexanon*, F. 164°, u. 35% *2.2-Bis-[β-cyanäthyl]-cyclohexanon*, F. 68°, Kp.$_{10}$ 241—242°; b) aus **I** in Ggw. von Na-Äthylat durch Zugabe von **II** in 1½ Std. bei 7—8°, 2 std. Stehenlassen bei Zimmertemp. u. Neutralisieren mit Essigsäure; n_D^{20} 1,4790; 35,5%. Enthält, nach b) dargestellt, wenig **IV**. — *5.6-Tetramethylen-3.4-dihydropyron-(2)*, Kp.$_5$ 117—118°, aus 15 g **III** in absol. Ae. durch Einleiten von HCl; n_D^{20} 1,5057; 7,6 g; neben 0,5 g **IV**. — *2-[Cyclohexen-(1)-yl]-cyclohexanon* (IV), Kp.$_{17}$ 143°, aus **I** durch Kondensation nach MLESIVA (Chem. Listy **47.** [1953.] 1031); $D.^{20}_4$ 1,0029; n_D^{20} 1,5048; 35%. — *2-[1'-Chlorcyclohexyl]-cyclohexanon* (V), F. 41°, aus **IV** durch Einleiten von HCl bis zum Erstarren der Reaktionsmasse; 66%. — *3.4-Tetramethylen-5.5-pentamethylenpyrazolin*, F. 61°, Kp.$_{10}$ 149—150°, aus **V** u. Hydrazinhydrat durch 2std. Kochen in absol. A.; 37%. — *γ-Butyrylcapronitril*, $C_{10}H_{17}ON$, Kp.$_4$ 101,5—102°, zu 200 g Butyron (Dipropylketon) in Ggw. von Na-Äthylat (0,4 g Na, 10 ml A.) läßt man in 2½ Std. 46 g **II** zutropfen, rührt 3 Std. bei 50—60°, läßt 12 Std. bei Zimmertemp. stehen u. neutralisiert mit 2n H_2SO_4; $D.^{20}_4$ 0,9255; n_D^{20} 1,4455; 44 g. — *γ-Äthyl-γ-butyrylpimelinsäuredinitril*, Kp.$_1$ 209—210°; $D.^{20}_4$ 1,0013; n_D^{20} 1,4779; 6,4 g. — *γ-Butyrylcapronsäure*, $C_{10}H_{18}O_3$, Kp.$_7$ 164—165°, aus vorst. Nitril durch 30std. Kochen mit konz. HCl; $D.^{20}_4$ 1,0125; n_D^{20} 1,4486; 66%. — *γ-Benzoylvaleronitril*, $C_{12}H_{13}ON$, Kp.$_{17}$ 121 bis 123°, aus **II** u. Propiophenon in Ggw. von Na-Äthylat nach KOSST u. TERENTJEW (vgl. 28. Mitt.); $D.^{20}_4$ 1,0582; n_D^{20} 1,5261; 72%. — *γ-Benzoylvaleriansäure*, $C_{12}H_{14}O_3$, Kp.$_2$ 193°, aus vorst. Nitril durch Verseifung; $D.^{20}_4$ 1,1320; n_D^{20} 1,5310; 73%. — *δ-Ketocapramid*, F. 113°, aus δ-Ketocapronitril in schwach bas. 3%ig. H_2O_2 unter Zusatz von A. in 4 Std. bei 50—60°; 69%. — *γ.γ.γ'.γ'-Tetramethyl-δ-ketoazelainsäurediamid*, $C_{13}H_{24}O_3N_2$, F. 143°, analog Vorst. aus γ.γ.γ'.γ'-Tetramethyl-δ-ketoazelainsäuredinitril; 89%. — *γ.γ-Dimethyl-γ'.γ'-pentamethylen-δ-ketoazelainsäuredinitril*, $C_{16}H_{24}ON_2$, F. 63°, aus **II** u.

Cyclohexylisopropylketon in Ggw. von RODIONOW-Katalysator; 22%. (Журнал Общей Химии [J. allg. Chem.] **26** (**88**). 2925—28. Okt. 1956. Moskau, Univ.) H. SCHÄFER. 870

T. L. Parkinson und **J. H. Skellon,** *Die Oxydation von Monoäthenfettsäuren und -estern. Katalytische Oxydation von Ketolderivaten der Ölsäure.* Vff. untersuchten die katalyt. Oxydation mit gasförmigem O_2 u. Uranoleat als Katalysator der isomeren *9(10)-Hydroxy-10(9)-oxostearinsäuren* bei 100 u. 120°. Durch das UV-Absorptionsspektr. wird gezeigt, daß eine konjugierte Dienongruppierung mit einem Maximum bei 260 bis 280 mμ gebildet wurde unter Abnahme des Geh. an CO- u. OH-Gruppen. Als prim. Oxydationsprod. wird *9.10-Dioxostearinsäure* gefunden. Das in 20 Std. bei 120° oxydierte Prod. enthält bes. höher oxydierte polymere Säuren, zum geringen Teil ein Öl mit vorwiegend dimeren Säuren u. ein neutrales ketonhaltiges Öl. Der Carbonylanteil der polymeren Säuren ist niedriger als bei den Ketonverbb., aus denen sie entstanden sind. Für die Entstehung der komplexen Öle durch katalyt. Oxydation von Monoäthensäuren bei höherer Temp. wird folgendes Reaktionsschema angegeben: Ungesätt. Säure → Hydroperoxyd → Dihydroxysäure → Ketolsäure → Diketosäure → Dimeres Öl → Trimeres Harz.

V e r s u c h e: *9-Hydroxy-10-oxostearinsäure,* $C_{18}H_{34}O_4$, F. 74° (wss. A.), durch Oxydation von Ölsäure mit $KMnO_4$, Trennung des Isomerengemisches (F. 64,5—65,5°) durch fraktionierte Kristallisation der Semicarbazone aus Äthylendichlorid u. Spaltung in die isomeren Säuren durch Kochen in sd. Formaldehyd u. HCl. Daneben *10-Hydroxy-9-oxostearinsäure,* $C_{18}H_{34}O_4$, F. 75,5°. — *Nonansäure,* $C_9H_{18}O_2$, durch 8- bzw. 20std. Oxydation von 30 g vorvorst. Verb. mit gasförmigem O_2 in Ggw. von 0,05% Uranoleat; das Prod. wurde in Ae. gelöst, mit 20% ig. Sodalsg. extrahiert, mit 5n H_2SO_4 angesäuert u. mit Wasserdampf dest.; 0,15 bzw. 0,47 g (Ausbeute). *Zn-Salz,* $C_{18}H_{34}O_4Zn$, F. 133°. — *9.10-Dioxostearinsäure,* $C_{18}H_{32}O_4$, F. 84,5° (A.), aus vorst. Rückstand mit PAe.; 0,47 g. *2.4-Dinitrophenylhydrazon,* F. 146—148°. (J. chem. Soc. [London] **1957.** 851—54. Febr. Acton, Techn. Coll., Chem. Dep.) W. BURGHARDT. 870

Ja. L. Goldfarb, B. P. Fabritschnyi und **I. F. Schalawina,** *Synthese von Aminodicarbonsäuren der aliphatischen Reihe aus Thiophen.* Durch Red. von β-[Thenoyl-(2)]-propionsäuremethylester (**I**) wird *γ-[Thienyl-(2)]-buttersäure* erhalten, deren *Äthylester* bei der Einw. von N-Methylformanilid u. $POCl_3$ *2-[γ-Carbäthoxypropyl]-thiophenaldehyd-(5)* (**II**) gibt. Dieser reagiert mit NH_4CN unter Bldg. von *α-Amino-[5-(γ-carboxypropyl)-thienyl-(2)]-essigsäurehydrochlorid,* das leicht HCl abgibt u. in die *freie Base* übergeht. Diese liefert bei der Hydrierung in Ggw. von RANEY-Ni *α-Aminosebacinsäure.* Analog wird, ausgehend von γ-[Thenoyl-(2)]-buttersäuremethylester *2-Aminononandicarbonsäure-(1.9)* dargestellt. Das Oxim von γ-[2-(γ'-Carboxypropyl)-thenoyl-(5)]-buttersäure gibt bei der Red. mit RANEY-Ni ein Gemisch aus *δ-Aminobrassylsäure* (**III**) u. *ω-[Piperidon-(2)-yl-(6)]-caprylsäure* (**IV**), das durch fraktionierte Kristallisation aus A. getrennt wird.

V e r s u c h e: *γ-[Thienyl-(2)]-buttersäure,* durch Red. von **I** nach HUANG-MINLON; 90%. *Äthylester,* durch Kochen der Säure mit HCl-gesätt. A.; 89—92%. — *2-[γ-Carbäthoxypropyl]-thiophenaldehyd-(5)* (**II**), durch Formylierung vorst. Äthylesters mit N-Methylformanilid + $POCl_3$; 75—83%. — *α-Amino-[5-(γ'-carboxypropyl)-thienyl-(2)]-essigsäure,* $C_{10}H_{13}O_4NS$, F. 191° (Zers.), aus vorst. Verb. durch Aminonitrilsynth. (vgl. C. **1956.** 5254) u. HCl-Abspaltung aus dem entstehenden Hydrochlorid; ∼20—30%. *p-Toluolsulfonylderiv.,* F. 132—133°. — *α-Aminosebacinsäure,* $C_{10}H_{19}O_4N$, F. 233—234° (Zers.), durch Hydrierung vorst. Verb. (vgl. l. c.) 83%. *p-Toluolsulfonylderiv.,* F. 94—95°. *Hydrochlorid,* F. 156—158°. — *δ-[Thienyl-(2)]-valeriansäure,* durch Red. von γ-[Thenoyl-(2)]-buttersäuremethylester; 90%. *Äthylester,* 89—92%. — *2-[δ-Carbäthoxybutyl]-thiophenaldehyd-(5)*; 75—83%. — *α-Amino-[5-(δ'-carboxybutyl)-thienyl-(2)]-essigsäure,* $C_{11}H_{15}\cdot O_4NS$, F. 175° (Zers.); 20—30%. *p-Toluolsulfonylderiv.,* F. 127—128°. — *2-Aminononandicarbonsäure-(1.9),* $C_{11}H_{21}O_4N$, F. 226—228° (Zers.); 78%. *Hydrochlorid,* F. 149—151°. — *γ-[2-(γ'-Carbäthoxypropyl)-thenoyl-(5)]-buttersäuremethylester,* durch Rk. von γ-[Thienyl-(2)]-buttersäureäthylester mit Glutarsäuremethylesterchlorid in Bzl. in Ggw. von $SnCl_2$; 93%. — *γ-[2-(γ'-Carboxypropyl)-thenoyl-(5)]-buttersäure,* durch alkal. Verseifung vorst. Verb.; 93%. *Oxim*; 95%. — *ω-[Piperidon-(2)-yl-(6)]-caprylsäure* (**IV**), $C_{13}H_{23}O_3N$, F. 140—141,5° (wss. A., dann NaOH + Essigsäure), man rührt 8,2 g vorst. Oxims, 250 ml 5% ig. NH_4OH u. 30 g RANEY-Ni 2 Std. bei 75—80° u. erhält ein **III–IV**-Gemisch (5,6 g), das aus wss. A. mehrfach umkrist. wird. Kocht man das Gemisch mit konz. HCl, so erhält man *δ-Aminobrassylsäure* (**III**)-*hydrochlorid,* F. 143—145°, u. daraus durch Behandeln mit wss. NH_3 **III**, $C_{13}H_{25}O_4N$, F. 139,5—140°. *p-Toluolsulfonylderiv.,* $C_{20}H_{31}O_6NS$, F. 114 bis 115° (Известия Академии Наук СССР, Отделение Химических Наук [Nachr. Akad. Wiss. UdSSR, Abt. chem. Wiss.] **1956.** 1276—78. Okt. Zelinsky-Inst. für organ. Chem. der Akad. der Wiss. der UdSSR.) O. POLLAK V. EMHOFEN. 950

Kenzi Okawa, *Untersuchungen über Serin-Peptide.* 1. Mitt. *Optische Spaltung von O-Benzyl-DL-serin und Synthese von DL-Serinpeptiden.* Vf. beschreibt die enzymat. Spaltung von *O-Benzyl-N-acetyl-DL-serin* mit Takadiastase (78% Ausbeute an *O-Benzyl-L-serin,* L-**II**). Nach der Meth. von BAILEY (vgl. C. **1951.** II. 959) wurden durch Rk. von *O-Benzyl-DL-serin-N-carbonsäureanhydrid* (**I**) mit Glycin-, L-Glutaminsäure-, L-Leucin-bzw. L-Phenylalaninäthylester die entsprechenden *Dipeptidderivv.* erhalten, die außer *O-Benzyl-DL-serylglycin* (**III**) mit unbefriedigenden Ausbeuten u. mit Nebenprodd. verunreinigt anfallen. Aus O-Benzyl-N-carbobenzoxy-DL-serin wird *O-Benzyl-N-carbobenzoxy-DL-seryl-L-leucinäthylester* nach der Säurechloridmeth. in 70% ig. Ausbeute gewonnen. Versuche: *O-Benzyl-N-acetyl-DL-serin,* $C_{12}H_{15}O_4N$, F. 139—140° (W.), durch Rk. von O-Benzyl-DL-serin (DL-**II**) mit Acetanhydrid in 2n NaOH unter Kühlen u. Neutralisieren mit n-HCl; 80% (Ausbeute). — *O-Benzyl-L-serin* (L-**II**), durch Extrahieren von Takadiastase mit W. bei 0°, Filtrieren über Celite u. Vereinigen mit vorst. Verb. in 6n NaOH, Einstellen mit Phosphatpuffer auf p_H 6,8, Stehen über Nacht bei 37°, Ansäuern mit Eisessig auf p_H 5, Filtrieren u. Einengen; $[\alpha]_D^{15}$ +5,86° (n-HCl); 78%. — *O-Benzyl-N-acetyl-D-serin,* F. 103° (W.), durch Ansäuern der Mutterlauge vorst. Verb. mit konz. HCl (p_H 2), Extrahieren mit Essigester, Einengen u. Zugeben von PAe.; 80%. — *D- u. L-Serin* durch Säurehydrolyse der Benzylderivv.; $[\alpha]_D^{15}$ —14,6° bzw. +14,6° (n-HCl). — *O-Benzyl-DL-serin-N-carbonsäureanhydrid* (**I**), F. 76—77° (Essigester/PAe.), durch Rk. von DL-**II** mit $COCl_2$ in Dioxan bei 40—50°; 82%. — *O-Benzyl-DL-serylglycin* (**III**), $C_{12}H_{16}O_4N_2$, F. 202°, durch Rk. von Glycinäthylester (aus dem Hydrochlorid mit 1,66n NH_4OH–Chlf.-Lsg.) mit **I** bei —65° in Ggw. von Triäthylamin, 6std. Stehen bei —65°, Erwärmen auf Raumtemp., Einengen, Verseifen mit 0,37n $Ba(OH)_2$, Neutralisieren mit 0,37n H_2SO_4 u. Einengen; 65%. — *DL-Serylglycinhydrochlorid,* $C_5H_{11}O_4N_2Cl$, F. 195° (Zers.), durch Hydrieren von **III** in Methanol u. Ggw. von HCl u. PdO_2; 95%. — *O-Benzyl-DL-seryl-L-glutaminsäure,* $C_{15}H_{20}O_6N_2$, analog **III**; 50%. — *O-Benzyl-DL-seryl-L-leucin,* $C_{16}H_{24}O_4N_2$; 10%. — *O-Benzyl-DL-seryl-L-phenylalanin,* $C_{19}H_{22}O_4N_2$; 10%. — *O-Benzyl-N-carbobenzoxy-DL-serin,* aus DL-**II** u. Carbobenzoxychlorid; 80%. — *O-Benzyl-N-carbobenzoxy-DL-seryl-L-leucinäthylester,* $C_{26}H_{34}O_6N_2$, F. 78° (Essigester/PAe.), durch Rk. der vorst. Verb. mit PCl_5 in absol. Ae., Einengen, Extrahieren mit PAe., Lösen in Essigester, Zugeben von L-Leucinäthylester u. Stehen über Nacht; 70%. — *O-Benzyl-N-carbobenzoxy-DL-seryl-L-leucin,* F. 92° (Essigester/PAe.), aus vorst. Verb. mit n-NaOH in Aceton; 72%. — *DL-Seryl-L-leucin,* $C_9H_{18}O_4N_2$, F. 189°, durch Hydrieren der vorst. Verb. in Methanol in Ggw. von PdO_2 u. Essigsäure; 71%. (Bull. chem. Soc. Japan **29.** 486—88. Juni 1956. Osaka, Univ., Fac. of Sci., Dep. of Chem. [Orig.: engl.])

E. SCHRÖDER. 950

Kenzi Okawa, *Untersuchungen über Serin-Peptide.* 2. Mitt. *Synthese von optischaktiven Serin–Peptid-Derivaten.* (1. vgl. vorst. Ref.) O-Benzyl-N-carbobenzoxy-L-serin wurde nach der Dicyclohexylcarbodiimid (**I**)-Meth. mit L-Histidin-, L-Tyrosinmethylester u. L-Cystindimethylester zu den entsprechenden *Dipeptidderivv.* gekuppelt. Versuche: *N.N'-Dicyclohexylthioharnstoff,* F. 180—181° (A.), durch 24std. Kochen von 100 g Cyclohexylamin mit 100 g CS_2 in A. in Ggw. von NaOH u. Kühlen; 100 g (Ausbeute). — *Dicyclohexylcarbodiimid* (**I**), Kp.$_4$ 132°, durch $1^1/_4$std. Schütteln der vorst. Verb. in CS_2 mit frischem HgO, Einengen, Lösen in PAe. u. Einengen; 80%. — *O-Benzyl-N-carbobenzoxy-L-serin* (**II**), F. 98°. — *O-Benzyl-N-carbobenzoxy-L-seryl-L-tyrosinmethylester* (**III**), $C_{28}H_{30}O_7N_2$, F. 111—112° (Essigester/PAe.), durch 4std. Stehen von **II** mit Tyrosinmethylester in Tetrahydrofuran in Ggw. von **I**, Zugeben von Essigsäure, 1std. Stehen, Einengen u. Aufnehmen in Essigester; $[\alpha]_D^{15}$ +15,5° (28,4 mg/ml 99% ig. A.); 72%. — *O-Benzyl-N-carbobenzoxy-L-seryl-L-histidinmethylester,* $C_{25}H_{28}O_6N_4$, F. 110°, analog **III**; $[\alpha]_D^{15}$ +7,21° (49,2 mg/ml 99% ig. A.); 87%. — *Bis-[O-benzyl-N-carbobenzoxy-L-seryl]-L-cystindimethylester,* $C_{44}H_{50}O_{12}N_4S_2$, F. 101—102°, analog **III**; $[\alpha]_D^{15}$ +22,17° (26,6 mg/ml Essigester); 57%. (Bull. chem. Soc. Japan **29.** 488—89. Juni 1956. [Orig.: engl.])

E. SCHRÖDER. 950

Károly Szabó und **György Matolcsy,** *Neue phosphorhaltige organische Verbindungen als Insekticide.* 1. Mitt. *Gemischte Anhydride.* Bei der Herst. von insekticiden Derivv. der Phosphorsäure gelangten Vff. zu einer neuen Art von Verbb., indem gemischte Anhydride von im Säurerest S enthaltenden Säuren mit O.O-Dialkylthiophosphat hergestellt wurden. Zu diesem Zweck wurde das Chlorid einer Säurekomponente u. das Salz der anderen Säure verwendet, ausnahmsweise die freie Säure. Die Prodd. sind gelbe, in W. prakt. unlösl. Öle. Die Reinigung ist schwierig, weil die Öle nicht kristallisieren u. bei dem auch im Vakuum sehr hohen Kp. die bei den Thiophosphorsäuren bekannte irreversible Strukturänderung erleiden können. Vff. beschränkten sich deshalb auf den Nachw. der unveränderten —CS·S-Gruppe nach der Hydrolyse als CS_2 bzw. Xanthogenat. Die Anhydride zwischen Xanthogensäuren u. Diäthylthiophosphorsäure (**I**) wirken schwach insekticid. Wirksamer sind die Anhydride zwischen Dithiocarbaminsäure bzw. deren N-substituierten Derivv. u. I; das Diäthyldithiocarbaminsäurediäthylthiophosphorsäureanhydrid hat bes. geringe Wrkg. auf Warmblüter. Sehr starke insekticide Wrkg. zeigt das Trichlormethansulfensäurediäthylthiophosphorsäureanhydrid, doch ist dieses wegen starker Giftwrkg. gegen Warmblüter wertlos. Sehr aussichtsreich ist das Thioessigsäurediäthylthiophosphorsäureanhydrid, das stark insekticid wirkt u. dabei für Warmblüter kaum schädlich ist.

Versuche (-diäthylthiophosphorsäureanhydrid = **II**): *Diäthyldithiocarbaminsäure*-**II**, $C_9H_{20}O_2NS_3P$, n_D^{20} 1,5029, Na-Diäthyldithiocarbamat wird in Aceton bis zum Sieden erhitzt, dann langsam **I**-Chlorid zugetropft, NaCl wird abfiltriert u. die Lsg. in W. gegossen; gelbe, ölige Fl.; 69% (Ausbeute). — *Trichlormethansulfensäure*-**II**, $C_5H_{10}O_3 \cdot Cl_3S_2P$; Na-Diäthylthiophosphat wird in Bzl. mit Eis gekühlt u. Trichlormethansulfensäurechlorid in Bzl. zugetropft, dann unter Rückfluß 1 Std. gekocht, NaCl abfiltriert u. die Lsg. in W. gegossen; dunkles Öl; 40,7%. — *Thioessigsäure*-**II**, $C_6H_{13}O_3S_2P$, n_D^{20} 1,4749, in die Mischung von **I**-Chlorid u. Thioessigsäure, in Eis gekühlt, wird Pyridin getropft, das ausgeschiedene Pyridinhydrochlorid entfernt, das Prod. in Ae. gelöst u. mit W. gewaschen. Gelbes, stechend riechendes Öl. — In gleicher oder ähnlicher Weise wurden noch hergestellt: *Methylxanthogensäure*-**II**, $C_6H_{13}O_3S_3P$. — *Äthylxanthogensäure*-**II**, $C_7H_{15}O_3S_3P$, n_D^{20} 1,4855. — *Thioglykolyldixanthogensäure-bis*-**II**, $C_{12}H_{24}O_5S_7P_2$, n_D^{20} 1,4956. — *Dithiocarbaminsäure*-**II**, $C_5H_{12}O_2NS_3P$. — *Dimethyldithiocarbaminsäure*-**II**, $C_7H_{16}O_2NS_3P$, n_D^{20} 1,4814. — *Phenyldithiocarbaminsäure*-**II**, $C_{11}H_{16}O_2NS_3P$, n_D^{20} 1,4938. — *m-Chlorphenyldithiocarbaminsäure*-**II**, $C_{11}H_{15}O_2ClNS_3P$. — *Cyclohexyldithiocarbaminsäure*-**II**, $C_{11}H_{22}O_2NS_3P$, n_D^{20} 1,4997. — *Trithiokohlensäure-bis*-**II**, $C_9H_{20}O_4S_5P_2$, n_D^{20} 1,5286. — Die Wrkg. sämtlicher Prodd. auf Musca domestica, Doralis fabea, Calandra granaria u. Warmblüter wurde untersucht. (Magyar Kémiai Folyóirat [Ung. Z. Chem.] **61**. 80—84. März 1955. Budapest, Inst. für Pflanzenschutz.) J. PLANK. 980

Károly Szabó und **K. Görög**, *Neue phosphorhaltige organische Verbindungen als Insekticide.* 2. Mitt. *Herstellung und Wirkung von S-[2-Acetyl-2-carbäthoxyalkyl]-O.O-dimethyldithiophosphaten und ihren Derivaten.* (1. vgl. vorst. Ref.) Auf Grund des Verf. von CASSADAY (A. P. 2 578 652; C. **1953**. 2195) stellten Vff. dem Malathion ähnliche Prodd. her, um dadurch stark insekticide, jedoch auf Warmblüter wenig wirkende Verbb. zu erhalten. Im ersten Schritt wurden Acetessigsäureäthylester mit dem entsprechenden Aldehyd oder Keton u. Essigsäureanhydrid in ungesätt. Acetessigsäureäthylesterderivv. (**I**) übergeführt, dann nach dem Verf. von FLETCHER u. Mitarbeiter (C. **1951**. II 2866) *O.O-Dimethyldithiophosphorsäure* (**II**) hergestellt u. schließlich **I** mit **II** nach dem Verf. von CASSADAY addiert. Die Wrkg. der Prodd. kommt dem Malathion sehr nahe; sie sind für Warmblüter beinahe unschädlich.

Versuche: *S-[2-Acetyl-2-carbäthoxyäthyl]-O.O-dimethyldithiophosphat*, $C_9H_{17}O_5 \cdot S_2P$, O.O-Dimethyldithiophosphorsäure (**II**) wird mit Methylenacetessigsäureäthylester in Ggw. von Hydrochinon u. einigen Tropfen Pyridin 24 Std. auf 60—70° erhitzt, in Bzl. gelöst, mit 10%ig. Sodalsg. u. W. gewaschen, über Na_2SO_4 getrocknet u. das Bzl. unter 30 mm Druck abgetrieben; n_D^{20} 1,4978, D. 1,1167; 70% (Ausbeute). — *S-[1-Methyl-2-acetyl-2-carbäthoxyäthyl]-O.O-dimethyldithiophosphat*, $C_{10}H_{19}O_5S_2P$, aus Äthylidenacetessigsäureäthylester u. **II** wie oben, n_D^{20} 1,4872, D. 1,1042; 100%. — *S-[1.1-Dimethyl-2-acetyl-2-carbäthoxyäthyl]-O.O-dimethyldithiophosphat*, $C_{11}H_{21}O_5S_2P$, aus Isopropylidenacetessigsäureäthylester u. **II** wie oben, n_D^{20} 1 4790, D. 1,0967; 97%. — *S-[Trichlormethyl-2-acetyl-2-carbäthoxyäthyl]-O.O-dimethyldithiophosphat*, $C_{10}H_{16}O_5Cl_3S_2P$, aus Trichloräthylidenacetessigsäureäthylester u. **II** wie oben, n_D^{20} 1,5059, D. 1,2512; 69%. — *S-[1-Furfuryl-2-acetyl-2-carbäthoxyäthyl]-O.O-dimethyldithiophosphat*, $C_{14}H_{21}O_6S_2P$, aus Furfurylidenacetessigsäureäthylester u. **II** wie oben, n_D^{20} 1,5229, D. 1,1878; 73%. — Sämtliche Prodd. sind zersetzlich u. können auch im Hochvakuum nicht dest. werden. (Magyar Kémiai Folyóirat [Ung. Z. Chem.] **61**. 84—89. März 1955.) J. PLANK. 980

B. B. Elsner, H. E. Strauss und **E. J. Forbes**, *Synthese von cyclischen Kohlenwasserstoffen.* 1. Mitt. *o-Dialkylbenzole.* Vff. beschreiben die Synth. von *o-Diäthylbenzol* (**I**) auf 2 Wegen: 1. durch Überführung von Isochinolin in *1.2.3.4-Tetrahydro-1.2-dimethylisochinolin*, HOFMANNsche Ringspaltung des *Methojodids* (**II**) zu *N-[α- oder β-(o-Vinylphenyl)-äthyl]-dimethylamin* (**VI**), das durch Hydrierung u. Schütteln des hydrierten Methojodids (**III**) mit Ag_2O *o-Äthylstyrol* u. schließlich durch Hydrierung **I** liefert; 2. durch katalyt. Hydrierung von o-Acetylbenzoesäure (**IV**) (Darst. aus Phthalsäureanhydrid) zu *o-Äthylbenzoesäure* (**V**) (o-Propionylbenzoesäure liefert analog *o-Propylbenzoesäure*), Rk. von *o-Acetylbenzoylchlorid* mit Dimethylcadmium zu *o-Äthylacetophenon* (aus *o-Propylbenzoylchlorid* analog *o-Propylacetophenon*), das nach der Meth. von HUANG-MINLON zu **I** red. wurde (analog *o-Äthylpropylbenzol*). *o-Äthylisopropylbenzol* wurde durch katalyt. Hydrierung des nach Bennett u. Wain (J. chem. Soc. [London] **1936**. 1114) hergestellten *2-[o-Acetylphenyl]-propanols-(2)* erhalten. Die Darst. von *o-Diisopropylbenzol* erfolgte aus 1.2-Bis-[1-hydroxy-1-methyläthyl]-benzol mit HJ in Acetanhydrid.

Versuche: *1.2-Dihydro-1.2-dimethylisochinolin*, $Kp._{10}$ 123—124°, durch Rk. von Methylisochinoliniumjodid mit CH_3MgJ in Ae. bei 0°, 1std. Stehen u. Zers. mit NH_4Cl u. Eis; 79% (Ausbeute). — *1.2.3.4-Tetrahydro-1.2-dimethylisochinolin*, $Kp._9$ 110°, durch $^1/_2$std. Hydrieren der vorst. Verb. in A. in Ggw. von Adams-Katalysator; n_D^{20} 1,5390; 90%. *Methojodid* (**II**), $C_{12}H_{18}NJ$, F. 186° (A.), kurze Nadeln; 89%. — *N-[α- oder β-(o-Äthylphenyl)-äthyl]-trimethylammoniumjodid* (**III**), $C_{13}H_{22}NJ$, F. 173° (Essigester/PAe.), durch 1std. Schütteln von 20 g **II** in W. mit 20 g Ag_2O bei 60°, Einengen, Dest. bei $Kp._{15}$ 110°, Lösen des gebildeten **VI** in A., Hydrieren mit Adams Katalysator, Einengen, Lösen in Ae., Zugeben von CH_3J u. 2std. Stehen; Blättchen; 9 g. — *Trimethyl-[α- oder β-(o-vinylphenyl)-äthyl]-ammoniumjodid*, $C_{13}H_{20}NJ$, F. 138—139° (Essigester/A.), durch Hofmannschen Abbau von **II** u. Zugeben von CH_3J; Rhomben. — *o-Acetylbenzoesäure* (**IV**), F. 117—118°, a) nach de Benneville (J. Org. Chemistry **6**. [1941.] 462); 45%; b) nach Gabriel u. Neumann [1893]; 25%. — *o-Äthylbenzoesäure* (**V**), F. 64—65° (W./A.), a) durch Neutralisieren (p_H 8) von **IV** mit 15% ig. Na_2CO_3-Lsg., 7std. Hydrieren bei 250 bis 255°/110 at in Ggw. von Cu–Cr-Oxyd, erneutes Zugeben des Katalysators, 7std. Hydrieren u. Ansäuern; 89%; b) durch Hydrieren bei 200° keine vollständige Red. der CO-Gruppe, daher Abtrennen von gebildetem *3-Methylphthalid* ($Kp._{12}$ 138—140°) mit Ae./$NaHCO_3$; c) durch Red. bei 280—290°; 50%. — *1-Hydroxy-4-methylphthalazin*, $C_9H_8ON_2$, F. 220°, durch Red. von **IV** mit $N_2H_4 \cdot H_2O$. — *2-Carbamyl-1.2-dihydro-4-methyl-1-oxophthalazin*, $C_{10}H_9O_2N_3$, F. 224°, durch Red. von **IV** mit Semicarbazid·HCl in Pyridin. — *o-Äthylacetophenon*, $Kp._{30}$ 115—116°, durch Rk. von wasserfreiem $CdCl_2$ mit CH_3MgCl in Ae., $^1/_2$std. Kochen, Einengen, Aufnehmen in Bzl., Zugeben von o-Äthylbenzoylchlorid ($Kp._{15}$ 97—98°) innerhalb 30 Min., 2std. Kochen u. Zugeben von Eis u. verd. H_2SO_4; n_D^{18} 1,5250; 71%. *Semicarbazon*, F. 185°. — *o-Diäthylbenzol* (**I**), $Kp._{755}$ 182,9°; a) durch Lösen von Na in Diäthylenglykol, Zugeben vorst. Ketons u. 100% ig. $N_2H_4 \cdot H_2O$, 2std. Kochen, Dest. bis zur Temp. von 220°, 3std. Kochen, Ansäuern, Extrahieren mit Ae., Einengen u. Kochen mit Na u. dann mit K; n_D^{20} 1,5033, $D._4^{20}$ 0,8796; 84%; b) durch Schütteln von **III** in W. mit Ag_2O, 45 Min. bei 60°, Einengen, Dest. bei 130° u. Hydrieren des *o-Äthylstyrols* in A. mit Adams-Katalysator; c) durch Hydrieren vorst. Ketons mit Cu–Cr-Oxyd, 12 Std. bei 230°/110 at; daneben geringe Mengen *1.2-Diäthylcyclohexan*. — *3.3-Dimethylphthalid*, F. 71°, $Kp._{0,1}$ 96—97°, durch Rk. von CH_3MgCl mit 44,4 g Diäthylphthalat in Ae. u. 1std. Rühren bei Raumtemp.; Blättchen; 13,1 g. — *o-Isopropylbenzoesäure*, $C_{10}H_{12}O_2$, F. 64°, $Kp._{25}$ 160—161°, durch 7std. Hydrieren der vorst. Verb. in NaOH in Ggw. von Cu–Cr-Oxyd bei 250—255°/110 at u. Ansäuern; 95%. *Anilid*, F. 137°. — *o-Propylbenzoesäure*, F. 58°, $Kp._{20}$ 164—165°, analog **V** aus o-Propionylbenzoesäure (F. 93—94°); 78%. — *o-Propylacetophenon*, $C_{11}H_{14}O$, $Kp._{0,04}$ 58—60°, durch Rk. von *o-Propylbenzoylchlorid* ($Kp._{12}$ 111—112°) mit $Cd(CH_3)_2$; n_D^{16} 1,5203; 49%. *2.4-Dinitrophenylhydrazon*, $C_{17}H_{18}O_4N_4$, F. 131° (A.), gelbe Nadeln. — *o-Äthylpropylbenzol*, $C_{11}H_{16}$, $Kp._{760}$ 200,9°; analog **I**; n_D^{20} 1,4990, $D._4^{20}$ 0,8732; 83%. — *2-[o-Acetylphenyl]-propanol-(2)*, F. 115°, nach Bennett u. Wain (l. c.). *2.4-Dinitrophenylhydrazon*, $C_{17}H_{18}O_5N_4$, F. 172°. — *o-Äthylisopropylbenzol*, $C_{11}H_{16}$, $Kp._{752}$ 192,2°, durch 7std. Hydrieren der vorst. Verb. mit Cu–Cr-Oxyd bei 200—210°/115 at u. analog **I**; n_D^{20} 1,4980, $D._4^{20}$ 0,8747. — *o-Diisopropylbenzol*, $C_{12}H_{18}$, Kp. 203—204°, a) durch Erwärmen von o-Bis-[1-hydroxy-1-methyläthyl]-benzol (Kp. 165—166°) in Acetanhydrid mit rotem P, Zugeben von 55% ig. HJ zur kalten Lsg., 2std. Kochen, erneute Zugabe von HJ, 12std. Kochen, Einleiten von SO_2 u. Dest. der öligen Schicht über Na; n_D^{20} 1,4949; 41%; b) durch katalyt. Hydrierung mit Cu–Cr-Oxyd, 7 Std. bei 200°/115 at, nur geringe Mengen. (J. chem. Soc. [London] **1957**. 578—82. Febr. Oxford, Dyson Perrins Labor.)

E. Schröder. 1010

B. B. Elsner und **H. E. Strauss**, *Synthese von cyclischen Kohlenwasserstoffen*. 2. Mitt. *Dehydrierung von 1.2-Dialkylcyclohexanen zu o-Dialkylbenzolen*. (1. vgl. vorst. Ref.) 1.2-Diäthyl-, 1.2-Dipropyl-, 1-Butyl-2-propyl-, 1.2-Dibutyl- u. 1-Butyl-2-pentylcyclohexan (**I**) wurden in der Dampfphase in Ggw. von Pt/Kohle oder Pd/Asbest bei 320 bis 330° zu den entsprechenden *1.2-Dialkylbenzolen* (**A**) dehydriert. Die Aktivität des Katalysators nimmt schnell ab. Die Dehydrierung ist abhängig von der Temp., der Dampfgeschwindigkeit u. den Dialkylcyclohexan- u. Katalysatormengen. **I** u. 1-Butyl-2-hexylcyclohexan wurden ferner durch Kochen mit Pd/Kohle dehydriert. Die erhaltenen **A** wurden von hydroaromat. Verunreinigungen über die *Ca-Salze* der *Sulfonsäuren* gereinigt (außer o-Butylpentylbenzol). Die Rückgewinnung der **A** gelang durch Erhitzen mit konz. HCl im Rohr bei 200°. Ergebnisse der Infrarot- u. UV-Spektren werden angegeben.

V e r s u c h e: *o-Diäthylbenzol*, $Kp._{755}$ 182,9°, durch Dehydrierung von 1.2-Diäthylcyclohexan mit Pd/Asbest bei 300—320° u. einer Geschwindigkeit von 6—8 Tropfen/Min., dann bei 330—350°/1—2 Tropfen/Min. u. Kochen mit Na; n_D^{20} 1,5035, $D.^{20}_4$ 0,8796. — *o-Äthylpropylbenzol*, $Kp._{764}$ 200,8—201°, analog vorst. Verb. (1 Tropfen/Min.); n_D^{20} 1,4990, $D.^{20}_4$ 0,8732. — *o-Dipropylbenzol*, $C_{12}H_{18}$, Kp. 216—217°, durch Rk. von 15,5 g 1.2-Dipropylcyclohexan mit H_2 in Ggw. von 30% ig. Pt/Kohle bei 320—330°, Kochen des Reaktionsprod. mit K u. Reinigen über das *Ca-Sulfonat*; n_D^{19} 1,4946, $D.^{20}_4$ 0,8713; 6,4 g (Ausbeute). — *o-Propylbutylbenzol* (II), $C_{13}H_{20}$, $Kp._{20}$ 114—116°, a) durch Dehydrieren von 47 g 1-Butyl-2-propylcyclohexen in der Dampfphase u. Dest. über K, Rk. mit konz. H_2SO_4 in der Kälte, 3std. Rühren bei Raumtemp., Gießen auf Eis, Alkalisieren mit verd. NaOH, Extrahieren mit Ae., Ansäuern mit H_2SO_4 u. Zers. der *1-Butyl-2-propylbenzolsulfonsäure-*(*x*) mit Wasserdampf bei 140°; n_D^{18} 1,4899; 34,7 g; b) durch Rk. von 1-Butyl-2-propylcyclohexan mit 30% ig. Pd/Asbest bei 330—350° u. 20 Min. Kochen des Reaktionsprod. mit K; n_D^{20} 1,4936, $D.^{20}_4$ 0,8662. *Ba-1-butyl-2-propylbenzolsulfonat*, $C_{26}H_{38}O_6 \cdot S_2Ba$. *Ca-1-Butyl-2-propylbenzolsulfonat*, analog a), Gießen auf Eis, Extrahieren mit Ae, Einengen, Lösen in W., Neutralisieren mit $Ca(OH)_2$, Extrahieren mit Ae. u. Einengen der wss. Lsg.; hygroskop., gelbbraune Kristalle. Hieraus durch 4std. Erhitzen im Rohr mit konz. HCl auf 200° unter N_2, Sättigen mit NH_4Cl, Ausäthern u. Kochen bei 200° (30 Min.) mit 72% K II. — *o-Dibutylbenzol*, $C_{14}H_{22}$, $Kp._{16}$ 125—126°, durch Dehydrieren von 1.2-Dibutylcyclohexan in der Dampfphase mit Pd/Asbest u. Reinigen über das *Ca-Sulfonat*; n_D^{20} 1,4899, $D.^{20}_4$ 0,8640; 89%. — *o-Butylpentylbenzol*, $C_{15}H_{24}$, $Kp._{10}$ 127,3°, a) analog vorst. Verb. bei 330—350°; n_D^{20} 1,4898, $D.^{20}_4$ 0,8634; b) durch 2std. Dehydrieren von I in fl. Phase mit Pd/Kohle bei 220—230°, 26 Std. bei 240—250° u. 2 Std. bei 260° unter N_2; n_D^{20} 1,4890; 95%. — *o-Butylhexylbenzol*, $C_{16}H_{26}$, $Kp._{15}$ 150,8°, analog b) der vorst. Verb.; n_D^{20} 1,4880, $D.^{20}_4$ 0,8618; 95%; Reinigen über das *Ca-Sulfonat* (8std. Zers. mit konz. HCl); 56%. (J. chem. Soc. [London] **1957**. 583—88. Febr.) E. SCHRÖDER. 1010

G. R. Yohe, J. E. Dunbar, R. L. Pedrotti, F. M. Scheidt, Fred G. H. Lee und Earle C. Smith, *Oxydation von 2.6-Di-tert.-butyl-4-methylphenol.* Vff. untersuchen die Verb. $C_{14}H_{22}O_3$ (**I**), die neben anderen Verbb. (vgl. C. **1954.** 9257) bei der Oxydation von 2.6-Di-tert.-butyl-4-methyl- (**II**), -4-formyl- (**III**), -4-carboxyphenol (**IV**) oder 2.6-Di-tert.-butylbenzochinon (**V**) mit O_2 bei 100° u. 910 Torr in Ggw. von 50% ig. NaOH entsteht. **I** reagiert als einbas. Säure, gibt positive Enol-Rk., Acetyl- u. Benzoylderivv., aber negative Rk. auf die Phenolprobe. Bei der $KMnO_4$-Oxydation entsteht *2.3-Di-tert.-butylbernsteinsäureanhydrid*, was auf eine Umlagerung der tert.-Butylgruppen schließen läßt. Eine Strukturformel wird nicht aufgestellt.

V e r s u c h e: *3.5-Di-tert.-butyl-4-hydroxybenzaldehyd* (**III**), F. 187—189° (Aceton), a) durch Einleiten von CO_2 in die wss.-alkal., mit PAe. extrahierte Phase der Oxydation von **II**; b) durch Bromoxydation von **II**; 70% (Ausbeute). *2.4-Dinitrophenylhydrazon*, F. 235—236° (korr.). — *Säure $C_{14}H_{22}O_3$* (**I**), F. 134—135°, a) durch Ansäuern der alkal. Phase mit verd. H_2SO_4 u. Wasserdampfdest., Reinigung durch Sublimation bei 85—100°/2,5 mm; b) durch 48std. Oxydation von 20 g **III** in 4n NaOH bei 85—90° mit O_2 u. anschließendes Ansäuern mit verd. H_2SO_4, Reinigung durch Sublimation bei 90°/2 mm; 12—30%; c) durch Oxydation von **IV** wie vorst.; 21%; d) durch Oxydation von **V** wie vorst.; 47%. — *Trimethylessigsäure*, Kp. 157—159°, a) durch Oxydation von **II**; b) im Filtrat von **I** bei der Oxydation von **III**; n_D^{37} 1,400 (*Anilid*, F. 128—129°); c) durch Oxydation von **V** (*Anilid*, F. 129,5—131°). — *2.6-Di-tert.-butylbenzochinon* (**V**), F. 66,5 bis 68° (A.), a) bei der Oxydation von **III** im Kühler; $<$ 0,1 g; b) aus **II** durch Oxydation mit CrO_3; 19%; c) aus 2.6-Di-tert.-butylphenol (**VI**) durch Oxydation mit CrO_3; 60%. — *3.5-Di-tert.-butyl-4-hydroxybenzoesäure* (**IV**), $C_{15}H_{22}O_3$, F. 217—218° (50% ig. tert.-Butanol), durch alkal. Oxydation von 30 g **III** in 20 Std. bei 170—190°; 11,2 g. — *3.5-Di-tert.-butyl-4-hydroxybenzylalkohol*, F. 135—136°, durch Red. von **III** oder vorst. Verb. mit $LiAlH_4$; 79%. — *3.5.3'.5'-Tetra-tert.-butyldiphenochinon*, F. 245—246,5°, durch Oxydation von **VI**; dunkelrote Kristalle; 80%. — *Di-tert.-butylbernsteinsäureanhydrid*, $C_{12}H_{20}O_3$, F. 114—115° (Bzn.), durch $KMnO_4$-Oxydation von 1 g **I**, Reinigung durch Sublimation bei 90°/2 mm; 20—60%. — *trans-2.2.5.5-Tetramethylhexen-(3)*, F. —6 bis —4°, Kp. 118—121°, aus 1 g vorst. Verb. u. PbO_2 in 1/2 Std. bei 170 ± 5°; n_D^{20} 1,4113, n_D^{25} 1,4087; ca. 6 Tropfen. (J. org. Chemistry **21**. 1289—92. Nov. 1956. Urbana, Ill., State Geol. Survey.) O. UNGER. 1060

Seiji Ebine, *Eine neue Methode für die Carboxylierung in der Resorcinreihe.* Die HOESCH-Rk. von Resorcin (**I**), 4-Äthyl- (**II**), 4-n-Butyl- (**III**) u. 4-n-Hexylresorcin (**IV**) sowie deren Dimethyläther mit Trichloracetonitril (**V**) lieferte *α.α.α-Trichlormethylketone*, die mit Alkali zu den entsprechenden *Carbonsäuren* u. *Chlf.* gespalten wurden. Die Dimethyläther geben bessere Ausbeuten als die freien Phenole. Pyrogallol (**VI**) gibt mit **V**

ein *Iminoätherhydrochlorid,* aus dem bei der Hydrolyse wieder **VI** entsteht. Aus Pyrogalloltrimethyläther (**VII**) entsteht mit **V** *α.α.α-Trigallacetophenontrimethyläther* (**VIII**), der nach der Spaltung mit Alkali *2.3.4-Trimethoxybenzoesäure* ergibt.

Versuche: *α.α.α-Trichlorresacetophenon* (**IX**), $C_8H_5O_3Cl_3$, F. 142,5° (Bzl.), durch 12std. Einleiten von HCl in eine äther. Lsg. von **I**, **V** u. $ZnCl_2$ unter Eiskühlung u. Rühren; aus Bzl.-PAe. (2:1), dann aus Bzl. Prismen; 55% (Ausbeute). — *5-Äthyl-α.α.α-trichlorresacetophenon* (**X**), $C_{10}H_9O_3Cl_3$, F. 138° (Bzl.), aus **II** u. **V** wie **IX**; aus Bzl. gelbliche Plättchen; 52%. — *5-n-Butyl-α.α.α-trichlorresacetophenon* (**XI**), F. 95—98° (Bzn.), aus **III** u. **V**; Schuppen; 57%. — *5-n-Hexyl-α.α.α-trichlorresacetophenon* (**XII**), $C_{14}H_{17}O_3Cl_3$, F. 71 bis 73° (Bzn.), aus **IV**, **V** u. $ZnCl_2$ in absol. Ae., 20std. Einleiten von HCl unter Eiskühlung u. Rühren, 5 Tage bei 0°, Einleiten von trockener Luft u. ½std. Kochen der rotbraunen M. mit W.; gelbe Plättchen; 2,4 g. — *α.α.α-Trichlorresacetophenondimethyläther* (**XIII**), aus Resorcindimethyläther, **V** u. $ZnCl_2$ in Ae. u. anschließender Hydrolyse; 91%. — *5-Äthyl-α.α.α-trichlorresacetophenondimethyläther* (**XIV**), $C_{12}H_{13}O_3Cl_3$, F. 55,5—56° (Bzl.), aus 4-Äthylresorcindimethyläther u. **V**, körnige Kristalle; 87%. — *5-n-Butyl-α.α.α-trichlorresacetophenondimethyläther* (**XV**), aus 4-n-Butylresorcindimethyläther u. **V**; braunes Öl; 80%. — *5-n-Hexyl-α.α.α.trichlorresacetophenondimethyläther* (**XVI**), aus 4-n-Hexylresorcindimethyläther u. **V**; braunes Öl; 83%. — *α.α.α-Trichlorgallacetophenontrimethyläther* (**VIII**), $C_{11}H_{11}O_4Cl_3$, F. 68—70° (verd. A.), aus **VII** u. **V**; 42%. — *β-Resorcylsäure,* Zers. bei 215—217°, durch Schütteln von **IX** mit 5n NaOH unter Wasserkühlung; Kristalle aus W.; 87%. — *5-Äthyl-β-resorcylsäure,* Zers. bei 185°, aus **X** wie vorst.; Nadeln aus W.; 86%. — *5-n-Butyl-β-resorcylsäure,* Zers. bei 175°, aus **XI**; faserige Nadeln aus verd. A.; 82%. — *5-n-Hexyl-β-resorcylsäure,* Zers. bei 171—173°, aus **XII**; Schuppen aus Bzl.; 85%. — *β-Resorcylsäuredimethyläther,* F. 108° (verd. A.), aus **XIII** nach HOUBEN u. FISCHER [1927; 1929]; 92%. — *5-Äthyl-β-resorcylsäuredimethyläther,* $C_{11}H_{14}O_4$, F. 135° (A.), durch Schütteln von **XIV** mit KOH in verd. A., 1 Std. bei Zimmertemp.; 88%. — *5-n-Butyl-β-resorcylsäuredimethyläther,* $C_{13}H_{18}O_4$, F. 83—84° (verd. A.); aus **XV** wie vorst.; Nadeln; 90%. — *5-n-Hexyl-β-resorcylsäuredimethyläther,* $C_{15}H_{22}O_4$, F. 81,5 bis 82,5° (A.), aus **XVI**; prismat. Nadeln; 92%. — *2.3.4-Trimethoxybenzoesäure,* F. 97—98° (Ae.), aus **VIII** mit KOH in verd. A.; Prismen; 79%. (Sci. Rep. Saitama Univ., Ser. A **2.** 69—78. 1955. Urawa, Saitama Univ., Dep. of Chem.) L. BÜRGER. 1250

George P. Hager und **Tully J. Speaker,** *Derivate von Arylpolycarbaminsäuren von pharmakologischem Interesse.* Vff. stellten zur pharmakolog. Unters. einige in der Estergruppe bas. substituierte *N.N'-Toluylen-2.4-bis-[carbaminsäureester]* u. einen *N.N'-[Diphenylmethan]-p.p' bis-[carbaminsäureester]* durch Rk. der entsprechenden Diisocyanate mit Aminoalkoholen dar. Die quaternären Ammoniumsalze der erhaltenen Verbb. stehen in gewisser Beziehung zu Succinylcholin u. ähnlichen an den motor. Nervenendigungen angreifenden Substanzen u. lassen analoge Effekte erwarten.

Versuche: N.N'-Toluylen-2.4-bis-[carbaminsäureester], durch Zugabe von 0,1 Mol Toluylen-2.4-diisocyanat (**I**) zu 0,2 Mol N-disubstituierten Aminoalkoholen in wasserfreiem Toluol u. 5std. Kochen nach Beendigung der Rk., Fällen mit Ligroin u. Umkrist. aus A. oder Aceton; Ausbeuten ca. 90%: *Bis-β-dimethylaminoäthylester,* $C_{17}H_{28}O_4N_4$, F. 117°. *Dihydrochlorid,* $C_{17}H_{30}O_4N_4Cl_2 \cdot 3\,H_2O$, F. 94—96°. *Dimethojodid,* $C_{19}H_{34}O_4N_4J_2 \cdot 2\,H_2O$, F. 198—199°. — *Bis-β-piperidinoäthylester,* $C_{23}H_{36}$·O_4N_4, F. 125°. *Dihydrochlorid,* $C_{23}H_{38}O_4N_4Cl_2$, F. 135—137°. *Dimethojodid,* $C_{25}H_{42}O_4N_4J_2$, F. 225—226°. — *Bis-β-morpholinoäthylester,* $C_{21}H_{32}O_6N_4$, F. 129—131°. *Dihydrochlorid,* $C_{21}H_{34}O_6N_4Cl_2$, F. 142—144°. *Dimethojodid,* $C_{23}H_{38}O_6N_4J_2$, F. 219° (Zers.). — *Bis-γ-piperidinopropylester,* amorph. *Dihydrochlorid,* $C_{25}H_{42}O_4N_4Cl_2$, F. 102—104°. *Dimethojodid,* $C_{27}H_{46}O_4N_4J_2$, F. 120—122°. — *Bis-γ-morpholinopropylester,* amorph. *Dimethojodid,* $C_{25}H_{42}O_6N_4J_2$, F. 118—120°. — *N.N'-Bis-[β-diäthylaminoäthylcarbamoyl]-toluylen-2.4-diamin* (im Orig. irrtümlich N.N'-Bis-[β-diäthylaminoäthylcarbonyl]-; der Referent), *Dimethojodid* $C_{23}H_{44}O_2N_6J_2$, F. 105—108°, aus 0,1 Mol **I** u. 0,22 Mol N.N-Diäthyläthylendiamin in Toluol unter Rühren u. Kühlen, 6std. Rühren bei Raumtemp. u. Zugabe von CH_3J; aus Aceton/A. Kristalle. — *N.N'-[Diphenylmethan]-p.p'-bis-[carbaminsäure-β-dimethylaminoäthylester],* amorph, aus p.p'-Diisocyanatodiphenylmethan u. β-Dimethylaminoäthanol. *Dimethojodid,* $C_{25}H_{38}O_4N_4J_2$, F. 177—179°. (J. Amer. pharmac. Assoc., sci. Edit. **45.** 411—13. Juni 1956. Baltimore, Md., Univ., School of Pharmacy.) B. LANGHAMMER. 1280

C. G. Overberger, Joseph G. Lombardino und **Richard G. Hiskey,** *Reaktion von N-Nitrosodibenzylaminen mit Natriumhydrosulfit. Eine neue Reaktion.* Verss., N-Nitrosodibenzylamine mit $Na_2S_2O_4$ in alkoh. Alkali bei 60° zu den entsprechenden 1.1-disubstituierten Hydrazinen zu red., ergaben unter N_2-Entw. *KW-stoffe.* Die Rk. von N-Nitrosodibenzylamin (**I**; F. 60—61°) mit $Na_2S_2O_4$ ergab in 77%ig. Ausbeute *Dibenzyl* (F. 53

bis 54°). Aus cis-1-Nitroso-2.6-diphenylpiperidin (**II**; F. 67—69°) wurden 56,8% *cis-1.2-Diphenylcyclopentan* (F. 43,5—45,5°) u. 21,4% *1.5-Diphenylpenten-(1)* (*2.4-Dinitrobenzolsulfenylchloridderiv.*, F. 113—115°) gebildet. trans-1-Nitroso-2.6-diphenylpiperidin (**III**; F. 87—89,5°) ergab durch Behandlung mit $Na_2S_2O_4$ 60,4% eines Gemischs von *cis-* u. *trans-1.2-Diphenylcyclopentan* u. 19% *1.5-Diphenylpenten-(1)*. Die Reaktionsprodd. wurden spektroskop. identifiziert. Durch Rk. von N-Nitrosobenzylphenylamin mit Na_2S_2·O_4 wurde in 77%ig. Ausbeute *1-Benzyl-1-phenylhydrazin* (*Hydrochlorid*, F. 170—172°) erhalten. N-Nitrosodiphenylamin wurde durch analoge Behandlung in *Diphenylamin* (F. 53,2—54,4°; 80%; *Hydrogensulfat*, F. 124,5—126°) übergeführt, während cis-1-Nitroso-2.6-dimethylpiperidin durch $Na_2S_2O_4$ zu *cis-1-Amino-2.6-dimethylpiperidin* (*Pikrat*, F. 167,5—169°) red. wurde. Da die Rk. von **I**, **II** u. **III** mit $Na_2S_2O_4$ dieselben Prodd. ergab, wie die HgO-Oxydation der entsprechenden 1.1-disubstituierten Hydrazine, wird ein gemeinsames Zwischenprod. angenommen. (J. org. Chemistry **22**. 858—59. Juli 1957. Brooklyn, N. Y., Polytechn. Inst., Dep. of Chem.) H. Bertsch. 1310

J. T. Edward, *Die Oxydation primärer aromatischer Amine mit Benzoylperoxyd.* Bei der Oxydation von o- (**I**), m-Toluidin (**II**), 2.4.1- (**III**), 2.5.1-Xylidin (**IV**), p-Brom- (**V**), p-Chlor- (**VI**) u. 2.4-Dichloranilin (**VII**) mit Benzoylperoxyd (**VIII**) werden neben chromatograph. isolierten *Azoverbb.* u. *N-Arylbenzamiden o-Benzamidophenole* erhalten, von denen die Konstitutionen der aus **VI** u. **VII** dargestellten durch Cyclisierung zu *Benzoxazolen* bewiesen werden. Die gleiche Oxydation von Anilin, p-Toluidin, 2.6.1-Xylidin, p-Anisidin oder 2.4.6-Tribromanilin liefert jedoch keine Phenole.

Versuche: *2-Benzamido-m-kresol*, $C_{14}H_{13}O_2N$, F. 185°, aus **I** u. **VIII** in Bzl. bei 5° u. mehrere Std. bei Zimmertemp.; 2% (Ausbeute). — Analog: *2-Benzamido-p-kresol*, F. 184°, aus **II**; < 1%. — *2-Benzamido-3.5.1-xylenol*, F. 209—210°, aus **III**; 5%. — *2-Benzamido-3.6.1-xylenol*, $C_{15}H_{15}O_2N$, 209—212°, aus **IV**; 12%. — *2-Benzamido-5-bromphenol*, $C_{13}H_{10}O_2NBr$, F. 241—242°, aus **V**; 5%. — *2-Benzamido-5-chlorphenol* (**IX**), C_{13}·$H_{10}O_2NCl$, F. 231—232°, aus **VI**; 6%. — *2-Benzamido-3.5-dichlorphenol* (**X**), $C_{13}H_9O_2$·NCl_2, F. 167—170°, aus **VII** (2 Std. kochen); 7%. — *6-Chlor-2-phenylbenzoxazol*, $C_{13}H_8$·ONCl, F. 98—100°, sublimiert aus einem Gemisch von **IX** u. P_2O_5 bei 230°/15 mm; aus wss. Aceton Nadeln. — *4.6-Dichlor-2-phenylbenzoxazol*, $C_{13}H_7ONCl_2$, F. 133—135°, aus **X** wie vorst.; Nadeln. — Neben vorst. Phenolen durch Chromatographie der Neutralfraktion in Bzl. an Al_2O_3: *Azobenzol*, F. 66°; 20%. — Azobenzole: *2.2'-Dimethyl-*, F. 51 bis 53°; 12%. — *3.3'-Dimethyl-*, F. 53—54°; 21%. — *4.4'-Dimethyl-*, F. 141—142°; 5%. — *2.2'.4.4'-Tetramethyl-*, F. 124—126°; 14%. — *2.2'.5.5'-Tetramethyl-*, F. 115—117°; 14%. — *2.2'.6.6'-Tetramethyl-*, $C_{16}H_{18}N_2$, F. 46—47°; < 1%. — *4.4'-Dichlor-*, F. 186—187°; 15%. — *2.2'.4.4'-Tetrachlor-*, F. 162—163°; 5%. — *4.4'-Dibrom-*, $C_{12}H_8N_2Br_2$, F. 204 bis 208°; 5%. — *2.2'.4.4'.6.6'-Hexabrom-*, F. 212—213°; 13%. — *4.4'-Dimethoxy-*, F. 161 bis 162°; 10%. — *Benzanilid*, F. 160—161°; 28%. — *Benzo-m-toluidid*, F. 125°; 4%. — *Benzo-p-toluidid*, F. 157—158°; 4%. — *Benzo-2.4.1-xylidid*, F. 185—187°; 2%. — *Benzo-2.5.1-xylidid*, F. 135°. — *N-Benzoyl-p-chloranilin*, $C_{13}H_{10}ONCl$, F. 190—191°; 5%. — *N-Benzoyl-p-bromanilin*, $C_{13}H_{10}ONBr$, F. 206—208°; 19%. — *Benzo-p-anisidid*, F. 153 bis 154°. (J. chem. Soc. [London] **1956**. 222—23. Jan. Birmingham, Univ., Chem. Dep.) W. Lässig. 1320

Charles Riffkin und **Nathan Rubin,** *Synthesen von Aminoäthern mit möglicherweise pharmakologischer Wirksamkeit.* Zwecks Prüfung der pharmakolog. Aktivität wurden einige *Aminoäther* vom Typ *R—O—CH₂—CH₂—NR'R''* dargestellt. Sie wurden durch Rk. eines Alkali–Alkoholats mit einem Dialkylaminoalkylhalogenid (**A**), aus einem Alkylhalogenid u. Alkali–Dialkylaminoalkoholat (**B**) oder durch Aminolyse eines β-Halogenäthyläthers (**C**) erhalten.

Versuche: *β-Dimethylaminoäthylbenzyläther*, $Kp._4$ 102—103°, n_D^{22} 1,4995, **B**; 63% (Ausbeute). *Hydrochlorid*, F. 101—102°. — *1.3-Diphenoxyisopropyl-β-dimethylaminoäthyläther*, $Kp._4$ 212—214°, n_D^{22} 1,5360, **A**; 63%. *Hydrochlorid*, F. 127—128°. — *Dicyclohexylmethyl-β-dimethylaminoäthyläther*, $Kp._5$ 154—155°, n_D^{22} 1,4806, **A**; 45%. *Hydrochlorid*, F. 173—174°. — *p-Phenoxyphenyl-β-dimethylaminoäthyläther*, $Kp._{11}$ 185—188°, n_D^{22} 1,5884, **B**; 66%. *Hydrochlorid*, F. 163—164°. — *o-Phenylcyclohexyl-β-diäthylaminoäthyläther*, $Kp._8$ 170—178°, n_D^{22} 1,5072, **A**; 80%. *Hydrochlorid*, F. 203 bis 204°. — *β-Benzhydryloxyäthyl-β-dimethylaminoäther*, $Kp._5$ 190—199°, n_D^{22} 1,5600, **B**; 63%. *Hydrochlorid*, F. 130—131°. — *Benzhydryl-1-morpholinoisopropyläther*, $Kp._2$ 173 bis 176°, n_D^{22} 1,5570, **C**; 75%. *Hydrochlorid*, F. 145—146°. — *1.4-Bis-[β-benzhydryloxyäthyl]-piperazin*, F. 96°, **B**; 36%. *Hydrochlorid*, F. 170—171°. — *Diisopropylmethyl-β-dimethylaminoäthyläther*, $Kp._{32}$ 98—99°, n_D^{22} 1,4277, **A**; 89%. *Hydrochlorid*, F. 126 bis 128°. — *9-[β-Dimethylaminoäthoxy]-xanthen*, $Kp._5$ 190—199°, **A**; 10%. — *N-[β-Benzhydryloxyäthyl]-phenothiazin*, F. 89—90°; **B**; 25%. — *1-Benzyloxy-4-[Δ²-imidazolinyl-(2)-*

methoxy]-benzol, F. 126—127°. *Hydrochlorid*, F. 177—179°, **A**; 27%. — *Dibenzylmethyl-β-dimethylaminoäthyläther*, Kp.$_6$ 185—186°, n_D^{22} 1,5360, **A**; 48%. *Hydrochlorid*, F. 110 bis 111°. — *Benzhydryl-[1.3-bis-(dimethylamino)-isopropyl]-äther*, Kp.$_1$ 148—150°, n_D^{22} 1,5437, **B**; 35%. *Hydrochlorid*, F. 213—214°. — *o-Benzylcyclohexyl-β-dimethylaminoäthyläther*, Kp.$_5$ 163—164°, n_D^{22} 1,5080, **A**; 62%. *Hydrochlorid*, F. 86—87°. — *1-Methyl-4-[β-(o-benzylphenoxy)-äthyl]-piperazin*, Kp.$_3$ 200—201°, n_D^{22} 1,5633, **C**; 40%. *Hydrochlorid*, F. 211—212°. — *1.4-Bis-[γ-benzhydryloxypropyl]-piperazin*, F. 91—92°, **C**; 10%. *Hydrochlorid*, F. 202—204°. — *β-[p-tert.-Butylphenoxy]-äthyl-β-diäthylaminoäthyläther*, Kp.$_5$ 183—185°, n_D^{22} 1,4950, **A**; 83%. *Citrat*, F. 138—139°. — *1-[Δ²-Imidazolinyl-(2)]-äthylbenzhydryläther*, *Citrat*, F. 143—145°, extrem hygroskop., **A**; 10%. — *1-Methyl-4-[β-benzhydryloxyäthyl]-piperazin*, Kp.$_{12}$ 173—175°, glasartig, **C**; 10%. *Citrat*, F. 154—155°. — *1-Phenoxyisopropyl-β-diäthylaminoäthyläther*, Kp.$_3$ 139—140°, n_D^{22} 1,4988, **A**; 33%. *Citrat*, F. 93—94°. (J. Amer. pharmac. Assoc., sci. Edit. **45**. 317—20. Mai 1956. Philadelphia, Pa., Philadelphia Coll. of Pharmacy and Science.)

B. Langhammer. 1320

B. B. Elsner und **H. E. Strauss**, *Synthese von cyclischen Kohlenwasserstoffen*. 3. Mitt. *1.2-Dialkylcyclohexane*. (2. vgl. C. **1957**. **13020**.) Durch Hydrieren von 1.2-Diäthyl- u. 1-Äthyl-2-propylbenzol mit Raney-Ni erhalten Vff. die entsprechenden *1.2-Dialkylcyclohexane*. Die Darst. von *1.2-Dipropylcyclohexan* gelingt durch Umsetzung von *2-Propylcyclohexanon* [aus 2-Allylcyclohexanon (**II**)] mit Propyl-MgBr, Wasserabspaltung aus dem entstandenen *1.2-Dipropylcyclohexanol-(1)* (**I**) zu *1.2-Dipropylcyclohexen-(1)* u. Hydrieren in Ggw. von $Pd/SrCO_3$. Zur Synth. von *1-Butyl-2-propylcyclohexan* wird **II** mit Butyl-MgBr zu *2-Allyl-1-butylcyclohexanol-(1)* umgesetzt u. zu *1-Butyl-2-propylcyclohexanol* hydriert, das dann dehydratisiert u. hydriert wird. Durch Alkylierung von 2-Oxocyclohexancarbonsäureäthylester, Hydrolyse u. Decarboxylierung zu *2-Alkylcyclohexanon*, nachfolgende Rk. mit Alkyl-Li zu *1.2-Dialkylcyclohexanol*, Wasserabspaltung u. Hydrierung wurden *1.2-Dibutyl-*, *1-Butyl-2-pentyl-* u. *1-Butyl-2-hexylcyclohexan* erhalten. Die Ergebnisse der Infrarotspektren werden diskutiert.

Versuche: *1.2-Diäthylcyclohexan*, Kp.$_{760}$ 176,5—176,8°, durch 8std. Hydrierung von 8 g o-Diäthylbenzol in A. in Ggw. von Raney-Ni bei 200°/110 at, Verdünnen mit Ae., Gießen in W. u. Dest. des Prod. über Na; n_D^{20} 1,4473; 6,7 g (Ausbeute). — *1-Äthyl-2-propylcyclohexan*, $C_{11}H_{22}$, Kp.$_{738}$ 195,5—195,7°, durch Hydrieren von 13 g o-Äthylpropylbenzol analog vorst. Verb.; n_D^{20} 1,4497, D.$^{20}_4$ 0,8181; 11 g. — *2-Propylcyclohexanon*, Kp.$_{10}$ 79—80°, durch Hydrieren von **II** (Kp.$_{13}$ 82—83°) in Ggw. von $Pd/SrCO_3$; 91%. — *1.2-Dipropylcyclohexanol-(1)* (**I**), F. 13,5°, Kp.$_{14}$ 111,5—112,5°, durch 4std. Kochen vorst. Ketons mit Propyl-MgBr; n_D^{20} 1,4693; 58%. Daneben eine niedrig sd. Fraktion von Kp.$_{14}$ 92—110°. — *1.2-Dipropylcyclohexen-(1)*, $C_{12}H_{22}$, Kp. 213—214°, aus **I** bei 140—160° in Ggw. von J_2; n_D^{18} 1,4655; 87%. — *1.2-Dipropylcyclohexan*, $C_{12}H_{24}$, Kp.$_{768}$ 214,7—215,0°, durch Hydrieren der vorst. Verb. u. 1std. Kochen des Prod. mit K; n_D^{20} 1,4510, D.$^{20}_4$ 0,8188; 80%. — *Propylcyclohexan*, Kp.$_{760}$ 155,2 bis 155,8°, durch Erhitzen der niedrig sd. Fraktion von **I** mit wss. HBr, Kochen mit konz. KOH, Hydrieren u. Destillieren des Prod. über Na; n_D^{20} 1,4367. — *2-Allyl-1-butylcyclohexanol-(1)*, $C_{13}H_{24}O$, Kp.$_{12}$ 124—126°, durch 75 Min. langes Kochen von Butyl-MgBr mit **II** in Bzl.; $n_D^{16,5}$ 1,4800; 80%. — *1-Butyl-2-propylcyclohexanol-(1)*, Kp.$_{12}$ 124—126°, durch Hydrieren der vorst. Verb. in Ggw. von $Pd/SrCO_3$; n_D^{20} 1,4688; 100%. — *1-Butyl-2-propylcyclohexen-(1)*, Kp.$_{145}$ 173—174°, durch 20 Min. langes Erhitzen der vorst. Verb. in Ggw. von J_2, erneutes Erhitzen mit J_2 u. Destillieren über K; n_D^{22} 1,4647; 80%. — *1-Butyl-2-propylcyclohexan*, $C_{13}H_{26}$, Kp.$_{760}$ 237°, Kp.$_{17}$ 112,1 bis 112,4°, durch Hydrieren der vorst. Verb. in A. mit Raney-Ni bei 140°/110 at, 2std. Erhitzen auf 180°, Gießen in W., Ausäthern, Zugeben von konz. H_2SO_4 zum Rückstand in der Kälte, 1std. Rühren, Gießen auf Eis u. 2std. Erhitzen des isolierten Öls mit K auf 200°; n_D^{20} 1,4522, D.$^{20}_4$ 0,8218; 70%. — *2-Butylcyclohexanon* (**III**), Kp.$_{11}$ 93,5—94°, durch Zutropfen von $NaOCH_3$ u. NaJ in wasserfreiem Methanol zu einer kalten Mischung von Butylbromid u. 2-Oxocyclohexancarbonsäureäthylester, innerhalb 45 Min. Erwärmen auf 0°, 12std. Kochen, Einengen, Gießen in W., Ausäthern, 15std. Kochen des rohen *1-Butyl-2-oxocyclohexancarbonsäureäthylesters* (82%) mit NaOH in Methanol u. W., Ansäuern mit konz. HCl, 2std. Kochen, Verdünnen mit W. u. Extrahieren mit PAe.; n_D^{19} 1,4548. *2.4-Dinitrophenylhydrazon*, $C_{16}H_{22}O_4N_4$, F. 110—111° (A.), orangefarbene Kristalle. — *1.2-Dibutylcyclohexanol-(1)*, $C_{14}H_{28}O$, Kp.$_9$ 132—134°, durch Rk. von Butyl-Li mit **III** in Ae. unter Kühlung (45 Min.) u. Einleiten von N_2, 1std. Rühren bei Raumtemp., 1std. Kochen u. Zers. mit Eis/NH_4Cl; n_D^{18} 1,4689; 95%. — *1.2-Dibutylcyclohexen-(1)*, $C_{14}H_{26}$, Kp.$_{12}$ 114—115°, durch 1std. Kochen der vorst. Verb. mit 84%ig. HBr, Kühlen, Zugeben einer wss. KOH-Lsg., 1½std. Kochen, Ausäthern u. ½std. Kochen des Prod. mit Na bei 200°; n_D^{19} 1,4715; 88%. — *1.2-Dibutylcyclo-*

hexan, $C_{14}H_{28}$, Kp.$_{15}$ 120,4—120,5°, durch Hydrieren der vorst. Verb. in A. mit RANEY-Ni bei 200°/110 at, Behandeln mit H_2SO_4 u. Erhitzen des KW-stoffes mit K; n_D^{20} 1,4536, D.$^{20}_4$ 0,8244; 90%. — *2-Butyl-1-pentylcyclohexanol-(1)*, $C_{15}H_{30}O$, Kp.$_{12}$ 151—153°, durch Rk. von **III** mit Pentyl-Li u. Pentylbromid; n_D^{17} 1,4698; 89%. — *1-Butyl-2-pentylcyclohexen-(1)*, $C_{15}H_{28}$, Kp.$_{11}$ 128—129°, n_D^{20} 1,4667; 85%. — *1-Butyl-2-pentylcyclohexan*, $C_{15}H_{30}$, Kp.$_{17}$ 136,6—136,8°; n_D^{20} 1,4546, D.$^{20}_4$ 0,8251; 85%. — *2-Butyl-1-hexylcyclohexanol-(1)*, $C_{16}H_{32}O$, Kp.$_{14}$ 167—168°, durch Rk. von **III** mit Hexyl-Li u. Hexylbromid; n_D^{19} 1,4690; 76%. — *1-Butyl-2-hexylcyclohexen-(1)*, $C_{16}H_{30}$, Kp.$_{13}$ 144,5 bis 145°; n_D^{23} 1,4653; 87%. — *1-Butyl-2-hexylcyclohexan*, $C_{16}H_{32}$, Kp.$_{16}$ 148,9—149,2°, n_D^{20} 1,4560, D.$^{20}_4$ 0,8264; 84%. (J. chem. Soc. [London] **1957**. 588—92. Februar. Oxford, Dyson Perrins Labor.) E. SCHRÖDER. 1810

Laurens Anderson, Emily S. DeLuca, Albert Bieder und **Gerald G. Post**, *Inositmethyläther*. 2. Mitt. *Formel des Sequoyits*. (1. vgl. C. **1955**. 8140.) Aus natürlichem *Sequoyit* (**I**) wird ein *Isopropylidenderiv*. (**II**) u. daraus ein *Triacetat* erhalten, das über die Stufe eines *Monoacetats* (**III**) zu **II** verseift wird. **III** wird durch Rk. mit Pb-Tetraacetat, folgende Red. u. Hydrolyse zu *2-O-Methyl-DL-glucit* (?) gespalten. Durch Red. der aus Pinit durch Luftoxydation gebildeten *Inosose* wird *5-O-Methylmyoinosit* erhalten, dessen Identität mit **I** durch das Infrarotspektr. u. das *Pentaacetat* bewiesen wird.

Versuche: *Sequoyit* (**I**), $C_7H_{14}O_6$, F. 243° (wss. A.): a) aus einem Extrakt von *Sequoia sempervirens* durch Fällung mit A.; 0,07 % (Ausbeute); b) aus 1 g Pinit in W. über Pt/Kohle durch 4std. Durchleiten von Luft bei 85—90°, Behandlung mit 3% ig. Na-Amalgam bei p_H 6, Filtration über Dowex 50 u. chromatograph. Trennung auf Cellulosepulver mit Aceton + W. (8:1); 80 mg. *Pentaacetat*, F. 202°. — *O-Isopropylidensequoyit, Triacetat* (*DL-1.2-O-Isopropyliden-3.4.6-tri-O-acetyl-5-O-methylmyoinosit*), $C_{16}H_{24}O_9$, F. 107—108° (A.), aus **I** u. über K_2CO_3 getrocknetem Aceton durch 2½std. Kochen mit $ZnCl_2$ in Eisessig u. Pyridin; 45% (roh). *Monoacetat* (*DL-1.2-O-Isopropyliden-5-O-methyl-6-O-acetylmyoinosit*, **III**), $C_{12}H_{20}O_7$, F. 171—172° (A.), durch 24std. Stehen vorst. Verb. in alkal. NH_3 bei 3°, Eindampfen u. ½std. Erhitzen bei 0,1 mm im sd. Wasserbad; 38%. Gibt *Aceton-p-nitrophenylhydrazon*; 60%. *Freier Alkohol* (*DL-1.2-O-Isopropyliden-5-O-methylmyoinosit*, **II**), $C_{10}H_{18}O_6$, F. 115—116°, aus **III** durch Kochen (40 Min.) mit Na-Äthylat in absol. A. u. Filtration durch Amberlite IRC-50; 85%. (J. Amer. chem. Soc. **79**. 1171—74. 5/3. 1957. Madison, Wis., Univ., Dep. of Biochem.) W. SCHULENBURG. 1860

Gerhard Hesse und **Fritz Urbanek**, *Über das aci-Redukton des Cycloheptans*. In entsprechender Weise wie bei den cycl. α-Diketonen übt die Ringgröße auch bei den Reduktonen einen Einfl. auf die Lage der Keto–Enol-Gleichgewichte aus. *3-Hydroxycycloheptandion-(1.2)* (**I**) liegt nur zu einem kleinen Teil als *Cyclohepten-(1)-diol-(1.2)-on-(3)* (**II**; Endiolform) vor. **II** entsteht durch Verseifung von 2.7-Dichlor-2-bromcycloheptanon mit Natriumformiat u. Ameisensäure. Die Rk. führt zunächst zu *3-Chlorcycloheptandion-(1.2)*, schließlich zu einem Gemisch von **I**, dessen *Formiat* u. geringen Mengen Halogenverbindungen. Nach Spaltung des Esters u. Entfernung der Salze wurden titrimetr. mit Jodlsg. 35% **II** festgestellt, wovon sich aber kaum 20% in reiner krist. Form isolieren ließen. Beim Vers., **II** umzukristallisieren, erhält man hauptsächlich *2-Hydroxycycloheptandion-(1.3)* neben wenig **I** u. **II**. Die Lage des Gleichgewichts der desmotropen Formen ist vom Lösungsm. abhängig u. kann durch Titration mit n/20-Jodlsg. oder durch Vgl. der UV-Spektren bestimmt werden. Durch Aufnahme von W. beim Stehen an der Luft geht **II** in ein *Hydrat* von **I** über. Aus dem Infrarotspektr. kann geschlossen werden, daß **II** in einer doppelten 5-Ring-Chelatform vorliegt, die durch Mesomerie schwach stabilisiert wird. Nach dem Auflösen reichert sich das wenig enolisierte **I** an.

Versuche: *2.7-Dichlorsuberon*, $C_7H_{10}OCl_2$, F. 58—59°, durch Chlorierung von Suberon in Methanol bei 25—30° unter Belichtung u. Dest. bei 128—150°/12 mm; Blättchen aus PAe.; 94% (Ausbeute). — *2.7-Dichlor-2-bromsuberon*, $C_7H_9OCl_2Br$, F. 63—64°, Kp.$_{0,006-0,06}$ 100—112°, durch Bromieren vorst. Verb. in CCl_4 bei Raumtemp. (35—40 Std.); glänzende Blättchen aus 85% ig. Ameisensäure; 85%. — *Cyclohepten-(1)-diol-(1.2)-on-(3)* (**II**), $C_7H_{10}O_3$, F. 79,5—80° (im zugeschmolzenen Rohr unter Gelbfärbung), durch Verseifung der vorst. Verb. mit trockenem Na-Formiat in wasserfreier Ameisensäure in Ggw. von Hg_2C_2 unter Rühren im CO_2-Strom bei 100—105° (12 Std.) u. Einfrieren durch Dest. im Hochvakuum u. Abschrecken des Dampfes; ca. 6%. Gibt mit 2.4-Dinitrophenylhydrazin ein *Hydroxycycloheptandion-bis-2.4-dinitrophenylhydrazon* [$C_{19}H_{18}O_9N_8$, Zers. bei 215° (im zugeschmolzenen Rohr), rote Kristalle aus Nitromethan–Methanol], beim Stehen an feuchter Luft das *Hydrat des 3-Hydroxycycloheptandions* (**I**; $C_7H_{12}O_4$, gelbliche Kristalle), bei längerem Stehen das *Hydrat des*

Cycloheptantrions-(1.2.3), $C_7H_{10}O_4$, grießige Kristalle. (Liebigs Ann. Chem. **604**. 47—56. 15/5. 1957. Erlangen, Univ., Inst. für organ. Chem.) D. Holzner. 1980

Kurt Heyns und **Arnold Heins**, *Über das Diazocyclohexan und dessen Anwendung zur Synthese von Spiroverbindungen. Diazocyclohexan* (**I**) kann aus Cyclohexanonhydrazon (**II**) sowie aus N-Nitroso-N-cyclohexylacylamiden erhalten werden. **II** wurde durch Erhitzen einer alkoh. Lsg. von Cyclohexanon mit überschüssigem Hydrazin in Ggw. von BaO in 77%ig. Ausbeute gewonnen. Es zers. sich mit Spuren von W. zu *Dicyclohexylidenazin* (**III**) u. N_2H_4, in völlig trockenem Zustand schon bei 0° langsam zu **III**, N_2 u. NH_3. Die Einw. von frischem HgO auf **II** in Bzl., Xylol, Ae. oder PAe. führt bei Zimmertemp. zu starker Entw. von N_2, die bei tieferer Temp. nachläßt u. bei —15° ganz aufhört, u. zur Bldg. von **III**. Mit Ag_2O verläuft die Dehydrierung von **II** rascher (bis —35°), u. man erhält bei geringer N_2-Entw. unterhalb 0° rote Lsgg., die **I** enthalten. (Beweis durch Überführung in *3.5-Dinitrobenzoesäurecyclohexylester*.) Das fein (teils koll.) verteilte Ag bedingt einen schnellen Zerfall der Lsgg. zu **III** (mit Xylol als Lösungsm.) bzw. zu *Cyclohexen* neben wenig **III** (mit Methanol oder Methanol–Ae. als Lösungsm.). Bei Verwendung von ganz reinem **II** u. frisch gefälltem Ag_2O ($MgSO_4$ als Trocken- u. Xylol als Lösungsm.) liegt das Maximum der Ausbeute an **I** (27—28%) bei einer Temp. von —15° u. 20 Min. Rührdauer. Des weiteren wurde die alkal. Spaltung von *N-Nitroso-N-cyclohexylurethan* (**IV**), *-acetamid* (**V**), *-harnstoff* (**VI**) u. *-p-toluolsulfonsäureamid* (**VII**) untersucht. Diese Verbb. sind mit Ausnahme von **VI** sehr instabil. Bei Zers. von **V** entsteht *Essigsäurecyclohexylester*, von **VII** *p-Toluolsulfonsäurecyclohexylester*, was darauf hinweist, daß die Rk. über eine Diazoesterumlagerung verläuft. Die Nitrosierung der entsprechenden Amide zu **IV**—**VII** erfolgte bei —5 bis 0° durch nitrose Gase in Ae. oder in Eisessig/Essigsäureanhydrid, durch Nitrosylchlorid in Ae. oder N_2O_4 in Eisessig. Die Ausbeuten bei der Nitrosierung hängen von der Art des unsubstituierten Amids ab, was durch einen polaren Effekt gedeutet wird. Zur Spaltung der Nitrosoverbb. wurde eine Lsg. von $NaOC_2H_5$ in absol. A. verwendet. Die Ausbeuten an **I** nehmen in derselben Richtung zu wie die therm. Zersetzlichkeit der Nitrosoverbb. u. betragen bei —14 bis —18° aus **VI** 28—31%, **IV** 32—37%, **V** 41—53% u. **VII** 42—94%. Es gelingt auch bei sehr tiefen Tempp. nicht, **I** aus den hellrot bis braunrot gefärbten Lsgg. zu isolieren. Das aus **IV** gewonnene **I** reagiert mit Cyclohexanon bei —14° sehr rasch (N_2-Entw. ist nach kaum 5 Min. beendet) unter Bldg. von *2.2-Pentamethylencycloheptanon-(1)*, das in geringerer Ausbeute auch nach dem katalyt. Verf. von Meerwein (vg. D. R. P. 579 309 [1931.]) entsteht.

Versuche: *Cyclohexanonhydrazon* (**II**), $Kp._6$ 81,5—84°, aus Cyclohexanon u. frisch dest. Hydrazinhydrat in absol. A. in Ggw. von BaO bei 100° (5 Std.); 77,3% (Ausbeute). — *N-Cyclohexylurethan* (**VIII**), F. 56—58° (Methanol), aus Cyclohexylamin (**IX**) u. Chlorkohlensäureester; 95%. — *N-Cyclohexylharnstoff* (**X**), F. 195—196° (Methanol), aus **IX**·HCl u. KCN; 70%. — *N-Cyclohexylacetamid* (**XI**), F. 105,5° (Ae./PAe.), aus **IX** u. Acetanhydrid; 66%. — *N-Cyclohexyl-p-toluolsulfamid* (**XII**), F. 86,5 bis 88°, aus **IX** u. p-Tosylchlorid; aus wss. Methanol Nadeln; 95%. — *N-Nitroso-N-cyclohexylurethan* (**IV**), rosa Öl, langsame Zers. bei 20°, a) durch 8—9std. Einleiten nitroser Gase (aus $NaNO_2$ u. konz. HNO_3) in die Lsg. bzw. Suspension von **VIII** in Ae. in Ggw. von $MgSO_4$ bei —5 bis 0°, Verdunsten des Ae. im Vakuum, Extraktion des Rückstandes mit eiskaltem PAe. u. Ausschütteln der Lsg. mit Eiswasser (Meth. **A**); n_D^{20} 1,4721; 97%; b) nach Bollinger (vgl. C. **1952**. 3143) nur Spuren. — *N-Nitroso-N-cyclohexylharnstoff* (**VI**), F. 116° (Zers.; zartgelbe Blättchen aus Bzl./PAe.), a) nach **A** 28%; b) aus **X** in Eisessig/Acetanhydrid (9:1) analog **A**, Gießen des nitosierten Prod. in Eiswasser u. Aufnehmen in Ae. (Meth. **B**); 4%; c) durch Zutropfen von NOCl (20—50% Überschuß) in Ae. zu **X** in Ae. bei 0°, 12std. Stehen bei 0° u. weiter wie unter **A** (Meth. **C**); 15%. — *N-Nitroso-N-cyclohexylacetamid* (**V**), F. 40,5—41° (Zers.), bei 20° langsame Zers., glänzende gelbe Blättchen oder Nadeln aus PAe., nach White (C. **1957**. 9328) durch Zugeben von N_2O_4 in CCl_4 zu Eisessig u. Na-Acetat u. **XI** (30 Min.) u. weiter wie unter **B** (Meth. **D**); 15%; nach **A** 12%, nach **B** 1,5% (daneben 23% *Cyclohexylacetat*, $Kp._{12}$ 60—61°, n_D^{18} 1,4403), nach **C** $<$ 1%. — *N-Nitroso-N-cyclohexyl-p-toluolsulfamid* (**VII**), F. 46—47° (Zers.), citronengelbe, durchsichtige Prismen aus PAe. bei —20°, aus **XII** nach **A**; 10%, nach **B** 67,7%, nach **C** 0 u. nach **D** 34% (jeweils roh). — *Diazocyclohexan* (**I**), a) aus 0,62 g **II** u. 1,55 g Ag_2O in Ggw. von 0,7 g wasserfreiem $MgSO_4$ in absol. Xylol bei —15° unter Rühren (20 Min.); aus der blutroten Lsg. wurden nach Zugabe von 1,18 g 3.5-Dinitrobenzoesäure in absol. A. (Entfärbung unter Aufschäumen) 0,39 (24%) *3.5-Dinitrobenzoesäurecyclohexylester* [F. 111—112° (korr.)] isoliert; b) aus 0,2—0,4 g der Verbb. **IV**—**VII** in Xylol durch Zugabe einer Lsg. von C_2H_5ONa in A. bei Tempp. zwischen —13,5 u. —17,6°; Ausbeuten von 15 Verss. vgl. Original. — *2-Spiro-[6:5]:dodecanon-(1)* [*2.2-Pentamethylencycloheptanon-(1)*], $Kp._{12}$

129—131°, 1. aus **IV** u. Cyclohexanon in absol. Methanol/Ae. u. $NaOC_2H_5$ in A. bei —14° unter Rühren u. Stehen über Nacht; angenehm, in großer Verdünnung esterartig riechendes Öl; 9,1%; daneben 13,5% *Cyclohexen*, 14,1% *Cyclohexylmethyläther*, 15,1% *Cyclohexanol*, etwas **III** u. **VIII**; 2. aus Cyclohexanon u. **IV** in absol. Methanol in Ggw. von wasserfreiem Na_2CO_3 bei —14° unter 12std. Rühren; 4,8% neben 14,4% *Cyclohexen*, 13,8% *Cyclohexylmethyläther* u. **VIII**. — *Semicarbazon*, $C_{13}H_{23}ON_3$, F. 209,5 bis 210,5°, Nadeln aus Methanol. (Liebigs Ann. Chem. **604**. 133—50. 15/5. 1957. Hamburg, Chem. Staatsinst., Abt. für organ. Chem.) D. Holzner. 2110

D. B. Ghadawala und **G. C. Amin**, *Synthese von Dichlorchalkonen.* Es werden *chlorierte Chalkone* aus 2.5-Dichloracetophenon u. Aldehyden unter Verwendung von 40% ig. Alkali als Kondensationsmittel in 40—50% ig. Ausbeute dargestellt. Alle Präpp. gaben die charakterist. tiefrote Färbung mit konz. H_2SO_4. Die Verbb. wurden auch erhalten bei Verwendung von $POCl_3$ an Stelle von Alkali mit Ausnahme von **I** u. **II**, wofür *Verbb. vom F. 230°* bzw. *F. 226°* erhalten wurden. 2'. 5'-Dichlorchalkone: *2-Hydroxy-*, $C_{15}H_{10}Cl_2O_2$, F. 142°. — *4-Hydroxy-*, $C_{15}H_{10}Cl_2O_2$, F. 160°. — *3.4-Methylendioxy-*, $C_{16}H_{10}Cl_2O_3$, F. 122°. — *3-Methoxy-4-hydroxy-*, $C_{16}H_{12}Cl_2O_3$, F. 133°. — *4-Methoxy-* (**I**), $C_{16}H_{12}Cl_2O_2$, F. 104°. — *2'.5'-Dichlorchalkon* (**II**), $C_{15}H_{10}Cl_2O$, F. 78°. (Sci. and Cult. **21**. 268. Nov. 1955. Ahmedabad, Gujarat Coll., M. R. Sci. Inst.; Visnagar (N. G.), M. N. Coll.) Hubertus Zimmer. 2360

A. Schonne, E. Braye und **A. Bruylants**, *Synthese einiger Styrylderivate und Cyanstilbene.* 2. Mitt. (1. vgl. C. **1954**. 7295.) Durch Kondensation von Benzaldehyd oder p-Dimethylaminobenzaldehyd mit Nitrilen, RCH_2CN, werden einige Verbb. des Typs $RC(CN){=}CHC_6H_5$ bzw. $RC(CN){=}CHC_6H_5N(CH_3)_2(p)$ dargestellt. Die erforderlichen *Nitrile* entstehen aus den entsprechenden Chloriden mit KCN. — Nachst. Ausgangsverbb. wurden dargestellt: *Malodinitril* (**I**), F. 29—30°, $Kp._{11}$ 99°, durch Dehydratisierung von Cyanacetamid. — *Cyanessigsäure* (**VII**), aus Chloressigsäure u. KCN. — *Phenylacetonitril* (**II**), F. —26,5°, $Kp._{12}$ 107—107,4°, aus Benzylchlorid u. KCN. — *p-Nitrophenylacetonitril* (**III**), F. 114,5°, aus vorst. Verb. durch Nitrierung. — *3-Nitrophenylacetonitril* (**IV**), F. 61—62° (Bzl.), aus Benzaldehyd über *m-Nitrobenzaldehyd* durch Cannizzaro-Rk. mit KOH (12 Std. stehen) zu *m-Nitrobenzylalkohol* ($Kp._3$ 175—180°), Chlorierung mit PCl_5 in CCl_4 zu *m-Nitrobenzylchlorid* u. Rk. mit NaCN in CH_3OH (3 Std. bei 50°); 73% (Ausbeute). — *3.5-Dimethylphenylacetonitril* (**V**), F. 43°, $Kp._{15}$ 124—125°, durch Chlorierung von Mesitylen in der Hitze zu *3.5-Dimethylbenzylchlorid* (Kp. 250°; n_D^{20} 1,5313; daneben *3.5-Dimethylbenzalchlorid*, F. 41,5°; ersteres entsteht auch zu 77% durch Chlorierung von Mesitylen unter Belichtung) u. Rk. mit KCN in A. (4std. Kochen); 73%. — *3.5-Dimethyl-4-nitrophenylacetonitril* (**VI**), F. 29—30°, $Kp._{0,1}$ 146°, aus vorst. Verb. durch Nitrierung mit Acetanhydrid–HNO_3 (D. 1,52) (1:2) u. Gießen auf Eis; gibt durch Hydrolyse u. Oxydation mit $KMnO_4$ *3.5-Dimethyl-4-nitrobenzoesäure*, F. 179—180°; 70%. — *3.5-Dimethyl-2.4-dinitrophenylacetonitril*, F. 84,5 bis 85°, aus vorvorst. Verb. u. HNO_3 in der Kälte. — *2.4.6-Trimethylphenylacetonitril*, F. 79,8°, $Kp._{15}$ 150°, aus Mesitylen u. Chlormethyläthyläther in Essigsäure in 18 Std. bei 80—85° zu *2.4.6-Trimethylphenylmethylchlorid* ($Kp._{15}$ 119°, F. 37°; 80%) u. Rk. mit KCN in CH_3OH; 62,5%. — *2.4.6-Trimethyl-3-nitrophenylacetonitril*, F. 85—86° (PAe.), $Kp._{10^{-3}}$ 135°, aus vorst. Verb. in Acetanhydrid mit HNO_3 u. Sublimation. — *2.4.6-Trimethyl-3.5-dinitrophenylacetonitril*, F. 183° (A.), aus vorvorst. Verb. durch Nitrierung mit rauchender HNO_3 bei 0° in 1 Stunde. Zur Ermittlung der Kondensationsbedingungen vorst. Nitrile wurde die Reaktionsfähigkeit der α-ständigen CH_2-Gruppe spektroskop. festgestellt (vgl. C. **1953**. 8311). — Nachst. Kondensationen erfolgten mit Benzaldehyd: *α-Cyanzimtsäurenitril*, F. 87°, mit **I** u. $NaOC_2H_5$ in A. in 5 Min. bei 50°; 90%. — *α-Cyanzimtsäure*, F. 179—180°, mit **VII** in Pyridin in 5 Tagen bei 20°; 90%. — *α-Cyanstilben*, F. 86°, mit **II** u. $NaOC_2H_5$ in A. in 5 Min. bei 50°; Blättchen aus verd. A.; 80%. — *4-Nitro-α-cyanstilben*, F. 175—176 (A.), mit **III** u. $NaOC_2H_5$ in A. in 5 Min. bei 50°; 90%. — *3-Nitro-α-cyanstilben*, F. 165° (A.), mit **IV** wie vorst. in 12 Std. bei 20°; 30%. — *3.5-Dimethyl-α-cyanstilben*, F. 92,5°, mit **V** wie vorst. in 5 Min. bei 80°; Blättchen aus PAe.; 80%. — *3.5-Dimethyl-4-nitro-α-cyanstilben*, F. 112° (A.) u. F. 131° (gelbe Kristalle aus PAe.) (2 *Stereoisomere*), mit **VI** u. $NaOC_2H_5$ in A. in 12 Std. bei 20° u. Chromatographie an Al_2O_3. — Die übrigen Nitrile konnten nicht mit Benzaldehyd kondensiert werden. — Nachst. Kondensationen wurden mit p-Dimethylaminobenzaldehyd durchgeführt: *α-Cyan-4-dimethylaminozimtsäurenitril*, F. 179°, mit **I** u. NaOH in A. in 1 Std. bei 50°; orangefarbene Nadeln aus absol. A.; 95%. — *α-Cyan-4-dimethylaminozimtsäure*, F. 214° (orangefarbene Nadeln aus Essigsäure) u. F. 110—111° (gelbe Kristalle aus Bzl.–Ligroin), a) mit **VII** in Pyridin in 20 Tagen bei 20°, 21std. Kochen u. Chromatographie; 93% (roh); b) mit Na-Cyanacetat; 90%. — *p-Dimethylaminozimtsäurenitril*, F. 168°, aus vorst. Verb. (F. 214°) durch Erhitzen über den F.; gelbe Blättchen aus Äthylacetat. — *4'-Dimethylamino-α-cyanstilben*, F. 136°, mit **II** u. $NaOC_2H_5$ in A. in 5 Min. bei 50°; Blättchen aus wss. A.; 85%. — *4-Nitro-4'-dimethylamino-α-cyanstilben*, F. 245° mit **III** u. KOH in A. in 5 Min. bei 50°; Nadeln aus Essigsäure; 95%. — *3-Nitro-4'-dimethylamino-α-cyanstilben*, F. 193—194° (Bzl./Ae.), mit **IV** u. $NaOC_2H_5$ in A. in 12 Std. bei 20°; 40%. — *3.5-Dimethyl-4'-dimethylamino-α-cyanstilben*, F. 128—129° (wss. A.), mit **V** u. $NaOC_2H_5$ in A. in 12 Std. bei 20°; 80%. — *3.5-Dimethyl-4-nitro-4'-dimethylamino-α-cyanstilben*, F. 184—185°, mit **VI** u. KOH in A. in 12 Std. bei 20°; orangefarbene Kristalle aus A.; 90%. — Die übrigen Nitrile ließen sich nicht mit p-Dimethylaminobenzaldehyd kondensieren. (Bull. Soc. chim. belges **62.** 155—71. März/April 1953. Louvain, Univ., Labor. de Chim. Gen.) H. LEHWALD. 2410

J. Segers und **A. Bruylants**, *Synthese einiger Styryl- und Stilbenderivate.* 4. Mitt. (2. vgl. vorst. Ref.) Zur Unters. der Reaktionsfähigkeit von Methylengruppen in Abhängigkeit von den benachbarten funktionellen Gruppen werden folgende Verbb. hergestellt: *Cyanessigsäureäthylester* (**I**), $Kp._{18}$ 98°, aus Chloressigsäureäthylester. — *Malonsäurediäthylester* (**II**), $Kp._{21}$ 97°, nach GATTERMANN. — *Phenylessigsäureäthylester* (**III**), $Kp._2$ 87—90°, durch 10std. Einleiten von HCl in Phenylacetonitril in A., Stehen u. 2std. Kochen; 81% (Ausbeute). — *p-Nitrophenylessigsäureäthylester*, F. 64° (A./Ligroin), wie vorst. Verb. aus p-Nitroacetonitril; 80%. — *m-Nitrophenylessigsäureäthylester*, (**IV**), $Kp._6$ 160—162°, analog aus m-Nitrophenylacetonitril; 75%. — *3.5-Dimethylphenylessigsäureäthylester*, $Kp._{1,5}$ 100—101°, aus 3.5-Dimethylphenylacetonitril; 70%. — *2.4.6-Trimethylphenylessigsäureäthylester*, $Kp._5$ 125°, durch Hydrolysieren von 2.4.6-Trimethylphenylacetonitril wie vorst. zu *2.4.6-Trimethylphenylacetamid* (F. 209—209,5°; 30%), 20std. Kochen mit verd. KOH zu *2.4.6-Trimethylphenylessigsäure* (F. 164°; 67%) u. Verestern mit A./HCl; 75%. Die Reaktionsfähigkeit der Methylengruppen in vorst. Verbb. wurde an der Kondensationsfähigkeit mit Benzaldehyd unter verschied. Bedingungen ermittelt. Dabei wurden folgende Verbb. erhalten: *α-Cyanzimtsäureäthylester*, F. 41—42°, a) aus **I** u. Benzaldehyd in absol. A. in Ggw. von $NaOC_2H_5$ (2½std. Stehen); 55%; b) wie vorst. in Ggw. von Piperidin statt $NaOC_2H_5$ (6std. Kochen); 75%. — *α-Carbäthoxyzimtsäureäthylester*, $Kp._1$ 150—153°, durch 6std. Kochen von **II**, Benzaldehyd u. $NaOC_2H_5$ in A.; 10%; b) analog, aber 20tägiges Stehen; 0%; c) wie vorst., aber mit Piperidin in 4 Tagen bei 20°; 0%; d) wie c), aber 6std. Kochen; 70%. — *α-Carbäthoxystilben*, $Kp._2$ 131—132°, a) aus **III**, Benzaldehyd u. $NaOC_2H_5$ (24std. Kochen); 5%; b) wie a), aber 24std. Stehen bei 20°; 5%; c) in Ggw. von Piperidin (15std. Kochen); 10%. Daneben bei a) u. c) 5 bzw. 10% *α.γ-Diphenylacetessigsäureäthylester*, $Kp._1$ 125°, F. 79°. — *3.4'-Dinitro-α-carbäthoxystilben*, aus **IV** u. 4-Nitrobenzaldehyd in A. in Ggw. von Piperidin (1½std. Erhitzen bei 160°); 41%. Bei der Rk. von **IV** u. Benzaldehyd unter den vorst. Bedingungen traten nur Verharzungen oder Hydrolyse ein; desgleichen ließen sich auch die übrigen Verbb. nicht mit Benzaldehyd kondensieren. Bei den Kondensationen mit $NaOC_2H_5$ treten stets durch Hydrolyse auch die Na-Salze der entsprechenden Säuren auf, ferner läßt sich in vielen Fällen eine Selbstkondensation der Ester nicht vermeiden, so daß die Ausbeute allein kein eindeutiges Maß für die Reaktionsfähigkeit der CH_2—Gruppe ist. Jedoch folgt aus den Verss., wie auch aus den spektroskop. Unterss. (vgl. l. c.), daß die Carbäthoxygruppe eine mittlere Aktivierung der CH_2-Gruppe bewirkt. (Bull. Soc. chim. belges **64.** 87—96. 31/3. 1955.) H. LEHWALD. 2410

B. B. Elsner und **K. J. Parker**, *Synthese von cyclischen Kohlenwasserstoffen.* 4. Mitt. *Alkylindane.* (3. vgl. C. **1957.** 13024.) Durch Ringschluß von substituierten *β-Phenylpropionsäuren* oder *-buttersäuren* mit wasserfreier HF bei Raumtemp. (Verss. mit H_2SO_4, p-Toluolsulfonsäure, BF_3, $SnCl_4$, $AlCl_3$ u. Polyphosphorsäure verliefen negativ) erhielten Vff. *Alkylindanone* (**A**), die durch Red. nach CLEMMENSEN in *Alkylindane* (**C**) übergeführt wurden. Die Rk. der **A** mit CH_3MgJ geben die entsprechenden *Alkyl-1-methylindanole-(1)* (bei höheren Alkylresten erfolgt die Rk. besser mit Li-Alkyl), die infolge ihrer Unbeständigkeit nicht isoliert, sondern durch Kochen mit 10%ig. H_2SO_4 in Bzl. zu den *Alkylindenen* (**B**) dehydratisiert wurden. Katalyt. Red. der **B** in Ggw. von Pd lieferte die **C**, die durch 2std. Kochen mit K gereinigt wurden. Die Absorptionsmaxima (Infrarotspektren) der **A**, **B** u. **C** sind angegeben.

Versuche: Malonsäurediäthylester, durch 8std. Rk. von substituierten Benzylchloriden mit Na-Malonsäure- oder Na-Methylmalonsäurediäthylester in sd. Bzl.: *α-[2-Methylbenzyl]-*, $C_{15}H_{20}O_4$, $Kp._{0,2}$ 133°, n_D^{15} 1,4940; 78,7% (Ausbeute). — *α-Methyl-α-[2-methylbenzyl]-*, $C_{16}H_{22}O_4$, $Kp._{0,08}$ 105—106°, n_D^{18} 1,4919; 86,6%. — *α-[2.3-Dimethylbenzyl]-*, $C_{16}H_{22}O_4$, F. 41,5—42,5°, $Kp._{0,05}$ 122°; 87,5%. — *α-[2.3-Dimethylbenzyl]-α-methyl-*, $C_{17}H_{24}O_4$, $Kp._{0,15}$ 126°, n_D^{19} 1,4960; 94%. — *β*-Phenylpropionsäuren, durch 2std. Erhitzen der vorst. Malonester mit KOH in 75%ig. A., Einengen, Ansäuern mit HCl u. Decarboxylierung. *o-Methyl-*, $C_{10}H_{12}O_2$, F. 103—104°; 63,9%. *p-Bromphenacylester*, $C_{18}H_{17}O_3Br$, F. 74—74,5°. — *α-o-Dimethyl-*, $C_{11}H_{14}O_2$, Kp.$_{0,035}$ 110°, Kp.$_{15}$ 174°; n_D^{18} 1,5202; 95,2%. *p-Nitrobenzylester*, $C_{18}H_{19}O_4N$, F. 65—65,5°. *Amid*, $C_{11}H_{15}ON$, F. 109,5—110°. — *2.3-Dimethyl-*, F. 116—117°; 77,7%. *p-Bromphenacylester*, $C_{19}H_{19}O_3Br$, F. 89,5—90°. *Amid*, F. 116—116,5°. — *α.2.3-Trimethyl-*, $C_{12}H_{16}O_2$, F. 72,5—73,5°, Kp.$_{0,05}$ 124°, Kp.$_{15}$ 177°; 87%. *p-Bromphenacylester*, $C_{20}H_{21}O_3Br$, F. 79,5—80,0°. *Amid*, $C_{12}H_{17}ON$, F. 117,5—118°. — Crotonsäureäthylester, durch 2std. Kochen von 2- oder 4-Methylacetophenon mit Bromessigsäure- oder α-Brompropionsäureäthylester in Bzl. oder Toluol in Ggw. von Zn-Staub u. $HgBr_2$, Zugeben von 20%ig. H_2SO_4, Einengen der organ. Phase u. 1std. Erhitzen mit wasserfreier HCOOH auf 80°: *β-[p-Tolyl]-*, $C_{13}H_{16}O_2$, Kp.$_{18}$ 158—164°; 83%. — *α-Methyl-β-[p-tolyl]-*, $C_{14}H_{18}O_2$, Kp.$_{18}$ 152—154°; 81,7%. — *α-Methyl-β-[o-tolyl]-*, Kp.$_{20}$ 152—158°; 9,6%. — Crotonsäuren: *α-Methyl-β-[o-tolyl]-*, $C_{12}H_{14}O_2$, F. 160,5—161,5°. *p-Nitrobenzylester*, $C_{19}H_{19}O_4N$, F. 89,5—90°. *Amid*, $C_{12}H_{15}ON$, F. 161,5—162°. — *β-[p-Tolyl]-*, $C_{11}H_{12}O_2$, F. 134—135°. *p-Bromphenacylester*, $C_{19}H_{17}O_3Br$, F. 149—150°. *Amid*, $C_{11}H_{13}ON$, F. 130,5—131°. — Buttersäuren, durch katalyt. Hydrierung: *β-[p-Tolyl]-*, $C_{11}H_{14}O_2$, F. 90,5—91,5°, mit RANEY-Ni. *p Bromphenacylester*, $C_{19}H_{19}O_3Br$, F. 81—82°. *Amid*, $C_{11}H_{15}ON$, F. 120 bis 121°. — *α-Methyl-β-[p-tolyl]-*, $C_{12}H_{16}O_2$, F. 132,5—133,5°, mit Pd. *p-Bromphenacylester*, $C_{20}H_{21}O_3Br$, F. 101,5—102°. *Amid*, $C_{12}H_{17}ON$, F. 139,5—140°. — Indanone-(1), durch Rk. der β-Phenylpropionsäuren oder -buttersäuren mit wasserfreier HF im geschlossenen Gefäß (96 Std. bei Raumtemp.), Verdampfen von HF, Neutralisieren mit wss. Na-Acetat, Extrahieren mit Ae., fraktioniertes Destillieren oder Wasserdampfdest. u. Kristallisieren aus Methanol: *4-Methyl-*, $C_{10}H_{10}O$, F. 98—98,5°; 96,9%. *2.4-Dinitrophenylhydrazon*, $C_{16}H_{14}O_4N_4$, F. 284° (Zers.). *Semicarbazon*, $C_{11}H_{13}ON_3$, F. 265—266° (Zers.). — *2.4-Dimethyl-*, $C_{11}H_{12}O$, F. 36—37°, Kp.$_{14}$ 130—134°; 95,3%. *2.4-Dinitrophenylhydrazon*, $C_{17}H_{16}O_4N_4$, F. 213—214°. *Semicarbazon*, $C_{12}H_{15}ON_3$, F. 227—228° (Zers.). — *4.5-Dimethyl-*, F. 96,5—97°; 79%. *2.4-Dinitrophenylhydrazon*, $C_{17}H_{16}O_4N_4$, F. 283—284°. *Semicarbazon*, $C_{12}H_{15}ON_3$, F. 281—282° (Zers.). *Oxim*, $C_{11}H_{13}ON$, F. 204,5 bis 205°. — *2.4.5-Trimethyl-*, $C_{12}H_{14}O$, F. 46—46,5°, Kp.$_{11}$ 154°; 94,4%. *2.4-Dinitrophenylhydrazon*, $C_{18}H_{18}O_4N_4$, F. 215—216°. *Semicarbazon*, $C_{13}H_{17}ON_3$, F. 243—244° (Zers.). — *3.6-Dimethyl-*, Kp.$_{10}$ 130—134°; n_D^{21} 1,5522; 94,3%. *2.4-Dinitrophenylhydrazon*, F. 271—272° (Zers.). *Semicarbazon*, F. 228—229° (Zers.). — *2.3.6-Trimethyl-*, Kp.$_{0,15}$ 72—73°; n_D^{20} 1,5407; 90%. *2.4-Dinitrophenylhydrazon*, F. 207—208°. *Semicarbazon*, F. 210,5—211,5°. — *3.4.7-Trimethyl-*, F. 30—31°, Kp.$_{17}$ 150—151°, durch Rk. von p-Xylol u. Crotonsäure mit wasserfreier HF; 14%. *p-Nitrophenylhydrazon*, $C_{18}H_{19}O_2N_3$, F. 197—198°. *2.4-Dinitrophenylhydrazon*, F. 247,5—248,5°. — *Mellophansäure*, $C_{10}H_6O_8$, F. 231—232°, durch 3½std. Erhitzen von 4.5-Dimethylindanon-(1) mit einer alkal. $KMnO_4$-Lsg. auf 80°. *Tetramethylester*, $C_{14}H_{14}O_8$, F. u. Misch.-F. 128—129°. — Alkylindane, durch 6std. Kochen der vorst. Indanone in A., W. u. konz. HCl mit Zn-Amalgam, Zugeben weiterer Säure, Gießen in W. nach 24 Std. u. 2mal 2std. Kochen der Prodd. mit K auf 145—150°. *4-Methyl-*, $C_{10}H_{12}$, Kp.$_{15}$ 85,4; D.^{20} 0,9577, n_D^{20} 1,5356, n_D^{25} 1,533; 93,3%. — *2.4-Dimethyl-*, $C_{11}H_{14}$, Kp.$_{14}$ 92,8°, D.^{20} 0,9314, n_D^{20} 1,5219, n_D^{25} 1,5197; 91,1%. — *4.5-Dimethyl-*, Kp.$_{14}$ 103,7°; D.^{20} 0,9648, n_D^{20} 1,5393, n_D^{25} 1,5373; 84,3%. — *2.4.5-Trimethyl-*, $C_{12}H_{16}$, Kp.$_{12}$ 109,4°, D.^{20} 0,9361, n_D^{20} 1,5262, n_D^{25} 1,5240; 92,6%. — *1.5-Dimethyl-*, Kp.$_{13}$ 89,6°, D.^{20} 0,9370, n_D^{20} 1,5222, n_D^{25} 1,5202; 91,6%. — *1.2.5-Trimethyl-*, Kp.$_{12}$ 94,2°, D.^{20} 0,9136, n_D^{20} 1,5128, n_D^{25} 1,5108; 89,2%. — Alkylindene, durch Eintropfen der entsprechenden Indanone (in Ae.) in CH_3MgJ in Ae. innerhalb 1½ Std. (im Falle von 4-Methyl- u. 4.5-Dimethylindanon innerhalb 5 Std.) unter Kühlen, 1std. Stehen bei 0°, 1std. Kochen, Zers. mit wss. NH_4Cl-Lsg., Einengen u. Vervollständigen der Wasserabspaltung aus den *1-Methylalkylindanolen-(1)* durch 1std. Kochen in Bzl. mit 10%ig. wss. H_2SO_4 bei 80°, Einengen des Bzl. u. Destillieren oder Kristallisieren aus Methanol: *1.4-Dimethyl-*, F. 14°, Kp.$_{13}$ 105—107°; n_D^{19} 1,5578; 78,1%. — *1.2.4-Trimethyl-*, $C_{12}H_{14}$, F. 76,5—77,5°; 85%. *Pikrat*, $C_{18}H_{17}O_7N_3$, F. 95,5 bis 96°. — *1.4.5-Trimethyl-*, F. 23—23,5°, Kp.$_{14}$ 124—126°; n_D^{25} 1,5579; 79,4%. — *1.2.4.5-Tetramethyl-*, $C_{13}H_{16}$, F. 54—54,5°; 86,6%. *Pikrat*, $C_{19}H_{19}O_7N_3$, F. 94—94,5. — *1.3.6-Trimethyl-*, Kp.$_{10}$ 99,5—101,5°; n_D^{20} 1,5461; 65%. — *1.2.3.6-Tetramethyl-*, Kp.$_{14}$ 122—126°; n_D^{20} 1,5508; 92,6%. — *1-Butyl-*, Kp.$_{15}$ 134—136, durch Eintropfen von Indanon-(1) (in Ae.) zu Alkyl-Li in Ae. innerhalb 1½ Std. unter Kühlen, ½std. Stehen, 1std. Stehen bei Raumtemp., 1std. Kochen, Dehydratisieren in Bzl. mit 10%ig. H_2SO_4 (1 Std., 80°) u. Extrahieren mit PAe.; 53,8%. — *1-Hexyl-*, $C_{15}H_{20}$, Kp.$_{16}$ 164—165°; n_D^{20} 1,5330; analcg; 48,8%. — Alkylindane, durch katalyt. Hydrieren bei Raumtemp. u. 1 at in Ggw. von Pd: *1.4-Dimethyl-*, Kp.$_{13}$ 88,8°, D.^{20} 0,9515, n_D^{20} 1,5265, n_D^{25} 1,5245; 90,7%. — *cis-1.2.4-Trimethyl-*, Kp.$_{11}$ 95,6°, D.^{20} 0,9333, n_D^{20} 1,5201, n_D^{25} 1,5181; 3,9%. — *1.4.5-Trimethyl-*, Kp.$_{15}$ 115,8°, D.^{20} 0,9393, n_D^{20} 1,5288, n_D^{25}

1,5268; 96%. — *cis-1.2.4.5-Tetramethyl-*, $C_{13}H_{18}$, Kp.$_{14}$ 118,9°, D.^{20} 0,9437, n_D^{20} 1,5254, n_D^{25} 1,5234; 94,8%. — *1.3.5-Trimethyl-*, Kp.$_{14}$ 97,1°, D.^{20} 0,9233, n_D^{20} 1,5160, n_D^{25} 1,5138; 92,8%. — *1.2.3.5-Tetramethyl-*, Kp.$_{12}$ 109,8°, D.^{20} 0,9305, n_D^{20} 1,5193, n_D^{25} 1,5173; 94,1%. — *1-Butyl-*, $C_{13}H_{18}$, Kp.$_9$ 113,2°, D.^{20} 0,9226, n_D^{20} 1,5137, n_D^{25} 1,5117; 93,2%. — *1-Hexyl-*, $C_{15}H_{22}$, Kp.$_{11}$ 143,8°; D.^{20} 0,9091, n_D^{20} 1,5070, n_D^{25} 1,5052. (J. chem. Soc. [London] **1957**. 592—600. Februar. Oxford, Dyson Perrins Labor.)

E. Schröder. 2650

J. S. Buck, R. A. Cutler, F. C. Nachod, R. G. Powles, R. Rakoczy, T. J. Slauson und **B. F. Tullar**, *Einige chlorierte Indanole-(4): Darstellung und Strukturbeweis.* Die Chlorierung von Indanol-(4) (I) mit 1 Äquivalent $SOCl_2$ ergab neben wenig *5-Chlorindanol-(4)* (II) *7-Chlorindanol-(4)* (III). Die Strukturzuordnung erfolgte mit Hilfe der Infrarotspektren; III wurde auch aus *p-Chlorphenyl-β-chlorpropionat* durch Umlagerung zu *5.β-Dichlor-2-hydroxypropiophenon* mit $AlCl_3$, Cyclisierung zu *4-Chlor-7-hydroxyindanon-(1)* u. Red. mit Zn u. HCl dargestellt. Die Rk. von I mit 2 Äquivalenten $SOCl_2$ ergab ein Gemisch, aus dem *5.7-Dichlorindanol-(4)* isoliert werden konnte; diese Verb. wurde auch durch Behandlung von **II** oder **III** mit $SOCl_2$ erhalten. Die Infrarotspektren von **II** u. **III** werden diskutiert.

V e r s u c h e (FF. korr.): *7-Chlorindanol-(4)* (III), C_9H_9OCl, F. 91,2—92,8° (Äthylendichlorid), a) durch Zugabe von 1,52 Mol $SOCl_2$ zu 1,45 Mol I in Eisessig in Ggw. von J_2 innerhalb 10 Min. unter Rühren unterhalb 55° u. 1std. Rühren; 47% (Ausbeute); b) durch Zutropfen von 4,2 Mol $SOCl_2$ zu 3,5 Mol I in Ggw. von J_2 innerhalb 10 Min. bei 60—65°, 1std. Rühren bei 70—75°, Zugabe von W. u. 30 Min. Rühren bei 70—75°; 75%; c) durch Zugabe von 5 Liter HCl zu 450 g 4-Chlor-7-hydroxyindanon-(1) u. 1500 g amalgamiertem Zn in 4 Liter Toluol–Eisessig (1:1) innerhalb 4 Std. bei 90° unter Rühren u. 4std. Rühren bei 90° unter Zugabe von 3 Liter HCl; 81%. — *5-Chlorindanol-(4)* (II), C_9H_9OCl, F. 70,4—73,1° (Hexan), neben III nach a) aus 194 g I durch Dest. der Mutterlaugen von III; Kp. 72—101°; 12 g. — *5.7-Dichlorindanol-(4)*, $C_9H_8OCl_2$, F. 54,5—56,8° (Pentan), a) durch Behandeln von 0,3 Mol I in Essigsäure in Ggw. von J_2 mit 0,64 Mol $SOCl_2$; 23 g; b) durch Einw. von $SOCl_2$ auf II oder III. — *p-Chlorphenyl-β-chlorpropionat*, $C_9H_8O_2Cl_2$, Kp.$_{11}$ 152—156°, durch Zutropfen von β-Chlorpropionylchlorid zu geschmolzenem p-Chlorphenol unter Rühren, 3std. Rühren bei Raumtemp. u. 1std. Rühren auf dem Wasserbad; n_D^{25} 1,5306; 90%. — *4-Chlor-7-hydroxyindanon-(1)*, $C_9H_7O_2Cl$, F. 119,7 bis 121,4° (Äthylacetat), a) durch 5std. Erhitzen vorst. Verb. mit $AlCl_3$ auf 95° u. 1std. Erhitzen auf 160—170°; 35,7%; b) durch 5std. Erhitzen vorst. Verb. mit $AlCl_3$ auf 95° u. 2std. Erhitzen auf 165—170°; 70. — *5.β-Dichlor-2-hydroxypropiophenon*, $C_9H_8O_2Cl_2$, F. 89,8—90,6° (Hexan), a) neben vorst. Verb. aus 150 g vorvorst. Verb. nach a); 30 g; b) durch 20 Min. Erhitzen vorvorst. Verb. mit $AlCl_3$ auf 120°; 96%. (J. Amer. chem. Soc. **79**. 3559—61. 5/7. 1957. Reusselaer, N. Y., Sterling-Winthrop Res. Inst.)

H. Bertsch. 2650

Giorgio Traverso, *Nitrierung mit milden Nitrierungsmitteln.* 1. Mitt. *Nitrierung von Tetralin mit Aluminium- oder Kupfernitrat.* Die Umsetzung von *Tetralin* (I) mit Al- bzw. Cu-Nitrat zeigt, daß das Reaktionsprod. vorwiegend aus einem cis–trans-Gemisch einer Mononitroverb. in 1-Stellung des Cycloparaffinringes von I besteht neben geringen Mengen von *α-Tetralon* (II) u. *Naphthalin* (III). Das so erhaltene 1-Nitrotetralin (**V**) wird durch Red. im neutralen Bereich in das entsprechende *Aminoderiv.* (**VI**; cis–trans-Gemisch) umgesetzt; die Red. im saurem Medium führt zum **II** mit ziemlich hoher Ausbeute.

V e r s u c h e: a) Turbinieren von 300 g $Al(NO_3)_3 \cdot 9\,H_2O$ u. 100 g I in einem 1 Liter-Dreihalskolben, vorsichtiges Erhitzen auf 70—80°, 4—5 Std. weiteres Erhitzen unter 90°, Verdünnen des Reaktionsgemisches mit W. u. Ansäuern mit HCl zur Abtrennung der 2 Schichten; Vereinigen der oberen hellbraunen Ölschicht, die das nitrierte Rohprod. (**IV**) enthält, mit der durch Extraktion mit Ae. bzw. Toluol erhältlichen geringen Menge aus der wss. Schicht. Um Veränderungen zu vermeiden, muß **IV** unmittelbar verwendet werden. — b) Red. von 50 g **IV** in je 150 cm³ Toluol u. W. mit 100 g Fe-Feilspänen unter Turbinieren durch Erhitzen bis zum beginnenden Sieden, anteilweise Zugabe von 160 cm³ konz. HCl in 2 Std.; nach weiterem 1std. Rühren wird die Toluolschicht abgetrennt, der Rückstand mit wenig Toluol aufgenommen, mit der Hauptmenge vereinigt, die Toluolschicht im Wasserdampfstrom dest., wieder getrennt, getrocknet, eingedampft u. die Toluollsg. der gesammelten Prodd. mit dem Destillat vereinigt; die Destillationsfraktionen ergaben unverändertes I (Kp.$_{2-3}$ 70—90°), **III** (Kp.$_{2-3}$ 90—105°) u. **II** (Kp.$_{2-3}$ 105—130°, nach nochmaliger Dest. Kp.$_{15}$ 157—160°) als hellgelbes Öl; 25—30% **II** (Ausbeute). **II**-*Semicarbazon*, $C_{11}H_{13}ON_3$, F. 217°, u. *-Oxim*, F. 103—104°. — c) Red. von 50 g **IV** mit 200 g $SnCl_2$ u. 200 cm³ konz. HCl durch Erhitzen auf 100°, Wasserdampfdest., Ausäthern des Destillates, Trocknen, Verdampfen des Lösungsm.

u. Dest. im Vakuum bei 2—3 Torr lieferte die gleichen Ergebnisse wie vorst. unter b). — d) Lösen von **IV** in Ae. bzw. Toluol, Entfernen des Lösungsm. im Vakuum unterhalb 50°, Dest. des gelbbraunen Ölrückstandes bei 1 Torr; die Fraktionen ergaben: **I** (Kp. 60—90°), wenig **II** mit **IV** (Kp. 110—140°) u. *Mononitrotetralin* (**V**), $C_{10}H_{11}NO_2$ (Kp.$_1$ 155—165°), als ein gelbes, stechendes Öl, das mehrmals dest. einen Kp.$_1$ von 165—170° hat. — e) Man nitriert 130 g **I** nach der Meth. a), aber versetzt das Reaktionsprod. direkt mit einer Lsg. von 30—35 g KOH in 150 cm³ CH_3OH bei —15°, erhält ein braunes, harziges Gemisch, verd. mit Eiswasser, extrahiert mit Ae. (zur Beseitigung der Ölprodd.), kühlt den wss. Rückstand wieder auf —15°, überschichtet mit Ae., macht sauer durch Einleiten von CO_2 bzw. mit CH_3COOH, äthert die Mischung mehrmals aus, vereinigt die getrockneten Ae.-Extrakte u. verdampft den Ae. im Vakuum; der verbleibende gelbbraune Ölrückstand besteht aus einem rohen Gemisch von isomeren **I**-freien **V**-Verbb., **III** u. **II**, das durch Red. in saurem bzw. neutralem Medium zu **II** bzw. *1-Aminotetralin* (**VI**) umgesetzt werden kann. — f) Hydrierung von 3 g cis-trans-**V** in 15 cm³ absol. CH_3OH oder A. mit Pd auf Al bzw. Pt-Schwarz oder PtO_2 im Schüttelautoklav bei 5—10 at, Dekantieren der alkoh. Lsg. vom Katalysator, Eindampfen des Lösungsm. im Vakuum, Aufnehmen des Rückstandes mit verd. HCl, Entfernen des unlösl. Anteiles durch Extraktion mit Ae. bzw. Bzl., Neutralisieren der sauren Lsg. ergab cis-trans-**VI**, $C_{10}H_{13}N$, als ein Öl vom Kp.$_{13}$ 98—100°. — g) Acetylierung von 2 g **VI** durch 30 Min. langes Erhitzen mit 5 cm³ Acetanhydrid gab *1-Acetylaminotetralin* (**VII**), $C_{12}H_{15}NO$, F. 147—148° (verd. A.). — h) Red. von 5 g **V** mit 10 g Fe-Feilspänen, 50 cm³ Toluol u. 20 cm³ konz. HCl bzw. 20 g $SnCl_2$ u. 25 cm³ konz. HCl ergab **II**; 50—60 bzw. 50%. — i) Hydrierung von 5 g **II**-Oxim in 50 cm³ trockenem CH_3OH in Ggw. von 2 g Pd–Al unter 5—10 at bei 50°, Verdampfen des Lösungsm. u. Dest. des Rückstandes im Vakuum lieferte ein Gemisch von cis- u. trans-**VI**, Kp.$_{13}$ 98—99°; 100%. — k) Dehydrierung von 0,2 g **VII** in 3 cm³ Chinolin mit 0,1 g Pd-Kohle durch 4—5std. Erhitzen im CO_2-Strom auf 170 bis 180°, Zugabe von 3 cm³ Acetanhydrid, Erhitzen (30 Min.) auf 140°, Verdünnen mit W., vorsichtiges Ansäuern mit verd. H_2SO_4 u. Umkristallisieren des Nd. aus A. ergab *Acetyl-α-naphthylamin*, F. 159—160°. — l) 2std. Rückflußkochen von 50 g **I** in 80 cm³ CH_3COOH mit 70 g $Cu(NO_3)_2 \cdot 5\,H_2O$ in 100 cm³ CH_3COOH bis die Lsg. von Grünblau nach Dunkelgrün umschlägt, Verdünnen mit W., Ausäthern (zur Entfernung des gebildeten Öles), Eindampfen des gewaschenen Ae.-Extraktes, Aufnehmen des Rückstandes mit je 100 cm³ Toluol u. W., Behandeln mit 100 g Fe-Feilspänen u. 100 cm³ konz. HCl u. Weiterverarbeitung wie vorst. unter b); die Destillationsprodd. ergaben: **I**, **III** neben wenig **II** u. kleinen Mengen von Nebenprodukten. (Ann. Chimica **45**. 706—14. Juni/Aug. 1955. Pavia, Univ., Ist. di Chim. fisic.) G. PLATZER. 2700

S. F. D. Orr, Peter Sims und **D. Manson,** *Die Oxydation von 2-Naphthylamin mit Benzoylperoxyd.* Die Oxydation von 2-Naphthylamin (**I**) mit Benzoylperoxyd (**II**) führt zu *Di-[3-benzamido-1.4-dihydro-4-oxonaphthyliden]* (**III**), das bei Red. mit Zn u. Eisessig in *3.3'-Dibenzamido-4.4'-dihydroxy-1.1'-dinaphthyl* (**V**) übergeht. **V** wird durch Luft, bes. in Ggw. von Alkali, leicht zu **III** reoxydiert. Hydrolyse von **V** ergibt *3.3'-Diamino-4.4'-dihydroxy-1.1'-dinaphthyl* (**VI**), das auch bei Rk. von 4.4'-Dihydroxy-1.1'-dinaphthyl (**IV**) mit HNO_2 über *4.4'-Dihydroxy-3.3'-dinitroso-1.1'-dinaphthyl* (**VII**) u. dessen Red. mit $Na_2S_2O_4$ entsteht. Das **VI**-*Tetrabenzoylderiv.* ist mit dem über **VII** erhaltenen Tetrabenzoat ident. u. wird auch durch Rk. von 2-Benzamidonaphthyl-(1)-benzoat (**VIII**) mit **II** erhalten. In den Infrarotspektren von **VI**-Tetrabenzoylderiv. u. **VIII** treten neben der NH-Valenzschwingungsbande (3440 cm^{-1}) 2 niederfrequente Banden (3420 u. 3393) auf, die in den einfachen Derivv. fehlen u. auf schwache H-Bindungen zwischen den o-Substituenten zurückgeführt werden. Im Infrarotspektr. von **III** liegen die Bande der NH-Frequenz u. die Chinonbande ziemlich tief (3363 bzw. 1620). Vff. führen dies auf Konjugation zwischen den Chinongruppen u. den nucleophoben N-Atomen zurück, wobei die N-Atome eine größere positive Gesamtladung annehmen, da eine Erhöhung der Amidcarbonylfrequenz nicht beobachtet wird. Weiterhin ist die C=C-Bande (1596) im **III**-Spektr. ebenso intensiv wie die Chinon–CO-Bande. Dies beruht wahrscheinlich auf einer Wechselwrkg. zwischen der CO- u. C=C-Schwingung infolge ihrer benachbarten Frequenzen, die ein größeres Dipolmoment bedingt. Als Bildungsmechanismus von **III** wird die Entfernung eines H-Atoms aus der Aminogruppe von **I** durch ein Persäureradikal angenommen; in der 2. Phase reagiert die mesomere Form des gebildeten Radikals mit einem Persäureradikal zu 2-Aminonaphthyl-(1)-benzoat. Dieses soll sich durch ortho-O → N-Wanderung des Acylrestes zu 2-Benzamidonaphthol-(1) (**X**) umlagern. Hierauf folgen Dehydrierung u. Dimerisierung. So führt z. B. Oxydation von **X** mit **II** zu **III** u. von 2-Acetamidonaphthol-(1) (**IX**) zu *Di-[3-acetamido-1.4-dihydro-4-oxonaphthylidem]* (**XVIII**), dessen Infrarotspektr. dem des **III** analog ist. — Neben **III** erhält man bei der Oxydation von **I** mit **II** *2.2'-Azonaphthalin,*

1.2;5.6-Dibenzophenazin u. wahrscheinlich *2-Benzamido-1.4-naphthochinon-4-[naphthyl-(2)-imid]* (**XI**), dessen *freie Base* (**XII**) das gleiche Infrarotspektr. wie das von TEUBER u. JELLINEK (Chem. Ber. **87**. [1954.] 1841) durch Oxydation von **I** mit K-Nitrosodisulfonat erhaltene Prod. besitzt u. mit **I** in Essigsäure *2-[Naphthyl-(2)-amino]-1.4-naphthochinon-4-[naphthyl-(2)-imid]* gibt. Eine Anzahl weiterer farbiger Prodd. wurde nicht untersucht. Die Oxydation von 2-Benzamidonaphthalin (**XIII**) mit **II** führt zu *2.2'-Dibenzamido-1.1'-dinaphthyl*, **VI**-*Tetrabenzoylderiv.* u. *2-Phenylnaphth-[2.1]-oxazol* neben *Di-[3-dibenzoylamino-1.4-dihydro-4-oxonaphthyliden]* (**XIV**). Die Oxydation von 2-Acetamidonaphthalin (**XV**) mit **II** liefert *3.3'-Diacetamido-4.4'-dibenzoyloxy-1.1'-dinaphthyl* (**XVI**), dessen Infrarotspektr. dem des **VI**-Tetrabenzoylderiv. ähnlich ist, u. *Di-[3-(N-acetylbenzamido)-1.4-dihydro-4-oxonaphthyliden]* (**XVII**). Die Red. von **XIV** führt zu **VI**-Tetrabenzoylderiv., die von **XVII** zu **XVI**, eine Reoxydation beider Verbb. konnte weder durch Luft noch durch **II** erreicht werden. **XIV** u. **XVII** sind unempfindlich gegenüber heißer verd. HCl, werden aber durch methanol. KOH vollständig in NH_3 u. amorphe Prodd. zerlegt. Partielle Hydrolyse liefert Prodd., deren Lsgg. in Chlf. Maxima bei 5750 Å haben; **III** sowie die entsprechende Acetylverb. (**XVIII**) zeigen das gleiche Maximum. Im Infrarotspektr. von **XIV** tritt die $(C_6H_5CO)_2N$-Bande bei 1684 (cm^{-1}) — also höher als bei Verbb. vom Typ des Benzanilids —, die der chinoiden CO-Gruppe bei 1633 — also weniger tief als in **III** — auf. Hier teilt der N seine nucleophobe Natur sowohl mit 2 C_6H_5CO-Gruppen als auch mit dem Chinoncarbonyl. Analoge Banden wurden im Spektr. von **XVII** beobachtet, nur erscheint hier noch eine Bande bei 1715, da 2 verschied. Acylreste mit dem N verknüpft sind. Diese Bandenzuordnung wird auch durch Intensitätsmessungen gestützt.

Versuche: *Di-[3-benzamido-1.4-dihydro-4-oxonaphthyliden]* (**III**), $C_{34}H_{22}O_4N_2$, F. 332°, aus 5 g **I** u. **II** in Chlorbenzol bei 78—82°; dunkelgrüne Nadeln aus Nitrobenzol; 2,8 g (Ausbeute); auch aus **X** mit **II** in Chlorbenzol bei 80°. — *1.2;5.6-Dibenzophenazin*, $C_{20}H_{12}N_2$, F. 284—285°, neben **III**; schwachgelbe Nadeln aus Eisessig; 230 mg. — *2.2'-Azonaphthalin*, $C_{20}H_{14}N_2$, F. 206—207°, neben **III**; rote Plättchen aus Äthylalkohol. — *2-Benzamido-1.4-naphthochinon-4-[naphthyl-(2)-imid]* (**XI**), $C_{27}H_{18}O_2N_2$, F. 198—199°, neben **III**; rote Nadeln aus Essigester; 850 mg. — *4.4'-Dihydroxy-3.3'-dinitroso-1.1'-dinaphthyl* (**VII**), $C_{20}H_{12}O_4N_2$, F. >400°, durch Zugabe 10%ig. wss. H_2SO_4 zur alkal. Lsg. von 14,3 g **IV** u. $NaNO_2$ in W. bei 0° (120 Min.); gelbe Nadeln aus Pyridin; 14,6 g. — *3.3'-Diamino-4.4'-dihydroxy-1.1'-dinaphthyl* (**VI**), *Dihydrochlorid*, $C_{20}H_{18}O_2N_2Cl_2$, F. >400°, aus 4 g **VII** u. $Na_2S_2O_4$ durch Erhitzen auf 50° in 2n NaOH u. Neutralisieren mit HCl; 2,6 g; auch durch 2std. Kochen von 2 g **V** mit methanol. 2n KOH; 950 mg; silbergraue Platten. *Tetrabenzoylderiv.*, $C_{48}H_{32}O_6N_2$, F. 263—264°, auch durch Oxydation von **VIII** mit **II** in Chlorbenzol bei 80° (8 Std.); Nadeln aus Essigester. — *3.3'-Dibenzamido-4.4'-dihydroxy-1.1'-dinaphthyl* (**V**), $C_{34}H_{24}O_4N_2$, F. 274—275° (wird ab 250° dunkel), durch Red. von 2 g **III** mit Zn in sd. Essigsäure; 1,9 g. Gibt das **VI**-Tetrabenzoylderiv. u. bei 24std. Luftoxydation in 2n NaOH **III**. — *Di-[3-acetamido-1.4-dihydro-4-oxonaphthyliden]* (**XVIII**), $C_{24}H_{18}O_4N_2$, F. 325°, durch Oxydation von 500 mg **IX** mit **II**; grüne Blättchen aus Nitrobenzol; 220 mg. — *2-Amino-1.4-naphthochinon-4-[naphthyl-(2)-imid]* (**XII**), $C_{20}H_{14}ON_2$, F. 136—138°, durch Hydrolyse von **XI** mit methanol. KOH; aus PAe. rotes Pulver. *N-Acetylverb.*, $C_{22}H_{16}O_2N_2$, F. 209—210°, aus A. purpurfarbene Nadeln. — *2-[Naphthyl-(2)-amino]-1.4-naphthochinon-4-[naphthyl-(2)-imid]*, $C_{30}H_{20}ON_2$, F. 247—248°, durch ½std. Erhitzen von 100 mg **XII** mit **I** in Eisessig auf 100°; aus Bzl. rote Nadeln; 120 mg. — *3.3'-Diacetamido-4.4'-dibenzoyloxy-1.1'-dinaphthyl* (**XVI**), $C_{38}H_{28}O_6N_2$, F. 259—260° (Essigester), durch 24std. Erhitzen von 10 g **XV** mit **II** in Chlorbenzol u. Benzoylierung; 3,1 g; Hydrolyse mit methanol. 2n KOH u. Benzoylierung → **VI**-Tetrabenzoylderivat. — *Di-[3-(N-acetylbenzamido)-1.4-dihydro-4-oxonaphthyliden]* (**XVII**), $C_{38}H_{26}O_6N_2$, F. 228—229° (Zers.), neben **XVI**; hellgelbe Nadeln aus Chlf. + Ae.; 320 mg. Kochen mit Zn-Staub in Essigsäure → **XVI** zurück. — *Di-[3-dibenzoylamino-1.4-dihydro-4-oxonaphthyliden]* (**XIV**), F. 183—185°, durch 36std. Erhitzen von 5 g **XIII** mit **II** in Chlorbenzol auf 80°; rote Nadeln aus Chlf.-Ae.; 210 mg. Red. mit Zn-Staub → **VI**-Tetrabenzoylderivat. Neben **XIV** wurden ferner isoliert: *2-Phenylnaphth-[2.1]-oxazol* (F. 120—122°; 5 mg), *2.2'-Dibenzamido-1.1'-dinaphthyl*, $C_{34}H_{24}O_2N_2$, F. 235—236°; prismat. Nadeln aus Bzl.; 780 mg), **VI**-Tetrabenzoylderiv. (520 mg), eine *Verb. mit F. 145—146°* (Nadeln aus Bzl.-PAe.; 20 mg) u. vielleicht *2.3'-Dibenzamido-4'-benzoyloxy-1.1'-dinaphthyl* ($C_{41}H_{28}O_4N_2$, F. 204—205°, Nadeln aus Bzl.-PAe.; 25 mg). — Charakterist. Infrarotbanden einiger Atomgruppen sind tabellar. zusammengestellt für **III, VIII, XIII, XIV, XV, XVI, XVII, XVIII**, das **VI**-Tetrabenzoylderiv., *Naphthyl-(1)-benzoat, Acet-, Benzanilid* u. *Diacetamid*. (J. chem. Soc. [London] **1956**. 1337—44. Juni. London, Chester Beatty Res. Inst., Royal Cancer Hosp., Inst. of Cancer Res.) W. SIRRENBERG. 2700

E. Ju. Gudrinijetze und **G. Ja. Wanag,** *Chlormethylierung von Anthracen.* Es wird durch Chlormethylierung von Anthracen mit CH_2O + HCl *9.10-Bis-[chlormethyl]-anthracen* (I) u. daraus *9.10-Bis-[piperidinomethyl]-* u. *9.10-Bis-[anilinomethyl]-anthracen* erhalten. Ferner wird aus I über das Dinitril in 2 Stufen *9.10-Anthracendiessigsäure* gewonnen: Durch Verseifen des Dinitrils mit verd. H_2SO_4 (2:3) wird das Diamid erhalten, aus dem beim Behandeln mit alkoh. Lauge die Säure entsteht.

Versuche: *9.10-Bis-[chlormethyl]-anthracen* (I), $C_{16}H_{12}Cl_2$, F. 280° (Xylol); man rührt ein Gemisch aus 35,6 g Anthracen, 22 g Paraformaldehyd, 130 ml Eisessig, 16,5 ml 85%ig. H_3PO_4 u. 80 ml konz. HCl 4—5 Std. bei 80—85°, läßt abkühlen u. verd. mit 300 ml W.; grüngelbe Nadeln; 83,9% (Ausbeute). Gibt bei CrO_3-Oxydation *9.10-Anthrachinon,* F. 286°. — *9.10-Bis-[piperidinomethyl]-anthracen,* $C_{26}H_{32}N_2$, F. 204° (A.–Aceton-Gemisch 1:3); man kocht 2,7 g I mit 8,4 g Piperidin 20—30 Min., läßt über Nacht stehen u. verd. mit W.; gelbe Nadeln; 94,6%. — *9.10-Bis-[anilinomethyl]-anthracen,* $C_{28}H_{24}N_2$, F. 268° (Dioxan); aus 8,1 g I u. 16,8 g Anilin (2 Std. erhitzen); gelbe Kristalle; 81,5%. (Журнал Общей Химии [J. allg. Chem.] **26** (**88**). 3123—25. Nov. 1956. Lett. Univ.) O. POLLAK V. EMHOFEN. 2800

E. Vinkler und **F. Klivényi,** *Die bimolekulare Reduktion aromatischer Sulfochloride als Mechanismus der Thiophenolbildung.* 2. Mitt. *Über die Synthese von Thiolsulfonsäureestern durch Kondensation aus Anthrachinon-1-sulfensäure und aromatischen Sulfinsäuren.* (1. vgl. C. **1952.** 6199.) Inhaltlich ident. mit der C. **1955.** 10736 referierten Arbeit. (Acta chim. Acad. Sci. hung. **7.** 307—15. 1955.) J. PLANK. 2800

H. Hopff und **H. R. Schweizer,** *Zur Kenntnis des Coronens.* 1. Mitt. *Über Carbonsäuren des Coronens.* Aus Coronen (I) wurden durch Umsetzung mit dem Carbamidsäurechlorid–$AlCl_3$-Komplex (II) unter verschied. Bedingungen *Coronencarbonsäureamide* erhalten, deren Verseifung mit methanol. KOH die Säuren ergab: *Coronenmonocarbonsäure* (III) fiel beim Einengen als *K-Salz* aus; die in verd. wss. Alkali lösl. isomeren *Coronendicarbonsäuren* (**A**) ließen sich durch weiteren Alkalizusatz fällen, während die isomeren *Coronentricarbonsäuren* (**B**) auch in Lsgg. mit mehr als 20% Alkaligeh. gelöst bleiben. Die Rk. in Methylenchlorid (**IV**), Tetrachloräthan bzw. o-Dichlorbenzol (**V**) lieferte fast nur *Coronenmonocarbonsäureamid* (10—25% Ausbeute), in Nitrobenzol (**VI**) beim Verhältnis **II**:**I** = 2:1 ca. 60% **A**-*Amide,* in der Schmelze schlecht reproduzierbare Resultate, beim Mol-Verhältnis 1:1 bis 2:1 jedoch stets 10—35% **A**-*Amide* u. beim Verhältnis 6:1 bei 140° ca. 40% **B**-*Amide.* **III** wurde isoliert u. in einige Derivv. übergeführt. Die Trennung der Isomerengemische von **A** u. **B** gelang nicht. Aus **III** bzw. einem **A**-Gemisch wurden durch Umsetzung der Säurechloride mit den entsprechenden Aminoanthrachinonen *Acylaminoanthrachinone* erhalten. — Das verwendete **I** war ein techn. Prod. des BASF (Ludwigshafen), das noch Spuren eines orangeroten Nebenprod., vermutlich eines Dinaphthocoronens, enthielt.

Versuche: *Coronencarbonsäureamide,* a) durch Aufkochen von **I** mit dem Lösungsm., Zusatz von **II** bei 40° u. Erhitzen auf die Reaktionstemp.; b) durch Aufschlämmen von **I** u. **II** in **IV**, Abdampfen von **IV** u. Schmelzen; Versuchsergebnisse vgl. Tabelle im Original. — *Coronencarbonsäuren,* durch 3—5std. Verseifung vorst. Amide mit methanol. KOH bei 170—185° im Rührautoklav, Einengen auf $^1/_3$, Zusetzen von W. u. Abtreiben des restlichen Methanols, Abfiltrieren des *K-Salzes* von **III** u. Ausfällen der Polycarbonsäuren durch Ansäuern: *Coronenmonocarbonsäure* (**III**), $C_{25}H_{12}O_2$, F. 341° (korr.; Zers.), durch Ansäuern des K-Salzes in 0,2—0,5%ig. methanol. KOH; blaßgelbe, schmale Nadeln aus **VI**; 60—80% (Ausbeute); bei 0.01 Torr erfolgt bei 300° langsame, bei 350° rasche Sublimation. *Säurechlorid* (**VII**), $C_{25}H_{11}OCl$, F. 362—362° (Zers.), durch Kochen von 5 mMol **III** mit 5,5 mMol PCl_5 in **V**; sattgelbe Kristalle; 91%. *Anilid,* $C_{31}H_{17}ON$, F. 355—355,5° (korr.), durch Zutropfen von Anilin zur sd. **V**–**VII**-Mischung u. Auskochen des auskrist. Prod. mit Ag_2O in Xylol; blaßgelbe Nadeln durch Vakuumsublimation. *Methylester,* $C_{26}H_{14}O_2$, F. 251—251,5° (korr.), durch ½std. Rückflußkochen von **VII** mit wasserfreiem Methanol u. Pyridin, Versetzen mit **IV**, Ausschütteln mit HCl u. W. u. Einengen der **IV**-Lsg.; durch Kristallisieren aus PAe.–Toluol u. Vakuumsublimation kanariengelbe, zusammengewachsene Nadeln. — *Gemische isomerer Coronendicarbonsäuren* (**A**), durch Aufarbeitung der Reaktionsschmelzen von 15 mMol **I** u. 15 mMol **II** bzw. 27 mMol **I** u. 37 mMol **II** wie oben u. portionsweisen Zusatz von 33%ig. NaOH zur Lsg. der alkalilösl. **A**- u. **B**-Gemische, Filtrieren der **A**-Na-Salze bei 0°, Lösen in heißem W., Ansäuern u. Umfällen aus verd. NH_4OH. *Dimethylestergemische,* aus den Säurechloridgemischen u. Dimethylsulfat oder Diazomethan. — *Gemische isomerer Coronentricarbonsäuren* (**B**): durch Schmelzen von **I** u. **II** im Verhältnis 1:6 (dann 3 Std. bei 140° bzw. 1 Std. bei 80°) u. Verseifen entstand ein von **III** u. **A** freies Säuregemisch, das in 27%ig. NaOH zu 10,5% ausgefällt wurde; aus dem Nd. wurde nach Veresterung mit Diazomethan in **IV** u. Chromatographie eine **B**-*Trimethylester*-Fraktion ($C_{30}H_{18}O_6$, F. 271—293°; korr.) isoliert. Der nichtfällbare Säureanteil lieferte analog 45% eines gelben **B**-*Trimethylesters* ($C_{30}H_{18}O_6$, F. 150—230°). — Natronkalksublimation der **A** u. **B** führte zu **I**. (Helv. chim. Acta **40**. 541—49. 2/5. 1957. Zürich, ETH, Techn.-Chem. Labor.) L. LAMZA. 2950

Max Mousseron, Robert Jacquier und **Renée Fraisse**, *Untersuchungen in der Bicyclo-[0.1.4]-heptanreihe.* Einige Bicyclo-[0.1.4]-heptan-7-derivv. wurden dargestellt. — Diazoessigsäureäthylester reagiert mit Cyclohexen zu *trans-Bicyclo-[0.1.4]-heptan-7-carbonsäureäthylester* (**I**), Kp.$_{18}$ 110°. *Anilid*, F. 212—213°, mit Anilino-MgBr. Wird zur *freien trans-Säure* (**II**), F. 97—98°, verseift. *p-Bromphenacylester*, F. 115—116°. *trans-Säurechlorid* (**III**), Kp.$_{25}$ 112°, mit $SOCl_2$; läßt sich zum *trans-Amid* (F. 225—226°) umsetzen, dessen Desaminierung ohne Inversion wieder **II** liefert. — Aus CH_3Li u. **II** oder aus CH_3MgBr u. **II**-N-Dimethylamid (**V**, Kp.$_{18}$ 148°) in 70% (Ausbeute) erhält man *trans-7-Acetylbicyclo-[0.1.4]-heptan* (**IV**), Kp.$_{20}$ 98°. *2.4-Dinitrophenylhydrazon*, F. 164—165°. — Diphenyl-Cd u. **III** oder Phenyl-MgBr u. **V** setzen sich zu *trans-7-Benzoylbicyclo-[0.1.4]-heptan* (Kp.$_{0,1}$ 138°. *2.4-Dinitrophenylhydrazon*, F. 195—196° u. F. 161—162°) um. Ausgehend von **III** gibt die ARNDT-EISTERT-Rk. die *trans-7-Essigsäureverb.*, F. 95—96°. *Anilid*, F. 205—206°. *p-Bromphenacylester*, F. 90—91°. — Mit Na-Äthylat wird **I**, mit $LiAlH_4$ wird **II** zur *trans-7-Oxymethylverb.*, Kp.$_{18}$ 105° (*Phenylurethan*, F. 87—88°), red.; seine Oxydation nach OPPENAUER oder mit tert.-Butylhypochlorit, wie auch die Red. von **II**-Piperidinamid (F. 96—97°) mit $LiAlH_4$ liefert den entsprechenden *trans-7-Aldehyd*, Kp.$_{20}$ 98° (*2.4-Dinitrophenylhydrazon*, F. 200—201°), dessen Oxim (F. 124—125°) mit $LiAlH_4$ zur *trans-7-Aminomethylverb.*, Kp.$_{20}$ 95°, red. wurde (*Benzoylderiv.*, F. 104—105°). — Peroxytrifluoressigsäure oxydiert **IV** unter Beibehaltung der Konfiguration zu einem *Acetat* (Kp.$_{10}$ 95°; 60%), das mit $LiAlH_4$ zu *trans-Bicyclo-[0.1.4]-heptanol-(7)* (**VIa**), F. 55 bis 56°, führt. *Phenylurethan*, F. 94—95°. *p-Nitrobenzoat*, F. 108°. Dinitrophenylhydrazin in H_2SO_4 bildet mit **VIa** *Methylalcyclohexan* (**VIII**)-*2.4-dinitrophenylhydrazon*, F. 170°. Nach CURTIUS reagiert **II** zur *trans-7-Aminoverb.* (Kp.$_{20}$ 72°; 50%. *Benzoylderiv.*, F. 157 bis 158°), dessen Hydrochlorid (F. 224—225°, Zers.) nur mit $AgNO_2$ desaminiert wird zu einem *Gemisch* (Kp.$_{20}$ 94°; 30%) der diastereoisomeren Alkohole **VIa** u. dessen *cis-Verb.* (**VIb**). *Phenylurethan*, F. 102—103°. *p-Nitrobenzoat*, F. 45°. Das **VIa/VIb**-Gemisch läßt sich nach OPPENAUER in Ggw. von Benzochinon oxydieren zu *Bicyclo-[0.1.4]-heptanon-(7)* (**VII**), Kp.$_{20}$ 85°; 20%. *2.4-Dinitrophenylhydrazon*, F. 140—141°. Die Isolierung des Semicarbazons oder des Oxims war nicht möglich, was die starke Stabilität des Bicyclosyst. gegenüber dem der Monocyclopropanderivv. zeigt; aus **VII** u. $LiAlH_4$ gewinnt man wieder das **VIa/VIb**-Gemisch. Nach anderen Methoden ließ sich **VII** nicht darstellen: aus **VIa** u. Al-Isopropylat entsteht **VIII**, das sich nach MEERWEIN-PONNDORF zu *Methylolcyclohexan* (*Phenylurethan*, F. 80—81°) umsetzen läßt; das **VIa/VIb**-Gemisch liefert mit tert.-Butylhypochlorit nur wenig *1-Methylalcyclohexen* (*2.4-Dinitrophenylhydrazon*, F. 210—212°) u. nur Spuren von **VII**. (C. R. hebd. Séances Acad. Sci. **243**. 1880—82. 5/12. 1956.) H. FECHTER. 2950

Costas H. Issidorides, Riza C. Gulen und **Nazar S. Aprahamian**, *Pentaerythritderivate.* 2. Mitt. *3-Halogenmethyl-3-oxymethyloxetane.* (1. vgl. C. **1957**. 5238.) Aus Pentaerythrityldichlorid (**I**) oder -dibromid (**II**) entstehen durch Behandlung mit C_2H_5ONa in A. *3-Chlormethyl-* (**III**) bzw. *3-Brommethyl-3-oxymethyloxetan* (**IV**) in guter Ausbeute, die mit den entsprechenden Halogenwasserstoffsäuren (HWs) leicht in die Ausgangsprodd. zurückverwandelt werden. Mit anderen HWs entstehen gemischte Dihalogenverbb. des Pentaerythrits, z. B. wird **III** mit HBr unter Öffnung des Oxetanrings in *2-Brommethyl-2-chlormethylpropandiol-(1.3)* verwandelt, das auch aus **IV** mit HCl oder aus Pentaerythritylmonobromid (**V**) über das *O.O'-Benzylpentaerythritylmonobromid* (*2-Phenyl-5-oxymethyl-5-brommethyl-1.3-dioxan*) durch Behandeln mit $SOCl_2$ u. Hydrolysieren entsteht. Weitere gemischte Dihalogenverbb. des Pentaerythrits werden beschrieben.

V e r s u c h e: *Pentaerythrityldibromid* (**II**), F. 110—111°, nach BEYAERT u. HANSENS (C. **1941**. I. 1944) mit 66%ig. HBr; 63% (Ausbeute). — *3-Brommethyl-3-oxymethyloxetan* (**IV**), $C_5H_9O_2Br$, Kp.$_{1-2}$ 141—143°, n_D^{20} 1,5101, durch 2½std. Rühren von **II** mit C_2H_5ONa in A. unter Erhitzen, Eindampfen u. Fraktionieren; 71%. Rückverwandlung in **II** durch Erhitzen mit 48%ig. HBr; 79%. — *3-Chlormethyl-3-oxymethyloxetan* (**III**), $C_5H_9O_2Cl$, Kp.$_{4-5}$ 142—145°, n_D^{21} 1,4822, aus **I** wie vorst.; 76%. — *2-Brommethyl-2-chlormethylpropandiol-(1.3)*, $C_5H_{10}O_2ClBr$, F. 95,5—96° (CCl_4 u. Toluol), durch Erhitzen von **III** oder **IV** mit HBr bzw. HCl; 75%; oder durch 48std. Rühren von **V** in W. mit Benzaldehyd u. HCl, Versetzen des erhaltenen *O.O'-Benzylpentaerythritylmonobromids* [$C_{12}H_{15}O_3Br$, F. 73,5—74,5° (PAe.); 69%] in Pyridin innerhalb 2 Std. mit $SOCl_2$ in

Chlf., Erhitzen u. Hydrolysieren; 53%. — *2-Chlormethyl-2-jodmethylpropandiol-(1.3)*, $C_5H_{10}O_2ClJ$, F. 95—95,5° (CCl_4 u. Toluol), durch ½std. Erhitzen von **III** mit 45%ig. HJ u. Neutralisieren mit festem CO_2; 78%. — *2.2-Bis-[brommethyl]-1.3-dichlorpropan*, $C_5H_8Br_2Cl_2$, F. 116,5—118° (PAe.), durch Behandlung von **II** mit einem Überschuß von $SOCl_2$ in Chlf.; 69%. (J. org. Chemistry **21**. 997—98. Sept. 1956. Beirut, Lebanon, Amer. Univ. of Beirut, Dep. of Chem.) H. ROSSOW. 3040

Costas H. Issidorides und **Nazar S. Aprahamian**, *Penthaerythritderivate*. 3. Mitt. *2.6-Dioxaspiro-[3.3]-heptan*. (2. vgl. vorst. Ref.) Das l. c. hergestellte 3-Brommethyl-3-oxymethyloxetan (**I**) wird durch Behandlung mit KOH in *2.6-Dioxaspiro-[3.3]-heptan* verwandelt, das durch Red. mit $LiAlH_4$ in *2.2-Dimethylpropandiol-(1.3)* übergeht.

Versuche: *2.6-Dioxaspiro-[3.3]-heptan* (*3.3'-Spirodioxetan*), F. 89—90°, durch Eintropfen von **I** in konz. KOH-Lsg. bei 120—130° (Bad, 10 mm, Rühren) u. Dest. bei 150° (6 mm); 34% (Ausbeute). — *2.2-Dimethylpropandiol-(1.3)*, F. 128—130°, aus vorst. Verb. u. $LiAlH_4$ in Tetrahydrofuran durch 12std. Erhitzen, Einengen, Behandeln mit Äthylacetat u. 6n H_2SO_4 u. Extrahieren des Rückstands der Dampfdest. mit Ae.; 56%. (J. org. Chemistry **21**. 1534. Dez. 1956.) H. ROSSOW. 3040

Alexander Lawson und **C. E. Searle**, *Cyclisierung einiger Thiobenzamidoverbindungen*. Die Rk. von Thiobenzoylmercaptoessigsäure (**I**) mit Cystin (**II**), N-Äthylglycin (**III**), Sarkosin (**IV**), Morpholin u. Piperidin liefert *N.N'-Dithiobenzoylcystin*, *N-Äthyl-N-thiobenzoylglycin* (**IX**), *Thiobenzoylsarkosin* (**X**), *Thiobenzoylmorpholin* bzw. *Thiobenzoylpiperidin*, während aus Guanidin (**XI**) nach anschließendem Behandeln mit Br_2 *3-Amino-5-phenyl-1.2.4-thiadiazol* entsteht. Mit Propion- bzw. Essigsäureanhydrid (**XII**) werden aus **X** die mesoion. Verbb. *Pseudo-4-propionyl-* bzw. *Pseudo-4-acetyl-3-methyl-2-phenylthiazolon-(5)* (**XIII**) erhalten. Die Strukturzuordnung für **XIII** erfolgte auf Grund der Phenyl- bzw. Dinitrophenylhydrazonbldg., der Löslichkeit u. des Infrarotspektrums. Der Vers. der Ringöffnung führte zu vollständiger Zers., während die katalyt. Hydrierung u. Rk. mit NH_3 in Dioxan im Gegensatz zu echten Thiazolonen negativ verliefen. Benzylamin u. Anilin liefern mit **XIII** nichtidentifizierte S-freie Prodd. [$C_{15}H_{16}ON_2$, F. 168 bis 169°, bzw. $C_{18}H_{16}O_2N_2$, F. 250—252° (Zers.)]. Analog **XIII** entsteht aus **IX** *Pseudo-4-acetyl-3-äthyl-2-phenylthiazolon-(5)*. 2-Aminoäthanol (**XV**) u. Aminoacetaldehyddiäthylacetal (**XVI**) geben mit **I** *2-Thiobenzamidoäthanol* (**XIV**) bzw. *Thiobenzamidoacetaldehyddiäthylacetal*, die durch Behandeln mit HCl oder P_2O_5 in *2-Phenylthiazolin* bzw. *5-Äthoxy-2-phenylthiazolin* übergehen, das bei stärkerem Erhitzen *2-Phenylthiazol* liefert. Entsprechend wird aus 3-Aminopropanol *5.6-Dihydro-2-phenyl-1.3-thiazin* erhalten. *1-Thiobenzoylsemicarbazid* (**XVII**), das aus **I** u. Semicarbazid (**XVIII**) gewonnen wird, cyclisiert leicht zu *2-Hydroxy-5-phenyl-1.3.4-thiadiazol*, mit **XII** wird *2-Acetoxy-5-phenyl-1.3.4-thiadiazol* (**XIX**) erhalten. Während **XIX** auch aus **XVII** mit Acetylchlorid (**V**) in Ggw. von 3-Methylpyridin (**VII**) entsteht, verläuft die Rk. ohne Base unter Bldg. von *2-Amino-5-phenyl-1.3.4-thiadiazol* (**VIII**). **VIII** entsteht auch durch Kochen von *1-Thiobenzoylthiosemicarbazid* (**VI**), das analog **XVII** synthetisiert wird u. mit kalter konz. HCl *2-Mercapto-5-phenyl-1.3.4-thiadiazol* ergibt. Thiobenzoylderivv. von N-Phenyl-, N-p-Hydroxyphenyl- u. N-o-Carboxyphenylglycin, 2-Amino-2-methylpropanol u. 2-Amino-2-methylpropandiol-(1.3) konnten nicht erhalten werden. Die Rk. der Thiobenzoylverbb. mit $AgNO_3$ unter verschied. Bedingungen wurde untersucht.

Versuche: *N.N'-Dithiobenzoylcystin*, $C_{20}H_{20}O_4N_2S_4$, F. 117—118° (Bzl.–PAe.), durch 3wöchiges Stehen von **I** mit **II**, Ansäuern mit HCl u. Ausziehen mit Ae.; Nadeln. — *3-Amino-5-phenyl-1.2.4-thiadiazol*, F. 132—139°, aus **XI** u. **I** u. anschließendes Behandeln mit Br_2. — *Thiobenzoylsarkosin* (**X**), $C_{10}H_{11}O_2NS$, F. 152—153° (Zers.; Essigester–PAe.), aus **IV** in NaOH in 4 Tagen; schwachgelbe Tafeln; 70% (Ausbeute). — *N-Äthyl-N-thiobenzoylglycin* (**IX**), $C_{11}H_{13}O_2NS$, F. 136—137° (Essigester–PAe.), aus **III**; dicke Blätter; 26%. — *Pseudo-4-acetyl-3-methyl-2-phenylthiazolon-(5)* (**XIII**), $C_{12}H_{11}O_2NS$, F. 134—135° (Chlf. bzw. Essigester–PAe.), durch 1std. Erwärmen von **X** mit **XII** auf dem Dampfbad, Einengen u. zweimaliges Zugeben von Xylol; schwachgelbe M.; 77%. *Phenylhydrazon*, $C_{18}H_{17}ON_3S$, F. 218° (A.), prismat. Nadeln. — *Pseudo-4-propionyl-3-methyl-2-phenylthiazolon-(5)*, $C_{13}H_{13}O_2NS$, F. 109—110° (PAe.), gelbe Nadeln; 61%. — *Pseudo-4-acetyl-3-äthyl-2-phenylthiazolon-(5)*, $C_{13}H_{13}O_2NS$, F. 104—105° (wss. A.), aus **IX** u. **XII** bei 100°; schwachgelbe prismat. Nadeln. — *2-Thiobenzamidoäthanol* (**XIV**), $C_9H_{11}ONS$, F. 93—94° (Chlf.-PAe.), aus **XV** u. **I**-Na-Salz bei Raumtemp.; 81%. *Acetat*, $C_{11}H_{13}O_2NS$, F. 67—68° (Ae.–PAe.), gelbe prismat. Stäbchen; 63%. *Benzoat*, $C_{16}H_{15}O_2NS$, F. 125 bis 126° (Chlf.–PAe.), in **VII**; 53%. — *2-Phenylthiazolin*, durch Erwärmen von **XIV** mit P_2O_5 bzw. 1std. Erhitzen mit Polyphosphorsäure auf dem Dampfbad bzw. mehrstd. Stehen mit konz. HCl, Zugeben von W. u. Ausäthern der alkal. Lsg.; 77%. *Pikrat*, $C_{15}H_{12}O_7N_4S$, F. 172—173,5° (Essigester), Tafeln. — *3-Thiobenzamidopropanol*, $C_{10}H_{13}$·

ONS, F. 69—70,5° (PAe.), analog **XIV**, Ausäthern u. nach Trocknen Zugeben von PAe.; blaßgelbe Blättchen; 79%. — *5.6-Dihydro-2-phenyl-1.3-thiazin*, durch mehrstd. Stehen vorst. Verb. mit kalter konz. HCl, Verdünnen u. Zugeben von Na_2CO_3; Öl. *Pikrat*, $C_{16}H_{14}O_7N_4S$, F. 183—185° (A.). *$HgCl_2$-Komplex*, F. 141—143°. — *Thiobenzamidoacetaldehyddiäthylacetal*, $C_{13}H_{19}O_2NS$, F. 69—70° (Essigester–PAe.), aus **XVI**; 89%. — *5-Äthoxy-2-phenylthiazolin*, durch Erwärmen vorst. Verb. mit konz. HCl bzw. Polyphosphorsäure auf 100°; Öl. *Pikrat*, $C_{17}H_{16}O_8N_4S$, F. 163—164° (A.); 95%. — *2-Phenylthiazol, Pikrat*, F. 123—124° (wss. A.), analog vorst. Verb. mit Polyphosphorsäure bzw. P_2O_5 bei 180°. — *1-Thiobenzoylsemicarbazid* (**XVII**), $C_8H_9ON_3S$, F. 158—159° (Essigester–PAe.), aus **XVIII** u. **I** durch 6std. Stehen in Ggw. von NaOH bei Raumtemp.; hellgelbe Blättchen; 68%. — *5-Phenyl-1.3.4-thiadiazole*: *2-Hydroxy-*, $C_8H_6ON_2S$, F. 146 bis 148° (A.), aus **XVII** a) durch Erhitzen mit Polyphosphorsäure auf 140°; b) Kochen mit konz. HCl; c) Erhitzen auf 190°; 88%. — *2-Acetoxy-* (**XIX**), $C_{10}H_8O_2N_2S$, F. 117—119° (wss. A.), a) durch 2std. Erhitzen vorst. Verb. mit **XII** auf 100°, Verdünnen mit Aceton u. Gießen auf Eis; b) aus **XVII** mit **V** in Ggw. von 3-Methylpyridin. — *2-Amino-* (**VIII**), $C_8H_7N_3S$, F. 240—241° (Chlf.-PAe.), analog **XIX** nach b) ohne Base bzw. durch Kochen von **VI** in W.; 63%. — *2-Mercapto-*, $C_8H_6N_2S_2$, F. 224—225,5° (wss. A.), aus **VI** u. kalter konz. HCl; blaßgelbe Kristalle; 100%. — *2-Benzylmercapto-*, $C_{15}H_{12}N_2S_2$, F. 108—109° (wss. A.), durch 4std. Kochen vorst. Verb. mit Benzylchlorid u. $NaHCO_3$ in 70% ig. A.; Nadeln; 91%. — *1-Thiobenzoylthiosemicarbazid* (**VI**), $C_8H_9N_3S_2$, F. 125—128° (Zers.), analog **XVII** u. Auswaschen mit Ae.; 69%. *Pikrat*, $C_{14}H_{12}O_7N_6S_2$, F. 268—271° (Zers.; wss. Aceton), Nadeln. — *Thiobenzoylmorpholin*, $C_{11}H_{13}ONS$, F. 137—138,5° (wss. A.), Nadeln; 91%. — *Thiobenzoylpiperidin*, $C_{12}H_{15}NS$, F. 63—64° (Ae.-PAe.). (J. chem. Soc. [London] **1957**. 1556—61. April. London, Roy. Free Hosp. School of Med.) K. DOMMAIN. 3050

R. Hansal, D. Vargazon und **V. Hahn**, *Darstellung sekundärer Amine durch Reduktion Schiffscher Basen*. 2. Mitt. *Furfuryliden- und Furfuryl-o-anisidin*. (1. vgl. C. **1950/54**. 207 S.) Durch Kondensation von Furfurol (**I**) u. o-Anisidin (**II**) erhält man neben 13% *2-[(Di-o-anisidino)-methyl]-furan* hauptsächlich *Furfuryliden-o-anisidin* (**III**), das bei Red. mit Mg u. Methanol *Furfuryl-o-anisidin* (**IV**) liefert.

V e r s u c h e: *Furfuryliden-o-anisidin* (**III**), $C_{12}H_{11}O_2N$, Kp.$_{12}$ 177—178°, aus äquimol. Mengen **I** u. **II** durch 2std. Stehen u. Dest.; gelbes zähes Öl; 58% (Ausbeute). — *2-[(Di-o-anisidino)-methyl]-furan*, $C_{19}H_{20}O_3N_2$, F. 48—49°, durch Abpressen von rohem **III** auf Ton; Kristalle aus PAe.; 13%. — *Furfuryl-o-anisidin* (**IV**), Kp.$_{12}$ 170—172°, aus **III**, Mg-Spänen u. Methanol; blaßgelbes Öl; 57%. *Hydrochlorid*, $C_{12}H_{13}O_2N \cdot HCl$, F. 132 bis 133°, Kristalle aus Aceton–Ae. oder Methanol–Äther. *Pikrat*, $C_{18}H_{16}O_9N_4$, F. 135—136°, aus Bzl. gelbe Prismen. — *N-Phenyl-N'-[o-methoxyphenyl]-N'-furfurylthioharnstoff*, $C_{19}H_{18}O_2N_2S$, F. 81—81,5°, aus **IV** u. Phenylisothiocyanat; aus A. Prismen; 84%. (Arhiv Kemiju [Arch. Chim.] **27**. 33—36. Mai 1955. Zagreb, Tehn. fak., Zav. za org. kemiju.) S. BECKMANN. 3061

Leon Mandell und **Wesley A. Blanchard**, *Die Reaktion von N-Benzylpyrrol mit Acetylendicarbonsäure*. Durch 12std. Kochen von N-Benzylpyrrol (**I**) mit Acetylendicarbonsäure in Ae. entstehen *1-Benzylpyrryl-(2)-maleinsäureanhydrid*, *1-Benzylpyrryl-(2)-fumarsäure* u. eine Verb. der vermutlichen Konst. **IV**, $C_{15}H_{13}O_4N$. **IV** ist amphoter u. nimmt bei der Hydrierung in Ggw. von 5% ig. Pd-Kohle bei n. Druck im Gegensatz zu **II** u. **III** nicht vier, sondern nur drei Mol. H_2 auf. Durch 12 Std. Kochen in 10% ig. Na_2CO_3-Lsg. wird **IV** in **I** u. **II** zerlegt. (J. Amer. chem. Soc. **79**. 2343—44. 5/5. 1957. Emory University, Ga., Emory Univ., Dep. of Chem., Annex C Labor.) K. DOMMAIN. 3081

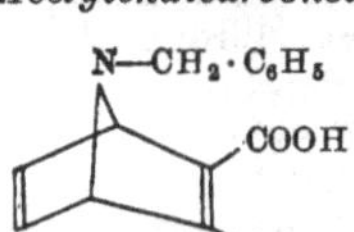

IV

Rodolfo A. Nicolaus, Lorenzo Mangoni und **Luciano Caglioti**, *Pyrrolcarbonsäuren durch Oxydation von Porphyrinen*. Durch papierchromatograph. Aufarbeitung der Prodd. der vorsichtigen Oxydation von verschied. Porphyrinen (**I**) mit $KMnO_4$ in alkal. Milieu bei Raumtemp. wurde eine Reihe von Pyrrolcarbonsäuren isoliert. Im einzelnen lieferte Protoprophyrin IX *4-Methylpyrrol-2.3.5-tricarbonsäure* (**II**) u. *4-Methyl-3-[β-carboxyäthyl]-pyrrol-2.5-dicarbonsäure* (**III**), Hämin **II** u. **III**, Mesoporphyrin IX *4-Methyl-3-äthylpyrrol-2.5-dicarbonsäure* (**IV**) u. **III**, Phäoporphyrin a_5 **II**, **III** u. **IV**, Phäophorbid a **II**, **III** u. **IV**, Phäophorbid b **II**, **III** u. *4-Äthylpyrrol-2.3.5-tricarbonsäure* (**V**), Mesophäophorbid a **II**, **III** u. **IV** u. Phäophytin a + b **II**, **IV** u. **V**. Im letzten Falle wird durch längeres Kochen des gebildeten Nd. in alkal. Milieu auch **III** erhalten; die Säure fällt vermutlich als Phytolester gemeinsam mit MnO_2 aus der wss. Lsg. aus. Nach den Ergebnissen bleiben die β-ständigen Substituenten der Pyrrolkerne der **I**, wenn sie hinreichend oxydationsbeständig sind ($-CH_3$, $-C_2H_5$, $-CH_2CH_2COOH$), erhalten; andererseits läßt das Auffinden von Pyrroltricarbonsäuren Rückschlüsse auf leicht oxydierbare Substituenten (—CHO, Vinyl) zu, so daß die Rk. zur Strukturaufklärung der I herangezogen werden kann. Die Säuren wurden zu Vergleichszwecken synthetisiert.

Versuche: *4-Methylpyrrol-2.3.5-tricarbonsäure* (**II**); aus 2.4-Dimethylpyrrol-3.5-dicarbonsäurediäthylester u. SO_2Cl_2 u. Verseifen. — *2.4-Dimethyl-3-formylpyrrol-5-carbonsäureäthylester*, F. 144—145°, durch Einleiten von trockenem HCl-Gas in eine äther. Lsg. von 2.4-Dimethylpyrrol-5-carbonsäureäthylester in Ggw. von $Zn(CN)_2$ unter Eiskühlung bis zur Sättigung, 18std. Stehen, Eindampfen, Aufnehmen in W. u. 4—5std. Stehen; aus W.-A. Nadeln; Ausbeute quantitativ. — *4-Methyl-3-[β-carboxyäthyl]-pyrrol-2.5-dicarbonsäure* (**III**), aus vorst. Verb. über *β-[2.4-Dimethyl-5-carbäthoxypyrrol]-3-acrylsäure*, deren Red. mit H_2/RANEY-Ni in 2n Sodalsg. u. weiter über *2-Brommethyl-* u. *2-Carboxy-4-methyl-3-[β-carboxyäthyl]-pyrrol-5-carbonsäureäthylester* nach FISCHER [1923/28]. — *4-Methyl-3-äthylpyrrol-2.5-dicarbonsäure* (**IV**), aus 2.4-Dimethyl-3-äthylpyrrol-5-carbonsäureäthylester u. SO_2Cl_2 u. Verseifen. — *2-Formyl-4-äthylpyrrol-3.5-dicarbonsäurediäthylester*, $C_{13}H_{17}O_5N$, F. 103—104° (CCl_4), durch Zugeben von Br_2 zu einer Lsg. von 2-Methyl-4-äthylpyrrol-3.5-dicarbonsäurediäthylester in Eisessig/Essigsäureanhydrid bei 10°, anteilweises Versetzen mit SO_2Cl_2 unter Kühlung, kurzes Schütteln 7std. Stehen bei 0°, Zugeben von W. bis zur vollständigen Abscheidung eines Öles, 3/4std. Erwärmen auf 60—70°, Eingießen in Eiswasser, Lösen in warmem A., Zugeben von $NaHCO_3$ bis zum Aufhören der CO_2-Entw. u. Gießen in Eiswasser. *2.4-Dinitrophenylhydrazon*, $C_{19}H_{21}O_8N_5$, F. 207—208°, aus A. orangefarbene Nadeln. — *2-Carboxy-4-äthylpyrrol-3.5-dicarbonsäurediäthylester*, $C_{13}H_{17}O_6N$, F. 138—139°, aus der Mutterlauge der vorst. Verb.; aus Bzl. Nadeln. *Methylester*, $C_{14}H_{19}O_6N$, F. 40—41°. — *4-Äthylpyrrol-2.3.5-tricarbonsäure* (**V**), $C_9H_9O_6N$, F. ca. 260° (Zers.), durch 6std. Erhitzen der vorst. Verb. mit wss. KOH unter Rückfluß. *Trimethylester*, $C_{12}H_{15}O_6N$, F. 76—78° (Ligroin). — Oxydation der Porphyrine (I), durch Zutropfen von $KMnO_4$ zu einer Lsg. der I in 2n K_2CO_3 bis die Färbung 10 Min. sichtbar bleibt, Zugeben von Na_2SO_3, Erhitzen, Abfiltrieren des MnO_2, Ansäuern mit HCl (Kongorot) bei 0°, Filtrieren, Einstellen von p_H 4,5—5 mit 2n NaOH, Zugeben einiger Tropfen 50%ig. $CaCl_2$-Lsg., 1std. Stehen, Filtrieren, Ansäuern mit HCl (Kongorot), 4maliges Extrahieren mit Ae., Eindampfen, Aufnehmen mit W. u. Papierchromatographie. (Ann. Chimica **46**. 793—805. Okt. 1956. Roma, Univ., Ist. di Chim. organ.) H.-E. TOUSSAINT. 3081

Robert Filler und **James D. Wismar**, *Chemie ungesättigter Lactone*. 1. Mitt. *Die Reaktion von Oxazolonen mit Phenylmagnesiumbromid.* Durch Zutropfen von Phenyl-MgBr-Lsg. zu 2-Phenyl-4-benzyliden-4H-oxazolon-(5) (I) in Ae. wurden geringe Mengen eines Reaktionsprod., wahrscheinlich *α-Benzamidobenzalacetophenon* (**IV**), gebildet; der größte Teil des I wurde unverändert zurückgewonnen. Wurde I in Ae. oder Bzl. zu überschüssigem Phenyl-MgBr zugegeben, so entstanden in Abhängigkeit von der Verdünnung verschied. Produkte. Von der Temp. u. dem Lösungsm. scheint die Rk. nicht beeinflußt zu werden. Bei relativ hoher Verdünnung wurde in 65—70%ig. Ausbeute *1.1-Diphenyl-2-benzamidozimtalkohol* (**III**) neben wenig harzigen Anteilen erhalten. Wurde mit wenig Lösungsm. gearbeitet, so entstand in über 80%ig. Ausbeute durch wenig **III** verunreinigtes *2.5.5-Triphenyl-4-benzyliden-Δ^2-oxazolin* (**II**). **II** u. **III** sind sehr schwer trennbar. Durch Erhitzen von **II** mit Acetanhydrid wurde ein Gemisch von **II** u. **III** erhalten. Die Verss. von MUSTAFA u. HARBACH (C. **1957**. 2999) konnten nicht reproduziert werden. 2-Methyl-4-benzyliden-4H-oxazolon-(5) reagiert mit überschüssigem Phenyl-MgBr unter Bldg. von *1.1-Diphenyl-2-acetamidozimtalkohol*, der durch Behandlung mit Acetanhydrid quantitativ in *2-Methyl-5.5-diphenyl-4-benzyliden-Δ^2-oxazolin* übergeführt werden konnte. Die Spektren von **II**, **III** u. **IV** werden diskutiert.

Versuche (FF. korr.): *1.1-Diphenyl-2-benzamidozimtalkohol* (**III**), $C_{28}H_{23}O_2N$, F. 163—164° (Bzl.), durch Zutropfen von 23,6 g Brombenzol in 65 cm³ Ae. zu Mg in 50 cm³ Ae., Zutropfen von 12,5 g I in 250 cm³ Ae. innerhalb 1 Std. u. 1½std. Kochen unter Rühren; 66% (Ausbeute). — *2.5.5-Triphenyl-4-benzyliden-Δ^2-oxazolin* (**II**), $C_{28}H_{21}ON$, F. 161—163° (Ae.), analog **III** beim Arbeiten mit einem Gesamtvol. von 150 cm³ u. chromatograph. Reinigung des Reaktionsprod.; 83%. *Methochlorid*, $C_{29}H_{24}ONCl$, F. 108—111° (Eisessig), durch Erhitzen von **II** mit $(CH_3)_2SO_4$ u. Behandlung mit 6n HCl. — *α-Benzamidobenzalacetophenon* (**IV**), $C_{22}H_{17}O_2N$, F. 144—145° (Bzl.), durch Zutropfen von Phenyl-MgBr (0,05 Mol) in Ae. zu 0,05 Mol I in Ae. unter Rühren u. Zers. mit verd. H_2SO_4; 1 g. — *1.1-Diphenyl-2-acetamidozimtalkohol*, $C_{23}H_{21}O_2N$, F. 144—146°, analog **III**. — *2-Methyl-5.5-diphenyl-4-benzyliden-Δ^2-oxazolin*, $C_{23}H_{19}ON$, F. 95—96° (hellgelbe Nadeln), durch Erhitzen vorst. Verb. mit Acetanhydrid u. Na-Acetat. (J. org. Chemistry **22**. 853—55. Juli 1957. Chicago, Ill., Inst. of Technol.; Delaware, O., Wesleyan Univ., Dep. of Chem.) H. BERTSCH. 3132

Silvio Maffei und **Gianfranco Bettinetti**, *Einwirkung von Stickstoffwasserstoffsäure auf Nitrolsäuren.* Aliphat. Nitrolsäuren (I) reagieren mit Stickstoffwasserstoffsäure in wss. Lsg. unter N_2- u. N_2O-Entw. zu *4-Oxytetrazolen* (II). Die Rk. verläuft vermutlich über eine HNO_2-Abspaltung aus den I u. Anlagerung des gebildeten *Nitriloxydes* an die HN_3. Die mit $AgNO_3$ erhältlichen Silbersalze der II sind lichtempfindlich.

Versuche: *4-Oxytetrazol*, CH_2ON_4, F. 153°, durch Zusammengeben der wss. Lsgg. von Methylnitrolsäure u. HN_3 unter CO_2 u. 10—12std. Stehen; ca. 50% (Ausbeute). *Silbersalz*, $CHON_4Ag$. — *5-Methyl-4-oxytetrazol*, $C_2H_4ON_4$, F. 151°, analog aus Äthylnitrolsäure; 100%. *Silbersalz*, $C_2H_3ON_4Ag$. — *5-Äthyl-4-oxytetrazol*, $C_3H_6ON_4$, F. 140°, analog aus Propylnitrolsäure; 100%. *Silbersalz*, $C_3H_5ON_4Ag$. (Ann. Chimica **46**. 812—15. Okt. 1956. Pavia, Univ., Ist. di Chim. gen.) H.-E. Toussaint. 3184

G. Bryant Bachman und **R. M. Schisla**, *Direkte C-Acylierung von Pyridin. Pyridylketone* können durch Rk. von Pyridin u. Säurederivv. mit amalgamiertem Mg in 30 bis 60% ig. Ausbeute dargestellt werden. Durch 1std. Erhitzen von 1 Mol Mg mit 0,17 Mol $HgCl_2$ auf 100°, Zugabe von 25 g Pyridin u. 25 g N.N-Dimethylbenzamid, Erhitzen zum Kochen unter Rühren, langsame Zugabe von 250 g Pyridin innerhalb 1 Std., Zugabe von 273 g obigen Amids innerhalb 4 Std. zum sd. Reaktionsgemisch, Kochen bis zur Lsg. des Mg, Hydrolyse mit wss. NH_4Cl-Lsg. u. weitere übliche Aufarbeitung wurden *4-Benzoylpyridin* [F. 72—73° (PAe.); 5,4% (Ausbeute)] u. *2-Benzoylpyridin* [$Kp._{1,0}$ 128—135°; 50%] erhalten. (J. org. Chemistry **22**. 858. Juli 1957. Lafayette, Ind., Purdue Univ., Dep. of Chem.) H. Bertsch. 3231

A. N. Kosst, T. A. Schtschegolewa und **L. G. Judin**, *Reduktion mit Ameisensäure und ihren Derivaten*. 3. Mitt. *Synthese von substituierten α-Piperidonen*. (2. vgl. C. **1957**. 4112.) Durch Behandeln von δ-Ketonitrilen mit wasserfreier HCOOH u. Na-Formiat werden einige *α-Piperidone* dargestellt. Die Struktur der Verbb. wird durch Verseifen mit HCl u. anschließende Benzoylierung der entstandenen Aminocarbonsäuren bewiesen. Die Ausgangsnitrile werden durch Einw. von Acrylonitril (I) auf die entsprechenden Ketone erhalten. Die Red. von 2-[2'-Cyanäthyl]-cyclohexanon mit HCOOH + Na-Formiat gibt nur *trans-Oktahydro-α-chinolon*. Ebenso entsteht aus γ-Acetylvaleronitril nur *eine* Form von *2.3-Dimethylpiperidon-(6)*, deren Konfiguration aber nicht bestimmt wurde. Das zeigt, daß die Rk. stereospezif. ist. *2-Phenylpyrrolidon-(5)* wird durch Red. von β-Benzoylpropionamid mit HCOOH + Na-Formiat erhalten, während β-Benzoylpropionitril bei der Red. verharzte.

Versuche: *γ-Carbäthoxy-δ-ketocapronitril*, $Kp._8$ 143—144°, aus 53 g I u. 260 g Acetessigester in Ggw. von Na-Äthylat (0,4 g Na, 10 ml A.) (48 Std. stehenlassen bei Zimmertemp.); n_D^{20} 1,4462; 50% (Ausbeute). — *δ-Ketocapronitril*, $Kp._{12}$ 108—109°, durch 3½std. Kochen vorst. Verb. mit K_2CO_3 u. W.; n_D^{20} 1,4403; 70%. — *2-Methylpiperidon-(6)* (II), F. 85° (Ae.), aus 10 g vorst. Verb. mit 34 g Na-Formiat u. 23 g HCOOH (62 Std. kochen); 68%. — *δ-Aminocapronsäurehydrochlorid*, durch 5std. Kochen vorst. Verb. mit konz. HCl; nichtkristallisierendes Öl. *Benzoylderiv.*, F. 146—147°. — *γ-Acetylvaleronitril*, $Kp._{12}$ 110—111°, aus I u. Methyläthylketon in Ggw. von Na-Äthylat (25 Std. bei Zimmertemp. stehenlassen); n_D^{20} 1,4355; 27—30%. — *2.3-Dimethylpiperidon-(6)*, $C_7H_{13}ON$, F. 98—99° (Bzn.), analog II aus vorst. Verb. (30 Std. kochen); 74%. — *γ-Acetyl-γ-carbäthoxycapronitril*, $C_{11}H_{17}O_3N$, $Kp._{11}$ 164—164,5°, aus I u. α-Äthylacetessigester in Ggw. von Na-Äthylat bei 10—15°; $D.^{20}_4$ 1,0518, n_D^{20} 1,4502; 71—71,5%. — *γ-Acetylcapronitril*, $Kp._5$ 115—116°, $Kp._{28}$ 142—143°, a) durch Verseifen u. Decarboxylieren vorst. Verb. mit Soda; 21%; b) aus I u. Methylpropylketon in Ggw. von Na-Äthylat (bei Zimmertemp. zusammengeben u. 6 Std. auf 40—50° erwärmen); $D.^{20}_4$ 0,9624, n_D^{20} 1,4381; 26%. — *2-Methyl-3-äthylpiperidon-(6)*, $C_8H_{15}ON$, $Kp._{14}$ 152—155°, F. 40—43°, aus vorst. Verb. analog II (63 Std. kochen); 50%. — *3.3-Dimethyl-2-isopropylpiperidon-(6)*, F. 111 bis 112° (Bzn., dann Isooctan), aus γ-Methyl-γ-isobutyrylvaleronitril analog II (60 Std. kochen); 56%. — *trans-Oktahydro-α-chinolon*, F. 151° (A., dann W.), aus 2-[2'-Cyanäthyl]-cyclohexanon analog II (20 Std. kochen); 72%. — *β-[2'-Aminocyclohexyl]-propionsäurehydrochlorid*, F. 173—174°, durch 5std. Kochen von 1 g vorst. Verb. mit konz. HCl; 0,7 g. *Benzoylderiv.*, F. 200°. — *β-Benzoylpropionamid*, F. 125° (A.), a) aus 10 g β-Benzoylpropionitril mit 200 ml 3%ig. H_2O_2 u. 2 ml 6n NaOH in 40 ml A. (5 Std. bei 50—60°); 45%; b) aus β-Benzoylpropionitril u. konz. H_2SO_4; 30%. — *2-Phenylpyrrolidon-(5)*, F. 108° (Bzl.), aus vorst. Verb. analog II (40 Std. erhitzen); 30%. — *Bis-[2-phenylpyrryl-(5)]-azamethin* (?), beim Erwärmen von β-Benzoylpropionitril mit Formamid, braunroter Stoff, Zers. bei 250°. (Журнал Общей Химии [J. allg. Chem.] **25** (**87**). 2464—69. Dez. 1955. Moskau, Univ.) C. Richter. 3231

Je. Ss. Nikitskaja und **M. W. Rubzow**, *Hydrierung von 4-[β.β-Dicarbäthoxyvinyl]-pyridin in Gegenwart von Skelettnickel*. Bei der Hydrierung von 4-[β.β-Dicarbäthoxyvinyl]-pyridin (I) in A. an Skelett-Ni entstehen je nach Reaktionsbedingungen folgende Verbb.: Bei Zimmertemp. entsteht als Hauptprod. *4-[β.β-Dicarbäthoxyäthyl]-pyridin* (II), dessen

Struktur durch Überführung in *β-[Pyridyl-(4)]-propionsäure* (**III**) bewiesen wird, sowie *1.4-Bis-[pyridyl-(4)]-2.2.3.3-tetracarbäthoxybutan* (**IV**). Bei 80—120° bildet sich nur **II**, bei 140—160° entsteht *β-[1-Äthylpiperidyl-(4)]-propionsäureäthylester* (**V**), der auch bei der Hydrierung in Dioxan erhalten wird. In Methanol bei 140—160° entsteht als Hauptprod. *β-[1-Methylpiperidyl-(4)]-propionsäuremethylester*, doch verläuft die Rk. unvollständig, da bei der Dest. des Reaktionsprod. Fraktionen erhalten werden, die **III**-*Methyl*- bzw. -*Äthylester* enthalten.

Versuche: *4-[β.β-Dicarbäthoxyäthyl]-pyridin* (**II**), $C_{13}H_{17}O_4N$, Kp.$_5$ 156—157°, a) man hydriert 10 g **I** in 200 ml absol. A. in Ggw. von 4 g Skelett-Ni 8 Std. bei Zimmertemp., filtriert *1.4-Bis-[pyridyl-(4)]-2.2.3.3-tetracarbäthoxybutan* [**IV**; $C_{26}H_{32}O_8N_2$, F. 145 bis 147°; 13,9% (Ausbeute)] ab, dampft ein u. dest.; 63,5%; b) durch Hydrierung von **I** bei 80—120°; 70%. *Hydrochlorid*, $C_{13}H_{18}O_4NCl$, F. 146—148°. — *β-[Pyridyl-(4)]-propionsäure* (**III**), F. 230—232°, durch Verseifung u. Decarboxylierung von **II**. *Hydrochlorid*, $C_8H_{10}O_2NCl$, F. 110—112°. — *1.4-Bis-[pyridyl-(4)]-2.3-dicarboxybutan*, $C_{16}H_{16}O_4N_2$, F. 344 bis 345°, aus 1 g **IV** durch 8std. Kochen mit 10 ml konz. HCl; 75%. — *β-[1-Äthylpiperidyl-(4)]-propionsäure, Hydrochlorid*, $C_{10}H_{20}O_2NCl$, F. 157—159° (Aceton), aus **V** mit konz. HCl; 80,4%. *Äthylester* (**V**), $C_{12}H_{23}O_2N$, Kp.$_2$ 107—110°, a) durch Hydrierung von **I** analog vorst. in A. oder Dioxan (30 Std. bei 140—160°); 91% bzw. 52,6%. *Pikrat*, $C_{18}H_{26}O_9N_4$, F. 162—164° (A.). *Hydrochlorid*, $C_{12}H_{24}O_2NCl$, F. 104—106°. — *β-[1-Methylpiperidyl-(4)]-propionsäure, Hydrochlorid*, $C_9H_{18}O_2NCl$, F. 168—170°, durch Verseifung nachst. Methylesters mit HCl. *Methylester*, Kp.$_1$ 94—96°, durch Hydrierung von 10 g **I** in Methanol bei 140—160°; 1,75 g. *Hydrochlorid* ist flüssig. *Pikrat*, $C_{16}H_{22}O_9N_4$, F. 195 bis 197° (A.). (Журнал Общей Химии [J. allg. Chem.] **26** (**88**). 3119—23. Nov. 1956. Wiss. pharmazeut.-Chem. Ordshonikidse-Forschungsinst.)

O. POLLAK V. EMHOFEN. 3231

Andrew Lasslo und **Pauline D. Waller**, *3-[N.N-Dialkylaminocarbonyl]-piperidinoalkane*. Für Unterss. über Zusammenhänge zwischen Struktur u. pharmakol. Wrkg. wurden einige *3-[N.N-Dialkylaminocarbonyl]-piperidinoalkane* dargestellt.

Versuche: *1.1-Bis-[3-(N.N-diäthylaminocarbonyl)-pyridinio]-methandibromid*, F. 214,0—215,0° (A.–Äthylacetat), durch 51—94std. Kochen von Pyridin-3-carbonsäure-N.N-diäthylamid (**I**) u. Dibrommethan in Bzl.; 60,5% (Ausbeute). — *1-Decyl-3-(N.N-diäthylaminocarbonyl)-pyridiniumbromid*, F. 91,0—92,0° (A.–Äthylacetat), durch 34 bis 35std. Erhitzen von **I** mit überschüssigem 1-Bromdecan auf 93—95° oder 34—35std. Kochen in Bzl.; 95%. — *1.10-Bis-[3-(N.N-diäthylaminocarbonyl)-piperidino]-decandihydrobromid*, F. 223,0—224,0° (A.–Äthylacetat), durch Kochen von 1.10-Dibromdecan mit **I** in Bzl. u. 9std. Hydrierung des erhaltenen *1.10-Bis-[3-(N.N-diäthylaminocarbonyl)-pyridinio]-decandibromids* in W. in Ggw. von PtO_2 bei Raumtemp./50 bis 55 lbs./sq.in.; 97,7%. — *3-[N.N-Diäthylaminocarbonyl]-piperidinodecanhydrobromid*, F. 157,5—158,0°, analog vorst. Verb.; 66,3%. — *3-[N.N-Diäthylaminocarbonyl]-piperidinoäthanhydrobromid*, F. 135,5—136,0°, analog; 95%. — *1.2-Bis-[3-(N.N-diäthylaminocarbonyl)-piperidino]-äthandihydrobromid*, F. 273,0—274,0°, analog; 51,1%. — *3-[N.N-Diäthylaminocarbonyl]-piperidinohexanhydrobromid*, F. 175,0—176,0°, analog; 97,7%. — *1.6-Bis-[3-(N.N-diäthylaminocarbonyl)-piperidino]-hexandihydrobromid*, F. 253,5 bis 254,5°, analog; 64,7%. — *1-Cyclopentyl-3-[N.N-diäthylaminocarbonyl]-piperidin*, Kp.$_{0,35-0,37}$ 141—142°, durch 124std. Kochen von Bromcyclopentan, Piperidin-3-carbonsäure-N.N-diäthylamid u. K_2CO_3 in Bzl. unter Rühren; n_D^{26} 1,4950; 74,5%. *Hydrochlorid*, F. 161,5—162,0° (A.–Äthylacetat). — *1-Cyclohexyl-3-[N.N-diäthylaminocarbonyl]-piperidin*, Kp.$_{0,50-0,52}$ 152°, analog vorst. Verb.; n_D^{25} 1,4971; 13,5%. — *1-Methyl-1.2.5.6-tetrahydro-3-[N.N-dimethylaminocarbonyl]-pyridin*, Kp.$_{0,10-0,15}$ 96—98°, durch langsames Erhitzen von 1-Methyl-1.2.5.6-tetrahydropyridin-3-carbonsäure mit 10 Äquivalenten $SOCl_2$ zum Kochen, 16 Min. Kochen, Abdest. des $SOCl_2$ bei 40° im Vakuum, azeotrope Dest. mit Bzl. im Vakuum, Zugabe von Bzl. zum Rückstand, langsame Zugabe von Dimethylamin in Bzl. unter Rühren bei Raumtemp., 2std. Rühren, 5std. Rühren bei 50—55°, Zugabe von 40%ig. NaOH u. Benzolextraktion; $n_D^{26,5}$ 1,5021; 48,8%. *Hydrochlorid*, F. 158,5—159,5° (A.–Äthylacetat). — *1-Methyl-3-[N-methylaminocarbonyl]-1.2.5.6-tetrahydropyridin*, Kp.$_{0,5}$ 129—131°, analog vorst. Verb.; n_D^{27} 1,5197; 41%. *Hydrochlorid*, $C_8H_{15}ON_2Cl$, F. 184,0—185,0°. — *1-Methyl-3-[N-äthylaminocarbonyl]-1.2.5.6-tetrahydropyridin*, Kp.$_{0,09}$ 128—132°, analog; n_D^{27} 1,5107; 42,2%. *Hydrochlorid*, $C_9H_{17}ON_2Cl$, F. 163,0—164,0°. (J. org. Chemistry **22**. 837—39. Juli 1957. Emory University, Ga., Div. of Basic Health Sci., Dep. of Pharmacol.) H. BERTSCH. 3231

J. H. Boyer und **S. Kruger**, *Azachinone*. 1. Mitt. *Oxydation gewisser Hydroxy- und Aminopyridone*. Durch Oxydation von 2-Hydroxy-3-amino-5-methylpyridin (**I**) u.

2-Hydroxy-5-amino-3-methylpyridin (**II**) mit unterschüssigen Mengen $KBrO_3$, CrO_3 oder MnO_2 wurden tiefgefärbte Prodd., wahrscheinlich *Chinhydrone* aus **I** u. *2-Hydroxy-3-methyl-1-azabenzochinon-(5.6)* (**III**) bzw. **II** u. *2-Hydroxy-5-methyl-1-azabenzochinon-(3.6)* (**IV**) erhalten. Durch Rk. des Chinhydrons **I·III** mit Phenylhydrazin wurde ein Monophenylhydrazon von **III** bzw. des tautomeren **IV** erhalten; während der Oxydation von **I** u. **II** muß also Hydroxylierung der unsubstituierten α-Stellung eingetreten sein. Verss., 3-Aminopyridon-(4) mit unterschüssigen Mengen $KBrO_3$ zu oxydieren, ergaben selbst bei -50^0 nur harzige Produkte. 2-Hydroxy-3-aminopyridin (**V**) u. 2-Hydroxy-5-aminopyridin (**VI**) ließen sich mit unterschüssigen Mengen MnO_2, CrO_3 oder $KBrO_3$ oxydieren; **V**, **VI** u. 3-Hydroxypyridon-(2) (**VII**) ergaben durch Oxydation mit $KBrO_3$ tiefgefärbte Prodd., die durch Extraktion mit Ä. in 2 Fraktionen zerlegt werden konnten. Wahrscheinlich trat Oxydation u. Hydroxylierung in α-Stellung zu 2-Hydroxy-1-azabenzochinon-(5.6) (**VIII**) bzw. -(3.6) (**IX**) u. Bldg. der Chinhydrone von **VIII** bzw. **IX** mit 2.3.6-Trihydroxypyridin ein; wahrscheinlich wurden auch unreine Chinhydrone **V·VII** bzw. **VI·VIII** erhalten. Verss., durch Oxydation von **VII** mit MnO_2 nach Kudernatsch [1897] 3-Azabenzochinon-(1.2) darzustellen, ergaben dieselben Prodd. wie die Oxydation von **V**. Durch Kochen der Oxydationsprodd. mit Acetanhydrid wurden nicht identifizierte Prodd. gebildet; reduktive Acetylierung ergab jedoch in guter Ausbeute *2.3.6-Triacetoxypyridin*.

Versuche: Verb. $C_5H_3O_3N$ oder $C_{10}H_8O_6N_2$, Zers. $>300^0$ rotbraune Kristalle (Dimethylformamid), alkoholunlösl., u. rotbraune Rhomben (A. oder CH_3OH), alkohollösl., a) durch Erwärmen von **V**·HCl in konz. H_2SO_4 bis zur Beendigung der HCl-Entw., Gießen auf Eis, Zugabe eines Unterschusses an $KBrO_3$ in W. unter Rühren unterhalb 5^0, mehrstd. Stehen bei $3-5^0$ u. Trennen der zwei Fraktionen durch Ä.-Extraktion des isolierten Reaktionsprod.; 47% u. 23% (Ausbeute); b) durch analoge Oxydation von **VI** bei -20^0; c) durch analoge Oxydation von **VII** mit $KBrO_3$ oder MnO_2. — *2.3.6-Triacetoxypyridin*, $C_{11}H_{11}O_6N$, F. 159^0 (cremefarbene Plättchen aus A.), durch Erhitzen einer der beiden Fraktionen vorst. Oxydationsprod. mit Zn-Staub u. Acetanhydrid auf dem Wasserbad bis zur Lsg. u. chromatograph. Reinigung des isolierten Reaktionsprod.; 75%. — *3-Nitro-4-azidopyridin*, $C_5H_3O_2N_5$, F. 89^0 (Zers.; blaßgelbe Kristalle), durch 10 Min. Erwärmen von 3-Nitro-4-chlorpyridin u. NaN_3 in wss. CH_3OH auf $35-40^0$; 76,5%. — *2-Hydroxy-3-acetamido-5-methylpyridin*, $C_8H_{10}O_2N_2$, F. 253^0 (A.), durch Nitrierung von 2-Amino-5-methylpyridin, Diazotieren, Hydrolyse, Zugabe von Fe-Spänen zum erhaltenen *2-Hydroxy-3-nitro-5-methylpyridin* (F. $253-255^0$; 38%) in 2%ig. Essigsäure, Erwärmen bis zum Verschwinden der Gelbfärbung, Neutralisieren mit $CaCO_3$, Heißfiltration u. Zugabe von Acetanhydrid zum Filtrat unter Eiskühlung u. Rühren; 67%. — *2-Hydroxy-3-methyl-5-acetamidopyridin*, $C_8H_{10}O_2N_2$, F. 247^0 (A.), durch Nitrieren von 2-Amino-3-methylpyridin, Diazotieren, Hydrolyse u. Red. u. Acetylierung des erhaltenen *2-Hydroxy-3-methyl-5-nitropyridin* (71%); 69%. — *Chinhydron aus 2-Hydroxy-3-amino-5-methylpyridin* (**I**) u. *2-Hydroxy-3-methyl-1-azabenzochinon-(5.6)* (**III**), $C_{12}H_{13}O_4N_3$, Zers. $>300^0$ (grüngraue Blättchen aus CH_3OH), durch 5 Min. Erhitzen vorvorst. Verb. mit 16%ig. H_2SO_4 auf $95-100^0$, Zugabe von wss. $KBrO_3$-Lsg. bei $25-40^0$ unter Kühlung, 2std. Stehen bei Raumtemp. u. 24std. Stehen in der Kälte; 42%. — III-*Monophenylhydrazon*, $C_{12}H_{11}O_2N_3$, F. 254^0 (Zers., braunrote Nadeln aus CH_3OH oder A.), durch 6std. Erwärmen vorst. Verb. mit Phenylhydrazin in 10%ig. Essigsäure auf dem Wasserbad; 67%. — *Chinhydron aus 2-Hydroxy-5-amino-3-methylpyridin* (**II**) u. *2-Hydroxy-5-methyl-1-azabenzochinon-(3.6)* (**IV**), $C_{12}H_{13}O_4N_3$, F. $>300^0$ (grüngraue Plättchen aus Dioxan), analog vorvorst. Verbindung. (J. Amer. chem. Soc. **79**. 3552—54. 5/7. 1957. New Orleans, La., Tulane Univ., Dep. of Chem.)

H. Bertsch. 3231

Allan P. Gray und **Wesley L. Archer**, *Die Pyridyläthylierung von Indol und verwandte Reaktionen*. Durch Kochen von Indol (**I**) mit 4-Vinylpyridin (**II**) in Eisessig wurde in 70%ig. Ausbeute *4-[Indolyl-(3)-äthyl]-pyridin* erhalten. Analog konnten **I** mit 2-Vinylpyridin (**III**) oder 2-Vinyl-5-äthylpyridin (**IV**) u. 1-substituierte Indole mit **II**, **III** oder **IV** umgesetzt werden. Die Ausbeuten an isolierten Reaktionsprodd. nahmen in der Reihenfolge **II** → **III** → **IV** ab. Die Rk. von **II** mit **I** in A. in Ggw. von wenig Na-Äthylat u. $CuSO_4$ ergab in 57%ig. Ausbeute *4-[Indolyl-(1)-äthyl]-pyridin*. Die katalyt. Hydrierung von *2-[Indolyl-(3)-äthyl]-pyridinmethobromid* ergab *2-[Indolyl-(3)-äthyl]-1-methylpiperidin*, das auch durch Rk. von Indol-3-aldehyd u. α-Picolinmethohalogenid u. Hydrierung des Kondensationsprod. darstellbar ist. Unter dem katalyt. Einfl. von Na-Äthylat oder $NaNH_2$ addiert Inden (**V**) **III** oder **II** unter Bldg. *monopyridyläthylierter Indenderivv.*; daneben entstehen wesentliche Mengen Harze. Die Anwendung eines **V**-Überschusses ergab die besten Ausbeuten an monopyridyläthylierten Verbb.; reine polysubstituierte Verbb. konnten auch bei Verwendung eines **II**- bzw. **III**-Überschusses nicht isoliert werden. Den

Monosubstitutionsprodd. wird die Struktur von *Indenyl-(3)-äthylpyridinen* zugeschrieben. I u. 1-Methylindol (**VI**) reagieren mit Pyridinaldehyden in Eisessig unter Bldg. von 50—70 % *Diindolylmethylpyridinderivv.*, die instabil sind u. unter Disproportionierung u. Luftoxydation stark gefärbte Prodd. ergeben. Durch FISCHER-Synth. konnten aus Acetylpyridinphenylhydrazonen *3-* u. *4-[Indolyl-(2)]-pyridin* dargestellt werden. 4-Acetylpyridinphenylhydrazon ließ sich durch Kochen mit HCl in A. oder Eisessig nicht cyclisieren. Die Darst. vorst. Indolylpyridine erfolgte durch Cyclisierung mit Polyphosphorsäure, wobei 3-Acetylpyridin weniger stürm. reagierte als das 4-Isomere. Durch katalyt. Hydrierung der Methobromide einiger Indolylpyridine wurden die entsprechenden *1-Methylpiperidine* dargestellt.

Versuche (FF. korr.): *1-Methylindol* (**VI**), Kp.$_{14}$ 114—115°, durch Rk. von **I** mit $NaNH_2$ u. $(CH_3)_2SO_4$ in Toluol auf dem Wasserbad; n_D^{25} 1,6038; 80—85 % (Ausbeute). — *1-Benzylindol*, F. 43°, nach PLIENINGER (Chem. Ber. **87**. [1954.] 127), Kp.$_{0,3}$ 145—147°. — *4-[Indolyl-(3)-äthyl]-pyridin*, $C_{15}H_{14}N_2$, F. 149—159° (wss. Isopropanol), durch 3std. Kochen von **II** u. **I** in Eisessig; 69 %. *Hydrochlorid*, $C_{15}H_{15}N_2Cl$, F. 260—262° (Zers.). *Methobromid* (**VII**), $C_{16}H_{17}N_2Br$, F. 211—213°. — *4-[1-Methylindolyl-(3)-äthyl]-pyridin*, $C_{16}H_{16}N_2$, F. 96—98° (wss. Aceton), durch Zutropfen von **II** zu **VI** in sd. Eisessig unter Rühren, 22std. Kochen, Einengen im Vakuum u. Reinigung über das Hydrochlorid; 73 %. *Hydrochlorid*, $C_{16}H_{17}N_2Cl$, F. 152—153° (Zers.). — *4-[1-Benzylindolyl-(3)-äthyl]-pyridin*, $C_{22}H_{20}N_2$, Kp.$_{0,3}$ 220—230°, durch Rk. von **I** u. 1-Benzylindol in heißem Eisessig; 65—75 %. *Hydrochlorid*, $C_{22}H_{21}N_2Cl$, F. 199—200° (Zers.). — *2-[Indolyl-(3)-äthyl]-pyridin*, $C_{15}H_{14}N_2$, F. 118—120°, durch Rk. von **I** u. **III** in heißem Eisessig; 50—65 %. *Hydrochlorid*, $C_{15}H_{15}N_2Cl$, F. 157—159°. *Methobromid*, $C_{16}H_{17}N_2Br$, F. 226—227°. — *2-[1-Methylindolyl-(3)-äthyl]-pyridin*, $C_{16}H_{16}N_2$, Kp.$_{0,5}$ 170—185°, gelbe Fl., durch 18std. Kochen von **VI** u. **III** in Eisessig; n_D^{25} 1,6140; 49 %. — *2-[Indolyl-(3)-äthyl]-5-äthylpyridin*, $C_{17}H_{18}N_2$, F. 112—113°, durch Rk. von **IV** u. **I** in sd. Eisessig; 25—30 %. *Hydrochlorid*, $C_{17}H_{19}N_2Cl$, F. 164,5—165,5°. — *2-[1-Methylindolyl-(3)-äthyl]-5-äthylpyridin*, $C_{18}H_{20}N_2$, Kp.$_{0,4}$ 175—185°, gelbe Fl., durch Rk. von **IV** u. **VI** in sd. Eisessig; n_D^{25} 1,5957; 25—30 %. — *4-[Indolyl-(1)-äthyl]-pyridin*, $C_{15}H_{14}N_2$, F. 41—45°, durch 4std. Erhitzen von **II** u. **I** in A. in Ggw. von Na-Äthylat u. $CuSO_4$ auf 140—150° (Bad) im Rohr; Kp.$_{0,1}$ 160—165°; 57 %. *Hydrochlorid*, $C_{15}H_{15}N_2Cl$, F. 206—208°. — *4-[Indenyl-(3?)-äthyl]-pyridin*, $C_{16}H_{15}N$, F. 96—97° (Skellysolve B), durch Erwärmen von **V** mit Na-Äthylat auf 80°, Zutropfen von **II** unter Rühren u. 5std. Rühren bei 80°; Kp.$_{0,3}$ 145—170°; 34 %. *Pikrat*, F. 176° (Zers.; A.). *Methobromid*, $C_{17}H_{18}NBr$, F. 210 bis 212° (Zers.; A.). — *2-[Indenyl-(3?)-äthyl]-pyridin*, $C_{16}H_{15}N$, Kp.$_{0,4}$ 145—155°, durch Zutropfen von **III** in Toluol zu **V** u. $NaNH_2$ in sd. Toluol unter Rühren u. 5std. Kochen unter Rühren; n_D^{25} 1,5987; 30 %. *Hydrochlorid*, $C_{16}H_{16}NCl$, F. 148—150° (Zers.; Isopropanol–Ae.). — *3-[Indolyl-(2)]-pyridin*, $C_{13}H_{10}N_2$, F. 173—175° (wss. A.), durch Zugabe von 3-Acetylpyridinphenylhydrazon (F. 139—141°) zu Polyphosphorsäure, langsames Erhitzen auf 125—130° unter Umrühren bis zur stark exothermen Rk., Kühlen nach Beendigung der exothermen Rk. auf 90° u. Verdünnen mit W.; 55 %. *Hydrochlorid*, $C_{13}H_{11}N_2Cl$, F. 259—261° (Zers.; blaßgelbe Kristalle aus CH_3OH–A.). *Methojodid*, $C_{14}\cdot H_{13}N_2J$, F. 248—250° (Zers.; gelbe Nadeln aus CH_3OH–Äthylacetat). *Methobromid* (**VIII**), $C_{14}H_{13}N_2Br$, F. 266—268° (Zers.; CH_3OH–Ae.). — *4-[Indolyl-(2)]-pyridin*, $C_{13}H_{10}N_2$, F. 208—209° (cremefarbene Platten aus A.), durch Erwärmen eines Gemisches von 4-Acetylpyridinphenylhydrazon (F. 143—146°) u. Polyphosphorsäure unter Umrühren auf 115—120° bis zur stürm. Rk., Kühlen nach der exothermen Rk. mit fließendem W., Aufnehmen in W. u. Extraktion mit Äthylacetat; 65 %. *Hydrochlorid*, $C_{13}H_{11}N_2Cl$, F. >285° (gelbe Kristalle aus CH_3OH–Ae.). *Methojodid*, $C_{14}H_{13}N_2J$, F. 260° (Zers.; orangefarbene Würfel aus CH_3OH–Äthylacetat). *Methobromid*, $C_{14}H_{13}N_2Br$, F. 272—274° (Zers.; CH_3OH–Ae.). — *4-[Indolyl-(3)-äthyl]-1-methylpiperidin*, $C_{16}H_{22}N_2$, F. 171—173° (wss. A.), durch 20 Min. Hydrieren von **VII** in CH_3OH in Ggw. von PtO_2 bei Raumtemp. u. 40 lbs./sq.in.; 69 %. *Hydrochlorid*, $C_{16}H_{23}N_2Cl$, F. 206—208°. — *4-[1-Methylindolyl-(3)-äthyl]-1-methylpiperidin*, $C_{17}H_{24}N_2$, F. 158—160°, analog vorst. Verbindung. *Hydrochlorid*, $C_{17}H_{25}N_2Cl$, F. 143—145°. — *2-[Indolyl-(3)-äthyl]-1-methylpiperidin*, $C_{16}H_{22}N_2$, F. 137—138°, analog. *Hydrochlorid*, $C_{16}H_{23}N_2Cl$, F. 170—173°. — *2-[1-Methylindolyl-(3)-äthyl]-1-methylpiperidin*, $C_{17}H_{24}N_2$, Kp.$_{0,5}$ 165—167°, analog. *Hydrochlorid*, $C_{17}H_{25}N_2Cl$, F. 187—188°. — *3-[Indolyl-(2)]-1-methylpiperidin*, $C_{14}H_{18}N_2$, F. 118—120° (Bzl.–Skellysolve B), durch 1std. Hydrierung von **VIII** in 75%ig. CH_3OH in Ggw. von ADAMS-Katalysator bei Raumtemp./45 lbs./sq.in.; 56 %. *Hydrochlorid*, $C_{14}H_{19}N_2Cl$, F. 204—206° (Zers.; A.–Ae.). — *4-[Indolyl-(2)]-1-methylpiperidin*, $C_{14}H_{18}N_2$, F. 183—187° (A.), analog vorst. Verb.; 67 %. *Hydrochlorid*, $C_{14}H_{19}N_2Cl$, F. 259—260° (Zers.; wss. CH_3OH–Aceton). — *4-[Bis-(indolyl-{3})-methyl]-pyridin*, $C_{22}H_{17}N_3$, F. 152—155° (Zers.; gelborangefarbene Kristalle aus Bzl.–A.–Skellysolve B), durch Zugabe von **I** zu Pyridin-4-aldehyd in eiskaltem Eisessig, Erwärmen auf Raumtemp., 18std. Stehen nach der exothermen Rk., Fällen mit wss. HCl u. Zers. des gereinigten Hydrochlorids; 75%. *Hydrochlorid*, $C_{22}H_{18}N_3 \cdot Cl$, F. 204—205° (Zers.). *Methobromid*, $C_{23}H_{20}N_3Br$, F. 239—240° (Zers.). — *4-[Bis-(1-methylindolyl-{3})-methyl]-pyridin*, $C_{24}H_{21}N_3$, F. 186—188° (Zers.; Bzl.-Skellysolve B), durch Lösen von Pyridin-4-aldehyd u. **VI** in Eisessig u. 21std. Stehen; 54%. *Hydrochlorid*, $C_{24}H_{22}N_3Cl$, F. 224—225° (Zers.). — *3-[Bis-(indolyl-{3})-methyl]-pyridin*, $C_{22}H_{17}N_3$, F. 162—163° (Zers.). *Hydrochlorid*, $C_{22}H_{18}N_3Cl$, F. 214—215° (Zers.). — *2-[Bis-(indolyl-{3})-methyl]-pyridin*, $C_{22}H_{17}N_3$, F. 208—210° (Zers.). *Hydrochlorid*, $C_{22}H_{18}N_3Cl$, F. 218—220° (Zers.). (J. Amer. chem. Soc. **79**. 3554—59. 5/7. 1957. Decatur, Ill., Irwin, Neisler & Co., Res. Labors.) H. Bertsch. 3231

E. C. Taylor, A. J. Crovetti und **N. E. Boyer**, *Pyridin-1-oxyde*. 3. Mitt. *Oxydative Kupplung von 4-Nitro-3-picolin-1-oxyd*. (2. vgl. C. **1956**. 5287.) Durch Mischen von 4-Nitro-3-picolin-1-oxyd (**I**) in A. mit n-Butylnitrit u. alkoh. Na-Äthylatlsg. bei 0° wurde *4.4'-Dinitro-3.3'-dipicolyl-1.1'-dioxyd* (**II**) erhalten. **II** entstand auch durch Schütteln von **I** mit $NaNO_2$ u. NaOH in W. bei Raumtemp. oder durch Einleiten von O_2 in eine Suspension von **I** in wss. NaOH. Durch Einleiten von O_2 in eine Suspension von **I** in akoh. Na-Äthylatlsg. wurden neben **II** 0,72% *4.4'-Diäthoxy-3.3'-dipicolyl-1.1'-dioxyd* (**III**), 2,9% *4-Äthoxy-3-picolin-1-oxyd* (**IV**) u. eine nicht identifizierte *rote Verb.* (**V**) gebildet. Durch Zugabe von **I** u. n-Butylnitrit zu alkoh. Na-Äthylatlsg. wurde **III** in 19%ig. Ausbeute ohne gleichzeitige Bldg. von **II** erhalten. Da **II** sich mit alkoh. Na-Äthylat nicht in **III** überführen ließ, muß letzteres durch oxydative Kupplung von **IV** entstanden sein. **V** entstand stets bei der Darst. von **II**, konnte aber auch durch Hydrierung von **II** in Dimethylformamid an Pd-Kohle dargestellt werden; seine Identifizierung gelang nicht. Die Hydrolyse von **III** mit wss. KOH ergab das *Di-K-Salz* des *4.4'-Dihydroxy-3.3'-dipicolyl-1.1'-dioxyds* (**VI**); durch Hydrolyse von **III** mit $Ba(OH)_2$ u. Behandlung des Ba-Salzes mit H_2SO_4 konnte **VI** ebenfalls erhalten werden. Verss., **VI** durch Einw. von Alkali oder alkal. H_2O_2 auf **II** darzustellen, schlugen fehl. **III** reagierte nicht mit fl. NH_3 oder $NaNH_2$–fl. NH_3. Mit Na-Alkylaten reagierte **II** nicht, gab aber durch Rk. mit Acetylchlorid *4.4'-Dichlor-3.3'-dipicolyl-1.1'-dioxyd* (**VII**). Die Chloratome in **VII** sind schwer austauschbar. Durch 6std. Kochen in Eisessig, durch 30std. Behandlung mit fl. NH_3 bei n. Druck oder Kochen mit konz. NH_4OH wurde **VII** nicht verändert. 6std. Erhitzen von **VII** mit fl. NH_3 auf 150° im Autoklaven ergab *4.4'-Dichlor-3.3'-dipicolyl*, das auch durch katalyt. Red. von **VII** in wss. HCl dargestellt wurde. Die katalyt. Red. von **II** in wss. HCl ergab ausschließlich *4.4'-Dihydroxylamino-3.3'-dipicolyl-1.1'-dioxyd*, die analoge Red. in Eisessig *4.4'-Diamino-3.3'-dipicolyl*.

V e r s u c h e (FF. korr.): *4.4'-Dinitro-3.3'-dipicolyl-1.1'-dioxyd* (**II**), $C_{12}H_{10}O_6N_4$, F. 242° (Zers.; gelb), a) durch Erhitzen von **I** in absol. A. bis zur Lsg., Zugabe von eiskaltem n-Butylnitrit, langsame Zugabe von alkoh. Na-Äthylatlsg. bei 0° unter Rühren, 6std. Rühren bei 0° u. Reinigung der isolierten Verb. durch Fällen mit W. aus HCl; 63% (Ausbeute); b) durch langsame Zugabe von alkoh. Na-Äthylatlsg. zu einer Suspension von **I** in absol. A. bei 0°, 2std. Einleiten von O_2 bei 0°, 8std. Einleiten unter Erwärmen auf 20°, Stehen über Nacht u. 1std. Einleiten von O_2 bei Raumtemp.; 38%; c) durch 3std. Einleiten von O_2 in eine Suspension von **I** in wss. NaOH; 39%; d) durch Behandeln von **I** in wss. NaOH mit $NaNO_2$; 24%. — *4.4'-Diäthoxy-3.3'-dipicolyl-1.1'-dioxyd* (**III**), $C_{16}H_{20}O_4N_2$, F. 245—246° (blaßgelbe Prismen aus A.), a) neben **II** nach b); 0,72%; b) durch Zugabe von **I** u. n-Butylnitrit in A. zu alkoh. Na-Äthylatlsg., 2std. Rühren bei 0° u. 2std. Rühren bei Raumtemp.; 19%. — *4-Äthoxy-3-picolin-1-oxyd* (**IV**), $C_8H_{11}O_2N$, F. 139—140° (A.), neben **II** nach b); 2,9%. — *Verb.* $C_{12}H_{11}O_3N_3 \cdot 1^1/_2\, H_2O$ (**V**), F. 242° (Zers.; rot, Chlf.), a) neben **II**; b) durch 18std. Hydrieren von **II** in Dimethylformamid in Ggw. von Pd-Kohle bei 80°/3 at. *Pikrat*, $C_{12}H_{11}O_3N_3 \cdot C_6H_3O_7N_3 \cdot {}^1/_2\, H_2O$, F. 161° (gelbe Kristalle aus W.). — *4.4'-Dihydroxy-3.3'-dipicolyl-1.1'-dioxyd* (**VI**), F. 165 bis 166° (blaßgelb, W.), durch Zers. des Ba-Salzes mit H_2SO_4. *Di-K-Salz*, $C_{12}H_{10}O_4N_2K_2$, F. 355° (Zers.; gelb, W.), durch 20std. Kochen von **III** mit wss. KOH u. Fällen mit A.–Aceton; 69%. *Di-Pd-Salz*, F. 175—180° (rotbraune Kristalle), durch Fällen einer wss. Lsg. des K-Salzes mit $PdCl_2$. *Di-Ba-Salz*, durch Hydrolyse von **III** mit wss. $Ba(OH)_2$-Lsg.; 100%. — *4.4'-Dichlor-3.3'-dipicolyl-1.1'-dioxyd* (**VII**), $C_{12}H_{10}O_2N_2Cl_2$, F. 219° (Zers.; A.), durch Zugabe von **II** zu eiskaltem Acetylchlorid u. 2std. Erhitzen auf dem Wasserbad; 70%. *Dihydrochlorid*, $C_{12}H_{12}O_2N_2Cl_4$, F. 245° (Zers.; 10%ig. HCl). — *4.4'-Dichlor-3.3'-dipicolyl*, $C_{12}H_{10}N_2Cl_2$, F. 115—115,5° (Sublimation bei 100°/0,02 Torr), a) durch 6std. Erhitzen von **VII** mit fl. NH_3 auf 150° im Schüttelautoklaven; b) durch Hydrieren von **VII** in wss. HCl in Ggw. von Pd-Kohle bei 3 at u. Zers. des Dihydrochlorids. *Dihydrochlorid*, $C_{12}H_{12}N_2Cl_4$, F. 291° (Zers.; Sublimation bei 200°/0,05 Torr), durch Umkristallisieren der Base aus wss.-alkoh. HCl. *Dipikrat*, $C_{12}H_{10}N_2Cl_2 \cdot 2\, C_6H_3O_7N_3$, F. 228° (gelbe Kristalle nach Sublimation bei 200°/0,005 Torr). — *4.4'-Dihydroxylamino-3.3'-dipicolyl-*

1.1'-dioxyd, Dihydrochlorid, $C_{12}H_{16}O_4N_4Cl_2$, F. 228° (Zers.; wss. HCl), durch Hydrierung von II in wss.-alkoh. HCl in Ggw. von Pd-Kohle bei 50°/3 at; 88%. *Freie Base*, F. 295 bis 300° (gelb), durch Zers. des Hydrochlorids in W. mit NH_4OH. — *4.4'-Diamino-3.3'-dipicolyl, Diacetat*, $C_{16}H_{22}O_4N_4$, F. 115—116° (Essigsäure), durch 5std. Hydrieren von II in Eisessig in Ggw. von Pd-Kohle bei 50°/3 at; 100%. *Freie Base*, $C_{12}H_{14}N_4$, F. 250 bis 251° (A.–Aceton), durch Zugabe von wss. NaOH zu einer gesätt. wss. Lag. des Diacetates; 75%. (J. Amer. chem. Soc. **79**. 3549—52. 5/7. 1957. Princeton, N. J., Univ., Frick Chem. Labor.) H. Bertsch. 3231

Antionette Popovici, Charles F. Geschickter, Everette L. May und **Erich Mosettig**, *Reduktion von 9-[2-dl-trans-Dekahydrochinolino-1-oxoäthyl]-1.2.3.4-tetrahydrophenanthren und seiner optischen Isomeren zu Alkoholen mit ausgeprägter gonadaler Wirkung.* Vff. stellten aus 9-[2-dl-trans-Dekahydrochinolino-1-oxoäthyl]-1.2.3.4-tetrahydrophenanthren (I) durch Red. mit $LiAlH_4$ in Ae. die entsprechenden *1-Hydroxyäthylverbb.* (II) dar. Dabei entstehen sowohl aus *dl*-I als auch aus seinen opt.-akt. Formen 50—60% α-II u. 10 bis 15% β-II. Wird I-Hydrochlorid mit Al-Isopropylat red., werden α-II u. β-II im Verhältnis 2 : 3 erhalten. *l-trans-Dekahydrochinolin* (*l*-III) wurde durch Spaltung der *dl*-Verb. mit *d*-Weinsäure dargestellt. α- u. β-II wurden Ratten innerhalb 3 Tagen verabreicht. Nach 8 Tagen ergab die Sektion atroph. Veränderungen der männlichen u. weiblichen Keimdrüsen.

Versuche: *l-trans-Dekahydrochinoliniumhydrogen-d-tartrat*, $C_{13}H_{23}NO_6$, F. 172 bis 174°, aus der *dl*-Verb. u. *d*-Weinsäure in Methanol; Büschel dünner Prismen aus A.; $[\alpha]_D^{20}$ +14,3° (c = 1,19; W.); 58% (Ausbeute). — *l-trans-Dekahydrochinolin* (*l*-III), F. 71—73°, aus vorst. Salz in NaOH u. Ae.; $[\alpha]_D^{20}$ —4,6° (c = 3,9). — *9-[2-trans-Dekahydrochinolino-1-hydroxyäthyl]-1.2.3.4-tetrahydrophenanthren* (II), *α-dl-Form*, $C_{25}H_{33}NO$, F. 158,5—160°, a) durch Red. von 5 g *dl*-I mit $LiAlH_4$ in Ae.; 3 g; b) aus 4 g *dl*-I-Hydrochlorid u. Al-Isopropylat in Isopropylalkohol; 0,8 g. Daneben *β-dl-Form*, F. 135—138°, nach a) 0,5 g, nach b) 1,2 g. *(+)-α-Form*, F. 169—171°, durch 20std. Stehen von 2,7 g 9-ω-Bromacetyl-1.2.3.4-tetrahydrophenanthren u. 2,5 g *l*-III in Ae. bei 25° u. Red. des Prod. mit $LiAlH_4$ in Ae.; rechteckige Tafeln aus Aceton; $[\alpha]_D^{20}$ +107° (c = 0,22); 50%. *Hydrochlorid*, $C_{25}H_{34}ClNO$, F. 226—228° (Zers.), Nadeln aus A.–Ae.; $[\alpha]_D^{20}$ +71,3° (c = 1,59). *(—)-α-Form*, F. 170—171°, analog der (+)-α-Form mit *d*-III [F. 74—75°, $[\alpha]_D^{20}$ +4,9° (c = 4,0)]; rechteckige Tafeln; $[\alpha]_D^{20}$ —108,6° (c = 0,28). *Hydrochlorid*, F. 226—228,5°, Nadeln aus Ae.–Ae.; $[\alpha]_D^{20}$ —71,9° (c = 1,28). *(—)-β-Form*, F. 162 bis 163°, aus dem Filtrat der (+)-α-Form; Stäbchen aus Aceton; $[\alpha]_D^{20}$ —33,9° (c = 0,28); 10%. *Hydrochlorid*, F. 225—226,5°, Nadeln aus A.–Ae.; $[\alpha]_D^{20}$ —48,4° (c = 0,31). *(+)-β-Form*, F. 162,5—163,5°, aus dem Filtrat der (—)-α-Form; $[\alpha]_D^{20}$ +34,8° (c = 0,46). *Hydrochlorid*, F. 223—226° (Zers.), $[\alpha]_D^{20}$ +48,6° (c = 1,07). (J. org. Chemistry **21**. 1283—85. Nov. 1956. Bethesda, Md., Nat. Inst. of Arthritis and Metabol. Diseases; Georgetown, Univ., School of Med. and Dent., Dep. of Pathol.) O. Unger. 3231

G. Huber, *Stickstofflost-Analoge der Purinreihe.* Durch Umsatz von 6-Mercaptopurin mit Chloressigsäure/NaOH wird mit guter Ausbeute *6-Carboxymethylmercaptopurin* [I; R_F 0,51 (60% Propanol); *Äthylestermonohydrat*, F. 127—128°, R_F 0,68 (wassergesätt. Butanol); *Hydrazid*, F. 217—218°, R_F 0,58 (60% Propanol)] gewonnen. I gibt mit Piperidin *6-[Piperidino]-purin* (F. 272—273°, R_F 0,88), mit Monoäthanolamin *6-[β-Oxyäthylamino]-purin* (F. 247—249°, R_F 0,72), mit Diäthanolamin *6-[Bis-(β-oxyäthyl)-amino]-purin* (II; F. 216—218°, R_F 0,76). Die Verbb. können auch aus 6-Chlorpurin mit Äthanolaminen gewonnen werden. Chlorierung von II mit $SOCl_2$ liefert ein wasserlösl., gegenüber wss. Säuren u. Alkalien beständiges, wenig tox. Prod. der Mindestsummenformel $C_9H_{11}N_5Cl_2$, wahrscheinlich *N.N'-Dipuryl-N.N'-bis-[β-chloräthyl]-piperaziniumdichlorid* [III; F. 243—247° (Zers.), R_F 0,74]. Verss., die Dimerisierung durch Chlorierung bei —10° zu vermeiden, führten nur zu dem *partiell chlorierten Bis-β-oxyäthylderiv.* (F. 282—284°, R_F 0,62) analoger Konst., das auch durch Hydrolyse von III entsteht u. bei Einw. von $SOCl_2$ bei n. Bedingungen III zurückbildet. Offenbar sind die Stickstofflostverbb. der Purinreihe sehr instabil u. neigen zur Dimerisierung. (Angew. Chem. **68**. 706. 21/11. 1956. Mannheim-Waldhof, Zellstoffabrik, Forschungslabor.)
J. Richter. 3272

Fulvio Cacace und **Roberto Masironi**, *Derivate des 8-Mercaptotheophyllins. Synthese eines Thiazolino-[3'.2':7.8]-theophyllins.* Während 8-Mercaptotheophyllin (I) durch Methyl- u. Äthyljodid in der Kälte in 7-Stellung, in der Wärme außerdem am S alkyliert wird (vgl. Biltz [1928]), entsteht mit Allylbromid auch in der Wärme nur *8-Allylmercaptotheophyllin.* Mit 1.2-Dibromäthan liefert I *Thiazolino-[3'.2':7.8]-theophyllin* (II), das auch durch Rk. von Dibromäthan mit 8-Bromtheophyllin zu *7-[β-Bromäthyl]-8-bromtheophyllin* u. dessen Umsetzung mit Alkalisulfiden erhalten wird. Die Einw. von

Chloressigsäureäthylester auf I in Ggw. von Na-Äthylat führt zum *Diäthylester* der *8-[Carboxymethylmercapto]-theophyllin-7-essigsäure* (III), aus dem durch Rk. mit Aminen einige *Bis-alkylamide* von III dargestellt wurden. III-*Diamid* wird vorteilhaft durch Kondensation von I mit Chloracetamid gewonnen. Die UV-Spektren von II u. Theophyllin sind wiedergegeben.

Versuche: *8-Allylmercaptotheophyllin*, $C_{10}H_{12}O_2N_4S$, F. 234,5° (Methanol), durch Zugabe von I zu einer Lsg. von Na in Methanol u. 24std. Erhitzen in überschüssigem Allylbromid unter Rückfluß. — *Thiazolino-[3'.2':7.8]-theophyllin* (II), $C_9H_{10}O_2 \cdot N_4S$, F. 256,5° (Zers.; Cellosolve), a) analog vorst. Verb. aus I u. 1.2-Dibromäthan; b) durch mehrstd. Erhitzen der nachst. Verb. mit einer 10%ig. wss. Lsg. von NaSH bei 150° im geschlossenen Gefäß. — *7-[β-Bromäthyl]-8-bromtheophyllin*, $C_9H_{10}O_2N_4Br_2$, F. 168 bis 172°, durch 12std. Erhitzen von 8-Bromtheophyllin mit 1.2-Dibromäthan u. NaOH in wss. Isopropanol unter Rückfluß; Tafeln aus Glykolmonomethyläther. — *8-[Carboxymethylmercapto]-theophyllin-7-essigsäure* (III), *Diäthylester*, $C_{15}H_{20}O_6N_4S$, F. 145,5°, durch 10std. Erhitzen von I mit Chloressigsäureäthylester in sd. A. in Ggw. von Na-Äthylat; aus A. Tafeln. *Diamid*, $C_{11}H_{14}O_4N_6S$, F. 263—264,5°, analog aus I u. Chloracetamid; aus W. Nadeln. *Bis-methylamid*, $C_{13}H_{18}O_4N_6S$, F. 262,5—263,5° (A.), durch mehrstd. Erhitzen des III-Diäthylesters mit Methylamin in sd. Alkohol. *Bis-butylamid*, $C_{19}H_{30}O_4N_6S$, F. 237° (A.). *Bis-benzylamid*, $C_{25}H_{26}O_4N_6S$, F. 242,5—243,5°, Schuppen aus Amylalkohol. (Ann. Chimica **46.** 806—11. Okt. 1956. Roma, Univ., Ist. di Chim. farmac. e tossicol.) H.-E. TOUSSAINT. 3272

Emma-June Tillmanns und **John J. Ritter,** *Nitrile bei Synthesen heterocyclischer Kerne.* 1. Mitt. *Dihydro-1.3-oxazine.* Die Rk. von 2-Methylpentandiol-(2.4) (II) mit Acetonitril in H_2SO_4 ergab nicht wie erwartet ein Diamid, sondern *2.4.4.6-Tetramethyl-5.6-dihydro-1.3-oxazin* (I). Es wird angenommen, daß das tert. Carboniumion n. mit dem Nitril reagiert u. dann Ringschluß unter Abspaltung von H_2SO_4 erfolgt. Die Identifizierung von I erfolgte durch Vgl. mit authent. Oxazin u. durch alkal. Spaltung zu *4-Amino-4-methylpentanol-(2)*, das als *Caprylat* charakterisiert wurde. Analog I wurden aus Benzonitril bzw. Phenylacetonitril *4.4.6-Trimethyl-2-phenyl-* bzw. *4.4.6-Trimethyl-2-benzyl-5.6-dihydro-1.3-oxazin* dargestellt.

Versuche: *2.4.4.6-Tetramethyl-5.6-dihydro-1.3-oxazin* (I), $C_8H_{15}ON$, Kp.$_{750}$ 146 bis 147°, durch Zutropfen von Acetonitril zu 92% ig. H_2SO_4 innerhalb 30 Min. bei 6—7° unter Rühren, Zutropfen von 2-Methylpentandiol-(2.4) (II) innerhalb 4 Std. bei 8—10° unter Rühren u. Gießen auf Eis; Kp.$_{24}$ 56°, n_D^{25} 1,4370; 44% (Ausbeute). — *4-Amino-4-methylpentanol-(2)*, Kp. 174—175°, durch alkal. Spaltung von I nach SMITH u. ADKINS (J. Amer. chem. Soc. **60.** [1938.] 407); n_D^{20} 1,4350; 75%. *Caprylat*, F. 84—85° (Aceton), durch Mischen der Komponenten. — *4.4.6-Trimethyl-2-phenyl-5.6-dihydro-1.3-oxazin*, $C_{13}H_{17}ON$, F. 34—35° (W.-A.), durch Zutropfen von Benzonitril zu 92% ig. H_2SO_4 unter Rühren innerhalb 20 Min. bei 2—4° u. Zutropfen von II innerhalb 2 Std. unter Rühren bei 3—6°; Kp.$_3$ 103—106°; 47%. — *4.4.6-Trimethyl-2-benzyl-5.6-dihydro-1.3-oxazin*, $C_{14}H_{19}ON$, Kp.$_5$ 116—119°, analog I aus Phenylacetonitril; n_D^{20} 1,5125; 26%. (J. org. Chemistry **22.** 839—40. Juli 1957. New York, N. Y., Univ., Washington Square Coll. of Arts and Sci.) H. BERTSCH. 3282

Katashi Oita und **Henry Gilman,** *Synthese einiger Derivate des Phenothiasilins. Ein Siliciumanalogon des Thiaxanthens.* Vff. synthetisierten *10.10-Diphenyl-* u. *10.10-Dimethylphenothiasilin-5.5-dioxyd*, die ein den Thiaxanthenen entsprechendes heterocycl. Syst. mit Si u. S als Heteroatome enthalten. Die Synth. von *10.10'-Spirobiphenothiasilin-5.5.5'.5'-tetroxyd* durch Rk. von 2 Äquivalenten 2.2'-Di-Li-diphenylsulfon (I) mit einem Äquivalent $SiCl_4$ gelang nicht.

Versuche: *10.10-Diphenylphenothiasilin-5.5-dioxyd*, $C_{24}H_{18}O_2SSi$, F. 208,5 bis 209°, Zers. bei 450°, aus I u. Diphenyldichlorsilan in Ae. bei 0° u. 12std. Kochen; aus PAe. (77—115°), Essigsäureäthylester u. PAe.-Bzl.-Gemisch Kristalle; 8,4% (Ausbeute). — *10.10-Dimethylphenothiasilin-5.5-dioxyd*, $C_{14}H_{14}O_2SSi$, F. 160,5—161,1°, aus I u. Dimethyldichlorsilan in Ae. bei —20°; aus A. u. A.-PAe.-Gemisch Kristalle; 24%. (J. org. Chemistry **22.** 336—37. März 1957. Ames, Io., State Coll.) J. ROCH. 3292

Adolf Butenandt, Ernst Biekert und **Gerhard Neubert,** *Über Ommochrome.* 10. Mitt. *Modellversuche zur Konstitution der Ommochrome. 5-Dibenz-[b.f]-azepinchinonimine als Reaktionsprodukte der 5-Acetylphenoxazone mit Alkali und als Oxydationsprodukte des 2-Amino-3-hydroxyacetophenons.* (9. vgl. C. **1957.** 9658.) *3-Amino-4.5-diacetylphenoxazon-(2)* (I), *3-Oxy-4.5-diacetylphenoxazon-(2)* (II) u. *3-Oxy-5-acetylphenoxazon-(2)* (III) gehen bei Alkalieinw. durch Wasserabspaltung u. Enolisierung über das Acetyltrioxyphenylchinonimin IV in *3.6.10-Trioxy-5-dibenz-[b.f]-azepinchinonimin-(2.5)* (V) über. Dieser Reaktionsablauf wird durch UV-spektroskop. Unterss. bestätigt. Zur Sicherstellung der Azepinringstruktur von **V** wurden das **V**-*Semicarbazon* u. mit o-Phenylendiamin das Chinoxalinderiv. *6.10-Dioxy-5-dibenz-[b.f]-azepinchinoxalin-(2.3)* (**VI**), das in Lsg. wahrscheinlich als Tautomerengemisch vorliegt, hergestellt. In der tautomeren Form von **VI** bildet sich ein dem Pyrrol vinyloges, aromat. Syst. aus, das mit dem Elektronenpaar am N 8 π-Elektronen besitzt. **VI** gibt eine 6.10-Diacetoxyverb., wodurch die enolisierte Form von **V** bewiesen wird. Das heterocycl. 7-Ringsyst. zeigt große Bildungsneigung. Bei Oxydation (6 Äquivalente Oxydans) von 2-Amino-3-oxyacetophenon (**XI**) mit Luft in schwach alkal. Lsg. u. mit Dichromat in schwefelsaurer Lsg. entstehen 2 Farbstoffe **VII** bzw. **VIII** mit der Konst. des *1-Acetyl-3.6.10-trioxy-5-dibenz-[b.f]-azepinchinondiimin-(2.5)* oder einer tautomeren Form hierzu. Sie unterscheiden sich durch 1 Mol Kristallwasser. Der rote Farbstoff **VIII** geht beim Stehenlassen in konz. oder beim Erhitzen in verd. methanol. HCl in den gelben **VII** über. Bei Alkalieinw. gehen **VII** u. **VIII** unter NH_3-Abspaltung in das rote, wasserlösl. Na-Salz des Farbstoffs **IX**, *1-Acetyl-3.6.10-trioxy-5-dibenz-[b.f]-azepinchinonimin-(2.5)*, über. Kondensation von **IX** mit o-Phenylendiamin führt zu *1-Acetyl-6.10-dioxy-5-dibenz-[b.f]-azepinchinoxalin-(2.3)* (**X**), das ein 6.10-Diacetoxyderiv. gibt. — Die UV-Spektren sind angegeben.

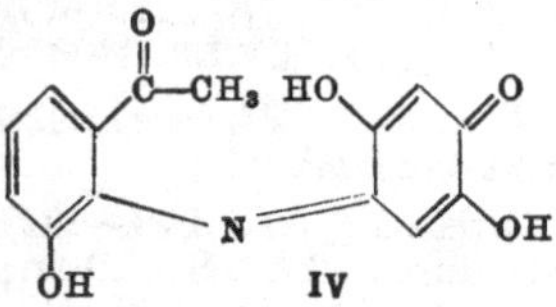

IV

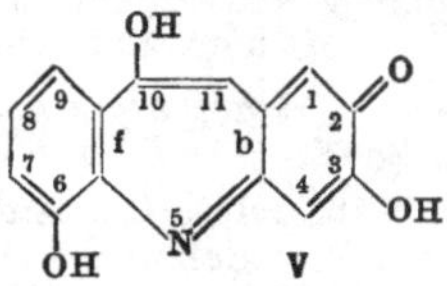

V

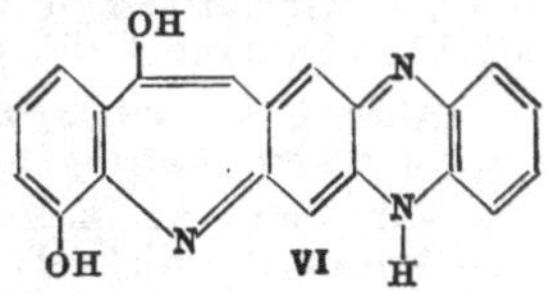

VI

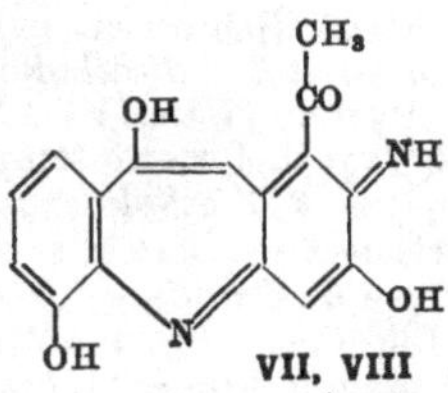

VII, VIII

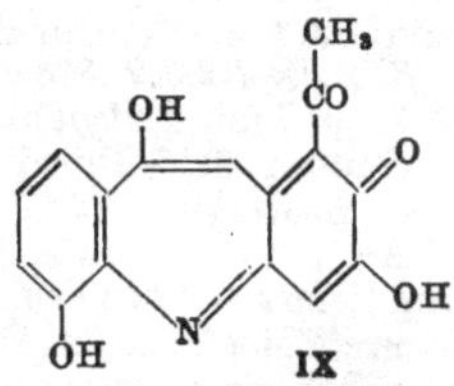

IX

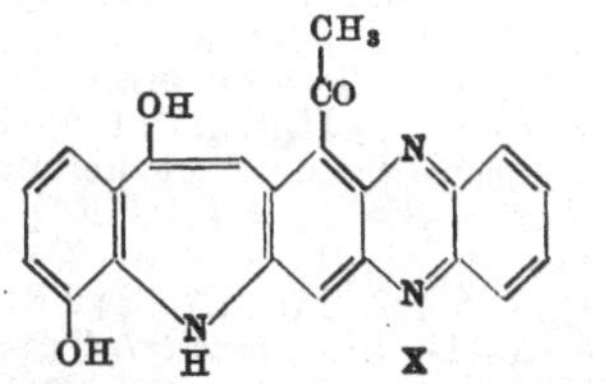

X

Versuche: *3.6.10-Trioxy-5-dibenz-[b.f]-azepinchinonimin-(2.5)* (**V**), $C_{14}H_9O_4N$, Zers. bei 280—300°, braunrote Nadeln (Essigester), aus CH_3OH mit 1 Mol krist. CH_3OH, a) aus einer methanol. **I**-Lsg. durch 4std. Stehenlassen mit n-NaOH u. eintägiges Stehen bei p_H 2—3 u. —15°; b) aus **II** wie vorst. durch Schütteln des alkal. Gemisches; c) durch 4std. Stehen einer **III**-Lsg. in 0,1n NaOH u. Ansäuern nach CH_3OH-Zusatz; R_F 0,76 (Collidin–Lutidin–W.-Mischung [**A**], 1 : 1 : 2); Ausbeute a) 78% ; b) 78% ; c) 18 mg (aus 20 mg). Durch Erhitzen mit 5n NaOH (3 Std., Wasserbad) oder mit konz. HCl (2 Std., 140°) kein 2-Amino-3-oxyacetophenon. **V**-*Semicarbazon*, $C_{15}H_{12}O_4N_4$, Zers. bei 260 bis 310° (A.). — *6.10-Dioxy-5-dibenz-[b.f]-azepinchinoxalin-(2.3)* (**VI**), $(C_{20}H_{13}O_2N_3)_3 \cdot H_2O$, Zers. bei 315—325° ($CH_3OH$), braunrote Prismen, oberhalb 210° gelbe Nadeln, durch $^1/_2$std. Erhitzen von **V** (+ 1 Mol krist. CH_3OH) in absol. A. mit o-Phenylendiamin; 92%. Keine Rk. mit NH_2OH u. mit CH_3MgJ. — *6.10-Diacetoxy-5-dibenz-[b.f]-azepinchinoxalin-(2.3)*, $C_{24}H_{17}O_4N_3$, F. 271° (Dunkelfärbung), gelbe Nadeln (Essigester), aus **VI** mit a) Acetanhydrid, b) Keten in Essigester, c) Keten in 10%ig. Essigsäure; 92% ; 57% ; 12 mg (aus 20 mg **VI**). — *Farbstoff* **VII**, $C_{16}H_{12}O_4N_2$, F. 237—239° (Dunkelfärbung, Sublimation), orangefarbene Nadelbüschel (Essigester, A.), < 180° teilweise Umlagerung in hellgelbe Nadeln, durch 3tägiges Schütteln einer Lsg. von **XI**-Hydrochlorid in wss. NH_3 mit NH_4Cl-Lsg. in 0,1n NH_3, Zentrifugieren des Nd. bei p_H 2—3; 40%. — *Farbstoff* **VIII**, $C_{16}H_{14}O_5N_2$, Zers. bei 220—232°, rote Nadelbüschel (Aceton), Sublimation bei 160° (Hochvakuum), durch Oxydation einer Lsg. von **XI**-HCl in 8n H_2SO_4 mit $K_2Cr_2O_7$-8n H_2SO_4 (3 Min.), Verdünnen mit W., 5std. Stehenlassen; 62%. — **VIII** → **VII**-Umwandlung, durch $^1/_2$std. Erhitzen von **VIII** in A.–CH_3OH–konz. HCl oder 6std. Stehenlassen von **VIII** in konz. HCl. — *1-Acetyl-3.6.10-trioxy-5-dibenz-[b.f]-azepinchinonimin-(2.5)* (**IX**), $C_{16}H_{11}O_5N$, Zers. bei 220—227°, orangerote Nadeln (Aceton–W.), durch a) 1std. Einw. einer methanol. **VII**-Lsg. auf n-NaOH bei 20°, Ansäuern der mit Aceton verd. wss. Lsg. des ausgefallenen Na-Salzes (dunkelviolette Nadeln); b) 2tägiges Stehenlassen einer Suspension von **VIII** in n/3 NaOH bei Raumtemp.; R_F 0,70—0,85 (**A**); 60% ; 85%. — *1-Acetyl-6.10-dioxy-5-dibenz-[b.f]-azepinchinoxalin-(2.3)* (**X**), $C_{22}H_{15}O_3N_3$, Zers. bei 276 bis 279°, gelbe Nadeln (Aceton–W.), durch 1std. Erhitzen von **IX** mit 2 Äquivalenten o-Phenylendiamin in absol A. auf den Wasserbad; ca. 25%. — *1-Acetyl-6.10-diacetoxy-5-dibenz-[b.f]-azepinchinoxalin-(2.3)*, $C_{26}H_{19}O_5N_3$, F. 225—232° (Zers.), blaßgelbe, nadelförmige Kristalle (Aceton), aus **X** mit Acetanhydrid–Na-Acetat ($2^1/_2$ Std., Wasserbad); 36%. (Liebigs Ann. Chem. **603**. 200—16. 1957. Tübingen, Max-Planck-Inst. für Biochem.) K. MAIER. 3370

Hubert S. Loring, Luis W. Levy, Lloyd K. Moss und **James McT. Ploeser,** *Perjodatoxydation von Zuckerphosphaten in neutraler Lösung.* 1. Mitt. *D-Ribose-5-phosphat.* Durch Oxydation mit HJO_4 bei p_H 6,2 wird *D-Ribose-5-phosphat* [I, *Ba-Salz,* $C_5H_9O_8PBa \cdot 5\,H_2O$; $[\alpha]_D^{24}$ +13,1° (c = 3,28; 0,2n HCl)] in 3 Mol Ameisensäure u. 1 Mol *Glykolaldehydphosphat* [II, *Ba-Salz,* $C_2H_3O_5PBa \cdot 4\,H_2O$, aus Di-Na-α-Glycerophosphat (III) u. $NaJO_4$ bei p_H 5,5 in 73 Min. durch Zugabe von Ba-Acetat, Filtration über Dowex-50 (H^+) u. Versetzen mit $Ba(OH)_2$; 93% (Ausbeute)] abgebaut. **II** wird nach enzymat. Dephosphorylierung durch erneute HJO_4-Oxydation zu Formaldehyd u. Ameisensäure colorimetr. mit Diphenylamin–Eisessig in konz. H_2SO_4 bzw. als *Dimedonderiv.* (*2.2-Bis-[2.6-diketo-4.4-dimethylcyclohexyl]-äthanol,* F. 210—212°; „*Anhydrid*", F. 230—231° (korr.; 70%ig. A.) bestimmt. Bei der Papierchromatographie von **II**, aus **I** oder aus **III**, werden 2 Formen (R_F 0,25 u. 0,35 in tert.-Butanol–Pikrinsäure–W.) von **II** nachgewiesen, die als 2 cycl. dimere Strukturen oder cis–trans-isomere Enolester angesehen werden, da beide zu Glykolaldehyd dephosphoryliert werden. (J. Amer. chem. Soc. **78**. 3724—27. 5/8. 1956. Stanford, Calif., Univ., Dep. of Chem. and School of Med.) F. J. MEYER. 3400

Almuth Klemer, *Synthese eines Trisaccharids mit verzweigter Kette.* Vf. beschreibt die Darst. von *β-Methyl-6-[β-D-glucosido-⟨1 → 5⟩]-4'.6'-äthylidencellobiosid.*

V e r s u c h e: *β-Methyl-4'.6'-äthylidencellobiosid* (I), $C_{15}H_{26}O_{11}$, F. 279—281° (A.–W.), aus β-Methylcellobiosid mit Paraldehyd u. konz. H_2SO_4 durch 20 std. Schütteln; 81% (Ausbeute). — *β-Methyl-2.3.6.2'.3'-pentaacetyl-4'.6'-äthylidencellobiosid,* $C_{25}H_{36}O_{16}$, F. 170—172° (A.), aus **I** mit Acetanhydrid u. Pyridin durch 40 std. Schütteln; $[\alpha]_D^{21}$ −45 ± 0,5° (c = 1; Chlf.); 66%. — *β-Methyl-2.3.2'.3'-tetraacetyl-6-trityl-4'.6'-äthylidencellobiosid,* $C_{42}H_{48}O_{15}$, F. 125—130° (A.), aus **I** mit Tritylchlorid u. Pyridin (7 Std. bei 100°) u. anschließende Acetylierung mit Acetanhydrid–Pyridin (1½ Tage bei Raumtemp.); $[\alpha]_D^{20}$ −23° (c = 1; Chlf.); 77%. — *β-Methyl-2.3.2'.3'-tetraacetyl-4'.6'-äthylidencellobiosid,* $C_{23}H_{34}O_{15}$, F. 239—241° (Chlf.–Ae.), aus vorst. Verb. mit HBr–Eisessig in Eisessig; $[\alpha]_D$ −56,8° (Chlf.); 72%; Tritylierung liefert vorst. Verb. (91%). — *β-Methyl-6-[β-D-glucosido-⟨1 → 5⟩]-oktaacetyl-4'.6'-äthylidencellobiosid,* $C_{37}H_{52}O_{24}$, F. 139—141° (A.), aus vorst. Verb. durch mehrstd. Schütteln mit Ag_2O u. wasserfreiem $CaSO_4$, Zugabe von Acetobromglucose u. J_2 u. 2 tägiges Schütteln in Chlf.; $[\alpha]_D^{23}$ −35,6° (c = 1; Chlf.); 8,3%. — *β-Methyl-6-[β-D-glucosido-⟨1 → 5⟩]-4'.6'-äthylidencellobiosid,* $C_{21}H_{36}O_{16}$, F. 234° (CH_3OH–W.), aus vorst. Verb. durch Verseifen mit n/10 $NaOCH_3$ in CH_3OH (12 Std. bei Raumtemp.); $[\alpha]_D^{20}$ −36,8° (c = 1,11; W.); 97%. — *β-Methyl-6-[β-D-glucosido-⟨1 → 5⟩]-4'.6'-äthylidenoktamethylcellobiosid,* $C_{29}H_{52}O_{16}$, F. 175° (Chlf.–PAe.), aus vorst. Verb. mit Dimethylsulfat in wss. NaOH (4 Std. bei 60°; 45 Min. im sd. Wasserbad), Wiederholung der Operation u. Nachmethylieren mit CH_3J–Ag_2O (6 Std. bei 45°); $[\alpha]_D^{22}$ −31,5° (c = 1; Chlf.); 77%; Hydrolyse mit 5%ig. HCl (7 Std. bei 100°) liefert *2.3-Dimethyl-D-glucose* (II) u. *2.3.4.6-Tetramethyl-D-glucose.* — *β-Methyl-2.3.6.2'.3'-pentamethyl-4'.6'-äthylidencellobiosid,* $C_{20}H_{36}O_{11}$, F. 141° (Ae.–PAe.), aus **I** durch Methylieren mit Dimethylsulfat–NaOH u. CH_3J–Ag_2O wie vorst.; $[\alpha]_D^{22}$ −30,5° (c = 1; Chlf.); 81%; Hydrolyse mit 5%ig. HCl (7 Std. bei 100°) liefert **II** u. *2.3.6-Trimethyl-D-glucose.* (Chem. Ber. **89**. 2583—88. 3/11. 1956. Münster, Westf., Univ., Organ.-chem. Inst.) H. LEUBE. 3400

A. J. Birch und **Estelle Smith,** *Loganin.* 1. Mitt. *Einige Beobachtungen über die Struktur.* Das aus *Strychnos lucida R. Br.* isolierte *Loganin* (I; vgl. auch MERZ u. KREBS [1937]) besitzt eine C—CH_3-Gruppe, eine durch Rk. mit 2.4-Dinitrophenylhydrazin nachgewiesene CO-Gruppe u. eine Carbomethoxygruppe; bei der Ozonolyse wird *Acetaldehyd* gebildet. Verss. zur Hydrierung von **I** über ADAMS-Pt in verd. A. oder Essigsäure sowie vom *Pentaacetylderiv.* mit Pd-Kohle in Äthylacetat waren erfolglos, mit Na in fl. NH_3 u. anschließende Acetylierung wird ein *Hexaacetylderiv.* $C_{28}H_{42}O_{15}$ erhalten. Die Abbauverss. sowie die spektroskop. Daten machen es wahrscheinlich, daß **I** die Struktur des *2-[1-Carbomethoxy-2-oxyäthyl]-4-glucosyloxy-5-äthylidencyclopentanons* besitzt.

V e r s u c h e: *Loganin* (I), $C_{17}H_{26}O_{10}$, gibt bei kurzem Erhitzen mit HJ (D. 1,7) einen schwarzen Teer, bei Red. nach CLEMMENSEN neben Harz eine flüchtige, in konz. HCl mit kirschroter Farbe lösl. Verb. (Furanderiv.?). *Pentaacetylverb.*, F. 132°, aus zweitnachst. Verb. u. CH_2N_2 in CH_3OH; $[\alpha]_D$ −80° (Chlf.). *2.4-Dinitrophenylhydrazon,* $C_{23}H_{30}O_{13}N_4$, F. 262°, aus Dioxan orangefarbenes Pulver. — *Hexaacetylderiv.* $C_{28}H_{42}O_{15}$, F. 126°, durch Red. von **I** mit Na in A. u. fl. NH_3 u. Rk. des Prod. mit Acetanhydrid; aus A. Nadeln; $[\alpha]_D$ −53° (Chlf.). — *Logansäure,* F. ca. 250°, aus **I** u. 10%ig. wss. $Ba(OH)_2$ auf dem Wasserbad ($^1/_4$ Std.) u. Ansäuern mit H_2SO_4; durch Fällen der konz.

wss. Lsg. mit Aceton Pulver; daneben *Methanol* (Rk. nach DENIGÈS violett). *Pentaacetylverb.*, $C_{26}H_{34}O_{15}$, F. 98 u. 158° (dimorph), aus A. flockige Nadeln. — *Verb. A*, $C_{27}H_{36}O_{17}$ (oder $C_{25}H_{34}O_{16}$), F. 60° (CH_3OH), aus 2 g Pentaacetylloganin u. O_3 in Äthylacetat bei 0° u. Red. mit Zn-Staub u. verd. Essigsäure neben *Acetaldehyd* (*2.4-Dinitrophenylhydrazon*, F. 164°); 100 mg (Ausbeute). Bei einem anderen Vers. wurde eine *isomere* (?) *Verb. B* erhalten, F. 155° (CH_3OH); A u. B besitzen eine $O-CH_3$-Gruppe; CO- u. COOH-Gruppen konnten nicht nachgewiesen werden; $FeCl_3$-Rk. negativ. — *Pentaacetyl-β-glucose*, $C_{16}H_{22}O_{11}$, F. 125—127°, aus der Mutterlauge von B durch Eindampfen u. Rk. mit Acetanhydrid/Na-Acetat. (Austral. J. Chem. **9.** 234—37. Mai 1956. Sydney, Univ., Dep. of Organ. Chem.) E. HANSCHKE. 3450

Alessandro Ballio und **G. B. Marini-Bettolo,** *Die Konstitution des Cernuosids, des gelben Blütenfarbstoffes der Oxalis cernua Thumb.* Vff. beweisen die Identität ihres früher aus Blüten der Oxalis cernua Thumb. isolierten krist. gelben Farbstoffglykosids *Cernuosid* (vgl. C. **1955.** 107) mit dem 4-Glykosid des von SEIKEL u. GEISSMAN aus Antirrhinumblüten (vgl. C. **1951.** II. 3312) erhaltenen *Aureusidin*, einem 4.6.3'.4'-Tetraoxybenzalcumaranon. Verschied. neue synthet. Derivv. des Aureusidins werden beschrieben.

V e r s u c h e: *Trimethylaureusidin* (**I**), $C_{18}H_{16}O_6$, F. 224—225,5°, aus *Cernuosid* durch Methylierung mit $(CH_3)_2SO_4$ u. Verseifung des entstandenen *Heptamethylcernuosids* mit sd. verd. H_2SO_4, gelbe Nadeln aus A.; Ozonisierung in Essigester liefert *Veratrumsäure* (**II**) neben *2.6-Dioxy-4-methoxybenzoesäure.* — *Äthyltrimethylaureusidin* (**III**), $C_{20}H_{20}O_6$, F. 164—165°, aus **I** durch Äthylieren mit $(C_2H_5)_2SO_4$ u. alkal. Verseifung, gelbe Kristalle aus A.; Oxydation mit verd. sd. wss. $KMnO_4$ liefert **II.** — *4.3'.4'-Trimethoxy-6-oxybenzalcumaranon* (**IV**), $C_{18}H_{16}O_6$, F. 286°, aus *4-Methoxy-6-oxycumaranon* (**V**) nach GEISSMAN u. HINREINER (C. **1953.** 7540) durch Kondensation mit **II** in wss. alkoh. NaOH; gelbe Nadeln aus Äthylalkohol. — *4.6.4'-Trimethoxy-3'-oxybenzalcumaranon*, $C_{18}H_{16}O_6$, F. 198—199°, durch Kondensation von 4.6-Dimethoxycumaranon (**VI**) (vgl. FREUDENBERG u. Mitarbeiter, Liebigs Ann. Chem. **441.** [1925.] 157) mit *Isovanillin* in sd. methanol. HCl; gibt keine $FeCl_3$-Reaktion. — *4.6.3'-Trimethoxy-4'-oxybenzalcumaranon*, $C_{18}H_{16}O_6$, F. 238—240°, gelbe Nadeln aus A.; durch Kondensation von **VI** mit *Vanillin*; gibt mit $FeCl_3$ Braunfärbung. — *4-Äthoxy-6-oxycumaranon* (**VII**), $C_{10}H_{10}O_4$, F. 255—256°, durch Kondensation von *Phloroglucinmonoäthyläther* mit $Cl\cdot CH_2\cdot CN$ in $ZnCl_2$/HCl, hellgelbe Nadeln. — *3'.4'-Dimethoxy-4-äthoxy-6-oxybenzalcumaranon*, $C_{19}H_{18}O_6$, F. 283°, analog vorst. Verb. durch Kondensation mit *Veratrumaldehyd* (**IX**), orangegelbe Kristalle aus Äthylalkohol. — *6.3'.4'-Trimethoxy-4-äthoxybenzalcumaranon*, F. 164°, aus vorst. Verb. mit $(CH_3)_2SO_4$; ident. mit **III**, Misch-F. 164,5°). — *4.6-Diäthoxycumaranon* (**X**), $C_{12}H_{14}O_4$, F. 160°, Darst. analog **VII** mit *Diäthylphloroglucin*, Nadeln aus Äthylalkohol. — *3'.4'-Dimethoxy-4.6-diäthoxybenzalcumaranon*, $C_{21}H_{22}O_6$, F. 184°, aus vorst. Verb. durch Kondensation mit **IX**, gelbe Nadeln aus Äthylalkohol. — *4.6.3'.4'-Tetraäthoxybenzalcumaranon*, F. 144°, durch Kondensation von **X** mit *3.4-Diäthoxybenzaldehyd* (**VIII**), strohgelbe Kristalle aus A., ident. mit *Tetraäthylaureusidin* (vgl. C. **1955.** 10696). — *3'.4'-Dimethoxy-4.6-dioxybenzalcumaranon*, $C_{17}H_{14}O_6$, F. 224°, aus 4.6-Dioxycumaranon durch Kondensation mit **IX**, gelbe Kristalle aus A.; gibt rotbraune $FeCl_3$-Rk. u. wird mit Diazomethan zu *Tetramethylaureusidin*, F. 175°, methyliert. — *6-Oxy-4-methoxy-3'.4'-diäthoxybenzalcumaranon*, $C_{20}H_{20}O_6$, F. 198°, durch Kondensation von **V** mit **VIII** analog **IV**, gelbe Nadeln aus A., zeigt keine $FeCl_3$-Rk., Äthylierung ergibt *4-Methoxy-6.3'.4'-triäthoxybenzalcumaranon*, $C_{22}H_{24}O_6$, F. 146°. (Gazz. chim. ital. **85.** 1319—28. Sept./Okt. 1955. Roma, Ist. Sup. di Sanità, Centro Internat. di Chim. Microbiol. e Labor. di Chim. terapeutica.) A. SANDER. 3450

Rezső Bognár und **Pál Nánási,** *N-Glykoside.* 3. Mitt. (2. vgl. C. **1955.** 590.) Ident. mit der C. **1956. 434** referierten Arbeit. (Magyar Kémiai Folyóirat [Ung. Z. Chem.] **62.** 31—37. Jan. 1956. Debrecen, Univ., Inst. für organ. Chem.) J. PLANK. 3450

Rezső Bognár und **Pál Nánási,** *N-Glykoside.* 4. Mitt. (3. vgl. vorst. Ref.) Ident. mit der C. **1956.** 120 referierten Arbeit. (Magyar Kémiai Folyóirat [Ung. Z. Chem.] **62.** 88—94. März 1956.) J. PLANK. 3450

Rezső Bognár, Pál Nánási und **Éva Nánási-Nemes,** *N-Glykoside.* 5. Mitt. *Umglykosylierung verschiedener Mono- und Disaccharide und Tetra-O-acetylglykosyl-N-arylamine.* (4. vgl. vorst. Ref.) Ident. mit der C. **1956.** 121 referierten Arbeit. (Magyar Kémiai Folyóirat [Ung. Z. Chem.] **62.** 271—75. Aug. 1956.) J. PLANK. 3450

R. B. Bradbury und **J. B. Willis,** *Die Alkaloide von Senecio jacobaea L.* 2. Mitt. *Die Strukturen der Säuren und die Beziehung zwischen Jacobin und Jaconin.* (1. vgl. Austral. J. Chem. **7.** [1954.] 378.) *Jaconin* (**I**) hält bei Kristallisation aus A. oder CH_3OH

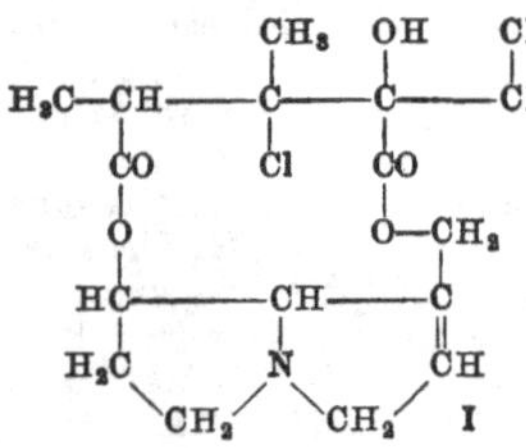
I

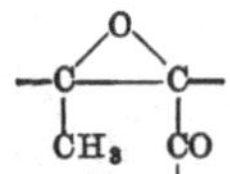
II

hartnäckig Lösungsm. fest, ohne definierte Solvate zu bilden; durch Kristallisation aus CCl_4 u. anschließendes Trocknen im Vakuum werden Kristalle der Zus. $C_{18}H_{26}O_6NCl$ erhalten. Mit Alkali wird aus **I** *Jacobin* (**II**) gebildet, das mit 2 Mol HCl wieder in **I** übergeführt wird, wodurch das Vorliegen eines 1.2-Epoxydringes in **II** nachgewiesen wird. Alkal. Hydrolyse von **I** u. **II** liefert *Jaconecsäure* (**III**), *Isojaconecsäure* (**IV**) u. *Retronecin* (**V**), das auch neben dem *Chlordilacton* $C_{10}H_{13}O_4Cl$ (**VI**) bei der Hydrolyse mit HCl erhalten wird. Für **III** wird auf Grund des Infrarotspektr., der Rkk. sowie der Eigg. der Abbauprodd. die Struktur einer *6-Oxy-3.4-epoxy-4-carboxy-2.3.5-trimethylhexansäure*, für **IV** die einer *2.4-Dimethyl-3-oxy-2-[1-carboxyäthyl]-tetrahydrofuran-3-carbonsäure* u. für **VI** die eines *Dilactons* der *4.6-Dioxy-4-carboxy-3-chlor-2.3.5-trimethylhexansäure* wahrscheinlich gemacht u. die genet. Beziehungen zwischen **III, IV** u. **VI** besprochen. Aus dem **I** ähnlichen *Jacolin* wird durch alkal. Hydrolyse neben **V** ein Gemisch *öliger Säuren* erhalten, aus dem nach Acetylierung eine krist. Verb., *Acetyljacolinecsäuredilacton*, isoliert wird, die bei alkal. Hydrolyse die *Lactonmonocarbonsäure* $C_{10}H_{14}O_5$ liefert. Aus Jacozin bzw. Seneciphyllin wird neben **V** die zweibas. *Jacozinecsäure* bzw. *Seneciphyllsäure* erhalten. Dem **I** bzw. **II** weisen Vff. obenst. Struktur oder die isomere zu, in der jeweils die beiden Lactongruppierungen vertauscht sind. — Spektren vgl. Original.

V e r s u c h e (FF. korr.): *Jaconin* (**I**), $C_{18}H_{26}O_6NCl$, F. 148—149° (CCl_4; bei 100° im Vakuum getrocknet), durch Zugeben des Hydrochlorids zu verd. NH_4OH u. Extraktion mit Chlf.; Prismen; $[\alpha]_D^{17}$ +28,6° (c = 1,54; Chlf.); $[\alpha]_D^{19}$ +29,7° (c = 2,76; A.). *Hydrochlorid*, $C_{18}H_{27}O_6NCl_2$, F. 205—206°, aus 1 g **II** u. 2 Mol 0,1n HCl in A. u. Eindampfen; aus A. Nadeln mit ca. 1 Mol Kristallalkohol; $[\alpha]_D^{17}$ +12,4° (c = 3,86; W.); 1,24 g (Ausbeute). — *Jacobin* (**II**), F. 229—230°, a) durch Zugeben von 4,68 g **I**-Hydrochlorid in W. zu wss. NaOH u. Extraktion mit Chlf.; 3,3 g; b) aus 1,17 g **I** u. Ag_2O in W. (19 Std.), dann 3 Std. auf dem Wasserbad; aus A. große Platten; $[\alpha]_D^{20}$ —29° (c = 3,01; Chlf.); 0,87 g. *Hydrochlorid*, $C_{18}H_{26}O_6NCl$, F. 220°, durch Eindampfen von 1 g **I** in A. mit 1 Mol 0,1 n HCl im Vakuum; aus A. Nadeln; $[\alpha]_D^{19}$ —14,7° (c = 3,88; W.); 0,71 g. — *Retronecinhydrochlorid* (**Va**), $C_8H_{14}O_2NCl$, F. 162°, aus A. Prismen. — *Chlordilacton* $C_{10}H_{13}O_4Cl$ (**VI**), F. 112—113° (nach Sublimation bei 100—120°/0,1 mm), a) aus 0,35 g **II** u. sd. 15%ig. HCl (15 Std.); 70 mg; b) wie vorst. aus 1,06 g **I** (10 Std.); 0,46 g; daneben 0,668 g **Va**; c) aus 0,63 g **I** u. sd. verd. HBr (25 Std.); aus Bzl.-PAe. Platten; $[\alpha]_D^{20}$ —25,9° (c = 1,31; Chlf.); 0,1 g; ist wahrscheinlich ident. mit der von ZHDANOVICH u. MENCHIKOV (Журнал Общей Химии [J. allg. Chem.] **11**. [1941.] 835) aus Othosenin erhaltenen Verb. vom F. 111—113°. — *Bromdilacton* $C_{10}H_{13}O_4Br$, F. 117°, aus 1,65 g **II** u. sd. 48%ig. HBr (15 Std.); nach Sublimation bei 125°/0,5 mm aus Bzl.-PAe. lange Nadeln; $[\alpha]_D^{19}$ —21,9° (c = 1,96; Chlf.); 1,24 g. — *Jaconecsäure* (**III**), $C_{10}H_{16}O_6$, F. 186°, a) aus 1,1 g **II** u. wss. $Ba(OH)_2$ bei 100° (2 Std.) neben 0,54 g **Va**; b) neben **Va** wie vorst. aus 0,34 g **I**; 0,18 g; c) aus 1,78 g **VI** u. sd. verd. NaOH (1 Std.); 1,6 g; aus Äthylacetat Nadeln; $[\alpha]_D^{30}$ +29,1° (c = 1,37; W.); R_f 0,52 (mit 5%ig. Essigsäure gesätt. Butanol); Rk. mit $C(NO_2)_4$ negativ; gibt mit $FeCl_3$ eine Färbung, mit $(CH_3COO)_4Pb$ in Eisessig 1 Mol CO_2. *Acetylverb.*, $C_{12}H_{18}O_7$, F. 195—196°, aus **III** u. Acetylchlorid in sd. Aceton (1 Std.); aus Äthylacetat lange Prismen; $[\alpha]_D^{26}$ +9,1° (c = 2,854; A.); R_f 0,62. *Monoäthylester*, $C_{12}H_{20}O_6$, Kp.$_{0,7}$ 142—143°, aus **II** u. sd. wss.-alkoh. NaOH neben **III** u. **IV**; $[\alpha]_D^{22}$ +34° (c = 2,122; A.); R_f 0,92. *Dimethylester*, $C_{12}H_{20}O_6$, Kp.$_{0,7}$ 120 bis 124°, aus 2,31 g **III** u. CH_2N_2 in Ae. (16 Std.); $D._{19}^{19}$ 1,158; n_D^{19} 1,4614; $[\alpha]_D^{20}$ +28,2° (c = 1,914; A.); 2,78 g. — *Verb.* $C_{10}H_{20}O_4$, durch Zugeben von 2,17 g **III**-Dimethylester in Ae. zu $LiAlH_4$ in Ae., 2std. Kochen u. 16std. Stehen; viscose Fl.; $[\alpha]_D^{20}$ +23,1°; 1,5 g. Gibt mit Perjodsäure oder $(CH_3COO)_4Pb$ in Eisessig 1 Mol *Formaldehyd* (*Dimedonderiv.*, F. 191°, aus verd. A. Nadeln); besitzt 1 tert. OH-Gruppe u. 1 Doppelbindung. *Triacetylverb.*, $C_{16}H_{26}O_7$, Kp.$_1$ 154—157°; n_D^{25} 1,4553; $[\alpha]_D^{25}$ +11,2° (c = 2,69; A.). *Benzoylverb.*, Öl. *Tris-p-nitrobenzoylverb.*, $C_{31}H_{29}O_{13}N_3$, F. 164°, aus A. feine Nadeln. — *Retronecanoljaconecat*, $C_{18}H_{29}O_6N$, F. 212°, aus **II** u. 2 Mol H_2 über PtO_2 in A./Essigsäure. — *Retronecanol*, $C_8H_{15}ON$, F. 95°, neben **III** aus vorst. Verb. u. wss. $Ba(OH)_2$. — *Verb. vom F. 190—191°*, aus **I** u. 1 Mol H_2 über PtO_2 in A./Essigsäure; gibt bei Hydrolyse **III**. — *Isojaconecsäure* (**IV**), $C_{10}H_{16}O_6$, F. 113—114°, aus **II** u. sd. wss.-alkoh. NaOH (2 Std.) u. Trennung von **III** u. **III**-Monoäthylester durch Chromatographie in Chlf. an mit 0,5n H_2SO_4 gewaschenem Silicagel; $[\alpha]_D^{22}$ +74,8° (c = 1,79; A.); R_f 0,76; reagiert nicht mit HJO_4 oder sd. 15%ig. HCl, gibt nur schwache $FeCl_3$-Rk.; R_f 0,76.

Bis-p-phenylphenacylderiv., $C_{38}H_{36}O_8$, F. 154—155°. — *Jaconecsäuremonolacton*, $C_{10}H_{14}O_5$, Kp.$_1$ 120—140° (Badtemp.), aus 2,85 g **VI** u. wss.-alkoh. NaOH, Eindampfen, Ansäuern mit HCl u. Extraktion mit Ae.; nach Entfernen von **III** (0,75 g) u. **IV** durch Chromatographie in Aceton–Chlf. an mit 0,5n H_2SO_4 befeuchtetem Silicagel Öl; $[\alpha]_D^{23}$ —10° (c = 1,20; W.); R_f 0,79; 0,35 g. — *Jacozinecsäure*, $C_{10}H_{14}O_6$, F. 161°, aus 0,32 g Jacozin u. $Ba(OH)_2$ in W. bei 100° (1½ Std.) Einleiten von CO_2, Ansäuern des Filtrates mit HCl u. Extraktion mit Ae.; aus Äthylacetat Nadeln; $[\alpha]_D^{22}$ —29,7° (c = 1,144; Äthylacetat); R_f 0,42; 0,15 g; besitzt 2 C—CH_3-Gruppen u. wahrscheinlich 2 konjugierte Doppelbindungen. Aus der wss. Lsg. **Va**. — *Acetyljacozinecsäureanhydrid*, $C_{12}H_{14}O_6$, F. 136°, aus vorst. Verb. u. sd. Acetylchlorid (2 Std.); aus Aceton Nadeln. — *Acetyljacolinecsäuredilacton*, $C_{12}H_{16}O_6$, F. 159—160°, wie vorvorst. Verb. aus 1,77 g Jacolin neben **Va** u. Rk. der *öligen Säuren* mit sd. Acetylchlorid (1 Std.); aus Äthylacetat lange Nadeln; $[\alpha]_D^{20}$ +16,5° (c = 1,09; Chlf.); 0,34 g; besitzt 3 C—CH_3-Gruppen u. 1 γ-Lactonring. — *Jacolinecsäuremonolacton*, $C_{10}H_{14}O_5$, F. 47°, Kp.$_1$ 160—170° (Badtemp.), aus 0,746 g vorst. Verb. u. 0,1n NaOH bei 100° (3 Std.), Ansäuern mit HCl u. Extraktion mit Ae.; $[\alpha]_D^{15}$ —21,7° (c = 2,86; W.); R_f 0,83; 0,34 g. — *Seneciphyllsäure*, $C_{10}H_{14}O_5$, F. 121—122° (Äthylacetat), aus 20,8 g Seneciphyllin u. wss. $Ba(OH)_2$ (100°; 2 Std.); aus PAe. große Prismen; $[\alpha]_D^{28}$ —13,7° (c = 1,02; W.); R_f 0,87; 11,3 g; besitzt 2 C—CH_3-Gruppen. (Austral. J. Chem. **9**. 258—76. Mai 1956. Melbourne, C. S. I. R. O., Div. of Ind. Chem.) E. HANSCHKE. 3500

R. B. Bradbury, *Die Alkaloide von Senecio jacobaea L.* 3. Mitt. *Die Struktur der Jaconecsäure.* (2. vgl. vorst. Ref.) Durch Oxydation von Jaconecsäure (**I**) mit HNO_3 werden *Oxalsäure, opt.-akt. α.β-Dimethyläpfelsäure* (**II**) u. zwei *zweibas. Säuren*, $C_9H_{14}O_6$ u. $C_9H_{12}O_7$, gebildet; Decarboxylierung von **I** bei 250° liefert 1 Mol CO_2, wodurch die Struktur von **I** (vgl. l. c.) weiter gesichert wird. Für die Säure $C_9H_{14}O_6$ wird auf Grund der Bldg. sowie der analyt. u. spektroskop. Daten (IR u. UV) die Struktur einer *α.α'.β-Trimethyl-β-oxy-β'-oxoadipinsäure* wahrscheinlich gemacht.

Versuche: *Säure* $C_9H_{12}O_7$, F. 181°, aus 16,8 g **I** u. verd. HNO_3 zuerst auf dem Wasserbad, dann Mäßigung der heftigen Rk. durch Kühlung, Eindampfen im Vakuum, Trennung der nachst. Säuren durch Chromatographie in Chlf. an mit 0,5n H_2SO_4 befeuchtetem Silicagel u. fraktionierte Elution mit Chlf.-Aceton; aus Äthylacetat–PAe. Prismen; $[\alpha]_D^{27}$ +18,2° (c = 2,306; W.); R_F 0,48 (mit 5%ig. Essigsäure gesätt. Butanol); 1,38 g (Ausbeute); besitzt 3 C—CH_3-Gruppen. *Bis-[p-bromphenacyl]-deriv.*, $C_{25}H_{22}O_9Br_2$, F. 191°, aus Aceton Nadeln. — *Säure* $C_9H_{14}O_6$, Öl; $[\alpha]_D^{26}$ +20,3° (c = 2,168; W.); R_f 0,35; 4,05 g. *Dimethylester*, $C_{11}H_{18}O_6$, Kp.$_1$ 129—132°, aus der Säure u. CH_2N_2 in Ae. (64 Std.); D.$^{22}_{22}$ 1,185; n_D^{22} 1,4547; $[\alpha]_D^{24}$ +25,6° (c = 1,564; A.); gibt mit sd. wss.-alkoh. NaOH (1 Std.) **II**. *2.4-Dinitrophenylhydrazon*, $C_{15}H_{18}O_9N_4$, F. 148—149° (Bzl.). — *Oxalsäure*, $C_2H_2O_4$, F. 191°, aus W. Prismen des *Dihydrats*, F. 100—102°; R_f 0,20; 1,63 g. — *Opt.-akt. α.β-Dimethyläpfelsäure* (**II**), $C_6H_{10}O_5$, F. 100°, aus Äthylacetat–PAe. Prismen; $[\alpha]_D^{24}$ —3,6° (c = 2,206; W.); R_f 0,59; 2,52 g. *Brucinsalz*, $C_{52}H_{62}O_{13}N_4 \cdot 2 H_2O$, F. 201°, aus W. Nadeln; $[\alpha]_D^{26}$ —17,1° (c = 1,75; W.). *Acetylverb.*, $C_8H_{12}O_6$, F. 155°, aus Aceton–PAe. Prismen. *Bis-[p-phenylphenacyl]-deriv.*, $C_{34}H_{30}O_7$, F. 188°, aus A. körnig. *Bis-[p-bromphenacyl]-deriv.*, $C_{22}H_{20}O_7Br_2$, F. 151—152°, aus A. Nadeln. — *dl-α.β-Dimethyläpfelsäure*, $C_6H_{10}O_5$, F. 151—152°, durch Zugeben von 40,4 g α-Methylacetessigsäureäthylester, dann von wenig KCN zu HCN bei 0°, 64std. Stehen bei n. Temp., Zers. mit konz. HCl u. Entfernen von *α-Methylacetessigsäurecyanhydrin* ($C_6H_9O_3N$, F. 102°, aus Äthylacetat–PAe. Prismen; 0,53 g) u. *Trimethyläpfelsäure* ($C_7H_{12}O_5$, F. 161°, aus Äthylacetat–PAe. Prismen; 0,60 g; R_f 0,69) durch fraktionierte Kristallisation u. Chromatographie der Mutterlaugen wie bei **II**; Prismen; 16,26 g. *Brucinsalz*, $C_{52}H_{62}O_{13}N_4 \cdot 4 H_2O$, F. 203—204°, aus W. Nadeln; $[\alpha]_D^{26}$ —21,1° (c = 2,562; W.); gibt mit dem Brucinsalz von **II** keine F.-Depression. *Cinchonidinsalz*, $C_{44}H_{54}O_7N_4 \cdot H_2O$, F. 213° (Zers.), aus W. Nadeln; $[\alpha]_D^{22}$ —96,3° (c = 1,09; W.-A. 1:1). *Bis-[p-phenylphenacyl]-deriv.*, $C_{34}H_{30}O_7$, F. 185° (A.); gibt mit dem **II**-Deriv. F.-Depression. *Bis-[p-bromphenacyl] deriv.*, $C_{22}H_{20}O_7Br_2$, F. 147°, aus A. Nadeln; gibt mit dem **II**-Deriv. F.-Depression. — *Dimethylmaleinsäureanhydrid*, $C_6H_6O_3$, F. 94°, aus vorst. Säure oder **II** bei 250° u. Dest. bei 153—154°/130 mm; nach Sublimation bei 100°/0,5 mm Prismen. (Austral. J. Chem. **9**. 521—27. Nov. 1956.) E. HANSCHKE. 3500

Blake F. Putney und **Taito O. Soine,** *Eine Synthese von Pseudopelletierin.* Durch DIECKMANNsche Esterkondensation von Lobelinsäurediäthylester wurde über das nicht isolierte *Carbäthoxypseudopelletierin* nach Hydrolyse u. Decarboxylierung *Pseudopelletierin* auf neuem Wege dargestellt. *Lobelinsäure* wurde durch Hydrierung von Pyridin-2.6-diessigsäureanilid, Hydrolyse des *Piperidinderiv.* zu *Norlobelinsäure* u. Behandlung des *Dimethylesters* mit HCHO u. HCOOH erhalten. Von den als Zwischenstufen benötigten u. verwandten Verbb. wurde eine Reihe von z. T. bisher unbekannten Derivv. dargestellt.

Versuche: *2.6-Bis-[diazoacetyl]-pyridin*, $C_9H_5O_2N_5$, durch Zutropfen einer äther. Lsg. von Dipicolinsäurehydrochlorid zu einer Lsg. von CH_2N_2 in Ae. unter Rühren u. Kühlen; aus absol. A. gelbe Kristalle; 68% (Ausbeute); wird durch Licht zersetzt. — *α-Picolin-6-essigsäureäthylesterhydrochlorid*, $C_{10}H_{13}O_2N \cdot HCl$, F. 114—116°, $Kp._{10}$ 110 bis 120°, aus 2.6-Lutidin (I) mit C_6H_5Li nach WOODWARD u. KORNFELD (Org. Syntheses **29.** [1949.] 44); daneben *6-Phenacyl-α-picolin*, $C_{14}H_{13}ON$, F. 77° (verd. A.), $Kp._2$ 170—180°. *2.4-Dinitrophenylhydrazon*, F. 218—222°. *Pikrat*, F. 182—183°. *Hydrochlorid*, $C_{14}H_{13}ON \cdot HCl$, F. 193—195°. — *2.6-Distyrylpyridin*, F. 164—165°, durch Kondensation von I mit Benzaldehyd; aus Bzl.-A. Kristalle; 45% (Ausbeute). *Tetrabromid*, F. 180°, nach SHAW (J. chem. Soc. [London] **55.** [1933.] 4571); 90%. — *2.6-Bis-[β-phenyläthinyl]-pyridin*, F. 138—139°, aus vorst. Tetrabromid durch HBr-Abspaltung nach SCHEUING u. WINTERHALDER (Liebigs Ann. Chem. **473.** [1929.] 126); 62%. — *2.6-Diphenacylpyridin*, F. 90° (A.), durch Hydratation vorst. Verb. nach SCHEUING u. WINTERHALDER (l. c.); 70%. *Sulfat*, F. 197°. *Dioxim*, F. 174—175°; 89%. — *Pyridin-2.6-diacetanilid*, F. 203—204° (A.), durch BECKMANNsche Umlagerung vorst. Dioxims; 40%. — *Pyridin-2.6-diessigsäure*, F. 152° (Zers.), durch Kochen vorst. Verb. mit konz. HCl. *Dimethylester* (**II**), $C_{11}H_{13}O_4N$, F. 62°, a) mit CH_2N_2 in absol. Ae.; 90%; b) durch 3std. Kochen mit absol. CH_3OH–HCl; aus PAe. Kristalle; 50%. *Diäthylesterhydrochlorid* (**III**), $C_{13}H_{17}O_4N \cdot HCl$, F. 133—134°, analog **II** in absol. A. nach b); 52%. — *Piperidin-2.6-diacetanilid* (*Norlobelinsäuredianilid*), $C_{21}H_{25}O_2N_3$, F. 198° (verd. A.), durch Hydrieren von 15 g vorvorst. Verb. in Eisessig über PtO_2 (8 Std.); 8 g. — *Piperidin-2.6-diessigsäure* (**IV**, *Norlobelinsäure*), $C_9H_{15}O_4N$, F. 230—231°, durch 3std. Kochen vorst. Verb. mit konz. HCl, wiederholtes Eindampfen mit W., Lösen in W., Neutralisieren mit Ag_2CO_3, Sättigen des Filtrats mit H_2S, Eindampfen des Filtrats u. Zugabe von CH_3OH; 60%. *Dimethylesterhydrochlorid* (**V**), $C_{11}H_{19}O_4N \cdot HCl \cdot C_4H_8O_2$, F. 168°, a) durch Lösen von **II**-Hydrochlorid in absol. A., Zugabe von alkoh. HCl, Hydrieren über PtO_2 u. Vakuumdest. des Lösungsm.; aus Äthylacetat Addukt; quantitativ; b) aus **IV** mit CH_2N_2. *Diäthylester*, $C_{13}H_{23}O_4N$, F. 185° (Äthylacetat), durch Hydrieren von **III**. — *N-Methylpiperidin-2.6-diessigsäure* (**VI**, *Lobelinsäure*), $C_{10}H_{17}O_4N$, F. 223,5° (verd. A.), durch 12std. Kochen von **IV** mit 40%ig. HCHO u. 90%ig. HCOOH, wiederholtes Eindampfen mit W., Lösen des Rückstandes in W. u. Zugabe von A.; 63%. *Dimethylesterhydrochlorid*, $C_{12}H_{21}O_4N \cdot HCl$, F. 131—132°, durch Hydrieren von **V** in absol. CH_3OH u. 40%ig. HCHO über PtO_2 bei 70°; aus Äthylacetat–Ae. Kristalle. *Diäthylester*, $Kp._{12}$ 175 bis 177°, $Kp._4$ 145—150°, a) durch 5std. Einleiten von HCl in eine absol. alkoh. Lsg. von **VI** unter Erhitzen, Dest. des A., Alkalisieren des Rückstandes mit Na_2CO_3-Lsg. u. Ausäthern; b) aus **VI** u. Diazoäthan in absol. Ae.; 80%. *Hydrochlorid*, $C_{14}H_{25}O_4N \cdot HCl$, F. 124°, aus Äthylacetat–Ae. Kristalle. — *Pseudopelletierin*, $C_9H_{15}ON$, F. 64—65°, durch Zutropfen vorst. Diäthylesters in Xylol zu einer sd. Lsg. von C_2H_5ONa in Xylol u. 2std. Kochen; 50%. *Oxim*, F. 126—127°. *Pikrat*, F. 239—240° (Zers.). *Dibenzylidenderiv.*, F. 198—199°. *Dipiperonylidenderiv.*, F. 225—226°. (J. Amer. pharmac. Assoc., sci. Edit. **44.** 17—22. Jan. 1955. Minneapolis, Minn., Univ., Coll. of Pharm., Dep. of Pharmaceut. Chem.) S. SINGER. 3500

Jean-Louis Ferron und **Philibert L'Ecuyer**, *Herstellung von Derivaten des Papaverinols und der Oxylaudanosine. Papaverinol* (**I**) wird nach GADAMER durch Oxydation von Papaverin in essigsaurer Lsg. mit Hg-Acetat u. Isolierung über das Perchlorat in verdoppelter Ausbeute, α- (**II**) u. *β-Oxylaudanosin* (**III**) durch katalyt. Red. des aus **I**-Methojodid mit AgCl hergestellten **I**-Methochlorids erhalten. Dargestellt werden nach der Meth. von WILLIAMSEN durch Kochen des Na-Salzes von **I** mit Halogenalkyl- oder -aryl in Benzollsg. die n-Propyl-, n-Hexyl- u. n-Decyläther, identifiziert als Perchlorate, sowie der Benzyläther charakterisiert als Pikrat, in 85- bis 100%ig. Ausbeute, durch Einw. von Säurechloriden auf **II** u. **III** in Ggw. von Pyridin als Kondensationsmittel das Acetylsalicylat von **II** u. die Benzoate von **II** u. **III** als feste Körper, das Butyrat von **II** u. **III** sowie das Isovalerat u. Capronat von **II** als Fll., charakterisiert als Pikrate, in 25—50%ig. Ausbeute.

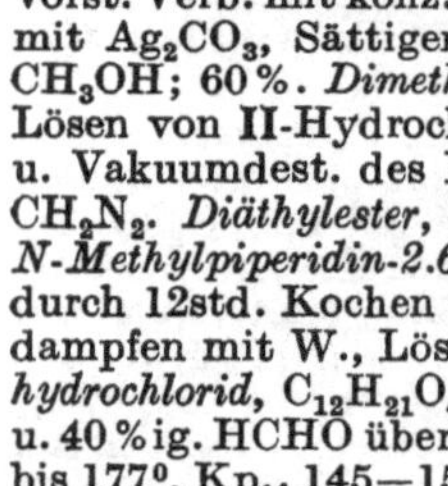

I

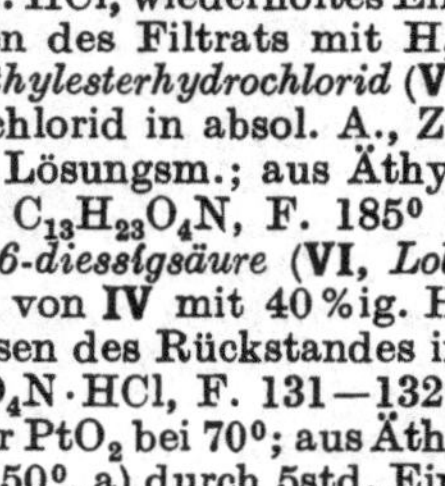

II u. III

Versuche: *Papaverinol* (I), *Perchlorat*, $C_{20}H_{22}O_9NCl$, F. 201—202°, bei 2std. Stehen bei 70° von 25 g Papaverin in 125 cm³ W. mit 50 g Hg^{II}-Acetat in 150 cm³ verd. Essigsäure (1 : 5), Filtration u. Zusatz von 250 cm³ verd. HCl (1 : 4), Fällung des Hg als HgS, Alkalisieren mit Soda u. Chloroformextraktion, Versetzen des in 150 cm³ A. gelösten Rückstandes mit 70% ig. $HClO_4$ auf p_H 2; gelbes Salz; 96,7% (Ausbeute). *Freie Base*, F. 138°, beim Alkalisieren einer wss. Suspension vorst. Verb. mit Soda u. Chloroformextraktion; Kristalle aus A.; 86%. *Methojodid*, durch 4std. Erhitzen von 10 g I in einer Druckflasche auf 80° mit 30 cm³ CH_3J, Entfernung des überschüssigen CH_3J, Zusatz von 50 cm³ Aceton u. Filtration; 89,5%. *Methochlorid*, F. 205—206°, aus 78 g vorst. Verb. mit 30 g frischgefälltem AgCl in 250 cm³ 50% ig. A., Kristalle aus A.; 97%. — *α-Oxylaudanosin* (II), F. 138°, bei der Hydrierung von 0,168 Mol vorst. Verb. in 400 cm³ wss. Methanol (5 : 3) mit 3 g eines Gemisches von $Pd(OH)_2$ (20%)/$CaCO_3$ bei 55° u. 2—3 at, Alkalisieren der filtrierten, eingeengten Lsg. mit 30% ig. Soda u. Filtration; Kristalle aus 200 cm³ absol. A.; 41,7%. — *β-Oxylaudanosin* (III), *Hydrochlorid*, F. 235°, Sättigen der Mutterlaugen vorst. Verb. mit trockenem HCl-Gas; 24,5%. *Freie Base*, F. 109°. — Papaverinoläther, durch 10std. Kochen von 1 g I mit 1 g Na in 25 cm³ wasserfreiem Bzl., nach Zusatz von 1 cm³ Bromalkyl- oder -aryl 5std. Kochen, Dest. von Bzl. u. überschüssigem Bromid, Zusatz von 10—15 cm³ Ae., Ansäuern des in 10 cm³ A. gelösten Rückstandes mit 70% ig. $HClO_4$ auf p_H 2 oder Zusatz von 10 cm³ gesätt. alkoh. Pikrinsäure, Kristallisation der Perchlorate aus A.–Dioxan, der Pikrate aus A.; 85—100%; *Papaverinol-n-propylätherperchlorat*, $C_{23}H_{28}O_9NCl$, F. 145—150° (Zers.); 90%. — *Papaverinol-n-hexylätherperchlorat*, $C_{26}H_{34}O_9NCl$, F. 137°; 85%. — *Papaverinol-n-decylätherperchlorat*, $C_{30}H_{42}O_9NCl$, F. 180°; 95%. — *Papaverinolbenzyl-ätherpikrat*, $C_{33}H_{30}O_{12}N_4$, F. 126—127°; 100%. — Oxylaudanosinester, bei 12std. Stehen von 0,5 g II oder III bei Wasserbadtemp. mit 0,5 cm³ Pyridin u. 0,5 cm³ Säurechloriden, Zusatz von 5 cm³ W. u. 3malige Ae.-Extraktion mit je 10 cm³, Verdünnen der wss. Phase bis 15 cm³ u. Neutralisation mit Na_2CO_3; 25—50%: *α-Oxylaudanosinbutyratpikrat*, $C_{31}H_{36}O_{13}N_4$, F. 139°, Kristalle aus Bzl.; 24%. — *α-Oxylaudanosinisovaleratpikrat*, $C_{32}H_{38}O_{13}N_4$, F. 151°, Kristalle aus Dioxan–PAe.; 27%. — *α-Oxylaudanosincapronatpikrat*, $C_{33}H_{40}O_{13}N_4$, F. 158°, Kristalle aus Bzl.; 36%. — *α-Oxylaudanosinbenzoat*, $C_{28}H_{31}O_6N$, F. 120°, Kristalle aus A.–PAe.; 45%. *Pikrat*, $C_{34}H_{34}O_{13}N_4$, F. 182°, Kristalle aus Propanol–Dioxan. — *α-Oxylaudanosinacetylsalicylat*, $C_{30}H_{33}O_8N$, F. 125°, Kristalle aus A.–PAe.; 51%. *Pikrat*, $C_{36}H_{36}O_{15}N_4$, F. 163°, Kristalle aus Propanol–Dioxan. — *β-Oxylaudanosinbutyratpikrat*, $C_{31}H_{36}O_{13}N_4$, F. 137°, Kristalle aus Bzl.; 35%. — *β-Oxylaudanosinbenzoat*, $C_{28}H_{31}O_6N$, F. 130°, Kristalle aus A.–PAe.; 49%. *Pikrat*, $C_{34}H_{34}O_{13}N_4$, F. 187°, Kristalle aus Dioxan. (Canad. J. Chem. **33**. 97—101. Jan. 1955. Quebec, Univ. Laval, Dep. de Chim.) ANTJE SCHMIDT. 3500

R. F. C. Brown, G. K. Hughes und **E. Ritchie**, *Die chemischen Bestandteile von australischen Flindersia-Arten. 9. Mitt. Eine Synthese des Flindersins.* (8. vgl. C. **1957**. 445.) Das durch Kondensation von 4-Oxychinolon-(2) (I) u. Äpfelsäure mittels H_2SO_4 erhaltene *α-Pyrono-[5'.6':3.4]-chinolon-(2)* reagiert mit CH_3MgJ weder in Ae. noch in Dioxan oder Anisol. Die Synth. des *Flindersins* (II) gelang auf folgendem Wege: I wird mit *β.β*-Dimethylacrylsäurechlorid (IV) in Pyridin acyliert u. der Ester durch FRIESsche Verschiebung u. Cyclisierung mit $AlCl_3$ in *2'.2'-Dimethyl-2'.3'-dihydro-γ-pyrono-[5'.6':3.4]-chinonlon-(2)* übergeführt; katalyt. Hydrierung u. Red. der *4'-Oxyverb.* (III) mit P u. HJ ergibt *Dihydroflindersin*. Dehydratisierung von III mit H_2SO_4, P_2O_5 oder $SOCl_2$ liefert II. — UV-Spektren vgl. Original.

Versuche: *α-Pyrono-[5'.6':3.4]-chinolon-(2)*, $C_{12}H_7O_3N$, F. 345—346°, aus I, Äpfelsäure u. konz. H_2SO_4 auf dem Wasserbad (3 Std.), Gießen in Na-Acetatlsg., Kochen u. Stehen über Nacht; nach Sublimation bei 280—300°/0,1 mm aus Eisessig kleine, blaßgelbe, prismat. Nadeln; 16% (Ausbeute). — *3-Acetyl-4-oxychinolon-(2)*, $C_{11}H_9O_3N$, F. 255—256° (schwache Zers.), a) aus Anilin u. Acetylmalonsäurediäthylester in Nitrobenzol bei 230—235° u. Abdest. des gebildeten A. (2 Std.), Extraktion mit sd. 5% ig. K_2CO_3-Lsg. u. Ansäuern; 15%; b) wie vorst. in sd. Diphenyläther; 22%; c) aus 4-Acetoxychinolon-(2) u. $AlCl_3$ in Nitrobenzol unterhalb 20° (40 Std.); 65%; aus Eisessig blaßgelbe Prismen; $FeCl_3$-Rk. in A. orangefarben; reagiert nicht mit Acetanhydrid/Pyridin (100%) oder mit sd. 20% ig. KOH (2 Std.); wird durch sd. verd. H_2SO_4 (1 Std.) vollständig zu I hydrolysiert. *2.4-Dinitrophenylhydrazon*, $C_{17}H_{13}O_6N_5$, Aufschäumen bei ca. 315°, aus Nitrobenzol kleine, hellrote Prismen. — *4-[β.β-Dimethylacryloyloxy]-chinolon-(2)*, $C_{14}H_{13}O_3N$, F. 214°, aus I u. IV in Pyridin bei 0°, 1std. Erhitzen auf dem Dampfbad u. Stehen über Nacht; aus A. Nadeln; 80%. — *2'.2'-Dimethyl-2'.3'-dihydro-γ-pyrono-[5'.6':3.4]-chinolon-(2)*, $C_{14}H_{13}O_3N$, F. 247°, neben I aus vorst. Verb. u. $AlCl_3$ in Nitrobenzol bei 20° (40 Std.); aus Äthylacetat u. wenig CH_3OH Blättchen; 30%;

FeCl-Rk. orangefarben. *2.4-Dinitrophenylhydrazon*, $C_{20}H_{17}O_6N_5$, Aufschäumen bei 295—297°, aus Nitrobenzol kleine, hellrote Nadeln. — *2'.2'-Dimethyl-2'.3'-dihydro-4'-oxypyrano-[5'.6':3.4]-chinolon-(2)* (III), $C_{14}H_{15}O_3N$, F. 209° (schwache Zers.), aus vorst. Verb. u. H_2 über PtO_2 in A. bei n. Temp. u. Druck; aus Äthylacetat Nadeln; 80%; $FeCl_3$-Rk. orangefarben. — *Dihydroflindersin*, $C_{14}H_{15}O_2N$, F. 233°, aus III, rotem P u. sd. HJ (2 Std.); nach Chromatographie an Al_2O_3 aus Äthylacetat sechseckige Kristalle; 40%. — *Flindersin* (II), $C_{14}H_{13}O_2N$, F. 195—196° (Zers.), a) aus III u. 50%ig. H_2SO_4 auf dem Dampfbad (20 Min.); 10%; b) aus III u. P_2O_5 in sd. Bzl. ($^3/_4$ Std.); 65%; c) aus III, $SOCl_2$ u. wenig Pyridin in Chlf. bei 0° (1 Std.), dann bei 20° (48 Std.); 70%; nach Chromatographie an Al_2O_3 aus Äthylacetat Nadeln. (Austral. J. Chem. **9.** 277—82. Mai 1956. Sydney, Univ., Dep. of Organ. Chem.) E. HANSCHKE. 3500

Kakuji Goto und **Izuru Yamamoto**, *Eine neue Methode zur Darstellung von (+)-Morphin aus (+)-Dihydrothebainon.* Zur Darst. von (+)-*Kodein* blockieren Vff. die Ketogruppe von 1.5.7-Tribromdihydrothebainon mit Äthylenglykol als *Äthylenketal*, das durch Rk. mit kaust. Alkali in das *Ketal* (I) *des 1.7-Dibromdihydrokodeinons* u. *1-Bromsinomeninon* (25%) getrennt wird. I, das nicht krist. erhalten wird, läßt sich durch Erhitzen mit Na-Äthylenglykolatlsg. bei 140° in das *Ketal* (II) *des 1-Brom-(+)-kodeinons* umwandeln, das, ebenfalls nicht kristallisierbar, mit verd. HCl in *1-Brom-(+)-kodeinon* aufgespalten wird. II liefert durch Red. mit $LiAlH_4$ (+)-*Kodein.* In einem Fall wurde dagegen eine andere Substanz erhalten, die auf Grund ihrer Eigg. als (+)-*Isokodein* anzusprechen ist.

V e r s u c h e: *1.5.7-Tribromdihydrothebainonäthylenketal*, durch Bromieren von 4 g (+)-Dihydrothebainon in Eisessig, Einengen, 10std. Erhitzen des erhaltenen *1.5.7-Tribromdihydrothebainons* mit Glykol in Bzl., Einengen, 5 Min. lange Rk. mit 20%ig. NaOH, Zugeben von W. u. Extrahieren mit Chlf.; 4 g (Ausbeute). Daneben aus der wss. alkal. Lsg. 1 g *1-Bromsinomeninon.* — *1-Brom-(+)-kodeinonäthylenketal* (II), a) durch 6std. Erhitzen von 2 g der vorst. Verb. mit 0,4 g Na in 20 ml Äthylenglykol (besser mit Na-n-Butyrat) auf 140°; 1,6 g; b) durch 6std. Erhitzen von 2 g der vorst. Verb. mit Na-Methylat auf 140° im geschlossenen Rohr; 1,4 g. — *1-Brom-(+)-kodeinon*, F. 202° (Zers. bei 203°; Essigester), durch $^1/_2$std. Erwärmen von 1,6 g II mit 2%ig. HCl auf 100°; 0,2 g. — (+)-*Kodein*, F. u. Misch-F. 156°, durch Red. von 180 mg der vorst. Verb. mit $LiAlH_4$ in Tetrahydrofuran ($7^1/_2$ Std.). 60 mg *Hydrobromid*, F. 268°. (Proc. Japan Acad. **32.** 45—47. Jan. 1956. Tokyo, Kitasato Inst., Dep. of Chem. [Orig.: engl.]) E. SCHRÖDER. 3500

Hans Musso, *Zur Kenntnis der Orseille-Farbstoffe.* Erste Darst. einiger teilweise krist. Farbstoffkomponenten des *Orceins* mittels Säulenchromatographie. Aus 1 g Orcein wurden folgende Komponenten (in mg) rein erhalten: I: 50; II: 62 (orangebraune Nadeln aus wss. A.); III: 61; IV: 83; V: 90 (derbe, dunkelrote Sechsecke); BI: 41; BII: 44; BIII: 53. (Naturwissenschaften **42.** 513. 2. Sept.-H. 1955. Göttingen, Univ., Organ.-chem. Inst.) H. WALTER. 3550

D. H. R. Barton und **P. de Mayo**, *Sesquiterpenoide.* 8. Mitt. *Konstitution des Pyrethrosins.* (7. vgl. C. **1956.** 12281.) *Pyrethrosin* (I) enthält nach dem Infrarotspektr. eine γ-Lacton- u. eine echte Acetatgruppe, 2 Äthylenbindungen u. keine OH-Gruppe. Letzteres wird bestätigt durch das Versagen der bas. Acetylierung u. das Ausbleiben eines H-Austausches mit D_2O. Ein Vgl. der UV-Spektren von I u. *Dihydro*-I zeigt die Sättigung eines α,β-ungesätt. Lactons an. I gibt bei der Ozonolyse CH_2O, CH_3COOH u. wenig HCOOH, Dihydro-I nur eine zu vernachlässigende Menge CH_2O. Hieraus ergibt sich die Teilformel $>\overline{C\cdot O\cdot CO\cdot C(=CH_2)\cdot C}<$. Saure Acetylierung führt I in *1.8-Diacetoxy-$\Delta^{3.11.13}$-santadienolid-(6.12)* (II, *Cyclo*-I-*acetat*) über, hydrierbar zum *1.8-Diacetoxy-Δ^3-santenolid-(6.12)* (IIIa) u. zum gesätt. *1.8-Diacetoxysantanolid-(6.12)*. Das aus IIIa mittels $NaHCO_3$ erhaltene *8-Acetoxy-1-hydroxy-Δ^3-santenolid-(6.12)* (III) liefert bei CrO_3-Oxydation *8-Acetoxy-1-oxo-Δ^3-santenolid-(6.12)* (IVa). Die β.γ-Lage der Äthylenbindung zur CO-Gruppe in IVa wird bewiesen durch bas. Verseifung zu *8-Hydroxy-1-oxo-Δ^2-santenolid-(6.12)* neben *8-Hydroxy-1-oxo-Δ^3-santenolid-(6.12)* (IV) u. stereoisomerem *8-Hydroxy-1-oxo-11-iso-Δ^3-santenolid-(6.12)* (*iso*-IV) u. durch Bromierung u. HBr-Abspaltung zu *8-Acetoxy-2-brom-1-oxo-$\Delta^{2.4.15}$-santadienolid-(6.12)*, dessen UV-Maximum homoanulare Konjugation ausschließt. Iso-IV, das durch Hydrolyse aus IIIa erhältliche *1.8-Dihydroxy-Δ^3-santenolid-(6.12)* u. *Pseudosantonin* liefern das gleiche Bis-2.4-dinitrophenylhydrazon der *1.8-Dioxo-$\Delta^{4.6}$-santadiensäure* bzw. ihres *Methylesters.* Diese Identität gestattet zwar keinen Rückschluß auf die relative Konfiguration der genannten Verbb. an $C_{(11)}$, bestätigt aber in Verbindung mit der schon bewiesenen Lage der Äthylenbindungen die für II angenommene Struktur. Die CrO_3-Oxydation von I ist stark säurekatalysiert, geht aber schon mit $Na_2Cr_2O_7$ in wss. Essigsäure bei n. Temp. vor sich u. liefert *8-Acetoxy-1-oxo-$\Delta^{3.11,13}$-santadienolid-(6.12)* u. *8-Acetoxy-4-hydroxy-1-oxo-$\Delta^{11,13}$-santenolid-(6.12)* (V). Auf Grund dieser Ergebnisse nehmen Vff. für I die angegebene Struktur an. II bildet sich durch Öffnen des Epoxydringes durch das Acetyliumion u. Ausbldg. einer neuen C—C-Bindung unter Mitwrkg. einer Äthylenbindung. Die Konst. von I hat möglicherweise biogenet. Bedeutung, da aus ihr die C-Gerüste der meisten bicycl. Sesquiterpene aufgebaut werden können.

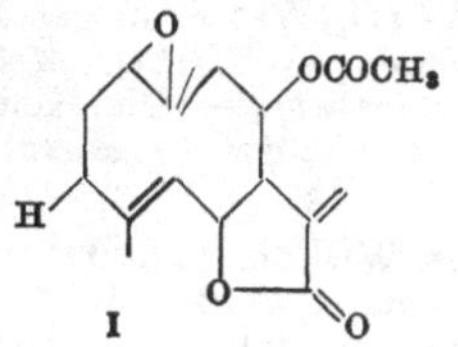

I

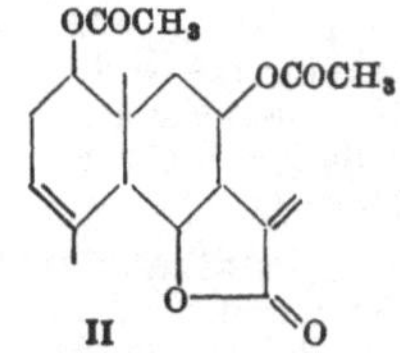

II

V e r s u c h e (soweit nichts anderes vermerkt, wurden die Verbb. aus Äthylacetat–Ae. umkrist.; [α] = $[\alpha]_D$ in Chlf.): *Pyrethrosin* (I), $C_{17}H_{22}O_5$, F. >360°, wird bei 198 bis 200° glasig (ähnlich verhalten sich alle Verbb. mit einer konjugierten, exocycl. CH_2-Gruppe), [α] —31° (c = 1,73). Ozonolyse (1½ Std. bei 0° in Chlf.) liefert *CH_3COOH* u. *HCOOH* [isoliert als *p-Bromphenacyl (BP)-Ester*; 16 bzw. 3% (Ausbeute)] bzw. *CH_2O* [als *Dimedonverb.* (FD); 34%]. — *Dihydro-I*, $C_{17}H_{24}O_5$, F. 156—159°, aus I durch Hydrieren an Pd-Kohle in Äthylacetat; [α] —23° (c = 0,98). Ozonolyse → 6% FD. — *Isodihydro-I*, F. 205—208°, neben vorst. Verb.; [α] —76° (c = 0,89). — *1.8-Diacetoxy-$\Delta^{3.11,13}$-santadienolid-(6.12)* (II, *Cyclo-I-acetat*), $C_{19}H_{24}O_6$, F. ca. 175°, aus I in Acetanhydrid durch 1std. Kochen mit p-Toluolsulfonsäure, [α] +60° (c = 1,41); Gelbfärbung mit $C(NO_2)_4$. Ozonolyse (3 Std. bei 0° in Chlf.) → 37% FD, 23% BP-Acetat u. 6% Formiat. — *1.8-Diacetoxy-Δ^3-santenolid-(6.12)* (IIIa), $C_{19}H_{26}O_6$, F. 183—185°, aus II in Äthylacetat an Pd-Kohle; [α] +74° (c = 0,77). Dehydrierung (30 Min. Erhitzen auf 320° in Ggw. von Pd-Holzkohle) u. Behandeln mit Trinitrobenzol → das *Chamazulenderivat.* — *1.8-Diacetoxysantanolid-(6.12)*, $C_{19}H_{28}O_6$, F. 221—223°, durch Hydrieren von IIIa an Pt in Eisessig; [α] +24° (c = 0,98). — *8-Acetoxy-1-hydroxy-Δ^3-santenolid-(6.12)* (III), $C_{17}H_{24}O_5$, F. 207—208°, aus IIIa in 50%ig. A. durch 3std. Erhitzen (Dampfbad) mit gesätt. $NaHCO_3$-Lsg.; [α] +95° (c = 0,64). — *8-Acetoxy-1-oxo-Δ^3-santenolid-(6.12)* (IVa), $C_{17}H_{22}O_5$, F. 164—165°, aus III mit CrO_3 in 0,05n Essigsäure, ½ Std. bei ca. 20°; [α] +123° (c = 1,10), ZIMMERMANN-Rk. positiv. — *8-Acetoxy-4-hydroxy-1-oxo-$\Delta^{11,13}$-santenolid-(6.12)* (V), $C_{17}H_{22}O_6$, F. ca. 180—185°, aus I in Essigsäure mit $Na_2Cr_2O_7$ durch Stehenlassen über Nacht bei ca. 20°; [α] —82° (c = 0,96), ZIMMERMANN-Rk. positiv. — *8-Acetoxy-4-hydroxy-1-oxosantanolid-(6.12)* (VI), $C_{17}H_{24}O_6$, F. 169—171°, durch Hydrieren von V in Äthylacetat über Pd-Kohle; [α] —34° (c = 1,07). — *8-Acetoxy-1-oxo-$\Delta^{3.11,13}$-santadienolid-(6.12)*, $C_{17}H_{20}O_5$, F. ca. 175°, aus 117 mg I in 20 Vol.-%ig. Essigsäure mit $Na_2Cr_2O_7$ (16 Std. bei ca. 20°); 7 mg; daneben 3 mg V; auch durch Oxydation von 2,7 g I in 85%ig. Essigsäure mit Na_2CrO_7 in Ggw. von 6n H_2SO_4; 300 mg; [α] +103° (c = 0,76); hydrierbar an Pd-Kohle in Äthylacetat zu IVa. — *8-Acetoxy-1-oxo-$\Delta^{4,15}$-santenolid-(6.12)*, $C_{17}H_{22}O_5$, F. 140—143° (Äthylacetat–Ae.–PAe.), aus V in trockenem Pyridin mit $SOCl_2$ (5 Min. bei 0°); [α] +64° (c = 0,91). — *8-Hydroxy-1-oxo-Δ^2-santenolid-(6.12)*, $C_{15}H_{20}O_4$, F. 164—165°, aus IVa in n-NaOH durch ¼std. Erhitzen (Dampfbad), Chromatographie des Hydrolysats aus Chlf. an SiO_2 u. Eluieren mit Bzl. + Ae. (9:1); [α] +142° (c = 0,64). Die Lage des Lactonringes ist nicht bewiesen; es könnte auch ein 6-Hydroxyolid-(8.12) vorliegen. — *8-Hydroxy-1-oxo-11-iso-Δ^3-santenolid-(6.12)* (iso-IV), $C_{15}H_{20}O_4$, F. 255—260° (Zers.), neben vorst. Verb. durch Eluieren des Chromatogramms mit Bzl.–Ae. (7:3); [α] +256° (c = 0,82). *8-Acetat*, $C_{17}H_{22}O_5$, F. 190—191°, [α] +234° (c = 0,76). — *8-Hydroxy-1-oxo-Δ^3-santenolid-(6.12)* (IV), $C_{15}H_{20}O_4$, F. 169—172°, durch Hydrolyse von IVa wie vorst., Kristallisation des gesamten Hydrolysats aus Äthylacetat unter Abtrennung des unlösl. iso-IV, Chromatographie des Rückstandes an SiO_2 u. Eluieren mit Bzl. + Ae. (4:1); [α] +121° (c = 0,93), acetylierbar zu IVa. — *8-Acetoxy-2-brom-1-oxo-$\Delta^{2.4,15}$-santadienolid-(6.12)*, $C_{17}H_{19}O_5Br$, F. 235—236° (Zers.), aus IVa in Chlf. mit Br_2 (1 Std. bei ca. 20°); [α] +306° (c = 1,94). — *1.8-Dioxo-Δ^4-santenolid-(6.12)*, $C_{15}H_{18}O_4$, F. 134—135° (Chlf. + PAe.), aus 2,0 g Pseudosantonin in reiner Essigsäure u. CrO_3 (6 Std. bei ca. 20°); [α] —137° (c = 1,65); 1,04 g. — *1.8-Dioxo-$\Delta^{4.6}$-santadiensäure, Bis-2.4-dinitrophenylhydrazon* (DNP), $C_{27}H_{26}O_{10}N_8$, F. 278—279° (Zers.), durch Hydrolyse vorst. Verb. mit 2n NaOH (3 Min. bei ca. 20°), Zugabe von 2.4-Dinitrophenylhydrazin in 6n H_2SO_4 u. 1std. Erhitzen (Dampfbad); b) durch Oxydation von iso-IV in Essigsäure mit CrO_3 (1½ Std. bei ca. 20°), alkal. Hydrolyse des Prod. u. Behandeln wie vorst.; c) aus IIIa durch 1std. Hydrolyse mit 1,5n NaOH auf dem Dampfbad zu *1.8-Dihydroxy-Δ^3-santenolid-(6.12)* [$C_{15}H_{22}O_4 \cdot H_2O$, F. 100—120° (Wasserabgabe), [α] +149° (c = 0,78; A.); die Verb. könnte auch die 11-iso-Konfiguration haben], dessen Oxydation in Essigsäure bei ca. 20° mit CrO_3, Verseifen des Prod. mit NaOH u. weiteres Behandeln wie vorst.; [α] +1550 ± 50° (c = 0,047). *Methylester*, $C_{28}H_{28}O_{10}N_8$, F. 255—258° (Zers.; KOFLER-Block; Äthylacetat). — Die Konst. der Verbb. wurde teils durch Infrarot-, teils durch UV-Spektren gestützt. (J. chem. Soc. [London] **1957**. 150—58. Jan. Glasgow, Univ.) W. SCHULENBURG. 3600

Jonathan Parsons, William T. Beher und **Gizella D. Baker**, *Röntgenbeugungspulverdaten von Sterinen.* Tabellar. werden die Auswertungsergebnisse von Pulverdiagrammen der folgenden Sterine aufgeführt: *$\Delta^{5.7.22}$-Ergostatrien-3-ol (Ergosterin)*, [F.] ca. 160°; *Cholestan-3α-ol (Epicholestanol)*, 182—184,5°; *Δ^5-Androsten-3.17-diol-17-propionat*, 148 bis 152°; *17-Äthyl-Δ^5-androsten-3.17-diol*, 193—195°; *Allopregnan-3β.20α-diol-3-acetat*, 168—169°; *Δ^5-Androsten-3β.17β-diol-3-acetat-17-benzoat*, 176—177°; *Δ^5-Androsten-3.17-diol-17-cyanid*, 233—234°; *24.24-Dimethyl-Δ^5-cholen-3β.20.24-triol*, 194—196°; *Koprostan-3-on (Koprostanon)*, 60—63°; *Δ^4-Cholesten-3-on (Cholestenon)*, 80—82°; *Cholestan-3-onenolacetat*, 92—97°; *Δ^4-Androsten-3.17-dion*, 166—168°; *Androstan-3.17-dion*, 131 bis 133°; *Androstan-3.17-dion-3-enolacetat*, 145—147°; *Δ^1-Androsten-3.17-dion*, 137—139°; *Androstan-17β-ol-3-on (Dihydrotestosteron)*, 175—178°; *Δ^5-Androsten-3β-ol-17-oncyanhydrin-3-acetat (Dehydroepiandrosteroncyanhydrin-3-acetat)*, 205—209°; *Androstan-17β-ol-3-on-17-benzoat (Dihydrotestosteron-17-benzoat)*, 194—196°; *17β-Äthinyl-Δ^4-androsten-17α-ol-3-on (Äthinyltestosteron)* 282—284°; *Δ^4-Androsten-17-ol-3-on-17-benzoat (Testosteronbenzoat)*, 212—214°; *Androstan-3β-ol-17-on (Epiandrosteron)*, 172—173,5°; *Bischolesteryläther*, 196—199°; *Isocholesterinmethyläther*, 79—83°; *3β-Acetoxy-bisnor-allocholansäure*, 191—194°; *3β-Hydroxy-Δ^5-cholensäure*, 240—242°; *Diacetoxynordesoxycholsäure*, 205—207°; *3.12-Diketocholansäure (Dehydrodesoxycholsäure)*, 185—186,5°; *3-Formoxy-12-ketocholansäure*, 200—203°; *3.12-Diformoxycholansäure (Diformyldesoxycholsäure)*, 193—195°; *3.12-Dioxycholansäuremethylester (Desoxycholsäuremethylester)*, 98—102,5°; *3.12-Diacetoxycholansäuremethylester (Diacetyldesoxycholsäuremethylester)*, 114—116°; *Diacetylnordesoxycholansäuremethylester*, 152—156°; *Diacetyl-bisnor-desoxycholsäuremethylester*, 164—167°; *3-Benzoxy-12-ketocholansäuremethylester*, 123,5 bis 126°; *Isosarsapogeninacetat (Smilageninacetat)*, 151—152°; *Kryptogeninacetat*, 148—150°; *Methyl-bis-dehydrodoisynolsäure*, 231—235°; *3,4-Secodesoxycholantrisäure (Desoxybiliansäure)*, 295—298°; *meso-3.4-Bis-[p-hydroxyphenyl]-n-hexan (Hexöstrol)*, 182—184°; *3.4-Bis-[p-hydroxyphenyl]-hexen-(3) (Stilböstrol)*, 169—170°. (Analytic. Chem. **28**. 1514—18. Okt. 1956. Detroit, Mich., Henry Ford Hosp., Edsel B. Ford Inst. for Med. Res.) C. GOTTFRIED. 3700

Robert V. Petersen und **Ole Gisvold**, *Die Synthese einiger cyclischer Acetal- und Ketalderivate einiger Komponenten mit OH-Gruppen.* *Δ^2-Dihydropyran* (**I**) u. *Anhydro-δ-acetyl-n-butylalkohol* (**II**) reagierten in Ggw. eines sauren Katalysators unter wasserfreien Bedingungen mit *2.2-Diäthylpropandiol-(1.3)* (*Prenderol*, **III**), *Cholesterin* (**IV**), *Diäthylstilböstrol* (**V**), *Hexöstrol* (**VI**), *Digitoxigenin* (**VII**), **I** mit *Östron* (**VIII**) u. **II** mit *Digoxigenin* (**IX**) u. *Testosteron* (**X**) unter Bldg. cycl. Acetale u. Ketale. Der aus **I** in Ggw. von Säure mit W. entstandene *δ-Oxyvaleraldehyd* (**XI**) bildete mit *2-Mercaptonaphthalin* (**XII**), **IV** u. **III** die gleichen aus **I** erhältlichen Produkte. Die **XI**-Derivv. *δ-Acetyl-n-butylalkohol* (**XIV**) u. „*δ-Oxy-δ-acetyl-n-butylalkohol*" (*2.3-Dioxy-2-methyltetrahydropyran*, **XV**) bildeten cycl. Acetale mit **III**, während die Dihydrofuranderivv. *Anhydro-γ-acetyl-n-propylalkohol* (**XVI**), *γ-Acetylpropylalkohol* (**XVII**) u. *3-Methyl-2.3-dihydrofuran* (**XVIII**) mit **III**, **IV** u. **X** bzw. mit **III** bzw. mit **IV** umgesetzt wurden.

Versuche: *δ-Oxyvaleraldehyd* (*2-Oxytetrahydropyran*, **XI**), aus gereinigtem **I** nach SCHNIEPP u. GELLER (J. Amer. chem. Soc. **69**. [1947.] 2246). — *δ-Acetyl-n-butylalkohol* (*2-Oxy-2-methyltetrahydropyran*, **XIV**), a) aus Na-Acetessigester (**XIX**) u. 1.3-Dibrompropan nach LIPP (1890) bzw. BERGMANN u. MIEKELEY (1922); b) aus nachst. Verb. durch mehrtägiges Stehen in Ggw. von angesäuertem Wasser. — *Anhydro-δ-acetyl-n-butylalkohol* (*2-Methyl-Δ^2-dihydropyran*, **II**), aus **XIV** durch Erhitzen auf 155 bis 160°. — *δ-Oxy-δ-acetyl-n-butylalkohol* (*2.3-Dioxy-2-methyltetrahydropyran*, **XV**), durch Oxydation von **II** mit einer feuchten äther. Lsg. von Perbenzoesäure nach BERGMANN u. MIEKELEY (l. c.) in Trockeneis–Aceton. — *γ-Acetyl-n-propylalkohol* (*2-Methyl-4.5-dihydrofuran*, **XVII**), a) aus 2 Äquivalenten **XIX** u. 1.2-Dibromäthan nach LIPP (1889); b) aus nachst. **XVI** durch 1tägiges Stehen in angesäuertem Wasser. — *Anhydro-γ-acetyl-n-propylalkohol* (*2-Oxy-2-methyltetrahydrofuran*, **XVI**), aus **XVII** durch Erhitzen auf 207—208°. — *3-Methyl-2.3-dihydrofuran* (**XVIII**), nach PARHAM u. HOLMQUIST (C. **1955**. 4826). — *2.2-Diäthyl-1.3-bis-[tetrahydropyranyl-(2)-oxy]-propan* (**XX**), $C_{17}H_{32}O_4$, Kp.$_5$ 159—164°, a) durch Zufügen von **I** u. wenig 5%ig. Lsg. von HCl in Dioxan zu **III** in Chlf. (5 Min., 50°), dann alkalisieren mit alkoh. KOH, eindampfen u. wiederholt bei 5 mm fraktionieren; 88% (Ausbeute); b) aus **III** u. überschüssigem

XI (2 Min., 100°). — *3β-[Tetrahydropyranyl-(2)-oxy]-Δ⁵-cholesten*, F. 157—158,5° (Äthylacetat), a) nach GREENHALGH u. Mitarbeitern (C. **1955.** 599) aus **I** u. **IV** in Chlf. oder nachst. Lösungsmitteln; Ausbeute: 94,8% (Chlf.), 92,6% (Dioxan), 89,8% (Dichlormethan), 96,4% (Äthylacetat); b) aus **IV** u. **XI** in Dioxan mit wenig 5% ig. HCl in Dioxan durch 1std. Erhitzen auf 50° u. Kühlen. — *3β-[Tetrahydropyranyl-(2)-oxy]-14β-oxy-$\Delta^{20,22}$-cardenolid*, $C_{28}H_{42}O_5$, F. 156—159° (Ae.-PAe. u. absol. Ae.), aus **VII** in Äthylacetat mit **I** u. wenig einer Lsg. von 1 Tropfen $POCl_3$ in 5 cm³ Äthylacetat (20 Min., 45°), verd. mit PAe.; 66,7%. — *α.α'-Diäthyl-4.4'-bis-[tetrahydropyranyl-(2)-oxy]-stilben* (**XIII**), $C_{28}H_{36}O_4$, F. 185—188° (Äthylacetat u. Cyclohexan), a) aus **V** in Dioxan mit **I** u. wenig 5% ig. HCl in Dioxan (5 Min. 55°), zusetzen von Ae., schütteln mit 10% ig. KOH, extrahieren der alkal. Lsg. mit Ae.; b) in gleicher Weise aus **V** u. **I**, jedoch zusetzen von PAe., c) aus **XI** u. **V** (110°, 25 Min.), zusetzen von 5% ig. KOH, extrahieren mit Ae.; nach a) 54,3%, nach c) 21,2%. — *1.2-Diäthyl-4.4'-bis-[tetrahydropyranyl-(2)-oxy]-1.2-diphenyläthan*, $C_{28}H_{38}O_4$, F. 166—169°, durch Zusetzen von wenig $POCl_3$ zu **VI** in **I** (5 Min. 60°), lösen in Äthylacetat; 88,8%. — *Naphthyl-(2)-[tetrahydropyranyl-(2)]-sulfid*, $C_{15}H_{16}OS$, $Kp._2$ 180—183°, a) durch Zusetzen von wenig 5% ig. HCl-Lsg. in Dioxan zu **XII**, Phenol (als Katalysator) u. **I** (½ Std.), extrahieren mit 10% ig. KOH, extrahieren mit Ae.; 73,1%; b) aus **XII** in **XI** mit 5% ig. HCl in Dioxan (40 Min., 120°). — *3-[Tetrahydropyranyl-(2)-oxy]-$\Delta^{1.3.5,10}$-östratrien-17-on*, $C_{23}H_{30}O_3$, F. 147 bis 148° (Äthylacetat), aus **VIII** u. **I** in Dioxan mit 5% ig. HCl–Dioxan-Lsg. (½ Std. 50°) analog **XIII**; 63,8%. — *2.2-Diäthyl-1.3-bis-[2-methyltetrahydropyranyl-(2)-oxy]-propan*, $C_{19}H_{36}O_4$, $Kp._6$ 172—178°, analog **XX** aus **II** oder **XIV**; 83,5%. — *3β-[2-Methyltetrahydropyranyl-(2)-oxy]-Δ⁵-cholesten*, $C_{33}H_{56}O_2$, F. 174—177° (Äthylacetat), aus **IV** in Dioxan mit **II**, zusetzen von etwas $POCl_3$ (¼ Std., 50°), ½ Std. kühlen; 90,4%. — *3β-[2-Methyltetrahydropyranyl-(2)-oxy]-14β-oxy-$\Delta^{20,22}$-cardenolid*, $C_{29}H_{44}O_5$, F. 152—156° (Zers.) (Cyclohexan) (nach Wiederverfestigung 2. F. bei 253—254°), aus **VII** u. **II** in Ggw. von $POCl_3$ in Äthylacetat (5 Min., 60°), zusetzen von Ae.; 80%. — *3β-[2-Methyltetrahydropyranyl-(2)-oxy]-12β.14β-dioxy-$\Delta^{20,22}$-cardenolid*, $C_{29}H_{44}O_6$, F. 159—163° (absol. Ae.), aus **IX** mit **II** u. $POCl_3$ in Äthylacetat (10 Min., 65°), zusetzen von absol. Ae.; 62%. — *α.α'-Diäthyl-4.4'-bis-[2-methyltetrahydropyranyl-(2)-oxy]-stilben*, aus **V** (F. 114—116°) mit **II** mit 5% ig. HCl in Dioxan (½ Std. Raumtemp.), alkal. machen mit wenig alkoh. KOH, verdünnen mit PAe.; instabile Kristalle aus PAe. mit wenig **II**; 66,8%; zers. sich bei 140° unter Bldg. von **V**. — *1.2-Diäthyl-4.4'-bis-[2-methyltetrahydropyranyl-(2)-oxy]-1.2-diphenyläthan*, $C_{30}H_{42}O_4$, F. 115—116° (PAe.), aus **VI** mit **II** u. einer Lsg. von 1 Tropfen $POCl_3$ in 5 cm³ Äthylacetat (10 Min., 55°), isolieren analog **XIII**; instabil; 63,5%. — *17β-[2-Methyltetrahydropyranyl-(2)-oxy]-Δ⁴-androsten-3-on*, $C_{25}H_{38}O_3$, F. 139—142° (Äthylacetat), aus **X** in Chlf. mit **II** u. $POCl_3$ (½ Std. Raumtemp.), zusetzen von PAe.; 79%. — *2.2-Diäthyl-1.3-bis-[2-methyl-3-oxytetrahydropyranyl-(2)-oxy]-propan*, $C_{19}H_{36}O_6$, F. 211—214° (Sublimationspunkt ca. 125°), aus **III** u. **XV** unter Erwärmen (Äthylacetat als Lösungsm. vermindert die Ausbeute), zusetzen von $POCl_3$ bei 40°, 20 Min. erhitzen auf 80°, zusetzen von PAe., Sublimation; 59%. — *2.2-Diäthyl-1.3-bis-[2-methyltetrahydrofuranyl-(2)-oxy]-propan*, analog **XX** aus **III** mit **XVI** oder **XVII**. — *3β-[2-Methyltetrahydrofuranyl-(2)-oxy]-Δ⁵-cholesten*, $C_{32}H_{54}O_2$, F. 131—135° (Äthylacetat u. PAe.), aus **IV** u. **XVI** mit 5% ig. HCl in Dioxan (5 Min. 55°); 83,3%. — *17β-[2-Methyltetrahydrofuranyl-(2)-oxy]-Δ⁴-androsten-3-on*, F. 132—135° (Äthylacetat), aus **X** u. **XVI** mit $POCl_3$ in Äthylacetat (Wasserkühlung), zusetzen von Äthylacetat, 5 Min. erhitzen auf 50°; 74%. — *3β-[4-Methyltetrahydrofuranyl-(2)-oxy]-Δ⁵-cholesten*, aus **IV** in Dioxan mit **XVIII** u. $POCl_3$ (5 Min., 50°). (J. Amer. pharmac. Assoc., sci. Edit. **45.** 572—77. Aug. 1956. Minneapolis, Minn., Univ. of Minnesota, Coll. of Pharm.) G. MARQUARD. 3700

Lester Yoder, *Der Austausch sekundärer Hydroxylgruppen gegen Sulfonsäuresubstituenten.* Vf. synthetisiert aus sek. Alkoholen einige *Isothiuronium-p-toluolsulfonate* u. oxydiert sie mit H_2O_2 in Ameisensäure zu *Alkylsulfonsäuren*. Diese bilden krist. *Brucinsalze*.

V e r s u c h e : *Brucin-5-hydroxy-6-formoxycholestan-3β-sulfonat*, $C_{23}H_{26}O_4N_2 \cdot C_{28}H_{48}O_8S$, F. 255—256° (Methyläthylketon), aus Cholesterylisothiuronium-p-toluolsulfonat (**I**) u. 30% ig. H_2O_2 in 98% ig. HCOOH, 1 Std. bei 35°, Isolierung des Mg-Salzes u. dessen Umsetzung mit Brucin in Chlf.; $[\alpha]_D^{25}$ —19,5° (Chlf.); 92% (Ausbeute). — *Brucin-Δ⁵-cholesten-3β-sulfonat*, $C_{23}H_{26}O_4N_2 \cdot C_{27}H_{46}O_3S$, F. 199—200° (Methyläthylketon), aus 6,3 g **I** mit Br_2 u. 30% ig. H_2O_2 in 98% ig. HCOOH, 1 Std. bei 35—40°, dann 20 Min. bei 50° über *Mg-5.6-Dibromcholestan-3β-sulfonat* (**II**), 1std. Kochen mit NaJ in A. u. Bzl. u. Rk. des entstehenden rohen Prod. mit Brucin in Chlf.; $[\alpha]_D^{25}$ —20,8° (Chlf.); 5 g. Bildet ein *Na-* u. ein *Ca-Salz.* — *Brucin-$\Delta^{4.6}$-cholestadien-3β-sulfonat*, $C_{23}H_{26}O_4N_2 \cdot C_{27}H_{44}O_3S$, F. 207—209°, aus 2,4 g **II** mit Chinolin, Chlf. u. 10% ig. Essigsäure, Abdampfen der Chloroformphase, 1std. Erhitzen des Rückstandes mit Chinolin u. Behandlung mit

Brucin in Chlf.; $[\alpha]_D^{25}$ —21,3° (Chlf.); 1,7 g. — *D-Bornylisothiuronium-p-toluolsulfonat*, $C_{18}H_{28}O_3N_2S_2$, F. 178° (Isopropanol), aus 5 g D-Borneol u. 9 g p-Toluolsulfochlorid in Pyridin über Nacht u. 12std. Kochen des Prod. mit Thioharnstoff in Isopropanol; 11 g. — *Brucin-D-camphan-2-sulfonat*, $C_{23}H_{26}O_4N_2 \cdot C_{10}H_{18}O_3S$, F. 275—280° (Zers.), aus vorst. Verb. u. Na-Methylat in Ae. in der Kälte, Behandlung mit HCOOH in Ae. u. Oxydation des D-Bornylisothiuroniumformiats mit 30% ig. H_2O_2 in HCOOH bei 35°, dann 20 Min. bei 50°, Isolierung des Mg-Salzes u. dessen Rk. mit Brucin in Chlf.; $[\alpha]_D^{25}$ — 18° (Chlf.). — *Heptyl-(3)-isothiuronium-p-toluolsulfonat*, $C_{15}H_{26}O_3N_2S_2$, F. 130° (wss. Isopropanol), aus Heptanol-(3) analog vorvorst. Verbindung. — *Brucinheptan-3-sulfonat*, $C_{30}H_{42}O_7N_2S$, F. 245—246°, aus 3,5 g vorst. Verb. analog vorvorst. Verb.; $[\alpha]_D^{25}$ —22,3° (Chlf.); 1,6 g. (J. org. Chemistry **20**. 1317—21. Okt. 1955. Ames, Io., Iowa State Coll., Chem. Sect. Labor.) WALTER SIMON. 3700

J. R. Lewis und **C. W. Shoppee**, *Steroide*. 9. Mitt. *Die katalytische Hydrierung von 3α-substituierten Δ⁵-Steroiden*. (8. vgl. J. chem. Soc. [London] **1954**. 3422.) Während bei der katalyt. Hydrierung von 3β-substituierten Δ^5-Steroiden hauptsächlich die Bldg. von Cholestanderivv. beobachtet wurde u. nur in Ggw. von Spuren starker Säuren daneben wenig Koprostanderivv. erhalten wurden, fanden Vff., daß die Hydrierung von 3α-substituierten Δ^5-Steroiden in Ggw. einiger Tropfen starker Säuren (HBr, $HClO_4$, H_2SO_4) hauptsächlich Koprostanderivv. ergibt. Dabei nimmt mit wachsender Größe des 3α-Substituenten [$-OH$, $-OCH_3$, $-OOCCH_3$, $-Cl$, $-Br$, $-NHCH_3$, $-NHOCCH_3$, $-N(CH_3)_2$] die Ausbeute an Koprostanderiv. zu (Tabelle). So ergibt 3α-Methoxycholesten-(5) bei der Hydrierung nur in Ggw. starker Säuren *3α-Methoxykoprostan*, während mit alkal. Zusätzen keine Rk. eintritt. Epicholesterin ergibt nach dieser Meth. *Koprostan-3α-ol* neben *Cholestan-3α-ol*. Weiterhin ergeben 3α-Chlor-, 3α-Brom-, 3α-Acetamido- u. 3α-Dimethylamino-Δ^5-cholesten die entsprechenden *3α-Koprostanderivate*.

Versuche (spezif. Drehungen in Chlf.): *3α-Methoxykoprostan*, $C_{28}H_{50}O$, F. 87 bis 88° (Aceton), aus 189 mg 3α-Methoxy-Δ^5-cholesten (F. 88°, Platten aus Aceton, $[\alpha]_D$ —46°) u. H_2 in CH_3OH mit 4 Tropfen 48% ig. HBr unter Schütteln mit PtO_2; $[\alpha]_D$ +36° (c = 1,0); 176 mg (ähnliche Ausbeuten in CH_3OH oder A. mit 3—4 Tropfen 60% ig. $HClO_4$ oder 10n H_2SO_4; mit KOH, Piperidin oder Essigsäure keine Hydrierung). — *3α-Acetoxykoprostan*, F. 83° (A.), durch Schütteln von 3α-Acetoxy-Δ^5-cholesten unter H_2 mit PtO_2 in CH_3OH/48% ig. HBr oder 60% ig. $HClO_4$ oder in Äthylacetat/60% ig. $HClO_4$ oder 10n H_2SO_4 u. chromatograph. Reinigung; $[\alpha]_D$ +44° (c = 0,4). — *Koprostan-3α-ol*, F. 113—114°, a) aus vorst. Verb. u. heißer 5% ig. KOH/CH_3OH; b) durch analoge Hydrierung von Δ^5-Cholesten-3α-ol mit sauren Zusätzen (Tabelle) (Zusätze von HJ, Essigsäure ergaben keine Red.); $[\alpha]_D$ +29° (c = 0,44). *Acetat*, F. 87 bis 88°, $[\alpha]_D$ +43° (c = 0,4). — *3α-Chlorkoprostan*, F. 73° (Aceton), aus 3α-Chlor-Δ^5-cholesten in Äthylacetat, wenig $HClO_4$ u. H_2 an PtO_2 u. chromatograph. Reinigung; $[\alpha]_D$ + 33° (c = 0,5). — *3α-Bromkoprostan*, $C_{27}H_{47}Br$, F. 80—82° (Aceton), durch Hydrierung von 3α-Brom-Δ^5-cholesten wie vorst., dann Schütteln mit 2% ig. CrO_3/Essigsäure bei 60°, Gießen in W. u. Extrahieren mit Ae.; $[\alpha]_D$ + 33° (c = 0,63). — *3α-Acetamidokoprostan*, F. 214—217° (Platten aus Aceton), sublimiert bei 200—210°/0,02 mm, durch Schütteln von 3α-Acetamido-Δ^5-cholesten in Essigsäure/Ae. (1 : 1) u. wenig 60% ig. $HClO_4$ an PtO_2 unter H_2 u. chromatograph. Reinigung. (J. chem. Soc. [London] **1955**. 1365—70. April. Swansea, Univ. of Wales, Univ. Coll.) S. TODT. 3700

D. R. James, R. W. Rees und **C. W. Shoppee**, *Steroide*. 10. Mitt. *Die Darstellung von ungesättigten Steroiden*. (9. vgl. vorst. Ref.) Vff. beschreiben eine Meth. zur Einführung einer 6.7-Doppelbindung in Steroide. Aus 3β-Acetoxy-7α-bromcholestan-6-on (**II**) werden durch Red. mit $NaBH_4$ u. nachfolgende chromatograph. Trennung reines *3β-Acetoxy-6β-oxy-7α-bromcholestan* (**I**) u. *3β-Acetoxy-6α-oxy-7α-bromcholestan* (**III**) erhalten. Red. von **II** mit $LiAlH_4$ ergibt dagegen ein untrennbares Gemisch der beiden epimeren *3β.6-Dioxy-7α-bromcholestane*. Aus **I** u. **III** entsteht durch Behandlung mit Zn *3β-Acetoxy-Δ⁶-cholesten* (**IV**), das ident. ist mit der aus 3β-Acetoxy-6β-benzoyloxycholestan (vgl. WINTERSTEINER u. MOORE, J. Amer. chem. Soc. **72**. [1932.] 1950) u. aus 3β-Acetoxy-7α-benzoyloxycholestan (vgl. BARTON u. ROSENFELDER, C. **1949**. E. 417) durch Pyrolyse erhaltenen Verbindung. Desgleichen stimmen die freien 3β-Oxyverbb. u. die 3-Benzoate überein. **IV** wird mit Benzopersäure zu *3β-Acetoxy-6α.7α-epoxycholestan* (**V**) oxydiert, das mit $LiAlH_4$ direkt oder mit HBr über *3β-Acetoxy-7α-oxy-6β-bromcholestan* (**VI**) in *3β.7α-Dioxycholestan* übergeführt wird, das ident. ist mit der von FIESER u. Mitarbeitern (C. **1950**. I. 1738) erhaltenen Verbindung. Für die Eliminierungs-Rk. des nichtplanaren, cis-orientierten **III** zu **IV** wird ein E1-Mechanismus angenommen. Dabei wird nach Abspaltung des Br aus **III** die Bldg. eines Carbeniumions (an $C_{(7)}$), das sich auch aus dem planaren, trans-orientierten **I** bilden kann, vermutet.

Versuche ($[\alpha]_D$ in Chlf.): Die Red. von II a) mit $LiAlH_4$ in Ae. (1/4 Std. bei 35°) ergibt nach Zers. mit Eis ein Gemisch (**A**) aus *3β.6β-* u. *3β.6α-Dioxy-7α-bromcholestan*, $C_{27}H_{47}O_2Br$, F. 178—182°, $[\alpha]_D$ —14° (c = 3,4); die chromatograph. Trennung gelang nicht; b) mit $NaBH_4$ u. anschließende Chromatographie ergibt *3β-Acetoxy-6β-oxy-7α-bromcholestan* (I; F. 178°, $[\alpha]_D$ —24°) u. *3β-Acetoxy-6α-oxy-7α-bromcholestan* (III), FF. 136° u. 145°, $[\alpha]_D$ —9°. — *3β-Oxy-Δ⁶-cholesten*, $C_{27}H_{46}O \cdot H_2O$, F. 124—126° (Aceton/Methanol), aus 660 mg des vorst. Gemisches **A** u. Zn-Staub in Essigsäure am Rückfluß (1 Std.); $[\alpha]_D$ —88 ± 2° (c = 1,19); 520 mg; gibt gelbe Tetranitromethanreaktion. *Acetat* (IV), $C_{29}H_{48}O_2$, F. 112—114° (CH_3OH), a) mit Essigsäure/Pyridin bei 100°; b) aus I oder III u. aktiviertem Zn in A. am Rückfluß (6 Std.); gibt durch Hydrolyse mit % ig. KOH/CH_3OH oder Behandlung mit $LiAlH_4$ in Ae. (18 Std. bei 20°) *3β-Oxy-Δ⁶-cholesten*; c) durch Kochen von 45 mg VII mit aktiviertem Zn in A. (3 Std.); $[\alpha]_D$ —93 ± 2° (c = 2,30); 38 mg; gibt violetten LIEBERMANN-BURCHARD-Test. *Benzoat*, $C_{34}H_{50}O_2$, F. 132—133° (CH_3OH), $[\alpha]_D$ —89 u. —85° (c = 1,92 u. 1,0). *3.5-Dinitrobenzoat*, $C_{34}H_{48} \cdot O_6N_2$, F. 188—190°, $[\alpha]_D$ —77 ± 5° (c = 1,27). — *3β-Acetoxy-6α.7α-epoxycholestan* (V), $C_{29}H_{48}O_3$, F. 179—180° (Nadeln aus CH_3OH), aus 735 mg IV in Ae. u. Phthalmonopersäure (5 Tage bei 15°); $[\alpha]_D$ —23° (c = 1,05); 720 mg. — *3β.7α-Dioxycholestan*, F. 152° (CH_3OH), a) durch Zugabe von V in Ae. zu $LiAlH_4$ in Ae. u. ½std. Kochen am Rückfluß; b) durch Schütteln von VI mit KOH u. 20% ig. Pd/Kohle in A. unter H_2 (6 Std. bei 25°); $[\alpha]_D$ +10° (c = 1,15). *Diacetat*, F. 137—138°, $[\alpha]_D$ —16° (c = 1,12). — *3β-Acetoxy-6β-brom-7α-oxycholestan* (VI), $C_{29}H_{49}O_3Br$, F. 149—150° (Ae./Pentan), durch Zugabe von 5% ig. HBr/Essigsäure zu 300 mg V in Essigsäure unter Kühlung mit Eiswasser u. Extraktion mit Ae.; $[\alpha]_D$ —46,5° (c = 0,81); 360 mg. (J. chem. Soc. [London] **1955**. 1370—75. April.) S. TODT. 3700

W. R. Nes und **C. W. Shoppee**, *Steroide*. 11. Mitt. *Die 3.5-Cyclosteroidumlagerung von Dehydroergosteryl-p-toluolsulfonat*. (10. vgl. vorst. Ref.) Bei der erneuten Hydrolyse von Dehydroergosteryl-p-toluolsulfonat (I) mit wss. Aceton in Ggw. von CH_3COOH unter 6std. Kochen (vgl. REES u. SHOPPEE, J. chem. Soc. [London] **1954**. 3422) entstand als Hauptprod. das bereits früher von NES (vgl. J. Amer. chem. Soc. **78**. [1956.] 193) erhaltene *3.5-Cyclo-Δ⁷·⁹⁽¹¹⁾·²²-ergostatrien-6β-ol* (IV) vom F. 125°, daneben in geringer Menge *Dehydroergosterin* (II) u. 8% KW-stoffe, vorwiegend *3.5-Cyclo-Δ⁶·⁸⁽¹⁴⁾·⁹⁽¹¹⁾·²²-ergostatetraen* (III). Ein Vgl. der Rotation u. der UV-Spektren von IV mit der früher von REES (l. c.) beschriebenen Verb. vom F. 47° läßt vermuten, daß letzteres eine polymorphe Form der ersteren ist. Bei der Hydrolyse von I unter den von NES (l. c.) angegebenen Bedingungen (20 Min. Kochen) entstand zunächst IV, u. erst bei längerer Rk. bildete sich hieraus II, das sich chromatograph. von der KW-stoff-Fraktion abtrennen ließ. Die Umwandlung von I über IV in II konnte auch durch Verfolgung der Spektren gesichert werden. Auf Grund von Analogieschlüssen könnte IV wahrscheinlich 3.5-Cyclo-Δ⁷·⁹⁽¹¹⁾·²²-ergostatrien-6β-ol sein, dagegen sprechen aber gewisse Maxima im UV-Spektr., die eher auf ein Δ⁸·¹⁴-Diensyst. hinweisen, jedoch müßte in diesem Fall die OH-Gruppe am $C_{(11)}$ sitzen (UV-Spektren vgl. Original).

Versuche: *3.5-Cyclotrienol* (IV), F. 122°, a) durch 20 Min. langes Kochen von I in wss. 60% ig. Aceton in Ggw. von K-Acetat, Abdampfen des Acetons u. Chromatographie des beim Stehen erhaltenen Nd. an Al_2O_3; 68% (Ausbeute); II wurde nicht erhalten; b) wie vorst. aus 2 g I durch 6std. Kochen, Vakuumabdampfen des Acetons, Ausäthern, mehrfaches Chromatographieren des Abdampfrückstandes in Pentan an Al_2O_3 u. Eluieren mit Pentan u. dann mit Ae.; 0,6 g. — *Dehydroergosterin* (II), F. 147 bis 149°, a) Nebenprod. bei vorst. Rk. unter b); 0,12 g; b) durch 20std. Kochen von 0,52 g I mit K-Acetat in wss. Aceton u. Chromatographieren; Flocken aus A.; 70 mg. (J. chem. Soc. [London] **1957**. 93—96. Jan.) H. LEHWALD. 3700

D. E. Evans, A. C. de Paulet, C. W. Shoppee und **F. Winternitz**, *Steroide*. 12. Mitt. *Einige Beispiele der Favorski-Reaktion*. (11. vgl. vorst. Ref.) 2α-Bromcholestan-3-on ergab bei der Behandlung mit $NaOCH_3$ in CH_3OH/Ae. bei 15° als neutrale Bestandteile 20—25% *Cholestan-3-on, 2α-Oxycholestan-3-on* u. weitere noch zu untersuchende Umwandlungsprodd., als saure Bestandteile nach Veresterung mit CH_2N_2 25% *A-Norcholestan-2α-carbonsäuremethylester* (I), geringe Mengen an *A-Norcholestan-3α-carbonsäuremethylester* (II) u. *2.3-Secocholestan-2.3-disäuredimethylester* (VII). Bei Durchführung der Rk. in absol. A. bei 15° u. alkal. Hydrolyse entstand eine größere saure Fraktion, die nach Esterifizierung den FAVORSKI-Ester I u. II in annähernd gleicher Menge u. VII ergab. I lieferte durch den WIELAND-BARBIER-Abbau mit Phenyl-MgBr *A-Norcholestan-2-on*, das ebenfalls durch Pyrolyse von 2.3-Secocholestan-2.3-disäure erhalten wurde; II ergab analog zunächst *A-Norcholestan-3-on*, das jedoch unter den angewendeten Bedingungen zu *A-Norkoprostan-3-on* (III) isomerisiert wurde (vgl. dagegen SMITH u. NACE, J. Amer. chem. Soc.

76. [1954.] 6119). 4β-Bromkoprostan-3-on ergab bei der Rk. mit $NaOCH_3$ in CH_3OH/Ae. als neutrale Fraktion 20% *Koprostan-3-on*, 24% *A-Norkoprostan-2β-carbonsäuremethylester* (**IV**) u. 24% *A-Norkoprostan-3β-carbonsäuremethylester* (**V**). Letzterer wurde auch neben *3.4-Secokoprostan-3.4-disäuredimethylester* (**VI**) aus der sauren Fraktion nach CH_2N_2-Veresterung erhalten. In absol. alkoh. Lsg. entstand bei der FAVORSKI-Rk. fast kein saures Material. Der WIELAND-BARBIER-Abbau von **IV** lieferte *A-Norkoprostan-2-on*, ebenfalls durch Pyrolyse von 2.3-Secokoprostan-2.3-disäure erhältlich; analog entstand aus **V III**. Damit dürfte die Stellung der Carbomethoxygruppe in **I**, **II**, **IV** u. **V** gesichert sein. Der mögliche Reaktionsmechanismus der FAVORSKI-Rk. wird erörtert (vgl. Original).

Versuche ($[\alpha]_D$ in Chlf.): *2α-Bromcholestan-3-on*, F. 166—167°, nach BUTENANDT u. WOLFF (Ber. dtsch. chem. Ges. **68**. [1935.] 2093); $[\alpha]_D$ +44,5°, — *A-Norcholestan-2α-carbonsäuremethylester* (**I**), $C_{28}H_{48}O_2$, F. 94—95° (CH_3OH), a) durch langsames Zufügen von 10 g vorst. Ketons in absol. Ae. zu 12,3 g Na in absol. CH_3OH, 24 std. Stehen, Gießen in W., Neutralisieren mit 2n H_2SO_4 oder Essigsäure, Ausäthern, Verestern der halben Menge mit äther. CH_2N_2-Lsg. u. Chromatographie an Al_2O_3 in PAe.; $[\alpha]_D$ +29° (c = 3,0); 1,85 g; b) durch 2 std. Hydrolysieren der anderen Hälfte bei vorst. Vers. mit n. methanol. KOH, Verestern mit CH_3OH/HCl u. Chromatographie; 0,4 g; c) durch 15 std. Rühren von 6 g vorst. Ketons mit 4,5 g Na in absol. A., Verdünnen mit W., 2 std. Erwärmen, Aufarbeiten nach der FISCHER-SPEIER-Meth. u. fraktionierte Kristallisation aus CH_3OH/Ae.; 0,8 g. — *A-Norcholestan-3α-carbonsäuremethylester* (**II**), $C_{28}H_{48}O_2$, F. 45—46°, neben **I** unter a) aus dem Chromatogramm; $[\alpha]_D$ 0 ± 1° (c = 1,35); 35 mg; b) neben **I** unter c) durch Chromatographie der Mutterlauge; 0,7 g. — *Cholestan-3-on*, $C_{27}H_{46}O$, durch fraktionierte Kristallisation von **I** unter a); ferner neben **I** unter c). *2.4-Dinitrophenylhydrazon*, F. 227—229°. *Semicarbazon*, F. 236—238°. — [*A-Norcholestan-2α-yl*]-*diphenylmethanol*, F. 184—186°, durch 3 std. Erwärmen von 0,33 g **I** mit Phenyl-MgBr in Bzl./Ae. u. Zers. mit NH_4Cl. — *2-Diphenylmethylen-A-norcholestan*, F. 120° (Aceton/CH_3OH), durch 2 std. Dehydratisieren vorst. Verb. mit Acetanhydrid u. Chromatographie; $[\alpha]_D$ —143° (c = 2,0); 470 mg. — *A-Norcholestan-2-on*, F. 95—96° (CH_3OH/Ae.), durch Oxydation vorst. Verb. mit CrO_3 in Essigsäure bei 15° u. Chromatographieren der Neutralteile an Al_2O_3 in PAe.; $[\alpha]_D$ +142° (c = 1,0); 83 mg. *Semicarbazon*, F. 230—232°. *2.4-Dinitrophenylhydrazon*, F. 166—167°. Daneben aus dem Chromatogramm *Benzophenon*, F. 48°. — [*A-Norcholestan-3α-yl*]-*diphenylmethanol*, $C_{39}H_{56}O$, F. 216—219° (PAe.), durch Rk. von **II** mit Phenyl-MgBr. — *3-Diphenylmethylen-A-norcholestan*, $C_{39}H_{54}$, F. 143—144° (A./Ae./PAe.), durch Dehydratisieren vorst. Verb. mit Acetanhydrid. — *A-Norkoprostan-3-on* (**III**), F. 73°, durch Ozonolyse vorst. Verb. u. Red. des Ozonids mit Zn in Essigsäure; $[\alpha]_D$ +104° (c = 2,0). *Semicarbazon*, F. 268 bis 270°. *2.4-Dinitrophenylhydrazon*, $C_{32}H_{48}O_4N_4$, F. 159—160°. — *A-Norkoprostan-3β-carbonsäuremethylester* (**V**), $C_{28}H_{48}O_2$, F. 66—67°, a) aus 5 g 4β-Bromkoprostan-3-on [F. 106—108°; $[\alpha]_D$ +53° (c = 0,6)] u. $NaOCH_3$ in CH_3OH/Ae. wie bei **I** unter a), Verestern der sauren Fraktion mit CH_2N_2 u. Chromatographie; aus CH_3OH/Ae. Nadeln; 409 mg. Daneben *3.4-Secokoprostan-3.4-disäuredimethylester* (**VI**), F. 60—61° (CH_3OH/Ae.); 294 mg. Aus den Neutralteilen ein Gemisch aus **IV** u. **V** (Gesamtausbeute 17,5 u. 18,7% **III**. Bei einem anderen Vers. (30 std. Stehen der Reaktionslsg., Abdampfen, 1 std. Kochen mit W., Ansäuern, Ausäthern, Verestern, Ausziehen von **III** als 2.4-Dinitrophenylhydrazon u. Chromatographie) entstanden 18,5% **III**, 28% **IV** + **V** u. 5,2% **VI**. — *A-Norkoprostan-2-on*, F. 101—103° (CH_3OH/Ae.), durch Rk. von 1,8 g vorst. **IV**/**V**-Gemisches mit Phenyl-MgBr, Dehydratisieren des Carbinols mit Acetanhydrid, Chromatographieren, Ozonisieren bei —70°, 2 std. Kochen des Ozonids mit Zn in Essigsäure u. Chromatographieren (alles wie oben); $[\alpha]_D$ +46° (c = 2,0); 215 mg. Daneben 210 mg **III**. **III** entstand auch analog bei dem Abbau von reinem **V**. (J. chem. Soc. [London] **1957**. 1451—58. April.) H. LEHWALD. 3700

D. N. Kirk, D. K. Patel und **V. Petrow**, *Einige Steroid-$\Delta^{1.4}$-dien-3.11-dione und -$\Delta^{1.4.6}$-trien-3.11-dione.* Aus 11α.23ξ-Dibromhecogeninacetat (**I**) entsteht durch Red. mit $NaBH_4$ u. alkal. Hydrolyse *23ξ-Brom-11β.12β-epoxy-5α.25D-spirostan-3β-ol*, aus dem mit HBr das *11.12-Bromhydrin* u. weiter durch Oxydation mit CrO_3 *12α.23ξ-Dibrom-5α.25D-spirostan-3.11-dion* (**III**) erhalten wird. Bei der Debromierung mit Zn in Eisessig/Na-Acetat entsteht aus **III** *5α.25D-Spirostan-3.11-dion* (**IV**), mit Zn in Bzl./Eisessig *23ξ-Brom-5α.25D-spirostan-3.11-dion* (**V**). Mit einem Mol Br_2 in Eisessig liefert **III** *2α.12α.23ξ-Tribrom-5α.25D-spirostan-3.11-dion* (**VI**), dessen Semicarbazon durch Spaltung mit p-Hydroxybenzaldehyd (**II**) *12α.23ξ-Dibrom-5α.25D-Δ^1-spirosten-3.11-dion* (**VII**) ergibt. Die teilweise Debromierung von **VII** mit Zn in kaltem Bzl./Eisessig führt zu *23ξ-Brom-5α.25D-Δ^1-spirosten-3.11-dion* (**VIII**). **IV** reagiert mit zwei Mol Br_2 unter Bldg. von *2α.23ξ-Dibrom-5α.25D-spirostan-3.11-dion* (**IX**), das auch durch Bromierung von **V** erhalten wird u. bei der HBr-Abspaltung mit sd. Kollidin **VIII** ergibt. Mit drei Mol Br_2 gibt **IV** *2α.4α.23ξ-Tribrom-5α.25D-spirostan-3.11-dion* (**X**), das zu *23ξ-Brom-25D-$\Delta^{1.4}$-spirostadien-3.11-dion* (**XI**) dehalogeniert wird. Bei Einw. von NaJ in sd. Aceton u. anschließender Jodabspaltung entsteht aus **X** *23ξ-Brom-25D-Δ^4-spirosten-3.11-dion* (**XII**), das auch aus **III** durch Bromierung zu *2α.4α.12α.23ξ-Tetrabrom-5α.25D-spirostan-3.11-dion*, Einw. von NaJ u. Dehalogenierung erhalten wird. **XII** ergibt bei der Bromierung *2.6.23ξ-Tribrom-25D-Δ^4-spirosten-3.11-dion*. Ohne Zerstörung des $\Delta^{1.4}$-Dien-3-on-Syst. kann **XI** mit NaJ in heißem Eisessig zu *25D-$\Delta^{1.4}$-Spirostadien-3.11-dion* bzw. **XII** zu *25D-Δ^4-Spirosten-3.11-dion* red. werden. Aus Hecogeninacetat wird über *3β-Acetoxy-5α-Δ^{16}-pregnen-12.20-dion* u. *3β-Acetoxy-5α-pregnan-12.20-dion* (**XIII**) durch Umsetzung mit Äthylenglykol in Ggw. von BF_3-Ätherat u. Red. mit $NaBH_4$ *12.12-Äthylendioxy-5α-pregnan-3β.20ξ-diol* erhalten, das durch Verseifung *3β.20ξ-Dihydroxy-5α-pregnan-12-on* (**XIV**) u. durch Acetylierung *3β-Acetoxy-20ξ-hydroxy-5α-pregnan-12-on* (**XV**) liefert. Mit Br_2 entsteht aus **XV** *3β-Acetoxy-11α-brom-20ξ-hydroxy-5α-pregnan-12-on*, dessen Red. mit $NaBH_4$ u. anschließende Alkalihydrolyse *11β.12β-Epoxy-5α-pregnan-3β.20ξ-diol* ergibt. Dieses wird mit HBr zu *12α-Brom-5α-pregnan-3β.11β.20ξ-triol* umgesetzt, das mit CrO_3 zu *12α-Brom-5α-pregnan-3.11.20-trion* oxydiert u. mit Zn zu *5α-Pregnan-3.11.20-trion* dehalogeniert wird. Letzteres gibt durch Bromierung u. HBr-Abspaltung *$\Delta^{1.4.16}$-Pregnatrien-3.11.20-trion*. Die vorst. beschriebenen $\Delta^{1.4}$-Dien-3-one u. Trien-3-one erleiden beim Erwärmen mit p-Toluolsulfosäure u. Acetanhydrid keine Dienon–Heterophenol-Umlagerung.

Versuche ($[\alpha] = [\alpha]_D$ in Chlf.): *12α.23ξ-Dibrom-5α.25D-spirostan-3.11-dion* (**III**), $C_{27}H_{38}O_4Br_2$, F. 209°, aus **I** über *23ξ-Brom-11β.12β-epoxy-5α.25D-spirostan-3β-ol* durch Einw. von HBr in Dioxan u. Oxydation mit CrO_3 in Essigsäure; Nadeln aus A., $[\alpha]^{27}$ −69° (c = 0,52). — *23ξ-Brom-5α.25D-spirostan-3.11-dion* (**V**), $C_{27}H_{39}O_4Br$, F. 232—234°, aus **III** mit Zn in Bzl./Eisessig; Plättchen, $[\alpha]^{24}$ −19° (c = 0,41). — *5α.25D-Spirostan-3.11-dion* (**IV**), $C_{27}H_{40}O_4$, F. 237—239°, aus **III** mit Zn in Eisessig/Na-Acetat, 1½ std. Kochen; Nadeln aus wss. A., $[\alpha]^{24}$ −19° (c = 0,57). — *2α.23ξ-Dibrom-5α.25D-spirostan-3.11-dion* (**IX**), $C_{27}H_{38}O_4Br_2$, F. 214—216°, aus **IV** oder **V** u. Br_2 in Eisessig; Nadeln aus Methylenchlorid/Methanol, $[\alpha]^{25}$ −22° (c = 0,448). — *23ξ-Brom-5α.25D-Δ^1-spirosten-3.11-dion* (**VIII**), $C_{27}H_{37}O_4Br$, F. 226—227°, a) aus **VII** mit Zn in Bzl./Eisessig; ½ Std. bei Raumtemp.; b) durch 1 std. Kochen von **IX** mit Kollidin unter N_2; Plättchen aus Methylenchlorid/Methanol, $[\alpha]^{25}$ +7° (c = 0,640), λ_{max} 227 mμ (log ε = 4,00 in A.). *3-[2.4-Dinitrophenylhydrazon]*, $C_{33}H_{41}O_7N_4Br$, F. 255—258°, aus **IX** mit 2.4-Dinitrophenylhydrazin u. Na-Acetat in Chlf./Eisessig, ½ Std. bei 60° unter N_2; orangerote Blättchen, λ_{max} 375 mμ (log ε = 4,49 in Chlf.). — *2α.12α.23ξ-Tribrom-5α.25D-spirostan-3.11-dion* (**VI**), $C_{27}H_{37}O_4Br_3$, F. 204—208°, aus **III** u. Br_2 in Eisessig; Nadeln aus Methylenchlorid/Methanol, $[\alpha]^{23}$ −71° (c = 0,602). — *12α.23ξ-Dibrom-5α.25D-Δ^1-spirosten-3.11-dion* (**VII**), $C_{27}H_{36}O_4Br_2$, F. 225°, durch 1 std. Erhitzen von **VI** mit Semicarbazid u. Na-Acetat in 90%ig. Essigsäure, Zugabe von **II** u. Na-Acetat in 50%ig. Essigsäure u. 2 std. Kochen; Plättchen aus Methylenchlorid/Methanol, $[\alpha]^{24}$ −57° (c = 0,856), λ_{max} 225 mμ (log ε = 4,06 in A.). *3-[2.4-Dinitrophenylhydrazon]*, $C_{33}H_{40}O_7N_4Br_2$, F. 245 bei 247°, aus **VI** in Chlf./Eisessig unter N_2 bei 60°; λ_{max} 373—375 mμ (log ε = 4,46 in isopropanol). — *2α.4α.23ξ-Tribrom-5α.25D-spirostan-3.11-dion* (**X**), $C_{27}H_{37}O_4Br_3$, F. 202 bei 205°, aus **V** oder **IV** u. Br_2 in Eisessig, nach 30 Min. Zugabe von HBr in Eisessig; Plättchen aus Methylenchlorid/Methanol, $[\alpha]^{22}$ −21° (c = 0,592). — *23ξ-Brom-25D-$\Delta^{1.4}$-spirostadien-3.11-dion* (**XI**), $C_{27}H_{35}O_4Br$, F. 216°, durch 1½ std. Kochen von **X** mit Kollidin unter N_2; Plättchen aus Methylenchlorid/Methanol, $[\alpha]^{25}$ +30° (c = 0,439), λ_{max} 239 mμ (log ε = 4,12 in Isopropanol). *3-[2.4-Dinitrophenylhydrazon]*, $C_{33}H_{39}O_7N_4Br$, F. 257—260° (Zers.), rote Plättchen, λ_{max} 389 mμ (log ε = 4,49 in Isopropanol). — *2α.4α.12α.23ξ-Tetrabrom-5α.25D-spirostan-3.11-dion*, $C_{27}H_{36}O_4Br_4$, F. 197—202°, aus **III** u. Br_2 in Eisessig; Blättchen aus Methylenchlorid/Methanol, $[\alpha]^{25}$ −70° (c = 0,364). — *23ξ-Brom-25D-Δ^4-spirosten-3.11-dion* (**XII**), $C_{27}H_{37}O_4Br$, F. 217—219°, a) durch 24 std. Kochen vorst. Verb. mit NaJ in Aceton unter N_2 u. anschließende Behandlung mit Zn-Staub in Bzl./Eisessig; daneben **V**; b) aus **X** mit NaJ in Aceton, 21 std. Kochen; Nadeln aus A., $[\alpha]^{26}$ +65° (c = 0,742), λ_{max} 238 mμ (log ε = 4,1 in A.). — *25D-Δ^4-Spirosten-3.11-dion*, $C_{27}H_{38}O_4$, F. 212—215°, durch 2 std. Kochen von **XII** mit Zn-Staub u. Na-Acetat in Eisessig oder mit NaJ in Eisessig unter N_2; Plättchen aus Hexan/Aceton, $[\alpha]^{26}$ +60° (c = 0,568), λ_{max} 237 mμ (log ε = 4,10 in A.). — *2ξ.6ξ.23ξ-Tribrom-25D-Δ^4-spirosten-3.11-dion*, $C_{27}H_{35}O_4Br_3$, F. 209—210°, aus **XII** u. Br_2 in Eisessig/Ae. bei 0—5°; Blättchen aus Methylenchlorid/Methanol, $[\alpha]^{24}$ +8° (c = 0,522), λ_{max} 236—237 mμ (log ε = 4,0 in Isopropanol). — *23ξ-Brom-25D-$\Delta^{1.4.6}$-spirostatrien-3.11-dion*, $C_{27}H_{33}O_4Br$, F. 200—204°, durch 1¼ std. Kochen vorst. Verb. mit Kollidin unter N_2; Blättchen aus Hexan/Aceton, $[\alpha]^{24}$ +51° (c = 0,24), λ_{max} 225 mμ (log ε = 4,03 in Isopropanol),

269 mμ (3,87), 305 mμ (3,39). — *25D-$\Delta^{1.4}$-Spirostadien-3.11-dion*, $C_{27}H_{36}O_4$, F. 240—243°, durch 30 std. Erhitzen von **XI** mit NaJ in Eisessig unter N_2; Plättchen aus Methylenchlorid/Methanol, $[\alpha]^{15}$ +36° (c = 0,926), λ_{max} 238 mμ (log ε = 4,15 in Isopropanol). — *KW-stoff vom F. 190—196°*, durch Red. von $\Delta^{1.4}$-Cholestadien-3-on mit Zn-Staub in Eisessig; λ_{max} 250 mμ ($E^{1\%}_{1cm}$ 116 in Hexan), 336 mμ (264) u. 352 mμ (265). — *3β-Acetoxy-12.12-äthylendioxy-5α-pregnan-20-on*, $C_{25}H_{38}O_5$, F. 159—162°, aus **XIII** mit Äthylenglykol in Ggw. von BF_3-Ätherat, 72 Std. bei Zimmertemp. u. Rk. mit Acetanhydrid in Pyridin; Blättchen aus Methanol, $[\alpha]^{25}$ +99° (c = 0,624). — *12.12-Äthylendioxy-5α-pregnan-3β.20ξ-diol*, $C_{23}H_{38}O_4$, F. 198—200°, aus vorst. Verb. mit $NaBH_4$ u. NaOH in wss. Methanol, 60 Std. bei Zimmertemp.; Prismen aus Aceton, $[\alpha]^{25}$ +40° (c = 1,060). — *3β.20ξ-Dihydroxy-5α-pregnan-12-on* (**XIV**), $C_{21}H_{34}O_3$, F. 230—233°, durch 1 std. Erhitzen vorst. Verb. mit 90%ig. Essigsäure; rechteckige Plättchen aus Methylenchlorid/Essigester, $[\alpha]^{25}$ +91° (c = 0,701). — *3β-Acetoxy-20ξ-hydroxy-5α-pregnan-12-on* (**XV**), $C_{23}H_{36}O_4$, F. 198—201°, aus **XIV** mit Acetanhydrid/Pyridin bei Zimmertemp.; Prismen aus Aceton/Hexan; $[\alpha]^{22}$ +71° (c = 0,485). — *3β.20ξ-Diacetoxy-5α-pregnan-12-on*, $C_{25}H_{38}O_5$, F. 135—138°, a) aus den Mutterlaugen von **XV**; b) durch 16 std. Erhitzen von **XIV** mit Acetanhydrid/Pyridin, $[\alpha]^{26}$ +96° (c = 0,576). — *3β-Acetoxy-11α-brom-20ξ-hydroxy-5α-pregnan-12-on*, $C_{23}H_{35}O_4Br$, F. 164—167°, aus **XV** mit 50%ig. HBr-Lsg. in Eisessig bei 30° u. Zugabe von Br_2; Prismen aus Essigester, $[\alpha]^{22}$ +12° (c = 0,412). — *11β.12β-Epoxy-5α-pregnan-3β.20ξ-diol*, $C_{21}H_{34}O_3$, F. 218—221° (wss. Methanol), aus vorst. Verb. in A. mit $NaHCO_3$ u. $NaBH_4$ in W., 4 Std. rühren, KOH zugeben u. weitere 4 Std. rühren, $[\alpha]^{24}$ +34° (c = 0,745). — *12α-Brom-5α-pregnan-3β.11β.20ξ-triol*, $C_{21}H_{35}O_3Br$, F. 210—211°, aus vorst. Verb. in Dioxan mit HBr; Nadeln aus wss. Methanol, $[\alpha]^{26}$ +29° (c = 0,448). *Diacetat*, $C_{25}H_{39}O_5Br$, F. 216—218°, $[\alpha]^{23}$ +54° (c = 0,664). — *12α-Brom-5α-pregnan-3.11.20-trion*, $C_{21}H_{29}O_3Br$, F. 178—180°, aus vorst. Verb. in Methylenchlorid mit CrO_3 in W./Essigsäure, 5 Std. rühren; dicke Nadeln aus wss. Aceton, $[\alpha]^{25}$ +2° (c = 0,889). — *5α-Pregnan-3.11.20-trion*, $C_{21}H_{30}O_3$, F. 216—218°, aus vorst. Verb. mit Zn in Bzl./Eisessig, 1 Std. rühren, $[\alpha]^{23}$ +133° (c = 0,748). — *$\Delta^{1.4.16}$-Pregnatrien-3.11.20-trion*, $C_{21}H_{24}O_3$, F. 237—241°, aus vorst. Verb. u. Br_2 in Eisessig u. 1½ std. Kochen mit Kollidin unter N_2; gelbe Blättchen aus Aceton/Hexan, $[\alpha]^{25}$ +23° (c = 0,644), λ_{max} 236 mμ (log ε = 4,38 in A.). *3.20-Bis-[2.4-dinitrophenylhydrazon]*, $C_{33}H_{32}O_9N_8$, F. 190°, Plättchen, λ_{max} 385—386 mμ (log ε = 4,7 in A.). (J. chem. Soc. [London] **1957**. 1046—54. März. London, British Drug House Ltd., Chem. Res. Labor.) G. SCHMIDT-KASTNER. 3700

Barney J. Magerlein und **John A. Hogg**, *Synthese der neuen, an $C_{(11)}$ sauerstoffhaltigen $\Delta^{1.3.5,10}$-Östratriene.* Erhitzt man 11β.21-Dihydroxy-$\Delta^{1.4.17,20}$-[cis]-pregnatrien-3-on in Mineralöl auf 575°, so erhält man in 15%ig. Ausbeute *19-Nor-$\Delta^{1.3.5,10.17,20}$-pregnatetraen-3.11β.21-triol* [**I**], $C_{20}H_{26}O_3$, F. 200—202°, $[\alpha]_D$ +110° (Aceton), λ_{max} 281 mμ (in A.; a_M = 2000); *3-Methyläther*, $C_{21}H_{28}O_3$, F. 143—144°, $[\alpha]_D$ +122° (Chlf.)]. Acetylierung u. Ozonisierung des 3-Methyläther-11.21-diacetats (**Ia**) führt zu *11β-Acetoxy-3-methoxy-$\Delta^{1.3.5,10}$-östratrien-17-on* [$C_{21}H_{26}O_4$, F. 236—238°, $[\alpha]_D$ +117° (Chlf.)]. Dessen Red. mit $LiAlH_4$ führt zu *11β-Hydroxy-19-nortestosteron*, während die Red. mit Li in NH_3 in Ggw. von A. zu *1-[α-Hydroxyäthyl]-11β.17β-dihydroxy-Δ^4-östren-3-on* [$C_{20}H_{30}O_4$, F. 221—222°, λ_{max} 247 mμ (in A.; a_M = 15000)] führt; letzteres gibt bei der Oxydation ein öliges *Tetraon* [λ_{max} 240 mμ]. Bei der Oxydation von **Ia** mit OsO_4 u. H_2 entsteht *11β.21-Diacetoxy-17α-hydroxy-3-methoxy-19-nor-$\Delta^{1.3.5,10}$-pregnatrien-20-on* [$C_{25}H_{32}O_7 \cdot H_2O$, F. 127—133° (Zers.), $[\alpha]_D$ +104° (Aceton)]. Nach partieller Verseifung der 21-Acetoxygruppe mit $NaHCO_3$ u. anschließende Rk. mit Äthylenglykol in Bzl. in Ggw. von p-Toluolsulfonsäure erhält man das *20-Ketal* [$C_{25}H_{34}O_7$, F. 220—223°, $[\alpha]_D$ +61° (Aceton)]. Dessen Red., erst mit $LiAlH_4$, dann mit Li/NH_3 u. A., u. saure Hydrolyse führt zu *19-Norhydrocortison* [F. 256—259°, $[\alpha]_D$ +112° (CH_3OH), λ_{max} 241 mμ (in A.; a = 4,21)]. — Acetylierung von **I** mit zwei Mol Essigsäureanhydrid u. Pyridin u. Rk. des entstehenden *3.21-Diacetats* mit OsO_4 u. H_2O_2 führt zu *3.21-Diacetoxy-11β.17α-dihydroxy-19-nor-$\Delta^{1.3.5,10}$-pregnatrien-20-on* [$C_{24}H_{30}O_7$, F. 167—168°], bei dessen milder Verseifung *3.11β.17α.21-Tetrahydroxy-19-nor-$\Delta^{1.3.5,10}$-pregnatrien-20-on* [$C_{20}H_{26}O_5$, F. 256—258°] entsteht. Seine biol. Wrkg. ist der des Hydrocortisons vergleichbar. Acetylierung von **I** mit überschüssigem Essigsäureanhydrid/Pyridin, Ozonisierung u. Red. mit $LiAlH_4$ liefert *11β-Hydroxyöstradiol* [$C_{18}H_{24}O_3$, F. 285—288°, $[\alpha]_D$ +129° (Dioxan)]; es besitzt $^6/_{10}$ der Östrogenwrkg. des Östradiols, während das in analoger Weise synthetisierte *11α-Hydroxyöstradiol* [$C_{18}H_{24}O_3$, F. 250—251°, $[\alpha]_D$ −63° (Aceton)] weniger akt. ist. (J. Amer. chem. Soc. **79**. 1508—10. 20/3. 1957. Kalamazoo, Mich., Upjohn Co., Res. Labors.) WALTER SIMON. 3750

Géza Tokár und **István Simonyi**, *Die Rolle der Aluminiumhalogenalkoholate bei der Oppenauerschen Oxydation.* 1. Mitt. *Untersuchung der Oxydation von Ergosterin.* Vff.

versuchten festzustellen, ob die Anwendung von Al-Halogenalkoholaten die Oxydation sek. Alkohole zu Ketonen beschleunigt. Zur Herst. von Al-Chlor-tert.-butylat (I) verwendeten sie ihre Meth. (vgl. GÁL u. Mitarbeiter, C. **1957**. 1150; Magyar Kémiai Folyóirat [Ung. Z. Chem.] **61**. [1955.] 367) u. die dort beschriebene App. zum Verfolgen des Verlaufes der Oxydation. Verss. zur Oxydation von *Ergosterin* bei 56° in Bzl.–Aceton in Ggw. von 20% **I** ergeben in 30 Min. eine beinahe quantitative Umsetzung; bei 2% **I** beträgt die Versuchsdauer 3 Stunden. — Herst. einer Mischung von 20—25% **I** u. 75—80% Al-tert.-Butylat (**II**). Ein Gemisch von dünnen Al-Folien, tert.-Butylalkohol, $HgCl_2$ u. Hg wurde zum Sieden erhitzt, CCl_4 zugetropft u. 10 bis 12 Std. gekocht, dann mit Bzl. vermischt, der Hg enthaltende Teil abgetrennt u. das Lösungsm. im Vakuum destilliert. **II** wurde in derselben Weise, jedoch ohne CCl_4, dargestellt. (Magyar Kémiai Folyóirat [Ung. Z. Chem.] **62**. 170—73. Mai 1956. Budapest, Verein. pharmaz. u. Nährstoffabr.) J. PLANK. 3750

Koert Gerzon, Edwin H. Flynn, Max V. Sigal jr., Paul F. Wiley, Rosemarie Monahan und **U. Carol Quarck**, *Erythromycin*. 8. Mitt. *Die Struktur des Dihydroerythronolids*. (7. vgl. C. **1957**. 2751.) *Dihydroerythronolid* (**I**; $C_{21}H_{40}O_8$; $[\alpha]_D^{27}$ +9,5°) ist nach der Strukturunters. *3.5.6.9.11.12-Hexahydroxy-2.4.6.8.10.12-hexamethylpentadecan-13-olid* u. stellt, biogenet. gesehen, ein *Propionat-Polymeres* (Propionat-Regel) dar. Vff. stützen sich dabei auf Abbau-Rkk. von **I** u. der entsprechenden *Pentadecansäure* (**II**), auf stereochem. Unterss. u. die Heranziehung der UV- bzw. Infrarotspektren sowie der Röntgendiagramme. Für 7 C-Atome von **I** wurde so folgende Konfigurationszuordnung [Nomenklatur nach KLYNE (C. **1954**. 4365)] gefunden: 2 L, 3 D, 4 L, 8 L, 9 D, 10 D u. 13 D.

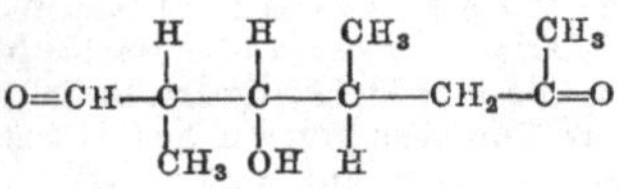

III

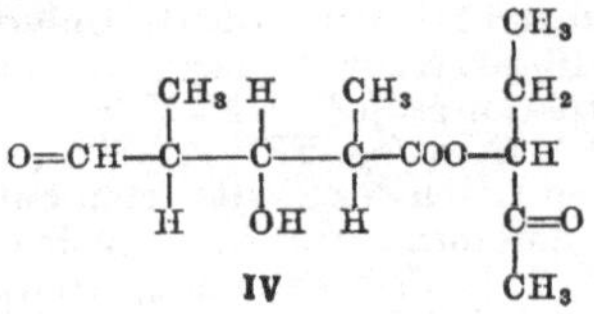

IV

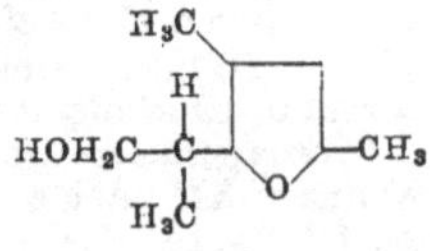

V

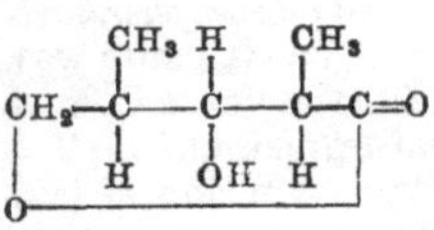

VI

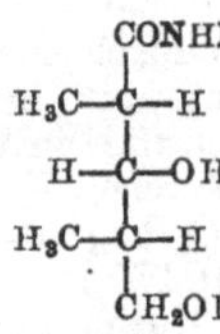

X

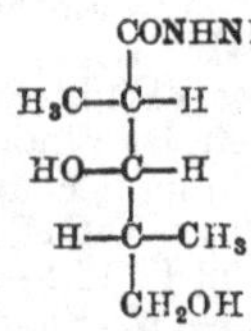

XV

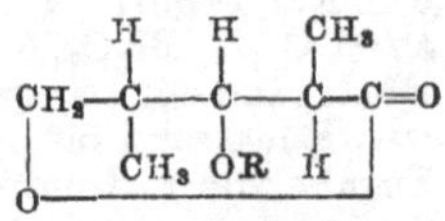

XII R = H
XVI R = $COCH_3$

Versuche: *C_7OOC_5-Fragment* **IV–III**-*Gemisch*, durch 22std. Stehen von 15,75 g **I** in CH_3OH mit wss. $NaJO_4$-Lsg. bei Raumtemp., 24 Std. Stehen des Eindampfrückstands bei 0° u. Chloroformextraktion; sirupöser Rückstand; 12,2 g (Ausbeute). — *C_9-Carbinol* **V**, $C_9H_{18}O_2$, Kp.$_5$ 87—88°, durch 4tägige Red. des **III–IV**-Gemisches (12,2 g) in CH_3OH über in A. u. in Ggw. von 20% ig. wss. $FeCl_2$-Lsg. vorred. PtO_2, Verdünnen des öligen Chloroformeindampfrückstands [Gemisch aus **V**, **VI**, **VII** u. wahrscheinlich *Tetrahydro*-**IV**; 9 g] mit Ae./Skellysolve B (SKB), 2 Tage Stehen bei 0°, Entfernen von **VI** (1 g), 16std. Verseifung der methanol. Lsg. des Filtrateindampfrückstands (7,5 g) mit n-NaOH unter Rühren, Extraktion des alkal. Eindampfrückstands mit Chlf., Schütteln mit 20% ig. $NaJO_4$-Lsg. u. Vakuumdest. des Eindampfrückstands (1,8 g) in Ggw. von wasserfreiem K_2CO_3; n_D^{20} 1,4519; $[\alpha]_D^{26}$ +15° (c = 1; CH_3OH); 16%. — *erythro-Pentandiol-(2.3)* (**VII**), $C_5H_{12}O_2$, Kp.$_{0,005}$ 38°, neben **V** durch 72std. Ae.-Extraktion der alkal. Lsg.; n_D^{25} 1,4402; $[\alpha]_D^{28}$ +20° (c = 1; W.); 41%. — *C_7-Hydroxylacton* **VI**, $C_7H_{12}O_3$, F. 88—88,5° (nach Sublimation aus Chlf./SKB), a) neben **V** durch Ansäuern der wss. Mutterlauge mit 20% ig. HCl bis p_H 1, Zugabe von Chlf., 3tägiges Stehen u. Chloroformextraktion; 41%; b) aus **X** in n-HCl/Chlf. durch 18std. Rühren bei Raumtemp. u. Chloroformextraktion; $[\alpha]_D^{27}$ −5° (c = 2; CH_3OH). — *C_7-Hydrazid* **X**, $C_7H_{16}N_2O_3$, F. 140 bis 141° (A./Ae.), durch 18std. Erhitzen von **VI** u. wasserfreiem N_2H_4 in absol. CH_3OH im geschlossenen Gefäß auf 90°; $[\alpha]_D^{25}$ −42° (c = 0,55; CH_3OH); ca. 100%. — *meso-2.4-Dimethylpentantriol-(1.3.5)*, $C_7H_{16}O_3$, Kp.$_{0,06}$ 135°, F. 78—80°, a) durch Red. von **VI** mit $LiAlH_4$ in sd. Ae. (1 Std.); 85%; b) aus **IX** analog a); c) aus **XI** analog a); n_D^{25} 1,4827; $[\alpha]_D^{33}$ −0,1° (c = 2; CH_3OH). — *Methyläthylglyoxal-2.4-dinitrophenylosazon* [*Pentandion-(2.3)-2.4-dinitrophenylosazon*], $C_{17}H_{16}N_8O_8$, a) F. 180—182° (?; nach Sublimation), durch 56std. Einw. von Sonnenlicht auf eine Mischung von **VII** u. Br_2 in W. u. Rk. mit 2.4-Dinitrophenylhydrazin in 6n-HCl; b) F. 255—277° (?; Pyridin/CH_3OH), aus **XIV**

(150 cm³ Destillat) u. 2.4-Dinitrophenylhydrazin in verd. HCl (2 Wochen Stehen bei Raumtemp.); 240 mg. — *Pentanol-(3)-on-(2)* oder *Pentanol-(2)-on-(3)* (**XIV**), durch Suspendieren des **III–IV**-Gemisches [aus 660 mg **I**] in 0,013n NaOH u. Dampfdest. bei konstantem Vol.; 200 cm³ Destillat. Das **XIV**-haltige Destillat gibt mit $NH_2OH/NiCl_2$-Lsg. keinen Nd., nach Oxydation mit $FeCl_3$ bildet sich jedoch ein *Ni-Glyoxim-Komplex.* — *2-Methylpenten-(2)-al-2.4-dinitrophenylhydrazon* (**VIII**), F. 161—163,5° (A.), durch 1std. Stehen einer Lsg. des **III–IV**-Gemisches [aus 2 g **I**] in 50% ig. CH_3OH/0,1n NaOH bei Raumtemp., Zugabe von 0,1n HCl bis p_H 8, Entfernung von **III** u. **XIV** aus dem Eindampfrückstand durch Chloroformextraktion, Dampfdest. bei konstantem Vol. u. Zugabe von BRADY-Reagens zu den ersten 100 cm³ des Destillats; 400 mg. — *C_7-Hydroxylacton* **XII**, $C_7H_{12}O_3$, F. 93—94° (Ae./SKB), a) durch Zugabe einer Lsg. von Trifluoracetanhydrid in 90% ig. H_2O_2/CH_2Cl_2 zu einer Suspension von wasserfreiem Na_2HPO_3 in sd. CH_2Cl_2-Lsg. von 13,5 g des **III–IV**-Gemischs unter Rühren, 1std. Kochen, Stehen über Nacht, Abfiltrieren der unlösl. Salze, Konz., Entfernung von kristallinen Oxydationsprodd. (F. 210—215°), Lösen des Eindampfrückstands (3,4 g) in 50% ig. CH_3OH, Zugabe von 5n NaOH bis p_H 12, 18std. Stehen bei Raumtemp., Entfernung der neutralen, farbigen Verunreinigungen durch Chloroformextraktion, Ansäuern auf p_H 1,5, 6std. Stehen, Chloroformextraktion u. 18std. Stehen des Eindampfrückstands in Ggw. von Ae./SKB bei 0°; b) neben **XVI** durch Lösen der abfiltrierten Salze in W., 18std. Stehen der auf p_H 3 angesäuerten Lsg. bei Raumtemp. [vermutliche Bldg. der Zwischenstufe *δ-O-Acetyl-C_7-dihydroxysäure*], Chloroformextraktion, Lösen der Hälfte (0,55 g) des Eindampfrückstands in verd. CH_3OH, 3tägiges Stehen bei p_H 12, Entfernung der Verunreinigungen, 4std. Stehen bei p_H 1,2 u. Raumtemp., Entfernung von sauren Bestandteilen durch Chloroformextraktion u. erneute Chloroformextraktion der wss. Lsg. bei p_H 3,5; 50 mg; c) durch 18std. Rühren einer Chloroformlsg. von **XV** in n-HCl bei Raumtemp. u. Chloroformextraktion; $[\alpha]_D^{25}$ +56,1° (c = 1; CH_3OH). — *meso-α.α'-Dimethyl-β-hydroxyglutarsäure* (**IX**), $C_7H_{12}O_5$, FF. 85—90° (Ae.) u. 133—135° (Anhydridbldg.), a) neben **XII** nach a) durch Lösen der abfiltrierten Salze in W., Zugabe von 2n NaOH bis p_H 12, 24std. Stehen, Chloroformextraktion, Ansäuern der wss. Lsg. auf p_H 2u. Ätherextraktion; $[\alpha]_D^{33}$ —0,1°; 24% (bezogen auf **I**); b) durch Verseifung von 103 g **XIII** mit wss. NaOH unter N_2 (18 Std. bei Raumtemp., 4 Std. bei 60°); 15 g. *Bis-[p-bromphenacylester]*, $C_{23}H_{22}Br_2O_7$, F. 138—141° (A.), a) aus **IX**; b) durch Zugabe von 0,1n HCl zum wss. Rückstand der Dampfdest. von **VIII** bis p_H 8, Dampfdest., erneute Zugabe von HCl zum wss. Rückstand bis p_H 8, Lösen des Eindampfrückstands in W., Abstumpfen auf p_H 7,2, Zugabe von p-Bromphenacylbromid/A. u. 3std. Kochen. — Die Oxydation von **II** (aus 0,92 g **I** durch Hydrolyse mit 0,1n NaOH) mit $NaJO_4$-Lsg. bei p_H 6,9 lieferte *Propionaldehyd* [*2.4-Dinitrophenylhydrazon*, F. 150—153° (A.); 170 mg] u. *Essigsäure* [*p-Bromphenacylester*, F. 81—83° (SKB)]. — *C_9-Fragment* **III**, durch Ansäuern einer **I**-Lsg. in 0,5n NaOH auf p_H 6,8, Zugabe von 0,1n $NaJO_4$-Lsg., 1std. Stehen bei Raumtemp. u. Chloroformextraktion; 74%. *Bis-[2.4-dinitrophenylhydrazon]*, $C_{21}H_{24}N_8O_9$, F. 235—237° (Aceton). — *1-Acetyl-3.5-dimethylcyclopentadien-2.4-dinitrophenylhydrazon*, $C_{15}H_{16}N_4O_4$, F. 200° (Zers.; Aceton), durch ½std. Stehen einer Lsg. von 0,6 g **III** in 33% ig. A. bei p_H 12, Dampfdest. der neutralisierten Lsg. u. Rk. des Destillats (250 cm³) mit 2.4-Dinitrophenylhydrazin; 0,48 g. — *O-Acetyl-C_7-lacton* **XVI**, $C_9H_{14}O_4$, F. 65—66° (Ae./SKB), durch Oxydation von **II** analog **XII** nach a), Entfernung der unlösl. Salze, Lösen des Eindampfrückstands in Ae./SKB u. 12std. Stehen bei 0°. — *C_7-Hydrazid* **XV**, $C_7H_{16}N_2O_3$, F. 152—155° (A./Ae.), a) durch Lösen der anderen Hälfte des Eindampfrückstands von **XII** nach b) in absol. CH_3OH u. 18std. Erhitzen mit wasserfreiem N_2H_4 auf dem Dampfbad; b) durch 18std. Erhitzen von 550 mg **XVI** u. wasserfreiem N_2H_4 in CH_3OH im geschlossenen Gefäß auf 90°; $[\alpha]_D^{32}$ +6,7° (c = 1; CH_3OH); 300 mg (roh). — *akt. 2.4-Dimethylpentantriol-(1.3.5)*, $C_7H_{16}O_3$, F. 54—56° (absol. Ae.), durch $LiAlH_4$-Red. von 140 mg **XII** in Ae. (1 Std. Kochen); n_D^{25} 1,4756, $[\alpha]_D^{25}$ —14° (c = 2; CH_3OH); 44 mg. — *rac. α.α'-Dimethyl-β-hydroxyglutarsäurediäthylester* (**XIII**), Kp.$_{0,2}$ 115°, aus α-Brompropionsäureäthylester u. Ameisensäureäthylester nach NEWMAN (C. **1956.** 983); n_D^{25} 1,4385; 35%. — *O-Acetyl-α.α'-dimethyl-β-hydroxyglutarsäureanhydrid* (**XI**), F. 111,5°, durch 24std. Stehen von 12 g **IX** in Acetylchlorid bei Raumtemp. u. Zugabe von Ae.; 5,5 g. — *rac. 2.4-Dimethylpentantriol-(1.3.5)*, $C_7H_{16}O_3$, F. 86—87° (Ae.), durch Red. von 32,5 g **XIII** mit $LiAlH_4$; n_D^{25} 1,4752; 3 g (roh). *1.5-Bis-[p-toluolsulfonat]*, $C_{21}H_{28}O_7S_2$, F. 111° (Ae.). — *Önanthsäure* (*n-Heptansäure*), durch Peroxydation von n-Heptaldehyd analog **XII** nach a); 70%. (J. Amer. chem. Soc. **78.** 6396—6408. 20/12. 1956. Indianapolis, Ind., Lilly Res. Labors.) K. MAIER. 3900

P. Brookes, A. T. Fuller und **James Walker,** *Chemie von Micrococcin P.* 1. Mitt. Das Antibioticum *Micrococcin P* (**I**; vgl. C. **1957.** 1713) zerfällt bei der Säurehydrolyse in einen säureunlösl. (**A**), einen ätherlösl. (**B**) u. einen säurelösl. Anteil (**C**). Aus **A** konnten durch Behandlung mit Methanol/H_2SO_4 ein krist. *Diester* $C_{24}H_{23}O_5N_5S_4$ (**II**) u. aus der Mutterlauge eine schwach bas. Substanz der Zus. $C_{16}H_{19}O_3N_3S_3$ erhalten werden. Aus **B** wurde neben *Propionsäure* (**VII**) *2-Propionylthiazol-4-carbonsäure* (**III**) isoliert, die bei der weiteren Hydrolyse mit H_2SO_4 *Thiazol-4-carbonsäure* (**IV**) u. **VII** ergibt. Bei der Oxydation von **III** mit $KMnO_4$ entsteht neben **IV** *Thiazol-2.4-dicarbonsäure*. In **C** wurde neben NH_3 u. *L-Threoninhydrochlorid* das *Hydrochlorid der* (+)-*2-[1-Amino-2-methylpropyl]-thiazol-4-carbonsäure* (**V**) gefunden. **V** gab bei der alkal. Oxydation mit $KMnO_4$ *2-Isobutyrylthiazol-4-carbonsäure* (**VI**); bei Behandlung mit HNO_2 (±)-*2-[1-Hydroxy-2-methylpropyl]-thiazol-4-carbonsäure*. Es wird angenommen, daß **III** u. **V** (Base) in Analogie zum Bacitracin A biogenet. aus den entsprechenden Cysteinpeptiden, α-Aminobutyrylcystein u. Valylcystein, über die Thiazolinderivv. entstehen.

Versuche: 5,4 g Micrococcin P (**I**) werden in 150 cm³ 20% ig. wss. HCl 16 Std. erhitzt, in 750 cm³ W. gegeben u. 2,2 g des säureunlösl. Anteils (**A**) abfiltriert. Das Filtrat wird kontinuierlich 16 Std. mit Ae. extrahiert, aus dem Extrakt werden 0,62 g ätherlösl. Anteil (**B**) gewonnen. Der wss. Extraktionsrückstand ergibt nach Entfernung des W. im Vakuum 2,8 g säurelösl. Anteil (**C**). — *Diester* $C_{24}H_{23}O_5N_5S_4$ (**II**), F. 248—250°, aus 0,5 g **A** mit 1 cm³ H_2SO_4 in 30 cm³ Methanol, 8std. Kochen; aus Chlf.-Ae. Nadeln; 0,29 g (Ausbeute). Daneben *Pikrat* $C_{16}H_{19}O_3N_3S_3 \cdot C_6H_3O_7N_3$, F. 155—159°, aus A. gelbe Prismen. — *2-[1-Benzoyloxypropyl]-thiazol-4-carbonsäureäthylester*, aus 11,15 g α-Benzoyloxybutyrothioamid u. 9,75 g Brombrenztraubensäureäthylester (**VIII**) bei 0°, 1 Std. bei 100° unter Rühren; rotbraunes Öl; 16 g. — *2-[1-Hydroxypropyl]-thiazol-4-carbonsäure*, aus 16 g vorst. Verb. durch 1std. Kochen mit alkoh. KOH; rotbraunes Öl; 6,1 g. — *2-Propionylthiazol-4-carbonsäure* (**III**), $C_7H_7O_3NS$, F. 169—171°, a) aus 6,1 g vorst. Verb. mit $Na_2Cr_2O_7$ in Eisessig, 2 Std. bei 100°; aus Chlf.-PAe. Prismen; λ_{max} 282 mμ (log ε = 3,69), pK_α 3,8; 2,7 g; b) aus 0,62 g **B** nach Wasserdampfdest. durch Ansäuern; 0,45 g; daneben **VII**. **III**-*Methylester*, $C_8H_9O_3NS$, F. 87—90°, aus **III** mit CH_2N_2 in Ae.; Prismen, λ_{max} 282 mμ (log ε = 3,70). **III** gibt mit $KMnO_4$ in 0,1n NaOH *Thiazol-4-carbonsäure* (**IV**), $C_4H_3O_2NS$, F. 192—194°; Nadeln aus Chlf.-PAe., λ_{max} 230 mμ (log ε = 3,82); daneben *Thiazol-2.4-dicarbonsäure*, λ_{max} 265 mμ (log ε = 3,57). 8std. Erhitzen von **III** mit 3n H_2SO_4 auf 180° gibt ebenfalls **IV**; daneben **VII**. — (+)-*2-[1-Amino-2-methylpropyl]-thiazol-4-carbonsäurehydrochlorid* (**V**), $C_8H_{12}O_2N_2S \cdot HCl$, F. 264—267°, aus 2,8 g **C** durch Chromatographie an AMBERLITE-IR-120 (H^+) in W. u. Elution mit n-HCl; Plättchen aus Methanol-Essigester, $[\alpha]_D^{23}$ +15,3° (c = 0,69; W.), λ_{max} 235 mμ (log ε = 3,81); 0,92 g. — Daneben 0,53 g *L-Threoninhydrochlorid*, $C_4H_9O_3N \cdot HCl$, F. 144—145°, $[\alpha]_D^{23}$ —11,8° (c = 5,0; W.) *2-Isobutyrylthiazol-4-carbonsäure* (**VI**), $C_8H_9O_3NS$, F. 153—155°, aus 100 mg **V** in 0,1n NaOH mit 2% ig. wss. $KMnO_4$, Zugabe von SO_2-Lsg. u. Ätherextraktion; Platten aus Chlf.-PAe., λ_{max} 285 mμ (log ε = 3,76); 60 mg. Gibt durch 8std. Erhitzen mit 3n H_2SO_4 auf 180° **IV**. — *α-Benzoyloxyvaleriansäurenitril*, $C_{12}H_{13}O_2N$, Kp.₁ 113—116°, aus 24 g Isobutyraldehyd, 47 g Benzoylchlorid u. 22 g KCN; n_D^{23} 1,5045; 51 g. — *α-Benzoyloxyisovalerothioamid*, $C_{12}H_{15}O_2NS$, F. 105—106°, aus 20,3 g vorst. Verb. in absol. A. mit H_2S in Ggw. von Triäthanolamin; feine Nadeln oder Plättchen aus wss. Methanol; 23,5 g. — (±)-*2-[1-Hydroxy-2-methylpropyl]-thiazol-4-carbonsäure*, $C_8H_{11}O_3NS$, F. 136 bis 138°, a) aus 2,37 g vorst. Verb. u. 1,95 g **VIII** über *2-[1-Benzoyloxy-2-methylpropyl]-thiazol-4-carbonsäureäthylester* u. dessen Verseifung mit alkoh. KOH; Prismen aus Ae.-PAe., λ_{max} 235 mμ (log ε = 3,80); 0,99 g; b) aus 120 mg **V** mit HNO_2 in verd. HCl bei 0°; 35 mg. Gibt mit $Na_2Cr_2O_7$ in Eisessig **VI**. (J. chem. Soc. [London] **1957**. 689—99. Febr. London, Nat. Inst. for Med. Res.) G. SCHMIDT-KASTNER. 3900

M. E. Cisney, W. L. Shilling, H. B. Lackey und **W. M. Hearon**, *Forschungen über Conidendrin aus dem Lignan der Schierlingstanne.* Das Lignan α-Conidendrin läßt sich leicht aus den Sulfitablaugen gewinnen. Chem. stellt es das Lacton eines Phenyläthers mit 3 asymm. C-Atomen dar. Es läßt sich unter Anwendung von Hitze oder CH_3ONa in das β-Isomere epimerisieren. Die Entmethylierung dieser Epimeren führt dann zu den entsprechenden Conidendrolen, die tetrahydr. Phenole sind u. techn. als Antioxydationsmittel Verwendung finden. Die Umdrehung des Lactonrings im Dimethyl-α-conidendrin ergibt Dimethyl-α-retrodendrin, das strukturell dem Podophyllotoxin, jedoch ohne dessen tumorschädigende Eigg., entspricht. Diese Tatsache wird auf ster. Unterschiede zurückgeführt. (Pulp Paper Mag. Canada **56**. Nr. 1. 86—89. Jan. 1955. Crown Zellerbach Corp., Central Res. Dep.) H. G. FRÖHLICH. 3950

L. F. Fieser und **M. Fieser**, Lehrbuch der organischen Chemie. 3., neubearb. Aufl. Weinheim/Bergstr.: Verlag Chemie. 1957. (XX + 1269 S.) DM 56.—.

Wilhelm Theilheimer, Synthetische Methoden der organischen Chemie. Jahrbuch 1957. Bd. XI. Mit deutschem Registerschlüssel. Basel, New York: Karger. (XVI + 494 S.) 8°. Fr. 84.—.

—, Die Synthese der heterocyclischen Verbindungen. Heft 1. Die Synthese der Furanabkömmlinge. Erewan: Akad. der Wiss. der ArmenSSR. 1956. (84 S. m. Abb.) 5 Rbl. [russ.]

D. Makromolekulare Chemie.

C. D. Nenitzescu, Ciresica Huch und **A. Huch,** *Über die Normaldruck-Polymerisierung des Äthylens durch Zink- und Natriumalkyle.* Die Polymerisation von *Äthylen* bei Normaldruck erfolgt mit Al-Alkylen in Ggw. von $TiCl_4$. Vff. nehmen an, daß sich durch Austausch-Rk. organ. Ti-Verbb. bilden, die die eigentlichen Polymerisationskatalysatoren darstellen. An Stelle von Al-Alkylen konnten mit gleichem Erfolg $Zn(C_2H_5)_2$, C_6H_5Na u. Isoamyl-Na angewandt werden. Für die Polymerisation wird ein radikal. u. ein anion. Mechanismus diskutiert. — Unter Bzn. (Kp. 150—200°) wird Na fein zerstäubt, bei — 10° mit Isoamylchlorid versetzt u. bei 20° mit Bzn. verd. $TiCl_4$ vermischt. In diese Lsg. eingeleitetes Äthylen wird sofort polymerisiert. (Angew. Chem. **68.** 438. 7/7. 1956. Bukarest, Labor. für anorgan.-chem. Forsch. der Akad. der RVR.) H. Korbanka. 4010

Richard G. Bauman und **Samuel H. Maron,** *Die Oxydation von Polybutadien. 2. Mitt. Eigenschaftsänderungen während der Oxydation.* (1. vgl. C. **1957.** 8525.) Die früheren kinet. Unterss. an Emulsions-*Polybutadien* während der Oxydation wurden durch Unterss. der Eigenschaftsänderungen (Gelgeh., Quellungsindex, Intrinsicviscosität u. Infrarotspektren) bei verschied. Oxydationsstufen ergänzt u. diese in Beziehung zur absorbierten O_2-Menge u. zur Geschwindigkeit der O_2-Absorption gebracht. Die Befunde zeigen, daß die Ggw. von O_2 sowohl Kettenspaltung als auch Vernetzung, u. zwar in 1. Linie abhängig von der absorbierten O_2-Menge, verursacht, während einfaches Erhitzen hauptsächlich zur Vernetzung führt. Temperaturerhöhung oder zunehmender Oxydationsgrad begünstigt die Vernetzung. Während der Oxydation werden Säure-, Ester-, Aldehyd-, Keton-, Äther- u. Alkoholgruppen gebildet; ihre Verhältnisse zueinander bleiben aber im wesentlichen konstant. Ein starkes Ausmaß der Oxydation führt zu keiner Abnahme des Doppelbindungsgeh., so daß mit großer Wahrscheinlichkeit angenommen werden kann, daß die Doppelbindung nicht der direkte Angriffspunkt des O_2 ist. (J. Polymer Sci. **22.** 203—12. Nov. 1956. Cleveland, O., Case Inst. of Technol., Chem. & Chem. Engng.) R. Schäff. 4010

M. R. Gopalan und **M. Santhappa,** *Methyläthylketonperoxyd als Initiator für die Vinylpolymerisation. Styrol, Methylmethacrylat* u. *Methylacrylat* wurden bei 65 u. 70° mit Methyläthylketonperoxyd als Initiator im Block u. in Lsg. polymerisiert. Die Rk. verläuft ohne Induktionsperiode nach 1. Ordnung. Es werden die Initiationsgeschwindigkeiten, die Übertragungskonstanten für die Monomeren sowie für den Initiator u. das Verhältnis der Geschwindigkeitskonstanten für den Abbruch u. das Fortschreiten der Polymerisation berechnet. (Current Sci. **25.** 116—18. April 1956. Madras, Univ., Physic.-chem. Labor.) H. Korbanka. 4010

S. Krimm, C. Y. Liang und **G. B. B. M. Sutherland,** *Infrarotspektren von Hochpolymeren. 5. Mitt. Polyvinylalkohol.* (4. vgl. C. **1957.** 9098.) Mit der von Vff. früher (vgl. C. **1957.** 4416) beschriebenen Meth. wurde zwischen 70 u. 3600 cm^{-1} das Ultrarotspektr. von *Polyvinylalkohol* (**I**) u. von *deuteriertem* **I** (**II**, 90% des OH durch OD ersetzt) aufgenommen. Die **I**- u. **II**-Filme wurden aus der wss. Lsg. hergestellt, das W. konnte in der Wärme im Vakuum restlos entfernt werden (Kontrolle an Hand der bei 1650 cm^{-1} liegenden Bande). Ferner wurden an in der Hitze gedehnten **I**-Filmen zwischen 330 u. 3300 cm^{-1} auch Polarisationsmessungen ausgeführt. Die erhaltenen Daten werden im Zusammenhang mit Röntgenstreuunterss. (Literaturdaten) diskutiert. Hiernach kann **I** nicht die von Mooney (J. Amer. chem. Soc. **63.** [1941.] 2828) vorgeschlagene Struktur besitzen; die beste Übereinstimmung besteht mit dem von Bunn (C. **1948.** E. 2387) angenommenen Modell. Auf dieser Basis ist eine vollständige Zuordnung der Banden zu der Art dem Schwingungszustand der einzelnen Gruppen (CH_2, CH, OH bzw. OD, C=O, C—O—C u. C—C) möglich. Speziell wird die bei 1326 u. 1446 cm^{-1} liegende Doppelbande auf gemischte CH- u. OH-Biegeschwingungen in der Ebene zurückgeführt (in Übereinstimmung mit den Spektren der einfachen Alkohole). Das Bestehen von Wechselwirkungskräften zwischen benachbarten Moll. konnte mit Sicherheit an Hand der Spektren festgestellt werden. Zur Darst. von **II** wurde **I**-Pulver zuerst mehrere Std. auf 70° erhitzt u. dann in warmem D_2O gelöst. Die Lsg. wurde schnell eingedampft u. der Rückstand im Vakuum über P_2O_5 getrocknet. Anschließend nochmals Lösen in D_2O u. Ausbreiten der Lsg. auf einer AgCl-Platte, Trocknen unter trockenem N_2 über P_2O_5. Nach dem Trocknen Auflegen einer zweiten AgCl-Platte u. Verschmelzen der beiden Platten an den Kanten mit einem heißen Draht. Dieses Plattenpaar mit der **II**-Zwischenschicht diente für die spektroskop. Untersuchung. (J. Polymer. Sci. **22.** 227—47. Nov. 1956. Ann Arbor, Mich., Univ., Harrison M. Randoll Labor. of Phys.) O. Fuchs. 4010

Leon E. St. Pierre und **Charles C. Price,** *Die Polymerisation von Propylenoxyd bei Raumtemperatur.* Die Polymerisation von *Propylenoxyd* erfolgt in Ggw. von KOH bei

Raumtemp., jedoch nicht bei 0° bzw. —78°. Sie führte zu Prodd. mit Mol.-Gewichten von 3000—5000. Andere Katalysatoren, wie NaOH, LiOH, $NaOCH_3$, $Ba(OH)_2$, K_2CO_3, Li, Na sind unwirksam, während $NaNH_2$, Triton B u. Triton-B-äthylat nur geringe Ausbeuten an Polymerem mit niedrigem Mol.-Gew. ergeben. Die Polymerisation scheint eine oberflächenkatalysierte Ketten-Rk. zu sein, da sie sowohl bei niedrigen, als auch bei hohen Umsätzen zu Prodd. mit gleichen Mol.-Gewichten führt. Verschied. Verss. über die therm. Stabilität des Polymeren mit u. ohne O_2 ergaben, daß der nicht oxydative Zerfall bei 270° durch p-Toluolsulfonsäure katalysiert wird. Aus dem Zerfallsprod. konnten isoliert werden: *2.5-Dimethyl-1.4-dioxan* ($C_6H_{12}O_2$, Kp. 117—118°, n_D^{20} 1,4082), *Propionaldehyd* (*Dimedon*-Deriv., F. 154—156°; *2.4-Dinitrophenylhydrazon*, F. 145°) sowie eine Fraktion (Kp. 139—141°), die wahrscheinlich etwas *Acrylsäure* u. *Propionsäure* enthält. β-Bestrahlung des fl. *Polypropylenoxyds* bewirkt unter Viscositätsabnahme der Fl. Zerfall unter Bldg. gasförmiger Prodd., wie 63 (%) H_2, 2,4 CH_4, 4,8 H_2O, 4,9 C_3H_6. Aus Ultrarotspektren wird geschlossen, daß die Endgruppen des Polymeren aus Allyläther- u. Propenylresten bestehen, wobei die letzteren bei der sauren Aufarbeitung hydrolysiert werden. An die restlichen Doppelbindungen können durch 30%ig. H_2O_2 bei 45° Hydroxylgruppen angelagert werden. Dieses Prod. reagiert im Gegensatz zum Ausgangspolymeren mit Naphthalin-1.5-diisocyanat zu einem unlösl. Gel. (J. Amer. chem. Soc. **78.** 3432—36. 20/7. 1956. Philadelphia, Pa., Univ. of Notre Dame, Dep. of Chem.)
H. Korbanka. 4010

J. Bisschops, *Gelierung konzentrierter Polyacrylonitril-Lösungen.* 2. Mitt. (1. vgl. C. **1950/54.** 271 S.) Die Gelierungsgeschwindigkeit konz. *Polyacrylonitril* (**I**)-Lsgg. in Dimethylformamid wurde in Abhängigkeit von Temp., Konz., Mol.-Gew. sowie dem Wassergeh. der Lsgg. gemessen. Die Gelierungsgeschwindigkeit steigt mit fallender Temp. u. wird erst zwischen 0 u. —10° der angewandten Meßtechnik zugänglich. Eine Zunahme der Konz. von 18 auf 23% erhöht die Geschwindigkeit bei —10° um den Faktor 150. Dagegen führt der Anstieg des Mol.-Gew. von 100000 auf 150000 zu einem Faktor 3. Zunehmender Wassergeh. beschleunigt die Gelierung erheblich, bei Zugabe von mehr als 2% W. erfolgt die Gelierung schon bei Zimmertemperatur. N.N-Dimethylacetamid als Lösungsm. führt überraschenderweise zu wesentlich langsamerer Gelierung. Der Gelierungsvorgang wird einer Keimbldg. in den an krist. **I** übersätt. Lsgg. zugeschrieben, u. es wird gezeigt, daß der Einfl. obiger Faktoren den Aussagen der Keimbildungstheorie entspricht. (J. Polymer Sci. **17.** 89—98. Mai 1955. Liège, Belgien, Univ., Labor. de Chim. Phys. du Val Benoit.)
W. Königsdorf. 4010

W. J. Burlant und **J. L. Parsons,** *Pyrolyse von Polyacrylonitril.* Bei der Pyrolyse von *Polyacrylonitril* (**I**) des Mol.-Gew. 130000 unter N_2 zwischen 200 u. 320° werden an gasförmigen Prodd. bes. HCN (**II**) u. NH_3 (**III**) gebildet. Die Farbe des Rückstands ändert sich von Orange über Braun bis Schwarz. Während das Verhältnis β_2 (gebildete **II**-Menge in Mol/Molzahl der vorhandenen CN-Gruppen) für verschied. Tempp. linear mit der Reaktionszeit t (bis 400 Min.) ansteigt, nimmt das entsprechende für **III** geltende Verhältnis β_3 anfangs sehr stark zu u. erreicht nach ca. 250 Min. einen Grenzwert. Neben **II** u. **III** wurde ein fl. Destillat, das Nitrile, Amine u. ungesätt. Gruppen enthält, erhalten. Nach Ultrarotaufnahmen verschwinden die Nitrilgruppen in **I** allmählich mit wachsendem t, während gleichzeitig C=N-Gruppen, die ein konjugiertes Syst. bilden, entstehen; ferner erfolgt bei längerem Erhitzen, bes. ab ca. 300°, eine Aromatisierung unter Bldg. von Pyridinsystemen. Vgl. hierzu auch Houtz (C. **1951.** I. 1821) u. McCartney (C. **1954.** 10016), die zu ähnlichen Resultaten kamen. Wird **I** in Ggw. von Luft erhitzt, so sind die Absorptionsspektren einfacher, breiter u. intensiver als vorher; es entstehen hierbei auch Carbonylgruppen. (J. Polymer Sci. **22.** 249—56. Nov. 1956. Dearborn, Mich., Ford Motor Comp., Dep. of Chem. and Phys., Sci. Labor.)
O. Fuchs. 4010

Giorgio Ostacoli und **Antonio Nasini,** *Heterogenitäten von Hochpolymerfilmen und Angriffsfiguren im Elektronenmikroskop.* Proben eines modifizierten *Glycerinphthalatharzes* mit ca. 30% Ölanteilen mit Zusatz von 10—90% *Chlorkautschuk* (**I**) oder 20—80% *Copolymerem* (**II**) von *Vinylchlorid, -acetat* u. *-alkohol* werden 30 Sek. u. 5 Min. bei 40° mit 10%ig. NaOH behandelt, dann einer elektronenmkr. Unters. unterworfen. Man kann auf diese Weise aus den Mikroheterogenitäten die Angriffsgrenzen erkennen u. daraus schließen, daß bei Zusatz von 80% **I** oder 50% **II** gegen NaOH widerstandsfähige Filme vorliegen. Die Meth. stellt ein Hilfsmittel zur Prüfung der Verträglichkeit von Polymeren dar. (Chim. e Ind. [Milano] **38.** 839—43. Okt. 1956. Torino, Univ., Ist. di chim.)
R. K. Müller. 4010

F. Scheffer, W. Ziechmann und **H. Kuntze,** *Untersuchungen über Aufbau und Eigenschaften von Harnstoff-Acetaldehyd-Kondensaten.* Vff. berichten über chem.-physikal. Unterss. an *Harnstoff-Acetaldehyd-Kondensaten,* „*Urea-Z*" (**I**), die mit Hilfe des organ. gebundenen N als langsam fließende Stickstoffquelle in der Pflanzenernährung

genutzt werden können. Bei der Herst. von I werden zwei voneinander getrennte Reaktionsabschnitte beobachtet, eine intensive, kurze exotherme Einleitungs-Rk. (Addition) unter Bldg. von *Mono-* u. *Diäthylolharnstoff* u. eine anschließende langsame Stufen-Rk. (Kondensation) durch Verkettung u. Vernetzung der reaktiven Äthylolgruppen zu polymeruneinheitlichen Makromolekeln. Durch verschied. Methoden werden die Kondensate von I in ihrem Aufbau u. Eigg. charakterisiert. Die aus der funktionellen Zus. errechneten sowie kryoskop. u. sedimentativ bestimmten Teilchengewichte ergeben einen relativ niedermolekularen, uneinheitlichen Aufbau von I (Teilchengewicht unter u. um 1000), der seine weitere Bestätigung findet durch mikroskop. u. elektrophoret. Unterss. sowie Lösungsverhalten. Einteilung in drei schwer trennbare Fraktionen mit Schmelzbereichen vom F. 120—130° (Nadeln) als wenig substituierter oder verunreinigter Harnstoff, vom F. 150—180° (krist.) als niedere u. vom F. ca. 210° (amorph) als höchste Kondensationsstufe. Nach den Viscositätsmessungen schließen Vff. auf einen nahezu kugelförmigen oder kurzkettigen, niedermolekularen Aufbau, wobei Molekelassoziation durch Nebenvalenzbindungen in Lsg. einen makromolekularen Aufbau vortäuschen kann. Die gemessenen Versuchsergebnisse sind tabellar. u. graph. erfaßt. (Naturwissenschaften **44.** 52—58. 1. Febr.-H. 1957. Göttingen, Univ., Agrikulturchem. u. bodenkundl. Inst.)
W. ZIEGLER. 4010

I. I. Korolkow, W. I. Scharkow und **Je. N. Garmanowa,** *Untersuchung der Cellulosestruktur nach der Methode der Äthanolyse.* Eine Alkoholyse von *Cellulose* (I)-Präpp., durchgeführt durch Behandlung mit 10% H_2SO_4-Monohydrat enthaltendem absol. Ä. im Autoklaven auf dem sd. Wasserbad gibt nach Vff. bessere Einblicke in das Verhältnis der amorphen u. kristallinen Anteile derselben, als die Hydrolyse, bei der stets mit Rekristallisationserscheinungen (Verdichtung u. Verminderung der Reaktionsfähigkeit) zu rechnen ist. Die Alkoholysenmeth. ergab an amorphen Anteilen bei *Baumwoll*-I ca. 7%, bei *Tannensulfit*-I ca. 15%, bei *Cellophan* ca. 42% u. bei *Viscoseseide* ca. 45%. Ein stärkerer Abzug beim Viscosespinnen ändert die Menge der amorphen Anteile der Fasern nicht. Für die D. des kristallinen Anteils der Baumwoll-I finden Vff. nach Entfernung des amorphen Anteils durch teilweise Hydrolyse 1,550; für den amorphen errechnet sich 1,448. Auf Grund dieser Werte hat man in gemahlener, durch heißes W. rekristallisierter I 55% amorphe Anteile (nach der Äthanolysenmeth. 38%), in Baumwoll-I 18% (7%) u. in Viscoseseide 47% (45%); das sind Werte, die unter denjenigen der Literatur liegen. (Доклады Академии Наук СССР [Ber. Akad. Wiss. UdSSR] **109.** 1140—43. 21/8. 1956.)
M. ULMANN. 4050

P. Andrews, L. Hough und **J. K. N. Jones,** *Mannose enthaltende Polysaccharide.* 3. Mitt. *Die Polysaccharide in den Samen von Iris ochroleuca und Iris sibirica.* (2. vgl. C. **1954.** 8361.) Die aus dem Endosperm der beiden Irissorten durch Extraktion mit 10%ig. wss. NaOH erhaltenen *Polysaccharide* [I; aus *I. ochroleuca*; $[\alpha]_D^{18}$ —25 ± 2° (c = 0,7; 2n NaOH) u. II aus *I. sibirica*, $[\alpha]_D^{18}$ —26 ± 3° (c = 0,7; 2n NaOH)] sind untereinander sehr ähnlich, aber nicht ident.; die Hydrolyse von I u. II ergibt 97% *D-Glucose* (F. 146°, $[\alpha]_D^{18}$ +51,6°) u. *D-Mannose* (F. 132°, $[\alpha]_D^{18}$ +14,5°) im Verhältnis 1:1 u. 3% *D-Galaktose*, identifiziert als *2-Methyl-2-phenylhydrazon*, F. 186°. — Die Hydrolyse von *methyliertem* I {$[\alpha]_D^{18}$ —9° (c = 1,1; Chlf.)} u. II {$[\alpha]_D^{18}$ —11° (c = 1,4; Chlf.)} zeigt, daß die Glucose- u. Mannoseeinheiten in 1 → 4-Stellung verknüpft sind, u. die nur aus $C_{(1)}$-verknüpften Galaktopyranoseeinheiten die nicht reduzierenden Endgruppen bilden. — Die Hydrolyse ergab: *2.3.6-Tri-O-methylglucose*, F. 120°, $[\alpha]_D^{18}$ +95° → +70° (Gleichgew., c = 0,7; H_2O). — *2.3.6-Tri-O-methyl-D-mannose* {*2.3.6-Tri-O-methyl-D-mannonsäurephenylhydrazid*, F. 132°, $[\alpha]_D^{18}$ —18° (c = 0,7; H_2O). — *2.3.4.6-Tetra-O-methylgalaktose* [*N-Phenyl-D-galaktopyranosylamintetramethyläther*, F. 189°, $[\alpha]_D^{18}$ +37° (Gleichgewicht, c = 0,5; Aceton)]. Die Molekülgröße u. -form, die sich aus der Endgruppenbest. u. der $NaJO_4$-Oxydation ergeben, werden diskutiert. I scheint danach eine stärker verzweigte u. längere Kette zu besitzen als II. (J. chem. Soc. [London] **1953.** 1186—92. April. Bristol, Univ.)
H. ROSSOW. 4050

P. Andrews, L. Hough und **J. K. N. Jones,** *Mannose enthaltende Polysaccharide.* 4. Mitt. *Die Glucomannane der Lilienzwiebeln.* (3. vgl. vorst. Ref.) Die Extraktion der Zwiebeln von *Lilium umbellatum* (Lu.), *Lilium henryii* (Lh.) u. *Lilium candidum* mit kaltem W. ergeben *Glucomannane* (Gm.), die nach der Reinigung über die Cu-Komplexe sehr ähnliche physikal. Eigg. ($[\alpha]_D^{20}$ —26, —21 bzw. —25°) zeigen. Bei der Hydrolyse mit n-H_2SO_4 ergeben sie *D-Glucose* u. *D-Mannose* im Verhältnis 1:1,83 bzw. 1:1,93 bzw. 1:2,00. Durch 7std. Erhitzen mit 0,01n H_2SO_4 auf 100° werden keine Monosaccharide in Freiheit gesetzt u. die Reduktionswerte nicht wesentlich erhöht, so daß keine Furanoseformen angenommen werden müssen. — Die Gm. aus Lu. u. Lh. werden erschöpfend methyliert ($[\alpha]_D$ —20 bzw. —23°; Chlf.), die Methylpolysaccharide hydrolysiert u. die Bruchstücke papierchromatograph. getrennt.

2.3.4.6-Tetra-O-methyl-D-glucose, F. u. Misch-F. 85—87°, ist als einziges Tetramethylderiv. zu 3,7 bzw. 1,3% in dem O-Methylzuckergemisch enthalten. Die Kettenlänge der Gm. beträgt 27 bzw. 75 Hexoseeinheiten auf eine nicht reduzierende Endgruppe (D-Glucopyranosyleinheit). Die Hexoseeinheiten sind β-1 → 4-glucosid. verbunden, denn der Hauptbestandteil des Methylzuckergemisches besteht aus *2.3.6-Trimethyl-D-glucose* u. *2.3.6-Trimethylmannose* im Verhältnis 1:2, die durch Oxydation u. Papierchromatographie der *Lactone* getrennt werden: *2.3.6-Tri-O-methyl-D-gluconsäurephenylhydrazid* {$C_{15}H_{24}O_6N_2$, F. 145—146°, $[\alpha]_D^{20}$ +18° (c = 1; W.)} u. *2.3.6-Tri-O-methyl-D-mannonsäurephenylhydrazid*, $C_{15}H_{24}O_6N_2 \cdot H_2O$, F. u. Misch-F. 134—135°, $[\alpha]_D^{20}$ —21° (c = 0,5; W.). In der Dimethylfraktion von Lh. werden mindestens 3 verschied. Di-O-methylverbb. chromatograph. nachgewiesen, aber nicht identifiziert. Ob sie durch unvollständige Methylierung oder Dimethylierung während der Hydrolyse entstanden sind oder auf Verzweigungen im Gm.-Mol. hinweisen, wurde nicht entschieden; bei einer Kettenlänge von ca. 75 Einheiten wurden 2,6 Einheiten Dimethylzucker gefunden. Dagegen enthält die Dimethylfraktion von Lu. hauptsächlich *2.4-Di-O-methyl-D-glucose*, was Verzweigungen am $C_{(1)}$, $C_{(3)}$ u. $C_{(6)}$ in dem Gm. von Lu. wahrscheinlich macht. Bei einer Kettenlänge von 27 Hexoseeinheiten wurden 0,65 Einheiten Dimethylzucker gefunden. (J. chem. Soc. [London] **1956.** 181—88. Jan.) H. ROSSOW. 4050

Hans Heinrich Schlubach und **Alfred Scheffler,** *Untersuchungen über Polyfructosane. 39. Mitt. Über eine Difructose aus Inulin.* (38. vgl. C. **1955.** 1769.) Das bei der partiellen Hydrolyse von *Inulin* (0,01n HCl, 30 Min. bei 70°) durch chromatograph. Trennung in 3,4%ig. Ausbeute erhaltene reduzierende Disaccharid mit einer Halbumsatzzeit der Säurehydrolyse von 62 Min. u. einem Zeitwert der Invertinspaltung von 32 Min. konnte als *1-[β-D-Fructofuranosyl]-D-fructose* {$[\alpha]_D^{20}$ —72,4° (c = 2,75; W.). *Acetylverb.*, $[\alpha]_D^{20}$ —14,2° (c = 1,6; Chlf.)} identifiziert werden. Das Hydrolysat enthält nur Fructose; die Methylierung der Acetylverb. führt zur *Oktamethylverb.* (OCH_3 53,9%), die mit wss. Oxalsäure u. 0,25% HCl gespalten wird; bei der chromatograph. Trennung des Spaltgemisches über Silicagel (Eluierung mit Chlf. u. Anfärben mit MOLISCH-Reagens) wurden *1.3.4.6-Tetramethylfructose* {$[\alpha]_D^{20}$ +31,0° (c = 1; W.), n_D^{20} 1,4525} u. *3.4.6-Trimethylfructose*, $[\alpha]_D^{20}$ +27,0° (c = 1; Chlf.) im Verhältnis 1:0,93 (bezogen auf Fructose) gefunden. (Liebigs Ann. Chem. **588.** 192—94. 1954. Hamburg, Univ., Chem. Staatsinstitut.) H. ROSSOW. 4050

H. H. Schlubach und **Henning Lübbers,** *Untersuchungen über Polyfructosane. 40. Mitt. Enzymatischer Aufbau von Polysacchariden in Gräsern.* (39. vgl. vorst. Ref.) Bei der Einw. einer Rohrzuckerlsg. auf *Phlein 25* ($[\alpha]_D$ —42,7°) wurde in Ggw. von Invertin u. Phosphatpuffer (p_H 6,5) bei 20° nach 5 Std. *Phlein 34* ($[\alpha]_D$ —46,2°) erhalten. Die Rohrzuckerlsg. kann durch Fructoselsg. ersetzt werden. Ohne Invertinzusatz tritt keine Polymerisation auf. Der Phosphatpuffer ist gegen Citratpuffer austauschbar. (Angew. Chem. **66.** 744. 7/12. 1954.) F. ROSSOW. 4050

Hans Heinrich Schlubach und **Henning Lübbers,** *Untersuchungen über Polyfructosane. 42. Mitt. Über die Phleine und ihren enzymatischen Aufbau.* (41. vgl. C. **1957.** 13088; 40. vgl. vorst. Ref.) Die *Phleine* als polymerhomologe Reihe von *Polyfructosanen*, ihre Fraktionierbarkeit u. die Bestimmungsmöglichkeit der Mol.-Größe werden diskutiert. Ihre Mol.-Drehungen $[M]_D$ hängen linear von der Kettenlänge P ab, der $[\alpha]_D$-Wert bei den höheren Gliedern linear von 1/P; für die Halbwertszeit der Säurehydrolyse fehlt die einfache lineare Beziehung. Durch enzymat. Spaltungsverss. mit Invertin konnte wahrscheinlich gemacht werden, daß die Zunahme des Polymerisationsgrads während der Vegetationsperiode auf enzymat. Transfructosidation beruht (vgl. vorst. Ref.). (Liebigs Ann. Chem. **594.** 41—58. 1955.) H. ROSSOW. 4050

Hans Heinrich Schlubach und **Gudrun Blaschke,** *Untersuchungen über Polyfructosane. 43. Mitt. Abbau des Loliins zu einer Di- und Trifructose.* (42. vgl. vorst. Ref.) *Loliin* ($[\alpha]_D$ —44°, Durchschnittspolymerisationsgrad 28) wird der partiellen Säurehydrolyse (H_2SO_4, 120 Min., 20°) unterworfen u. die Di- u. Trisaccharide von den Monosacchariden durch selektive Desorption mit wachsender Alkoholkonz. getrennt. Erhalten wurde ein *Disaccharid* {**I**; $[\alpha]_D$ —21° (c = 1; W.), Halbumsatzzeit nach KNOOP 72 Min.; 2,1% (Ausbeute)} u. ein *Trisaccharid*, $[\alpha]_D$ —28° (c = 1; W.), 134 Min.; 3,4%. Die Konstitutionsbest. von **I** durch Acetylierung, Methylierung u. vollständige Hydrolyse führt zu *1.3.4.6-Tetramethylfructose* {$[\alpha]_D^{20}$ +18° (c = 1; Chlf.), n_D^1 (?) 4525} u. *1.3.4-Trimethylfructose*, F. 74,5°, $[\alpha]_D^{20}$ —56° (c = 1; W.). Daraus ergibt sich für **I** die Konst. der *6-[β-d-Fructofuranosyl]-d-fructofuranose.* (Liebigs Ann. Chem. **595.** 224—29. 1955.) H. ROSSOW. 4050

Hans Heinrich Schlubach, Henning Lübbers und **Horst Borowski,** *Untersuchungen über Polyfructosane. 44. Mitt. Die niedermolekularen Kohlenhydrate in Lolium perenne.* (43. vgl. vorst. Ref.) 9,7% des Trockengewichts einer Ende Mai geschnittenen *Lolium* *perenne* sind lösl. Kohlenhydrate (l. KH.), die zu 80% aus *Loliin I* bestehen. Aus dem Rest wurden durch selektive Desorption 3,5% Mono- u. 1,8% Oligosaccharide quantitativ abgetrennt, 12,2% niedere Polyfructosane konnten nicht getrennt werden. Das Monosaccharidgemisch setzt sich aus *Glucose* (56,3%), *Fructose* (39,7%) u. Spuren von *Arabinose* u. *Xylose* zusammen. Das Disaccharid ist reine *Saccharose* (1,2% der l. KH.), das Trisaccharid wird als *d-Glucopyranosyl-⟨1 → 2⟩-β-d-fructofuranosyl-⟨6 → 2⟩-β-d-fructofuranosid* [*Kestose*, $[\alpha]_D$ +27° (W.)] identifiziert (vollständige Methylierung, Hydrolyse u. Trennung der Spaltstücke; 0,5% der l. KH.). In dem Tetrasaccharidanteil (0,1%) wurde papierchromatograph. ein aldosefreier Zucker nachgewiesen. — Der Aufbau der Polyfructosane in der Pflanze scheint über zwei Wege zu erfolgen: die durch Transfructosidation auf Saccharose gebildeten u. die durch Transfructosidation auf ein Fructoseanhydrid aufgebauten Polyfructosane. Der letzte Weg führt zu glucosefreien Polyfructosanen. (Liebigs Ann. Chem. **595**. 229—36. 1955.) H. ROSSOW. 4050

Hans Heinrich Schlubach und **Henning Lübbers,** *Untersuchungen über Polyfructosane. 46. Mitt. Über die Konstitution des Polyfructosans in Lolium multiflorum.* (45. vgl. C. **1957**. 13089; 44. vgl. vorst. Ref.) Aus *Lolium multiflorum* wurde ein *Polyfructosan* {$[\alpha]_D^{20}$ —40,5° (c = 1; W.). *Acetylverb.* +21° (c = 1; Chlf.)} gewonnen, für das der Reduktionswert 0,0%, der Aldosewert 3,5%, die Halbumsatzzeit 170 Min. u. die spezif. Viscosität 0,0084 gemessen wird. Der daraus berechnete Durchschnittspolymerisationsgrad beträgt 22,7 (Bausteinanalyse = 19 Fructoseeinheiten) u. liegt in der Größenordnung der Polyfructosane von Goldhafer u. Wiesenfuchsschwanz. Die Hydrolyse der *Methylverb.* {$[\alpha]_D^{20}$ —53° (c = 1; Chlf.)} liefert *1.3.4.6-Tetramethyl-*, *1.3.4-Trimethyl-* u. *3.4-Dimethylfructose* (daneben eine nicht näher identifizierte *Dimethylglucose*) im Verhältnis 1:16,6:1,16. Das Auftreten des Aldoseanteils in der Dimethylhexosefraktion wird diskutiert. (Liebigs Ann. Chem. **598**. 225—27. 1956.) H. ROSSOW. 4050

Hans Heinrich Schlubach und **Alfred Scheffler,** *Untersuchungen über Polyfructosane. 48. Mitt. Die Konstitution des Polyfructosans des Wiesenschwingels (Festuca pratensis).* (47. vgl. C. **1957**. **13089**; 46. vgl. vorst. Ref.) Aus *Festuca pratensis* wurde ein *Polyfructosan* {$[\alpha]_D^{20}$ —44,0° (c = 1; W.). *Acetylverb.*, $[\alpha]_D^{20}$ +21,8° (c = 1; Chlf.)} isoliert mit einem Reduktionswert von 0,0%, einem Aldosewert von 0,0%, einer Halbumsatzzeit von 235 Min. (Zunahme des Reduktionswerts) bzw. 320 Min. (Drehungsänderung). Der Durchschnittspolymerisationsgrad ist 29,5 (Bausteinanalyse) bzw. 31,9 (viscosimetr.). Die Hydrolyse der *Methylverb.* ergibt *1.3.4.6-Tetramethyl-*, *1.3.4-Trimethyl-* u. *3.4-Dimethylfructose* im Verhältnis 1,07:27,5:1. (Liebigs Ann. Chem. **598**. 234—35. 1956.) H. ROSSOW. 4050

F. May und **H. Weinland,** *Beobachtungen bei der Säurehydrolyse des Galaktogens. 3. Mitt. Nachweis der β-D-1 → 3-Bindung als Hauptkettenbindung in Tri- und Pentasacchariden.* (2. vgl. C. **1957**. 954.) Vff. isolieren aus dem Gemisch der Hydrolysenzwischenprodd. von *Galaktogen* (I; Spaltung mit n-HCl u. papierelektrophoret. Abtrennung der beigemengten Phosphorsäureester) eine *Trisaccharid-* (**II**) u. *Pentasaccharid* (**III**)-fraktion, die nach vollständigem Abbau reine *D-Galaktose* (**IV**) liefert. Bei fortlaufend verfolgter Hydrolyse von **II** mit n/10 HCl werden nach 9,3—9½ Std. neben geringen Mengen *6-β-D-Galaktosido-D-galaktose* (**V**; $[\alpha]_D$ +53,4°) stets *3-β-D-Galaktosido-D-galaktose* (**VI**; $[\alpha]_D$ +34,1°) gefunden, während **III** unter gleichen Bedingungen **V** u. **VI** im Verhältnis 1:1 liefert. Das Auftreten beider Disaccharide läßt auf das Vorhandensein von verzweigten Moll. in **II** bzw. **III** schließen, wobei (bei Vorliegen eines einheitlichen Trisaccharids mit Seitenkette) die 1 → 6-Bindung häufiger hydrolysiert wird als die 1 → 3-Bindung. Die auftretenden β-gebundenen Disaccharide zeigen, daß **II** u. **III** auch β-galaktosid. gebunden sind, wie auch aus den geringen spezif. Drehungen im Vgl. zu **IV** ($[\alpha]_D$ +80°; **II**, +39°, F. unscharf; **III**, +23,9°, F. 115—120°, beide nicht vergärbar durch untergärige Bierhefe) hervorgeht. Aus den gemessenen spezif. Drehungen der Disaccharide werden die molekularen Drehungsbeiträge für β-1 → 3- u. β-1 → 6-gebundene **IV** berechnet. Die erhaltenen Werte (**V**, $[M]_D$ +18260; **VI**, +11700, Restmol. [nach Abspaltung einer α-1 → 6-gebuch denen **IV**], +14450) werden verwendet zur theoret. Best. des α_D aller möglichen Tri- u. Pentasaccharide unter Beschränkung auf Variationen, die dem Aufbau des **I** entsprechen. Aus den Ergebnissen geht hervor, daß die Hauptkettenbindung beider Oligosaccharide u. damit auch von **I** die *β-D-1* → 3-Bindung ist. **III** ist im wesentlichen mit 1 u. 2-β-1 → 6-gebundenen Seitenzweigen, etwa im Verhältnis 1:1 vorhanden. (Hoppe-Seyler's Z. physiol. Chem. **305**. 207—18. 1956. Erlangen, Univ., Physiol.-chem. Inst.) P. FAHRNLAENDER. 4050

H. Weinland, *Beobachtungen bei der Säurehydrolyse des Galaktogens.* 4. Mitt. *Berechnung der spezifischen Drehung des Galaktogens aus den Drehungsbeiträgen der verschieden gebundenen Galaktosen.* (3. vgl. vorst. Ref.) Vf. leitet die gemessene spezif. Drehung des *Galaktogens* (I) aus den Drehungsbeiträgen der verschied. gebundenen *D-* u.-

L-Galaktosen theoret. ab. Die Auswertung geschieht unter Best. der Mol.-Größen von I, wobei Analysen über dessen P-Geh. (im Mittel 0,22%, Best. colorimetr. mit Molybdänblau; im Vgl. Glykogen: 0,04%) herangezogen werden. Auf 1 H_3PO_4-Mol. kommen somit 82—87 Galaktose (II)-Moll., die man als kleinste Einheit in I annehmen kann. Unter Berücksichtigung des Drehungsbeitrags α-1 → 6-gebundener II ($[M]_D$ +39000) u. des Verhältnisses von D:L-II = 7:1 ergibt sich als $[\alpha]_D$-Wert für Moll. mit I-Struktur ein Wert von —23,9. Bei Annahme größerer Moll. für I ändert sich der $[\alpha]_D$-Wert nur wenig. Die in der Literatur vorhandenen $[\alpha]_D$-Werte für I bewegen sich zwischen —16,1 u. —23,6. Für I mit $[\alpha]_D$ positiver als —23° kann man annehmen, daß das D:L-II-Verhältnis verschoben ist (z. B. theoret. für D:L-II = 9:1 u. 80 II pro Mol.: —18,3° u. bei 11:1 —14,9°). (Hoppe-Seyler's Z. physiol. Chem. **305.** 219—23. 1956.) P. Fahrnlaender. 4050

Paul H. Maurer und **Samuel Korman,** *Immunochemische und physikochemische Eigenschaften von Carboxymethylproteinen.* Vff. behandelten *Rinderserumalbumin, Rinder-γ-Globulin, Ovalbumin, menschliches Serumalbumin, menschliches γ-Globulin, Kaninchenserumalbumin* u. *Kaninchen-γ-Globulin* bei p_H 9,0 u. 37° 24—72 Std. mit α-Bromessigsäure u. untersuchten die erhaltenen Derivv. sowohl immunochem. als auch auf Viscosität, opt. Drehung u. UV-Spektrum. Die Ergebnisse zeigen, daß durch die Carboxymethylierung eine teilweise Denaturierung der Proteine erfolgt u. daß nicht nur die immunolog. Spezifität der Derivv. von der der Ausgangsproteine differiert, sondern daß auch die Carboxymethylgruppen als spezif. Determinanten wirken. (Arch. Biochem. Biophysics **67.** 145—53. März 1957. Pittsburgh, Pa., Univ., School of Med., Dep. of Pathol.; New York, Columbia Univ., Coll. of Physicians and Surgeons, Dep. of Biochem.) E. Schwerdtfeger. 4070

Eva Alameri, *Wechselwirkungen von Serumproteinen mit Polyelektrolyten.* Vf. untersuchte die Fällung von menschlichem *Serumalbumin* (I) u. *-γ-Globulin* (II) durch eine lösl. neutrale Polymethacrylsäure (III) u. die Spaltung eines Antigen–Antikörper-Komplexes durch III in Abhängigkeit vom p_H, dem Verhältnis III:Protein, der Ionenkonz. u. der Proteinkonzentration. Die vollständigste Fällung von II erfolgt bei p_H 5,55; Ionenkonz. ≦0,025 u. einem III/II-Verhältnis von 0,14. Aus dem Nd. läßt sich II durch Fällung von III mit $BaCl_2$ freisetzen. Ein synthet. I-II-Gemisch konnte nach dieser Meth. getrennt werden. Der Komplex I–Pferde-Anti-I wurde in 0,001 mol. Essigsäure gelöst, mit III gefällt, der Nd. gelöst u. III als Ba-Salz entfernt, wonach sich mittels Präcipitin-Rk. I nachweisen ließ. (Suomen Kemistilehti B **28.** Nr. 1. 28—30. 1955. Helsinki, State Serum Institute.) E. Schwerdtfeger. 4070

Hajime Noguchi, *Wechselwirkungen zwischen Proteinen und Hochpolymeren.* An Ei- (I) u. menschlichem *Albumin* (II) wurden elektrophoret. Unterss. über eventuelle Bindungen an anion. Polyelektrolyte, wie *Na-Carboxymethylcellulose* (III) u. *Cellulosesulfat* (IV), sowie an polare Nichtelektrolyte, wie *Dextran* (V) u. *Polyvinylalkohol* (VI), vorgenommen. Dabei ergab sich, daß II in der Nähe seines isoelektr. Punkts mit III u. IV durch seine Affinität zu deren —COO^- u. —SO_3^--Gruppen *Komplexe* bildet (Ionenbindung) u. daß das Bindungsverhältnis II/III mit wachsendem Mol.-Gew. der III steigt. Mit V u. VI konnte keine Komplexbldg. nachgewiesen werden, woraus gefolgert wird, daß polare Gruppen zur Bindung eines Polymeren an II (Ion–Dipol-Bindung) nicht ausreichen. Daß I unter denselben Bedingungen mit III—VI keinerlei Bindungen eingeht, wird auf eine gegenüber II unterschiedliche Oberflächenstruktur, bes. eine andere Verteilung der anion. u. kation. Gruppen zurückgeführt. (Biochim. biophysica Acta [Amsterdam] **22.** 459—62. Dez. 1956. Okazaki, Aichi-Gakugei Univ., Phys. Dep.) D. Mohring. 4070

Paul B. Hamilton und **R. A. Anderson,** *Oxylysin in Proteinen.* 40 verschied. Proteine wurden mit 6n HCl hydrolysiert u. an Dowex-50-Ionenaustauschersäulen auf ihren Geh. an Oxylysin untersucht. Nur *Kollagen* enthält Oxylysin. (J. Amer. chem. Soc. **77.** 2892—93. 20/5. 1955. Wilmington, Del., Alfred I. du Pont Inst., Nemours Found., Dep. of Biochem.) J. Woldt. 4070

Suzanne Bazin und **Albert Delaunay,** *Untersuchung der Verbindungen zwischen Kollagen A und Chondroitinschwefelsäure.* Vff. versetzen *Kollagen A* (I)-Lsgg. (1 mg/ml) bei p_H 4,3 mit *Chondroitinschwefelsäure* (II; 1 mg/ml) u. beobachteten die Bldg. eines faserigen Präcipitates in einer nichtviscosen fl. Phase, das sich auch mit 0,05 mg II bildet, aber mit 10 mg/ml in sehr geringer Menge anfällt. Die günstigsten Fällungsbedingungen werden bei einer Konz. von 0,2 mg/ml II erreicht. Der Nd. erscheint zwischen p_H 2 u. 8. Mit 0,05 mg II läßt sich die gesamte I-Menge in das Präcipitat überführen, während mit 0,5 mg ein II-Überschuß in der überstehenden Fl. verbleibt, der bei Fällung mit 0,1—0,2 mg II nicht auftritt. Hydrolyse des Präcipitates (3 Std., 100°) führt zur Abspaltung von freier II. Eine Dissoziation des I-II-Komplexes findet bei p_H >1,5 oder >11 sowie durch $CaCl_2$ (0,05 mol. bzw. 0,04 mol. bei 48°) statt. Temperaturerhöhung (48 bzw. 100°, 3 Min.) verursacht eine Kontraktion des Präcipitates. 3 Min.

auf 40° erwärmtes I liefert mit II nur amorphe Ndd., während mit Formol behandeltes I n. reagiert. I-ausfällende Mengen NaCl verhindern eine Bldg. des I–II-Komplexes, geringere NaCl-Konzz. (0,213mol.) beeinflussen die Bldg. nicht; doch ist der in Ggw. von NaCl gefällte Nd. weniger beständig als das I–II-Präcipitat. (C. R. hebd. Séances Acad. Sci. **242.** 834—36. 6/2. 1956.) P. FAHRNLAENDER. 4070

R. H. de Deken und **M. de Deken-Grenson,** *Untersuchungen von Weizengluten. 2. Mitt. Wirkung von Reduktionsmitteln.* (1. vgl. C. **1956.** 6700.) 1 g Weizenkleber (I) wird mit 100 ml/25 Mol *Thioglykolsäure* (II) bei p_H 11 u. 0° in Lsg. gebracht, wozu ca. 30 Min. gebraucht werden. Der dadurch red. I wird durch Einstellung eines p_H-Wertes von 6,0 ausgefällt, der Nd. mehrfach mit 0,1 %ig. Lsg. von Versen in dest. W. gewaschen, bis die letzten Spuren von II entfernt sind, u. erneut mit NaOH von p_H 11 in Lsg. gebracht. Diese Lsg. gibt mit Nitroprussid-Na in ammoniakal. Lsg. keine Rk.; wird der gelöste I jedoch mit 40 %ig. Harnstofflsg. behandelt, so wird eine positive SH-Gruppen-Rk. erhalten, die um so stärker ausfällt, je mehr II auf I einwirkte. In gleichem Maß werden die mechan. Eigg. des I verändert. (Biochim. biophysica Acta [Amsterdam] **16.** 566—69. April 1955. Kopenhagen, Labor. Carlsberg, Dep. de Chim.) F. KRUSEN. 4070

E. Biologische Chemie. Physiologie. Medizin.

E_1. Allgemeine Biologie und Biochemie.

Lauri Jännes, *Über Gefriertrocknung.* (Vgl. C. **1957.** 8588.) Übersicht. — 4 Abb., 10 Literaturangaben. (Semina [Helsinki] **41.** 99—104. März 1957.) S. BECKMANN. 4100

Geronimo Raineri, *Biophysik der Enzyme und der Viren.* (Vgl. C. **1956.** 8383.) Vf. unterscheidet beim Enzymmol. 2 Faktoren mit verschied. Funktion: Strahlung u. oscillierender Strom, ausgehend vom Trägermol., an dem die spezif. akt. Gruppen angreifen. Die Zweigliederung der organ. Moll. der lebenden Substanz wird auch auf andere Stoffe ausgedehnt. — 17 Literaturangaben. (Boll. chim. farmac. **95.** 14—18. Jan. 1956. Cuneo, Labor. S.I.C.F.) R. K. MÜLLER. 4102

Je. Ss Schtschepotjewa, *Strahlungsenergie und einige Gesetzmäßigkeiten ihrer Wirkung auf biologische Objekte.* Überblick über die Unterss. biol. Wirkungen verschieden stark ionisierender Strahlungen unter besonderer Berücksichtigung der prim. physikochem. Strahlenwrkg. auf die Moll. u. das W. des Gewebes. (Атомная Энергия [Atomenergie] **1956.** Nr. 4. 139—46.) K.-E. SEYB. 4102

R. N. Robertson, Marjorie J. Wilkins und **A. B. Hope,** *Pflanzenmitochondrien und Salzakkumulation.* Mitochondrien (M.) aus Rübengewebe, von einer isoton. Salzlsg. in eine zweite mit anderer Cl^--Konz. gebracht, stellen sich mit einer Halbwertszeit von 3 Min. auf eine neue innere Cl^--Konz. ein. Die scheinbare Diffusionskonstante des Salzes in der M.-Membran liegt bei 10^{-13} cm²/Sek. u. entspricht in ihrer Größe der einer Lipoproteinmembran. Die Konz. beweglicher Kationen u. Anionen in den M. ist stets größer als in der umgebenden Lösung. Im Falle der Kationen wäre ein DONNAN-Gleichgewicht mit unbeweglichen Anionen in den M. die Erklärung. Die höhere Cl^--Konz. kommt durch eine Koppelung der Cl^--Akkumulation mit der Sauerstoffaufnahme der M. zustande. Berechnungen der Akkumulationsgeschwindigkeit ergaben, daß je Elektron, das das Cytochromsystem passiert, ein Cl^- akkumuliert wird. Es wird vermutet, daß der Elektronenüberträger der Atmung die Anionenakkumulation in den M. als Anionenüberträger bewerkstelligt. (Nature [London] **175.** 640—41. 9/4. 1955. Sydney, Univ., Bot. School; Commonwealth Sci. Ind. Res. Org.) J. RUNGE. 4150

G. W. Salisbury und **N. T. Nakabayashi,** *Wirkung von Phosphat- und Chloridionen auf den aeroben Stoffwechsel von Rinderspermatozoen.* Verdünnung von Stiersamen mit PO_4-Ionen senkt unter aeroben Versuchsbedingungen O_2-Verbrauch u. Beweglichkeit der Samenzellen, während Fructose (I)-Verwertung u. Milchsäure (II)-Speicherung steigen. Verdünnung mit isoton. NaCl-Lsg. steigert O_2-Aufnahme u. Motilität, senkt I-Verwertung u. II-Speicherung. Zellen, die 2mal in einer Samenplasma enthaltenden Fl. gewaschen wurden, verwerten mehr I u. speichern mehr II als Plasma-frei behandelte. H_2O_2-Bldg. u. Änderung des osmot. Druckes sind für die atmungsmindernde Wrkg. von PO_4^{3-} nicht verantwortlich. Glucose-6-phosphatdehydrogenase-Aktivität wurde in zellfreien Extrakten von Stierspermatozoen nicht mit Sicherheit nachgewiesen. (J. exp. Biology **34.** 52—59. März 1957. Urbana, Ill., Univ. of Illinois, Dep. of Dairy Sci.) R. BEHNISCH. 4150

G. V. Auditore und **W. C. Holland,** *Die intracelluläre Verteilung von Kalium in Leber, Niere und Gehirn beeinflussende Faktoren.* Mit der Meth. der Homogenisierung u. Differentialzentrifugierung wurde der Einfl. verschied. Wirkstoffe auf die K-Verteilung in den Geweben von Meerschweinchen, Ratten, Kaninchen u. Katzen untersucht. Spezif.

biochem. Mechanismen im Cytoplasma, an der *Zellmembran* (Z.) u. in den *Mitochondrien* (M.) erwiesen sich als von besonderer Bedeutung bei der Aufrechterhaltung der n. intracellulären Verteilung von K. Pharmakol. Wirkstoffe, die den Elektrolytstoffwechsel der Gewebe beeinflussen, sind in dieser Weise durch Einw. auf die Vorgänge in Z. (Diuretica), in M. (2.4-Dinitrophenol u. Epinephrin) oder in beiden (adrenerg. Wirkstoffe u. Desoxycorticosteron) aktiv. (Amer. J. Physiol. **187.** 57—62. Okt. 1956. Nashville, Tenn., Univ., School of Med., Dep. of Pharmacol.) J. SCHWAIBOLD. 4150

Hanna M. Pappius und **K. A. C. Elliott**, *Den Kaliumgehalt von bebrüteten Gehirnschnitten beeinflussende Faktoren.* In Glucose-Salzlsg. verliert dieses Gewebe in Ggw. von O_2 rasch die Hälfte des K-Geh. u. nimmt dann einen Teil davon wieder auf. Bei Zusatz von *Glutamat* (I) geht die Wiederaufnahme weiter, wegen Zunahme des intracellulären Raumes wird die intracelluläre K-Konz. jedoch nicht erhöht. Der maximale Unterschied der K-Konzz. zwischen Gewebe u. Medium wird bei K-Konzz. des letzteren von ca. 5m mol. erreicht. Bei Fehlen von O_2 verliert das Gewebe rasch K, die Endkonzz. sind jedoch höher als die des Mediums, bes. bei hohen Konzz. in letzterem. Der starke K-Verlust bei O_2-Mengel wird bei Belüftung weitgehend wiederhergestellt, bes. wenn ersterer nicht zu lange gedauert hat. In Ggw. von Pyruvat oder nach vorausgegangener Anaerobiose wird die anaerobe Glykolyse angeregt u. die K-Konz. in den Geweben gleichzeitig erhöht, wobei diese Wirkungen additiv sind. Die Summe von Na u. K in den Geweben ist in Ggw. von I, in Phosphat — anstatt Bicarbonat — gepuffertem Medium u. bes. bei hoher K-Konz. im Medium deutlich erhöht. (Canad. J. Biochem. Physiol. **34.** 1053—67. Sept. 1956. Montreal, Neurol. Inst., Donner Labor. of Exp. Neurochem. and Univ., Dep. of Neurol. and Neurosurg.) J. SCHWAIBOLD. 4150

R. H. Rixon und **J. A. F. Stevenson**, *Der Wasser- und Elektrolytstoffwechsel von Rattenzwerchfell in vitro.* Die Unters. der Verteilung von W., Na u. K zwischen den Zellen dieses Gewebes u. dem Medium ergab, daß die Menge des intracellulären W. bei 0° in O_2 u. bei 37° in N_2 stark erhöht ist im Vgl. zu dem von Gewebe bei 37° in O_2. Optimale Bedingungen bzgl. Temp. u. O_2 sind zur Verhinderung von Veränderungen der Wasserverhältnisse in den Zellen erforderlich. Das Anschwellen bei verminderten Tempp. u. hypox. Bedingungen steht in Beziehung zur O_2-Aufnahme. Der Verlust von festen Stoffen der Gewebe bei der Bebrütung hat keinen deutlichen Einfl. auf die Berechnung des Gesamtgewebes u. des intracellulären Wassers. Die Konz. von Gesamt-Na u. -K im Gewebe in vivo u. in vitro bei optimalen Bedingungen ist etwas höher als die im Plasmawasser oder Medium (keine akt. Hypertonizität). Gleichlaufend mit Wasseraufnahme tritt merkliche Neuverteilung von Na- u. K ein, wobei die Gewinnung von Na den Verlust an K überwiegt. Das Schwellen von Zellen bei Ausschluß von oxydativem Stoffwechsel ist demnach prim. auf Neuverteilung von Elektrolyten zurückzuführen, u. die natürliche Verteilung von W. im Muskel ist durch akt. Aufrechterhaltung von Konzentrationsgradienten von Na u. K durch die Zellmembran hindurch bestimmt. (Canad. J. Biochem. Physiol. **34.** 1069—83. Sept. 1956. London, Univ. of West. Ontario, Dep. of Physiol.) J. SCHWAIBOLD. 4150

E. M. Martin und **R. K. Morton**, *Hämpigmente in cytoplasmatischen Partikeln von nicht-photosynthetischen pflanzlichen Geweben.* Vff. untersuchen die verschied. Cytochrome in Gewebeteilen, Gewebsdispersionen u. durch Zentrifugieren getrennten Zellfraktionen von nicht-photosynthet. Geweben der Weißen Rübe, von Weizenkeimen u. von *Zantedeschia aethiopica* mit Hilfe von Mikrospektroskopen niedriger Dispersion u. verschied. Spektrophotometern. Die verschied. cytoplasmat. Partikel (Mitochondrien, Mikrosomen) unterscheiden sich durch verschied. Geh. einzelner Hämpigmente (*Cytochrom* [Cyt.] *a, b, c, c_1*). Cyt. b ist vorherrschend u. mit dem pflanzlichen Succindehydrasesyst. gekoppelt, wie Verss. mit enzymat. Red. durch Zugabe von Na-Succinat u. red. Diphosphopyridinnucleotid (DPNH) ergaben. In den Mitochondrien von Weizenwurzeln wurde Cyt. a_3, dagegen kein Cyt. dh gefunden. In Mikrosomenfraktionen wurde ein von Vff. als Cyt. b_3 bezeichnetes Pigment gefunden, das durch Zugabe von DPNH red. wird. In der nach vollständiger Fraktionierung durch Zentrifugieren zurückbleibenden Lsg. wurde ein kleiner Anteil eines labilen, oxygenierbaren, zum größten Teil denaturierten Hämoproteins gefunden. (Biochem. J. **65.** 404—13. Febr. 1957. Melbourne, Univ., Dep. of Biochem.) W. HABERDITZL. 4150

Josef Hrachovec, 1. Mitt. *Extraktion und Bestimmung von Lipoiden, Desoxyribonucleinsäure und anderen Verbindungen aus einer einzigen Gewebeprobe.* Die beiden meistbenutzten Methoden zur Extraktion u. Best. der *Desoxyribonucleinsäure* nach SCHMIDT-THANNHAUSER u. SCHNEIDER werden krit. untersucht. Es werden einige Verbesserungen vorgeschlagen. Danach kann man mit einer einzigen Gewebeprobe (entfetteter bzw. Trockenrückstand bzw. Eiweißstoffe) folgende Substanzen bestimmen: Total-Lipoide, Fettsäuren, freies oder verestertes *Cholesterin*, unverseifbare unbekannte Substanzen, verschied. P-haltige Fraktionen (Lipoid-*P*, säurelösl. organ. u. anorgan. *P*; Nucleinsäure-*P*; Eiweiß-*P*.) (Bull. Soc. Chim. biol. **39.** 181—88. 20/2. 1957. Paris, Fac. de Méd., Labor. de Physiol.) H. Büttner. 4150

Josef Hrachovec, 2. Mitt. *Die chemische Zusammensetzung von verschiedenen Organen, bezogen auf den Gehalt an Desoxyribonucleinsäure, beim aufwachsenden Kaninchen.* (1. vgl. vorst. Ref.) Die gleichzeitige Best. der verschied. Lipoidbestandteile u. der *Desoxyribonucleinsäure* (**I**) an verschied. Organen des Kaninchens während der embryonalen u. postembryonalen Entw. zeigte, daß die auf die **I** bezogenen Mengen *Lipoid-P* (**II**) u. freies *Cholesterin* (**III**) im Laufe des Lebens stufenweise u. parallel zunehmen. In der Kaninchenleber verändert sich z. B. der Geh. an **I**-P, **II** u. **III** in Abhängigkeit von der Lebensdauer (in Tagen vor [—] bzw. nach [+] der Geburt; mg/100 g) folgendermaßen: (—12): **I**-P 88; maximal **II** 55; **III** 147; (0): 62; 74; 254; (+100): 27; 158; 275; (+124): 25; 169 (maximal); 286 (maximal); (+620): 19; 153; 251. Einen ähnlichen Verlauf zeigen Muskel, Magen u. Niere. (Bull. Soc. Chim. biol. **39.** 189—96. 20/2. 1957. Paris, Fac. de Méd., Labor. de Physiol.) H. Büttner. 4150

Robert S. Cox jr., *Die Nucleotidzusammensetzung der Gesamtribonucleinsäure in subcellulären Fraktionen von Restleber und regenerierender Rattenleber. Ribonucleinsäure* (**I**) von Mitochondrien, submkr. Teilchen, dem Überstehenden u. den gereinigten Kernen aus Rest- u. regenerierender Leber wurde ohne Isolierung auf ihre *Purin-* u. *Pyrimidin*-Komponenten untersucht. Alle Fraktionen zeigen im wesentlichen das gleiche Verhältnis von *Guanin* zu *Adenin, Uridylsäure* zu *Cystidylsäure* u. *Pyrimidin* zu *Purin.* Eine Ausnahme bilden die Kerne, wo das Verhältnis von Uridylsäure zu Cytidylsäure erhöht ist. P-Analysen zeigen, daß der gesamte **I**-P in den Purin- u. Pyrimidinbasen vorliegt. Weiterhin zeigen die P-Analysen, daß **I** mehr als 1 Mol Base auf 1 Mol P enthält. (Biochim. biophysica Acta [Amsterdam] **24.** 61—66. April 1957. Chicago, Ill., Univ., U.S.A.F. Radiat. Labor.) H. Struck. 4150

L. N. M. Duysens und **J. Amesz**, *Fluorescenzspektrophotometrie von reduziertem Phosphorpyridinnucleotid in intakten Zellen im nah-ultravioletten und sichtbaren Bereich.* Es wird eine App. beschrieben, mit der exakte Fluorecenzspektren nicht nur von klaren Lsgg., sondern auch von fluorescierenden Zellsuspensionen oder Gewebestückchen ermittelt werden können, u. zwar in dem Bereich von 350—600 mμ. Es wurden die Spektren von freiem *Diphosphorpyridinnucleotid* (**I**), Suspensionen aus Bäckerhefe, *Photobacterium phosphoreum, Photobacterium splendium* u. *Chlorella* bestimmt. Die Fluorescenz aller 3 Species wird vornehmlich auf red. **I** zurückgeführt. Die Meth. scheint spezifischer u. allgemeiner anwendbar als die Absorptionsspektrophotometrie für die Messung von **I** in vivo. (Biochim. biophysica Acta [Amsterdam] **24.** 19—26. April 1957. Utrecht, Netherlands, Univ., Biophys. Res. Group.) H. Struck. 4150

G. R. Barker, T. M. Noone, M. A. Parsons, L. Pickstock und **D. C. C. Smith**, *Die Konstitution der Heferibonucleinsäure.* 16. Mitt. *Die Natur methylierter Heferibonucleinsäure und deren Stabilität gegen Alkalien.* (15. vgl. C. **1956.** 5856.) Die Auswertung früherer bei der Methylierung von *Heferibonucleinsäure* (**V**) u. der Hydrolyse des Methylierungsprod. erzielten Ergebnisse im Sinne einer Verzweigung der Polynucleotidkette wurde überprüft u. die Annahme einer Verzweigung fallengelassen. Methylierung von *Adenosin-3'-phosphat* (**I**) mittels Ag_2O u. CH_3J u. Hydrolyse der methylierten Adenylsäure ($C_{14}H_{21}$·O_4N_5, hellgelbes, glasiges Prod.) mit 0,5n NaOH (37°, 17 Std.) gab *Ribose* (**IV**), *Mono* (**II**)-, *Di-* u. *Tri-O-methylribose* (**III**). Die **II**-Fraktion bestand aus *2-, 3-* u. *5-O-Methyl-*D*-ribose.* Die Ggw. von **III** beweist eine Entphosphorylierung. Methyliertes **I** wurde nach kurzer Alkalibehandlung durch Chromatographie an Dowex-1 von entphosphoryliertem Material befreit, der methylierte Anteil mit Säure hydrolysiert. Die erhaltenen methylierten Ribosen waren wiederum nicht einheitlich, was eine Wanderung der Phosphatestergruppe während der Methylierung beweist, d. h. letztere läßt keine Unterscheidung zwischen einer *2'-* u. einer *3'*-Phosphatestergruppierung zu. Da außerdem die **I**-Methylierung nicht quantitativ verläuft (gefundener CH_3O-Geh. nicht beweisend, da Unter- u. Übermethylierung sich kompensieren können), läßt Ggw. von **IV** im Hydrolysat von methyliertem **I** keinen Schluß auf eine Polynucleotidkettenverzweigung zu. In den Hydrolysefraktionen aus methylierter **V** waren chromatograph. *2-, 3-* u. *5-O-Methyl-*D-**IV**, *2.5-, 2.3-* u. *3.5-Di-O-methyl-*D-**IV** nachweisbar. Die CH_3O-Verteilung deutet darauf hin, daß die **II**-Fraktion nicht nur aus einer methylierten Polynucleotidkette, sondern auch durch partielle Methylierung von Bruchstücken entstand. Die relativ niedrige Ausbeute (ca. 40%) an methylierten Ribosen beruht auf der größeren Stabilität der Phosphoresterbindungen gegenüber Hydrolyse in methylierter **V**. Die Phosphatabspaltung aus **V** u. methylierter **V** durch verd. Säure u. verd. Alkali wurde quantitativ verfolgt. (J. chem. Soc. [London] **1955.** 2005—10. Juni. Manchester, Univ.) K. Maier. 4150

Edward D. DeLamater, Moselio Schaechter und **M. Elizabeth Hunter,** *Ein chemisch spezifisches Doppelfärbungsverfahren für Desoxyribosenucleinsäure und andere Aldehydliefernde oder Aldehyd-enthaltende Substanzen.* Das cytochem. Verf. wird am Beispiel Chlamydomonas moewusii erläutert: 1. Fixieren des Klatschpräp. mit CARNOY' Fixativ; 2. 2 Min. spülen; 3. 5 Min. mit n-HCl hydrolysieren; 4. spülen; 5. 2 Std. mit 0,25%ig. wss. Azur A färben; 6. spülen; 7. 2 Min. mit 2%ig. Thionylchlorid behandeln; 8. spülen; 9. 5 Min. mit SCHIFF-Reagens behandeln; 10. 2 Min. in 2%ig. Thionylchlorid tauchen; 11. spülen; 12. vortrocknen; 13. entwässern (16 Std. in absol. A. bei —60°); 14. in Xylol klären u. in Harz einbetten. — Die Nuclei erscheinen blau, die Zygotenmembran magenta. — Die während des färber. Prozesses ablaufenden chem. Rkk. werden in einem Diagramm erläutert. (J. Histochem. Cytochem. **3.** 16—21. Jan. 1955. Philadelphia, Pa., Univ., School of Med.) L. LEICHTER. 4150

A. R. Somerville, A. F. Henson, M. Elisabeth Cooke, Muriel E. Farquharson und **M. W. Goldblatt,** *Stoffwechsel von Blasencarcinogenen.* 2. Mitt. *Der Stoffwechselweg von $^{14}C_{(8)}$-Naphthyl-(2)-amin beim Kaninchen und bei der Ratte.* (1. vgl. Biochem. J. **58.** [1954.] 383.) *$^{14}C_{(8)}$-Naphthyl-(2)-amin* (I) findet sich nach Injektion bei Kaninchen sowohl im Plasma als auch in den Zellen. Bei der Ratte dagegen ist nach 10—15 Tagen die Radioaktivität fast vollständig in den Zellen. Die Radioaktivität des Blutes hält mehrere Wochen an. Die Ausscheidung von **I** im Urin ist anfänglich sehr stark. Sie beträgt beim Kaninchen über 50% der gesamten Radioaktivität innerhalb der ersten 2 Std., bei der Ratte nur 22%. Der **I**-Umsatz in der Galle ist um ein Vielfaches größer als im Blut zu derselben Zeit. (Biochem. J. **63.** 290—94. Juni 1956. Frythe, Welwin, Herts., I. C. I. Ltd., Akers Res. Labors. and Ind. Hyg. Res. Labors.) H. SCHEURLEN. 4160

G. Wiseman, *Über die Wirkung von Pyridoxal auf den aktiven Transport von Aminosäuren durch Säckchen aus dem umgestülpten Darm des Goldhamsters (Mesocricetus auratus).* (Vgl. C. **1957.** 4455.) Der akt. Transport von Aminosäuren durch n. Gewebe weicht wesentlich von dem neoplast. Zellen ab. *Pyridoxal* hat beim Hamster keinen stimulierenden Effekt auf den akt. Transport von *l-Prolin, l-Histidin* oder *l-Methionin,* wenn es in niedrigen Konzz. vorliegt. Bei höheren Konzz. hat es einen hemmenden Effekt auf die Resorption von Glykokoll u. *l*-Histidin; in neoplast. Zellen wird der Glykokolltransport stark erhöht. (J. Physiology **136.** 203—07. 3/4. 1957. Sheffield, Univ., Dep. of Physiol.) W. D. WEINMANN. 4160

H. Wrba, E. Seidler und **K. Allmann,** *Die Aufnahme von markiertem Phosphat in vitro als Maß für die Vitalität von Tumorzellen.* Einmal gewaschene EHRLICH-Mäuseascitestumorzellen wurden unter Zusatz von 80 μC $CH_3{}^{32}PO_4$ in 20 ml RINGER-Lsg. suspendiert u. in einem Rührsyst. bei 38° in 20 ml verschied. Nährmedien incubiert. Die durch Best. der Radioaktivität im zellfreien Medium u. in den Tumorzellen erhaltenen Aufnahmekurven sind mit den Resorptionskurven im Tiervers. vergleichbar. Größe u. Geschwindigkeit der Resorption sind von der Zellvitalität, vom Nährmedium u. vom Phosphatgeh. der Nährlsg. abhängig. Der beim Mäuseascites unter ungünstigen Bedingungen ca. 1 Std., unter optimalen Bedingungen ca. $2^1/_2$ Std. nach Incubationsbeginn einsetzende Abfall der intracellulären Radioaktivität — ein Zeichen für die Zellstoffwechselverschlechterung — ist ein sicherer Maßstab für die Vitalität der Zellen u. die Eignung bestimmter Nährmedien, zumal sie empfindlicher als die morpholog. Beurteilung u. zuverlässiger als die Best. der O_2-Aufnahme der Zellen ist. (Naturwissenschaften **42.** 260. 1. Mai-H. 1955. Heidelberg, Univ., Inst. für exp. Krebsforschung.) V. SACHS. 4160

P. Emmelot und **P. J. Brombacher,** *Enzymatische Aktivitäten von Tumormitochondrien. Pyridinnucleosidasen und Aminierungsvorgänge.* Aus verschied. Maus- u. Rattentumoren isolierte Mitochondrien-Präpp. (in 0,25 mol. Saccharose- u. 0,001 mol. Versenat-Lsgg.) zeigten gegenüber Triphosphopyridinnucleotid (TPN) größere Aktivitäten als gegen Diphosphopyridinnucleotid (DPN). Es wurden in Abhängigkeit vom Gewebe 2 verschied. Gruppen festgestellt, von denen die eine 15—30% DPN u. 40—50% TPN, die andere 50—100% DPN u. 70—100% TPN in 30 Min. bei 27° abbauten. Das den Abbau bewirkende Enzym wird durch Nicotinsäureamid u. Isonicotinsäurehydrazid gehemmt, nicht dagegen durch F^--Ionen. Im Gegensatz zu Leber-Mitochondrien zeigten die untersuchten Präpp. nur schwache reduktive Aminierung (Bldg. von *Glutamat* [I] aus *α-Ketoglutarat* [II] u. $NH_4{}^+$), die durch Zusatz von DPN, nicht jedoch von DPNH gesteigert werden konnte. Alle untersuchten Carcinom-Mitochondrien zeigten hohe Transaminierung zwischen **II** u. Valin unter Bldg. von **I.** (Biochim. biophysica Acta [Amsterdam] **22.** 487—94. Dez. 1956. Amsterdam, Cancer Inst., Antonie van Leeuwenhoek-Huis, Dep. of Biochem.) S. SINGER. 4160

Ernest L. Wynder, Evarts A. Graham und **Adele B. Croninger,** *Die experimentelle Erzeugung von Carcinomen durch Zigarettenteer.* Durch Abrauchen mittels einer Rauchmaschine wird ein Kondensat aus Zigarettenteer gewonnen u. in Aceton gelöst. Die Lsg. wird 3mal wöchentlich in Dosen von 40 mg auf den Rücken von weißen Mäusen gepinselt. Kontrolltiere erhalten Aceton. Von 81 gepinselten Mäusen entwickeln 59% Papillome, zuerst nach 33 Wochen, 44% zeigen Carcinome, wovon das erste nach 42 Wochen gesichert wird. (Cancer Res. **13.** 855—64. Dez. 1953. St. Louis, Mo., Univ., School of Med., Dep. of Surg.) H. WRBA. 4160

Ernest L. Wynder, Evarts A. Graham, und **Adele B. Croninger,** *Experimentelle Erzeugung von Carcinomen durch Zigarettenteer.* 2. Mitt. *Teste mit verschiedenen Mäusestämmen.* (1. vgl. vorst. Ref.) Vff. erzielten in früheren Verss. bei Behandlung von CAF$_1$-Mäusen mit *Zigarettenteer* in 44% der Fälle Hautkrebs; dieser Prozentsatz liegt erheblich höher als bei Verss. anderer Autoren, u. es wurde daher untersucht, ob ein bes. anfälliger Mäusestamm vorlag, oder ob eine Abhängigkeit von dem Teerprod. vorliegt. Die neuen Verss. wurden durchgeführt mit C 57 (C) u. „Swiss" (S)-Mäusen; der Zigarettenteer wurde längere Zeit in Acetonlsg. aufbewahrt. Bei 86 S-Mäusen traten 22 Papillome u. 12 Carcinome auf, bei 89 C-Mäusen 10 Papillome u. 2 Carcinome. Kombination von Crotonöl + Zigarettenteer erhöhte bei beiden Stämmen die Befallshäufigkeit. Es wird vorgeschlagen, die Teerpräpp. in dunklen Flaschen in Acetonlsg. im Kühlschrank aufzubewahren u. alle 2 Wochen neu herzustellen. (Cancer Res. **15.** 445—48. Aug. 1955. St. Louis, Mo., Washington Univ., School of Med., Dep. of Surg.; New York, N. Y., Sloan-Kettering Inst. for Cancer Res., Mem. Center for Cancer and Allied Diseases, Sect. of Epidemiol.) H. GOEBEL. 4160

G. Cardinali, N. Piscitelli und **G. Caprino,** *Versuche über die Wirkung des N-Oxydes von Methyl-bis-[β-chloräthyl]-amin auf die Hämopoiese.* Auf Grund der Versuchsdaten wird gezeigt, daß die cytotox. Wrkg. des *N-Oxydes von Methyl-bis-[β-chloräthyl]-amin* auf die hämopoiet. Gewebe von Meerschweinchen u. Kaninchen der der *N-Yperite* qualitativ ähnlich ist; diese wirken in therapeut. angewendeten Dosen schädigend auf die Bildungsorgane von Granulocyten (Gc) u. Lymphocyten u. hämopoet. Plättchen, während die Erythrocyten nur mit sehr starken Dosen angegriffen werden. Die Gc sprechen mit jeder Dosis mit einem anfänglichen Anstieg u. anschließendem Abfall an. (Farmaco [Pavia], Ediz. sci. **10.** 21—30. Jan. 1955. Ferrara, Univ., Ist. di Semeiotica Med.; Roma, Univ., Ist. di Anatom. um. norm.) G. PLATZER. 4160

L. F. Larionov, A. S. Khokhlov, E. N. Shkodinskaja, O. S. Vasina, V. I. Troosheikina und **M. A. Novikova,** *Untersuchungen über die Wirksamkeit von p-Bis-[2-Chloräthyl]-aminophenylalanin (Sarkolysin) gegenüber Tumoren.* In Verss. an 240 Ratten mit dem transplantierbaren Sarkom 45 (hervorgerufen durch 9.10-Dimethyl-1.2-benzanthracen) gelang es, bereits durch 3 intraperitoneale Injektionen von je 5 mg *Sarkolysin* (*DL-p-Bis-[β-chloräthyl]-aminophenylalanin*) pro kg Körpergewicht mit Intervallen von 72 Std. bzw. durch eine einzige Injektion von 15 mg/kg vollkommene Rückbldg. des Tumors bei sämtlichen Versuchstieren zu erzielen. (Lancet **269.** 169—71. 23/7. 1955. Moskau, Inst. für exp. Pathol. u. Therap. des Krebses der Akad. der Med. Wiss. der UdSSR, Abt. für exp. Chemotherapie.) E. RENTZ. 4160

E$_2$. Enzymologie. Gärung.

Hugo Theorell, *Natur und Wirkungsweise von Oxydationsenzymen.* (Science [Washington] **124.** 467—72. 14/9. 1956. Stockholm, Nobel Med. Inst. — C. **1956.** 9477.) R. K. MÜLLER. 4210

H. S. Mason, I. Onopryenko und **D. Buhler,** *Hydroxylierung: Die Aktivierung von Sauerstoff durch Peroxydase.* Ein neuer Typ einer *Peroxydase* (**I**)-katalysierten Rk. besteht in einer aeroben, unspezif. aromat. Hydroxylierung. In Lsgg. von Dioxyfumarat (**V**), aromat. Co-Substrat u. Meerrettich-**I** in Acetat- oder Phosphatpuffer, p_H 4,7—7,0, tritt bei kräftiger O_2-Einw. (25°) elektrophile Hydroxylierung als Haupt-Rk. ein. Aus Phenylalanin, Tyrosin (**II**), p-Kresol, Benzoesäure, m-Oxybenzoesäure (**III**) bzw. Salicylsäure (**VI**) wurden **II**, 3.4-Dioxyphenylalanin, 4-Methylbrenzcatechin, **III** + Gentisinsäure (**IV**), **IV** bzw. **VI** gebildet. **V** ist nicht durch Ascorbat, **I** nicht durch Cytochrom c, Rinderleber-Katalase oder stromafreies Pferdeerythrocytenhämolysat ersetzbar. **I** ist bzgl. der Hydroxylierung mindestens 1000fach wirksamer als Fe^{2+} oder Hämin. Mn^{2+} u. Katalase hemmen die enzymat. Hydroxylierung. Die Anfangsgeschwindigkeit der Hydroxylierung (Substrat **VI**) ist stark vom O_2-Partialdruck abhängig u. nimmt mit der **V**-Konz. zu. Das p_H-Optimum ist 6. Vermutlich wirkt ein bei der aeroben **V**-Oxydation wirksamer **I**-Komplex auch bei der gekoppelten aeroben, unspezif. Hydroxylierung aromat. Verbb., wobei wahrscheinlich ein positiv geladener **I**–Sauerstoff-Komplex ($Fe_p{}^{2+}O_2$) die akt. Intermediärverb. bildet: $Fe_p^{2+}O_2 + ArH = Fe_p^{2+}O + ArOH$, oder $Fe_p^{2+}O_2 + 2e = Fe_p^{2+}O + O^{2-}$, $Fe_p^{2+}O + ArH = Fe_p^{2+} + ArOH$. (Biochim. biophysica Acta [Amsterdam] **24.** 225—26. April 1957. Portland, Ore., Univ., Med. School, Dep. of Biochem.) K. MAIER. 4210

H. McIlwain und **M. A. Tresize,** *Die Geschwindigkeit von verschiedenen Gehirnreaktionen mit Nicotinamid-Coenzymen.* Die Best. der *Cytochrom c-Reduktase* hat optimale Bedingungen, wenn die Gehirnsubstanz in Saccharose mit Äthylendiamintetraacetat, red. Cozymase (ca. 100μmol.) u. Cytochrom c (ca. 30μmol.) zerrieben wird. Es können dann bis zu 900 μMol des Cytochroms pro Gramm Substanz in 1 Std. red. werden. Die Oxydation von red. Cozymase durch Luft benötigt ebenfalls Äthylendiamintetraacetat, mindestens 100 μMol red. Cozymase u. 5 μMol Cytochrom c. Es entstehen so bis zu 1050 μMol/g/Std.; durch diese Zusätze wird die red. 2-Phosphocozymase nur langsam oxydiert. Bessere Bedingungen durch oxydiertes Glutathion an mit Aceton getrocknetem Gewebe, wobei bis zu 250 μMol/g/Std. entstehen können. Red. Coenzym u. Glutathion kommen im Gehirn annähernd in den Konzz. vor, wie sie für eine maximale Oxydation benötigt werden. (Biochem. J. **65.** 288—96. Febr. 1957. London, Maudsleys Hosp.) G. KIMMERLE. 4210

H. Kersten, W. Kersten und **Hj. Staudinger,** *Über die Isolierung einer Ascorbinsäure-abhängigen DPNH-Oxydase.* Aus den Mikrosomen von Schweinenebennieren u. auch aus denen von Rattenleber läßt sich ein *Enzym* isolieren, welches bei Ggw. von *Ascorbinsäure* u. O_2 red. *Diphosphorpyridinnucleotid* zu oxydieren vermag. Seine Absorptionsmaxima sind mit denen des *Cytochroms* b_5 aus Rattenlebermikrosomen identisch. Hemmung mit p-Chlormercuribenzoat deutet auf die Anwesenheit wirksamer SH-Gruppen hin. Red. Triphosphorpyridinnucleotid wird unter den angegebenen Bedingungen nicht oxydiert. (Biochim. biophysica Acta [Amsterdam] **24.** 222. April 1957. Mannheim, Städt. Krankenanstalt, Zentrallabor.) H. STRUCK. 4210

Anthony San Pietro, Nathan O. Kaplan und **Sidney P. Colowick,** *Pyridinnucleotidtranshydrogenase.* 6. Mitt. *Mechanismus und Stereospezifität der Reaktion bei Pseudomonas fluorescens.* (5. vgl. C. **1956.** 14380.) Bei Verss. mit Deuterium-Markierung ergab sich, daß die durch *Pyridinnucleotidtranshydrogenase* (**I**) (Pseudomonas fluorescens) katalysierte Rk. eine direkte H-Übertragung u. nicht eine Elektronenübertragung darstellt. Hinsichtlich der Stereospezifität verhält sich **I** anders als die *Alkoholdehydrogenase* der Hefe. (J. biol. Chemistry **122.** 941—52. Febr. 1955. Baltimore, Md., Johns Hopkins Univ., McCollum-Pratt-Inst.) A. HESSE. 4210

Uriel Z. Littauer und **Arthur Kornberg,** *Reversible Synthese von Polyribonucleotiden mit einem Enzym von Escherichia coli.* Ein aus *Escherichia coli* gewonnenes, gereinigtes Enzym katalysiert die reversible Bldg. von Ribonucleosiddiphosphaten. So entstehen Polymere von Adenosin-, Uridin- u. Cytidinmonophosphat aus den entsprechenden Diphosphaten. Diese polymerisierten Verbb. u. Ribonucleinsäuren mit hohem Mol.-Gew. aus Hefe, Gelberübenvirus u. Tabakmosaikvirus werden gut phosphoryliert. Eine hitzestabile Fraktion, die bei der Reinigung entfernt wird, beeinflußt das Ausmaß der Bldg. von Polymeren nicht. (J. biol. Chemistry **226.** 1077—92. Juni 1957. St. Louis, Mo., Washington Univ., School, Dep. of Microbiol.) G. KIMMERLE. 4210

Valda M. Craddock und **C. E. Dalgliesh,** *Über die Bestimmung der für die Biosynthese eines einzelnen Proteinmoleküls erforderlichen Zeit: Versuche mit Rattenpankreasribonuclease.* Vff. untersuchten den Einbau von aliphat. ^{14}C-Aminosäuren (**I**) in *Ribonuclease* von Rattenpankreasschnitten in Abhängigkeit von der Zeit. Die ^{14}C-**I** werden durch enzymat. Hydrolyse der ^{14}C-Proteine von Torulopsis utilis bzw. Chlorella vulgaris erhalten u. die aromat. **I** durch Säulenchromatographie an Stärke abgetrennt. Im Gegensatz zu Ergebnissen in vivo konnte keine Verzögerung beim Einbau der ^{14}C-**I** beobachtet werden. Vff. nehmen an, daß der Einbau von **I** in vivo hauptsächlich auf eine Proteinsynth. zurückzuführen ist, während in vitro **I**-Austausch-Rkk. infolge zerstörter Zellorganisation überwiegen. Die ^{14}C-Aktivität von rohen enzymat. Hydrolysaten wurde schneller als die von gereinigten Hydrolysaten eingebaut; der aktivierende Faktor wurde nicht identifiziert. (Biochem. J. **66.** 250—55. Juni 1957. London, Postgraduate Med. School.) E. SCHWERDTFEGER. 4210

Richard Abrams und **Marian Bentley,** *Die Biosynthese von Purinen der Nucleinsäure.* 2. Mitt. *Die Rolle von Hypoxanthin- und Xanthinverbindungen.* (1. vgl. C. **1957.** 3556.) Während $^{14}C_{(8)}$-*Hypoxanthin* nur in einem geringen Ausmaße durch lösl. Knochenmarkextrakte von Kaninchen zum Aufbau von *Adenin* (**I**) u. *Guanin* (**II**) verwendet wird, werden ^{14}C-*Inosin* u. ^{14}C-*Inosinsäure* (**III**) in beträchtlichem Umfange in **I** u. **II** umgewandelt. Zu dieser Umwandlung ist *Diphosphopyridinnucleotid* (**IV**) notwendig, welches nur schlecht durch *Triphosphopyridinnucleotid* ersetzt werden kann. *Xanthin* ist Zwischenstufe in der Umwandlung von Hypoxanthin in **II**, wie sich aus der hohen

Umwandlungsrate von ^{14}C-*Xanthosin* in II ergibt. Auch hierzu ist IV notwendig. *Xanthosinphosphat* konnte durch Ionenaustauscherchromatographie an Dowex-1 in diesen Verss. isoliert werden. Es wird vermutet, daß die Umwandlung der Purine auf der Nucleotidstufe stattfindet. In einem dialysierten Knochenmarkextrakt wird III nur zu einer Xanthinverb. oxydiert, bei Zusatz eines gekochten Knochenmarkextraktes u. von IV werden wieder I u. II gebildet. (Arch. Biochem. Biophysics **58.** 109—18. Sept. 1955. Pittsburgh, Pa., Montefiore Hosp., Inst. of Res.) A. TREBST. 4210

Leon A. Heppel, Jerard Hurwitz und **B. L. Horecker,** *Adenindesaminase in Azotobacter vinelandii.* Aus dem nach GRUNBERG u. Mitarbeitern (vgl. C. **1957.** 4425) gezogenen Azotobacter vinelandii konnten Proteinfraktionen mit Adenin-spezif. Desaminasewrkg. hergestellt werden. Folgende Fraktionen wurden dargestellt: Fraktion 1: Wss. Extrakt aus 10 Min. bei Zimmertemp. im Mörser mit Al_2O_3 verriebenen Zellen des Azotobacters u. nachfolgendem 10 Min. Zentrifugieren bei 13000 Umdrehungen. Diese Fraktion zeigte 12700 E. [1 E. = diejenige Menge, die $1 \cdot 10^{-6}$ Mol Adenin (I) in 1 Std. desaminiert] u. eine spezif. Aktivität (= Einheiten pro mg Protein) von 6,5. Fraktion 2: Vorst. Extrakt nach Ausfällung eines Substanzanteiles mit Protaminsulfatlsg. bei 0—2° in 0,2 mol. Acetatpuffer (p_H 5,0) u. zentrifugaler Abtrennung dieser Fällung (12500 Einheiten, spezif. Aktivität 8,4). Fraktion 3: Wss. Lsg. eines aus vorst. Extrakt mit Ammoniumsulfat gefällten u. abzentrifugierten Nd., wobei die so erhaltene Lsg. zwecks weiterer Reinigung 7 Min. auf 55° erwärmt u. ein sich dabei bildender Nd. zentrifugal abgetrennt wurde (9250 E., spezif. Aktivität 25, 2,5 mg Protein/cm^3). Fraktion 4: Wss. Lsg. einer aus vorst. Lsg. durch 2maliges Behandeln mit Aceton bei 0° erhaltenen u. abzentrifugierten Proteinfällung (6300 E., spezif. Aktivität 123). Fraktion 5: Wss. Lsg. einer aus vorst. Lsg. durch 2maliges Behandeln mit gesätt. Ammoniumsulfatlsg. (p_H 7,4) erhaltenen u. abzentrifugierten Fällung (6300 E., spezif. Aktivität 225). Die Fraktionen 3—5 waren bei —15° mindestens 2 Monate haltbar u. verloren bei der Dialyse gegen 0,9%ig. KCl-Lsg. (zur Entfernung restlichen Ammoniumsulfates) nichts von ihrer spezif. Aktivität. Bei p_H 6,5 u. 1 std. Erwärmen auf 55° wurden 80% der Aktivität zerstört. Verss., die mit 0,07 cm^3 0,1 mol. Kaliumphosphatpuffer (p_H 7,0), 0,04 cm^3 0,01 mol. I-Sulfat u. 0,19 cm^3 Fraktion 5 bei 37,5° während 15 Min. durchgeführt wurden u. bei denen die Desaminierung spektrograph. bei 260 mμ an Hand der Veränderung der Extinktion in der auf 3 cm^3 mit Phosphatpuffer verd. Testlsg. u. außerdem papierchromat. verfolgt wurde, zeigten eine anaerobe Desaminierung von I zu Verbb., die die spektrograph., chromatograph. u. elektrophoret. Eigg. von *Hypoxanthin* (II) hatten u. die mit Xanthinoxydase mit derselben Geschwindigkeit wie authent. Hypoxanthin oxydiert wurden. Diese Rk. wird nicht beeinflußt von 0,01 mol. $MgCl_2$- u. $CaCl_2$-Lsgg., dagegen durch 0,01 mol. $MnCl_2$-Lsg. fast vollständig inhibiert. Ihr p_H-Optimum liegt zwischen 6,7—7,7. Die Ggw. von Guanin (III), Cytosin u. Uracil verringert die Geschwindigkeit der Rk. nicht. Die Oxydation von gebildetem II mit Xanthinoxydase läßt sich spektrograph. infolge starken Anstiegs der opt. Dichte bei 290 mμ in Zusammenhang mit der vorhergehenden Desaminierung von I zu II zu einer empfindlichen quantitativen Analysenmeth. für I auswerten (0,7 γ I lassen sich mit einer Genauigkeit von 10% bestimmen). Diese gekoppelte Rk. läßt sich weiterhin für eine quantitative Analyse von I u. III in Gemischen von I u. III nach der allg. Meth. von KALCKAR (vgl. J. biol. Chemistry **167.** [1947.] 429) verwenden, wenn in einem I u. III enthaltendem Substrat zunächst Xanthinoxydase, dann Fraktion 5 u. nach 18 Min., wenn der Anstieg der opt. Dichte bei 290 mμ abklingt, Guanase aus einer Kaninchenleberfraktion zugegeben wird, die dann einen weiteren, nach 15 Min. beendeten Anstieg der opt. Dichte bewirkt. Die spezif. Adenin–Desaminase-Wrkg. von Fraktion 5 wurde durch den negativen Ausfall von Verss. mit III, Cytosin, Guanosin, Cytidin, Adenosin, Adenosin-2′-phosphat, -3′-phosphat, -2′.3′-phosphat, -5′-phosphat, -5′-diphosphat, -5′-triphosphat u. Guanosin-5′-phosphat bewiesen. (J. Amer. chem. Soc. **79.** 630—33. 5/2. 1957. Bethesda, Md., U. S. Public Health Serive, Nation. Inst. of Arthritis and Metabolic Diseases.) F. TIEDT. 4210

Britton Chance und **G. R. Williams,** *Atmungsenzyme bei der oxydativen Phosphorylierung.* 6. Mitt. *Die Wirkung von Adenosindiphosphat auf Azid-behandelte Mitochondrien.* (5. vgl. C. **1957.** 5304.) In Ggw. geeigneter niedriger *Azidkonzz.* als Inhibitor der Atmungskette von Lebermitochondrien läßt die durch *Adenosindiphosphat* (I)-Zusatz bewirkte Umwandlung des Ruhestadiums *4* in das akt. Stadium *3* Übergangspunkte zwischen *Cytochrom b* u. *c* sowie zwischen *Flavoprotein* u. red. *Diphosphopyridinnucleotid* (II) erkennen. Diese Übergänge charakterisieren Paare bei der oxydativen Phosphorylierung beteiligter Atmungsenzyme. Die für halbmaximale spektroskop. Effekte erforderliche I-Konz. besteht anscheinend aus 2 Komponenten, einer von der Geschwindigkeit des Elektronentransports abhängenden u. mit der MICHAELIS-Affinität zu I in Beziehung stehenden u. einer, die den Titrationswert einer endogenen energiereichen Verb. in ruhenden Mitochondrien darstellt. Da dieser Wert weitgehend dem ermittelten Geh. an intramitochondrialem II_{red} entspricht, wird angenommen, daß II_{red} in ruhenden Mitochondrien in einer gehemmten Form vorliegt. Die Kinetik der Rk. von I mit der Atmungskette, ausgedrückt durch die Geschwindigkeit des *4* → *3*-Überganges bei I-Zusatz entspricht hinsichtlich der I-Konz. nur bei niedrigen Konzentrationswerten 1. Ordnung. Bei höheren Konzz. lassen erhebliche Abweichungen darauf schließen, daß zwischen I u. Atmungskette intermediäre Reaktionsstufen auftreten. Eine Impermeabilität für I liegt wahrscheinlich nicht vor, da Verss. mit hypoton. behandelten Mitochondrien die gleichen Ergebnisse lieferten. (J. biol. Chemistry **221.** 477—89. Juli 1956. Philadelphia, Penn., Univ., Johnson Res. Foundation.) K. MAIER. 4210

Tokuji Kimura, Jiro Tobari und **Taiji Sasakawa,** *Enzymatische Phosphorylierung von Acetat durch Mycobacterium tuberculosis avium.* Aus Acetontrockenpulver von *M. tuberculosis avium*-Zellen (Stamm TAKEO), die auf SAUTON-Nährboden gezüchtet worden waren, wurde durch Extraktion mit 0,02 mol. $NaHCO_3$, Stehenlassen über Nacht (0°), 80% Sättigung des Überstands mit $(NH_4)_2SO_4$ u. fraktionierte $(NH_4)_2SO_4$-Fällung des gelösten Nd. bei 30—60% Sättigung ein teilweise gereinigtes *Acetokinase* (I)-Präp. erhalten, das die Rk.: Adenosintriphosphat + Acetat ⇌ Acetylphosphat (II) + Adenosindiphosphat katalysiert. Die II-Best. erfolgte nach der Hydroxamsäure (III)-Meth. von LIPMANN u. TUTTLE. Maximale III-Bildungsgeschwindigkeit wurde bei gleichzeitigem Zusatz von ATP u. Mg^{2+}-Ionen erzielt. I wird durch einige SH-Reagentien, bes. durch Hg^{2+}-Ionen u. p-Chlormercuribenzoat, stark gehemmt. In Glycerinbouillon gezüchtete Zellen gaben Extrakte, die prakt. keine Acetatphosphorylierung bewirkten. Jedoch katalysierte das von Esterase befreite Präp. stark die enzymat. III-Bldg. aus n-Valeriansäure u. NH_2OH. (J. Biochemistry [Tokyo] **44.** 133—35. Febr. 1957. Tokyo, Ikebukuro, St. Paul's Univ., Coll. of Sci., Labor. of Biochem. [Orig.: engl.]) K. MAIER. 4210

Virginia R. Williams, E. Anne Andrews und **John F. Christman,** *Untersuchungen über eine gegenseitige Beziehung zwischen Biotin und Hexokinase.* Vff. untersuchten die Beteiligung von *Biotin* (I) bei der Glykolyse durch Best. der Glucoseverwertung durch I-Mangelzellen von *Saccharomyces cerevisiae 139* u. die Verwertung von 2-Desoxy-D-glucose durch zellfreie Extrakte aus I-Mangelkulturen desselben Organismus. Es zeigte sich, daß I bei der Dissimilation von Glucose beteiligt ist, jedoch konnte weder die Art der I-Wrkg. noch der Eingriffsort bestimmt werden. I reaktiviert I-Mangelextrakte nicht, wirkt also wahrscheinlich nicht als Coenzym bei der Phosphorylierung von Glucose oder anderen Substraten. Vielleicht hat es eine direkte oder indirekte Funktion bei der *Hexokinase-S*ynth. in der Zelle. (Arch. Biochem. Biophysics **66.** 234—40. Jan. 1957. Baton Rouge, La., Louisiana State Univ., Dep. of Agricult. Chem. and Biochem.) H. GOEBEL. 4210

Nester Dickie, Margaret I. Robinson und **Jules Tuba,** *Die Rolle der alkalischen Phosphatase bei der Darmresorption.* 3. Mitt. *Der Einfluß verschiedener Fettsäuren auf den Enzymgehalt der Darmschleimhaut.* (2. vgl. C. **1956.** 14060.) Nach 4tägigem Fasten wurden an Ratten verschied. *Fettsäuren* [Buttersäure, Laurinsäure, Palmitinsäure, Stearinsäure, Ölsäure (I)] zusammen mit Casein bzw. Weizengluten verfüttert. Im Homogenat des Darmes fand sich eine Erhöhung der Aktivität der *alkal. Phosphatase* bes. nach Verfütterung von Fettsäuren mit kurzen Ketten. Den größten Effekt zeigte I. Gleichzeitige Verfütterung von Cholin verhinderte die Erhöhung. (Canad. J. Biochem. Physiol. **33.** 83—88. Jan. 1955. Edmonton, Can., Alberta, Univ. of Alberta, Dep. Biochem.) H. G. SCHWEIGER. 4210

Jules Tuba und **Nester Dickie,** *Die Rolle der alkalischen Phosphate bei der Darmresorption.* 4. Mitt. *Der Einfluß verschiedener Proteine auf den Enzymgehalt der Darmschleimhaut.* (3. vgl. vorst. Ref.) Von den untersuchten Proteinen Lactalbumin, Eieralbumin, Zein, Gelatine, Weizengluten, *Casein* (I) u. *Vitellin* (II) hatten bei Ratten nach 4tägigem Fasten nur I u. II einen steigernden Einfl. auf die *alkal. Phosphatase*-Aktivität im Darmhomogenat. (Canad. J. Biochem. Physiol. **33.** 89—92. Jan. 1955. Edmonton, Alberta, Can., Univ. Alberta, Dep. Biochem.) H. G. SCHWEIGER. 4210

Hubert Ziegler, *Über die Lokalisierung der sauren Phosphatase im Holz des Spitzahorns (Acer platanoides L.). Saure Phosphatase,* die für die Dephosphorylierung vor Eintritt in den Transpirationsraum der bei der Mobilisierung der pflanzlichen Reservestärke durch Phosphorolyse frei werdenden *Zuckerphosphate* verantwortlich sein dürfte, ließ sich in Stammholzschnitten des Spitzahorns in den äußeren Jahresringen in einzelnen, lebenden u. stärkespeichernden, von den übrigen Zellen morpholog. nicht unterscheidbaren Holzparenchymzellen mit hoher Aktivität histochem. nachweisen, wobei ein Artefact durch Fluoridhemmung des Nachw. ausgeschlossen werden konnte. (Naturwissenschaften **42.** 260. 1. Mai-H. 1955. München, Forstbotan. Inst.) V. SACHS. 4210

S. A. Narrod und **W. A. Wood,** *Kohlenhydratoxydation durch Pseudomonas fluorescens.* 5. Mitt. *Nachweis für eine Gluconokinase und 2-Ketogluconokinase.* (4. vgl. C. **1957.** 5591.) Vff. finden in rohem Enzympräp. von *Pseudomonas fluorescens* Phosphokinasen, die *Gluconat* u. *2-Ketogluconat* in Ggw. von ATP phosphorylieren. Die Enzyme phosphorylieren nicht Glucose, Fructose u. 5-Ketogluconat. Die Aktivität der *Glucokinase* wurde mit Hilfe der 6-Phosphogluconatdehydrogenase (Hefe) u. TPN gemessen. Beide Kinasen benötigen zur vollen Aktivität Mg^{2+}. Es werden ferner Reinigungsmeth. für die Enzyme mit Protamin u. Aminosäurefällung angegeben u. Meth. zur Isolierung der phosphorylierten Zwischenstufen. In der Diskussion weisen Vff. für Organismen, die keine Hexokinase haben oder keinen Glykolysemechanismus besitzen, auf folgende Stoffwechselwege hin: 1. Glucose wird zu Gluconat oxydiert, mit ATP u. Mg^{2+} zu 6-Phosphogluconat (**I**) phosphoryliert. **I** wird entweder zum Pentosephosphat oder über 2-Keto-3-desoxy-6-phosphogluconat zu 3-Phosphoglycerinsäure u. Brenztraubensäure abgebaut. 2. Glucose wird durch 2malige Oxydation zu 2-Ketogluconat, mit ATP u. Mg^{2+} zu 2-Keto-6-phosphogluconat u. letztlich über unbekannte Zwischenstufen zu einem C_3-Körper u. Brenztraubensäure abgebaut. (J. biol. Chemistry **220.** 45—55. Mai 1956. Urbana, Ill., Univ. of Illinois, Dep. Dairy Sci. Lab. Bact.) H. SCHIMASSEK. 4210

C. Keller und **K. Lang,** *Die Einwirkung des Cyclophorasesystems auf Valin, Tryptophan und Histidin.* In Fortsetzung früherer Arbeiten (LANG u. KELLER, C. **1956.** 10029) wurde die Einw. des *Cyclophorasesyst.* (Cy) aus Rattenleber bzw. -niere auf *Valin* (**I**), *Tryptophan* (**II**) u. *Histidin* (**III**) untersucht. Aus DL-**I** bildet Cy durch oxydative Desaminierung α-Ketoisovaleriansäure, wie papierchromatograph. gezeigt werden konnte; 50—60% **I** bleiben unverändert. DL-**II** wird durch Cy über Indolbrenztraubensäure zu Kynurenin bzw. Kynurensäure abgebaut; L-**II** wird nicht angegriffen. Aus DL-**III** bildet Cy durch reduktive Desaminierung Urocaninsäure, die weiter in Glutaminsäure umgewandelt wird. Vff. schließen, daß Cy auf die biol. Endoxydation der essentiellen Aminosäuren wenig oder keinen Einfl. hat. (Biochem. Z. **328.** 285—90. 17/11. 1956. Mainz, Johannes Gutenberg-Univ., Physiol.-chem. Inst.) E. SCHWERDTFEGER. 4210

Alan C. Aisenberg, Baltazar Reinafarje und **Van R. Potter,** *Untersuchungen über den Pasteur-Effekt.* 1. Mitt. *Allgemeine Beobachtungen.* An Präpp. aus Gehirn u. Tumorgewebe männlicher Ratten wurde die Wrkg. von Mitochondrien auf das glykolyt. Syst. der Zellen untersucht. Als glykolyt. Syst. wurde die durch Zentrifugieren der **30**%ig. Gewebehomogenate in der Spinco-Ultrazentrifuge gewonnene Fraktion S_3 verwendet. Mitochondrien wurden aus 10%ig. Homogenaten in 0,25 mol. Rohrzuckerlsg. nach SCHNEIDER u. HOGEBROM isoliert. Die Unterss. erfolgten nach der WARBURG-Meth. in je 3 ml Standardlsg. folgender Zus.: 20 μMol Glucose, 2 μMol Adenosintriphosphat, 0,3 μMol *Diphosphopyridinnucleotid* (**I**), 120 μMol Nicotinsäureamid, 75 μMol $KHCO_3$ u. 12 μMol $MgCl_2$ .Durch Zusatz von festem Rohrzucker wurde die Lsg. im allg. auf eine geeignete Konz. gebracht. Die Rkk. verliefen in Gasgemischen von 95% O_2 u. 5% CO_2 bei p_H 7,4 u. 38° in Zeiträumen von je 30 Min. u. wurden durch Zusatz von Trichloressigsäure bzw. $HClO_4$ beendet. Unterss. über die Oxydation des red. **I** (**II**) wurden in entsprechender Weise spektralphotometr. in Quarzküvetten durchgeführt (Messung der Extinktion bei 340 mμ). — Ergebnisse: Durch Zusatz von Rattenlebermitochondrien wurde Milchsäurebldg. stark bzw. vollständig gehemmt, der Glucoseabbau wesentlich verringert u. die CO_2-Bldg. erhöht (Unterss. mit ^{14}C-Glucose). Zusatz von *Cytochrom c* (**III**) erhöhte die Oxydationsgeschwindigkeit von **II**, *Glutamat* u. *Fumarat* senkten den Hemmeffekt. Veränderung der Glucosekonz. sowie der osmot. Verhältnisse zeigte keine Wirkung. Die *Hexosediphosphat*-Glykolyse wurde gehemmt, wenn auch anfangs schwächer. Der Hemmeffekt wurde durch N_2-Atmosphäre aufgehoben, desgleichen durch 3 Min. Erhitzen der Mitochondrien auf 100°. Durch 1 std. Einlegen der Mitochondrien in isoton. Rohrzuckerlsg. bei 30° wurde er etwas herabgesetzt. Hemmung trat auch in Ggw. von 0,01 mol. NaF auf, wenn Brenztraubensäure zur Oxydation von **II** zugesetzt wurde. Cyanid hob die Hemmung völlig auf, *Antimycin A* nahezu, *Malonat* u. *Fluoracetat* nur teilweise. Mitochondrien aus FLEXNER-JOBLING-Carcinom erhöhten die Glykolyseaktivität (mit u. ohne NaF u. Brenztraubensäure) der Glykolysefraktion derartiger Gewebe. Milz- u. Nierenmitochondrien hemmten die Glykolyse wie die Lebermitochondrien, Herzmitochondrien bewirkten eine geringe Erhöhung der Glykolyseaktivität. Aus den hemmend wirkenden Mitochondrien wurde mit $HClO_4$ u. Trichloressigsäure ein gelbes Filtrat gewonnen, woraus Vff. auf ein Flavin schließen. Die relative Stärke der Hemmung war weitgehend unabhängig vom Niveau des Glykolysesystems. Die Hemmung wurde zu ca. $^3/_4$ durch Oxydation von **II** bewirkt, $^1/_4$ konnte durch Zusatz von Brenztraubensäure aufgehoben werden; dieses oxydierte **II** ca. 10mal so schnell wie **III**; **II** war also in jedem Falle extrem wenig vorhanden. Geringe Mengen A. hoben die Hemmung auf, während *Alkoholdehydrogenase* diese erhöhte. (J. biol. Chemistry **224**. 1099—1113. Febr. 1957. Madison, Wis., Univ. of Wisconsin, Med. School, McArdle Mem. Labor.) H. HRUSCHKA. 4210

Alan C. Aisenberg und **Van R. Potter**, *Untersuchungen über den Pasteur-Effekt*. 2. Mitt. *Spezifische Mechanismen*. (1. vgl. vorst. Ref.) Bei Hemmung der Glykolyse durch Mitochondrien waren die gefundenen Mengen an *Adenosinmonophosphat* (AMP), *Adenosindiphosphat* (ADP) u. *Adenosintriphosphat* (ATP) etwas größer als die bei ungehemmter Glykolyse. Zusatz von ADP hob die Hemmung vollständig auf, wobei deutliche Mitochindrienschwellung beobachtet wurde. Nach Waschen mit Rohrzuckerlsg. fand sich im $HClO_4$-Extrakt der gequollenen Mitochondrien nur noch knapp die Hälfte des Nucleotidgehalts. In Abwesenheit des Glykolysesyst. trat keine Mitochondrienquellung ein, NaF verhinderte diese sowie die Aufhebung der Glykolysehemmung. Dinitrophenol hob die Glykolysehemmung fast vollständig auf, jedoch nicht in Ggw. von Na u. Brenztraubensäure. Bei Glykolyse wurde anorgan. Phosphat aufgenommen, bei Glykolysehemmung dagegen abgegeben. ^{14}C-Brenztraubensäure u. Acetat wurde bei Glykolysehemmung nicht in größeren Mengen zu Glucose resynthetisiert, dagegen schien Glucose aus endogenen Mitochondrienbestandteilen — gegebenenfalls Glykogen — gebildet zu werden. Die Gesamtmenge an *Hexose-di-phosphat* (**I**) u. *Fructose-6-phosphat* (**II**) wurde durch Zusatz von Mitochondrien zum glykolyt. Syst. beträchtlich gesenkt; bei Zusatz von **I** wird im Glykolysesyst. **II** gebildet, während dieses in Ggw. von Mitochondrien nicht auftritt. Bei niedrigeren Mitochondrienkonzz. wurde die Glykolysehemmung durch größere Mengen **I** völlig aufgehoben, durch *Glucose-6-phosphat* (**III**) dagegen nur teilweise. Zusatz von Hefehexokinase wirkte wie **III**, während *Insulin* wirkungslos war. Vff. schließen, daß unter vorst. Versuchsbedingungen der PASTEUR-Effekt wahrscheinlich auf einer Hemmung der Phosphohexokinase-Rk. u. möglicherweise auch der Hexokinase-Rk. durch das oxydative Syst. der Mitochondrien beruht. (J. biol. Chemistry **224**. 1115—27. Febr. 1957. Madison, Wis., Univ. of Wisconsin, Med. School, McArdle Mem. Labor.) H. HRUSCHKA. 4210

K. Kurahashi, **R. J. Pennington** und **M. F. Utter**, *Nucleotidspezifität der Oxalessigsäure–Carboxylase*. Eine Meth. zur Reinigung der *Oxalsäurecarboxylase* (**I**) aus Hühnerleber wurde beschrieben, wobei das Präp. keine Nucleosiddiphosphokinase mehr enthält. Die **I**-Rk. wurde als spezif. für Guanosin- u. Inosinpolynucleotide angesehen. Adenosin-, Cytosin-, Uridin- u. Xanthosinpolyphosphate hatten keine bedeutende Wirkung. Die Bedeutung dieses Effektes wird in Hinsicht auf die Bldg. von Phosphobrenztraubensäure diskutiert. (J. biol. Chemistry **226**. 1059—75. Juni 1957. Cleveland, O., West. Res. Univ., Dep. of Biochem.) G. KIMMERLE. 4210

Sasha Englard und **Sidney P. Colowick**, *Über den Mechanismus der Aconitase- und Isocitronensäuredehydrogenasereaktionen*. Triphosphopyridinnucleotid–Isocitronensäure-Dehydrogenase des Schweineherzens katalysiert einen direkten *H*-Transport vom $C_{(\alpha)}$-Atom des d-Isocitrats zum oxydierten Nucleotid. Als Beweis dafür wird angeführt, daß Deuterium im red. Nucleotid nicht vorhanden ist, wenn sich die Rk. im schweren W. abgespielt hat u. Aconitase zugegen war, die einen Einbau des Deuteriums am $C_{(\beta)}$-Atom des Isocitrats verhindert. Die Aconitase des Schweineherzens katalysiert eine bezüglich der Methylenwasserstoffatome stereospezif. Rk., die ein Gleichgewicht zwischen Citrat u. cis-Aconitrat zur Folge hat. Die Aconitasewrkg. geschieht über ein intermediäres Carboniumion. (J. biol. Chemistry **226**. 1047—58. Juni 1957. Baltimore, Md., John Hopkins Univ., McCollum-Pratt Inst.) G. KIMMERLE. 4210

Yasuji Minoda, **Kōya Mogi** und **Tetsuo Nakamura**, *Untersuchungen über submerse Amylasebildung*. 6. Mitt. *Die Amylasebildung durch schwarzen Aspergillus im sauren und neutralen Medium*. (5. vgl. C. **1950/54**. 315 S.) Submerse Kulturen von schwarzem Aspergillus bildeten bei einem p_H-Wert von 2,4 keine dextrinbildende *Amylase* (**I**; *α-Amylase*), jedoch wurde eine deutliche Bldg. von zuckerbildender Amylase (**II**; *β-Amylase*) u. von *Maltase* (**III**) beobachtet, nachdem das Mycel sein maximales Gewicht erreicht hatte. Im Mycel selber war die **II** gering, **III** jedoch höher. In neutralem Medium wurde hohe **I**-Aktivität, jedoch nur geringe **II**-Entw. festgestellt. Nach diesen Ergebnissen ist zur **II**-Bldg. ein saures Kulturmedium Voraussetzung. (J. agric. chem. Soc. Japan [Nippon Nôgeikagaku Kaishi] **29**. 115—19. 1955. Tokyo, Univ., Fac. of Agric., Dep. of Agric. Chem. [Orig.: japan.; Auszug: engl.]) F. KRUSEN. 4210

Shiro Akabori und **Tokuji Ikenaka**, *Untersuchungen über Taka-Amylase A*. 4. Mitt. *Über die aminoterminale Aminosäure der Taka-Amylase A*. (3. vgl. C. **1957**. 11914.)

Nachw. u. quantitative Best. der NH_2-terminalen Aminosäure von *Taka-Amylase A* (I) mittels der Dinitrofluorbenzolmeth. ergaben *Alanin*. Das Minimal-Mol.-Gew. von I wurde zu 52500 ermittelt. (J. Biochemistry [Tokyo] **42.** 603—07. Sept. 1955. Osaka, Univ., Fac. of Sci., Labor. of Biochem. [Orig.: engl.]) K. MAIER. 4210

D. R. Sanadi und **Robert L. Searls**, *Die durch den α-Ketoglutarsäuredehydrogenasekomplex katalysierte reversible Reduktion von Thioctamid. 6.8-Thioctsäure* (*α-Liposäure*; I) ist bei der Oxydation von α-Ketosäuren beteiligt, wobei eine Teil-Rk. die Oxydation von Dithioloctanat durch Diphosphopyridinnucleotid (II) ist: $T(SH)_2 + II^+ \rightleftharpoons TS_2 + (II)_{red} + H^+$. Gereinigte *α-Ketoglutarsäuredehydrogenase* (III) aus Hundeherz katalysiert die reversible Oxydation von II_{red} durch *6.8-Thioctat* (IV) u. *6.8-Thioctamid* (V), wobei nur die (+)-Form wirksam ist. Das p_H-Optimum der Rk. mit IV u. V ist 6,0 u. 7,1. Bei DL-V beträgt die Konz. für halbmaximale Geschwindigkeit $6 \cdot 10^{-4}$ mol., während bei DL-IV selbst mit $6 \cdot 10^{-3}$ mol. noch keine maximalen Geschwindigkeiten erreicht werden. Da die Rk. mit V hinsichtlich K_m u. p_H-Optimum stärker als die mit IV sich der von III annähert, ist der natürliche gebundene Cofaktor in der Struktur vielleicht ähnlicher V als IV. Die mit gereinigter III verknüpfte diaphoraseähnliche Aktivität beruht möglicherweise auf der Red. gebundenen Thioctfaktors durch II_{red}, da Dithioloctanat u. Dithioloctamid leicht in Ggw. von Luft u. Methylenblau oxydiert werden. (Biochim. biophysica Acta [Amsterdam] **24.** 220—21. April 1957. Berkeley, Calif., Univ., School of Med., Dep. of Physiol. Chem.) K. MAIER. 4210

Yujiro Imanaga, *Der D-Glucosaminstoffwechsel. Die Bildung von D-Fructose-6-phosphat.* Ein zellfreier Extrakt aus *Aerobacter cloacae* desaminiert *D-Glucosamin-6-phosphat* (I) zu *Fructose-6-phosphat*, das als Ba-Salz isoliert u. chromatograph. identifiziert wurde. Das Enzym (II) wurde durch Protaminbehandlung u. fraktionierte $(NH_4)_2SO_4$-Fällung (30, 60%) eines wss. Extraktes teilweise gereinigt. Rohextrakt phosphoryliert bei Adenosintriphosphatzusatz freies *D-Glucosamin* (III). Die *Kinase*-Aktivität nimmt durch Dialyse oder $(NH_4)_2SO_4$-Fraktionierung ab. Das I-Präp. zeigt gegenüber I u. Glucose-6-phosphat Phosphataseaktivität u. wird durch 10^{-2} mol. NaF gehemmt. Cystein hemmt die I-Hydrolyse nicht. Es wird ein Schema des III-Abbaus diskutiert u. hierbei ein neuer Typ enzymat. Entaminierung, der weder oxydativer noch intramol. Natur ist, angenommen. Hiernach würde I durch ein neues Enzym „*Phosphoglucosaminisomerase*" zu einer Iminoverb. isomerisiert u. diese hydrolyt. gespalten. (J. Biochemistry [Tokyo] **44.** 69—80. Febr. 1957. Nara, Women's Univ., Dep. of Sci. [Orig.: engl.]) K. MAIER. 4210

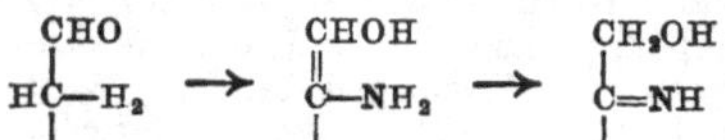

I

Eugen Bamann, Heinz Trapmann und **Auguste Schuegraf**, *Metallkatalytische Spaltung von Phosphoproteiden. Casein, Vitellin, Phosphopepton, Serinphosphorsäureester* u. *Threoninphosphorsäureester* sind metallkatalyt. spaltbar. Von den dabei bes. wirksamen Ionen von *Ce* u. *La* zeigen sich bei der Hydrolyse der Ester das Ce dem La weit überlegen; dagegen wird die Dephosphorylierung der anderen Prodd. durch La stärker beschleunigt. (Chem. Ber. **88.** 1726—30. 1955. München, Univ., Inst. für Pharm. u. Lebensmittelchemie.) A. HESSE. 4210

G. Cavicchi Sandri, *Untersuchungen über die Pepsinproteolyse in vitro. Nicotin* (I) übt auf die proteolyt. Aktivität des Pepsins in vitro eine hemmende Wrkg. aus, die nahezu linear von der I-Konz. abhängt. Dabei erstreckt sich die Wrkg. des I auf das Substrat u. nicht auf das Ferment. Es wird eine Übersicht über die bisherigen Unterss. über die die proteolyt. Wrkg. des Pepsins von in vitro hemmenden oder aktivierenden Substanzen gegeben. — 16 Literaturangaben. (Farmaco [Pavia], Ediz. sci. **10.** 502 bis 507. Aug. 1955. Ferrara, Univ., Ist. di Chim. farmac.) H.-E. TOUSSAINT. 4210

J. Booth und **E. Boyland**, *Die Biochemie aromatischer Amine.* 3. Mitt. *Enzymatische Hydroxylierung durch Rattenlebermikrosomen.* (2. vgl. C. **1957.** 8870.) Die Mikrosomenfraktion eines nach SCHNEIDER (C. **1950.** I. 734) fraktionierten Rattenleberhomogenats zeigt Hydroxylierungsaktivität gegenüber aromat. Verbindungen. Gleiche Aktivität wurde erzielt in Ggw. von entweder chem. hergestelltem red. Triphosphopyridinnucleotid (TPNH), Triphophopyridinnucleotid (TPN) u. der lösl. Leberfraktion oder TPN, Glucose-6-phosphat u. Glucose-6-phosphatdehydrogenase. Die Hydroxylierung von 2-Acetamidonaphthalin zu 2-Acetamido-6-naphthol wurde im Hinblick auf den Einfl. des p_H, der TPN- u. Glucose-6-phosphatkonz. quantitativ untersucht. Die Hydroxylierung von Anilin, Acetanilid, 2-Naphthylamin, 2-Aminofluoren, 2-Acetaminofluoren, Bzl. u. Naphthalin wurde qualitativ nachgewiesen. Nachw. durch charakterist. Farb-Rkk. u. R_F-Werte der gebildeten Verbindungen. Das Hydroxylierungsenzym ist mit den Rattenlebermikrosomen assoziiert u. benötigt TPNH u. O_2. Das

TPNH kann ersetzt werden durch TPN, Glucose-6-phosphat u. Nicotinamid. Der Mechanismus der Rk. wird diskutiert aber nicht geklärt. (Biochem. J. **66.** 73—78. Mai 1957. London, Chester Beatty Res. Inst., Inst. of Cancer Res., Royal Cancer Hosp.) K. Heyns. 4210

John L. Dolphin und **Earl Frieden**, *Biochemie der Metamorphose bei Amphibien.* 2. Mitt. *Arginaseaktivität.* (1. vgl. Science [Washington] **121.** [1955.] 37.) Während der n. u. der durch Verabreichen von *Thyroxin* u. *Trijodthyronin* induzierten Metamorphose der Kaulquappen von Bufo terrestris u. Rana hecksheri wird eine Zunahme des Geh. der Leber an *Arginase* (I) beobachtet, wobei die I-Aktivität stärker von den genannten Substanzen als von morpholog. Änderungen abhängt. Einbringen der Tiere in Lsgg. von *Dinitrophenol* bewirkt keine Erhöhung der I-Aktivität. Durch Behandlung mit *Hydrocortison* wird eine Verdopplung der I erzielt, ohne daß dabei morpholog. Änderungen erfolgen. Andere Hormone (Wachstumshormon, Insulin) haben geringen oder keinen Einfluß. Die Konzz. von freiem *Arginin* u. *Tyrosin* in der Leber nehmen während der n. Metamorphose deutlich, aber noch rascher während der induzierten Metamorphose zu. Die Konzz. anderer untersuchter Aminosäuren (Alanin, Asparagin, Asparaginsäure, Cystin, Glutaminsäure, Glykokoll, Leucin, Methionin, Phenylalanin, Prolin, Serin, Tryptophan, Valin) erfahren während der Metamorphose keine wesentlichen Änderungen. (J. biol. Chemistry **217.** 735—44. Dez. 1955. Tallahassee, Fla., State Univ., Dep. of Chem.) A. Hesse. 4210

Ailene Herranen und **Gerald C. Mueller**, *Die Wirkung von Östradiolvorbehandlung auf die Serinaldolaseaktivität von Rattenuteri.* Nach intravenöser Injektion von 10 γ *Östra-3.17β.diol* (I) wurden in wechselnden Abständen hergestellte Uterushomogenisate ovariektomierter Ratten in $^{14}C_{(2)}$-Glycin (II), CH_2O, Tetrahydrofolsäure u. Phosphatpuffer (p_H 7,4, 37°, N_2) incubiert. Nach Stoppen der Rk. mit Eisessig–88% ig. HCOOH (13:1) wurde im Überstand die Aktivität des papierelektrophoret. abgetrennten Serins (III) bestimmt. Der ^{14}C-Einbau aus II war der Zeit linear u. proportional der Gewebekonz. des Homogenisats. Adenosintriphosphat, Di- u. Triphosphopyridinnucleotid, Hexosediphosphat, Phosphokreatin oder Pyridoxalphosphat aktivierten diese Rk. nicht. Verss zur Umwandlung von ^{14}C-Formiat in III verliefen negativ. Nach I-Vorbehandlung stieg der *Serinaldolase*-Spiegel linear mit der Zeit auf das 4fache des Kontrollwerts an. Die I-Wrkg. auf den Uterusstoffwechsel beruht demnach auf einer Änderung der Enzymaktivität. (Biochim. biophysica Acta [Amsterdam] **24.** 223—24. April 1957. Madison, Wis., Univ. of Med. School, McArdle Mem. Labor.) K. Maier. 4210

Bernadette Bergeret, Fernande Chatagner und **Claude Fromageot**, *Untersuchung der Decarboxylierung von L-Cysteinsulfinsäure, L-Cysteinsäure und L-Glutaminsäure durch verschiedene Kaninchenorgane. Einfluß von Pyridoxalphosphat und Thiolgruppen.* (Vgl. C. **1956.** 3896.) Vff. untersuchten die Decarboxylierung von *L-Cysteinsulfinsäure* (I), *L-Cysteinsäure* (II) u. *L-Glutaminsäure* (III) durch rohe Homogenate von Kaninchenhirn, -leber u. -niere. Durch Hirnpräpp. wurden I, II u. III decarboxyliert, wobei *Pyridoxalphosphat* (IV) stimulierend wirkte. Die Leber- u. Nierenpräpp. griffen nur I u. II an, wobei IV-Zusatz den Abbau von I bzw. II verschieden beschleunigte. SH-gruppenhaltige Verbb. [*Dimercaptopropanol* (BAL); *Cystein*] wirken nach Ansicht der Vff. in 2facher Hinsicht auf die Decarboxylierung: positiv durch Erhaltung des Enzyms in red. Form u. negativ durch Kombination mit IV. Vff. schließen, daß das Coenzym an die SH-Gruppen des Enzyms gebunden wird. (Biochim. biophysica Acta [Amsterdam] **22.** 329 bis 336. Nov. 1956. Paris, Fac. des Sci., Labor. de Chim. biol.) E. Schwerdtfeger. 4210

Y. Mori, *Über Änderungen der Histaminasemenge bei Anaphylaxie.* 1. Mitt. *Zu- und Abnahme der Histaminase im Blutserum im Gefolge von Sensibilisierung und anaphylaktischem Schock durch Eialbumin und Lugolsche Lösung.* Meerschweinchen wurden mit 5% ig. Eialbumin (I) u. 10% ig. Lugolscher Lsg. (II) sensibilisiert, was Erhöhung des Geh. an *Histaminase* (III) im Blutserum zur Folge hatte [n. Tiere 3,8 (relative Werte); nach I 8,5; nach II 11,4]. Zur Schockauslösung erhielten die Versuchstiere 0,05% ig. I oder 10% ig. II. Bei I stieg III 10 Min. nach der Injektion auf 109,4 (begleitet von schweren anaphylakt. Erscheinungen), um nach 30 Min. auf 14,1 zurückzugehen. Bei II nahm III 10 Min. nach der Injektion bis 28,6 zu u. hatte nach 30 Min. den Wert von 37,0 erreicht. (Tokyo Jikeikai med. J. **71.** 543—47. 1/3. 1956. Tōkyō Jikeikai Ika-Daigaku, Hōigaku-Kyōshitsu. [Orig.: japan.]) F. Mossner. 4210

Y. Mori, *Über Änderungen der Histaminasemenge bei Anaphylaxie.* 2. Mitt. *Zu- und Abnahme der Histaminase in den Organen im Gefolge von Sensibilisierung und anaphylaktischem Schock durch Eialbumin und Lugolsche Lösung.* (1. vgl. vorst. Ref.) Die Änderungen des Geh. an *Histaminase* (III) in den verschied. Organen sind durch 3 Zahlen (relative Werte) gekennzeichnet, die jeweils vor, 10 u. 30 Min. nach der schockauslösenden

Injektion bestimmt wurden. Bei den nicht sensibilisierten Tieren ist der Gang der **III**-Werte nach **I**-Schock (**II**-Schock in Klammern): Lungen 7,4 (7,4); 8,2 (5,7); 4,5 (4,8). Leber: 3,2 (3,2); 8,6 (11,3); 7,1 (7,3). Nieren: 3,4 (3,4); 5,0 (5,9); 2,4 (3,5). Dünndarm: 8,0 (8,0); 10,3 (13,3); 5,9 (4,2). Milz: 10,5 (10,5); 10,8 (11,4); 7,5 (8,4). Haut: 3,5 (3,5); 4,0 (3,4); 3,8 (2,0). Bei **I**-Sensibilisierung (**II**-Sensibilisierung in Klammern): Lungen: 12,4 (10 5); 8,6 (9,9); 4,1 (7,5). Leber: 11,8 (11,1); 12,4 (12,5); 5,2 (10,5). Nieren: 5,9 (5,6); 6,3 (5,6); 6,7 (4,8). Dünndarm: 14,1 (16,0); 13,2 (16,3); 6,5 (10,4). Milz: 16,1 (11,9); 13,7 (15,3); 10,6 (14,0). Haut: 4,5 (3,2); 3,4 (2,0); 2,3 (4,0). (Tokyo Jikeikai med. J. **71**. 562—66. 1/3. 1956. Tōkyō Jikeikai Ika-Daigaku, Hōigaku-Kyōshitsu. [Orig.: japan.]) F. MOSSNER. 4210

J. C. Sadana und **W. D. McElroy,** *Nitratreduktase aus Achromobacter fischeri. Reinigung und Eigenschaften: Funktion der Flavine und Cytochrome.* Zur Herst. des Rohextraktes werden die Bakterien in dest. W. (1 g Feuchtgewicht/10 ml W.) lysiert, u. die zellfreie Fraktion (**I**) wird 20 Min. abzentrifugiert, das Sediment in dest. W. suspendiert (1 g Feuchtgewicht/15 ml W.) u. zentrifugiert. **I** enthält die meisten Proteine, die zweite Fraktion (**II**) die meiste *Nitratreduktase* (**III**)-Aktivität, der erste Rohextrakt die meiste *DPNH-Cytochromreduktase* (**IV**). Zur **III**-Reinigung wird **II** auf p_H 4,5 gebracht (CH_3COOH; **V**), der akt. Nd. abzentrifugiert u. in $^1/_3$ des Originalvol. 0,05 mol. Phosphatpuffer (p_H 6,5) suspendiert. Der Nd. (isoelektr. Punkt) enthält viel Nucleinsäuren u. 6—8 mg Protein/ml. Mit **V** wird p_H auf 6,0 gebracht u. so lange Protaminsulfat (**VI**) unter Rühren zugegeben, bis das Verhältnis der opt. Dichte 280 mμ/260 mμ = 1,0 ist u. sich kein Nd. mehr bildet. Zu 100 ml der überstehenden Fl. werden 75 ml (15 mg/ml) Ca-Phosphatgel gegeben, die Lsg. wird auf p_H 6,0 gebracht, 15 Min. gerührt u. zentrifugiert. Das Gel wird einmal mit dest. W. u. zweimal mit 0,05 mol. Phosphatpuffer (p_H 7,5) gewaschen. Enzym wird durch sukzessive Behandlung mit 20 ml-Portionen 0,4 mol. Phosphatpuffer (p_H 8,5) eluiert. Die vereinigten Eluate werden mehrmals mit Ammoniumsulfat (**VII**) behandelt u. jedesmal 15 Min. bei 4° gerührt u. wie oben zentrifugiert. Der letzte Nd. wird in 50 ml 0,05 mol. Phosphatpuffer (p_H 7,5) gelöst u. über Nacht dialysiert. Die überstehende Fl. wird im Wasserbad bei 55° 10 Min. unter ständigem Schütteln erhitzt u. im Eisbad abgekühlt. Die Hitzebehandlung inaktiviert den Rest **IV**. Das Enzympräp. besitzt eine rosa Farbe u. hält sich einige Wochen im Eisschrank. Der Unterschied des oxydierten u. red. Enzyms im Spektr. zeigt die Ggw. eines gebundenen Cytochroms. Zur **IV**-Reinigung wird die überstehende Fl. nach Behandlung mit **VI** mit Dowex 50 vermischt, auf p_H 6,3 gebracht u. zentrifugiert. **III** wird an der Säule adsorbiert. Völlige Reinigung durch wiederholte Behandlung mit **VII**. Eigg. von **III**. Die Menge gebildeten Nitrits (**VIII**) ist bei Verwendung von DPN oder Benzylviologen (**IX**) als Elektronendonator der Enzymkonz. direkt proportional. p_H-Optimum 7,0—8,5, K_m des Enzym–Substrat-Komplexes = $6{,}5 \cdot 10^{-5}$ Mol/Liter. Mit **IX** oder Methylviologen als Elektronendonator tritt bei Zugabe von oxydiertem Flavinmononucleotid (FMN) oder oxydiertem Flavinadenindinucleotid (FAD) keine Stimulation ein. DPNH als Elektronendonator unterbindet **VIII**-Bldg., wenn nicht **IV** u. FMN oder FAD zugefügt wird. **IV** red. Methylenblau, 2.6-Dichlorophenolindophenol u. 2.3′.6-Trichlorophenolindophenol zur Leukoform. **III** wird durch p-Chloromercuribenzoat ($3 \cdot 10^{-4}$ mol) völlig, durch Glutathion oder Cystein (10^{-2} mol) nicht gehemmt. CO, Cyanide, o-Phenanthrolin u. a. Metallchelate beeinflussen die **VIII**-Bldg. aus **IX** nicht. Mit DPNH als Elektronendonator tritt Hemmung ein. (Arch. Biochem. Biophysics **67**. 16—34. März 1957. Baltimore, Johns Hopkins Univ., McCollum-Pratt Inst. Md.) H. DÖLLE. 4210

W. D. Kitts, C. B. Bailey und **A. J. Wood,** *Die Entwicklung des Verdauungsenzymsystems vom Schwein während der Saugperiode.* 1. Mitt. *Pankreasamylase und Lipase.* In ihren Unterss. stellen Vff. fest, daß während der Saugperiode des Schweines die amylolyt. Aktivität eines Extraktes aus der Bauchspeicheldrüse mit dem wachsenden Alter zunimmt. Im Gegensatz dazu ist die lipolyt. Aktivität solcher Extrakte von Geburt an hoch u. bleibt in gleicher Höhe während des gesamten Wachstumvorganges erhalten. Diese Überlegungen finden ihren Nd. in der Zus. des entsprechenden Schweinefutters. (Canad. J. agric. Sci. **36**. 45—50. Jan./Febr. 1956. Vancouver, Univ., British Columbia.) G. MAYR. 4210

C. B. Bailey, W. D. Kitts und **A. J. Wood,** *Die Entwicklung des Verdauungsenzymsystems vom Schwein während der Saugperiode.* 2. Mitt. *Lactase, Saccharase und Maltase des Darmes.* (1. vgl. vorst. Ref.) In ihren Unterss. zeigen Vff., daß die Aktivität der Lactase vom Zeitpunkt der Geburt an während der ersten zwei Lebenswochen außerordentlich hoch ist, anschließend abfällt u. ihr Minimum schließlich nach 3—4 Wochen erreicht. Die Aktivitäten der Saccharase u. der Maltase hingegen stiegen von fast 0 vom Zeitpunkt der Geburt bis zu einem Maximum nach 25 Tagen an. Diese Beobachtungen zeigen wesentliche Beziehungen zu der Zus. der Ernährung während der ersten Lebenswochen auf. (Canad. J. agric. Sci. **36.** 51—58. Jan./Febr. 1956. Vancouver, Univ. of British Columbia.) G. MAYR. 4210

Vera von Brand und **Ernst Helmreich,** *Beziehungen der Glykolyse zum Fettstoffwechsel. Die Transportfunktion der Pyridincoenzyme im Zusammenspiel von Glykolyse, Atmung und Fettsynthese.* Ein Enzymsyst. aus Taubenleber ist fähig, höhere Fettsäuren aus ^{14}C-Acetat zu synthetisieren. Bedingungen der maximalen Aktivität sind: $6 \cdot 10^{-3}$ mol. Mg^{2+}, 0,01 mol. Citrat unter aeroben u. anaeroben Bedingungen; *l*-Cystein fördert nicht. Die Aktivität der in der lösl. Phase enthaltenen Enzyme wird durch den Zusatz von Mitochondrientrockenpulver nicht erhöht. Diphosphopyridinnucleotid (DPN) u. Dihydrodiphosphopyridinnucleotid (DPNH) steigern die Enzymaktivität signifikant. Aerob sind DPN u. DPNH etwa gleich wirksam, unter anaeroben Verhältnissen ist DPNH überlegen. Der Umfang der Fettsäuresynth. u. der Verlauf der Glykolyse gehen unter verschied. Bedingungen (z. B. Hunger) parallel, ihre Reaktionsfolgen scheinen aneinander gekoppelt zu sein, hingegen konnten gleichartige Beziehungen zwischen Atmung u. Fettsäuresynth. nicht gefunden werden. Quantitative Bestimmungen der DPN/DPNH-Konzz. der verschied. Versuchsansätze zeigten, daß eingesetztes DPNH im Verlauf des Einbaues von ^{14}C-Acetat in höhere Fettsäuren zu DPN dehydriert wird. Es wurden Hemmverss. mit Nicotinsäureamid durchgeführt, um Einblick in die Reaktionsfolgen zu bekommen, die die stationären Konzz. von DPN/DPNH des vorliegenden fettsäuresynthetisierenden Enzymsyst. einstellen. (Biochem. Z. **328.** 146—62. 19/7. 1956. München, Univ., med. Poliklinik., Isotopenlabor.) I. WEINMANN. 4210

Robert G. Langdon, *Die Biosynthese von Fettsäuren in der Rattenleber.* Durch enzymat. Unterss. wurde gefunden, daß eine Fettsäuresynth. fast ausschließlich im lösl. Teil des Cytoplasmas von Rattenleberzellen stattfindet. Eine große Rolle spielen dabei Enzyme von Mitochondrien, die während des Homogenisierens u. Zentrifugierens extrahiert werden. Red. Triphosphopyridinnucleotid (TPNH) wirkt als Elektronendonator für die Red. von $\alpha.\beta$-ungesätt. Acyl–Coenzym–A-Derivv. zu ihren gesätt. Analogen. Vf. vermutet, daß die Fettsäurebldg. im Cytoplasma eine Folge von Rkk. ist, die, mit Ausnahme der an TPN geknüpften Red., die Umkehrung des oxydativen Vorganges in den Mitochondrien darstellen. Bei Stoffwechselstörungen, die durch verminderte TPN-Red. oder gesteigerte TPNH-Oxydation ausgezeichnet sind, kann es zur Herabsetzung der Fettsäuresynth. kommen. Die Lipämie des Diabetes mellitus kann so zum größten Teil auf die herabgesetzte Nutzbarkeit von TPNH im extramitochondr. Teil der Leberzelle zurückgeführt werden. (J. biol. Chemistry **226.** 615—29. Juni 1957. Baltimore, Md., Johns Hopkins Univ., Dep. of Physiol. Chem.) G. KIMMERLE. 4210

Earl Frieden und **Iris W. Maggiolo,** *Aktivierung und andere Eigenschaften der Ascorbinsäureoxydase.* Verschied. Präpp. hochgereinigter *Ascorbinsäureoxydase* (**I**) wurden mit der WARBURG-Meth. u. spektrophotometr. untersucht. Die enzymat. Katalyse nimmt zu, wenn als Gasphase O_2 an Stelle von Luft benutzt wird. **I** ist in Ggw. von Aktivatoren bei 0° stabil, nicht dagegen bei —15 u. 30°. Die MICHAELIS-Konstante für Ascorbinsäure als Substrat wurde zu $5 - 10^{-3}$ mol. (WARBURG-Meth.) u. $3{,}9 \cdot 10^{-5}$ mol. (spektralphotometr.) bestimmt. Die Aktivatoren lassen sich in 2 Gruppen einteilen, u. zwar in solche, die stets aktivieren, unabhängig von der Konz. wie die Cu–Chelat-Bildner einschließlich der Proteine, Aminosäuren, Thyroxinanaloge u. Nucleinsäurekomponenten. Die 2. Gruppe umfaßt Substanzen, wie Cyanid, Diäthyldithiocarbamat u. 8-Oxychinolin, die bei geringer Konz. aktivieren, bei hoher dagegen hemmen. Irreversible Hemmungen wurden mit Cu^{2+} u. anderen Metallionen beobachtet. An Hand dieser Ergebnisse wird die Sulfhydrilnatur von **I** diskutiert. (Biochim. biophysica Acta [Amsterdam] **24.** 42—57. April 1957. Tallahassee, Fla., Univ., Dep. Chem.) H. STRUCK. 4210

A. C. Brownie und **J. K. Grant,** *Die enzymatische Hydroxylierung von Steroidhormonen in vitro.* 3. Mitt. *Eine Untersuchung der Funktion von Fumarat und Pyridinnucleotiden bei der enzymatischen 11β-Hydroxylierung des 11-Desoxycorticosterons.* (2. vgl. Biochem. J. **58.** [1954.] 218.) Ochsennebennierenmitochondrien enthalten Enzyme, die die *11β-Hydroxylierung* von Steroiden, z. B. *11-Desoxycorticosteron* (**I**), bewirken. Schädigung der Mitochondrien durch Vorbehandlung ohne Substrat in hypoton. Lsg. oder Acetontrocknung rufen einen spezif. Bedarf an *Fumarat* (**II**) hervor, das, ausgenommen teilweise durch *Maleat,* durch keine anderen Elektronenacceptoren (z. B. Ferricyanid, Pyocyanin, Methylenblau, 2.6-Dichlorphenolindophenol) vertretbar ist. Außerdem benötigen derartig geschädigte Enzympräpp. *Triphosphopyridinnucleotid* (**III**). *α-Oxoglutarat,* das die 11β-Hydroxylierung durch frische Mitochondrien aktiviert, ist bei den vorbehandelten unwirksam. *2.4-Dinitrophenol,* das die 11β-Hydroxylierung von

I durch intakte Mitochondrien hemmt, war bei geschädigten in Ggw. von **II** u. **III** ohne Wirkung. Eine Deutung der Rolle von **II** u. **III** bei der 11β-Hydroxylierung ist z. Zt. noch nicht möglich. (Biochem. J. **62.** 29—33. Jan. 1956. Edinburgh, Univ., Dep. of Biochem.) K. MAIER. 4210

J. K. Grant, *Die enzymatische Hydroxylierung von Steroiden in vitro.* 4. Mitt. *Die Rolle von Fumarat und Triphosphopyridinnucleotid bei der enzymatischen 11β-Hydroxylierung von 11-Desoxycorticosteron.* (3. vgl. vorst. Ref.) Incubation von *11-Desoxycorticosteron* (**I**) mit einem lösl., aus Acetonpulver von Ochsennebennierenmitochondrien extrahierten, durch *Fumarat* (**II**) u. *Triphosphopyridinnucleotid* (**IV**) ergänzten Enzym (**III**) gibt mindestens 4 Reaktionsprodd., darunter sehr wahrscheinlich *Corticosteron* u. *6β-Oxy-11-desoxycorticosteron.* Die Rolle von **II** bei der *11β*-Hydroxylierung von Steroiden hängt mit der Bldg. von $\mathbf{IV}_{red}$ zusammen. Für die *6β*- u. *11β*-Hydroxylierung von **I** durch **III** sind nur $\mathbf{IV}_{red}$ u. O_2 erfolgreich. Vermutlich verläuft diese über die Bldg. von 6β- u. *11β*-Hydroperoxyden, die dann durch **IV** zu den entsprechenden Oxyverbb. red. werden. Bei Dialyse des **III**-Präp. geht die Aktivität verloren, sie wird durch Co^{2+}-, Mn^{2+}- oder Ni^{2+}-Ionen, in schwächerem Maße durch Fe^{2+}, wiederhergestellt, während, Cu^{2+}- u. MoO_4^{2-}-Ionen ohne Wrkg. sind. *L-Malat* u. *DL-Citrat* können **II** ersetzen *α-Oxyglutarat* ist dagegen hierbei ziemlich wenig wirksam. (Biochem. J. **64.** 559—67. Nov. 1956. Edinburgh, Univ., Dep. of Biochem.) K. MAIER. 4210

Kurt Repke, *Die Kinetik der Umsetzung von Oestron und 17β-Östradiol durch Hefe.* Gut atmende Hefe (Bäckerhefe) red. *Östron* (**I**) zu *17β-Östradiol* (**II**) u. dehydrogeniert **II** zu **I**, wobei sich ein durch Glucose steuerbares Gleichgewicht einstellt. Das Temperaturoptimum der Rk. liegt bei 45°. Als einseitiger Hemmstoff der **I**-Red. erwies sich *p-Benzochinon.* In O_2-Atmosphäre verläuft die **I**-Red. schneller als in N_2; p_H-Verschiebung zur alkal. Seite vermindert deren Reaktionsgeschwindigkeit. Glucose fördert die **II**-Dehydrogenierung in N_2-Atmosphäre. Oxydative Phosphorylierungen sind offenbar nicht an der Rk. beteiligt. Das Hefeferment besitzt eine ster. Spezifität, da es 17α-Östradiol nicht angreift. (Naunyn-Schmiedebergs Arch. exp. Pathol. Pharmakol. **230.** 178—93. 1957. Berlin, Dtsch. Akad. der Wiss., Inst. für Med. u. Biol.) U. TAUSENDFREUND. 4270

V. Bolcato, *Enzymatische Entstehung des Acetophenons und Benzaldehyds im oxydativen Stoffwechsel von Acetat und Glykolat mit Hefe in Gegenwart von Phenylhydrazin.* Acetophenon (**I**) u. Benzaldehyd werden beim oxydativen Stoffwechsel von Na-Acetat oder Na-Glykolat mit Sauerteigzellen in Ggw. von Phenylhydrazin (**II**) durch eine enzymat. Acetylierung bzw. Formylierung des Benzolkernes von **II** gebildet, wie durch die größere Ausbeute u. Geschwindigkeit ihrer Bldg. in Anwesenheit der Zellen nachgewiesen wird. Demgegenüber verläuft die rein chem. Phenylierung aliphat. Aldehyde durch **II**, die auch im Hinblick auf die **I**-Bldg. diskutiert wurde, äußerst langsam u. erfordert anaerobe Bedingungen, so daß dieser Reaktionsverlauf hier auszuschließen ist. Beim oxydativen Stoffwechsel von Na-Glykolat wurde ebenfalls Formylierung beobachtet. Vf. nimmt daher einen Abbau des Acetatsubstrats über die Stufen Acetyl → Glykolat → ? → Formyl an. (Farmaco [Pavia], Ediz. sci. **11.** 431—37. Mai 1956. Pavia, Univ., Ist. di Chim. farmac. e tossicol.) H.-E. TOUSSAINT. 4270

E₃. Mikrobiologie. Bakteriologie. Immunologie.

Jan Smit, *Der Siegeszug der Mikroben.* Übersicht über die Geschichte der Mikroben u. der Antibiotica. (Chem. Weekbl. **52.** 801—04. 10/11. 1956. Wageningen, Landbouwhogeschool.) W. WESLY. 4300

Jacques Beumer, *Die Rolle des mikrobiologischen Laboratoriums im Kampfe gegen die Infektionskrankheiten.* Beschreibung der Aufgaben des mikrobiol. Labor. bzgl. Vorbeugung, Diagnostik u. Heilmittelgewinnung. (Fermentatio [Gand] **1957.** 104—11. Bruxelles, Inst. Pasteur.) W. WESLY. 4300

J. Mandelstam, *Faktoren, die den Eintritt basischer Aminosäuren in coliforme Bakterien beeinflussen.* In Verss. mit Bacterium cadaveris N. C. P. C. 6578 bzw. Escherichia coli N. C. T. C. 8009 u. E. coli N. C. T. C. 4139 untersuchte Vf. das Eindringen von *Lysin* (**I**) bzw. *Ornithin* (**II**) u. *Arginin* (**III**) in intakte Zellen durch Messung der Decarboxylierungsgeschwindigkeit. Glucose u. andere oxydierbare Substrate hemmen den Eintritt von **I**, wobei die Hemmung teilweise durch Zusatz von anderen Aminosäuren (bes. Asparaginsäure u. Glutaminsäure) aufgehoben werden kann. Das Eindringen von **I** während des aeroben Glucosestoffwechsels ist nach Ansicht des Vf. eine Funktion der Gesamtkonz. an undissoziierten Carboxylgruppen der in Lsg. befindlichen Aminosäuren. Das Eindringen von **I**, **II** u. **III** wird durch die Ggw. der entsprechenden Diamine kompetitiv gehemmt. Verss. mit N-substituierten Diaminen führen Vf. zu dem

Schluß, daß das Eindringen der bas. Aminosäuren von der Bldg. von H-Brücken zwischen den Aminogruppen u. verschied. Gruppen der Zellwand abhängig ist. (Biochim. biophysica Acta [Amsterdam] **22.** 313—23. Nov. 1956. London, Nat. Inst. for Med. Res.) E. Schwerdtfeger. 4310

J. Mandelstam, *Hemmung des Bakterienwachstums durch selektive Störung des Eintritts basischer Aminosäuren in die Zelle.* Vf. führte Verss. über die Wachstumshemmung durch aliphat. Diamine bei einer Lysin-erfordernden Mutante von Escherichia coli u. der Wildform sowie bei Staphylococcus aureus in Abhängigkeit von Argininzufuhr durch. Die wachstumshemmende Wrkg. geht parallel der Hemmwirkg. auf den Eintritt von *Arginin* bzw. *Lysin* in die Zelle. Vf. schließt, daß die wachstumshemmende Wrkg. der Diamine auf einem verzögerten Eintritt bas. Aminosäuren in die Zelle u. nicht auf einer gestörten Stoffwechselverwertung essentieller Faktoren beruht. (Biochim. biophysica Acta [Amsterdam] **22.** 324—28. Nov. 1956. London, Nat. Inst. for Med. Res.) E. Schwerdtfeger. 4310

Joseph Tabone und **Daisy Tabone,** *Bioveresterung von Glucose.* 5. Mitt. *Biosynthese des β-Glucosidesters der Indolylpropionsäure durch Bacillus megatherium.* In der vorhergehenden Mitt. (vgl. C. **1955.** 8889) wurde berichtet, daß in Kulturen von B. megatherium bei Ggw. von Glucose u. Indolylpropionsäure 3 Derivv. dieser Säure entstehen. Eines davon konnte als krist. Acetylverb. abgeschieden werden u. wurde als *Tetraacetyl-β-glucosidester* der *Indolylpropionsäure* mit synth. hergestelltem Prod. identifiziert. (C. R. hebd. Séances Acad. Sci. **237.** 943—44. 19/10. 1953.) K. Heyns. 4320

D. Tabone und **J. Tabone,** *Die biologische Veresterung der Glucose.* 6. Mitt. *Vorläufige Untersuchungen über den Mechanismus der Bildung des β-Esters der Glucose mit Anthranilsäure: Die Rolle des Zuckers.* (5. vgl. vorst. Ref.) In Kulturen des B. megatherium wird bei Anwesenheit von Anthranilsäure Glucose (**I**) in das entsprechende β-Glucosid umgewandelt. Gibt man statt **I** Arabinose bzw. Fructose hinzu, so bildet sich ebenfalls das β-Glucosid der **I**, obgleich im Reaktionsgemisch in beiden Fällen keine freie **I** nachzuweisen ist. Hieraus schließen Vff., daß unter den gegebenen Versuchsbedingungen nur **I** die Fähigkeit besitzt, den β-Ester zu bilden u. daß diese Biosynth. nicht auf einer direkten Vereinigung von **I** mit Anthranilsäure beruht. (7. vgl. C. **1957.** 13091.) (Bull. Soc. Chim. biol. **36.** 561—63. 1954. Paris, Inst. Pasteur.) K. Heyns. 4320

P. T. Grant und **J. D. Fulton,** *Der Glucoseabbau durch Stämme von Trypanosoma rhodesiense.* Bei Stoffwechselverss. mit Trypanosoma rhodesiense u. radioakt. Glucose als Substrat wurde festgestellt, daß unter anaeroben Bedingungen *Brenztraubensäure* (**I**) u. *Glycerin* zu gleichen Teilen gebildet werden, während aerob mehr **I** entsteht. In anderen Stoffwechselprodd. fanden sich nur unwesentliche Mengen der Radioaktivität. Daraus, sowie aus der Menge der Atmungs-CO_2 wird geschlossen, daß Glucose zum größeren Teil, wenn nicht ausschließlich, nach dem Embden-Meyerhof-Parnas-Schema abgebaut wird. Weiter wird die Möglichkeit zur CO_2-Fixierung nachgewiesen u. der anomal hohe **I**-Blutspiegel infizierter Ratten mit dem Grade der Infektion in Beziehung gebracht. (Biochem. J. **66.** 242—50. Juni 1957. London, Nat. Inst. for Med. Res., Mill Hill.) G. Andersen. 4320

E. A. Dawes und **W. H. Holms,** *Ermittlung der Wege des Glucosestoffwechsels in Sarcina lutea.* Abfangen von Brenztraubensäure (BTS) bei Verarbeitung von $C_{(1)}$*-Glucose* mit 5,6 mmol. Arsenit u. Ermittlung des Ausmaßes der Markierung ermöglichte Klärung des Abbauweges. Bei Glykolyse nach Embden-Meyerhof-Parnas (EMP) entstehen je ein Mol. markierte u. unmarkierte BTS, bei oxydativem Abbau über Hexosemonophosphat (HMP) nur 1 Mol unmarkierte BTS. Die Messungen ergeben, daß der Abbau zu etwa gleichen Teilen auf beiden Wegen gleichzeitig verläuft. Geringe Aktivität in der COOH-Gruppe der BTS wird auf Austausch zurückgeführt u. eine Beteiligung des *2-Oxo-3-desoxy-6-phosphogluconat*-Syst. (Entner u. Doudoroff, J. biol. Chemistry **196.** [1952.] 853) als unwahrscheinlich angesehen. (Biochem. J. **66.** 24P—25P. Juni 1957. Glasgow, Univ., Dep. of Biochem.) G. Jagnow. 4320

Matthew H. Fusillo und **Daniel Leigh Weiss,** *Der Intermediärstoffwechsel von Antibiotica-resistenten und -empfindlichen Staphylokokken.* 1. Mitt. *Brenztraubensäure, Glucose und Acetat. Glucose* wird sowohl von den empfindlichen als auch den resistenten Zellen mit gleicher Intensität oxydiert. Jene oxydieren auch *Brenztraubensäure* (**I**) als Ganzzellpräp. wie in lysierter Form, während die resistenten nur bei den lysierten Formen diesen Effekt zeigen. Bei diesen verursachten Mg^{2+}-Ionen eine Steigerung der **I**-Oxydation, die noch gesteigert werden kann, wenn man Mg^{2+}-Ionen zusammen mit Cocarboxylase (**II**) in ein **I**-Medium bringt. **II** allein zeigt keinen Effekt. Acetat, Malat u. Acetaldehyd werden nicht oxydiert. (Proc. Soc. exp. Biol. Med. **94.** 212—13. Jan. 1957. Washington, D. C., Gen. Hosp.; Georg Washington Univ., School of Med.) H. Dölle. 4320

Thomas J. Bardos und **Harry L. Gordon**, *Hemmung des Wachstums von Lactobacillus Leichmannii 313 durch Ionen und ihre Aufhebung durch Vitamin B_{12}. Lactobacillus Leichmannii 313* benötigt zum Wachstum mindestens 0,1 mg *Vitamin B_{12}* (I)/ 5 cm^3 synthet. Nährlösung. Durch Zugabe schwach hyperton. Lsgg. von NaCl, KCl, NH_4Cl, K_2SO_4, $MgCl_2 \cdot 6\ H_2O$ u. $CaCl_2$ tritt eine Hemmung des Wachstums ein, die durch Zufügen von I wieder aufgehoben werden kann. Vff. stellen fest, daß der Logarithmus des I-Bedarfs eine lineare Funktion der Ionenstärke der Salzlsgg. zu sein scheint. (J. Amer. chem. Soc. **75.** 2019—20. 20/4. 1953. Chicago, Ill., Armour Labors.) R. Rutkowski. 4330

Thomas J. Bardos, Harry L. Gordon und **Elsie F. Heenan**, *Hemmung des Bakterienwachstums durch Ionen.* 2. Mitt. *Beziehung der Ionenhemmung zur DNA-Proteinsynthese.* (1. vgl. vorst. Ref.) Der Bedarf an *Vitamin B_{12}* (I) oder *Thymidin* (II) für das Wachstum von *Lactobacillus leichmannii 313* ist innerhalb gewisser Grenzen eine Funktion der Ionenkonz. im Nährmedium gemäß folgender Gleichung: $\log [I]_{1/2 max} = a + b/\mu$ (wobei $[I]_{1/2 max}$ die I-Konz. ist, bei der halbmaximales Wachstum erfolgt u. μ die Ionenstärke bedeutet). Die Zahlenwerte der Konstanten a u. b für KCl u. NaCl als Ionenquelle werden ermittelt. In ähnlicher Weise wie I hebt auch II die wachstumshemmende Wrkg. der Salze auf. Vff. kommen ferner auf Grund quantitativer Unterss. zu der Hypothese, daß I mit einem Protein–Apoenzym, das vielleicht für die Synth. von Desoxyribonucleinsäure von Wichtigkeit ist, einen für das Wachstum notwendigen Katalysator bildet. (J. Amer. chem. Soc. **77.** 3115—19. 5/6. 1955. Chicago, Ill., Armour Labors., Res. Dep.) R. Rutkowski. 4330

C. L. San Clemente und **R. D. MacKenzie**, *Die bakteriostatische Wirkung von Diäthylstilböstrol.* Best. der Wrkg. von *Diäthylstilböstrol* (I) in verschied. Konzz. auf das Wachstum von 15 Mikroorganismenspecies. Nach 6std. Kontakt wurde gegenüber allen untersuchten Organismen Hemmwrkg. von I festgestellt. Grampositive Erreger waren gleichmäßig empfindlicher als gramnegative. Die größte Resistenz gegenüber I zeigten Alcaligenes, Proteus u. Klebsiella. (Michigan State Coll. Agric. appl. Sci., agric. Exp. Stat., quart. Bull. **39.** 438—43. Febr. 1957. Deps. of Microbiol. and Public Health and Chem.) H. Dossmann. 4330

V. Bonifas und **E. Kellenberger**, *Untersuchung der Wirkung von Membranen des Bakteriophagen T_2 auf Escherichia coli.* Vff. trennen die Membranen des Bakteriophagen T_2 in konz. NaCl-Lsg. osmot. von ihrem Inhalt u. untersuchen ihren Einfl. auf E. coli-Kulturen. Nach den Befunden ergibt sich pro 2,7 osmot. angegriffene Phagen durchschnittlich ein sogenannter „*Killer*", der zur Abtötung eines Bacteriums ausreicht. Die Aktivität der Membranen nimmt innerhalb von 10 Jahren bei 3° nur um 25% ab, wird aber bei 37° von Desoxyribonuclease vollständig gehemmt. Die Adsorptionsgeschwindigkeiten von „Killern" u. Bakteriophagen sind gleich. (Biochim. biophysica Acta [Amsterdam] **16.** 330—38. März 1955. Genève, Univ., Inst. d'Hygiène et Inst. de Phys.) R. Lenschau. 4331

W. Zischka, *Über das Verhalten der Antibiotica- und Sulfonamidresistenz häufiger Eitererreger in den Jahren 1954 bis 1956.* Zusammenstellung nach einem großen Beobachtungsmaterial über das Auftreten resistenter Stämme von *Staphylokokken, Streptokokken, Coli–Paracoli, Proteus* u. *Ps. pyocyanea* gegenüber *Penicillin, Streptomycin, Tetracyclin, Supronal.* — Diskussion der Ergebnisse. (Wiener klin. Wschr. **69.** 461—62. 28/6. 1957. Wien, Univ., Pathol.-Anatom. Inst.) H. Dossmann. 4340

Tr. Baumgärtel, *Der Einfluß des Streptomycins auf die Coliflora.* Unterss. der Empfindlichkeit des Bacterium coli commune (Normalcoli) gegenüber *Streptomycin* (I) ergab, daß sich bei Kontakt im Nähragar mit 10 γ I/cm^3 eine stark vererbbare I-Resistenz der Keime entwickelt. Ferner Unters. einiger für die orale Colitherapie verwendeter Handelspräpp., wie *Mutaflor* (Hageda), *Colovit* (Laves), *Colifer* (Asta) u. einiger, die Säuglingsenteritis verursachenden Colistämme, die erfahrungsgemäß nur gegenüber *Aureomycin* u. *Chloromycetin* empfindlich sind. Bei den Saccharose vergärenden Varianten des Normalcoli war eine graduelle I-Unempfindlichkeit nachzuweisen. (Arzneimittel-Forsch. **7.** 103—06. Febr. 1957. München, Labor. für Coli-Forsch.) H. Dossmann. 4340

H. Knothe und **D. Thon**, *Antibiotische Studien am bebrüteten Hühnerei.* 2. Mitt. *Untersuchungen über experimentelle Infektionen des Bruteies und ihre antibiotische Beeinflussung bei definierter Applikation.* (1. vgl. C. **1957.** 739.) Nach Literaturübersicht Angabe eines Modellvers. über die Wrkg. von *Antibioticis* (I), wie *Penicillin* (II), *Streptomycin* (III) u. *Tetracyclin* (IV), gegenüber Micrococcus pyogenes var. aureus als Testorganismus. Die Hemmwrkg. in vitro betrug bei I, II, III entsprechend 0,08 E./ml, 0,2 γ/ml, 0,1 γ/ml. Impfung der Keime auf die Chorio–Allantois-Membran, in die -Fl.

bzw. den Dottersack im bebrüteten Hühnerei u. Best. der Absterbequote der Embryonen nach verschieden definierter Applikation gestaffelter **I**-, **II**- u. **III**-Dosen. Je nach den gewählten Bedingungen ist der Wirkungsbereich der **I**, die Resorptionsgeschwindigkeit u. die Resistenzlage gegenüber **I** festzustellen. Nach den eingehenden Unterss. ist das bebrütete Hühnerei zu Routinemessungen der **I**-Wirkungen geeignet. — 74 Literaturangaben. (Arzneimittel-Forsch. **6.** 703—12. Dez. 1956. Kiel, Univ., Hygiene-Inst.) H. DOSSMANN. 4340

Robert A. Manaker, Francis J. Gregory, Leo C. Vining und **Selman A. Waksman,** *Actinomycin.* 3. Mitt. *Herstellung und Eigenschaften eines neuen Actinomycins.* (1. vgl. **1956.** 464; 2. vgl. Antibiotics and Chemotherapy **4.** [1954.] 1050.) Aus Kultur-Fl. von Streptomyces parvullus wurde ein neues rotgefärbtes Antibioticum, *Actinomycin D* (**I**) durch Lösungsmittelextraktion u. Kohleadsorption krist. erhalten. Die Verb. besitzt die Zus. $C_{60}H_{76}O_{15}N_{12} \cdot 3\,H_2O$, . 241,5—143° (Zers.); rote rhomb. Prismen; $[\alpha]_D^{28}$ $-315 \pm 10°$ (c = 0,25; CH_3OH); UV-Absorption; λ_{max} 240—242 mμ (E = 26,8) u. 422 mμ (E = 19,6); R_F = 0,30 (Essigester/n-Butyläther/2% ig. wss. Naphthalin-2-sulfosäure). **I** enthält keine Methoxygruppen, aber 6 CH_3- u. 3 N–CH_3-Gruppen. **I** liefert bei Hydrolyse dieselben 5 Aminosäuren wie Actinomycin A u. B. DL_{50} (Maus) 0,67 bis 0,74 mg/kg. (Antibiotics Annu. **1954/55.** 853—57. New Brunswick, N. J., State Univ. of New Jersey, Rutgers Univ., Inst. of Microbiol.) H. GOEBEL. 4340

Francis J. Gregory, Leo C. Vining und **Selman A. Waksman,** *Actinomycin.* 4. Mitt. *Klassifizierung der Actinomycine durch Papierchromatographie.* (3. vgl. vorst. Ref.) 12 verschied. *Actinomycin* (**I**)-Proben wurden durch Papierchromatographie im Syst. n-Butyläther/Essigester/2% ig. wss. Naphthalin-2-sulfosäure untersucht. Es wurde gefunden, daß sich **I**-Gemische durch zirkuläre Papierchromatographie gut u. rasch in die einzelnen Komponenten auftrennen lassen; nachgewiesen wurden die *Actinomycine A, B, C* u. *D.* Alle untersuchten **I**-Proben enthielten *Actinomycin D*; es gelang auch durch Anwendung verschied. Lösungsmittelsysteme nicht, **I**-*D* in verschied. Komponenten aufzuspalten. Quantitative Best. der Zus. der Komplexe durch densitometr. Auswertung absteigender Papierchromatogramme. Vgl. der erhaltenen Fraktionen mit solchen von BROCKMANN u. Mitarbeitern (Chem. Ber. **87.** [1954.] 1036). (Antibiotics and Chemotherapy **5.** 409—16. Aug. 1955. New Brunswick, N. J., State Univ. of New Jersey, Rutgers Univ., Inst. of Microbiol.) H. GOEBEL. 4340

Leo C. Vining, Francis J. Gregory und **Selman A. Waksman,** *Actinomycin.* 5. Mitt. *Chromatographische Trennung der Actinomycinkomplexe.* (4. vgl. vorst. Ref.) Vff. untersuchten 3 neue Lösungsmittelsysteme zur papierchromatograph. Auftrennung der *Actinomyces*-Komplexe in ihre Einzelkomponenten. Es wurden dazu die freien Basen, u. nicht wie früher, die sulfosauren Salze benutzt. Keines der Verf. brachte die Auflsg. der *Actinomycine A, X* (*B*), *D* u. *J*, die in Sulfonsäurelösungsmittelsystemen gleiche R_F-Werte besitzen; jedoch wurden im Syst. wss. Kresol-Na/n-Butyläther/Essigester oder Butanol bei Chromatographie an Cellulosesäulen Spuren bisher nicht entdeckter Komponenten beobachtet; bei den langsam wandernden Komponenten des Actinomycin-C-Komplex trat in diesem Syst. eine geringe Auftrennung ein. Bei Chromatographie an Kieselsäure konnten papierchromatograph. homogene Actinomycinkomponenten in die Komplexe B, C u. J aufgenommen werden. (Antibiotics and Chemotherapy **5.** 417—22. Aug. 1955.) H. GOEBEL. 4340

Henry Koffler und **Toshio Kobayashi,** *Reinigung von Geißeln und Flagellin mit Ammoniumsulfat.* (Vgl. C. **1957.** 9416.) Es wird über die Präzipitation der *Geißeln* von *Proteus vulgaris, Serratia marcescens, Bacillus subtilis* u. *B. stearothermophilus NCA 2184, Texas 11330* u. *Purdue CD,* sowie die Reinigung von *Flagellin* durch $(NH_4)_2SO_4$-Fällung berichtet. Tabelle über die Eigg. der bei verschied. $(NH_4)_2SO_4$-Konz. gefällten Geißeln (N-Geh., bei p_H 2 unlösl. Material, Hexose-, Pentose-, Nucleinsäure- u. Aschegeh.); Kurve u. Tabelle der Präzipitation von *Flagellin* aus den verschied. Bakterien durch $(NH_4)_2SO_4$. (Arch. Biochem. Biophysics **67.** 246—48. März 1957. West Lafayette, Ind., Purdue Univ., Labors. of Bacteriol., Dep. of Biol. Sci.) H. GOEBEL. 4350

Henry Koffler und **G. O. Gale,** *Relative Thermostabilität der Cytoplasmaproteine thermophiler Bakterien.* Die Verss. lassen keine Klärung der bisher bestehenden Theorien zu. (Arch. Biochem. Biophysics **67.** 249—51. März 1957. West Lafayette, Ind., Purdue Univ., Labors. of Bacteriol., Dep. of Biol. Sci.) H. GOEBEL. 4350

Jimmy Adye, Henry Koffler und **G. E. Mallett,** *Relative Thermostabilität der Geißeln thermophiler Bakterien.* Es gelang nicht, einen Stoff nachzuweisen, der für die Thermostabilität der Geißeln thermophiler Bakterien verantwortlich ist. (Arch. Biochem. Biophysics **67.** 251—53. März 1957. West Lafayette, Ind., Purdue Univ., Labors. of Bacteriol., Dep. of Biol. Sci.) H. GOEBEL. 4350

G. E. Mallett und **Henry Koffler,** *Hypothesen über die relative Beständigkeit der Geißeln thermophiler Bakterien.* (Arch. Biochem. Biophysics **67.** 254—56. März 1957. West Lafayette, Ind., Purdue Univ., Labors. of Bacteriol., Dep. of Biol. Sci.) H. GOEBEL. 4350

Alvin S. Levine, Phyllis H. Bond und **Harriet C. Rouse,** *Modifikation der Virussynthese in Gewebekulturen bei Ersatz der Glucose im Medium durch Pyruvat.* Chorion-Allantois-Gewebekulturen in *im Gleichgewicht befindlicher Salzlsg.* (I) mit *Pyruvat* (II) als einziger C-Quelle fördern die Synth. des Influenzavirus Stamm WS, aber nicht seiner neurotropen Variante NWS. Gewebezellen in I mit *Glucose, Xylose, Glycerin* als einziger C-Quelle unterstützen die NWS-Synth.; Zellen in I mit *Ribose, Dioxyaceton, Glycerophosphat, Adenosin* (III), *Adenosin-5-phosphat* sowie mit III-*di-* u. *-triphosphat* u. *Diphosphopyridinnucleotid* wirken nur in Verbindung mit II. Negative Ergebnisse bei Verwendung von *Arabinose, Lactat, Acetat, Adenin,* III, *Glutamin, Gluconat* u. der *Säuren: Fumar-, cis-Aconit-, Isocitronen-, Äpfel-, Bernstein-, Ketoglutar-* u. *Oxalsäure.* Offenbar verlangt die Synth. der Variante NWS Wachstumsfaktoren, die II allein nicht liefert. (Proc. Soc. exp. Biol. Med. **93.** 233—35. Nov. 1956. Boston, Mass., Harvard Med. School, Dep. of Bacteriol. and Immunol.) H. DOSSMANN. 4374

T. W. Goodwin und **O. T. G. Jones,** *Untersuchungen zur Biosynthese des Riboflavins.* 3. Mitt. *Die Verwertung ^{14}C-markierten Serins für die Riboflavinbiosynthese durch Eremothecium ashbyii.* (2. vgl. C. **1957.** 9122.) Der Schimmelpilz *E. ashbyii* baut gleichmäßig markiertes *^{14}C-Serin* (I) zu ca. 4—7% in die *2-, 4a-* u. *9a-*Stellung von *Riboflavin* (II) ein, während im aromat. Ring u. in der Ribitylseitenkette kein ^{14}C erscheint. 13% von ^{14}C werden in CO_2 umgewandelt. $^{14}C_{(2)}$-I wird fast ausschließlich in 2-Stellung eingebaut (geringe Menge in 4a u. 9a); ca. 7% von ^{14}C erscheinen als CO_2. Die Isotopenverteilung steht mit einer Überführung von I in *Glycin* u. *Formiat,* vor dem Einbau in II, im Einklang. Die starke Verdünnung beim ^{14}C-I-Einbau in Ggw. von *Adenin* (III) läßt sich durch Annahme eines Verlaufs über einen III-ähnlichen Pool erklären. Die Umwandlung von I in CO_2 wird durch III nicht beeinflußt. (Biochem. J. **64.** 9—13. Sept. 1956. Liverpool, Univ., Dep. of Biochem.) K. MAIER. 4380

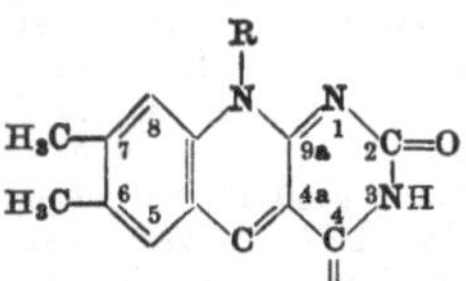

II

L. Carter, *Ionenregulierung in der Ciliate Spirostomum ambiguum.* Die Ionenkonz. in der Ciliate Spirostonum ambiguum wurde mit Hilfe der Isotope ^{42}K, ^{22}Na u. ^{82}Br bestimmt. K^+-Konz. im Tier ist mindestens 10mal größer als im Versuchsmedium. Aufnahme u. Abgabe von Na^+ sind weitgehend von der äußeren Konz. unabhängig. Die Halbwertszeit für den Ionenaustausch in der Zelle beträgt für Na 3 Min., für K 2—3 Stunden. Die Br-Konz. in der Zelle ist nach Einstellung des Gleichgewichts niedriger als im Kulturmedium. Die Größe der Tiere schwindet mit steigender Temp., wobei die innere K^+-Konz. fast konstant bleibt. Fütterung steigert Aufnahme u. Konz. von K. Das Cytoplasma ist gegenüber dem Medium hypertonisch. Zur Aufrechterhaltung konstanter interner Konzz. während des Wachstums u. der Vermehrung der Tiere scheint ein akt. regulierender Prozeß notwendig zu sein, während der n. Kationenaustausch durch Diffusionsvorgänge erklärt werden kann. (J. exp. Biology **34.** 71—84. März 1957. Bristol, Univ., Dep. of Zool.) R. BEHNISCH. 4380

E_4. Pflanzenchemie. Pflanzenphysiologie. Pflanzenpathologie.

Henri Pourrat, *Extraktion eines Paraffinkohlenwasserstoffes aus verschiedenen Oleaceen.* Aus den Blättern folgender Oleaceen gewinnt man ein gesätt. *Paraffin,* $C_{27}H_{56}$ oder $C_{28}H_{58}$, F. 60°: Fraxinus ornus L. 0,5% (Ausbeute), Phillyrea latifolia L. 0,6%, Phillyrea angustifolia L. 0,5%, Osmanthus fragrans Thunb. 0,4%, Chionanthus virginica L. 0,4%, Jasminum officinale L. 0,2%, Jasminum fructicans L. 0,25%, Syringa vulgaris L. 0,2%. 100 g getrocknete Blätter werden 8 Std. mit 2 Liter Bzl. extrahiert, das Lösungsm. evaporiert, der Rückstand mit 500 cm³ PAe. erhitzt, auf 100 cm³ konz., abfiltriert u. über Al_2O_3 chromatographiert. Die Elution mit PAe. gibt eine Substanz von paraffinähnlichen Eigg., F. 57°. Man erhitzt dann mit 5 cm³ H_2SO_4 5 Min. auf 100°, gießt in W., extrahiert in Ae., wäscht mit Bicarbonatlsg. u. W., verdampft zur Trockne, nimmt den Rückstand in PAe. auf, chromatographiert über Al_2O_3, krist. aus Aceton um u. erhält die Verb. rein. (Ann. pharmac. franç. **13.** 171. März 1955. Paris, Fac. de Pharmac., Labor. de Pharmac. galénique.) H. WOLLWEBER. 4420

Hans Heinrich Schlubach und **Luis Gassmann,** *Untersuchungen über Polyfructosane.* 41. Mitt. *Über den Kohlenhydratstoffwechsel in Phleum pratense.* (40. vgl. C. **1957.** 13067.) Der Kohlenhydratstoffwechsel von *Phleum pratense* unterscheidet sich in wesentlichen

Punkten von dem von *Lolium perenne* (vgl. C. **1955.** 1769). Der Geh. an lösl. Kohlenhydraten (l.KH) erreicht im Mai einen Höhepunkt, sinkt im Juni u. steigt im Juli wieder an. Der *Aldose*-Geh. verschwindet im Juli vollständig, der *Fructose*-Geh. steigt gegen den Herbst (Fructosanansammlung als Winterreserve), der *Eiweiß*-Geh. bleibt konstant, der *Cellulose*-Geh. steigt im Juli auf über 50%, der *Lignin*-Geh. liegt konstant bei ca. 10%. Bei wiederholtem Schnitt gelingt nur eine geringe Neuansammlung von lKH, der Eiweißgeh. bleibt konstant, beim Lagern (2 Monate) fällt der l.KH-Geh. auf weniger als $^1/_3$, Eiweißverlust 20%. Der Durchschnittspolymerisationsgrad steigt mit der Jahreszeit stark an. (Liebigs Ann. Chem. **594.** 33—41. 1955. Hamburg, Univ., Chem. Staatsinst.) H. Rossow. 4420

Hans Heinrich Schlubach und **Henning Lübbers,** *Untersuchungen über Polyfructosane.* 45. Mitt. *Über den Kohlenhydratstoffwechsel in Phleum pratense.* 2. Mitt. (44. vgl. C. **1957.** **13067**; 40 bzw. 1. vgl. vorst. Ref.) Im Anschluß an die Arbeit von Schlubach u. Gassmann (vgl. vorst. Ref.) wurde eine Reinkultur von *Phleum pratense* vom 20/7. bis 14/9. weiterbeobachtet. Der Geh. an lösl. *Kohlenhydraten* steigt noch bis Ende August. Zu diesem Zeitpunkt verschwindet der *Fructose*-Anteil, u. der *Glucose*-Anteil steigt. — Das Timothegras liefert also noch zu einer Jahreszeit ein an leicht verdaulichen Komponenten reiches Grünfutter, in der andere Grasarten bereits verarmt sind. — Tabellen. (Liebigs Ann. Chem. **598.** 220—24. 1956.) H. Rossow. 4420

Hans Heinrich Schlubach und **Henning Lübbers.** *Untersuchungen über Polyfructosane.* 47. Mitt. *Über den Kohlenhydratstoffwechsel in Lolium multiflorum.* (46. vgl. C. **1957.** 13068; 45. vgl. vorst. Ref.) In einer Reinkultur von *Lolium multiflorum* (Unters. in 14tägigem Abstand vom 4/5.—27/7.) wird der größte Geh. an lösl. Kohlenhydraten (l.KH) Anfang Juni gefunden. Ende Juli verschwinden die l.KH vollständig, während ein *Eiweiß*-Geh. von 5% erhalten bleibt. Die Bldg. eines *Polyglucosans* konnte nicht beobachtet werden. Der *Cellulose*-Geh. nimmt während der ganzen Wachstumsperiode zu, der *Lignin*-Geh. bleibt ungefähr konstant. Der Höhepunkt des Trockengewichts, der durch das Anwachsen des Cellulosegeh. stark beeinflußt wird, wird Mitte Juli erreicht. — Ein Vgl. zu den früher untersuchten Grasarten wird durchgeführt. Tabellen. (Liebigs Ann. Chem. **598.** 228—33. 1956.) H. Rossow. 4420

J. Koloušek und **C. B. Coulson,** *Pflanzenproteine.* 3. Mitt. *Aminosäuregehalt isolierter Heuproteine.* (2. vgl. C. **1957. 11923.**) Die Proteine aus Heu von Luzerne in verschied. Wachstumsstadien, Klee, Knaulgras u. Wiesenlieschgras werden mit 6n HCl im Rohr bei 105° (48 Std.) hydrolysiert u. der Geh. an *Aminosäuren* nach Trennung im zweidimensionalen Papierchromatogramm (Whatman Nr. 1; Phenol–W., 4:1; obere Schicht von n-Butanol–Essigsäure–W., 4:1:5) u. Behandlung mit Ninhydrin photometr. bestimmt u. tabellar. gegeben. Der Geh. des Heuproteins an *Methionin, Tyrosin, Prolin, Phenylalanin* u. *Glycin* ist von der Grasart u. dem Wachstumsstadium abhängig, während bei *Asparagin-* u. *Glutaminsäure, Serin, Threonin, Alanin, Histidin, Lysin, Arginin, Leucin* u. *Valin* nur geringe Abweichungen gefunden werden. (J. Sci. Food Agric. **6.** 380—86. Juli 1955. Prague, Fac. of Agric., Agrobiochem. Labor.) E. Hanschke. 4420

A. Richardson und **A. C. Hulme,** *Shikimisäure im Gras.* Vff. isolierten aus Lolium perenne eine monobas. Säure, die sie an Hand physikal. Eigg. als *Shikimisäure* identifizierten. (Nature [London] **175.** 43—44. 1/1. 1955. East Malling, Maidstone, Kent, Ditton Labor., Food Invest. Org.) J. Runge. 4420

R. Paris, *Über eine oxytocische Tiliacee (Afrika): Grewia Elyseoi.* Die in Angola vorkommende Tiliacee *Grewia Elyseoi* wird botan. beschrieben u. aus der Rinde das oxytoc. Prinzip (*Grewiin,* I) mit 10 mg/100 g Rinde isoliert. I ruft in einer Verdünnung von $1 \cdot 10^{-5}$ eine starke Kontraktion am Uterus hervor, vergleichbar einer solchen von $1 \cdot 10^{-6}$ Histaminlösung.

Versuche: *Grewiin,* **I,** F. ca. 190° (Block), krist., hygroskop., *N*-frei (Rk. nach Castellana), unlösl. in organ. Lösungsmitteln, positive Fehling-Rk. erst nach kurzem Sieden in verd. Mineralsäure, Rk. nach Molisch, mit Anthron in H_2SO_4 gelborange; vorst. Eigg. deuten auf heterosid. Natur von I hin (I besser als „*Grewiosid*" zu bezeichnen); I wird aus dem mit 2—5 Voll. A. erhaltenen, mit Pb-Acetat gereinigten u. konz. Extrakt beim Mischen mit Aceton erhalten. (Ann. pharmac. franç. **14.** 348—51. Mai 1956. Paris, Fac. de Pharmac., Labor. de Matière méd.) H. Wollweber. 4420

Elisabeth Correns, *Über den Aneuringehalt höherer Pflanzen in Abhängigkeit von Tageslänge und Lichtfarbe.* Bei verschied. Arten von Kurztag- (k.P.), Langtag- (l.P.) u. tagneutralen Pflanzen (n.P.) wurde ihr Geh. an *Aneurin* (I) unter Kurz- u. Langtagbedingungen bestimmt. Bei k.P. waren nur geringe Unterschiede erkennbar. Im Kurztag kultivierte Pflanzen wiesen größere Mengen von I auf als solche im Langtag. Mit einer

Ausnahme zeigten l.P. niedrigere Werte an **I** als k.P. n.P. erreichten im Kurztag einen höheren Geh. an **I** als im Langtag. Bei Rudbeckia (Langtagpflanze) stieg im Kurztag der Geh. von **I** stark an, während er im Langtag bis zur Blüte nur wenig zunahm u. dann absank. Zwei unter Leuchtstoffröhren kultivierte Pflanzen enthielten bei Bestrahlung mit kurzwelligem Licht (400—650 mμ) mehr **I** als bei Bestrahlung mit langwelligem Licht (500—700 mμ). — 34 Literaturangaben. (Biol. Zbl. **74.** 87—105. 1955. Göttingen, Univ., Pflanzenphysiolog. Inst.) W. KREIPE. 4425

Wolfgang Franke, *Über die Biosynthese des Vitamins C.* 1. Mitt. *Die Beziehungen zwischen Vitamin C und der Atmung.* Vf. findet bei Unterss. über die Beziehung zwischen Atmung u. *Vitamin-C* (**I**)-Synth. der Pflanzen bei im Dunkeln keimenden Samen von Sinapis alba (Handelssaatgut) an Hand von CO_2-Ausscheidung u. **I**-Geh., daß beide Kurven anfangs parallel laufen, sich jedoch von der 72. Std. an die CO_2-Ausscheidung vermindert u. ein allmähliches Absinken des **I**-Geh. eintritt, wobei sich jedoch, insgesamt gesehen, eine Zunahme des **I**-Geh. ergibt. Analoge Verss. an Allium cepa ergaben, daß mit Zunahme der Zerkleinerung des Gewebes CO_2-Ausscheidung u. **I**-Synth. zunehmen, wobei die Synth. nach einem Grenzwert der Zerkleinerung, infolge Anwachsens oxydativer Prozesse, rapid absinkt. Demgegenüber zeigen Gewebeschnitte von Kartoffeln u. Spargel eine weitgehende Proportionalität zwischen CO_2-Abgabe u. **I**-Geh., die Vf. auf die Ggw. von Reservestoffen u. nicht auf eine Abspaltung von an Eiweiß gebundener Ascorbinsäure zurückführt. Die **I**-Synth. sei in jedem Fall eine echte u. vom O_2-Geh. der Umgebung abhängig, beruhe also auf einem dissimilator. Vorgang. (Planta **44.** 437—58. 1954. Bonn/Rh., Inst. für landwirtsch. Botanik.) G. RENTSCH. 4425

Wolfgang Franke, *Über die Biosynthese des Vitamins C.* 2. Mitt. *Zur Biochemie und Physiologie der Vitamin-C-Synthese.* (1. vgl. vorst. Ref.) Vf. untersucht den *Vitamin-C* (**I**)-Geh. im Sauromatum guttatum-Appendix in Abhängigkeit von der Atmungsintensität, den **I**-Geh. von Sambucus nigra-Blättern in Abhängigkeit von Temp. u. Beleuchtung u. kommt unter Berücksichtigung eines umfangreichen Literaturmaterials zu folgendem Ergebnis: Die Biosynth. von **I** ist an bestimmte Atmungsvorgänge geknüpft. Hierbei werden Hexosen, bes. Glucose, unter O_2-Verbrauch in **I**-Vorstufen verwandelt, aus denen unter dem Einfl. der Stoffwechselaktivierung (Photosynth. oder Glykolyse) **I** synthetisiert wird. Der **I**-Geh. wird durch Auf- u. Abbau reguliert, ist artspezif., läßt sich aber durch äußere Faktoren (Licht, Temp., CO_2- u. O_2-Partialdruck) beeinflussen. — 59 Literaturangaben. (Planta **45.** 166—97. 1955. Heidelberg, Univ., Botan. Inst.) H. KATHEN. 4425

R. N. Robertson, Marjorie J. Wilkins und **D. C. Weeks,** *Untersuchungen des Stoffwechsels der Pflanzenzellen.* 9. Mitt. *Die Wirkung von 2.4-Dinitrophenol auf die Salzanhäufung und die Salzatmung.* (8. vgl. Austral. J. sci. Res., Ser. B **3.** [1950.] 487.) Die Speicherung von Ionen wird durch 2.4-Dinitrophenol in den Zellen von Karotten verhindert. Das Cytochromoxidasesyst., das die Atmung der Zellen bedingt, wird dagegen von 2.4-Dinitrophenol nicht behindert, die Atmung sogar gesteigert. LUNDEGARDHs Theorie der Stoffaufnahme, nach welcher der Mechanismus der Anhäufung u. des Transportes von Ionen vom Cytochromsyst. abhängt, müßte nach Ansicht der Vff. eine Veränderung erfahren. Es scheint, daß der LUNDGARDH-Mechanismus nur ein Teil eines weitaus komplizierteren Mechanismus der Stoffaufnahme ist. (Austral. J. sci. Res., Ser. B **4.** 248—64. Aug. 1951. Melbourne, Univ., Homebush N. S. W. Div. of Food Preservation and Transport.) W. GRÜTZ. 4460

R. N. Robertson, Marjorie J. Wilkins, A. B. Hope und **Lydia Nestel,** *Untersuchungen über den Stoffwechsel von Pflanzenzellen.* 10. Mitt. *Atmungsaktivität und Ionenbeziehungen von Pflanzenmitochondrien.* (9. vgl. vorst. Ref.) Die Unterss. wurden an Material von *Daucus carota* u. *Beta vulgaris* durchgeführt, das durch Differentialzentrifugieren gewonnen worden war. Die O_2-Aufnahme wurde in verschied. Substraten untersucht. Kationen u. Anionen wurden von den *Mitochondrien* (M.) in Konzz. festgehalten, die höher als in der überstehenden Fl. waren. Durch Verss. über die Zeitdauer der Anpassung an veränderte Chloridkonzz. in der überstehenden Fl. wurde die Diffusionskonstante von Salz in das Teilchen berechnet. Die Konzz. von beweglichen Kationen (Na, K) in den M. erwiesen sich als beträchtlich höher als in der überstehenden Flüssigkeit. Es wird angenommen, daß die inneren Konzz. wesentlich durch ein DONNAN-Gleichgewicht bedingt sind, das auf den nichtbeweglichen Anionen des Teilchens beruht. Die beweglichen Anionen scheinen durch einen Speicherungsmechanismus angereichert zu werden, u. der Elektronenträger der Atmung scheint als Anionenträger für die Anreicherung zu wirken. (Austral. J. biol. Sci. **8.** 164—85. Mai 1955. Sydney, Univ.; Botany School, C. S. I. R. O., Div. of Food Preserv. and Transport.)
J. SCHWAIBOLD. 4460

J. Tabone, D. Tabone und **S. Thomassey,** *Die Biosynthese von β-Glucosidestern bei den höheren Pflanzen. β-Veresterung der Glucose mit Anthranilsäure.* (6. vgl. C. **1957.** 13085.) Bei in vitro gezüchteten Linsen läßt sich nach laufenden Gaben von *Anthranilsäure* (I) chromatograph. u. elektrophoret. ein I-*β-Glucosid* nachweisen. Für Getreide u. andere höhere Pflanzen wird die gleiche Synth. wahrscheinlich gemacht. Ausführliche Angabe der Versuchs- u. Nachweismethode. (Bull. Soc. Chim. biol. **36.** 565—66. 1954. Paris, Inst. Pasteur.) E. SPEYER. 4460

Daisy Tabone, *Die Bioesterifizierung von Glucose.* 8. Mitt. *Mechanismus der Biosynthese von β-glucosidischen Estern bei höheren Pflanzen.* (7. vgl. vorst. Ref.) Vf. isolieren aus gekeimten u. in Phosphatpuffer (p_H 7,7) zerkleinerten Linsen durch Fällung mit gesätt. $(NH_4)_2SO_4$-Lsg. u. 24std. Dialyse der unlösl. Fraktion gegen Eiswasser ein *Enzym* (I) u. aus Bäckerhefe durch Behandlung mit Toluol (bei 36°), Suspendierung in A., Aufkochen, Reinigung des Filtrats durch HgS-Fällung u. Absorption an Norit-Kohle einen *thermostabilen Faktor* (II). I u. II werden in einem Volumenverhältnis von 1:1 in $^1/_{15}$mol. Phosphatpuffer (p_H 7,2) mit 0,5‰ *Anthranilsäure* (III) 1 Std. bei 37° incubiert. Auf elektrophoret. Wege wird nach Sättigen mit $(NH_4)_2SO_4$ u. Ausschütteln mit Butylalkohol III-*Glucosidester* nachgewiesen. Während I schon nach einigen Sek. bei 100° inaktiviert wird, verliert II erst nach 10 Min. Erhitzen auf 100° in n/10 NaOH oder HCl seine Wirksamkeit. m/10 *Jodacetat*, m/400 *Dinitrophenol* u. 1‰ig. *K-Pyrophosphat* hemmen die Esterbldg., *NaF* u. *Na-Arsenat* sind ohne Einfluß. Die Ergebnisse lassen vermuten, daß II aus *Uridindiphosphatglucose* besteht u. I akt. SH-Gruppen besitzt. (C. R. hebd. Séances Acad. Sci. **241.** 1521—22. 21/11. 1955.) P. FAHRNLAENDER. 4460

Geronimo Raineri, *Photosynthese und Molekülresonanz.* Die Auffassung des Stoffwechsels der pflanzlichen Zelle als Aufnahme von Strahlungsenergie durch die Pigmente u. ihre Umwandlung in chem. Energie wird auch auf andere Lebensvorgänge ausgedehnt. (Boll. chim. farmac. **95.** 18—20. Jan. 1956. Cuneo, Labor. S. I. C. F.) R. K. MÜLLER. 4460

Jayendra Bhatt und **R. V. Date,** *Die Wirkung von α-Naphthylessigsäure auf den Ertrag bei indischer Baumwolle.* Ind. Baumwolle, die zu Beginn der reproduktiven Phase mit *α-Naphthylessigsäure* besprüht wurde, zeigte ein höheres Kohlenhydrat–N_2-Verhältnis in den Blättern u. eine bessere Kohlenhydratausnützung als solche, die schon im Stadium vegetativen Wachstums bzw. die nicht besprüht wurden. Die allg. Ertragssteigerung war bei später Besprühung prozentual noch größer als bei früher Besprühung. (Nature [London] **175.** 44. 1/1. 1955. Indore, Inst. Plant Ind.) J. RUNGE. 4485

Takao Miyamoto, *Der Keimungshemmstoff in Zuckerrübensamenschalen.* Unters. der Hüllen von Rüben- u. Spinatsamen zur Isolierung eines beobachteten Keimungshemmstoffes, bei dem es sich um wasserlösl. *Oxalat* (I) bzw. freies NH_3 handeln sollte. Die nachgewiesenen I-Konzz. waren größer als die maximale Hemmkonz. von I. In den Samen war anorgan. *N* in großer Menge nachweisbar, aber die Wrkg. von NH_3 als Hemmstoff ist fraglich. Vorbehandlung der Samen mit $Hg(CH_3COO)_2$ u. $MgSO_4$ zur Inaktivierung des Keimungshemmstoffes ergab befriedigende Resultate. (Michigan State Univ. Agric. appl. Sci., agric. Exp. Stat., quart. Bull. **39.** 518—23. Febr. 1957. Hokkaido, Japan, Univ., Inst. of Plant Breeding.) H. DOSSMANN. 4485

Walter Baumeister und **Helmut Burghardt,** *Untersuchungen über die physiologische Wirkung von Fluorid bei Tomaten und Spinat.* Konzz. von 25—150 mg *F*/Liter in Wasserkulturen wirkten durchweg schädigend (Gewicht von Wurzel u. Sproß, CO_2-Assimilation, Pigmentgeh., Atmung). Bei Konzz. von 1—25 mg *F*/Liter waren nur die Frischgewichte beeinflußt, bei Spinat durchweg vermindert, bei Tomaten bei $<$ 50 mg *F*/Liter bis zu 60% erhöht, bei 50 mg stark vermindert. Diese Unterschiede werden auf verschieden starke *F*-Aufnahme (bei Tomate wesentlich geringer als bei Spinat) zurückgeführt. (Flora [Jena] **144.** 213—28. 25/1. 1957. Münster, Univ., Botan. Inst.) J. SCHWAIBOLD. 4495

E₅. Tierchemie. Tierphysiologie. Tierpathologie.

M. Geldmacher-Mallinckrodt und **F. May,** *Die Polysaccharide der Weinbergschnecke.* 1. Mitt. *Die Polysaccharidproteide der Eiweißdrüse.* (Übersichtsbericht.) Aus den isolierten Eiweißdrüsen eingedeckelter Schnecken (Helix pomatia) konnte nach Abtrennung der Galaktogen (I)-haltigen Mucinfraktion durch Fällung mit 10%ig. Essigsäure ein *Polysaccharid* (PS)-Gemisch gewonnen werden, dessen PS ursprünglich an Eiweiß als PS-Proteide gebunden sind. Die PS-Proteidfraktion läßt sich elektrophoret. in mindestens 3 Glykoproteide auftrennen. Der Hauptteil des PS-Gemisches entfällt auf ein PS, das wesentlich mehr L-Galaktose als I enthält; außerdem konnten papierchromatograph. auch andere Zucker (bes. Glucose) nachgewiesen werden. Die Eigg. von

I u. dem PS-Gemisch werden verglichen. (Hoppe-Seyler's Z. physiol. Chem. **307.** 179—90. 17/5. 1957. Erlangen, Univ., Physiol.-Chem. Inst.) E. SCHWERDTFEGER. 4520

M. Geldmacher-Mallinckrodt und **F. May**, *Die Polysaccharide der Weinbergschnecke. 2. Mitt. Die Mucinpolysaccharide der Eiweißdrüse. 1. Teil. Die Identität von Galaktogen und Sinistrin.* (1. vgl. vorst. Ref.) Vff. stellten nach der Vorschrift von HAMMARSTEN (Pflüger's Arch. ges. Physiol. Menschen Tiere **36.** [1885.] 432) aus der Mucinfraktion der Eiweißdrüsen von Helix pomatia *Sinistrin* (I) dar u. vergleichen die Eigg. mit dem durch Verkochen der Eiweißdrüsen mit Lauge nach MAY dargestellten *Galaktogen* (II), wobei weder chem. noch physikal. Unterschiede gefunden wurden. Die Einheitlichkeit der I- u. II-Präpp. wird diskutiert. (Hoppe-Seyler's Z. physiol. Chem. **307.** 191—201. 17/5. 1957.) E. SCHWERDTFEGER. 4520

Paul F. Kruse jr., **M. K. Patterson jr.** und **Thomas A. McCoy**, *Die Isolierung von Glycin, Alanin, Leucin, Arginin und Glutaminsäure für radiometrische Untersuchungen bei Tracer-Versuchen.* Es werden spezif. Fällungsmethoden für verschied. *Aminosäuren* (I) angeführt. Aus den mit den entsprechenden unmarkierten Träger-I versetzten biol. Fll. werden die betreffenden I als unlösl. Salze ausgefällt, gereinigt u. radiometr. gemessen. Danach werden die Salze zers., die I gereinigt u. erneut die Aktivität gemessen. — *Glycin* (II): Fällung mit 5-Nitronaphthalin-1-sulfonsäure·2 HCl. Umkristallisieren aus heißem W.; Zers. mit Ba-Acetat·H_2O, umkristallisieren von II aus 66—75 % ig. A. bei p_H 6. — *Alanin:* Fällung mit Azobenzol-p-sulfonsäure·3 H_2O in Ggw. von wenig Methylcellosolve, umkrist. aus heißem W.; Zers. analog II. — *Leucin:* Fällung bei p_H 6 durch Zusatz von 20% A. u. Kühlung; Nd. in heißer 1n HCl lösen u. mit Naphthalin-2-sulfonsäure·H_2O fällen; Zers. nach BERGMANN u. STEIN (J. biol. Chemistry **129.** [1939.] 609) unter Verwendung von absol. A. u. Pyridin. — *Arginin:* Fällung mit 2.4-Dinitro-1-naphthol-7-sulfonsäure (Flaviansäure) bei p_H 4, umkristallisieren aus Dimethylsulfoxyd; Zers. mit konz. HCl, umkristallisieren aus heißer 0,4n HCl durch Zusatz von heißem 95 % ig. Alkohol. — *Glutaminsäure:* Fällung nach Einengen der Lsg. durch Einleiten von HCl-Gas in der Kälte u. Zusatz von Aceton; Zers. durch Zusatz von Pyridin bis p_H 3 u. wenig 95 % ig. A., umkristallisieren aus 20 % ig. Alkohol. — Die Vorteile dieser Methoden gegenüber der üblichen Trägertechnik u. der Säulenchromatographie nach MOORE u. STEIN werden diskutiert. Die Ausbeuten an Radioaktivität für die aufgeführten I, die aus W. bzw. aus biol. Fl. nach der beschriebenen Meth. isoliert wurden, werden angeführt. (Arch. Biochem. Biophysics **66.** 146—54. Jan. 1954. Ardmore, Okla., Samuel Roberts Noble Found., Inc., Biomed. Div.) E. SCHWERDTFEGER. 4520

D. L. Woernley, **C. Carruthers**, **L. Regent** und **A. Baumler**, *Die Wirkung von Extraktionsmethoden auf die Sedimentationseigenschaften von Epidermisproteinen.* Vff. untersuchten die Sedimentationseigg. von Extrakten von Rinderschnauzenepidermisproteinen, die bei p_H 4,5 u. 5,5 aus Lsgg. von *Harnstoff* (I) verschied. Molarität (0,5 bis 6,0) u. 0,05n NaOH erhalten wurden. Es werden die Sedimentationskonstanten in Abhängigkeit von der I-Konz. u. von dem Extraktionsmittel sowie die Viscositätsinkremente, Achsenverhältnisse, Reibungskoeff. u. Mol.-Gew. der beiden Proteine angeführt. (Arch. Biochem. Biophysics **66.** 167—76. Jan. 1957. Buffalo, N. Y., Roswell Park Memorial Inst., Dep. of Biophys. and Biochem.) E. SCHWERDTFEGER. 4520

Herbert C. Dessauer und **Wade Fox**, *Charakteristische Elektrophoresebilder der Plasmaproteine bei den Ordnungen der Amphibien und Reptilien.* Aus den Ergebnissen von ca. 1200 papierelektrophoret. Unterss. von über 100 Arten Amphibien u. Reptilien lassen sich Geschlechts-, Alters-, Ernährungs-, jahreszeitliche u. geograph. Unterschiede ableiten. Es wird ein „vorläufiger Schlüssel" entwickelt, der es gestatten soll, Amphibien bzw. Reptilien auf Grund des elektrophoret. Bildes in die richtige Ordnung einzugruppieren. (Science [Washington] **124.** 225—26. 3/8. 1956. New Orleans, La., State Univ., School of Med., Dep. of Biochem. and Anatomy.) E. SCHWERDTFEGER. 4520

G. Hamoir, *Isolierung und Eigenschaften eines niedermolekularen Proteins aus Karpfenmyogen. Karpfenmyogen* wird in der Kälte bei neutralem p_H mit $(NH_4)_2SO_4$ fraktioniert. Der Nd. zwischen 76 u. 100% Sättigung wird gegen W. dialysiert, gefriergetrocknet, mit neutralem $(NH_4)_2SO_4$ zwischen 82 u. 100% Sättigung refraktioniert, der Nd. in einem kleinen Vol. W. gelöst u. die Lsg. bei neutralem p_H mit festem $(NH_4)_2 \cdot SO_4$ gesättigt. Innerhalb weniger Std. erfolgt Kristallisation des *Proteins* (I). I wird durch Zonenelektrophorese in Stärke (Acetatpufffer p_H 4,6, Ionenstärke 0,005) von einer langsamer wandernden Verunreinigung (II) getrennt. Die isoelektr. Punkte von I u. II werden zu 4,25 u. 4,50 in Acetatpuffer der Ionenstärke 0,075 bestimmt. Das UV-Spektr. von I zeigt als einzige aromat. Aminosäure nur die Ggw. von Phenylalanin, dessen Geh. zu 15,5% errechnet wird. (chem. Best. 14%). (Biochem. J. **66.** 29P. Juni 1957.)
E. SCHWERDTFEGER. 4520

V. P. Whittaker, *Identifizierung der F-Komponente der Ochsenmilz.* Bei Durchgabe durch ein stark bas. Ionenaustauschharz in der Chloridform (De-acidite FF-16 + 50maschig, PERMUTIT CO. LTD., London) wird *Verb. F* in ein Gemisch von Acetyl- (I) u. Propionylcholin (II) im Verhältnis von ca. 1:1 umgewandelt. Aus diesem u. anderen Verss. ergibt sich, daß Verb. F als ein Gemisch von I u. II in wechselnden Verhältnissen in Kombination mit einem unbekannten Zwitterion X^{+-} anzusehen ist. Das Vorhandensein geringer Mengen eines labilen Esters, dessen Zers. durch saure u. bas. Harze katalysiert wird u. dessen pharmakol. Eigg. denen von I oder II ähneln, ist nicht ausgeschlossen. Vorläufige Verss. zur Identifizierung von X^{+-} ergeben, daß dieses nicht Leucin, Histidin, Prolin, Oxyprolin, Kreatin oder Kreatinin ist. (Biochim. biophysica Acta [Amsterdam] **22.** 590. Dez. 1956. Babraham, Cambridge, ARC Inst. of Animal Physiol., Dep. of Biochem.) ANTJE SCHMIDT. 4520

H. Faillard, *Über die Abspaltung von N-Acetylneuraminsäure aus Mucinen durch das „Receptor-Destroying-Enzyme" aus Vibrio cholerae.* (Vgl. C. **1957.** 965.) Aus menschlichem *Harnmucin* u. *Rinder-Submaxillarismucin,* die als Inhibitoren bei der Influenzahämagglutination wirksam sind, konnte durch Einw. von *„Receptor-Destroying-Enzyme"* (RDE) aus Vibrio cholerae eine ultrafiltrierbare Substanz abgespalten werden, die nach Entsalzung sowie papierchromatograph. u. -elektrophoret. Abtrennung von begleitenden Aminosäuren krist. erhalten werden konnte. Sie erwies sich auf Grund von Analyse, Infrarot- u. Röntgenspektren als *N-Acetylneuraminsäure* (I), $C_{12}H_{21}O_{10}N$, F. 183—186° (Zers.); $[\alpha]_D^{20}$ 31,74 (c = 3,195; W.). Aus beiden Mucinen konnten 55—60% der ursprünglich vorhandenen *Neuraminsäure* (II) enzymat. abgespalten werden; davon wurden 40—45% als I isoliert. In den Ultrafiltraten aller mit den Mucinen u. den RDE ausgeführten Kontrollen war keine II nachzuweisen. Es kann somit als sicher gelten, daß die I enzymat. abgespalten wurde u. einen biol. akt. Receptor für das RDE darstellt. Aus *Gangliosid,* einem Glykolipoid mit hohem II-Geh., konnte durch RDE aus V. cholerae keine II abgespalten werden, woraus geschlossen werden muß, daß die II im Gangliosid in einer nichtenzymat. spaltbaren Bindung vorliegt. (Hoppe-Seyler's Z. physiol. Chem. **307.** 62—86. 17/5. 1957. Köln, Univ., Physiol.-Chem. Inst.) H. GOEBEL. 4520

E. Klenk und **G. Uhlenbruck,** *Über die Abspaltung von N-Glykolylneuraminsäure (P-Sialinsäure) aus dem Schweine-Submaxillarismucin durch das „Receptor-Destroying-Enzyme".* Das „Receptor-Destroying-Enzyme" aus Kulturfiltraten von Choleravibrionen spaltet aus Schweine-Submaxillarismucin *N-Glykolylneuraminsäure* (I), $C_{11}H_{19}O_{10}N$ oder $C_{12}H_{21}O_{11}N$, ab. Die aus dem *Mucin* auch durch Spaltung mit n/10-H_2SO_4 erhaltene Verb. ist mit der von BLIX u. Mitarbeitern (Acta Soc. Med. Uppsaliensis **61.** [1956.] 1) beschriebenen *P-Sialinsäure* identisch. I wurde auch isoliert aus dem Gangliosid u. dem Eiweißrückstand des Stromas von Pferdeerythrocyten u. aus dem Stroma von Rinder- u. Schweineerythrocyten. Es wird eine Meth. zur Glykolylbest. angegeben u. der Glykolylgeh. einiger Neuraminsäurederivv. festgestellt. (Hoppe-Seyler's Z. physiol. Chem. **307.** 266—71. 17/5. 1957. Köln, Univ., Physiol.-Chem. Inst.) H. GOEBEL. 4520

A. Del Vecchio, A. Keys und **J. T. Anderson,** *Über das Vorhandensein von Lipoproteidkomplexen im Muskelgewebe.* Unters. einiger Fraktionen des Kaninchenmuskels hinsichtlich ihres *Cholesterin* (I)-Gehaltes. Myosin (II) enthält 5,23%, Stroma 80,21% u. das Fettgewebe 6,22% I. Weiterhin wurde der Geh. des II an freiem u. gebundenem I bestimmt. Hierzu wurde das aus dem Muskel dargestellte II getrocknet, pulverisiert, mit alkoh. KOH hydrolysiert u. mit Ae. extrahiert. Nach Abdampfen des Ae. u. Aufnahme des Rückstandes mit A./Aceton fällt man I mit Digitonin. Anschließend colorimetr. Best. des I nach FOLDES u. WILSON (vgl. C. **1951.** I. 3243). In einem 2. Vers. wurde eine bestimmte II-Menge mit A. extrahiert, der Extrakt eingedampft u. der Rückstand mit Ae. ausgezogen. Im Ae.-Extrakt erfolgte dann Best. des freien u. veresterten I. In dem vom I befreiten II wurde der N-Geh. nach KJELDAHL bestimmt. Die erhaltenen Resultate weisen auf das Vorhandensein eines Lipoproteidkomplexes, eines Cholesterinmyosins, hin. (Arch. Scienze biol. **39.** 705—10. Nov./Dez. 1955. Minneapolis, Minn., Univ. del Minnesota, Labor. di Igiene fisilogica.) A. EBEN. 4520

V. R. Wheatley, *Untersuchungen über Sebum.* 4. Mitt. *Die Bestimmung von Squalen im Sebum (Hauttalg) und ähnlichem Material.* (3. vgl. Biochem. J. **52.** [1952.] 460.) Die von SOBEL (J. invest. Derm. **13.** [1949.] 333) entwickelte colorimetr. Meth. ist gegen die geringsten Oxydationen empfindlich, dagegen wurde die von HODGSON-JONES u. WHEATLEY (Biochem. J. **52.** [1952.] 460) angegebene jodometr. Meth. zur Best. ungesätt. KW-stoffe als geeignet zum Nachw. in kleinen Sebummengen befunden. Hiernach wird das Ausgangsmaterial verseift, mit PAe. extrahiert, mit Al_2O_3 chromatographiert u. jodometr. bestimmt (1 ml 0,005n $Na_2S_2O_3$ → 0,171 mg Squalen). Voraussetzung ist, daß keine anderen ungesätt. KW-stoffe anwesend sind. (Biochem. J. **55.** 637—40. Nov. 1953. London, Med. Coll. of St. Bartholomews Hosp., Dep. of Biochem. and Dermatol.) G. WELTZIEN. 4520

V. R. Wheatley, *Untersuchungen von Sebum.* 5. Mitt. *Zusammensetzung einiger sebumähnlicher Stoffe des menschlichen Körpers.* (4. vgl. vorst. Ref.) Es wurde die Zus. a) der Lipide von Dermoidcysten des Ovars, b) Cerumen, c) Vernix caseosa u. d) der Lipide von epidermalen Cysten mit der von e) Sebum verglichen. FF.: a) 31—34°, b) 33—36°, c) 31—32°, d) —, e) 35—37°; Jodzahlen: a) 56—79, b) 34—74, c) 46—59, d) 48, e) 53—63; Säurezahlen: a) 0,3—0,6, b) 47—64, c) 5—15, d) 29, e) 59—73; Cholesterin (%): a) 3,6—6,8, b) 12,1—17,1, c) 19,7—20,6, d) 17,4, e) 2,7—5,9; Total-N (%): a) 0—0,7, b) 0,9—1,92, c) 0,32—0,44, d) —, e) 0,42—0,49; Lipid-P (%): a) 0, b) 0,01 bis 0,04, c) 0,025—0,029, d) 0,093, e) 0; freie Fettsäuren (%): a) 0,5—0,6, b) 29,9—36,2, c) 2,3—9,4, d) 14,7, e) 22—32; Unverseifbares (%): a) 27,3—28,2, b) 27,0—39,7, c) 27,0 bis 48,6, d) 57,7, e) 27—36; Squalen (%): a) 3,7—10,2, b) 1,0—12,0, c) 2,6, d) 0, e) 3,3 bis 8,7. Im Unverseifbaren wurden gefunden: KW-stoffe (%): a) 13,2—39, b) 9,3—18,3, c) 6,4, e) 37—46; Wachsalkohole (%): a) 41,2—56,2, b) 19,6—22,0, c) 13,0, e) 17—25; Cholesterin (%): a) 11,8—14,8, b) 30,0—33,8, c) 40,5, e) 14—19; sterinartigeSubstanzen (%): a) 3,1—7,8, b) 6,3—10,2, c) 12,3, e) 4—11. Das Vork. von *β-Cholestanol* in a) ist wahrscheinlich. Aus den Befunden wird geschlossen, daß b) u. c) von wahren Talgdrüsen sezerniert werden, daß a) u. e) keine Beziehungen zueinander haben u. daß d) ein patholog. Sebum darstellt. (Biochem. J. **58.** 167—72. Sept. 1954. London, Med. Coll. of St. Bartholomew's Hosp., Dep. of Biochem. and Dermatol.) G. WELTZIEN. 4520

A. T. James und **V. R. Wheatley,** *Untersuchungen von Sebum.* 6. Mitt. *Bestimmung der Fettsäurekomponenten des Sebum vom menschlichen Unterarm durch Gas-Flüssigkeit-Chromatographie.* (5. vgl. vorst. Ref.) Das Sebum (Mensch, Unterarm) enthielt folgende freien Fettsäuren: *n-Dodecansäure* 3,64(%), *n-Tetradecansäure* 6,35, *n-Pentadecansäure* 2,27, *Pentadecensäure* 9,05, *n-Hexadecansäure* 24,2, *Octadecensäure* 35,6, *n-Octadecansäure* 8,0, mehrfach *verzweigte Heptadecansäure* 1,31, *Heptadecensäure* 1,62, *n-Heptadecansäure* 1,07, verzweigte Octadecansäure 1,8, geringere Mengen ($<1\%$) anderer C_{12}—C_{17}-Säuren u. Spuren von C_8—C_{11}-Säuren. (Biochem. J. **63.** 269—73. Juni 1956. London, Mill Hill, Nat. Inst. for Med. Res.; Med. Coll. of St. Bartholomew's Hosp., Dep. of Biochem. and Dermatol.) G. WELTZIEN. 4520

V. R. Wheatley und **A. T. James,** *Untersuchungen über Sebum.* 7. Mitt. *Zusammensetzung von Sebum einiger Nagetiere.* (6. vgl. vorst. Ref.) Die Unters. ergab große Unterschiede sowohl der Zus. des Sebum der einzelnen gebräuchlichen Versuchstiere untereinander als auch gegenüber der des Menschen. Die Ggw. von Lathosterin (Δ^7-Cholesten-3β-ol) ist für das Sebum der Nagetiere charakterist., ebenso langkettige aliphat. Verbb., bes. Alkan-1.2-diole. Ausführliche tabellar. Darst. der Zus. des Sebum von Kaninchen, Meerschweinchen, Ratten u. Mäusen. (Biochem. J. **65.** 36—42. Jan. 1957. Mill Hill, Nat. Inst. of Med. Res.; Med. Coll. of St. Bartholomew's Hosp., Dep. of Biochem. and Dermatol.) G. WELTZIEN. 4520

D. F. Brebner, D. McK. Kerslake und **J. L. Waddell,** *Die Diffusion von Wasserdampf durch die menschliche Haut.* Der Wasserverlust zweier Versuchspersonen wird bei Kontrolle von Druck, Temp. u. Feuchtigkeit unter Ausschaltung der Schweißdrüsen in 22 Verss. bestimmt. Unter den gegebenen Voraussetzungen ist ein Wasserdampfgradient von ca. 1 mm Hg zur Verdunstung von 20 g/Std. bei einer 1,5 m^2 großen feuchten Oberfläche nötig. Der wirkliche Wasserdampfdruck der Haut ist 1 mm *Hg* höher als der seiner Umgebung u. variiert von 7—25 mm Hg, was einer 17—62% ig. Hautfeuchtigkeit entspricht. (J. Physiology **132.** 225—31. 27/4. 1956. Farnborough. Hants., R. A. F. Inst. of Aviat. Med.) R. LENSCHAU. 4550

A. Hirao, *Über Toleranz und Überempfindlichkeit weißer Mäuse gegenüber arseniger Säure sowie über die Veränderungen des Ca-Gehaltes ihres Blutserums.* Die Versuchstiere erhielten intracutan 10 Tage lang 0,1 cm^3 einer 0,1% ig. *H_3AsO_3-physiol. NaCl-Lsg.* (**I**). Zur Prüfung der Toleranz wurde erneut **I** (0,033% ig) injiziert. Der bei diesen Verss. in bestimmten Zeitabständen festgestellte *Ca*-Geh. ging bei den nichtsensibilisierten Mäusen nicht wesentlich zurück; er nahm jedoch stärker ab, wenn die **I**-Injektion nicht 3, sondern 7 Std. nach der Sensibilisierung erfolgte. Zur Prüfung der anaphylakt. Erscheinungen wurde ebenfalls erneut **I** in der Konz. 0,017% injiziert. Bei diesen Verss. waren der Rückgang des Ca-Geh. u. die Schwere der anaphylakt. Erscheinungen größer, wenn die erneute **I**-Injektion nicht 1, sondern 2 Wochen nach der Sensibilisierung vorgenommen wurde. — Im Gefolge der Sensibilisierung ist der anaphylakt. Antigenwert im Blutserum nach der 2. Woche am höchsten (154fache Blutserumverdünnung), im Gefolge der Schockauslsg. nach der 6. Std. am niedrigsten (16fache Blutserumverdünnung). In beiden Fällen stimmen Maxima u. Minima der Veränderungen des Ca-Geh. mit denen der Antigenwerte überein. (Tokyo Jikeikai med. J. **71.** 548—54. 1/3. 1956. Tōkyō Jikeikai Ika-Daigaku, Hōigaku-Kyōshitsu. [Orig.: japan.]) F. MOSSNER. 4551

Wilhelm Greuer, Elisabeth Hess und **Irmgard Rosteck,** *Die Freisetzung von Proteinasen in der Leber als Reaktion auf Entzündung, Verbrennung dritten Grades und Antigen-Antikörper-Reaktion.* Der Geh. an Casein spaltenden Enzymen von Meerschweinchenleberautolysat ist von der Fütterung abhängig. Durch lokale abakterielle Entzündungen (Terpentinöl), Verbrennung 3. Grades u. bei der Antigen-Antikörper-Rk. tritt starke Verarmung der Leber an diesen *Proteinasen* ein, die jedoch bei Verbrennung rasch reversibel ist. Die Rk. wird als Ausschüttung der *Leberproteinasen* betrachtet; ihr Mechanimus ist nicht bekannt. (Arzneimittel-Forsch. **7.** 128—31. Febr. 1957. Göttingen, Labor. für exptl. Med.; Penicillin-Ges. Dauelsberg & Co.) H. GOEBEL. 4551

Louis Pillemer, Melvin D. Schoenberg, Livia Blum und **Leona Wurz,** *Properdinsystem und Immunität.* 2. Mitt. *Wechselwirkungen des Properdinsystems mit Polysacchariden.* (1. vgl. C. **1950/54.** 367 S.) Vff. prüften Verbb., die in vivo u. in vitro mit dem *Properdin* (**I**)-Syst. in Wechselwrkg. treten. Es konnte gezeigt werden, daß **I** außer mit Zymosanen auch mit anderen hochmol. Polysacchariden oder Polysaccharidkomplexen von Zellwänden u. Toxinen von verschied. Bakterien in Rk. treten kann. Von neutralen Polysacchariden wurden untersucht: Verschied. Zymosane, Glucan aus Hefe, Laminarin, Mannan aus Hefe, sowie klin. u. native Dextrane u. native Levane. Außerdem wurden Mucin aus Schweinemagen, eine Mikrosomal-Intestinal-Fraktion von Mäusen, Heparin (**II**), Hyaluronsäure (**III**; als Na-Salz u. dimer), Hyaluronidase (**IV**), Chondroitinsulfat (**V**; Na-Salz), Pektinsäure (**VI**; Na-Salz), Kaolin (**VII**) u. Aktivkohle (**VIII**) auf ihre Kapazität zur Bindung von **I** untersucht. **II, III, IV, V, VI** u. **VII** verbinden sich nicht mit **I**. Die Wechselwirkungen des **I**-Syst. mit den untersuchten Kohlenhydraten, Kohlenhydratkomplexen u. Endotoxinen erfolgt nur in Ggw. von Mg^{2+} u. dem Komplement C'. Vff. diskutieren die möglichen Beziehungen zwischen dem **I**-Syst. u. der natürlichen Immunität. (Science [Washington] **122.** 545—49. 23/9. 1955. Cleveland, O., Western Reserve Univ., Inst. of Pathol.) E. SCHWERDTFEGER. 4551

Louis Pillemer, Livia Blum, Irwin H. Lepow, Leona Wurz und **Earl W. Todd,** *Das Properdinsystem und Immunität.* 3. Mitt. *Die Zymosanbestimmung von Properdin.* (2. vgl. vorst. Ref.) Es werden die Zymosan (**I**)-Best. von *Properdin* (**II**) u. die Darst. u. Standardisierung der benötigten Reagentien (**I**, gereinigtes **II**, **II**-freies Serum, C' 3-freies Serum) eingehend beschrieben. Als **II**-Einheit ist diejenige **II**-Menge definiert, die in Ggw. von optimalen **I**-Konzz. 120 ± 30 Einheiten C' 3 in 1 ml **II**-freiem Serum während 1 Std. bei 37° vollständig inaktiviert. Die **II**-Best. beruht auf der Feststellung des Minimalvol. der zu untersuchenden Probe, das in Ggw. konstanter Mengen **I** u. **II**-freiem Serum innerhalb 1 Std. bei 37° das in der Mischung enthaltene C' 3 vollständig inaktiviert. Zur Kontrolle der Meth. dienen Standard-Normalseren aus Sammelproben, die beim Menschen 6—8, bei Mäusen 12—15, Ratten 25—30, Hunden 12—15 u. Kaninchen 8—12 **II**-Einheiten/ml enthalten. (J. exp. Medicine **103.** 1—13. 1/1. 1956. Cleveland, O., Western Res. Univ., Inst. of Pathol.) E. SCHWERDTFEGER. 4551

Raymonde Lagrange und **Thérèse Pobeguin,** *Untersuchung einiger Nieren- und Blasensteine mit verschiedenen spektrographischen Methoden.* Vff. untersuchen mit Hilfe von Röntgendiagrammen (DEBYE-SCHERRER), Infrarotspektren u. Emissionsspektren die Zus. menschlicher u. tier. Steine. Als Hauptbestandteile werden *Calcit, Calcium-* u. *Mg-Ammoniumphosphat* im Verhältnis 10:40:50% u. außerdem Spuren von Fe, Pb, Si u. Na identifiziert. Im allg. sind die inneren Teile der Steine ärmer an Calciumphosphat als die äußeren. (C. R. hebd. Séances Acad. Sci. **243.** 449—52. 23/7. 1956.) R. LENSCHAU. 4552

Ralph P. Reece, *Die Physiologie der Milchproduktion.* Überblick. (J. Dairy Sci. **39.** 726—34. Juni 1956. New Brunswick, N. J., Agric. Exp. Stat.) P. LOCH. 4555

Momčilo St. Mokranjac und **Zagorka Filipović,** *Der normale Kobaltgehalt der Schafmilch und der Einfluß der natürlichen Ernährung und von zugeführtem Kobaltsalz auf die Änderung des Kobaltgehaltes der Milch.* Der Co-Geh. der Schafmilch ist ziemlich unabhängig vom Co-Geh. des Futters; er beträgt auf Co-armen Weiden (40 γ Co/kg Gras) 0,36—0,91 γ Co/kg Milch, bei Zufütterung von täglich 0,6 mg Co 0,58—1,30 γ/kg, auf Co-reichen Weiden (640 γ Co/kg Gras) 0,69—1,1 γ/kg. Die Sterblichkeit der Lämmer auf Co-armen Weiden sank bei Co-Zufütterung an die Mutterschafe von 20 auf 2,7%. In der 3 Tage nach dem Ablammen entnommenen Milch säugender Mutterschafe, die einen Zusatz von Co-Salz zum Futter erhielten, war der Co-Geh. auf 2,81—25,04 γ/kg

erhöht; nach der Säugezeit sank er auf 0,74—1,27 γ/kg. (Acta pharmac. jugosl. **6.** 201—06. 1956. Beograd, Farmac. fak., Inst. za anal. i. toksikol. hemiju.)
S. BECKMANN. 4555

Barbara H. Billing, P. G. Cole und **G. H. Lathe,** *Ausscheidung von Bilirubin als Diglucuronsäureester, der eine direkte van den Bergh-Reaktion ergibt.* Vff. können bes. durch papierchromatograph. Trennungen zeigen, daß das hauptsächliche Pigment der Galle, das Bilirubin (**I**)-ähnliche sogenannte „*Pigment II*" (das direkt mit Benzoldiazoniumchlorid kuppelt) ein **I**-*Diglucuronsäureester* (**II**) ist. **I** ergibt bei Diazotierung 2 Mol *Pigment A* (**III**), **II** dagegen den entsprechenden *Glucuronsäureester*, das *Pigment B* (**IV**). **IV** geht durch Alkali- u. β-Glucuronidaseeinw. in **III** über. Ein weiteres direktkuppelndes „*Pigment I*", welches im Serum u. Urin zusammen mit **II** auftritt, ist wahrscheinlich ein **I**-Monoglucuronsäureester. Das unterschiedliche Verh. von **I** u. **II** gegenüber der VAN DEN BERGH-Rk. führen Vff. darauf zurück, daß **I** lipoidlösl., die Glucuronsäureester dagegen H_2O-lösl. sind. (Biochem. J. **65.** 774—84. April 1957. London, Bernhard Baron Memorial Research Labor., Queen Charlotte's Maternity Hosp.; Univ., Inst. of Obstetr. and Gynaecol., British Postgraduate Med. Federat.) W. HABERDITZL. 4555

W. J. McAleer und **M. A. Kozlowski,** *Die Anwendung der J_2–KJ-Farbreaktion auf einige hydroxylierte Progesterone.* Das J_2–KJ-Reagens (0,3% J_2 bis 5% KJ) eignet sich zur Markierung einer Anzahl hydroxylierter *Progesterone* auf Papierchromatogrammen, sowie zur Differenzierung einiger *Steroide* mit sehr ähnlichen R_F-Werten. Bei der Rk. entsteht vorübergehend eine Blaufärbung. Die Empfindlichkeit ist in Ae. u. Aceton, sowie in geringerem Maße durch CH_3OH, Acetonitril u. CH_2O erhöht. Reagierende Verbb. (Empfindlichkeit: γ/cm²): *17α-Oxyprogesteron* 5—10, *11α-* 5—10, *16α-* 75, *11-Keto-17α-* 5—10, *11-Keto-14α-* (Violettfärbung) 1—2, *11-Dehydro-17-oxycorticosteron* 2—5, *14α-Oxy-Substanz S* 10, *11-Desoxy-17-oxycorticosteron* 5—10, *11-Desoxycorticosteron* 300, *11α.17α-Dioxyprogesteron* 5—10, *11-Epicorticosteron* 5—10. (Arch. Biochem. Biophysics **66.** 125—27. Jan. 1957. Rahway, N. J., Merck & Co., Inc., Chem. Div., Res. Labors.) K. MAIER. 4559

C. Heusghem und **W. Verly,** *Anwendung der Isotopenmethode bei der Untersuchung des Metabolismus der Androgene und Östrogene.* Zusammenfassender Vortrag über die Unterss. des Hormonstoffwechsels mit ^{14}C-Androgenen u. -Östrogenen. — 34 Literaturangaben. (Farmaco [Pavia], Ediz. sci. **11.** 404—24. April 1956. Liège, Univ., Fac. de Méd.) H.-E. TOUSSAINT. 4559

G. F. Marrian, Elizabeth J. D. Watson und **Marta Panattoni,** *Die Isolierung eines ketonischen Dioxy-Kober-Chromogens aus Schwangerenharn.* (Vgl. C. **1956.** 12898.) Aus der ätherlösl. Keton–Phenol-Fraktion von Spätschwangerenharn wurde nach enzymat. Hydrolyse neben 3,4—4,4% *Östron* 14—22% eines Kober-Chromogens (KC 5; **I**) gewonnen u. nach chromatograph. Reinigung aus Methanol kristallisiert. **I** bildet ein Diacetat u. wirkt als α-Ketol stark reduzierend. Bei der Natriumborhydrid-Red. eines nicht sehr reinen KC 5-Präp. wurden *Östriol* u. *16-Epiöstriol* erhalten. Die Hauptkomponente von **I** konnte als *16α-* oder *16β-Oxyöstron* identifiziert werden.

Versuche: *Kober-Chromogen KC 5* (**I**), $C_{18}H_{22}O_3$, F. 236,5—238,5°, aus 100 Liter Spätschwangerenharn nach Hydrolyse mit einem aus Patella vulgata isolierten Enzympräp. (10^6 FISHMAN-E./Liter), Ae.-Extraktion, Ausschüttelung des Ae.-Extraktes mit n-NaOH, Neutralisation der wss. Phase, Extraktion der neutralen wss. Phase mit Ae., Konzentrierung des Ae.-Extraktes, Fällung der Keton–Phenol-Fraktion mit Trimethylammoniumhydrazidhydrochlorid (284 mg Ausbeute), Chromatographie an Celite mit dem Syst. W.: Methanol: Hexan: Bzl. (3:7:2:8) u. Kristallisation aus Methanol; 35 mg Ausbeute, $[\alpha]_D^{15}$ + 143° (c = 0,254% in A.), λ_{max} 280 mμ mit ε = 2238 in Alkohol. **I**-*Diacetat,* $C_{22}H_{26}O_5$, F. 166—167°, Misch-F. mit 16-Oxoöstradiol-17β-diacetat (*Östra-1.3.5-trien-3.17β-diol-16-on*) 120—142°, aus **I** mit Acetanhydrid in wasserfreiem Pyridin; Kristalle aus Essigester/n-Hexan, $[\alpha]_D^{13}$ + 156° (c = 0,301% in A.). — Red. mit Natriumborhydrid; 20 mg **I** werden mit 25 mg $NaBH_4$ in Methanol red. u. die Reduktionsprodd. (20,2 mg Ausbeute) mit dem Syst. Methanol: W.: Äthylendichlorid (7:3:10) chromatograph. in 7,9 mg einer „weniger polaren" u. in 9,6 mg einer „stärker polaren" Verb. getrennt. — „*Weniger polares*" *Reduktionsprod. von* **I**, F. 273—276°, Misch-F. mit 16-Epiöstriol 274—281°; Acetat F. 151—152°; Misch-F. des Acetats mit 16-Epiöstrioltriacetat 150—152°. — „*Stärker polares*" *Reduktionsprod. von* **I**, F. 277—279°, Misch-F. mit Östriol 277—278°. (Biochem. J. **65.** 12—18. Jan. 1957. Edinburgh, Univ., Dep. of Biochem.) G. SCHMIDT-KASTNER. 4559

Ernst Bárány, Per Morsing, Werner Müller, Gunnel Ställberg und **Einar Stenhagen,** *Verhinderung von Östrogen-induzierter Proliferation des Vaginalepithels an der Ratte durch örtliche Anwendung von bestimmten 4.4'-Oxydiphenylalkanen und verwandten Ver-*

bindungen. Am Vaginalabstrich wurde die Proliferation-verhindernde Wrkg. einiger α.ω-Bis-[p-oxyphenyl]-alkane bei intravaginaler Applikation an Ratten untersucht, die gleichzeitig mit 0,25 γ Östradiolbenzoat/100 g behandelt wurden. Die Verbb. kamen in Polyäthylenglykol 300 oder fl. Paraffin oder Olivenöl oder in einem Glycerin (50)–A. (5)–W. (45%)-Gemisch gelöst zur Anwendung. — *1.3-Bis-[p-oxyphenyl]-propan* zeigte keine erkennbare Wirkung. *1.4-Bis-[p-oxyphenyl]-butan* war wirksam, wenn es mit dem Östradiolbenzoat gleichzeitig verabfolgt wurde. *1.5-Bis-[p-oxyphenyl]-pentan, 1.6-Bis-[p-oxyphenyl]-hexan* u. *1.5-Bis-[p-oxyphenyl]-pentadien-(1.4)-on-(3)* waren ebenfalls wirksam. — Das Vorliegen einer unspezif. Wrkg. wurde durch Unterss. der Mitosen (Colchicin-Technik) am Vaginal- u. Ohrepithel ausgeschlossen. — Bei diesen Verss. wurde zufällig beobachtet, daß die intravaginale Applikation von Polyäthylenglykol 300 oder 400 eine Östrus-ähnliche Rk. hervorruft, die aber durch ihr frühes Auftreten vom wahren Östrus leicht abzugrenzen ist.

Versuche: *1.4-Bis-[p-oxyphenyl]-butan,* F. 156—157°, aus β-[p-Methoxyphenyl]-propionsäure durch anod. Kupplung. — *1.5-Bis-[p-oxyphenyl]-pentan,* F. 102,5—103°, durch Red. u. Demethylierung von Dianisalaceton u. Umkristallisieren aus 40% ig. Äthanol. — *1.6-Bis-[p-oxyphenyl]-hexan,* F. 143—144°, aus β-[p-Methoxyphenyl]-propionsäure, die mit Li-Al-Hydrid zum entsprechenden Alkohol red. wird u. mit J u. P 1-Jod-3-[p-methoxyphenyl]-propan gibt. Das daraus nach WURTZ erhaltene 1.6-Bis-[p-methoxyphenyl]-hexan wird mit HJ in N_2-Atmosphäre demethyliert. (Acta Soc. med. Upsaliensis **60.** 68—75. 1955. Uppsala, Univ., Dep. of Pharmacol. and Med. Biochem.) H. AMAN. 4559

Duane G. Wenzel und **Philip Rosenberg,** *Östrogene Aktivität einiger Flavonoide.* Subcutane Injektion von in Baumwollsamenöl gelösten *4'-6-Dioxyflavon* (F. 318—321°, Darst. nach KOSTANECKI [1899]) bewirkt bei infantilen Ratten Wachstum des Uterus, während bei peroraler Applikation, wahrscheinlich infolge Umwandlung in das *Chalkonderiv.*, keine Wrkg. beobachtet wird. *Liqueritin, Liqueritigenin* (F. 204—207°), *Osajin* (F. 189—191°), *Pomiferin* (F. 199—201°), *Naringenin* u. *Hesperetin* waren sowohl bei peroraler als auch bei subcutaner Applikation ohne Wirkung. (J. Amer. pharmac. Assoc., sci. Edit. **45.** 367—69. Juni 1956. Lawrence, Univ. of Kansas, School of Pharmacy.) E. HANSCHKE. 4559

Herbert Berger, *Ulcerative Stomatitis durch endogenes Progesteron.* Vf. referiert einen Fall schwerer prämenstrueller Stomatitis, der durch *Progesteron* verursacht worden war. Heilung erfolgte durch Unterdrückung von Ovalution u. Corpus luteum-Bldg. mit Östrogen. (Ann. intern. Med. **42.** 205—08. Jan. 1955. Staten Island, N. Y., Tottenville, Berger Clin.) R. LENSCHAU. 4559

W. Hohlweg und **K. A. Groot-Wassink,** *Über das Auftreten von Kastrationszellen im Hypophysenvorderlappen normaler Rattenmännchen nach intravenöser Injektion wasserlöslicher Östrogene.* Nach einmaliger intravenöser Injektion von wasserlösl. Östrogenen (*Diäthylstilböstroldiphosphat* bzw. *-disulfat*) zeigt der Hypophysenvorderlappen (HVL) n. erwachsener Rattenmännchen nach 2 Wochen deutliche Überdosierungserscheinungen, nach 4 Wochen jedoch Kastrationsveränderungen. (Klin. Wschr. **35.** 502—04. 15/5. 1957. Berlin, Charité, Inst. für exp. Endokrinol.) K. F. MÜLLER. 4560

Selmar Aschheim, *Über die Stabilität gonadotroper Hormone in ihren Ursprungsgeweben.* Vf. implantiert jungen Ratten Hypophysenteile, die 5 Jahre lang in absol. A. fixiert worden waren. Bei allen Tieren wird eine Vergrößerung der Ovarien u. bei einigen mkr. die Entstehung von Gelbkörpern beobachtet. Es kann noch nach Jahren die Anwesenheit *gonadotroper Hormone* in fixierten Tumoren biol. nachgewiesen werden, u. ebenso können Hypophysen jahrelang aufbewahrt werden, ohne ihre therapeut. Wirksamkeit zu verlieren. (C. R. hebd. Séances Acad. Sci. **242.** 3115—18. 25/6. 1956.) R. LENSCHAU. 4560

J. W. McArthur, R. B. Pennell, H. N. Antoniades, F. M. Ingersoll, J. L. Oncley und **H. Ulfelder,** *Verteilung und partielle Reinigung der Hypophysengonadotropine im menschlichen Plasma.* 10 Liter Plasma von Frauen in der Postmenopause wurden nach der Meth. von COHN u. Mitarbeitern (vgl. C. **1947.** 1288) einer Fraktionierung mit A. in der Kälte unterworfen. Das Maximum der gonadotropen Aktivität fand sich in den Fraktionen II + III, die aus β-Lipoproteinen u. γ-Globulin bestanden. Eine partielle Reinigung des akt. Materials wurde durch Fällung der meisten inakt. Proteine mit Zn-Glycinat (bis zur Erreichung einer 5 mmol. Zn-Konz.) bei 0° u. p_H 6,8 erreicht. Die überstehende Lsg. wurde durch Dialyse gegen Äthylendiamintetraacetat (**I**) u. Na-Citrat (**II**) vom überschüssigen Zn u. durch Dialyse gegen 0,15 mol. NaCl-Lsg. vom **I** u. **II** befreit. Zugabe von 20% ig. A. bei p_H 6,5 u. — 5° führt zur Ausfällung von weiterem inakt. Material. Die Aktivität der Gonadotropine wurde biol. mittels der Gewichtszunahme von Ovarien u. Uteri infantiler weiblicher Ratten bestimmt. (Proc. Soc. exp. Biol. Med. **93.** 405—07. Nov. 1956. Harvard Med. School, Dep. of Gynecol. and Biophys. Chem.; Vincent Memorial Hosp.; Protein Found., Inc.) A. EBEN. 4560

Fritz Kemper und **Arnold Loeser,** *Die Inaktivierung von Hypophysenhormonen durch Hydrochinon und 2.6-Dimethylhydrochinon.* Im Hinblick auf die vermehrte Ausscheidung von Phenolen im menschlichen Harn nach Trinken von *Lithospermum* (Steinhirse)-Extrakten wurde das Verh. von *Hydrochinon* (**I**) u. *2.6-Dimethylhydrochinon* (**II**) auf gonadotrope Wirkstoffe (**III**) u. thyreotropes Hormon untersucht. Die gonadotrope Wirksamkeit von Substanzen aus Placenta u. Serum trächtiger Stuten wird in vitro (Präincubation von **III** auf **I** oder **II** bei 37°, 2 Std.) durch **I** u. **II** mehr oder wenig vollständig aufgehoben, während in vivo (infantile weibliche Ratten) bei gemeinsamer subcutaner Zufuhr keine **III**-Inaktivierung nachweisbar ist. **I** u. **II** haben keine antithyreotrope Wrkg. (Meerschweinchen). *Brenzcatechin* u. stärker *Resorcin* zeigen eine schwache antithyreotrope Wrkg. u. verhalten sich gegenüber **III** ähnlich wie **I** u. **II**. (Arzneimittel-Forsch. **7.** 4—5. Jan. 1957. Münster/Westf., Univ., Pharmakol. Inst.) K. MAIER. 4560

S. E. Dicker und **A. L. Greenbaum,** *Hemmung der antidiuretischen Aktivität von Vasopressin durch Gewebehomogenate.* Vff. untersuchen den Einfl. der in den Homogenaten von Niere, Leber, Duodenum, Milz u. Muskel der Ratte bzw. der in den Fraktionen Kerne (a), Mitochondrien-Mikrosomen (b) u. Überstand (c) enthaltenen Enzyme auf die antidiuret. Aktivität von in verschied. Konzz. zugesetztem *Vasopressin* (**I**). Die Befunde (E. gebundenes [= inaktiviertes] **I**/g Feuchtorgangewicht bzw. mg *N*) zeigen, daß von den c-Fraktionen der verschied. Organe die der Leber **I** am stärksten inaktiviert u. daß von den 3 Nierenfraktionen c die stärkste, dagegen a fast keine **I**-Inaktivierung hervorrufen. (J. Physiology **132.** 199—213. 27/4. 1956. London, Univ. Coll., Dep. of Pharmacol. and Biochem.) R. LENSCHAU. 4560

H. Barcroft und **A. F. Cobbold,** *Die Wirkung von intravenös verabfolgtem Pitressin auf Blutgeschwindigkeit und Blutlactat im menschlichen Vorderarm.* 6 Versuchspersonen erhalten 25 Min. lang (1/6 E./Min.) eine intravenöse Infusion von *Pitressin.* Vorher, während u. nach der Infusion werden Blutgeschwindigkeit u. Milchsäure-Blutspiegel bestimmt. Die Ergebnisse zeigen eine Steigerung der Blutgeschwindigkeit während der Infusion u. eine Abnahme der Milchsäurekonzentration. (J. Physiology **132.** 10P—11P. 27/4. 1956. London, St. Thomas Hosp. Med. School.) R. LENSCHAU. 4560

G. A. Overbeek und **J. van der Vies,** *Die Leberglykogenbestimmung bei ACTH-Präparaten mit anhaltender Wirkung.* 2. Mitt. *Die Verwendung normaler Ratten.* (1. vgl. C. **1956.** 7578.) Die Meth. der Vff. (l. c.) zur Best. von *ACTH*-Präpp. mit lang anhaltender Wrkg., bei der der Leberglykogengeh. von hypophysektomisierten Ratten bestimmt wird, die stündlich Glucoseinjektionen erhielten, wurde vereinfacht. Es werden nicht entwöhnte Ratten verwendet. Die Hypophysektomie wird vermieden; die Glucoseinjektionen fallen weg. Die vereinfachte Meth. gibt gut reproduzierbare Werte. (Acta endocrinol. [Copenhagen] **18.** 210—12. Febr. 1955. Oss, Organon, Dep. of Pharmacol. Res.) K. F. MÜLLER. 4560

G. Bruni, *Der Stand des Problems der Anwendung von ACTH und Cortison bei Tuberkulose.* Übersicht über neue experimentelle u. klin. Untersuchungen. — 110 Literaturzitate. (Farmaco [Pavia], Ediz. prat. **10.** 230—45. Mai 1955. Casatenovo Brianza [Como], Labor. di Ric. Vister.) R. K. MÜLLER. 4560

Kh. R. Koczorek, H. P. Wolff und **Marie-Luise Beer,** *Über die Aldosteronausscheidung bei Schwangerschaften und bei Schwangerschaftstoxikosen.* Es wurde die *Aldosteron* (**I**)- u. *Na*-Ausscheidung bei gesunden Nichtgraviden, bei n. Graviden und bei Patientinnen mit Spätgestose ante u. post partum untersucht. Bei gesunden Nichtgraviden betrug die **I**-Ausscheidung bei freier Nahrungswahl 0,7—6,2 γ/24 Std.; die *Na*-Ausscheidung betrug 97,0—285,1 mVal./24 Stunden. Die n. Graviditäten zeigten **I**-Ausscheidungen von 16,0—108,0 γ/24 Std. u. n. *Na*-Ausscheidungen von 102,0 bis 280,0 mVal./24 Stunden. Die vor der Geburt erhöhten **I**-Werte kehrten bei den n. Graviditäten post partum zur Norm zurück; die *Na*-Ausscheidung änderte sich nicht. Bei den Spätgestosen lagen die **I**-Ausscheidungen bei 15,0—72,0 γ/24 Stunden. Die Gestosen zeigten mit einer Na-Ausscheidung von 13,0—104,0 mVal./24 Std. eine *Na*-Retention. Bei den Gestosen kehrten die vor der Geburt erhöhten **I**-Werte wie bei den n. Graviditäten post partum zur Norm zurück. Die *Na*-Ausscheidung normalisierte sich ebenfalls. (Klin. Wschr. **35.** 497—502. 15/5. 1957. München, Univ., I. Med. Klin.) K. F. MÜLLER. 4561

L. Hédon und **J. Macabies,** *Die Wirkungen starker Cortisondosen auf den Stoffwechsel des normalen Hundes.* (Vgl. C. **1954.** 8835.) Die Verabfolgung von täglich 25 mg

Cortison (I; 14 Tage) mit anschließender einmaliger Gabe von 100 mg **I** erniedrigte beim Hund den Grundumsatz um 15% u. erhöhte die mit dem Harn ausgeschiedene Stickstoffmenge um 11%, wobei das Verhältnis Harnstoff-N/Gesamt-N nicht verändert wurde. Der respirator. Quotient wurde leicht erhöht. Die Leber behielt ihr n. Aussehen, u. die Werte für Glykogen u. Gesamt-Lipide blieben innerhalb n. Grenzen. (C. R. Séances Soc. Biol. Filiales **148.** 2054—56. Dez. 1954. Montpellier, Univ., Fac. de Méd., Labor. de Physiol.) P. LOCH. 4561

L. Hédon und **J. Macabies** (unter Mitarbeit von **L. Martin,**) *Die Wirkung von Cortison auf den Stoffwechsel des normalen Hundes.* 3. Mitt. (2. vgl. vorst. Ref.) Es werden langfristige physiol.-histolog. Beobachtungen an einem einzelnen Versuchstier (Hund) vor, während u. nach Zufuhr größerer *Cortison*-Dosen (18 mg *Cortisonacetat* ROUSSEL/kg/ Tag; 16 Tage) mitgeteilt u. mit der Literatur verglichen. Vff. halten weitere experimentelle Stützung der Befunde für notwendig. (J. de Physiol. **47.** 190—92. 1955. Montpellier, Univ., Fac. de Méd., Labor. de Physiol.) H. DANNENBAUM. 4561

T. Nishimura, Y. Kotera, O. Maekawa und **A. Fujii,** *Vergleichend zoologische Untersuchungen des Steroidstoffwechsels.* 1. Mitt. *Über die Lichtabsorptionskurven.* Unter Verwendung der ZIMMERMANN-Rk. (*m-Dinitrobenzol* + KOH) wurden Lichtabsorptionskurven der rohen *Harnextrakte* (I) u. der Fraktion der *Ketosteroide* (II) von verschied. Tieren angelegt u. mit solchen von reinem Steroid (III) u. *Harn* gesunder Personen (IV) verglichen. Bei Menschenaffen ähneln die Kurven denen von **IV**. Bei Hunden, Kaninchen u. weißen Mäusen weichen die **I**-Kurven mehr oder weniger von den **IV**-Kurven ab. Während die **II**-Kurven der Hunde denen von **IV** ähneln, weichen sie bei Kaninchen u. weißen Mäusen von denen von **III** u. **IV** ab. Die *17-Ketosteroid*-Ausscheidung der Hunde unterliegt großen Tagesschwankungen, eine erheblichere *ACTH*-Anregung war dabei nicht festzustellen. (Folia endocrinol. japon. **33.** 176. 20/5. 1957. Gifu Kenritsu Ika-Daigaku, Miyake Naika-Kyōshitsu. [Orig.: japan.]) F. MOSSNER. 4561

Abraham Dury, *Wirkung des Cortisons auf den Lipidstoffwechsel von Plasma, Leber und Aorta und auf die Retrogression von Atherosklerose beim Kaninchen.* Es wird untersucht, ob die Schwere einer durch *Cholesterin* (I)-Gabe erzeugten Atherosklerose beim Kaninchen durch eine kurzfristige *Cortison* (II)-Behandlung beeinflußt werden kann. Die Wrkg. des **II** auf den Stoffwechsel von Tieren mit n. u. mit einer Diät von hohem **I**-Geh. wurde eingehend geprüft. Normale u. atherosklerot. Kaninchen bekamen 14 Tage lang je 10 mg **II** verabreicht. Am letzten Versuchstag injizierte man jedem Tier 0,5 mC radioakt. Phosphat. Nach 6 Std. Herzpunktion u. Töten der Tiere durch eine Überdosis Evipan. Unters. der Lipidverteilung u. des Phosphorlipidstoffwechsels in Plasma, Leber u. Aorta u. Vgl. dieser Ergebnisse mit den bei den unbehandelten, n. u. mit **I** gefütterten Kaninchen erhaltenen. Die Aorten wurden auf atherosklerot. Veränderungen hin untersucht. Nach **II**-Behandlung war der Geh. an neutralen Fetten in Leber u. Plasma stark erhöht. Bei den Tieren mit **I**-Diät nahm die Konz. des **I**-Esters im Plasma ab, während bei n. Tieren **II** offenbar eine Hypercholesterinämie verursachte. Ein erhöhter Phosphorlipidstoffwechsel im Plasma u. eine Abnahme der spezif. Aktivität der Phosphorlipide in der Aorta wurde bei den mit **II** behandelten Kaninchen gefunden. Weiter fand sich bei diesen Tieren ein merklicher Rückgang der Atherosklerose. Ausführliche Diskussion der erhaltenen Ergebnisse. (Amer. J. Physiol. **187.** 66—74. Okt. 1956. Bradford, Pa., Hosp., Dorn Labor. for Med. Res.) A. EBEN. 4561

Byron E. Leach, Matthew Cohen, Robert G. Heath und **Sten Martens,** *Untersuchungen über die Rolle von Coeruloplasmin und Albumin im Adrenalinstoffwechsel.* Vff. isolieren nach der von HOLMBERG u. LAURELL (C. **1948.** E. 1481) beschriebenen Meth. aus Serum *Coeruloplasmin* (I) u. *Albumin* (II) u. bestimmen spektrophotometr. den Einfl. auf die Adrenalinoxydation (AO). **I** ist ein *Cu*-Globulin mit einem Maximum bei 605 mμ, das die AO fördert, während **II** hemmend wirkt. Vff. betonen, daß für die Schizophrenie nicht die Proportionalität zwischen hohem **I**-Geh. u. erhöhter AO, sondern nur eine verstärkte Aktivität oxydierender Enzymsysteme charakterist. sei. (A. M. A. Arch. Neurol. Psychiatry **76.** 635—44. Dez. 1956. New Orleans, La., Tulane Univ., School of Med., Dep. of Psychiatry and Neurol.) R. LENSCHAU. 4561

Danièle Gautheron, Pierre Volfin und **Hubert Clauser,** *Die Wirkung von Adrenalin und Wachstumshormon des Hypophysenvorderlappens auf Mineralphosphat und labiles Phosphat im Rattenuterus.* Die Versuchstiere werden 45—50 Min. nach einer *Adrenalin* (I)-Injektion u. 20—24 Std. nach einer *Wuchshormon* (II)-Injektion getötet, u. der *Phosphat* (III)-Geh. im Uterus wird bestimmt. **I**-Injektionen vergrößern den Anteil des mineral. **III,** verringern aber die Gesamtmenge des energiereichen **III.** **II**-Injektionen beeinflussen den **III**-Geh. nicht, jedoch wird die Menge der energiereichen Ester erhöht. (C. R. hebd. Séances Acad. Sci. **243.** 605—07. 6/8. 1956.) R. LENSCHAU. 4561

Michel de Visscher und **Christian Beckers**, *Die Schilddrüse und das innersekretorische Gleichgewicht.* Übersicht über die verschied. Arten der Schilddrüsentätigkeit, wie Jodabsorption, Hormongenese, Sekretion u. periphere Wirkungen der Hormone, sowie über die Beziehungen der Schilddrüse zu den anderen innersekretor. Drüsen. — Ca. 800 Literaturangaben. (J. de Physiol. **49.** 439—520. April/Mai 1957. Louvain, Univ., Labor. de Pathol. gén.) ANTJE SCHMIDT. 4562

Y. Araki, J. Iwaoka, O. Yokota, A. Yoshioka, R. Kataoka, H. Matsushita und **Tatsuo Katō**, *Über das Verhalten des Schilddrüsenhormons in Entzündungsgeweben.* Zur Klärung des Schilddrüsenhormonstoffwechsels in entzündeten Geweben wurden folgende Experimente mit ^{131}*J-Thyroxin* (I) angestellt: Hunde mit experimenteller asept. Pleuritis (*Terpentinöl*) erhielten I intravenös. Im Blutserum ließ die Aktivität nach, im Pleuraexsudat stieg sie an; nach 8—18 Std. war das Gleichgewicht erreicht. — Zur Prüfung der charakterist. Unterschiede der Jodverbb. wurden Blut u. Exsudat chromatographiert u. die Aktivität auf Filterpapier bestimmt. Unterschiede wurden nicht gefunden. — Normales Lebergewebe (Ratte) u. Schnitte von patholog. Lebergewebe (*Ameisensäureallylester*) wurden in einer I-KREBS-RINGER-Lsg. 1 Std. bebrütet. Nach Hydrolysierung der Gewebe, Extraktion (Butanol) u. chromatograph. Trennung zeigte das patholog. Gewebe höheren Geh. an anorgan. Jod als n. Lebergewebe, was darauf schließen läßt, daß in geschädigtem Lebergewebe eine starke Jodverminderung des Schilddrüsenhormons stattfindet. (Folia endocrinol. japon. **33.** 116. 20/5. 1957. Tōkyō Daigaku, Igaku-Bu, Tasaka Naika-Kyōshitsu. [Orig.: japan.]) F. MOSSNER. 4562

T. Toriumi, J. Yubashi und **Eiichi Miyazaki**, *Über den Einfluß der Schilddrüse auf die Magensekretion.* Die Versuchstiere (Shay-Ratten) wurden in 6 Gruppen eingeteilt. Während bei der Kontrollgruppe nur Pylorusunterbindung stattgefunden hatte, erhielten die Tiere von 3 Gruppen bei der Operation Injektionen von 1 mg *Mercazol* (*1-Methyl-2-mercaptoimidazol*), 20 mg *Methiocil*, 20 mg *Thyradin.* Bei einer Gruppe erfolgte der Eingriff 6 Tage nach Thyreoidektomie, bei einer weiteren 3 Tage nach Injektion von 5 μC ^{131}J. Alle Versuchstiere wiesen gegenüber den Kontrollen Herabsetzung der Magensaftmenge, der freien HCl, der Gesamtacidität u. des Pepsins auf. — Bei 3 BASEDOW-Patienten (2 operiert, 1 mit *Methiocil* behandelt) wurde erhöhte Magensaftacidität festgestellt. (Folia endocrinol. japon. **33.** 119. 20/5. 1957. Tōkyō Jikeikai-Ika-Daigaku, Ōi Geka-Kyōshitsu. [Orig.: japan.]) F. MOSSNER. 4562

Tadashi Abe, *Über Veränderungen der Jodverbindungen von Rattenschilddrüsen, abhängig von der Reaktionszeit, und der Einfluß von ACTH und Cortison auf die Schilddrüse.* ½, 1, 4, 8 u. 24 Std., nachdem die Versuchstiere 300 μC ^{131}*J* percutan erhalten hatten, wurden die Schilddrüsen exstirpiert u. mit Trypsin hydrolysiert. Die verschied. Jodverbb. wurden papierchromatograph. getrennt u. der Anteil der radioakt. J-Verbb. gegenüber dem Gesamt-^{131}J in % ausgedrückt. *Thyroxin* (I) u. *Trijodthyronin* (II) nahmen proportional zur Quadratwurzel der Reaktionsdauer zu; in der kurzen Zeit von 30 Min. war II nicht festzustellen, später wurde das I/II-Verhältnis 4:1. *Dijodtyrosin* (III) u. *Monojodtyrosin* (IV) erreichten beide nach 1 Std. Gipfelwerte; bis zu 8 Std. war IV in höherem Maße vorhanden, nach 24 Std. III. Wird die Aktivität der einzelnen radioakt. J-Verbb. in μC-Einheiten ausgedrückt, dann erfolgt die Zunahme für I u. II proportional zur Reaktionszeit, während sich für III u. IV eine bestimmte Kurve ergibt. — Verabreichung von *ACTH* an Ratten, die noch nicht mit I u. II behandelt waren, verminderte vorstehende Werte um die Hälfte, während III u. IV keine Veränderungen erfuhren. Wurde *Cortison* Ratten gegeben, die nicht mit I behandelt wurden, dann erhielt man $^1/_3$ von I, $^1/_2$ von III. II wurde nicht verändert, während IV sich etwa auf das Doppelte erhöhte. (Folia endocrinol. japon. **33.** 120. 20/5. 1957. Beppu Noguchi-Byōin, Kōjōsen-Kenkyusho. [Orig.: japan.]) F. MOSSNER. 4562

Hajime Ogura, *Über die Einflüsse auf die Jodaufnahme von Schilddrüsenschnitten in vitro.* Unter Verwendung frischer Rinderschilddrüsen wurde der Effekt des *Thyreotropins* (I), namentlich das ^{131}J-Aufnahmevermögen, in vitro beobachtet. Das zugesetzte I regt die ^{131}J-Aufnahme im Schnitt an, die Freisetzung wird gehemmt. — Die Gegenüberstellung des I-Effekts im menschlichen Blutplasma u. der Werte des an Protein gebundenen Jods ergab hohe Werte für Kranke nach Thyreoidektomie, niedrige für Patienten mit schwerem Morbus BASEDOWI. (Folia endocrinol. japon. **33.** 118. 20/5. 1957. Kōbe I(ka)-Daigaku, Daini Naika-Kyōshitsu. [Orig.: japan.]) F. MOSSNER. 4562

A. Nakagawa, *Ein Verfahren zur Bestimmung des thyreotropen Hormons auf Grund der* ^{131}*J-Aufnahme durch die Thyreoidea von Ratten nach Jodcaseingaben.* In Vorverss. erhielten 70—80 g schwere männliche Wistarratten 1—2 Wochen täglich 30—50 mg *Jodcasein* (I). Nach einer 24std. Medikationspause wurden 2 μC ^{131}J intraabdominal injiziert. 24 Std. danach wurde die ^{131}J-Aufnahme (JTA) durch die Schilddrüse in vivo mit dem Scintillationszähler gemessen. Die JTA nahm bei längerer I-Medikation ab (1—2% nach 7 Tagen, 0,3—1% nach 10 Tagen, 0—0,5% nach 14 Tagen). 2 Wochen nach Aussetzen der Behandlung betrug sie 0,5—1,4%, nach 4 Wochen 1,5—3%. Im Hauptvers. erhielten die Tiere 24 Std. vor der Verabfolgung des ^{131}J intraabdominale Injektionen von 0,01—1 E. *Thyreotropin* (**II**) in 1 cm³ physiol. NaCl-Lösung. Mit Zunahme von **II** steigt auch die JTA. In 5 Fällen wurde **II** durch 3 cm³ menschliches Blutserum (Gesunde) ersetzt. Die JTA betrug 0,6—2%, was 0,01—0,04 E. von **II** entspricht. Während das Serum von 2 Kranken mit Hyperthyreoidismus von dem obigen Befund nicht wesentlich abwich, steigerte das Serum von 4 Kranken mit viscosem Hydrops die JTA erheblich (über 0,5—1 E. von **II** entsprechend). (Folia endocrinol. japon. **33.** 124—25. 20/5. 1957. Niigata Daigaku, Igaku-Bu, Torikai-Naika-Kyôshitsu. [Orig.: japan.]) F. MOSSNER. 4562

E. Engel und **P. Wenger,** *Untersuchungen über die Hemmung der ^{131}J-Aufnahme in die Schilddrüse durch Na-l-Trijodthyronin. Harnmessungen zur Abschätzung der Ergebnisse.* An 15 untersuchten Fällen wird klargemacht, daß der *Na-l-Trijodthyronintest* diagnost. zur Unters. von n. u. hyperthyroiden Menschen brauchbar ist. ^{131}J-Messungen im Urin geben einen ungefähren Anhaltspunkt über die Wrkg. des Na-*l*-Trijodthyronins auf die Schilddrüse. (Schweiz. med. Wschr. **87.** 688—92. 8/6. 1957. Genève, Hôpital Cantonal de Genève.) H. STRUCK. 4562

Paul C.-J. Roth, *Der Schwellenwert der Wirkung von Tetrajoddesaminothyronin auf die Metamorphose der Kaulquappen der Rana temporaria L.* (Vgl. C. **1956.** 13751.) *Tetrajoddesaminothyronin* (*3.5-Dijod-4-[3'.5'-dijod-4-oxyphenoxy]-phenylpropionsäure*) bewirkt in Konzz. bis 10^{-12} eine Beschleunigung der Metamorphose von Kaulquappen. (Ann. d'Endocrinol. **17.** 725—28. Okt. 1956.) G. KIMMERLE. 4562

A. Baserga und **G. M. Mariuzzi,** *Inhibierung des durch Thyreotropin hervorgerufenen Exophthalmus mittels Triäthylenmelamin.* Im Rahmen der Unterss. über den Antagonismus zwischen *Thyrotropin* (**I**) u. verschied. Antimitotica zeigen Vff. durch Verss. an Meerschweinchen, daß der durch Behandlung mit **I** hervorgerufene Exophthalmus bei gleichzeitiger Anwendung von *Triäthylenmelamin* ausbleibt. (Farmaco [Pavia], Ediz. sci. **10.** 641—43. Sept. 1955. Ferrara, Univ., Ist. di Semeiotica med.) H.-E. TOUSSAINT. 4562

Charles E. Frohman und **James M. Orten,** *Tracerstudien der Säuren des Tricarbonsäurecyclus.* 2. Mitt. *Effekt von Fructose und Bicarbonat auf den Acetatstoffwechsel in Lebern diabetischer Ratten.* (1. vgl. C. **1957.** 5034.) Alloxandiabet. Ratten werden mit einer Diät gefüttert, in der sie als Kohlenhydratquelle entweder nur *Glucose* oder nur *Fructose* erhalten. 30 Min. bevor die Tiere getötet werden, erhalten sie (an verschied. Stellen) insgesamt 10 ml einer Glucose (**I**)- bzw. Fructoselsg. (**II**) subcutan u. 5 Min. vor dem Töten der Tiere 0,025 mC $^{14}C_{(1)}$-*Acetat* intracardial injiziert. Es werden die Blutzuckerwerte u. — nach Aufarbeitung der Leber — die ^{14}C-Aktivitäten der Säuren des Citronensäurecyclus bestimmt. **II** hat keinen Effekt auf die Blutzuckerwerte u. erhöht kaum den Einbau von Acetat in der Leber alloxandiabet. Tiere. Wird gleichzeitig mit **I** oder **II** Bicarbonat (1 g) injiziert, so bleiben die Blutzuckerwerte unbeeinflußt; dagegen wird durch Bicarbonat das Einschleusen von Acetat in den Tricarbonsäurecyclus bei alloxandiabet. Tieren den Normalwerten angeglichen. Vff. glauben, daß die Störung der Acetatverwertung ein zweiter Effekt in der Leber alloxandiabet. Ratten ist u. zur Normalisierung kein *Insulin* benötigt. Sie schließen, daß zwei Rkk. beim Alloxandiabetes blockiert sind: 1. die Verwertung der Glucose, 2. die Verwertung von Acetat. (J. biol. Chemistry **220.** 315—19. Mai 1956. Detroit, Mich., Wayne Univ., Dep. of Physiol. Chem.) H. SCHIMASSEK. 4564

H. Kaneko, H. Akiyama und **G. Shinoda,** *Über die Einflüsse der Blutzuckerwerte auf die Lymphocytenzahl im strömenden Blut nach Verabfolgung von Insulin und Epinephrin.* Bereits der Schock des Einsperrens der Versuchstiere (Kaninchen) führte zu einer Abnahme der Lymphocyten (L) bis auf 92% (6. Blutentnahme: 120 Min. nach dem Einsperren). — 2malige, im Abstand von 45 Min. vorgenommene, subcutane Injektion von 0,1 E./kg *Insulin* (*Iszilin,* 1 cm³ = 20 E.) führte zu einer anfänglichen Lymphocytose (Blutentnahme 30 Min. nach der 1. Injektion: 147,6% L) u. Hypoglykämie (Blutzucker 59,6%). Die Wiederholung der Injektion wirkte zwar gleichsinnig, aber nicht so stark (Blutentnahme nach 60 Min.: 104,8% L, 74,5% Blutzucker). — Um die Rolle der Nebennierenrinde bei der Blutzuckerregulation kennenzulernen, erhielten die Tiere 2mal, im Abstand von 90 Min., subcutan 0,05 cm³ *Epinephrin* (*Bosmin* = 1000fach Adrenalinhydrochlorid, Hersteller: DAIICHI SEIYAKU K. K.). 30 Min. nach der Injektion ebenfalls Lymphocytose (155,4%), der eine Lymphopenie folgte (aufzufassen als Funktionsbeschleunigung im Hypophysennebennierenrindensyst.); der Blutzucker, der zu dieser Zeit 143,6% betrug, stieg bis zur 60. Min. an (171,8%). Die Insulinlymphocytose wird als Funktionshemmung im Hypophysen-Nebennierenrinden-Syst. aufgefaßt, die Epinephrinlymphocytose durch Freisetzung des durch Kontraktion in den Endgefäßen u. der Milz gestauten Blutes erklärt. (Tokyo Jikeikai med. J. **71.** 519—24. 1/3. 1956. Tōkyō Jikeikai Ika-Daigaku, Seirigaku-Kyōshitsu. [Orig.: japan.]) F. MOSSNER. 4564

E. Fredericq, *Einfluß des Zinks auf die Heterogenität des Insulins.* Es wird gezeigt, daß die durch gewisse Reinheitskriterien nachgewiesene Uneinheitlichkeit von *Insulin*-Lsgg. z. T. auf eine ungleichmäßige Verteilung des Zn zwischen den Moll. zurückzuführen ist. (Arch. int. Physiol. Biochim. **64.** 132—33. Jan. 1956. Liège, Univ., Labor. de Chim. physique.) K. F. MÜLLER. 4564

Ole Skensved, *Untersuchungen über ein neues Insulinpräparat mit Depotwirkung: Zink-Methylalbumin-Insulin.* Entw. eines neuen *Insulin* (I)-Präp., des Zink-Methylalbumin-Insulins (II; ROSKILDE MEDICAL COMP. LTD., Roskilde, Dänemark), das langsam resorbiert wird u. daher über eine längere Zeitspanne hinweg therapeut. wirksam ist. Das Albumin wird aus menschlichem Serum gewonnen. 1 Liter II (40000 I.E.) enthält: 1,74 g I, 1,74 g Methylalbumin, 16 g Glycerin, 1,5 g Trikresol, 0,6 g Phenol u. 80 mg Zn. Der p_H-Wert liegt zwischen 6,8 u. 7,3. Die Wrkg. von I auf den Blutzuckerspiegel wurde mittels der Meth. von GERRITZEN u. HALLAS-MØLLER untersucht. Die Verwendung von Methylalbumin erwies sich als bes. günstig für die Erreichung einer verlängerten Wrkg. des Präparats. In klin. Hinsicht (Prüfung an 22 Diabetikern) ist I ebenso wirksam wie andere Insulinpräpp. mit Depotwirkung. (Acta endocrinol. [Copenhagen] **24.** 159—78. Febr. 1957. Sonderborg, Denmark, Med. Dep., Statshospitalet.) A. EBEN. 4564

Ole Skensved, *Untersuchungen über ein neues Depotinsulin: Zink-Methylalbumin-Insulin.* Gekürzte Wiedergabe der vorst. referierten Arbeit. (Dan. med. Bull. **4.** 18—22. Febr. 1957. Beilage zu: Ugeskr. Laeger.) A. EBEN. 4564

Adalberto Enzo Fumaneri und **Giorgio Orviati,** *Hypoglykämische Wirkung von Carbutamid bei rectaler Verabreichung.* Durch Verss. an Kaninchen wird nachgewiesen, daß *N¹-Sulfanilyl-N²-n-butylharnstoff* (*Carbutamid*) bei rectaler Verabreichung von 0,2 g/kg deutliche Hypoglykämie hervorruft; die Wahl der Suppositoriengrundlage scheint ohne Einfl. auf die Wirksamkeit. Der Blutzuckergeh. bleibt ca. 10 Std. bei niederen Werten u. erreicht erst nach 24 Std. die n. Höhe. (Boll. chim. farmac. **96.** 106—08. März 1957. Trieste, Farmacia Maddalena, Labor.) H.-E. TOUSSAINT. 4564

Hideo Yoshida und **Yukio Matsuda,** *Über die Toxizität neuer Sulfonamide, insbesondere oral zu verabreichender Antidiabetica.* Nach peroralen Gaben von Sulfonamiden an Mäuse wurden das Auftreten von HEINZ-Körperchen im strömenden Blut u. die Gewebeatmung von Leber u. Nieren der getöteten Tiere bestimmt. Die Resultate waren wie folgt: Die Toxizität von *Domian* (*4-[p-Aminobenzolsulfonamido]-2.6-dimethylpyrimidin*), *Thiasin* (*5-[p-Aminobenzolsulfonamido]-3.4-dimethylisoxazol*) u. *Diazin* ist gering, dagegen die von *Supronal* u. *Irgafen* außerordentlich stark, allerdings kann diese Wrkg. auf die langsame Ausscheidung zu beziehen sein. *Irgafen* wirkt nur auf die Erythrocyten, nicht aber auf Leber u. Nieren ein. Diese Organe werden auch nicht von *BZ 55*, *D 860* u. *Crebon* (*p-Aminobenzolsulfonamidoisobutylthiodiazol*) angegriffen, die eine geringe Toxizität gegenüber den HEINZ-Körperchen haben. (Folia endocrinol. japon. **33.** 190. 20/5. 1957. Kyōto Furitsu Ika-Daigaku, Tateishi Naika-Kyōshitsu. [Orig.: japan.]) F. MOSSNER. 4564

Richard W. Schayer, *Bildung und Bindung von Histamin durch Rattengewebe in vitro.* Ausgangspunkt der vorliegenden Arbeit bildet die bekannte Tatsache, daß Bldg. u. Bindung von neuentstandenem *Histamin* (I) in der Rattenbauchhaut in vivo u. in vitro durch die Nebenniere gesteuert werden. Verss. mit *¹⁴C-L-Histidin* (II) zeigen, daß verschied. Rattengewebe in vitro II decarboxylieren u. das entstandene I binden. Von den untersuchten Geweben zeigte der Pylorusabschnitt des Magens die höchste Aktivität. Lunge u. Hirn besaßen ebenfalls ein hohes I-Bindungsvermögen. Ihr I-Geh. war gering. Bei Behandlung der Ratten mit *Cortison* nahm in den meisten Geweben die Aktivität ab. Dagegen wurde nach Adrenalektomie ein Anstieg beobachtet. Magengewebe zeigte eine entgegengesetzte Reaktion. Offenbar ist hier die Decarboxylase u. der Mechanismus der I-Bindung nicht in den Mastzellen, sondern in einer anderen Zellart lokalisiert. An Lungengewebe wurde die Hemmwrkg. einiger Cortisonabkömmlinge untersucht. *Prednison, Prednisolon* u. *9α-Fluorhydrocortison* waren noch wirksamer als Cortison u. Hydrocortison. (Amer. J. Physiol. **187.** 63—65. Okt. 1956. Chicago, Ill., Rheumatic Fever Res. Inst.) A. EBEN. 4569

K. Kuriaki und **T. Inoué**, *5-Oxytryptamingehalt der Placenta, des Urins von Graviden und im Urin post partum.* Während der ersten u. der letzten Monate der Schwangerschaft beträgt der Geh. des Urins an *5-Oxytryptamin* das 3—4fache des Urins nichtgravider Personen. (C. R. Séances Soc. Biol. Filiales **150.** 1835—37. 1956. herausgeg. 1957. Tokyo, Sendagicho Bunkyoku, École de Méd. Nipponne.) K. F. MÜLLER. 4569

M. Loeper und **J. Loeper**, *Siliciumgehalt des Blutes und Arterienverkalkung.* Vff. verweisen auf eine Meth. der *Si*-Best. im Blut von PARRI u. SCOTTI, die von RAMEL (Thèse Lyon 1953) modifiziert wurde. Der *Si*-Geh. ist am höchsten zwischen 35 u. 50 Jahren, am niedrigsten in der Jugend. Er beträgt beim Mann im Mittel 6,2 u. bei der Frau 4,7‰ (je 5 Fälle). Tageszeitliche u. ernährungsabhängige Schwankungen machen nur einige 0,1 mg aus. Blut-*Si* u. Urin-*Si* verhalten sich wie 1:5. Unters. von 200 Kranken ergab, daß der *Si*-Geh. des Blutes bei Osteoporose hoch, bei Arterienverkalkung dagegen niedrig ist. Bei niedrigem *Si*-Spiegel im Blut kann Osteoporose von Arteriosklerose begleitet sein, nicht jedoch bei hohem *Si*-Spiegel. (Bull. schweiz. Akad. med. Wiss. **13.** 147—51. April 1957.) H. HERMANN. 4572

R. F. W. Goodwin, *Einteilung der gewöhnlichen Säugetiere in zwei Gruppen entsprechend der Fructosekonzentration im Blut ihrer Feten.* Fetenblut von Pferden, Schweinen, Schafen, Ochsen, Ziegen, Walen, Hunden, Katzen, Frettchen, Meerschweinchen, Kaninchen u. Ratten wird untersucht, u. sein Fructosegeh. nach SELIWANOFF bestimmt. Nach den Ergebnissen u. den Literaturangaben anderer Autoren vermutet Vf., daß ein hoher Fructosegeh. im Säugetierblut für Huftiere charakterist. ist. — 37 Literaturangaben. (J. Physiology **132.** 146—56. 27/4. 1956. Cambridge, Dep. of Vet. Clin. Studies.) R. LENSCHAU. 4572

Friedrich Zilliken und **Edward Stevenson**, *Ein kristallisiertes „direkt Ehrlich-positives Chromogen“.* „Direkt EHRLICH-positive Chromogene“ (I) sind Verbb., die mit saurer p-Dimethylaminobenzaldehydlsg. sofort eine kräftige Rotfärbung geben. Eine Reihe solcher I ist durch Pyrolyse von *2-Desoxy-2-acetamino-Zuckern* im Hochvakuum erhältlich. Erhitzen von trockenem *N-Acetyl-D-glucosamin* (II; 600 mg) bei 160° u. 10^{-4} mm gab bei 180—190° ein in Nadeln krist. blaßgelbes Sublimat (III), das beim Waschen mit Ae. + 5% CH_3OH 20 mg krist. Verb., $C_8H_{11}O_4N$, F. 90—92°, lieferte; λ_{max} 229 bis 230 mμ, λ_{max} 6,0, 6,45 μ (Amidbindung), Aufnahme von 1,8 Mol H_2 mit PtO_2 in Eisessig, keine Red. von FEHLINGscher Lsg., im Papierchromatogramm blaue Chlor–Benzidin-Rk. (—NHCO-Gruppierung), R_F 1,54 (Äthylacetat–Pyridin–W., 2:1:2). III entsteht anscheinend durch Abspaltung von 2 Mol W. aus II. Bei 190—200° entstand ein goldgelbes, aus mindestens 3 I bestehendes Sublimat. Bei Pyrolyse von *α-Methyl-N-acetyl-D-glucosaminid* trat keine Rk. ein, d. h. für die pyrolyt. Wasserabspaltung ist eine freie OH-Gruppe an $C_{(1)}$ notwendig. Als wahrscheinliche Konst. für III ergibt sich hieraus die eines *3-Acetylamino-5-dioxyäthylfurans.* (Arch. Biochem. Biophysics **67.** 242—44. März 1957. Philadelphia, Pa., Univ., School of Med., Dep. of Biochem.) K. MAIER. 4572

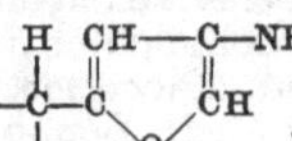

III

Hansjürgen Matthies, *Über Stoffwechselleistungen roter Blutkörperchen.* 4. Mitt. *Substratverarmung und Stoffwechselaktivität.* (3. vgl. C. **1957.** 5037.) Wird zu einer Erythrocytensuspension zu Beginn einer Incubation bei 37° *Glucose* (I) gegeben, so wird die Rückbldg. des *Methämoglobins* (II) beschleunigt. Diese Beschleunigung gegenüber I-freien Suspensionen wird um so kleiner, je später I zugesetzt wird, bis sie nach 4 Std. kaum noch nachweisbar ist. Gleiche Ergebnisse wurden mit *Fructose* (III) u. mit I + *Methylenblau* erhalten. Die Beeinflussung der II-Rückbldg. durch *Lactat* u. *Formaldehyd* zeigte dagegen nicht diese zeitliche Abhängigkeit. Als Ursache für die abnehmende Ausnutzung von I u. II wird der Abbau von *Adenosintriphosphat* infolge der Zelleistungen bei mangelhafter Resynth. angenommen. (Naunyn-Schmiedebergs Arch. exp. Pathol. Pharmakol. **226.** 442—48. 5/10. 1955. Berlin, Humboldt-Univ., Inst. für Pharmakol. u. Toxikol.) F. KRUSEN. 4573

H. Gohr und **H. Langenberg**, *Untersuchungen über die Modifikation der abgestuften Takata-Reaktion nach Koniakowsky.* An n. u. patholog. Seren wurden die eigentliche TAKATA-Rk. u. die abgestufte TAKATA-Rk. in der Modifikation von MANCKE-SOMMER (M.S.) mit der Flockungszahl-Rk., dem WELTMANN-Band u. der Elektrophorese-Rk. vergleichend untersucht u. krit. betrachtet. Für die M.S. gibt KONIAKOWSKY (vgl. Ärztl. Lab. **1.** [1955.] 47) für den Ansatz die Reihenfolge: Serum—Sublimatverdünnung—Soda an. Hierbei ist die Flockung bes. grob, da sie zunächst im neutralen Gebiet verläuft. Dadurch werden höhere Werte der γ-Globuline vorgetäuscht. (Ärztl. Lab. **3.** 155—61. Mai 1957. Sep. Köln-Lindenthal, Univ., Krankenanstalten Lindenburg.) P. LOCH. 4574

G. Donovan, M. Solomon und **I. Stancescou**, *Die Analyse der freien Aminosäuren im Blutserum durch Papierelektrophorese.* Es wird die Trennung von *Alanin, Glykokoll,*

Histidin, Arginin, Lysin u. *Ornithin* im Blutserum mit Hilfe der Papierelektrophorese beschrieben. (Presse méd. **65.** 1098—1100. 12/6. 1957. Bucarest, Inst. Pédiatric, Lab. physiol. expér.) H. STRUCK. 4574

Sten Martens, Byron E. Leach, Robert G. Heath und **Matthew Cohen,** *Glutathiongehalt bei psychisch und physisch Kranken.* Im venösen Blut schizophrener (*a*), pseudoschizophrener (*b*), n. (*c*), phys. (*d*) u. mit erhöhtem Serumglobin (*e*) kranker Patienten wird die Menge des red. Glutathions (**I**) durch die Farb-Rk. mit Nitroprussidnatrium bestimmt. Der **I**-Geh. wird folgend befunden: $a = b = e < c = d$. Eine mögliche Beziehung zwischen **I**-Geh. u. der für *a*-Patienten typ. höheren Geschwindigkeit der Adrenalinoxydation wird diskutiert. (A. M. A. Arch. Neurol. Psychiatry **76.** 630—34. Dez. 1956. New Orleans, La., Tulane Univ., School of Med., Dep. of Psychiatry and Neurol.) R. LENSCHAU. 4574

A. H. Gordon, *Die Verwendung der isolierten durchströmten Leber zum Nachweis von Veränderungen bei Plasmaproteinen.* An isolierten Rattenlebern wurde in 5 std. Durchströmungsverss. der Abbau von ^{131}J-Serumalbumin (**I**) u. -γ-Globulin (Mensch u. Ratte), die nach verschied. Methoden isoliert waren, untersucht. Es wurden hierbei bevorzugt die kleinen Anteile veränderter Proteine, deren Geh. je nach den Isolierungsbedingungen schwankt, abgebaut. Ein sehr schneller Abbau erfolgt, wenn menschliches **I** als Teil eines Antigen–Antikörper-Komplexes zugeführt wird. Werden ^{131}J-Proteine zunächst Ratten injiziert u. nach 48 Std. das Plasma dieser Tiere für die Durchströmungsverss. benutzt, so erfolgt nur eine sehr langsame Freisetzung von ^{131}J, wobei sich menschliches u. Ratten-**I** gleich verhielten. Vff. schließen, daß in der Leber der Ratte in vivo nicht mehr als ca. 10% des gesamten **I**-Abbaus erfolgt. (Biochem. J. **66.** 255—64. Juni 1957. London, Mill Hill, Nat. Inst. for Med. Res.) E. SCHWERDTFEGER. 4574

Douglas M. Brown, Marvin D. Armstrong und **Emil L. Smith,** *Untersuchungen über Phenylketonurie.* 4. Mitt. *Serumproteine bei Phenylketonurie.* (3. vgl. J. biol. Chemistry **213.** [1955.] 805.) Vff. stellen keine signifikanten Veränderungen des Bluteiweißbildes bei Kranken mit Phenylketonurie gegenüber n. Individuen fest. Gelegentlich wurde eine Erhöhung der β-Globuline festgestellt, die bei phenylalaninarmer Diät wieder verschwand. (Proc. Soc. exp. Biol. Med. **89.** 367—71. Juli 1955. Salt Lake City, Ut., Univ., Coll. of Med., Dep. of Biol. Chem. and Med.) H. GREILING. 4574

Ian MacGillivray und **John E. Tovey,** *Eine Untersuchung über die Serumeiweißveränderungen während der Schwangerschaft und bei Toxämie mit Hilfe der Papierelektrophorese.* Die Serumproteinveränderungen während der Schwangerschaft u. bei Schwangerschaftsvergiftungen (Hypertension, Eklampsie) werden papierelektrophoret. untersucht. In den ersten 7 Monaten einer n. Schwangerschaft kommt es zu einem Abfall der Gesamtserumproteine u. des Albumins. Dagegen sind die α_1-, α_2- u. β-Globulinfraktionen während der ganzen Schwangerschaft erhöht, der Globulingeh. aber erniedrigt. Bei Schwangerschaftsvergiftungen ist der Geh. an Serumalbumin u. γ-Globulin niedriger als bei n. Fällen. (J. Obstetr. Gynaecol. Brit. Empire [N. S.] **64.** 361—64. Juni 1957. Bristol, Southmead Hosp., Dep. of Obstetr. and Gynaecol. and Dep. of Pathol.) G. KIMMERLE. 4574

F. Wöhler und **K. Ghiassi,** *Das Verhalten der Glykoproteide, Lipoproteide und Serumproteine unter entzündungsfördernden und entzündungshemmenden Faktoren.* Entzündungsreize bewirken eine Vermehrung der Glyko- u. Lipoproteide sowie eine Verschiebung des Albumin–Globulin-Quotienten zugunsten der Globuline. Entzündungsförderndes *somatotropes Hypophysenhormon* u. *Thyroxin* haben ähnliche Wirkungen. Auch *ACTH* bewirkt im Dauervers. eine gleichartige Rk.; *Cortison* (**I**) hat nur eine Vermehrung der Glyko- u. Lipoproteide zur Folge, ebenso ein Hungerversuch. Nach *Desoxycorticosteron* (**II**) kommt es zur Verminderung der Lipoproteide. *Ascorbinsäure, Cystein, Glutathion* u. *Phenylbutazon* (**III**) bleiben ohne Wirkung. **I** u. **III**, nicht jedoch **II**, können die Serumveränderungen nach Entzündungsreizen unterdrücken, **II** auch diejenigen nach Thyroxin. (Naunyn-Schmiedebergs Arch. exp. Pathol. Pharmakol. **230.** 161—73. 1957. Freiburg/Br., Med. Univ.-Klinik.) U. TAUSENDFREUND. 4574

Frederick R. Brown jr., George D. Michaels und **Laurance W. Kinsell** (unter techn. Mitarbeit von **Sadie Smyrl** und **June Bilisoly**), *Quantitative Lipoproteinuntersuchungen an normalen und anomalen Versuchspersonen mit Hilfe kombinierter elektrophoretischer und chemischer Technik.* Es wird eine Meth. zur papierelektrophoret. Trennung u. quantitativen Best. von Serum-α- u. -β-Lipoprotein, Neutralfett, Cholesterin u. Phosphatiden beschrieben. Die Werte aus der elektrophoret. Unters. werden mit solchen aus der makrochem. Best. verglichen. Die Beurteilung gesunder u. kranker Individuen nach den erhaltenen Werten ist nach der Verteilung der Gesamtfett-, Neutralfett- u. der Cholesterinwerte nicht möglich; scharfe Unterschiede bestehen in den Phosphatidgehalten. (Proc. Soc. exp. Biol. Med. **92.** 587—89. Juli 1956. Oakland, Calif., Highland Alameda County Hosp., Inst. for Metabolic Res.) W. D. WEINMANN. 4574

G. Schettler, F. Dietrich, M. Eggstein und **H. Jobst,** *Zur Bestimmung der Serumlipoproteide mit der Zonenelektrophorese im Stärkemedium.* Es werden die *Cholesterin-* u. *Phospholipoid*-Werte der α_1-, α_2- u. β-Serumlipoproteinfraktionen, die durch Zonenelektrophorese im Stärkeblock erhalten wurden, mitgeteilt. Bei n. Personen lassen sich altersbedingte u. geschlechtsspezif. Unterschiede nachweisen. Die Lipoproteidkonstellation bei verschied. Erkrankungen wird angeführt u. der diagnost. Wert diskutiert. (Klin. Wschr. **35.** 268—75. 15/3. 1957. Marburg, Univ., Med. Klinik.) E. SCHWERDTFEGER. 4574

Eric Martin, J.-J. Scheidegger, Ed. Berthoud und **G. Garrone,** *Hinweise, die das Lipoidogramm beim Studium der Arteriosklerose liefert.* Bei a) 105 Diabetikern mit KIMMELSTIEL-WILSON-Syndrom u. b) 83 cerebral-arteriosklerot. Dementen wurden Cholesterin, Euglobulin nach SANDOR u. die Blutlipoide elektrophoret. untersucht u. bei a) stets Veränderungen in der Menge der Lipoproteide aufgefunden. (Bull. schweiz. Akad. med. Wiss. **13.** 192—99. April 1957. Genève, Policlin. univ. de Méd.) HEINRICH HERMANN. 4574

Eleanor Y. Lawry, George V. Mann, Ann Peterson, Alice P. Wysocki, Rita O'Connell und **Fredrick J. Stare,** *Cholesterin und β-Lipoproteine im Serum gesunder und herzkranker Amerikaner.* Das Serum von 1968 Erwachsenen wurde auf *Cholesterin* u. Lipoproteine untersucht. Darunter befanden sich 273 Männer mit ehemaligem Myocardinfarkt, 141 mit Angina pectoris u. 23 Frauen mit Myocardinfarkt. Männer unter 50 Jahren zeigten höheren Serumlipoidspiegel als gleichaltrige Frauen. Bei Männern mit Myocardinfarkt in der Anamnese war der Cholesterin- u. Serumlipoidspiegel höher als bei Gesunden. Auch die Frauen mit Herzinfarkt zeigten höheren Serumfettspiegel als Gesunde. (Amer. J. Med. **22.** 605—23. April 1957. Boston, Mass., Harvard School of publ. Health, Dep. of Nutr.) G. MAYR. 4574

Enrico Greppi, *Die Wirkung der Ernährung mit Fetten auf die Blutlipoide und auf die Blutgerinnung beim Arteriosklerotiker.* Vf. hat gesunden Personen verschied. Alters u. atheromatösen Personen pflanzliche u. tier. Fette mit der Nahrung gegeben u. danach Lipoidgeh. des Blutes u. Blutgerinnungszeit bestimmt. Eine einmalige Belastung mit Fetten bewirkt bei beiden Gruppen Thrombophilie u. vermehrten Lipoidgeh. des Blutes. Dauerbelastung führt bei atheromatösen Menschen zu stärkeren Veränderungen als bei gesunden. (Bull. schweiz. Akad. med. Wiss. **13.** 330—36. April 1957. Florence, Univ., Clin. Méd.) HEINRICH HERMANN. 4574

E. Le Breton, Ch. Frayssinet und **P. May,** *Phänomene der Klärung und der Lipolyse eines lipämischen Plasmas durch heparinisiertes Rattenplasma.* Nachdem Vff. ein Schema über den Wirkungsmechanismus des Clearing-Faktors gegeben haben, teilen sie eine Meth. mit, die die Kinetik der Lipaseaktion zu verfolgen erlaubt, wobei sie von Lipoproteiden ausgehen, die aus Albumin u. Fettsäuren bestehen. Eine Lsg. von $0,8 \cdot 10^{-5}$ mol. *Eosin* bei p_H 7 hat ein Absorptionsspektr. mit einem Maximum bei 518 mμ. Gibt man ihr eine 0,02%ig. Lsg. von Rinderalbumin zu, so verändert sich die Kurve u. hat ein Maximum bei 530 mμ u. entspricht derjenigen einer Eosin–Albumin-Verbindung. Fügt man alsdann eine Lsg. von 0,001%ig. *Na-Oleat* zu, so erscheint wiederum das ursprüngliche Spektr. mit einem Maximum bei 518 mμ, weil Eosin frei wird, da das Oleat dieses aus seiner Verbindung mit dem Protein verdrängt. Angabe über Standardisierung der Methoden u. Nachw., daß keine qualitative Beziehung zwischen Hydrolyse u. Klärung besteht. (Bull. schweiz. Akad. med. Wiss. **13.** 229—38. April 1957. Paris, Inst. de Rech. sur le Cancer du C. N. R. S.) HEINRICH HERMANN. 4574

P. Metais, H. Deiss und **J. Warter,** *Spektrophotometrische Bestimmung der Gallensäuren des Serums.* Die Meth. zur Best. der Gallensäuren des Serums gründet sich auf die Unters. der UV-Spektren der *Cholsäure,* der *Desoxycholsäure* (I), der *Glyko-* u. *Taurocholsäure* u. der *Glykodesoxycholsäure* in 65%ig. H_2SO_4. Die Extinktionen des alkoh., mit Ae. gewaschenen Extraktes werden bei den charakterist. Wellenlängen 312,5 mμ sowie 250, 345, 375 u. 410 mμ gemessen. Nach einem angegebenen Rechenverf. läßt sich die Absorption des Extraktes berechnen. Die bei 19 Männern u. 15 Frauen gefundenen n. Werte liegen bei ca. 40 mg/Liter. Dieser Unterschied gegenüber dem durch die üblichen Methoden bestimmten Wert ist vermutlich auf die Anwesenheit von **I** im Serum zurückzuführen. Bei patholog. Seren wurden gegenüber dem Normgeh. erhöhte u. erniedrigte Werte festgestellt. (Bull. Soc. Chim. biol. **39.** 321—29. 15/3. 1957. Strasbourg, Fac. de Méd., Clin. Méd.) K. F. MÜLLER. 4574

James K. Smith, Bruno Gerstl, William E. Davis und **Dorothy L. Orth,** *Die durch Papierelektrophorese ermittelten Lipoproteine der Rückenmarksflüssigkeit.* Rückenmarks-Fl. von n. u. nervenkranken Patienten, durch Dialyse bis zur Trockne konz., wird auf

WHATMAN Nr. 1 mit Veronalpuffer, einem Potential von 7,1—7,2 V/cm u. 1 mA/cm Papierbreite 5½ Std. lang einer horizontalen Elektrophorese unterworfen. Nach der Anfärbung mit Bromphenolblau für die Proteine u. Sudan III (G) für die *Lipoproteine* (I) werden die Dichten bei 600 bzw. 515 mμ bestimmt. Bei den I der kranken Patienten kann eine Fraktion identifiziert werden, die bei den n. nicht vorhanden ist u. der Albuminfraktion des Rückenmarks gleicht. Vff. vermuten, daß es sich um ein Abbauprod. des *Myelins* handelt. (A. M. A. Arch. Neurol. Psychiatry **76.** 608—13. Dez. 1956. Oakland, Calif., Vet. Admin. Hosp., Neurol. and Labor. Serv.) R. LENSCHAU. 4578

H. Bauer und **P. Boesche,** *Die freien Aminosäuren des Liquors bei der multiplen Sklerose.* Chromatograph. Unterss. des Liquors von 20 an multipler Sklerose erkrankten Patienten sowie von 15 n. Personen. Unter Berücksichtigung der method. Probleme der quantitativen chromatograph. Aminosäurebest. bieten die bisherigen Ergebnisse der Aminosäurenchromatographie des Liquors keinen Hinweis dafür, daß eine anomale Zus. des Aminosäuren-„*pool*“, d. h. der Summe der für Synth. u. Abbau von Proteinkörpern bereitstehenden Grundbausteine, eine Voraussetzung oder Begleiterscheinung der multiplen Sklerose darstellt. Geht man von der multiplen Sklerose als entzündliche Erkrankung aus, so dürfte vor allem der Permeabilitätszustand der Blut–Liquor-Schranke für die Aminosäurenzus. der Cerebrospinal-Fl. maßgeblich sein. Daß eine ausgeprägte γ-Globulinvermehrung mit charakterist. Verschiebungen der Aminosäurenzus. des Liquors einhergeht, ist eher unwahrscheinlich. (Klin. Wschr. **35.** 511—18. 15/5. 1957. Hamburg-Eppendorf, Neurol. Univ.-Klinik.) K. F. MÜLLER. 4578

R. J. Flipse, *Glycinstoffwechsel von Rinderspermatozoen.* Verss. mit *$^{14}C_{(1,2)}$-Glycin* (I) ergaben, daß I durch frische Rinderspermatozoen einen Stoffwechselumsatz erfährt, wobei *$^{14}CO_2$* gebildet wird. Aus Ergebnissen mit Na-Formiat bzw. Glyoxylsäure als „Falle“ kann geschlossen werden, daß der I-Stoffwechselweg ähnlich wie in Säugetiergeweben verläuft. Verss. mit I in Ggw. von *^{14}C-Glucose* (II) ergaben einen Rückgang der CO_2-Bldg. aus II ohne Beeinflussung der Gesamt-CO_2-Bildung. Vf. schließt, daß die I-Verwertung eine Sparwrkg. auf die Glykolyse der Spermatozoen ausübt. (Science [Washington] **124.** 228. 3/8. 1956. University Park, Univ., Pa., Dep. of Dairy Sci.) E. SCHWERDTFEGER. 4582

R. Tarján, E. Sándi und **A. Denes,** *Einfluß der Ernährung auf das Knochensystem.* 1. Mitt. *Einfluß der mit der Nahrung zugeführten löslichen Oxalate auf die Entwicklung des Knochensystems weißer Ratten.* Vff. benutzen 5 Gruppen mit je 25—35 ♂ Ratten u. füttern eine aus 20% Weizen, 20% Roggen, 20% Gerste, 15% Mais, 10% Hafer, 8% Ölsamen, 5% Casein, 1% Ca-Lactat, 0,5% NaCl u. 0,5% Luzerne bestehende Grunddiät, der pro Tier u. Woche 1 g Lebertran zugesetzt wird. Gruppe 2, 3, 4 u. 5 erhalten außerdem eine der im Futter befindlichen Ca-Menge 25, 50, 75, 100% ig. äquivalente K-Oxalatmenge. Im Lauf des Vers. werden folgende Unterss. durchgeführt: Ca-Retention, Knochenfestigkeit u. Analyse von Ca, P u. Mg in den Knochen. Ein Einfl. des Oxalats auf das Gewicht wird nicht festgestellt. Die Retentionswerte streuen zu stark u. sind für eine exakte Aussage ungeeignet. Die Festigkeitsbest. der Knochen kann dagegen als Maß für die Diätwrkg. herangezogen werden. Die Knochenanalyse zeigt, daß das Oxalat nur bis zur 10. Lebenswoche einen Einfl. auf die Knochenbldg. hat. Später ist die Regeneration so stark, daß die Werte für die Kontroll- u. Versuchstiere übereinstimmen. (Acta physiol. Acad. Sci. hung. **5.** 313—30. 1954. Budapest, Inst. für Ernährungswiss.) R. LENSCHAU. 4585

R. Tarján, E. Sándi und **A. Dénes,** *Einfluß der Ernährung auf das Knochensystem.* 2. Mitt. *Wirkung des in der Nahrung natürlich vorhandenen Oxalates auf die Entwicklung des Knochensystems weißer Ratten.* (1. vgl. vorst. Ref.) Die Beeinflussung der Calcifikation des Knochens durch *Oxalat* (I), das in der Nahrung enthalten ist, wurde durch Sauerampferpräpp., die in ihrem *Ca-* u. I-Geh. standardisiert waren, an Ratten geprüft. Lediglich in der Pubertät der Tiere zeigte sich eine von der im Sauerampfer enthaltenen I-Menge abhängige Verminderung der Biegungsfestigkeit u. der Ca-Retention des Knochens, die jedoch mit zunehmendem Alter ausgeglichen wurde. (Acta physiol. Acad. Sci. hung. **5.** 463—68. 1954. Budapest, Inst. für Ernährungswiss.) F. LENSCHAU. 4585

R. Tarján, *Einfluß der Ernährung auf das Knochensystem.* 3. Mitt. *Experimentelle Untersuchung der Citronensäurewirkung.* (2. vgl. vorst. Ref.) Die Wrkg. peroral verabreichter *Citronensäure* (I) auf Wachstum u. Knochenfestigkeit bei etwas rachitogenem Ca/P-Verhältnis u. n. Eiweiß- u. Vitaminzufuhr in der Nahrung wird an Ratten untersucht. Die I bewirkt gegenüber den mit Lebertran ernährten Kontrolltieren stärkeres Wachstum u. höhere Knochenfestigkeit. Vf. diskutiert den Mechanismus der I-Wrkg. auf die Ossifikation u. stellt fest, daß die Wrkg. der I mit der des Vitamins D nicht ident. ist. — 28 Literaturangaben. (Acta physiol. Acad. Sci. hung. **8.** 119—26. 1955. Budapest, Inst. für Ernährungswiss.) H. LAMP. 4585

R. Tarján, *Einfluß der Ernährung auf das Knochensystem. 4. Mitt. Die Rolle des Nahrungseiweißes in der Ossifikation.* (3. vgl. vorst. Ref.) Bei Ratten hat niedrige bzw. an der unteren Grenze des Bedarfs liegende Eiweißzufuhr einen ungünstigen Einfl. auf das Wachstum u. die Festigkeit der Femurknochen. — 24 Literaturangaben. (Acta physiol. Acad. Sci. hung. **8.** 127—34. 1955. Budapest, Inst. für Ernährungswiss.) H. LAMP. 4585

Earl B. Scott, *Histopathologie von Aminosäuremängeln. 4. Mitt. Tryptophan.* (3. vgl. C. **1955.** 2939.) Es werden Gewebeveränderungen bei Ratten durch vollständigen *Tryptophan*-Mangel eingehend beschrieben. Die Veränderungen waren im wesentlichen denen bei Phenylalanin-, Threonin- oder Histidinmangel gleich. Bisher nicht beobachtet u. spezif. für Tryptophanmangel scheinen Lipidosis der hepat. Zellen, Myocardialläsionen u. krist. Ablagerungen im Thymus. (Amer. J. Pathol. **31.** 1111—29. Nov./Dez. 1955. Vermillion, S. D., Univ., School of Med., Dep. of Anatomy.) E. SCHWERDTFEGER. 4585

Earl B. Scott *Histopathologie von Aminosäuremängeln. 5. Mitt. Isoleucin.* (4. vgl. vorst. Ref.) Die Unterss. wurden an jungen ♂ Ratten mit einer synthet. Diät, die alle Aminosäuren in krist. Form enthielt, durchgeführt. Bei Auslassung von *Isoleucin* (**I**) ergaben die histolog. Unterss. einen Rückgang der Größe der hypophysären Acidophilen, Schädigung der gonadotropen Zellen der Hypophyse, Atrophie der Hoden u. accessor. Geschlechtsdrüsen, Thymusrückbldg., Störungen des somat. Wachstums, der Leberglykogenakkumulation u. degenerative Veränderungen der Skelettmuskulatur. Die Schäden sind jedoch nicht permanenter Art, sondern lassen sich durch entsprechende **I**-Gaben korrigieren. (Proc. Soc. exp. Biol. Med. **92.** 134—40. Mai 1956. Vermillion, S. D., Univ., School of Med., Dep. of Anatomy.) E. SCHWERDTFEGER. 4585

L. Fekete und **I. Korpáczy**, *Die ergänzende (nährwertvermehrende) und die degradierende (nährwertvermindernde) Wirkung der Nahrungsproteine.* Vff. führten an ausgewachsenen Ratten *N*-Bilanzverss. über die Beeinflussung der biol. Wertigkeit von Weizenmehlprotein durch Zulagen (0—60%) von Vollei (Ve), Sonnenblumenschrot (Ss) u. Maisschrot (Ms) durch; die Futtermischung war kurz gekocht. Während Zulagen von Ve (40—60%) bzw. Ss (25%) eine Steigerung der biol. Wertigkeit um 40 bzw. 45% bewirkten, führten steigende Zulagen von Ms zu einer fortlaufenden Verminderung der biol. Wertigkeit. Die Ergebnisse werden auf Grund der absol. u. relativen Verschiebungen in der Aminosäurezus. der Gemische diskutiert. (Acta physiol. Acad. Sci. hung. **9.** 243—51. 1956. Budapest, State Inst. of Nutr. and Dietetics.) E. SCHWERDTFEGER. 4585

Hermann Fink und **Elisabeth Herold**, *Über die Eiweißqualität einzelliger Grünalgen und ihre Lebernekrose verhütende Wirkung.* 2. Mitt. (1. vgl. C. **1957.** 9146.) Neue Verss. mit Scenedesmus obliquus an wachsenden Albinoratten, wobei 92% des verdaulichen Rohproteins durch Algenprotein bzw. die Vergleichsproteine (Magermilchpulver, Eiklareiweiß, Protein von jungem Spinat, Luzernemehl) geliefert wurden u. der Rest aus Bierhefeprotein stammte. Diätbedingte Lebernekrosen wurden bei Algenprotein nicht, wohl aber bei den Vergleichsproteinen beobachtet. Die Ergebnisse werden im Hinblick auf die bei verschied. Algen beobachtete Giftwrkg. u. auf ihre prakt. Bedeutung diskutiert. (Hoppe-Seyler's Z. physiol. Chem. **307.** 202—16. 17/5. 1957. Köln, Univ., Inst. für Gärungswiss. u. Enzymchem.) E. SCHWERDTFEGER. 4585

R. J. Young, C. C. Lucas, Jean M. Patterson und **C. H. Best**, *Lipotrope Dosis-Wirkung-Studie an Ratten: Vergleiche von Cholin, Betain und Methionin.* Eine hypolipotrope Diät wurde mit verschied. Mengen lipotroper Substanzen wie *Cholin* (**I**), *Betain* (**II**) u. *Methionin* (**III**) aufgewertet. Das mittlere Mengenverhältnis von **II/I** für gleiche lipotrope Wrkg. war 3,15 : 1 (bezogen auf Mol.-Gew.-Basis), gleichgültig, welcher Fettgeh. zwischen 7 u. 27% in der Leber aufrechterhalten werden sollte. Das lipotrope Verhältnis **III/I** stieg von 1,8 auf 5,0 mit zunehmender **III**-Menge in der Kost (80—400 mg/100 g). Selbst in der höchsten Dosierung vermochte **III** nicht, einen n. Leberfettgeh. aufrechtzuerhalten. (Canad. J. Biochem. Physiol. **34.** 713—20. Juli 1956. Toronto, Can., Univ., Banting and Best Dep. of Med. Res.) W. D. WEINMANN. 4585

Richard J. Jones, Oscar K. Reiss und **Sheldon Huffman**, *Maisöl und hypercholesterinämische Reaktion bei cholesteringefütterten Hühnchen.* Höhere Serum-*Cholesterin* (**I**)-Gehh. treten bei Hühnern auf, wenn Baumwollsaatöl an Stelle von Maisöl verfüttert wird. Werden die aus Baumwollsaatöl dest. Fettsäuren sinnvoll zusammengestellt u. eine Spur *Myristinsäure* zugefügt, so daß die Proportion der wichtigsten Fettsäuren des Baumwollsaatöls gewahrt ist, so kann damit doch nicht die Wrkg. des Maisöles bzgl. Senkung der Serum-**I**-Gehh. erzielt werden. Ein Vgl. zwischen Vollmaiskeimöl u. gepreßtem raffinierten Prod. zeigte, daß das erstere ein sehr viel wirksameres Agens für die Behandlung der Hypercholesterinämie u. der Atherosklerose darstellt als das gereinigte Öl. Es ist unwahrscheinlich, daß die unterschiedliche Wrkg. von Baumwollsaatöl u. Maisöl auf die

obengenannten Hyperämien in einer verschiedenartigen Fettsäurezus. besteht. (Proc. Soc. exp. Biol. Med. **93.** 88—91. Okt. 1956. Chicago, Ill., Univ., Dep. of Med.)
I. WEINMANN. 4585

Kenneth H. Shull und **George V. Mann,** *Reaktion von Hunden auf Cholesterindauerverfütterung.* (Vgl. C. **1956.** 11228.) An zwei Hunden wurden starke Hypercholesterinämien 4 u. $3^1/_2$ Jahre lang aufrechterhalten. Die Serumgehh. an *β-Lipoprotein* waren stark erhöht. Weder Fettcalorien noch Caloriengleichgewicht schienen den Serumfettgeh. signifikant zu beeinflussen. Die Autopsie erbrachte weder makroskop. noch mkr. Veränderungen am Cardiovascularsyst. oder an der Leber. (Amer. J. Physiol. **188.** 81—85. Jan. 1957. Boston, Mass., Harvard School of Publ. Health, Dep. of Nutr.)
I. WEINMANN. 4585

Adolf Wacker, Werner Heyl, Hermann Büechl und **Hans-Joachim Holthoff,** *Zum Wirkungsmechanismus der Antibiotica als Wuchsstoffe bei Tieren.* 2. Mitt. *Versuche mit inaktiviertem Penicillin und $CuSO_4$.* (1. vgl. C. **1957.** 2259.) Wegen der strukturellen Ähnlichkeit mit *Penicillamin* wurde der Einfl. von *Cysteamin* (**I**) u. *Taurin* (**II**) auf das Wachstum von Küken im Vgl. zu *inaktiviertem Penicillin* (**III**; vgl. Chemistry of Penicillin, Princeton 1949) untersucht. Bei Zusatz gleicher Mengen **I, II** u. **III** zu einer Grunddiät mit 2% tier. Eiweiß zeigte von den 3 Verbb. **III** die größte Wuchsstoffwirkung. In einer analogen Versuchsreihe mit Zusätzen von $CuSO_4$, $CuCl_2$, K_2SO_4 zum gleichen Futter wurde festgestellt, daß die anorgan. Zusätze gleichfalls Wachstumssteigerungen auslösen. Den maximalen Effekt erreichte man mit Zusatz von $CuSO_4$ + **III**, er entsprach der Wrkg. einer Grunddiät mit 12% tier. Eiweiß. Diskussion der Wrkg. von *S* u. *Cu.* (Arzneimittel-Forsch. **6.** 712—14. Dez. 1956. Berlin, TU, Organ.-chem. Inst., Biochem. Labor.; Heyl & Co., Chem.-pharmazeut. Fabrik.) H. DOSSMANN. 4585

Henry Roux, Marie-Louise Jacquet-Francillon und **Aimé Crevat,** *Vorläufige Untersuchungen über den Nachweis von Polyphosphorsäureamiden des Thiamins im Innern lebender Gewebe.* Vff. untersuchen in verschied. Muskelextrakten Vork. u. Art der *Thiamin*-Verbb. auf Grund der unterschiedlichen Löslichkeiten u. λ_{max} ihrer mit ROUSSINschem Salz ($[Fe_2S_2\{NO\}_4]^{2+}$) gebildeten Niederschläge. *Thiamin* existiert in den Geweben in chem. Formen, die von den Mono- u. Pyrophosphorsäureestern verschieden sind. Es ist wahrscheinlich, daß es sich um Polyphosphorsäureamide handelt. (Bull. Soc. Chim. biol. **39.** 313—19. 15/3. 1957. Marseille, Fac. de Méd., Labor. de Phys.)
K. F. MÜLLER. 4587

Motonori Fujiwara, Hisashi Nanjo, Tamon Arai und **Suzuoki-Ziro,** *„Allithiamin", ein neu aufgefundenes Vitamin-B_1-Derivat.* 2. Mitt. *Die Wirkung von Allithiamin auf lebende Organismen.* (1. vgl. C. **1955.** 2236.) Die DL_{50} von *Allithiamin* (**I**) u. dessen Propylhomologen (**II**) war intravenös bei der Maus **3,40** bzw. **3,52 mg/10 g** Körpergewicht (*Thiamin* [**III**]-HCl 1,11 mg). Orale **III**-Dosen > 30 mg wurden vertragen, während entsprechende **I**- u. **II**-Gaben tödlich wirkten (DL_{50} 8,50 bzw. 15,80 mg). **I** u. **II** beeinflussen das Wachstum von Ratten wirksamer als **III** u. sind beim **III**-Mangel von Versuchstieren wirksam. **I** u. **II** werden leichter als **III** vom Darm resorbiert. Die Aufnahme durch den Darm nimmt proportional zur oral aufgenommenen Menge zu. **I** u. **II** riefen bei Tieren u. Menschen eine starke Erhöhung des Blut-**III**-Spiegels hervor. **I** wird im Organismus leichter phosphoryliert als **III**. (J. Biochemistry [Tokyo] **41.** 273—85. März 1945. Kyoto, Univ., Fac. of Med., Dep. of Hygiene. [Orig.: engl.]) K. MAIER. 4587

Motonori Fujiwara, Masao Yoshimura und **Sadako Tsuno,** *„Allithiamin", ein neu aufgefundenes Vitamin-B_1-Derivat.* 3. Mitt. *Über die Allicinhomologen in Pflanzen der Alliumspecies.* (2. vgl. vorst. Ref.) Die papierchromatograph. Unters. von Extrakten verschied. *Allium*-Arten (A. sativum L., A. bakeri Regel, A. gragi Regel, A. odorum L., A. victorialis L., A. fistulosum L., A. cepa L.) ergab allg. Vork. von *Allicin* (**I**), $C_3H_5 \cdot S(O)SC_3H_5$, oder dessen Homologen, RS(O)SR oder RS(O)SR'. Als Alkylreste wurden CH_3—, C_3H_5— u. C_3H_7— gefunden, während C_2H_5— nicht nachweisbar war. In einem Fall wurde eine Verb. mit 2 verschied. Resten, $CH_3S(O)SC_3H_5$ (**IV**), identifiziert. Zur Klärung der Bldg. von **IV** wurden 1. synthet. *Alliin* (**II**), $C_3H_5S(O)CH_2CH(NH_2)COOH$, 2. das Methylhomologe (**III**), $CH_3—S(O)—CH_2CH(NH_2)COOH$, 3. ein Gemisch von **II** + **III** der Einw. von *Allinase* (aus Knoblauch) ausgesetzt, wobei im letzten Falle papierchromatograph. neben **I** u. $CH_3S(O)SCH_3$ noch ein weiteres Reaktionsprod., **IV**, nachweisbar war. Bei der Rk. von **IV** mit Cystein entstanden S-Methyl- u. S-Allylmercaptocystein, $RSSCH_2CH(NH_2)COOH$. (J. Biochemistry [Tokyo] **42.** 591—601. Sept. 1955. Kyoto, Univ., Fac. of Med., Dep. of Hyg. [Orig.: engl.]) K. MAIER. 4587

S. Kaburagi, *Über quantitative Veränderungen des Vitamins B_2 im Blut im Gefolge von Reaktionen der Haut.* 1. Mitt. *Veränderungen im Zusammenhang mit allergischen Reaktionen der Haut.* Neben den Haut-Rkk., die durch die Sensibilisierung von Kaninchen mittels Eialbumin (I), $K_2Cr_2O_7$ (II) u. $HgCl_2$ (III) ausgelöst worden waren, wurden die Veränderungen des Geh. an *Riboflavin* (IV) im Blut beobachtet. 24 Std. nach der reaktionsauslösenden Injektion hatte IV am meisten abgenommen, während es sich nach 48 Std. wieder den Werten vor der Injektion näherte. Die Wrkg. der Sensibilisierung erfolgte in der Reihe I > III > II. — Der anaphylakt. Antigenwert läßt nach der Injektion deutlich nach. Am stärksten sind die Veränderungen bei der Sensibilisierung mit I, am schwächsten bei der mit II. (Tokyo Jikeikai med. J. **71.** 538—42. 1/3. 1956. Tōkyō Jikeikai Ika-Daigaku, Hōigaku-Kyōshitsu. [Orig.: japan.]) F. MOSSNER. 4587

S. Kaburagi, *Über quantitative Veränderungen des Vitamin B_2 im Blut im Gefolge von Reaktionen der Haut.* 2. Mitt. *Veränderungen im Zusammenhang mit dem Shwartzmanschen Phänomen.* (1. vgl. vorst. Ref.). Zur Vorbereitung der SHWARTZMANschen Haut-Rk. wurden Kaninchen an 4 Partien des Bauches im Abstand von 5—6 cm je 0,25 cm^3 einer Lsg. von *Aminopyrin* (I) u. eines Filtrates von *B. coli communis*-Kultur (II) intracutan injiziert. 24 Std. später erhielten die Versuchstiere weitere Dosen dieser Stoffe intravenös. 5 Std. danach traten Schwellungen u. schwarze bzw. rotviolette Zerfallsprodd. in der Umgebung der Einstichstelle auf. Das Minimum an *Riboflavin* (III) ist 5 Std. nach der Injektion dann zu beobachten, wenn II sowohl als vorbereitender Faktor (VF) als auch als Reaktionsfaktor (RF) oder wenn II als VF u. I als RF benutzt werden. Bei Verwendung von I als VF u. II als RF ist das Minimum bereits $2^1/_2$ Std. nach der Injektion erreicht, während I als VF u. RF den III-Geh. kaum beeinflußt. 24 Std. nach der Injektion sind fast durchweg wieder die III-Werte vor der Injektion anzutreffen. (Tokyo Jikeikai med. J. **71.** 558—61. 1/3. 1956. Tōkyō Jikeikai Ika-Daigaku, Hōigaku-Kyōshitsu. [Orig.: japan.]) F. MOSSNER. 4587

G. P. Tichomirowa, A. M. Schkodin und **A. I. Jermakowa,** *Polarographische Bestimmung von Riboflavin.* Es werden die Bedingungen für eine polarograph. Best. des *Riboflavins* (I) untersucht u. festgestellt, daß eine lineare Abhängigkeit zwischen der Höhe der Halbwelle von I u. der Konz. auf dem Untergrund (0,1n KCl, Puffer nach CLARC u. LEBS [p_H 7,3], Puffer nach KOLTHOFF) besteht. Mit der Erhöhung des p_H-Wertes erhöht sich das Halbwellenpotential. Vf. untersucht die polarograph. Best. von I in Mono- u. Polyvitamindragées. Als guter Untergrund dafür eignet sich der Puffer von KOLTHOFF. Die Polarogramme haben einen scharf ausgeprägten Grenzstrom. Es wird eine polarograph. Bestimmungsmeth. für *Vitamin B_2* in Mono- u. Polyvitamindragées empfohlen. (Украинский Химический Журнал [Ukrain. chem. J.] **22.** 687—90. 1956. Charkow, Ukrain. Wiss. Forschungsinst. der Nahrungsmittelind.) E. STEINBERG. 4587

W. Ciusa, G. Cristini und **M. A. Garutti,** *Nicotinsäuremetabolismus in der Augenlinse, im Kammerwasser und im Glaskörper.* An alkoh., eingedampften, in W. ausgezogenen u. mit Trichloressigsäure deproteinisierten Extrakten von Ochsenaugen wird nachgewiesen, daß die *Nicotinsäure* in der Augenlinse, im Kammerwasser u. Glaskörper amidiert, das gebildete *Nicotinsäureamid* nach wahrscheinlicher Passage des Syst. der Codehydrasen methyliert u. in dieser Form ausgeschieden wird. Eine Umwandlung in *Pyridon* (*N_1-Methyl-6-oxonicotinsäureamid*), wie es im menschlichen Organismus sonst allg. der Fall ist, findet hier nicht statt. (Klin. Monatsbl. Augenheilkunde augenärztl. Fortbild. **130.** 488—91. 1957. Bologna, Univ., Fak. für Ökonomie u. Handel.) A. SCHMIDT. 4587

P. Fatterpaker, U. Marfatia und **A. Sreenivasan,** *Die Rolle von Folsäure und Vitamin B_{12} bei Transmethylierungen.* 2. Mitt. *Verminderung der Verschlechterung des Kreatinstoffwechsels bei Folsäuremangel durch Formiat oder Methanol.* (1. vgl. C. **1956.** 10284.) Die bei *Folsäure* (I)-Mangel auftretende Verschlechterung des *Kreatin*-Stoffwechsels wurde bei Mäusen u. Albinoratten durch parenterale Zuführung von *Formiat* (II) oder CH_3OH teilweise beseitigt. Möglicherweise beruhen die bei I-Mangel verminderten Transmethylierungs-Rkk. teilweise auf einer Umwandlung labiler CH_3-Gruppen in II, das bei I-Mangel weniger gut als C_1-Donator verwertet wird. I andererseits hemmt vielleicht diese Rk., so daß mehr „CH_3" für Transmethylierungen zur Verfügung steht. (Indian J. med. Res. **43.** 337—41. April 1955. Bombay, Univ., Dep. of Chem. Technol.) K. MAIER. 4587

P. Fatterpaker, U. Marfatia und **A. Sreenivasan,** *Die Rolle von Folsäure und Vitamin B_{12} bei Transmethylierungen.* 3. Mitt. *Beeinflussung der Methylierung von Nicotinamid durch Folsäure.* (2. vgl. vorst. Ref.) Ähnlich wie der Kreatinstoffwechsel wird auch die in vitro- u. in vivo-Synth. von *N'-Methylnicotinamid* (I) durch die mit Nahrung zugeführte *Folsäure* (II) beeinflußt. Es besteht eine Korrelation zwischen dem Verschwinden von zugesetztem *Methionin* aus Leberhomogenaten u. deren Methylierungsaktivität. Der bei II-Mangel verschlechterte *Nicotinamid* (III)-Stoffwechsel wird durch CH_3OH, eine *Formiat*-Vorstufe, teilweise gebessert. Eine Verstärkung der II-Wrkg. durch *Vitamin C* (IV) ist bei Tieren, die zusätzlich IV erhalten, an einer verstärkten III-Methylierung in vivo

erkennbar. Die durch übermäßige **III**-Zufuhr u. die sich hieraus ergebende verstärkte Methylierung hervorgerufene Giftwrkg. (Fettleber bei Ratten) wird durch **II**-Mangel erhöht. *Cholin*- u./oder **II**-Gaben bewirken verstärkte **I**-Ausscheidung im Urin. (Indian J. med. Res. **43.** 343—48. April 1955. Bombay, Univ., Dep. of Chem. Technol.)
K. MAIER. 4587

P. Fatterpaker, U. Marfatia und **A. Sreenivasan,** *Die Rolle von Folsäure und Vitamin B_{12} bei Transmethylierungen.* 4. Mitt. *Nichtbeteiligung der Folsäure an Biosynthesen von Methylverbindungen aus Vorstufen.* (3. vgl. vorst. Ref.) Verss. mit Mäusen zeigten, daß intraperitoneale CH_3OH- + *Serin* (**I**)-Zufuhr weder bei Mäusen mit *Folsäure* (**II**)-Mangel noch bei n. eine Veränderung des Geh. der Leber an *Cholin* (**III**), *Methionin* (**IV**) u. *Phosphokreatin* bewirkt. Bei Ersatz von **I** durch *Glycin* ist die Bldg. von Leber-**III** bei **II**-Mangel erniedrigt. Gleichzeitige *Vitamin-C*-Gaben bewirken bei **II**-Mangel keine erhöhte **III**-Synthese. Der Leber-**III**- u. -**IV**-Spiegel nach Zuführung der CH_3-Vorstufen CH_3OH + **I** wird bei **II**-Mangel wie bei n. Mäusen durch *Vitamin B_{12}* (**V**) erhöht, in Ggw. von **II** + **V** stärker als mit **V** allein. Während **II** möglicherweise für die Biosynth. des Äthanolaminteils von **III** erforderlich ist, wird die „CH_3"-Synth. aus Vorstufen anscheinend unmittelbar durch Nahrungs-**V** beeinflußt. (Indian J. med. Res. **43.** 349—53. April 1955. Bombay, Univ., Dep. of Chem. Technol.)
K. MAIER. 4587

C. Willet Asling, Marjorie M. Nelson, Howard V. Wright und **Herbert M. Evans,** *Angeborene Skelettanomalien bei Rattenföten infolge von mütterlichem Pteroylglutaminsäuremangel während der Trächtigkeit.* (Vgl. C. **1955.** 9372.) Ein umfangreiches Tiermaterial aus Fütterungsverss. nach dem früher ausgearbeiteten Verf. wurde eingehend makroskop. nach Färbung mit Alizarinrot u. mkr. durch histolog. Schnitte untersucht. Die durch Mangel an Pteroylglutaminsäure verursachten schweren Störungen der Skelettentw. werden ausführlich beschrieben. — 5 Tafeln mit zahlreichen Wiedergaben photograph. Aufnahmen. (Anatom. Rec. **121.** 775—99. April 1955. Berkeley, Calif., Univ., Inst. of Exp. Biol. and Dep. of Anatomy.)
J. SCHWAIBOLD. 4587

Olaf R. Braekkan, Leif Rein Njaa, Finn Utne und **Öydis Övsthus,** *Die Beziehung zwischen Futterergänzung und Lebervorrat an Vitamin B_{12} bei Ratten und Hühnern.* Der Vitamin-B_{12}-Zusatz erfolgte in Form von Heringsmehl oder einem Fermentationsprodukt. Bei Ratten u. Hühnern besteht eine geradlinige Beziehung zwischen Vitamin-B_{12}-Aufnahme u. dem Geh. der Leber. Die Gehh. der Zusätze wurden mikrobiol. bestimmt u. durch den Ausgang der Tierverss. bestätigt. Bei Hühnern zeigten die ♂ Tiere höhere Vitamin-B_{12}-Gehh. in der Leber als die ♀, an Ratten konnten solche Unterschiede nicht beobachtet werden. Der Lebervorratstest wird als eine Meth. zur Prüfung der Verfügbarkeit des Vitamins aus Futterzusätzen empfohlen. (Acta Agric. scand. **7.** 94—102. 1957. Bergen, Norwegian Fisheries Res. Inst.)
I. WEINMANN. 4587

Bernard S. Gould und **J. Frederick Woessner,** *Biosynthese von Kollagen. Der Einfluß von Ascorbinsäure auf den Prolin-, Oxyprolin-, Glykokoll- und Kollagengehalt von sich regenerierender Meerschweinchenhaut.* Unters. der Hautregenerierung bei n. u. skorbut. Meerschweinchen durch quantitative Prolin (**I**)-, Oxyprolin (**II**)- u. Glykokoll (**III**)-Best. im hydrolysierten Granulationsgewebeextrakt. Bei Ascorbinsäure (**IV**)-haltiger Ernährung zeigt sich in Wundstellen eine beträchtliche **II**-Bldg., die als Maß für die *Kollagen* (**V**)-Bldg. angesehen wird, selbst sogar bei skorbuterzeugender Diät. Bei vollständigem Entzug von **IV** wurde nach 4 Tagen eine wesentliche Verminderung u. nach 7 Tagen ein vollständiges Aufhören der **II**-Bldg. festgestellt. Diese nachlassende **II**-Bldg. scheint eine der ersten Folgen bei **IV**-Mangel zu sein. Nach Wiedergabe von **IV** während der Wundzeit wird die Hauptmenge von **II** zwischen dem 6. u. 8. Tag nach Verletzung produziert. Bei skorbut. Diät wurde an Vergleichstieren keine **II**-Bldg. festgestellt; gibt man jedoch 10—12 Tage nach Verletzung **IV**, werden innerhalb 24—48 Std. relativ große Mengen **II** produziert. Diese schnelle **II**-Produktion in den skorbut. Tieren auf **IV**-Gabe scheint auf die Umwandlung von angereichertem, an **I** u. **III** reichem Proteinmaterial in einen an **II** reichen, unmittelbaren **V**-Vorläufer zurückzuführen zu sein, da Bldg. von **II** von gleichzeitiger Verminderung des nichtkollagenen **I** u. **III** im Granulationsgewebe begleitet wird. (J. biol. Chemistry **226.** 289—300. Mai 1957. Cambridge, Mass., Massachusetts Inst. of Technol., Dep. of Biol., Div. of Biochem.)
W. KÖNIGSDORF. 4587

M. Nishimatsu, *Über die Konzentration des Blutplasma zur Zeit der Belastung mit Vitamin A und eine neue Methode zur quantitativen Bestimmung von Plasma-Vitamin-A.* Das in Heparinlsg. aufgefangene Venenblut wird zentrifugiert. 2 cm^3 des abgetrennten Plasmas werden mit 4 cm^3 reinem A. u. 4 cm^3 n-Heptan ausgeschüttelt. Nach spektrophotometr. Best. der opt. Dichte der abgehobenen Heptanschicht (λ_{max} 327 mμ) wird diese 1 Std. mit einer 200 W-Quarzlampe bestrahlt; Filterabstand 5 cm. Ist danach die opt. Dichte höher als 0,020, so ist eine weitere Std. zu bestrahlen. Die fast völlige Zerstörung des Vitamin A ist aus der Hyperbel- bzw. Parabelform der Absorptionskurven zu ersehen. Die Berechnung der Plasmavitamin-A-Konz. erfolgte aus der Differenz der opt. Dichte vor u. nach Bestrahlung u. wurde in I.E./100 cm³ Plasma angegeben. In 100 cm³ Plasma von 22 Gesunden wurden zwischen 65 u. 175 I.E. Vitamin A gefunden, am häufigsten hielten sich die Werte innerhalb von 115—150 I.E. Bei peroraler Verabfolgung von 150000 I.E. Vitamin A an Gesunde [die japan. Präpp. *Chocola A-Palmitat* (I) sowie *Crystal* (II) u. *Vogan* (MERCK)] war für I u. II die Plasmakonz. nach 4 Std. am höchsten; Vogan bewirkte einen niedrigeren Wert, dessen Gipfel nach 6 Std. erreicht wurde. Ein Belastungstest mit Vitamin A bei 8 Fällen von Leberleiden ergab eine geringere Plasmakonz. als bei Gesunden. (Tokyo Jikeikai med. J. **71.** 512—18. 1/3. 1956. Tōkyō Jikeikai Ika-Daigaku, Veda Naika-Kyōshitsu. [Orig.: japan.]) F. MOSSNER. 4587

A. Giroud, H. Gounelle und **M. Martinet,** *Quantitative Angaben über den Vitamin A-Gehalt der Ratte bei Teratogeneseversuchen durch A-Hypervitaminose.* Die Verabreichung von hohen Vitamin-A-Dosen an tragende Ratten erzeugt Mißbldg. beim Embryo. Nach Einnahme von teratogenen Dosen ist die Konz. des Vitamins beim Fötus u. in der Leber der Mutter deutlich erhöht. Dies beweist, daß das Vitamin von der Mutter zum Fötus übergeht u. daß die Vitaminkonz. im Fötus vom Vitaminspiegel der Mutter abhängig ist. Es wird angenommen, daß der teratogene Effekt direkt von der Ggw. des Vitamins A im Embryo abhängt. Übrigens ist der Vitaminspiegel im Embryo nur zweimal so groß wie derjenige der Kontrolle. Hieraus kann man ableiten, daß die Teratogenese nicht aus einer Ausnahmekonz. des Vitamins in den Zellen des Embryos resultiert. (Bull. Soc Chim. biol. **39.** 331—36. 15/3. 1957. Paris, Fac. de Méd., Labor. d'Embryol.)
K. F. MÜLLER. 4587

A. Vannotti und **L. A. Gervasoni,** *Die Wirkung der fettlöslichen Vitamine A und E auf den Fettstoffwechsel bei Arteriosklerotikern.* Vff. haben bei 100 Arteriosklerotikern vor, während u. 6 Wochen nach Behandlung mit *Vitamin E* oder nach Kombinationsbehandlung mit *Vitamin A* u. *E* oder nach Gaben von *Heparin* freies u. Gesamtcholesterin, Phospholipoide, Lipoproteide, Vitamin A u. E im Blut bestimmt. Bei Kombinationsbehandlung mit Vitamin A u. E sind bei Arteriosklerotikern am Ende der Behandlung Gesamtfette, Gesamtcholesterin u. die Phospholipoide in statist. gesicherter Menge erhöht. Bei jungen, gesunden Menschen ist die Vermehrung des Gesamtcholesterins statist. gesichert, während alle übrigen nur leicht vermehrt sind. (Bull. schweiz. Akad. med. Wiss. **13.** 363—68. April 1957. Lausanne, Univ., Clin. méd. univ.)
H. HERMANN. 4587

Mary Ellen Ferguson, Edwin Bridgforth, Mary L. Quaife, Margaret P. Martin, Richard O. Cannon, William J. McGanity, Josephine Newbill und **William J. Darby,** *Die Vanderbilt-Gemeinschaftsarbeit zum Studium der Ernährung von Mutter und Kind.* 7. Mitt. *Tocopherol und seine Beziehungen zur Schwangerschaft.* (6. vgl. MCGANITY, Amer. J. Obstetr. Gynecol. **67.** [1954.] 501.) Bei 1572 Schwangeren wurden 1575 Plasma-*Tocopherol* (I)-Bestimmungen durchgeführt. 39 weitere Fälle wurden während der Schwangerschaft laufend untersucht. Die Durchschnittswerte von I betragen im ersten Trimester 0,89 $\pm$ 0,02 mg/100 cm³ u. steigen während 39 Wochen auf 1,40 $\pm$ 0,05 an. Die alimentäre Aufnahme von 8—30 mg I ändert den I-Spiegel nicht wesentlich, jedoch sinkt er bei geringerer Dosierung ab. Ältere Schwangere u. Diabetesfälle sind durch höhere I-Werte gekennzeichnet. Es bestehen Beziehungen zwischen I-Spiegel u. Serumcarotingehalt. Ausführliche Unterss. bei Schwangerschaftskomplikationen zeigen keine signifikanten Abweichungen des I-Spiegels. Folglich wird die Hypothese, laut der Hyperemesis, Eklampsia, Frühgeburten, Mißbildungen, Fehlgeburten usw. durch Tocopherolmangel bedingt seien, abgelehnt. (J. Nutrit. **55.** 305—21. 10/2. 1955. Nashville, Tenn., Vanderbilt-Univ., School of Med., Div. of Nutrit. and Dep. of Biochem., Med., Preventive Med. and Obstretics and Gynecol.; Rochester, N. Y., Distillation Prod. Ind., Div. of Eastman Kodak Co.) F. W. VAN KLAVEREN. 4587

H. Gebauer, O. Fuhrich und **K. Nickisch,** *Über die Zucht und Vorbereitung von Albinoratten zum prophylaktischen Vitamin-D-Test.* Es wurden Vorschriften für Zucht, Fütterung, Vorbereitung der Ratten u. Zubereitung einer rachitogenen Kost beschrieben. (Vgl. auch nachst. Ref.) (Vitamine u. Hormone **7.** 269—79. 1956. Potsdam-Rehbrücke, Anst. für Vitaminforsch. u. Vitaminprüfung.) P. LOCH. 4587

G. Bährecke, *Über die Möglichkeit einer Verkürzung des prophylaktischen Röntgentestes für Vitamin D.* Unter Verwendung von gleichmäßigem, ausgesuchtem Tiermaterial (vgl. vorst. Ref.) läßt sich die Versuchsdauer von ursprünglich mehreren Wochen auf 7 Tage abkürzen. Die Brauchbarkeit der Anordnung wird durch Verss. belegt. (Vitamine u. Hormone **7.** 280—89. 1956. Potsdam-Rehbrücke, Anst. für Vitaminforsch. u. Vitaminprüfung.)
P. LOCH. 4587

Virginia Richmond, Ranwel Caputto und **Stewart Wolf,** *Fraktionierung der nichtdialysierbaren, löslichen Komponenten des Mageninhalts durch Chromatographie an Amberlite IRC-50.* Es wird die Trennung der hochmol. Komponenten des Magensaftes durch Säulenchromatographie an Amberlite IRC-50 (XE-64) unter Elution mit Citrat-, Phosphat- u. Boratpuffern von p_H 3,02—10,00 beschrieben. Hierbei konnten mindestens 5 Protein- u. 2 Polysaccharidkomponenten differenziert werden. Die Trennung von Kohlenhydraten u. Proteinen wurde auch papierchromatograph. u. -elektrophoret. demonstriert. Zur Sicherung des akt. Zustandes der getrennten Komponenten u. zur Verfolgung der Trennung erwies sich die Blutgruppen-A-Substanz (I) u. die Pepsin (II)-Aktivität als brauchbar. I ist bei hohen Ausbeuten in Mengen von 0,025—0,05 γ aktiv. Das erhaltene **II** besaß 75% der Aktivität von krist. Schweine- u. Rinder-**II** bei einer Ausbeute von 60%. (Arch. Biochem. Biophysics **66.** 155—66. Jan. 1957. Oklahoma City, Okla., Med. Res. Found. and School of Med., Dep. of Biochem. and Med.) E. SCHWERDTFEGER. 4594

D. H. Smyth und **C. B. Taylor,** *Einfluß der Temperatur auf den Wassertransport im Darm in vitro.* Vff. verwenden eine Bicarbonat/Kochsalz-Lsg. mit 500 mg% Glucose, die sich unter einem hydrostat. Druck von 10—28 cm W. in einem Darmmodell befindet. Die bei 18—40° durchgeführten Verss. zeigen, daß der Wassertransport linear mit dem Temperaturanstieg verläuft u. dem O_2-Verbrauch proportional ist. Vermutlich findet der Wassertransport nur in Ggw. von Glucose u. O_2 statt, wird von Inhibitoren gestört u. ist ein energieverbrauchender Prozeß, der von der durch die enzymat. Vorgänge in der Darmschleimhaut frei werdenden Energie abhängig ist. (J. Physiology **132.** 9P—10P. 27/4. 1956. Sheffield, Univ., Dep. of Physiol.) R. LENSCHAU. 4594

Théophile Cahn und **Jacques Houget,** *Über die Umwandlung von Zuckern in Fette als Folge ihrer Resorption im Kaninchendarm.* Reinrassige Kaninchen erhalten 1 Woche lang regelmäßig Hafer, Kohl u. Luzerne, in denen nicht mehr als 1,22% Fettsäuren enthalten sind. Die Tiere werden zu verschied. Zeiten getötet, der Dünndarm mit seinem Inhalt entfernt u. der Geh. an Glykogen, Glucose, Fettsäuren u. Phospholipoiden bestimmt. Es wird ein Anstieg der Phospholipoide u. vor allem der Glyceride beobachtet, jedoch verlassen die Lipoide den Darm sehr schnell mit der Lymphe. Demnach gehört außer der Leber u. den Fettgeweben auch der Dünndarm zu den Orten des Organismus, an denen eine Umwandlung von Zucker in Fett erfolgt. (C. R. hebd. Séances Acad. Sci. **243.** 407—10. 23/7. 1956.) R. LENSCHAU. 4594

Marius H. Wells, W. W. Shingleton und **Aaron P. Sanders,** *Die Fettresorption bei Hunden nach Ausschaltung der Gallen- und Pankreassaftsekretion unter Verwendung von ^{131}J-markiertem Fett.* Für Fettverdauung u. -resorption spielt nach vorliegenden Unterss. die Galle eine untergeordnete Rolle, der Pankreassaft eine sehr wichtige. Es bestanden keinerlei Unterschiede in dem Isotopengeh. des Blutes von n. Hunden u. solchen ohne Gallenfluß, ebenso keine zwischen n. u. Tieren, deren Gallengang verschlossen worden war. Jedoch hatten pankreatektomierte Tiere einen außerordentlich niedrigen Geh. an Isotopen im Blut. Die Zugabe eines Emulgators hatte keinen Effekt auf die beschriebenen Ergebnisse. (Proc. Soc. exp. Biol. Med. **90.** 717—19. Dez. 1955. Durham, N. C., Duke Univ. School of Med., Dep. of Surg. and Radiol.) I. WEINMANN. 4594

Richard P. Spencer, Charles R. Henkelmann und **E. Richard King,** *Auswertung der exokrinen Pankreasfunktion und der Darmresorption mittels radioaktiven Fettes.* Vorläufiger Bericht. Vff. beschreiben eine einfache Meth. zur Beobachtung der Pankreasexkretion u. der Nahrungsresorption mit radioakt. markiertem (^{131}J) Fett. Man fand, daß Patienten mit chron. Pankreatitis u. Fettresorptionsstörungen (z. B. Sprue) gegenüber n. vermehrt das applizierte *Triolein*-^{131}J in ihrem Stuhl ausscheiden. (U. S. Armed Forces med. J. **8.** 668—72. Mai 1957. Bethesda, Md., US Naval Hosp., Radioisotope Labor.) G. MAYR. 4594

Ruth M. Patrick, Paula S. Richardson und **Dorothy S. Moschette,** *Stoffwechseluntersuchungen an Mädchen (8—11 Jahre).* 2. Mitt. *Energieaufnahme.* (1. vgl. C. **1957.** 5620.) In den geschilderten Verss. betrug die tägliche Calorienzufuhr je Person 2097, der durchschnittliche Verlust durch die Faeces 60 Calorien. Eine direkte Beziehung zwischen durchschnittlicher täglicher Gesamtcalorieneinnahme u. Verlust durch die Faeces wurde nicht festgestellt. Eine unmittelbare Beziehung bestand jedoch zwischen Calorieneinnahme u. Verlust per kg (77,7 bzw. 2,3, entsprechend einer durchschnittlichen täglichen Energieaufnahme von 75,4 Calorien/kg). 96,6—97,8% betrug der Wert der verwertbaren Calorien, bezogen auf die Gesamteinnahme. (J. Amer. dietet. Assoc. **31.** 138—43. Febr. 1955. Baton Rouge, La., Louisiana State Univ., Agric. Exp. Stat., Dep. of Home Economics.) H. PATZSCH. 4595

W. Keiderling, F. Wöhler und **H. Altmeyer,** *Zur Physiologie und Pathologie des Speichereisens.* 2. Mitt. *Tierexperimentelle Untersuchungen über Ferritin- und Hämosideringehalt von Leber und Milz unter physiologischen und pathologischen Bedingungen.* (1. vgl.

C. **1955.** 384.) Zur Ergänzung der klin. Unterss. wurden experimentelle Unterss. bei n. Ratten u. bei solchen mit wiederholter Ae.-Narkose, akuter Blutungsanämie, tox.-hämolyt. Anämie (Phenylhydrazin), exogener *Fe*-Zufuhr (100 bzw. 200 mg), steriler Entzündung u. Leberschädigung durchgeführt. Bei den n. Tieren war *Ferritin* (I) in Leber u. Milz in bestimmter Konz. bei geringen individuellen Schwankungen vorhanden, *Hämosiderin* war nur in der Milzpulpa in geringer Menge nachweisbar. Bei gesteigertem Fe-Verbrauch gibt **I** das Fe frei, u. die **I**-Konz. nimmt ab. Bei erhöhtem Angebot von Fe oder Proteinbausteinen kann eine vermehrte **I**-Bldg. auftreten. Bei großen exogenen Fe-Gaben wird Fe in histochem. sichtbarer Form bes. in den beiden Organen eingelagert, der **I**- u. **I**–Fe-Geh. dagegen relativ wenig verändert. Ähnlich wirkt die Aktivierung des Abwehrzellsyst., jedoch wird der **I**- u. **I**-Fe-Geh. vermindert. Bei schwerer Leberparenchymschädigung erfolgt extreme Abnahme des Leber-**I** u. Fe-Verarmung des **I**. Das freigesetzte Fe verursacht Erhöhung der Fe-Konz. im Blutplasma, ferner wird es vermehrt in histochem. nachweisbarer Form in Leber u. Milz sichtbar. (Naunyn-Schmiedebergs Arch. exp. Pathol. Pharmakol. **223.** 375—87. 1954. Freiburg/Br., Univ., Med. Klinik.) J. SCHWAIBOLD. 4596

F. Wöhler, *Zur Physiologie und Pathologie des Speichereisens.* 3. Mitt. *Über den intermediären Eisenstoffwechsel der Placenta.* (2. vgl. vorst. Ref.) Es wurden Unterss. an menschlichen Placenten u. Verss. mit $^{55}Fe + ^{59}Fe$ bei Kaninchen durchgeführt, die ergaben, daß dem *Ferritin* (I) im intermediären *Fe*-Stoffwechsel der Placenta eine große Bedeutung zukommt. Es wurde wahrscheinlich gemacht, daß die Fe-Aufnahme aus dem mütterlichen Plasma über **I** in dem Chorionsyncytium bzw. Chorionepithel erfolgt. Bei ungenügender Bereitstellung von *Apoferritin* wird Fe vorübergehend in der an Proteinbausteinen ärmeren Form des *Hämosiderins* (II) abgelagert. Bei vermehrtem Fe-Angebot (Verss. mit Ferrum vitis) wurde in der Placenta keine Resorptionssperre beobachtet, sondern eine Fe-Speicherung in der fötalen Leber u. Milz. Auf Grund der Ergebnisse der Unters. des **I**-, **II**- u. Organ-Fe-Geh. der menschlichen Placenten bei n. u. krankhaften Fällen wird deren Bedeutung für die Beurteilung des Fe-Stoffwechsels von Mutter u. Kind erörtert. (Dtsch. med. Wschr. **80.** 30—32. 41. 49. 7/1. 1955. Freiburg/Br., Univ., Med. Klinik.) J. SCHWAIBOLD. 4596

Leon Singer, M. Maqsood, A. B. Medlen und **C. L. Comar**, *Endogene und Gallenausscheidung von* ^{45}*Calcium und* ^{89}*Strontium.* Als Beitrag zur Kenntnis der Verschiedenheiten des Stoffwechsels von *Ca* u. *Sr* wurden die Ausscheidungsverhältnisse in der Galle, im Magen u. 5 verschied. Darmabschnitten bei Hunden untersucht. Beide Isotopen wurden in allen Abschnitten ausgeschieden (Messung innerhalb 25 Min. nach intravenöser Zufuhr), im Durchschnitt 20% mehr Sr als Ca. Im Dünndarm wurden ca. 75% des gesamten ausgeschiedenen Sr gefunden u. 50% des Ca, im Dickdarm 20 bzw. 40%. Von dem gesamten Ca u. Sr wurden ca. 6—9% mit der Galle ausgeschieden (Messung innerhalb 6 Std.), u. zwar doppelt soviel Sr wie Ca. (Arch. Biochem. Biophysics **66.** 404—10. Febr. 1957. Oak Ridge, Tenn., Inst. of Nucl. Studies, Med. Div.) J. SCHWAIBOLD. 4596

Dorothy H. Henneman, Mark D. Altschule und **Rose-Marie Goncz**, *Kohlenhydratstoffwechsel bei Geisteskrankheiten.* 4. Mitt. *Wirkung von Hydrocortison und Corticotropin (ACTH) auf die Stoffwechselwirkungen von verabreichter Glucose bei Patienten mit chronischen schizophrenen und manisch-depressiven Psychosen.* (3. vgl. C. **1956.** 6449.) Bei 4 Fällen von chron. Psychosen wurden nach Verabreichung von *Glucose* (I) im Blut **I** u. *Milch-*, *Brenztrauben-*, *Citronen-* u. *α-Ketoglutarsäure* bestimmt. Die Ergebnisse zeigten einen anomalen **I**-Stoffwechsel der Kranken. Wurde 3 Tage vor der **I**-Verabreichung *ACTH* oder *Cortison* gegeben, so veränderte sich der **I**-Stoffwechsel in dem Sinne, wie er im allg. bei Patienten mit beginnenden Psychosen beobachtet wurde. (A. M. A. Arch. intern. Med. **95.** 241—46. Febr. 1955. Boston, Mass., Harvard Med. School, Dep. of Med.; Waverley, Mass., McLean Hosp.) F. KRUSEN. 4596

Dorothy H. Henneman, Mark D. Altschule, Rose-Marie Goncz und **Phyllis Davis**, *Kohlenhydratstoffwechsel bei Geisteskrankheiten.* 5. Mitt. *Wirkung von Epinephrin auf den intermediären Kohlenhydratstoffwechsel bei schizophrenen und manisch-depressiven Psychosen.* (4. vgl. vorst. Ref.) Bei man.-depressiven u. schizophrenen Psychotikern traten nach Verabreichung von 0,01 mg/kg *Epinephrin* annähernd die gleichen Veränderungen in den Konzz. an *Brenztrauben-*, *Citronen-*, *α-Ketoglutar-* u. *Milchsäure* u. *Glucose* auf wie bei gesunden Personen. (A. M. A. Arch. intern. Med. **95.** 594—600. April 1955. Boston, Mass., Harvard Med. School, Dep. of Med.; Waverley, Mass., McLean Hosp.) F. KRUSEN. 4596

J. Mayer und **Claudine Y. Zighera**, *Fettstoffwechsel bei verschiedenen Formen der experimentellen Fettsucht.* 6. Mitt. *Sofortige Lipogenese bei Mäusen mit hypothalamischer Fettsucht.* (5. vgl. C. **1957.** 7714.) Nach näher beschriebener Methodik wurden Mäuse mit hypothalam. Fettsucht ad libitum gefüttert. Außerdem wurden 0,5 ml einer Salzlsg. injiziert, die 0,075 mg $^{14}C_{(COOH)}$-Acetat enthielten. Nach dem Töten wurden die Lebern u. Körperfettsäuren auf Radioaktivität untersucht. Das Ergebnis war, daß die hypothalam. Mäuse 4mal mehr Acetat als die Kontrollen aufgenommen hatten u. daß die Lipogenese in Körper u. Leber größer war. Läßt man die Tiere hungern, dann geht die vermehrte Fettbldg. zurück. Diese Befunde lassen auf einen regulator. u. nichtmetabol. Charakter dieser Fettsucht schließen. (Experientia [Basel] **11.** 358. 15/9. 1955.) H. PATZSCH. 4596

K. Kellner, H. Ley und **Th. Stark,** *Untersuchungen des Cystinstoffwechsels bei Gesunden und Malignomkranken.* Vff. untersuchten an gesunden Personen u. Malignomkranken die *S*-Ausscheidung im Harn nach Belastung mit 2 g *Cystin.* Während bei Gesunden der gesamte zugeführte *S* innerhalb 24 Std. zur Ausscheidung gelangt, wird bei Malignomkranken innerhalb 24 Std. durchschnittlich nur die Hälfte des zugeführten *S* ausgeschieden. Infolge individueller Schwankungen konnte bei 82 untersuchten Personen keine statist. Signifikanz erzielt werden. Die Cystinbest. nach SULLIVAN u. Mitarbeitern (J. biol. Chemistry **145.** [1942.] 621) u. die *S*-Best. nach der bei DIRR („Quantitatives Arbeiten in der Klinik", München 1946) angegebenen Meth. werden krit. überprüft. (Klin. Wschr. **35.** 276—80. 15/3. 1957. München, II. Med. Univ.-Klinik.)
E. SCHWERDTFEGER. 4596

P. Favarger, S. Prod'hom und **M. Roth,** *Der Einfluß gewisser, den Chosteringehalt senkender Substanzen auf den Cholesterinstoffwechsel bei der Maus.* 3 Mäuse erhielten mit der Nahrung 5 Tage lang das Na-Salz der Phenyläthylpropionsäure (I) u. am 6. Tag intraperitoneal $^{14}C_{(1)}$-Essigsäure (II) u. wurden getötet. In der Leber ist der Einbau von **II** in die Fettsäure- u. Cholesterinmoll. um 75—311 % beschleunigt. — 4 Mäuse erhielten **I** u. **II** per os u. wurden 8 Std. später getötet. Es wurde eine Vermehrung der Fettsäuren in der Leber um 86 % u. in der Peripherie um 24 % u. eine solche des Cholesterins in der Leber um 190 % u. in der Peripherie um 102 % festgestellt. — 15 Mäuse erhielten jeden 2. Tag vier Wochen lang **II.** Vier davon wurden am 29. Tage getötet, vier weitere erhielten 10 weitere Tage **I,** die übrigen dienten als Kontrollen. Hinsichtlich der Verhältnisse in der Leber fanden sich keine Unterschiede zwischen Versuchstieren u. Kontrollen. **I** beschleunigt den Stoffwechsel des Cholesterins. Seine Menge war bei den Versuchstieren um 48 % u. bei den Kontrollen um 31 % vermindert. (Bull. schweiz. Akad. med. Wiss. **13.** 426—31. April 1957. Genève, Univ., Inst. de Chim. physiol.) H. HERMANN. 4596

D. H. Marrian, *Die Nichtverwertung von 2-Methyladenin und 4.6-Diamino-5-formamidopyrimidin zur Nucleinsäuresynthese durch die Ratte.* Zur Prüfung der Frage, ob *2-Methyladenin* (I) oder *4.5-Diamino-5-formamidopyrimidin* (II) zur Nucleinsäuresynth. durch die Ratte verwertet werden können, wurden diese durch ^{14}C gek. Verbb. mit je 0,2 mMol/kg an 3 Tagen weißen Ratten injiziert. Die inneren Organe der 24 Std. nach der letzten Injektion getöteten Tiere wurden auf Ba-Ribonucleotide u. Desoxyribonucleinsäure aufgearbeitet. Hier konnten keine oder nur Spuren der Aktivität gefunden werden. 66—72 % von **I** u. 43 % von **II** konnten im Urin nachgewiesen werden. Außerdem wurden bei **I**-Injektion 2 radioakt., nichtidentifizierte Verbb. im Urin papierchromatograph. nachgewiesen.

Versuche: $^{14}C_{(5)}$-*4.6-Diamino-5-formamidopyrimidin* (**II**), dargestellt nach CLARK u. KALCKAR (vgl. C. **1951.** I. 3182). — $^{14}C_{(8)}$-*2-Methyladenin* (**I**), aus *2-Methyl-4.5.6-triaminopyrimidin* nach CLARK u. Mitarbeitern (l. c.) durch Überführen in ^{14}C-*2-Methyl-4.6-diamino-5-formamidopyrimidinhydrochlorid* [$C_6H_9ON_5 \cdot 1{,}5\,HCl$, F. 267° (Zers., Kristalle aus W.), λ_{max} 265 mμ, $\varepsilon = 12600$; Ausbeute 80 %] u. Erhitzen dieser Verb. in N-Formylmorpholin auf 200° unter N_2. Die Radioaktivität ist durch Austausch der akt. Formylgruppe gegen die inakt. des Lösungsm. auf 60 % der ursprünglichen zurückgegangen. (Biochim. biophysica Acta [Amsterdam] **18.** 280. Okt. 1955. Cambridge, Univ., Dep. of Radiotherapeut.) K. FABER. 4596

K. Kühns, A. Ficken und **H. E. Hoffmeister,** *Untersuchungen über Kaliumstoffwechsel und Herztätigkeit beim Crush-Syndrom.* Bei Verss. mit Ratten u. Hunden mit stumpfer Muskelschädigung wurde die Abgabe von intracellulärem K bei Wasser- u. Na-Aufnahme im traumatisierten Muskelgebiet u. infolgedessen erheblicher K-Anstieg im Serum bestätigt. Weiter wurde eine K-Zunahme u. Na-Abnahme im nichtgeschädigten Skelettmuskel, in der Leber, in den Nieren u. im Herzmuskel festgestellt. Als Folge erniedrigten Diffusionsgefälles von intra- zu extracellulärer K-Konz. im Herzmuskel traten für diese Störung als typ. erkannte EKG-Veränderungen auf. Sek. Störungen der Elektrolytkonzz. im Herzmuskel nach ausgedehnten Muskeltraumen werden als Mitursache von Frühtodesfällen beim Crush-Syndrom angesehen. (Z. ges. exp. Med. **125.** 519—31. 1955. Göttingen, Univ., Med. Klin.) J. SCHWAIBOLD. 4597

Richard L. Malvin und **William D. Lotspeich,** *Beziehung zwischen tubulärem Transport von anorganischem Phosphat und Bicarbonat beim Hund.* Durch Infusionsverss.

wurde festgestellt, daß die Kapazität der Niere zur Rückresorption von anorgan. Phosphat vermindert ist, wenn die Plasma CO_2-Konz. so erhöht ist, daß Bicarbonat im Harn ausgeschieden wird. Durch Infusionsverss. mit „Diamox“ (2-Acetylamino-1.3.4-thiadiazol-5-sulfonamid) wurde nachgewiesen, daß dies nicht durch Alkalose an sich verursacht wird, da diese Verb. eine leichte Acidose verursacht, ohne die Verminderung der Phosphatrückresorption zu verhindern. Da Diamox auch eine Verminderung der gesamten Rückresorption von Bicarbonat bewirkt, sind diese Ergebnisse nur durch die Annahme zu erklären, daß Bicarbonat durch 2 verschied. Vorgänge rückresorbiert wird (Mitwrkg. von Anhydrase u. direkte Rückresorption). Der letztere Vorgang ist kompetitiv mit Phosphat bei der Rückresorption. (Amer. J. Physiol. **187.** 51—56. Okt. 1956. Cincinnati, O., Univ., Coll. of Med., Dep. of Physiol.) J. SCHWAIBOLD. 4597

Donald Jay Nalebuff und **William W. Winternitz,** *Verhalten der Milchsäure nach Epinephrin bei experimentellem Leberschaden.* Der Milchsäurespiegel im Blut wurde nach experimenteller Leberschädigung durch partielle Hepatektomie, CCl_4-Vergiftung u. Gallengangunterbindung bei Ratten bestimmt. Nach Epinephrin war die Ausscheidung endogen gebildeter Milchsäure bei Leberschaden geschwächt; alleinige Unterbindung des Gallenganges hatte keinen solchen Effekt. (Proc. Soc. exp. Biol. Med. **91.** 191—92. Febr. 1956. New Haven, Conn., Yale Univ., Dep. of Physiol.) G. MAYR. 4597

E₆. Pharmakologie. Therapie. Toxikologie. Hygiene.

Alexander Gero und **V. Jean Reese,** *Chemisches Modell der Arzneimittelwirkung.* Vff. entwickeln die Vorstellung, daß die Wrkg. von Arzneimitteln vielfach an die prim. Anlagerungsfähigkeit an Proteinkörper (Fermentsysteme) gebunden ist. In Modellverss. wurde hier die Verteilung von *Diäthylaminoäthanol* (**I**) zwischen W. u. Chlf. in Ggw. verschied. Aminosäuren u. synthet. Peptide untersucht. Bei Verwendung von 50 mg **I**, 10 cm^3 W. u. 10 cm^3 Chlf. bewirkte Zusatz von 100 mg *Glycin* oder *Alanin* Retention von 1 Mol-% **I** in der wss. Schicht. *Glycylalanin* hielt 40, *Glycylglycylglycin* 50, *Alanylglycylglycin* 55 u. *Leucylglycylglycin* 61 Mol-% **I** gebunden. Die Bindung von **I** an die Peptide erfolgt wahrscheinlich über H-Brücken, deren Lage sich aus dem PAULINGschen Peptidmodell ergibt. (Science [Washington] **123.** 100. 20/1. 1956. Philadelphia, Pa., Hahnemann Med. Coll., Div. of Pharmacol.) K. ZOPFF. 4600

Antoniette Pirie, Ruth van Heyningen und **J. W. Boag,** *Änderungen in der Augenlinse von Kaninchen während der Kataraktbildung durch Röntgenbestrahlung.* Das eine Auge von Kaninchen wurde bei einer Dosisleistung von 67 r/Min. einer Gesamtröntgenbestrahlung mit 1400 r unterzogen (190 kV, 6 mA, Filter: 0,5 mm Cu + 1 mm Al). Das andere Auge erhielt dabei eine Gesamtdosis von ca. 550—600 r. Nach Tötung der Tiere wurden die Augen excidiert u. der Geh. der Linsen an *Ascorbinsäure,* red. *Glutathion,* Proteinen u. verschied. Enzymen bestimmt. Bevor an der Linse eine klin. Änderung nachzuweisen war, zeigte sich eine Abnahme an *red. Glutathion,* die sich mit wachsender Kataraktentw. weiter steigerte. In einem späteren Zustand dieser Entw. zeigte sich eine Abnahme der Protein-SH-Gruppen. Ferner wurde abnehmende *Glutathion–Reduktase*-Aktivität u. fallender Geh. der Linsen-Fl. an Ascorbinsäure nachgewiesen, wobei eine eindeutige Beziehung zur Linsentrübung nicht deutlich wird. Andere Enzyme zeigten keine Bestrahlungswirkung. (Biochem. J. **54.** 682—88. Juli 1953. Oxford, Univ., Nuffield Labor. of Ophthalmol.; London, Hammersmith Hosp., Radio Therapeut. Res. Unit., Med. Res. Council.) W. REUSSE. 4601

Ruth van Heyningen, Antoinette Pirie und **J. W. Boag,** *Änderungen in der Augenlinse von Kaninchen während der Kataraktbildung durch Röntgenstrahlen.* 2. Mitt. (1. vgl. vorst. Ref.) Das rechte Auge von jungen Kaninchen wurde mit 1400 r röntgenbestrahlt u. der Geh. der sich trübenden Linse an Enzymen u. ihr Gewicht untersucht. Die Beobachtungen erstrecken sich auf Zeiten bis zu 46 Wochen nach der Bestrahlung u. auf folgende in der Augenlinse enthaltenen Enzyme: *Glyceraldehydphosphatdehydrogenase* (**I**), *Glyoxalase* (**II**), *Acetaldehydoxydase* (**III**), *Aldolase* (**IV**). Während der strahleninduzierten Linsentrübung nimmt die Aktivität von **I, II** u. **III** ab, während **IV** unverändert bleibt. Der Geh. an *Coenzym A* u. Nicotinsäure nimmt ebenfalls ab. Während des Frühstadiums der ausgelösten Trübung ist das Gewicht der bestrahlten Linse kleiner (5—10%) als das der unbestrahlten Linse des gleichen Tieres. Die Befunde werden diskutiert u. zu den bekannten mit der Kataraktbldg. verbundenen Änderungen des Geh. an Glutathion u. an Proteinsulfhydrylgruppen in Beziehung gebracht. Der Gewichtsverlust der Linse ist möglicherweise als Folge des strahlenbedingten Ausfalls an Proteinsynth. zu deuten. Sämtliche beobachteten Änderungen werden nach der Bestrahlung beobachtet, sie geben keinen Aufschluß über den Prozeß der Auslösung der Erscheinungen. (Biochem.

J. **56.** 372—79. März 1954. Oxford, Univ. of Oxford, Nuffield Labor. of Ophthalmol.; London, Hammersmith Hosp., Med. Res. Council Radiotherapeut. Res. Unit.)
W. REUSSE. 4601

Antoniette Pirie, Ruth van Heyningen und **P. H. Flanders,** *Veränderungen in der Augenlinse von Kaninchen während der Kataraktbildung durch Röntgenstrahlen.* 3. Mitt. *Phosphate.* (2. vgl. vorst. Ref.) In Fortsetzung früherer Verss. wurden die rechten Augen junger Kaninchen mit 1000 r röntgenbestrahlt u. nach Extraktion der Linse deren *Phosphat*-Geh. nach der Enzymmeth. von SLATER bestimmt. Während einiger Tage nach der Bestrahlung konnte eine Änderung des Geh. an *Adenosintriphosphat, Adenosindiphosphat, Hexosemonophosphat, Hexosediphosphat, Phosphorylglycerat* u. *anorgan. Phosphaten* nicht festgestellt werden, während *Glutathion* nach 24 Std. einen Abfall zeigte. Eine bes. für Kreatinphosphat ausgearbeitete enzymat. Bestimmungsmeth. ergab keine meßbaren Werte. Bei der enzymat. Best. von Hexosephosphat u. Triosephosphat werden kleinere Werte gefunden als bei chem. Bestimmung. Die Befunde werden diskutiert. (Biochem. J. **61.** 341—47. Okt. 1955. Oxford, Univ., Nuffield Labor. of Ophthalmol.; London, Hammersmith Hosp., Exp. Radiopathol. Res. Unit.)
W. REUSSE. 4601

Bengt Tjernberg, *Röntgenologische und toxikologische Untersuchungen an Äthylendiamtetraessigsäure-Bleisalz.* Es wird über Tierverss. an Kaninchen mit dem Röntgenkontrastmittel *Bleiäthylendiamintetraacetat* (*Versenat*) berichtet, das in 25- oder 50%ig. Lsg. gute Kontrastbldg. zeigt, infolge seiner Toxizität zur klin. Anwendung jedoch nicht geeignet erscheint. Ein beachtlicher %-Satz der injizierten Menge wird mehrere Monate im Organismus gespeichert. Die Toxizität hängt von der Dissoziation der Substanz u. damit dem p_H-Wert u. dem Vorhandensein konkurrierender Ionen ab. (Acta radiologica [Stockholm] **47.** 308—14. April 1957. Upsala, Univ., Dep. of Anatomy.)
W. REUSSE. 4601

J. S. Mitchell, *„Makromolekulare Schädigung" und Desoxyribonucleinsäure in Radiobiologie und Radiotherapie.* An Hand der einschlägigen Veröffentlichungen wird über die Wrkg. ionisierender Strahlen auf die Zelle u. ihren Stoffwechsel berichtet. Die Einfll. auf die Nucleoproteine werden als makromol. Schädigungen interpretiert. Berechnungen ergeben, daß die Bldg. eines Ionenpaares die Entstehung eines Mol. Desoxyribonucleinsäure mit dem Mol.-Gew. $7 \cdot 10^6$ inhibiert. — 31 Literaturangaben. (J. Colloid Sci. **11.** 317—23. Aug./Okt. 1956. Cambridge, Univ.) W. REUSSE. 4601

P. Desaive und **J. Varetto-Denoel,** *Untersuchung der Zellteilungsanomalien im bestrahlten Duodenum der Ratte mit und ohne Schutz durch β-Mercaptoäthylamin.* Unters. der Wirkungen lokalisierter Bestrahlung mit 500 r auf den Duodenumbezirk von Ratten mit u. ohne Schutz durch intraperitoneale Injektion von 15 mg *β-Mercaptoäthylamin* (**I**). Die Tiere wurden in gestaffelten Zeitabschnitten nach der Bestrahlung getötet; die mkr. festgestellten Zellteilungsanomalien in Abhängigkeit von der Zeit werden besprochen. Bei **I**-Verabreichung vor der Bestrahlung waren die beobachteten Erscheinungen im Vgl. zu den nicht durch **I** geschützten Tieren deutlich weniger ausgeprägt. (Bull. Acad. roy. Méd. Belgique [6] **22.** 125—35. 1957. Liège, Univ., Centre Anticancéreux.)
H. DOSSMANN. 4601

Marvin A. Van Dilla, Betsy J. Stover und **James S. Arnold,** *Die Speicherung und die Verlagerung von ^{224}Ra (Th X) bei Hunden.* Bei Hunden wurde intravenös ^{228}Th im Gleichgewicht mit seinen Tochtersubstanzen injiziert. Die Injektionslsg. bestand aus trägerfreier, gepufferter Isotopenlsg., p_H 3,5. Es wurden 0,15—48 μC appliziert. Bei den nach verschied. Zeitabläufen getöteten bzw. gestorbenen Tieren wurde an Hand von Skelettschnitten mittels Scintillationszähler u. auf autoradiograph. Wege die Ablagerung der verschied. Zerfallsprodd. des ^{228}Th untersucht. Danach werden diese weniger gespeichert als das ^{228}Th selbst. Bes. ^{224}Ra wird ausgeschieden, außerdem wandert es im Organismus in vivo. Es entweicht aus dem im Skelett niedergeschlagenen ^{228}Th u. wird erneut abgelagert, als ob es intravenös neu injiziert worden wäre. (Amer. J. Roentgenol., Radium Therapy Nuclear Med. **77.** 503—10. März 1957. Salt Lake City, Ut., Univ., Coll. of Med., Radiobiol. Labor.) W. REUSSE. 4601

F. Bruno Straub, *Radioaktive Isotope in der Medizin.* Übersicht über die Verwendung von radioakt. Isotopen in Diagnose u. Therapie. (Gyógyszerész **11.** 143—45. 1/8. 1956.) N. SEILER. 4601

W. Geinitz und **H. Wüst,** *Über die Resorption von anorganischen Stoffen durch die menschliche Haut. Untersuchungen mit Hilfe von radioaktivem Schwefel (^{35}S) und Phosphor (^{32}P).* Elementarer *Schwefel* u. *Phosphate* ($^{32}PO_4$ u. $^{32}P_2O_7$) wurden in Eucerin auf eine Hautfläche bei 12 Personen (52—70 Jahre) aufgetragen. Die Unters. des 2stündlich gelassenen Harns ergab, daß S die n. menschliche Haut zu durchdringen vermag. Nach der Berechnung wurden in 8 Std. ca. 1 % des S resorbiert. Eine Resorption von Phosphat war in keinem Fall nachweisbar. Es wird jedoch für möglich gehalten, daß kleine Mengen Phosphat percutan aufgenommen werden, jedoch zum großen Teil zunächst im Körper gespeichert u. nur sehr langsam ausgeschieden werden. (Z. ges. exp. Med. **125**. 587—95. 1955. Düsseldorf, Med. Akad., Inst. für physiol. Chem.) J. SCHWAIBOLD. 4606

H. Wietfeldt, *Quecksilber als Antibioticum.* Kurze Übersicht über z. T. lebensrettende Erfolge mit *Sublimat* u. *Quecksilbercyanid* in geringer Dosierung bei Virusgrippe. Eine Resistenz des Virus gegenüber *Hg* ist nicht beobachtet worden. (Münchener med. Wschr. **99**. 962—63. 28/6. 1957. Bremerhaven.) H. DOSSMANN. 4606

B. March und **J. Biely,** *Fettuntersuchungen an Geflügel.* 4. Mitt. *Die Wirkung von Triton WR-1339 auf die Gewebelipide bei Hähnchen.* (3. vgl. C. **1956**. 1363.) Die subcutane Injektion von *Triton WR-1339* (polymeres *p-Isooctylpolyoxyäthylen*, oberflächenakt. Stoff) an 6 Wochen alte Hähnchen verursacht Erhöhung von Blut- u. Leberfett u. Abnahme von Tibiamuskel- u. Abdominaldepotfett. (Poultry Sci. **34**. 293—95. März 1955. Vancouver, Can., Univ. of British Columbia, Poultry Nutrit. Labor.) F. KRUSEN. 4607

J. K. Finnegan, Gordon R. Hennigar, R. Blackwell Smith jr., P. S. Larson und **H. B. Haag,** *Akute und chronische Toxizität von 2.2-Bis-[p-äthylphenyl]-1.1-dichloräthan (Perthan).* Die orale DL_{50} von *Perthan* (**I**), einem DDT-Analogen, beträgt 8170±500 mg/kg (Ratte) u. 9340±120 mg/kg (Maus), u. die intravenöse DL_{50} 73±2 mg/kg (Ratte) u. 173±5 mg/kg (Maus). Eine 2jährige Fütterung mit einer Diät, die 5000 p.p.m. **I** enthält, zeigt keinen Effekt auf die Lebensdauer. Das Wachstum ist im Anfang verzögert, gleicht sich aber nach einem Jahr aus. 50 p.p.m. **I** lagern sich nach 6 Wochen in einer Konz. von 19 p.p.m. im Körperfett ein. Beim Hund wirken 5000 p.p.m. **I**/Tag nach einem Jahr tödlich. 200 mg/kg **I** bewirken beim Hund Anorexie u. Nebennierenatrophie. (Arch. int. Pharmacodynam. Thérap. **103**. 404—18. 15/10. 1955. Richmond, Va., Med. Coll., Dep. of Pharmacol. and Pathol.) H. WOLLWEBER. 4607

S. Bettini und **M. Boccacci,** *Toxische Wirkung der Jod- und Chloressigsäure auf Insekten. Hemmung der Triosephosphatdehydrogenase.* (Rend. Ist. super. Sanità **19**. 1086—1106. 1956. Rom, Ist. Super. di Sanità, Labor. di Parassitol. — C. **1956**. 5343.) P. LOCH. 4607

W. Donald Graham und **H. C. Grice,** *Chronische Toxität von Backhilfsmitteln bei Ratten.* 2. Mitt. (1. vgl. C. **1956**. 5149.) Beimischungen zum Brot in 50facher Menge des n. Geh. von *Chlordioxyd, Propylgallat, Butyloxyanisol, Polyoxyäthylen-(8)-monostearat* in der Menge von 75% der Diät 32 Wochen lang hatten keinen schädlichen Einfl. auf Größe, Mortalität, Hämoglobinniveau, Organgewicht oder Beschaffenheit der Gewebe von männlichen Ratten. *Na-Propionat* setzte das Größenwachstum herab. Es wurde kein Anhalt für eine synergist. Wrkg. der Substanzen gefunden. (J. Pharmacy Pharmacol. **7**. 126—34. Febr. 1955. Ottawa, Can., Food and Drug Labor., Dep. of Nat. Health and Welfare.) G. WELTZIEN. 4607

Hans Selye, *Über die humorale Beeinflussung des experimentellen Lathyrismus.* Hohe Dosen von *Thyroxin* verhindern die Ausbldg. der Knochenveränderungen nach täglich 5 mg *Aminoacetonitril* (**I**) bei Ratten, *ACTH* u. *Cortisol* hemmen sie. Thyreoparathyreoidektomie verstärkt die Knochenveränderungen, Leberresektion erhöht die Empfindlichkeit für **I**. (Naunyn-Schmiedebergs Arch. exp. Pathol. Pharmakol. **230**. 155—60. 1957. Montreal, Can., Univ., Inst. de Méd. et de Chirurgie exp.) U. TAUSENDFREUND. 4607

W. A. Babitschew, *Zur pharmakologischen Charakteristik einiger Derivate der Piperidinreihe.* Untersucht wurden: *1-Äthyl-2.5-dimethyl-4-methylaminopiperidin* (**I**), *1-Propyl-2.5-dimethyl-4-aminopiperidin* (**II**), *1-Propyl-2.5-dimethyl-4-methylaminopiperidin* (**III**) u. *1-Butyl-2.5-dimethyl-4-methylaminopiperidin* (**IV**). Die Stoffe waren weiße krist. Pulver, gut lösl. in Wasser. Ihre FF.: **I** 294°, **II** 250°, **III** 264°, **IV** 274°. Die pharmakol. Unterss. wurden an 140 Mäusen, 6 Katzen u. 12 Fröschen durchgeführt. Die DL_{50} betrug bei intravenöser Gabe an der Maus: **I** 320, **II** 215, **III** 185 u. **IV** 142 mg/kg. Das Vergiftungsbild zeigte allg. Reizbarkeit, Tremor, klon. Krämpfe, Tod durch Atemlähmung u. Herzstillstand. Die Muskelkontraktion durch Acetylcholin ($1:10^{-7}$) wurde durch **I**—**IV** ($1:10^{-4}$) nicht beeinflußt. 2,5—10 mg/kg **I** u. 2—2,5 mg/kg **II**—**IV** erhöhten den Blutdruck kurz dauernd um 4—12 mm Hg, 20—30 mg/kg verringerten ihn um 12—75 mm Hg u. verlangsamten die Herzaktion um 5—10 Schläge/Min. (5—20 Min. Dauer). (Фармакология и Токсикология [Pharmakol. u. Toxikol.] **18**. Nr. 6. 50—52. Nov./Dez. 1955. Moskau, II. Med. Inst., Lehrstuhl für Pharmakol.) K. RINTELEN. 4607

R. Paris und **J. Cornilleau,** *Charakterisierung und Dosierung von Flavonderivaten.* Es wird eine Übersicht gegeben über die Charakterisierung u. Dosierung der medizin.

angewendeten *Flavone*, wie *Rutin, Hesperidin, Quercetin* usw. Bes. wird der Farbtest dieser Verbb. besprochen. — 24 Literaturangaben. (Ann. pharmac. franç. **13.** 192—99. März 1955. Paris, Fac. de Pharmac., Labor. de Matière méd.) H. WOLLWEBER. 4607

E. Schultheiss, *Überempfindlichkeit gegenüber Jonon und Benzylalkohol.* Angabe einer Testserie von Duft- u. Aromastoffen zur Durchführung von Epicutantesten; sie enthält folgende Substanzen in Olivenöl: *Pinen, „Alkohol C 8", Benzylalkohol* (**I**), *Citral, Dipenten, Phenylessigsäure* u. *-äthylester, Keton-* u. *Ambra-Moschus, Bromstyrol, Terpineol, Zimtaldehyd, Benzaldehyd, Heliotropin, Isobornylacetat, Methylonylketon, Phenylacetaldehyddimethylacetat, Jonon* (**II**), *Limonen, Dimethylbenzylcarbinol, Vanillin, Anisaldehyd, Acetophenon, Benzon, Styrolalkohol, Menthon, Eugenol, Oxycitronellal, Trichlormethylphenylcarbinylacetat, Methylsalicylat.* Anschließend Besprechung von 2 Ekzemfällen, als deren Ursache **I** bzw. **II** nachzuweisen war. Besprechung der Eigg. von **I** u. **II**. An den Patienten wurden ferner Berufskontaktstoffe (Sirup, Essenzen) ausgetestet u. die Standardteste vorgenommen. (Dermatol. Wschr. **135.** 629—33. 22/6. 1957. Hannover-Linden, Städt. Krankenhaus II.) H. DOSSMANN. 4607

Albert Collier, Sammy Ray und **W. B. Wilson,** *Über die Wirkung bestimmter organischer Substanzen auf Meerestiere.* Vff. untersuchen den Einfl. verschied. organ. Substanzen, die im Meerwasser gelöst oder suspendiert sind u. möglicherweise auf natürliche Weise entstanden sind. Austern (Crassostrea virginica·GMELIN), deren W. *Nicotinsäureamid* (**I**) in Konzz. von 0,42—50,0 p.p.m. zugesetzt wird, zeigen anfangs ein Nachlassen der Pumpgeschwindigkeit, das schließlich zu sofortiger Schalenöffnung u. Einstellen des Pumpens führt. Dabei wirkt **I** nicht als Reizmittel u. kann im Verlauf der Verss. durch frisches Seewasser herausgespült werden. In einer zweiten Versuchsreihe lassen Vff. 0,014 mg *Ascorbinsäure*/Liter auf 38 Tage alte Entenmuscheln (Balanus sp.) einwirken u. beobachten einen sofortigen Anstieg der Paarung. Mit *Glutamat, Glykogen, Methionin* u. *Inosit* werden ähnliche Ergebnisse erhalten. (Science [Washington] **124.** 220. 3/8. 1956. Galveston, Tex., US Fish and Wildlife Serv.) R. LENSCHAU. 4607

T. H. Haley und **W. G. McCormick,** *Pharmakologische Wirkungen nach intracerebraler Injektion bei der unbetäubten Maus.* Bei der Maus wurden verschied. Pharmaka intracerebral injiziert. Die Wrkg. war 20—40mal stärker als bei parenteraler Applikation. Die Maus reagiert auf Alkaloide ähnlich wie der Mensch u. andere Lebewesen u. kann daher zum Vgl. herangezogen werden. Es werden Dauer u. besondere Eigenarten der pharmakol. Wirkungen von *Acetylcholin, Methacholin, Atropin, Hexamethoniumchlorid, Adrenalin,* (+)-*Methylamphetamin, Ergotamin* u. *Ergometrin* bei dieser Applikationsart beschrieben. (Brit. J. Pharmacol. Chemotherapy **12.** 12—15. März 1957.) H. GOHR. 4607

Ernest Beutler, Raymond J. Dern und **Alf S. Alving,** *Die hämolytische Wirkung von Primaquine.* 4. Mitt. *Die Beziehung zwischen Zellalter und Hämolyse.* (3. vgl. C. **1950/54.** 1139 S.) Nach Aderlaß wurden bei einer gegen *Primaquine* (**I**) empfindlichen Versuchsperson die Erythrocyten durch intravenöse $^{59}FeCl_3$-Injektion markiert. So konnte festgestellt werden, daß die Erythrocyten bei einem Alter von 8—21 Tagen gegen **I** völlig unempfindlich waren. Erst bei einem Alter von 63—76 Tagen fielen sie bei erneuter **I**-Verabreichung der Hämolyse anheim. (J. Lab. clin. Med. **44.** 439—42. Sept. 1954.) P. LOCH. 4610

Raymond J. Dern, Ernest Beutler und **Alf S. Alving,** *Die hämolytische Wirkung von Primaquine.* 5. Mitt. *Primaquineempfindlichkeit als Zeichen multipler Heilmittelempfindlichkeit.* (4. vgl. vorst. Ref.) Frühere Unterss. haben die spezif. hämolyt. Wrkg. des Antimalariamittels *Primaquine* (**I**) auf die Erythrocyten einer kleinen Gruppe von Angehörigen stark pigmentierter Rassen gezeigt. In dieser Arbeit untersuchen Vff. die hämolyt. Wrkg. von *Sulfanilamid* (**II**), *Acetanilid* (**III**), *Phenylhydrazin* (**IV**), *Sulfoxon* (**V**), *Phenacetin* (**VI**), *p-Oxyacetanilid* (**VII**), *p-Aminobenzoesäure* (**VIII**) u. *Thiazolsulfon* (*p-Aminophenyl-2-aminothiazol-4-sulfon; Promizol;* **IX**) auf die Erythrocyten „**I**-empfindlicher" u. „n." Individuen. Auf **I**-empfindliche Erythrocyten haben **II** u. **III** eine dem **I** vergleichbar starke Wirkung. **IV, V** u. **VI** zeigen eine etwas schwächere, **VII** u. **VIII** keine hämolyt. Wirkung. **I**-empfindliche Personen werden nach einer durch **II, III** oder **IV** induzierten hämolyt. Anämie gegen anschließende Behandlung mit **I** un- bzw. weniger empfindlich. Auf n. rote Blutkörperchen wirken die vorst. hämolyt. wirksamen Verbb. erst bei stark erhöhter Dosierung. Die Wrkg. von **IX** variiert stark u. scheint von individuellen Faktoren der Versuchspersonen abhängig zu sein. — 13 Literaturangaben. (J. Lab. clin. Med. **45.** 30—39. Jan. 1955. Chicago, Ill., Univ., Army Malaria Res. Unit, Dep. of Med.) H. LAMP. 4610

Ernest Beutler, Raymond J. Dern und **Alf S. Alving,** *Die hämolytische Wirkung von Primaquine.* 6. Mitt. *Ein in vitro-Test der Empfindlichkeit von Erythrocyten gegen*

Primaquine. (5. vgl. vorst. Ref.) Erythrocyten, welche gegen die hämolyt. Wrkg. von *Primaquine* (I) u. anderen Verbb. (vgl. vorst. Ref.) empfindlich sind, zeigen eine merklich vergrößerte Neigung zur Bldg. von HEINZ-Körpern. Vff. entwickeln auf Grund dieser Eig. einen einfachen in vitro-Test zur Erkennung I-empfindlicher Erythrocyten. — 11 Literaturangaben. (J. Lab. clin. Med. **45.** 40—50. Jan. 1955. Chicago, Ill., Univ., Army Malaria Res. Unit, Dep. of Med.) H. LAMP. 4610

Robert J. Atwell und **John A. Prior,** *Allergische Pneumonitis während der Tuberkulosetherapie. 2 Fälle nach p-Aminosalicylsäure.* Vff. referieren zwei Fälle von Hypersensibilität, verbunden mit Fieber, gegen p-Aminosalicylsäure zwischen dem 7. u. 27. Tag der Therapie, die bei Absetzen des Mittels sofort verschwand. (Ann. intern. Med. **42.** 190—97. Jan. 1955. Columbus, O., State Univ., Coll. of Med. Tuberculosis Hosp.) R. LENSCHAU. 4610

Robert G. Shaw und **John A. McLean,** *Chloramphenicol und aplastische Anämie.* 7 Fälle von aplast. Anämien mit teils tödlichem Ausgang (6 Fälle) nach Chloramphenicolverabreichung werden beschrieben. — 26 Literaturangaben. (Med. J. Australia **44. I.** 352—59. 16/3. 1957. Melbourne, Australien, Alfred Hosp.) G. KIMMERLE. 4611

K. Weithaler, P. Wilflingseder und **F. Friza,** *Zur Frage der Ausscheidung von Tetracyclin in die Galle.* Best. der *Tetracyclin* (*Hostacyclin*; I; HÖCHST)-Spiegel in der punktierten Blasengalle nach wiederholter oraler I-Verabreichung bei 28 Patienten mit verschied. Gallenblasenerkrankungen vor der Operation. Selbst chron. Entzündungen der Gallenblase verhindern die Anreicherung von I in der Gallenblase nicht. Die gefundenen I-Konzz. übersteigen meist die minimale bakteriostat. Konz. von 1,02 γ um ein Vielfaches. Art der I-Verabreichung u. I-Dosierung haben offenbar Einfl. auf die Höhe der I-Spiegel. (Klin. Wschr. **35.** 297—300. 15/3. 1957. Innsbruck, Univ., Med. Klin., Chirurg. Klin., u. Staatl. Bakt.-serol. Untersuchungsanstalt.) H. DOSSMANN. 4611

H. Sous, H. Keller, H. E. Kleine-Natrop, W. Krüpe, W. Rothe und **H. Mückter,** *Experimentelle Grundlagen für die Anwendung der Tyrothricin–Xanthocillin-Kombination zur lokalen Behandlung bakterieller Infektionen.* Prüfung der Eignung von *Tyrothricin* (I) in Kombination mit *Xanthocillin* (II) für die lokale Behandlung von Infektionen. Die Oberflächenaktivität von I u. die Schwerlöslichkeit beider Moll. ergänzen sich günstig, Nachw. von Synergismus bis zur Baktericidie. Das I + II-Wirkungsspektr. umfaßt prakt. alle grampositiven u. gramnegativen Bakterien. Schädliche Nebenwirkungen sind nach den Tierverss. nicht zu erwarten. Besprechung der Rezepturen für die verschied. Salben mit I + II-Gehalt. Die Haltbarkeit der Handelspräpp. beträgt 18—24 Monate. Kombinationen von I + II mit *p-Aminobenzoe-* u. *p-Aminosalicylsäureäthylester, Acetonchloroform* u. dem *Polyäthylenoxydäther* des *Dodecylalkohols* können eine mäßige Aktivitätsminderung von I + II bedingen. Konservierungsmittel vom Typ der *p-Oxybenzoesäure* zeigen bei 1% ig. Zusatz keine Interferenzerscheinungen zu I + II. Keine Einschränkung der biol. Wrkg. I + II-enthaltender Präpp. durch *Trypsin.* Hinweis auf die Möglichkeit der Kombination von I + II mit *Hormonen.* (Arzneimittel-Forsch. **7.** 98—103. Febr. 1957. Stolberg/Rhld., Chemie Grünenthal G. m. b. H.) H. DOSSMANN. 4611

W. Wiesend, *Über die Behandlung der fermentativen Pankreasschwäche bei älteren und alten Menschen.* Angabe eines Schemas zur Behandlung der Pankreasschwäche mit *Pankreon* (CHEMOSAN-UNION A.-G., Wien) u. Besprechung der Erfolge. 1 Tablette enthält 5 *Lipase-*, 18 *Amylase-* u. 28-*Trypsin*-Einheiten nach WILLSTÄTTER. Zusätzliche Verabreichung von *Cellulasen* u. *Hemicellulasen* ist bei dieser Therapie nicht notwendig. (Münchener med. Wschr. **99.** 884—88. 14/6. 1957. Wien-Lainz, Städt. Altersheim.) H. DOSSMANN. 4614

E. G. van Proosdij-Hartzema, Paul Janssen und **D. K. de Jongh,** *Substituierte Phenylpropylamine.* 3. Mitt. *Anticholinergische Wirksamkeit von R 55 (2.2-Diphenyl-4-diisopropylaminobutyramid) abgeleiteter quartärer Ammoniumbasen.* (2. vgl. C. **1956.** 13192.) *2.2-Diphenyl-4-diisopropylaminobutyramidmethyljodid* (I) ist ein stark wirksames Parasympathicolyticum u. eines der aktivsten synthet. Atropinersatzmittel: parenteral 4 mal so wirksam wie Atropin (II) als Mydriaticum bei Mäusen, im Lacrimationstest bei Ratten, im Acetylcholinaerosoltest bei Mäusen u. bei SHAY-Ratten (Gastroenterologia [Basel] **5** [1945.] 43). Als Mydriaticum ist I bei Mäusen intravenös doppelt so wirksam als *Propanthelinbromid* (III). Im Unterschied zu verschied. anderen quartären NH_4-Verbb. ist I auch vom Intestinaltrakt aus wirksam (etwa so wirksam wie II u. viel wirksamer als III); DL_{50} (oral)/DE_{50} (mydriat. Wrkg. bei der Maus), I, ca. 100, II ca. 40, III ca. 4. Ein Vgl. der Wirksamkeit des *Methojodids* (I), *Methochlorids, Methobromids* u. *Methosulfats* von *2.2-Diphenyl-4-diisopropylaminobutyramid* durch Messung der Pupillendurchmesser ergab etwa gleiche Aktivität. (Arch. int. Pharmacodynam. Thérap. **103.** 120—28. 1955. Amsterdam-W., Nedchem. Inst. for Pharmaco-Therapeutic Res.; Turnhout, Belgium, Pharmaceut. Labor.) K. MAIER. 4620

Henri Schmitt, *Über die adrenolytische, noradrenolytische und sympathicolytische Wirkung des Dibenzylins (S. K. F. 688 A).* Bei *Dibenzylin (S. F. K. 688 A), N-Phenoxyisopropyl-N-benzyl-β-chloräthylamin* (I), verwandt mit *N.N-Dibenzyl-β-chloräthylamin* (II) einerseits u. den N-substituierten Derivv. des *β-Phenoxyisopropylamins* (III) andererseits, fand Vf. auch die pharmakol. Eigg. gemischt wieder. I wirkte bei Hund u. Katze (Gefäße) u. Katze (Blinzeleffekt) als starkes Adrenolyticum (2—3 mg/kg), weniger starkes Noradrenolyticum (10—11 mg/kg) u. schwaches Sympathicolyticum. (Arch. int. Pharmacodynam. Thérap. **109.** 263—70. 1/2. 1957. Dakar-Fann, Afrique Occid. Française, École de Méd. et de Pharm.) E. PILGER. 4620

Henri Schmitt, *Über die Aufhebung der Wirkungen der chemischen Überträgerstoffe (Adrenalin und Noradrenalin) und der Wirkungen, die bei Reizung der sympathischen Nerven entstehen, durch Phentolamin. Phentolamin (Regitine,* C_{7337}; I) erwies sich bei Hund u. Katze als starkes Adrenolyticum, aber viel schwächeres Noradrenolyticum u. Sympathicolyticum. Bei schwachen Dosen potenzierte I die Wrkg. der elektr. Reizung des Sympathicus, verminderte aber die Wirkungen von *Adrenalin* u. *Noradrenalin,* was in einigem Widerspruch zur Humoraltheorie der Übertragung der nervös-sympath. Beeinflussung steht. (Arch. int. Pharmacodynam. Thérap. **109.** 271—79. 1/2. 1957. Dakar-Fann, Afrique Occid. Française, École de Méd. et de Pharm.) E. PILGER. 4620

T. Berti und **L. Cima,** *Umwandlung und Ausscheidung des Chlorpromazins.* 1. Mitt. (Vgl. C. **1957.** 3882.) Die Ausscheidung von *Chlorpromazin* (I) im Urin wurde an Kaninchen bei verschied. Verabreichungsmethoden untersucht. Die Geschwindigkeit ist bei intravenöser Gabe am größten, endet nach 3—4 Tagen, erreicht jedoch nur ca. 40% des gegebenen I; bei oraler Verabreichung werden entsprechend ca. 25%, bei subcutaner 18%, bei intramuskulärer 13% ausgeschieden. I bleibt somit längere Zeit am tier. Gewebe fixiert. Es wurde jedoch festgestellt, daß durch die colorimetr. ausgewertete Farb-Rk. nicht nur reines I, sondern auch Umwandlungsprodd. erfaßt werden. Durch Papierchromatographie konnten drei Substanzen abgetrennt werden, für die eine Struktur von Leukophenothiazinen oder Phenothiazinsulfoxyden diskutiert wird. Die drei Verbb. zeigen nach Elution u. Oxydation mit 12n H_2SO_4 das gleiche Absorptionsmaximum (532—536 mμ) wie analog behandeltes I; sie enthalten daher wahrscheinlich noch die Seitenkette des I. Zum Vgl. untersuchte bekannte Phenothiazinderivv. zeigten andere λ_{max}- u. R_F-Werte. Im Papierchromatogramm des Urins der mit I behandelten Tiere wurde ferner eine Substanz nachgewiesen, die die Rk. reduzierender Zucker gibt u. nach alkal. Hydrolyse das chromatograph. Verh. des I zeigt; sie stellt vermutlich das Glucuronid des I dar. Es wird daher auch auf eine Entgiftung des I über die Glucuronide der Leukoverbb. geschlossen. (Farmaco [Pavia], Ediz. sci. **11.** 451—61. Mai 1956. Padova, Univ., Ist. di Farmacol.) H.-E. TOUSSAINT. 4620

Otto Nieschulz, Kurt Popendiker und **Irmgard Hoffmann,** *Pharmakologische Untersuchungen über N-Methylpiperazinyl-N'-äthylphenothiazin.* Eingehende Unters. von *P 527 (10-[N⁴-Methylpiperazinoäthyl]-phenothiazin;* I). Festgestellt wurde u. a.: I zeigte schwache Beeinflussung von Blutdruck u. vegetativem Syst. sowie keine Somnolenz erzeugenden Eigenschaften. I-Einfl. auf das sympath. Syst. war etwas stärker, desgleichen auf bestimmte *Adrenalin*-Effekte. Die spasmolyt. I-Wrkg. entsprach etwa dem *Papaverin,* die *Antihistamin*-Wrkg. dem *Diphenhydramin,* die lokalanästhet. dem *Procain.* Die erhöhte Muskelleistung durch *Prostigmin* wurde durch I abgeschwächt. Narkot. Wirkungen durch *Barbitursäure*-Präpp. wurden durch I nicht verstärkt, Äthernarkose nur durch hohe I-Dosen. Analget. Wirkungen von *Morphin, Phenacetin, Aminophenazon, Acetylsalicylsäure* wurden durch I erhöht. Gewisse Einw. von I auf die *Desoxyephedrin*-Wrkg., die *Coffein*- u. *Morphin*-Erregung. Geringe Verminderung der Krämpfe durch *Pentylentetrazol.* Deutlicher Antagonismus gegenüber *Nicotin.* (Arzneimittel-Forsch. **7.** 106—13. Febr. 1957. Hamburg, Chem. Fabrik Promonta.) H. DOSSMANN. 4620

V. Lindaur und **M. Cerhová,** *Beziehung zwischen Chlorpromazin und dem Fettgehalt des Blutserums. Chlorpromazin* (I) vermehrt im Nüchternzustand in Dosen von 1 mg/kg bei Hunden den Serumfettgeh. um 22%. Nach einer Fettmahlzeit wird durch I ein normalerweise nach 4 Std. über 41% hinausgehender Anstieg des Serumfettes verhindert. I verzögert also die Fettresorption, entweder durch Hemmung der Darmmotilität oder durch Einw. auf die Fermentaktivität. (Naunyn-Schmiederbergs Arch. exp. Pathol. Pharmakol. **230.** 174—77. 1957. Pilsen, Physiol. Inst. der med. Fak. der Univ. zu Prag.) U. TAUSENDFREUND. 4620

Jean Delga und **René Hazard,** *Über den Einfluß des Chlorpromazins auf einige Wirkungen des Adrenalins und Noradrenalins beim Hund. Chlorpromazin* (I; 0,6—4 mg/kg) kehrte ebenfalls beim Hund die blutdrucksteigernde Wrkg. des *Adrenalins* (II; bis 20 mg pro kg ingesamt) um u. hob daneben — teilweise auch bis zur Umkehrung — die II-Wrkg. auf den K^+-Blutspiegel auf, während die II-Wrkg. auf den Blutzuckerspiegel erhalten blieb. Durch I ließen sich also die humoralen Wirkungen des II u. die Wirkungen des K^+ u. der Glucose zueinander trennen. Bei *Noradrenalin* trat durch I nur eine Verminderung des Blutdruckes neben einer schnellen Unterdrückung des wenig erhöhten K^+-Blutspiegels ein. (Arch. int. Pharmacodynam. Thérap. **109.** 446—56. 1/2. 1957. Paris, Fac. de Méd., Labor. de Pharmacol.) E. PILGER. 4620

Robert S. Duff und **Jean Ginsburg,** *Antagonismus zwischen Chlorpromazin und Noradrenalin in den Blutgefäßen der Hand.* Durch Plethysmographie wurde die Wrkg. von intraarteriell gespritztem *Chlorpromazin* auf die durch Noradrenalin verengten Handgefäße von gesunden Erwachsenen beobachtet. Vff. stellten fest, daß Chlorpromazin den gefäßkontrahierenden Effekt von Noradrenalin merklich red. u. insofern als Vasodilatator wirkte. (Brit. J. Pharmacol. Chemotherapy **11.** 318—22. Sept. 1956. London, St. Thomas Hosp.) G. MAYR. 4620

Vernon Kinross-Wright und **John H. Moyer,** *Chlorpromazin und Lebertätigkeit.* Bei 1,4% der mit *Chlorpromazin* (I) behandelten Patienten anderer Autoren (vgl. Original) wurde als Nebenerscheinung Gelbsucht beobachtet. 30 phys. Kranke u. 33 psych. Kranke erhalten 2—8 Wochen lang täglich 100 mg I. Während der Versuchszeit werden alkal. Serumphosphatase, Serumbilirubin, Thymoltrübungs- u. Sulfobromphthaleintest, Cephalinflockung u. Urobilinogengeh. im Urin bestimmt. Die Werte der einzelnen Bestimmungen sind für beide Versuchsgruppen gleich u. können nicht zur Diagnose einer gegebenenfalls auftretenden Gelbsucht benutzt werden. 2 Fälle von Gelbsucht als Folge von I oder ähnlichen Präpp. werden anamnest. beschrieben. (A. M. A. Arch. Neurol. Psychiatry **76.** 675—80. Dez. 1956. Houston, Tex., Baylor Univ., Coll. of Med., Dep. of Psych. and Pharmacol.) R. LENSCHAU. 4620

James McC. Murdoch, *Tranquillizer — eine kritische Übersicht.* Es wird eine Übersicht über einige Tranquillizer u. ihre pharmakol. Wrkg. gegeben: Methylpentinol, Chlorpromazinhydrochlorid, Reserpin, Meprobamat u. Benactyzinhydrochlorid. — 35 Literaturangaben. (Pharmac. J. **178** ([4] **124**). 281—83. 20/4. 1957. Edinburgh, Univ.) H. WOLLWEBER. 4627

H. J. Schümann, *Die lokalanästhetische Wirkung von Pyridium. Pyridium, α.α-Diamino-β-phenylazopyridinhydrochlorid* führt bei Cystopyelitiden zu einem Nachlassen der Schmerzen u. schmerzhaften Tenesmen. Es zeigte nach der Meth. von RÉGNIER an der Kaninchencornea eine doppelt so starke Oberflächenanästhesie wie *Cocain.* Im Hautquaddeltest sowie am TÜRKschen Froschpräp. war es ebenfalls wirksam. Eine antiphlogist. Wrkg. fehlte. (Arzneimittel-Forsch. **7.** 74—75. Jan. 1957. Frankfurt/M., Pharmakol. Inst.) E. CARSTENS. 4627

H. Laborit, R. Coirault, R. Damasio, R. Gaujard, G. Laborit, P. Fabrizy, R. Charonnat, P. Lechat und **J. Chareton,** *Über eine neue Möglichkeit der chirurgischen Anästhesie und über den Gebrauch eines die Großhirnrinde dämpfenden Arzneimittels (S.C.T.Z.).* Die in Tierverss. ermittelten pharmakodynam. Wirkungen von S.C.T.Z. (*3-[2-Methyl-4-aminopyrimidyl-(5)-methyl]-4-methyl-5-oxyäthylthiazolchloridhydrochlorid;* LABORS. DEBAT, Paris) werden angegeben. Es besitzt eine die Großhirnrinde dämpfende Eig., die DL_{50} (intravenös, Maus) beträgt ca. 230 mg/kg. Vff. berichten über mehrere Fälle, in denen dieses Arzneimittel als Zusatz zur Narkose u. in der Psychiatrie mit Erfolg angewandt wurde. (Presse méd. **65.** 1051—54. 5/6. 1957. Paris, Pharmacie Centrales de Paris.) G. KIMMERLE. 4627

T. Hirayama, *Über Morphin als Sensibilisierungsstoff beim Kaninchen.* In die Ohrvene von Kaninchen wurde 5mal jeden 2. Tag 1 cm³ einer 2% ig. Lsg. von *Morphium hydrochloricum* in physiol. NaCl-Lsg. injiziert. 17 Tage nach der Sensibilisierung verabfolgte Dosen von 0,5% ig. Morphin führten zu Haut-Rkk., allg. Schock, Veränderungen der Leukocytenzahl u. der Körpertemperatur. Bei 5 nichtsensibilisierten Tieren sanken Leukocytenzahl u. Körpertemp., die vor der Schockinjektion im Mittel 6840 (= 100%) u. 38,1° betrugen, nach der Schockinjektion auf 5600 (81,3%) u. 37,4° absanken. Bei den sensibilisierten Tieren sanken sie von 7160 (100%) bzw. 37,9° auf 5640 (78,6%) bzw. 37,2°. (Tokyo Jikeikai med. J. **71.** 555—57. 1/3. 1956. Tōkyō Jikeikai Ika-Daigaku, Hōigaku-Kyōshitsu. [Orig.: japan.]) F. MOSSNER. 4627

Charles M. Gruber jr., *Vereinigte Toxizität von Morphinsulfat, Nalorphinhydrochlorid und Levallorphantartrat. Nalorphinhydrochlorid* (I) u. *Levallorphantartrat* (II) rufen in letaler Dosis intraperitoneal bei der Maus einen additiven tox. Effekt hervor. I u./oder II schützt die Maus gegen bestimmte Dosen von Morphinsulfat. (Arch. int. Pharmacodynam. Thérap. **103.** 489—94. 15/10. 1955. Indianapolis, Ind., Lilly Labor. for Clin. Res.) H. WOLLWEBER. 4627

W. Feldberg, J. L. Malcolm und **S. L. Sherwood,** *Über die Wirkung von Tubocurarin auf die elektrische Aktivität des Katzenhirns.* Vff. injizieren den mit Pentobarbiton anästhesierten Katzen intraventricular oder cortical *Tubocurarin* (I) u. bestimmen die elektr. Rkk. der Hinrinde, des hinteren Thalamus u. der supramamillaren Teile. Injektionen von 15 μg I bewirken Kontraktion, Schüttelfrost u. krampfartige Muskelversteifungen. Größere Injektionen (200—300 μg) verstärken die Rkk. u. erreichen dabei auch Gebiete, die nicht von den affarenten Nerven berührt werden. Die Wrkg. der corticalen I-Injektionen unterscheidet sich von der intraventricularen nur durch die Dauer. Vff. nehmen deshalb einen I-Einfl. auf subcorticale Gebiete an, um die corticale Rk. auf intraventriculare Injektionen zu deuten. (J. Physiology **132.** 130—45. 27/4. 1956. Mill Hill, London, Nat. Inst. for Med. Res.) R. LENSCHAU. 4628

R. V. Katić, *Erklärung des Wirkungsmechanismus von* D-*Tubocurarinchlorid (1%) bei der Tetanustherapie.* Bei gleichzeitiger Injektion einer mittleren DL Tetanustoxin (I) u. 0,009 mg *D-Tubocurarinchlorid* (II) erkrankten 30% der weißen Mäuse überhaupt nicht, u. 70% erholten sich nach 15—18 Tagen. Wenn I u. II gemischt u. nach 30 Min. injiziert werden, erkranken die Mäuse überhaupt nicht. Vorherige Injektion von II vermag die Mäuse vor einer Infektion durch I nicht zu schützen. Wenn 4 Std. nach der I-Injektion innerhalb von 12 Std. 3mal II injiziert wird, gehen 50% der Mäuse ein, u. 50% erholen sich nach 20—22 Tagen. Die Wrkg. von II dürfte außer in einer vorübergehenden Blockierung der Nervenendigungen auch in einer Zerstörung von I bestehen. II ist daher ein wirksames Antitetanusmittel. (Acta pharmac. jugosl. **6.** 211—18. 1956.) S. BECKMANN. 4628

H. Hille und **H.-J. Teske,** *Über die Wirkung von 2-Methyl-2-oxy-6-aminoheptan (MH) auf Kreislauf und Atmung. 2-Methyl-2-oxy-6-aminoheptan* (I) bewirkt beim Hund bei intravenöser (i. v.) Injektion von 3,0—10,0 mg/kg Blutdruckanstieg mit allmählichem Abfall. Höhere Dosen verursachen teilweise eine biphas. Kurve, niedrigere eine Vergrößerung der Amplitude u. im kleinen Kreislauf ein Absinken des Venendrucks. Auf das Herz wirkt I inotrop. mit Durchblutungszunahme der Coronargefäße u. frequenzsteigernd. Bei Injektionen in die Extremitätenarterien hat I eine adrenalinähnliche Wirkung. Von 0,03—0,2 mg/kg nimmt die Summendurchblutung meist ab, über 5,0 mg/kg nimmt sie immer zu. Die Nierengefäße reagieren mit Constriction, die Durchblutung ist unterschiedlich, i. v.-Injektionen regen die Diurese an. Die Atmung wird teilweise angeregt, die O_2-Aufnahme ist von 1,0—3,0 mg/kg i. v. kurzfristig vermehrt. Der Histaminkollaps wird unter 1,0 mg/kg i. v. nur geringfügig gebessert, darüber sogar ungünstig beeinflußt. In Kombination mit 7-Dioxypropyltheophyllin wirkt I additiv. Im allg. ist die Wrkg. von I am Hund großen Schwankungen unterworfen. Die DL_{50} an der Maus beträgt 1,25 g/kg. (Naunyn-Schmiedebergs Arch. exp. Pathol. Pharmakol. **230.** 142—54. 1957. Heidelberg, Univ., Physiol. Inst.) U. TAUSENDFREUND. 4630

E. Busch und **H. Langecker,** *Die chemischen und pharmakologischen Eigenschaften von 7-[β-Isopropylaminopropyl]-theophyllin. 7-[β-Isopropylaminopropyl]-theophyllinhydrochlorid* (I) ist ein leicht wasserlösl., geruchloser, bitterer Stoff, die 20% ig. Lsg. hat ein p_H von 5,6. Eine Fällung durch Magensaft erfolgt nicht, die Verträglichkeit mit *Hg*-haltigen Präpp. ist gut, *Diamox* wird zu 12,5% gelöst. I läßt sich durch Bromthymolblau nachweisen. Die Verträglichkeit, Resorption u. die Verteilung in den Körperzellen u. über die Schrankenmembranen ist gut. Die Ausscheidung erfolgt bis 40% unverändert. Die therapeut. erwünschten Theophyllin-Wirkungen, wie Coronardilatation u. Diurese, sind bes. ausgeprägt. Es fehlen zentrale Erregung, inotrope Wrkg. auf das Herz u. Frequenzbeschluenigung, es kommt eher zu einer wünschenswerten Verminderung der Herzleistung u. des Zeitvolumens. Vasopressin-Coronarspasmus wird durch I verhindert. Eigenwrkg. auf den Darm liegt nicht vor, der isolierte Uterus wird durch eine Konz. von 10^{-3} I kontrahiert, die Kontraktionswrkg. auf die quergestreifte Muskulatur ist stark abgeschwächt. (Naunyn-Schmiedebergs Arch. exp. Pathol. Pharmakol. **230.** 194—204. 1957. Berlin-West, Schering A.G.) U. TAUSENDFREUND. 4630

H. Jordan, *Cardiovasculäre Wirkungen intravenöser Khellin-Injektionen.* 50 mg *Khelfren* (HEFA-Werne/Lippe [Khellin; puriss.]) ließen nach intraventrikulärer Injektion flüchtige Initialeffekte mit biphas. Absinken des Mitteldruckes u. Frequenzanstieg erkennen. Als längere Wrkg. wird eine Verbesserung der Windkesselelastizität mit Verlängerung der arteriellen Grundschwingung u. Absinken der Pulswellengeschwindigkeit beobachtet, die sich zwischen 5 u. 20 Min. post injectionem manifestiert. Die Befunde sind varianzstatist. gesichert. (Arzneimittel-Forsch. **7.** 82—85. Febr. 1957. Bad Elster, Kliniken der Staatl. Rheuma-Forschungsanstalten.) H. JORDAN. 4630

Otto Nieschulz und **Kurt Popendiker,** *Coronargefäß-erweiternde Wirkungen von Pflanzenextrakten.* Am Meerschweinchenherz nach LANGENDORFF wurden Auszüge von

Crataegus (I), *Satureja montana, Matricaria chamomilla, Origanum vulgare* u. *Hyssopus officinalis* untersucht. Alle Stoffe zeigten eine coronarerweiternde Wrkg., die demnach für I nicht spezif. ist. (Arzneimittel-Forsch. **7.** 142—43. Febr. 1957. Hamburg, Promonta G.m.b.H., Pharmakol. Abt.) H. JORDAN. 4630

Ellen Seidl und **Hilde Starlinger,** *Zur Frage der Wirkung von Crataegus auf Blutmilchsäure und Leistungsfähigkeit. Crataegussäure* (Präp. C_{33}; Fa. BYK-GULDEN, Konstanz) konnten im Rattenschwimmtest u. bei isometr. Muskelkontraktion keine Leistungsverbesserung erzielen. Auch im Amplituden-Frequenz-Prod., im Brenztraubensäure- u. Milchsäurespiegel konnten keine Veränderungen gegenüber den Kontrollen ermittelt werden. Die Befunde sprechen gegen eine Anwendung von Crataegussäuren zur Steigerung der Leistungsfähigkeit des gesunden Menschen. (Int. Z. angew. Physiol. einschl. Arbeitsphysiol. **16.** 303—17. 1956. Dortmund, Max-Planck-Inst. für Arbeitsphysiol.) H. JORDAN. 4630

Hubertus Holtzem, *Tierexperimenteller Beitrag zur Frage der Wirkung von Crataegus oxyacantha L.* Vorl. Mitt. Fütterungsverss. an *Drosophila melanogaster* mit Blättern von *Crataegus oxyacantha* u. *reiner Oleanolsäure* ergaben eine deutliche Steigerung der Vermehrungsquote über 15 Generationen. Eine statist. Signifikanz dieses Ergebnisses ließ sich im Vers. jedoch noch nicht erreichen. (Arzneimittel-Forsch. **7.** 140—41. Febr. 1957. Bonn, Univ., Pharmakognost. Inst.) H. JORDAN. 4630

Joseph Werner und **Alan Knight,** *Einige Beobachtungen über ein neues, orales Diureticum: Mictine.* Die diuret. Wrkg. von *Mictine* (I; *1-Allyl-3-äthyl-6-aminotetrahydropyrimidindion*; G. D. SEARLE CO.) wurde an einer Patientengruppe mit Herzkrankheiten bis zu 12 Monaten beobachtet. Bei vorhandenen Ödemen in $^1/_3$ der Fälle gute Erfolge mit I. Die klin. Anwendung von I ist durch das Auftreten gastrointestinaler Störungen begrenzt. Vgl. der I-Wrkg. mit *Neohydrin, Diamox* u. *Mercuhydrin* (*Merralluride*). (Canad. med. Assoc. J. **76.** 952—54. 1/6. 1957. Montreal, Can., Royal Victoria Hosp., Dep. of Med.) H. DOSSMANN. 4634

H. Auterhoff und **A. Erhardt,** *Tierexperimentelle Untersuchungen zur Frage der Testung von Wurmmitteln. 2.4-Dioxydesoxybenzoin,* das sich in vitro als wirksam gegenüber Schweineascariden gezeigt hatte, war im Tiervers. an der Katze bei Befall mit Spulwurm, Bandwurm u. Hakenwurm bei schlechter Verträglichkeit nur sehr bedingt wirksam. (Arzneimittel-Forsch. **7.** 143. Febr. 1957. Tübingen, Univ., Pharmazeut.-Chem. Inst., u. Brackwede, Asta-Werke A.G.) H. DOSSMANN. 4649

F. Ferrari, *Die Ionenaustauschharze in der Therapie der menschlichen Haut.* Überblick über die Eigg. der menschlichen Haut, die Bedeutung u. Zus. der therapeut. Präpp. mit Zusatz von Ionenaustauschharzen (in saurer u. bas. Form), deren Anwendung u. Wrkg. auf die Haut. — 5 Literaturzitate. (Boll. chim. farmac. **94.** 156—60. April 1955.) G. PLATZER. 4661

Edwin L. Prien und **Burnham S. Walker,** *Versuche zur Urolithasis.* 4. Mitt. *Harnglucuronide und Calciumphosphat.* (3. vgl. C. **1957.** 1228.) Da die Löslichkeit von *Ca-Salzen* durch *Glucuronide* (I) erhöht wird, werden *Acetylsalicylsäure* u. *Salicylamid* daraufhin geprüft, ob sie die Ausscheidung von I erhöhen. Vff. berichten über gute Erfolge bei Patienten mit Ca-haltigen Steinen, denen Aspirinkapseln verabfolgt wurden. (J. Urology **74.** 440—46. Okt. 1955. Boston, Mass., Boston Univ., School of Med.) R. LENSCHAU. 4670

R. Marsboom und **M. Brodsky,** *Ein akuter Vergiftungsfall beim Vieh durch Xylol.* Für Tauchbäder zur Desinfektion von Rindern wurde das Prod. „*Gy Ben*" (*Hexidol*; GEIGY, USA) in 1°/₀₀ig. Konz. benutzt; es enthält 26,2% verschied. Isomere von *Benzolhexachlorid,* 59% *Xylol* (I) u. 14,8% neutrale Stoffe. Einige Std. nach dem Tauchen verendete ein Jungtier, u. mehrere Tiere zeigten epilept. Symptome, die auf das Einatmen von I-Dämpfen zurückzuführen waren. (Bull. agric. Congo belge **48.** 101—04. Febr. 1957. Kitega, Service Vétérinaire de la Colonie.) H. DOSSMANN. 4675

H. Kewitz, *Die Wiederherstellung der Cholinesteraseaktivität bei der Alkylphosphatvergiftung durch ein spezifisches Antidot.* Mit ca. $^1/_3$ der minimal tödlichen Dosis von *N-Methyljodid* des *Pyridin-2-aldoxims* (PAM) überleben Mäuse die Injektion einer sicher tödlichen Dosis *Mintacol* (E 600) oder *Diisopropylfluorophosphat* (DFP), wobei das Antidot wenige Min. nach Applikation des Alkylphosphats gegeben werden muß. In der Kombination von PAM mit Atropin, wobei letztes 30 Min. vorher in einer allein unwirksamen Dosis gespritzt wird, können ca. 50% der Tiere bis zum 19fachen der DL_{50} von DFP u. alle Tiere gegen das 15fache der DL_{50} von Mintacol geschützt werden. Gegen *Octamethylpyrophosphorsäureamid* (OMPA) hat PAM keine sichere Antidotwirkung. (Klin. Wschr. **35.** 521—26. 15/5. 1957. Berlin, Freie Univ., Pharmakol. Inst.) K. F. MÜLLER. 4675

Paul Holtenius, *Nitritvergiftung beim Schaf mit besonderer Berücksichtigung der Nitritentgiftung im Rumen.* Die tödliche NO_3^- (I)-Dosis für Rinder beträgt 1 g KNO_3/kg Körpergewicht, für Schafe 0,67 g u. mehr. Der Umfang der Methämoglobin (II)-Bldg. u. der Ausgang der Nitritvergiftung hängen, außer von der aufgenommenen I-Menge, von der Qualität des Futters ab. Bei adäquater Fütterung wird wenig oder kein II gebildet, da I nur in geringer Menge zu NO_2^- (III) red. wird. Bei inadäquater Fütterung wird auch zugeführtes III schwerer entgiftet. Veränderte, anomale p_H-Werte des Rumeninhaltes führen zu III-Anhäufung nach I-Zufuhr. Procain-Penicillin beschleunigt den III-Abbau. Ebenso eignet sich dafür eine Fraktion des Rumeninhaltes, die aus feinverteilten Pflanzenpartikelchen — befreit von den Rumenbakterien — besteht. Diese Fraktion ist bei gutgefütterten Tieren bedeutend. Glucose, Fructose, Lactat, Brenztraubensäure u. Glykokoll stimulieren die III-Entgiftung, III verhindert die CO_2-Produktion im Rumen u. die Bldg. flüchtiger Fettsäuren. (Acta Agric. scand. **7.** 113—63. 1957. Stockholm, Royal Veterinary Coll., Dep. of Cattle and Sheep Dis.) L. WEINMANN. 4675

Th. Bersin, *Bleihaltige Kraftstoff-Abgasegifte.* Unter Verwendung der einschlägigen Literatur (43 Literaturangaben) wird das Thema unter dem Gesichtspunkt der Lufthygiene abgehandelt. (Vitalstoffe Nr. 2. **1957.** 55—60. Sept. St. Gallen.) O. POLLAK V. EMHOFEN. 4680

H. Lüchtrath, *Über die Silicogenität verschiedener Staubarten im Tierversuch.* Nach der KINGschen Meth. (modifiziert) werden 3 Abkömmlinge der kristallinen Kieselsäure (Quarz [I], Tridymit [II] u. Cristobalit [III]) je 3 Gruppen von ca. 20 Ratten intratracheal injiziert; jede Ratte erhält 50 mg Staub, dessen Korngröße unter 2 μ lag. Im Abstand von 1 Monat wurden die Tiere getötet u. die Lungen makroskop. u. histolog. untersucht. II u. III rufen danach bei geeigneter Dosierung Staublungenveränderungen hervor, die der durch I erzeugten Lungenfibrose bei Ratten entsprechen. II u. III bewirken die Staubveränderungen in einer wesentlich kürzeren Zeit als I. In RINGER-Lsg. zeigten II u. III in den ersten Wochen eine stärkere Löslichkeit als I. Mit Mullit ($3\,Al_2O_3$–$2\,SiO_2$) konnten in derselben Versuchanordnung bei Ratten keine Veränderungen im Sinne einer Lungenfibrose erzeugt werden. (Verh. dtsch. Ges. Pathol. **38.** 197—202. 1955. Bonn, Univ., Pathol. Inst.) H. ZELLER. 4681

F. Pharmazeutische Chemie. Desinfektion.

H. Schindler, *Die Inhaltsstoffe von Heilpflanzen und Prüfungsmethoden für pflanzliche Tinkturen. Zugleich Beiträge zu einem Ergänzungsbuch für das Homöopathische Arzneibuch.* 48.—51. Mitt. (47. vgl. C. **1957.** 12834.) Behandelt werden Oleander, Passiflora incarnata, Phytolacca und Plantago major. (Arzneimittel-Forsch. **5.** 351—53. Juni. 491—92. Aug. 551—52. Sept. 664—66. Nov. 1955. Karlsruhe, Firma Dr. Willmar Schwabe.) W. BARZ. 4750

Jose Maria Suñé Arbussá, *Die XV. Ausgabe der amerikanischen Pharmakopoe.* Vgl. zwischen der XIV. u. XV. amerikan. Pharmakopoe vom Standpunkt der span. Pharmazie aus mit Hinweis auf neu aufgenommene u. auf ausgemerzte Präparate. — 51 Literaturangaben. (Medicamenta [Madrid] **8** (**16**). Nr. 142. 337—43. 27/12. 1956. Barcelona, Cátedra de Farmacia Gálenica.) HEINRICH HERMANN. 4750

Friedrich Dobler, *Der Fimus als Wärmequelle in der alten Pharmazie.* Digestionen, Putrefaktionen u. sogenannte Fermentationen wurden in früheren Jahrhunderten oft „in fimo" (latein. = Roßmist) ausgeführt. Vf. untersucht nach GESSNER („Thesaurus") hergestellte Mischungen von Roßmist u. Haferstroh hinsichtlich der auf den Bakterienstoffwechsel zurückgehenden Wärmeentwicklung. Es wurden zwei Messungen ausgeführt (je 56 Tage). Die Höchsttemp. betrug ca. 42°. Um eine konstante Temp. von 40° zu halten, muß der Fimus alle fünf Tage gewechselt werden. Digestionen lassen sich auf diese Weise durchaus durchführen. (Pharmac. Acta Helvetia **32.** 66—74. Febr. 1957. Beilage zu: Schweiz. Apotheker-Ztg. Zürich.) H.-D. QUARTA. 4750

Nouri Y. Mary, Richard H. Bohning und **Jack L. Beal,** *Notiz über den Einfluß des Vitamin B_{12} auf den Gehalt des Ricinusöles an ungesättigten Fettsäuren.* Ricinuspflanzen werden aus Samen in Sandkulturen gezogen. Der Nährlsg. wurden 0,5—10 mg *Vitamin B_{12}* (I)/Liter Nährlsg. zugesetzt. Aus den nach 6 Monaten geernteten Samen wurde das Öl extrahiert u. die JZ. des Öles bestimmt. Ein Einfl. des I auf die JZ. des Ricinusöles konnte nicht festgestellt werden. (J. Amer. pharmac. Assoc., sci. Edit. **45.** 347. Mai 1956. Columbus, O., Ohio State Univ., Coll. of Pharmacy and Dep. of Bot. and Plant Pathol.) H. P. FIEDLER. 4782

Fritz Kemper und **Arnold Loeser,** *Untersuchungen zur Gewinnung antihormonal wirksamer Inhaltsstoffe aus Lithospermum officinale.* Die Gewinnung der Inhaltsstoffe von *Lithospermum officinale* (Steinhirse), die antithyreotrope u. antigonadotrope Wrkg. besitzen, wird im einzelnen beschrieben. Vff. empfehlen ein verbessertes, vereinfachtes Verf., das darin besteht, daß die frisch geernteten Pflanzen ohne vorherige Trocknung bei hohem Druck (350 at) ausgepreßt u. das Filtrat nach Einengen im Vakuum der. Gefriertrocknung unterworfen werden. Das erhaltene Trockenpulver erwies sich im biol. Vers. als sehr wirksam. (Arzneimittel-Forsch. **7.** 81—82. Febr. 1957. Münster, Univ., Pharmakol. Inst.) E. THEILE. 4782

Sankara Subramanian, *Überblick über die Anthrachinonverbindungen in Flechten.* Übersicht über die bisher in Flechten gefundenen Antrachinonverbb., ihre Konst. u. die Theorie ihrer Biogenese. — 23 Literaturangaben. (J. Amer. pharmac. Assoc., sci. Edit. **44.** 769—76. Dez. 1955. Seattle, Wash., Univ. of Washington, Coll. of Pharmacy.) F. V. GIZYCKI. 4782

E. Steinegger und **G. Phokas,** *Die Alkaloide der griechischen Belladonnawurzel.* Nach Unters. der bisher bekannten Methoden der Papier- u. Säulenchromatographie für *Solanaceenalkaloide* u. Drogenextrakte wurden mit Gemischen reiner Alkaloide neue Verff. (Cellulosepulver u. Essigester, mit HCOOH gesätt.) ausgearbeitet, mit denen aus der griech. *Belladonna*-Wurzel (aus dem Gebiet des Athos u. des Olymps) *Hyoscyamin, Scopolamin, Apoatropin, Belladonnin* u. *Cuskhygrin* (*Bellaradin*) isoliert u. identifiziert wurden. Alkal. behandelte Extrakte enthielten infolge Verseifung auch *Tropin* u. *Scopolin.* Für ein neu nachgewiesenes Alkaloid wird der Name *Hellaradin* vorgeschlagen. — 55 Literaturhinweise. (Pharmac. Acta Helvetiae **31.** 284—97. Mai 1956. Beilage zu: Schweiz. Apotheker-Ztg. Bern. Univ., Pharmazeut. Inst., Pharmakognost. Abt.) W. SCHULENBURG. 4782

Flavio Mattu und **Mario Alquati,** *Untersuchungen über die Rauwolfia-Alkaloide. Verhalten gegen Hydroxylamin und p-Toluolsulfonchloramid. Reserpin* (I) geht mit Hydroxylammoniumchlorid in alkoh. KOH bei leichtem Erwärmen eine heftige Rk. ein; nach Ansäuern der Lsg. mit HCl wird durch Zugabe von $FeCl_3$ die rotviolette Färbung eines Fe-Reserpinhydroxamsäurekomplexes erhalten. Die äußerst empfindliche Farb-Rk. (λ_{max} 5200 Å) scheint zum Nachw. von **I** geeignet. Mit HNO_3 liefert **I** eine rote Färbung, die alsbald über blau nach gelbrot umschlägt. Nach kurzem Erwärmen von **I** in Chlf. mit einer wss.-alkoh.-ammoniakal. Lsg. von Na-N-Chlor-p-toluolsulfonamid u. 24std. Stehen wurden drei Substanzen mit den FF. 87—89°, 118—124° u. 135—138° (A.) erhalten, deren alkoh. Lsgg. intensiv grüne Fluorescenz zeigen. Die Lsgg. von **I** in Chlf. nehmen bei mehrtägigem Stehen im Sonnenlicht, weniger intensiv auch im Dunkeln, eine rotbraune Färbung an; neben den Absorptionsmaxima bei 215, 246 u. 269 mμ tritt dann ein weiteres bei 395 mμ auf. (Boll. chim. farmac. **96.** 99—105. März 1957. Milano, Extracta di Sesto S. Giovanni, Labor. Chim.) H.-E. TOUSSAINT. 4782

José María Suñé Arbussa und **José Cemeli Pons,** *Die Polyäthylenglykole in der Pharmazie.* Übersicht mit 69 Literaturangaben. (Medicamenta [Madrid] **8** (**16**). Nr. 138. 167—72. 4/10. 1956. Barcelona, Cátedra de Farmacia Galéncia.) M. REIHER. 4786

José María Suñé Arbussa, *Betrachtungen über Farbstoffe für pharmazeutischen Gebrauch.* Übersicht über die in Spanien zur Färbung von Medikamenten zugelassenen Farbstoffe. Es sind dieselben, die auch zur Färbung von Lebensmitteln erlaubt sind (vgl. VERDEJO VIVAS, C. **1957.** 10083). Dazu kommen für äußerlich anzuwendende Medikamente $CaCO_3$ u. $CaSO_4$, TiO_2, gelbe, braune, rote u. schwarze Oxydationsprodd. des Fe, sowie Au, Ag u. Al. (Farmac. nueva **22.** 53—57. Febr. 1957. Barcelona, Univ., Cátedra de Farmacia Galenica.) HEINRICH HERMANN. 4786

Casildo Martinez Crespo, *Verbandwatte und ihre Verfälschungen.* Viscosefasern bleiben in W. starr, während Wollfasern sich kräuseln. Erstere färben sich mit JCl rotviolett u. zeigen im polarisierten Licht charakterist. Unterschiede gegenüber Baumwollfasern. Ferner unterscheiden sich beide durch ihre Fähigkeit, W. festzuhalten, die Zus. ihrer Asche u. die Länge ihrer Fasern. (Medicamenta [Madrid] **8** (**16**). Nr. 142. 344—45. 27/12. 1956. Madrid, Hospital Provincial.) HEINRICH HERMANN. 4794

Georg Otto, *Neue Arzneimittel und Spezialitäten. Adigal* (BEIERSDORF & CO AG., Hamburg): Krist. Lanatosid A. Dragees zu 0,2 (mg), Ampullen zu 0,4. — *Apiserum* (Vertrieb: G. LEINBERGER, Lindau): Futtersaft der Bienenkönigin in Trinkampullen. — *Aristogyn* (NORDMARKWERKE GMBH., Hamburg): Wasserlösl. Salbe mit 5% Aristamid. Fluormittel. — *Benzodioxan-Nordmark* (Hersteller wie vorst.): Piperidylmethylbenzodioxanhydrochlorid, Ampullen zu 20 mg zur Differentialdiagnose von Phäochromocytomen u. Paraganglionen. — *Bufomarin* (HORVI-CHEMIE, Hilden/Rhld.): Reintoxin der Kröte Bufo marinus. Gegen Dyspnoe, Hypotonie, pectanginöse Schmerzen. — *B-Zwölf-oral* (NORDMARKWERE GMBH., Hamburg): Tabletten mit 7,5 Vitamin B_{12} + intrinsic

factor. — *Corsedan*, neuer Name für *Cordal*. — *Cortone* (MERCK & CO. INC., Rahway, Vertrieb KNOLL AG., Ludwigshafen): Tabletten zu 25 mg Cortison. — *Corvagin* (DRONANIA-FABRIK, Godesberg): enthält Crataegus, Cactus, Convallaria, Kalmia, Spartium, Viscum, Valeriana, Potentilla, Arnica, Millefolium, Melissa, Ruta, Rosmarinus, Levisticum. — *Curotect* (CUROTECT KG. SCHWABE & CO., Berlin): Verbandstoff mit 2 Schichten verschied. Saugfähigkeit. — *Erycin Schering* (SCHERING AG., Berlin): Ampullen mit 250 mg Erythromycin (als Glucoheptonat). — *Eusovit-Dragees* (HORMO-PHARMA, Berlin): enthalten Vitamin B_{12}, intrinsic factor, Folsäure, Fe, Glutaminsäure, Cholin, Leberextrakt, Vitamin B, C u. Spurenelemente. — *Farmatest* (FARMARYN-GESELLSCHAFT, Berlin): Tabletten zu 0,1 (mg) Dienöstroldiacetat u. 2 Methyltestosteron. — *Feminon* (J. REDEL, Baden-Baden): Pulsatilla, Agnus castus, Chelidonium, Ovarialextrakt in homöopath. Dosen. Tropfen u. Elixier. — *Flavol-Abführdragees* (JOHANN G. W. OPFERMANN & SOHN, Berg. Gladbach): Aloe, Rheum, Jalapa, Frangula, Carragheen. — *Floracid* (BIOCHEMIE KADE GMBH., Aulendorf): Joghurtkonzentrat gegen Verdauungsstörungen bei Tieren. — *Furacin-Streusol* (C. F. BOEHRINGER & SOHN, Mannheim): enthält 0,2% 5-Nitro-2-furaldehydsemicarbazon. Lokales Antibioticum. — *Hydrocortone* (MERCK & CO. INC., Rahway, Vertrieb KNOLL AG., Ludwigshafen): Hydrocortison. Tabletten zu 20 mg, Suspension 25 mg/cm³, Salbe 1% u. 2,5%, Augensalbe 1,5%, Augentropfen 0,5 u. 2,5%. — *Ipharon* (CURTA & CO. GMBH., Frankfurt-Fechenheim): Dragees mit 25 (mg) des Theophyllinsalzes des 1.4-Dihydrazinophthalazin u. 1 Rauwolfiagesamtalkaloide. Indikation: Hypertonie. — *Much-Leberpillen* (PROF. DR. MUCH AG., Bad Soden/Taunus): enthalten Extractum Felis suis 80 mg u. vegetabil. Laxantien. — *Norpheparin-Salbe* (NORDMARK-WERKE GMBH., Hamburg): enthält 20000 I. E./% Heparin. — *Rulun forte* (GEBR. GIULINI GMBH., Ludwigshafen): Dragees mit Jodglutinat 100 (mg), Theophyllin 50, Calcium phenyläthylbarbituricum 15, Ca-Salicylat, 50 Reserpin 0,1. — *Strophanon* (ARZNEIMITTELFABRIK HÜLS DR. A. HENSE, Hüls bei Krefeld): Dragees mit 1 mg g-Strophanthin, ferner Campher, Convallaria, Crataegus u. Chlorophyllin. (Dtsch. Apotheker-Ztg. **95**. Nr. 15. Beilage Neue Arzneimittel u. Spezialitäten Nr. 4. 17—20. 14/4. 1955. Berlin.)
A. HOTZEL. 4800

M. Roggero und **A. Pedrazzoli**, *Neue Arzneimittel 1956*. Übersicht über Struktur, Wirkungsweise u. therapeut. Anwendung von: α-[Piperidyl-(4)]-benzhydrolhydrochlorid, Benzilsäurediäthylaminoäthylesterhydrochlorid, L-3-Methoxy-10-[3′-dimethylamino-2′-methyl]-propylphenothiazinmaleat, N-Phthaloylglutimid, 2-Amino-5-chlorbenzoxazol, DL-6-Piperidino-4.4-diphenylheptanon-(3)-hydrochloridmonohydrat, 1-[p-Aminophenyläthyl]-4-phenylisonipecotinsäureäthylester, 3-[α-Naphthyl]-4-oxycumarin, N^1-p-Toluolsulfonyl-N^2-n-butylharnstoff, 2.5-Diäthylenimino-3.6-di-n-propoxybenzochinon-(1.4), 3-Methylaminoisocamphanhydrochlorid, β-Diäthylamino-β′-N-pyrrolidinodiäthylätherbis-methojodid, N-[γ-Trimethylammoniumpropyl]-N-methylcamphidinium-bis-[methylsulfat], N-Methyl-N-[6-cyan-6.6-diphenylhexyl]-N-[morpholinoäthyl]-amin-bis-[methochlorid], N-Methyl-N-[5-cyan-5.5-diphenylpentyl]-N-[morpholinoäthyl]-amin-bis-[methochlorid], p-n-Butylaminobenzoesäurenonaäthylenglykolester-ω-methyläther, 3-Piperidino-1.1-diphenylpropanol-(1)-hydrochlorid, N-[Xanthyl-(9)-äthyl]-methylpiperidiniumbromid, 1-Methyl-3-benziloyloxychinuclidiniumbromid, 3-[2-Oxy-3-(D-glucopentaoxyhexylmercaptomercuri)-propyl]-D-mannit, Thiophen-2-carbonsäure-γ-[2.5-dimethylpyrryl-(1)]-propylester, 4-Diphenylyläthylessigsäure, 1.1.1-Trifluor-2-chlor-2-bromäthan, 7-Oxyflavonyl-(7)-essigsäureäthylester, α-[Piperidyl-(2)]-benzhydrolhydrochlorid, β-[3.4-Dioxyphenyl]-β-oxy-α′-methyl-β′-[3.4-methylendioxyphenyl]-diäthylaminhydrochlorid, α-Brom-α.β-diphenyl-β-[p-äthylphenyl]-äthylen. — 54 Literaturangaben. (Boll. chim. farmac. **96**. 61—74. Febr. 1957. Milano, Ist. Sieroterapico S. Belfanti, Labor. di Chim. Terapeut.)
H.-E. TOUSSAINT. 4800

F. J. Bandelin und **J. V. Tuschhoff**, *Ascorbinsäurehaltiger Sirup*. Inhaltlich ident. mit der C. **1956**. 1968 referierten Arbeit. (Medicamenta [Madrid] **7** (**13**). Nr. 112. 189—90. 4/4. 1955.)
M. REIHER. 4808

William F. Elias, *Die Herstellung von Depotpräparaten der Antibiotica*. Nach einer kurzen Übersicht über die Entw. der Penicillindepotpräpp. wird speziell das *Benzathinepenicillin*, das schwerlösl. *N.N′-Dibenzyläthylendiaminsalz*, beschrieben. — 26 Literaturangaben. (Chem. Products chem. News **18**. 338—40. Sept. 1955. Wyeth Labors. [U. S. A.], Inc.)
K. MAIER. 4810

Ricardo Fernandez und **Suarez Barcena**, *Wasserreinigung. Bestimmung des Chlorverbrauchs von Wasser*. Mehrere Proben des für pharmazeut. Verwendung zu untersuchenden W. werden mit steigenden Mengen von Chlorwasser versetzt u. der Cl-Verbrauch nach Rücktitration mit KJ/Stärke berechnet. (Medicamenta [Madrid] **7** (**13**). Nr. 112. 178—79. 4/4. 1955.)
M. REIHER. 4880

J. Büchi und **R. Alther**, *Die Gehaltsbestimmung der Salpetrigsäure- und Salpetersäureester.* 1. Mitt. Die Meth. der Pharmakop. Helv. V zur quantitativen Best. von gelöstem *Nitroglycerin* (I) gibt durch Miterfassung durch spontane Zers. gebildeter Nitrationen falsche Werte. Beschreibung einer einwandfreien Meth. mit getrennter Best. des aus einer 20% ig. NaCl-Lsg. mit Chlf. ausgeschüttelten HNO_3-Esters u. von freier HNO_3 in der wss. Phase durch Verseifen u. Titration der zu NH_3 red. NO_3-Ionen mit Methylrot + Methylenblau als Indicator. Dieses Verf. bewährte sich bei verschied. Zubereitungen von I, *Erythrittetranitrat, Pentaerythrittetranitrat* u. *Mannithexanitrat*, deren wichtigste Eigg. angegeben werden. (Pharmac. Acta Helvetiae **31**. 121—39. März 1956. Beilage zu: Schweiz. Apotheker-Ztg. Zürich, ETH, Pharmazeut. Inst., Pharmazeut.-Chem. Abt.) W. SCHULENBURG. 4880

J. Büchi und **R. Alther**, *Die Gehaltsbestimmung der Salpetrigsäure- und Salpetersäureester.* 2. Mitt. (1. vgl. vorst. Ref.) Angaben über die Eigg. von *Äthyl* (I)-, *Amyl* (II)- u. *Octylnitrit* u. Kritik der offizinellen Methoden zur Best. des Geh. von I u. II. Bei der Best. von II nach der Ph. Helv. V mit $HClO_3$ empfiehlt sich als Lösungsm. Aceton statt A., der, zu Aldehyd oxydiert, $HClO_3$ teilweise zu HCl reduziert. Die für HNO_3-Ester vorgeschlagene getrennte Best. von verseiftem u. nichtverseiftem Anteil hat sich bei HNO_2-Estern nicht bewährt. Es empfiehlt sich, die Gesamtmenge der freien HNO_2 u. der Ester zu bestimmen u. hiervon die acidimetr. ermittelte freie HNO_2 abzusetzen. Der Geh. an Estern ist also nur indirekt bestimmbar. (Pharmac. Acta Helvetiae **31**. 357—66. Juli/Aug. 1956. Beilage zu: Schweiz. Apotheker-Ztg.) W. SCHULENBURG. 4880

František Sokol, *Colorimetrische Bestimmung von Trypaflavin.* Zur quantitativen *Trypaflavin* (I)-Best. in wss. Lsgg. u. in Fll. nach Ausfällung des Grippevirus bzw. in der überstehenden Lsg. (im Verlaufe der Reinigungsaufarbeitung von Grippeviren anfallend) entwickelt Vf. neue colorimetr. Bestimmungsmethoden, wobei die Absorption der aus diazotiertem I u. der mit *N-[Naphthyl-(1)]-äthylendiamin* (II) durch Kopplung entstandenen Verb. mit dem COLEMAN-Spektralphotometer im Bereich 400—700 mμ gemessen wurde. Das Kopplungsprod. wurde in 3 Stufen wie folgt hergestellt: Diazotierung von I mit $NaNO_2$ + HCl; Beseitigung des $NaNO_2$-Überschusses mit NH_4-Sulfamat; Kopplung mit II. Alle Vorgänge wurden bei tiefer Temp. u. im salzsauren Milieu vorgenommen. Die Messung erfolgte 15 Min. nach Zugabe von II zur Probe. Das Absorptionsmaximum lag bei 550 mμ; die untere Erfassungsgrenze für I nach dieser Meth. bei 0,2 γ/ml. (Chem. Zvesti **9**. 489—93. Okt. 1955. Bratislava, Virol. úst. ČSAV.) H. HRUSCHKA. 4880

C. Stainier, Ch. Lapière und **S. de Tiège-Robinet**, *Barbiturate. Nachweis und Bestimmung in pharmazeutischen Präparaten.* Übersicht über den qualitativen Nachw., die qualitative u. quantitative Abtrennung (mittels Chromatographie u. Papierchromatographie) sowie die quantitativen Bestimmungen von Barbituraten. — 53 Zitate. (Ann. pharmac. franç. **14**. 384—98. Mai. 476—92. Juni 1956. Liège, Univ., Inst. de Pharmacie, Labor. d'Analyse des Médicaments.) H. WOLLWEBER. 4880

Zdenka Kieflin und **Klara Šumanović**, *Die Bestimmung von Histaphenmaleat, Hexobarbiton und Äthyl-p-aminobenzoat in Mischung mit Scopolaminhydrobromid. Die Anwendung der Titration in nichtwässerigem Medium.* Zur Best. von *p-Aminobenzoesäureäthylester* (I), *Hexobarbiton* (*N-Methylcyclohexenylmethylbarbitursäure*; II) u. *Histaphenmaleat* (III) in *Aeroson*-Dragees (Hersteller: PLIVA, Zagreb) in Ggw. von Scopolaminhydrobromid werden I u. II durch 7malige Extraktion mit warmem Ae. u. Filtrieren abgetrennt. Nach dem Abdest. des Ae. wird I in eisgekühlter HCl-Lsg. mit 0,1 n $NaNO_2$-Lsg. titriert (Indicator: Jodzink–Stärke-Paste). Zur Best. von II wird in Dimethylformamid gelöst u. in Ggw. von Thymolblau mit Na-Methylat titriert; der für das Lösungsm. ermittelte Blindwert wird abgezogen. Der in Ae. ungelöste Rückstand wird mit heißem absol. Methanol extrahiert, zur filtrierten Lsg. Bzl. zugegeben u. III mit 0,1 n Na-Methylat u. Thymolblau als Indicator titriert. (Acta pharmac. jugosl. **6**. 191—96. 1956. Zagreb, Analit. labor. „Pliva".) S. BECKMANN. 4880

Momčilo St. Mokranjac, Sava Radmić und **Danilo Soldatović**, *Nephelometrische Bestimmung von Alkaloiden.* Die Minimal- u. Maximalkonzz. von Alkaloiden in γ/3 cm^3 Lsg., die nephelometr. mit den Reagentien von SONNENSCHEIN, BERTRAND, SCHEIBLER, MAYER, MARMÉ u. MAYER-VALSER (die nachst. Werte in dieser Reihenfolge) nachgewiesen werden können, betragen für *Morphin* 100/400, 150/300, 200/400, 500/—, 2000/—, 400/600; *Papaverin* 50/400, 300/600, 50/350, 20/300, 40/—, 70/150; *Kodein* 40/150, 70/400, 40/250, 120/200, 1000/1500, 20/100; *Apomorphin* 50/500, 100/500, 75/200, 100/250, 250/400, 50/200; *Dionin* 70/200, 70/400, 50/700, 90/200, 1000/1300, 80/200; *Strychnin* 50/200, 75/300, 300/700, 20/200, 115/400, 80/200; *Brucin* 60/300, 100/800, 100/250, 30/150, 150/250, 100/300; *Atropin* 10/70, 20/100, 20/100, 5/100, 200/700, 5/30; *Hyoscyamin* 80/250, 100/600, 80/400, 100/250, 1500/5000, 80/200; *Scopol-*

amin 50/200, 70/300, 40/400, 200/400, —, 80/200; *Cocain* 40/150, 50/400, 50/300, 20/75, 150/300, 40/80; *Novocain* 20/200, 25/200, 30/300, 150/400, —, 50/80; *Physostigmin* 40/120, 70/450, 30/200, 50/150, 800/1200, 30/100; *Nicotin* 25/250, 50/300, 50/400, 75/200, —, 150/200; *Veratrin* 400/700, 500/1200, 150/1000, 150/500, 300/1500, 200/500; *Chinin* 70/200, 100/600, 60/250, 5/50, 100/250, 5/50; *Conicin* 150/500, 400/1000, 500/1500, 1500/—, —, 600/700; *Colchicin* 30/200, 1000/1500, 1000/3000, 300/500, —, 100/300; *Yohimbin* 100/400, 150/400, 50/250, 70/250, 70/250, 100/300; *Coffein* 30/100, 150/400, 5/80, —, —, 2000/10000. Als allg. Reagens für die nephelometr. Best. der Alkaloide ist ein folgendermaßen modifiziertes SONNENSCHEIN-Reagens bes. geeignet: 5 g Phosphormolybdänsäure werden mit etwas W. angerieben u. in 40%ig. NaOH gelöst (p_H 8—10). Man dampft bis zur sirupösen Konsistenz ein u. füllt mit HNO_3 (D. 1,20) auf 50 cm³ auf; vor Gebrauch wird mit W. 1:3 verdünnt. (Acta pharmac. jugosl. **7.** 29—32. 1957. Belgrad, Farmac. fak., Inst. za toksikol. hemiju.) S. BECKMANN. 4880

A. Bettschart und **H. Flück**, *Verteilungschromatographie von Alkaloiden, besonders von Opiumalkaloiden, in gepufferten Systemen.* 1. Mitt. Die Grundlagen der Verteilungschromatographie (VCh), aus denen abgeleitet wird, daß Alkaloide ähnlicher Löslichkeit auf Grund eines unterschiedlichen pK_B-Wertes (K_B = Dissoziation der Base) bei geeignetem p_H unterschiedliche Verteilungskoeffizienten haben u. somit durch VCh trennbar sind, u. die Beziehungen zwischen deren beiden Haupttypen, der Papier- u. der Säulenchromatographie werden dargelegt. Verss. befassen sich bes. mit dem Einfl. verschied. Puffer u. Lösungsmittel auf die Trennmöglichkeiten von Opiumalkaloiden, wobei die Erfahrungen auf die Säulenchromatographie unter Berücksichtigung ihrer techn. Unterschiede übertragen werden. *Morphin, Thebain, Narcein* u. *Kodein* können gut auf einem Phosphat/Citronensäure-Pufferpapier (p_H 6,8) getrennt werden, *Papaverin* u. *Narcotin* dagegen nur mit Ae. als Lösungsm. bei einem p_H zwischen 3 u. 4,5 (am besten 3,8—4,1). Zum Nachw. der einzelnen Alkaloide auf den Chromatogrammen wurde deren Fluorescenz u. Verh. gegen ein J/KJ-Reagens benutzt, das gegenüber dem DRAGENDORFF-Reagens mit den untersuchten Alkaloiden verschied. Farben ergibt, aber nicht dessen Empfindlichkeit hat. Es wird ein Überblick über die Trennung verschied. Alkaloidgruppen durch Papierchromatographie bis Anfang 1955 gegeben. — Diagramme im Original. 109 Literaturhinweise. (Pharmac. Acta Helvetiae **31.** 260—83. Mai 1956. Beilage zu: Schweiz. Apotheker-Ztg. Zürich, ETH, Pharmaz. Inst., Pharmakognost. Abt.)
W. SCHULENBURG. 4880

Einar Brochmann-Hanssen, *Ein neues Verfahren zur Prüfung von alkaloidhaltigen Rohdrogen.* 1. Mitt. *Cinchona und Nux vomica.* Die Alkaloide werden durch Schütteln der gepulverten Rohdroge mit einer wss. Suspension eines stark sauren Kationenaustauscherharzes extrahiert. Am besten geeignet sind dazu Dowex 50-X_1 u. Dowex 50-X_2. Wenn 25 cm³ einer wss. Lsg. eines Alkaloidsalzes, das 5—10 mg Base enthält, 10 Min. mit 1 g des Ionenaustauschers geschüttelt werden, so wird das Alkaloid quantitativ absorbiert. Durch Elution mit 50—100 cm³ 4n NH_3 in 70%ig. Methanol wird das Alkaloid eluiert u. spektrophotometr. bestimmt. (J. Amer. pharmac. Assoc., sci. Edit. **45.** 74—77. Febr. 1956. San Francisco, Calif., Univ. of California, Coll. of Pharmacy.)
H. WOLLWEBER. 4880

Einar Brochmann-Hanssen, *Ein neues Verfahren zur Prüfung von alkaloidhaltigen Rohdrogen.* 2. Mitt. *Ipecacuanha.* (1. vgl. vorst. Ref.) Nachdem gezeigt werden konnte, daß *Emetin* (**I**) u. *Cephaelin* (**II**), die wesentlichen Alkaloide der *Radix Ipecacuanhae* (Cephalis Ipecacuanha WILD,; Brechwurzel) nach Zusatz zu Ionenaustauschern aus diesen restlos zurückgewonnen werden können, wurde das bereits früher beschriebene Verf. zur Alkaloidgewinnung aus Drogen auch auf die Brechwurzel, die wenigstens 5 verschied. Alkaloide, vornehmlich jedoch **I** u. **II**, enthält, ausgedehnt. Die Verss. zeigen, daß die Alkaloide in 15 Min. quantitativ von einem Kationenaustauscher (Dowex 50-X_1) adsorbiert werden. Die Alkaloide werden darauf mit 4n NH_3 in 70 Vol. %ig. Methanol eluiert u. über Anionenaustauscher (Dowex 1-X_1) gereinigt bzw. in eine phenol. u. eine nichtphenol. Fraktion getrennt. Die Alkaloide werden anschließend spektrophotometr. bestimmt; nichtphenol. Fraktion 285 mμ, phenol. Fraktion 495 mμ. Die erhaltenen Werte liegen etwas höher als die Werte, die nach der US-Pharmakopoe XV erhalten werden: 2,43 gegenüber 2,26% Gesamtalkaloide. (J. Amer. pharamac. Assoc., sci. Edit. **45.** 344—47. Mai 1956.) H. P. FIEDLER. 4880

Peter Kabasakalian, Sam De-Lorenzo und **James McGlotten**, *Polarographische Analyse von Mischungen von Cortison und Prednison.* Sowohl das Δ^4-3-Ketosteroid *Cortison* (**I**) wie das $\Delta^{1,4}$-3-Ketosteroid *Prednison* (**II**) geben bei p_H 5,5 in 50%ig. Methanol (Na-Acetat/Essigsäurepuffer) polarograph. Reduktionsstufen. Die Stufenhöhen sind linear konzentrationsproportional, die Halbstufenpotentiale (**I**: —1,36; **II**: —1,20 V gegen n. Hg_2Cl_2-Elektrode) sind von der Konz. unabhängig. Infolge teilweiser Überlappung der Kurven ist eine direkte Stufenausmessung aus den Polarogrammen einer beide Verbb. enthaltenden Lsg. nicht ohne weiteres möglich, jedoch wird ein Verf. angegeben, wonach aus den bei —1,47 u. —1,31 V bestimmten Diffusionsstromkonstanten der Geh. an **I** u. **II** ermittelt werden kann. (Analytic. Chem. **28**. 1669—70. Nov. 1956. Bloomfield, N. J., Schering Corp.) E. MOISAR. 4880

F. Hoffmann-La Roche & Co. Akt.-Ges. (Erfinder: **Reinhard Schläpfer** und **Hans Spiegelberg**), Basel, Schweiz, *Stabile Acetylcholinlösung*: Acetylcholin wird gemeinsam mit Pyridyl-3-carbinol in einem Äther der allg. Formel **I** gelöst; n bedeutet 1—4. Bes. geeignet ist Tetrahydrofurfuryläthylenglykoläther. Es können weitere Arzneimittel, wie der Dimethylcarbaminsäureester des 1-Methyl-3-oxypyridiniumbromids, zugesetzt werden. — Geringe Toxizität. — Vgl. auch F. P. 1 116 315; C. **1957**. 1492. (**D. A. S. 1 000 135** Kl. 30h vom 22/11. 1954, veröff. 3/1. 1957. Schwz. Prior. 29/12. 1953.) K. HEINZE. 4787

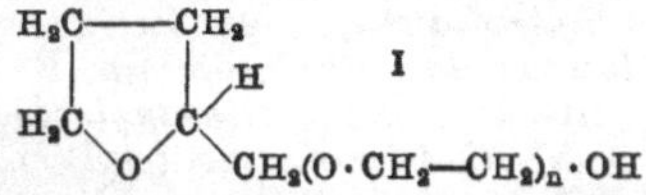

Hans Passow, Hamburg, *Herstellen einer Paste aus Eugenol und Zink- und beziehungsweise oder Magnesiumoxyd*, bes. *für zahnärztliche Zwecke* u. zur Verwendung als Klebemittel. Eugenol oder Nelkenöl wird in einem Kieselsäureester, z. B. dem Tetramethyl- oder Tetraäthylester, gelöst u. die Lsg. mit ZnO u./oder MgO oder einem Gemisch aus beiden Oxyden zu einer Paste angeteigt, gegebenenfalls unter Zusatz von Natur- oder Kunstharzen oder von Metallseifen oder -resinaten. (**D. A. S. 1 000 967** Kl. 30h vom 28/4. 1954, veröff. 17/1. 1957.) E. PETERSEN. 4799

James L. Younghusband, übert. von: **Hugo R. Kolar**, Chicago, Ill., V. St. A., *Haftmittel für Zahnprothesen*, bestehend aus einem halbfesten, pastenartigen Gemisch aus Petrolatum (**I**) u. Karayagummi (**II**) im Gewichtsverhältnis von 1:3 bis 3:1, das 0,1—1 (%) Al-Distearat (**III**) oder ein anderes fettsaures Salz eines mehrwertigen Metalls als Dispergiermittel für **II**, 2—6 Fettsäurealkylester, z. B. Palmitinsäureisopropylester (**IV**), als Dispergiermittel für **III**, einem Weichmacher sowie 0,03—3,0 eines wasserunlösl. Konservierungsmittels, bes. 8-Oxychinolin (**V**). — Beispiel: 44 **I**, 50 **II**, 4 **IV**, 0,5 **III**, 0,1 **V**, 1,4 harmlosen roten Farbstoff u. eine Spur Geschmacksstoff. (**A. P. 2 759 838** vom 13/7. 1953, ausg. 21/8. 1956.) E. PETERSEN. 4799

Arnold Loeser, Münster/Westf., *Herstellung von Phenoläthern*, dad. gek., daß man Verbb. der allg. Formel $C_6H_4(OH)(R)$, in der R einen niedrigmol. Alkyl- oder Alkoxyrest bedeutet, mit reaktionsfähigen Derivv. (**I**) des 1.3-Butandiols in Ggw. eines säurebindenden Mittels erhitzt. Als **I** kommen in Frage die 1-Monoester des 1.3-Butandiols mit anorgan. Säuren, z. B. 1-Chlor-3-oxybutan (**II**), oder mit organ. Sulfonsäuren, sowie die cycl. Diester anorgan. Säuren. — Zu einer Lsg. von Na-o-kresolat in A. läßt man **II** zutropfen, worauf zum Sieden erhitzt wird. Nach Abtrennen des NaCl u. Aufarbeitung erhält man *1-(2'-Methylphenoxy)-3-oxybutan* als farbloses Öl, $Kp._{15}$ 149—150°; analog aus 2-Oxyanisol u. **II** → 1-(2'-Methoxyphenoxy)-3-oxybutan, $Kp._{14}$ 167—168°, F. 49—50°. — *Therapeutica*. (**D. A. S. 1 003 749** vom 23/8. 1954, veröff. 7/3. 1957.) R. SCHWECHTEN. 4807

Farbenfabriken Bayer Akt.-Ges., Leverkusen (Erfinder: **Ernst Schraufstätter** und **Wolfgang Wirth**, Wuppertal), *Herstellung in 4-Stellung durch eine Sulfonsäuredialkylamidgruppe substituierter 2-Chlorbenzoesäuren* durch Rk. in 4-Stellung durch eine Sulfohalogenidgruppe substituierter 2-Chlorbenzoesäuren mit Dialkylaminen, dad. gek., daß man solche Dialkylamine verwendet, die 3—6 C-Atome im Alkyl enthalten. — Aus 16,4 g 2-Chlorbenzoesäure-4-sulfochlorid, F. 141° (aus der Sulfonsäure mit $ClSO_3H$) u. 15 g Di-n-propylamin in 100 cm^3 8%ig. NaOH → *2-Chlorbenzoesäure-4-sulfonsäuredi-n-propylamid*, aus 70%ig. A., F. 140°. — *2-Chlorbenzoesäure-4-sulfonsäuredi-n-butylamid*, F. 105°. — *2-Chlorbenzoesäure-4-sulfonsäurediisopropylamid*, F. 186°. — Diese Verbb. verzögern bei gleichzeitiger Verabreichung die *Penicillinausscheidung*. (**D. B. P. 960 197** Kl. 12o vom 30/11. 1954, ausg. 21/3. 1957. Anmeldung bekanntgemacht 27/9. 1956.) G. KRAUSS. 4807

Knoll Akt.-Ges. Chemische Fabriken (Erfinder: **Heinrich Metzger**), Ludwigshafen/Rh., *Cyclohexylisopropylmethylamin* (**I**) erhält man durch Hydrieren eines Ephedrinhalogenids bei 50—70° in stark halogenwasserstoffsaurer Lsg. in Ggw. eines PtO_2-Katalysators u. in Ggw. von Eisessig als Lösungsm. in Ausbeuten von 75—80%. — Aus *l*-Ephedrinhydrochlorid bzw. *d*-Pseudoephedrinhydrochlorid erhält man *l*-β-**I**, $Kp._5$ 75—80°; *Hydrochlorid*, F. 137—139°; $[\alpha]_D^{20}$ —14°. — *Racem.* **I**-*Hydrochlorid*, F. 137—139°. (**D. B. P. 949 657** Kl. 12o vom 10/4. 1954, ausg. 27/9. 1956. Anmeldung bekanntgemacht 29/3. 1956.) R. LINK. 4807

Burroughs Wellcome & Co. (U. S. A.), Inc., Tuckahoe, übert. von: **Arthur P. Phillips**, Bronx, und **Adolph Lloyd Wnuck**, Yonkers, N. Y., V. St. A., *Amide* der allg. Formel $R_2N-CH_2-CO-NH-(CH_2)_n-NH-CO-CH_2-NR_2$, in der $-NR_2$ einen Piperidin- oder Pyrrolidinrest u. n = 2—6 bedeuten, erhält man durch Rk. von Chloracetylchlorid mit einem Alkylendiamin in Ggw. von $NaHCO_3$ oder NaOH u. Rk. des erhaltenen N.N'-Bis-(chloracetyl)-alkylenamins mit Piperidin oder Pyrrolidin durch Erhitzen auf dem Dampfbad. — Es werden hergestellt: die *Bis-chloracetylamide* von *Äthylendiamin*, F. 174—175°; von *Trimethylendiamin*, F. 127—128°; von *Tetramethylendiamin*, F. 130°; von *Hexamethylendiamin*, F. 131—132°; von *p-Phenylendiamin*, F. 310°, u. von *Piperazin*, F. 136—137°. — Daraus erhält man *N.N'-Bis-(piperidinoacetyl)-äthylendiamin*, F. (aus Essigester) 138—139°; quantitative Ausbeute. — *N.N'-Bis-(pyrrolidinoacetyl)-äthylendiamin*, F. 115—116°; *Bis-Methojodid*, F. 227—228°. — *N.N'-Bis-(piperidinoacetyl)-trimethylendiamin*, F. 83—84°; *Bis-Methojodid*, F. 203—204°. — *N.N'-Bis-(pyrrolidinoacetyl)-hexamethylendiamin*, F. 82—83°; *Bis-Methojodid*, F. 137 bis 138°. — *N.N'-Bis-(piperidinoacetyl)-hexamethylendiamin*, F. 108—109°; *Bis-Methojodid*, F. 175—176°. — *N.N'-Bis-(pyrrolidinoacetyl)-piperazin*. — *N.N'-Bis-(piperidinoacetyl)-piperazin*, F. 205°. — *Mittel* zur *Verlängerung* der *Curarewrkg.* von z. B. *Succinylcholin*. (**A. P. 2 759 941** vom 24/2. 1955, ausg. 21/8. 1956.) R. Link. 4807

Synfarma, Narodni Podnik, Hostivar, übert. von: **Josef Čtvrtnik,** Olmütz, **Oldrich Nemecek,** Prag, und **Jiri Mayer,** Brünn, Tschechoslowakei, *4-substituierte 1.2-Diaryl-3.5-dioxopyrazolidine* erhält man durch Erhitzen von 1.3-Dichlorbuten-(2) mit 1.2-Diphenyl-3.5-dioxopyrazolidin in alkal. Lsg. u. Hydrieren des erhaltenen *1.2-Diphenyl-3.5-dioxo-4-γ-chlorcrotylpyrazolidins*, F. 167—169°, bei 0—50° mit Pd-Katalysator unter n. Druck zu *4-n-Butyl-1.2-diphenyl-3.5-dioxopyrazolidin*, F. 105°. Entsprechend: *4-Butenyl-(2)-1.2-diphenyl-3.5-dioxopyrazolidin*, F. 128°. — *Therapeutica*. (**A. P. 2 773 880** vom 23/9. 1955, ausg. 11/12. 1956. Tschech. Prior. 29/9. 1954.) H. Schindler. 4807

Spofa, Spojené Farmaceutické Závody Národní Podnik (Erfinder: **Karel Fučik,** Tocna-Komorany, und **Milos Horicky**), Prag, Tschechoslowakei, *Herstellung von 3-[Chromonyl-(3')-methyl]-4-oxycumarin*, F. 246°. 3-(β-Salicoyläthyl)-4-oxycumarin wird mit einem Ameisensäurealkylester u. metall. Na behandelt u. das Reaktionsprod. angesäuert. — *Antikoagulans*. (**D. B. P. 964 327** Kl. 12q vom 22/1. 1955, ausg. 23/5. 1957. Anmeldung bekanntgemacht 6/12. 1956. Tschech. Prior. 27/4. 1954.) K. Fabel. 4807

American Cyanamid Co., New York, übert. von: **Frederick L. Bach** und **Herbert J. Brabander,** Pearl River, und **Samuel Kushner,** Nanuet, N. Y., V. St. A., *Herstellung unsymmetrischer Piperazine* der allg. Formel **I,** worin n = 2—10 u. R eine Pyridyl- oder

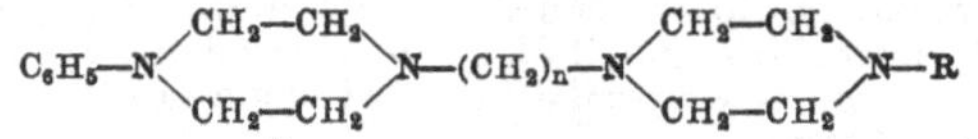

I

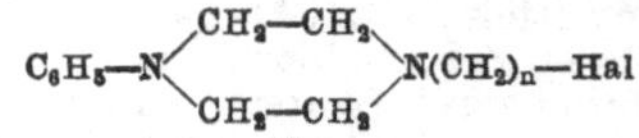

II

Pyrimidylgruppe ist, durch Rk. von N-Pyridyl- oder N-Pyrimidylpiperazin mit einem 1-(ω-Haloalkyl)-4-phenylpiperazin der allg. Formel **II,** worin n = 2—10 u. Hal ein Halogen in Ggw. eines Säureacceptors bedeutet. Nach dem Beispiel wird 1-(β-Chloräthyl)-4-phenylpiperazindihydrochlorid mit 1-(2-Pyridyl)-piperazin u. $NaHCO_3$ in A. zur Rk. gebracht. Erhalten wird: *1-[1-(4-Phenyl)-piperazinyl]-2-[1-[4-(2-pyridyl)-piperazinyl]]-äthan*, F. 77—81°. — *Hypotensive Mittel* u. *Vasodilatoren*. (**A. P. 2 777 849** vom 23/7. 1954, ausg. 15/1. 1957.) H. Schindler. 4807

Uclaf (Erfinder: **Georges Muller** und **Léon Velluz**), Paris, Frankreich, *Herstellung von Thioabkömmlingen der Colchiceine* der allg. Formel **I** (R = H, Alkyl, Aralkyl, Acyl, gegebenenfalls acylierter Zuckerrest; R' = gegebenenfalls substituierter Alkylrest), dad. gek., daß man ein Colchicein oder Isocolchicein mit einem gegebenenfalls substituierten Alkylmercaptan in Ggw. eines sauren Katalysators (Benzolsulfonsäure, Bortrifluorid, konz. HCl) oder mit dem Alkalisalz des entsprechenden Mercaptans in Ggw. oder Abwesenheit eines Lösungsm. (Chlf., Tetrahydrofuran bzw. W., A.) bei n. oder erhöhter Temp., bes. zwischen 10 u. 50°, umsetzt u. das Reaktionsprod. durch Kristallisation oder Chromatographie abtrennt. — Aus 2,5 g Colchicin u. 15 g auf —30° gekühltem Methylmercaptan in Ggw. von 0,5 g p-Toluolsulfonsäuremonohydrat bei 20° → 2,1 g *Thiocolchicin* (R u. R' = CH_3), $C_{22}H_{25}O_5NS$, gelbe kub. Kristalle; F. 192—194°; $[\alpha]_D$ —221°; in Chlf. sehr gut, in A. gut, in Aceton lösl., in Ae. unlösl.; neigt zur Solvatbldg. wie Colchicin; wird durch 0,2n HCl bei 100° nicht angegriffen; ebenfalls erhältlich aus Isocolchicin, Colchiceinacetat u. Desmethylthiocolchicin. — Desmethylcolchicinacetat oder Desmethylcolchicin oder Thiocolchicosid-

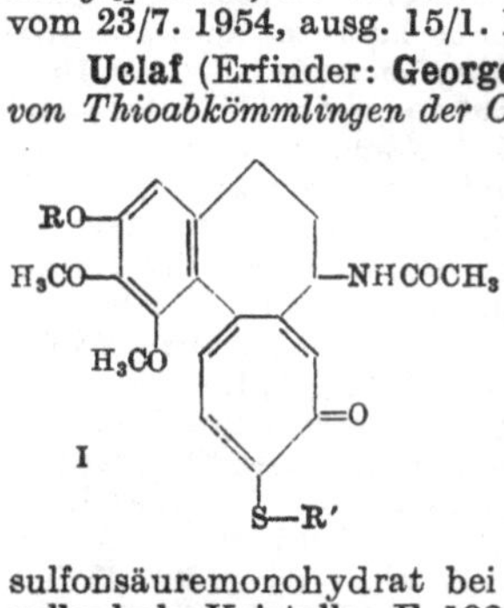

I

tetraacetat → *Desmethylthiocolchicin* (R = H, R' = CH_3), $C_{21}H_{23}O_5NS$, aus Essigsäureäthylester u. Aceton, F. 308°; $[\alpha]_D^{20}$ —249 ± 2°. — Colchicosidtetraacetat (hergestellt nach F. P. 1 053 179; C. **1956.** 2832) + Methylmercaptan → *Thiocolchicosidtetraacetat*, daraus mit n-NaOH in A. *Thiocolchicosid*, $C_{27}H_{33}O_{10}NS$, aus A. u. Essigsäureäthylester hellgelbe octagonale Prismen, F. 215°; $[\alpha]_D^{20}$ —550 ± 10° (c = 0,5; W.). — Colchicin + Äthylmercaptan → *Äthylthiocolchicein* (R = CH_3; R' = C_2H_5), $C_{23}H_{27}O_5NS$, aus Essigsäureäthylester, F. 207—208°; $[\alpha]_D^{20}$ —226°, unlösl. in W., Ae., PAe., lösl. in Chlf., Methanol, A., Aceton u. Dimethylformamid. — Colchicin + Mercaptoäthanol → *2-Oxyäthylthiocolchicein* (R = CH_3; R' = CH_2CH_2OH), $C_{23}H_{27}O_6NS$, aus A.-Ae., F. 234°; $[\alpha]_D^{20}$ —214°. Die Toxizität der Verbb. ist niedriger als die der bisher verwendeten Colchicinderivate. — Verwendung zur Herst. von *Polyploiden.* (**D. B. P. 957 123** Kl. 12p vom 13/1. 1955, ausg. 31/1. 1957. Anmeldung bekanntgemacht 26/7. 1956. F. Priorr. 10/2., 10/5. u. 15/6. 1954.) G. Krauss. 4807

Uclaf (Erfinder: **Georges Muller** und **Léon Velluz**), Paris, Frankreich, *Herstellung von N-Desacetylthiocolchiceinen* der allg. Formel **I** (R = H, Alkyl, Aralkyl, Acyl, gegebenenfalls acylierter Zuckerrest; R' = H, Acyl, ausgenommen Acetyl. Carbalkoxy, Alkyl; R'' = gegebenenfalls substituiertes Alkyl), dad. gek., daß man ein S-Alkylthiocolchicein der allg. Formel **I** (R' = Acetyl; R'' = gegebenenfalls substituiertes Alkyl; R = H, Alkyl, Aralkyl, Acyl oder gegebenenfalls acylierter Zuckerrest) bei einer Temp., die bes. nahe der Rückflußtemp. liegt, in Ggw. oder Abwesenheit von Lösungsmitteln, bes. sauer hydrolysiert, oder daß man ein Colchicinderiv. der Formel **I** (R' = Acetyl; —S—R'' = OCH_3) zuerst desacetyliert u. in das erhaltene Desacetylderiv. oder in die in der Natur vorkommenden N-Desacetylcolchicine dann nach dem Verf. des D. B. P. 957 123 (vorst. Ref.) die —SR''-Gruppe einführt u. das entstandene N-Desacetyl-S-alkylthiocolchicein (R = H, Alkyl, Aralkyl; R' = H; R'' = gegebenenfalls substituiertes Alkyl) abtrennt, es krist. u. gegebenenfalls in an sich bekannter Weise mit einem Alkylierungs- oder Acylierungsmittel oder mit einem Mittel umsetzt, durch das ein Carbalkoxy- oder ein Zuckerrest in das Mol. eingeführt wird. Man kann stufenweise zuerst alkal. u. dann sauer hydrolysieren u. die Aminogruppe selektiv acylieren oder alkylieren. — 4,88 g Thiocolchicin werden in 60 cm³ Methanol mit 60 cm³ 2n HCl 18 Std. unter Rückfluß erhitzt u. dann 40 cm³ wss. Methanol abdest.; die Lsg. wird dreimal mit je 100 cm³ Chlf. ausgezogen, der vereinigte Chloroformauszug, viermal mit 100 cm³ W. gewaschen, ergibt nach dem Verjagen des Chlf. 400 mg nichtumgesetztes Thiocolchicin. Die wss. Schicht u. die Waschwässer werden mit 10n NaOH auf p_H 13 eingestellt, 5mal mit je 100 cm³ Chlf. ausgezogen, die Auszüge 2mal mit 50 cm³ W. gewaschen u. zur Trockne eingedampft. Aus dem chloroformhaltigen Rückstand wird nach Lösen in 20 cm³ Chlf. mit 120 cm³ Ae. das *N-Desacetylthiocolchicin* (R = CH_3; R' = H; R'' = CH_3), $C_{20}H_{23}O_4NS$, in 80%ig. Ausbeute ausgefällt; aus Dioxan-Ae., F. 200°; $[\alpha]_D^{20}$ —207° (c = 0,5; Chlf.). — O-Desmethylthiocolchicin, F. 308°; $[\alpha]_D^{20}$ —249° (c = 0,5; Chlf.) → *N-Desacetyl-O-desmethylthiocolchicin* (R u. R' = H; R'' = CH_3), $C_{19}H_{21}O_4NS$, aus A. prismat. gelborange gefärbte Nadeln, F. 185°; $[\alpha]_D^{20}$ —213° (c = 0,5; A.), in Alkalien u. Säuren lösl., bildet in A. mit 2n HCl *Hydrochlorid.* Es kann auch aus Thiocolchicosidtetraacetat durch Verseifen mit HCl oder n-NaOH-A. erhalten werden. — N-Desacetylthiocolchicin (**II**) + Benzaldehyd → Schiffsche Base + CH_3J nach 5 Std. bei 100° → *N-Desacetyl-N-methylthiocolchicin* Formel **I**: R, R' u. R'' = CH_3) (**III**) gelbes mikrokrist. Pulver, noch unrein. Die Methylierung kann auch mit CH_3Br oder Dimethylsulfat erfolgen. — **II** + HCOOH + Essigsäureanhydrid → *N-Desacetyl-N-formylthiocolchicin* (R = CH_3; R' = —CHO; R'' = CH_3), $C_{21}H_{23}O_5NS$, aus Essigsäureäthylester, F. 259°; $[\alpha]_D^{20}$ —275° (c = 0,5; Chlf.), unlösl. in W. u. Ae., wenig lösl. in Essigsäureäthylester, lösl. inBzl., Chlf. u. Methanol. — N-Desacetyl-O-desmethylthiocolchicin wie vorst. → *N-Desacetyl-N-formyl-O-desmethylthiocolchicin* (R = H; R' = —CHO; R'' = CH_3), $C_{20}H_{21}O_5NS$, aus Essigsäureäthylester oder Methanol-Ae., F. 284—287°; $[\alpha]_D^{20}$ —268° (c = 0,5; Chlf.), lösl. in verd. Alkalien u. Methanol, wenig in Chlf., unlösl. in W. u. Ae.; Ausbeute 83%. — **II** + Benzoylchlorid → *N-Desacetyl-N-benzoylthiocolchicin* (R = CH_3; R' = —COC_6H_5; R'' = CH_3), $C_{27}H_{27}O_5NS$, aus Essigsäureäthylester oder wss. Dimethylformamid, F. 283—285°; $[\alpha]_D^{20}$ —86° (c = 0,5; Chlf.); Ausbeute 80%. — N-Desacetyl-O-desmethylthiocolchicin + Benzoylchlorid → *N-Desacetyl-N.O-dibenzoyl-O-desmethylthiocolchicin* (R u. R' = COC_6H_5; R'' = CH_3), $C_{33}H_{29}O_6NS$, aus Ae.-PAe., F. 264—266°; $[\alpha]_D^{20}$ —144° (c = 0,5; Chlf.). Daraus mit n-NaOH → *N-Desacetyl-N-benzoyl-O-desmethylthiocolchicin* (R = H; R' = —COC_6H_5; R'' = CH_3), $C_{26}H_{25}O_5NS$, aus Essigsäureäthylester, F. 252—254°; $[\alpha]_D^{20}$ —38° (c = 0,5; Chlf.). — **II** + Chlorameisensäureäthyl-

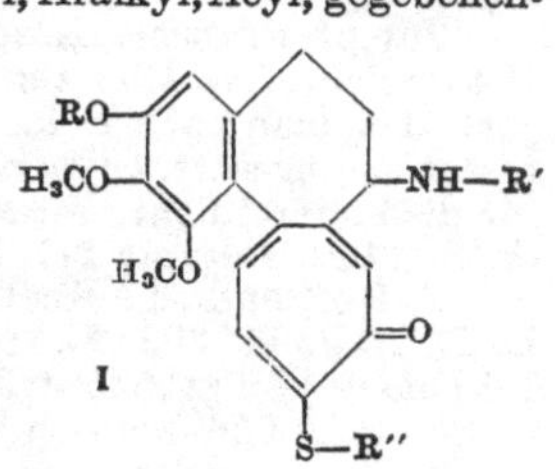

I

ester + Triäthylamin → *N-Desacetyl-N-carbäthoxythiocolchicin* (R = CH_3; R' = COO·C_2H_5; R'' = CH_3), $C_{23}H_{27}O_6NS$, aus Ae., F. 195°; $[\alpha]_D^{20}$ −240° (c = 0,5; Chlf.), unlösl. in W., lösl. aus Ae., Aceton, Bzl., Chlf.; Ausbeute 73%. — S-Äthylcolchicein → *N-Desacetyl-S-äthylthiocolchicein* (R = CH_3; R' = H; R'' = C_2H_5), $C_{21}H_{25}O_4NS$, aus Essigsäureäthylester–Ae. gelbe Kristalle, F. 163°; $[\alpha]_D^{20}$ −219° (c = 0,5; Chlf.). — *Demecolcin* (N-Desacetyl-N-methylcolchicin, aus Herbstzeitlose nach Santavy, Pharm. Acta Helv. **25.** [1950.] 248), F. 183°; $[\alpha]_D^{20}$ −127° (c = 1; Chlf.), + Na-Mercaptid → **III**, $C_{21}H_{25}O_4NS$, aus Methanol–W. (1:1) oder Aceton–W., F. 222° (Maquenne-Block); $[\alpha]_D^{20}$ −164° (c = 0,5; Chlf.), gelbe unregelmäßige Prismen, in verd. wss. HCl, Chlf. u. Dimethylformamid gut, in A. u. Methanol lösl., in Ae. u. PAe. unlöslich. — Die Verbb. sind weniger tox. als die bisher bekannten Colchicinderivv. u. dienen zur Erzielung von *Mitoseänderungen* u. zur Herst. von *Polyploiden*. Vgl. F. PP. 1 109 228; C. **1957. 498**, u. 1 109 495; C. **1956.** 11251 u. vorst. Referat. (**D. B. P. 960 202** Kl. 12p vom 13/1. 1955, ausg. 21/3. 1957. Anmeldung bekanntgemacht 13/9. 1956. F. Priorr. 10/2., 10/6., 20/7. u. 27/7. 1954.) G. Krauss. 4807

Joseph François Rosello, Regis Marie de Montgrand und **Robert de Marliave**, Frankreich, *Extraktion von Vitaminen und Hormonen* aus tier. oder pflanzlichen Fll., dad. gek., daß man nach Dekantation, Filtration, Zentrifugieren die Fl. fraktioniert, so daß gesätt. u. ungesätt. Glyceride getrennt werden, wobei eine Fraktion als Extraktionsmittel für die andere dient. Vitamine u. Hormone reichern sich in den gesätt. Fraktionen an. (**F. P. 1 091 686** vom 2/7. 1953, ausg. 14/4. 1955.) S. Böttcher. 4809

F. Hoffmann-La Roche & Co. Akt.-Ges., Basel, Schweiz, *Herstellung von β-Carotin.* Zu D. B. P. 855 399; C. **1953.** 7145, ist zu ergänzen: Als Ausgangsstoffe kommen auch 2.6-Dimethyl-8-[2'.6'.6'-trimethylcyclohexen-(1')-yl]-octadien-(5.7)-in-(3)-al-(1) u. 2.6-Dimethyl-8-[2'.6'.6'-trimethylcyclohexen-(1')-yl]-octatrien-(2.4.6)-al-(1) in Frage; das in dem erhaltenen Reaktionsprod. vorhandene cis-β-Carotin wird durch Isomerisierung (durch Belichtung oder Wärmebehandlung in einem inerten Lösungsm. bei ca. 70°) in *all-trans-β-Carotin* (**I**) übergeführt. — 9.9'-Dehydro-β-carotin (F. 156°) wird unter Lichtausschluß in Bzl. bei möglichst tiefer Temp. bis zur Aufnahme von 1 Mol H_2 mit partiell vergiftetem Pd–$CaCO_3$-Katalysator hydriert; nach Aufarbeitung wird *9.9'-mono-cis-β-Carotin*, F. 151° (Bzl.–CH_3OH), erhalten; λ_{max} 338, 450 u. 477 mμ (ε = 52000, 92500, 76000) in Hexan. Reines **I**, F. 178°, entsteht daraus in fast 100%ig. Ausbeute durch 2—4std. Tageslichteinw. auf die Lsg. in Hexan unter CO_2, Adsorption an Al_2O_3, Entw. mit Cyclohexan–Bzl. u. Eluierung mit Cyclohexan–A.; aus Bzl.–CH_3OH rote Kristalle; λ_{max} 452 u. 480 mμ in Hexan. Die Isomerisierung kann in Hexan in CO_2-Atmosphäre auch im Dunkeln durch 2std. Erwärmen auf 70° durchgeführt werden. — Vgl. auch Schwz. P. 296 665; C. **1955.** 165. (**Oe. P. 185 934** vom 29/12. 1953, ausg. 25/6. 1956. D. Priorr. 25/5. u. 30/9. 1950.) H.-J. Nitzschke. 4809

Gert Leichssenring, Jena, *Herstellung von in 2-Stellung substituierten 4-Amino-5-alkoxymethylpyrimidinen* der allg. Formel **I**, worin R_1 = Alkyl, R_2 = H, Alkyl oder Aryl ist. — Ein Amidin der allg. Formel R_2—C(NH)(NH_2), worin R_2 wie oben ist, wird mit einem *cis–trans-α-Methoxymethylen-β-äthoxypropionitril*-Gemisch ringschließend kondensiert. Gemäß Anspruch 2 wird die isomere trans-Form mit bas. Verbb. der allg. Formel R_2—N(R_4)(R_5) in einem inerten organ. Lösungsm. unterhalb 40° in das *cis-α-Methoxymethylen-β-äthoxypropionitril* umgelagert u. dieses ringschließend kondensiert. R_3, R_4 u. R_5 können gleich oder verschied. sein u. sind = H oder niedermol. Alkyl- oder Arylgruppen, von denen jede substituiert sein kann. R_3 kann H u. R_4 u. R_5 können zu einem heterocycl. Syst. verknüpft sein. — Zur Umlagerung von trans- in cis-α-Methoxymethylen-β-äthoxypropionitril werden 141 g der trans-Verb. (Kp.$_{10}$ 105—110°) in der gleichen Menge A. gelöst u. mit $^1/_{10}$ Mol NH_3, Diäthylamin oder Pyridin behandelt. Man läßt 1 Std. stehen u. gibt eine Lsg. von 57 g Acetamidin–Hydrochlorid u. 13,8 g Na in 400 cm³ A. zu. Nach 12 Std. wird der A. abgedampft u. der Rückstand aufgearbeitet. Man gewinnt das *2-Methyl-4-amino-5-äthoxymethylpyrimidin.* Pikrat, F. 185°. — Weiter sind beschrieben das *2-Äthyl-4-amino-5-äthoxymethylpyrimidin* (**II**), F. 64—66°, Pikrat, F. 158—160°, u. das *2-Phenyl-4-amino-5-äthoxymethylpyrimidin*, F. 132—134°, Pikrat, F. 143—145°. — Die Verb. **II** liefert bei der Behandlung mit HBr–Eisessig das *2-Äthyl-4-amino-5-brommethylpyrimidin-Hydrobromid*, F. 183—185°. — *Zwischenprodd. für die Vitamin-B_1-Synthese.* (**D. P. [DDR] 11 159** Kl. 12p vom 18/12. 1954, ausg. 6/2. 1956 [Wirtschaftspatent].) M. F. Müller. 4809

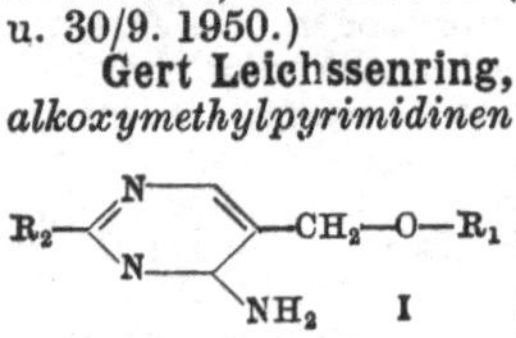

I

Ciba Ltd., Basel, Schweiz, *Herstellung von N-Acyl- und N-Sulfonylmercaptoäthylaminen* der Formel R—NH—CH_2—CH_2—S—R_1 (R = Sulfonyl- oder Acylrest einer cycl. oder aliphat. Carbonsäure mit wenigstens 6 C-Atomen u. R_1 = Acylrest), dad. gek., daß man N-Acyl- oder N-Sulfonyläthylenimin mit einer Thiocarbonsäure umsetzt. — Z. B. werden

20 (Teile) Thioessigsäure (I) in eine Lsg. von 20 N-Acetyläthylenimin u. 100 Bzl. bei 0 bis 5° eingerührt. Nach $^1/_2$ Std. bei Raumtemp. wird das Lösungsm. entfernt u. der Rückstand im Vakuum destilliert. Bei Kp.$_{10}$ 160—165° gehen 26,2 (72% der Theorie) *N:S-Diacetyl-β-mercaptoäthylamin* der Formel $CH_3CO-NH-CH_2-CH_2-S-CO-CH_3$, F. 28°, über; N-Acetyläthylenimin + Thiobenzoesäure (II) → *N-Acetyl-S-benzoyl-β-mercaptoäthylamin*, F. 87°; N-Nicotinyläthylenimin + II → *N-Nicotinyl-S-benzoyl-β-mercaptoäthylamin*, F. 97°; N-Pantothenyläthylenimin (III) + II → *N-Pantothenyl-S-benzoyl-β-mercaptoäthylamin*, F. 116°, $[\alpha]_D^{26}$ +31° (±4°, c = 1; Äthanol); III + I → *N-Pantothenyl-S-acetyl-β-mercaptoäthylamin*, $[\alpha]_D^{26}$ +40°, +38° (±4°; c = 0,8; Äthanol); N-p-Toluolsulfonyläthylenimin + II → *N-p-Toluolsulfonyl-S-benzoyl-β-mercaptoäthylamin*, F. 111—112°. — *Arzneimittel oder Zwischenprodd. hierfür.* (**E. P. 749 122** vom 2/7. 1953, ausg. 16/5. 1956. Schwz. Priorr. 3/7., 24/9. 1952 u. 12/5. 1953.) A. MOHR. 4809

American Syntex, Inc., übert. von: **George Rosenkranz** und **John Pataki**, Mexico City, Mex., und **Carl Djerassi**, Detroit, Mich., V. St. A., *Allopregnan-3β.17α-diol-11.20-dion und dessen Ester* erhält man durch Epoxydation der entsprechenden in 16-Stellung ungesätt. Verbb. mit H_2O_2 in alkal. Lsg., Spaltung der 16.17-ständigen Oxidogruppe mit HBr u. Entbromierung des erhaltenen 16.17-Bromhydrins. — Δ^{16}-Allopregnen-3β-ol-11.20-dionacetat, F. 184—185°, + H_2O_2/NaOH in CH_3OH → *16α.17α-Oxidoallopregnan-3β-ol-11.20-dionacetat* (nach Reacetylierung), F. 236—238°; $[\alpha]_D$ +76°; daraus durch Rk. mit HBr in CH_3COOH → *16-Bromallopregnan-3β.17α-diol-11.20-dion-3-acetat*; daraus durch Red. mit A./RANEY-Ni oder mit H_2/Pd-$CaCO_3$ → *Allopregnan-3β.17α-diol-11.20-dion-3-acetat*, F. 167—170°; $[\alpha]_D$ +9°; *freier Alokohol*, F. 273—274°. — *Zwischenprodd.* für die Herst. von *Steroidhormonen.* (**A. P. 2 733 240** vom 27/2. 1953, ausg. 31/1. 1956. Mexikan. Prior. 29/2. 1952.) U. SIEVERS. 4809

American Syntex, Inc., Hato Rey, Puerto Rico, übert. von: **Carl Djerassi**, Birmingham, Mich., V. St. A., und **George Rosenkranz**, Mexico City, Mex., *4-Pregnen-11α.21-diol-3.20-dion, Diacetat*, F. 148—150°; $[\alpha]_D$ +158°, *sowie dessen Ester* erhält man durch Rk. eines entsprechenden Allopregnan-11.21-diol-3.20-dions mit ca. 2 Mol Br_2, Rk. der erhaltenen 2.4-Dibromverb. mit einem Alkalimetalljodid in Ggw. eines niederen aliphat. Ketons u. Entjodierung der erhaltenen 2-Jod-Δ^4-Verbindung. — *Hormonwirksame Verbb.* sowie *Zwischenprodd.* zu deren Herstellung. (**A. P. 2 735 855** vom 6/3. 1953, ausg. 21/2. 1956. Mexikan. Prior. 7/3. 1952.) U. SIEVERS. 4809

Glidden Co., Cleveland, O., V. St. A., *3α-Hydroxysteroide der normalen Reihe* (A : B = cis) erhält man durch Red. der entsprechenden 3-Ketosteroide mit $LiAlH_4$ in einem wasserfreien Lösungsm. u. anschließende saure Hydrolyse. — 20-Äthylketal des Pregnan-3.20-dions + $LiAlH_4$ in Bzl./Ae. → *Pregnan-3α-ol-20-on*, F. 141—145°. — Analog: *Ätiocholan-3α-ol-17-on*, F. 144—145°; $[\alpha]_D$ +109°. — *Koproergost-22(23)-en-3α-ol*, F. 150—151°. — *5-Isostigmast-22-en-3α-ol*, F. 150—153°; *Acetat*, F. 143—145°. — *Methyl-3α-hydroxy-bisnor-cholanat*, F. 163—164°; *freie Säure*, F. 217—220°. — *3α-Hydroxy-11-keto-bisnor-cholanat*, F. 189—190°. — *Methyl-3α-hydroxy-Δ^7-bisnor-cholenat*, F. 78 bis 81°. — *Zwischenprodd.* für die Herst. von *Steroidhormonen.* (**E. P. 736 817** vom 18/12. 1952, ausg. 14/9. 1955. A. Prior. 28/12. 1951.) U. SIEVERS. 4809

Glidden Co., Cleveland, O., V. St. A., *3-Ketosteroide der normalen Reihe* (A:B = cis) erhält man durch katalyt. Hydrierung der entsprechenden Δ^4-3-Ketosteroide (außer Steroiden mit 11ständiger Ketogruppe) mit H_2 in Ggw. eines Pd-Katalysators u. einer anorgan. Base in wasserfreiem Medium. — Progesteron + H_2/Pd-Kohle in CH_3OH + KOH → *Pregnan-3.20-dion*, F. 118°. — Analog: *7-Pregnen-3.20-dion*, F. 154—156°. — Isoergosteron → *Koproergost-22(23)-en-3-on*, F. ca. 110,5°. — *Methyl-3-keto-bisnor-7-cholenat*, F. 125—129°; $E_{max}^{214 m\mu}$ = 2252. — *Methyl-3-keto-bisnor-cholanat*, F. 169—170°. — *Ätiocholan-3.17-dion-17-äthylenketal*, F. 112—114°. — *5-Isostigmast-22-en-3-on*, F. 140 bis 145°. — *Zwischenprodd.* für die Herst. von *Steroidhormonen.* (**E. P. 736 818** vom 18/12. 1952, ausg. 14/9. 1955. A. Prior. 28/12. 1951.) U. SIEVERS. 4809

Glidden Co., Cleveland, O., V. St. A., *21-Bromverbindungen der Pregnan- und Allopregnanreihe* erhält man durch Bromierung der entsprechenden 17-Hydroxy-20-ketoverbb., gegebenenfalls nach vorheriger Absättigung einer 5(6)ständigen Doppelbindung des Ausgangssteroids mit Halogen. — Man versetzt das durch HBr/Br_2-Spaltung von 16.17-Oxidopregnenolonacetat erhaltene Reaktionsprod. mit Br_2 in Essigsäure → *5.6.16.21-Tetrabrompregnan-3β.17α-diol-20-on-3-acetat*, F. 145—147° (Zers.). — Analog: *16.21-Dibrompregnan-3.17α-diol-11.20-dion*, F. 224—230°. — *21-Brompregnan-3α.17α-diol-11.20-dion-3-acetat*, F. 245°. — *Zwischenprodd.* für die Herst. von *Steroidhormonen.* (**E. P. 748 914** vom 25/9. 1953, ausg. 16/5. 1956. A. Prior. 13/5. 1953.) U. SIEVERS. 4809

Farbwerke Hoechst Akt.-Ges., vormals Meister Lucius & Brüning, Frankfurt/M.-Höchst, *Herstellung von 21-Acyloxypregnen-(5)-ol-(3)-on-(20)* nach Oe. P. 173 531, dad. gek., daß die Säurespaltung der 21-Jodpregnen-(5)-ol-(3)-on-(20)-oxalsäureester in einer Metallalkoholatlsg. (Na-, K-Methylat, -Äthylat) vorgenommen wird, wodurch die Ausbeute erheblich erhöht wird. — Zu 43,8 g Na-Salz des Pregnen-(5)-ol-(3)-on-(20)-oxalsäureäthylesters in CH_3OH läßt man innerhalb 15 Min. 25,4 g J_2 in CH_3OH bei —15° zulaufen, nach $^1/_2$ Std. werden 2,5 g Na in CH_3OH zugegeben; mit W. fällt man nach einer weiteren Std. *21-Jodpregnen-(5)-ol-(3)-on-(20)*; Ausbeute ca. 35 g. (**Oe. P. 182 827** vom 7/2. 1951, ausg. 10/8. 1955. D. Prior. 2/3. 1950. **Zusatz zu Oe. P. 173 531; C. 1953. 7146.**) H.-J. NITZSCHKE. 4809

Merck & Co., Inc., Rahway, N. J., V. St. A., *Herstellung von p-Cyclohexylphenylmethylketonen* der allg. Formel I, in der X = O, OH, einen Acyl- oder Alkoxyrest, u. Z = Cl, Br, J, OH oder einen Acetoxyrest bedeuten.

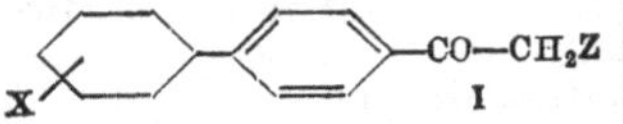

I

6,5 (g) 2-Acetoxycyclohexylbenzol u. 15 cm³ Chloracetylchlorid, gelöst in 50 cm³ CS_2 werden bei 0° mit 9,4 $AlCl_3$ versetzt, 6 Std. bei dieser Temp. gerührt u. anschließend auf 100 Eis u. 25 cm³ konz. HCl gegossen. Die organ. Schicht wird mit W., 5% ig. NaOH u. W. gewaschen u. destilliert. Man erhält das *p-(2-Acetoxycyclohexyl)-phenylchlormethylketon* (**II**), Kp.$_{0,5}$ 184—185°, in 68% ig. (Ausbeute). — Analog erhält man die Bromderivv.; die Jodderivv. erhält man durch Rk. der Cl- oder Br-Verbb. mit NaJ. — 5,0 **II** werden mit 50 cm³ A. u. 5 cm³ konz. HCl 4 Std. unter Rückfluß erhitzt, im Vakuum zur Trockne eingedampft, der Rückstand in 50 cm³ Ae. aufgenommen, mit W. gewaschen u. erneut eingedampft. Man erhält das *p-(2-Oxycyclohexyl)-phenylchlormethylketon* (**III**), F. 141 bis 152° (aus A.). — 5 **III** werden in 100 cm³ Eisessig gelöst u. mit einer Lsg. von 2,66 CrO_3 in 300 cm³ Eisessig oxydiert. Nach dem Abdampfen des Lösungsm. wird der Rückstand mit 50 cm³ W. versetzt, mit 200 cm³ Ae. ausgezogen, die Ätherschicht getrocknet u. zur Trockne eingedampft. Man erhält das *p-(2-Ketocyclohexyl)-phenylchlormethylketon* (**IV**), F. (aus Aceton) 89,3—90,5°; 35%. — 18 **II**, 9,8 frisch geschmolzenes K-Acetat, 150 cm³ Eisessig u. 150 cm³ Essigsäureanhydrid werden 1 Tag unter Rückfluß erhitzt u. dann im Vakuum zur Trockne eingedampft. Der Rückstand wird mit 50 cm³ W. u. 200 cm³ Ae. vermischt, die Ätherschicht mit W. gewaschen, getrocknet u. destilliert. Man erhält das *p-(2-Acetoxycyclohexyl)-phenylacetoxymethylketon,* glitzernde rhomb. Prismen aus Aceton–PAe., F. 110,5—112°. — Daraus erhält man durch Lösen in Methanol, Zugabe von W. u. $KHCO_3$ u. 2tägiges Stehenlassen der Mischung nach dem Eindampfen, Behandeln des Rückstandes mit HCl u. Ae., Waschen der Ätherlsg. mit 5% ig. Na_2CO_3-Lsg. u. W., Trocknen, Einengen u. Fällen mit PAe. das *p-(2-Acetoxycyclohexyl)-phenyloxymethylketon,* F. 101—106°; 43%. — 9 (g) **III**, 4,9 frisch geschmolzenes K-Acetat u. 75 cm³ Eisessig werden 1 Tag unter Rückfluß erhitzt u. im Vakuum zur Trockne eingedampft. Der Rückstand wird mit W. u. Ae. vermischt, die Ätherschicht mit W. gewaschen, getrocknet u. eingedampft. Dest. des Rückstandes ergibt das *p-(2-Oxycyclohexyl)-phenylacetoxymethylketon* (**V**), Kp.$_{0,5}$ 171—175°. — 5 **V** werden in 5 cm³ Eisessig gelöst u. mit 1,4 CrO_3 in 300 cm³ Eisessig oxydiert; Aufarbeitung vgl. **III** → **IV**. Man erhält das *p-(2-Ketocyclohexyl)-phenylacetoxymethylketon* (**VI**), F. 115—118°. — 1 **VI**, gelöst in 50 cm³ Methanol wird mit 1 $KHCO_3$ in 10 cm³ W. u. 25 cm³ Methanol umgesetzt. Man erhält das *p-(2-Ketocyclohexyl)-phenyloxymethylketon,* F. 125—131°; 25%. — Analog **V** → *p-(2-Oxycyclohexyl)-phenyloxymethylketon,* F. 157—162°; 87%. — In entsprechender Weise können die Z-substituierten p-(3- oder 4-Keto, Oxy-, Acyl- oder Alkoxycyclohexyl)-phenylmethylketone hergestellt werden. — Verbb. mit *nebennierenrindenhormonähnlicher* Wirkung. (**D. B. P. 946 445** Kl. 12o vom 16/5. 1952, ausg. 2/8. 1956. Anmeldung bekanntgemacht 9/2. 1956. A. Prior. 17/5. 1951.) R. LINK. 4809

Boots Pure Drug Co. Ltd., Nottingham, England (Erfinder: **Stanley William Stroud** und **Henry Maurice Penrose Ransley**), *Penicillinextraktion* aus Fermentations-Fll. durch Zusatz eines lösl. Salzes, z. B. $CaCl_2$, u. Abtrennen des Nd., Ansäuern mit z. B. H_3PO_4 u. Extraktion mit einer mit W. nicht mischbaren Fl., z. B. Butylacetat. Reindarst. u. Kristallisation erfolgt nach üblichen Verfahren. — Mengenbeispiele. (**E. P. 760 351** vom 24/12. 1954, ausg. 31/10. 1956. A. Prior. 15/1. 1954.) H. SCHINDLER. 4811

Instituto Pasteur de Lisboa, Virginio Leitão Vieira dos Santos & Filhos Soc. à r. l. und **Yvan Villax,** Portugal, *Herstellung von Säurehalogeniden des Penicillins* (I), dad. gek., daß man die Säure oder ein Salz bei p_H 4—6 in einem Chlor-KW-stoff bei tiefer Temp. mit einem Halogenierungsmittel umsetzt. — Beschrieben wird die Rk. von **I-G-K** mit PCl_3, PCl_5 oder $SOCl_2$. — Die Säurehalogenide sind nicht stabil u. werden ohne Isolierung gleich mit NH_3 oder Aminen umgesetzt. (**F. P. 1 091 691** vom 8/7. 1953, ausg. 14/4. 1955. Portugies. Prior. 10/7. 1952.) S. BÖTTCHER. 4811

Farmaceutici Italia Soc. An., *Selektive Reduktion von Oxyaminoalkylphenonen*, dad. gek., daß man in Methanol oder wss. Methanol bei 15—35° mit Alkaliborhydriden red., durch Zugabe von Säuren die erythro-Form des Alkohols u. durch Einengung oder Extraktion der Mutterlaugen die threo-Form abscheidet. — Beschrieben wird die Red. von p-Nitro-α-acetamido-β-oxypropiophenon zu *erythro-* u. *threo-1-p-Nitrophenyl-2-acetamido-1.3-propandiol*, FF. 195 bzw. 166°; ebenso *1-p-Nitrophenyl-2-acetamido-3-acetoxypropanol-(1)*. — *Antibiotica*. (**F. P. 1 085 014** vom 9/3. 1953, ausg. 26/1. 1955. It. Prior. 13/3. 1952.) S. BÖTTCHER. 4811

Chas. Pfizer & Co., Inc., Brooklyn, N. Y., V. St. A., *Gewinnung von Carbomycin B* aus einer vergorenen Nährlsg. zur Herst. des Antibioticums Carbomycin mittels Streptomyces halstedii (E. P. 732 150; C. **1956.** 3949). Aus der Mutterlauge des krist. Carbomycins (**I**) wird nach Wasserzusatz u. Fällung mit A. weiteres **I** gewonnen. Setzt man dann zur verbliebenen Fl. Aceton, so krist. **I**-B aus, das aus W.-Aceton rekrist. wird, F. 140—144° (Zers.), $[\alpha]_D^{25}$ —35° (2% ig. Lsg. in Chlf.), charakterist. UV- u. Infrarotspektren. Die Base gibt mit HCl das Hydrochlorid, hochakt. gegen grampositive Bakterien. — Beispiele. (**E. P. 753 750** vom 1/4. 1954, ausg. 1/8. 1956. A. Prior. 2/4. 1953.) H. SCHINDLER. 4811

Atsuwo Ushiyama, Tamagawa, und **Komei Miyasaka**, Chino, Nagano, Japan, *Herstellung antibiotischer Stoffe*, dad. gek., daß Blutplasma aus dem Blut von Krebs-, Tuberkulose-, Rheumatismus- oder Syphiliskranken abgetrennt u. mit gleichen Mengen steriler Bouillon 2—7 Tage bei 37° stehengelassen wird. Die dabei gebildete Bakterienhaut enthält die Abwehrbakterien, die in fl. Medium in Ggw. von Krebsgewebe durch Züchtung vermehrt werden. Danach wird der Abwehrstoff in an sich bekannter Weise extrahiert u. isoliert. Die Abwehrbakterien können auch aus der Erde isoliert werden, in der an obigen Krankheiten Verstorbene beerdigt wurden. — Ausführungs- u. Anwendungsbeispiele. (**D. A. S. 1 008 450** Kl. 30h vom 21/9. 1955, veröff. 16/5. 1957. Jap. Priorr. 22/9. 1954 u. 27/8. 1955.) H. SCHINDLER. 4811

Bernhard Joos, Zürich, Schweiz, *Herstellung von Impfstoffen* zur Vorbeugung oder Heilung von bösartigen Geschwülsten oder Serumherst. für den gleichen Zweck oder für diagnost. Zwecke aus in bekannter Weise aus gesunden oder Tumorgeweben erhaltenen Nucleoproteiden (**I**), dad. gek., daß diese Stoffe in Tiere injiziert u. die dadurch entstehenden gleichartigen Tumore gegebenenfalls in Passagen weitergezüchtet u. zu Impfstoffen in bekannter Weise verarbeitet werden. Man kann aber auch zunächst die Zellkerne der Gewebe isolieren u. dann daraus die **I** gewinnen, die dann wie vorst. aufgearbeitet werden. — Beispiele. (**D. A. S. 1 008 449** Kl. 30h vom 7/9. 1955, veröff. 16/5. 1957. Schwz. Prior. 15/10. 1954.) H. SCHINDLER. 4813

Unilever N. V., Rotterdam, Holland (Erfinder: **Sol D Gershon**, West-Englewood, N. J., V. St. A.), *Zahnpflegemittel* mit einem Geh. an einem wasserlösl. Fluorid u. Ca- oder Mg-Carbonat oder Ortho-, Pyro- oder Metaphosphat; es enthält außerdem ein wasserunlösl. Polymetaphosphat, u. zwar wenigstens in der gleichen Menge wie Ca- oder Mg-Carbonate. Die Aktivität des Fluorids wird dadurch erhöht. — Beispiel: 50,7 (Gewichtsteile) wasserunlösl. Na-Polymetaphosphat, 2,7 Dicalciumorthophosphat·2 H_2O, 1,4 Traganth, 20,4 Glycerin, 1,3 Na-Laurylsulfat, 1,0 Geschmackstoffe, 0,22 NaF, 0,4 Puffergemisch, 21,88 dest. Wasser. (**D. A. S. 1 007 958** Kl. 30h vom 22/2. 1956, veröff. 9/5. 1957. A. Prior. 23/2. 1955.) E. PETERSEN. 4823

George Stearns Chemical Corp., übert. von: **George A. Stearns**, Madison, Wis., V. St. A., *Entkeimung von Küchen- und Tischgeschirr*, gek. durch Eintauchen in eine alkal. fettlösende Lsg., Spülen mit der Lsg. einer organ. Säure (z. B. Citronensäurelsg. mit einem p_H von 3,5—5,5, bes. 4,0—5,0), Eintauchen der mit dem Säurefilm behafteten Stücke in eine auf p_H 7,7—8,5, bes. 8,2, gepufferte Lsg. von *N-Na-N-Chlor-p-toluolsulfonamid* u. Trocknen ohne Zuhilfenahme eines Tuches. (**A. P. 2 766 151** vom 5/3. 1956, ausg. 9/10. 1956.) K. KOEBKE. 4833

G. Analyse. Laboratorium.

W. N. Masslow, *Drosselstabilisator für den Druck von Gasen und Flüssigkeiten*. Der Stabilisator besteht aus einem eingeschalteten Zweiwegrohr, darin befindlich eine Capillare u. eine Membran. Bei Druckschwankungen wird der Druckausgleich durch die Membran bewirkt, die die Capillaröffnung schließt oder freigibt. (Заводская Лаборатория [Betriebs-Lab.] **22.** 1001. 1956. Moskau, Chem.-technolog. Mendelejew-Inst.) A. v. WILPERT. 5016

N. J. Hassett, *Direktdruckmessung in einer zentrifugierten Flüssigkeit*. Es wird eine Meßanordnung zur Druckmessung in einer zentrifugierten Fl. beschrieben, mit der

Meßergebnisse erhalten wurden, die die Formel nach der Druckintegriermeth. $P = \varrho \cdot w^2(r_2^2 - r_1^2)/2$ bestätigen. (Chem. and Ind. **1956**. 917—19. 8/9. Loughborough, Leics., Loughborough Coll. of Technol., Dep. of Chem. Engng.) W. Luchsinger. 5016

F. F. Anderson, *Aluminium-Schmelzpunktblock.* Beschreibung der Konstruktion eines Al-Blocks zur F.-Best. u. seiner Kalibrierung von Zimmertemp. bis oberhalb 300°. Verwendung bes. bei organ. Verbb. für Routinemessungen. (Analytic. Chem. **28**. 281. Febr. 1956. Summit, N. J., Ciba Pharmaceut. Prodd., Inc., Res. Dep.) G. Ruban. 5018

Paul D. Garn, *Automatisch registrierende Waage.* Vf. beschreibt eine registrierende Waage für thermogravimetr. u. ähnliche Untersuchungen. Gewichtsänderungen werden mit Hilfe eines linear variablen Differentialtransformators verfolgt u. über ein Servosyst. kompensiert u. registriert. Der therm. Abbau von $BaCl_2 \cdot 2\,H_2O$ wird untersucht. (Analytic. Chem. **29**. 839—41. Mai 1957. Murray Hill, N. J., Bell Telephone Labors., Inc.) Herbert Müller. 5022

E. Hecker, *Substanztrennung durch Verteilung in analytischem und in präparativem Maßstab.* Bei der Betrachtung der Gemischzerlegung (Trennung u. Reindarst. von Substanzen) in Theorie u. Praxis wird die multiplikative Verteilung erörtert. Für analyt. Zwecke mit kleinsten Mengen, für präparative Zwecke mit größeren u. für verfahrenstechn. mit größten Mengen stehen verschied. Verff. u. App., diskontinuierliche u. kontinuierliche, zur Verfügung; sie werden an Hand von Beispielen einander gegenübergestellt. (Österr. Chemiker-Ztg. **56**. 3—11. Jan. 1955. Tübingen, MPI für Biochem.) H. Pauli. 5024

J. F. Shultz, F. J. Schoenewels und **R. B. Anderson,** *Komprimiertes Kohlenoxyd.* Beschreibung eines Laboratoriumsapp. zur Abtrennung von ca. 15 ft^3 komprimiertem CO mit 99,8% CO; 0,15 H_2 u. 0,05 CH_4 für Katalysearbeiten je Std. aus einem H_2–CO-Gemisch durch Kältefalle (fl. N_2). (Ind. Engng. Chem. **48**. 1365. Aug. 1956. Bruceton, Pa., U. S. Bur. of Mines, Cent. exp. Stat.) H. Eckhard. 5024

M. Zapan, *Kontinuierliche Filtriervorrichtung.* Aus einem höhergestellten Vorratsgefäß fließt die zu filtrierende Suspension in den unteren Teil eines Gefäßes mit kon. Auslauf u. unter dem oberen Rand angeordnetem Filter, durch das die Fl. durch den hydrostat. Druck gepreßt wird. Der vom Filter zurückgehaltene Feststoff fällt entweder schon während des Filtrierens oder beim Öffnen des Auslaufs zu Boden, der Rest wird mit einem Flüssigkeitsstrahl weggespült. Es können auch mehrere Kombinationen von Vorrats- u. Filtriergefäß hintereinander angeordnet sein. (Rev. Chim. [București] **7**. 54—55. Jan. 1956.) R. K. Müller. 5024

P. F. Váradi und **L. G. Sebestyén,** *Ein einfacher mit einem Radiofrequenzmassenspektrometer arbeitender Vakuumlecksucher.* Beschreibung eines Vakuumlecksuchgeräts, das nach dem Prinzip des Radiofrequenzmassenspektrometers arbeitet u. eine verhältnismäßig einfache elektron. Ausrüstung besitzt. Wird ein H_2-Strom von außen auf die zu untersuchende Stelle der App. geleitet, so zeigt das Gerät den durch eine Undichtigkeit eingedrungenen H_2 mit einer Drehspule an. Das Gerät gestattet, im Druckbereich zwischen 10^{-3} u. 10^{-7} Torr Undichtigkeiten der Größenordnung $2{,}8 \cdot 10^{-8}$ Torr/Sek. zu finden. (J. sci. Instruments **33**. 392—94. Okt. 1956. Budapest, Res. Inst. for Telecommunicat.) R. Conrad. 5026

A. P. Rylnikow, *Über die Temperaturkontrolle in thermischen Laboratoriumsöfen.* Es wird ein allg. Schaltschema zur Temperaturkontrolle für Labor.-Öfen angegeben; für Sonderfälle werden besondere Anweisungen gegeben. So wird die Einschaltung eines transportablen Potentiometers mit Kompensationszuleitungen empfohlen. Für die Temperaturintervalle 400—800—1000—1200 u. 1000—1300° werden bestimmte Legierungen empfohlen. Für Kammeröfen mit offenen Erhitzern werden dilatometr. Saiten- (sogenannte „Programm")-Thermoregulatoren empfohlen. Bei rascherem Temperaturwechsel (Härtung u. ähnlichem) arbeiten einfachste Vorrichtungen feiner als die üblichen Thermoregulatoren. Für Chromel–Alumel-Thermoelemente wird eine Nachprüfung je nach Temp. u. Durchmesser bereits nach 50—750 Std. empfohlen. Pt–PtRh-Thermoelemente sind allmonatlich zu prüfen. (Заводская Лаборатория [Betriebs-Lab.] **22**. 999—1000. 1956. Zentrales wiss. Forschungsinst. für Schwarzmetallurgie.) A. v. Wilpert. 5028

C. H. Sutcliffe und **T. J. Carroll,** *Temperaturkontrollsystem für einen Siliciumschmelzofen.* An einem Ofen, in dem geschmolzene Si-Einkristalle gezogen werden, wird die Temperaturmessung mit einem Sapphirstab, in den eine an ein Potentiometer angeschlossene Thermosäule eingebaut ist, so vorgenommen, daß das Ende des Sapphirstabes in 1,6 mm Entfernung von dem Schmelztiegel gehalten wird. Vorteile des Meßgerätes sind: schnelle Einstellzeit, Messung der Durchschnittstemp., große Meßsicherheit bei hohen Tempp., lange Lebensdauer u. leichte Einbaumöglichkeit im Ofen. (Rev. sci. Instruments **27**. 656. Aug. 1956. Philadelphia, Pa., Philco Corp., Res. Div.) H. MIETHING. 5028

T. S. West, *Anwendung der Extraktion mit Lösungsmitteln in der anorganischen Analyse.* Überblick: Vorteile der Extraktionsmethoden; Grenzen der Extraktion mit organ. Lösungsm.; Einfl. der Löslichkeit des Lösungsm. in der wss. Phase; App. zur Extraktion anorgan. Verbb.; die Extraktion begünstigende Faktoren; Anwendungen: Extraktion von Fe, Sb, As, Cr, Pb u. Bi, Ta u. Nb, Co. (Ind. y Quím. **17**. 83—85. 114. April 1955.) R. K. MÜLLER. 5034

E. A. Robinson, *Ein Halbmikroapparat zur Dampfdestillation.* Ein in einem W. enthaltenden Reagensrohr durch Feder hochgehaltenes Gläschen umschließt ein oben eingedichtetes Kugelrohr mit absteigendem Kühler. — Kein Zurücksaugen möglich. Probe kommt nur mit Glas in Berührung. (School Sci. Rev. **38**. 103. Nov. 1956. Norwood, Techn. Coll.) K. BLUMRICH. 5038

A. Matějíček und **Z. Pajl,** *Apparatur zur automatischen Registrierung von Destillationskurven.* Es wird eine Laboratoriumsapp. beschrieben, in der die Destillatmenge photoelektr. verfolgt u. zugleich die Temp. registriert wird. Diese App. wurde als ein Teil der automat. Laboratoriumsrektifikationskolonne ausgearbeitet. (Chem. Průmysl **6** (**31**). 96—98. März 1956. Pardubice, Výzkumný ústav synthet. pryskyřic.) J. SCHNEIDER. 5038

G. Aravamudan und **M. R. Krishnaswami,** *Ein leistungsfähiger Löslichkeitsapparat.* Beschreibung des App., der eine Verbesserung des von CAMPBELL (vgl. J. chem. Soc. [London] **1930**. 179) beschriebenen darstellt. (Current Sci. **25**. 287. Sept. 1956. Bangalore, Indian Inst. of Sci., Dep. of Gen. Chem.) G. RUBAN. 5048

J. G. Daunt, *Kälteerzeugende Einrichtungen.* Überblick über Neuentwicklungen auf dem Tieftemperaturgebiet, wie Herst. u. Transport fl. Gase, Trennung von H-Isotopen durch Dest., mit fl. H_2 gekühlte Elektromagnete, „Bubble"-Klammern, Ausnutzung des magneto-calor. Effektes. — 32 Literaturangaben. (Science [Washington] **124**. 777—80. 26/10. 1956. Columbus, O., Ohio State Univ.) W. WIRTZ. 5048

Emilie Jäger und **Sepp Schilling,** *Zum Selbstbau einer Apparatur zur Differentialthermoanalyse* (*DTA*). (Schweiz. mineralog. petrogr. Mitt. **36**. 595—98. 1956. Bern.) F. ENSSLIN. 5052

Giovanni Speroni, Giuseppe del Re und **Carlo Caselli,** *Über einen Apparat zur Messung der Dielektrizitätskonstanten mit Wechselstrom.* Es wurde ein mit Wechselstrom betriebener App. zur Messung der DK. nichtleitender Fll. konstruiert, der mit Überlagerungsschwingungen arbeitet. Die aus nichtrostendem Stahl gebaute Meßzelle gewährt eine große Reproduktionsgenauigkeit. Die Fehler bei der DK.-Messung sind von der Größenordnung $\pm 0{,}002$. (Ricerca sci. **26**. 3115—24. Okt. 1956. Napoli, Univ., Ist. di chim. organ.) H. NÖTH. 5052

E. R. Nightingale jr., *Verbesserte Wanderungszelle.* Beschreibung einer Zelle zur Best. von Ionenwanderungsgeschwindigkeiten; 2 Glasfrittenplättchen sind eingebaut, um eine unerwünschte Vermischung von Testlsg. u. Elektrolyt-Fl. zu verhindern. (Analytic. Chem. **28**. 281—82. Febr. 1956. Lincoln, Nebr., Univ. of Nebraska, Dep. of Chem. and Chem. Engng.) G. RUBAN. 5052

Clemens Moncke, *Zur Stabilität bei der Papierelektrophorese verwendeter Farbstoffe in alkalischen Lösungen.* Vf. untersuchte das Verh. von *Amidoschwarz 10 B* (**I**), *Azocarmin* (**II**), *Ponceaurot RR* (**III**), *Neucoccin* (**IV**) u. *Chromotrop 2 B* (**V**) in n/100 NaOH u. von *Bromphenolblau* (**VI**) in 5%ig. Na_2CO_3-Lsg. unter den bei der Elution von Elektropherogrammen üblichen Bedingungen. Während 10 std. Beobachtung neigten **III** u. **V** zu geringer Abnahme der Extinktionswerte, während **II** u. **IV** konstant blieben. **I** wird schnell zers., doch wird die Zerstörung durch die Ggw. von Schutzkolloiden verhindert. Werden die *Protein*-haltigen Papierstücke vor der Anfärbung mit **I** 10 Min. auf 100° erhitzt, so erfolgt nach Extraktion mit n/100 NaOH rasche Zerstörung von **I**, während nach Proteinfixierung mit Methanol–Ae. das extrahierte **I** stabil bleibt. **VI** bleibt farbkonstant; Hitzefixierung hatte keinen Einfl. auf die Stabilität von **VI**. (Klin. Wschr. **34**. 100—01. 15/1. 1956. Rostock, Med. Univ.-Klinik.) E. SCHWERDTFEGER. 5062

Hans Wolter, *Über die prinzipiellen Meßfehlergrenzen bei Schlieren- und Interferenzverfahren.* Brechungsindex- u. Dickenmessungen geschehen bei Interferenzverff. direkter als bei Schlierenverfahren. Bei jenen sind Meßfehler- u. Empfindlichkeitsgrenze gleich, bei diesen verschieden. Bei Minimumkennzeichnung haben beide Verff. nahezu gleiche Empfindlichkeit. Die Meßfehlergrenzen der Schlierenverff. liegen in jedem Falle höher. Die Streuung der Meßwerte darf bei den Interferenzverff., nicht aber bei den Schlierenverff. als Meßfehlerbereich angesprochen werden, solange hier systemat. Auswertefehler nicht sicher vermieden werden können. (Ann. Physik [6] **19.** 1—9. 1956. Marburg, Inst. für Angew. Phys.) H. Lindberg. 5063

Fritz Hoffmann und **Ulrich Schley,** *Zur Messung sehr geringer Strahlungsleistungen mit Thermoelementen.* Vff. benutzen das Verf. der Thermorelaisverstärkung von Moll u. Burger [1925.], Aufbau- u. Abstimmung der einzelnen Apparateteile werden eingehend besprochen. Bei Benutzung eines kompensierenden Differentialthermoelements wird als kleinste nachweisbare Strahlungsleistung aus den Daten der Anordnung $L_{min} = 5 \cdot 10^{-11}$ W errechnet. (Z. angew. Physik **7.** 109—13. 1955.) G. Kresze. 5063

Alan Ross und **Leonard Simon,** *Ventilschaltung zur Isolierung einzelner Impulse für die Spektralanalyse.* Es wird ein Syst. mit Kristalldiodenschaltung beschrieben, mit dem sich beliebige einzelne Impulse von 0,2—150 μSek. Dauer bei einer Wiederholungsfrequenz bis zu 10000 Impulsen/Sek. zeitlich aus einer Gruppe isolieren lassen. (Electronics **29.** Nr. 8. 179—81. Aug. 1956. Long Island City, N. Y., Leader, Circuit Group Polared Electr. Corp.) D. Jörchel. 5063

K. G. Kessler, S. B. Prusch und **I. A. Stegun,** *Analyse von Atomspektren mit Hilfe elektronischer Digitalrechenmaschinen.* Vff. geben ein Verf. zur Analyse von Bogenspektren mit Hilfe einer elektron. Rechenmaschine an, das — wie am Beispiel des Bogenspektr. des Ru I gezeigt wird — die schnelle Umrechnung der Wellenzahlen in Luft in Vakuumwellenzahlen sowie die Ermittlung der Energietermlagen u. Termdiagramme gestattet. (J. opt. Soc. America **46.** 1043—45. Dez. 1956. Washington, D. C., Nat. Bur. of Stand.) J. Rudolph. 5063

W. H. Cloud, *Der Zirkoniumbogen als Lichtquelle für Infrarotmikrospektrometer.* Vf. beschreibt eine Lichtquelle für die Infrarotspektroskopie. Sie besteht aus einem wassergekühltem *Zr*-Lichtbogen von 100 W, der mit einem Schwarzschild-Spiegelsyst. bzw. mit einem sphär. Spiegel nach Pfund (J. opt. Soc. America **14.** [1927.] 337) kombiniert ist. Schemaskizze vgl. Original. Die Abhängigkeit der relativen Intensität von der Wellenlänge ist kurvenmäßig angegeben. (J. opt. Soc. America **46.** 899—900. Okt. 1956. Wilmington, Del., E. I. du Pont de Nemours, Chem. Dep.) W. Günther. 5063

Hans-Georg Frühling, Wolfram Münch und **Manfred Richter,** *Die Eignung der Xenonlampe als Standardlichtquelle für Strahlungs- und Farbmessungen.* Vff. untersuchen eine Reihe von Osram-*Xe*-Hochdrucklampen auf ihre Eignung für meßtechn. Aufgaben in der Photometrie, Strahlungsmessung, Farbmessung u. Farbabmusterung. Es wird gezeigt, daß mit Gleichstrom betriebene Xe-Hochdrucklampen mit kurzem Elektrodenabstand infolge ihrer gleichmäßigen Lichtverteilung, ihrer guten zeitlichen Konstanz u. Reproduzierbarkeit, wegen der geringen Abhängigkeit der photometr. Daten von den elektr. Betriebsbedingungen für photometr. Sonderaufgaben gut geeignet sind. Für die Anwendung bei spektralphotometr. u. Strahlungsmessungen ist darüber hinaus ihre kontinuierliche UV-Strahlung hoher Strahldichte ein bemerkenswerter Vorteil. Die Anwendung als Standardlichtquelle für die spektrale Strahldichteverteilung ist erwogen worden. Es wird vorgeschlagen, das Xe-Licht wegen der guten Übereinstimmung in der Farbwiedergabe für Farbprüf- u. Meßzwecke international einzuführen. (Farbe **5.** 41—68. Sept. 1956. München, Osram G.m.b.H.; Berlin, Osram G.m.b.H.; Bundesanstalt für Materialprüf., Fachabt. Angew. Farbforsch.) W. Günther. 5064

J. A. Pastor Cañada, *Chemische Analyse.* Grundlagen der photometrischen Bestimmungen; Form der Kurven; angewandte Apparate; Technik der Durchführung; die Genauigkeit beeinflussende Faktoren; Anwendungen. — 18 Literaturzitate. (Quím. e Ind. [Bilbao] **2.** 222—24. Sept./Okt. 1955.) R. K. Müller. 5064

Frank Kupka und **W. H. Slabaugh,** *Verbessertes Gerät für Leitfähigkeitstitrationen mit Hochfrequenz.* Vff. beschreiben eine HF-Titrationsapp. unter Verwendung eines Quarzoscillators für 0,1; 0,3 u. 1 MHz u. speziell geformter Titrationszellen, die im Konzentrationsbereich von $4 \cdot 10^{-4}$ bis $6{,}5 \cdot 10^{-2}$ n-KCl eine prakt. lineare Anzeige besitzt. Die Titrationen von $AgNO_3$ mit *KCl* u. von *Ca-Bentonit* mit *Äthylendiamintetraessigsäure* werden untersucht. (Analytic. Chem. **29.** 845—48. Mai 1957. Corvallis, Oreg., Oregon State Coll.) Herbert Müller. 5066

T. S. West, *Analysen für die Industrie.* Vf. gibt den 1. Teil eines Überblicks über die Verwendung von Indicatoren bei EDTA-Titrationen im Hinblick auf p_H-Wert, die untersuchte Substanz (Farbumschlag), Art der Titration u. störende Elemente. Eingehend besprochen werden die Indicatoren *Eriochromschwarz T, Murexid, Phthalein-Komplexontyp-Indicatoren,* wie *Tiron, Brenzcatechinviolett* (sehr empfohlen) u. *Variaminblau B.* (Ind. Chemist **32.** 82—83. Febr. 1956.) H. Pluskal. 5068

Egon Uhlig, *2.5-Bis-(β-oxyäthylamino)-terephthalsäure als Indicator in der Argentometrie. 2.5-Bis-(β-oxyäthylamino)-terephthalsäure* (I) läßt sich durch Oxydationsmittel, wie $AgNO_3$, $HgNO_3$ u. $FeCl_3$, in ein intensiv rotgefärbtes wasserlösl. Prod. überführen, wobei Ag^+ u. Hg^+ bis zum Metall red. werden. Es wird angenommen, daß bei der Oxydation 2.5-Bis-(β-oxyäthylimino)-chinon-1.4-dicarbonsäure entsteht. Aufschwemmung von I in 50 ml W. zeigt mit 1 Tropfen 0,1n $AgNO_3$ nach 15 Sek. deutliche Rotfärbung. Dasselbe nach 2 Min. in 200 ml; I kann daher als Indicator in der Argentometrie verwendet werden. Bromide lassen sich gut mit 0,1—0,02 n $AgNO_3$ titrieren. Bei J^- werden ½—1% zu hohe Gehh. gefunden. Bei Cl^- tritt Störung durch vorzeitige Oxydation wegen hoher Ag^+-Konz. kurz vor dem Äquivalenzpunkt auf. Die Störung läßt sich durch Zusatz von Ni-Salz vermeiden, dann tritt ein Umschlag von schwachgrün nach rotviolett auf. Bei Alkalichloriden ist der Endpunkt besser zu erkennen als nach MOHR. Eine Titration von 2- u. 3wertigen Metallen, wie $ZnCl_2$, $AlCl_3$, $BaCl_2$, $NiCl_2$ ist möglich. H^+-Ion aus der Hydrolyse schwachbas. Salze stört nicht. Stärker saure Lsgg. müssen mit Na-Acetat gepuffert werden. — Darst. von *2.5-Bis-[β-oxyäthylamino]-cyclohexandicarbonsäure-1.4-diäthylester*: aus *Succinylobernsteinsäurediäthylester* mit A. u. *Äthanolamin* 4 Std. im N_2-Strom bei 85—100° am Rückfluß erhitzt. Beim Abkühlen scheidet sich die SCHIFFsche Base in blaßroten Nadeln ab. *Diäthylester von* I durch Sieden (10 Min.) einer alkoh. J-Lsg. mit der SCHIFFschen Base u. Eingießen der Lsg. in Na-Acetat-haltiges W., Abscheidung des Esters als leuchtendrote Nadeln, $C_{16}H_{24}O_6N_2$, F. 158,5° (korr.). I aus einer alkoh. Lsg. des *Diäthylesters* mit KOH, nach 30 Min. Sieden als tiefgelbes K-Salz, letzteres wird in wenig W. gelöst. Nach dem Eintropfen der Lsg. in Eisessig unter Rühren fällt I als gelber krist. Niederschlag aus. Reinigung nochmals über das K-Salz. (Z. anorg. allg. Chem. **288**. 24—27. Nov. 1956. Leipzig, Karl-Marx-Univ., Inst. für Anorgan. Chem.) H. G. ZIMMERMANN. 5068

Ernö Pungor und **Erzsébet Hollósné-Rokosinyi,** *Der Indicationsmechanismus des Metanilgelbs.* Bei der Titration von Jodid mit Metanilgelb (I) erfolgt in neutraler Lsg. die Indication über Salzbldg., in saurer Lsg. verhält sich I wie ein Säure–Basen-Indicator. In beiden Fällen erleiden das Löslichkeitsprod. des Ag-Salzes von I u. in saurer Lsg. die Säure ebenso wie die Basedissoziationskonstante eine bedeutende Änderung. In saurer Lsg. erscheint die Säure–Basen-Indication in Ggw. der verschied. Halogene bei verschied. p_H. Bei J^- ist die p_H-Grenze am höchsten, beim Cl^- am niedrigsten. Die p_H-Werte zeigen annähernd den Wert des Dissoziationsexponenten des adsorbierten Farbstoffes an der Ag-Halogenidoberfläche, bzw. das Umschlags-p_H des nach der Adsorption gebildeten Adsorbatindicators. Der Mechanismus ist mithin mit der Indicatortheorie vereinbar. (Magyar Kémiai Folyóirat [Ung. Z. Chem.] **63**. 28—32. Jan. 1957. Budapest, Univ., Inst. für anorgan. u. analyt. Chemie.) J. PLANK. 5068

W. A. Nasarenko und **Ss. Ja. Winkowetzkaja,** *Vanadometrische Bestimmung von 5.7-Dibromoxychinolin und Dibromoxychinolinaten.* Vf. stellt die Bedingungen der vanadometr. Best. von 5.7-Dibrom-8-oxychinolin (I) fest u. gibt eine Erklärung für den Chemismus der Oxydation von I mit Vanadat. Es wird die Möglichkeit einer vanadometr. Best. von Metallen durch I in saurer Lsg. ($p_H < 3$) u. von Elementen, die Heteropolymolybdänsäuren bilden, gezeigt. Als Beispiele werden die Bestimmungen von Cu, Fe, Ge, Ti, Mo u. Si beschrieben. (Журнал Аналитической Химии [J. analyt. Chem.] **11**. 572—77. Sept./Okt. 1956.) E. STEINBERG. 5072

M. H. Aven, R. S. Craig und **W. E. Wallace,** *Calorimeter zum Bestimmen der adiabatischen spezifischen Wärme im Temperaturbereich von 4—15° K.* Es wird ein Calorimeter beschrieben, das hauptsächlich aus Glasröhren besteht. Das auf Wärmekapazität zu untersuchende Gut (Ti) befindet sich in einer von 2 übereinanderliegenden Kammern, in die andere träufelt, nachdem sie durch fl. N_2 abgekühlt war, erst fl. H_2 u. dann fl. He. Der Gasdampfdruck dient gleichzeitig als Thermometer. Das auf diese Weise auf 4° K abgekühlte Gut wird durch eine in einem Cu-Block oberhalb der Behälter untergebrachten Heizung erwärmt u. wieder abgekühlt. Die zur Heizung nötige elektr. Energie wird gemessen u. dadurch die Wärmekapazität im Bereich zwischen 4 u. 15° K ermittelt. (Rev. sci. Instruments **27**. 623—28. Aug. 1956. Pittsburgh, Pa., Univ. of Pittsburgh, Dep. of Chem.) H. MIETHING. 5084

Frank T. Gucker jr. und **John M. Christens,** *Ein Hochdruck-Calorimeter für spezifische Wärmen von wäßrigen Lösungen bis zur kritischen Temperatur.* 2 gleichartige Bombencalorimeter mit Strahlungsschutz im Vakuum liegen mit ihren Heizwickelungen in 2 Zweigen einer WHEATSTONEschen Brücke u. werden abgeglichen. In einem Calorimeter ist die zu untersuchende Lsg., im anderen Wasser. Man erhält die Wärmekapazität im Vgl. zu der des W. bis zum krit. Punkt des W.: 219 at u. 374,18°. Aufbau der Calorimeter-, Druck- u. Temperaturmeßeinrichtungen werden beschrieben. (Proc. Indiana Acad. Sci. **64**. 97—104. 1955.) H. MIETHING. 5084

Gerhard Voss und **Fritz Hessenauer**, *Die Chromatographie von Gasen und Dämpfen.* Vff. geben einen Überblick über das Gebiet u. nennen die wichtigsten Schrifttumsstellen, die grundlegend sind. (Erdöl u. Kohle **10.** 161—63. März 1957. Hamburg-Finkenwerder, BP-Raffinerie.) F. Rosendahl. 5086

Karla Wencke, *Versuche zur chromatographischen Analyse von Gemischen leichtflüchtiger Gase.* Es wird eine gaschromatograph. Meth. zur Trennung von H_2, N_2, CO, CO_2 u. CH_4 an A-Kohle mit einer Wärmeleitfähigkeitszelle beschrieben. (Chem. Techn. **8.** 728—30. Dez. 1956. Berlin, Akad. der Wiss. zu Berlin, Inst. für Katalyseforsch.) W. Luchsinger. 5086

George Kyryacos und **C. E. Boord**, *Trennung von Wasserstoff, Sauerstoff, Stickstoff, Methan und Kohlenmonoxyd durch Gasadsorptionschromatographie.* An einer Molekularsiebkolonne wird die Trennung von H_2, O_2, N_2, CH_4 u. *CO* mit *He* als Trägergas untersucht. Die Empfindlichkeit des Wärmeleitfähigkeitsdetektors läßt sich für H_2 durch Verwendung von *Ar* als Trägergas steigern. Vff. wenden die Meth. auf die Unters. der Oxydationsprodd. der kalten Flamme von KW-Stoffen an. (Analytic. Chem. **29.** 787—88. Mai 1957. Columbus, O., Ohio State Univ., Dep. of Chem.) Herbert Müller. 5086

M. I. Tarenko, *Colorimetrische Bestimmung von Pyridin in der Luft.* Eine Meth. zur Best. von Pyridin (I) in Luft, die auf der Rk. des I mit Bromrhodan beruht, wird beschrieben. Die Luft wird mit 20—25 Liter/Std. durch 2 Mikroabsorptionsapp. mit 2 ml 0,1 n H_2SO_4 durchgesaugt. Die Menge der durchgesaugten Luft richtet sich nach der I-Menge, die man in der Luft vermutet. Der Inhalt beider Mikroabsorptionsapp. wird zusammengegossen. Der Lsg. entnimmt man 2 ml zur Analyse. Die Lsg. wird mit 0,1 n NaOH neutralisiert, das Vol. der Lsg. gemessen, 0,5 ml Bromrhodanreagens u. 1 ml Anilinwasser zugegeben u. die nach 10—15 Min. auftretende Farbe mit der Eichskala im Colorimeter verglichen. Vf. fand ebenfalls, daß beim Sättigen einer wss. I-Lsg. oder Lsg. seiner Homologen mit H_2S eine für NH_4-Polysulfide charakterist. Gelbfärbung entsteht. Im Gegensatz dazu geben die Pyridinbasen aber beim Zufügen 30—35%ig. NaOH-Lsg. eine Grünfärbung. Diese Rk. ist wenig empfindlich, ist aber von einigem Interesse für das Studium der chem. Eigg. der Pyridinbasen. (Журнал Аналитической Химии [J. analyt. Chem.] **11.** 644—45. Sept./Okt. 1956.) E. Steinberg. 5088

J. A. S. Gilbert und **A. J. Lindsey**, *Die Bestimmung der Menge und der Verteilung von atmosphärischem Rauch durch Schneeanalysen.* Zur Best. der Menge u. Verteilung des Rauches in der Luft von London wurden am 4/1. 1955 in Schneeproben Pyrenanalysen UV-spektroskop. (335 mμ) durchgeführt u. die Ergebnisse besprochen. (Chem. and Ind. **1955.** 1439—40. 5/11. London, Dep. of Chem., John Cass Coll.) W. Luchsinger. 5088

A. Littlewood, *Messung der optischen Dichte von Rauch in einem Kamin.* Es wird eine App. zur Messung der opt. Dichte von strömendem Rauch in einem Kamin im Bereich von 0—0,35 bzw. von 0—2,0 mit einer Empfindlichkeit von 3% für beide Bereiche beschrieben. Die Ergebnisse sind unabhängig von der Konstanz der Spannung für Lichtquelle, Photozelle u. Verstärker sowie von deren Charakteristiken. Die App. ist ein Doppelstrahlkompensationssyst. mit nur einer Lichtquelle u. nur einer Grenzschichtphotozelle. (J. sci. Instruments **33.** 495—99. Dez. 1956. London, Fuel Res. Stat.) H. Lindberg. 5088

R. J. Hamilton, *Ein tragbares Instrument zur Entnahme von Staub der Einatmungsluft.* Es wird ein App. beschrieben, die zur Staubmessung der Atemluft über einen Zeitraum von $>$8 Std. dient, bei dem der Staub durch die Schwerkraft u. therm. abgeschieden wird u. die Auswertung mkr. erfolgt. (J. sci. Instruments **33.** 395—99. Okt. 1956. Isleworth, Middlesex, Mining Res. Etabl., Nat. Coal Board.) W. Luchsinger. 5088

U. D. Bregwadse, *Vorrichtung zur Erreichung der Gewichtskonstanz bei Filtern, die zur Staubbestimmung in Gasen benutzt werden.* Die leeren sowie die mit Staub beladenen Filterhülsen werden direkt im Thermostaten gewogen: die Waageschale hängt in den Thermostaten hinein, die Hülsen werden vom Trocknungsregal im Thermostaten mit einer langen Pinzette durch ein Fenster auf die Waagschale nach 1 std. Trocknen gelegt, gewogen u. auf ein anderes Regal fortgelegt, die Beobachtung der Operationen erfolgt durch ein Glasfenster im Thermostat. Bei einiger Übung wird eine Wägegenauigkeit bis auf 0,0002—0,0004 (statt wie bisher 0,001) g erreicht (Beleganalysen; Gewichtskonstanz nach 1½—2 Std.). (Заводская Лаборатория [Betriebs-Lab.] **22.** 1000—01. 1956. Tbilissi, Kirow-Inst. für Arbeitsschutz.) A. v. Wilpert. 5088

a) Elemente und anorganische Verbindungen.

F. A. Koehler und **W. A. Levier**, *Ionenaustausch-Schnellmethode zur Bestimmung des gesamten Fluorids in unreinem KF·HF.* Für die Best. benutzen Vff. den Kationenaustauscher *Amberlite IR 120* u. eine einfache App. (Abb.). Analysenergebnisse von Proben bekannten F^--Geh. zeigen eine gute Genauigkeit der Methode. Bei einem Vgl. der nach der Austauschmeth. erhaltenen Ergebnisse mit denen, die nach photofluorimetr. Verff. erhalten werden, ist eine recht gute Übereinstimmung der Werte festzustellen. (Science [Washington] **124**. 175. 27/7. 1956. Portsmouth, O., Goodyear Atom. Corp., Techn. Div., Analyt. Dep.) H. Pittack. G 246

Masatoshi Fujimoto, *Mikroanalyse mit Hilfe von Ionenaustauschharzen.* **4.** Mitt. *Über den Nachweis geringer Bromidmengen mit dem Schiffschen Reagens.* (3. vgl. C. **1957.** 12852.) Mit Schiffschem Reagens behandelte farblose Kationenaustauscher färben sich bei der Einw. von Br_2 intensiv violett. Zur Herst. des Reagenses versetzt man 1 ml 0,2%ig. Fuchsinlsg. mit 0,3 ml 6n HCl, ergänzt mit W. auf 5 ml u. fügt tropfenweise unter Schütteln 30%ig. $NaHSO_3$-Lsg. bis zur völligen Entfärbung zu. Man fügt weitere 0,1 ml 6n HCl zu, füllt auf 10 ml auf u. bewahrt die Lsg. im Dunkeln auf. Geeignete Austauschharze sind das farblose Dowex 50 W-X 8, sowie H- u. Na-Form von Amberlite IR-112, das durch Erwärmen mit verd. NaOH u. ca. 10%ig. H_2O_2 vorher entfärbt wurde. Ausführung zum Nachw. von elementarem Br_2: Auf einer weißen Tüpfelplatte wird ein Tropfen Reagens mit einigen Körnchen Austauscher versetzt. Man läßt einige Min. einwirken u. wäscht dann zur Entfernung des störenden $NaHSO_3$ 2—3mal mit je 3 Tropfen Wasser. Dann fügt man einen Tropfen Probelsg. zu u. beobachtet nach einigen Min. unter Beleuchtung mit einer Tischlampe die Färbung der Harzphase mit einer 20fach vergrößernden Lupe. Erfassungsgrenze 0,6 γ Br_2, Grenzkonz. $1:6,4 \cdot 10^4$. Ausführung zum Nachw. von Bromiden: Auf einem Mikrowasserbad wird in einem Mikrokölbchen die Probelsg. mit einigen Tropfen gesätt. $K_2Cr_2O_7$-Lsg. + konz. H_2SO_4 (1 + 1) erwärmt. Auf den Hals des Mikrokölbchens wird luftdicht eine Capillare aufgesetzt, in deren ausgezogener Spitze sich einige mit W. bedeckte präparierte Harzkörnchen befinden. Der erzeugte Br_2-Dampf wird dann zusammen mit Luft u. Wasserdampf durch die Capillare gedrückt u. im W. absorbiert. Nach dem Erwärmen entfernt man schnell die Capillare, um ein Zurücksaugen des W. zu vermeiden, u. beobachtet nach einigen Min. die Verfärbung des Harzes mit der Lupe. Erfassungsgrenze 1,2 γ. (Bull. chem. Soc. Japan **29**. 571—74. Juli 1956. [Orig.: deutsch.]) F. Umland. G 248

P. J. Antikainen, *Wirkung neutraler Salze auf die Ionisation von Tellursäure. Alkalimetrische Bestimmung von Tellursäure.* Neutrale Salze, wie $MgSO_4$, $LiNO_3$ u. bes. NaCl, beeinflussen die Ionisation von Tellursäure sehr stark, so daß Titration der Tellursäure mit NaOH u. Phenolphthalein als Indicator in gesätt. NaCl-Lsg. möglich ist. Die gesätt. NaCl-Lsg. muß vorher auf den Indicatorendpunkt neutralisiert werden. Bei einer Tellursäurekonz. von 0,005—0,02 mol. beträgt der mittlere Fehler $<2\%$. (Suomen Kemistilehti **29**. B 206—09. 1956. Helsinki, Univ. of Helsinki, Inst. of Chem.) H. Pluskal. G 255

Arthur Kant, J. Paul Cali und **Harriet D. Thompson,** *Bestimmung von Verunreinigungen in Silicium durch Neutronenaktivierungsanalyse.* Vff. bestrahlten ca. 15 Tage lang Si-Proben im Reaktor. Der Neutronenfluß war $3 \cdot 10^{12}$ Neutronen/cm^2·Sekunde. Die Proben befanden sich in Al-Kapseln u. enthielten in Quarznadeln eingewogene Eichungen der Oxyde der zu bestimmenden Elemente. Bestimmt wurden die Elemente: P, Fe, Cu, Zn, Ga, As, Ag, Cd, In, Sb, Tl u. Br. Nach der Bestrahlung wurden die Proben gelöst, das Si quantitativ entfernt u. nach Zugabe von Trägern die einzelnen Elemente radiochem. abgetrennt u. ihr β-Zerfall gemessen. Daraus wurde die Halbwertszeit u. die Energie der Strahlung bestimmt. Mit dieser Vergleichsmeth. konnten Verunreinigungen im Konzentrationsbereich von 10^{-5} bis 10^{-9}% bestimmt werden. Der Gesamtfehler war für die Absolutmeth. 50%, für die angewandte Vergleichsmeth. nur 10%. (Analytic. Chem. **28**. 1867—71. Dez. 1956. Bedford, Mass., Air Res. and Developm. Command, Air Force Cambridge Res. Center.) H. Hauser. G 261

W. A. Nasarenko und **N. W. Lebedewa,** *Anwendung von Trioxyfluoronderivaten in der colorimetrischen Analyse. Bestimmung des Antimons.* 9-Phenyl-2.3.7-trioxyfluoron-(6) (I) bildet mit Sb^{3+} eine Komplexverb. im Verhältnis Sb:I = 1:1 (die wahrscheinliche Formel des Fluoronats wird angegeben). — Zur Best. des Sb wird die schwach saure (HCl oder H_2SO_4) Prüflsg., enthaltend 0,05—6 γ Sb/ml, mit 10 ml 2,5n H_2SO_4 u. 1 ml 1%ig. Gelatinelsg. u. nach dem Umrühren mit 2,5 ml 0,03%ig. I-Lsg. versetzt. Nach 15—20 Min. mißt man die opt. Dichte im Pulfrich-Photometer mit einem bei 530 mμ maximal durchlässigen Lichtfilter unter Hinzuziehung von Vergleichslösungen. Die gelb → rote Färbung der Lsg., durch Gelatine stabilisiert, befolgt das Beersche Gesetz. Der hohe mol. Extinktionskoeff. (34160) kennzeichnet die Empfindlichkeit des Verf., das pK des Gleichgewichts beträgt 6,88. — Auch andere Trioxyfluoronderivv. geben mit Sb^{3+} empfindliche Färbungen, so daß 9-(p-Nitrophenyl)-2.3.7-trioxyfluoron-(6)

mit maximaler Absorption bei 570 mμ, jedoch ist I leichter darzustellen. (Журнал Аналитической Химии [J. analyt. Chem.] **11.** 560—65. Sept./Okt. 1956.) A. v. WILPERT. G 266

P. S. Rogers, D. J. M. Bevan und **J. W. Tomlinson,** *Ein gasvolumetrischer Apparat zur Bestimmung von Milligrammengen Erdalkalimetallen.* Ein App. zur Best. von Erdalkalimetallen, in Salzen gelöst oder damit gemischt, wird beschrieben, bei dem der durch Umsetzung mit H_2O entstehende H_2 mit einer Genauigkeit besser als 1% gemessen wird. (Mikrochim. Acta [Wien] **1956.** 1839—41. London, Imp. Coll., Nuffield Res. Group in Extract. Metall.) W. LUCHSINGER. G 280

Inge-Maria Ladenbauer und **Otto Slama,** *Fluorometrische Mikrobestimmung des Galliums mit Dibromoxin.* Vff. untersuchten die Eignung des *5.7-Dibrom-8-hydroxochinolins* (I) zur fluorometr. Best. des Ga. Da eine Anzahl Fremdionen ebenfalls mit I reagiert, muß das Ga vor der Best. durch Extraktion mit Ae.-HCl abgetrennt werden. Anschließend wird Ga mit I aus schwach HCl-saurer Lsg. mit $CHCl_3$ extrahiert u. fluorometr. bestimmt. Untersucht wurde ein Konzentrationsbereich von 0,25—1,0 μg Ga/ 6 ml $CHCl_3$. Die Eichkurven verlaufen in diesem Gebiet linear. (Mikrochim. Acta [Wien] **1956.** 1219—24. Wien, Univ., II. Chem. Labor.) K.-G. HACKSTEIN. G 295

F. W. Saikowski, *Colorimetrische Bestimmung von Niob und Tantal in Erzen.* Vff. führen die Trennung von Nb, Ta u. Ti (Oxalate) mit Brenzcatechin oder Pyrogallol durch, wobei mit n-Butanol extrahiert wird. Das Erz wird im Gemisch HF + H_2SO_4 gelöst. In Ggw. von viel Ti wird mit HCl eingeengt u. Nb + Ta + etwas Ti mit Tanninlsg. gefällt, während die größere Ti-Menge in Lsg. bleibt. Der Nd. wird mit $K_2S_2O_7$ geschmolzen u. die Schmelze in NH_4-Oxalatlsg. gelöst. Die Lsg. wird nach Auflösen von 6 g Brenzcatechin mit NH_3 (tropfenweise) u. Na_2SO_3-Lsg. (Dunkelfärbung durch Fe) im Überschuß versetzt u. mehrfach mit n-Butanol extrahiert, die Extrakte werden eingedampft, in 10% ig. H_2SO_4 gelöst, mit 3% ig. Cupferronlsg. gefällt, filtriert, getrocknet u. verglüht. Der Nd. enthält Nb, Ta u. etwas Ti, er wird mit $K_2S_2O_7$ geschmolzen, in NH_4-Oxalat gelöst u. mit Na_2SO_3- oder verd. H_2SO_4 bis p_H 2,5—3 (Kongo) versetzt. Man löst darin 4 g Brenzcatechin u. extrahiert 4—5 mal bis farblos (Abwesenheit von Ti) mit n-Butanol. Die Oxalatlsg. enthält Nb, der Butanolextrakt Ti + Ta. In der Oxalatlsg. kann Nb nach Zusatz von Brenzcatechin, Na_2SO_3-Lsg. u. NH_4-Oxalat aus der Eichkurve mit Blaufilter oder mit Vergleichslsgg. (Nb) colorimetriert werden, wobei Brenzcatechin keine Gelbfärbung hervorrufen darf (völlige Abtrennung des Ti). Der n-Butanolextrakt (Ti + Ta) wird mit 3% ig. H_2SO_4 2—3 mal extrahiert: Ti geht in die wss. Lsg., Ta bleibt im Extrakt (die wss. Lsg. muß fast farblos sein). Der Extrakt wird 2 mal eingedampft, in 10% ig. H_2SO_4 gelöst, mit 1% ig. Zr-Salz u. Cupferronlsg. gefällt, filtriert, getrocknet, verglüht, mit Pyrosulfat geschmolzen, in NH_4-Oxalatlsg. gelöst. Nach Zusatz von 1 g Brenzcatechin wird bei p_H 7—8 (Lackmus- oder Indicatorpapier) das Ta-Brenzcatechinat 1 mal mit n-Butanol (8—10 ml) extrahiert, der Extrakt 2—3 mal mit 3% ig. H_2SO_4 behandelt, 2 mal mit W. eingedampft, in H_2SO_4 gelöst, mit Zr-Salz u. Cupferronlsg. gefällt, wie oben verglüht, mit Pyrosulfat geschmolzen, in NH_4-Oxalat gelöst u. nach Zusatz von 0,5 ml 5% ig. H_2SO_4 u. 1 ml Brenzcatechin- oder Pyrogallollsg. mit Vergleichslsgg. (Ta) colorimetriert. — Enthält das Erz Sn (Kassiterit), so kann die Zers. durch KHF_2 erfolgen; nach Entfernung des F werden Nb + Ta durch Tanninlsg. gefällt. Die zu verwendende Brenzcatechinlsg. ist 20% ig. u. enthält auf 50 ml 2 ml 15% ig. $SnCl_2$-Lsg. (in 10% ig. HCl); diese Lsg. hält sich 5—6 Tage. (Журнал Аналитической Химии [J. analyt. Chem.] **11.** 553—59. Sept./Okt. 1956. Allunions wiss. Forschungsinst. für Mineralrohstoffe.) A. v. WILPERT. G 322

Masatoshi Fujimoto, *Mikroanalyse mit Hilfe von Ionenaustauschharzen.* 5. Mitt. *Über den Nachweis spurenweise vorhandenen Molybdäns mit Ammoniumrhodanid und Zinn(II)-chlorid.* (4. vgl. C. **1957.** 13141.) Das mit NH_4SCN + $SnCl_2$ entstehende komplexe Anion $[Mo(SCN)_6]^-$ wird von stark bas. Anionenaustauschern, wie Dowex 1-X 1 u. Dowex 1-X 4, Cl-Form, fest adsorbiert. Die Rk. kann zum Mikronachw. des Mo dienen: Man versetzt auf einer weißen Tüpfelplatte 1 Tropfen neutraler oder schwach ammoniakal. Probelsg. mit einigen Harzkörnchen, fügt nach 3 Min. einen Tropfen verd. wss. NH_4SCN-Lsg. u. nach weiteren 3 Min. einen Tropfen verd. $SnCl_2$-Lsg. in 6 n HCl zu. Nach einigen Min. färbt sich das Harz orangerot. Erfassungsgrenze 0,024 γ; Grenzkonz. 1: $1{,}6 \cdot 10^6$. Säure- u. hohe Neutralsalzkonzz. der Probelsg. verringern die Empfindlichkeit: z. B. beträgt die Erfassungsgrenze in 1 n NaCl-Lsg. 0,05 γ, in 5,2 n NaCl-Lsg. nur noch 0,1 γ. Störende Kationen, wie Co, Ni, Cu, UO_2^{2+} usw., werden mit einer Mikrosäule (ca. 0,5·2 cm) eines stark sauren Kationenaustauschers, wie Dowex 50-X 8, NH_4-Form, abgetrennt, indem man einen Tropfen Probelsg. mit einer Capillarpipette aufgibt u. direkt mit 2—3 Tropfen W. in die Vertiefung der Tüpfelplatte eluiert. Die Mikrosäule wird dazu mit einem Stopfen in einem Glasrohr (3·3,7 cm) befestigt u. auf die Platte gestellt. CrO_4^{2-} u. $Cr_2O_7^{2-}$ werden vorher durch Erwärmen mit 3% ig. H_2O_2 in 1n H_2SO_4 zu Cr^{3+} reduziert. WO_4^{2-} wird mit einem Tropfen 6—12n HCl als WO_3 ausgefällt, das durch den Siebeffekt des Harzes zurückgehalten wird. (Bull. chem. Soc. Japan **29.** 595—600. Juli 1956. [Orig.: deutsch.]) F. UMLAND. G 336

Shigeo Wakamatsu, *Untersuchungen über die Bestimmung von Aluminiumoxyd in Stahl nach der Säurelösungsmethode.* Zur Best. von Al_2O_3 in Stählen mit 0,08—0,21% C u. 0,027—0,936% Al wird vorgeschlagen, den Stahl in 10% ig. wss. H_2SO_4 + 15% ig. H_2O_2 zu lösen. C-haltiges Material u. Al-Nitride werden durch Oxydation mit $KMnO_4$ zerstört. Der Rückstand wird abfiltriert u. Al mit Oxychinolin bestimmt. (Nippon Kinzoku Gakkai-Si [J. Japan Inst. Metals] **20.** 262—66. Mai 1956. [Orig.: japan.; Auszug: engl.]) H.-G. MOSLÉ. G 354

P. Ippoliti und **A. Buratti,** *Innere Elektrolyse mit zirkulierendem Anolyten. Bestimmung von Cu, Pb, Cd und Fe in „Recidal".* Unter Benutzung der Meth. der inneren Elektrolyse bei zirkulierendem Anolyten werden in der gleichen Lsg. aufeinanderfolgende Bestimmungen von Cu, Pb, Cd u. Fe in Ggw. kleinerer Mengen Mg, Si u. Ti u. großer Mengen Al mit befriedigendem Erfolg ausgeführt, wobei als Lsgg. synthet. Elektrolyte einer Zus. benutzt werden, wie sie Leichtmetallegierungen vom Typ des „Residal" entsprechen. (Alluminio **25.** 231—33. 1956. Novara, Ist. Sper. dei Metalli Legg.; Rom, Univ., Ist. di Chim. Anal.) K. RUMPF. G 354

H. F. Beeghly, *Metallurgie der Eisenmetalle.* Übersicht über die Methoden der Analyse von Fe-Metallen für die Zeit von 1. Nov. 1954 bis 30. Oktober 1956. — 181 Literaturangaben. (Analytic. Chem. **29.** Nr. 4. [Part II]. 638—43. April 1957. Pittsburgh, Pa., Jones & Laughlin Steel Corp.) E. KLEVER. 5280

M. L. Moss, *Metallurgie der Nichteisenmetalle.* (Vgl. C. **1956.** 12933.) Fortsetzung des Berichtes über die Fortschritte der analyt. Methoden zur Unters. von Nichteisenmetallen. — 271 Literaturangaben. (Analytic. Chem. **29.** 670—78. April 1957. [Part II]. New Kensington, Pa., Aluminium Co. of America, Alcoa Res. Labors.) E. KLEVER. 5280

German Müller, *Die Schnellbestimmung des $CaCO_3/MgCO_3$-Anteils in carbonatischen tonarmen Gesteinen mit dem Dinatriumsalz der Äthylendiamintetraessigsäure (ÄDTE) — ein wichtiges Hilfsmittel für die Geologie.* Vf. beschreibt die komplexometr. Best. von *Ca* u. *Mg* in Gesteinen. Nach Auflsg. von 0,5 g feingemahlener, getrockneter Probe in 10 ml HCl (1:2) wird auf 500 ml aufgefüllt. Zur Best. von Ca versetzt man 100 ml der Lsg. mit einigen ml NH_3 u. einigen Tropfen H_2O_2, filtriert die ausgefällten Hydroxyde ab, stellt $p_H \geqq 12$ mit NaOH ein u. titriert nach Zusatz einiger Tropfen Murexidlsg. sofort mit 0,1 mol. ÄDTE-Lsg. bis zum Umschlag nach Blauviolett. Ca + Mg titriert man nach gleicher Vorbehandlung in einer 2. Probe nach Zugabe von 0,5—1 ml 0,4% ig. alkoh. Eriochromschwarz T-Lsg. u. 5—10 ml Pufferlsg. (350 ml 25% ig. NH_3 + 54 g NH_4Cl, auf 1 Liter verd.) bei p_H 10 u. 40° mit 0,1 mol. ÄDTE-Lsg. bis zum Umschlag nach Blau. (Neues Jb. Geol. Paläontol., Mh. **1956.** 330—44. Juli. Celle, Mobil Oil A.G., Petrograph. Labor.) H. PLUSKAL. 5290

Emilie Jäger und **Sepp Schilling,** *Vorläufiger Bericht über DTA-Untersuchungen an Wölsendorfer Fluorit.* Der Vers. zur Best. der Wärmemenge, welche bei der Thermoluminescenz des *Stinkflußspats* frei wird, durch Differentialthermoanalyse (DTA) ergab keine eindeutigen Ergebnisse. Die Diagramme von Flußspat waren je nach Art der Vorbereitung u. Reinigung des Materials ganz verschieden. Mit HNO_3 ausgekochter Flußspat u. solcher, der in N_2 bei 600° geglüht wurde, zeigen beide ein Maximum bei 575°, während der erste noch ein sehr starkes Maximum bei 420° aufweist, welches bei Wiederholung der Analyse verschwindet. Röntgenaufnahmen ergaben, daß die Intensitäten der Linien, bes. der Linie 633, erhebliche Differenzen zwischen n. Flußspat u. Stinkflußspat, geglüht u. ungeglüht, aufweisen. Es findet beim Erhitzen des Stinkflußspats eine Verschiebung der Atome statt. (Schweiz. mineralog. petrogr. Mitt. **36.** 599—603. 1956. Bern.) F. ENSSLIN. 5292

b) Organische Verbindungen.

M. Perpar, N. Prus und **M. Tisler,** *Eine Modifikation der Methode von Dennstedt für Substanzen mit hohem Stickstoffgehalt.* Die Meth. von DENNSTEDT zur Best. von C u. H wird in einer Modifikation beschrieben, wie sie für Substanzen mit hohem N-Geh. gebräuchlich ist. N-Oxyde wurden quantitativ durch Hydroxylammoniumphosphat reduziert. Das Absorptionsrohr mit dem Reagens war zwischen das Wasser- u. CO_2-Rohr geschaltet. (Croat. chem. Acta **28.** 53—56. 1956. Ljubljana, Inst. za organsko kemijo Univ. v Lj.) G. MAYR. 5352

I. Dragúnová und **P. Langer,** *Nachweis jodhaltiger Substanzen auf Papierchromatogrammen.* Der empfindlichste Nachw. J-haltiger Substanzen auf Papierchromatogrammen ist die $Ce(SO_4)_2$–As_2O_3-Rk. (weiße Flecken auf gelbem Grund). Ein besserer Kontrast wird durch Zugabe von *Ferroin* in der Konz. 0,01—0,0066 mol. erzielt (rote Flecken auf blauem Grund). Die Farbe ist ca. 48 Std. stabil. (Nature [London] **178.** 537—38. 8/9. 1956. Bratislava, Slovak Acad. of Sci., Inst. of Endocrinol.)

F. UMLAND. 5352

I. Ubaldini und **F. Capizzi Maitan,** *Beitrag zur Bestimmung des Phosphors in organischen Phosphaten.* Zur Best. des *P* in organ. Substanzen — untersucht wurden *Trikresylphosphat, O.O-Diäthyl-O-p-nitrophenylthiophosphat* (*Parathion*) u. *Lecithin* — wurde die Verb. mit einem Gemisch von 10 cm^3 konz. HNO_3 u. 15 cm^3 70% ig. $HClO_4$ durch Erhitzen auf 215—230° zerstört u. in der Perchloratlsg. das P-Ion in Ggw. von Glykokoll argentometr. bestimmt. Eine zweite Bestimmungsmeth. besteht darin, die organ. Substanz auf trocknem Wege durch Glühen mit dem Gemisch von ESCHKA (vgl. Villavecchia, „chim. Anal. Appl." 3. Ed. Vol. I. 728, Ulrico Hoepli, Milano 1936) zu zerstören, den Rückstand mit HCl aufzunehmen u. den P nach Zusatz von NH_4Cl als $MgNH_4PO_4$ auszufällen. (Chim. e Ind. [Milano] **37.** 871—73. Okt. 1955. Milano, Politecn., Ist. die Chim. ind. e Labor. Ric. anal. Soc. Montecatini.)

C. GOTTFRIED. 5352

Ss. W. Sjawzillo und **Je. A. Bondarewskaja** (unter Mitarbeit von **R. M. Potzepkina**), *Bestimmung geringer Mengen von Alkoxygruppen in Organosiliciumverbindungen.* Vf. hat eine Meth. zur Best. geringer Mengen Äthoxyl- u. Butoxylgruppen in Äthylphenylpolysiloxanverbb. ausgearbeitet. Zur Best. von Äthoxylgruppen wird die zu untersuchende Substanz in einem Reaktionskölbchen mit frisch dest. HJ behandelt (D. 1,69 bis 1,70). Der Reaktionskolben wird mit einer 10% ig. $CdSO_4$-Lsg. u. $Na_2S_2O_3$-Lsg. (1:1) enthaltenden Gaswaschflasche u. dann mit einer 4 ml 10% ig. CH_3COONa-Lsg. in Eisessig u. 5—6 Tropfen Br_2 enthaltenden Vorlage verbunden. Vor der Best. wird CO_2 durch die App. geleitet, u. dann wird langsam zum Sieden erhitzt, das 45 Min. dauert. Der Inhalt der Vorlage wird unter Zusatz von 1 g $NaCH_3COO$, einigen Tropfen HCOOH (bis zum Verschwinden der Farbe u. des Br_2-Geruchs), 2 ml H_2SO_4 (1:4) u. 1 ml 10% ig. KJ-Lsg. mit 0,2n $Na_2S_2O_3$-Lsg. titriert. Die Best. der Butoxylgruppen gestaltet sich ähnlich, nur wird hier mit HJ stufenweise erwärmt. In den ersten 30 Min. wird auf 40°, in den folgenden 30 Min. auf 60° u. dann im Laufe von 30 Min. auf 100° erwärmt. Dann wird 10—15 Min. CO_2 durchgeleitet. Weiterhin verfährt man wie zuvor. Empfindlichkeit der Best. 0,01%. Genauigkeit der Best. 10% relativ. (Журнал Аналитической Химии [J. analyt. Chem.] **11.** 613—14. Sept./Okt. 1956.)

E. STEINBERG. 5360

A. Mutschin und **Chr. Glassmann,** *Zur Beurteilung der Paraffine.* Die Feststellung der physikal. u. chem. Eigg. des aus Alkylsulfonaten abgetrennten unsulfonierten Anteils (US) reicht nicht aus, um den Ausgangs-KW-stoff (I) zu beurteilen. Die FF. der US liegen meist tiefer als die Steig-FF. der **I.** Gewisse Rückschlüsse lassen sich aus den Infrarotabsorptionsspektrogrammen der US ziehen, auch die mkr. Unters. im polarisierten Licht gibt wichtige Möglichkeiten der Differenzierung bzw. Identifizierung. (Z. analyt. Chem. **151.** 161—69. 1956. Oberlahnstein/Rh., Zschimmer & Schwarz A.G.)

PH. FRESENIUS. G 510

Lawrence R. Jones und **John A. Riddick,** *Colorimetrische Bestimmung von aliphatischen α-Nitrohydroxyverbindungen.* Vff. beschreiben die Best. von α-Nitrohydroxyverbb. (**I**) durch deren vorhergehende Zers. mit NaOH in CH_2O (**II**) u. Nitroparaffin u. Farb-Rk. des **II** mit Chromotropsäure in schwefelsaurer Lösung. Dabei entstehen violette Verbb., die bei einer Wellenlänge von 580 mμ photometriert werden. Die Best. eignet sich für kleine Mengen (1—100γ) **I** in 10 g α-Aminoalkoholen sehr gut. **II** oder solche Verbb., die in alkal. Lsg. in **II** übergehen, stören die Bestimmung. (Analytic. Chem. **28.** 254—55. Febr. 1956. Terre Haute, Ind., Commercial Solvents Corp. Res. Dep.)

K.-G. HACKSTEIN. G 550

Hawkins Ng, A. Dinsmoor Webb und **Richard E. Kepner,** *Verwendung der 2.4-Dinitrophenylhydrazone der p-Phenylphenacylester als weitere Derivate zur Identifizierung organischer Säuren.* Die 2.4-Dinitrophenylhydrazone der p-Phenylphenacylester von gesätt. Carbonsäuren C_2—C_{14}, C_{16} u. C_{18} wurden dargestellt. In verschied. Fällen wurden größere Unterschiede zwischen den FF. der Hydrazone (Doppelderivv.) als zwischen den FF. der entsprechenden Ester festgestellt. Die Doppelderivv. der geradkettigen gesätt. Fettsäuren von C_2—C_{18} ließen sich an Kieselsäuresäulen (Mallinckrodt Nr. 2847, aktiviert durch 3tägiges Trocknen bei 105°; 8 ml CH_3NO_2 + 10 g getrocknete Kieselsäure) mit Skellysolve B, das mit CH_3NO_2 gesätt. ist, als Entwicklungs-Fl. trennen. Die relativen Wanderungsgeschwindigkeiten der Doppelderivv. gegenüber dem Doppelderiv. der Isohexansäure (R-Wert = 1) wurden bestimmt; sie können zur Identifizierung kleiner Mengen unbekannter organ. Säuren behilflich sein.

Versuche (FF. korr.): Darst. der p-Phenylphenacyl-2.4-dinitrophenylhydrazone: die in warmem A. gelösten p-Phenylphenacylester werden langsam mit der doppelten theoret. Menge 2.4-Dinitrophenylhydrazinlsg. (5,9 g werden in 130 ml konz. HCl gelöst u. mit 870 ml A. verd.) versetzt. — FF. der p-Phenylphenacylester bzw. der 2.4-Dinitrophenylhydrazone derselben sowie relative R-Werte: *Essigsäure:* 110,5—110,8°; 183,5—184,0°; 0,23. — *Propionsäure:* 103,5—104,0°; 139,0°, 0,38. — *Buttersäure:* 82,0—82,2°; 142,5—143,5°; 0,53. — *Isobuttersäure:* 89,2 bis 90,0°; 155,4—156,4°; 0,56. — *Valeriansäure:* 68,2—69,0°; 149,5—150,0°; 0,74. — *Isovaleriansäure:* 79,0—79,5°; 149,0—150,0°; 0,75. — *Hexansäure:* 70,2—71,0°; 136,2 bis 137,2°; 1,00. — *Isohexansäure:* 70,9—71,9°; 145,0—146,0°; 1,00. — *Heptansäure:* 64,5—65,0°; 121,0—122,0°; 1,4. — *Octansäure:* 68,2—69,3°; 113,3—114,0°; 1,8. — *Nonansäure:* 70,5—71,5°; 104,0—105,0°; 2,4. — *Decansäure:* 76,0—76,5°; 99,2—100,0°; 3,3. — *Undecansäure:* 80,0—80,7°; 101,0—102,0°; 4,0. — *Dodecansäure:* 84,4—84,8°; 103,0—103,7°; 5,3. — *Tridecansäure:* 87,0—87,5°; 101,0—102,0°; 6,5. — *Tetradecansäure:* 90,3—91,0°; 101,0—101,6°; 8,8. — *Hexadecansäure:* 93,0—94,0°; 101,0—102,0°; 12. — *Octadecansäure:* 96,3—97,0°; 101,5—102,2°; 15. (Analytic. Chem. **28.** 1975—77. Dez. 1956. Davis, Calif., Univ., Dep. of Chem. and of Viticulture and Enology.) K. F. MÜLLER. G 800

A. P. Terentjew und **Ss. I. Obtemperanskaja,** *Eine Methode zur quantitativen Bestimmung von Acrylnitril mit Natriumsulfit.* In einen Kolben mit Schliffverb. von 100 ml Inhalt bringt man die Einwaage des Acrylnitrils (I; 0,05—0,08 g) in einer zugeschmolzenen Ampulle, gibt 3—5 ml Dioxan (getrocknet u. über Na dest.) hinzu u. zertrümmert die Ampulle mit einem Glasstab. Man wäscht den Glasstab mit Dioxan, gibt aus einer Bürette 25 ml 0,25n Na_2SO_3-Lsg. hinzu, läßt 1—1½ Std. stehen u. titriert die freigewordene Lauge unter Zusatz von 3 Tropfen Thymolphthalein bis zum Verschwinden der blauen Farbe. Nebenbei wird ein Kontrollvers. angesetzt. Genauigkeit der Meth. ±0,2%. (Журнал Аналитической Химии [J. analyt. Chem.] **11.** 638—39. Sept./Okt. 1956. Moskau, Lomonossow-Univ.) E. STEINBERG. G 810

A. Holasek, H. Lieb und **W. Merz,** *Zur mikroanalytischen Bestimmung von Cystin und Methionin.* Zur Best. S-haltiger Aminosäuren nach KUHN, BIRKOFER u. QUACKENBUSH (Ber. dtsch. chem. Ges. **72.** [1939.] 407) versetzen Vff. in einer beschriebenen App. 30—60 mg Protein mit 2 ml frisch über KH_2PO_2 (I) dest. HJ (D. ≧1,69) u. wenigen Tropfen I-gesätt. HJ. Zur Bindung des H_2S u. SO_2 wird eine wss. Lsg., die 20% $CdCl_2$ u. 20% $BaCl_2$ enthält, verwendet. In einer weiteren Vorlage wird das aus dem Methionin gebildete Methyljodid in 10%ig. K-Acetatlsg. in Eisessig u. etwas Br_2 absorbiert u. direkt zu Jodat oxydiert. Die beschriebene App. kann nach Änderung der Absorptionsvorlagen auch zur Best. von Methoxylgruppen verwendet werden. (Mikrochim. Acta [Wien] **1956.** 1216—18. Graz, Univ. Med.-chem. Inst. u. Pregl-Labor.) K.-G. HACKSTEIN. G 950

P. Kratochvíl und **J. A. Weigner,** *Bemerkung zur Methode von Raschig zur Bestimmung von Kresolen.* Es wurde erkannt, daß die RASCHIG-Meth. zur analyt. Feststellung von m-Kresol in Gemischen, die Isomere von Kresol enthalten, ohne Rücksicht auf die ursprüngliche Menge m-Kresol im Gemisch, gut verwendbar ist. Es ist notwendig, die Zeitdauer zum Auskristallisieren von Trinitro-m-kresol mit Rücksicht auf den Kresolgeh. im ursprünglichen Muster zu wählen. Gute Erfolge wurden mit einer Einwaage von 2,5 g statt der bisher vorgeschriebenen 10 g erreicht. Die HNO_3 muß stickoxydfrei sein; andernfalls besteht Gefahr kleiner Explosionen. Es genügt, die HNO_3 mit Luft bis zur Entfärbung durchzublasen. (Chem. Průmysl **6** (**31**). 162. April 1956. Pardubice, Vysoká škola chemicko-technologická.) J. SCHNEIDER. G 1010

Miroslav Matrka und **Karel Stajner,** *Die Titration von primären aromatischen Aminen mit Nitriten in Gegenwart von Eisen(III)-salzen.* Es wurde eine titrimetr. Best. von prim. aromat. Aminen mit Nitriten in Reaktionsgemischen, die Fe(III)-Salze enthalten, beschrieben. Es handelt sich um Amine, die durch Red. von Nitroverbb. mit Fe erzeugt wurden. In diesem Falle ist es unmöglich, die üblichen KJ-Stärkepapiere zu gebrauchen. Die bisherigen visuellen Methoden, die mit Sulfonreagens oder Acridingelb usw. als Indicatoren durchgeführt wurden, sind weniger genau als die vorgeschlagene potentiometr. Indikation. Der Einfl. von Fe^{3+} wurde durch Zugabe von $^1/_{1000}$ Vol. 10%ig. Fe^{3+}-Lsg. festgestellt. Diese Zugabe hat keinen Einfl. auf die Genauigkeit u. Verläßlichkeit der Bestimmung. (Chem. Průmysl **6** (**31**). 471—72. Nov. 1956. Rybitví, Výzkumný ústav organických synthes.) J. SCHNEIDER. G 1310

Richard Neu, *Aromatische Borsäuren als bathochrome Reagentien für Flavone. Analytische Untersuchungen auf dem Flavongebiet.* 8. Mitt. Zugl. 8. Mitt. *über Tetraphenyl-*

diboroxyd. (Vgl. C. **1957.** 4791.) Die bathochromen Effekte bei der Umsetzung der 3 Reagentien H_3BO_3, *Phenylborsäure* u. *Tetraphenyldiboroxyd* (I) mit *Flavonen* sind bei I am kräftigsten ausgeprägt u. eignen sich zum Nachw. dieser Verbindungen. Die Rk. wurde an 22 Flavonen bzw. den entsprechenden Glucosiden durchgeführt. Als allg. Regel ergab sich, daß die 3-Oxyflavone stärkere athochromie als die 5-Oxyflavone zeigen. (Z. analyt. Chem. **151.** 328—32. 1956. Karlsruhe-Durlach, Dr. Willmar Schwabe GmbH, Chem. Forschungslabor.) E. MOISAR. G 3211

S. Gianferrara und **E. Pascucci,** *Anwendung der Methode Kolthoff-Kruisheer auf die Analyse von Zuckergemischen.* 2. Mitt. (1. vgl. C. **1956.** 12364.) Probeanalysen an 4 Mustern von Hartkaramellen nach der früher beschriebenen Meth. ergeben in 3 Fällen untereinander übereinstimmende Werte, in einem Fall Abweichungen, die aber in mehreren Analysen bestätigt werden u. durch Abweichungen im Prod. zu erklären sind. (Chim. e Ind. [Milano] **38.** 297. April 1956. Roma, Labor. chim. centr. delle Dogane u. I. I.) R. K. MÜLLER. G 3400

H. Venner und **W. Herb,** *Eine Schnellmethode zum Nachweis reduzierender Zucker auf Rundfilterchromatogrammen.* (Vgl. C. **1957.** 3632.) Es wird über einige Veränderungen in der Zus. des Entwicklergemisches u. die beobachteten Wirkungen berichtet. Als Sprühreagens wird neben *Anilinhydrogenphthalat* (I) mit gutem Erfolg *2.2'-[4.4'-Stilbenylen]-bis-[3.5-diphenyl-3H-tetrazolium-(2)-chlorid]* verwendet. 2-Desoxyzucker werden mit I besprüht, wenn sie mit PARTRIDGE-Gemisch entwickelt wurden. Wird mit Butanol–Aceton–NH_3–W. (40:50:3:15) entwickelt, lassen sich 2-Desoxyzucker mit *p-Nitrophenylhydrazin* als hellgelbe bis bräunlichgelbe Flecken markieren. Das Reagens muß mit Methanol gut ausgewaschen werden. (Hoppe-Seyler's Z. physiol. Chem. **308.** 30—35. 31/5. 1957. Jena, Inst. für Mikrobiol. u. exp. Therapie.) H. ENDRASS. G 3400

Lawrence M. White und **Geraldine E. Secor,** *Mikroskopische Identifizierung von Mikrogrammengen D-Mannose und D-Lyxose. Direkte Synthese von kristallisiertem D-Mannose- und D-Lyxosephenylhydrazon durch Lösungsmitteldiffusion.* γ-Mengen *D-Mannose* (I) reagieren in W. mit Phenylhydrazin (II) unter Bldg. eines nichtcharakterist. körnigen Phenylhydrazons. Durch Anwendung der Lösungsmitteldiffusionstechnik ist die Rk. kontrollierbar, wobei ein charakterist., farbloses, krist. Phenylhydrazon bereits mit 1 γ reiner I oder 10—15 γ aus Gemischen chromatograph. abgetrennter I entsteht. Ebenso lassen sich *D-Lyxose* (III) u. *L-Fucose* nachweisen, allerdings mit geringerer Empfindlichkeit (5—10 bzw. 50—100 γ). Viele reduzierende Zucker (jedoch nicht I) reagierten mit II in Ggw. von Essigsäure unter Bldg. eines gelben, krist. oder gelartigen Phenylosazons. Diese Prodd. lassen sich auch zur Identifizierung von Zuckern in γ-Mengen heranziehen [3 γ *D-Fructose* (IV); 6—16 γ III; 5—16 γ L-Arabinose (V)]. Die Anwendung dieser Meth. ermöglicht die Identifizierung von I, IV u. V in Eluaten eines Papierchromatogramms. (Analytic. Chem. **28.** 1052—53. Juni 1956. Albany, Calif., US. Dep. of Agric., Western Utilizat. Res. Branch.) K. F. MÜLLER. G 3400

J. Kolšek, *Eine Methode zur quantitativen Bestimmung der wasserunlöslichen Mutterkornalkaloide auf papierchromatographischem Wege.* Es wird eine Meth. zur papierchromatograph. Trennung u. quantitativen Best. der einzelnen wasserunlösl. Mutterkornalkaloide (I) in einem Gemisch beschrieben (Fehlergrenze 1—2%), die sich für die Best. der Einzelalkaloide in Drogen, Extrakten u. Gemischen isolierter I sowie zur Schnellbest. des biol. akt. Anteils von Rein-I in Mutterkornpräpp. eignet. Die Kombination des auf- u. absteigenden Verf. u. verschied. Lösungsmittelsysteme ermöglicht auch die Trennung der rechtsdrehenden I der *Ergotoxin*-Gruppe. R_F-Werte [6 Vol. Bzl. + 4 Vol. PAe. (Kp. 40—75°)]: *Ergocristinin* 0,63; *Ergocorninin* 0,67; *Ergokryptinin* 0,74. (Mikrochim. Acta [Wien] **1956.** 1662—71. Ljubljana, Univ., Inst. für organ. Chem.) K. MAIER. G 3500

H. B. F. Dixon, *Pyridinacetatpuffer für die Chromatographie von Corticotropinen an carboxylgruppenhaltigem Ionenaustauschharz.* Als flüchtige Lösungsmittel zur Elution bei der Chromatographie von *Corticotropinen* (I) u. deren Derivv. an *Amberlite IRC-50* wurden Pyridin (II)–Essigsäure (III)-Gemische verwendet. Eine Lsg. von 15% II u. 3,5% III gab bei I gleiche Retentionsvoll., Trennung u. Ausbeute wie Na-Phosphatpuffer. Pyridinacetat wurde gegenüber NH_4-Acetat wegen höherer Flüchtigkeit u. größeren Pufferbereichs, gegenüber Collidinsystemen wegen der beschränkten Wassermischbarkeit von Collidin u. gegenüber NH_4HCO_3 wegen des CO_2-Verlustes stärker saurer Carbonat–Bicarbonat-Puffer bzw. der schädlichen Wrkg. stärker alkal. auf Corticotropin A_1 vorgezogen. II wurde zur Reinigung 30 Min. bei 50° mit 2 cm³ Br²/Liter behandelt, dann destilliert (prakt. kein Leerwert bei der Ninhydrin-Rk.). (Biochem. J. **64.** 47 P. Nov. 1956. Cambridge, Univ., Dep. of Biochem.) K. MAIER. G 3750

d) Medizinische und toxikologische Analyse.

H. Linderholm und **T. Sjöstrand,** *Die Bestimmung von Kohlenmonoxyd in kleinen Gasvolumina.* Es wird eine neue Meth. der *CO*-Best. in kleinen Gasvoll. mit dem *Hopcalite-CO-Meter* (AB STÅLEX, Stockholm) beschrieben. Mit ihr ist es möglich, Konzz. von 0,001 bis $>$1 ml *CO* in Gasvol. von 0,02 bis $>$500 ml genau zu messen. Vff. konnten mit dieser Meth. geringe Werte von *CO* im *Blut* bestimmen. (Acta physiol. scand. **37.** 240—50. 1956. Stockholm, Karolinska Sjukhuset, Dep. of Clin. Physiol.) H. DÖLLE. 5727

Lauri Autio, *Untersuchungen über die Bestimmung des kolloidosmotischen Druckes. Mit besonderem Bezug auf ihre klinische Anwendung.* Es werden die verschied. Methoden zur Messung des kolloidosmot. Druckes diskutiert. Ein Osmometer wird beschrieben, bei dem der kolloidosmot. Druck durch Beobachtung der Strömungsrichtung in einer Osmometercapillare bestimmt wird, wobei gleichzeitig an der Außenseite der Osmometermembran (Collodium) Macrodexlsgg. (säurehydrolysiertes Polysaccharid, PHARMACIA LTD., Uppsala) von bekanntem koll.-osmot. Druck sich befindet. Eine Messung dauert ca. 30—40 Min., Genauigkeit $\pm$1 cm Wasser. Vergleichende Unterss. mit der Meth. nach HOLM-JENSEN (vgl. Scand. J. clin. Lab. Invest. **1.** [1949.] 70. 87) an Lsgg. von *Serumalbumin* (**I**), *Dextran,* n. u. patholog. *Seren* ergaben übereinstimmende Werte. Für **I** ergibt sich hieraus ein Mol.-Gew. von 72000. Der koll.-osmot. Druck von 20 n. Seren schwankte zwischen 26 u. 44,5 cm W., derjenige von patholog. Seren zwischen 10 u. 62 cm Wasser. NaCl-Zusatz u. p_H-Änderungen innerhalb der physiol. Grenzen beeinflussen den koll.-osmot. Druck der Seren ebensowenig wie das Vorliegen einer alimentären Lipämie. (Ann. Med. exp. Biol. fenn., Suppl. 5. **33.** 1—93. 1955. Helsinki, Univ., Wikuri Res. Inst.) R. LAFFERENZ. 5728

S. Bruno und **G. Lupoli,** *Colorimetrische Bestimmung des Phenylbutazons. 1.2-Diphenyl-4-butylpyrazolidindion-(3.5)* (**I,** *Phenylbutazon*) gibt mit Phosphorwolframat–Phosphormolybdat (nach FOLIN [1915]) in NaOH eine blaugrüne Färbung, die durch Absorptionsmessung bei λ_{max} 750 mμ zur Best. von **I** herangezogen wird. Zur Darst. des Reagenses löst man 100 g Na-Wolframat u. 25 g Na-Molybdat in 700 cm³ W., gibt 50 cm³ 85%ig. H_3PO_4 u. 100 cm³ konz. HCl zu, erwärmt 10 Std. unter schwachem Rückfluß, gibt 150 g Li_2SO_4, 50 cm³ W. u. einige Tropfen Br_2 zu, vertreibt durch $^1/_4$std. Erhitzen ohne Kühler den Bromüberschuß, kühlt u. filtriert. Die Lsg. von **I** in 0,1n NaOH wird mit 2 cm³ gesätt. Na_2CO_3-Lsg. u. 10 Tropfen Reagenslsg. versetzt u. nach 25 Min. photometriert; der auswertbare Konzentrationsbereich liegt bei 0,15—1,5 mg, die Fehlergrenze bei 1—2%. Nach der Meth. läßt sich **I** in *Plasma* u. *Urin* bestimmen, wozu man mit 3n HCl + Heptan 30 Min. schüttelt u. die organ. Phase in wss. NaOH überführt. (Farmaco [Pavia], Ediz. sci. **11.** 462—65. Mai 1956. Bari, Univ., Ist. di Chim. farmac. e tossicol.) H.-E. TOUSSAINT. 5732

B. McArdle, *Die quantitative Bestimmung von Brenztraubensäure und α-Ketoglutarsäure durch Papierchromatographie in Blut, Urin und Cerebrospinalflüssigkeit.* Die Meth. zur Best. von *Brenztraubensäure* (**I**) u. *α-Ketoglutarsäure* (**II**) wurde aus der Meth. von EL HAWARY u. THOMPSON (C. **1953.** 6712) entwickelt. — Ausführung: Nach Entproteinisierung von 5—7 ml Blut, 3 ml Cerebrospinal-Fl. oder 3 ml Urin durch 5%ig. Metaphosphorsäure werden 16 ml Zentrifugat mit 2 ml 0,2%ig. 2.4-Dinitrophenylhydrazinlsg. in 2n HCl versetzt u. 20 Min. bei 38° stehengelassen. Das Gemisch wird mit 5 ml Essigester u. 5 ml. A. extrahiert; dann wird die wss. Phase mit 5 ml u. dann mit 1 ml Essigester extrahiert, u. schließlich extrahiert man ein 3. Mal. Die vereinigten, mit schwach angesäuertem W. gewaschenen Essigesterextrakte werden mit 1,5 ml 2n NH_3-Lsg. extrahiert. 0,1—0,6 ml dieses Extraktes wird auf WHATMAN-Papier Nr. 3 MM aufgetragen u. nach dem Trocknen bei 40° 16 Std. aufsteigend unter Verwendung von n-Butanol–A.–n-NH_3-Lsg. (13:2:5) chromatographiert. Die getrennten Flecke der Dinitrophenylhydrazone werden mit je 5 ml 1:1-Gemisch von 2,5n NaOH + 10%ig. Na_2CO_3-Lsg. extrahiert. Die Extinktion der filtrierten roten Lsgg. wird 2 Min. nach der Alkalizugabe in einer 2 cm-Küvette unter Verwendung des Violettfilters 601 gegen einen Blindvers. gemessen. — Die nach dieser Meth. gefundenen **I**- u. **II**-Werte im postabsorptiven Blut von Gesunden, in Cerebrospinal-Fl. u. im Urin sind angeführt. Die Ausscheidungsgeschwindigkeit von **II** im Urin ist bei Frauen größer als bei Männern. (Biochem. J. **66.** 144—48. Mai 1957. London, Guy's Hosp. Med. School, Med. Res. Council.) K. F. MÜLLER. 5732

Robert B. Bruce und **John W. Howard,** *Colorimetrische Bestimmung von Biphenyl in biologischen Materialien.* Die Meth. zur colorimetr. Best. von *Biphenyl* (**I**) in biol. Material (Urin, Faeces, Blut) beruht auf folgendem Prinzip: Abtrennung des **I** durch Extraktion in Chlf., Nitrierung in Eisessig mit konz. HNO_3 bei 70° zu 4-Nitro-**I**, Red.

des letzten mit Zn-Staub in alkoh.-wss. HCl zum 4-Amino-**I**, dessen Diazotierung u. Kuppelung mit N-[1-Naphthyl]-äthylendiamin zu einem roten Farbstoff, dessen Extinktion bei 570 mμ gemessen wird. Die Eichkurve verläuft zwischen 10 u. 100 γ **I** geradlinig. Die Meth. dient zur Unters. des Stoffwechsels des **I**. (Analytic. Chem. **28**. 1973—75. Dez. 1956. Falls Church, Va., Hazleton Labors.) K. F. Müller. 5732

A. S. Curry, *Störung der Bestimmung von Barbituraten durch β-Methyl-β-äthylglutarimid.* Das bisher zur Best. von *Barbituraten* (**I**; aus *Blut* extrahiert) benutzte, im UV spezif. γ_{max} von 240 mμ (0,5n NH_4OH) wird durch Ggw. von *β-Methyl-β-äthylglutarimid* (**II**; *Bemegride*) nach 235 mμ verschoben. Diese Störung läßt sich durch Hydrolyse (2 Std. bei 38° in 0,5n NaOH) umgehen, bei der das labilere **II** zerlegt u. bei 230 mμ bzw. **I** bei 255 mμ bestimmt werden können. (J. Pharmacy Pharmacol. **9**. 102—04. Febr. 1957. Harrogate, Home Office Forens. Sci. Labor.) H. Walter. 5762

William Schröter, Halle, *Poröses Trennelement als Diaphragma.* Die Trennung verschied. Fll., wie dies bei Durchführung elektr. Messungen mittels Vergleichselektroden in besonderen Elektrodengefäßen erforderlich ist, wird durch einen runden Ton- oder Porzellanstift bestimmter Abmessungen oder durch eine entsprechend bemessene Tonplatte bewirkt, die von einem Jenaer Glasrohr durch Anschmelzen umschlossen ist, so daß ein weitgehend flüssigkeitsdichter, aber stromdurchlässiger Bauteil entsteht, der auch zur Feinfilterung oder Feinverteilung von Gasen verwendet werden kann. (**D. P. [DDR] 11 641** Kl. 12h vom 14/10. 1954, ausg. 11/5. 1956 [Wirtschaftspatent].) W. Wittholz. 5055

Siemens & Halske Akt.-Ges., Berlin und München (Erfinder: **Ernst Grimm**, Karlsruhe), *Messung des absoluten Feuchtegehaltes von O_2-enthaltenden Gasen*, dad. gek., daß das Gas im feuchten u. im getrockneten Zustand auf getrennten Wegen je eine Meß- u. Vergleichskammer eines an sich bekannten magnet. O_2-Messers beströmt u. die auf Grund des Partialdruckunterschiedes auftretende Verstimmung der O_2-Meßbrücke als Maß für den Feuchtegeh. dient. (**D. B. P. 944 635** Kl. 42i vom 28/3. 1953, ausg. 21/6. 1956. Anmeldung bekanntgemacht 29/12. 1955.) W. v. Huhn. 5075

Siemens & Halske Akt.-Ges., Berlin und München (Erfinder: **Helmut Oster**, Karlsruhe), *Messung der Abweichung der Konzentration von Gasen* mit einem magnet. oder elektr. Dipolmoment von einem vorgegebenen Sollwert, wobei das zu messende Gas auf den einen Zweig u. das Vergleichgas konstanter Zus. auf den anderen Zweig einer Widerstandsmeßbrücke im Sinne einer Kühlung von im magnet. bzw. elektr. Feld angeordneten temperaturabhängigen Widerständen einwirkt u. für das Vergleichsgas eine techn. einfach realisierbare Konz. (z. B. in der Natur vorhandene Gasmischungen) gewählt ist, dad. gek., daß die Konz. des Vergleichsgases vom vorgegebenen Sollwert abweicht u. die Stärke des magnet. bzw. elektr. Feldes im Kreis des Vergleichs-Gases oder des zu messenden Gases durch an sich bekannte Mittel derart einstellbar ist, daß der Einfl. des Vergleichsgases auf die Brückenschaltung dem Einfl. eines Gases von der Zus. des zu messenden oder einzuregelnden Sollwertes entspricht. (**D. B. P. 959 332** Kl. 42 l vom 23/8. 1953, ausg. 7/3. 1957. Anmeldung bekanntgemacht 6/9. 1956.) W. v. Huhn. 5087

VEB Leuna-Werke „Walter Ulbricht", Leuna (Erfinder: **Fritz Büchner**, Leißling), *Kontinuierliche Bestimmung der Explosionsgrenzen von Gasgemischen*, dad. gek., daß ein genau dosierbares, in seiner Zus. jederzeit beliebig variierbares Gasgemisch in strömendem Zustand an in einem abgeschlossenen Raum befindlichen Zündquellen vorbeigeleitet wird u. daß Rkk. mit Hilfe eines Druckimpulsanzeigers erkennbar gemacht werden. (**D. A. S. 1 002 145** Kl. 42 l vom 7/4. 1955, veröff. 7/2. 1957.) W. v. Huhn. 5087

Rudolf Kraus, Leipzig, *Indirekte Analyse von Leichtmetall-Legierungen*, welche aus zwei mit Säuren oder Laugen verschied. Mengen H_2 entwickelnden Metallen bestehen. Die zerspante Probe wird unter Ausschluß von Luftsauerstoff in die Löse-Fl. gebracht, u. der sich bildende H_2 dient unter Vermeidung toter Räume als indirektes Maß für die Legierungsanteile. Durch die verhältnismäßig großen Unterschiede der H_2-Mengen, welche sich beim Lösen einer Gewichtseinheit Al-, Mg-, Zn-, Si-Reinstmetall in Säuren oder Laugen entwickeln, wird es möglich, noch Zehntelprozente einzelner Legierungsbestandteile zu ermitteln. (**D. P. [DDR] 12 451** Kl. 42 l vom 6/7. 1954, ausg. 13/12. 1956 [Wirtschaftspatent].) M. F. Müller. 5281

W. A. Ptschelin, Messung der Aktivität der Wasserstoffionen (p_H) und Redoxpotentiale und potentiometrisches Titrieren. Moskau: Gislegprom. 1955. (208 S.) 10 Rbl. 80 Kop. [russ.]

A. Ja. Rewo, Qualitative mikrochemische Reaktionen der organischen Chemie. Lehrbuch für Medizinstudenten. Moskau: Medgis. 1957. (223 S. m. Abb.; 6 Bl. Tab.) 4 Rbl. 95 Kop. [russ.]

H. Angewandte Chemie.

I. Allgemeine chemische Technologie.

W. M. Rohsenow, J. H. Webber und **A. T. Ling,** *Wirkung der Dampfgeschwindigkeit bei laminarer und turbulenter Filmkondensation.* Es werden für die Wärmeübertragung bei Kondensatfilmen, die an senkrechten Wänden in laminarer u. turbulenter Strömung abfließen, Gleichungen aufgestellt u. die Resultate an Kurven veranschaulicht. (Trans. ASME **78.** 1637—43. Nov. 1956. Cambridge, Mass.) H. MIETHING. 5816

W. M. Rohsenow, *Wärmeübertragung und Temperaturverteilung bei laminarer Filmkondensation.* (Vgl. vorst. Ref.) Die Rechnungen beziehen sich auf den Wärmeübertragungskoeff. bei Kondensationsfilmen, die im wesentlichen in laminarer Strömung an senkrechten Wänden oder Rohren herabfließen, wobei die Temperaturverteilung nicht linear ist u. im Gegensatz zu anderen Vff. die Wrkg. von Querströmungen berücksichtigt wird. Die erhaltenen Werte für den Wärmeübergangskoeff. sind größer als bei Annahme linearer Temperaturverteilung. (Trans. ASME **78.** 1645—48. Nov. 1956. H. MIETHING. 5816

R. Erdmenger, *Misch- und Dispergiervorgänge in Gasen, Flüssigkeiten und Pasten. Eine Übersicht über neuere Arbeiten und Apparate.* Aus 24 Literaturangaben werden Beispiele, Arbeitsweise u. Anwendungsgebiete für Misch- u. Dispergiervorgänge besprochen, von Gasen untereinander mit Düsen, von Fl. u. Gasen durch Versprühen mit Druckluft (Zweistoff)- oder Flüssigkeitsdüsen oder rotierende Zerstäuberscheiben, von Feststoffen u. Gasen durch Gebläse oder Zweistoffdüsen, in der fl. Phase durch Ausnutzung turbulenter Strömungen in niedrigviscosen Fll. sowie durch Rühren u. Reibvorgänge in zähen Fll., in Pasten durch Einspindel- u. Mehrwellenschnecken, die unter Umständen aufgelöst in Scheibenkörper sein können. — 4 Abb., 10 Skizzen, 7 Diagramme. (Chemie-Ing.-Techn. **28.** 513—19. Aug./Sept. 1956. Leverkusen, Farbenfabriken Bayer.) H. MÜHLMEISTER. 5822

Harry J. White, *Moderne elektrische Fällung.* Es wird die moderne Theorie der elektr. Fällung dargelegt. Gleichungen werden für den Nutzeffekt der Teilchenabscheidung abgeleitet, die die Fälle der stetigen u. pulsierenden Spannungswellen formen, der einheitlichen u. nichteinheitlichen Teilchengrößenverteilungen u. der rohr- u. kanalförmigen Fällungsvorrichtungen einschließen. Ferner wird an Hand von Verss. die Gültigkeit der Grundtheorie bestätigt. Anwendungen bei industriellen Gasreinigungsprozessen werden diskutiert u. wichtige Faktoren für eine optimale Leistung der Fällungsvorr. besprochen. (Ind. Engng. Chem. **47.** 932—39. Mai 1955. Bound Brook, N. Y., Res.-Cottrell Inc.) V. BURBACH. 5850

Ewald Schön, *Neuartige Austauschböden.* Verf. beschreibt eingehend die sog. *Kittel*-Böden. Bei den *Kittel*-Böden wird die in dem aufsteigenden leichten Medium enthaltene Energie dazu benutzt, beim Durchgang durch die auf dem Boden befindlichen Fl. dieser eine bestimmt gerichtete Bewegung aufzuzwingen. (Erdöl u. Kohle **8.** 323—24. Mai 1955. Gelsenkirchen-Buer.) F. ROSENDAHL. 5864

Jana Dobrovodská, *Vakuumgefriertrocknung und ihre Anwendung.* Vf. bespricht bekannte Gefriertrocknungsverff. u. deren Anwendung. (Průmysl Potravin **8.** 41—43. 1957. Praha, VSCHP, studijní útvar.) E. VEVERA. 5874

Jozef Paulech, *Manometerzeitmessung des absoluten Druckes.* Es wird ein Manometer beschrieben, das dem von ZIMMERLI (Ind. Engng. Chem. analyt. Edit. **10.** [1938.] 283) weitgehend entspricht, aber diesem gegenüber gewisse Vorteile besitzt. (Chem. Průmysl **5 (30).** 392—93. Sept. 1955. VÚ, acetylen. chém.) O. POLLAK V. EMHOFEN. 5886

Irene Schlosser, *Regelungstechnik; moderne Theorien und ihre Verwendbarkeit.* Zusammenfassender Bericht. Von besonderer Bedeutung für die Zukunft zeigten sich die Anwendung der Rechenmaschinen auf dem Gebiete der Regelungstechnik, der Wert statist. Methoden u. die Verff. zur Behandlung nichtlinearer Regelvorgänge. Die Anwendungsmöglichkeiten der linearen Theorie wurden an Beispielen gezeigt, ferner wurde über optimale Bemessung u. Regelgüte, Mehrfachregelungen u. die Technik der Regelgeräte berichtet. Weitere Beiträge hatten Aufgaben der Praxis zum Gegenstand, wie die Regelung von Dampferzeugern, die Antriebsregelung u. die Regelung in Industriebetrieben. (Chemie-Ing.-Techn. **29.** 403—08. Juni 1957. Frankfurt/M., Hartmann & Braun Akt.-Ges.) G. RUBAN. 5888

W. Rottenberg, *Reaktionen in wässeriger Lösung.* Besprechung der Vorgänge bei der Neutralisation, Erläuterung der p_H-Skala, der Pufferwrkg., der Oxydation u. Red., des Redoxpotentials, der Anwendung von Oxydationsmitteln, bes. des Cl_2 u. von Reduktionsmitteln, bes. des SO_2^{2-}. (Chem. Rdsch. [Solothurn] **9.** 282—85. 1/7. 1956.) H. ECKSTEIN. 5896

Duisburger Kupferhütte, Duisburg, *Granulierung von Feinkornmaterial.* An der Stelle, an der das Feingut dem rotierenden Granulierteller zugeleitet wird, wird ein Tropfenstrom der Granulier-Fl. zugeführt, als solche dient dabei W., die Lsg. eines Salzes oder eine Suspension oder Schmelze. Es wird z. B. Pyritmehl mit $MgCl_2$-Lsg. granuliert. (**E. P. 752 978** vom 28/7. 1954, ausg. 18/7. 1956. D. Priorr. 29/7. 1953 u. 29/5. 1954.) W. MATTHAES. 5821

Kerag, Kesselschmiede, Apparate- und Maschinenbau, Richterswil (Erfinder: **Herbert Leo Märky,** Zürich), Schweiz, *Verfahren zum Behandeln von Flüssigkeiten mit Gasen* unter Anwendung rotierender Körper, dad. gek., daß die Fl. in eine Behandlungskammer eingeführt wird, in der ein von dieser Fl. umgebener Rotationskörper (I) mit einer Oberflächengeschwindigkeit von $>$ 5 m/Sek. umläuft, u. daß der Oberfläche dieses Körpers das Gas kontinuierlich zugeführt wird, wobei in der die Oberfläche des I umgebenden Fl. eine mit annähernd gleicher Geschwindigkeit umlaufende Wirbelschicht gebildet wird, innerhalb der das der genannten Fläche zugeführte Gas in höherem Maße in Lsg. geht als in der außerhalb dieser Schicht befindlichen Fl., u. daß sich die mit Gas behandelte Fl. aus dieser Wirbelschicht ständig mit der übrigen Fl. in der Behandlungskammer vermischt. Das Verf. eignet sich bes. für Absorptionsverff., zur Sterilisation von W. mit O_3, zur Hydrierung von Ölen sowie zur Erzeugung antibiot. Prodd., bei welcher eine große Luftmenge einerseits zum Wachstum u. andererseits zur Abführung der Gärungsgase notwendig ist. (**Schwz. P. 314 316** vom 10/4. 1953, ausg. 31/7. 1956.) C. LÜTTGEN. 5823

Gebrüder Sulzer Akt.-Ges., Winterthur, Schweiz, *Mischen von Gasen mit einer Flüssigkeit* in einer Mischvorr., in der die Fl. sich an mindestens einer Wand relativ vorbeibewegt, die wenigstens eine Öffnung zum Einführen des Gases (I) in die Fl. aufweist u. in der ferner das erzeugte I–Fl.-Gemisch durch einen Steigkanal geleitet wird, dad. gek., daß die relative Geschwindigkeit der Fl. zur I-Eintrittsstelle so eingestellt wird, daß diese Geschwindigkeit im Bereich des I-Eintritts eine senkrecht zur I-Eintrittsrichtung stehende Komponente v_1 aufweist, die in Abhängigkeit der Oberflächenspannung σ, gemessen in dyn/cm, u. der dynam. Zähigkeit η, gemessen in dyn·sec/cm², der Fl. so gewählt wird, daß ihr Wert, gemessen in cm/sec, das 20- bis 40fache von σ/η ist u. daß ferner die mittlere Geschwindigkeit v_2 des I–Fl.-Gemisches im Bereich der Eintrittsstelle des Gemisches in den Steigkanal so in Abhängigkeit von dessen Höhe H u. mittleren lichten Weite D u. des Quotienten Θ aus Summe von I- u. Flüssigkeitsvol. u. I-Vol. im Bereich der Eintrittsstelle des Gemisches in den Steigkanal gewählt wird, daß v_2, gemessen in cm/sec, größer als $3 \cdot \Theta \cdot \log_{10} H/D$ u. kleiner als $30 \cdot \Theta \cdot \log_{10} H/D$ ist. — Zeichnung. (**Schwz. P. 319 566** vom 31/1. 1953, ausg. 15/4. 1957.) C. LÜTTGEN. 5823

VEB Farbenfabrik Wolfen, Wolfen, Kr. Bitterfeld (Erfinder: **Günther Naumann,** Leipzig, und **Carl Weltin,** Leverkusen), *Gewinnung von Kunstharzen, wie Ionenaustauschern,* in kleinstückiger Form, dad. gek., daß das vorkondensierte, heiße, viscose Reaktionsgemisch einer auf Trockentemp. geheizten Drehtrommel, die so schnell umläuft, daß das Gut sich in gleichmäßiger Schicht an die Trommelinnenwand ansetzt, zugeführt, hier der Endkondensation unterworfen, das getrocknete feste Harz ohne Änderung der Drehgeschwindigkeit bei erhöhter Temp. nacherhitzt u. die Trommel dann ohne Heizung bei red. Umlaufgeschwindigkeit in Bewegung gehalten wird, wodurch sich das Harz in Stücken ablöst u. durch Reibung weiter zerkleinert. Ausführungsbeispiel mit einem Phenol-Formaldehyd Kondensationsprodukt. — Zeitverkürzung. (**D.B.P. 963 905** Kl. 39c vom 3/2. 1955, ausg. 16/5. 1957. Anmeldung bekanntgemacht 29/11. 1956.) H. SCHINDLER 5827

John Butler Aldred und **Archibald Henry Churchouse,** Woohsop, England, *Herstellung eines Holzkohlefiltermediums,* dad. gek., daß Torf auf eine bestimmte Feinheit vermahlen wird (50—250 british standard mesh), von lösl. Verunreinigungen befreit u. schließlich verkohlt wird. (**E. P. 751 378** vom 9/2. 1954, ausg. 27/6. 1956.) A. GRADL. 5831

Alfredo Garbati Ochanaiz, Bilbao, Spanien, *Herstellung von Filtersteinen.* Ein Gemisch aus 85 (Gew.-%) Sand u. 15 Kaliumnatriumsulfat wird in die gewünschten Filterblöcke geformt, in einem Ofen bei 1250—1300° gebrannt u. langsam gekühlt. Die Blöcke können mit einer aus 60 SiO_2, 15 NaOH, 15 KOH u. 10 CaO bestehenden Schicht überzogen u. bei 900—950° geglüht werden. (**E. P. 765 349** vom 21/4. 1954, ausg. 9/1. 1957. Span. Prior. 22/12. 1953.) K. DEMMLER. 5831

Ronald Alasdair Cunningham McAllister, London, England, *Filtrieren von Niederschlägen,* bes. bei der *mikrochem. Analyse,* mittels eines Filterapp. nach Art der BÜCHNER-Trichter, der aus konzentr. ineinandergesteckten u. durch Glasschliffe vakuumdicht verbundenen Trichterteilen besteht, wobei am äußeren Trichter der Anschlußstutzen für die Vakuumleitung oberhalb der Filterebene des inneren Trichters angeordnet ist, so daß kein Verlust an Filtrat durch die Vakuumleitung entstehen kann. — Abbildungen. (**E. P. 751 745** vom 14/10. 1953, ausg. 4/7. 1956.) K. DEMMLER. 5831

Badische Anilin- & Soda-Fabrik Akt.-Ges. (Erfinder: **Wolfgang Lehnerer**), Ludwigshafen/Rh., *Anreicherung beziehungsweise Trennung eines oder mehrerer Bestandteile einer flüssigen Mischung beziehungsweise einer Lösung* mittels in Säulen gefüllten Adsorptionsmitteln, Ionenaustauschern oder Träger der stationären Phase in der Verteilungschromatographie unter Verwendung von das Adsorptionsmilieu verändernden Zusatzstoffen, z. B. W. oder NaCl. Die zu trennende Mischung wird geteilt, einer Teillsg. dem Zusatzstoff (I) zugefügt u. dann abwechselnd zuerst einen Teil der ursprünglichen Lsg. u. dann einen Teil der I enthaltenden Lsg. auf die Säule gegeben. (**D. B. P. 962 064** Kl. 12d vom 11/7. 1953, ausg. 18/4. 1957. Anmeldung bekanntgemacht 18/10. 1956.) O. STEIL. 5849

III. Elektrotechnik.

M. Geoffroy und **M. Perrault**, *Verwendung von Butyl für die Fabrikation elektrischer Kabel für niedrige und mittlere Spannungen und entsprechende Apparaturen.* Das neuerdings für die Kabelfabrikation verwendete elast. Isoliermaterial *Butyl* (I), im Handel als *Enjay* — früher *GRI 35* — (USA) u. *Polysar Butyl 100* (Canada), hat einen Geh. von 1,5% *Isopren.* I ist fast gesätt., geruch- u. geschmacklos mit der D. 0,9. I ist widerstandsfähig gegen Temperatureinfll. u. gegen die Einw. von W. u. O_2. Ferner Angabe der elektr. Eigg. von I. Beschreibung der Herst. der I-Kabel für niedere ($\leq$ 750 V) u. mittlere ($\leqq$ 5000 V) Spannungen mit Abbildungen. Hervorgehoben wird die Überlegenheit dieser Kabel, die durch die günstigen elektr. Eigg. von I, verbunden mit der mechan. u. chem. Güte der *Neopren*-Hülle, bedingt ist. Diese Kabel sind verwendbar in Temperaturbereichen von —50 bis +90°, kurzzeitige Spannungsstöße mit Tempp. bis ca. 200° werden ausgehalten. Nach Vff. genügt dieses Kabel ohne Einschränkung allen zu erfüllenden Bedingungen, die besprochen werden. (Bull. Soc. franç. Électriciens [7] **7.** 150—65. März 1957.) H. DOSSMANN. 5956

D. Lidgley, *Neuere Entwicklungen bei der Anwendung von Schichtstoffen für gedruckte Schaltbilder.* Übersicht über die Herst. von gedruckten Schaltungen für die Hochfrequenztechnik auf Basis von Papier–Phenolharz-Schichtstoffen. (Plast. Inst., Trans. and J. **24.** Nr. 58. 326—36. Okt. 1956. Thomas de la Rue & Co. Ltd.) R. SCHÄFF. 5956

Yoshimitsu Kikuchi, Noboru Tsuya, Hiroshi Shimizu, Makoto Terajima, Akira Sugiyama, Tokutarō Hirone, Seijirō Maeda und **Junzō Shimoiizaka,** *Eine Untersuchung von Ferriten für den Gebrauch als Magnetostriktionsschwinger.* 2. Mitt. *Nickel–Kupfer-Ferrite.* (1. vgl. C. **1957.** 11119.) Im Anschluß an frühere Unterss. der gleichen Vff. an Ni–Zn-Ferriten werden 13 Ni–Cu-Ferrite der chem. Zus.: $(NiO)_x \cdot (CuO)_{1-x} \cdot (Fe_2O_3)$, wobei x zwischen 0 u. 1 variiert wurde, auf die magnetostriktiven Eigg. hin untersucht. Außerdem wurden die Ferrite jeweils bei 1150, 1250, 1350 u. 1400° gesintert. Alle Proben waren sehr stark magnetostriktiv mit elektromagnet. Kupplungsfaktoren zwischen 15 u. 21,6%, wobei der höchste Wert bei x = 0,85 u. nach einer Sinterung bei 1350° erhalten wurde. Ebenfalls wurde ein großer Schärfefaktor Q der mechan. Resonanz zwischen 2000 u. 7000 mit einem Maximalwert von 20000 gefunden. (Sci. Rep. Res. Inst. Tōhoku Univ., Ser. B **7.** 171—78. 1955. Sendai, Japan, Tohoku Univ., Res. Inst. of Electrical Communication, Res. Inst. for Iron Steel and other Metals, Dep. of Mining Technol., Engng. Fac. [Orig.: engl.]) H. FAHLENBRACH. 5958

John Gallup und **A. G. F. Dingwall,** *Eigenschaften niedrigschmelzender Verbundgläser.* In der Glühlampen- u. Elektronenröhrenindustrie wird die Verbindung zwischen Metall u. Isolierkörper oft durch Glas hergestellt. Hierzu muß man aber niedrigschm. Gläser (400—600°) verwenden. Als solche kommen Bleiborosilicatgläser in Frage, wo der PbO-Geh. über 70% beträgt. Viscosität, Wärmeausdehnung, D. u. Brechungsindex dieser Gläser werden mitgeteilt. (Amer. ceram. Soc. Bull. **36.** 47—51. Febr. 1957. Harrison, N. J., Tube Div., Radio Corp. America.) H. SAALFELD. 5972

National Cash Register Co., übert. von: **Paul M. Miller,** Dayton, Ohio, V. St. A., *Herstellung von magnetischen Eisenoxydpulvern* durch Erhitzen von Hammerschlag auf 475—1200, bes. 625—800° F im inerten Gasstrom. Nach ca. 5 Std. läßt man auf n. Temp. abkühlen. (**A. P. 2 766 211** vom 6/5. 1953, ausg. 9/10. 1956.) H. NEBELSIEK. 5959

E. I. du Pont de Nemours & Co., Wilmington, Del., übert. von: **Richard C. Toole,** Grand Island, N. Y., V. St. A., *Herstellung ferromagnetischer, komplexer Manganoxyde.* Man erhitzt ein Gemisch aus MnO_2 u. einem Oxyd des Co oder Ni unter Druck auf 500 bis 800°. Durch Magnetscheidung erhält man krist., ferromagnet., komplexes $CoMnO_3$ oder $NiMnO_3$. (**A. P. 2 770 523** vom 26/8. 1954, ausg. 13/11. 1956.) H. NEBELSIEK. 5959

Siemens & Halske Akt.-Ges., Berlin und München (Erfinder: **Hans Vatter,** Geislingen), *Glimmröhre* für elektr. *Zeitschalter*, bes. *Geschoßzeitzünder.* Der Elektrodenkern besteht aus einer schlecht oxydierbaren Legierung, z. B. Cr-Fe, oder aus Ni oder einer Ni-Legierung, z. B. Cr–Ni, oder aus einem Sintermetall, z. B. gesintertem Wolfram. (**D. R. P. 768 125** Kl. 72i vom 23/11. 1934, ausg. 7/7. 1955.) H. Kessel. 5973

Siemens-Reiniger-Werke Akt.-Ges. (Erfinder: **Herbert Böhm**), Erlangen, *Gasentladungsröhre*, bes. *Zählrohr*. Zur Einbringung eines dosierbaren Halogenzusatzes zur Gasfüllung dienen feste Metallhalogenide, z. B. Au- oder Cr-Chlorid oder Cu-Bromid, die dann therm. zers. werden. (**D. B. P. 951 517** Kl. 21g vom 21/5. 1954, ausg. 31/10. 1956. Anmeldung bekanntgemacht 19/4. 1956.) H. Kessel. 5975

Comp. Française Thomson-Houston, Frankreich, *Gasentladungsröhre* mit H_2-Füllung. Zur Konstanthaltung des H_2-Druckes dient ein bei Temperaturerhöhung H_2 abgebender Absorber (z. B. aus Ti, Zr, Ce, Th, V oder Ta) in Verb. mit einem Heizleiter mit positivem u. einem solchen mit negativem Temperaturkoeff. des Widerstands. (**F. P. 1 114 822** vom 5/3. 1954, ausg. 17/4. 1956.) H. Kessel. 5975

Comp. Française Thomson-Houston, Frankreich, *Gasentladungsröhre*. Die Zündelektrode trägt einen Schutzüberzug aus einer Ti-Verb., bes. aus Ti-Carbid oder -Borid, die durch Schmelzflußelektrolyse aus TiO_2 bzw. aus einem Gemisch von TiO_2, B_2O_3 u. MgF_2 im Graphittiegel erhalten werden. (**F. P. 1 124 913** vom 9/2. 1955, ausg. 22/10. 1956.) H. Kessel. 5975

Soc. An. pour les Applications de l'Électricité et des Gaz Rares, Établissements Claude-Paz & Silva, Frankreich, *Vorratskathode für Gasentladungsröhren*. Die Außenfläche eines aus Mo-Blech bestehenden Hohlkörpers u. die Durchtrittsspalte für die Emissionsmasse. (z. B. geschmolzenes BaO_2) sind mit einer z. B. aus Ca-Borat gewonnenen Emailleschicht bedeckt. (**F. P. 1 104 959** vom 20/5. 1954, ausg. 25/11. 1955.) H. Kessel. 5975

Patent-Treuhand-Gesellschaft für elektrische Glühlampen m. b. H., Heidenheim (Erfinder: **Joseph Rudolph,** Heidelberg), *Glühkathode*, bes. für *Gasentladungsleuchtröhren*. Die Emissionsschicht besteht aus einer Verb. eines Erdalkalioxyds mit einem Oxyd einer Seltenen Erde, bes. Ce; z. B. $BaCeO_3$ (**I**) in Perowskitstruktur. — Zur Erzeugung von Halbleitfähigkeit kann ein Teil der O^{2-}-Ionen durch F^--Ionen ersetzt sein. Zur Herst. wird z. B. ein Gemisch von 1 (Mol.) **I** mit ca. 0,1—1 CeO_2 u. ca. 0,01—1 BaF_2 in H_2 bei ca. 1350—1400° 2—3 Std. geglüht. (**D. B. PP. 917 860** Kl. 21g vom 2/11. 1951, ausg. 13/9. 1954. Anmeldung bekanntgemacht 28/1. 1954, u. **944 621** Kl. 21g [Zusatz-Pat.] vom 12/10. 1952, ausg. 28/6. 1956. Anmeldung bekanntgemacht 1/12. 1955. **Schwz. P. 314 128** vom 17/10. 1952, ausg. 14/7. 1956. **F. P. 1 065 061** vom 27/10. 1952, ausg. 20/5. 1954. Beide D. Priorr. 1/11. 1951 u. 11/10. 1952. **E. P. 740 456** vom 23/10. 1952, ausg. 16/11. 1955. D. Prior. 1/11. 1951.) H. Kessel. 5975

British Thomson-Houston Co. Ltd., London, England (Erfinder: **Maurice Arthur Carless** und **Bernard Nelson Watts**), *Glühkathode für elektrische Entladungsröhren*. Die Haftfähigkeit der Emissionsmasse wird verbessert durch Zugabe eines wasserlösl. Alginats, bes. von NH_4-Alginat. (**E. P. 749 429** vom 10/12. 1954, ausg. 23/5. 1956.) H. Kessel. 5975

Radio Corp. of America, Del., übert. von: **Arthur L. J. Smith,** Lancaster, Pa., V. St. A., *Manganaktivierter Calciumaluminiumfluoridleuchtstoff* der Zus. $x CaF_2 \cdot y AlF_3 : z MnF_2$, in der (in Mol) $x + y = 1$, $x = 0{,}99—0{,}01$, $y = 0{,}01—0{,}99$, $z = 0{,}001$ bis 0,1 ist. Herst.: Entsprechende Mengen CaF_2, AlF_3 u. MnF_2 werden durch inniges Mahlen gemischt u. 20 Min. bis 12 Std. bei 700—1000 (800)° in nichtoxydierender Atmosphäre geglüht. — Beispiele: $0{,}5 CaF_2 \cdot 0{,}5 AlF_3 : 0{,}02 MnF_2$; $0{,}7 CaF_2 \cdot 0{,}3 AlF_3 : 0{,}02 MnF_2$; $0{,}33 CaF_2 \cdot 0{,}66 AlF_3 : 0{,}02 MnF_2$. — Emissionskurven. (**A. P. 2 746 933** vom 28/4. 1953, ausg. 22/5. 1956.) R. Schreiner. 5975

IV. Wasser. Abwasser.

F. W. Gilcreas, *Bakterien in öffentlichen Wasserversorgungen. Was sind sie und was bedeuten sie?* 13. Mitt. (12. vgl. C. **1957.** 12864.) Bakterien im W. sind ein Zeichen für seine Beschaffenheit u. ihr Fehlen ein Maßstab der Wirksamkeit seiner Aufbereitung. Ihre nützliche u. schädliche Rolle, die verschied. Arten, ihre Bekämpfung u. die Methoden ihres Nachw. mit Vorschriften für Probenahme u. Aufbewahrung der Muster werden erläutert. (Water Works Engng. **109.** 1024—27. 1054—56. Nov. 1956.) H. Mühlmeister. 6010

R. V. Andrews und **Joe W. Burdett,** *Kontinuierliche Gewinnung von aktivierter Kieselsäure mit Gasen von niedrigem CO_2-Gehalt.* In einer größeren Versuchsanlage konnte aus Na-Silicatlsg. mit 2,9% SiO_2-Geh. u. Luft mit 10% CO_2-Geh. in kontinuierlichem Umsatz aktivierte Kieselsäure erhalten werden. Bei guter Gasverteilung in der Silicatlsg.

vollzog sich die Neutralisation bereits in 30 Sekunden. Das Prod. dient zur Wasserreinigung. (J. Amer. Water Works Assoc. **48.** 713—18. Juni 1956. Beaumont, Tex., Lamar State Coll. of Technol. and Houston, Tex., Shell Oil Co., Res. Labor.)
H. E. KLOTTER. 6016

Edgar G. Will, *Bericht über die Einwirkung von Eisen auf hochleistungsfähige Zeolithe.* Austauscheranlagen, die mit *Kunstharzzeolithen* beschickt waren, vermochten auch eisenhaltige Wässer weitgehend zu reinigen. Nachteilig war die raschere Inaktivierung der Austauschermasse, die nur bei zusätzlicher Behandlung mit verd. HCl regeneriert werden konnte. Die nachteilige Ablagerung der Fe-Oxyde auf der Austauschermasse ließ sich durch Zusatz von Polyphosphaten zum Rohwasser oder vorherige Enteisenung beheben. (J. Amer. Water Works Assoc. **48.** 739—43. Juni 1956. Columbus, O., State Health Dep., Div. of Labors.)
H. E. KLOTTER. 6020

Gerald Corsaro, H. S. Ritter, William Hrubik und **Howard L. Stephens,** *Mechanismus der Polyphosphatgrenzflächenwirkung.* Die durch Polyphosphatzusätze bei W. größerer Härte erhöhte Suspensionsfähigkeit der $CaCO_3$-Teilchen u. damit die verminderte Neigung zur Kesselsteinbldg. wird an Suspensionen käuflicher $CaCO_3$-Präpp. näher untersucht. Aus den Verss. ergibt sich, daß die Polyphosphate an der Oberfläche der $CaCO_3$-Teilchen adsorbiert werden. Das Zusammenwachsen der Teilchen zu größeren Calcitkristallen wird dadurch vermieden. Gleichzeitig wird das negative Grenzflächenpotential (ζ-Potential) der $CaCO_3$-Teilchen soweit gesteigert, daß die entladende u. damit flockende Wrkg. von Kationen wie Mg^{2+} (in den Verss. auch La^{3+}) erst bei hohen Fremdionenkonzz. eintreten kann. Im prakt. Gebrauch genügen bereits Zusätze von 0,1—0,3% Polyphosphat zu Rohwasser für die Herbeiführung des gewünschten Effekts; lediglich bei hoher Wassertemp. ist infolge der Hydrolyse der Polyphosphate reichlichere Dosierung erforderlich.

V e r s u c h e : $CaCO_3$-Proben mit einer akt. Oberfläche von 3—20 m^2/g zeigten aus Lsgg. von Hexametaphosphat u. Na-Triphosphat (0,1—0,5% ig) Adsorption entsprechend der Adsorptionsisotherme von FREUNDLICH. Höhere Polyphosphatkonzz. blieben nach Besetzung der akt. Oberflächen unwirksam. Colorimetr. Best. der Polyphosphate in der Restlsg. nach Hydrolyse mit verd. HCl. Best. von Relativwerten für die ζ-Potentiale durch mkr. Dunkelfeldbeobachtung der im elektr. Feld wandernden Teilchen (45 V Außenspannung). An $CaCO_3$-Suspensionen war nach Zusatz von 0,2% Hexametaphosphat Zunahme der Wanderungsgeschwindigkeit von $-1,09$ ($-1,59$) auf $-2,62$ ($-3,99$)$\cdot 10^{-4}$ cm/sec/V/cm zu beobachten. Bei höheren Polyphosphatkonzz. erfolgte nur geringe weitere Steigerung. Der nach Zusatz der Polyphosphate zur Umkehrung der Wanderungsrichtung (Umkehr des ζ-Potentials u. Flockung) erforderliche Fremdionenzusatz stieg bei Mg^{2+} um mehr als 2 Größenordnungen, bei La^{3+} um das 2,5fache. Angaben über die der Theorie folgende Beeinflussung der elektrophoret. Beweglichkeit der gleichfalls negativ geladenen SiO_2-Teilchen durch Na^+, Ca^{2+} u. Al^{3+} im Original. Netzmittel übten hier einen ihrer Ladung entsprechenden Einfl. aus. (J. Amer. Water Works Assoc. **48.** 683—99. Juni 1956. Akron, O., Univ.; Barbertown, O., Columbia-Southern Chemical Corp.)
H. E. KLOTTER. 6030

M. Kehren, *Das Problem der Abwasserreinigung.* Vf. gibt einen Überblick über die Probleme der Abwasserreinigung u. befaßt sich bes. mit der biol. Selbstreinigung der öffentlichen Gewässer. Diese ist durch die Biooxydation der im W. befindlichen Mikroorganismen unter n. Verhältnissen gewährleistet, dagegen verliert jedes Oberflächenwasser, das fortdauernd ein Übermaß an Schmutzwasser aufnehmen muß, sein Selbstreinigungsvermögen, sobald der Sauerstoffverbrauch zu groß wird. (Ciba-Rdsch. **1957.** 2—4. Jan.)
G. MAYR. 6036

M. Kehren, *Chemische Beschaffenheit der Abwässer aus der Textil-, Leder- und Papierindustrie.* Vf. erläutert den Begriff des ,,biochem. Sauerstoffbedarfes" (BSB) u. führt einige Vergleichswerte an. Zahlenangaben über Menge u. Beschaffenheit der Abwässer aus der Textil-, Leder- u. Papierindustrie schließen sich an. (Ciba-Rdsch. **1957.** 6—10. Jan.)
G. MAYR. 6036

M. Kehren, *Beseitigung und Klärung von Abwässern.* Vf. gibt einen Überblick über die Möglichkeiten zur Beseitigung u. Klärung von Abwässern. An Hand der Abbildungen u. Skizzen werden die Möglichkeiten in chem. u. biol. Hinsicht dargelegt. (Ciba-Rdsch. **1957.** 11—20. Jan.)
G. MAYR. 6036

M. Kehren, *Moderne Kläranlagen für stark verschmutzte industrielle Abwässer.* Vf. beschreibt die Anlage von modernen Kläranlagen für stark verschmutzte industrielle Abwässer. Die Beschreibung von zwei hauptsächlich angewandten Verff., dem NIERS-Verf. u. dem PISTA-Verf. sowie von der bei beiden Fällen vorgenommenen Eisenung der Abwässer schließt sich an. (Ciba-Rdsch. **1957.** 25—29. Jan.) G. MAYR. 6040

Walery Miśniakiewicz und **Józef Podkówka**, *Untersuchungen über die Einwirkung von ClO_2 auf wässerige Phenollösungen.* Bei der Anwendung von 1,5 Mol. ClO_2 auf 1 Mol. Phenol (I) wird I nach 10—15 Min. bei 20° zerstört, ohne daß *Chlorphenole* (II) entstehen. Der Temperatureinfl. auf die Oxydation ist unbedeutend, ebenso die Anfangskonzz. an I u. ClO_2. Zur quantitativen Best. von I, II u. ClO_2 werden Vorschriften gegeben. (Gaz, Woda Techn. sanit. **30**. 45—49. Febr. 1956. Gliwice, Politechn. Śląska.) F. URBAN. 6042

M. Kehren, *Die Eisenung von Abwässern in der Praxis.* Vf. beschreibt die Eisenung von Abwässern, die zur Abwasserklärung in großem Ausmaß herangezogen wird. Für die Eisenung von Abwässern stehen an geeigneten, bewährten Eisenverbb. vor allem metall. Eisen sowie hydrolysierte Eisensalze zur Verfügung. Besondere Schwierigkeiten ergeben sich bei der Eisenung von gefärbten Abwässern, wobei Vf. eine Reihe von Farbstoffen anführt, die sich der Eisenung gegenüber verschieden verhalten. (Ciba-Rdsch. **1957**. 22—24. Jan.) G. MAYR. 6042

A. I. Shukow, M. M. Kalabina und **Z. I. Rogowskaja**, *Zur Frage der Reinigung von Phenolabwässern.* Ein Vgl. verschied. Reinigungsverff. zeigt, daß bei Anwendung reiner Bakterienkulturen die Reinigung der Phenolabwässer, die verschied. organ. Verbb. enthalten, unvollständig ist. Die Meth. der biol. Abwässerreinigung unter Anwendung von akt. Schlamm sichert eine vollständige Reinigung u. ist in der Praxis der Mikrobenmeth. vorzuziehen. (Гигиена и Санитария [Hyg. u. Sanitätswes.] **22**. Nr. 5. 69—72. Mai 1957. Allunions Wiss. Forschungsinst. für Wasserversorgung, Kanalisation, Hydrotechn. Anlagen u. Ingenieur-Hydrogeologie.) OTTO MAIER. 6044

Friedrich Schwille, *Das Härtedreieck.* Vf. berichtet über eine Möglichkeit zur Darst. der Härte (Gesamt-, Carbonat- u. Nichtcarbonathärte) im Dreieckskoordinatensystem. Bei dieser Meth. werden Gesamthärte, Carbonathärte u. Nichtcarbonathärte eines W. durch einen einzigen Punkt im gleichseitigen Dreieck wiedergegeben. An Hand einiger Beispiele werden Anwendungsmöglichkeiten des Härtedreiecks diskutiert. (Gas- u. Wasserfach, Ausg. Wasser-Abwasser **98**. 280—82. 22/3. 1957. Mainz.) G. MAYR. 6054

J. Korkisch, A. Thiard und **F. Hecht**, *Schnellbestimmung des Urans in Meer- und Flußwässern.* (Vgl. Mikrochim. Acta [Wien] **1956**. 1283.) Die Trennung des U von den im Meerwasser vorkommenden Elementen erfolgt am besten über die positiven Chloridkomplexe im p_H-Bereich 3—9 mit Hilfe des stark bas. Anionenaustauschers *Amberlite IRA-400*. Anschließend kann das U unmittelbar nach Durchführung einer einmaligen Säulenadsorption polarograph. bestimmt werden. Bei Flußwässern erfolgt die U-Anreicherung über den negativen Uranylacetatkomplex, der im p_H-Bereich 4,25—5,25 vom Amberlite festgehalten wird. Nach Waschen des Austauschharzes mit HCl-Na-Acetat (p_H 5,0) u. W. wird das U mit 0,8n HCl eluiert u. polarograph. bestimmt. Analysendauer für 1 Liter W. 8 Std., mittlere Genauigkeit $\pm 10\%$ bei $> 1\,\mu g$, $\pm 20\%$ bei $< 1\,\mu g$ U/Liter. Phosphate neben NaCl stören die Bestimmung. (Mikrochim. Acta [Wien] **1956**. 1422—30. Wien, II. Chem. Univ.-Labor.) H. ECKSTEIN. 6060

—, Vom Wasser. Ein Jahrbuch f. Wasserchemie u. Wasserreinigungstechnik. Hrsg. von d. Fachgruppe Wasserchemie in d. Ges. Dt. Chemiker. Bd. 23. 1956. Weinheim/Bergstr.: Verl. Chemie. 1957. (292 S. m. 84 Abb., 65 Tab. u. 78 S. Anzeigen.) 8°. DM 27.40.

V. Anorganische Industrie.

A. Swinarski, *Fortschritt und Entwicklung der gleichzeitigen Produktion von Schwefel- und Salpetersäure.* Beschreibung des KACHKAROFF-MATIGNON-Verfahrens. (Przemysł chem. **12** [**35**]. 484—88. Sept. 1956. Toruń, Uniw. M. Kopernika, Kat. Chem. Nieorgan.) F. URBAN. H 253

P. L. de Bruyn und **H. J. Modi**, *Teilchengröße und Flotationsgeschwindigkeit von Quarz.* Bei konstant gehaltenen sonstigen Versuchsbedingungen, bes. des spezif. Sammleranteils, wurde die Flotationsgeschwindigkeit für Teilchen unter 65 μ als linear abhängig von der Größe ermittelt, sofern die Festkörperkonz. unter 5,2% lag. Für größere Teilchen ergab sich eine konzentrationsbedingte nichtlineare Abhängigkeit. Maximale Geschwindigkeit ergaben Teilchen von 37—10 μ, Ausbeute 80—85%. (Mining Engng. **8**. Trans. AIME **205**. 415—19. April 1956. Cambridge, Mass., Mass. Inst. of Technol.) H. ECKHARD. H 261

Jaroslav Skřivánek, *Absorption von Nitrosegasen durch Sodalösung.* Es wurde die Kinetik der Absorption von Endgasen, die Stickstoffoxyde enthalten, durch Sodalsg. untersucht. Das Hauptaugenmerk wurde auf die $NaNO_2$-Gewinnung aus der Mutterlauge gewidmet. Die Konz. von Sodalsgg. war 0,1—15%. Im Gebiet von 0,1—3% Na_2CO_3 gilt die Gleichung: $K_g a = 0{,}226 \cdot c^{0,30} \cdot u^{0,76}$, im Gebiet über 3% Na_2CO_3: $K_g a = 0{,}316 \cdot u^{0,76}$, wo K_g = die Konstante der Absorptionsgeschwindigkeit, a = die Berührungsfläche, c = Na_2SO_3-Konz. u. u = lineare Gasgeschwindigkeit. Die mittlere Abweichung der Gleichung erreicht $\pm 11\%$. Aus den durchgeführten Verss. ist sichtbar, daß es vorteilhaft ist, die $NaNO_3$-Herst. in einem kontinuierlichen Syst. von Kolonnen, die $NaNO_2$-Herst. in einer diskontinuierlichen App. durchzuführen. Diese Resultate stimmen mit den ausgerechneten Absorptionskoeffizienten überein. (Chem. Průmysl **6** (**31**). 404—09. Okt. 1956. Ustí n. L., Výzkumný ústav anorg. chem.) J. SCHNEIDER. H 274

L. Leśniewicz, S. Bretsznajder, J. Lis und **J. Piskorski,** *Die Konzentrierung von Aluminiumsulfatlösungen aus polnischen Rohstoffen mit dem Tauchbrenner.* H_2SO_4-saure $Al_2(SO_4)_3$-Lsgg. lassen sich bei Verwendung von Tauchbrennern (4000 kcal/Std.) auf 14% Al_2O_3 konzentrieren, wobei 70—80 Liter W./m² Flüssigkeitsspiegel pro Std. abgedampft werden. (Przemysł chem. **12** (**35**). 566—68. Okt. 1956. Warszáwa, Politechn., Inst. Chem. Ogóln.) F. URBAN. H 294

P. Remy-Genneté, *Die Flotation der löslichen Salze. — Einige Anwendungen.* Die Flotation der lösl. Salze ist eine physikal. Trennungsmeth. der Mineralsalze; sie unterscheidet sich von der klass. Flotation dadurch, daß der „Brei" aus einer Suspension von Salzen besteht, die in einer gesätt. Lsg. dieser Salze zu trennen sind. Das Wesentliche dieser Meth. besteht darin, bei Mischungen der industriell erhaltenen Salze lange u. kostspielige Eindampfungen, die zum Hervorrufen von Kristallisationen erforderlich sind u. unzweckmäßige Verdünnungen von Lsgg., die dem Kreislauf zurückgeführt werden sollen, auszuschalten. Es folgt eine Zusammenfassung der allg. Bedingungen dieser Flotation, u. es werden einige Anwendungen besprochen. (Génie chim. **76**. 45—47. Aug. 1956.) K. PISTOR. 6148

Metal Hydrides, Inc., Beverly, übert. von: **Robert W. Bragdon,** Marblehead, und **Mario D. Banus,** Ipswich, Mass., V. St. A., *Kalium-, Rubidium- und Cäsiumborhydrid.* Eine in W. lösl. Verb. des K, Rb, Cs, z. B. KOH, KJ, K-Acetat oder K-Methylat, wird bei Raumtemp. mit einer fast gesätt. Lsg. von $NaBH_4$ versetzt, wobei das komplexe Borhydrid ausfällt u. abgetrennt wird. — Beispiel: 74,2 (g) 94,7% ig. $NaBH_4$ werden in 130 cm³ W. gelöst zu 133,2 KOH 85% ig. in 110 cm³ W. gelöst unter Rühren zugefügt u. der Nd. unter N_2-Druck abfiltriert. Der Nd. wird mit eiskaltem 95% ig. A. ausgewaschen u. im Vakuum bei 80° getrocknet. Ausbeute 75,5 KBH_4 (97,5% ig). (**A. P. 2 741 540** vom 16/8. 1952, ausg. 10/4. 1956.) W. MATTHAES. H 238

Union Oil Co. of California, Los Angeles, übert. von: **Clyde H. O. Berg,** Long Beach, Calif., V. St. A., *Kohlenmonoxydfreies Wasserstoffgas.* KW-stoff wird in der Dampfphase bei erhöhter Temp. (1200—2000° F, Ni-Katalysator) zu H_2 u. CO reformiert u. danach wenigstens ein Teil des CO mit Wasserdampf bei 660° in Ggw. eines Fe-Katalysators zu CO_2 konvertiert. In einer ersten Absorptionszone wird das CO_2 absorbiert, danach das restliche CO mit einem Teil des H_2 zu CH_4 (400—700°, Pt-Katalysator) red. u. das CH_4 in einer 2. Absorptionszone absorbiert. Das gekörnte Absorptionsmittel kann als Fließbett mittels Schwerkraft durch die Absorptionszonen geführt werden. Das Reformieren kann in Ggw. von N_2 erfolgen u. dabei ein Gemisch von 25 (%) N_2 u. 75 H_2 für die *NH_3-Synth.* erzeugt werden. — Zeichnung. (**A. P. 2 759 799** vom 4/8. 1952, ausg. 21/8. 1956.) W. MATTHAES. H 243

Minerals & Chemicals Corp. of America, übert. von: **Joseph L. Hunter,** Bartow, und **Harvie W. Breathitt jr.,** Lakeland, Fla., V. St. A., *Phosphaterzkonzentration.* Die wss. Erztrübe wird in Ggw. eines negativen Ionenreagens (*Soda, Fettsäuren, Heizöl*) der Flotation unterworfen, wobei ein Phosphatkonzentrat aufgeschwommen wird. Das nicht aufgeschwommene, SiO_2-haltige Gangart enthaltende Prod. wird nach Konditionieren durch Zusatz von Soda, Heizöl, *Tallöl* einer Luftströmungsflotation unterworfen. Das phosphathaltige Schwimmkonzentrat wird dann mit *H_2SO_4* unter Rühren behandelt; sodann werden die Feststoffe zweimal mit W. gewaschen u. nach Zusatz von positivem Ionenreagens (höhere *aliphat. Amine*) der Schaumflotation unterworfen. Das hierbei erhaltene Konzentrat wird schließlich mit dem Konzentrat der 1. Flotation vereinigt. Man erhält so Konzentrate mit ca. 74% Phosphat bei einem Ausbringen von ca. 95%. — Verfahrensstammbäume. (**A. P. 2 750 036** vom 16/3. 1954, ausg. 12/6. 1956.) W. HAUSWALD. H 264

Potash Co. of America, Denver, Colo., übert. von: **Edmund A. Schoeld, J. Melvin Fritschy** und **Roger R. Nelson,** Carlsbad, N. Mex., V. St. A., *Schaumschwimmaufbereitung von Kalisalzen.* Vor der Einführung des aliphat. *Amin*-Reagens zur Trübe wird ein Metallhydroxyd (z. B. *Magnesiumhydroxyd*) zur Abscheidung gebracht, das sich auf dem Ton u. den Schlämmen absetzt u. diese somit gegen die Absorptionsmöglichkeit der Amine inaktiviert. (**A. P. 2 757 796** vom 22/5. 1953, ausg. 7/8. 1956.) W. HAUSWALD. H 275

Kaiser Aluminum & Chemical Corp., Oakland, Calif., V. St. A., *Herstellung kristalliner Magnesia* (Periklas) durch Vermischen einer feinteiligen, gefällten Mg-Verb., die nach dem Brennen zu 95 (%) aus MgO besteht u. < 2 CaO u. < 2 SiO_2 enthält, mit ca. 1,5 $AlCl_3$ oder $Al(OH)_3$. Anschließend brennt man das Gemisch bei wenigstens 1300°. (**E. P. 759 770** vom 3/6. 1953, ausg. 24/10. 1956.) H. NEBELSIEK. H 282

Werner Fischer (Erfinder: **Werner Fischer** und **Karl-Jürgen Bramekamp**), Hannover, *Trennung der dreiwertigen Seltenen Erden* voneinander durch Verteilen ihrer Nitrate zwischen W. u. einer Keton- oder Keton–Äther-Phase. An Stelle der Ketone kann ein Aldehyd, ein Gemisch mehrerer Aldehyde oder ein Gemisch von Aldehyden u. Ketonen verwendet werden. (**D. B. P. 961 978** Kl. 12m vom 28/5. 1955, ausg. 18/4. 1957. Anmeldung bekanntgemacht 18/10. 1956. **Zusatz zu D. B. P. 957 478; C. 1957. 9748.**) H. NEBELSIEK. H 301

VI. Silicatchemie. Baustoffe.

R. L. Schusster, *Anwendung der Flotation zwecks Anreicherung der Aral-Glassande.* Der nicht angereicherte Aral-Sand (97,44% SiO_2, 0,09% Fe_2O_3, 0,06% TiO_2) konnte durch W. nur unbedeutend angereichert werden (von 0,09 auf 0,07% Fe_2O_3), durch elektromagnet. Scheidung besser (0,05% Fe_2O_3, 0,02% TiO_2). Den besten Erfolg brachte die Flotation, wobei als Reagentien 5%ig. Sulfatseife u. 10%ig. Lsg. von calcinierter Soda verwendet wurden. Der Fe_2O_3-Geh. des Sandes sank auf 0,03%, gleichzeitig stieg die Lichtdurchlässigkeit der Glasmasse erheblich. (Известия Академии Наук Казахской ССР, Серия Горного Дела, Металлургии и Обогащения, Стройматериалов [Nachr. Akad. Wiss. KasachSSR, Ser. Bergbau, Metallurgie, Erzaufbereit. Baumater.] **1955.** Nr. 5. 114—19.) A. v. WILPERT. 6170

P. D. S. St. Pierre, *Zusammensetzung von Weichporzellan* (*Bone China*). 3. Mitt. *Phasengleichgewichte bei hohen Temperaturen im System Tricalciumphosphat–Anorthit–Kieselsäure.* (2. vgl. C. **1957.** 5095.) Um einen Überblick über das Syst. C_2P–CAS_2–S zu bekommen, sind zunächst die Teilsysteme C_3P–S u. C_3P–CAS_3 untersucht worden. Hierzu dienten die schon vorliegenden Meßergebnisse u. eigene Untersuchungen. Diese wurden nach der Abschreckmeth. durchgeführt. Dies Verf. stößt allerdings oft auf Schwierigkeiten, da diese Systeme mehr oder weniger zur Glasbldg. neigen. Bei dem Syst. C_3P–CAS_2–S handelt es sich um ein echt tern. Syst., d. h. es ist hier möglich, das Verhältnis fest/fl. für alle Zuss. zu berechnen. Ein Eutektikum wurde bei 11% C_3P, 51% CAS_2 u. 38% S gefunden. Sein F. liegt bei 1290 ± 5°. (J. Amer. ceram. Soc. **39.** 147—50. April 1956. Ottawa, Ontario, Can., Dep. of Mines.) H. SAALFELD. 6214

Th. F. Merten, *Die Kieselsäurephasen im grünen und im gebrannten Ton.* Hinweis auf die Wichtigkeit einer Unterscheidung von freier Kieselsäure (amorphe Kieselsäure, Quarz, Cristobalit) u. silicat. gebundener Kieselsäure in Tonen u. auf ihr Reaktionsvermögen beim Brennen der Tone. (Ziegelindustrie **9.** 613—15. 1. Sept.-H. 1956. Bad Godesberg.) P. NEY. 6216

Konopicky, H. Bauer und **E. Köhler,** *Ungewöhnliche Zerstörungsvorgänge am Schamottemauerwerk von Ziegeleien.* Die Bleichung u. Zermürbung von Schamottesteinen in Ziegeleiringöfen ist mit einer SiO_2-Wegfuhr aus der Steinoberfläche u. einer Anreicherung von Korund in ihr verbunden. Vff. erklären diese Zerstörungserscheinungen durch Einw. von HF, die aus fluorhaltigen Glimmermineralen stammen soll. Beim Abkühlen der Brenngase unter den Taupunkt greifen HF u. H_2SO_4 den Schamottestein an u. zerstören zuerst das Glas (unter Bldg. von K_2SO_4) u. dann den Mullit. Die in den Ziegeleien gebrannten Lehme enthielten 0—0,06% F. Modellverss. mit NaF-Zusatz zu Lehmen zeigten, daß Wasserdampf bei 900° HF freisetzt. Ein Geh. der Lehme an $CaCO_3$ verminderte die übergetriebene HF-Menge beträchtlich. (Ziegelindustrie **10.** 255—57. 2. April-H. 1957.) P. NEY. 6218

H. Peters, *Die Verwertung von Flugasche im Beton* (*Literaturbericht*). Überblick über Verss. zur Verwertung von Kohlenflugaschen im Beton. — 43 Literaturangaben. (Betonstein-Ztg. **23.** 27—34. Jan. 1957. Wiesbaden.) G. KAHL. 6224

Kinji Shimada und **Takashi Komaki,** *Eine eingehende Untersuchung der Ryukyu-Korallenkalksteine.* Vff. berichten über die 3 Arten der Ryukyu-Koralle, über solche, welche in Amami-Oshima, Okinoerabushima u. Yoron-shima wachsen. Von diesen Korallen wurden das spezif. Gew. bestimmt, chem. u. Röntgenanalysen u. verschied. Versuchsbrände durchgeführt. Die Resultate werden mit Material aus Shiraishi verglichen. Auch Differential–Thermo- u. Sedimentations- u. Röntgenanalysen von gebranntem u. wieder gelöschtem Kalk wurden gemacht, bes. von bei verschied. Tempp. gebrannten Korallen mit folgenden Ergebnissen: 1. Die Ryukyu-Koralle besteht im wesentlichen aus Calcit mit folgenden Eigg.: Wahre D. 2,68—2,74, Porosität 6,31—23,41 (%), H_2O-Aufnahme 2,51 bis 11,81, CaO 52,30—54,69, MgO 0,57—1,62 Al_2O_3 u. Fe_2O_3 0,37—1,78. 2. Die Differential–Thermo- u. Röntgenanalyse zeigen, daß sich der Korallenkalkstein bereits bei 700° zu zers. beginnt u. bei 900° ganz umgesetzt ist. 3. Die maximale Dehnung des bei

1000° gebrannten Kalks beträgt 0,7—2,3%, während der Kumamoto-Kalk eine Dehnung von nur 0,6% hat. 4. Der Einfl. der Brenntemp. auf die Geschwindigkeit der späteren Ablöschung wurde sowohl an Pulvern als auch an Stücken untersucht. Es zeigte sich, daß für Pulver 900° u. für stückiges Material 1000° die geeignetste Temp. ist. (J. ceram. Assoc., Japan [Yogyo Kyokai Shi] **64.** 211—17. 1956. [Orig.: japan., Auszug: engl.]) R. C. KANTERS. 6226

Ja. L. Sabeshinski, W. B. Ratinow und **T. I. Rosenberg,** *Über den Kristallisationsmechanismus beim Erhärten von Gipsbindemitteln.* Aus den Unterss. über die Änderung der Konz. von $CaSO_4 \cdot \frac{1}{2}H_2O$ (I) in der Lsg. u. die Abhängigkeit der Härtungszeit u. Festigkeit von I vom %-Geh. an zugesetzter Sulfitablauge wird festgestellt, daß bei Zusatz von Sulfitablauge zum Anmachwasser (0,05—2% vom Gipsgewicht) der Zeitraum zwischen Anmachen u. beginnender Kristallisation monoton zunimmt, wobei die Festigkeit der Proben abnimmt. Die Zeiten der beendeten Hydratation u. der Beendigung der Kristallisation, die prakt. 20—40 Min. seit Anmachen von I mit W. betragen, sind die gleichen. Die Konz. der übersättigten Lsg. C bei der Auflsg. von I bleibt einige Min. konstant u. nimmt dann bis zur Gleichgewichtskonz. C_0 ab. Die statist. Bearbeitung des Versuchsmaterials an vielen Gipsproben zeigt, daß die Zeit des beginnenden u. beendeten Abbindens 0,3 bzw. 0,45 der Kristallisationszeiten beträgt. Auf Grund des Versuchsmaterials wird geschlossen, daß die Gipshärtung im wesentlichen durch Lsg. von I u. Auskristallisieren von $CaSO_4 \cdot 2H_2O$ aus der übersättigten Lsg. erfolgt. (Доклады Академии Наук СССР [Ber. Akad. Wiss. UdSSR] **108.** 1137—39. 21/6. 1956. Allunions Wiss. Forschungsinst. für Eisenbetonerzeugnisse u. Nichterzmaterialien.) O. LEBTAG. 6226

Th. Temme, *Die Bodenverfestigung mit bituminösen Bindemitteln, Voraussetzungen, Anwendung und Anforderungen.* Vf. befaßt sich mit den verschied. Bodenarten u. wie diese durch verschied. Maßnahmen verfestigt werden können. Bauausführungen u. Arbeitsverff. werden genau beschrieben. (Bitumen, Teere, Asphalte, Peche verwandte Stoffe **8.** 164—70. Mai 1957. Köln.) F. ROSENDAHL. 6232

E. Eipeltauer und **G. Jangg,** *Borsäurebestimmungen in Gläsern und Emaillen.* Um die maßanalyt. Best. der Borsäure nach der üblichen Meth. in techn. Gläsern u. Emaillen mit befriedigender Genauigkeit in kurzer Zeit durchführen zu können, prüften Vff. die Möglichkeiten der Abtrennung von Kieselsäure (I) u. störenden Begleitmetallen in gut filtrierbarer Form. Dabei erwies sich als beste Meth. die Fällung mit NaOH in Ggw. eines Überschusses an $BaCl_2$ bei p_H 8. Die Begleitmetalle Al, Fe, Zn, Pb werden bei Ggw. überschüssiger I als hydratisierte Silicate quantitativ u. gut filtrierbar abgeschieden. Die Fällung von I ist zwar nicht quantitativ, jedoch wurde festgestellt, daß deren geringer Restgeh. im Filtrat die Borsäuretitration nicht stört, bes. wenn auf die erste eben erkennbare Rosafärbung von Phenolphthalein titriert wird. Die Durchführung der Analyse ist beschrieben. Die Resultate weisen eine Genauigkeit von 1—2 Relativ-% auf. (Österr. Chemiker-Ztg. **56.** 97—99. April 1955. Wien, TH, Inst. für Anorgan. Chem. Technol.) W. LEONHARDT. 6242

W. C. Heraeus G. m. b. H. (Erfinder: **Gerhard Paret**), Hanau/M., *Edelmetallpräparate.* Edelmetallverbb., z. B. Goldterpensulfid, in Lösungsmitteln u./oder äther. Ölen werden mit lösl. Ag-Verbb. u. 1—20% lösl. Halogenverbb., wie Triphenylchlormethan, versetzt, die bei Tempp. zwischen 100—400° bei Normaldruck unter Zers. flüchtig sind. Das Präp. besteht z. B. aus 32 (Teilen) Goldterpensulfid, 10 Silberterpensulfid, 1 Rhodiumterpensulfid, 3 Wismutresinat in je 10 Rosmarin-, Lavendel- u. Eukalyptusöl gelöst, u. mit 12 Dammarharz u. 10 Triphenylchlormethan versetzt. Mit diesen Präpp. können matte Edelmetallüberzüge auf silicat. Unterlagen durch Einbrennen erhalten werden. (**D. A. S. 1 004 536** Kl. 80b vom 7/10. 1955, veröff. 14/3. 1957.) F. REINHART. 6203

E. I. du Pont de Nemours & Co., übert. von: **Witty Lysle Alderson jr.** und **John T. Maynard,** Wilmington, Del., V. St. A., *Herstellung von ternären Metallsulfiden* durch Erhitzen eines Gemisches eines Sulfides der Fe-Gruppe, z. B. FeS, FeS_2, NiS oder CoS, mit einem Sulfid des Mo oder W, z. B. MoS_2 oder WS_3, auf 800—1300° im H_2S-Strom unter Erhalt der entsprechenden gemischten Sulfide, z. B. $FeMoS_{2,5}$, $FeWS_3$, $MoNiS_3$ bzw. $MoCoS_3$. — Verwendung als *keram. Pigmente.* (**A. P. 2 770 527** vom 28/5. 1953, ausg. 13/11. 1956.) H. NEBELSIEK. 6207

E. I. du Pont de Nemours & Co., übert. von: **John T. Maynard,** Wilmington, Del., V. St. A., *Herstellung von ternären Metallsulfiden* aus einem Erdalkali u. einem Metall der Eisengruppe. Man sintert BaS mit FeS, CoS oder NiS im H_2S-Strom bei 800—1400° unter Gewinnung von $Ba_5Fe_5S_{12}$, $BaCoS_2$ oder $BaNiS_2$. — Verwendung der Prodd. als *keram. Pigmente.* (**A. P. 2 770 528** vom 15/3. 1954, ausg. 13/11. 1956.) H. NEBELSIEK. 6207

Heinrich Koppers G. m. b. H., Essen (Erfinder: **Eberhard Wilkendorf**, Köln, und **Eberhard Kühn**, Düsseldorf), *Ummantelung eines Rohres mit feuerfester Masse.* In der in einer Form befindlichen feuchtkrümeligen keram. M. wird durch Einführung eines Kernes unter gleichzeitiger Vibration eine zentr. Höhlung erzeugt, in die ein Rohr eingeschoben wird. Das Rohr selbst kann als Kern verwendet werden. Auf die keram. Mantelschicht können weitere Schichten, z. B. aus Al_2O_3, ZrO_2, $ZrO_2 \cdot SiO_2$, SiC, BeO oder MgO, aufgebracht werden, so daß eine mehrschichtige Ummantelung entsteht. (**D. A. S. 1 006 776** Kl. 80a vom 18/12. 1953, ausg. 18/4. 1957.) F. REINHART. 6219

Deutsche Norton-G. m. b. H., Wesseling (Erfinder: **Guy H. Fetterley**, Chippawa, Ontario, Can.), *Borcarbidformpulver* ist aus Gemischen von Borcarbiden hergestellt u. enthält B u. C in einem Verhältnis von 3,8—3,9 B auf 1 C. Es enthält keine Teilchen über 100 μ, 80—90(%) Teilchen von 5—50 μ u. weniger als 12 unter 5 μ. Zur Herst. wird aus Rohcarbiden mit 3,65—4,05 B auf 1 C eine Partie mit 3,8—3,9 B auf 1 C zusammengestellt, auf die erforderliche Teilchengröße gemahlen u. durch Säurebehandlung von Eisenteilchen befreit. Aus dem Formpulver werden z. B. durch Pressen Formkörper hergestellt. (**D. A. S. 1 003 115** Kl. 80b vom 9/12. 1954, veröff. 21/2. 1957.) F. REINHART. 6221

Frederick Payne, London, und **George Frederick Holdcroft**, Beverley, England (Erfinder: **George Edward Bessey**), *Herstellung leicht dispergierbarer pulverförmiger Stoffe.* Man befeuchtet die M., bes. Ca-Verbb., z. B. Kreide, Kalk, mit einer wss. Lsg. eines oberflächenakt. Mittels, bes. Alkylsulfonaten oder -sulfaten, u. trocknet. Verwendung derartiger Prodd. bei der Herst. von *Beton* beeinträchtigt dessen Eigg. nicht, sondern wirkt teilweise verbessernd. (**E. P. 755 937** vom 4/3. 1953, ausg. 29/8. 1956.) C. LÜTTGEN. 6225

Rubber-Stichting, Holland, *Selbsthärtende Kautschukmilch-Zementmischung.* Man mischt mit einem nichtionogenen Stabilisator versetzte Kautschukmilch mit einem nichtschäumenden Netzmittel u. Zement, formt u. läßt erhärten. Man nimmt 10 bis 20 (Gewichtsteile) Kautschuk auf 90—80 Zement. — Man stabilisiert 40 (g) 60%ig. Kautschukmilch mit 12 einer 10%ig. Tween-20-Lsg. (Polyoxyalkylensorbitanmonolaurat), setzt 2,5 einer 10%ig. Darvan 2-Dispersion (Polyalkylaryl-Na-Sulfonat), 3 W. u. 100 weißen Zement zu u. gießt auf Papier zu einer nach Abbinden elast. Folie. Der Mischung können Sand, Vulkanisationsbeschleuniger, Alterungsschutzmittel u. a. zugesetzt werden. — Verwendung der Platten zum Belegen von Wänden; Herst. von Schleifscheiben. (**F. P. 1 118 400** vom 31/1. 1955, ausg. 5/6. 1956. Holl. Prior. 18/2. 1954.) M. PANKOW. 6229

Richard Rosendahl, Deutschland, *Xylolithdeckenüberzug.* Man imprägniert eine noch warme Asphaltverkleidung von 18 mm mit $MgCl_2$ oder Magnesit u. bringt darauf einen 5 mm dicken Xylolith (**I**)-Belag an u. vermeidet durch dieses Verf. das Auftreten von inneren Spannungen im **I**. (**F. P. 1 121 341** vom 25/3. 1955, ausg. 8/8. 1956.) G. WELTZIEN. 6229

Farbenfabriken Bayer Akt.-Ges., Leverkusen (Erfinder: **Hermann Schirmer**, Krefeld), *Herstellung von Trenn- und Schleifscheiben.* Das Gemisch des Schleifmittels (Si-Carbid-Körner) mit linearem ungesätt. Polyester (**I**), einer monomeren Vinyl- oder Acrylverb. (**II**) u. gegebenenfalls Füll- u. Faserstoffen (hochdisperse Kieselsäure, Textil-, Asbest-, Glas- oder synthet. Fasern) wird unter Zusatz eines Polyisocyanats (Hexamethylen- oder Toluylendiisocyanat) oder eines Umsetzungsprod. eines mehrwertigen Alkohols mit einem Überschuß an Polyisocyanat verformt u. bei Raumtemp. oder erhöhter Temp. gehärtet. **I** sind z. B. Polykondensationsprodd. der Fumar- oder Maleinsäure im Gemisch mit gesätt. Dicarbonsäuren u. Diolen, **II**, Styrol, Vinylchlorid, -acetat oder Methacrylsäure u. deren Ester. — Das Gemisch aus 250 (g) Si-Carbid (Körnung 60), 43 **I** [**I** aus 10,6(%) Maleinsäureanhydrid, 31,8 Phthalsäureanhydrid, 20,4 Glykol u. 0,5 Dioxyäthylanilin; mit Geh. an 30,2 Styrol], 47,6 **I** (**I** aus 17,4 Maleinsäure, 40,5 Phthalsäure, 33,4 Butandiol; mit Geh. an 28 Styrol), 10 Styrol, 13 Hexamethylendiisocyanat u. 4 Benzoylperoxydpaste wird verformt u. 30 Min. bei 80° ausgehärtet. Die Schleifscheibe wird gegebenenfalls bei 120° nachgetempert. (**D. B. P. 963 019** Kl. 39b vom 19/2. 1955, ausg. 2/5. 1957. Anmeldung bekanntgemacht 8/11. 1956.) G. TEWES. 6239

VII. Agrikulturchemie. Schädlingsbekämpfung.

A. Decker, A. Delsa und **R. Sevrin**, *Die Löslichkeit von Thomasschlacke in Citronensäure.* Unterss. über die Löslichkeit von zahlreichen Thomasschlacken in Citronensäure zeigen, daß *CaO* u. *Fe* die Löslichkeit nicht, das Verhältnis $SiO_2 : P_2O_5$ u. *SiO*, günstig, P_2O_5 ungünstig beeinflussen. Die verschied. Schlacken zeigen zwar qualitativ, nicht aber quantitativ das gleiche Verhalten. (Rev. univ. Mines, Métallurg., Trav. publ. Sci. Arts appl. Ind. [9] **12** (**99**). 652—60. Dez. 1956.) W. WESLY. 6282

A. L. Schnejersson, W. A. Klewke und **M. A. Miniowitsch**, *Über das Zusammenbacken von Ammonsalpeter.* Für das Zusammenbacken von NH_4NO_3 (**I**) ist der Übergangspunkt t_a von NH_4NO_3 (III) (**Ia**) in NH_4NO_3(IV) (**Ib**) bei 32,27° maßgebend. Wenn **Ia** von 75 auf 33° oder **Ib** von 32 auf 20° abgekühlt wird, tritt kein Backen ein, wie durch Best. der Schüttfähigkeit bzw. des Feingutgeh. festgestellt wird, wohl aber wenn von 36—75° auf 29—30° oder von 75 auf 20—30° abgekühlt wird, ohne Rücksicht auf den Wassergeh. (1,00—1,72%) der **I**-Probe. Zusatz von 2,0—2,5% KNO_3 (**II**) verhindert das Backen bei Abkühlung von 75 auf 26 (24)—33° u. 5,0% **II** bei Abkühlung auf 18—33°, d. h. t_a wird durch 2, 2,5 u. 5% **II** auf 22,5, 20,6 u. $<10°$ herabgesetzt. Während ohne Druck das Backen bei t_a nur in untergeordnetem Ausmaß eintritt, bewirkt schon geringer Überdruck (0,2 kg/cm²) das Backen, höherer Druck noch mehr. Bei reinem **I** erhöht Zunahme des Wassergeh. von 0,45 auf 0,9% das Backen (Feingutabnahme beim Rütteln von 70 auf 15%). Die beim Erwärmen eintretende Umwandlung von **Ib** in **Ia** ist bezgl. des Backens vom Wassergeh. (0,8—1,4%) ziemlich unabhängig. Zusatz von ca. 5% $Ca(NO_3)_2$ oder ca. 1,5% $Mg(NO_3)_2$ verhindert das Backen beim Erhitzen u. Wiederabkühlen. (Журнал Прикладной Химии [J. angew. Chem.] **29.** 682—88. Mai 1956.) R. K. MÜLLER. 6284

Fritz Scheffer, H. Pajenkamp und **H. v. Uexküll**, *Kondensationsprodukte aus Harnstoff und Acetaldehyd als Dünger mit langsam fließender Stickstoffquelle.* 1. Mitt. *Einleitung und Literaturüberblick.* Kondensationsprodd. aus Harnstoff u. Acetaldehyd wurden untersucht. Sie sind in den gebräuchlichen organ. Lösungsmitteln wenig lösl., lösen sich aber in Mineralsäuren u. konz. Lsgg. gewisser Salze. Die Löslichkeit in W. erfolgt unter Hydrolyse u. ist unterschiedlich. Die Kondensationsprodd. enthalten stets einen leicht- u. einen schwerlösl. N-Anteil. Durch Variation der Kondensationsbedingungen wurde versucht, die Löslichkeitseigg. der Prodd., bes. den leichtlösl. Anteil, zu verändern. Von den untersuchten Faktoren Mol-Verhältnis, p_H, Temp. u. Wasseranteil der Reaktionsmischung hatte der Wasseranteil den größten Einfl. auf die Löslichkeit. Durch Variation u. Kombination der Reaktionsbedingungen konnten Kondensate verschied. Löslichkeit hergestellt werden. (Z. Pflanzenernähr., Düng., Bodenkunde **75** (**120**). 1—16. 1956. Göttingen, Agrikulturchem.- u. Bodenkundl. Inst.) A. JACOB. 6284

Reijo Heinonen, *Über das spezifische Gewicht finnischer Böden.* Bei südfinn. Böden wurde die D. des Untergrundes (40—80 cm, Humusgeh. $<1,25\%$) u. der Krume (2—12% Humus) bestimmt. Wegen der einheitlichen mineralog. Struktur der Böden besteht direkte Korrelation zwischen D. u. Tongehalt. (Maataloustieteellinen Aikakauskirja [J. sci. agric. Soc. Finland] **29.** 38—40. 1957. Helsinki, Yliopiston maanviljelyskemian laitos.) S. BECKMANN. 6302

E. F. Bolton, J. M. Fulton und **J. W. Aylesworth**, *Der Einfluß von zwei Bodenverbesserungsmitteln auf einige physikalische Eigenschaften eines Brookston-Tonbodens. Formulation 931* (ein hydrolysiertes *Polyacrylsäurenitril*) beeinflußte in 0,10 bzw. 0,05%ig. Konz. die physikal. Eigg. eines Brookston-Tonbodens nicht. *Formulation 6* (eine modifizierte *Vinylacetatmaleinsäureverb.*) erhöhte dagegen bei Einbringung in den Boden in 0,10 bzw. 0,05%ig. Konz. Krümelbldg. u. Anzahl der Gesamt- u. nichtcapillaren Hohlräume deutlich. — 14 Literaturangaben. (Canad. J. agric. Sci. **35.** 51—57. Jan./Febr. 1955. Woodslee, Ontario, Can., Dominion Exp. Sub-Stat.) F. RANG. 6302

A. Ss. Scharowa, *Der Gehalt an den Spurenelementen Kupfer, Zink, Kobalt und Mangan in einigen Böden der Lettischen SSR.* Böden verschied. genet. Herkunft unterscheiden sich in bezug auf die Zus. u. Eigg. der Humusstoffe (Humin- bzw. Ulmin- u. Fulvosäuren) sowie in bezug auf den Geh. an Spurenelementen. Der Gesamtgeh. an Cu im Humushorizont der untersuchten Böden lag zwischen 6—29 mg/kg, wobei sich Rasen-Gley sowie carbonathaltige Rasenböden auf Kalkstein als sehr reich an Cu erwiesen. In den alkal. Auszügen (0,1n NaOH) der meisten Böden lösten sich größere Mengen von Cu als in sauren (0,5n H_2SO_4) auf. Der Gesamtgeh. an Zn schwankte zwischen 25—56 mg/kg u. erreichte sein Maximum ebenso in carbonathaltigen Rasen-, Rasen-Gley- u. Torfmoorböden. In den übrigen untersuchten Böden war sein Geh. um das 1½—2fache geringer. Erhöhte Mengen an alkalilösl. Zn befinden sich in leichten Rasenpodsol- u. Torfmoorböden. Co (im 0,5n H_2SO_4-Auszug) ist in typ. u. in schwach ausgelaugten carbonathaltigen Rasenböden in größeren Mengen vorhanden als in Rasenpodsol- bzw. Rasen-Gleyböden. In einen 0,1n NaOH-Auszug gehen von seinem Gesamtgeh. an Co (1,05—1,8 mg/kg Boden) 0,12—0,40 mg/kg in die Lsg. über. Der Geh. an Mn stellt sich in den untersuchten Böden auf das Mehrfache von dem an Cu, Zn u. Co. Im sauren Auszug wurden maximale Mn-Werte in carbonathaltigen Rasenböden auf Kalkstein u. in schwach lehmigen Rasen-Gleyböden ermittelt. Im weiteren werden die vom Vf. ausgearbeiteten Methoden zur Best. von Cu u. Zn in 0,1n NaOH-, 0,5n H_2SO_4-

u. 1,0n HCl-Auszügen unter Anwendung eines empfindlichen Mischindicators beschrieben. (Почвоведение [Bodenkunde] **1957.** Nr. 3. 19—31. März.) M. GORDIENKO. 6304

K. Scharrer, H. Kühn und **J. Lüttmer,** *Untersuchungen über die Bindung des Bors durch anorganische Bodenbestandteile.* Es wurde festgestellt, daß Sesquioxyde, bes. Al_2O_3, sowie Tonminerale beachtliche B-Mengen zu binden vermögen. Eine Bindung der Borsäure an Kieselsäure sowie Humussäure konnte nicht nachgewiesen werden. Bei der B-Bindung kann es sich entweder um eine komplexe Bindung der Borsäuremoll. oder um eine adsorptive Bindung der Borationen an OH-Gruppen der Sesquioxyde u. sek. Al–OH-Gruppen der Tonminerale handeln. Einige Befunde deuten darauf hin, daß erstere Art der Bindung die wahrscheinlichere ist. Die B-Bindung ist eine stark p_H-abhängige Zeit-Rk., bei der nach 24 Std. ein Gleichgewicht erreicht wird. Das B-Bindungsvermögen nimmt in der Reihe $Al_2O_3 > Fe_2O_3$ bzw. glimmerartige Tonminerale > Bentonit > Kaolinit ab. Die Unterschiede bei den Tonmineralen sind wahrscheinlich z. T. auf die verschied. Korngröße zurückzuführen. (Z. Pflanzenernähr., Düng., Bodenkunde **73 (118).** 40—48. 1956. Gießen, Justus-Liebig-Hochschule, Agrikulturchem. Inst.) M. WINIKER. 6304

Jaakko Kivekäs und **Armi Kaila,** *Extrahierbares Calcium, Magnesium, Kalium und Natrium in verschiedenen Torfarten.* In mit 1n NH_4Cl-Lsg. hergestellten Auszügen von 208 verschiedenartigen jungfräulichen Torfen aus Nordfinnland wurde der Geh. an Ca, Mg, K u. Na flammenphotometr. u. durch Versenattitration (Ca + Mg) bestimmt. Die für die einzelnen Torfarten gefundenen Werte zeigten eine starke Streuung. Der durchschnittliche Ca- u. Mg-Geh. von Sphagnum (**S**)-, Carex (**C**)–**S**- u. **SC**-Torf war etwas niedriger als der von **C**-, Bryales-**C**- u. eutroph. **SC**-Torf. Beim K- u. Na-Geh. konnten keine gesicherten Unterschiede der einzelnen Typen festgestellt werden. Der Geh. an K u. Na war allg. wesentlich niedriger als an Ca u. Mg. Zwischen p_H u. Ca-Geh. sowie zwischen Mg- u. Ca-Geh. besteht eine gewisse Korrelation, weniger deutlich zwischen p_H u. Mg, u. eine Tendenz zu negativer Korrelation zwischen p_H u. K. Die Zuordnung eines Torfes zu einem bestimmten Typus erlaubt keine zuverlässige Aussage über dessen Nährstoffgehalt. (Maataloustieteellinen Aikakauskirja [J. sci. agric. Soc. Finland] **29.** 1—55. 1957. Helsinki, Yliopiston maanviljelyskemian laitos.) S. BECKMANN. 6304

W. L. Pelton und **L. R. Webber,** *Einflüsse von künstlicher Beregnung und Düngung auf den Ertrag und Proteingehalt eines Futtergemisches.* Bei einem einjährigen Beregnungsvers. von mit Orchardgras + Ladinoklee bebautem Grünland wurden durch künstliche Beregnung u. N–P–K-Düngung die Erträge an Trockensubstanz u. Protein (**I**) u. zusätzlich der **I**-Geh. des Grases erhöht. Auf gedüngten Flächen nahm bei Beregnung der Leguminosenanteil, auf beregneten Flächen bei Düngung der Grasanteil im abgeernteten Gemisch zu. — 11 Literaturangaben. (Canad. J. agric. Sci. **35.** 1—10. Jan./Febr. 1955. Guelph, Ontario, Can., Ontario Agric. Coll., Dep. of Soils.) F. RANG. 6304

Masao Deguchi und **Yasusada Ohta,** *Untersuchung über den Einfluß von Temperatur und Belüftung von Wasserkulturlösungen auf Stoffwechsel, Wachstum und Ernteausbeuten von Nährpflanzen.* Die Belüftung wurde variiert durch 1. Senkung des Wasserspiegels, 2. Zusatz von 0,5—3 cm^3 3%ig. H_2O_2/Tag. Bei Gerste förderten beide Verff. Wachstum, Ausbeute u. Nährstoffaufnahme in der Reihe $P_2O_5 > K_2O > CaO > NO_3$–N > MgO, doch ist Verf. 1 einfacher u. wirksamer, am besten Absenkung um 3—4 cm von März bis Ende der Kultur. Bei Sumpfreis ist H_2O_2 unwirksam u. Senkung des Wasserspiegels schädlich. Zur Temperaturkontrolle werden die Töpfe bis zum Rand eingegraben (Temperaturextreme gemildert). Wachstum u. Ausbeute blieben aber unbeeinflußt. — 9 Tabellen. (J. Sci. Soil Manure, Japan [Nippon Dozyô-Hiryô-Gaku Zasshi] **26.** 148—54. Sept. 1955. Tokio, Pädagog. Hochschule. [Orig.: japan.; Auszug: engl.]) L. SCHULER. 6304

A. Wahhab, *Der Einfluß der Zeit der Aussaat sowie der Höhe und Zeit der Stickstoffdüngung auf das Auftreten von Rost bei bewässertem Weizen.* Zeit der Aussaat u. Zeit der Anwenduug von N wirkten voneinander unabhängig auf das Auftreten von Rost bei Weizen. Die Zeit der Aussaat hatte keinen Einfl. auf das Auftreten von Rost. Die Zeit der Anwendung von N war nur bei niedrigem Befall von Einfluß. Die Anwendung von N erhöhte deutlich den Befall mit Rost. Die Düngung war von deutlichem Einfl. auf die Kornerträge. 30 lbs. N gaben bessere Erträge als 60 lbs. N, weil im letzteren Falle Rost stärker auftrat. (Agronomy J. **49.** 185—87. April 1957. West Pakistan, Dep. of Agriculture.) A. JACOB. 6304

W. A. Roach, R. Neve, F. H. Vanstone, H. J. Philcox, Anne V. Delap und **Elsie M. Ford,** *Eine Methode, um Apfelbäume heranzuziehen, indem man ihre Wurzeln mit Nährlösung besprüht.* Es wird eine Meth. beschrieben, um bewurzelte Apfelstecklinge durch Besprühen ihrer Wurzeln mit Nährlsg. heranzuziehen. Das Wachstum war ebenso gut als bei Anzucht in Böden. Die Wurzeln waren lang u. fleischig im Vgl. zu der gewöhnlichen Faserentw. im Boden. Die Wurzelhaare waren lang u. zahlreich. Mycorrhiza wurde nicht gefunden. Die Wurzeln waren frei von Bakterien u. Pilzschleim. Die spektrograph. Analyse der Blätter zeigte deutliche Unterschiede in der Mineralstoffzus. je nach der Stellung des Schößlings, der Jahreszeit u. der Behandlung. (J. horticult. Sci. **32.** 85—98. April 1957. Kent, East Malling Res. Stat.) A. JACOB. 6304

T. Wallace, *Die Ernährung von Obstkulturen. Ein Überblick.* Es wird über die seit 1920 durchgeführten Gefäß- u. Feldverss. berichtet u. die Bedeutung der verschied. Mineralstoffe für die Qualität des Obstes besprochen. (Annu. Rep., East Malling Res. Stat., Near Maidstone, Kent **43.** 53—60. 1955. ausg. Juni 1956.) A. JACOB. 6304

M. Simon, *Der Wert des Scheideschlammes der Zuckerfabriken für die Kalkung saurer Böden und seine Bedeutung für die Ernährung des Viehes.* Der Scheideschlamm der Zuckerfabriken ist für die Kalkung saurer Böden zwecks Abstumpfung ihres Säuregrades bedeutungsvoll. Hierdurch u. durch die aus der Rübe stammenden organ. Bestandteile kann erhebliche Ertragssteigerung erzielt werden. (Publ. Vulgarisat. Inst. belge Amélioraț. Betterave **1956.** 25—44. Nov.) G. HOFER. 6304

C. During, *Molybdän in der Landwirtschaft von Neuseeland.* Die Böden, die an Mo-Mangel leiden, sind so weit verbreitet, daß man dieses Element zusammen mit P, S u. K zu den 4 Hauptnährstoffen rechnen muß. Die Anwendung von Mo kann Kalk sparen; Mo wirkt rascher als Kalk. (Alloy Metals Rev. **8.** Nr. 84. 2—8. Juni 1957.) A. JACOB. 6304

Henri-René Olivier und **Marcel le Peintre,** *Auflösung des im Boden an Eisen gebundenen Arseniks auf biochemischem Wege.* Durch verschied. anaerobe Clostridiumarten wird das Eisen im Boden reduziert. Gleichzeitig wird das an Fe gebundene As löslich. (Ann. Inst. Pasteur **88.** 668—70. Mai 1955.) G. GERBER. 6306

G. Ronde, *Studien zur Waldbodenkleinfauna.* Menschliche Eingriffe haben zu einer Bodenverarmung geführt, die bes. auffällig in der Kleinfauna zum Ausdruck kommt. Für schädlingsdisponierte Waldbestände ergeben sich einseitige Individuenhäufung einzelner Arten, Abnahme der Artenzahl, Überwiegen des Collembolenanteils innerhalb der Population, Fehlen von Nematoden, Lumbriciden u. Isopoden (= Erstzersetzer der Streu). Die Kalkung mit $CaCO_3$ in Verbindung mit Lupinen- u. Roteichenanbau benötigt unter mittleren Klimaverhältnissen lange Zeit, um wirksam zu werden. Bei den Hilfsbaumarten kommen der Eiche wegen ihrer tiefgreifenden Wurzeln u. der Weißerle wegen ihres schnell zersetzbaren Fallaubes besondere Bedeutung zu. Die N-Melioration (**a**) des Waldbodens beeinflußt tiefgreifend seine biol. Struktur. Die **a** wirkt auf den untersuchten Kiefernstandort unter mittleren Klimaverhältnissen wesentlich rascher als die Kalkung. Die **a** mit NH_3-Gas nach vorangegangener Düngung mit $CaCO_3$ u. Hyperphos regt die Vermehrung u. Tätigkeit der Bodenkleinfauna bes. an. Die Behandlung des Bodens mit N, sei es in Form von NH_3-Gas oder in Form von Ammonsulfatsalpeter, löst Massenvermehrungen von Regenwürmern u. Nematoden aus, die stärker gefördert werden als Collembolen u. Milben. Die Düngung mit $CaCO_3$ u. Hyperphos führt zunächst zur Anreicherung der Milbenpopulation, Regenwürmer treten nicht auf. Die durch Kalkung u. durch **a** eingeleitete biol. Umstellung ist noch nicht zum Abschluß gekommen, so daß sich der bodenzoolog. Endeffekt der durchgeführten Maßnahmen noch nicht übersehen läßt. Die bisherigen Feststellungen lassen aber erkennen, daß unter den gegebenen Standortsverhältnissen mit der Kombination Kalk + Hyperphos + NH_3-Gas die optimale Förderung der Bodenkleinfauna erreicht werden kann. (Forstwiss. Cbl. **76.** 95—126. März/April 1957.) A. JACOB. 6306

Wilson L. Smith jr., *Streptomycinsulfat zur Verminderung der bakteriellen Weichfäule von verpacktem Spinat. Streptomycinsulfat* (**I**) ist gegen die durch gramnegative Bakterien (Erwinia carotovora u. E. atroseptica) hervorgerufene Weichfäule von geerntetem Spinat wirksam. Zur Haltbarmachung kann man entweder 2 Tage vor der Ernte den Spinat mit einer einpromilligen **I**-Lsg., der 0,5% *Tween 20* zugesetzt wurden, besprühen oder aber nach der Ernte das Gut für 5 Min. mit der Lsg. behandeln. Die Verwendung von **I** erhöht den Frischezustand des Gemüses um einige Tage, wobei die Behandlung nach der Ernte dem anderen Verf. überlegen ist. (Phytopathology **45.** 88—90. Febr. 1955. Beltsville, U. S. Dep. of Agricult.) E. LÜCK. 6312

R. H. Williams, *Die chemische Vernichtung der Wasserunkrautpflanze Salvinia auriculata Aubl. in Ceylon.* Salvinia auriculata konnte in Reiskulturen durch 2 Spritzungen mit „*Shell Salvinia Weedkiller*" (**I**; 12% *Pentachlorphenol* + Netzmittel in einer Ölemulsion) in 14—21tägigen Abständen wirksam bekämpft werden. Dosierung: 10 gal **I** in 190 gal. W./acre. — *2.4-D* bzw. *MCPA* waren unwirksam. (Trop. Agric. **33.** 145—57. April 1956. Colombo, Shell Co. of Ceylon Ltd.) F. RANG. 6312

V. D. Burrows und **P. J. Olson**, *Reaktion von kleinen Samen auf verschiedene Dichten von Ackersenf und auf seine Vernichtung durch 2.4-D oder durch Jäten.* 1. Mitt. *Versuche mit Weizen.* Mit Ackersenf (Brassica arvensis L.) verunkrauteter Sommerweizen wurde 1952 nach Bldg. des 5. Blattes, 1953 bei Ausbldg. des 4. Blattes mit dem Butylester der *2.4-D* (6 bzw. 4 oz./acre Säureäquivalent) gespritzt. Eine Steigerung des Weizenertrages erfolgte nur 1953 (früherer Spritztermin u. dadurch frühere Unterdrückung des Unkrautes). — 8 Literaturangaben. (Canad. J. agric. Sci. **35.** 68—75. Jan./Febr. 1955. Winnipeg, Man., Univ. of Manitoba.) F. RANG. 6312

E. Levi, *Die Wachstumshemmung perennierender Gräser durch Maleinsäurehydrazid.* Vf. berichtet über die Wrkg. von im Frühjahr u. im Herbst angewandtem *Maleinsäurehydrazid* (I; Diäthanolaminsalz) auf vier verschied. Grasarten in Mengen von 0,2—1,6% Wirkstoffkonz. (2—16 lb./acre). Die wirksame Menge war von der Grasart abhängig, die Wirkungsdauer im Herbst größer, hohe Wirkstoffkonz. hemmte das Wachstum aller geprüften Grasarten, geringe wirkte meist als Stimulans. Die Antiauxineigg. von I u. seine Verwendung gegen Unkräuter an Wasserstraßenufern wird erörtert. — 17 Literaturangaben. (Austral. J. agric. Res. **6.** 378—87. Mai 1955. Griffith, N. S. W., C. S. I. R. O., Div. of Plant Ind., Irrigat. Research Stat.) W. JANICKE. 6312

L. N. Staniland, *„Solubilisierte" Chemikalien zur Bekämpfung von Pflanzennematoden.* Vf. erzielte mit „solubilisierten" Chemikalien gute Ergebnisse bei der Bekämpfung von Kartoffelwurzelälchen. Die Lsgg. werden in Mengen von 1 Gallone/Quadratfuß angewandt, wobei Pfützenbldg. zu vermeiden ist. Die Cysten der Nematoden werden am besten in den höheren trockenen Schichten abgetötet, wo sich mit Räuchermitteln nur geringe Effekte erzielen lassen. — Vf. fand, daß eine Kombination beider Methoden bes. wirksam ist. Einer Injektion von 400 lb. *Dichlorpropylen–Dichlorpropan*/acre sollte eine Behandlung mit 2 Gallonen „solubilisierten" Chemikalien/yard^2 folgen, wobei eine Schicht von 2—3 in. benetzt wird. Beide Methoden wirken unabhängig voneinander. Das kombinierte Verf. steht der Dampfsterilisation hinsichtlich bequemer Anwendbarkeit, Wirksamkeit u. Kosten nicht nach. Gut bewährt hat sich eine Xylenolfraktion, die am besten mit Hilfe eines handelsüblichen langkettigen Alkylsulfats in Lsg. gebracht wird. (Nature [London] **177.** 97. 14/1. 1956. Westbury-on-Trym, Bristol, Ministry of Agricult., Nat. Agricult. Adv. Service.) HANS THIELE. 6312

H. Bremer und **H. Orth**, *Fortgesetzte Untersuchungen zur Bekämpfung der Bohnenfliegen.* Saatgutbeizung mit einem ein Insekticid (*Lindan*) u. ein Fungicid (*organ. Hg-Verb., Thiuram*) enthaltenden Beizmittel bildet z. Z. die beste Maßnahme gegen Bohnenfliegenschaden. (Anz. Schädlingskunde verein. Schädlingsbekämpfung **28.** 138—40. Sept. 1955. Neuß-Lauenburg, Biol. Bundesanstalt, Inst. für Gemüsebau u. Unkrautforsch.) W. JANICKE. 6312

Edith Döhring, *Über Fliegenplage in Kleintierställen, Einsatz chemischer Bekämpfungsmittel und Resistenz.* Vf. beschreibt die Entstehung resistenter Fliegenstämme gegenüber *DDT* u. *Lindan* bei Anwendung auf ungenügend u. unregelmäßig gereinigte Kleintierställe. — 16 Literaturhinweise. (Anz. Schädlingskunde verein. Schädlingsbekämpfung **28.** 131—34. Sept. 1955. Berlin-Dahlem, Bundesgesundheitsamt, Max-von-Pettenkofer-Inst.) W. JANICKE. 6312

H. J. Sanders und **A. W. Taff**, *Allethrin.* Französ. Übersetzung der C. **1955.** 7300 referierten Arbeit. (Chim. et Ind. **73.** 919—34. Mai 1955.) M. WINIKER. 6312

W. Sobótka, *Insekticide pflanzlicher Herkunft.* Übersicht (Nicotin, Pyrethrin, Allethrin, Rotenon u. Veratrumalkaloide). — 25 Literaturangaben. (Przemysł chem. **12** (**35**). 496—502. Sept. 1956.) F. URBAN. 6312

G. W. Gegenawa, *Insekticide Gemische auf Grundlage von Sulfitcelluloseextrakten.* In den Behälter eines großen Spritzapp. wird ein gut verrührtes Gemisch der berechneten Menge eines konz. Sulfitcelluloseextraktes (50% Trockensubstanz) mit einem fl. Insekticid eingefüllt, W. zugesetzt u. das Rührwerk angestellt. Nach 1—2 Min. wird der Schlauch des Ejektors in einen Wasserbehälter eingetaucht; das Reservoir füllt sich mit W., u. es wird eine zum Versprühen geeignete Emulsion erhalten. Die Kosten der Bekämpfung werden auf diese Weise bei Verwendung eines Gemisches von Naphthaölen um ca. 20%, einer Ölemulsion von DDT um 25% vermindert. (Сообщения Академии Наук Грузинской ССР [Mitt. Akad. Wiss. GrusinSSR] **17.** 921—27. 1956. Tbilissi, Inst. für Pflanzenschutz der Akad. der Wiss. der GrusinSSR.) A. JACOB. 6312

R. W. Sheard und **A. G. Caldwell**, *Die Verwendung von Anionenaustauschharzen bei Untersuchungen über den Phosphorreichtum.* Als P-Standard bei der Best. der „A"-Werte (% P_2O_5 aus dem Boden/% P_2O_5 aus dem Düngemittel·lbs. gedüngte P_2O_5; vgl. HOWLING, H. L. (Masters thesis, Univ. of Saskatchewan. 1952) ist an Stelle von $Ca(H_2{}^{32}PO_4)_2$ auch ein mit ^{32}P bis zum Gleichgewicht gesätt. Anionenaustauschharz *1R-4B* (ROHM & HAAS Co., Philadelphia, Pa.) geeignet. — Aus bis zu 2. p.p.m. P enthaltenden wss. Lsgg. konnte durch Dowex-2 der P vollständig adsorbiert, jeoch nur 95—99% wieder gewonnen werden. Die mit Hilfe von Dowex-2 für 24 Böden bestimmten „A"-Werte u. Mengen an aufnehmbarem P waren statist. gesichert. — 10 Literaturangaben. (Canad. J. agric. Sci. **35.** 36—41. Jan./Febr. 1955. Guelph, Ontario, Can., Ontario Agric. Coll.) F. RANG. 6324

Khazan Singh und **A. G. Pollard,** *Eine Untersuchung der colorimetrischen und volumetrischen Reduktionsverfahren zur Nitratbestimmung in Böden mit hohem Nitratgehalt.* Nach GERICKE können kleine Mengen NO_3^- in Bodenlsgg., die weniger als 30 mg/Liter Cl^- enthalten müssen, nach Red. mit DEVARDA-Legierung mit *Phenoldisulfosäure* colorimetr. bestimmt werden. Vff. haben das Verf. auch für hohe NO_3^--Gehh. nachgeprüft u. festgestellt, daß bei Gehh. zwischen 25 u. 150 mg NO_3/Liter bei dem colorimetr. Verf. die Genauigkeit nur noch ca. 10% beträgt. Bei dem maßanalyt. Verf. ist eine etwas höhere Alkalität (>0,1 n.) für Bodenlsgg. über 55 mg NO_3/Liter zur völligen Red. des NO_3^- erforderlich. Ein Zusatz von Toluol zu den Bodenextrakten hat auf den NO_3^--Geh. der Probelsgg. innerhalb von 2 Tagen keinen störenden Einfluß. — 3 Zahlentafeln. (Sci. J. Roy. Coll. Sci. **25.** 57—63. 1955.) H. ECKSTEIN. 6324

Sigmar Spauszus, *Kurzmitteilung. Bestimmung von Eisen in Bodenauszügen usw. mit Titan(III)-chlorid.* Der apparative Aufbau zur titrimetr. Eisenbest. mit Titan(III)-chlorid (I) sowie ihre prakt. Ausführung werden beschrieben. Verss. zeigten, daß **I** für die Eisenbest. in Bodenauszügen usw. als Maß-Fl., bes. bei häufigen derartigen Unterss., gut geeignet ist. — 5 Literaturangaben. (Z. Pflanzenernähr., Düng., Bodenkunde **75** (**120**). 162—64. 1956. Jena, Deutsche Akad. der Landwirtschaftswiss. zu Berlin, Inst. für Forstwiss. Eberswalde.) W. KREIPE. 6324

Ju. I. Dobritzkaja, *Die colorimetrische Bestimmung von Molybdän in Böden und Pflanzen.* Die Unterss. bezweckten, optimale Bedingungen zur Bldg. des Mo-Rhodanidkomplexes (I) in sauren Lsgg. in Ggw. von KCNS bei der Best. von Mo in Böden u. Pflanzen sowie die Möglichkeiten zur Photocolorimetrierung des Extraktes zu ermitteln. Vf. untersuchte den Einfl. des bisherigen Aufschlusses der Bodenprobe, der HCl-Konz., der KCNS-Konz., von Reduktionsmitteln u. Nitraten. Vf. schlägt den Aufschluß der Bodenprobe mit HF vor, wodurch eine bedeutende Vereinfachung der Meth. erzielt wird. Als optimal hat sich eine 5%ig. Konz. von HCl erwiesen, die ein rasches Erscheinen der stabilen Farbe ermöglicht. Nitrate u. Fe stabilisieren die Farbe von **I** u. erhöhen ihre Intensität, jedoch ist eine Erhöhung der Fe-Menge über 3 mg auf 50 ml Lsg. schon ohne Einfl. auf die Intensität der Farbe. Auch die Konz. von KCNS beeinflußt die Intensität u. Stabilität der Farbe nur wenig. Als bestes Reduktionsmittel für Mo erwies sich $SnCl_2$. Zur Extraktion des **I** wurde Isoamylalkohol (bearbeitet mit KCNS u. $SnCl_2$) benutzt. Den Einfl. von Ti, Cr u. anderen Elementen kann man durch Zusatz von 10 ml 4%ig. NaF beseitigen. Die Meth. wurde durch zahlreiche Analysen verschied. Böden u. Muttergesteinsarten sowie von pflanzlichem Material überprüft u. ergab übereinstimmende Resultate. Ihre Empfindlichkeit beträgt 0,5 γ Mo in 12,5 ml Extrakt. Der Analysengang u. die Herst. der Reagentien werden beschrieben. (Почвоведение [Bodenkunde] **1957.** Nr. 3. 91—100. März. Dokutschajew-Inst. für Bodenkunde der Akad. der Wiss. der UdSSR.) M. GORDIENKO. 6324

David Kelsey, *Bericht über Allethrin.* Das Verf. von HOGSETT u. Mitarbeitern zur Unters. von handelsüblichem *Allethrin* wird hinsichtlich des ersten Schrittes, der Best. von Allethrin selbst, überprüft. Die Reaktionstemp. für die Umsetzung mit Äthylendiamin wird auf 25 ± 2^0 festgesetzt, über die dann erforderliche Reaktionszeit müssen noch Verss. angestellt werden. (J. Assoc. off. agric. Chemists **39.** 379—81. 15/5. 1956. Washington, D. C., U. S. Dep. of Agricult., Pesticide Regulat. Sect.) PH. FRESENIUS. 6328

C. Peón, *Chromatographische Analyse des Gammaisomeren von Hexachlorcyclohexan und seine Bestimmung in Gemischen mit technischem DDT.* Die Best. erfolgt in einer SiO_2-Säule unter Verwendung von olefinfreiem PAe., Kp. 40—60°, als Eluens. Die Reinheit wird nach dem F. ermittelt, der nicht unter 110—113° liegen darf. Quantitative Best. von *γ-HCH* durch Kryoskopie oder volumetr. durch Hydrolyse des Cl beim Kochen mit alkoh. KOH u. Titration mit $AgNO_3$. — Beleganalysen. (Quím. e Ind. [Bilbao] **2.** 281—83. Nov./Dez. 1955.) R. K. MÜLLER. 6328

Gewerkschaft Victor (Erfinder: **Wilhelm Vollmer** und **Wilhelm Hauerwas**), Castrop-Rauxel, *Herabminderung des Calciumnitratgehaltes im Kalkammonsalpeter* auf einige $^1/_{10}$% u. damit Verbesserung seiner Eigg. durch Zugabe von NH_4- oder Ca-Salzen solcher Säuren, deren Ca-Salze mit $(NH_4)_2CO_3$ eine doppelte Umsetzung eingehen, bes. $(NH_4)_2SO_4$, NH_4-Phosphat, $CaSO_4$ oder $CaHPO_4$, dad. gek., daß diese Salze in wesentlich geringeren Mengen als die stöchiometr. Mengen in bezug auf das normalerweise gebildete $Ca(NO_3)_2$ zugesetzt werden, vornehmlich in Höhe von ca. 0,025%, bezogen auf das Fertigprodukt. Die NH_4NO_3-Schmelze wird vor der Zugabe der Zusatzstoffe mit NH_3-Gas gesättigt. Die Zusatzstoffe werden vor Zugabe des Kalksteinmehls eingeführt. Vorzugsweise werden die sek. NH_4- oder Ca-Salze der H_2SO_4 oder H_3PO_4 zugesetzt. Verringerung der Hygroskopizität des Kalkammonsalpeters, Erleichterung der Wasserabgabe des einzelnen Kornes u. Vermeidung des Zusammenbackens. (**D. B. P. 963 605** Kl. 16 vom 6/1. 1953, ausg. 9/5. 1957. Anmeldung bekanntgemacht 28/7. 1955.) H. KARST. 6291

J. R. Geigy Akt.-Ges., übert. von: **Hans Gysin**, Basel, und **Enrico Knüsli**, Riehen, Schweiz, *Mittel zur Beeinflussung des Pflanzenwachstums.* Die Pflanzen werden mit O-Arylcarbamaten der allg. Formel $\begin{matrix}R\\H\end{matrix}\!\!>N-CO-O-Ar$ behandelt, in der Ar einen Phenyl- oder Naphthylrest u. R H oder einen niederen geradkettigen Alkylrest bedeuten. Bes. geeignet sind: O-Phenyl-, O-Phenylmethyl-, O-Phenyläthyl-, O-Phenyl-n-butyl-, O-Naphthyl-1-, O-Naphthyl-1-äthyl-, O-Naphthyl-2-, O-Naphthyl-2-methyl- u. N-n-Propyl-O-phenylcarbamate. — Die Verbb. werden in Konzz. von 0,01—2% in Form von Lsgg. in Alkoholen, Ketonen u. KW-stoffen, wss. Emulsionen oder Dispersionen oder Stäubemitteln im Gemisch mit Talcum, Kieselgur, Kaolin, Bentonit, $CaCO_3$, $Ca_3(PO_4)_2$, Säge-Kork-Mehl, Holzkohle u. dgl. verwendet. Sie dienen zur Beeinflussung des Keimens von Saatgut, Verlängerung der Erntezeit von Gemüsen u. Früchten, Verzögerung der Blüte, Entblätterung u. selektiven Unkrautvernichtung. (**A. P. 2 776 196** vom 23/8. 1954, ausg. 1/1. 1957. Schwz. Prior. 2/9. 1953.) H. KARST. 6297

J. R. Geigy Akt.-Ges. (Erfinder: **Ernst Hodel** und **Hans Gysin**), Basel, Schweiz, *Fungicide Mittel*, gek. durch einen Geh. an Verbb. der allg. Formel **I** oder **II**, in denen R H oder eine CH_3-Gruppe, R′ einen Alkylrest oder einen gegebenenfalls halogensubstituierten Arylrest u. R″ ein KW-stoffrest, welcher durch O oder S unterbrochen u. auch durch Halogen u./oder durch Nitrogruppen substituiert sein kann, bedeuten, in feinverteilter Form, gegebenenfalls in Verbindung mit bekannten Trägerstoffen u. Verteilungsmitteln. — Die Verbb. **I** bzw. **II** erhält man z. B. durch Kondensation von 8-Oxychinolin mit Acetylchlorid bzw. Benzoylchlorid mittels $AlCl_3$ in Nitrobenzol. — Beispiele: *5-Propionyl-8-oxychinolin*, F. 124 bis 125°; *5-Butyryl-8-oxychinolin*, F. 92—93°; *5-Isobutyryl-8-oxychinolin*, F. 75—76°; *5-Isovaleroyl-8-oxychinolin*, F. 81—82°; *5-Lauroyl-8-oxychinolin*, F. 45—46°; *5-Benzoyl-8-oxychinolin*, F. 115,5—116,5°; *5-(2′-Chlorbenzoyl)-8-oxychinolin*, F. 124—126°; *5-(4′-Chlorbenzoyl)-8-oxychinolin*, F. 215—217°; *5-Acetyl-8-oxychinaldin*, F. 82—83°; *5-Propionyl-8-oxychinaldin*, F. 97—98°; *5-Butyryl-8-oxychinaldin*, F. 79—81°; *5-Isovaleroyl-8-oxychinaldin*, F. 63—64°; *5-Lauroyl-8-oxychinaldin*, F. 52—54°; *5-Benzoyl-8-oxychinaldin*, F. 110—111°; *5-(2′-Chlorbenzoyl)-8-oxychinaldin*, F. 125—126°; *5-Acetyl-8-acetoxychinolin*, F. 134—136°; *5-Acetyl-8-(β-chlorpropionyloxy)-chinolin*, Öl; *5-Acetyl-8-pivalinoyloxychinolin*, F. 100—101°; *5-Acetyl-8-(β.β-dimethylacrylyloxy)-chinolin*, F. 146,5—147,5°; *5-Acetyl-8-(ω-undecylenoyloxy)-chinolin*, Öl; *5-Acetyl-8-phenylacetoxychinolin*, F. 93—94°; *5-Acetyl-8-(4′-nitrophenylacetoxy)-chinolin*, F. 165—167°; *5-Acetyl-8-(β.β-dimethyl-β-phenylpropionyloxy)-chinolin*, F. 101—102°; *5-Acetyl-8-cinnamoyloxychinolin*, F. 160—161°; *5-Acetyl-8-(4′-chlorcinnamoyloxy)-chinolin*, F. 157—158°; *5-Acetyl-8-phenoxyacetoxychinolin*, F. 118—119°; *5-Acetyl-8-(2′-chlorphenoxyacetoxy)-chinolin*, F. 143—144°; *5-Acetyl-8-(4′-chlorphenoxyacetoxy)-chinolin*, F. 106—107°; *5-Acetyl-8-(2′.4′-dichlorphenoxyacetoxy)-chinolin*, F. 156—157°; *5-Acetyl-8-(2′.4′.5′-trichlorphenoxyacetoxy)-chinolin*, F. 162 bis 163°; *5-Acetyl-8-phenylmercaptoacetoxychinolin*, F. 80,5—81,5°; *5-Acetyl-8-(3′.4′-dichlorphenylmercaptoacetoxy)-chinolin*, F. 84—85°; *5-Acetyl-8-(2′-chlorbenzoyloxy)-chinolin*, F. 129,5—130,5°; *5-Acetyl-8-(3′.4′-dichlorbenzoyloxy)-chinolin*, F. 185—186°; *5-Acetyl-8-(4′-nitrobenzoyloxy)-chinolin*, F. 170—171°; *5-Acetyl-8-(3′-nitro-4′-chlorbenzoyloxy)-chinolin*, F. 168—169°; *5-Butyryl-8-acetoxychinolin*, Öl; *5-Isovaleroyl-8-acetoxychinolin*, Öl; *5-Benzoyl-8-acetoxychinolin*, F. 103—104°; *5-Acetyl-8-acetoxychinaldin*, F. 114—116°; *5-Isovaleroyl-8-acetoxychinaldin*, Öl; *5-Benzoyl-8-acetoxychinaldin*, F. 177,5—178,5°. — Die Mittel sind bes. wirksam gegenüber dem nur schwer bekämpfbaren Apfelmeltau. (**D. B. P. 961 668** Kl. 45 l vom 30/6. 1955, ausg. 11/4. 1957. Anmeldung bekanntgemacht 18/10. 1956. Schwz. Prior. 30/6. 1954.) H. NEBELSIEK. 6313

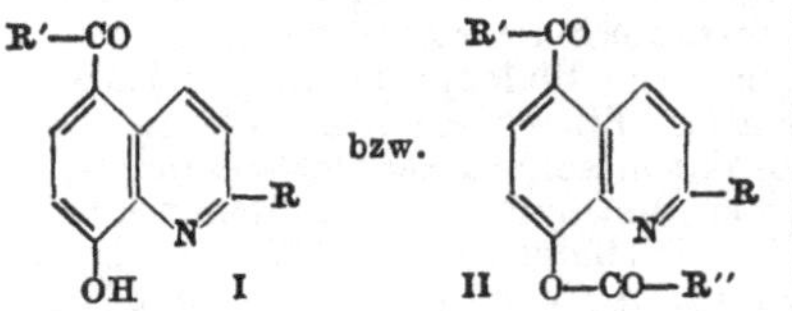

Olin Mathieson Chemical Corp., New York, N. Y., übert. von: **Jack Bernstein** und **Kathryn Alice Losee**, New Brunswick, N. J., V. St. A., *Mercaptopyridincarbonsäure-N-*

oxyde, deren Alkyl-, Alkenyl-, Aralkylester, Amide, Hydrazide u. Hydroxamsäurederivv. erhält man durch Rk. eines Halogenpyridincarbonsäurederiv. mit einer organ. Persäure, z. B. Peressigsäure u. Perbenzoesäure, Behandeln des gebildeten Halogenpyridincarbonsäure-N-oxyds mit Alkalisulfiden, -hydrosulfiden oder Thioharnstoff u. Neutralisieren der Mischung. — Die freie Carbonsäure kann mit NH_2OH in die entsprechende Hydroxamsäure, mit alkoh. NH_3 in das entsprechende Amid u. mit Hydrazin in das entsprechende Hydrazid umgewandelt werden. — Die Ester werden durch übliche Veresterung der freien Säuren, deren Halogeniden oder Anhydriden hergestellt, Salze durch Rk. mit Säuren oder Basen. — 48 (g) 2-Bromisonicotinsäuremethylester (= 2-Brom-**I**-methylester) werden mit 38 Perbenzoesäure in 600 cm³ Chlf. 4 Tage bei n. Temp. oxydiert. — Man erhält das *2-Brom-***I***-methylester-N-oxydhydrochlorid.* — 11,6 davon werden mit 3,8 Thioharnstoff in 200 cm³ Methanol $^1/_2$ Std. unter Rückfluß erhitzt. — Man erhält das *2-Guanylmercapto-***I***-methylester-N-oxyd, Hydrochlorid*, F. 145—146° (Zers.). — 35 davon werden mit 20 Na_2CO_3 in 500 cm³ W. 15 Min. bei n. Temp. verrührt, unter Anwendung eines Filtrierhilfsmittels („Hy-Flo") filtriert, u. das Filtrat mit 20%ig. HCl neutralisiert. — Man erhält als krist. Nd. das *2-Mercapto-***I***-methylester-N-oxyd* (**III**), F. 94—95°. — Analog: *2-Chlor-***I***-isopropylester*, $Kp._{0,7}$ 89°. — *2-Chlor-***I***-isopropylester-N-oxydhydrochlorid.* — *2-Guanylmercapto-***I***-isopropylester-N-oxyd.* — *2-Mercapto-***I***-isopropylester-N-oxyd.* — *2-Chlor-***I***-benzylester-N-oxyd.* — *2-Guanylmercapto-***I***-benzylester-N-oxyd.* — *2-Mercapto-***I***-benzylester-N-oxyd.* — *6-Chlornicotinsäuremethylester-N-oxyd* (= 6-Chlor-**II**-methylester-N-oxyd). — *6-Guanylmercapto-***II***-methylester-N-oxyd.* — *6-Mercapto-***II***-methylester-N-oxyd.* — *2-Chlor-***II***-methylester*, $Kp._3$ 87—88°. — *2-Chlor-***II***-methylester-N-oxyd.* — *2-Guanylmercapto-***II***-methylester-N-oxyd.* — *2-Mercapto-***II***-methylester-N-oxyd.* — Aus **III** erhält man durch Kochen mit 10%ig. NaOH unter Rückfluß u. Ansäuern der Reaktionsmischung das *2-Mercapto-***I***-N-oxyd*, F. (aus wss. A.) 167—168° (Zers.), nach dem Festwerden F. 245—247° (Zers.). — **III** + $NH_2OH \cdot HCl \rightarrow$ *2-Mercaptoisonicotinylhydroxamsäure-N-oxyd*, F. (aus Acetonitril) 159—160°. — **III** + alkoh. $NH_3 \rightarrow$ *2-Mercapto-***I***-amid-N-oxyd*, F. (aus Acetonitril) 165—168° (Zers.). — **III** + $NH_2—NH_2 \cdot H_2O \rightarrow$ *2-Mercapto-***I***-hydrazid-N-oxyd, Hydrazinsalz*, F. 184—185° (Zers.). — **III**, *Hydrazinsalz*, F. 176—178° (Zers.); *NH_4-Salz*, F. (aus absol. A.) 178—180°; *Na-Salz; Cetyldimethylaminsalz; Cu-Salz.* — Es werden außerdem das *undecylensaure* u. *vanillinsaure Salz* des **III** genannt. — *Fungicide.* (**A. P. 2 713 049** vom 27/4. 1953, ausg. 12/7. 1955.) R. LINK. 6313

Chas. Pfizer & Co., Inc., Brooklyn (Erfinder: **Frederick Conard Visor**, Jericho, **George Lee McNew**, Hastings on Hudson, **George Koch**, Jamaica, und **Alvaro Manuel Goenaga**, New York), N. Y., V. St. A., *Mittel zur Bekämpfung von Pflanzenkrankheiten*, enthaltend 1 (Gewichtsteil) Antibioticum aus der Gruppe der Streptomycine (**I**) u. 1 bis 40 Cu. Diesem Gemisch sind gegebenenfalls noch 0,005—0,25 Antibioticum aus der Gruppe der Tetracycline je 1 der **I** zugefügt. (**D. A. S. 1 005 311** Kl. 451 vom 19/4. 1955, veröff. 28/3. 1957. A. Prior. 14/6. 1954.) H. NEBELSIEK. 6313

Virgie M. Thomas, übert. von: **Dabney A. Thomas**, Columbus, Miss., V. St. A., *Schutz von Pflanzen vor Insekten.* Um Pflanzen, bes. Saatgut u. wachsende Pflanzen, gegen Insekten abstoßend zu machen, stellt man ein Gemisch aus 1 (Volumenteil) W. u. ca. 16 eines Pflanzenmaterials aus blauer Lupine, Liguster oder Früchten des Chinabaumes her, läßt dieses Gemisch 2—4 Wochen stehen, fügt W. hinzu, um eine Paste zu erhalten u. setzt die Pflanzen in diese Paste, bis Schößlinge gebildet sind. Saatgut läßt man 2—3 Tage in dieser Paste liegen. (**A. P. 2 726 485** vom 29/2. 1952, ausg. 13/12. 1955.) H. NEBELSIEK. 6313

L. M. Dorochow, Die Mineralernährung als Faktor der Produktivitätssteigerung der Photosynthese und der Ertragssteigerung bei Kulturpflanzen. Kischinew: Gossisdat Moldau. 1957. (229 S. m. graph. Darst.) 8 Rbl. 50 Kop. [russ.]

A. M. Nikiforow, Die Bekämpfung der Schädlinge und Krankheiten von landwirtschaftlichen Kulturen. 2. Aufl. Moskau: Sselchosgis. 1957. (128 S. m. Abb.) 1 Rbl. 60 Kop. [russ.]

VIII. Metallurgie. Korrosion.

Walter Barth, *Die physikalischen Grundlagen der Entstaubung.* Aus der physikal. Gesetzmäßigkeit bei den mechan. Entstaubungsverff. ergibt sich, daß mit zunehmender Sinkgeschwindigkeit der Teilchen u. der Luftgeschwindigkeit im Abscheider sowie mit kleineren Abmessungen der Abscheider die Abscheideleistung besser wird, allerdings nur bis zu einem Höchstwert; wird er überschritten, tritt eine Verschlechterung der Leistung infolge Aufwirbelung des abgeschiedenen Staubes ein. Bei der Naßreinigung wird mit einer optimalen Tropfengröße ein Leistungsmaximum erreicht. Hohe Relativgeschwindigkeiten zwischen W. u. Gas sind anzustreben. Bei der elektr. Entstaubung steigt das Verhältnis Kraft zur M. der Staubteilchen umgekehrt proportional zum Durchmesser an im Gegensatz zur mechan. Entstaubung. Die elektr. Entstaubung ist daher bei feinen Stäuben wirksamer, die mechan. bei groben Stäuben. (Z. Erzbergbau Metallhüttenwes. **8.** 101—04. März 1955. Karlsruhe.) F. VIER. 6350

Kurt Guthmann, *Staubprobleme in Gießereien.* Überblick über die gesetzlichen sowie behördlichen Bestimmungen im Ausland. Auf die Verstaubung der Großstädte durch die verschied. Industriezweige, Hausbrand, Kleinverbraucher wird hingewiesen, u. Unterlagen über den Staubniederschlag aus Hüttenwerken werden gegeben. Außerdem werden die Möglichkeiten der Entstaubung von Gießereikupolöfen erörtert. — 16 Schrifttumsangaben. (Giesserei **43.** 572—79. 30/8. 1956. Düsseldorf.) K. HILLINGER. 6350

Willi Dehne, *Möglichkeiten zur Entstaubung der braunen Konverterabgase.* Beim Blasen mit O_2-angereicherter Luft im THOMAS-Konverter tritt ein erhöhter Anfall von Eisenoxydstaub auf. Es werden Angaben über Abgas- u. Staubmengen, Korngrößen u. Staubzus. gemacht. Die Wrkg. verschied. Entstaubungsanlagen wird besprochen. An der Konvertermündung tritt eine starke Oxydstaubbldg. auf. Durch Dampfeinblasen durch den Konverterboden wird die Oxydstaubbldg. verhindert. (Stahl u. Eisen **77.** 553—62. 2/5. 1957. Duisburg-Huckingen.) H. HOCHSTEIN. 6350

Theodor Hansen, *Reinigung von Abgasen durch Filter.* Die Eigg. der synthet. Perlon-, Redon-, Pan- u. Terylenefasern werden denen aus Baumwolle, Wolle u. Glas in einer Tabelle gegenübergestellt. Sie können bei Betriebstempp. bis 180° eingesetzt werden; darüber hinaus werden Glasgewebe verwendet. In einer Tabelle werden Betriebsergebnisse an Filtern mit synthet. Geweben gebracht. (Z. Erzbergbau Metallhüttenwes. **8.** 104—06. März 1955. Langenberg.) F. VIER. 6350

Heikki von Tuominen, Tovio Mikkola und **Torsti Simola,** *Erzschürfung im Orijarvi-Gebiet in Finnland.* Beschreibung der zur Erzschürfung in Finnland angewandten (elektro-) magnet., elektr., gravimetr., geophysikal. u. bio-geochem. Verfahren. (Canad. Mining metallurg. Bull. **49.** 641—43. Sept. 1956. Suomen Malmi Oy.) W. WESLY. 6360

Philip Rabone, *Die Phoenix Prince Cyanidanlage.* Beschreibung der Gewinnung und Aufbereitung von Au-haltigem Gestein, wobei verschied. neuartige Maschinen bzw. Prozesse zur Anwendung kommen. Trotz des sehr kleinen Cu-Geh. (0,0005—0,001%) der Cyanidlsg. wird die Reinigung des Au hierdurch kompliziert. (Mining Mag. **96.** 9—21. Jan. 1957.) G. MEINHARDT. 6360

J. H. French, *Der Cyklon als Gerät zur Goldanreicherung.* Beschreibung der Anwendung eines Cyclons zur Anreicherung von Au. (J. chem. metallurg. Mining Soc. South Africa **56.** 205—11. Nov. 1955. Welgedacht Exploration Co., Ltd.) W. WESLY. 6360

F. I. Nagirnjak und **Ss. L. Rochlin,** *Über die Entwicklung der mehrstufigen Anreicherung von Kupfer- und Kupfer–Zink-Erzen vom Ural.* Unterss. über die Verluste bei der Flotation von *Cu-* u. *Cu–Zn-Erzen* vom Ural ergaben, daß sich diese durch Berücksichtigung der Besonderheiten der Erze vermindern lassen, wenn man in Abänderung der bisher üblichen Anreicherungsverff. eine mindestens 3stufige Feinvermahlung mit Zwischenstufenflotation anwendet. (Цветные Металлы [Nichteisenmetalle] **29.** Nr. 4. 17—19. April 1956.) H. LINNÉ. 6362

I. N. Plakssin, W. I. Klassen und **G. Ss. Berger,** *Über kinetische Gleichungen des Flotationsprozesses.* Entw. von Gleichungen für die Flotationsgeschwindigkeit auf der Grundlage des Massenwirkungsgesetzes unter Berücksichtigung verschied. Betriebsverhältnisse. Die Gleichungen gelten nur für die Flotation von Körnern gleicher Flotierbarkeit. Vff. verweisen darauf, daß in einigen Fällen die Flotationsgeschwindigkeit von der Diffusionsgeschwindigkeit abhängt, da die Pulpe ein typ. heterogenes Syst. darstellt. (Цветные Металлы [Nichteisenmetalle] **29.** Nr. 4. 20—24. April 1956.) H. LINNÉ. 6362

Je. A. Demjanowa, *Die Bestimmung kleiner Konzentrationen von Oleinsäure bei der Untersuchung ihrer Adsorption an Mineralien.* Die verbesserte volumetr. Meth. zur Best. geringer Konzz. der bei der Flotation nichtsulfid. Mineralien benutzten *Oleinsäure* (I) besteht darin, daß eine Mineraleinwaage bestimmter Dispersität 30 Min. mit enthärtetem W. gemischt wird, das 10%ig. **I**-Lsg. enthält. Nach der Filtration wird die an der Porzellanoberfläche adsorbierte **I** mit 0,2%ig. NaOH-Lsg. in A. ausgewaschen. Im Filtrat u. im Nd. wird **I** getrennt bestimmt. Es wird festgestellt, daß ein Maximum der Adsorption an Quarz bei p_H ca. 7—8 auftritt u. bei Ggw. von $Fe(OH)_2$ an den Oberflächen die Adsorption gesteigert wird. Der in der Porzellanmühle zerkleinerte Quarz flotiert nicht, dagegen erreicht die Ausbringung beim Zerkleinern in der Eisenmühle 100% bei einem **I**-Verbrauch von 1,2 kg/t. Ähnliches beobachtet man bei Feldspat. (Цветные Металлы [Nichteisenmetalle] **29.** Nr. 4. 25—27. April 1956.) H. LINNÉ. 6362

P. A. Ssacharuk, T. P. Chasanowa, P. L. Grusin und **A. D. Tjutjunnik,** *Anwendung von radioaktiven Indikatoren für die Untersuchung des Prozesses der Entphosphorung von Pyrochlorkonzentrat.* Bei der Behandlung von *Pyrochlor*-Konzentraten mit HCl bei 90° wird erfahrungsgemäß eine Entfernung des P auf <0,1% nicht erzielt, wenn ZrO_2 in größeren Mengen vorhanden ist. Vff. untersuchen in Ggw. von ^{32}P den Prozeß an ZrO_2, Pyrochlor u. ZrO_2-Konzentrat nach Behandlung mit HCl, in welcher Apatit gelöst wurde (15 g P/Liter). Nach 3maligem Auswaschen von ZrO_2 mit W. nimmt die ZrO_2-Aktivität um 65% ab (Entfernung des adsorbierten P). Die gleiche Restaktivität von 30—35% bleibt auch bei dem Pyrochlorkonzentrat bestehen. Beim Pyrochlormineral mit 0,7% ZrO_2 werden durch 3maliges Auswaschen ca. 90% der Aktivität entfernt. Aus dem Unterschied im Verh. bei ZrO_2-Gehh. von 17 (Konzentrat) u. 0,7% (Mineral) ergibt sich, daß bei der Behandlung von Pyrochlorkonzentrat mit hohem ZrO_2-Geh. eine stabile Verb. von P mit Zr entsteht, daß für die Entfernung des adsorbierten P sorgfältiges Waschen erforderlich ist. 3maliges Waschen mit heißem W. genügt. (Цветные Металлы [Nichteisenmetalle] **29.** Nr. 7. 7—9. Juli 1956.) R. K. MÜLLER. 6362

H. Bederlunger, *Feuerfeste Baustoffe für Lichtbogenöfen zur Erzeugung von Ferrolegierungen.* Es wird in jedem einzelnen Falle der Herst. der wichtigstenFerrolegierungen die dafür geeignetste Ofenzustellung besprochen. Im speziellen Falle der Erzeugung von Ferrowolfram werden Vgll. zwischen Kohlen- u. Magnesitauskleidung gezogen sowie ein Vers. mit Kohle–Magnesitsteinen gezogen. (Radex-Rdsch. **1955.** 650—58. Dez.) R. C. KANTERS. 6370

E. Lotze, *Chemische Angriffe auf die Graphitschmelztiegel während der Leichtmetallschmelze.* Es wird gezeigt, daß die Lebensdauer eines Tiegels in starkem Maße abhängig ist von der Auswahl der beim Schmelzen verwendeten Flußmittel u. der Art der Ofenführung. Bes. ist eine oxydierende Ofenatmosphäre zu vermeiden. (Metall **10.** 1140—43. Dez. 1956. Großalmerode.) F. VIER. 6370

D. W. Brown, *Das Schmelzen im Tiegel. Überblick über das gegenwärtige Entwicklungsstadium.* Tiegelschmelzöfen haben in Kupfer- u. Aluminiumgießereien ein weites Anwendungsgebiet. Die Unterhaltung der Tiegelschmelzöfen ist verhältnismäßig einfach u. erfordert keine besonderen Arbeitskräfte. Das erschmolzene Metall ist von ausgezeichneter Qualität u. der Abbrand ist niedrig. Ein besonderer Vorteil der Tiegelschmelzöfen ist ihre gute Anpassungsmöglichkeit an die jeweils vorliegenden Verhältnisse. (Foundry Trade J. **102.** 97—103. 24/1. 1957. Morgan Crucible Comp.) K. HILLINGER. 6380

Ja. A. Smoljanitzki, *Untersuchung der dynamischen Festigkeit von Formgemischen.* Die Meth. beruht darauf, daß die Formgemische mit einem App. gestoßen werden; hierbei entsteht zunächst ein Riß, bei weiteren Stößen wird die Probe zerstört. Die Anzahl der Stöße vom Beginn der Rißbldg. bis zur Zerstörung der Probe gilt als dynam.Festigkeitswert. Unterss. von Formgemischen für Roheisenguß von der Zus. 50% alte Formmasse, 40% Sand, 10% Steinkohlenpulver u. 3,32—6,62% Feuchtigkeit, bei weiteren Unterss. wurden Formgemische mit 3,75; 4,75; 5,35; 6,33; 8,06 u. 9,02% Feuchtigkeit verwendet. Es zeigte sich, daß der optimale Feuchtigkeitsgeh. in bezug auf die dynam. Festigkeit zwischen 4,75—5,35% liegt. Diese Werte decken sich mit Literaturangaben. Bei optimaler Feuchtigkeit (ca. 5%) steigt bei zunehmender D. der Probe die dynam. Festigkeit stark an. (Заводская Лаборатория [Betriebs-Lab.] **21.** 1236—37. 1955. Donez, Chruschtschow-Industrieinst.) OTTO MAIER. 6382

—, *Die Stellung der Genaugußverfahren in der modernen Gießereitechnik.* Übersicht über Art u. Ausführung der Genauguß- (CRONING-Formmasken-, SHAW-, Gips-, Wachsausschmelz- u. Hg-) Verfahren. (Giessereipraxis **73.** 459—62. 10/12. 482—85. 25/12. 1955.) W. WESLY. 6382

J. Gittus, *Entstehung von Fehlstellen durch Schwinden bei Graugußstücken. Einfluß der Form.* Vf. gibt zunächst eine Erklärung dafür, weshalb bei Trockenguß verhältnismäßig wenig Lunkerstellen auftreten. Am geringsten ist die Lunkerbldg. bei Gußstücken mit einem hohen C-Gehalt. Um gesunde Gußstücke zu erhalten, schlägt Vf. vor, die Härte der Gießform zu erhöhen, die Formoberfläche zu trocknen u. dem Formsand Vermiculit, Borax oder Holzmehl zuzugeben. Für am wirkungsvollsten wird jedoch die Verwendung einer durch u. durch getrockneten Form gehalten. (Iron and Steel **28.** 331—35. Juli; 387—90. Aug. 1955.) K. HILLINGER. 6382

Kurt Schaar, *Beitrag zur Analyse des Kriechvorgangs warmfester Legierungen.* Mitgeteilt werden Gleichungen für die rechner. Darst. des Kriechverh. von Werkstoffen. Mit einer aus dem Ansatz von ANDRADE weiterentwickelten Formel wird unter Anwendung statist. Rechenverf. das Kriechverh. einer *Ni*-Legierung mit 76% Ni u. 20% Cr bei 650—750° ermittelt u. Angaben über die Aussagegenauigkeit u. den Gültigkeitsbereich der Formel mit Rechenanleitungen u. mit Hinweisen für die Beurteilung der Versprödungsneigung von Werkstoffen werden gemacht. — 24 Schrifttumsangaben. (Arch. Eisenhüttenwes. **28.** 145—52. März 1957. Darmstadt.) H. HOCHSTEIN. 6388

Erich Böhne, *Die Bedeutung der Aufbereitung heimischer Eisenerze für die westdeutsche Eisenindustrie.* Nach Angabe der Zus. der deutschen Eisenerze wird die Abhängigkeit der Aufbereitungsfähigkeit von der Verteilung von CaO u. SiO_2 im Erz behandelt u. auf die Bedeutung von Verwachsungsgrad u. Zerkleinerung hingewiesen. Gegeben wird ein Überblick über die verschied. Aufbereitungsverff. u. die hiermit erreichbare Anreicherung. Die Wechselbeziehung zwischen Anreicherung u. Ausbringen wird erörtert. (Stahl u. Eisen **77.** 549—52. 2/5. 1957. Betzdorf.) H. HOCHSTEIN. 6390

Władysław Kuczewski, *Primäre und sekundäre Vorgänge im Hochofenprozeß.* Prim. Vorgänge im Hochofen werden durch mechan. Faktoren beeinflußt. Voraussetzung für eine richtige Führung der Red. ist eine möglichst intensive Berührung des festen Einsatzes mit den Gasen. (Hutnik **22.** 237—40. Juli/Aug. 1955.) F. URBAN. 6390

Władysław Kuczewski, *Die Krise in den bisherigen Theorien des Hochofenprozesses.* Es werden die Widersprüche zwischen der adsorptiv-katalyt. Theorie der Red. der Metalloxyde von TSCHUFAROW u. TATIJEWSKAJA u. den prakt. Untersuchungsergebnissen von RAMM, LUBAN u. a. russ. Forschern behandelt. Der Fehler aller bisherigen Theorien soll darauf beruhen, daß der Verlauf der Einzelprozesse nicht in Abhängigkeit von der Temperaturverteilung im Hochofen beschrieben wird. (Hutnik **22.** 228—37. Juli/Aug. 1955.) F. URBAN. 6390

S. Ramachandran, T. B. King und **N. J. Grant,** *Geschwindigkeit und Verlauf der Schwefelübertragungsreaktion.* Die Übertragung von S aus an C gesätt. Fe zu Oxydschlacken wird durch einen elektrochem. Vorgang erklärt. Diese S-Übertragung wird von einer Übertragung elektropositiver Elemente, wie Fe, Si u. Al, sowie von einer CO-Entw. begleitet. Die stöchiometr. Beziehungen zwischen den verschied. Elementübertragungen sind derart, wie sie von einem Syst., das elektr. neutral bleibt, erwartet werden müssen. Die Rk. $C + O = CO$ tritt während der S-Übertragung nicht in einem großen Umfang auf. Indessen tritt die CO-Entw. durch eine Entladung der Sauerstoffionen an der Schlacke—Metall-Berührungsfläche oder durch eine lokale Zellenwrkg. auf, wenn ein Graphittiegel benutzt wird. — 18 Schrifttumsangaben. (J. Metals **8.** Trans. AIME **206.** 1549—58. Nov. 1956. Youngstown, O., Youngstown Sheet and Tube Co.; Cambridge, Mass., MIT.) H. HOCHSTEIN. 6390

H. Jungbluth und **K. Stockkamp,** *Chemische Reaktionen im Kupolofen.* Diskussion zu der C. **1956.** 13243 referierten Arbeit. (Foundry Trade J. **99.** 643—50. 1/12. 1955.) W. WESLY. 6390

John L. Stalhed, *Eisenschwamm in elektrischen Lichtbogenöfen.* Die Vorzüge der Verwendung reiner Rohwerkstoffe beim WIBERG-Söderfors-Eisenschwamm-Erzeugungsverf. liegen in dem höheren Ausbringen des Lichtbogenofens sowie der besseren Warmformgebungseigg. auch des Warmwalzens. Es wird dafür gesorgt, daß die Gehh. an Cr, Cu u. Sn im Schrott gering sind. Es werden Ausführungsbeispiele zur Herst. von Eisenschwamm mitgeteilt u. allg. Angaben über das hierbei zu verwendende mechan. feste, P-arme Eisenerz mit mindestens 65% Fe, den Brennstoff, die Eigg. von Eisenschwamm sowie über die Schmelzführung gemacht. (J. Metals **9.** 246—49. Febr. 1957. Söderfors, Schweden, Stora Kopperbergs Bergslags.) H. HOCHSTEIN. 6394

L. N. Scheludjakow, *Zementation des Eisens aus Silicatschlacke durch im Gußeisen gelösten Kohlenstoff.* 450 g Gußeisen wurden auf 1500° erhitzt u. mit 400 g Schlacke (Oxyde, enthaltend 13 u. 15,35% Fe) überschichtet; nach 30—40 Min. wurde die Schlacke entfernt u. (bis 32mal) neue aufgeschüttet. — Bei diesen Verss. wurde das Fe im Gußeisen zementiert, dessen C-Geh. rasch von 4 auf 0,16% sank. — In weiteren Verss. wurden je 20 g Gußeisen mit je 20 g Schlacke in Graphittiegeln (dessen Seitenwände mit Porzellan gefüttert waren) überschichtet u. 2 Std. bei 1250—1400° verglüht. Dabei traten in den ersten 30 Min. 9—36, in den restlichen 90 Min. 11—28% des Fe der Schlacke in das Gußeisen, dabei blieb der C-Geh. des Gußeisens prakt. konstant (4,44% bei 1250° bis 4,86% bei 1400°), da der Kohlenstoff vom Gußeisen dem Graphittiegelboden entnommen wurde. Der Kohlenstoff wird dabei zu CO oxydiert. Mit steigender Temp. verläuft die Zementation vollständiger. (Известия Академии Наук Казахской ССР, Серия Химическая [Nachr. Akad. Wiss. KasachSSR, Ser. Chem.] **1956.** Nr. 10. 58—62.) A. v. WILPERT. 6402

C. E. Birchenall und **H. W. Mead,** *Das Wachsen des Graphits im Gußeisen.* Die Wachstumsgeschwindigkeiten von Graphitkugeln im Gußeisen können an einem Modell einer zunehmenden Graphitkugel, die von einer Austenitschale umgeben ist u. durch die

C u. Fe diffundieren, berechnet werden. C wird durch ein Zementit–Austenit-Gemisch am Außenrand der Schale geliefert. Die berechneten Geschwindigkeiten für die C-Diffusion stimmen ziemlich gut mit den gemessenen Werten überein, jedoch sind die Geschwindigkeiten, die auf der Fe-Selbstdiffusion beruhen, viel zu niedrig. Da Fe entfernt werden muß, damit der Prozeß weitergehen kann, wird ein plast. Verformungsvorgang angenommen. (J. Metals **8.** Nr. 8. Sect. 2, Trans. AIME **206.** 1004—08. Aug. 1956. Princeton, N. J., Univ., bzw. Birmingham, England, Imp. Chem. Ind. Ltd.)
H. HOCHSTEIN. 6404

P. E. Cavanagh, *Eisenschwamm und H-Eisen als Einsatz für den Elektroofen.* Untersucht wird der Einfl. von Eisenerzen, festem u. fl. Roheisen, vorgeblasenem Eisen sowie von Eisenschwamm, bes. von H-Eisen, auf die Wirtschaftlichkeit u. die gleichmäßige Güte eines im Elektroofen hergestellten Stahles. (J. Metals **8.** 1642—44. Dez. 1956. Toronto, Ontario, Res. Found.) H. HOCHSTEIN. 6408

A. J. Kesterton, *Verwendung von Sauerstoff auf dem Abbey-Hüttenwerk der Steel Co. of Wales Ltd.* Eine wassergekühlte Vorr. zum Einführen einer Sauerstoff-Lanze durch das Dach eines SIEMENS-MARTIN-Ofens zwecks Beaufschlagung der Badoberfläche mit O_2 wird beschrieben. Es werden die auf der Hütte ermittelten Einfll. des O_2-Blasens auf die C-Verbrennung u. andere Betriebswerte mitgeteilt. Ein Syst. der Schlackenkontrolle für die S-Entfernung einschließlich der Steuerung der O_2-Verwendung, des Kalkzusatzes u. des Badkohlenstoffgeh. wird beschrieben. (J. Metals **9.** Trans. AIME **209.** 274—80. Febr. 1957. Port Talbot, Glamorgan, Wales, Abbey Works, Steel Co. of Wales Ltd.) H. HOCHSTEIN. 6408

R. Zoja, *Ein besonderer Fall von Fremdeinschlüssen im Stahl.* Nichtmetall., fast kugelförmige Fremdeinschlüsse von $^4/_{100}$—$^5/_{100}$ mm Durchmesser in Stahl wurden untersucht. Sie bestehen aus stabförmigen Kristallen auf einer glasartigen M., die im Gegensatz zu den Kristallen durch 20%ig. HF angegriffen wird. Es konnte nachgewiesen werden, daß sie dem feuerfesten Zement entstammten, aus dessen oberflächlich erweichter Schicht sich kleine Tropfen gelöst hatten u. in das Metall eingedrungen waren. — Diskussion. (Metallurgia ital. **48.** 321—24. Juli 1956. Mailand, Politecnico, Ist. di Elettrochim., Chim. Fisica e Metallurgia; Aosta, Centro Studi Naz. Cogne.)
L. WIESNER. 6408

Adolf Rose und **Leo Rademacher,** *Bedeutung der Carbidauflösung für die Austenitisierung und das Umwandlungsverhalten von Werkzeugstählen.* Der Austenitisierungszustand der Stähle hängt von ihrer Zus. sowie der Austenitisierungstemp. u. der Haltezeit ab. Normalerweise verläuft bei Baustählen die Austenitisierung im Einphasengebiet des Austenits u. bei Werkzeugstählen im heterogenen Gebiet Austenit + Carbid. Der Einfl. des Legierungsgeh. auf die Perlit–Ferrit-Auflsg. für techn. angewandte Austenitisierungsbedingungen ist vernachlässigbar gering. Wesentliche Unterschiede treten in der Auflsg. der Carbide auf. Bei den techn. Austenitisierungsbedingungen der Werkzeugstähle im Mehrphasengebiet wird noch kein Gleichgewicht erreicht. Im Bereich des Ungleichgewichts hat der Austenit meßbare Konzentrationsunterschiede, die durch Mikrohärtemessungen u. durch dilatometr. Unters. der Martensitbldg. nachgewiesen werden. Der Zusammenhang des Austenitisierungszustandes mit dem Umwandlungsverh. wird für einige Kalt- u. Warmarbeitsstähle in Zeit–Temp.–Umwandlungs-Schaubildern dargestellt. Bei untereutektoiden Stählen werden die krit. Abkühlungsgeschwindigkeiten mit steigender Temp. stark herabgesetzt. Bei den eutektoiden Stählen kann bei höherer Austenitisierungstemp. eine voreutektoid. Carbidausscheidung auftreten. Bei den übereutektoid. Legierungen wird diese Ausscheidung durch Temperaturerhöhung verstärkt u. zu höheren Abkühlungsgeschwindigkeiten verschoben. Durch die Carbidausscheidung kann der Erfolg der Erhöhung der Austenitisierungstemp. so weit wieder aufgehoben werden, daß keine nennenswerte Beeinflussung der krit. Abkühlungsgeschwindigkeiten eintritt. Infolge der Austenit-Inhomogenität bei unvollständiger Carbidauflsg. wird bei den meisten Werkzeugstählen ein stufenweiser Ablauf der Martensitbldg. beobachtet. Die voreutektoide Carbidausscheidung führt im Bereich überkrit. Abkühlungsgeschwindigkeiten zur Bldg. von Martensit im Gebiet neben der Korngrenze, die an Legierungselement u. C verarmt ist. Die eutektoiden u. übereutektoiden Stähle zeigen beim Anlassen infolge eines hohen Sättigungsgrades an Carbid einen Sekundärhärteeffekt. Bei den untereutektoiden Stählen mit geringerem Sättigungsgrad nimmt dagegen die Härte mit zunehmender Anlaßtemp. stetig ab. — Diskussion. (Stahl u. Eisen **77.** 409—21. 4/4. 1957. Düsseldorf, Max-Planck-Inst. für Eisenforschung.) H. HOCHSTEIN. 6410

László Visnyovszky und **Béla Körös,** *Gewinnung von Al-armem Ferrobor aus Colemanit.* Zur aluminotherm. Herst. von Ferrobor aus Colemanit (**I**; $Ca_2B_6O_{11} \cdot 7\ H_2O$) muß das Mineral vorher bei 700° calciniert werden, sonst kann eine Explosion erfolgen.

Wegen der äußerst heftigen Rk. wird ein Teil des Fe_2O_3 durch Fe ersetzt. Zweckmäßig wird die aluminotherm. Mischung brikettiert, wozu einige % W. genügen, nur müssen diese Briketts wieder auf 500—600° erhitzt werden. Bei dieser Ausführung ist der B-Gewinn um 10% höher. Da bei der Anwendung von FeB-Zusatz Al unerwünscht ist, wurde die Herst. von Prodd. niedrigen Al-Geh. untersucht u. durch Anwendung von weniger Al, als zur Red. von I nötig wäre, wurden solche Prodd. erhalten. Prakt. Al-freies B wurde im hochofenähnlichen Schachtofen aus I mit C, FeS u. O_2-Gebläse, obwohl mit großen B-Verlusten, hergestellt. Die Mikrophotographien von mit auf verschied. Arten hergestelltem FeB erzeugten B-Stählen zeigen verschied. Gefüge, wahrscheinlich als Folge verschiedenartiger Metallboride. Diese Annahme könnte zum Klären der in der Literatur vorkommenden Widersprüche beitragen. (Kohászati Lapok **10** (**88**). Nr. 6. Öntöde **6**. 121—27. Juni 1955.) J. Plank. 6418

D. N. Kluschin, I. D. Resnik und **L. M. Botschkarew**, *Aussichten der Anwendung von Sauerstoff in der Buntmetallurgie.* Allg. über den heutigen Stand der Frage. (Цветные Металлы [Nichteisenmetalle] **29**. Nr. 4. 12—16. April 1956.) H. Linné. 6420

N. B. Pletenewa und **T. W. Globa**, *Der Einfluß von Zusätzen oberflächenaktiver Stoffe bei der elektrolytischen Raffination von Blei.* Es wurde der Einfl. von *Resorcin-*, *Phenol-*, *β-Naphthol-*, *Gelatine-* u. *Leim*-Zusätzen auf die erwünschte Bldg. einer dichten u. glatten Kathodenoberfläche bei der *Pb*-Raffination im Sulfaminelektrolyten untersucht u. festgestellt, daß nur bei Verwendung von Kombinationen eines dieser Stoffe mit Leim oder Gelatine die erwünschte Wrkg. eintritt. Diese Zusätze ergeben Spannungserhöhungen, die bei Verwendung der Einzelstoffe überwiegend auf der Herabsetzung der Leitfähigkeit, bei Benutzung von Zweistoff-Kombinationen zu 80% auf verstärkter Kathodenpolarisation beruhen. Bei einem ca. 94 g Pb/Liter u. ca. 72 g Sulfamin enthaltenden Elektrolyten in einer Menge von 1,7—2,0 Liter u. einer Stromdichte von 125 A/m² an der Kathode zeigte ein Zusatz von 3 (g/Liter) techn. Resorcin mit 1,5 Gelatine die beste, ca. 240 Std. anhaltende Wirkung. Es wird eine Kombination von 0,1 β-Naphthol mit 1,5 Tischlerleim empfohlen, deren Wrkg. 16 Tage anhält. (Цветные Металлы [Nichteisenmetalle] **29**. Nr. 4. 49—54. April 1956.) H. Linné. 6430

I. G. Ssarkissow, L. Ss. Kaiwanow, G. W. Demin, A. I. Okunew und **W. A. Aglitzki**, *Resultate von Betriebsuntersuchungen beim Verblasen von Schlacken der Kupferschmelze.* Bei den Verss. zur Rückgewinnung von *Zn* u. *Pb* aus Cu-Konverterschlacken, Abfallschlacken von Reflektionsöfen u. Zn-haltigen sulfid. Schlacken im Konverterverf. durch Verblasen mit Kohle–Luft wurden untersucht: Die Destillationsgeschwindigkeit von Zn in Abhängigkeit von der Verblasedauer (auch bei sulfid. Materialien) von der Ofentemp., vom CO-Geh. in der Gasphase u. vom C-Verbrauch, sowie die quantitativen u. qualitativen Veränderungen im Staubgeh. des Gases in Abhängigkeit von der Verblasedauer. Die Ergebnisse werden mit den Erfahrungen amerikan.-kanad. Werke verglichen. (Цветные Металлы [Nichteisenmetalle] **29**. Nr. 4. 28—37. April 1956.) H. Linné. 6432

A. I. Okunew, *Einige Besonderheiten des Verhaltens von Zink bei der Bessemerbehandlung von Kupfersteinen.* (Vgl. C. **1956**. 2868.) Vf. versucht den Reaktionsmechanismus aufzuklären, der sich beim Windfrischen des *Kupfersteins* (**I**) im bas. Konverter mit oder ohne Verwendung von Flußmitteln abspielt u. zum Verdampfen des im **I** enthaltenen Zn führt. Es werden 2 Phasen des Frischprozesses unterschieden. In der 1. der *pyroselektiven*, spielt sich die Verdampfung des Zn in Abhängigkeit von mehreren Faktoren ab, wie Zus. des **I**, Verblasetemp., chem. Aktivität des ZnO u. ZnS; in der 2. Phase treten im wesentlichen Rkk. zwischen Cu u. ZnS auf. An Diagrammen wird gezeigt, wie die Verdampfbarkeit des Zn im **I** u. in der Schlacke mit zunehmendem Geh. an Cu bzw. SiO_2 ansteigt u. in der Fe-freien M. 100% erreicht. Die erzielten Befunde vermögen die Beobachtungen der Praxis des Windfrischens zu erklären u. liefern Direktiven für die restlose Überführung des Zn in die Dampfphase oder in eines der sich bildenden Prodd. des Schmelzflusses. (Цветные Металлы [Nichteisenmetalle] **29**. Nr. 1. 40—46. Jan. 1956.) M. Noetzel. 6432

Alfonso Merlini, *Einfluß der Glühtemperatur auf die Bildung der Würfeltextur.* Nach Glühung bei Tempp. von 315° zeigten OFHC–Cu-Bänder neben der Würfeltextur 4 Komponenten, die der Verformungstextur entsprechen. Nach Glühung bei 825° ist der Anteil an Würfeltextur viel größer, als er bei niedriger Temp. erhalten wird. Diese Ergebnisse widersprechen der Theorie der orientierten Keimbldg., sind aber in guter Übereinstimmung mit den Prinzipien des orientierten Wachstums. — 19 Schrifttumsstellen. (J. Metals **8**. Nr. 8. Sect. 2, Trans. AIME **206**. 967—72. Aug. 1956. Urbana, Ill., Univ. of Illinois.) F. Vier. 6432

O. Junker, *Der Einfluß der Oberflächenbeschaffenheit von Messingbändern auf die Glühleistung von Banddurchziehöfen.* Für die Erwärmung des Messingbandes im Durchziehofen ist es gleichgültig, ob das Band mehr oder weniger blank innerhalb der prakt. vorkommenden Grenzen anfällt. Allein die in der Ofenwandung untergebrachte Heizleistung ist für den Temperaturanstieg des Bandes maßgebend. (Metall **10.** 34—35. Jan. 1956. Lammersdorf.) F. VIER. 6432

P. Krekel, *Spanendes Bearbeiten von Aluminium.* Nach einem Überblick über das Verh. der verschied. Al-Werkstoffe bei der Spanung werden die günstigsten Werkzeugformen für die Bearbeitungsverff. beschrieben. (Aluminium **32.** 276—82. Mai 1956. Düsseldorf.) F. VIER. 6446

F. Erdmann-Jesnitzer und **K.-H. Erler,** *Verfahren zur Herstellung von Aluminiumlegierungen mit hochschmelzenden Elementen.* Das Zulegieren von Schwermetallen zu Al-Legierungen wird durch Zugabe eines Gemenges von Metalloxyd zu einer Reinst-Al-Schmelze auf die Badoberfläche u. Zünden mit einem Lichtbogen vorgenommen. Aus den Oxyden wurde 50—80 (%) Metall ausgebracht, nur bei Mn lag das Ausbringen zwischen 30 u. 40. Der Al-Abbrand kann durch grobe Körnung der Oxyde u. durch geeignete Flußmittel, die den F. der Al_2O_3-Schmelze herabsetzen, gesenkt werden. (Aluminium **32.** 562—65. Sept.; 712—15. Nov. 1956. Freiberg/Sa., Bergakad.) F. VIER. 6446

Rudolf Reinbach und **Alexei Nowikow,** *Beeinflussung der Rekristallisation des Titans durch Legierungszusätze.* Der Einfl. von *Al, Co, Cr, Fe, Sn* u. *Ta* in Mengen von 0,2—1 (%) auf die Erweichung u. Rekristallisation von handelsüblichem Ti mit einer BRINELL-Härte von 115 kg/mm² bei 480° wurde untersucht. Während Cr-Gehh. zwischen 0,2 u. 0,5 die Erweichung u. Rekristallisation merklich verzögern, haben die übrigen Zusätze nur geringe Wirkung. (Z. Metallkunde **47.** 583—84. Aug. 1956. Hanau, Vacuumschmelze Akt.-Ges.) F. VIER. 6448

Adrien Saulnier, *Die bei der Metallurgie des Titans und seiner Legierungen auftretenden Strukturen.* Die Konstanten der α- u. β-Phase werden angegeben u. die Zustandsdiagramme vom Typ *Ti–Al* u. *Ti–Fe* erörtert. Auf die bei der Wärmebehandlung der β-Phase auftretenden Erscheinungen wird eingegangen. Die Struktur der Ti-Legierungen wird beschrieben. (Rev. de l'Aluminium **34.** 271—76. März 1957.) F. VIER. 6448

Horst Böhm und **Herbert Westphal,** *Übergang von Beta in Omega und Alpha in Titanlegierungen.* Aus isotherm. ZTU-Diagrammen ist zu entnehmen, daß sich bei höheren Tempp. die β-Phase direkt in die α-Phase umwandelt, während bei niedrigeren Tempp. zunächst die ω-Phase ausgeschieden wird, der die α-Ausscheidung folgt. Bei noch niedrigeren Tempp. geht nur die ω-Ausscheidung vor sich. Dementsprechend geht aus den kontinuierlichen ZTU-Diagrammen hervor, daß bei bestimmten Abkühlungsgeschwindigkeiten die ω-Phase auftritt. Das Härtemaximum liegt bei mittleren Abkühlungsgeschwindigkeiten. Auslagerungsverss. wurden an den Legierungen *TiMn7, TiMn3·Fe1Cr1Mo1V1* u. *TiCr5Al3* vorgenommen. (Z. Metallkunde **47.** 558—63. Aug. 1956. Frankfurt/M., Metallgesellschaft, Akt.-Ges.) F. VIER. 6448

Karl Bungardt und **Klaus Rüdinger,** *Untersuchungen zur Oberflächenhärtung von Titan mit Stickstoff und Kohlenstoff.* Oberflächenhärtung von Ti mit NH_3 führt unter gleichen Bedingungen zu höheren Härten u. größeren Einhärtetiefen als Härten mit N_2. Die H_2-Aufnahme beim Härten mit NH_3 kann aber zu einer vollkommenen Versprödung führen. H_2 kann allerdings durch nachfolgendes Vakuumglühen entfernt werden. Aufkohlung von Ti führt zu hohen Oberflächenhärten u. zu größeren Eindringtiefen als Nitrieren mit gereinigtem N_2. Bei Vermeidung einer zu spröden Randschicht u. bei ausreichender Einhärtetiefe ist der Zähigkeitsabfall für die untersuchten Querschnitte techn. tragbar. (Z. Metallkunde **47.** 577—83. Aug. 1956. Deutsche Edelstahlwerke Akt.-Ges.) F. VIER. 6448

Willy Knorr, *Die technische Titanlegierung Ti Al 6 V 4, ihre Eigenschaften und Wärmebehandlung.* Die durch Wärmebehandlung erzielbaren Änderungen der Eigg. der Ti-Legierung mit 6 (%) Al u. 4 V werden beschrieben u. der Einfl. eines höheren Legierungszustandes untersucht. Beim Abschrecken ab 800° steigt die Zugfestigkeit an u. erreicht einen Wert von 120 kg/mm² bei guter Dehnung u. Einschnürung bei Abschrecktempp. zwischen 900 u. 850°. Streckgrenze u. Streckgrenzenverhältnis durchlaufen ein Minimum bei 800—850°. Die Streckgrenze wird durch Anlassen um 500° erhöht, die Zugfestigkeit ebenfalls, jedoch geringer. Da die erforderliche Abkühlungsgeschwindigkeit sehr hoch ist, kann die maximale Zugfestigkeit nur bei Proben geringer Abmessung erreicht werden. Durch höheren β-Anteil (V) kann die Aushärtbarkeit der Legierung erhöht werden. Zu hoher Geh. an β-Elementen (Cr, Mn, V) bewirkt Abfall der Duktilität u. Erniedrigung der Stabilität. Bei höherer Temp. hat die Legierung bessere Eigg. als andere Ti-Legierungen. Zusatz von Mo ergibt starke Verbesserung der Warmfestigkeit im vergüteten Zustand. — 18 Schrifttumsstellen. (Z. Metallkunde **47.** 548—57. Aug. 1956. Essen, Friedr. Krupp. WIDIA-Fabrik.) F. VIER. 6448

Ss. I. Ssobol, W. I. Spiridonowa und **Ch. A. Kurumtschin,** *Die Anwendung hoher Drucke beim Herauslösen wertvoller Metalle aus Konzentraten der Edelmetalle.* Verss. einer ammoniakal. Auslaugung von *Au* u. *Ag* aus sulfid. u. aus stark SiO_2-haltigen polymetall. Konzentraten im Autoklaven aus Ti-haltigem Cr–Ni-Stahl unter O_2-Druck u. erhöhter Temp. ergaben, daß aus einem Konzentrat mit 6,8 g Au/t 5% SiO_2 u. 46,7% S bei 100° mittlerer Temp., 32—38 at Gesamtdruck u. 12—15 at O_2-Partialdruck 82,4% Au u. aus einem Konzentrat mit 813 g Au/t 67,4% SiO_2 u. 7,11% S bei 195° mittlerer Temp., 42 at Gesamtdruck u. 18 at O_2-Partialdruck 86,1% Au ausgelaugt wurden. Bei Gehh. von 21,3% SiO_2 u. 25,17% S stieg die Auslaugung auf 98,6%. Au u. Ag wurden aus der Lauge nach dem Ionenaustauschverf. (Sulfokohle) rückgewonnen, wobei beobachtet wurde, daß sich neben dem Ionenaustausch eine langsam verlaufende Red. der Edelmetalle vollzieht, die durch Spülung des Austauschers mit ammoniakal. Lsg. von Na_2SO_3 wesentlich beschleunigt wird. Die verarbeitete Lsg. enthielt in keinem Fall mehr als 1 mg Ag/Liter. Die hohe Absorptionsfähigkeit der Sulfokohle für Au u. Ag läßt die Gewinnung der Metalle durch Verbrennen der Austauschmasse wirtschaftlich erscheinen. (Цветные Металлы [Nichteisenmetalle] **29.** Nr. 4. 44—49. April 1956. Inst. für Buntmetalle.) H. LINNÉ. 6462

R. H. Atkinson, *Untersuchungen über den Einfluß von Gasen auf das Schmelzen, Gießen und Bearbeiten von Palladium.* Untersucht wurde der Einfl. reduzierender, oxydierender u. neutraler Ofenatmosphäre beim Schmelzen von Pd mit 4,5% *Ru.* Beim Anlassen erwiesen sich He u. Ar als am geeignetsten, auch Wasserdampf, N_2, CO_2 u. N_2 mit einem Zusatz von H_2 kann verwendet werden. O_2 u. He sind in geschmolzenem Pd stärker lösl. als in festem. Ferner werden Angaben über die Diffusionsgeschwindigkeit von Gasen in festem Pd gemacht. (J. Metals **8.** Nr. 8. Sect. 2, Trans. AIME **206.** 1029—35. Aug. 1956. Bayonne, N. J., Internat. Nickel Co., Inc.) F. VIER. 6466

Gerhard Bockstiegel. *Einfluß des Vor- und Nachpreßdruckes sowie der Sintertemperatur auf die Eigenschaften von Sinterteilen aus technischen Eisenpulvern.* Zwischen 570 u. 650° liegt eine Temperaturschwelle, unterhalb derer techn. Eisenpulver nicht zu festen Körpern gesintert werden können. Als physikal. Ursache hierfür kommen sehr dünne, dem Pulverteilchen selbst nach gründlicher Red. im H_2 noch anhaftende Oxydschichten in Betracht, deren therm. Beweglichkeit unterhalb von 570—650° so gering ist, daß der Austausch von Eisenatomen zwischen benachbarten Pulverteilchen blockiert ist. Die $\alpha \rightarrow \gamma$-Umwandlung des Eisens hat Einfl. auf den Sintervorgang, der zu einem wesentlichen Teil auf Volumenselbstdiffusion beruht. Auch ist die Geschwindigkeit dieser Diffusion im α-Gitter des Fe ca. 400mal so groß wie im γ-Gitter. Es wurde festgestellt, daß dem eigentlichen Sintervorgang, der durch zunehmende Zugfestigkeit u. Dehnung gek. ist, eine Kristallerholung vorausgeht, u. daß parallel mit dem Sintervorgang eine Rekristallisation stattfindet. Die Verzögerung der Zunahme der Bruchdehnung gegenüber der Zugfestigkeitszunahme wird auf Grund der bekannten Zusammenhänge zwischen Spannung u. Dehnung in Proben mit Querschnittsverengungen erklärt. Die Wichte von Eisenpulverpreßlingen änderte sich bei den Verss. nicht nennenswert. Zwischen dem Nachpreßdruck u. der durch diesen erzielten relativen Erhöhung der Wichte oder Verminderung der Porigkeit des Sinterkörpers besteht ein parabol. Verfestigungsgesetz. Die durch Anwendung verschied. Vor- u. Nachpreßdrucke erzielten Wichte werden in Serien von Linien gleicher Wichte in einem Schaubild dargestellt. Linien gleicher Wichte zeigen eine innere Gesetzmäßigkeit. Zwischen dem Nachpreßdruck einerseits u. der Vorpreßporigkeit u. der Nachpreßporigkeit anderseits läßt sich eine Gleichung aufstellen, die die Ergebnisse der Vor- u. Nachpreßverss. in geschlossener Form beschreibt u. in der die Beziehung von KONOPICKY u. HEUBERGER als Faktor enthalten ist. — 11 Schrifttumsangaben. Diskussion. (Arch. Eisenhüttenwes. **28.** 167—77. März 1957. Huskvarna, Schweden, Husqvarna Vaponfabriks Aktiebolag.) H. HOCHSTEIN. 6474

J. R. Low jr., *Beobachtungen am Sprödbruch von Titancarbidhartmetallen.* Der Sprödbruch von TiC–Inconel-Hartmetall tritt auf als Folge eines Reißens von größeren Carbidteilchen. Danach reißen zunächst die kleineren Carbidteilchen in der Nähe des Risses, bis schließlich auch die Inconelgrundmasse reißt. Eine Trennung zwischen Carbidteilchen u. Grundmasse konnte beim Bruchvorgang nicht beobachtet werden. (J. Metals **8.** Nr. 8. Sect. 2, Trans. AIME **206.** 982—84. Aug. 1956.) F. VIER. 6476

G. H. Williams und **Hugh O'Neill,** *Die Verfestigung von Metallen durch Eindruck einschließlich der Erweichungseinflüsse.* An *Stahl, Messing, Cu* u. *Al* wurden mit wechselnden Lasten bei unterschiedlicher Form des Eindruckkörpers VICKERS-Härtemessungen durchgeführt u. hierbei die an den Eindrücken erzeugten Verformungen ermittelt. Der Einfl. der Reibung u. des Verhältnisses der Last zur Eindruckfläche auf die durch die Verformung hervorgerufene Verfestigung der Metalle wird festgestellt u. die Auswrkg. einer vorangehenden Kaltverformung der geprüften Metalle ermittelt. — 24 Schrifttumsstellen. (J. Iron Steel Inst. **182.** 266—73. März. Diskussion: **184.** 22—23. Sept. 1956. Swansea, Univ. u. South Wales Aluminium Co.) H. Hochstein. 6480

R. Böklen, *Über den Zusammenhang des Zylindereindruckes mit der Fließkurve metallischer Werkstoffe.* Nach einer vergleichenden Betrachtung der Verformungsvorgänge beim Zug-, Druck- u. Zylindereindruckvers. wird über Verss. mit ebenem Zylinderstempel berichtet. Es wurde festgestellt, daß die Zylinderhärtekurve mit der Fließlinie zusammenfällt, u. zwar von einer Dehnung von 2% an. Bei Verss. mit balligem Zylinderstempel wurden bei *Cu* u. *Lautal* Zylinderhärtekurven erhalten, die sich prakt. mit den Fließkurven deckten. Zylindereindruckverss. in Vorbohrungen zeigten, daß die durch die Vorbohrung erzeugte Widerstandserhöhung lediglich eine Parallelverschiebung der Zylinderhärtekurve zu den Fließlinien ergibt. Es wird darauf hingewiesen, daß sich die Gleichmaßdehnung aus dem über die Zylinderhärte bestimmten Fließkurvenverlauf ermitteln läßt. — 12 Schrifttumsstellen. (Metall **9.** 1074—76. Dez. 1955. Stuttgart.) F. Vier. 6480

S. A. Dunk, *Eine Schrägbeleuchtung für die Härteprüfung.* Beschreibung u. Verwendung beim Ausmessen kleiner Härteeindrücke. (Metallurgia [Manchester] **53.** 289—91. Juni 1956.) K. Stein. 6480

—, *Qualitätsprüfung für alle Metalle mit einem tragbaren Prüfgerät.* Beschrieben wird ein tragbares Elektronenprüfgerät, das für Nichteisenmetalle u. für Eisen u. Stahl mit gleicher Verläßlichkeit verwendet werden kann. Es eignet sich bes. zur Sortierung von Metallen u. dient ferner zur Härtebest. u. zur Ermittlung des metallurg. Gefüges, der Gefügegleichförmigkeit, der Plattierungsdicke u. -adhäsion. (Iron Age **177.** Nr. 14. 112—13. 5/4. 1956.) H. Hochstein. 6480

C. H. Li, *Bestimmung bezeichnender Unterschiede.* Anwendung eines einfachen nomograph. Verf. zur Bewertung von Unterschieden bei Prüfergebnissen bei Metallunterss. u. zur Best. der Verläßlichkeit der Ergebnisse. (Metal Progr. **68.** Nr. 5. 105. Nov. 1955.) H. Hochstein. 6480

Hans Bühler und **Walter Schreiber,** *Lösung einiger Aufgaben der Dauerschwingfestigkeit mit dem Treppenstufen-Verfahren.* Erörterung der statist. Grundlagen u. Voraussetzungen zur Anwendung des Treppenstufenverf. bei Dauerschwingverss. sowie Ermittlung der Zeitschwingfestigkeit, der Kerbwirkungszahl sowie der Schadenslinie an glatten u. gekerbten Proben aus Stahl Ck 10 im Umlaufbiegeversuch. (Arch. Eisenhüttenwes. **28.** 153—56. März 1957. Wetzlar, Stahlwerke Röchling-Buderus Akt.-Ges.) H. Hochstein. 6480

Gerhard Naeser, *Über ein verbessertes Farbhelligkeitspyrometer und seine Anwendung.* Das Farb–Helligkeits-Pyrometer wird beschrieben, u. es wird über die mit diesem Gerät in der Eisenindustrie gewonnenen Erfahrungen berichtet. Es besteht die Möglichkeit, aus einer Messung die Güte einer Stahl- oder Gußeisenschmelze zu erkennen. Außerdem können mit dem Gerät aus einer Messung die wahre Temp. u. die Strahlungsleistung von leuchtenden Flammen sowie die Größe von Rußteilchen bestimmt werden. Ein neuer, bis 1800° ohne Schutzgas brauchbarer Eichofen für opt. Pyrometer wird beschrieben. — 13 Schrifttumsangaben. (Stahl u. Eisen **76.** 968—70. 26/7. 1956. Duisburg-Huckingen, Mannesmann Akt.-Ges.) H. Hochstein. 6480

K. Sachs, *Bewegung von Markierungen in Zunderschichten.* Markierungen aus Ni u. Cu in Form galvan. Ndd. u. feiner Drähte verschied. Dicke werden auf der Oberfläche eines weichen *Stahles* befestigt. Bei der Oxydation bei 900° wird die Veränderung der Lage der Markierungen in der Zunderschicht beobachtet. Dabei wandern dicke Drähte mehr nach außen, dünne nach innen. Gleich dicke Drähte aus *Cu* bewegen sich mehr nach innen als *Ni*-Drähte. Theorien für diese Bewegung werden besprochen, die Annahme von Pfeil wird bestätigt. (Metallurgia [Manchester] **54.** 11—17. Juli 1956.) K. Stein. 6480

Hans Bühler, *Beitrag zur Frage der Prüfverfahren zur Bestimmung des Alterungsverhaltens bei Stählen.* Für die Beurteilung der Alterungsanfälligkeit sind noch keine Prüfverff. genormt. Der Einfl. der Verformungsverff. auf die Alterungskerbschlagzähigkeit ist unterschiedlich. Vf. berichtet über seine Verss. zur Feststellung der Kerbschlagzähigkeit in Abhängigkeit von Verformungsprodd. u. von der Prüftemp. bei unberuhigtem u. beruhigtem Thomas-Stahl, *HPN*-Stahl u. beruhigtem Siemens-Martin-Stahl. (Stahl u. Eisen **76.** 1257—59. 20/9. 1956.) J. Pahl. 6480

K. Matthaes, *Fließgefahr und Bruchgefahr bei mehrachsiger Beanspruchung.* Für die Fließgefahr, die für unzulässige Verformungen u. Brüche durch Dauerstand-, Dauerwechsel- u. Spannungskorrosionsbeanspruchung maßgebend ist, kann auf Grund der elast. Eigg. eine für alle Werkstoffe gültige Grenzbedingung aufgestellt werden. Es wird gezeigt, daß neben einer räumlichen achssymm. Gestaltänderung eine ebene getrennt berücksichtigt werden muß, woraus sich eine Theorie der Fließgefahr ergibt, die von der Gestaltänderungshypothese um maximal 3,4% abweicht. Eine allg. gültige Theorie der Bruchgefahr (I) bei Gewaltbeanspruchung kann nicht angegeben werden, da die I von der Zähigkeit der Werkstoffe abhängt. Die I wird deshalb in Abhängigkeit von der Zähigkeitskennzahl beschrieben. Diese steht in Beziehung zur Querkontraktionszahl. Ihr Kehrwert ergibt die Grenzschubspannung, bei der der Werkstoff bei sehr hoher allseitiger Druckbeanspruchung der Schubspannungshypothese folgt. (Metall **10.** 795—800. Sept. 1956. Kiel.) F. VIER. 6480

R. G. Matters, R. E. Lochen, J. A. Dedinas und H. K. Ihrig, *Lehren ans einer geplatzten Turbinenspindel.* An einer mit Überschall vorgeprüften u. bei 1800 Umdrehungen/Min. geplatzten 55 t-Turbinenspindel aus einem normalgeglühtem u. angelassenem *Stahl* mit 0,34 (%) C, 0,24 Si, 0,73 Mn, 0,032 P, 0,024 S, 0,49 Cr, 0,46 Mo, 2,84 Ni u. 0,07 V werden Gefügeunterss. ausgeführt. Wärmerisse u. Flocken werden in der Mitte des Schmiedeblocks als Bruchursache festgestellt. Die Rißbldg. wird auf eine fehlende H_2-Diffusion zurückgeführt. Die Folgerungen zur Vermeidung derartiger Fehler werden erörtert. (J. Metals **8.** 317—24. März 1956.) H. HOCHSTEIN. 6480

E. E. Thum, *Neue Schadensfälle an großen Schmiedestücken.* Erörtert werden mehrere an massiven Rotorschmiedestücken von Turbinen aufgetretene Zerstörungen, die teilweise auf ungewöhnlich hohe Spannungskonzz. zurückgeführt werden oder die durch unbeachtete innere Fehler hervorgerufen wurden. (Metal Progr. **69.** Nr. 2. 49—57. Febr. 1956. Cleveland.) H. HOCHSTEIN. 6480

Alfred Krisch, *Prüfung von unlegierten Stählen im mehrachsigen Spannungszustand durch Innendruckversuche.* 1. Mitt. *Bruchaussehen der Proben.* Mehrere unlegierte, unberuhigte u. beruhigte, z. T. auch alterungsbeständige THOMAS- u. SIEMENS-MARTIN-Stähle mit C-Gehh. von 0,04—0,2% wurden im normalgeglühten u. im künstlich gealterten Zustand mit hohlgebohrten Proben im Zugvers. unter gleichzeitigem Innendruck auf ihr Bruchverh. untersucht. Hierbei wurde das Verhältnis der Tangentialspannung zur Längsspannung von Null bis Unendlich verändert. Während für Verhältniszahlen unter 1 in allen Fällen die Proben abrissen u. dabei eine deutliche Brucheinschnürung, also ein ausreichendes Formänderungsvermögen zeigten, waren für die Verhältniszahl 1 u. darüber bei einigen Werkstoffen, vorzugsweise im gealterten Zustand, spröde Brüche oder Mischbrüche zu beobachten. Der alterungsbeständige Stahl u. einer der THOMAS-Stähle zeigten stets einen Verformungsbruch. Aus den Unterss. wird gefolgert, daß in Bauteilen des Maschinen- u. Behälterbaus mehrachsige Spannungszustände sorgfältiger beobachtet werden müssen, da schon geringe Abweichungen vom einachsigen Zustand mit einer Herabsetzung des Formänderungsvermögens der benutzten Werkstoffe verbunden sein können. — 14 Schrifttumsangaben. (Arch. Eisenhüttenwes. **27.** 531—37. Aug. 1956. Düsseldorf, Max-Planck-Inst. für Eisenforsch.) H. HOCHSTEIN. 6480

Alfred Krisch, *Prüfung von unlegierten Stählen im mehrachsigen Spannungszustand durch Innendruckversuche.* 2. Mitt. *Festigkeit und Formänderung der Proben.* (1. vgl. vorst. Ref.) Untersucht wurde auch die Wrkg. einer zusätzlichen Tangential- u. Radialspannung. Bei der Reißspannung war ein Einfl. einer Ungleichmäßigkeit im Gefüge der Werkstoffe u. des mehrachsigen Spannungszustands derart festzustellen, daß die höchsten Werte für den einachsigen Zustand des Zugvers. gefunden wurden. Im gealterten Zustand war der Einfl. des mehrachsigen Zustands stärker als im normalgeglühten Zustand, bes. bei einem der THOMAS-Stähle. Das Formänderungsvermögen ist in stärkerem Maße von den Beanspruchungsverhältnissen u. dem Wärmebehandlungszustand abhängig. Durch Alterung traten bei mehreren Stählen wesentlich längere, mehrfach auch verzweigte Risse mit kleinerer Wanddickenverminderung als im geglühten Zustand auf. Diese Verminderung des Formänderungsvermögens durch Alterung beschränkt sich im wesentlichen auf den Verformungsabschnitt nach Überschreiten der Höchstkraft. Infolgedessen werden bei den untersuchten Spannungszuständen die Streckgrenze u. Zugfestigkeit auch bei gealterten Werkstoffen kaum beeinflußt. — Diskussion. 13 Schrifttumsangaben. (Arch. Eisenhüttenwes. **27.** 767—75. Dez. 1956. Düsseldorf, Max-Planck-Inst. für Eisenforsch.) H. HOCHSTEIN. 6480

H. J. Pessl, *Ziehdorn-„Flocken" verursachen den Bruch von stranggepreßten Granaten.* Aus gehärtetem Werkzeugstahl mit 0,85 (%) C, 0,40 Mn, 0,10 Ni, 11,50 Cr, 0,50 Mo, 0,30 V bestehende Ziehdorne für Granaten zeigten Ausbauchungen, die vermutlich durch H_2-Einschlüsse oder Härtungsspannungen entstanden waren u. zu Längsrissen u. weiter zu Ermüdungsbrüchen führten. Infolge der dem Bruch vorausgehenden Ausbauchung des Dornes erlitten die mit dem Dorn gezogenen Granaten aus Al-beruhigtem Stahl Bruchschäden infolge Überschreitung der Zugfestigkeit. (Steel Processing **41.** 113—14. Febr. 1955. Gibson Refrigerator Co.) W. WESLY. 6480

E. Wood, *Ein ungewöhnlicher Ermüdungsbruch.* Ein Handhammer aus *Stahl BS 970 En 9* (0,55% C) wurde mit der Bahn aus 840° in W. gehärtet. Der Ermüdungsbruch ging von einem überhitzten u. verbrannten Gefüge aus, das bei einer zu hohen Temp. beim Gesenkschmieden entstanden sein dürfte. — Diskussion. (Metallurgia [Manchester] **53.** 278—79. Juni. **54.** 260. Nov. 1956.) K. STEIN. 6480

J. M. McLeod, *Zerstörungsfreie Prüfverfahren.* 1. Mitt. *Untersuchung der Oberflächenbeschaffenheit.* Überblick. — 185 Schrifttumsstellen. (Iron and Steel **28.** 301—06. Juni. 339—42. Juli. 397—402. Aug. 1955. Glasgow, Royal Techn. Coll.) F. VIER. 6480

E. Brüche und **K.-J. Schulze,** *Morphologie der Oberflächen in Gasen geglänzten V2A-Stahls.* Durch ein Gasgemisch von NO_2, HCl, Wasserdampf u. N_2 geglänzte Proben aus V 2 A-Stahl wurden elektronenmkr. untersucht. Danach werden im opt. Glanzgebiet dieses Gemischs die Kristallitflächen trotz verschied. Lage der Kristallachsen zur Oberfläche der Proben gleichartig abgebaut, ohne daß Höhenunterschiede der Flächen oder Stufen an den Korngrenzen zustande kommen. Es wird angenommen, daß HCl u. NO_2 2 verschied. Kristalloberflächen verschied. stark abbaut u. nur bei einer optimalen Konz. ein gleichmäßiger Abbau auftritt. Die genauen Grenzen des Glanzgebiets des 3-Stoffgemischs werden festgelegt. In Gebieten höheren Wasserdampfanteils tritt Verschleierung auf, was auf die Bldg. einer Schicht von 1 μ großen Grübchen zurückzuführen ist, Oberflächenhäutchen konnten hier nicht festgestellt werden. Die beim ungleichmäßigen Abbau auftretenden Erscheinungen wurden eingehend untersucht. Es wurden unvermittelte Übergänge von sehr glatten zu rauhen Bezirken oder Nester von Ätzgrübchen auf sonst glatten Flächen beobachtet. In allen Fällen reichten die Grübchen über die Korngrenzen hinaus, wenn auch auf beiden Seiten entsprechend der Orientierung der Gitterebenen verschied. Wachstum auftrat. (Metalloberfläche **11.** 181—89. Juni 1957. Mosbach, Physik. Labor.) F. VIER. 6482

R. Schnittenhelm, *Die Fehlererkennbarkeit bei der zerstörungsfreien Prüfung von Stahl mit energiereichen Röntgenstrahlen.* Vf. berechnete den von einem Fehler auf dem Film erzeugten relativen Kontrast unter Berücksichtigung der Streustrahlung in Abhängigkeit von der Schichtdicke für monochromat. Primärstrahlungen zwischen 100 keV u. 100 MeV u. für Bremsstrahlspektren mit Grenzenergien zwischen 300 keV u. 100 MeV. Beispiel. (Z. angew. Physik **8.** 569—77. Dez. 1956. Erlangen, Siemens-Reiniger-Werke.) C. GOTTFRIED. 6484

Gunther Münch, *Die Verwendung von Gammastrahlen in der Werkstoffprüfung.* Gegeben wird ein Überblick über die Stellung der Gammadurchstrahlung in der zerstörungsfreien Werkstoffprüfung, wobei die Erzeugung von ^{60}Co besprochen wird. Die zum Einsatz der Präpp. dienenden Arbeitsgeräte werden beschrieben u. Angaben über den Strahlenschutz gemacht. Eine 500-kV-Röntgenanlage wird mit einem Gammastrahler mit einer Strahlenquelle von 1,5 Curie ^{60}Co verglichen. Die prakt. Anwendung des Verf. wird an *Stahl*-Gußstücken erläutert unter Angabe von Prinzipskizzen des Abgusses mit Wandstärken u. Lage des Isotops. Die erreichten Bildgüten liegen alle in der besten Güteklasse. Am Beispiel eines Stirnrads von 3300 mm Durchmesser wird die Kombination mehrerer Prüfverff. (Ultraschall u. Gammastrahlen) erläutert. (Giesserei **43.** 745—50. 8/11. 1956. Braunschweig.) H. HOCHSTEIN. 6484

A. D. Tumulkan und **W. A. Januschkowski,** *Eine radioaktive Methode zur Markierung des Walzens von Stahl.* Angaben über das Auftragen der radioakt. Substanz auf die Oberfläche von Stahlblechen u. über die Auswahl der radioakt. Substanz. Erörterung von zwei Verff. der Zubereitung der radioakt. Elektroden sowie der Dosierung u. Aufzeichnung der radioakt. Marken. Der Bereich der Markierung kann berechnet werden. (Известия Академии Наук Латвийской ССР [Nachr. Akad. Wiss. LettSSR] **1956.** Nr. 1. 99—110. Inst. für Physik der Akad. der Wiss. der LettSSR.) H. HOCHSTEIN. 6490

Winfrid Dahl und **Werner Lueg,** *Einige neuere Arbeiten über den Schmiervorgang in der Kaltformgebung.* Überblick über Unterss. der Einfll. der Oberflächenrauhigkeit, der Druckabhängigkeit der Viscosität, der Elastizität der Oberfläche u. einer ungleichförmigen Temperaturverteilung. — 24 Schrifttumsangaben. (Stahl u. Eisen **76.** 1130—33. 23/8. 1956.) J. PAHL. 6490

A. G. Robiette, *Die Wiedererhitzung von Stahl ohne Zunderbildung. Teilverbrennung von Heizgas mit Sauerstoff zum Vorwärmen der Verbrennungsluft und des Einsatzes.*

Vermeidung der Zunderbldg. bei der Wiedererhitzung von Stahl auf Schmiede-, Preß- u. Walztemp. unter Verwendung von O_2 durch gesteuerte Teilverbrennungsbedingungen (prim., sek. u. tert. Verbrennung) sowie durch Anwendung des Regenerativprinzips. Beschreibung geeigneter Ofenanlagen für Teilverbrennungen des Heizgases unter O_2-Zufuhr sowie Abhängigkeit der Heizgasatmosphäre von der Stahlsorte. (Iron Coal Trades Rev. **174.** 903—10. 19/4. 1957.) H. HOCHSTEIN. 6492

A. T. Kalinin, M. N. Kunjawski und **A. Ja. Saitzewa,** *Synthin, ein neuer rationeller Carburisator für die Gaszementation.* Die Geschwindigkeit der Gaszementation von Stahl hängt von der Intensität der Ruß- u. Koksbldg. in den Zementationsöfen ab. Je größer diese ist, desto geringer ist die Zementationsgeschwindigkeit. Theoret. u. experimentell wird festgestellt, daß die Ruß- u. Koksbldg. bei den Paraffinen geringer u. die Gasbldg. stärker ist als bei den Olefinen, Naphthenen u. aromat. KW-stoffen. Auf Grund von Vergleichsverss. wird *Synthin* als Carburisator empfohlen. Es bildet 2—3mal weniger Ruß u. Koks u. 1,5—2mal mehr Gas als Petroleum u. erhöht die Zementationsgeschwindigkeit um 25—35%. Bei seiner Verwendung tritt eine Korrosion der zu zementierenden Werkstücke u. Ofenarmaturen nicht auf. Die Unterss. von Synthin bei hohen Zementationstempp. ergaben in bezug auf Zementationsgeschwindigkeit u. Rußbldg. befriedigende Ergebnisse. (Металловедение и Обработка Металлов [Metallkunde u. Metallverarb.] **1956.** Nr. 11. 40—49. Nov. Moskau, Automechan. Inst.) H. HOCHSTEIN. 6492

Clarence E. Peck, *Anwendung von Ofenatmosphären.* Die Erzeugung von Ofenatmosphären zum Blankglühen, Blankhärten sowie zum Aufkohlen oder Carbonitrieren aller Arten von unlegierten oder legierten Stählen wird im einzelnen erörtert u. in ihren Wirkungen hinsichtlich ihrer Taupunkte u. C-Potentiale beschrieben. Es werden bes. die gebräuchlichen Gaszuss. zum Blankglühen von Weißblechen, zum Glühen hochgekohlter Werkzeugstähle, Si-haltiger magnet. Stähle u. nichtrostender Stähle, zum Blankhärten hochlegierter Stähle (hochkohlenstoff-, hochchromhaltiger Stähle u. ferrit. nichtrostender Stähle) sowie zum Aufkohlen oder Carbonitrieren von Einsatzstählen mitgeteilt. (Metal Progr. **71.** Nr. 3. 104—12. März 1957. Meadville, Pa., Westinghouse Electric Corp.) H. HOCHSTEIN. 6492

W. Soete, *Ist das autogene Entspannen erforderlich?* Das Niedrigtemp.-Entspannen ergibt einen Abbau der örtlichen Eigenspannungen. Es zeichnet sich vor dem Spannungsfreiglühen dadurch aus, daß es auf der Baustelle u. an beliebig großen Bauteilen durchgeführt werden kann. Das autogene Entspannen von geschweißten Konstruktionen sollte überall da durchgeführt werden, wo Korrosion auftreten kann, z. B. im Kessel- u. Rohrleitungsbau der chem. u. der Lebensmittelindustrie, oder wenn bei Stahlkonstruktionen infolge der auftretenden niedrigen Tempp. Gefahr des Auftretens von Sprödbrüchen besteht, wie bei Schiffen, Brücken u. Großluftbehältern. — 12 Schrifttumsstellen. (Schweissen u. Schneiden **7.** 300—05. Juli 1955. Gent, Univ.) F. VIER. 6492

Otto Krisement, *Kalorimetrische Untersuchungen zur Kinetik des Martensitanlassens.* Beschrieben wird eine Versuchsanordnung zur Ausführung mikrocalorimetr. Verss. mit einem Calorimeter BORELIUSscher Bauart. Hiermit werden Unterss. über die Anlaßvorgänge in martensit. *Stahl*-Proben mit 0,79, 0,58, 0,42 u. 0,21% C durchgeführt u. Überlegungen über das hierbei gefundene kinet. hyperbol. Gesetz sowie über die Abhängigkeit der Wärmeentw. von der Temp. u. dem C-Geh. beim Anlassen des Martensits angestellt. Verss. mit Vorauslagerung am Stahl mit 0,79% C zeigten, daß das Abschrecken der Proben schroff genug war, um eine teilweise Ausscheidung von Carbid während der Abkühlung so klein zu halten, daß die Meßergebnisse nicht verfälscht wurden. Diese Verff. geben Aufschluß über die Aktivierungsenergie des Diffusionsvorganges. Da die Aktivierungsenergie mit steigender Temp. größer wird, ist zu folgern, daß bei höheren Tempp. eine Eindiffusion von C in den Restaustenit stattfindet, denn die Aktivierungsenergie für die C-Diffusion ist im Austenit größer als im Martensit. Eine genaue Ermittlung der Aktivierungsenergien war nicht möglich; angenäherte Werte waren 20000 cal/Mol im Martensit u. 40000 cal/Mol im Restaustenit. Der Zerfall des Restaustenits in der zweiten Anlaßstufe zeigt sich in den Meßergebnissen als ein dem hyperbol. Gesetz überlagerter Vorgang. Es wird gefolgert, daß der Restaustenit nicht nach Art einer Doppel-Rk. in Ferrit u. Carbid zerfällt, sondern in ein Carbid ohne Entstehung einer weiteren Phase umgewandelt wird, wobei die notwendige C-Zufuhr vom Martensit durch Eindiffusion erfolgt. Das gilt nur bei den in den vorliegenden Verss. vorhandenen sehr kleinen Restaustenitgehalten. Ermittelt wird eine Aktivierungsenergie von ca. 40000 cal/Mol für den Diffusionsvorgang beim Zerfall des Restaustenits. Dieser Wert liegt recht hoch, ist jedoch auch bei anderen Verss. im gleichen Temperaturbereich gefunden worden. — 17 Schrifttumsangaben. (Arch. Eisenhüttenwes. **27.** 731—42. Nov. 1956. Düsseldorf, Max-Planck-Inst. für Eisenforsch.) H. HOCHSTEIN. 6492

P. M. Cook und **J. D. Stringer,** *Erhöhte Erhitzungsgeschwindigkeiten für Stahlblöcke.* Durch Verss. wird nachgewiesen, daß die bisher üblichen Erhitzungszeiten für niedrig- u. hochlegierte Stahlblöcke vor der Warmverformung unnötig lang sind. Sowohl im Labor. als auch bei Werksverss. wurden kleine Schnellarbeitsstahlblöcke in einer Std. auf Schmiedetemp. gebracht. Die Güte der Enderzeugnisse nach einer Schnellerhitzung entsprechen den handelsüblichen Anforderungen. Die Vorteile der schnellen Erhitzung sind: erhöhte Durchsatzleistung je Ofen, verringerte Zunderverluste, verringerte Entkohlung u. größere Wirtschaftlichkeit. (J. Iron Steel Inst. **184.** 309—15. Nov. 1956.) H. HOCHSTEIN. 6492

Nikolaus Ludwig, *Prüfung und Bewertung von gasgeschweißten Verbindungen aus Zink und Zinklegierungen.* Überblick über die Prüfverff. u. die damit erzielbaren Ergebnisse an Blechverbindungen. (Z. Metallkunde **47.** 473—77. Juli 1956. Dortmund.) F. VIER. 6506

Karl Bungardt und **Klaus Rüdinger,** *Beitrag zur Frage des Schweißens von Titan und Titanlegierungen.* Beim Schweißen muß mindestens der Bereich der Wärme- u. Schweißzone gut entzundert sein, um Versprödung durch O_2- oder N_2-Aufnahme zu vermeiden. Zum Schutz gegen die Atmosphäre soll das Schweißen möglichst in einer mit Schutzgas gefüllten Schweißkammer im *Argon*- oder *Heliarc*-Lichtbogenschweißverf. durchgeführt werden. Unter Anwendung einer entsprechenden Schweißstromstärke soll die Schweißgeschwindigkeit groß genug u. die Wärmeaufnahme des Materials nicht zu hoch sein. Bei Schweißverbindungen zweier Ti-Legierungen vom α-Typ u. vom $\alpha + \beta$-Typ führt Ti als Schweißzusatz zu besseren Festigkeitseigenschaften. Wärmebehandlung brachte der α-Ti-Legierung keine, der $\alpha + \beta$-Ti-Legierung eine geringe Verbesserung der Zähigkeit. Bei Zugverss. brachen die Schweißverbindungen in oder unmittelbar neben der Naht. — 17 Schrifttumsstellen. (Z. Metallkunde **47.** 585—93. Aug. 1956. Krefeld, Deutsche Edelstahlwerke Akt.-Ges.) F. VIER. 6506

Werner Lueg, Winfried Dahl und **Hans-Jürgen Engell,** *Untersuchungen über den Beizvorgang.* Berichtet wird über Messungen beim Zunderabbeizen an einem Warmband, einer Warmblechaußentafel u. von Proben mit Glühzunder in H_2SO_4, HCl u. einer H_2SO_4–HCl–H_3PO_4-Mischung. Bestimmt wird der Gewichtsverlust u. das gleichzeitig auftretende Potential der Proben gegen eine Vergleichselektrode. Der Gewichtsverlust setzt erst ein, wenn die vorhandenen Risse u. Poren im Zunder durch die Säure so stark aufgeweitet sind, daß das Potential der Proben durch die Mitwrkg. des *Stahles* an der Potentialbldg. auf negative Werte gegenüber der Normalwasserstoffelektrode gefunden ist. Die Auflösungsgeschwindigkeit von Wüstit in Säuren nimmt mit fallendem Potential zu. Infolgedessen kommt es zu einer verstärkten Auflsg. des Wüstits in der Nähe von Poren u. Rissen des Zunders, die entlang der Phasengrenze Zunder/Metall fortschreitet. Auf diese Weise wird der Zunder vom Metall abgelöst. Potentialschwingungen, die teilweise beim Ablauf des Beizvorgangs auftreten, lassen sich durch die S-Form der Strom–Spannungs-Kurve von Wüstit in Säuren erklären. Die gleichen Schwingungen treten auch an Wüstitelektroden auf, wenn ihr Potential durch eine außen angelegte Spannung in den S-förmigen Teil der Strom–Spannungs-Kurve gebracht wird. Der Glühzunder ist, abgesehen von makroskop. Blasen, weitgehend frei von Rissen u. Poren u. weist die regelmäßige Schichtfolge Metall–Wüstit–Magnetit–Hämatit auf. Der Walzenzunder auf einer Warmblechaußentafel scheint auch arm an Poren zu sein; er ist jedoch sehr dünn u. besteht fast ausschließlich aus Wüstit. Der Walzzunder eines Warmbandes zeigt jedoch einen starkporigen Aufbau. Die regelmäßige Schichtfolge, die der Glühzunder aufweist, ist beim Walzzunder nicht immer vorhanden. — Schrifttumsangaben. (Stahl u. Eisen **76.** 1678—85. 13/12. 1956. Düsseldorf, Max-Planck-Inst. für Eisenforsch.) H. HOCHSTEIN. 6512

Paul Lenhard, *Die Bedeutung des p_H-Wertes in der Galvanotechnik.* Es wird die Pufferwrkg. der $B(OH)_3$ u. die colorimetr. Meth. zur Best. des p_H beschrieben. Die Wrkg. des p_H wird am Beispiel des cyanid. Cu-Bades, des Messingbades u. des Ni-Bades erläutert. (Metallwaren-Ind. Galvano-Techn. **48.** 266—69. 272. Juni 1957.) F. VIER. 6514

Walter Nohse, *Die Prüfung galvanischer Bäder in der Hullzelle.* 1. u. 2. Mitt. Beschreibung der Zelle, des Verf. u. der Auswertung der Ergebnisse. (Metallwaren-Ind. Galvano-Techn. **46.** 258—64. Juni. 362—69. Juli 1955.) F. MARKHOFF. 6514

Walter Nohse, *Die Prüfung galvanischer Bäder in der Hullzelle.* 6. Mitt. *Das cyanidische Kupferbad.* (Vgl. nachst. Reff.) Es wird über Verss. an cyanid. *Cu*-Bädern berichtet. Es ergibt sich die Notwendigkeit, Klarheit über den Komplexierungsgrad des Cu bei jeder beliebigen Zus. zu erhalten, ehe eine Deutung der Erscheinungen auf den HULL-Zellblechen vorgenommen werden kann. Über weitere Prüfmöglichkeiten u. Besonderheiten der HULL-Zelle, bes. über die Metallverteilung u. die Anodenarten wird berichtet. (Metallwaren-Ind. Galvano-Techn. **47.** 107—15. März 1956.) F. VIER. 6514

Walter Nohse, *Die Prüfung galvanischer Bäder in der Hullzelle.* 4. Mitt. (*Cadmiumbad*). (3. vgl. nachst. Ref.) Berichtet wird über die Unters. eines cyanid. *Cd*-Bades in der HULL-Zelle. Diese diente dazu den Einfl. wechselnder Menge an Cd, NaCN u. NaOH festzustellen, sowie die Wrkg. eines Glanzzusatzes zu erproben. Die Ergebnisse sind tabellar. zusammengestellt u. durch Abbildungen erläutert. (Metallwaren-Ind. Galvano-Techn. **46.** 519—26. Nov. 1955.) F. MARKHOFF. 6514

Walter Nohse, *Die Prüfung galvanischer Bäder in der Hullzelle.* 3. Mitt. (Vergl. vorst. Reff.) Beschrieben werden die Unterss. von Glanz-Ni-Bädern mit Zn, Pb u. anderen Verunreinigungen sowie mit verschied. Glanzbildnern. (Metallwaren-Ind. Galvano-Techn. **46.** 462—70. Okt. 1955.) F. MARKHOFF. 6520

Walter Nohse, *Die Prüfung galvanischer Bäder in der Hullzelle.* 5. Mitt. *Zinkbad.* (Vgl. vorst. Reff.) Berichtet wird über Verss. mit *Verzinkungs*-Bädern. Danach steigt bei konstantem Verhältnis Zn : NaCN u. steigendem NaOH-Zusatz die Leitfähigkeit, da die Spannung sinkt. Ebenso steigt die Stromausbeute, da die Gasentw. geringer wird. Unverändert bleibt die Streuung. Der Nd. im Bereich niedriger Stromdichten wird grobkörniger. Mit steigendem Metallgeh. wird der Arbeitsbereich der Bäder größer. Die Streuung verbessert sich mit wachsendem Cyanidgeh., während die Stromausbeute sinkt. Bei einem Zusammensetzungsverhältnis Zn : NaCN : NaOH = 1 : 3 : 2,5 liefert das Bad bei guter Stromausbeute u. guter Streuung zwischen 0,3 u. 6 A/dm^2 gute Niederschläge. Erhöhung der Arbeitstemp. verbessert die Streuung nicht. Die Wrkg. der Verunreinigung durch Cu, Cd, Ag u. Cr^{IV}-Verbb. wird untersucht. (Metallwaren-Ind. Galvano-Techn. **47.** 55—65. Febr. 1956.) F. VIER. 6522

J. M. Ariño, *Phosphatüberzug zum Schutz von Eisen.* Übersicht über die Phosphatierung von Fe, die Eigg. der Überzüge, ihre Schutzwrkg., die angewandten Reagentien u. Anwendungen. (Ion [Madrid] **15.** 487—92. Sept. 1955.) R. K. MÜLLER. 6532

B. M. Phelan, *Wie soll anodisch oxydiertes Aluminium gefärbt werden?* Behandelt werden die Färbecharakteristiken der nach den verschied. Verff. oxydierten Al-Oberflächen, die Vorbehandlung u. die Farben u. Farbbäder werden beschrieben. Für die Entfernung oxyd. Filme auf der Al-Oberfläche wird ein Bad folgender Zus. angegeben: 50 ml H_3PO_4 (85%) u. 30 g CrO_3 auf 1 Liter W. bei Siedetemperatur. (Mod. Metals **13.** Nr. 1. 35—36. 38—39. Febr. 1957. Buffalo, N. Y., Allied Chemical & Dye Corp.) F. VIER. 6534

R. W. Kear, *Korrosion bei niederer Temperatur durch Kondensate von Rauchgasen.* Überblick an Hand der Literatur über die Unterss. der Korrosion durch Bestandteile der Verbrennungsgase der Kohle, bes. von S u. seinen Verbindungen. — 139 Literaturstellen. (Brit. Coal Utilisat. Res. Assoc., monthly Bull. **19.** 297—318. Juli 1955.) J. FISCHER. 6538

Willi Machu nnd **M. G. Fouad,** *Untersuchungen über die Korrosion eines nichtrostenden Stahles mit 13% Cr und 8% Ni in Säuren und Säuregemischen.* Untersucht werden die Gewichtsverluste eines Stahles mit 13% Cr u. 8% Ni in HCl, H_2SO_4 u. H_3PO_4 sowie in deren Gemischen in Ab- u. Anwesenheit von organ. u. anorgan. Inhibitoren. Die Gemische der Säuren verhielten sich nicht rein additiv, sondern so wie eine Mischsäure, deren Angriff etwa verhältnisgleich der Wasserstoffionenaktivität ist. Die zur Deckschichtbldg. befähigte H_3PO_4 greift fast nicht an, vermag aber ihre hemmende Eig. in Gemischen mit anderen Säuren erst bei höheren Phosphatkonzz., trotz der dann gleichzeitig vorhandenen größeren Wasserstoffionenaktivität, auszuüben. Organ. u. anorgan. Inhibitoren wirken in den verschied. Säuren nicht gleichartig. $K_2Cr_2O_7$ beschleunigt den Angriff in HCl, passiviert aber in H_2SO_4. Auch in Gemischen von HCl u. H_2SO_4 beschleunigt $K_2Cr_2O_7$ die Korrosion; sein die Korrosion fördernder Einfl. wird aber durch einen Zusatz von Chinolin oder $SnSO_4$ ausgeschaltet. Die Phosphationen vermindern die Hemmungswrkg. von Chinolin u. $SnSO_4$. Jeder Säureangriff setzt sich vorwiegend aus der Entladung von Wasserstoffionen sowie der Bldg. oder Auflsg. von Deckschichten zusammen. Gemische von Inhibitoren können sich in ihrer Wrkg. verstärken, z. B. mit der Konz. der Säure u. der Korrosionsdauer, oder abschwächen. Wesentlich für das Verh. bei der Korrosion u. für die Inhibitorwrkg. ist die Möglichkeit zur Ausbldg. oder Auflsg. der durch Adsorption oder Chemisorption gebildeten Inhibitorschicht. Der starke Einfl. der Anionen u. der verschieden großen Inhibitorwrkg. in Säuregemischen gleicher Wasserstoffionenaktivität wird auf die diffusionshemmende Wrkg. der Inhibitorschicht zurückgeführt. (Arch. Eisenhüttenwes. **28.** 157—65. März 1957. Kairo.) H. HOCHSTEIN. 6538

Susumu Morioka und **Kazutaka Sakiyama,** *Elektrochemische Eigenschaften von Legierungen.* 6. Mitt. *Über das anodische Verhalten von Eisen–Molybdän-Legierungen in Schwefelsäurelösungen.* Akt. Fe–Mo-Legierungen, die Mo in fester Lsg. enthalten, zeigen denselben Polarisationsgrad wie reines Fe. Die Stromdichte, bei der die Passivität erreicht wird, ist um so höher, je größer der Mo-Geh. der Legierung ist. Bei der Polarisation von Zweiphasenlegierungen mit mehr als 10% Mo wurden zwei Stadien unterschieden: die Lsg. der α-Phase u. die Lsg. der intermetall. Verb. Fe_3Mo_2. Durch die anod. Lsg. erhalten Fe_3Mo oder Legierungen mit mehr Mo eine blaue Schutzschicht mit passiven Eigenschaften. (Nippon Kinzoku Gakkai-Si [J. Japan Inst. Metals] **19.** 157—60. Febr. 1955. [Orig.: japan.; Auszug: engl.]) F. MARKHOFF. 6538

Hikozô Endô und **Namio Ohtani,** *Korrosion von Metallen in alkalischen Lösungen.* (4. Bericht). *Über die Kontaktkorrosion von unähnlichen Metallen.* 4. Mitt. *Wirkungen der Elektrodenoberfläche und des Widerstandes auf den Korrosionsstrom.* (3. vgl. Nippon Kinzoku Gakkai-Si [J. Japan. Inst. Metals] **18.** [1954.] 501.) Der Korrosionsstrom von Zn in einem Zn-Flußstahlelement ist eine Funktion des Verhältnisses der Elektrodenoberfläche, der Polarisation, der Radien der Anoden- u. Kathodenplatten, des spezif. Widerstands der Lsg. u. der Potentialdifferenz zwischen den beiden Elektroden. Dies erklärt auch, warum die beobachteten Werte des Korrosionsstromes von Zn in Na_2CO_3-Lsgg. Änderungen unterliegen, die den Änderungen des p_H-Wertes der Lsgg. entsprechen. (Nippon Kinzoku Gakkai-Si [J. Japan Inst. Metals] **19.** 153—56. Febr. 1955. [Orig.: japan.; Auszug: engl.]) F. MARKHOFF. 6538

Otto Rüdiger, Wolfgang R. Fischer und **Willy Knorr,** *Zur Korrosion von Titan und Titanlegierungen.* Die in verschied. Agentien auftretenden Deckschichten wurden durch Elektronenbeugungsaufnahmen untersucht u. der Mechanismus der Bldg. u. Ablösung der Deckschichten diskutiert. Die Lage des Passivierungspotentials wurde durch Stromdichte–Potential-Messungen in 0,1n fluoridhaltiger H_2SO_4 zu —0,6 V, die des Aktivierungspotentials zu —0,4 V bestimmt. Der Einfl. von W. auf die Passivierung von Ti wurde festgestellt. Potential–Zeit-Messungen von in W. vorpassiviertem Ti in HCl ergaben die Bldg. einer Sekundärpassivschicht, die bis zu 100° beständig ist, während die Primärschicht bereits bei 40° abgelöst wird. Der Zusatz von Mo ergab eine wesentliche Verbesserung der Korrosionsbeständigkeit gegen HCl, H_2SO_4 u. H_3PO_4, die bei 30% Mo höher als die von *Hastelloy C* ist. (Z. Metallkunde **47.** 599—604. Aug. 1956. Essen, Fried. Krupp WIDIA-Fabrik.) F. VIER. 6538

Elisabeth Lotze, *Chemische Angriffe der Metalle und Schmelzmittel auf den Graphitschmelztiegel.* Beschreibung der zahlreichen chem. Angriffe, denen Graphittiegel durch Metalle u. Schmelzmittel ausgesetzt sind u. der erforderlichen Gegenmaßnahmen: Schmelzmittel nicht auf den Boden streuen oder als 1. Einsatz einfüllen; Herst. eines Metallsumpfes aus Block- oder Seigermaterial; Einw. der Schmelzmittel bei fl. Schlacken auf ein Mindestmaß beschränken; vorsichtige Reinigung der Tiegel vor dem Erkalten; Vermeidung von mechan. Beanspruchungen der Tiegel. (Giessereipraxis **73.** 462—66. 10/12. 1955. Großalmerode.) W. WESLY. 6538

F. Matouschek, *Korrosion an Metallen durch Zement–Wasser-Aufschlämmungen.* Unters. des Korrosionsverh. von Reinaluminium, Avional 23 (AlCuMg, plattiert), Peraluman (AlMg 3), Pb, Mg, MgAl, NiCr, Fe, Sn, Zn, Lötzinn, Cu u. Messing in Zement–W.-Aufschlämmungen 1:4. Versuchsdauer 360 Tage. Geprüft wurde als Dauertauchvers., wobei ein Teil des Probenstreifens außerhalb des Korrosionsmittels blieb, um den Grenzflächeneinfl. u. den feuchter Luft zu erkennen. NiCr, Fe u. Sn sind gut, Zn, Cu, Messing u. Mg, MgAl eben noch brauchbar, während die übrigen Legierungen unbrauchbar sind. (Zement-Kalk-Gips **10** **(46).** 124—27. April 1957. Zementfabrik Roche, Schweiz.) H. SPINDLER. 6538

Saburo Shimodaira und **Yoshinobu Sawada,** *Untersuchungen über die Korrosion bei Kraftwerken, die saures Flußwasser verwenden* (12. Bericht). *Über die Korrosion von Kupferlegierungen.* Die Korrosion nimmt nahezu proportional mit der relativen Geschwindigkeit zu, wenn diese gering ist, sie bleibt konstant, wenn die Geschwindigkeit ansteigt. Je größer die Konz. der H-Ionen ist, um so größer ist die Korrosion. Die Korrosion wurde hauptsächlich durch die Diffusion u. die Adsorption des gelösten O_2 in den Cu-Legierungen kontrolliert. (Nippon Kinzoku Gakkai-Si [J. Japan. Inst. Metals] **19.** 86—89. Febr. 1955. [Orig.: japan.; Auszug: engl.]) F. MARKHOFF. 6538

W. A. Morgan und **R. C. A. Thurston,** *Sprödbruch von Spundwänden.* Spundwände werden aus Baustählen mit C-Gehh. von 0,28—0,40%, die bis 0,9 (%) Mn, 0,49—0,8 Cr, bis 0,064 Ni u. 0,06—0,44 Cu enthalten können, durch Walzen hergestellt. Obwohl das Betriebsverh. im allg. gut ist, beweisen mehrere aufgetretene Fehler bei der Verwendung der Spundwände in kanad. Gewässern, daß die Übergangstemp. der Stähle, bei der Ermüdungsrisse oder Lochfraß zu einem katastrophalen Sprödbruch führen, gut oberhalb der Wassertemp. liegt. (Metal Progr. **71.** Nr. 3. 86—91. März 1957. Ottawa, Ontario, Can., Canadian Dep. of Mines and Techn. Surveys.) H. HOCHSTEIN. 6538

A. W. Hubbard, *Kathodischer Schutz in Tankschiffen.* Erfahrungsbericht über den Einsatz von Vorrichtungen zum kathod. Schutz in Fracht- bzw. Ballastbehältern von Tankschiffen. (Marine Engr. Naval Architect **79.** 308—09. Sept. 1956.)
Wolfgang Simon. 6538

A. W. Hubbard, *Der Tanker und der kathodische Schutz.* (Vgl. vorst. Ref.) Vf. berichtet über Korrosionsvorgänge in den Ballastfrachträumen von Tankschiffen u. deren Verhinderung durch Anwendung von kathod. Schutz. (Wld. Petroleum **28.** Nr. 4. 46—47. 73. April 1957. London, F. A. Hughes & Co. Ltd.)
Wolfgang Simon. 6538

Metallgesellschaft Akt.-Ges., Deutschland, *Agglomerieren von Eisenerzen* für die Beschickung von Hochöfen durch Zusatz eines erhärtbaren Bindemittels in Form von Hochofenschlacke oder eines daraus hergestellten Zements. Es werden bis zu 15% Zement zugesetzt. Zur Beschleunigung des Härtens wird das Gemisch mit heißem oder sd. W. versetzt. Das Agglomerat wird bei 70—75° mit Wasserdampf oder mit durch Wasserdampf gesätt. Luft behandelt. Die im Hochofen gebildeten Schlacken besitzen keine korrodierende Wirkung. (**F. P. 1 085 701** vom 28/10. 1953, ausg. 7/2. 1955. D. Prior. 31/12. 1952.)
M. F. Müller. 6393

Franz Köhler, Wien, Österreich, *Herstellung von kaltverformtem, insbesondere kaltverdrilltem oder gezogenem Stabstahl* mit einer künstlichen Alterungsbehandlung, dad. gek., daß die Stangen oder dgl. unmittelbar nach der Kaltverformung einer Wärmebehandlung bei 300—1500° mit einer Dauer zwischen 30 Min. u. $^1/_{100}$ Sek. unterworfen werden mit der Maßgabe, daß die Wärmebehandlungszeit umgekehrt proportional der Temp. ist. Zweckmäßig werden die Stäbe nach der Wärmebehandlung unmittelbar oder nach einem kurzen Intervall der Luftabkühlung mit W. oder anderen geeigneten Kühlmitteln abgeschreckt. — Vgl. auch Oe. P. 183 098; C. **1957.** 1795. (**E. P. 743 036** vom 24/8. 1953, ausg. 4/1. 1956. Oe. Prior. 27/8. 1952.)
H. Hochstein. 6409

Comp. Française Thomson-Houston, übert. von: **British Thomson-Houston Co. Ltd.,** England, *Feuerfestes Material,* welches bes. für *elektr. Schweißelektroden* u. elektr. Kontakte geeignet ist. Es besteht aus einem oder mehreren Boriden von Zr, Ti, V, Cr oder W im Gemisch mit Co, Ni, Fe oder Cr. Das Gemisch wird verpreßt u. danach gesintert oder geschmolzen. (**F. P. 1 091 596** vom 22/1. 1954, ausg. 13/4. 1955. E. Prior. 23/1. 1953.)
M. F. Müller. 6507

Gebr. Böhler & Co. Akt.-Ges., Wien, Österreich, *Schweißstab.* Der ursprünglich für die Lichtbogenschweißung vorgeschlagene Schweißstab aus gesintertem Hartmetall oder gegossenen Hartlegierungen mit Umhüllung aus Al u. kalkbas. Flußmitteln läßt sich wegen der abschirmenden Wrkg. des Al auch für die Gasschweißung verwenden. (**Oe. P. 188 179** vom 16/6. 1954, ausg. 10/1. 1957. **Zusatz zu Oe. P. 182 278; C. 1956. 12 397.**)
B. Schmidt. 6507

Otto Niezoldi, Ausgewählte chemische Untersuchungsmethoden für die Stahl- und Eisenindustrie. 5. verm. u. verb. Aufl. Berlin, Göttingen, Heidelberg: Springer. 1957. (VIII + 189 S.) 8°. DM 15.60.

IX. Organische Industrie.

N. J. Chouikine, T. P. Dobrynina und **E. A. Timoféièva,** *Katalytische Dehydrierung von 2-Methylbutan.* Die Dehydrierung des 2-Methylbutans wurde bei n. Druck u. 527° durchgeführt. Das Isopentan (Kp. 27,8—28,3°, n_D^{20} 1,3540, $D.^{20}_4$ 0,6200) wurde in Portionen von 10 ml mit einer Geschwindigkeit von 0,5 vol/vol/h durch ein Rohr mit 17,5 g Katalysator geleitet. Nach Durchleiten der Gesamtmenge von 40 ml wird der Katalysator 2 Std. lang bei 552° wiederbelebt. Auf diese Weise konnte der Katalysator während 179 Std. ohne Abnahme der Wrkg. verwendet werden. Die Ausbeute, berechnet auf Isopentan, betrug 87%. Eigg.: $Kp._{756}$ 20,0—148°, n_D^{20} 1,3690, $D.^{20}_4$ 0,6340, JZ. 137,8, Geh. an ungesätt. KW-stoffen 37,9%. Das entstandene Gas hatte 85,2% H, 13,8% Alkane u. 1% ungesätt. KW-stoffe. Ein Teil des Reaktionsprod. wurde fraktioniert u. folgende KW-stoffe nachgewiesen: *Isopentan, 3-Methylbuten-(1), 2-Methylbuten-(1), 2-Methylbuten-(2), Penten-(1), Toluol.* Zus. des Katalysators Cr:Al:Mg wie 45:30:25. Angaben über den Reaktionsablauf, bes. über die Bldg. der Aromaten, werden nicht gemacht. (Rev. Inst. franç. Pétrole Ann. Combustibles liquides **11.** 1485—88. Nov. 1956.)
F. Rosendahl. H 510

Francis Aylward und **C. V. Narayana Rao,** *Hydrazin als Reduktionsmittel für ungesättigte Verbindungen.* 1. Mitt. *Hydrierung von Ölsäure. Ölsäure* (**I**) wurde mit Hydrazinhydrat in A. hydriert. Die Geschwindigkeit der Rk. wuchs: a) bei einem Überschuß an Hydrazin (Mol-Verhältnis von I zu Hydrazin $\geqq 2$), b) mit Erhöhung der Temp., c) durch laufendes Rühren der Lösung. Im Gegensatz zu früheren Unterss. konnte jetzt festgestellt werden, daß bei 50° unter Rühren nach 6 Std. 93% der ursprünglich vorhandenen

I in Stearinsäure umgewandelt ist. (J. appl. Chem. **6.** 248—52. Juni 1956. London, Borough Polytechnic, Dep. of Chem. and Food Techn.) H. Nordiek. H 810

M. K. Schwitzer, *Einige Stickstoffderivate von Fettsäuren.* Überblick: Kation. Fettsäureamine, ihre wasserlösl. Salze u. quartäre NH_4-Salze, ihre nichtion. u. ampholyt. Derivv.; Darst. von Nitrilen u. ihre Red. zu Aminen. — 13 Literaturzitate. (Ind. Chemist **31.** 340—46. Juli 1955.) R. K. Müller. H 950

G. Karaciova und **L. Floru,** *Untersuchung des Prozesses der Extraktion von Anilin aus Anilinwässern mit Benzol und Nitrobenzol im kontinuierlichen Verfahren.* Die Extraktion von Anilin aus Anilinwässern gelingt mit Nitrobenzol besser als mit Bzl.; Durchmischung mit einem Inertgas fördert in beiden Fällen die Extraktion: Die im W. verbleibende Anilinmenge nimmt ca. um 50% ab. Vff. bestimmen den Massenübertragungskoeff. u. seine Abhängigkeit von der Geschwindigkeit. Die Kriterienfunktion $Nu' = f(Re, Pr')$ (Nusselt-, Reynolds-, Prandtl-Zahl) wird bestätigt. (Rev. Chim. [Bucureşti] **6.** 419—24. Aug. 1955.) R. K. Müller. H 1310

K. K. Chakravarti und **S. C. Bhattacharyya,** *Zimtalkohol.* Die von Vf. ausgearbeitete Darst. von *Zimtalkohol* (**I**) aus Zimtaldehyd, rein dest. Isopropylat (**II**) u. mit Isopropylalkohol allein oder diesem + Bzl. als Lösungsm. wird im einzelnen beschrieben. Das bei der Rk. gebildete Aceton wird zusammen mit einem Teil des Lösungsm. als azeotropes, bin. oder tern. Gemisch in einer Rückflußkolonne mit Ableitung laufend abgeschieden, das Lösungsm. immer wieder ersetzt, nach Beendigung der Rk. abgetrieben u. **I** durch Vakuumdest. mit 80% Ausbeute erhalten. Der Bedarf an **II** betrug 10% des theoret. bzw. 50% des in der Literatur angegebenen. (J. Indian chem. Soc., ind. News Edit. **18.** 31—33. 1955. Poona, Nat. Chem. Labor. of India.) H. Mühlmeister. H 1470

Nobuto Ohta und **Takashi Tezuka,** *Die Oxydation von Cyclohexan mit Luft in flüssiger Phase.* 1. Mitt. *Einfluß der Verfahrensbedingungen auf die Reaktionsgeschwindigkeit.* Vff. stellten fest, daß die Rk. zwischen Luft u. fl. Cyclohexan eine Ketten-Rk. ist. Speziell wurde der Einfl. der Temp. u. des O_2-Druckes auf den Ablauf der Rk. untersucht. Als Maß für den Reaktionsablauf diente die O_2-Aufnahme. Die Optimaltemp. liegt oberhalb 140°. Als Katalysatoren werden Metallnaphthenate verwendet, die im wesentlichen als Initiatoren wirken. Eine Einteilung der Metalle nach ihrer Wrkg. hierbei ergab folgende Reihe: Co, Cr > Mn > Fe, Al > Pb > ohne Katalysator, Hg, U, Zn, Ni ≫ Cu. (Rep. Government chem. ind. Res. Inst., Tokyo **50.** 303—17. Okt. 1955. [Orig.: japan.; Auszug: engl.]) Gerhard Günther. H 1810

Nobuto Ohta und **Takashi Tezuka,** *Die Oxydation von Cyclohexan mit Luft in flüssiger Phase.* 2. Mitt. *Einfluß der Verfahrensbedingungen auf die Zusammensetzung des Reaktionsproduktes.* (1. vgl. vorst. Ref.) Zur Erreichung hoher Ausbeuten an *Cyclohexanon* u. *Cyclohexanol* sollte eine Temp. von 170° nicht überschritten werden. Vff. empfehlen das Temperaturgebiet 140—160°. Von den verwendeten Katalysatoren zeigte *Co-Naphthenat* die höchste Selektivität. Erhöhter O_2-Druck bewirkt Erhöhung des Umsatzes u. Absinken der Selektivität. Als Nebenprodd. entstehen bes. höher sd. Oxydationsprodukte. Diese Siedefraktion hat starke Inhibitoreigg., die darin enthaltene *Adinpinsäure* jedoch nicht. (Rep. Government chem. ind. Res. Inst., Tokyo **50.** 318—27. Okt. 1955. [Orig.: japan.; Auszug: engl.]) Gerhard Günther. H 1810

Hirotada Iida und **Masaaki Ohkawa,** *Untersuchung über die Sulfonierung aromatischer Verbindungen. Monosulfonierung von β-Naphthol.* Die Monosulfonierung von β-Naphthol wurde unter verschied. Bedingungen untersucht. Die Isomeren der Reaktionsprodd. wurden durch infrarotspektrometr. Analyse bestimmt. Die Reaktionstemp. hatte einen bemerkenswerten Einfl. auf die Ausbeute der entstandenen Isomeren. Bei Ausdehnung der Rk. auf 3 Std. bei 90° wurde nur 2-Naphthol-6-sulfonsäure erhalten, während bei 60° sich die größte Ausbeute (ca. 60%) an 2-Naphthol-8-sulfonsäure ergab. Durch Änderung der Reaktionstemp. auf unter 55° oder über 65° verringerte sich die Ausbeute. Bei Verlängerung der Reaktionszeit nahm die Ausbeute an 2-Naphthol-6-sulfonsäure zu. Der Einfl. der H_2SO_4-Konz. war nur gering. (Rep. Government chem. ind. Res. Inst., Tokyo **50.** 391—97. Dez. 1955. [Orig.: japan.; Auszug: engl. S. 391.]) F. Groh. H 2700

Deutsche Gold- & Silberscheideanstalt vormals Roessler, Frankfurt/M., *Alkalimetallalkoholate,* bes. $NaOCH_3$, erhält man frei von eingesetzten Alkoholen, indem man den überschüssigen Alkohol in Ggw. eines inerten organ. Lösungsm. (aliphat. oder aromat. KW-stoffe) abdestilliert. Es ist vorteilhaft, das gegen die Alkoholate inerte Lösungsm. bis auf 0,5—1% abzudestillieren. Dadurch wird die Beständigkeit der Alkoholate erhöht. (**E. P. 746 400** vom 13/1. 1954, ausg. 14/3. 1956. D. Prior. 16/1. 1953.) G. König. H 560

Emeric Telkes, Gironde, Frankreich, *Trennung von Säuren mit mindestens 6 C-Atomen und ihrer Salze.* Das Gemisch der Säuren wird mindestens teilweise in Salze übergeführt, die mit mindestens 2 Lösungsmitteln oder einem Gemisch verschied. Lösungsmittel, von denen eins mindestens eines der Salze löst, behandelt werden. — 100 g Rübölsäuren werden in 500 cm^3 A. mit 10 g $Ca(OH)_2$ behandelt; das Filtrat enthält 15 g *Linol-* (**I**) u. *Linolensäure* (**II**), z. T. als *Ca-Salze*, der Nd. liefert nach Digerieren mit 400 cm^3 Chlf. als lösl. Anteil *Ca-Oleat* [entsprechend 25 g *Ölsäure* (**III**)] u. als unlösl. Anteil die *Ca-Salze* eines Gemisches aus 75% *Erucasäure* u. 25% gesätt. Säuren. — Nach Verseifung von 100 g Baumwollsamenöl mit 13,5 g NaOH in 886 cm^3 W., Zugabe von 20 g $CaCl_2$ u. Ausziehen des Nd. mit A. gehen die Ca-Salze von **I** u. **II** (entsprechend 205 g Säuren) in Lsg.; das Unlösl. wird mit kaltem Bzl. behandelt, wobei die Ca-Salze der gesätt. Säuren (entsprechend 26 g) ungelöst bleiben, während *Ca-Oleat* (entsprechend 47,5 g **III**) gelöst wird. — Nach Verseifen von 100 g Erdnußöl wie vorst., Zugabe von Pb (II)-Acetat (entsprechend 37 g Pb) u. Ausziehen mit Ae.–A.-Gemisch, wobei hauptsächlich *Pb-Linolat* (entsprechend 26 g **I**) gelöst wird, u. anschließender Extraktion mit Ae. wird das *Pb-Salz* von **III** (entsprechend 45 g **III**) in Lsg. erhalten; die Pb-Salze der gesätt. Säuren (entsprechend 14 g) bleiben zurück. — Neutralisation von 100 g Erdnußölsäuren mit 7 g $Ba(OH)_2$ + 11 g $Ca(OH)_2$, Ausziehen des *Ca-Linolats* (entsprechend 25 g **I**) mit A. u. dann von *Ca-Oleat* (entsprechend 52 g **III**) mit sd. Bzl. verbleiben die Ba-Salze der gesätt. Säuren (entsprechend 22 g). (**F. P. 1 095 585** vom 11/12. 1953, ausg. 3/6. 1955.) H.-J. NITZSCHKE. H 810

Monsanto Chemical Co., V. St. A. (Erfinder: **Glen Harold Shoptaw**), *Reinigung von Acrylnitril,* das Acetaldehyd, HCN u. Lactonitril (**I**) enthält, dad. gek., daß man das Rohprod. in einer 1. Fraktionierung von **I** u. in einer 2. von den anderen Bestandteilen befreit. (**F. P. 1 089 037** vom 3/12. 1953, ausg. 14/3. 1955. A. Prior. 4/12. 1952.) S. BÖTTCHER. H 810

B. F. Goodrich Co., V. St. A., *Stabilisierung von Vinylidencyanid,* dad. gek., daß man den aus der Pyrolyse von 1-Acetoxy-1.1-dicyanäthan stammenden Gemischen 0,01—10 Gew.-% eines Stabilisators (Toluolsulfonsäure, p-Toluol-, Benzol- oder Methansulfonylchlorid) zusetzt. (**F. P. 1 089 005** vom 1/10. 1953, ausg. 14/3. 1955.) S. BÖTTCHER. H 820

Jean Valleé, Frankreich, *Herstellung des Di–Na-Salzes der 1-[Carbo-n-dodecyloxy]-1-sulfonsäureäthan-2-carbonsäure* (**I**), $H_3C(CH_2)_{10}CH_2OCOCH(SO_3Na)\cdot CH_2COONa$, dad. gek., daß man Maleinsäureanhydrid mit n-Dodecanol zu Maleinsäuremonododecylester, E. 43—44°, kondensiert u. dieses mit Na_2SO_3 umsetzt. **I** ist oberflächenaktiv. (**F. P. 1 089 797** vom 22/12. 1953, ausg. 22/3. 1955.) S. BÖTTCHER. H 820

Soc. Industrielle des Dérivés de l'Acétylène (**S. I. D. A.**), Frankreich, *Herstellung von Cyanhydrinen,* dad. gek., daß man HCN in Ggw. eines fl. oder festen alkal. Katalysators mit einem Aldehyd, Keton oder Epoxyd umsetzt. Die gebildeten Cyanhydrine werden z. T. noch einmal in den Kreislauf zurückgeführt. Das kontinuierlich anfallende Endprod. wird mit H_2SO_4 stabilisiert. — Beschrieben ist die Herst. von *Acetoncyanhydrin.* — 2 Zeichnungen. (**F. P. 1 089 541** vom 25/7. 1953, ausg. 18/3. 1955.) S. BÖTTCHER. H 850

Universal Oil Products Co., Des Plaines, übert. von: **George L. Hervert**, Downers Grove, und **Herman S. Bloch**, Chicago, Ill., V. St. A., *Alkylieren von aromatischen Kohlenwasserstoffen.* Ein Gemisch von gerad- u. verzweigtkettigen Olefinen wird mit 80—95%ig. H_2SO_4 behandelt. Im Raffinat sind die geradkettigen, im Extrakt die verzweigtkettigen Olefine enthalten. Zum Extrakt werden aromat. KW-stoffe gegeben, u. das Gemisch wird unter Alkylierungsbedingungen in Ggw. von H_2SO_4 als Katalysator umgesetzt. Das Raffinat wird mit Aromaten in H_2SO_4 von höherer Konz. gemischt u. gleichfalls unter Alkylierungsbedingungen behandelt. Die Säurephase wird von den Prodd. der letztgenannten Alkylierung abgetrennt u. ein Teil davon der ersten Alkylierung zur Aktivierung der katalyt. Wrkg. der H_2SO_4 zugegeben. So werden Bzl. u. Toluol alkyliert. — Zeichnung. (**A. P. 2 761 000** vom 18/12. 1953, ausg. 28/8. 1956.) E. KAHLES. H 1010

Stamicarbon N. V., Holland, *Herstellung aromatischer K-Sulfonate,* dad. gek., daß man eine aromat. Sulfonsäure mit 70—95% eines Rückstandes aus der Herst. eines Phenols durch Kalischmelze eines Sulfonats umsetzt. Die Reaktionslsg. wird in W. emulgiert, u. die Feststoffe werden abgetrennt. — 2 Zeichnungen. (**F. P. 1 089 370** vom 11/12. 1953, ausg. 16/3. 1955. Holl. Prior. 11/12. 1952.) S. BÖTTCHER. H 1190

Soc. An. des Manufactures des Glaces et Produits Chimiques de Saint-Gobain, Chauny & Cirey, Frankreich, *Katalytische Oxydation von Aromaten,* dad. gek., daß man dem V_2O_5-Katalysator bis zu 20% Na- oder K-Stannat zusetzt. Oxydiert werden z. B.

Naphthalin zu *Phthalsäureanhydrid* bei 410° u. Bzl. zu *Maleinsäure* bei 480°. (**F. P. 1 089 962** vom 3/6. 1953, ausg. 25/3. 1955.) S. BÖTTCHER. H 1220

N. V. de Bataafsche Petroleum Mij., Den Haag, Holland (Erfinder: **Julius Hyman**, Tallahassee, Fla., und **Abé A. Danish**, Colorado, Ill., V. St. A.), *Addukte von Hexachlorcyclopentadien* (I) an Naphthalin (II) bzw. Anthracen (III) erhält man durch 80—300std. Erhitzen der Ausgangsstoffe auf 100—300° bei n., erhöhtem oder vermindertem Druck, Extrahieren des Reaktionsprod. mit Aceton, Kristallisieren des Rückstandes zur Gewinnung des Diadduktes aus Heptan oder Toluol, gegebenenfalls Eindampfen der Acetonlsg. u. Kristallisieren des Monoadduktes aus Hexan oder nochmaliges Erhitzen des Eindampfrückstandes des Acetonextrakts auf 140—180° zur Bldg. des Diadduktes. — Addukte aus 1 (Mol) **I** u. 1 **II**, F. 163—164°; aus 2 **I** u. 1 **II**, F. 210—211°; aus 2 **I** u. 1 **III**, F. 233—234°. — **I** bildet mit **III** nur ein Diaddukt. — Zwischenprodd. zur Herst. von *Detergents, Insekticiden, Pharmazeutica* u. *Farbstoffen*. (**Schwz. P. 314 913** vom 12/5. 1953, ausg. 31/8. 1956.) R. LINK. H 2700

Centre National de la Recherche Scientifique, Seine, Frankreich (Erfinder: **J. Wiemann** und **R. Nahum**), *Herstellung von Di- und Tetrahydrofuranverbindungen* aus Mesityloxyd (I) durch Red. mit Na-Amalgam in W. + Ae. bei ca. 0°. — Zu 5200 g Na-Amalgam (9,08 g Na) werden bei 0° 1000 cm³ W., 200 g Eis, 2000 cm³ Ae. u. 32 g **I** gegeben, 2½ Std. wird bei 0° gerührt u. die organ. Schicht abgetrennt; man erhält bei Dest. 7,5 g *Dihydrofuranverbb.*, $Kp._{14}$ 70—78°, n_D^{21} 1,461, 2 g *Tetrahydrofuranverbb.*, $Kp._{14}$ 110—120°, n_D^{21} 1,469, u. 15,5 g höhere *Ketone*, $Kp._{14}$ 122—129°, n_D^{21} 1,472. (**F. P. 1 095 485** vom 7/12. 1953, ausg. 3/6. 1955.) H.-J. NITZSCHKE. H 3061

Centre National de la Recherche Scientifique, Seine, Frankreich (Erfinder: **Joseph Wiemann, Michel Paget** und **Raymond Touchet**), *Vorrichtungen zur elektrolytischen Reduktion von organischen Verbindungen*, bes. von Mesityloxyd (**I**) u. Crotonaldehyd (**II**). Als Diaphragma wird ein Nylongewebe verwendet, als Kathode eine solche aus Pb oder Hg. Das Verf. kann kontinuierlich durchgeführt u. Hg laufend regeneriert werden. Das Bad besteht aus einer Lsg. von Alkalicarbonat, -bicarbonat oder -sulfat u. gegebenenfalls Dioxan oder Äther. — Aus **I** entstehen ca. 30% *Di-*, ca. 30% *Tetrahydrofuranverbb.* u. ca. 20% *Ketone*, aus **II** ca. 15% *Dihydrofuranverbb.*, $Kp._{40}$ 55—60°, n_D^{20} 1,450, ca. 45% *Tetrahydrofuranverbb.*, $Kp._{15}$ 107—117°, n_D^{20} 1,470, u. ca. 20% *Äthylenglykole*, $Kp._{15}$ 120—128°, n_D^{20} 1,480. — 2 Zeichnungen. (**F. P. 1 095 486** vom 7/12. 1953, ausg. 3/6. 1955.) H.-J. NITZSCHKE. H 3061

Celanese Corp. of America, New York, N. Y., übert. von: **Alexander F. MacLean** und **Arthur W. Schnizer**, Corpus Christi, Tex., V. St. A., *Substituierte Pyridine*, bes. *2-Vinyl-5-methylpyridin*, erhält man durch Rk. eines geeigneten Pyridins, z. B. von 2-Methyl-5-äthylpyridin, mit wss. CH_2O-Lsg. bei 150—400° u. 400—1500 lbs./sq.in. in Ggw. von 0,05—2 Mol-% eines Katalysators (Persulfate, Benzoylperoxyd, H_2SO_4, H_3PO_4) u. eines Polymerisationsverzögerers (Hydrochinon, Trinitrobenzol), wobei die wss. CH_2O-Lsg. rasch (10—15 Min.) zum auf Reaktionstemp. erhitzten Alkylpyridin gegeben u. anschließend das Gemisch schnell auf $<100°$ abgekühlt wird. (**A. P. 2 754 300** vom 24/7. 1953, ausg. 10/7. 1956.) R. LINK. H 3231

Chemstrand Corp., V. St. A. (Erfinder: **Carlyle John Stehman** und **William Eldred Weesner**), *Stabilisieren von Vinylpyridinen* (2-, 3-, 4-Vinyl-, 5-Äthyl-2-vinyl-, 2-Methyl-5-vinyl-, 2-Äthyl-5-vinyl-, 2-Methyl-6-vinyl-, 2.4-Dimethyl-6-vinylpyridin) zur Verhinderung der Polymerisation bei der Aufbewahrung, dem Transport oder der Dest. durch Verwendung von höchstens 2% *Methylenblau* oder *1-Nitrosonaphthol-(2)*. (**F. P. 1 095 727** vom 15/3. 1954, ausg. 6/6. 1955. A. Priorr. 16/3. u. 23/3. 1953.) H.-J. NITZSCHKE. H 3231

Stamicarbon N. V., Holland, *Reinigen von Caprolactam* (**I**), u. zwar von wss., $<50\%$, bes. 10—20%, **I** enthaltenden Lsgg. mit $<1\%$ $KMnO_4$ bei 30—50°, Entfernen des Braunsteins u. anschließendes Behandeln mit Ionenaustauschern. — Zu 2 Liter filtrierter Waschlsg. mit 10% **I**-Geh., erhalten durch Waschen von **I**-Polymeren, werden 0,2 g $KMnO_4$ gegeben, ½ Std. wird bei 50° gerührt. Das Filtrat wird mit Aktivkohle, dem Kationenaustauscher Dowex-50 u. dem Anionenaustauscher Dowex-2 behandelt, filtriert u. im Vakuum eingedampft. — 2 weitere Beispiele. (**F. P. 1 095 771** vom 16/3. 1954, ausg. 6/6. 1955. Holl. Prior. 19/3. 1953.) H.-J. NITZSCHKE. H 3370

Stamicarbon N. V., Holland, *Reinigen von Caprolactam* (**I**). Rohes **I** wird aus seiner Lsg. in einem mit W. nicht mischbaren organ. Lösungsm. (Bzl., Toluol) mit W. im Gegenstromverf. in mehreren Phasen extrahiert, u. aus der wss. Lsg. wird **I** wieder mit dem ursprünglichen organ. Lösungsm., ebenfalls im Gegenstromverf. in mehreren Phasen, ausgezogen. — 1000 g einer 20%ig. benzol. Lsg. von unreinem **I** werden in

3 Portionen mit insgesamt 800 g W. extrahiert, der Extrakt wird mit 100 g reinem Bzl. ausgezogen; die Verunreinigungen bleiben im wesentlichen in der benzol. Lsg.; die wss. Lsg. (19,3% I) wird im Vakunm eingedampft, I wird mit 1 g NaOH in konz. wss. Lsg. behandelt u. im Vakuum destilliert. — 5 weitere Beispiele; Schema der Anlage. (**F. P. 1 095 772** vom 16/3. 1954, ausg. 6/6. 1955. Holl. Prior. 19/3. 1953.)
H.-J. Nitzschke. H 3370

X. Färberei. Organische Farbstoffe.

Kazuo Miyasaka und **Tomo Namiki**, *Untersuchungen über das Verhältnis zwischen der Anfärbbarkeit und der kristallinen Struktur der Fasern.* 3. Mitt. *Über die Anfärbbarkeit der kristallinen Bereiche von Cellulosefasern nach Trocknung.* 4. Mitt. *Über die Anfärbbarkeit der kristallinen Bereiche von Cellulosefasern ohne Trocknung.* (2. vgl. J. Soc. Textile Cellulose Ind., Japan [Sen-i Gakkaishi] **8.** [1952.] 554.) Durch Verss. mit ausgewählten substantiven Farbstoffen (Direktblau 2 B, Direktechtrot F, Direktgrün BC) wurde bestätigt, daß die kristallinen Bereiche der natürlichen u. der regenerierten Cellulosefasern, erhalten durch Maedas Meth., eine charakterist. Anfärbbarkeit entsprechend der Größe, Struktnr u. Verteilung der kristallinen Bereiche u. der Gleichheit der Kristallite zeigen. Unter gleichen Bedingungen zeigen die kristallinen Bereiche der Fasern mit hoher Kristallinität eine bessere Anfärbbarkeit. Geordnet nach der besseren Anfärbbarkeit der kristallinen Bereiche ergibt sich folgende Reihe: Baumwolle, gekräuselte Zellwolle, Reifencord, gewöhnliches Reyon. Die Anfärbbarkeit der kristallinen Bereiche nimmt durch Trocknen um so mehr ab, je kleiner die kristallinen Bereiche sind. Allg. ist die Anfärbbarkeit der kristallinen Bereiche größer als die der Faser selbst, doch variiert das Verh. entsprechend den färber. Bedingungen. Die Geschwindigkeit der Anfärbung des kristallinen Anteils hängt von der Art des Farbstoffs u. der Struktur der kristallinen Bereiche ab. Bei den gut krist. Fasern (Baumwolle) dringen viel mehr Farbstoffteilchen in die kristallinen Bereiche ein als in die nichtkristalline Anteile enthaltenden pseudokristallinen Bereiche. Dagegen diffundiert bei den wenig kristallinen Fasern (Viscosereyon) der Farbstoff durch die kristallinen Bereiche langsamer als durch die nichtkristalline Anteile enthaltenden pseudokristallinen Bereiche. Diese verschied. Verteilung der Farbstoffe in den Fasern je nach ihrer Kristallinität soll die Farbtiefe u. die Echtheit der Färbungen beeinflussen. (J. Soc. Textile Cellulose Ind., Japan [Sen-i Gakkaishi] **11.** 141—47. März 1955. [Orig.: japan.; Auszug: engl.]) A. v. König. 7002

J. Wegmann, *Ein neuer Fortschritt in der Continuefärberei mit substantiven Farbstoffen.* Es wird die Möglichkeit aufgezeigt, Direktfarbstoffe durch eine vorübergehende Änderung ihrer Eigg. in der wss. Phase im Continueverf. einzusetzen. Cu-haltige Polyazofarbstoffe bilden in Ggw. bestimmter Amine lose Aminkomplexe, die in wss. Lsg. selbst bei höheren Tempp. nicht hydrolysieren. Aus den Absorptionsspektren aminhaltiger Lsgg. von Farbstoffmischungen wird geschlossen, daß die Komplexe in Form echter, mol. Lsg. vorliegen. Sie zeigen eine hohe Diffusionsgeschwindigkeit u. lassen sich trotz großer Unterschiede in der Substantivität gleichmäßig auf die Faser aufbringen. Beim Fixieren im Dämpfer werden die Amine durch die Faser verdrängt u. beim Spülen entfernt. (J. Soc. Dyers Colourists **71.** 777—89. Dez. 1955; SVF Fachorgan Textilveredlung **11.** 176—90. April 1956.) I. Schoenmann. 7020

Andreas Schmitz, *Das Hochtemperaturfärben von Cellulosefasern.* Nach einigen Erläuterungen über die geringe Stabilität vieler Azofarbstoffe oberhalb 100° u. Hinweisen zum Einsatz dieser Farbstoffe beim HT-Färben werden mit Hilfe graph. Darstellungen u. einer vereinfachten thermodynam. Gleichung (über die Veränderung der Entropie des Farbstoff–Faser-Syst. während des Färbeprozesses) die Wrkg. erhöhter Temp. auf die Substantivität, die Färbegeschwindigkeit u. das Egalisiervermögen bestimmt. Dabei wurde gefunden, daß die Cellulosefaser oberhalb 100° weniger Farbstoff absorbiert als bei n. Färbetemp., u. es ergibt sich die prakt. Folgerung, den Färbeprozeß nach der HT-Einw. in einem abkühlenden Bad weiterzuführen. Die Gleichgewichtskonz. des Farbstoffs auf der Faser wird beim HT-Färben schneller erreicht als bei n. Färbetempp., obgleich die in der Zeiteinheit absorbierte Menge geringer ist. Diese Beobachtung wird durch das bessere Egalisiervermögen der Farbstoffe u. die geringere Quellung der Faser bei höheren Tempp. erklärt. Zum Verh. u. zur Anwendung von Küpenfarbstoffen wird auf analoge Gesetzmäßigkeiten hingewiesen. (J. Soc. Dyers Colourists **71.** 910—17. Dez. 1955.) I. Schoenmann. 7020

A. Mellor und **H. C. Olpin**, *Färben und Appretieren von Cellulosetriacetatfasern und -geweben.* (SVF Fachorgan Textilveredlung **11.** 257—68. Mai 1956. — C. **1957.** 12898.) P. Eckert. 7020

—, *Die chemisch-coloristische Verfahrenstechnik im Filmdruck.* Allg. Übersicht. (SVF Fachorgan Textilveredlung **11.** 687—91. Dez. 1956.) O. TREICHEL. 7022

F. I. Ssadow und **I. A. Schikanowa,** *Die Bestimmung der Affinität von sauren Farbstoffen.* Besprechung der üblichen Verff. zur Affinitätsbest. von *sauren Farbstoffen* gegenüber Fasern. Danach ist bei *Protein-* u. *Capronfaser* die thermodynam. Meth. der p_H-Best. für die Halbsättigung die zweckmäßigste. Dieses Verf. ist bei allen sauren Farbstoffen anwendbar. (Текстильная Промышленность [Textil-Ind.] **17.** Nr. 4. 39—41. April 1957.) J. v. SCHROEDER. 7086

Farbenfabriken Bayer Akt.-Ges. (Erfinder: **Heinz-Werner Schwechten, Josef Singer** und **Otto Bayer**), Leverkusen, *Färben von Polymerisaten bzw. Mischpolymerisaten auf der Basis von Acrylnitril beziehungsweise symmetrischem Dicyanäthylen* mit bas. *Anthrachinonfarbstoffen* aus schwach saurer Flotte, dad. gek., daß man bas. Arylaminoanthrachinone verwendet, die im Arylrest durch aliphat., gegebenenfalls Heteroatome enthaltende Reste substituiert sind, die eine oder mehrere, gegebenenfalls substituierte oder quaternierte, aliphat. gebundene Aminogruppe enthalten. Es werden z. B. Stränge eines Acrylnitrilpolymerisats bei einem Flottenverhältnis 1:40 aus wss. Lsg. mit 1%, bezogen auf das Gewicht der Ware, eines Farbstoffes der Formel I unter Zusatz von 3% Essigsäure (30%ig) u. 1,5 Na-Acetat 1 Std. auf dem kochenden Wasserbad gefärbt. Man erhält eine kräftige, rotstichigblaue Färbung von guter Naß- u. Lichtechtheit. (**D. B. P. 963 502** Kl. 8m vom 29/5. 1955, ausg. 9/5. 1957. Anmeldung bekanntgemacht 22/11. 1956.) H. v. SCHILLER. 7021

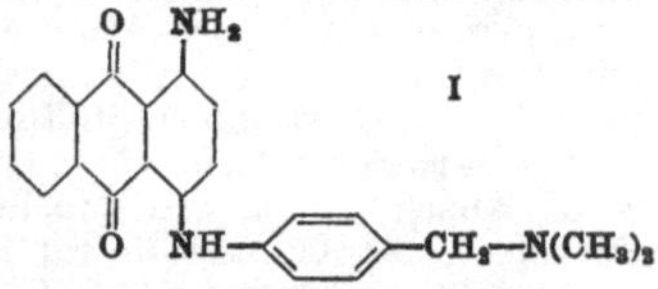

I

Ciba Ltd., Basel, Schweiz, *Färben von Textilien aus Polyestern aromatischer Dicarbonsäuren nach der Dispersionsmethode.* Man verwendet als Farbstoffe Anthrachinonverbb., welche einen S-haltigen Substituenten enthalten, der nicht wasserlöslichmachend wirkt, z. B. eine Alkyl- oder Cycloalkylmercapto-, eine Sulfonsäureester-, Sulfonsäureamid- oder Sulfongruppe. Derartige Farbstoffe sind z. B. 1-Aminoanthrachinon-6-äthylsulfon, -6-sulfonsäuredimethylamid, -6-sulfonsäurephenylester oder 1-Methylmercaptoanthrachinon. (**E. P. 757 869** vom 22/11. 1954, ausg. 26/9. 1956. Schwz. Prior. 27/11. 1953.) H. v. SCHILLER. 7021

Farbenfabriken Bayer Akt.-Ges. (Erfinder: **Walther Lützkendorf** und **Heinz Jakoby**), Leverkusen, *Herstellung von Heiß-Buntprägedrucken* auf Faserstoffflächen, Kunststoff- u. Metallfolien in kontinuierlichem Betrieb unter Verwendung von Pigmenten, dad. gek., daß man die Materialien mit Druckpasten, die als Bindemittel mit trocknenden Ölen modifizierte Alkydharze u./oder mit Xylolformaldehydharz modifiziertes Kolophonium in Ggw. von Leinöl gelöst enthalten, mit Hilfe des gleichen Klischees bei Tempp. $>180^0$ gleichzeitig bedruckt u. prägt. (**D. A. S. 1 005 488** Kl. 8n vom 10/8. 1953, veröff. 4/4. 1957.) H. v. SCHILLER. 7023

Farbenfabriken Bayer Akt.-Ges., Leverkusen (Erfinder: **Adolf Küntzel** und **Kurt Rosenbusch,** Darmstadt), *Färben kationisch gegerbter Leder,* dad. gek., daß solche Leder nach Auftragen einer Nitritlsg. anschließend mit kupplungsfähigen Komponenten behandelt werden. Als solche kommen Phenole, aliphat. Verbb. mit aktivierten H-Atomen oder aromat. Amine in Frage. Die Kupplungsflotte hat in den beiden ersten Fällen alkal. u. im letzten Fall sauer zu sein. (**D. A. S. 1 007 731** Kl. 8m vom 24/9. 1954, veröff. 9/5. 1957.) H. v. SCHILLER. 7025

Crosland & Pickstone Ltd. (Erfinder: **Percy Field Crosland**), Bury, Lancaster, England, *Dunklerfärben von Cellulosematerialien,* die durch Tränken mit einer Lsg. eines anorgan. Fe-Salzes, gegebenenfalls im Gemisch mit weiteren anorgan. Metallsalzen gefärbt worden sind, worauf die Hydroxyde oder bas. Salze des Fe oder der Metallgemische in u. auf den Fasern ausgefällt wurden, dad, gek., daß die gefärbten Materialien in trockenem Zustand kurze Zeit einer hohen Temp. ausgesetzt werden, bes. $>120^0$. Die Dauer der Wärmebehandlung ist um so kürzer, je höher die Temp. liegt. (**D. A. S. 1 005 927** Kl. 8m vom 18/11. 1955, veröff. 11/4. 1957. E. Prior. 1/12. 1954.) H. v. SCHILLER. 7029

Comp. Française des Matières Colorantes, Frankreich (Erfinder: **Robert Lantz** und **Gilbert Kremer**), *Herstellung aromatischer Sulfonsäuren,* dad. gek., daß man ein 4-Nitrosodiarylamin in wss. Medium mit einem Sulfit umsetzt. — Beispiel: Zu 142 (Teilen) $(NH_4)_2SO_3$ in 1000 W. u. 1500 A. setzt man bei 80^0 unter Rühren 100 4-Nitrosophenylaminobenzol (**I**). Nach 2 Std. setzt man 110 Na_2CO_3 zu u. dest. A. u. W. ab. Es krist. *4-Aminophenylaminobenzol-N⁴-Na-sulfonat.* — Bei Verwendung von 1-(4′-Nitroso-

3'-methylphenyl)-amino-3-methylbenzol → *1-(3'-Methylphenylamino)-3-methyl-4-amino-N⁴-Na-sulfonat*, nach Hydrolyse u. Acetylierung *1-(3'-Methylphenylamino)-3-methyl-4-acetylaminobenzol*, F. 147°; aus (4'-Nitroso-3'-methoxyphenyl)-aminobenzol → *4-Phenylamino-2-methoxyaminobenzol-N⁴-Na-sulfonat*, daraus *4-Acetylamino-3-methoxyphenylaminobenzol*, F. 172°; aus 1-(4'-Nitrosophenyl)-amino-4-methoxybenzol → *4-(4'-Methoxyphenylamino)-aminobenzol-N⁴-Na-sulfonat* → *4-(4'-Methoxyphenylamino)-aminobenzol*, F. 142°. — Beschrieben wird ferner die Herst. von *4-Phenylaminoaminobenzol-N_1-Na-sulfonat*. — *Ausgangsprodd.* für die Herst. von *Farbstoffen*. (**F. P. 1 090 687** vom 5/10. 1953, ausg. 1/4. 1955.) S. BÖTTCHER. 7049

Ciba Akt.-Ges. (Erfinder: **Willy Müller**, Riehen, und **Adolf-Emil Siegrist**), Basel, Schweiz, *Herstellung von azogruppenhaltigen 1.3.4-Oxdiazolabkömmlingen*, dad. gek., daß man N.N-Diacylhydrazine, in welchen beide an den Hydrazinrest gebundenen Acylgruppen von Carbonsäuren abgeleitete Acylgruppen sind u. mindestens eine der —CO-Gruppen an ein Aryl-C-Atom eines Restes gebunden ist, der eine Azogruppe aufweist, mit zum Oxdiazolringschluß geeigneten Mitteln behandelt. — 1-Amino-2-methyl-4-chlorbenzol → 2-Oxynaphthalin-3-carbonsäure (**I**). Der Farbstoff wird mit Thionylchlorid in das Farbstoffchlorid verwandelt, welches dann mit Hydrazinhydrochlorid umgesetzt wird. Anschließend wird nochmals mit Thionylchlorid behandelt. Man erhält einen Farbstoff, der Kunststoffe rot färbt. — 1-Amino-2-methyl-5-chlorbenzol → **I**. Die Azoverb. wird wie oben weiterbehandelt. Der erhaltene Farbstoff färbt Kunststoffe rot. — p-Aminobenzoesäure → 4-Chlor-2.5-dimethoxy-1-acetoacetylaminobenzol, wie vorst. behandelt; Polyvinylchlorid (**P**) gelb. — 1-Aminobenzol-2-carbonsäurebutylester → 4-Methoxy-3-acetoacetylaminobenzoesäure, wie vorst. behandelt; **P** grünstichiggelb. (**D. A. S. 1 000 117** Kl. 22a vom 22/6. 1955, veröff. 3/1. 1957. Schwz. Priorr. 7/7. u. 29/11. 1954.) U. SIEVERS. 7053

XIa. Farben. Anstriche. Lacke. Naturharze.

H. Rabaté, *Über die Walzhaut.* Behandelt werden neuere Arbeiten über die Walzhaut (Walzzunder). (Peintures, Pigments, Vernis **32.** 503—05. Juni; Trav. Peinture **11.** 313—17. Juli 1956.) B. SCHEIFELE. 7090

E.-A. Bell, *Die jugoslawischen Mineralfarben: Der Baryt.* Vf. beschreibt Fundorte u. Gewinnung von Baryt in Jugoslawien sowie Eigg. u. Verwendung der Ba-Verbindungen. (Chem. Rdsch. [Solothurn] **9.** 109—10. 1/3. 1956.) H. G. MOSLÉ. 7092

Giorgio Balbi, *Die Bleimennige als Rostschutzpigment.* Chem. u. techn. Eigg. von Bleimennige u. Anwendung in modernen Anstrichfarben. (Pitture e Vernici **12.** 331—33. Mai 1956.) B. SCHEIFELE. 7092

K. E. Knudsen, *Der Mechanismus der spezifischen rostinhibierenden Wirkung von Plumbaten in Leinöl.* Nach MAYNE u. VAN ROOYEN (C. **1955.** 112 95) beruht die inhibierende Wrkg. bas. Pigmente auf der Bldg. von Seifen, die in lösl. inhibierende Verbb. zerfallen. Auf Grund von Verss. mit Bleimennige, PbO u. Ca-Plumbat in Leinöl u. Extraktion der gebildeten inhibierenden Verbb. mit W. wird die spezif. Wrkg. von Plumbaten in Leinöl dahin erklärt, daß die durch Autoxydation des Leinöls gebildeten Verbb. vom Typus R—CHOH—CHOH—R_1 an den C–C-Bindungen durch 4wertige Pb-Verbb. leicht aufgespalten werden. Alkydharz wird durch gelöstes Plumbat viel weniger aufgespalten als Leinöl, weshalb die rostschützende Wrkg. der Plumbate in Leinöl viel stärker ist als in Alkydharzbindemitteln. (J. Oil Colour Chemists' Assoc. **39.** 909—11. Dez. 1956. Kopenhagen, S. Dyrup & Co.) B. SCHEIFELE. 7092

J. D. v. Mikusch und **K. Mebes**, *Über das Quellverhalten von Konjuen- und Isolenölen.* Nach dem gravimetr. Verf. von SEIDL wurde die Wasseraufnahme von sikkativierten Filmen aus Konjuen- u. Isolenölen (isomerisiertem u. nichtisomerisiertem Leinöl) ermittelt. Resultate: Konjuenöle nehmen nur langsam W. auf, erreichen höhere Maxima als Isolenöle u. erlangen nach Trocknung wieder ihr ursprüngliches Gewicht. Im Gegensatz zu Isolenölen ist der Gewichtsverlust gering oder fällt bei höher konjugiertem Öl vollkommen fort. (Farbe u. Lack **61.** 9—16. Jan. 1955. F. Thörl's Vereinigte Harburger Ölfabriken A. G., Zentrallabor.) B. SCHEIFELE. 7096

Masao Gotoda, *Untersuchung zur Verbesserung trocknender Öle durch stille elektrische Entladung in Luft oder Stickstoff.* 2. Mitt. (1. vgl. C. **1957.** 10072.) Stille elektr. Entladung in H_2 (vgl. 1. Mitt.) bewirkt bei fetten Ölen Polymerisation u. Isomerisation. Derart behandeltes Leinöl zeigt verbesserte Trockenfähigkeit, Wetterbeständigkeit, Alkali- u. Wasserbeständigkeit. Behandeltes Tintenfischöl zeigt kein Nachkleben, Vergilben oder fischigen Geruch. Unter Verwendung des SIEMENS-Ozonisators wurden Lein-, Soja- u. Tintenfischöl in Luft u. N_2 behandelt. Resultate: Auch hier erfolgt vorwiegend Polymerisation u. wenig Abbau. Erhöhung der Entladungsspannung auf 7 bis 13 kV beschleunigte die Polymerisation u. beeinflußte nicht den Abbau. Eisenoxyd–Tintenfischöl-Farbe ergab hohe Korrosionsbeständigkeit. Die Salzwasserbeständigkeit der behandelten Öle nahm mit dem Polymerisationsgrad zu. (J. electrochem. Soc. Japan **24.** 313—21. Juli 1956. [Orig.: japan.; Auszug: engl.]) B. SCHEIFELE. 7096

J. H. Greaves, *Anmerkungen über nichtgilbende Öle, insbesondere Tabaksamenöl.* Nichtgilbende Triglyceridöle enthalten nur einige % Fettsäuren mit 3 oder mehr Doppelbindungen. Tabaksamenöl (I) enthält nur ca. 1% Linolensäure. Sojaöl enthält mehr Linolensäure, doch weist I einen höheren Gesamtanteil an trocknenden Fettsäuren (über 70%) auf gegenüber weniger als 60% bei Sojaöl. (J. Oil Colour Chemists' Assoc. **39.** 934—36. Dez. 1956. London, Younghusband, Barnes & Co. Ltd.) B. SCHEIFELE. 7096

C. A. Palm, *Plastisole und Organosole. Erweitertes Anwendungsgebiet für Weichplaste.* Beschreibung der neuen Dispersionstechnik für Farben mit Polyvinylchlorid in Weichmacher (Plastisol) oder mit Zusatz von Lösungsm. (Organosol), die Vorteile in der Filmbldg. u. den Filmeigg. u. die zur Erzielung genügender Haftung auf Metallen erforderlichen Maßnahmen. (Färg och Fernissa **20.** 244—48. Dez. 1956.) R. K. MÜLLER. 7096

H. H. Hutt, *Lecithin und seine Verwendung in der Anstrichindustrie.* Abgaben über Zus., Herst. u. wichtigste chem. u. physikal. Eigg. von Lecithin (I) sowie über I-Gehh. verschied. pflanzlicher Stoffe. Betrachtungen über die Strukturen der hauptsächlichsten Phosphatittypen in bezug auf ihre physikal. Eigg., bes. im Hinblick auf ihre Eignung zur Anwendung in Pigmentsuspensionen für Anstrich- u. Druckfarben. Prüfungsmethoden für handelsübliches I sowie Anwendung u. Wrkg. in Anstrichfarben mit Rezeptbeispielen werden beschrieben. (J. Oil Colour Chemists' Assoc. **39.** 399—414. Juni 1956.) E. PREU. 7096

—, *Vergleichbare Verdampfungsgeschwindigkeiten von Farbenlösungsmitteln.* 2. Mitt. (1. vgl. C. **1957.** 8076.) Beschreibung einer genormten App. u. Meth. zur Best. der Verdampfungsgeschwindigkeit aller flüchtigen u. niedrigviscosen Lösungs- u. Verdünnungsmittel für organ. Lacke u. Anstrichfarben, Schädlingsbekämpfung usw. Das Verf. liefert gut vergleichbare Werte, die in 20 Diagrammen u. 16 Tabellen verschied. Lösungsmittel wiedergegeben werden. (Amer. Paint J., Convent. daily **41.** Nr. 9-B. 31—38. 14/11. 1956.) A. SANDER. 7100

Zdeněk Graas und **Jar. Svačina,** *Beitrag zum Schutz von Kondensationsrohrleitungen bei wechselnden Temperaturen.* Resultate der Unters. von 15 verschied. Anstrichen zum Schutz von Kondensationsrohrleitungen bei wechselnder Temperatur. Als bester erwies sich ein Asphaltanstrich in Kombination mit feucht gestampftem Sand. (Chem. Průmysl **6** (**31**). 474—75. Nov. 1956. Záluzí u. Mostu, Stalinovy zácody n. p.) J. SCHNEIDER. 7106

J. H. Greaves, *Eigenschaften von Filmen aus mit Cyclopentadien behandeltem Leinöl.* Cyclopentadien–Leinöl-Addukte mit ca. 20% Cyclopentadien geben im Vgl. zu Leinölstandöl weichere Filme, nach Wärmepolymerisation des Addukts jedoch härtere Filme als Standöl oder Standöl–Kongoester (4:1)-Lack. Gegenüber Lackbenzin zeigen Filme aus Addukt u. Polymerisat mindestens die gleiche Resistenz wie Filme aus beiden anderen Lacken. (J. Oil Colour Chemists' Assoc. **39.** 775—76. Okt. 1956. London, Younghusband, Barnes & Co. Ltd.) B. SCHEIFELE. 7106

George O. Morrison und **Herbert Terry,** *Überblick über Polyvinylacetatemulsionsfarben.* Eine reversible u. eine irreversible Type werden unterschieden. Als Weichmacher können ca. 15% Dibutylphthalat, bezogen auf festes Polyvinylacetat, angewandt werden, Harze zwischen 10 u. 25%. Als Verdickungs-, Dispergier- u. Oberflächen-akt. Mittel dienen z. B. Alginate, Polyacrylate, Polyvinylalkohol, Bentonite, Celluloseäther usw. Zur Pigmentierung eignen sich bes. inerte Pigmente, wie Rutil-TiO_2 u. Lithopone. ZnO ist nur mit einigen Polyvinylacetatemulsionen verträglich; für farbige Anstriche haben sich Eisenoxyde, aber auch Chromoxyd bewährt. Für leuchtende Farbtöne kommen auch gewisse organ. Farbstoffe in Betracht. Bes. bei letzteren ist für gute Dispergierung durch geeignete Mühlen zu sorgen. Über die Anwendung unter verschied. Verhältnissen auf neuen Untergründen u. alten Ölfarbenanstrichen werden Angaben gemacht. Auch als Grundiermittel für Holz gewinnen Polyvinylacetatemulsionen zunehmende Bedeutung. (Off. Digest Federat. Paint Varnish Product. Clubs **27.** 10—14. Jan. 1955.) E. PREU. 7106

Fritz Ohl, *Tauch- und Schmelzlacke als Schnellverpackung.* Die Anwendung von gelöstem *PVC* u. verwandten Kunststoffen als Schutzfilm durch Tauchen oder Spritzen auf Werkstücke aufgebracht u. von Schmelzlacken auf *Äthylcellulose* u. *Celluloseacetobutyrat*-Basis, in deren Schmelze die Werkstücke getaucht werden, wird besprochen. Die amerikan. Prüfvorschriften für Schmelzlacke werden mitgeteilt. Die Kältebeständigkeit dieser Schmelzlacke soll bei -40° u. die Hitzebeständigkeit bei $+100^{\circ}$ liegen. (Chem. Rdsch. [Solothurn] **9.** 108—09. 1/3. 1956.) H. G. MOSLÉ. 7106

F. Pfister, *Anstrichstoffe auf Basis von cyclisiertem Kautschuk.* Die Herst. von Cyclokautschuk für lacktechn. Zwecke wird beschrieben. Mol.-Gew. ca. 5000, Eigg., Anwendungsgebiete, Kombinationsmöglichkeiten, Pigmentierung werden ausführlich mitgeteilt. (Chem. Rdsch. [Solothurn] **9.** 93—95. 1/3. 1956. Vevey, Vernisol AG.) H. G. MOSLÉ. 7106

Ss. I. Tschertkowa, W. G. Pljussnin und **Je. P. Babin,** *Polymerisation von Terpentinen mittels saurer Katalysatoren.* Von den 4 zur Polymerisation von Terpentin verwendeten Katalysatoren: 98% ig. HF (**I**), $BF_3 \cdot CH_3COOH$ (**II**), synthet. Alumosilicat (**III**) u. $AlCl_3$ (**IV**) gibt **I** die höchste (ca. 50%) Ausbeute an einem festen Tetrameren (Mol.-Gew. 540) des Terpentins gegenüber 31,0% mit **IV**, 7,3% mit **III** u. 9,0% mit **II**. Mit **II** u. **III** erzielt man hohe Ausbeuten an Dimeren. Die höchste Ausbeute an festem Tetrameren erhält man mit **I** bei -45° (56,0% gegenüber 50,0% bei $+20^{\circ}$). (Журнал Прикадной Химии [J. angew. Chem.] **29.** 1865—69. Dez. 1956. Uraler Filiale der Akad. der Wiss. der UdSSR.) J. v. SCHROEDER. 7140

K. Meier, R. Milewsky und **H. Wentzel,** *Die Bestimmung analytischer Kennzahlen in oxydierten Ölen.* Eingehende Unterss. über die exakte Best. von Peroxyd-, CO-, OH-, Ester-, Carbonyl- u. Äthersauerstoff in oxydierten Ölen bzw. 9.12- u. 10.12-Linolsäuremethylestern u. Leinölfettalkoholen. Peroxyd-O kann einzelne Kennwerte verfälschen, z. B. zu hohen CO-Geh. vortäuschen. (Fette Seifen einschl. Anstrichmittel **57.** 702—10. 1955. Gelsenkirchen u. Bochum.) B. SCHEIFELE. 7154

C. C. Mell, *Ein Dünnfilmviscosimeter von weitem Anwendungsbereich.* Beschrieben werden Aufbau, Handhabung u. Anwendung eines selbstanzeigenden Platten-Konus-Viscosimeters, das Schergeschwindigkeiten in den Bereichen von 0—15 sec^{-1} u. 0 bis 3000 sec^{-1} gegen Scherspannung aufzeichnet. (J. Oil Colour Chemists' Assoc. **39.** 832—44. Nov. 1956. Hull, Blundell, Spence & Co. Ltd.) B. SCHEIFELE. 7158

William Parle, *Farbmessung mit dem I. D. L. Farbenauge.* Mit dem I. D. L. Farbenauge (trichromat. Colorimeter) u. dem Farbstärkeberechnungsgerät werden genaue Farbmessungen durchgeführt. (Amer. Paint J., Convent. daily **41.** Nr. 6-C. 42—44. 25/10. 1956.) B. SCHEIFELE. 7158

Norman R. Pugh, *Farbtonkontrolle bei Anstrichfarben unter Verwendung des Beckman-Spektrophotometers Modell DU.* Beschreibung u. Anwendung des BECKMAN-Spektrophotometers Modell DU für die Farbtonkontrolle bei Anstrichfarben. (Amer. Paint J., Convent. daily **41.** Nr. 6-C. 36—38. 42. 25/10. 1956. Chicago, Ill., Sears Roebuck & Co. Color Labor.) B. SCHEIFELE. 7158

H. A. Harriman, *Ein neuer Filmdickenmesser.* Der auf nichtmagnet. Filme in der Anwendung beschränkte Filmdickenmesser mit Dauermagnet (Permanent Magnet Thickness Gauge) wird bei der Messung einfach auf die Filme aufgesetzt. Dickenbestimmungen sind außer bei Lack- u. Anstrichfarbenfilmen möglich bei sonstigen nichtmagnet. Überzügen aus Zn, Sn, Cu, Cr, Al, Ag, Pb, Cd, Se, Messing, Bronze u. einigen nichtmagnet. rostbeständigen Stählen. (Amer. Paint J. **41.** Nr. 9. 80—88. 12/11. 1956. General Electric Co., Instrument Dep.) B. SCHEIFELE. 7158

Lewis Berger & Sons Ltd., London, England, *Mischpolymerisate aus vinylaromatischen Verbindungen und ungesättigten Fettsäurederivaten* erhält man in Ggw. von Redoxkatalysatoren, wobei während oder nach der Veresterung der ungesätt. Fettölsäuren mit Epoxydharzen (**I**) mischpolymerisiert wird. Die **I** leiten sich von einem Bisphenyl, bes. Dioxydiphenyldimethylmethan, ab, das erst mit einem aliphat. oder aromat. Aldehyd (C_{2-20}) kondensiert u. dann mit Epichlorhydrin oder seinen Homologen (C_{4-8}) umgesetzt wird. Als Ölfettsäuren sind Leinöl, Sojaöl u. Tungöl genannt. — Trocknende *Anstrichmittel.* (**E. P. 753 060** vom 22/4. 1954, ausg. 18/7. 1956. A. Prior. 24/4. 1953.) H. SCHINDLER. 7107

Distillers Co. Ltd., England, übert. von: **British Resin Products Ltd.,** *Herstellung lipolöslicher Phenolaldehydharze,* d. h. in pflanzlichen Ölen zu einer klaren stabilen Lsg. lösl. oder dispergierbarer Harze. Man läßt ein prakt. unlösl. Novolakharz auf Styrol oder eines seiner Homologen oder Chlorderivv. in Ggw. eines sauren Katalysators einwirken; 0,1—4 Teile Novolak pro 1 Teil Styrol bei 90—150°. Verwendung der Reaktionsprodd. in Ölen zur Firnisherst. oder als Klebrigmacher, Verstärker oder Alterungsschutz in Kautschuk. — 80 (Gewichtsteile) 40 Gew.-% ig. CH_2O-Lsg., 100 Phenol u.

0,6 Oxalsäure werden ca. 80 Min. bis 125° erhitzt. 100 des Harzes mit F. 80° werden mit 33 Styrol, das 0,3 Phenol-BF_3-Komplex (25% BF_3) enthält, geschmolzen u. portionsweise mit 37 Styrol versetzt, die Mischung $^1/_4$ Std. bei 130° gehalten. Lipolösl. Harz; F. 85° (Ring-Kugel-Meth.). (**F. P. 1 104 022** vom 25/3. 1954, ausg. 15/11. 1955. E. Prior. 26/3. 1953.) M. PANKOW. 7107

Imperial Chemical Industries Ltd., England, *Herstellung von Polyamiden* aus einer Mischung von 77,5—12,5, bes. 50—38,5, Mol Adipinsäure u. 100 Mol Sebacinsäure mit dem bei der katalyt. Red. von Diaminodiphenylmethan anfallenden Isomerengemisch des Bis-[p-aminocyclohexyl]-methans (I). Andere amidbildende Stoffe können in Mengen bis höchstens 15% mitkondensiert werden. Das Reaktionsprod. zeigt gute Durchsichtigkeit u. hohe elektr. Isolierwirkung. Verwendung zur Herst. von *Folien*. — 3 (Gewichtsteile) des Salzes der festen I-Isomerenmischung mit Sebacinsäuse u. 1 des Salzes aus I u. Adipinsäure werden in N_2 mit 3 W. 1½ Std. bei 17,5 kg/cm² u. 210—255° erhitzt, in 1 Std. wird entspannt u. noch 1 Std. bei 250° gehalten. Erweichungspunkt des Polyamids 275°. (**F. P. 1 118 435** vom 16/11. 1954, ausg. 6/6. 1956. E. Priorr. 16/11. 1953 u. 29/10. 1954.) M. PANKOW. 7107

René Droessaert, Seine, Frankreich, *Schutzüberzug auf Glas*, bes. auf unter Überdruck stehenden Glasbehälter, z. B. Glasflaschen mit Aerosolpräparaten. Man verwendet Folien aus plastiziertem Polyvinylchlorid. (**F. P. 1 116 447** vom 21/10. 1954, ausg. 8/5. 1956.) M. PANKOW. 7107

XIb. Plaste (Kunstharze. Plastische Massen).

Birger L. Johnson, *Vorgehärtete Formstähle für die Kunststoffindustrie.* Eigg. u. Anwendung. (SPE Journal **12.** Nr. 1. 37—38. 54—55. 58. Jan. 1956. Latrobe Steel Co.) W. WESLY. 7170

F. Palazzolo, *Kunststoffe in der graphischen Industrie.* Verwendung von Kunststoffen als nichtdeformierbare Unterlagen, Plastikfolien bei Herst. der Originale usw. (Materie plast. **22.** 898—905. Nov. 1956.) B. SCHEIFELE. 7170

L. W. A. Meyer und **R. J. Scogin**, *Berichte beim Technical Unit Committee T-1 J über Kunststoffe für Bauelemente auf Ölfeldern.* 1. Mitt. *Langzeitkriechversuche an aus Tenite-Butyrat-Kunststoff stranggepreßten Rohren.* Das Kriechen von 2 Typen Tenite-Butyrat-Rohren bei verschied. konstanten inneren Drucken (Wasserfüllung) wurde an 2,70 m langen Rohren mit 4 verschied. Durchmessern untersucht. Der äußere Durchmesser wurde period. gemessen; die Kurven (%-Zunahme des Durchmessers gegen die Zeit) sind wiedergegeben. Für jedes Rohr wurde die Grenztangentialspannung nach der Formel von BARLOW berechnet. Die Daten für diese Spannung betragen nur ca. 15—20% der Kurzzeitberstfestigkeit. Wenn bei der prakt. Anwendung diese Werte berücksichtigt werden, werden befriedigende Ergebnisse über die Gebrauchsdauer von Rohrverlegungen erzielt. (Corrosion [Houston] **11.** Nr. 6. 47—53. Juni 1955. Eastman Kodak Co., Tennessee Eastman Co. Div.) R. SCHÄFF. 7170

G. W. Jargstorff und **G. F. Kirkpatrick**, *Polyäthylen — Vergangenheit und Zukunft.* Überblick über die Entw. auf dem Polyäthylengebiet seit 1944 mit dem Hinweis auf weitere Entwicklungsmöglichkeiten, bes. des Niederdruckpolyäthylens. (SPE Journal **12.** Nr. 6. 25—27. Juni 1956. Bakelite Co., Div. of Union Carbide and Carbon Corp.) L. KEMPF. 7172

F. N. Pickett, *Polyäthylenrohre.* Hinweis auf das DELAVAUD-Verf. (Schleudergußverf.) zur Herst. von Rohren aus Polyäthylen, bes. aus ZIEGLER-Niederdruckpolyäthylen. (Rubber Plastics Age **36.** 419—21. Juli 1955.) R. SCHÄFF. 7172

A. Bosoni, G. Guzzetta, I. Ronzoni und **F. Sabbioni**, *Polypropylen, das neue Harz mit großer Zukunft.* Stereospezif. u. stereoisomere Polymerisation zu Polypropylen, Kennwerte u. Eigg., Verarbeitung u. Anwendung. (Materie plast. **22.** 1010—22. Dez. 1956.) B. SCHEIFELE. 7172

Emery Parker, *Theorie der Stabilisierung von Vinylharzen und ihre Stabilisatoren.* (Materie plast. **22.** 1029—35. Dez. 1956. — C. **1957.** 6602.) B. SCHEIFELE. 7172

L. H. P. Weldon, *Die Entwicklung von Hartpolyvinylchlorid.* Zusammenfassung der geschichtlichen Entw. u. des heutigen Standes der Verarbeitung, Verformung u. Anwendung von Hartpolyvinylchlorid (I). Die Eigg. von I u. Polyvinylchlorid mit sehr geringem Weichmachergeh. u. die Herst. von Langspielplatten als eines der Anwendungsgebiete werden erörtert. — 98 Literaturangaben. (Plast. Inst., Trans. and J. **24.** Nr. 58. 303—25. Okt. 1956. Barry, Glamorgan, S. Wales, Brit. Geon Ltd., Res & Developm. Labor.) R. SCHÄFF. 7172

W. F. Fischer und **B. M. Vanderbilt**, *Verbesserte, mit Estern weichgemachte Polyvinylchloride.* Vff. untersuchten die Verbesserung der Stabilität von Esterweichmachern (Ester von Oxoalkoholen, *Diisooctyl-* u. *Didecylphthalat* sowie *Isooctyldecylphthalat*) in *Polyvinylchlorid* (**I**) durch Verwendung von Alterungsschutzmitteln [*Bis-phenol A* (**II**), 2.2-Bis-(4-oxyphenyl)-propan] bei O_2- u. Ofenalterung bei 100°. Es wird gezeigt, daß schon **II**-Konzz. von 0,02 % (bezogen auf **I**) zu einer deutlichen Verbesserung der physikal. Beständigkeit u. Farbstabilität führen. Daneben wurden auch handelsübliche Weichmacher, wie Diisooctyladipat, für **I** ausgeprüft; sie verhalten sich in gleicher Weise. Zur analyt. Best. von **II** in weichgemachten Harzen wird eine chem.-colorimetr. Meth. (Nitrierung des aromat. Rings unter Bldg. gelber Farbe) vorgeschlagen. Meth.: 5 cm^3 Eisessig werden zu 2 cm^3 des stabilisierten Esters zugefügt u. anschließend 6 Tropfen konz. H_2SO_4 u. 3 Tropfen gesätt. $NaNO_2$-Lsg. zugegeben. Nach 30 Min. werden langsam ca. 30 cm^3 alkohol. NH_4OH unter Eiskühlung zugefügt. Nach 1 Std. wird die Farbintensität colorimetr. bei 420 mμ in einer 5 cm^3-Küvette abgelesen. Dieser Wert wird mittels einer Eichkurve in die **II**-Konz. umgewandelt. Empfindlichkeit der Meth.: bis 0,02% **II**. (Mod. Plastics **33**. Nr. 9. 164—72. Mai 1956. Esso Res. & Engng. Co., Enjay Labor.) R. SCHÄFF. 7172

A. Foulon, *Einfärbung von PVC.* (Plastverarbeiter **7**. 452. Dez. 1956. — C. **1957**. 8368.) B. SCHEIFELE. 7172

Joseph Marin und **J. E. Griffith**, *Kriechrelaxation von Plexiglas II A bei einfachen Spannungsverhältnissen.* Auf Grund umfangreicher Experimente mit Plexiglas II A entwickeln Vff. Möglichkeiten der Berechnung der Kriechrelaxation in bezug auf Zug, Druck u. Biegung; eine gute Übereinstimmung zwischen Theorie u. Praxis wird erreicht. (Proc. Amer. Soc. Civil Engr., J. Engng. Mechan. Divis. **82**. EM 3. 1029-1 — 1029-20. Juli 1956.) L. KEMPF. 7172

J. Mleziva, *Zersetzung und Bestimmung von Pentaerythrit in Alkydharzen.* Bei Herst. von Alkydharzen nimmt der Geh. an Pentaerythrit infolge Wärmezers. ab. Durch Veresterung einer oder mehrerer OH-Gruppen steigt die Wärmebeständigkeit. (Fette Seifen einschl. Anstrichmittel **57**. 691—93. 1955. Pardubice, CSR, Inst. für synthet. Harze.) B. SCHEIFELE. 7176

V. Šupler, M. Lidařík und **J. Kincl**, *Ein Beitrag zur Struktur von Epoxyharzen.* Es wurde festgestellt, daß in Epoxyharzen außer Epoxyendgruppen auch Chlorhydrin-, Phenol- u. teilweise Diolendgruppen enthalten sind. Es wurden Formeln für die Berechnung von Mol.-Geww. aus dem Geh. der Endgruppen durch Vgl. mit kryoskop. Angaben überprüft, u. es wurde gefunden, daß eine Formel, in welcher die Epoxy-, Chlorhydrin- u. Hydroxylendgruppen zur Geltung kommen, am besten paßt. Die Ergebnisse sind in einer Tabelle znsammengestellt, u. man kann sie in befriedigender Weise damit erklären, daß die Abspaltung von HCl bei der Rk. nicht quantitativ verläuft, sondern daß ein Gleichgewichtszustand entsteht, was sowohl an den Modellsubstanzen als auch an den Harzen selbst kontrolliert wurde. Es wurde calorimetr. u. durch Berechnung aus den Verbindungswärmen an den Modell-Rkk. festgestellt, daß die Epoxygruppe an das phenol. Hydroxyl in einer stark exotherm. ($\Delta H_{298} = -17,09$ kcal/mol), Rk. addiert wird, während die Bldg. der Epoxygruppe aus der Chlorhydringruppe eine endotherm. Rk. ($\Delta H_{298} = 28,09$ kcal/mol) ist. Bei der letztgenannten Rk. entwickelt sich aber gleichzeitig Wärme durch Lsg. u. Neutralisierung von HCl, so daß die Rk. im ganzen mäßig exotherm. ($\Delta H_{298} = -4,18$ kcal/mol) bleibt. Die Berechnungen der Verbrennungs-, Verbindungs- u. Reaktionswärmen nach KONOWALOW, KHARASCH u. aus der Bindungsenergie stimmen gut mit den Ergebnissen der Messungen für die Ausgangsstoffe u. auch für die Harze überein. Abweichungen treten nur bei der Berechnung aus der Bindungsenergie für die cycl. Verb. ein. (Chem. Listy **50**. 916—21. Juni 1956. Pardubice, Výzk. ústav synth. pryskyřic.) M. KOLÍNSKÝ/Prag. 7176

M. Lidarík, J. Kincl und **V. Ulbrich**, *Ein Beitrag zum Reaktionsmechanismus der Darstellung von Epoxyharzen.* 2. Mitt. (1. vgl. vorst. Ref.) Der Mechanismus der alkal. Kondensation von 2.2-Bis-[4-oxyphenyl]-propan (**I**) mit Epichlorhydrin (**II**) kann entweder durch Rk. von Phenolat mit **II** oder Addition der Epoxygruppe an das Hydroxyl des Phenols u. weitere Dehydrohalogenierung des gebildeten Chlorhydrinäthers (**III**) verlaufen (FISCH u. HOFMANN, J. Polymer Sci. **12**. [1954.] 497). Der Verlauf der Rkk. von **I** mit **II**, mit Glycerindichlorhydrin (**IV**) u. Glycerinmonochlorhydrin (**V**) wurde durch Best. des nicht in Rk. getretenen **I** mittels polarometr. Bromierungstitration, Best. der Alkalität u. Wärmetönung untersucht. Aus den gefundenen Ergebnissen ergibt sich, daß die Rk. von **II** mit Phenolat von untergeordneter Bedeutung ist, daß aber bes. in der ersten Phase eine Addition der Epoxygruppe an das Hydroxyl des Phenols vor sich geht. **IV** liefert unter gleichen Bedingungen zuerst **II**, das in bekannter Weise weiterkondensiert. **V** gibt in der Anfangsphase Glycidalkohol, der ebenfalls an das Hydroxyl des Phenols addiert wird. (Chem. Listy **50**. 1960—63. Dez. 1956.) M. KOLÍNSKÝ/Prag. 7176

Břetislav Doležel, *Die heterogene Hydrolyse von Polycaprolactam.* Es wurde die Kinetik der heterogenen Hydrolyse von Polycaprolactam in Abhängigkeit von p_H u. Temp. untersucht. Unterhalb 75° verläuft die Hydrolyse hauptsächlich im amorphen Gebiet von Polycaprolactam, während bei höheren Tempp. die Kristallisationszentren gestört werden, wobei die Aktivierungsenergie erhöht wird. Es wurde folgende Gleichung abgeleitet, die die Berechnung der Wrkg. eines Hydrolysemittels nach beliebiger Zeit aus einer Best. des Hydrolysegrades ermöglicht: $\log p_2 = k(\log t_2 - \log t_1) + \log p_1$, wobei p_1 u. p_2 = %-Geh. der Hydrolyse nach der Zeit t_1 bzw. t_2 u. k = eine Konstante ist, deren Größe aus der Neigung einer Geraden in einem Diagramm abgelesen werden kann. Die Erhöhung der Kristallinität durch Wärmebehandlung verlängert die Lebensdauer von Polycaprolactam in wss. Lsgg. von Säuren u. Basen. (Chem. Průmysl **6** (**31**). 463—66. Nov. 1956. Praha, Výzkumný ústav ochrany materiálu G. V. Akimova.) J. SCHNEIDER. 7180

Brian Parkyn, *Dringende Probleme auf dem Gebiet verstärkter Kunststoffe.* Die in Zusammenhang mit der Verformung von glasfaserverstärkten Polyesterharzen bestehenden Probleme werden erörtert u. Wege zur Lsg. aufgezeigt (Reproduzierbarkeit der Herstellungsbedingungen, Oberflächenbehandlung, Vernetzungsgrad, Massenproduktion u. Vergilbung von Wellplatten). (Brit. Plastics **29**. 452—55. Dez. 1956. Wollaston, Weliingb., Nosthants., Scott Bader & Co.) R. SCHÄFF. 7204

W. Brügel, *Magnetische Kern- und Elektronenresonanz. Zwei neue Verfahren der Kunststoffuntersuchung.* Die Anwendung der magnet. Kernresonanzspektroskopie auf hochmol. Stoffe zur Best. des kristallinen u. amorphen Anteils u. zur Erfassung von Übergängen in den Ordnungszuständen u. die Anwendung der paramagnet. Elektronenresonanzmeth. zur Unters. von mit energiereichen Strahlen bestrahlten Kunststoffen (Bldg. von Radikalen) werden erörtert. (Kunststoffe **46**. 366—71. Aug. 1956. Ludwigshafen/Rh.) R. SCHÄFF. 7210

C. H. Weber, E. N. Robertson und **W. F. Bartoe**, *Zeit- und temperaturabhängiger Modul für Kunststoffe.* Beschreibung einer einfachen Langzeitmeth. zur Messung des Elastizitätsmoduls von Kunststoffen, aus dem mit Hilfe von Formeln auf die Spannungs- u. Verzerrungskräfte geschlossen werden kann. (Ind. Engng. Chem. **47**. 1311—16. Juli 1955. Cambridge, Mass., Inst. of Technology.) H.-J. HEINRICHS. 7210

R. Henderson und **G. A. Wallace**, *Ein einfacher Apparat zur Bestimmung der Gaspermeabilität biegsamer Filme.* Vff. beschreiben einen einfachen billigen App. (2 Figuren) für prakt. Zwecke u. geben Belegmessungen verschied. Folien (z. B. Polyäthylen) an, die mit bekannten Werten übereinstimmen. (Food Technol. **10**. 636—38. Dez. 1956. New Haven, Conn., Olin Mathieson Chem. Corp., Film Div.) K. HERRMANN. 7210

T. N. Kassterina, Je. N. Fedotowa und **O. Ss. Schewtschenko**, *Über die Beschleunigung der Methode zur Bestimmung von Doppelbindungen in synthetischen Harzen auf dem Wege der Anwendung eines Katalysators.* Die bekannte Bromierungsmeth., bei welcher 50 ml 0,1n Br_2-Lsg. in Eisessig–Pyridinsulfat zu 5 ml einer Lsg. des synth. Harzes in CCl_4 zugegeben werden, läßt sich durch Zufügen von 10 ml 2,5%ig. Hg-Acetatlsg. in 2—3 Min. durchführen. Das nicht verbrauchte Br_2 wird durch Zugabe von 20 ml 15%ig. KJ-Lsg. u. Rücktitration mit Thiosulfat bestimmt. Das Verf. wurde bei Allylestern mit hohen JZ. (150—400) mit gutem Erfolg erprobt u. läßt sich auch zur Best. techn. Phenole gebrauchen. (Заводская Лаборатория [Betriebs-Lab.] **21**. 408—10. 1955. Zentr. wiss. Forschungsinst. für Kunstharze.) H. HUBER-EMDEN. 7210

Vladimír Vorobjov, *Bestimmung von Methylolgruppen in Formaldehydresolen.* Vf. bestimmt die Methylolgruppen in Resolen, die hauptsächlich deren Erhärtungsfähigkeit bewirken, durch Kondensation der Proben mit m-Kresol (stark im Überschuß) bei Ggw. von p-Toluolsulfosäure, wobei das freigewordene W. direkt durch dead-stop Titration mittels K. FISCHER-Reagens erfaßt wurde u. der Methylolgruppengeh. aus der Menge des hierbei frei gewordenen W. nach Abzug der Feuchtigkeit u. des durch freien Formaldehyd frei gewordenen W., berechnet wurde. Die einfache u. rasche Meth. ergab gut reproduzierbare u. genaue Ergebnisse. (Chem. Zvesti **9**. 408—14. Sept. 1955. Bratislava, Výsk. úst. Kábelov a izolantov.) H. HRUSCHKA. 7210

Paul D. Garn und **Esther Wennerblad Halline**, *Polarographische Bestimmung von Phthalsäureanhydrid in Alkydharzen.* Die Meth. zur Best. des Gesamtphthalatgeh. von Alkydharzen u. Harzlsgg. als Phthalsäureanhydrid beruht darauf, daß die Probe verseift u. das K-Salz des sauren Phthalsäureesters in wss. H_2SO_4 gelöst wird u. der Diffusionsstrom an der Hg-Tropfelektrode gemessen wird. Phthalsäure gibt in wss. H_2SO_4

eine wohldefinierte polarograph. Stufe, wenn Tetramethylammoniumbromid als inerter Elektrolyt verwendet wird, die Stufenhöhe ist der Konz. proportional. Der Diffusionskoeff. der Phthalsäure in diesem Lösungsm. beträgt $8{,}6 \cdot 10^{-6}$ $cm^2 \cdot sec^{-1}$. Tere- u. Isophthalsäure, Bernstein-, Sebacin- u. Adipinsäure stören nicht. In Ggw. von Malein- oder Fumarsäure oder Nitrocellulose ist eine Modifikation der Meth. notwendig. — Ausführung: Die 0,4—0,6 g Phthalsäure enthaltende Probe (= E g) wird nach der ASTM-Meth. D 563—52 verseift. Der abgesaugte u. ausgewaschene Nd. wird in ca. 15 ml W. gelöst; die Lsg. gibt man durch ein Filter u. spült mit 25—40 ml W. aus. Die Filtrate werden mit W. zu 100 ml ergänzt. — In 3 50 ml-Meßkolben gibt man je 25 ml einer 0,2n Tetramethylammoniumbromidlsg. in wss. H_2SO_4 von p_H 1,3 (ca. 0,05n) u. pipettiert in 2 dieser Lsgg. (A u. B) je 5,00 ml obiger Probelsg.; die 3. Lsg. (C) dient als Blindversuch. Zur Lsg. A gibt man 5,00 ml einer Standardlsg. von saurem K-Phthalat (4,00 g pro Liter). Die 3 Lsgg. werden mit W. zu 50 ml ergänzt. Der Diffusionsstrom von Lsg. A wird zwischen —1,2 u. —1,3 V bestimmt, die Diffusionsströme von Lsgg. B u. C werden bei —1,08 V bestimmt. % Phthalsäure = $(i_B - i_C/i_A - i_B) \cdot 40 \cdot 148{,}1/E \cdot 204{,}2$. Ist i_B wesentlich größer als i_C, so sind andere 2-bas. Säuren oder Nitrocellulose vorhanden; für diesen Fall kann die Meth. modifiziert werden. (Analytic. Chem. **27**. 1563—65. Okt. 1955. Murray Hill, N. J., Bell Telephone Laborr.) K. F. MÜLLER. 7210

Soc. An. des Manufactures des Glaces et Produits Chimiques de Saint-Gobain, Chauny & Cirey, Seine, Frankreich, *Polymerisieren mit γ-Strahlen*, bes. weichen Strahlen, in M. oder wss. Dispersion. Die Strahlenquelle befindet sich im Zentrum des runden oder ovalen Reaktionsraumes, der mit Pb oder Zement umgeben ist. Ausbeute ca. 10%. Zusätzliche Verwendung der üblichen Polymerisationskatalysatoren u. die Herst. von Mischpolymerisaten ist möglich. (**F. P. 1 121 084** vom 3/2. 1955, ausg. 20/7. 1956.) M. PANKOW. 7171

DEHYDAG Deutsche Hydrierwerke G. m. b. H., Deutschland, *Verbesserung der Oberflächeneigenschaften von Hochpolymeren* außer Kohlehydraten. Man behandelt die Oberflächen von Filmen, Folien, Platten usw. mit elektr. neutralen organ. Salzen, die man aus äquimol. Mengen anion-akt. u. kation-akt. Stoffe erhält. — Man zieht einen Polyamidfilm durch eine Lsg. (15 g des organ. Salzes pro Liter) des Reaktionsprod. aus äquimol. Mengen von Dimethyloctylcyclohexylammoniumchlorid u. Na-Caprinat. Verbesserte mechan. Festigkeit der Oberfläche. — Man walzt auf einen Polyvinylchloridfilm eine dünne Schicht aus dem geschmolzenen Reaktionsprod. von Trimethyloctadecylammoniumchlorid u. Na-Dodecylphosphat. Gute elektr. Isoliereigenschaften. — Man behandelt Kautschukfelle mit der 10%ig. CCl_4-Lsg. des Reaktionsprod. aus Dimethyloctadecylcyclohexylammoniumchlorid u. Na-Alkylphosphat (Alkylrest mit 12 bis 18 C-Atomen). Gute antistat. Eigg., erhöhte Reibfestigkeit. (**F. P. 1 119 431** vom 18/2. 1955, ausg. 20/6. 1956. D. Prior. 20/2. 1954.) M. PANKOW. 7171

Jean Marie Joseph Émile Ludovic d'Auzac de la Martinie, Seine, Frankreich, *Polymerisation von Butadienen, Vinyl- und Acrylverbindungen* in Ggw. von organ. Säuren, Estern, Polyestern usw., die man bei der Extraktion von Kork erhält u. die nach Depolymerisation der Gesamtsäure des Korkes in chlorierten Lösungsmitteln, wie Trichloräthylen, lösl. sind, oder von Fraktionen dieser Extrakte. Sie sollen vor der Polymerisation u. auf die fertigen Polymerisatemulsionen eine stabilisierende Wrkg. haben u. den Emulsionen eine große Kältefestigkeit verleihen. (**F. P. 1 108 762** vom 23/6. 1954, ausg. 17/1. 1956.) M. PANKOW. 7173

Dow Chemical Co., übert. von: **Thomas E. Werkema, John W. Thorsberg** und **Chancey E. De Long,** Midland, Mich., V. St. A., *Selbsterlöschende plastische Massen* auf der Basis von Arylalkenylpolymerisaten, bes. *Polystyrol*, die bes. auch in Form von Zellkörpern vorliegen können, gek. durch einen Geh. von 0,5—5, bes. 1,25—3% CBr_2Cl_2, *1.2-Dibrom-1.1-dichloräthan* oder *1.2-Dibrom-1.1.2.2-tetrachloräthan*. (**A. P. 2 760 947** vom 24/2. 1953, ausg. 28/8. 1956.) O. SCHÖN. 7173

Badische Anilin- & Soda-Fabrik Akt.-Ges., Ludwigshafen/Rh. (Erfinder: **Werner Nieswandt,** Weinheim a. d. Bergstr.), *Herstellung von Mischpolymerisaten* aus ungesätt. Polyesterharzen (**I**) u. sie lösenden Vinylverbb., dad. gek., daß man die **I** vor der Mischpolymerisation mit Vinyläthern, bes. in Ggw. von sauer reagierenden Stoffen, behandelt. Z. B. wird eine Gießharzmischung, die Styrol u. **I** auf Basis Maleinsäure, Phthalsäure u. Propylenglykol enthält, mit 1.4-Butandioldivinyläther u. p-Toluolsulfonsäure bei 20—30° behandelt. (**D. B. P. 933 786** Kl. 39c vom 18/8. 1953, ausg. 6/10. 1955. Anmeldung bekanntgemacht 30/12. 1954.) H. SCHINDLER. 7173

Soc. des Usines Chimiques Rhône-Poulenc, Seine, Frankreich (Erfinder: **Maurice Louis Auguste Fluchaire** und **Georges Collardeau**), *Polyestergießharz* aus einer Lsg.

eines Polyesters aus einem gesätt. Diol (Propylenglykol) mit einer Mischung aus einer α.β-ungesätt. Dicarbonsäure u. o-Carboxyphenylpropionsäure (I; Tetralsäure, aus Tetralin durch Oxydation) in einer polymerisierbaren Verb., wie Styrol u. Polymerisation der Lsg.; Verwendung wie die üblichen Polyestergießharze, z. B. mit Glasgewebe als Verstärkung. — Man erhitzt 116 (Gewichtsteile) Fumarsäure, 167 I u. 156 Propandiol-(1.2) unter CO_2 in 7 Std. bis 205°, hält hier 7 Std., setzt bei 100° 0,16 Hydrochinon u. 164 Styrol zu u. bei Gebrauch 2% einer 60%ig. Lsg. von Methyläthylketonperoxyd in Methylphthalat (Supersol DDM) u. 0,2% Co-Octoat als 6%ig. (auf Co bezogen) KW-stofflsg., formt u. heizt 24 Std. auf 35° u. 4 Std. auf 80° u. erhält ein hartes, unschmelzbares Harz. (**F. P. 1 109 227** vom 20/7. 1954, ausg. 24/1. 1956.)
M. PANKOW. 7177

Imperial Chemical Industries Ltd., England, *Herstellung von hochmolekularen Polymethylenterephthalaten.* Man läßt ein Glykol der Formel $HO(CH_2)_nOH$ (n = ganze Zahl von 2—10) mit Terephthalsäuredialkylester in Ggw. einer Zn- oder Mn-Verb. (Acetat) reagieren u. unterwirft das Reaktionsprod. in Ggw. einer Sb- oder P-(III)-Verb. der Polykondensation. — Zu einer Schmelze von 100 (Gewichtsteilen) Dimethylterephthalat u. 63 Äthylenglykol gibt man bei 150° 0,015 Zn-Acetat u. 0,02 Sb_2O_3 in 1 Äthylenglykol u. heizt unter CH_3OH-Entfernung ca. $4^1/_2$ Std. auf 160—215°. Die Schmelze des erhaltenen Bis-oxäthylterephthalats wird auf 245° u. dann im Vakuum (1 mm) auf 270—275° erhitzt. Setzt man zu der Schmelze 0,05 Triphenylphosphit, so erhält man nach 9 Std. ein helles Kondensationsprodukt. (**F. P. 1 119 597** vom 25/2. 1955, ausg. 21/6. 1956. E. Priorr. 26/2., 9/4. 1954 u. 9/2. 1955.) M. PANKOW. 7177

N. V. de Bataafsche Petroleum Mij., Den Haag, Holland, *Epoxyharze* erhält man durch Rk. eines Novolakharzes (I) mit mindestens 3 Mol Epichlorhydrin pro phenol. OH-Gruppe des Harzes bei 60—150° in Ggw. von starken Alkalien. I erhält man durch Kondensation von mehrwertigen Phenolen, die nicht durch KW-stoffreste oder Cl_2 substituiert sind, mit Aldehyden in Ggw. saurer Katalysatoren im Mol.Verhältnis von 1,1:1 bis 2,5:1. Die Prodd. sind viscose Fll. bis feste Stoffe u. ergeben mit Härtungsmitteln, wie Dicyandiamid, Massen, die in Härte, Zähigkeit u. Festigkeit den bisherigen Epoxyharzmassen überlegen sind. (**E. P. 753 268** vom 30/4. 1954, ausg. 18/7. 1956. A. Prior. 4/5. 1953.) J. MÜHLEISEN. 7177

Spumalit-Anstalt, Liechtenstein, *Kontinuierliche Herstellung nicht stabiler Carbamidharze* (Harnstoff-, Thioharnstoff- u./oder Melamin-CH_2O-Kondensationsprodd.). Man führt das Ausgangsmaterial unter Druck in einen Kontaktofen, in dem es fortschreitend auf die erforderliche Reaktionstemp. in einem Oberflächenverdampfer erhitzt wird, um dann abgekühlt zu werden, worauf es aus dem Kontaktofen in einen Kühler kommt u. hier unter n. Druck auf Raumtemp. gekühlt wird. Das Erhitzen u. der Aufenthalt im Kontaktofen dauern nur einige Min., das fl., den Kontaktofen verlassende Prod. kondensiert bei Raumtemp. zu Ende. — Zeichnung einer Anlage. (**F. P. 1 104 018** vom 17/3. 1954, ausg. 15/11. 1955. Schwz. Prior. 15/4. 1953.)
M. PANKOW. 7181

Marguerite Cassel, Seine, Frankreich, *Perlmutterersatz.* Man mischt ein Vinylharz, bes. Polyvinylester, mit einer Mischung aus Methylsiliconen u. Bentonit, z. B. 85—55 (Teile) Polyvinylacetatbutyral mit 15—45 der Methylsilicon-Bentonit-Mischung bei 105°. Zweckmäßig wird die Mischung zu Stäben oder Rohren gespritzt, die gepulvert u. erneut geformt werden. (**F. P. 1 104 384** vom 30/3. 1954, ausg. 18/11. 1955.)
M. PANKOW. 7189

William Jacques Herter, Seine, Frankreich, *Verarbeiten von Fasern und Füllstoffen in Kunstharzen.* Die Fasern usw., z. B. Papier, werden mit einem chem. neutralen Lösungsm. oder Quellungsmitteln für das Kunstharz befeuchtet. (**F. P. 1 112 937** vom 20/10. 1954, ausg. 20/3. 1956.) M. PANKOW. 7205

Soc. An. des Pneumatiques Dunlop, Seine, Frankreich, *Verstärkte Polyestergegenstände.* Als Verstärkung für Polyesterharze nimmt man nichtgewebtes Gewebe, das man erhält, wenn man auf parallele Fäden eine Klebstoffschicht, z. B. aus einem Styrol u. Katalysator enthaltenden Polyesterharz, aufbringt u. hierauf eine Querlage ebenfalls paralleler Fäden preßt. Das mit dem Gewebe verstärkte Polyesterharz dient zur Herst. von Rohren, Platten, Auto- u. Flugzeugteilen. (**F. P. 1 127 731** vom 18/7. 1955, ausg. 24/12. 1956.) M. PANKOW. 7205

XII. Kautschuk.

R. Novák und **L. Faldik**, *Der Chlorkautschuk.* Übersicht über den Chemismus der Chlorkautschukbldg., technolog. Herst., Anforderungen auf dem Lackgebiet an seine Qualität, Analyse, Widerstandsfähigkeit des Lackfilms gegen Chemikalien u. mechan.

u. elektr. Eigenschaften. (Chem. Průmysl 5 (30). 382—84. Sept. 1955. Plaste u. Kautschuk **4.** 100—01. März 1957. Gottwaldov, Výzkumný ústav pro využití plast. hmot.) O. POLLAK V. EMHOFEN. 7224

Burton B. White, *Die Schrumpfung von Silicon-O-Ringen ist nun gleich der von organischen Kautschuken.* Gegenüber den meisten Kautschuktypen mit 1,5—1,8% Schrumpfung bei der Vulkanisation, beträgt diese für Siliconkautschuk 6%. Es ist nunmehr gelungen, niedrigschrumpfende Mischungen herzustellen. Während die Type SE 361 noch um 3% schrumpfte, ist die Schrumpfung von SE 371 u. 381 auf die Größenordnung von organ. Kautschuken reduziert. Im Kurvenbild wird als Vgl. Nitrilkautschuk angegeben. Über den chem. Mischungsaufbau werden keine Angaben gemacht. (Rubber Wld. **134.** 563—64. Juli 1956. Waterford, N. Y., General Electric Co.) O. KRAMM. 7224

C. H. Leigh-Dugmore, *Messung der Verteilung in rußgefüllten Kautschuken.* Eine Meth. zur Best. der Rußverteilung in Kautschuk wird angegeben; dabei werden Mikrotomschnitte der Mischung mkr. untersucht u. der Anteil des Füllstoffs, der in Aggregaten unter einer bestimmten Größe verteilt ist, bestimmt. Diese Meth. eignet sich vor allem zur laufenden Betriebskontrolle. (Rubber Chem. Technol. **29.** 1303—08. Okt./Dez. 1956. Birmingham, Dunlop Res. Centre.) R. SCHÄFF. 7226

B. Dogadkin und **I. Tutorski,** *Über den Wirkungsmechanismus von Vulkanisationsbeschleunigern. Reaktion von Mercaptobenzthiazol mit Schwefel.* Die Reaktionsgeschwindigkeit der H_2S-Abspaltung beim Erhitzen von *Mercaptobenzthiazol* (**I**) u. *S* in Vaselinöl bei 140—180° bleibt bei einer konstanten Temp. infolge des geringen Komponentenverbrauchs (1,5% I in 10 Std. bei 140°) prakt. unverändert u. nimmt bei zunehmender Konz. der Reaktionspartner linear zu. Die Aktivierungsenergie der H_2S-Bldg. beträgt 35500 cal/Mol. Ähnliche Ergebnisse wurden auch beim Erhitzen der I-S-Schmelze auf 140° im offenen Gefäß bzw. beim Erhitzen von **I** u. S in Xylol bei 138° erhalten. Die Entw. von H_2S wird in Ggw. von *Stearinsäure* beschleunigt, in Ggw. von N-Oxyden unterdrückt. Das gleichzeitig mit H_2S entstehende feste Polysulfid, F. ≈130° (Zers.) der Zus. 37,94% C; 2,69% H; 6,05% N; 52,5% S entspricht der Strukturformel: $C_6H_4\langle{}^{N}_{S}\rangle C-S-S_3-$ $-S-C\langle{}^{N}_{S}\rangle C_6H_4$. Beim Erhitzen der I-S-Schmelze in zugeschmolzenem Rohr auf 140° wird kein H_2S, sondern nur ein Polysulfid $C_6H_4\langle{}^{N}_{S}\rangle C-S_xH$ gebildet. Die Versuchsergebnisse widersprechen der von FISCHER (Ind. Engng. Chem. **31.** [1939.] 1381) u. a. vertretenen Auffassung über den Wirkungsmechanismus von **I** als Vulkanisationsbeschleuniger, wonach der H_2S-Bldg. die Rolle einer Haupt-Rk. zugeschrieben wird. Wahrscheinlicher ist das Schema: $\mathbf{I} + S_8 \rightarrow C_6H_4\langle{}^{N}_{S}\rangle C-S^{\bullet} + HS_8^{\bullet} \rightleftarrows C_6H_4\langle{}^{N}_{S}\rangle C-S_xH + S_{8-x}^{\bullet\bullet}$. Der Vulkanisationseffekt beruht im wesentlichen auf der Rk. des Kautschuks mit den Biradikalen $S_{8-x}^{\bullet\bullet}$ u. $C_6H_4\langle{}^{N}_{S}\rangle C-S^{\bullet}$. (Доклады Академии Наук СССР [Ber. Akad. Wiss. UdSSR] **108.** 259—62. 11/5. 1956. Moskau, Lomonossow-Inst. für chem. Feintechnol.) W. DAWYDOFF. 7228

E. J. Bradbury nnd **R. A. Clark,** *Aluminiumheizblock zum Altern von Kautschuk und Kautschukverbindungen bei hohen Temperaturen.* Der Bauplan u. konstruktive Einzelheiten für einen rechteckigen Aluminiumheizblock mit 60 Löchern (38 mm Durchmesser) für die Testrohre zum Altern von Kautschuk u. anderen organ. Materialien (test–tube method) bei Tempp. bis 425° werden beschrieben. (RubberWld. **134.** 872—76. Sept. 1956. Columbus, O., Battelle Memorial Inst.) R. SCHÄFF. 7248

Dunlop Rubber Co. Ltd., England, übert. von: **Deutsche Dunlop Gummi Co. Akt.-Ges.,** *Elastische Masse für Polsterzwecke.* Man verwendet u. a. Mischungen aus Kautschukmilchschaum u. einer verschäumbaren Polyurethanmischung. — Man mischt 15 (Gewichtsteile) eines durch Isocyanat teilweise modifizierten Polyestersirups mit 4 der Mischung aus Toluol-2.4- u. -2.6-diisocyanat u. 1 des Äthylenkondensationsprod. Carbowax. Zu dem sich bildenden Polyurethanschaum gibt man 20 frischen Kautschukmilchschaum unter starkem Rühren, läßt verschäumen u. gelieren u. vulkanisiert. (**F. P. 1 103 628** vom 2/7. 1954, ausg. 4/11. 1955. D. Prior. 3/7. 1953.) M. PANKOW. 7225

United States Rubber Co., New York,' N. Y., V. St. A., *Mischverfahren.* Natur- oder Kunstkautschuk wird mit verhältnismäßig großen Mengen Aktivruß u. 1—3 (% auf Kautschuk) eines α-Jodcarbonsäurederiv., z. B. Jodessigsäure, auf 135—205° erhitzt, mastiziert, mit den üblichen Zusätzen versehen u. n. verarbeitet. (**E. P. 751 453** vom 14/9. 1954, ausg. 27/6. 1956. A. Prior. 16/11. 1953.) W. OVERBECK. 7227

United States Rubber Co., New York, N. Y., V. St. A., *Mischverfahren.* Natur- oder Kunstkautschuk wird mit verhältnismäßig großen Mengen Aktivruß u. 1—3 (% auf Kautschuk) eines aromat. Sulfonylchlorids gemischt, auf 135—205° erhitzt, mastiziert, mit den üblichen Zusätzen versehen u. n. verarbeitet. (**E. P. 751 454** vom 14/9. 1954, ausg. 27/6. 1956. A. Prior. 16/11. 1953.) W. OVERBECK. 7227

United States Rubber Co., New York, N. Y., V. St. A., *Kautschukmilchschaummischung.* Natur- oder Kunstkautschukmilchschaum wird mit einer Glasfaseraufschlämmung vermischt, die ein kationakt. Netzmittel enthält. (**E. P. 749 339** vom 13/4. 1954, ausg. 23/5. 1956. A. Prior. 21/4. 1953.) W. OVERBECK. 7227

Deutsche Gold- & Silberscheideanstalt vormals Roessler, Deutschland, *Herstellung eines verstärkenden Kautschukfüllstoffs.* Man verbrennt Mischungen aus wenigstens 2 Metall- oder Metalloidverbb. (Si-, Al-, Ti-, Zr-, Fe-, Cr-Chloride) mit zur Oxydbldg. stöchiometr. O-Mengen in Ggw. von brennbaren Gasen (CO, H_2, CH_4, Leuchtgas). Die Teilchengröße der entstehenden Oxyde wird durch Arbeiten in möglichst verd. Gas-Rk. verringert, die Aktivität durch Anwendung einer möglichst niedrigen Gastemp. erhöht, ca. 900—1200° u. kurze großvol. Flammen. Die entstehenden komplexen Oxyde oder beginnenden Verbb. werden durch Einblasen in leere Kammern allmählich koaguliert. Man verwendet als Kautschukfüllstoff z. B. einen solchen mit 10% Al-Oxyd u. 90% SiO_2. (**F. P. 1 115 851** vom 15/12. 1954, ausg. 30/4. 1956. D. Prior. 15/12. 1953.) M. PANKOW. 7227

DEHYDAG Deutsche Hydrierwerke G. m. b. H., Deutschland, *Weichmacher für Chlorkautschuk, Polyvinylchlorid oder -vinylidenchlorid* mit gegen Wärme- u. Lichteinw. stabilisierender Wirkung. Man verwendet die Öle, die bei der Epoxydation von Estern ungesätt. ein- oder zweibas. cycloaliphat. Säuren mittels organ. Persäuren oder H_2O_2 + organ. Säuren erhalten werden. Reaktionstemp. 30—60°; Erhöhung der Temp. u. Verwendung von Mineralsäuren begünstigt die Entstehung von Dioxyesterfraktionen. — Zu 280 (Gewichtsteilen) Dibutyl-Δ^4-tetrahydrophthalat u. 127,5 40% ig. H_2O_2 gibt man bei 50—60° in $^1/_4$ Std. 18 g 85% ig. HCOOH, trennt nach 8 Std. von der wss. Phase u. reinigt. Farblose Fl. mit ca. 50% Dibutyl-4.5-epoxyhexahydrophthalat. — 7 weitere Beispiele. (**F. P. 1 117 985** vom 19/1. 1955, ausg. 30/5. 1956. D. Prior. 22/2. 1954.) M. PANKOW. 7227

Phillips Petroleum Co., übert. von: **Lynn Harbison**, Akron, O., V. St. A., *Vulkanisationsregler* für organ. beschleunigte, Ofenruß enthaltende Kautschukmischungen, bestehend neben einem Alterungschutzmittel aus einer Verb. der Formel I (X ist H, ein Halogen, ein Alkylrest mit ≦12 C-Atomen, ein Alkoxyrest mit ≦12 C-Atomen, eine Nitrogruppe oder ein Cyanrest. n ist 1 oder 2). (**A. P. 2 727 014** vom 24/3. 1952, ausg. 13/12. 1955.) W. OVERBECK. 7229

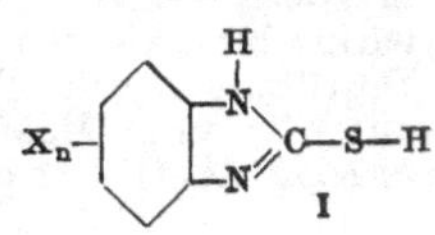
I

Dunlop Rubber Co. Ltd., London, England (Erfinder: **Derek William Sear**), *Butylkautschukmischung.* Um Butyl- u. Naturkautschukschichten zusammenzuvulkanisieren wird eine Zwischenschicht eingeschaltet, die man erhält, indem man eine Butylkautschukmischung auf heißer Walze so lange mastiziert, bis sie als vulkanisierte Krümel von der Walze fällt, die man in eine kleine Menge der Rohmischung auf kalter Walze einmischt, worauf man eine Kalanderplatte herstellt. (**E. P. 743 731** vom 19/5. 1953, ausg. 25/1. 1956.) W. OVERBECK. 7229

Jacqueau Berjonneau & Cie., Seine, Frankreich, *Herstellung unbrennbarer homogener Kautschuk–Polyvinylchlorid-Mischungen.* Man mischt Kautschuk mit einem Verstärkungsmittel, das sich mit ihm gut mischen läßt, z. B. Phenol- oder Cumaron–Indenharz, einem mit letzterem u. Polyvinylchlorid gut mischbaren Harz (Vinylchlorid–Vinylacetat-Mischpolymerisat) u. Polyvinylchlorid. Als Weichmacher u. Flammenschutzmittel können chloriertes Diphenyl u. Trikresylphosphat u. als weiterer Weichmacher Triäthanolaminsulfamat dienen. Herst. von Transportbändern, Schläuchen für Brennstoffe, Feuerschläuchen, Fußbodenbelägen. — Eine Mischung besteht aus 100 (Teilen) Kautschuk, 20 Cumaron–Inden-Harz, 40 Vinylchlorid–Vinylacetat-Mischpolymerisat, 60 Polyvinylchlorid, 60 Triäthanolsulfamat, 70 Ruß, 5 ZnO, 1,2 Beschleuniger, 3,5 S. (**F. P. 1 115 909** vom 14/1. 1955, ausg. 2/5. 1956.) M. PANKOW. 7231

Alfred Tovbetz, Seine, Frankreich, *Herstellung von Gegenständen aus Kautschukmilch oder Kunstkautschuklatex.* Die Kautschukmilch wird anvulkanisiert, mit Füllstoffen u. Netzmitteln vermischt in Formen gegossen u. der geformte Gegenstand nach Verfestigung lackiert. (**F. P. 1 120 656** vom 27/1. 1955, ausg. 10/7. 1956.) M. PANKOW. 7231

Robert I. Mather, Haddonfield, N. J., V. St. A., *Teppichherstellung.* Eine Schaumkautschukplatte wird in gedehntem Zustande in regelmäßiger Verteilung perforiert u. dann wieder entspannt. Auf beiden Seiten wird ein Gewebe aufgeklebt u. dann durch die

Perforationen mittels einer Chenillemaschine ein Garnfaden durchgeführt, der zum größeren Teil aus der Oberfläche herausragt. Auf die Rückseite wird dann eine Kautschukmilchschicht aufgetragen u. ein Verstärkungsgewebe aufgelegt. — 8 Abbildungen. (**A. P. 2 725 835** vom 27/4. 1953, ausg. 6/12. 1955.) W. Overbeck. 7231

Pirelli, Soc. per Azioni, Italien (Erfinder: **Gaspare Butera**), *Regenerieren von Kautschuk* mit Dampf, Zerkleinern des Regenerats u. Waschen mit W., bes. schwach alkal. Wasser. (**F. P. 1 103 627** vom 2/7. 1954, ausg. 4/11. 1955. It. Prior. 13/7. 1953.) M. Pankow. 7233

XIII. Ätherische Öle. Parfümerie. Kosmetik.

A. W. Middleton, *Geruch — der physikalische Sinn.* Aus einem Vgl. der Sinnesorgane u. der sich in ihnen abspielenden Vorgänge schließt Vf., daß das Riechen nicht wie das Sehen ein chem., sondern wie das Hören, ein physikal. Vorgang ist, bei dem die Komponenten eines Geruchs unterschieden werden können. Die physiolog. u. physikal. Grundlagen, bes. die Eigg. von Gasen (Molekulargeschwindigkeit, Adsorptionszeit u. -wärme) u. die beim Riechen zu beobachtenden Erscheinungen (Anpassung, Ermüdung, Unempfindlichwerden, Lähmung, Geruchssinn bei Tieren u. Insekten, Einfl. der Molekularstruktur der Riechstoffe, ihre Geruchsstärke u. -unterscheidung, die Geruchsschwelle u. -fixierung) werden in diesem Sinne besprochen. (Perfum. essent. Oil Rec. **47.** 201—07. Juni. 237—**44.** Juli 1956. London, Chesebrough-Ponds Ltd.) H. Mühlmeister. 7260

Ping-Hsien Yeh, *Untersuchung von Formosa-Citronellöl.* In 2471 während 5 Jahren untersuchten Proben zur Ausfuhr bestimmten Formosa-Citronellöls aus *Cymbopogon winterianus Jowitt* wurden bei 0,5—1% Ausbeute gefunden: $D.^{15}$ 0,881—0,902, $[\alpha]_D$ 0 bis —4°, n_D^{20} 1,4648—1,4734, Citronellal 35—45 (%), Gesamtalkohole 85—95, Geraniol 27,5 bis 41,5; sie hielten die für die Ausfuhr festgesetzten Mindestgrenzen ein. Von dem Javaöl, aus dem es vor 40 Jahren hervorging, unterscheiden sie sich jetzt durch einen etwas höheren Geh. an Citronellal. In 4 Tabellen u. 10 Schaubildern werden die Untersuchungsergebnisse statist. ausgewertet. (Perfum. essent. Oil Rec. **47.** 421—29. Dez. 1956. Taipei, Formosa, Prov. Industr. Res. Inst., Essent. Oil Labor.) H. Mühlmeister. 7262

Margaret Neurath, *Französische Pfefferminze: Anbau, wirtschaftliche und technische Entwicklung.* Von der seit 1873 in Frankreich angebauten „schwarzen" Pfefferminze, *Mentha piperita L.*, werden die Kultur u. ihre Bedingungen, Vork., durch Insekten bewirkte Krankheiten u. ihr Einfl. auf das äther. Öl (Basilikage) u. die Auswrkg. moderner Destillationsverff. (W.-, Glycerin- oder Glykoldampf mit überhitztem Wasserdampf unter Vakuum, Molekulardest. dünner Schichten unter Hochvakuum) auf die Gewinnung u. Eigg. des Öls besprochen. (Perfum. essent. Oil Rec. **47.** 269—72. Aug. 1956.) H. Mühlmeister. 7262

J. Gil Montero, *Rosmarin und seine Essenz.* Hinweis auf das Vork. dieser Pflanze in verschied. Ländern. Sie enthält 1% Tannin u. 1—1,5% Öl in Stamm, Blüten u. Blättern. Das durch Dest. gewonnene äther. Öl ist eine farblose, manchmal gelbliche oder grünliche Fl., D. 0,91—0,96, lösl. in A., CS_2, Chlf. u. Fetten, nicht aber in Wasser. Es gibt mit H_2SO_4 eine rötliche Färbung, red. Fuchsin in der Kälte u. verdampft bei 150—160°. Die Hauptbestandteile sind Borneol (16—19%), Cineol (25%), Bornylacetat, Bornylvalerianat, Campher u. Terpene, wie Camphen u. Pinen, in wechselnder Menge. Schilderung der in Spanien üblichen ländlichen Destillationsmethoden u. der Anwendung des Öls. (Ion [Madrid] **16.** 698—700. Dez. 1956.) Heinrich Hermann. 7262

M. Paulet, *Die wohlriechenden Pflanzen der Languedoc. Thymus vulgaris, Rosmarinus officinalis, Lavandula latifolia (Spik), L. vera* u. *Lavandin* sind neben einigen anderen die wichtigsten Duftpflanzen der Languedoc; ihre Ernte, Verarbeitung u. Verwendung werden beschrieben. — 6 Abbildungen. (Perfum. essent. Oil Rec. **47.** 232—36. Juli 1956.) H. Mühlmeister. 7262

S. N. Dhingra, D. R. Dhingra und **S. C. Bhattacharyya,** *Öl aus Eupatorium odoratum. Struktur des Alkohols Eupatol.* Der durch wiederholte fraktionierte Dest. aus äther. Öl von *Eupatorium odoratum* erhaltene fl. Sesquiterpenalkohol *Eupatol*, $C_{15}H_{24}O$, hatte $D.^{28}_{28}$ 0,9920, $[\alpha]_D$ 46,0°, n_D^{26} 1,5200, $Kp._2$ 128—130°. Durch Oxydation mit Perbenzoesäure u. die starke Absorption eines Diensyst. im UV-Spektr. wurden 2 konjugierte Doppelbindungen festgestellt; Dehydrierung mit Se gab das durch sein Pikrat identifizierte *Eudalin*, *Eupatol* gehört also zu dessen Gruppe. Aceton, erhalten durch Ozonolyse, zeigt, daß eine Doppelbindung in der Isopropylidenseitenkette liegen muß. Diese u. weitere durch Formeln erläuterte Derivv. ergeben vorst. Konst. für *Eupatol*.

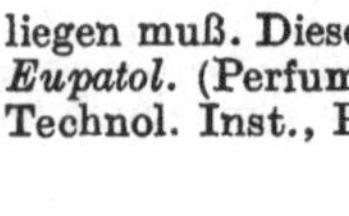

(Perfum. essent. Oil Rec. **47.** 312—14. Sept. 1956. Kanpur, Harcourt Butler Technol. Inst., Poona, Nat. Chem. Labor. of India.) H. Mühlmeister. 7262

S. N. Dhingra, D. R. Dhingra und **S. C. Bhattacharyya,** *Sesquiterpenkohlenwasserstoffe aus Eupatorium odoratum. Struktur von d- und l-Eupaten.* (Vgl. vorst. Ref.) Zwei neue Sesquiterpen–KW-stoffe, $C_{15}H_{24}$, von Vff. *d-* u. *l-Eupaten* benannt, wurden aus äther. Öl von *Eupatorium odoratum* durch wiederholte fraktionierte Dest., zuletzt über Na, erhalten, ihre Infrarotspektren waren identisch. Die Eigg. von *d* waren $D.^{27}{}_{27}$ 0,9026, $[\alpha]_D$ + 16,25°, $n_D^{26,5}$ 1,5012, $Kp._2$ 92 bis 94°; von *l* $D.^{28}{}_{28}$ 0,9036, $[\alpha]_D$ − 5,5°, n_D^{29} 1,4990, $Kp._5$ 106°. Die durch Einw. von Peressigsäure erhaltenen Oxydationsprodd. u. Fehlen einer Erhöhung des Maximums im UV-Absorptionsspektr. deuten auf 2 nichtkonjugierte Doppelbindungen, Dehydrierung mit Se gibt Cadalen, Ozonolyse reichlich Aceton u. wenig Formaldehyd, ein Zeichen dafür, daß eine Doppelbindung in einer Isopropylidengruppe liegt, in die die durch die Bldg. von Formaldehyd u. die im Infrarotspektr. nachgewiesene CH_2-Gruppe angezeigte Isopropenylgruppe leicht übergeht. Es ergibt sich vorst. Struktur. (Perfum. essent. Oil Rec. **47.** 315—16. Sept. 1956.)

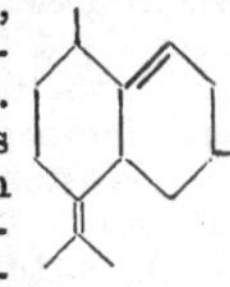

H. MÜHLMEISTER. 7262

E. Obrocki, *Neue Möglichkeiten für Riechstoffe in der chemisch-technischen Industrie.* Riechstoffe können vorhandene Gerüche nicht auslöschen, sie aber durch Einbeziehung in einen Duftkomplex ändern oder den unerwünschten Eigengeruch vieler Erzeugnisse maskieren oder dämpfen. Diese Parfümierung dient der Geruchsverbesserung, als Kaufanreiz, Charakterisierung von Markenartikeln oder Kenntlichmachung von Erzeugnissen (zur Identifizierung bei Beanstandungen), Tarnung zur Verdeckung der Zus., Warnung bei giftigen nichtriechenden Stoffen, bes. Gasen. Beispiele aus der Textilindustrie mit Gesichtspunkten für die Aufbringung auf die verschied. Gewebe (Aufsprühen von *Texofixen*), Pelz-, Leder-, Gummi- u. Schaumstoffparfümierung. Aufzählung von >80 sonstigen in Frage kommenden Produkten. (Chem. Industrie **8.** 166—68. April 1956. Holzminden.)
H. MÜHLMEISTER. 7276

Gustav A. Nowak, *Fachliche Entwicklungstendenzen in der Körperpflegemittelindustrie.* Überblick über Neuerungen bes. auf dem Gebiet der Umwandlung von Fettstoffen, synthet. oberflächenakt. Substanzen, Fluorescenzfarben, biol. Wirkstoffe, Kampf gegen cancerogene Stoffe u. Trockenrasiertonics. (Parfümerie u. Kosmet. **37.** 650—52. 655. Dez. 1956.)
H. MÜHLMEISTER. 7284

Gustav A. Nowak, *Kosmetische Präparate für die Elektro-Rasur.* Während bei der Rasur mit Klinge u. Messer die Barthaare mit dem alkal. Seifenschaum umhüllt u. erweicht werden müssen, sollen sie bei der elektr. Rasur gehärtet u. aufgerichtet u. Schweiß- u. Talgabsonderungen entfernt werden, damit sie dem Scherkopf, der sie von der Spitze angefangen abhobelt, nicht ausweichen. Deshalb müssen Trockenrasiertonics (TRT) die Barthaare vor dem Rasieren härten, die Haaraufrichtemuskeln reizen, das Haarkeratin nicht quellen, schnell trocknen, adstringierende u. entzündungswidrige Wrkg. auf die Haut haben, das Metall des Scherkopfs nicht schädigen u. seine Teile nicht verkleben. Das Festigkeitsoptimum des Barthaarkeratins liegt bei p_H 4,9 (isoelektr. Punkt), der Säuregrad von TRT soll p_H 4,5—4,8 betragen, Ameisen- u. Essigsäure, Na-Acetat, Stoffe mit schwacher Gerbwrkg. (Alaun, Al-Lactat, Extrapon Hamamelis) in alkoh. Lsg. sind geeignet, mit Zusätzen leicht flüchtiger Stoffe, die einen Kältereiz erzeugen (Menthol, Essigester) u. eine „künstliche Gänsehaut" auslösen, für sehr fette Haut mit Netzmitteln. — 8 Rezepte für Wässer u. Puder werden angegeben. (Prakt. Chem. [Wien] **8.** 47—50. Febr. 1957. Holzminden.)
H. MÜHLMEISTER. 7284

Gustav A. Nowak, *Kosmetische Hilfsmittel bei der elektrischen Rasur.* Gekürzte Wiedergabe der vorst. referierten Arbeit. (Dtsch. Drogisten-Ztg. **11.** 796. 798. 1/11. 1956.)
H. MÜHLMEISTER. 7284

Nadja Avalle, *Das Keratin und seine Hydrolysate bei der Haarbehandlung.* Vom Aufbau, physikal. u. chem. Eigg. u. der Zus. des menschlichen Haars ausgehend, wird festgestellt, daß seine mehr oder minder großen Schädigungen durch Krankheiten (8 werden beschrieben) u. beim Bleichen, Färben, Wellen usw. sich in einem Verlust an S auswirken, dem Bestandteil des Cystins u. damit des Keratins. Der n. Geh. von 3,7% ging unter dem Einfl. alkal. Mittel bis auf 2,1% zurück. Bei der Wichtigkeit des S als Wachstumsfaktor u. seinen antiinfektiösen, antisept. u. entgiftenden Eigg. muß zur Haarpflege neben Kopfwäsche u. -massage eine Ernährung des Haars nicht nur mit synthet., sondern auch mit natürlichen Präpp. erfolgen. Vf. entwickelte dazu Extrakte u. Hydrolysate des Keratins, gewonnen aus menschlichem Haar oder Rinderhorn. Sie stellen ein Gemisch aller Aminosäuren des Haars dar (Zus. in 2 Tabellen), sind sehr hygroskop. u. ändern sich leicht, sie werden deshalb in sterilen Ampullen abgegeben. Die Wrkg. ist sehr rasch. (Ind. Parfumerie **11.** 249—52. Juli 1956. Sion, Suisse, Labors. Arval S. A.)
H. MÜHLMEISTER. 7284

Jean d'Albret (S. à r. l.), Seine, Frankreich, *Vitaminextrakt für medizinische Kosmetica.* Man entfärbt Pollen mit dem Monoäthyläther des Diäthylenglykols, wodurch gleichzeitig die im W. nichtlösl. Wirkstoffe (Hormone) mit in Lsg. gehen, extrahiert 3—4 Std. mit W., filtriert u. setzt 0,5—20% des Extraktes, der bes. Vitamin B u. C enthält, dem jeweiligen Prod. zu, gegebenenfalls auch an Stelle der wss. Lsg. getrocknet in Pulverform. (**F. P. 1 121 630** vom 10/2. 1955, ausg. 22/8. 1956.) G. WELTZIEN. 7285

Walter Kinttof, Bad Godesberg, *Festmachen von niederen ein- und mehrwertigen Alkoholen oder deren Lösungen.* Zur Herst. von *kosmet. Pasten* werden als Geliermittel mit Al_2O_3 unter Wärmeeinw. (140—210°) dehydratisierte höhere Alkohole (Cetyl- oder Stearylalkohol) verwendet. (**D. A. S. 1 004 591** Kl. 12c vom 22/7. 1953, veröff. 21/3. 1957.) O. STEIL. 7285

Vereinigte Papierwerke Schickedanz & Co. (Erfinder: **Hans Walter**, Lahr-Dinglingen, und **Curt Walter Leupold**), Nürnberg, *Herstellung von Pudergrundlagen.* Es werden mindestens 2 Kieselsäuregele in Hydratform, die unter verschied. Bedingungen hergestellt sind u. die infolgedessen unterschiedliche Eigg., bes. hinsichtlich der Adsorptionsfähigkeit aufweisen, bis zur Homogenität gemischt, z. B. werden Kieselsäurehydratgele mit steiler u. solche mit flacher Adsorptionsisotherme gemischt. Zweckmäßig werden Gele von nahezu gleicher Teilchengröße verwendet, deren Durchmesser nicht mehr als 3 μ, bes. $< 1\ \mu$ beträgt. (**D. A. S. 1 005 241** Kl. 30h vom 25/1. 1955, veröff. 28/3. 1957.) E. PETERSEN. 7285

Soc. Monsavon-l'Oréal, Seine, Frankreich, *Haarfarbe.* Man verwendet zu einer „progressiven" Färbung 5.6-Dioxyindol oder 5.6-Diacetyldioxyindol (**I**) in wss.-alkal. Lsg. (NH_3- oder Aminlsg. oder eine Lsg. aus solchen freisetzende Salze). Es werden verschied. Variationen des Verf. mit oder ohne Oxydationsbeschleunigern, Katalysatoren u. a. Zusätzen beschrieben. Zur Verhinderung vorzeitiger Oxydation während des Lagerns setzt man als Reduktionsmittel Thioglykolsäure (**II**) zu u. verwahrt unter Luftabschluß. Das Prod. kann nach bekanntem Verf. als Creme oder Gel hergestellt werden. — 1 (g) **I**, 9 Cemulsol 132 (**III**), 2 Monoäthanolamin, 0,1 50% ig. **II** u. 100 cm^3 W. werden als Emulsion 20 Min. kalt einwirken gelassen. — 1 (g) **I**, 9 **III**, 3 20% ig. NH_4OH, 0,1 50% ig. **II** u. 10 cm^3 W. werden zu einer Lsg. verarbeitet u. im Augenblick der Verwendung 50 (cm^3) mit 5 H_2O_2 (20 Vol./%) gemischt u. 20 Min. einwirken gelassen. Man erhält einen metallgrauen Farbton. — 1 (g) **I**, 9 **III**, 3 20% ig. NH_4OH, 0,1 50% ig. **II** u. 100 cm^3 W. werden zu einer Lsg. verarbeitet; zu 50 cm^3 $CoCl_2$ als Katalysator zugesetzt. Nach 20 Min. Einw. erhält man einen blaugrauen Farbton. — Weitere Beispiele. (**F. P. 1 133 594** vom 29/7. 1955, ausg. 28/3. 1957.) G. WELTZIEN. 7285

Paul Baudecroux, Seine-et-Oise, Frankreich, *Celluloselack.* Man stellt einen sedimentfreien u. opaken Celluloselack her, indem man als opake Charge LiCl (0,25—4,0%) in dem flüchtigen Lösungsm. verwendet. — 35 (g) 90% ig. A., 2 LiCl, 26 Isobutylpropionat, 5 Cumaronharz, 15 schnelltrocknende Nitrocellulose u. 5 Trikresylphosphat. Man löst das LiCl im A. u. rührt die anderen Bestandteile unter, bis man eine homogene M. erhält. Der Lack hält sich als koll. Fl., ohne abzusetzen, mehrere Jahre u. ergibt eine porzellanartige Schicht. Zusatz von Farben nach Belieben. — Verwendung z. B. als *Nagellack.* (**F. P. 1 133 607** vom 10/10. 1955, ausg. 29/3. 1957.) G. WELTZIEN. 7285

XIV. Zucker. Kohlenhydrate. Stärke.

P. Pavlas und **O. Melounová-Häuslerová**, *Die Zusammensetzung der Rüben und Säfte aus der Kampagne 1954/55.* Bei einer in der Vegetationszeit in Böhmen u. Mähren überdurchschnittlichen Niederschlagsmenge u. einer Trockenperiode in der Slowakei zeigen (wie aus 5 sehr umfangreichen Tabellen hervorgeht) die Diffusions- u. Dicksäfte noch unterdurchschnittliche Reinheit, jedoch einen überdurchschnittlichen Geh. an organ. Nichtzuckern u. N-Verbindungen. Trotz eines hohen Alkaligeh. muß der Dicksaft stark gekalkt werden, da die Alkalität nicht beständig ist. Der Reinigungsgrad der Säfte durch Saturation hinsichtlich Nichtzuckern ist unterdurchschnittlich, die Melasseerzeugung daher auch nur unwesentlich niedriger. Die Zus. der Säfte bestätigt eine Verschlechterung der technolog. Eigg. der Rüben selbst in einem feuchten Jahrgang, in welchem nach früheren Erfahrungen eine Verbesserung erwartet werden sollte. (Listy Cukrovarnické **71.** 291—97. 15/12. 1955.) E. ROTTER. 7406

—, *Vorteilhafte, granulierte Aktivkohle.* Eine neue granulierte Aktivkohle, „*Pittsburgh Typ CAL*" (PITTSBURGH COKE & CHEMICAL CO.), die sich vorzüglich zum Reinigen von Zuckerrohsäften eignen soll, wird beschrieben. Sie kann 20—30 Tage benutzt u. anschließend therm. vollkommen regeneriert werden. p_H-Abfall während der Filtration wird durch Zusatz von 5—10% gesintertem MgO vermieden. (Sugar **51.** Nr. 3. 35—36. März 1956.) R. RUTKOWSKI. 7412

P. Pavlas, *Aufbereitung des zur Diffusion benützten Kondenswassers durch Chloraminierung.* Bei der Diffusion gehen in Abhängigkeit vom p_H Pektinstoffe mit in den Saft über; die geringste Menge bei p_H 5, bereits die 5fache Menge bei p_H 8. Zur Vermeidung dieser Erscheinung u. anderer störender Vorgänge (Bakterieneinw.) wird empfohlen, HClO zuzusetzen, welche sich mit dem vorhandenen NH_3 zu NH_2Cl u. $NHCl_2$ umsetzt. Bei NH_3-Konzz. von 0,1 mg u. weniger ist ein ca. 25facher Cl-Überschuß notwendig. Enthält das Kondenswasser 5—10 mg·NH_3/Liter, dann soll der Cl-Überschuß höchstens das 10fache betragen, also 50—100 mg/Liter. Beschreibung der Zumischungsweise. (Listy Cukrovarnické **71.** 239—40. 15/10. 1955.) E. ROTTER. 7412

A. Mirčev, *Über den Sättigungskoeffizienten der Zuckerlösungen.* Zahlenmäßiger Nachw., daß der Sättigungskoeff. für eine bestimmte Konz. an Nichtzuckern von der Temp. unabhängig ist. (Listy Cukrovarnické **71.** 69—70. 15/3. 1955.) E. ROTTER. 7412

A. Mirčev, Z. Frimlová und **M. Friml,** *Tschechoslowakische Melassen aus den Kampagnen 1953 und 1954.* 1. Mitt. *Zusammensetzung und Sättigungskoeffizient.* Der Sättigungskoeff. zahlreicher Melassen aus Böhmen, Mähren u. der Slowakei sowie die Zus. wird bestimmt (2 Tabellen). Die Löslichkeiten der untersuchten Melassen mit dem Quotienten 58,4—67,4 schwanken zwischen 2,21 u. 3,78 u. die Sättigungskoeffizienten zwischen 0,93 u. 1,59. Die Nichtzucker der ursprünglichen Melassen liegen zwischen 27,3 u. 34,2 (%), Asche 8,2—11,3, Gesamt-N 1,34—1,86, Viscosität bei 40 u. 83,5°, Bg 3250 bis 5000 cP. (Listy Cukrovarnické **71.** 243—47. 15/10. 1955.) E. ROTTER. 7417

A. Mirčev, Z. Frimlová und **M. Friml,** *Tschechoslowakische Melassen aus den Kampagnen 1953 und 1954.* 2. Mitt. *Die Abhängigkeit der Melassereinheit von der Dichte.* (1. vgl. vorst. Ref.) Die Kristallisationskurven (10 Diagramme u. 6 Tabellen) aus dem Reinheitskoeff. in Abhängigkeit von der Konz. in °Bg zeigen befriedigendere Reproduzierbarkeit der Meth. sowie typ. Unterschiede zwischen den Melassen aus den Hauptzuckerrübengebieten in Böhmen, Mähren u. der Slowakei. Das gleiche geht aus den Kurven für den Reinheitskoeff. in Abhängigkeit von Sättigungskoeff. u. aus jenen aus dem Sättigungskoeff. u. dem Verhältnis der Nichtzucker zu W. hervor. (Listy Cukrovarnické **71.** 256—61. 15/11. 1955.) E. ROTTER. 7417

A. Mirčev, K. Šandera, Z. Frimlová und **M. Friml,** *Tschechoslowakische Melassen aus den Kampagnen 1953 und 1954.* 3. Mitt. *Der Begriff „normale" Melasse.* (2. vgl. vorst. Ref.) Nach der SSILINschen Kristallisationsmeth. werden gesätt. Melassen verschied. D. aus tschechoslowak. Melassen der beiden Kampagnen hergestellt. Aus dem vorhandenen Material (9 Diagramme, 2 Tabellen) läßt sich die Abhängigkeit der Reinheit der Melassen von der D., vom Sättigungskoeff. u. des letzteren vom Verhältnis Nichtzucker : W. feststellen. Es werden große Unterschiede in der Löslichkeit des Zuckers bei Melassen verschied. Herkunft gefunden, die die Best. des Übersättigungskoeff. nach den Tabellen der Löslichkeit des Zuckers nicht gestatten. (Listy Cukrovarnické **71.** 261—65. 15/11. 1955.) E. ROTTER. 7417

Sam Nordfeldt, *Melassen, mit Stickstoffverbindungen angereicherte Melasse und getrocknete Melassen als Viehfutter.* Übersicht über die Verwendungsmöglichkeiten. — 5 Literaturangaben. (Socker, Handl. II. **11.** 89—92. 1955.) F. RANG. 7418

Leon J. Charpenter, *Versuche mit systemischen Insekticiden zur Bekämpfung von Überträgern der Zuckerrohr-Mosaikkrankheit in Louisiana.* Zur Bekämpfung von *Hysteroneura setariae* (*Thos.*) einer Blattlausart, die als Überträgerin der Zuckerrohrmosaikkrankheit gilt, war eine Spritzung mit *Systox* (I) erfolgreich. *Metacide* u. *Schradan* erbrachten etwas ungünstigere Resultate. Das Auftreten der Mosaikkrankheit konnte allerdings durch die Vernichtung der Läuse nicht red. werden. Pseudococcus boninsis (Kuw) ließ sich durch die Insekticide nicht bekämpfen. Durch analyt. Best. konnte **I** in der Melasse im Syrup u. im Zucker wiedergefunden werden. (J. econ. Entomol. **49.** 413—14. Juni 1956. U.S.D.A., Entomol. Res. Branch, Agric. Res. Serv.) W. KNÖPKE. 7440

J. Naghski, C. O. Willits und **William L. Porter,** *Ahornsirup.* 8. Mitt. *Einfacher Schnelltest zur Ermittlung des Invertzuckers in Ahornsirup.* (7. vgl. C. **1955.** 10 644.) Es werden folgende Verdünnungen von Ahornsirup mit W. hergestellt: 1 + 12, 1 + 20, 1 + 32, 1 + 40 u. 1 + 60. Diese Lsgg. werden mit „*Clinitest*"-Tabletten (AMES CO., Elkhart, Ind.) halbquantitativ auf den Geh. an *Invertzucker* (I) geprüft. Vergleichsunterss. mit Sirupen mit 1—6% **I** ergaben, daß mit diesem Verf. der **I**-Geh. etwa auf 1% genau festgestellt werden kann. (Food Res. **20.** 138—43. März/April 1955. Philadelphia, Pa., Eastern Regional Res. Labor.) F. KRUSEN. 7460

K. Křtinský und **Vl. Podrazký,** *Bestimmung der Reinheit der Weizenstärke.* Ausführliche Beschreibung der Vorunterss. (direkte Titration der Eiweißstoffe in Stärke mit J-Lsg.; Änderungen der elektr. Leitfähigkeit der Auszüge in verschied. elektrolyt. Lsgg. usw.) zur Auffindung einer neuen Meth. zur Eiweißbestimmung. Die schließlich beschriebenen Wolframat-Meth. erweist sich im Vgl. mit der bisher üblichen KJELDAHL-Meth., bes. bei Stärken mit geringem Eiweißgeh. als gleichwertig, sie ist jedoch in kürzerer Zeit ausführbar. — Meth.: 5,0000 g Stärke werden in einem Kolben mit 50 cm^3 dest. W. 3 Min. gerührt, die Suspension abzentrifugiert u. die Leitfähigkeit der klaren Lsg. im ŠANDERA-Konduktometer bestimmt (9 Teilstriche im Konduktometer). Das gleiche wird mit einer neuen Einwaage, jedoch mit 50 cm^3 einer Lsg. von 7,5000 g $Na_2WO_4 \cdot 2\,H_2O$ in 1000 cm^3 W. wiederholt. Nach dem Zentrifugieren wird die Leitfähigkeit (b Teilstriche) bestimmt. Die Differenz b—a entspricht der Menge Eiweiß in der Stärke, die nach der angegebenen Kurve abgelesen werden kann. Die Na_2WO_4-Standardlsg. besitzt eine Leitfähigkeit von 239 Teilstrichen, sie muß ständig kontrolliert werden. Vergleichstabelle mit KJELDAHL-Werten; 5 weitere Tabellen u. 2 Diagramme. (Listy Cukrovarnické **71**. 119—24. 15/5. 1955. Praha, Výzk. úst. pekařský a cukrovinářský.) E. ROTTER. 7490

Leipnik-Lundenburger Zuckerfabriken-Akt.-Ges., Leopoldsdorf im Marchfelde, Niederösterreich, *Verarbeitung von Zuckerlösungen*, bes. von Dünnsäften, dad. gek., daß die mit Ionenaustauschern in Ggw. von NH_3 behandelten ammoniakal. Zuckerlsgg. vor ihrer Weiterbehandlung, bes. vor dem Eindampfen mit einem Überschuß von Ätzkalk, versetzt werden. Dann werden die Lsgg. mit CO_2 bis etwa zur Neutralisation saturiert u. von dem ausgeschiedenen Saturations-Nd. getrennt. (**Oe. P. 188 288** vom 11/8. 1954, ausg. 10/1. 1957.) T. OPPERMANN. 7413

Magnetrit Akt.-Ges., Zürich, Schweiz (Erfinder: **Alexander M. Zenzes**, New York, N. Y., V. St. A.), *Behandlung und Verbesserung der Filtrierbarkeit von Zuckersäften*, unter Umsetzung von Mg- mit Ca-Verbb., gek. durch die Verwendung von $MgSO_4$, zweckmäßig in der Menge, die der Menge der im Saft enthaltenen Ca-Verbb. äquivalent ist. (**D. B. P. 958 460** Kl. 89c vom 14/4. 1953, ausg. 21/2. 1957. Anmeldung bekanntgemacht 9/8. 1956.) A. GRADL. 7413

Deutsche Maizena-Werke G. m. b. H. (Erfinder: **Gerd Graefe**), Hamburg, *Herstellung von haltbarem, hochverzuckertem Stärkesirup* mit einer DE von mindestens 53 bis über 60 %, dad. gek., daß die Verzuckerung unter techn. üblichen Temperatur- u. Druckbedingungen (ca. 2,5 at u. ca. 138°) in einem p_H-Bereich von 2—2,4 ohne jeden weiteren Zusatz u. die nachfolgende Neutralisation u. Raffination bei p_H nicht über 5 durchgeführt wird. Verzuckerungsdauer mindestens 60 Minuten. (**D. B. P. 964 580** Kl. 89i vom 27/1. 1955, ausg. 23/5. 1957. Anmeldung bekanntgemacht 15/3. 1956.) H. SCHINDLER. 7447

XVI. Nahrungs-, Genuß- und Futtermittel.

M. v. Schelhorn, *Untersuchungen über Konservierungsmittel.* 11. Mitt. *Fungicides Verpackungsmaterial für Lebensmittel.* (10. vgl. C. **1950/54.** 620 S.) Vf. beschreibt Einsatzmöglichkeiten für bakteriostat. bzw. baktericid imprägnierte Einwickler mit besonderen Hinweisen auf die Grenzen der Wirksamkeit solcher Materialien. (Dtsch. Lebensmittel-Rdsch. **51.** 193—96. Aug. 1955.) F. KRUSEN. 7634

Dennis Brooks, *Trocknung entwässerter Lebensmittel innerhalb der Packung.* In das entwässerte Gut wird bei Herrichtung der Abpackung ein kleiner, für Feuchtigkeit durchlässiger, mit einem Trocknungsmittel beschickter Behälter gelagert. Die zunächst angewandten Mittel wie $CaCl_2$, ferner solche, die physikal. wirken, z. B. Silicagel, wasserfreies Al-Silikat, sind zwar für Trocknung üblicher, aber nicht mehr für diejenige erheblich entwässerter Lebensmittel geeignet. Sogar $CaCl_2$ hat nur mäßiges Trocknungsvermögen bei 1—5% relativer Luftfeuchtigkeit, wie sie sich in solchen Fällen ergibt. Am besten hat sich CaO bewährt. Die Trocknung innerhalb der Packung hat sich mehrfach bewährt, indem sie Verluste an Ascorbinsäure u. Sulfit verhindert u. auch vor nichtenzymat. Bräunung schützt. Da die mol. Hydratationswärme des CaO erheblich höher ist als die zur Verflüchtigung des W. aus dem Trockengut erforderliche —16,7 gegenüber 10,6 cal — ist einer Überhitzung durch Belüftung gestapelter Packungen gegebenenfalls zu begegnen. (Food **24.** 278—79. Aug. 1955.) R. BEYTHIEN. 7636

Kurt Seidel, *Getreidetrocknung bei höherer Temperatur.* Erörterung des Trocknungsverff. u. -anlagen. Die Trocknung zur Sicherung der Lagerbeständigkeit von Getreide soll keine Gütebeeinflussung in irgend einer Richtung bedeuten u. für Saatgut u. Brotgetreide die Temp. von 40° nicht überschreiten. Bei Futtergetreide sind 50—60° zulässig, Schädigung des Futterwertes tritt noch nicht ein, jedoch steigt hierdurch die Ökonomie der Trocknung. Bei der für müller. Verarbeitung erforderlichen Trocknung gewaschenen Getreides ist vorherige Hitzebehandlung z. B. durch Dampf von 105 bis 108° nützlich, da sie den Wasserdurchtritt durch die auf 70° erhitzten Schalen u. damit den Trocknungsprozeß erleichtert. Auch werden durch diese feuchte Erhitzung die Schichten der Samenhaut gedehnt u. die Durchlässigkeit im Bereich der Aleuronzellen gesteigert. Die anschließende Vakuumtrocknung wird bei 35° durchgeführt. Das Verf. arbeitet rasch bei sehr gleichmäßiger Trocknung der einzelnen Körner. Die saatzüchter. Trocknung betrifft Getreide, welches zwecks Vernichtung der Rostpilze im Innern des Kornes einer Warmwasserbehandlung unterzogen u. danach getrocknet wird. Man bleibt mit der Korntemp. im Bereich von 30—35°. (Getreide u. Mehl **5.** 76—78. Okt. 1955. Beilage zu: Mühle. Hamburg.) R. BEYTHIEN. 7664

H. A. Becker und **H. R. Sallans**, *Eine Untersuchung der inneren Feuchtigkeitsbewegung beim Trocknen von Weizenkörnern.* Bei Anwendung einer Diffusionsgleichung auf die Vorgänge beim Weizentrocknen erwies sich der Diffusionskoeff. unabhängig vom Feuchtigkeitsgeh. zwischen 12 u. 30%. Vf. beschreibt eine Meth. zur Ermittlung des Diffusionskoeffizienten. (Cereal Chem. **32.** 212—26. Mai 1955. Saskatoon, Saskatchewan, Nat. Res. Council, Prairie Regional Labor.) H. HAEVECKER. 7670

H. Birnbaum, *Emulgatoren als Regler der Verteilung des labilen Wassers zwischen Protein und Stärke.* Die Emulgatoren, die die Wrkg. von Backfett steigern, werden gegliedert in die Gruppen: Lecithin mit Phosphatiden (**I**) vermischt; Mono- u. Diglyceride von Fettsäuren (**II**); Diäthylweinsäureester von Mono- u. Diglyceriden von Fettsäuren (**III**). Emulgatoren verteilen das Fett feiner im Teig, fördern andererseits die Netzung von Protein u. Stärke. Als Emulgator am wenigsten wirksam ist **I**, vermutlich stört hier der zwitterionige Charakter die Bldg. eines einheitlichen elektr. Feldes um die Fettphase, wodurch Unbeständigkeit der Emulsion herbeigeführt wird. Durch den Emulgierprozeß wird die Verteilung des labilen W. zwischen Kleber u. Stärke beeinflußt; diese Wasserverteilung bestimmt wiederum die Geschwindigkeit, mit der zwischen den Ketten der Stärke Wasserbrücken mit H-Bindungen entstehen, die die Geschwindigkeit mol. Ausrichtung der Stärke regeln. Die Festigkeit, mit der das labile W. gebunden wird, hängt von der Art des Emulgators u. seiner Reaktionskraft ab. Ein steigendes hydrophiles Gleichgewicht des Emulgators häuft die Wassermoll. dichter um die hydrophile Sphäre des Emulgators, beeinflußt daher die Richtung der Wassermoll. u. schränkt ihre Verfügbarkeit für die Stärke ein, wodurch Steigerung der Kristallinität derselben u. Altbackenwerden des Brotes zurückgedrängt werden. Additiver Effekt von Emulgatorkombinierung bei der Brotbereitung beruht auf Anwendung von mindestens zwei Emulgatoren, von denen der eine vorwiegend in W. verteilbar ist, während der andere mehr lipophilen Charakter hat. **III** entspricht der ersten Bedingung, während **II** die andere erfüllt. Die kombinierten Emulgatoren führen zur Bldg. von Fetthäutchen höherer Festigkeit u. Plastizität, die für die Feuchtigkeit eine wirksamere Sperre bedeuten als das nur von einem Emulgator gebildete Häutchen. (Bakers Digest **29.** Nr. 5. 46—52. Okt. 1955. Pittsburgh, Pa., Hachmeister Inc.) R. BEYTHIEN. 7674

T. J. Otterbacher, *Spezialstärken für die Backindustrie.* Die für die Verwendung der Stärken maßgeblichen physikal. Eigg. sind eine Funktion ihrer Struktur als eines Polymerisates von Dextrose, welches teils in Form langer linearer, teils verzweigter Ketten vorliegt. Die Stärken der weichen Anteile von Mais u. der weichen Mohrenhirse (waxy sorghum) enthalten keine linearen Ketten. In den anderen Stärken finden sich, neben überwiegend verzweigten, 17—27% lineare Ketten. Die verzweigte Kette verleiht der Stärke die Fähigkeit emulgierender u. verdickender Wrkg., ihre Lsgg. von 5—10% in W. sind beständig. In heißem W. ist auch die lineare Fraktion lösl., geht aber beim Abkühlen in den unlösl. Zustand über u. erstarrt bei Raumtemp. zu einem irreversiblen Gel. Kartoffel- u. Tapiokastärke ergeben hierbei die gleichen strähnigen Eigg. wie Stärken ohne lineare Fraktion. Die unerwünschte Festigkeit von Weichmais- u. Weichhirsestärke läßt sich durch Herst. von Querbindungen zwischen ihren Ketten mit Hilfe von Epichlorhydrin oder $POCl_3$ beheben. Derartige Querbindungen steigern auch die Viscosität der Stärke u. ihre Eignung für Obsttortenpasten. Die Kocheigg. der Stärken, Quellung u. Gelatinierung, lassen sich am besten durch graph. Ermittlung der Viscositätsänderungen ihrer ständig gerührten Suspension in W. bei konstanter Temperatursteigerung verfolgen. Maisstärke ist mehrfach zur Streckung von Weizenkleber für Kekse u. Kuchen verwendet worden, jedoch war dann der dem Gebäck anhaftende Stärkegeruch störend. Hirsestärke zeigt diesen Mangel nicht. Höchst rieselfähige Stärken werden durch Mischen von $CaCO_3$ oder $Ca_3(PO_4)_2$ mit gepulverter Stärke hergestellt. Stärkestreumehle ergeben gegenüber üblichen Streumehlen wesentlich geringere Verstäubung. Dünn kochende Stärken erhöhen die Beständigkeit von Pektingelen, ohne daß die Erstarrung gestört wird oder Verklumpungen entstehen. Überblick über Gewinnung, Eigg. u. Verwendbarkeit der verschied. handelsüblichen Spezialstärken. (Bakers Digest **29.** Nr. 5. 60—64. Okt. 1955. Chicago, Ill., Corn Prod. Sales Co.) R. BEYTHIEN. 7674

V. Subrahmanyan, M. Narayana Rao und **M. Swaminathan,** *Nährwert und Haltbarkeit von geschältem, leicht und stärker gemahlenem Reis.* (Vgl. C. **1957.** 11172.) Zusammenfassender Bericht über den Nährwert, den Verlust an Nährstoffen beim Mahlen, den biol. Wert der Proteine, den Stoffwechsel reishaltiger Nahrung sowie über die Haltbarkeit der für den Verbrauch bestimmten Reissorten. (Bull. centr. Food technol. Res. Inst., Mysore **5.** 329—34. Nov. 1956. Mysore, Central Food Techn. Res. Inst.)
H. NORDIEK. 7686

Mary S. Spencer und **William L. Stanley,** *Geschmacks- und Geruchskomponenten in der Tomate.* Italien. Übersetzung der C. **1956.** 3720 referierten Arbeit. (Ind. Conserve **30.** 120—26. April/Juni 1955.) M. WINIKER. 7688

Mario Guastalla und **Anita Pelizziari,** *Über den Nährwert von konservierten Lebensmitteln des Handels.* Analysendaten von in Italien handelsüblichen Tomatenkonzentraten, Marmeladen u. Fruchtsäften. (Ind. Conserve **30.** 104—07. April/Juni 1955. Parma, Staz. Sperim. per l'Ind. della Conserve Alimentari.) M. WINIKER. 7706

Eva R. Kandel, *Chemische Analyse einiger ungarischer Zichorienarten.* Die chem. Analyse der Früchte von 12 unter gleichen optimalen Verhältnissen gepflanzten Zichorienarten zeigt keinen nennenswerten Unterschied, die Zus. entspricht den Literaturangaben. (Ann. Inst. biol. [Tihany] hung. Acad. Sci. **23.** 155—60. 1955.)
J. PLANK. 7722

Lajos Csiba nnd **Béláné Szücs,** *Die Mikroflora der durch Wärmebehandlung konservierten Lebensmittel.* Es wurde die Mikroflora von handelsüblich sterilen, hauptsächlich fertige Fleischgerichte enthaltenden Konserven untersucht. Die Dezimierungszeit isolierter u. identifizierter Bacillusgattungen liegt bei 90° zwischen 12—17,3 Min. u. ist infolge der biol. Wrkg. des Nährbodens von der Gattung unabhängig. Steigt die Zahl der lebenden Keime auf 10^4/g oder darüber, so ist die Konserve auch laut organolept. Beurteilung zu verwerfen. Den bisher ausgeführten Verss. zufolge besteht anscheinend zwischen der Undichtigkeitszahl von in Gläser gefüllten u. richtig entlüfteten Gerichten, dem Geh. an lebenden Keimen u. der organolept. Beurteilung ein Zusammenhang. (Élelmezési Ipar [Verpflegungs-Ind.] **9.** 293—300. Okt. 1955. Budapest, Forsch.-Inst. für die Konserven-, Fleisch- u. Kühlindustrie.) J. PLANK. 7750

R. Teichman, M. E. Morgan, H. D. Eaton und **Patricia MacLeod,** *Die Wirkung der Fütterung von N.N'-Diphenyl-p-phenylendiamin an Milchkühe auf die Carotinausnutzung und das Auftreten von Oxydationsgeschmack der Milch.* Die Verfütterung eines 0,01% *N.N'-Diphenyl-p-phenylendiamin* (**I**) enthaltenden Futters oder von 2 g **I** täglich an Milchkühe führt zu einer Steigerung der *Carotin* (**II**)-Ausnutzung, die sich in erhöhten **II**- u. *Vitamin-A*-Werten in Blut u. Milch zeigt. Darüber hinaus tritt der durch Cu^{2+} induzierbare Oxydationsgeschmack in Milch weniger häufig bei den mit **I** behandelten Tieren auf. Nachteilige Wirkungen der **I**-Zufuhr zeigten sich nicht. (J. Dairy Sci. **38.** 693—95. Juni 1955. Storrs, Conn., Connecticut Agric. Exp. Stat.) F. KRUSEN. 7756

R. E. Ely, L. A. Moore, P. E. Hubanks, R. H. Carter und **F. W. Poos,** *Ausscheidung von Heptachlorepoxyd in der Milch von Kühen, die mit heptachlorgesprühtem Futter oder mit technischem Heptachlor gefüttert wurden.* Bei der Fütterung von Milchkühen mit Heu, das 7 Tage vor dem Schnitt mit 3,8—8,0 oz *Heptachlor* (**I**)/acre gesprüht worden war, war kein **I** oder **I**-Epoxyd in der Milch nachweisbar. Bei Zufuhr von 1,3 mg **I**/kg Futter wird **I**-Epoxyd in der Milch nachweisbar. Bei größeren **I**-Mengen, bis zu 3,78 mg **I**/kg, sind in der Milch bis zu 5,7 p.p.m. **I**-Epoxyd vorhanden. 0,3—2,8% des zugeführten **I** werden als Epoxyd wieder ausgeschieden. (J. Dairy Sci. **38.** 669—72. Juni 1955. Beltsville, Md., Agric. Res. Serv., Dairy Husbandry and Entomol. Res. Branches.)
F. KRUSEN. 7756

N. Evenhuis und **Th. R. de Vries,** *Das Verhalten von Calciumphosphat in Milch.* 3. Mitt. (2. vgl. C. **1957.** 4845.) Verss. über die Fällung von $Ca_3(PO_4)_2$ (**I**) beim Erhitzen in An- u. Abwesenheit von Hefezellen zeigen: In Ggw. von Hefe wird mehr **I** als in ihrer Abwesenheit gefällt. Die Fällung u. Rekristallisation beginnt bei ca. 60°; sie verläuft bei 120 bis 130° sehr rasch. Das in den Zellen anwesende **I** reagiert sehr langsam mit $K_2C_2O_4$ u. mit Komplexon. Bei 20 Min. Erhitzen auf 115° wird ein großer Teil des an Casein gebundenen Ca gegen Na oder K ausgetauscht. Das Centrifugat von Hefe enthaltender, erhitzter Milch weist mehr **I**-N auf als das Centrifugat hefefreier Milch. (Nederlands Melk- en Zuiveltijdschrift **10.** 101—13. Mai/Juli 1956.) W. WESLY. 7756

N. Evenhuis und **Th. R. de Vries,** *Das Verhalten von Calciumphosphat in Milch.* 4. Mitt. (3. vgl. vorst. Ref.) Unterss. über die Löslichkeit von Ca-Phosphat (**I**) in erhitzten Molken u. in erhitzter, Hefezellen enthaltender Milch zeigen: Nach 15 Min. Erhitzung auf 115° sind Molken u. Milch mit Ca u. Mg ungesättigt. **I** löst sich in Milch u. Molken selbst bei p_H 4,7 sehr langsam. In erhitzter Milch ist das Serum ebenfalls mit Ca

u. Mg ungesättigt. Die Untersättigung hängt mit dem Wachsen der Hydroxylapatit (**II**)-Kristalle beim Erhitzen zusammen. Das aus erhitzter, Hefezellen enthaltender Milch ausgefällte **I** zeigt Ca : Mg ca. 1,67, entsprechend der Zus. von **II**. Es wird gefolgert, daß beim Erhitzen von Milch u. Molken auf $>65^0$ **I** ausfällt u. zu **II** umkristallisiert. **II** löst sich schwer beim Abkühlen. Das Ca : P-Verhältnis des **I** in der Milch von verschied. Kühen schwankt zwischen 1,17 u. 2,07. Es ist möglich, daß sich aus Milch mit höherem oder niedrigerem Ca : P-Verhältnis der gleiche **II** ausscheidet. (Nederlands Melk- en Zuiveltijdschrift **10.** 180—89. Aug./Dez. 1956. Bedum, Coop. Milk Prod. Factory, Labor.) W. Wesly. 7756

B. L. Herrington, *Der Mechanismus der Lipolyse-Aktivierung durch Schäumen.* Die Steigerung der Lipolyse in Milch durch Schäumen beruht auf der dabei stattfindenden starken Zunahme der Zahl sehr kleiner Fetttröpfchen. (J. Dairy Sci. **38.** 695. Juni 1955. Ithaca, N. Y., Cornell Univ., Dep. of Dairy Ind.) F. Krusen. 7756

N. J. Berridge, *Reinigung und Bestimmung von Rennin.* Bestimmung, Reinigung, Kristallisation, Eigenschaften. — 20 Literaturangaben. (Methods Enzymol. **2.** 69—77. 1955. Reading, England, Univ., Nat. Inst. for Dairy Res.) K. Maier. 7756

Ellen I. Garvie und **L. A. Mabbitt,** *Säurebildung in Milch durch Starterkulturen. Die Wirkung von Pepton und anderen stimulierenden Substanzen.* Unterss. mit Streptococcus cremoris 924, der eine Variante mit langsamer Säurebldg. ist, zeigten, daß die Säurebldg. durch Zusätze von peptonisiertem Casein, 18 Aminosäuren des Caseins oder Maisquellwasser so beschleunigt werden kann, daß die Geschwindigkeit der Säureentw. der von schnell wirksamen Str. cremoris-Stämmen gleichkommt. Die Vergärung der Lactose wird bei den genannten Zusätzen in entsprechender Weise beschleunigt, während das Wachstum der Organismen jedoch unbeeinflußt bleibt. Die Entw. unerwünschter sogenannter langsamer Stämme bei der kontinuierlichen Überimpfung wird auf eine Verminderung der Fähigkeit zum Abbau höherer Eiweißkörper zurückgeführt. (J. Dairy Res. **23.** 305—14. Okt. 1956. Reading, Univ., Nat. Inst. for Res. in Dairying.) F. Krusen. 7756

V. R. Smythe und **Ailsa Gillies,** *Die Anwendung von Ultraviolett-Lampen zur Beherrschung von Schimmelbefall gelagerter Käse.* Die Verss. der Vff., durch Bestrahlen mit UV-Licht das Schimmeln von Käse in einem feuchten Lagerraum zu unterdrücken, führten zum Erfolg. Es zeigte sich indessen, daß ein entstehender Ozongeh. der Luft wirkungsvoll war, daß aber eine Zunahme des Ozongeh. für die Wrkg. nicht als ausschlaggebend zu bezeichnen ist. (Queensland J. agric. Sci. **12.** 179—84. Dez. 1955.) V. Froboese. 7760

H. R. Whitehead und **D. J. Lane,** *Einfluß von Penicillin auf Herstellung und Reifung von Cheddarkäse.* Nach den Verss. der Vff. wird die Herst. von Cheddarkäse durch die Ggw. von 0,1 I.E. *Penicillin* (**I**)/ml oder höheren Konzz. wesentlich gestört. Es kommt zu einer Verzögerung der Säurebldg., dadurch zu Änderungen im Reifungsvorgang u. zu verminderten Käsequalitäten. 0,05 I.E. **I**/ml verzögern die Säurebldg. zwar etwas, haben jedoch auf die Käsequalität keinen wesentlichen Einfluß. **I** kann aus der Käsereimilch entfernt werden, wenn sie vor der Starterzugabe 30 Min. mit der 10fachen der theoret. Menge an *Penicillinase* behandelt wird. (J. Dairy Res. **23.** 355—60. Okt. 1956. Palmerston North, New Zealand, Dairy Res. Inst.) F. Krusen. 7760

G. Burkhalter, *Einfluß von nichtrostendem Stahl im Vergleich zu Kupfer als Käsekesselmaterial bei der Fabrikation von Emmentaler Käse.* Es wurde der Einfl. von nichtrostendem Stahl als Kesselmaterial für Emmentaler Käse gegenüber den bisher verwendeten Kupferkesseln geprüft in bezug auf Fabrikationsverlauf, Milchsäuregärung, Propionsäuregärung, Keimgeh., Eiweißabbau, Kupfergeh. u. Qualitätsausfall. Im Stahlkessel konnte leichte Förderung der Milchsäuregärung, aber Hemmung der Propionsäuregärung im Endstadium u. Förderung des Eiweißabbaues in die Tiefe festgestellt werden. Ferner ergaben sich Einbußen im Qualitätsausfall, so daß Vf. zur Zeit die Verwendung des Stahlkessels für die Emmentaler Fabrikation nicht empfehlen kann. (Schweiz. Milchztg., wiss. Beilage **82.** Nr. 97. 313—20. 4/12.; Nr. 99. 321—27. 11/12. 1956.) V. Froboese. 7760

N. D. Dijkstra, *Der Futterwert von Stroh von Kanariensamen* (*Phalaris canariensis*). An Hammeln mit Kanariensamenstroh ausgeführte Fütterungsverss. zeigen, daß der Rohzellstoffgeh. hoch (49,32) u. die Verdauungskoeffizienten (VK) niedrig sind. Das Stärkeäquivalent der Trockensubstanz beträgt nur 1,5. Die VK für Eiweiß sind negativ. Das Stroh ist als Futter fast wertlos. (Landbouwkund. Tijdschr. **69.** 410—12. Mai 1957. Hoorn, Rijkslandbouwproefst.) W. Wesly. 7782

K. Richter und **M. Becker,** *Zusammensetzung, Verdaulichkeit und Wert einiger Trockengrünfutter nach Versuchen an Wiederkäuern und Schweinen.* 2. Mitt. (1. vgl.

C. **1950/54.** 1354 S.) Künstlich getrockneter Grünhafer, Serradella-Trockengrün, künstlich getrocknetes Peluschken–Weidelgras-Gemenge u. Lihoraps wurden durch eingehende Analysen u. in Verdauungsverss. an Schweinen u. Hammeln auf Zus. u. Nährwert untersucht u. die Ergebnisse mitgeteilt. Die im Tiervers. ermittelte Verdaulichkeit der Nährstoffe, bes. des Eiweißes, war nicht in allen Fällen befriedigend. (Landwirtsch. Forsch. **9.** 25—30. 1956.) F. RANG. 7782

J. G. Louw, *Das Ritter-Verfahren — eine Bewertung.* Das Silageverf. nach RITTER (Farmers Weekly, 7. Nov. 1951) wird auf Grund von Verss. als weder neu noch vorteilhaft beurteilt. Bei der von RITTER als wichtig betonten Temp. von 60° läuft das Verf. auf die vorbekannte Süßsilage bei hoher Temp. hinaus mit lediglich dem Unterschied, daß statt feuchtem Grünfutter ein Rauhfutter (Stroh u. dgl.) verarbeitet wird, welches mit einer 3%ig. wss. Lsg. von Melasse gefeuchtet wird, die den Zucker für die Vergärung liefert. Der vorgeschriebene Hefezusatz ist unnötig, da die Mikroflora des Rauhfutters für die erwünschte Milchsäuregärung völlig ausreicht. Überdies drückt Hefezusatz die Säurebldg. herab. Zudem ist es kaum möglich, die Temp. von 60° aufrechtzuerhalten, ohne daß unerwünschte Schimmelbldg. eintritt. Verdaulichkeit u. Nährwert des Materials werden durch derartige Silage nicht verbessert. Falls das RITTER-Verf. einer Silage bei Hochtemp. entsprechen soll, kann es nicht empfohlen werden. Eine später vorgeschlagene Modifizierung, Zerkleinerung, z. B. Häckselung des groben Rauhfutters vor der Silage, ermöglicht dichtere Packung, ähnlich wie bei Grünfuttersilage. Derartige Verss. ergaben eine Art Silage bei niedriger Temperatur. Wegen Fehlens lebender Pflanzenzellen, die überschüssigen O_2 verbrauchen könnten, ist bes. dichte Packung im Silo nötig, um Eindringen von Schimmel zu verhindern. (Farming South Africa **31.** 211—13. März 1956. Onderstepoort. Divis. of Veterinary Services.) R. BEYTHIEN. 7782

A. Menger, *Untersuchungen zur Klassifizierung von Buchweizenerzeugnissen.* Durchgemahlene Buchweizenmehle u. aus Nebenprodd. u. Grützmehlen gemischte Buchweizenmehle wurden in mehreren Musterreihen auf Asche, Rohfaser (a), Eiweiß, Fett u. Stärke untersucht. Eiweiß u. Fett sind bes. in den Randschichten des Buchweizenkornes konzentriert. Bei Passagen mit hohem a-Geh. ergibt sich mit dem a-Geh. stark zunehmende Differenz zwischen nach EWERS bestimmter Stärke u. dem aus den übrigen Analysenwerten als Differenz berechneten Geh. an N-freien Extraktivstoffen, so daß die Schalen daher noch Kohlenhydrate, wie Hemicellulosen, Pentosane u. a., enthalten müssen, die bei der Stärke- u. a-Best. nicht erfaßt werden. Auf Grund der in verschied. Instituten durchgeführten Unterss. wird als Grenzzahl für den a-Geh. von Buchweizenmehl 3% im Trockenzustand angesetzt. Für die I-Best. wird empfohlen, mit 5 g Einwaage u. 75 ml Säuregemisch u. an Stelle von Weißbandfiltern mit den härteren Blaubandfiltern zu arbeiten. (Getreide u. Mehl **5.** 5—6. Jan. 1955. Beilage zu: Mühle. Detmold, Bundesforschungsanst. für Getreideverarbeitung.) R. BEYTHIEN. 7798

Erich Becker und **Helga Hoppe,** *Die papierchromatographische Erfassung der Ascorbinsäure in Mehlen und mehlähnlichen Lebensmitteln.* Bei einem *Ascorbinsäure* (I)-Geh. von 0,002% werden 500 g Mehl mit 600—700 ml Methanol 1 Std. geschüttelt, filtriert, der Extrakt auf dem Wasserbad auf 30—50 ml abgedampft, nach dem Abkühlen das Fett abzentrifugiert u. weiter eingeengt. Man chromatographiert absteigend mit einem Gemisch von 50 ml Butanol, 10 ml W. u. 2 g Oxalsäure, von deren Überschuß abzugießen ist, mit einigen Kristallen KCN. Die Anfärbung erfolgt mit dem Molybdänreagens, die Identifizierung durch Mitbehandlung einer I-Testlösung. (Z. Lebensmittel-Unters. u. -Forsch. **104.** 21—23. Juli 1956. Hannover, Dtsch. Arkady-Ges. m. b. H.) F. KRUSEN. 7798

R. H. Elsken und **C. H. Kunsman,** *Weitere Ergebnisse der Wasserbestimmung in Nahrungsmitteln durch die magnetische Resonanz von Wasserstoffkernen.* Bericht über die Fortsetzung von Verss. zur Wasserbest. nach der von SHAW u. Vff. beschriebenen Meth., die die magnet. Resonanz von Protonen benutzt (C. **1950/54.** 627 S). Das Verf. bewährt sich, wenn nicht eine merkbare Löslichkeit der Trockensubstanz besteht. Bei Früchten, wie Äpfeln, u. bei konstanter lösl. Trockenmasse in geringen Mengen kann das Verf. Anwendung finden. In manchen Fällen ist es möglich, die Protonen des W. von denen der festen Bestandteile des Pflanzenmaterials zu unterscheiden. (J. Assoc. off. agric. Chemists **39.** 434—44. 15/5. 1956. Albany, Calif., U.S. Dep. of Agricult., Western Utilizat. Res. Branch.) PH. FRESENIUS. 7808

C. P. Natarajan und **D. S. Bhatia,** *Ein einfacher Test zum Nachweis einer Verfälschung von Kaffee mit Dattel- und Tamarindensamen.* Grundlage dieses Nachw. bildet die Beobachtung, daß mit W. extrahierter Kaffee mit Alkali nicht mehr die sonst auftretende gelbe Färbung zeigt, während extrahierte Dattel- u. Tamarindensamen eine rötliche bzw. rosa Färbung aufweisen. (Bull. centr. Food technol. Res. Inst., Mysore **5.** 262—63. Aug. 1956. Mysore, Central Food Techn. Res. Inst.) H. NORDIEK. 7828

F. H. Tinkler, R. C. Stribley und **F. W. Bernhart,** *Verbesserungen einer Methode zur Bestimmung der Farbe von Milch und Milcherzeugnissen.* Eine 1,8—2,2 g Protein enthaltende Menge wird mit W. zu 100 ml verd., 25 ml davon 1 Std. mit 1,5 ml 2% ig. Trypsinlsg. bei 45° incubiert, 1 ml 50% ig. Trichloressigsäure (I) u. 0,5 g Celite Nr. 505-Filterhilfe zugegeben u. bis zur völligen Klarheit filtriert. 10 Min. nach der I-Zugabe mißt man im Colorimeter bei 440 mμ gegen einen gleich behandelten Leerwert. Als Standardfarbe dient eine Lsg. von 100 mg $K_2Cr_2O_7$ in 1 Liter Wasser. Die Berechnung erfolgt in Farbeinheiten = 3,35 Lu/0,1 Ls·Pu·1,1, worin Lu = Absorption der Probe, Ls = Absorption der Standardlsg. u. Pu = Proteingeh. in g/100 ml der verd. Probe. (J. Dairy Sci. **38.** 634—39. Juni 1955. Mason, Mich., Wyeth Labor., Inc.)
F. KRUSEN. 7856

C. E. Neal und **H. E. Calbert,** *Die Anwendung von 2.3.5-Triphenyltetrazoliumchlorid zum Nachweis antibiotischer Substanzen in Milch.* Proben von 9 ml roher Milch werden 5 Min. im Wasserbad von 80° pasteurisiert, rasch auf 37° abgekühlt u. mit 1 ml einer Kultur von Streptococcus thermophilus beimpft. Man incubiert 2 Std. bei 37°, gibt 0,3 ml einer 4% ig. Lsg. von *2.3.5-Triphenyltetrazoliumchlorid* zu u. läßt nochmals 30 Min. bei 37° stehen. Danach erfolgt Farbvgl. mit gleichbehandelter, antibioticafreier Milch. Hellere Farbtöne als diese oder Ausbleiben einer Färbung deutet auf die Ggw. von Antibioticis hin. Es können noch 0,04 E. Penicillin, 0,2 Aureomycin, 0,25 Terramycin oder 4 Streptomycin je ml nachgewiesen werden. (J. Dairy Sci. **38.** 629—33. Juni 1955. Univ. of Wisconsin, Dep. of Dairy and Food Ind.)
F. KRUSEN. 7856

F. J. Förg, *Chemische und physikalische Grundlagen eines bakteriologischen Papierstreifenverfahrens (Bacto-strip).* (Vgl. C. **1956.** 12997.) Nach einem Überblick über den derzeitigen Stand der bakteriolog. Untersuchungstechnik wird das bakteriolog. Papierstreifenverf. (Bacto-strip-Verf.) ausführlich beschrieben u. diskutiert. Dieses Verf. soll nur eine orientierende Meth. darstellen u. ist, trotz ausreichender Genauigkeit u. vergleichbarer Werte, nicht dazu bestimmt, die wissenschaftlich-klass. Methoden zu ersetzen. Abschließend wird als Sammelbegriff für bakteriolog. Untersuchungsmethoden, die auf der Benutzung bes. spezieller Eigg. bestimmter Papiere beruhen, der Ausdruck *Papierbaktographie* vorgeschlagen. — 6 Literaturhinweise. (Mitt. Gebiete Lebensmittelunters. Hyg. [Bern] **47.** 191—99. 1956. Zollikon-Zürich, Bacto-strip A.G., Forschungslabor.) M. WINIKER. 7856

N. J. Berridge, *Penicillin in Milch.* 1. Mitt. *Ein schnelles Routineverfahren zum Nachweis von Penicillin in geringen Konzentrationen in Milch.* Beschreibung eines Verf., bei dem der *Penicillin* (I)-Geh. der Milch durch die Säurebldg. einer eingesäten in akt. Vermehrung begriffenen Kultur von Streptococcus thermophilus unter Vgl. mit Proben bekannter I-Gehh. ermittelt wird. In einem weiteren Vgl. wird eine Probe mit Penicillinase versetzt u. in gleicher Weise behandelt, um andere Inhibitoren als I zu erkennen. Durch Anwendung einer hohen Einsaatmenge sowie durch Nichtbeachtung der Asepsis können Ergebnisse schon nach 30 Min. erhalten werden. Die minimal nachweisbare I-Menge liegt bei diesem Verf. zwischen 0,015 u. 0,06 I.E./ml. (J. Dairy Res. **23.** 336—41. Okt. 1956. Reading, Univ., Nat. Inst. for Res. in Dairying.) F. KRUSEN. 7856

Columbia-Southern Chemical Corp., Allegheny County, übert. von: **Frank Waldo,** Pittsburgh, Pa., V. St. A., *Kochsalz für Haushaltzwecke.* Krist. NaCl wird gemischt mit 0,5—5% eines gefällten Ca-Silicats der Formel $CaO(SiO_2)_x$ (I), wobei x 2—4 bedeutet. Der Durchmesser der einzelnen Teilchen ist $< 0,1$ μ. I wird erhalten durch Rk. von $CaCl_2$ mit $Na_2O(SiO_2)_x$. (**A. P. 2 768 899** vom 23/4. 1956, ausg. 30/10. 1956.)
W. KRANZ. 7715

Farbenfabriken Bayer Akt.-Ges. (Erfinder: **Wilfried Kruckenberg**), Leverkusen, *Beifuttermittel,* bestehend aus $\alpha.\gamma$-Dioxybuttersäure. Einsparung von Grundfutter, z. B. bei Küken, bei gleichem Wachstum. (**D. A. S. 1 011 712** Kl. 53g vom 10/3. 1956, veröff. 4/7. 1957. **Zusatz zu D. B. P. 954 209; C. 1957. 6 311.**) W. KRANZ. 7787

American Cyanamid Co., New York, N. Y., V. St. A., *Beifuttermittel.* Antibiotica, Heilmittel u. andere Wirkstoffe für Futterzwecke werden mit einem Trägerstoff gemischt u. dann mit einem oberflächenakt. Stoff versetzt. — Beispiel: Eine 50% ig. Lsg. von Polyoxyäthylentallöläthanolamid wird auf eine Mischung von m.m'-Dinitrodiphenyldisulfid u. Sojamehl aufgesprüht. Nach wenigen Min. ist die Mischung homogen, trocken u. leicht verteilbar. (**E. P. 760 193** vom 28/10. 1954, ausg. 31/10. 1956. A. Prior. 2/12. 1953.) W. KRANZ. 7787

XVII. Fette. Seifen. Wasch- u. Reinigungsmittel. Wachse. Bohnermassen usw.

F. G. Kirillow, *Die Verarbeitung von Sonnenblumensamen ohne Abtrennung der Schalen.* Beschreibung des Produktionsganges bei Verarbeitung von ölreichen Sonnenblumensamen (42—45%) ohne Abscheidung der Hülle. Ein Vgl. zeigt, daß bei Verarbeitung der Samen mit Hülle die unproduktiven Ölverluste mit der abfallenden Schale beseitigt werden. Die Verluste werden vermindert, der Produktionsgang wird vereinfacht. Die Leistungsfähigkeit des Extraktors sinkt allerdings um 14%. Auch der Anteil an Vorpreßöl wird vermindert. Die Zweckmäßigkeit des neuen Verf. hängt von den Ergebnissen der Unters. des Futterwertes des so gewonnenen Schrotes ab. (Маслобойно-Жировая Промышленность [Öl- u. Fett-Ind.] **23.** Nr. 3. 4—5. 1957. Krasnodar, Trust „Krassnodarshirmasslo".) OTTO MAIER. 7894

Fernando Waisgluss und **Rodolfo R. Brenner,** *Hydrierung von Ölen. Hydrierung eines Fischöls (Alse).* Allg. Übersicht über den Hydrierprozeß u. besondere Bedingungen der Hydrierung von Fischtranen. Bei der Hydrierung von Alsenöl bei 180° mit Ni als Katalysator nimmt der F. von 26 auf 56,3° zu, die JZ. von 93,2 auf 18,23 ab, jedoch genügt schon eine Abnahme der JZ. um 27,1, um den F. auf 40° zu erhöhen u. Geruch u. Färbung zu beseitigen. Der Geh. an gesätt. Säuren u. deren durchschnittliches Mol.-Gew. stehen in linearer Beziehung. — 19 Literaturzitate. (Ind. y Quím. **17.** 13—18. 21. 39. März 1955.) R. K. MÜLLER. 7898

E. Walter, *Wechselwirkung zwischen Waschgeräten, Waschmittel, Textilgut: Auswirkung des Wechselspiels hinsichtlich Faserschonung und Materialangriff.* Vf. diskutiert den Einfl. von Waschmaschinen-Rohmaterial auf das Waschgut. Er führt das Auftreten von Wäscheschäden teilweise auf Lösungstension u. natürlichen Abrieb von Metall u. Emaille zurück. Je nach Waschmittel werden unlösl. Verbb. gebildet, die sich am Waschgerät ablagern, oder lösliche, denen Cu oder Fe-Geh. die O_2-Abspaltung der Peroxyde im Waschmittel katalyt. beschleunigen u. durch Faserabbau den Schädigungsfaktor erhöhen. Vf. schlägt zur Verhinderung Edelstahllegierungen vor, da Verss. nach 300 Wäschen mit Seife, Soda u. Peroxyd bei dieser Legierung $2^1/_2$fach geringere Schädigungsfaktoren ergeben haben als Cu. Bei synthet. Waschmitteln lag der Faktor höher, es wird daher in Cu-Maschinen erhöhte Seifenzugabe empfohlen u. vom Entfernen der Schutzschicht abgeraten. Einsatz hoher Mengen polymerer Phosphate im Waschmittel ergibt erhöhte Reklamationen, Zink- u. Aluminium-Waschgeräte können durch Kochen mit Soda Schutzbelag erhalten. Bei Emaille sind silikatreiche Beläge sowie Mg-Silikate u. Borat im Waschmittel zur Korrosionsverhinderung günstig. (Fette Seifen einschl. Anstrichmittel **58.** 750—53. Sept. 1956.) F. STACHE. 7912

O. Viertel, *Weiß- und Farbtonänderungen an Textilien beim Waschen mit optische Aufheller enthaltenden Haushaltswaschmitteln.* Vf. gibt einen Überblick über die Entw. der modernen Waschmittel u. führt als Beispiele für ihre unsachgemäße Anwendung Reklamationen über Weiß- u. Farbtonveränderungen durch Überdosierung, Beuchschäden u. Pastellverfärbungen an. Als Abhilfe wird sachgemäße Behandlung der Wäsche, eine Ausrüstung der pastellgefärbten Gewebe bereits in der Textilindustrie mit opt. Aufhellern vorgeschlagen sowie eine Anregung der Waschmittelindustrie, die Pastellwäsche nicht mit der Weißwäsche, sondern in der dafür gebrauchten Lauge zu waschen, da diese einen geringeren Aufhellergeh. besitzt. — Eisenhaltige Waschwässer nehmen manchen opt. Aufhellern die Leuchtkraft u. schwächen ihre Wirkung. Vf. empfiehlt zur Vermeidung vor dem Waschprozeß die Anwendung eines phosphathaltigen Spülmittels zur Komplexbldg. des Eisengehaltes. (Fette Seifen einschl. Anstrichmittel **58.** 748—50. Sept. 1956. Krefeld, Wäschereiforschung e. V.) H. STACHE. 7912

H. Beduneau, *Die Anwendung von nicht eßbaren Talgsorten und anderen tierischen Fetten zur Herstellung von Reinigungsmitteln.* Übersicht über Herst., Eigg. u. Verwendung von Fettalkoholderivv. von Talg u. anderen tier. Fetten zu Reinigungsmitteln. — 17 Schrifttumshinweise. (Rev. Produits chim. **59.** 213—19. 30/6. 1956.) W. WESLY. 7912

W. Döll, *Bakteriologische Untersuchungen mit oberflächenaktiven Waschmitteln.* Vf. prüft die Einw. zweier Waschmittel auf das Bakterienwachstum: *Pril fl.* mit prim. Alkylsulfat u. Alkylbenzolsulfonat als Waschrohstoff, sowie *Rei* mit sulfonierten Fettsäurekondensationsprodd. u. Alkylarylsulfonat. Bei Konzz. von 0,025% u. 0,25% zeigen die Waschmittel auf p_H 7,2 eingestellte Nährböden nach 16std. Bebrüten bei 37° für grampositive Bakterien wachstumshemmende Eigg.; gramnegative werden erst in stark saurem Medium geschädigt. Auf Tuberkelbakterien konnte kein Einfl. festgestellt werden, morpholog. Veränderungen sind wahrscheinlich. Biochem. Fähigkeiten bleiben erhalten. Bei Konz. 0,08—0,05% wirken beide Waschmittel auf verschied. Blutarten hämolysierend. (Fette Seifen einschl. Anstrichmittel **58.** 778—79. Sept. 1956. Würzburg, Univ., Inst. für Hygiene u. Mikrobiologie.) H. STACHE. 7912

M. W. Dmitrijewskaja und **N. W. Mlodsejewskaja** (unter Mitarbeit von **O. A. Drosdowa**), *Über die schnelle Bestimmung der Jodzahl von Fetten.* Die Einwaage des zu untersuchenden Prod. wird in 10 ml Chlf. gelöst u. mit 25 ml einer Br_2-Lsg. (in mit NaBr gesätt. Methylalkohol) versetzt. Nach 5 Min. werden 10 ml einer 10%ig. KJ zugefügt u. das ausgeschiedene J_2 mit Hyposulfit in Ggw. von Stärke titriert. Die Kontrollprobe wird mit der gleichen Menge Chlf. u. einer KAUFMANN-Lsg. ausgeführt, die wie folgt hergestellt wird: 700 g bei 120° getrocknetes NaBr werden innerhalb von 24 Std. in 5 Liter acetonfreiem Methylalkohol gelöst, danach 15 ml reines Br_2 zugefügt u. nach 5 Min. wie oben verfahren. Diese Schnellbestimmungsmeth. hat sich bei Fettanalysen mit einer JZ. bis zu 115 im Betrieb bewährt. (Маслобойно-Жировая Промышленность [Öl- u. Fett-Ind.] **23.** Nr. 3. 25—26. 1957. Moskau, Fabrik „Steol".) OTTO MAIER. 7932

L. I. Batischtschewa, *Über die Bestimmung des Ölgehaltes.* Von einem Tagesdurchschnitt werden ca. 25—27 g Öl durch Abscheider abgesondert, gereinigt u. gut gemischt. Davon wird je eine Einwaage für die Best. der Feuchtigkeit des Öles entnommen. Die Berechnung erfolgt nach der gewöhnlichen Formel. (Маслобойно-Жировая Промышленность [Öl- u. Fett-Ind.] **23.** Nr. 3. 39. 1957. Nowosibirsk. Ölmühle.) OTTO MAIER. 7932

Bohuslav Sedláček und **Rudolf Rybin,** *Bestimmung oxydativer Veränderungen im Schweinefett mittels colorimetrischer Methode mit 2-Thiobarbitursäure.* Vff. bestimmen die oxydativen Veränderungen von Schweinefett so, daß sie 5 g der zu untersuchenden Substanz in einem 500 ml-Kolben nach Zugabe von 100 ml W. u. 5 ml 3n HCl dest., 25 ml des Destillats auffangen u. aus diesem 20 ml in 20×200 mm Gefäß abpipettieren, dazu 1 ml einer Lsg. von 1 g 2-Thiobarbitursäure (in 50 ml W. u. 2 ml 3n NaOH unter Erwärmen gelöst, wobei nach Erkalten 0,4 ml 3n HCl zugefügt u. auf 100 ml aufgefüllt werden) u. 1 ml 85%ig. H_3PO_4 zusetzen. Dann 35 Min. auf dem Wasserbad erwärmen u. bei $\lambda = 530$ (Grünfilter) messen. Blindvers. oder Vgl. mit Standard. Standardlsg.: 0,1 g Saframin O in 100 ml W. gelöst, davon 10 ml Abpipettiert u. auf 500 ml aufgefüllt. (Průmysl Potravin **8.** 44—45. 1957. Praha, Ústav hygieny.) E. VEVERA. 7932

A. Ss. Panyschew, *Die Bestimmung des Eisenrestes in einer Lösung von regenerierten schwefelsauren Salzen des Nickels und Kupfers.* Zur Kontrolle der Vollständigkeit der Regeneration von Ni–Cu-Katalysatoren von Fetthärtungsbetrieben wird folgendes Tropfverf. angewendet: 2—3 Tropfen der zu untersuchenden filtrierten Lsg. werden auf ein mit trockenem Na_2CO_3 bedecktes Papier aufgetragen. Ni- u. Cu-Sulfat bilden auf der Oberfläche ein apfelgrünes Häutchen (Carbonate). Bei einem zulässigen Fe-Rest (3—5% vom Ni-Geh.) bleibt die Farbe fast unverändert, bei Fe(II)-Überschuß geht sie als Folge der Bldg. von Fe(III)-Salzen in Braungelb über. Die quantitative Fe-Restbest. in der Lsg. u. der Geh. an Ni u. Cu erfolgt wie üblich. (Маслобойно-Жировая Промышленность [Öl- u. Fett-Ind.] **23.** Nr. 4. 37. 1957. Gorki, Fettkombinat.) OTTO MAIER. 7934

R. Wickbold, *Fortschritte in der Bestimmung anionenaktiver Substanzen mit p-Toluidinchlorhydrat.* Die Vorteile der weiterentwickelten Meth. liegen darin, daß durch sie alle wichtigen anionakt. Synthetica bestimmt werden können, auch in Gemischen u. in fertigen Waschpulvern. Wesentlich ist die Verwendung von Ae. an Stelle von Tetrachlorkohlenstoff beim Ausschütteln der ausgefällten Toluidinverbb. von Alkylarylsulfonaten, Alkylsulfonaten, prim .u. sek. Alkylsulfaten u. Ölsäuremethyltaurid. Eine entscheidende Rolle spielt die Wasserstoffionenkonz. hinsichtlich der vollkommenen Fällung der Toluidinverbindungen. Der p_H-Wert soll bei 3 oder darunter liegen. Das Fällungsreagens (p-Toluidinhydrochlorid) ist mindestens in 3fachem Überschuß anzuwenden. (Fette Seifen einschl. Anstrichmittel **57.** 164—68. März 1955. Marl, Kr. Recklinghausen, Chem. Werke Hüls AG.) GERD RICHTER. 7942

British Petroleum Co. Ltd., London, **Dennis Henry Desty** und **Charles Leslie Arthur Harbourn,** Sunbury-on-Thames, England, *Fraktionieren von Polyäthylenoxydaddukten.* Fettsäure- u. Fettalkoholpolyglykol-(ester)-äther (**I**) lassen sich in Fraktionen mit verschied. langer C_2H_4O-Kette u. damit verschied. *oberflächenakt. Eigg.* zerlegen durch Auflösen in einem organ. Lösungsm., bes. Cyclohexan, u. Ausfällen mit einem Lösungsm., in dem die **I** nur z. T. lösl. sind wie gesätt. aliphat. KW-stoffe, bes. Isohexan. (**E. P. 756 334** vom 31/12. 1952, ausg. 5/9. 1956.) C. LÜTTGEN. 7913

Rohm & Haas Co., Philadelphia, Pa., V. St. A., *Äther von Alkylphenoxypolyäthoxyäthanolen* der allg. Formel I in der R eine Alkylgruppe mit 8—15 C-Atomen, R^1 einen Methyl-, Allyl- oder Benzylrest u. n eine ganze Zahl von 8—20 bedeutet, falls R^1 Methyl oder Allyl ist. Falls R^1 = Benzyl ist, ist n eine ganze Zahl von 12—40. Zur Herst. dieser Äther setzt man Methyl-, Allyl- oder Benzylchlorid oder -bromid mit einem Alkohol der allg. Formel II, in der R u. n die obige Bedeutung haben, in Ggw. eines stark bas. anorgan. Neutralisationsmittels (III) um, wäscht das Reaktionsprod. mit W. u. entfernt die flüchtigen Bestandteile durch eine Vakuumdampfdestillation. Als III dienen Alkali- u. Erdalkalihydroxyde u. Alkalialkoholate. Wenn R^1 = Benzyl ist, beträgt die Reaktionstemp. 50—200°, in den beiden anderen 50—150°. — Zu einem Alkohol der Formel IV

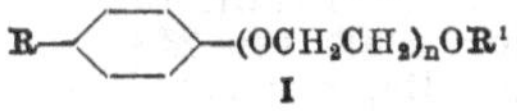
I

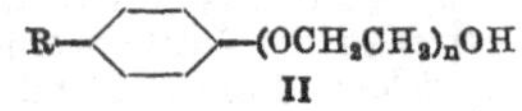
II

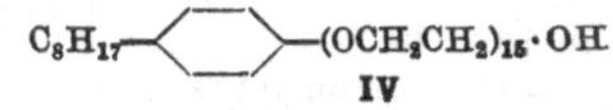
IV

gibt man in einer N_2-Atmosphäre NaOH u. verrührt bis zur Lsg. bei 100°. Dann setzt man allmählich Benzylchlorid bei ca. 110° hinzu, hält einige Zeit bei dieser Temp. u. versetzt mit W. u. Toluol. Hierauf erhitzt man zum Sieden u. arbeitet auf. Man erhält den *Benzyläther des* IV mit einem Trübungspunkt von 15°. — *Nichtionogene oberflächenakt. Mittel*, bes. *Reinigungsmittel* mit geringer Schaumwirkung. (**E. P. 770 073** vom 8/3. 1955, ausg. 13/3. 1957. A. Prior. 22/3. 1954.) R. Schwechten. 7913

Petrochemicals Ltd., London, England (Erfinder: **Kenneth William Richmond** und **Brian Hughes**), *Wasserstoffperoxydemulsion*, die haltbar u. als Zusatz bei *Trockenreinigungsverff.* geeignet ist, besteht aus wss. H_2O_2, 30—50 (%) eines bei 100—300° sd. aromat. KW-stoffs ohne ungesätt. aliphat. Gruppen, bes. aromatisierte Prodd. der Erdölcrackung, u. 15—45 einer oberflächenakt. Verb., bes. eines Fettalkohol-Alkylenoxydkondensats, z. B. mit 6,5 Mol Äthylenoxyd umgesetzter Oleylcetylalkohol. (**E. P. 763 496** vom 15/4. 1954, ausg. 12/12. 1956.) F. Böhm. 7915

Atlantic Refining Co., Philadelphia, übert. von: **Joseph A. Kieras**, New London, Pa., V. St. A., *Frei fließende Wachspulver*, deren einzelne Wachsteilchen mit 0,25—2,0 %, bes. 0,5—1,0 %, feinstgepulvertem $Ca_3(PO_4)_2$ überzogen sind. Jedes pulverisierbare Wachs, wie Paraffinwachs (F. >150°, bes. >180° F), mikrokrist. Wachs, Ozokerit, Ceresin-, Montan-, Carnauba-, Ouricuri-, Palm-, Raffia-, Candelilla- oder Madagascarwachs, kann durch einen derartigen Überzug freifließend erhalten werden. (**A. P. 2 777 776** vom 3/5. 1954, ausg. 15/1. 1957.) W. Gräger. 7925

XVIII a. Holz. Cellulose. Zellstoff. Papier. Papierdruck. Celluloid. Linoleum.

T. E. Timell, *Molekulare Eigenschaften von sieben nativen Holzcellulosen.* Vf. unterwirft sieben verschied. Laub- u. Nadelholzarten der direkten Nitrierung, wobei auf quantitative Ausbeuten u. minimale Depolymerisation geachtet wird. Die Laubhölzer lassen sich rascher nitrieren als die Nadelhölzer. Auch der Ligningeh. übt einen Einfl. auf die quantitative Wiedergewinnung der Cellulose aus. Die erforderliche Reaktionszeit schwankt zwischen 1 Std. für Aspenholz u. 120 Std. für Hemlockholz. Durch Viskositätsmessungen werden DP-Werte zwischen 4000 u. 5000 ermittelt. Die Größenordnung ist somit die gleiche wie bei Baumwoll-, Flachs- u. Ramiecellulosen. Durch Fraktionierung u. Aufstellung des Kettenlängenverteilungsdiagramms findet Vf. bei Laubhölzern nur ein Maximum, bei Nadelhölzern dagegen zwei. Bei den letzteren ist das erste Maximum möglicherweise auf die Anwesenheit erheblicher Mengen niedrigmol. Mannans (5—7 %) zurückzuführen. (Tappi **40.** 25—29. Jan. 1957.) V. Jacopian. 7952

Anders Björkman, *Untersuchungen an feinzerteiltem Holz.* 5. Mitt. *Der Einfluß des Mahlens.* (4. vgl. Svensk Papperstidn. **60.** [1957.] 285; 3. vgl. C. **1957.** 12925.) Diskutiert werden verschied. Theorien über Mahlung u. Molekülbau in der Schwingmühle. Die Ausbeute an Lignin aus feingemahlenem Holz erwies sich abhängig von der Menge des Holzmehls in der Mühle u. zeigte nach einer mehr als 2tägigen Mahldauer keinen wesentlichen Anstieg. Toluol als Mahl-Fl. gab bessere Ausbeuten als Quellung verursachende Lösungsmittel, sofern das Mahlen in einer einzigen Stufe erfolgte. Wurde jedoch an eine erste Mahlung in Toluol eine zweite in Dioxan oder A. angeschlossen, so wurden hohe Ausbeuten erhalten. 1.2-Dichloräthan–A. (2 + 1), ein gutes Lösungsm. für Lignin aus feingemahlenem Holz, erwies sich als ein schlechtes Extraktionsmittel. Salzsäurelignin u. Perjodatlignin wurden nach dem Mahlen in Toluol teilweise in Dioxan löslich. Von den 3 Arten des extrahierten Lignins (Lignin aus fein gemahlenem Holz, Lignin–Kohlenhydrat-Komplexe u. „intermediäre" Verbb.) scheint Lignin aus feingemahlenem Holz die mengenmäßig bedeutendste zu sein. Sie werden in einer Ausbeute von ca. 50 % erhalten. (Svensk Papperstidn. **60.** 329—35. 15/5. 1957. Säffle, Schweden, Billeruds AB.) P. Eckert. 7952

D. Costa, G. Costa, P. Batti, S. Valussi und **E. Susa**, *Beitrag zur Untersuchung der Phänomene der Selbstentzündung: Holzmehle.* Die Mindesttempp. für die Selbstentzündung von Eichen-, Buchen-, Tannen- u. Pappelholzmehl sowie der daraus gewonnenen Lignine u. Cellulose wurden für verschied. Teilchengrößen u. Konzz. der Holzmehle, Lignine

u. Cellulose in Luft gemessen. Für die verschied. Holzmehle liegen die Mindesttempp. für die Selbstentzündung bei einer Konz. von 0,09 g/Liter Luft zwischen 474 u. 502° u. steigen bei einer Konz. von 0,03 g/Liter Luft auf 529—555°. Die entsprechenden Werte für die verschied. Lignine liegen zwischen 487 u. 535 bzw. 536 u. 572°, für die Cellulose bei 455 bzw. 520°. Wesentliche Unterschiede zwischen den Holzmehlarten bestehen nicht, wenn auch Tannenholzmehl u. das daraus gewonnene Lignin durchweg die höchsten Mindesttempp. der Selbstentzündung aufweisen. Eine deutliche Abhängigkeit dieser Temp. von der mittleren Teilchengröße zwischen 253 u. 89 μ Durchmesser wurde nicht festgestellt. — Die Zus. der bei der trockenen Dest. der verschied. Holzmehlarten, Lignine u. Cellulose entstehenden Gase wurde bei stufenweiser Erhitzung in Abhängigkeit von der Temp. zwischen 200 u. 500° u. bei direkter Erhitzung bis 500° untersucht. Durch differentielle Thermoanalyse wurden die Temperaturbereiche bestimmt, in denen vorwiegend exotherme oder endotherme Rkk. ablaufen. Die verschied. Holzmehlarten u. ihre Cellulosen zeigen dabei sehr ähnliche Kurvenverläufe, während bei den Ligninen endotherme Rkk. deutlich vorherrschen. (Riv. Combustibili **10.** 101—24. Febr. 1956. Triest, Univ. degli Studi, Ist. di Chim. Appl. „Domenico Costa".)
L. WIESNER. 7952

B. B. Mithel, G. H. Webster und **W. H. Rapson,** *Die Einwirkung von Wasser auf Cellulose zwischen 100 und 225°.* Proben von Fichtensulfitzellstoff (98% α-Cellulose), je 20 g, werden im Autoklaven mit dest. W. oder 0,2 Mol KH_2PO_4-Lsg. 4 Std. bei verschied. Tempp. zwischen 100 u. 225° behandelt. Die Pufferlsgg. werden jeweils mit Natronlauge auf bestimmte Anfangs-p_H-Werte eingestellt. Die Rückstände werden mit W. gewaschen, an der Luft getrocknet u. nach dem TAPPI-Standard auf ihren Geh. an α-, β- u. γ-Cellulose untersucht. Vergleichende Viscositätsmessungen dienen ebenfalls zur Charakteristik. Vff. finden, daß die Einw. des W. sehr vom p_H-Wert abhängig ist. Um den p_H-Abfall durch Bldg. von Säuren weitgehend zu unterdrücken, werden auch Verss. mit Pufferlsgg. mit bestimmten Anfangs-p_H-Wert durchgeführt. Wie nicht anders zu erwarten, nimmt die Abbaugeschwindigkeit der Cellulose in W. mit steigender Temp. u. Wasserstoffionenkonz. ebenfalls zu. Die Löslichkeit der abgebauten Cellulose hängt ebenfalls vom p_H-Wert ab. Oberhalb von p_H 7 ist sie hoch. Dabei geht hauptsächlich β-Cellulose in Lsg. u. der α-Cellulosegeh. des Rückstandes bleibt hoch. Unterhalb von p_H 7 ist die Löslichkeit nur gering, u. dementsprechend sinkt auch der α-Geh. des Rückstandes. (Tappi **40.** 1—4. Jan. 1957.) V. JACOPIAN. 7954

Konstantin Schwenzon, *Ein neues Verfahren zur Herstellung von Zellstoff aus Stroh.* Durch Aufschluß mit KOH (I) oder mit einem Gemisch aus I u. K_2S kann aus Stroh Zellstoff hergestellt werden. (Chem. Techn. **8.** 520—27. Sept. 1956. Dresden, TH, Inst. für Zellstoff- u. Papierchemie.) A. SEUFFERT. 7958

James E. Ayer, Neal C. Ford und **Jackson L. Smilie,** *Die Wirkung einer mikrobiologischen Behandlung eines Südkieferkraftzellstoffs, gelagert bei hoher Stoffdichte.* Südkieferkraftzellstoff wurde nach Waschen u. Sortieren mit mikrobiol. Stämmen geimpft u. 14 Tage bei einer Stoffdichte von 10,1% gelagert. Es wurden Proben nach 0,4, 7, 11 u. 14 Tagen entnommen u. Lignin, α-, β- u. γ-Cellulose sowie Viscosität bestimmt. Es zeigte sich, daß die Lagerung der Zellstoffe in Ggw. von Mikroorganismen zu einer Abnahme des α-Cellulosegeh. (von 88,8 auf 83,0) führt, während der Geh. an β-Cellulose nach anfänglicher Abnahme wieder zunimmt. Der Ligningeh. änderte sich nur wenig. Die Viscosität steigt mit verlängerter Lagerzeit an. Vf. schließt daraus, daß vorzugsweise die Celluloseanteile mit kürzerer Kettenlänge angegriffen werden. (Tappi **40.** 159—60. März 1957.) V. JACOPIAN. 7958

C. Raaka, M. N. May, R. J. Solari und **F. A. Foderaro,** *Die Vergilbung von Kraftzellstoff in Abhängigkeit von den Bleichbedingungen bei der Wasserstoffperoxydbleiche.* Ein typ. Kraftzellstoff wurde unter verschied. Bedingungen mit H_2O_2 gebleicht u. die erhaltene Weißgehaltsstabilität durch Messung des Weißgeh. vor u. nach einer Ofenalterung bei 105° ermittelt. Die Vff. konnten feststellen, daß die Stabilität des Weißgeh. von Temp., Dauer, Stoffdichte, p_H-Wert u. H_2O_2-Konz. bei der Bleiche abhängt. Den größten Einfl. hat Temp. u. Zeit, die Stoffdichte ist ziemlich bedeutungslos. Mit H_2O_2 in einer Stufe gebleichter Kraftzellstoff zeigte nur 14% der Vergilbung des ungebleichten Stoffes. (Tappi **40.** 201—07. März 1957. Appleton, Wis., Inst. of Paper Chem.) F. LANG. 7958

S. Jemson, *Die Arbeitscharakteristik eines neues B & W Rückgewinnungskessels.* Beschreibung einer neuen Rückgewinnungsanlage für Kraftablauge. (Pulp Paper Mag. Canada **58.** Nr. 4. 149—53. März 1957. Elk Falls Comp. Ltd.) H. BECKER. 7958

G. R. Harris, *Ein Vergleich von Calcium-, Magnesium-, Natrium- und Ammoniumlösungen als Aufschlußflüssigkeiten bei der Sulfitzellstoffherstellung.* Western Hemlock

u. eine Mischung aus Hemlock u. Fichte wurden vergleichsweise mit Ca-, Mg-, Na- u. NH_4-haltigen Kochsäuren aufgeschlossen u. Reyonzellstoffe hergestellt. In allen Fällen erwiesen sich Na- u. NH_4- u. meist auch Mg-, den Ca-Lsgg. überlegen. Verglichen bei gleicher Viscosität der ungebleichten Stoffe zeigten sie niedrigere Permanganatzahlen, höhere Weißgehh. u. α-Cellulosewerte; bei den Mischkochungen waren diese Effekte nicht ganz so deutlich. Na-, Mg- u. NH_4-Kochungen dauerten länger als Ca-Aufschlüsse, Na-Aufschluß am längsten, NH_4-Aufschluß relativ am kürzesten. Western Hemlock war 2—8 Min. schneller aufgeschlossen als die Mischkochungen. Bei den Ca-Kochungen fiel die Viscosität der ungebleichten Zellstoffe mit der Kochdauer unter den Versuchsbedingungen bis zu 8 cP pro Min. ab. (Pulp Paper Mag. Canada **58**. Nr. 3. 284—88. 313. 1957. Prince Rupert B. C., Res. Labor., Columbia Cellulose Co. Ltd.)
F. LANG. 7962

Giorgio Ceragioli, E. L. Keller und **G. H. Chidester,** *Hochausbeute-Neutral-Sulfitzellstoffe.* Wegen der steigenden Bedeutung von Neutralsulfithalbzellstoffen für die Erzeugung von Wellpappe sowie hochgemahlenen Papieren untersuchen Vff. die Abhängigkeit der physikal. Eigg. von den Aufschlußbedingungen, wobei die Rentabilität ebenfalls berücksichtigt wird. Verschiebt man beim Aufschluß von Halbzellstoffen den p_H-Wert ins schwach saure Gebiet, so kann der Aufschluß rentabler gestaltet werden. Zur Unters. gelangen Aspe, Eiche u. Kiefer. Die Kochungen wurden auf Ausbeuten zwischen 50 u. 75% in Intervallen von je 50% durchgeführt, die resultierenden Stoffe vor u. nach der Bleiche auf chem. Zus. u. Festigkeitseigg. untersucht. Gebleicht wird nach dem üblichen 3-Stufenverf. bis auf 85% Weißgehalt. Entsprechend dem Gesamtchlorbedarf wird in der ersten Stufe viel Cl eingesetzt, so daß in der zweiten Stufe weniger als 2% benötigt werden. Vff. finden bei Kochungen mit niedriger Ausbeute hohen Chemikalienbedarf, lange Kochzeit u. einen dementsprechend höheren Holzbedarf. Mit abnehmender Ausbeute wird die Bleichbarkeit besser u. der Weißgeh. nimmt zu. Arbeitet man mit schwach sauren Kochlsgg., so steigt meist mit abnehmender Kochdauer u. Chemikalienverbrauch der Festigkeitsverlust an. Hier sind die Beziehungen bei den verschied. Hölzern jedoch sehr unterschiedlich. Kiefer gibt mit abnehmender Ausbeute steigende Festigkeit, während Aspe u. Eiche Maxima u. Minima zeigen. In allen Fällen wird die Opazität mit abnehmender Ausbeute besser. Gebleichte Laubholz-Neutralsulfitzellstoffe besitzen im allg. eine geringere Festigkeit als entsprechend gebleichte Halbzellstoffe. Charakterist. ist dabei die Falzzahl, die sich um 50—75% verringert, während die anderen Festigkeiten nur um 10—20% abnehmen. (Tappi **40**. 8—14. Jan. 1957.) V. JACOPIAN. 7962

Lars Hall, *Die technische Verwertung von Sulfitablaugen.* 2. Mitt. *Ligninsulfonate als Dispergierungsmittel.* (1. vgl. C. **1957**. 3690.) Na-, NH_4-, K- u. Mg-Ligninsulfonat wurden aus unlösl. Ca-Ligninsulfonat hergestellt, das nach dem HOWARD-Verf. ausgefällt worden war. Es wurde die dispergierende Wrkg. dieser Ligninsulfonate auf Wassersuspensionen folgender Pigmente untersucht: gefälltes $CaCO_3$, gemahlener Kalkstein, Anatas, Rutil u. Kaolin. Zum Vgl. wurden auch 3 Phosphate geprüft. Die dispergierende Wrkg. wurde an Hand der Viscosität der Pigmentsuspension mit einem MACMICHAEL-Rotationsviscosimeter untersucht. Teils wurde die Menge des Zusatzmittels bestimmt, bei dem die Viscosität am niedrigsten war, u. teils wurde die Viscosität als Funktion der Pigmentmenge mit u. ohne Ligninsulfonat bzw. Phosphatzusatz aufgetragen. Dabei zeigte es sich, daß die eingangs erwähnten Ligninsulfonate bzgl. der Dispergierung der 5 Pigmente den Phosphaten gleichwertig oder etwas unterlegen sind. Ferner wirken Zusatzmittel vom Typus der Ligninsulfonate u. Phosphate auf gefällten u. gemahlenen Kalk sowie auf Rutil u. Kaolin, nicht dagegen auf Anatas dispergierend. Der Dispergierungseffekt wurde auch durch Best. der Partikelgröße an Hand von Sedimentationsmessungen geprüft. Die Adsorption von Ligninsulfonaten an der Oberfläche der Partikel wurde bestimmt u. die relative Ladung der letztgenannten durch Sedimentation in einem elektr. Feld untersucht. Außerdem wurden die Partikelsuspensionen untersucht u. mkr. aufgenommen. Alle diese Untersuchungsmethoden zeigen übereinstimmend, daß beide Kalksorten sowie Rutil u. Kaolin durch Ligninsulfonate dispergiert werden, während bei Anatas kein Effekt beobachtet werden konnte. (Svensk Papperstidn. **60**. 199—210. 31/3. 1957. Stockholm, Kungl. Högskolan, Inst. för cellulosateknik.)
P. ECKERT. 7962

Herman R. Amberg und **James F. Cormack,** *Untersuchung aerober Gärung von Sulfitablauge.* Durch Übertragung von Methoden der Gärungsindustrie gelang es, in einem aeroben Gärungsprozeß mit gemischter, aus Flußwasser + Sulfitablauge (**I**) gezüchteter Bakterienkultur in einer Menge von 20—30 g Schwebestoff/Liter den BSB von **I** um 80—90% abzubauen. **I** wurde mit 1 NH_3:5 BSB neutralisiert u. als weiterer Nährstoff 1 P: 60 BSB zugegeben; vorheriges Entfernen der SO_2 mit Dampf oder Kalk ersparte NH_3 u. erhöhte den möglichen Durchsatz. In einer Laboratoriumsversuchsanlage (Skizze) von 49 Liter Belüftungsraum wurde bei 35° u. p_H 7,0—7,4 verd. **I** mit 6,5 m³ Luft/kg BSB belüftet; in Ggw. von SO_2 wurden gute Erfolge mit einem Geh. bis zu 8,5, ohne SO_2 bis zu 12% Gesamtfeststoffen erzielt. Rohe **I** von 39 g BSB_5/Liter wurde bei einer BSB-Last von 41,7 kg/m³/Tag um 84% abgebaut mit 22 g Zellsubstanz/Liter, wobei je kg abgebauten BSB 0,5 kg neue Zellsubstanz entstanden, deren Überschuß zur Erzielung einer gleichmäßigen Konz. entfernt, der Rest aus einem 50 Liter fassenden kon. Absetzbecken rückgeführt wurde. Sie enthielt 66—70% Protein mit den meisten wichtigen Aminosäuren, ihr Erlös als Viehfutter könnte zur teilweisen Deckung der nicht unbeträchtlichen Kosten des Verf. (5—8 t Zellstoff) verwendet werden. Eine halbtechn. Anlage für die Behandlung von 425 Liter/Tag wird erprobt (Schema, 2 Abbbildungen), bei ihr wird SO_2 mit Dampf ausgetrieben u. die Belüftung erfolgt durch eine motorgetriebene Turbine in einem Führungsrohr, durch das die Ablauge im Gemisch mit dem gleichen Vol. Schaum umgewälzt wird. (Sewage ind. Wastes **29.** 570—76. Mai 1957. Camas, Wash., Crown Zellerbach Corp., Centr. Res. Dep.) H. MÜHLMEISTER. 7962

—, *Holzstoff aus Hackschnitzeln.* Beschrieben wird ein Verf. der Fa. BAUER BROS. CO., Springfield, O., zur Herst. von Holzstoff aus Hackschnitzeln üblicher Größe. Diese werden in einer Schneckenpresse mit W. oder einem chem., milden alkal. Aufschlußmittel erweicht, in zwei Doppelscheibenrefinern grob, dann fein zerfasert. Der Faserstoff wird unter Zwischenschaltung einer Bütte durch einen Rundsichter gefördert (ausgeschiedene Splitter gehen zum 2. Doppelscheibenrefiner zurück), gelangt über eine weitere Bütte zu verschied. Reinigungsanlagen u. wird auf einer Rundsiebmaschine entwässert. Die zweite Scheibenmühle dient vor allem einer Mahlgrad- u. Festigkeitssteigerung, man arbeitet hier mit enggestellten Mahlscheiben u. niedriger Stoffdichte. Verss. mit einer vorgeschalteten, kontinuierlich arbeitenden Neutralsulfitkochung zur Herst. chem. Schliffes sollen erfolgreich verlaufen sein (Ausbeute 80—90%, Chemikalienverbrauch 8—12% bezogen auf atro-Gewicht des Holzes). Die Festigkeitswerte des erhaltenen Holzstoffes entsprechen denen des n. Schliffes, die Schmierigkeit soll aber größer sein. Laub- u. Nadelhölzer können verarbeitet werden, das Verf. soll sich durch Ersparnisse an Antriebskraft u. Bedienungspersonal sowie durch geringere Investitionskosten auszeichnen. (Allg. Papier-Rdsch. **1956.** 582—84. 20/6.) B. GNAUCK. 7974

A. K. Wiebe und **E. D. Klug,** *Die Aufnahme von Natriumcarboxymethylcellulose durch Holzzellstoff.* Vff. untersuchten die Aufnahme von Na-Carboxymethylcellulose (**I**) unter den Bedingungen der Papierherst. mittels radioakt. ^{14}C. Die Aufnahme war bei Verwendung wasserlösl. **I** gering (5—10%) u. prakt. unabhängig vom Substitutionsgrad der **I** (1,19—0,39). Bei nicht mehr vollständig lösl. **I** mit einem Substitutionsgrad von 0,38 betrug die Aufnahme ca. 60%. NaOH-Zusatz führte immer zu verminderter Aufnahme, H_2SO_4 erhöhte die Aufnahme geringfügig. Zusatz von $Al_2(SO_4)_3$ ergab vollständige Aufnahme bei allen verwendeten **I**-Arten bei Mengen von 1% bezogen auf trockenen Zellstoff. Die Reihenfolge des Zusatzes von **I** u. $Al_2(SO_4)_3$ zum Zellstoff hat keine erkennbare Auswrkg. auf die Aufnahme. Die Aufnahme erfolgt vermutlich durch Anziehung zwischen einem positiv geladenen Al-**I**-Gel u. der negativ geladenen Cellulosefaser. (Tappi **40.** 197—200. März 1957. Wilmington, Del., Hercules Powder Co.) F. LANG. 7978

Börje Steenberg, *Blattbildung auf einem Rundsieb.* Die Blattbldg. anf einem Rundsieb wird vor allem von den lokalen Geschwindigkeitsunterschieden zwischen Sieb u. Stoff sowie auch von der Heterogenität des Stoffes in bezug auf die Fasereigg. bestimmt. Die Verhältnisse in Gleichlauf- u. Gegenlaufmaschinen werden diskutiert. (Svensk Papperstidn. **60.** 345—47. 15/5. 1957. Stockholm, Pappersteknisk a avdelningen, Svenska Träforskningsinstitutet.) P. ECKERT. 7982

T. E. Timell, *Nitrierung als Mittel zur Isolierung der α-Cellulose-Komponente von Holz.* Vf. bestimmt den Geh. an α-Cellulose (**I**) von 4 verschied. Laubholz- u. 6 Nadelholzarten. Gleichzeitig werden die durch Nitrierung der Holzproben erhaltenen Ausbeuten an Nitrocellulose (**II**) mit dem **I**-Geh. verglichen. Letzter liegt fast stets etwas höher. Nach Hydrolyse der **I** u. der denitrierten **II** werden die resultierenden Zucker durch quantitative Papierchromatographie bestimmt. Die **I**-Proben enthalten stets erheblich mehr Xylan als die **II**. Der Geh. an Mannan ist in **I** u. **II** annähernd gleich, in einzelnen Fällen in **II** doppelt so hoch wie in **I**. Zum Schluß vergleicht Vf. den Reincellulosegeh. nach Abzug der Nichtglucanbestandteile von **I** u. **II** untereinander. Vf. findet so eine annähernde Übereinstimmung, die es ermöglichen soll, die **I** von Hölzern mittels Nitrierung bestimmen u. isolieren zu können. (Tappi **40.** 30—33. Jan. 1957.) V. JACOPIAN. 8004

J. D. Boadway, *Bestimmung der sichtbaren Verunreinigungen von Zellstoff und Papier.* Vf. befaßt sich mit verschied. Methoden zur Best. des Reinheitsgrades von Zellstoffen u. Papieren. Diese Best. ist für die Qualitätskontrolle wie für die Lokalisierung von Produktionsschwierigkeiten gleich wichtig. Anwendung von elektron. Zählgeräten kann vorteilhaft sein, allerdings arbeiten diese Geräte nicht immer ganz zufriedenstellend. (Pulp Paper Mag. Canada **58.** Nr. 3. 185—86. 1957.) F. LANG. 8010

D. Harper, *Röntgenanalytische Methoden bei Zellstoff- und Papieruntersuchungen.* Vf. berichtet nach Einführung in Theorie, Methodik u. Technik der Röntgenanalyse über verschied. Anwendungsmöglichkeiten bei der Zellstoff- u. Papierherst. u. Prüfung. Beugungsmethoden werden angewandt bei Strich- u. Füllstoffunterss., W. u. Abwasseranalysen, Vanillinkristallisation, Best. der übermol. Orientierung der Fasern u. a. mehr. Fluorescenzunterss. werden bei Korrosions-, Kesselstein-, Schlamm- u. Chemikalienanalysen angewandt. Verss. zur Best. von S in Lignin u. Ablaugen wurden unternommen. Die Verff. arbeiten schnell u. exakt. (Pulp Paper Mag. Canada **58.** Nr. 3. 271—76. 1957. Cornwall, Ontario, Can., Howard Smith Paper Mills Ltd.) F. LANG. 8010

Alfred M. Thomsen, San Francisco, Calif., V. St. A., *Raffinieren von Tallöl.* Man verd. das beim Ansäuern der aus der Schwarzlauge abgeschiedenen Seife anfallende Öl mit einem Lösungsm. (**I**), z. B. Trichloräthylen, C_6H_{14} oder Bzl., behandelt die Lsg. mit aktivierter SiO_2 (**II**), trennt diese ab, behandelt das Filtrat mit aktiviertem Ton (**III**), trennt die nunmehr fast ganz entfärbte Fl. von **III** ab, verdampft das **I** u. scheidet die Harzsäuren durch Kristallisation aus. Man erhält **III** durch Behandeln von Ton mit verd. H_2SO_4, bis ca. $^1/_3$ des im Ton vorhandenen Al in $Al_2(SO_4)_3$ (**IV**) übergeführt ist, trennt die saure Lsg. (**V**) ab u. trocknet den **III**. Der verbrauchte **III** wird mit **V** behandelt, wobei alles Al als **IV** in Lsg. geht, die abgetrennt wird, wobei **II** als Rückstand verbleibt. — Zeichnung. (**A. P. 2 720 515** vom 19/3. 1954, ausg. 11/10. 1955.) C. LÜTTGEN. 7967

Kalle & Co. Akt.-Ges. (Erfinder: **Heinrich Peters** und **Julius Stawitz**), Wiesbaden, *Herstellung von wasserunlöslichen flächigen Gebilden aus Salzen von Äthercarbonsäuren hochmolekularer Kohlenhydrate,* bei welcher Lsgg. von Salzen von hochmol. Kohlenhydratäthercarbonsäuren (**I**) in die Form des Flächengebildes gebracht u. getrocknet werden, dad. gek., daß wss. Lsgg. von Cu-Salzen der **I** verwendet werden, die Thioharnstoff oder dessen wasserlösl. Derivv. enthalten. — Eine Thioharnstoff enthaltende wss. Lsg. von celluloseglykolsaurem Cu wird auf eine Unterlage zu einem Film vergossen, der bei Raumtemp. oder erhöhter Temp. zu einer weißen, wasserunlösl. Schicht auftrocknet. (**D. A. S. 1 009 390** Kl. 39b vom 21/8. 1954, veröff. 29/5. 1957.) R. SCHWECHTEN. 7971

N. V. de Bataafsche Petroleum Mij., Den Haag, Holland, *Geformte Gebilde aus Cellulosederivaten.* Man verwendet zu ihrer Herst. eine Lsg. eines freie OH-Gruppen besitzenden Celluloseäthers oder -esters (**I**) in einem organ. Lösungsm., die daneben eine geringere Menge eines Glycidylpolyäthers eines mehrwertigen Alkohols (**II**) oder eines mehrwertigen Phenols (**III**) u. ein Epoxyhärtungsmittel (**IV**) enthält. Die Polyäther sollen eine Durchschnittszahl von wenigstens 1,1-Epoxygruppen je Mol. besitzen. Als **I** dienen Ester, deren OH-Gruppen zu 20—70% mit Monocarbonsäuren mit 2 bis 12 C-Atomen verestert sind. Als **II** eignen sich Glycerin, Äthylen-, Propylen-, Diäthylenglykol, Hexantriol, Polyglycerin, Mannit u. Sorbit, während als **III** Resorcin, Hydrochinon, Bis-phenol u. 4.4'-Dioxybenzophenon in Betracht kommen. Als **IV** sind genannt: organ. u. anorgan. Säuren u. bes. Zn-Fluoborat u. BF_3-p-Kresol. Die geformten Prodd. zeichnen sich durch große Beständigkeit gegen Wärme u. Lösungsmittel aus. Sie werden durch Vergießen oder Verspinnen der Lsgg. u. anschließendes Erhitzen auf $>50^0$ erhalten. — Zu einer Lsg. von Celluloseacetat in 5% W. enthaltendem Aceton gibt man einen Polyäther aus äquivalenten Mengen Glycerin u. Epichlorhydrin u. ein Diäthylanilinfluorborsäuresalz. Man vergießt diese Lsg. u. härtet 5 Min. bei 160^0. Man erhält einen klaren, harten Film, der gegen Aceton beständig ist. (**E. P. 770 014** vom 15/7. 1954, ausg. 13/3. 1957. A. Prior. 21/7. 1953.) R. SCHWECHTEN. 7971

American Cyanamid Co., New York, N. Y., übert. von: **Lennart A. Lundberg,** Stamford, Conn., V. St. A., *Herstellung von in Wasser dispergierbaren Amin-Epichlorhydrin-Reaktionsprodukten für die Papierindustrie,* gek. durch Erhitzen von 1 Mol prim. Alkylamin mit 12—20 C-Atomen mit 1—2 Mol Epichlorhydrin auf 65—80^0 bis ein Kondensationsprod. mit 0,3—0,6 Atomen ionisierten Cl pro N-Atom resultiert, u. Einarbeiten einer Monocarbonsäure (mit nicht mehr als 3 C-Atomen) um mindestens $^3/_4$ der anwesenden freien Aminogruppen zu neutralisieren. Die erhaltenen Prodd. haben eine verbesserte Lagerstabilität. (**A. P. 2 753 372** vom 19/11. 1953, ausg. 3/7. 1956.) A. GRADL. 7979

Établissements Ruggieri, Georges Marie Euverte und **André Marie Lionel Hubert Wilson del Pozo,** Seine, Frankreich, *Herstellung von Gegenständen aus Karton.* Man verpreßt Gemische von z. B. folgender Zus.: 10 (kg) Papier, 6 Polyvinylchlorid (**I**),

0,15 Pb-Stearat, 2 Trikresylphosphat, 2 Extendeur 3 (KUHLMANN) als Schmiermittel, 0,1 Farbstoff u. einem Mischpolymerisat aus 1,4 Polystyrol u. 0,6 Butadien oder z. B. von der Zus.: 77,3 Papier, 15,5 I, 7 „Iranolin" u. 0,2 dreibas. Pb-Sulfat. (**F. P. 1 127 952** vom 14/6. 1955, ausg. 28/12. 1956.) T. OPPERMANN. 7993

Röhm & Haas G. m. b. H. (Erfinder: **Herbert Schreiber**), Darmstadt, *Herstellung celluloidartiger Massen aus Nitrocellulose*, dad. gek., daß diese mit Dihydrodicyclopentadienon u. bzw. oder Tetrahydrodicyclopentadienon in der üblichen Weise verarbeitet werden. Man kann außerdem noch andere Weichmacher, Farbstoffe u. Stabilisatoren zusetzen. (**D. B. P. 964 985** Kl. 39b vom 27/8. 1953, ausg. 29/5. 1957. Anmeldung bekanntgemacht 20/12. 1956.) R. SCHWECHTEN. 7997

XVIIIb. Textilfasern.

Hiroshi Sobue und Kenkichi Murakami, *Über das einleitende Kondensationsprodukt für die Kunstharzbehandlung.* 3. Mitt. *Verhalten des Katalysators im Kunstharzbad.* (2. vgl. Chem. high Polymers [Tokyo] **9.** [1952.] 461.) Der Einfl. des p_H von Anilin-HCl in Harnstoff–CH_2O-Lsg. wird verglichen mit dem von AC (Prod. der MONSANTO CHEM. CO.). AC ist ein handelsüblicher latenter Katalysator für die Behandlung von Geweben mit Harnstoffharzen. In 2 Std. bei 120° nimmt das p_H von 9,1 auf 7,1 ab (Kurven), mit AC von 8 auf ca. 6. (Chem. High Polymers [Tokyo] **10.** 418—20. 1953. Tokyo, Univ. [Orig.: japan.]) L. SCHULER. 8032

Hiroshi Sobue und Kenkichi Murakami, *Über das einleitende Kondensationsprodukt für die Kunstharzbehandlung.* 4. Mitt. *Über die Beständigkeit des Harzbades.* (3. vgl. vorst. Ref.) Untersucht werden die Änderungen in den jodometr. u. den p_H-Werten beim Erhitzen von Harnstoff- bzw. Melamin–Formaldehyd-Lsgg. (5—12% Harz) auf 30° u. auf 120° u. die Knitterfestigkeit der mit den jeweiligen Harzlsgg. behandelten Gewebe verglichen. Die sogenannte „Ausflockungserscheinung" im Bad ist nachteilig für die Knitterfestigkeit. (Chem. High Polymers [Tokyo] **10.** 420—25. 1953. Tokyo, Univ. [Orig.: japan.]) L. SCHULER. 8032

Hiroshi Sobue, Kenkichi Murakami und June-T'ai Ch'ih, *Über das einleitende Kondensationsprodukt für die Kunstharzbehandlung.* 5. Mitt. *Mikroskopische Untersuchung der harzbehandelten Faser.* (4. vgl. vorst. Ref.) Die Beständigkeit verschied. harzbehandelter Fasern gegen SCHWEITZERs Reagens, Aceton + 65% ig. H_2SO_4, wird mkr. untersucht. Die Behandlung erhöhte im allg. die Widerstandsfähigkeit, u. zwar in einer gewissen Abhängigkeit von der Verweilzeit im Harzbad. — 4 Mikrophotos. (Chem. High Polymers [Tokyo] **10.** 425—29. 1953. Tokyo, Univ. [Orig.: japan.]) L. SCHULER. 8032

Hiroshi Sobue, Kenkichi Murakami und June-T'ai Ch'ih, *Über das einleitende Kondensationsprodukt für die Kunstharzbehandlung.* 6. Mitt. *Über das latente Verhalten und die Erholungsfähigkeit des Katalysators.* (5. vgl. vorst. Ref.) Die Katalysatoren für die Harzausrüstung von Textilien werden in 8 Gruppen eingeteilt: anorgan. u. organ. Säuren, anorgan. u. organ. Hydroxyde, Carbonate, anorgan. u. organ. Metallsalze, Oxydantien, Aminsalze, anorgan. u. organ. NH_4-Salze u. andere spezielle Verbindungen. Für die Bewertung des Katalysators werden folgende Eigg. ausgewählt (auch Erörterung der Verff. zu deren Best.): 1. Wrkg. des Katalysators auf die Beständigkeit der Harzlsg., 2. latente Verhaltensweisen, ausdrückbar als α_1 = Zeitabhängigkeit des p_H bei p_H 7 u. Härtungstemp. für den Katalysator für sich u. α_2 = dasselbe für die Harzlsg. + Katalysator, 3. Erholungsfähigkeit des Katalysators $K = (b - c)/(a - c)$, worin a anfängliches p_H, c Minimum-p_H während des „Backens" u. b End-p_H; K stellt dann die in der Faser zurückbleibende Säuremenge dar. Im Falle neutraler Harzlsgg. nimmt die Wrkg. des Katalysators mit dessen (steigender) Menge ab. — 7 Diagramme. (Chem. High Polymers [Tokyo] **12.** 178—79. 1955. Tokyo, Univ. [Orig.: japan.]) L. SCHULER. 8032

Hiroshi Sobue, Kenkichi Murakami und June-T'ai Ch'ih, *Über das einleitende Kondensationsprodukt für die Kunstharzbehandlung.* 7. Mitt. *Über das latente Verhalten und die Erholungsfähigkeit (beziehungsweise* α_1, α_2 *und K) des Katalysators.* (6. vgl. vorst. Ref.) Bei 37 Katalysatoren, wie NH_4NO_3, Anilin·HCl, $(NH_4)_2HPO_4$, $(NH_4)_2SO_3$, naphthalin-1-sulfonsaures Na, $AlCl_3$, Äthylamin, 2-Aminoäthanol usw. wird α_1, α_2 u. K bestimmt. Dabei ergibt sich, daß für Aminsalze $|\alpha_1| > |\alpha_2|$ u. für alkal. Katalysatoren $|\alpha_1| = 0$ u. $K = 1$. (Chem. High Polymers [Tokyo] **12.** 179—84. 1955. Tokyo, Univ. [Orig.: japan.]) L. SCHULER. 8032

Hiroshi Sobue, Kenkichi Murakami und June-T'ai Ch'ih, *Über das einleitende Kondensationsprodukt für die Kunstharzbehandlung.* 8. Mitt. *Über die Verätherung von Monomethylolharnstoff und Methanol.* (7. vgl. vorst. Ref.) Für die Hauptreaktionsrichtung wird die Reaktionsgeschwindigkeitskonstante der einleitenden Rk. zwischen *Monomethylolharnstoff* u. *CH_3OH* abgeleitet u. durch den Vers. bestätigt. Mit steigender Reaktionstemp. u. steigender Menge an niedrigem Alkohol steigt der Verätherungsgrad. — 4 Tabellen. (Chem. High Polymers [Tokyo] **12.** 240—47. 1955. Tokyo, Univ. [Orig.: japan.]) L. SCHULER. 8032

Hiroshi Sobue, Kenkichi Murakami und **June-T'ai Ch'ih,** *Über das einleitende Kondensationsprodukt für die Kunstharzbehandlung.* 9. Mitt. *Bestimmung der Gleichgewichtskonstanten von veräthertem Methylolharnstoff.* (8. vgl. vorst. Ref.) Bestimmt werden die Gleichgewichtskonstanten K_1 u. K_2 für die Bldg. der Mono- u. Dimethyläther von *Dimethylolharnstoff* mit dem Ergebnis, daß 1. $K_1 > K_2$ u. 2. die Werte für C_2H_5OH niedriger sind als CH_3OH. (Chem. High Polymers [Tokyo] **12.** 247—52. 1955. Tokyo, Univ. [Orig.: japan.]) L. SCHULER. 8032

Hiroshi Sobue, Kenkichi Murakami und **June-T'ai Ch'ih,** *Über das einleitende Kondensationsprodukt für die Kunstharzbehandlung.* 10. Mitt. *Verätherung von Dimethylolharnstoff mit niedrigeren Alkoholen.* (9. vgl. vorst. Ref.) Die Mengen der durch Verätherung von *Dimethylolharnstoff* mit niedrigeren Alkoholen (CH_3OH) gebildeten Mono- u. Dimethyläther werden theoret. bestimmt. u. mit den tatsächlichen Versuchsergebnissen verglichen, wobei sich gute Übereinstimmung zeigt. Durch Verätherung wird die Löslichkeit u. Beständigkeit der Erstkondensate der Aminoharze (Methylolharnstoffe u. Methylolmelamine) erheblich verbessert. — 7 Diagramme. (Chem. High Polymers Tokyo] **12.** 252—57. 1955. Tokyo, Univ. [Orig.: japan.]) L. SCHULER. 8032

Kurt Suehl, *Die Entwicklung von Flammenschutzappreturen sowie wetter- und waschfesten Flammenschutzmittel.* Nach einem Überblick über Entw., Eigg. u. Verwendung feuerfester Textilausrüstungen sowie über die Entflammbarkeit verschied. Textilien u. die Entw. entsprechender Prüfungsverff. behandelt Vf. Zus. u. Eigg. der neuen, einen dauernden Feuerschutz gewährenden Textilappreturen sowie deren Ausrüstungsverfahren. Abschließend wird das aus neuen Grundstoffen entwickelte witterungs- u. waschbeständige Flammenschutzmittel „Afflamman extra“ gestreift, dessen günstige allg. u. spezif. Eigg. auf der Faser hervorgehoben werden. — 7 Tabellen. 15 Literaturhinweise. (Tinctoria [Milano] **52.** 15—22. Jan. 1955.) A. SANDER. 8036

Merle A. Heath, *Adsorption von Schwefelsäure an Baumwoll-Linters.* Linters wurden mit H_2SO_4/CH_3COOH-Gemischen verschied. Konzz. behandelt u. die adsorbierte H_2SO_4 durch Titration des Gemisches vor u. nach der Behandlung mit $Ba(CH_3COO)_2$-Lsg. ermittelt. Maximal wurden ca. 3 g H_2SO_4/100 g Linters aufgenommen. Die Verteilung der H_2SO_4 zwischen fester (Linters) u. fl. (CH_3COOH) Phase erfolgt nach der FREUNDLICHschen Adsorptionsisotherme. Exponent u. Konstante dieser Beziehung wurden aus den Unterss. graph. ermittelt. (Tappi **40.** 156—58. März 1957. Memphis, Tenn., Buckeye Cellulose Corp.) F. LANG. 8044

C. S. Whewell und **M. A. Das Siva,** *Die Wirkung von Salpetersäure auf Wolle.* Wollfasern wurden mit HNO_3 von verschied. Konz. 18 Std. bei Zimmertemp. behandelt. Durch Behandlung mit 100% HNO_3 verliert die Wollfaser die Eig. der Superkontraktion. Dieser Effekt macht sich bei HNO_3 bei Konz. von 15% ab bemerkbar. Als Ursachen für diese Wrkg. der HNO_3 wird die Nitrierung des Tyrosinrestes, die Oxydation von NH_2-Gruppen u. die Bldg. von Querbrücken in den Wollfasern vermutet. (J. Textile Inst., Trans. **48.** T98. März 1957. Leeds, Univ., Dep. of Textile Ind.) A. v. KÖNIG. 8060

Stig Claesson und **Henrik H. Bruun,** *Untersuchungen über die Sedimentationsgeschwindigkeit von konzentrierten Viscoselösungen (Cellulosexanthat).* An Viscoselsgg. wurden in einer ölgetriebenen SVEDBERG-Ultrazentrifuge Unterss. der Sedimentationsgeschwindigkeit durchgeführt. Die Cellulosekonz. in den Lsgg. variierte zwischen 1 u. 8%. Die angewandten Rotationsgeschwindigkeiten lagen zwischen 75 u. 800 U/Sekunde. Die Lsgg. waren in erster Linie für Unterss. der Filtrierbarkeit bestimmt. Hergestellt wurden sie mit geringeren Mengen CS_2 u. NaOH u. weniger intensiverem Rühren als bei guten techn. Viscosen. In einer Reihe von Unterss. an Lsgg. mit einer Cellulosekonz. von 2—5% wurden die Bedingungen so eingestellt, daß der Hauptanteil der Viscose keiner Sedimentation unterlag; hierbei wurde eine kleine Fraktion (0,5—4,0%, bezogen auf den Cellulosegeh. der Lsg.) beobachtet, die zu Beginn des Zentrifugierens mit einer recht scharfen Zone sedimentierte (s_{20} 10—80 SVEDBERG-Einheiten). Dies weist darauf hin, daß eine Partikelklasse in der Lsg. vorhanden ist, die wesentlich größer als die der Cellulosexanthatmoll. ist. In anderen Fällen konnte gelegentlich eine breitere Teilchengrößenverteilung beobachtet werden, die zu keinem ausgeprägten Maximum führte. Der Geh. an solchen Teilchen sank bei steigendem CS_2-Einsatz u. bei zunehmender Nachreifezeit. In guten techn. Viscosen ist diese Fraktion nicht festgestellt worden. Sie kann daher als eine Indikation der Xanthatlöslichkeit u. der Wirksamkeit des

Lösungsvorganges gewertet werden. (Svensk Papperstidn. **60.** 336—40. 15/5. 1957. Uppsala, Schweden, Inst. of Physical Chem., Univ. of Uppsala.) P. ECKERT. 8074

H. W. Best-Gordon und **T. H. Morton,** *Die Erlangung hoher Tragwertigkeit von Zellwollgeweben mit Knitterfestausrüstungen.* An den Ergebnissen von Testverss. wird gezeigt, daß sich das Trageverh. harzausgerüsteter Reyongewebe durch den „duty"-Faktor (aus dem Kugeldurchdringungs- u. Biegewiderstand auf der Bockingmaschine BFT Mark 3) mit ausreichender Sicherheit vorbestimmen läßt. Die nach dieser Testmeth. erhaltenen Werte zeigen eine gute Übereinstimmung sowohl mit dem Verh. leichter als auch mit dem „erosive wear" stark beanspruchter Gewebe. Durch Best. des „duty"-Faktors von Gabardin aus reiner Viscose u. in Mischungen mit anderen Fasern wurde gefunden, daß der Tragewiderstand bei einer Zumischung von 15% Nylon beträchtlich erhöht wird. Mit weiteren Messungen sollten die Bedingungen für einen optimalen Ausrüsteffekt festgestellt werden. Es wurden bestimmt: der Einfl. von Zusätzen (Weichmacher, Steifmittel) zum Harz, von Harzgemischen, Harzmenge, Katalysatorkonz., Dauer u. Temp. der Behandlung auf die Fasereigg. bzw. den „duty"-Faktor von Reyongeweben. Die Ergebnisse weisen darauf hin, daß für diesen Fragenkomplex lediglich allg. Richtlinien gegeben werden können, bes. dann, wenn der Endzweck des Gewebes die leichte Beanspruchung überschreitet, da andere Faktoren, wie Harzlöslichkeit, Zeit u. Bedingungen der Aufbewahrung des Vorkondensates u. Aufnahmevermögen der Fasern, einen gegenteiligen Einfl. ausüben können. Es erscheint möglich, einen „duty"-Faktor von 6 mit weniger als 10% (6—8%) Harz bei der erforderlichen Katalysatormenge zu erhalten, dabei sollte die Hitzebehandlung 3 Min. u. die Temp. des Gewebes 135° nicht überschreiten. (J. Soc. Dyers Colourists **71.** 874—83. Dez. 1955.) I. SCHOENMANN. 8074

E. I. du Pont de Nemours & Co., Wilmington, Del., übert. von: **James H. Young,** Niagara Falls, N. Y., V. St. A., *Behandeln, z. B. Bleichen von festen vegetabilischen, animalischen oder künstlichen Faserstoffen,* die 5—75% W., bezogen auf das trockene Material, enthalten, indem die Faserstoffe mit H_2O_2-Dämpfen in Kontakt gebracht werden, bis sie 0,01—3,00% H_2O_2, bezogen auf ihr Trockengewicht, absorbiert haben. (**A. P. 2 777 749** vom 29/5. 1953, ausg. 15/1. 1957.) K. DEMMLER. 8027

Hubert Grunow, Frankreich, *Gemische aus Kondensationsprodukten des Albumins mit denen des Äthylenoxyds* (**I**), dad. gek., daß man Kondensationsprodd. von 8—30 Mol **I** mit höheren Fettsäuren, Fettalkoholen oder Alkylphenolen mit Spaltprodd. von Albumin mischt u. letzteres mit höheren Fettsäuren, Naphthen- oder Harzsäuren oder ihren Chloriden kondensiert. — *Faserschutzmittel.* (**F. P. 1 085 229** vom 16/10. 1953, ausg. 28/1. 1955.) S. BÖTTCHER. 8029

Lanolized, Inc., New York, N. Y., V. St. A., *Appreturmittel für Textilien,* bestehend aus einer wss. Emulsion mit einem Geh. von 10—60(%) Lanolin (**I**), 0,5—20 kation. Emulgiermittel u. 0,5—15 nichtion. Emulgiermittel. Zweckmäßig wendet man eine auf p_H 7,5—10 eingestellte u. 27—49° warme Emulsion an. Ein anion. Emulgiermittel kann in die Flotte mittels des eingebrachten Textilgutes eingeführt werden. — Mit einer wss. Lsg. von Ricinusölsulfonat nachbehandelte gefärbte Damenstrümpfe werden mit einer wss., auf p_H 8 eingestellten 8% ig. **I**-Emulsion behandelt, die — bezogen auf **I**-Geh. — 15 (%) Distearyldimethylammoniumchlorid u. 5 Stearinsäurepolymonoglycerid enthält. — Die gegen 8 Wäschen beständige Avivage vermindert den kalten Griff von Synthesefasern u. elektrostat. Aufladungen. (**D. A. S. 1 004 584** Kl. 8k vom 11/12. 1954, veröff. 21/3. 1957. A. Prior. 10/5. 1954.) H. MÖLLERING. 8033

Soc. Commerciale de Rideaux, Seine, Frankreich, *Behandeln von Vorhangstoffen.* Durch Tränken mit einer Lsg. von Siliconen verschied. Konz. werden Vorhangstoffe aus natürlichen oder synthet. Fasermaterial wasserdicht, schmutzabstoßend infolge elektrostat. Eigg., luft-, licht- u. UV-lichtbeständig u. knitterfest. Als Lösungsm. verwendet man CCl_4, Tetrachloräthylen, PAe., Bzl. u. a., als Verf. werden Walken, Überziehen, Baden, Spritzen usw. angewendet. (**F. P. 1 117 605** vom 29/12. 1954, ausg. 24/5. 1956.) G. WELTZIEN. 8037

Carl Freudenberg K.-G. a. A., Weinheim a. d. Bergstr., *Zwischenfutter.* Wirrfasern (Haare, Wolle, Baumwolle, Kunstfasern, auch mit Glaswolle) werden mit Kautschukmilch oder Kautschuklatex imprägniert, koaguliert u. nach Trocknen vulkanisiert. Die getrocknete imprägnierte Fasermasse kann mercerisiert oder durch Durchblasen von Heißdampf dekatiert oder mit organ. Lösungsmitteln oder deren Dämpfen nachbehandelt werden. Man nimmt auf 100 Gewichtsteile Fasermaterial ca. 50—150 Gewichtsteile Kautschuk. Poröses *Zwischenfutter* für Bekleidungsstücke. (**Oe. P. 190 017** vom 14/4. 1949, ausg. 25/5. 1957.) M. PANKOW. 8037

Egon Elöd, Badenweiler, *Beizen von unvollständig verfilzten ungebeizten Stumpen.* Lose Hasen- oder Kaninchenhaare werden zunächst zu unvollständig verfilzten Stumpen verarbeitet u. diese in eine wss. Lsg. von 0,5—2,5 (Gew.-%) H_2O_2 u. 0,25—2,5 HNO_3 (z. B. 0,8 H_2O_2 u. 1 HNO_3) getaucht. Nach Trocknung bei n. oder erhöhter Temp. werden auf übliche Weise Hutstumpen hergestellt. — Vgl. D. B. P. 912 739; C. **1955.** 3284. (**A. P. 2 758 907** vom 22/8. 1952, ausg. 14/8. 1956. D. Prior. 8/8. 1950.) F. BÖHM. 8067

Courtaulds Ltd., London, übert. von: **John Harold Edwards** und **Ernest Edward Tallis**, Coventry, England, *Künstliche Fäden u. dgl.* mit starker Mantelzone, glatter Oberfläche u. verringerter Wasseraufnahmefähigkeit werden erhalten, wenn man einer *Viscose* vor dem Verspinnen mindestens 0,1, bes. 1—10 mMol/100 g einer Verb. der Formel R_1 (R_2)—N—CS—N—(R_3) R_4 zusetzt (R_1, R_3 = H, Alkyl oder Aryl; R_2, R_4 = Aryl). Vorzugsweise wird Thiocarbanilid $C_6H_5NH—CS—NHC_6H_5$ verwendet. (**A. P. 2 777 775** vom 13/5. 1954, ausg. 15/1. 1957. E. Prior. 25/6. 1953.) F. BÖHM. 8075

Imperial Chemical Industries Ltd., England, *Unlöslichmachen von Proteinfäden.* Man behandelt sie mit einem CNO-abgebenden Stoff (Nitroharnstoff, Harnstoff, KCNO) u. danach mit einem Härtungsmittel (z. B. CH_2O) u. dann mit CH_2O-Lsg., streckt die Fäden, trocknet bei 15—60°, bis sie nicht mehr schrumpfen, u. härtet bei 120—180°, bis sie unlösl. sind. Vor der CH_2O-Behandlung kann man die Fäden mit $Al_2(SO_4)_3$ oder Na-Metapolyphosphat behandeln. Die Imprägnierung mit CH_2O sind in den p_H-Bereichen 0,5—2, 6,5—7,5 u. 9,5—11 vorgenommen. — Man spinnt alkal. gereiftes Arachisglobulin in ein Bad aus 2% H_2SO_4 u. 24% Na_2SO_4 von 30°, streckt den Faden auf 400% u. entspannt in einem Bad mit 22% Na_2SO_4 u. 2,5% NaCl bei p_H 8—9, bis der Faden einen p_H-Wert 4—6 aufweist (Faden I). Man behandelt in einem 2% ig. wss. Nitroharnstoffbad 10 Min. bei 70° u. p_H 4 u. härtet in einem Bad mit 20% Na_2SO_4, 2,5% NaCl u. 1,5% CH_2O bei p_H 5 7 Min. bei 50°, trocknet bei 80°, imprägniert mit 10% ig. CH_2O bei p_H 1,5 (HCl), streckt auf 200% in Luft, trocknet bei 80° u. härtet 30 Min. bei 160° unter Spannung. — Man kann den Faden auch mit einem nichthärtenden Salz bei p_H bis 6 behandeln, bis ein Fadenbündel nach Waschen u. Trocknen getrennte Fäden gibt. Man behandelt dann mit einem Härtungsmittel (CH_2O, auch in Salzlsg.), wäscht salzfrei, behandelt mit CH_2O-Lsg. u. erhitzt zum Unlöslichmachen. Temperatur- u. p_H-Werte, wie oben angegeben, auch Anwendung CNO-entwickelnder Stoffe möglich. — Faden I wird in einem Bad mit gleichem Salzgeh. u. p_H 4 10 Min. bei 70° gehalten, in einem Bad mit 20% Na_2SO_4, 2,5% NaCl u. 1,5% H_2SO_4 bei p_H 5 7 Min. bei 50° gehalten, salzfrei gewaschen, mit 10% ig. CH_2O-Lsg. vom p_H 1,5 imprägniert u. 40 Min. bei 160° gehärtet. (**F. PP. 1 123 511** vom 5/5. 1955, ausg. 24/9. 1956. E. Priorr. 5/5. 1954 u. 18/2. 1955 u. **1 125 460** vom 11/3. 1955, ausg. 31/10. 1956. E. Priorr. 23/4. u. 24/12. 1954.) M. PANKOW. 8079

Soc. An. Soc. Nobel Française, Seine, Frankreich, *Vernetzen von acrylamidhaltigen Mischpolymerisaten* durch Rk. mit Polyisocyanaten, CH_2O oder Polyaldehyden oder durch Verseifen der Amidogruppen zu Carboxylgruppen u. deren Rk. mit Polyalkoholen, Polyaminen u. anorgan. Hydroxyden. Entsprechende Vernetzung methacrylamidhaltiger Mischpolymerisate. — Man löst 20 (Teile) Vinylacetat–Acrylamid (98:2)-Mischpolymerisat in 80 Dichloräthan u. vernetzt mit 0,2 Toluylendiisocyanat. Erhöhte Wasser- u. Wärmefestigkeit. (**F. P. 1 117 408** vom 22/7. 1954, ausg. 23/5. 1956.) M. PANKOW. 8081

Polymer Industrie Chimiche S. p. A., Italien, *Polyvinylchloridfasern* guter Farbstoffaffinität aus Mischungen von 99—50 (Gewichtsteilen) Vinylchloridpolymeren oder -mischpolymeren mit 1—50 Polymeren des Vinylpyridins, seiner Derivv. oder Homologen. — Man mischt 22,5 Polyvinylchlorid mit 12 Poly-2-vinylpyridin, löst in 75 Aceton–CS_2 (1:1 Vol.)-Mischung u. verspinnt. (**F. P. 1 103 865** vom 7/7. 1954, ausg. 8/11. 1955. It. Prior. 31/7. 1953.) M. PANKOW. 8081

Montecatini Soc. Gen. per l'Industria Mineraria e Chimica, Italien (Erfinder: **Domenico Maragliano** und **Enrico Cernia**), *Polyacrylnitrilfasern* verbesserter Anfärbbarkeit. Man verspinnt Mischungen aus Acrylnitrilpolymerisaten u. Acrylnitrilmischpolymerisaten, z. B. Isobutylen- oder Butadien–Acrylnitril-Mischpolymerisaten. — Man mischt 90 (kg) Polyacrylnitril mit 10 Butadien–Acrylnitril (50:50)-Mischpolymerisat, löst in 400 Dimethylformamid u. verspinnt. (**F. P. 1 119 559** vom 24/2. 1955, ausg. 21/6. 1956. It. Prior. 26/2. 1954.) M. PANKOW. 8081

Chemstrand Corp., übert. von: **David T. Mowry** und **Alfred B. Craig**, Dayton, O., V. St. A., *Acrylnitrilhaltige, färbbare Spinnmasse,* bestehend aus einer Mischung aus 70—98 (%) Polyacrylnitril oder einem mindestens 75 enthaltenden Mischpolymerisat u. 2—30 eines Polyesters aus Glykol u. einer zweibas. Carbonsäure bzw. einem Gemisch einer zwei- u. einbas. Säure, worin je eine der Komponenten eine substituierte tert. Aminogruppe enthält. Geeignet ist Diäthanolamin oder Umsetzungsprodd. von zweibas.

Säuren mit Dimethylamin, Dibenzylamin, Cyclohexylamin, die in quaternäre Ammoniumverbb. umgewandelt werden können, Chinolinsäure oder Pyridindiacylverbindungen. — Eine Mischung von 2 (Teilen) eines Polyesters aus Adipinsäure u. Methyldiäthanolamin u. 18 Acrylnitril-Vinylacetat (95:5), gelöst in Dimethylacetamid (I), wird in ein Bad aus 2 I u. 1 W. versponnen. (**A. P. 2 744 086** vom 26/11. 1949, ausg. 1/5. 1956.) G. Salzmann. 8081

Tayo Koatsu Industries, Inc., Japan, *Lineare Hochpolymere*, durch Kondensation von Thioharnstoff (I) u./oder Harnstoff (II) oder einer Mischung aus einer Dicarbonsäure, I u./oder II mit einem Diamin oder dessen Salzen. — Man erhitzt 1 (Mol) Nonamethylendiamin (III), I u. m-Kresol im CO_2-Strom 5 Std. bei 200°, entfernt m-Kresol u. erhält ein zu Fäden verspinnbares Kondensationsprodukt. Ähnlich kann man 1 III, 0,7 II u. 0,3 Azelainsäure kondensieren. (**F. P. 1 110 978** vom 27/10. 1954, ausg. 20/2. 1956.) M. Pankow. 8081

Libbey-Owens-Ford Glass Co., V. St. A., übert. von: **Thomas Robert Santelli, John Gilbert Mohr und Calvin A. Calendine,** *Appretur für Glasfasern*, bestehend aus einer wss. Emulsion eines filmbildenden Harzes (Vinylharz), eines damit mischbaren Schmiermittels (Fettsäureamide, Imidazolinderivv., die mit niederen Fettsäuren lösl. gemacht sind), einem Estertypplastiziermittel für das Harz u. einem aus Alkali- oder Erdalkalivinylsiliconat durch Entionisierung erhaltenen Vinylsilanol (I). — Zur Herst. von I mischt man 190 (g) Vinyltriäthoxysilan mit 40 NaOH in 168 W. u. 100 cm³ A., dest. 190 90% ig. A. ab, löst 60 des erhaltenen Vinylsiliconats mit bis zu 98% W. u. läßt es durch einen Kationenaustauscher, bes. einen Sulfonaustauscher, laufen. — Man überzieht Glasfasern mit einer Appretur mit 0,25 (Gew.-%) I, 0,04 Pelargonsäuretetraäthylenpentaminamid, das mit CH_3COOH lösl. gemacht ist, 0,55 50% ig. wss. Polyvinylacetatemulsion u. 0,52 Dibutylphthalat u. trocknet 3 Std. bei 100°. Die Fasern können in üblicher Weise zur Verstärkung von Papier, plast. Massen, bes. Polyestern oder Polyvinylchlorid dienen. Die Haftung der Kunstharze an den Glasfasern wird wesentlich verbessert. In einigen Fällen kann statt I auch ein aus Alkyltrichlorsilan erhaltenes Silanol angewandt werden. (**F. P. 1 097 128** vom 24/3. 1954, ausg. 29/6. 1955. A. Prior. 24/3. 1953.) M. Pankow. 8083

XIX. Brennstoffe. Erdöl. Mineralöle.

E. Burstlein, *Selektive und petrographische Aufbereitung von Kohlen im Hinblick auf ihre Verkokung.* Bebilderter Bericht der Kokereien Thionville, Oran, Consolidation 3/4 Mannesmann u. Alger., in denen die Longwy-Burstlein-Verkokungszellen (SOVACO) eingebaut sind, die sich bes. für die Verkokung von Kohlen der Saar u. aus Lothringen sowie Mischungen verschieden gut bzw. schlecht backender Kohlen eignen. Rentabilitätsberechnung. (Chaleur et Ind. **35.** 351—70. Dez. 1954. **36.** 14—28. Jan. 1955. Ind. chim. belge **26.** 839—60. Aug. 935—51. Sept. 1955.) K. O. Müller. 8134

W. A. Kolbasch und W. G. Ssokolow, *Über einen neuen Verfahrensweg zur Flotationsanreicherung von Steinkohlengrus.* Die Leistungsfähigkeit von Flotationsanlagen läßt sich um ca. 30% vergrößern durch Anwendung der Endlauge der Herst. von calcinierter Soda, welche im wesentlichen aus Na, Mg- u. Ca-Salzen besteht. Das Schaumprod. der letzten Zellen enthält hierbei bis zu 60% Fusit u. viel S. Der Prozeß wird vereinfacht, die Qualität des Flotationsprod. erhöht, der Wasserbedarf verringert; fusithaltige u. S-reiche Kohle läßt sich in größerem Maße für die Verkokung einsetzen. (Уголь [Kohle] **32.** Nr. 2. 39—40. Febr. 1957.) J. Küster. 8134

C. W. Badger, A. D. Cummings und R. L. Whitmore, *Der Aufschluß von Schiefer mit Wasser.* Vff. stellten die Unters. an, um festzustellen, wie weit dieser Aufschluß vor sich geht u. wie er verläuft. Der Aufschluß des Schiefers (I) in W. geht auf zweierlei Art vor sich, doch nur eine Art ist charakterist. für alle. Von allen Bestandteilen des I, den koll. u. halbkoll., ist der Kalk der wichtigste. Der Kalk im trockenen I hält alles zusammen, doch sowie W. hinzukommt, wird der Kalk weich u. dispergiert allmählich im W., wodurch das Bindemittel wegfällt u. der I sich auflöst. Erde, Huminsäuren u. ebenso anorgan. Koll. wirken als Bindemittel u. widerstehen dem Wasserangriff. Die Auflsg. des I geht in zwei Stufen vor sich: Zuerst wird die eingeschlossene Luft ausgetrieben, u. dann dispergieren die Kolloide infolge der Dissoziation der Ionen der Kolloide. Dies ist der Hauptgrund des Zerfalls des I. Der Grad der Auflsg. hängt davon ab, wie weit die Fll. die genannten Rkk. erwirken, so findet z. B. in Fll. mit einer geringen DK. nur eine geringe Dispersion statt. Die Verschiedenheit der Auflsg. der verschied. I ist nicht proportional dem Kalkgeh., obwohl I mit geringem Kalkgeh. davon abhängig sind. Auch die Art des Kalkes spielt keine Rolle. Am wichtigsten ist das Eindringen des W., denn je schneller dies geschieht, um so schneller ist die Auflösung. Hier kann das Austreten eingeschlossener Luft helfen, indem dadurch neue Angriffsflächen frei werden. Geolog. Bedingungen — Temp. u. Druck — beeinflussen das Verh. des I im Wasser. Wird ein I im Labor. auf 500° erhitzt, so hört die Möglichkeit der Zerteilung im W. sofort auf. Ebenso ist der Ionenzustand des W. entscheidend für die Löslichkeit. Eine steigende Ionenkonz. des W. verdrängt wohl die Ionen des I, wodurch auch die Löslichkeit zurückgeht. (J. Inst. Fuel **29.** 417—23. Okt. 1956. Nottingham, Univ., Bergbauinst.) F. Rosendahl. 8134

I. M. Lasowski, M. G. Feldbrin und **N. Ss. Grjasnow,** *Die Verkokung von durch auswählende Zerkleinerung vorbereiteten Kohlen.* Die Meth. der auswählenden Zerkleinerung des aus Kusnezk-Kohlen bestehenden gewöhnlichen Rohstoffgemisches gestattet es, die Trommelprobe von 10—12 kg u. den Geh. der Klasse 80—60 mm in metallurg. Koks von 3—7% zu erhöhen. Der Zerkleinerungsgrad der Zwischenklasse 4—2 mm (zweckmäßiger 6—3 mm) ist in Abhängigkeit von der Qualität des Rohstoffgemisches festzusetzen. Ein petrograph. gleichartiges Gemisch ist als Ganzes zu bearbeiten, da die auswählende Zerkleinerung einzelner Komponenten weniger effektiv ist. Bei einer Zerkleinerung bis 3—0 mm steigt der Geh. der Klasse 0,5—0 meist unbedeutend, in Ausnahmefällen jedoch um 5—6%. (Кокс и Химия [Koks u. Chem.] **1957.** Nr. 4. 8—12. Allunions Wiss. Forschungsinst. für Kohlechemie.) E. v. Pezold. 8142

Päiviö Piha und **Lauri Pietiläinen,** *Die Wassergasreaktionen im Wasser und ihre Beziehungen zur Bildung von Kohlenwasserstoffen.* Aus den angeführten Verss. geht hervor, daß sich zwischen Cellulose,Lignin, Torf u. Kohle u. W. Rkk. abspielen, die mit Vergasungs- u. Hydrierungs-Rkk. verglichen werden können. Als Reaktionsprodd. fielen an: CO_2, HCOOH ($\rightarrow H_2$), gasförmige KW-stoffe, ölige Prodd. u. in organ. Lösungsmitteln lösl. feste Produkte. CO_2 u. HCOOH betrachten Vff. als Vergasungsprod., die anderen Stoffe als Hydrierungsprodukte. Die Beschaffenheit der Prodd. hängt vom p_H der Reaktionsmischung ab ($p_H < 7$ oder > 7). (Erdöl u. Kohle **10.** 293—97. Mai 1957. Helsinki, Finnland.) F. Rosendahl. 8152

Hermann Seebaum, *Über das Auftreten von teerasphaltartigen und harzartigen Abscheidungen aus Koksofengas.* (Vgl. vorst. Ref.) Vf. führt aus, daß 3 Arten von Ausscheidungen aus gereinigtem oder halbgereinigtem Koksofengas zu unterscheiden sind: Teerasphaltartige, harzige u. sogenannte Stickoxydharze. Möglichkeiten der Bldg. u. Beseitigung werden besprochen, wobei Verss. zeigten, daß durch Wasser- oder Ölwäsche oder durch Vorschalten eines Elektrofilters eine Harzausscheidung aus dem Gas nicht erreicht werden kann. An Hand von Fließdiagrammen, z. B. für halbdirekte u. direkte NH_3-Verff. mit anschließendem Thyloxverf. zur H_2S-Entfernung, werden Wege zur Verringerung harzartiger Abscheidungen aufgezeigt. (Gesammelte Ber. Betr. Forsch. Ruhrgas A.-G. **1955.** 13—17.) K. O. Müller. 8164

J. Cornelissen und **H. I. Waterman,** *Beziehung zwischen dem Exponenten x in der Formel* $\log V = A/T^x + B$ *und der Struktur gesättigter Mineralölfraktionen.* In der Arbeit wird die Abhängigkeit des Exponenten x in obiger Formel (V = kinemat. Viscosität; A u. B sind Konstanten, T = Temp.) von dem Brechungsindex u. der Zahl aromat. Ringe bei bestimmten Mineralölen aufgezeigt. (Fuel **35.** 433—36. Okt. 1956. Delft, Univ., Inst. of Chem. Engng.) H. Sackmann. 8188

Miroslav Killer, *Auswahl der Zementbreizusammensetzung und Berechnung der Zementierung von Erdölquellen.* Die die Abbindezeit eines Zement (I)-Breis beeinflussenden Faktoren (Zus. u. Qualität des I, Zus. des Breis, Temp. der Erdölquelle, Ggw. u. Konz. chem. Mittel) werden besprochen. Vf. beschreibt die Konstruktion eines Prüfgeräts (Bild u. Zeichnung) zur Best. der Abbindezeit u. gibt ein Nomogramm zur Berechnung der Wahl des erforderlichen I, der Zubereitung des I-Breis u. der Bindezeit an. (Nafta [Zagreb] **6.** 83—86. März 1955. Zagreb, Inst. za nafta.) H. Freytag. 8190

I. Dumici, *Chemische Behandlungsmethoden zur Verbesserung der Qualität von Bohrwässern.* Zusammenfassende Darst.: Stabilisierung u. Korrektur der Qualität der Wässer, zur Entfernung von CO_2 u. Fe u. zum Schutz des Rohrmaterials gegen Korrosion. (Petrol şi Gaze **6.** 67—72. Febr. 1955.) R. K. Müller. 8190

Karl Seiffert, *Wärmeschutz in Erdölraffinerien.* Bes. interessante Wärmeschutzanlagen in Raffinerien werden an Hand von Abb. beschrieben. (Erdöl u. Kohle **10.** 308 bis 311. Mai 1957. Ludwigshafen/Rh.) F. Rosendahl. 8194

L. A. Potolowski und **G. Ss. Spektor,** *Cracken von normalen Paraffinkohlenwasserstoffen in Gegenwart von Aluminiumchlorid.* 3. Mitt. *Cracken von technischem Paraffin.* (2. vgl. Журнал Общей Химии [J. allg. Chem.] **24** (**86**). [1954.] 434.) Beim Cracken von Grosny-*Paraffin* (Mol.-Gew. 515, F. 53,5°, 85,43% C, 14,57% H) entstehen bei 200 bis 280° als Hauptprodd. Isobutan (19—32%), Isopentan (20—24%), Isohexane (11 bis 16%) u. Isoheptane (4—9%). Als Katalysator werden 10—15% $AlCl_3$ verwendet. Das Verf. kann zur Gewinnung von niedrigmol. Isoparaffinen dienen. Durch Rückführung der fl. Prodd. in die Reaktionszone kann es auf die Gewinnung von Isobutan oder Isopentan als Hauptprod. gelenkt werden. (Журнал Прикладной Химии [J. angew. Chem.] **28**. 766—72. Juli 1955.) R. K. MÜLLER. 8196

Otakar Nádeník, *Untersuchungen über die leichten Phasen bei der Hydrierung zur Herstellung von Benzin.* Es wurden die Eigg. des Katalysators 6434 für die leichten Phasen bei der Herst. von Bzn. durch Spaltung von aromat. Mittelölen aus nordböhm. Teeren untersucht u. festgestellt, daß die Benzine, die bei dem gleichen Spaltungsgrad unter Verwendung eines frischen oder bereits verwendeten Katalysators 6434 nach 10000 Std. ununterbrochener Tätigkeit entstehen, sich durch dieselben Typeigg. u. dieselbe Octanzahl auszeichnen. Die ersten Verss. wurden bei einer Temp. von 365°, die weiteren bei 425° durchgeführt. Die Eigg. des Katalysators 6434 wurden mit den Eigg. der Katalysatoren 8376 u. 5058 verglichen. Diese Katalysatoren unterscheiden sich durch einen abnehmenden Geh. von W voneinander. Ihre Aktivität nimmt in folgender Reihenfolge ab: 1:0,5:0,25. Die Octanzahl der hergestellten Benzine sinkt in derselben Reihenfolge. Die größte Spaltungsfähigkeit besitzt der Katalysator 5058, die niedrigste der Katalysator 8376. Unter gewissen Bedingungen ist es gelungen, mittels des Katalysators 8376 die Aromaten von Mittelölen ohne Spaltung zu hydrieren. Die hydrierende Spaltung von Mittelölen zu Bzn. ist von einer Gaserzeugung begleitet. Die Rohstoffverluste durch Vergasung wurden in der Praxis durch spezielle Herstellungsbedingungen — hauptsächlich durch Umlauf — herabgesetzt. Es wurde gezeigt, daß der Umlauf die Octanzahl von Benzinen erniedrigt u. die Vergasung erhöht. Darum ließ man in der leichten Phase nicht umlaufen, sondern man verwendete die nichtgespaltenen Mittelöle zu Motornaphtha- oder zur speziellen Petroleumherstellung. (Chem. Průmysl **6** (**31**). 441—46. Nov. 1956. Záluží, Stalinovy závody n. p.) J. SCHNEIDER. 8200

S. P. Slugina, Je. W. Wosnessenskaja und **N. I. Wassiljewa,** *Die Verwendung von Methylisobutylketon für die Entparaffinierung der Ölfraktionen.* Infolge seines für Öle befriedigenden, für Paraffine dagegen nur geringen Lösungsvermögens läßt sich *Methylisobutylketon* (**I**) vorteilhaft an Stelle von Zwei- oder Dreikomponentenmischungen von Methyläthylketon (**II**) oder Aceton (**III**) mit Bzl. u. Toluol (**IV**) für die Entparaffinierung bei der Gewinnung von *Schmierölen* verwenden. Wie die an techn., aus Destillaten u. Rückständen S-haltiger Erdöle gewonnenen Raffinaten mittels eines BÜCHNER-trichters bei Filtriertempp. von —25 bis —55° u. unter Verwendung verschied. Lösungsmittelgemische durchgeführten Unterss. zeigen, erhält man mit **I** um 15—35% höhere Filtriergeschwindigkeiten als mit **III**-Bzl.-**IV**-Mischungen. Gleichzeitig sinkt die E.-Temp. der mit **I** entparaffinierten Raffinate. Weitere Vorteile der Verwendung von **I** sind eine Verminderung der Verluste infolge geringerer Wasserlöslichkeit sowie ein im Vgl. zu Mehrkomponentenmischungen geringerer techn. Aufwand. Hinsichtlich der Wirksamkeit bei der erschöpfenden Entparaffinierung des Raffinats der niedrigviscosen Fraktion 300—400° aus Tuimasy-Erdöl wird **I** noch durch ein **II**–**IV**-Gemisch übertroffen; die ungünstigsten Ergebnisse liefert hier die Verwendung einer **III**–**IV**-Mischung. (Химия и Технология Топлива и Масел [Chem. Technol. Brennstoffe Öle] **1957**. Nr. 1. 42—49. Jan.) H.-E. MESSERKNECHT. 8220

Josef Udo Augustin und **Anna Maria D'Ans,** *Kolloider Graphit und sein Einfluß auf Reibung und Schmierung, besonders in Verbrennungsmotoren.* Mikrounterss. des Ölfilms zeigen, daß dieser aus mehreren Schichten mit jeweils verschied. Funktion besteht. Zusätze können eine förderliche Wrkg. haben, weil sie das Gefüge der Laufflächengrenzschicht verändern oder eine neue Grenzschicht bilden. Koll. Graphit schlägt sich auf den Laufflächen nieder (Nachw. durch Meßzellen im Ölumlauf oder elektrolyt. Zellen). Festhaftende Kolloidschichten lassen sich mechan., galvan. u. durch Graphit–Kunstharz-Überzüge erzeugen, deren Einwirkungen auf die Laufflächen durch elektronenmkr. Unterss. wiedergegeben werden. (VDI-Z. **99**. 274—79. 1/3. 624—32. 11/5. 1957. Berlin-Dahlem.) W. WESLY. 8222

Jiří Rathouský, *Die Kieselsäureester.* Übersicht über die gewöhnlich gebrauchten Kieselsäureester, ihre Herst. u. Verwendung. Die Viscosität der Mineral-, Silicon- u. Kieselsäureesteröle in Abhängigkeit von der Temp. u. die Schmiereigg. dieser Öle werden graph. verglichen. Die Vorteile der Kieselsäureester gegenüber Siliconen sowie ihre einfachere u. billigere Erzeugung werden hervorgehoben. (Chem. Průmysl **6** (**31**). 115—18. März 1956. Praha, Chem. ústav ČSAV.) J. SCHNEIDER. 8222

Th. Temme, *Steinkohlenteer als haftverbessernder Zusatz zum Verschnittbitumen.* Vf. berichtet über Unterss. hinsichtlich der Wrkg. verschied. Haftmittel als Zusatz zu

Verschnittbitumen u. Bitumen B 300. Hierbei wurde ein 1951 vom brit. ROAD RES. BOARD beschriebenes Verf. angewandt, bei dem aus dem Bindemittel-Gesteins-Gemisch Probekörper bereitet wurden u. diese in eine Form eingespannt unter W. der Einw. eines darüber hin- u. hergehenden Prüfrades ausgesetzt wurden. Zur Kennzeichnung diente die Zeit bis zum Zerfall der Probekörper. Handelsübliche Haftmittel vom Typ der tert. Äthanolamine ($^1/_4$—$^1/_{10}$%) u. Steinkohlenteeröle (4—10%) waren wenig wirksam, dagegen waren Steinkohlenteer (10%) u. Kalkhydrat ($^1/_8$—2%), auch im Gemisch beider, deutlich haftverbessernd. (Bitumen, Teere, Asphalte, Peche verwandte Stoffe **6.** 50—52. Febr. 1955. Köln.) K.-K. HOFMANN. 8224

Anton W. Rick, *Ist die Forderung nach unquellbaren Füllstoffen in bituminösen Massen berechtigt?* Diese in der Praxis noch häufig erhobene Forderung ist nach Ansicht des Vf. überholt. Abgesehen von der Tatsache, daß quellfähige organ. Stoffe, wie z. B. Kohlenstaube, Holzmehle, bei Einbettung in bituminöse Massen verminderte Quellneigung zeigen können, wird für den Feuchtigkeitsschutz von Hochbauten die Anwendung begrenzter Mengen quellfähiger Füllstoffe oft sogar empfohlen. Dies gilt dann, wenn geschlossene Wassermassen abgehalten werden sollen, jedoch kleine Feuchtigkeitsmengen in beiden Richtungen durchtreten müssen. Durch Quellen u. Entquellen der in der M. verteilten Füllstoffkörnchen kann die Feuchtigkeit nur „sprungweise" langsam vordringen. (Bitumen, Teere, Asphalte, Peche verwandte Stoffe **6.** 56—57. Febr. 1955. Bad Godesberg.) K.-K. HOFMANN. 8224

Heinz-Gerhard Franck, *Die wahre Natur des Steinkohlenteerpechs.* Das Steinkohlenteerpech (**I**) findet hauptsächlich als Bindemittel techn. Verwendung. Von den ca. 500 Inhaltsstoffen treten einige in größeren Anteilen auf, bisher finden jedoch nur Fluoranthren, Pyren u. Chrysen techn. Interesse. Vf. untersucht die Zus. des **I** mit Hilfe verschied. Verfahren. Durch Analysendest. mit einer 18bödigen adiabat. Kolonne wurden 50% des **I** unzers. dest. u. die krist. Fraktionen an Hand ihres E. charakterisiert als Phenanthren-, Anthracen-, Carbazolvorlauf; Fluoranthren-; Pyren-; Benzofluoren-; Chrysen-; Benzofluoranthren-; Benzpyren- u. Picenfraktion. Das Mol.-Gew. der ersten 50% des **I** liegt zwischen 170 u. 278. Da das mittlere Mol.-Gew. des benzollösl. Anteils (80%) 273 beträgt, lassen sich die Mol.-Geww. von 51—80% des **I** zu 279—328 extrapolieren. Durch Selektivextraktion mit Chlorbenzol (83% lösl.) bzw. Pyridin (89% lösl.) werden Fraktionen mit dem mittleren Mol.-Gew. von 329 bzw. 360 isoliert. 89% des **I** haben somit Mol.-Geww. zwischen 180 u. 380, in Fortsetzung der Steinkohlenteeröle besteht das **I** aus 4—7kernigen Aromaten. Die restlichen 11% sind, da weder lösl. noch destillierbar, chem. nicht identifizierbar. Da die E. der krist. Inhaltsstoffe wesentlich höher liegen als der Erweichungspunkt des Stoffgemisches wird das **I** — in Analogie zum fl. Zustand der Teeröle — als Vielstoffeutektikum aufgefaßt. Das „Festsolvat artähnlicher Komponenten" zeigt daher ähnliche plast. Eigg. wie Bitumen u. andere Natur- u. Kunstharze. Die höchstmol. Bestandteile tragen zum plast. Zustand nur in untergeordnetem Maße bei. (Bitumen, Teere, Asphalte, Peche verwandte Stoffe **6.** 42—46. Febr. 1955. Duisburg-Meiderich, Ges. für Teerverwertung m. b. H.)
K.-K. HOFMANN. 8228

Steinhilber und Schirott, *Über den Zusatz von Gummimehl und Kautschuk zu Straßenbaubitumen.* In eingehenden Verss. konnten Vff. nachweisen, daß durch Zusatz von Kautschuk u. von deutschen Gummimehlen die Eigg. der Bitumen 200 u. 300 verbessert werden können. Auch der Asphaltbeton selbst, der mit dem Bindemittel hergestellt wird. Der Nachw. hierzu ergab sich aus den Feststellungen, daß die Unterbringung einer erheblich größeren Bindemittelmenge besteht. Trotz dieser größeren Bindemittelmenge, eines Überschusses, behalten die Beläge nicht nur ihre Standfestigkeit, sondern sie wird noch erhöht. Die Durchbiegung als auch die Zeit bis zum Bruch des Probekörpers wird ganz beträchtlich erhöht. Die Versuchsergebnisse sind in ausführlichen Tabellen wiedergegeben. (Bitumen, Teere, Asphalte, Peche verwandte Stoffe **8.** 175—78. Mai 1957. Münden, Sager u. Woerner GmbH.) F. ROSENDAHL. 8236

W. N. Jerschow und N. M. Jerschowa, *Eine Schnellmethode zur Bestimmung der Feuchtigkeit von Torf.* Vff. beschreiben die Anwendung u. Konstruktion einer aus 2 übereinandergewickelten elektr. Leiterkreisen bestehenden Meßvorr., die in den Torf eingeführt wird u. bei der die in der Heizwicklung erzeugte Wärme mittels des aus zahlreichen Thermoelementen bestehenden Meßkreises gemessen wird; die Geschwindigkeit des Temperaturanstiegs bzw. des Anstiegs der EMK im Meßkreis ist dem Feuchtigkeitsgeh. des Torfs umgekehrt proportional. (Торфяная Промышленность [Torf-Ind.] **34.** Nr. 2. 20—22. 1957. Leningrad, Polytechn. Kalinin-Inst.)
H.-E. MESSERKNECHT. 8244

Sándor Szalay und **Gyula Almássy,** *Analytische Untersuchungen über den Urangehalt der ungarischen Steinkohlen.* (Vgl. C. **1957.** 12937.) Die Aschen verschied. Steinkohlen werden nach Entfernen des SiO_2 mit HF in HNO_3 gelöst, U mit Ae. extrahiert u. mittels Morin photometr. bestimmt. Th konnte nur in einigen Fällen in geringer Menge nachgewiesen werden. Die analyt. Ergebnisse stimmen mit den Aktivitätsmessungen gut überein u. liefern einen neuen Beweis, daß die Anreicherung des U in solchen Kohlen erfolgte, welche nahe zur Denudationszone der Granitgebirge liegen. (Magyar tudományos Akad. kémiai Tudomanyok Osztalyanak Közleményei [Ung. Akad. Wiss., Ber. Abt. chem. Wiss.] **8.** 33—38. 1956. Debrecen, Ung. Akad. Wiss., Atomkern Forschungsinst.) J. PLANK. 8246

A. M. Godridge, *Wärmeleitfähigkeit von festen Kohleproben.* Nach der Meth. von GRIFFITHS u. KAYE (vgl. C. **1924.** I. 2802) mißt Vf. die Wärmeleitfähigkeit von 5 mm dicken Kohleplatten von 80 mm Durchmesser. Die beiden Kohlesorten hatten einen Wassergeh. von 6,9 bzw. 2,3; einen Aschegeh. von 4,4 bzw. 10,9; einen C-Geh. von 83,8 bzw. 82,0 u. einen H_2-Geh. von 4,8 bzw. 5,5. Vf. zeigt experimentell, daß es möglich ist, die Wäremleitfähigkeit von Kohle im Labor. zu ermitteln. Die beobachteten Unterschiede der gefundenen Werte bei gleichen Proben, wenn sie einer mechan. Behandlung unterworfen werden, oder von ähnlichen Proben, macht es nach Ansicht des Vf. nicht möglich, solche Werte bei der Lsg. von prakt. Problemen zu verwenden, wenn das Alter der Kohle nicht bekannt ist. Vf. findet weiter, daß man Meßwerte von dicht gepackten Kohlegranulaten besser verwenden kann. Solche Werte ergeben vergleichbare Zahlen von verschied. Kohleproben, obwohl solche Werte noch von der Packungsart u. dem Kohlealter abhängig sind. (Fuel **35.** 379—81. Juli 1956. Leatherhead, Surrey, Brit. Coal Utilisat. Res. Assoc.) K. O. MÜLLER. 8246

T. Sakabe, *Bestimmung der scheinbaren Molekülgröße von Kohleextrakten aus dem Diffusionskoeffizienten in Pyridinlösung.* Versuchsbericht mit rechner. Ableitung. Die Größe der gelösten Kohleteilchen in Pyridin wurde aus dem Diffusionskoeff. ermittelt, der mittels der Meth. des porösen Diaphragmas gemessen wurde. Dabei wurde angenommen, daß diese Kohleteilchen eine kugelige Gestalt haben. Vff. schließen aus ihren Messungen, daß das Teilchen in dem Lösungsm. als relativ kleines Mol. mit einem scheinbaren Durchmesser zwischen 10 u. 20 Å dispergiert ist. (Fuel **35.** 310—17. Juli 1956. Saitama-Kawaguchi, Japan, Resources Res. Inst.) K. O. MÜLLER. 8246

Jiři Sima und **Vlad. Kusý,** *Erfahrungen über die Analyse von Äthylfluid.* Es wird einmal die Mineralisationsmeth. von ZACHERL-KRAINICK (Z. analyt. Chem. **97.** [1934.] 124) modifiziert: 0,3—0,5 g *Äthylfluid* (**I**), $[Pb(C_2H_5)_4]$ werden mit der 10—20fachen Menge A. im Mineralisationskolben phlegmatisiert, Kolben mit Inhalt in der App. zerdrückt u. unter O_2-Zustrom komprimiert. Die Mineralisation wird wiederholt u. es wird in einer 10%ig. NaOH-Lsg., die einige Tropfen H_2O_2 enthält, absorbiert. Weiter wird eine Meth. der oxydativen Zers. im kleinen Autoklaven (Z. analyt. Chem. **132.** [1951.] 132. 154. 157) ausgearbeitet. In einen Capillarkolben gibt man ca. 0,4 g **I**, umwickelt mit 2 Blatt Zigarettenpapier u. Zünddraht, dessen Ende an die Zuleitungen des Kontakts im Deckel der Bombe angeschlossen werden. In das Bombengefäß wird eine 10%ig. alkal. Na_2S-Lsg. zur Red. der gebildeten Halogenoxysäuren gebracht. Die Bombe wird mit O_2 unter 30 at gefüllt, das Papier durch den Strom zur Entzündung gebracht u. darauf die Bombe 3 Std. in Eiswasser getaucht. Darauf wird der Druckausgleich in der Bombe hergestellt, u. im Inhalt wie üblich Halogen bestimmt. Ferner wird die Meth. der Best. von Cl u. Br nebeneinander nach BÖCK u. LOCK mit einer verbesserten App. durchgeführt. (Chem. Průmysl **5** (**30**). 162—64. April 1955. Stalinovy závody.) O. POLLAK v. EMHOFEN. 8254

G. Costantinides und **G. Arich,** *Analytische Ermittlung der Raffinationsausbeuten von Schmieröldestillaten.* (Vgl. C. **1956.** 11098.) Die zu untersuchenden Schmierölraffinate werden mit n-Heptan (**I**) verd. durch 3 auf 70° erhitzte Säulen von Silicagel (**II**) geleitet (**II** : Öl = 10), der Auslauf in einem dampfbeheizten Rohr durch inertes Gas von **I** befreit u. in der Vorlage 40, 60 bzw. 80% Raffinat gesammelt. Die Proben u. 20 g Destillat werden in 150 ml Bzl.-Aceton (1 : 1) gelöst, durch Kühlen Paraffin ausgeschieden, filtriert u. gewaschen, derart, daß der gewünschte Stockpunkt annähernd erreicht wird. Mit dem entparaffinierten Öl wird Viscosität (100, 210° F), D. usw. bestimmt u. in Abhängigkeit von % Ausbeute in Kurven verarbeitet. Absorption im Ultrarot u. Best. der Löslichkeit in Furfurol bestätigen die Brauchbarkeit der Methode. (Riv. Combustibili **9.** 559—68. Juni 1955. Trieste, Aquila S. p. A., Labor. Ricerche.) R. K. MÜLLER. 8258

Ludwig Schlebusch, Palenberg, *Absieben von feuchtem, kleinkörnigem Material, wie Kohle.* Das Material u. die Siebe werden der Einw. eines elektromagnet. Feldes ausgesetzt, wobei die Frequenzen des Wechselstromfeldes 200—20000 Hz betragen. (**E. P. 754 198** vom 25/11. 1954, ausg. 1/8. 1956. D. Prior. 30/11. 1953.) W. HAUSWALD. 8135

Bergwerksverband zur Verwertung von Schutzrechten der Kohlentechnik G.m.b.H., Dortmund-Eving (Erfinder: **Walter Müschenborn** und **Wilhelm Reerink,** Essen),

Gewinnung hochwertiger Brennstoffe aus Stein- oder Braunkohle enthaltendem Rohgut. Ein mit *Öl, Teer, bituminösen* Stoffen vermischtes feinkörniges Rohgut wird in einer Fl., z. B. W. dispergiert. Die Dispersion wird dann auf mechan. Wege unter gleichzeitiger Entwässerung des ölhaltigen Kohlekonzentrates in dieses u. in Berge enthaltendes Abwasser getrennt. (**D. B. P. 958 101** Kl. 1a vom 8/12. 1950, ausg. 14/2. 1957. Anmeldung bekanntgemacht 29/1. 1953.) W. HAUSWALD. 8135

Lesher and Associates, Inc., Pittsburgh, übert. von: **Carl E. Lesher,** Ben Avon Heights, Pa., V. St. A., *Schwelung kohlenstoffhaltiger Stoffe,* indem bituminöse, 4—6% W. enthaltende Kohle in einem rotierenden Vorerhitzer getrocknet u. bis zum Erweichungspunkt der Kohle (325°) erhitzt wird, anschließend vor der Einführung in die Schwelvorr. mit aufgeheizten heißen Wärmeträgern gemischt u. dann in einem von außen beheizten rotierenden Schwelofen durch die fühlbare Wärme des Wärmeträgerbettes bei 425—550° entgast wird, wobei ein Teil des Kokses als Wärmeträger in eine Aufheizvorr. im Kreislauf zurückgeführt wird u. die Destillationsgase aus dem Ofen zur Nebenproduktgewinnung abgeführt werden. — Zeichnung. (**A. P. 2 723 226** vom 4/5. 1953, ausg. 8/11. 1955.) J. ESCHENBACH. 8141

Esso Research and Engineering Co., Del., übert. von: **Francis P. Ford** und **Joseph F. Nelson,** Westfield, N. J., V. St. A., *Entschwefelung und Erhöhung der Dichte von Wirbelschichtkoks* mit hohem S-Geh. durch Behandeln mit einem H_2- oder SO_2-haltigen Gas bei einer Temp. von 1095—1600°. Behandlungsdauer 15 Min. bis 10 Stunden. SO_2-Gas kann mit N_2-Gas gemischt werden. (**A. P. 2 739 105** vom 13/9. 1954, ausg. 20/3. 1956.) J. ESCHENBACH. 8145

Esso Research and Engineering Co., Elizabeth, N. J., V. St. A., *Verkokung von Schweröl im Fluidzustand.* Das vorerhitzte Öl wird mit katalyt. inerten Körpern, vorzugsweise Koks von 100—1000 μ Durchmesser, die in der Reaktionszone ein Fluidbett bilden, in Kontakt gebracht. Das Beschickungsverhältnis der Charge beträgt 0,06—0,30 Vol./Vol. Feststoff/Stunde. Der Differenzdruck zwischen 2 Punkten verschied. Höhen des Fluidbettes wird bestimmt u. die Flüssigkeitskonz. an den Festteilchen beschränkt, wenn der Differenzdruck unter 30—50% einer vorherbestimmten Normalhöhe fällt. Hierdurch wird ein Versumpfen des Bettes verhindert. Die Verkokungstemp. liegt zwischen 850 u. 1200° F. (**E. P. 768 209** vom 5/4. 1955, ausg. 13/2. 1957. A. Prior. 11/5. 1954.) W. HAUSWALD. 8145

Esso Research and Engineering Co., Elizabeth, N. J., V. St. A., *Verkokung von Schweröl im Fluidzustand.* Das Fluidbett, in das das vorerhitzte Öl eingeführt wird, besteht aus Koksteilchen von 100—400 μ. Unterhalb der Reaktionszone befindet sich in einem sich kon. nach unten verjüngenden Teil des Ofens eine Zone, in die ein inertes Gas zum Abtreiben des Öles aus den Koksteilchen eingeführt wird. Aus der Abtreibezone wird der Koks zu einer Zone geführt, in der ein Teil des Kokses verbrannt wird. Der Rest des Kokses dieser Zone kehrt in die Reaktionszone zurück. Die Geschwindigkeit des inerten Abtreibegases, z. B. Dampf, beträgt am Boden des kon. Teiles des Ofens 500—3000 ft/Sekunde. Diese reicht aus, um die größeren Koksagglomerate aufzubrechen u. aufzuschlämmen, wodurch die Notwendigkeit eines Koksabzuges aus der Verkokungszone entfällt. (**E. P. 768 320** vom 19/4. 1955, ausg. 13/2. 1957. A. Prior. 14/5. 1954.) W. HAUSWALD. 8145

Esso Research and Engineering Co., Del., V. St. A., *Entschwefelung stark S-haltiger (4—7%) Koksteilchen,* die durch Wirbelschichtverkoken von schweren Ölen erhalten werden, indem die aus einem festen Kern u. abgelagertem Koks bestehenden Koksteilchen mit einem H_2-haltigen Gas bei einer Temp. von 590—980° u. einem Druck von 2,1 bis 21 atü in einer Menge von 1500—6000 Vol./Vol./Std. in Berührung gebracht werden. Bei der H_2-Behandlung kann Dampf als Verdünnungsmittel zugesetzt werden. Der Endschwefelgeh. der Koksteilchen beträgt weniger als 3%. (**E. P. 770 830** vom 14/6. 1955, ausg. 27/3. 1957. A. Prior. 7/7. 1954.) J. ESCHENBACH. 8145

Fa. Carl Still, Recklinghausen, *Entschwefelung und Gewinnung von Teer,* NH_3 u. NH_3-Wasser aus Gasen der trocknen Dest., wobei die Gase nacheinander eine unmittelbar berieselte Vorlage (I), einen mittelbar berieselten Gaskühler (II) u. einen unmittelbar berieselten Wiedererwärmer bzw. Verdunster (III) durchziehen, dad. gek., daß zur Berieselung des **III** allein das in der **I** u. im **II** auftretende u. aus der Kohle durch das heiße Rohgas herausgetragene Überschußwasser in der Weise verwendet wird, daß es nach Abzug aus dem **I**-Kreislauf für sich getrennt gehalten u. daß nach seinem Durchgang durch den **III** ein Teil in einem Gegenstromwärmeaustauscher mit heißer **I**-Fl. wieder aufgeheizt u. erneut auf den Kopf des **III** aufgegeben wird, wobei die so im Kreislauf durch den **III** geführte Berieselungswassermenge so weit beschränkt wird, daß die am Gasaustritt des **III** auftretende zusätzliche Beladung des Gases mit Wasserdampf an Menge höchstens ca. 1/4 bis 1/3 der Überschußwassermenge beträgt. (**D. B. P. 944 987** Kl. 26d vom 24/11. 1953, ausg. 28/6. 1956. Anmeldung bekanntgemacht 10/11. 1955.) A. HEINSEN. 8177

Svenska Skifferolje A/B, Örebro (Erfinder: **Gösta Johan Wilhelm Salomonsson,** Hällabrottet), Schweden, *Gewinnung von kohlenwasserstoffhaltigen Stoffen aus natürlichem Teersand.* Dieser wird mittels rohrförmiger Heizelemente auf 250—400° erhitzt u. so eine Anzahl Heizzonen geschaffen, in denen der Teersand unter Bldg. einer rohrförmigen, die Heizzonen umgebenden Wand von hartem Sandkoks verschwelt u. durch die größere Durchlässigkeit des Sandkokses gegenüber dem unbehandelten Teersand die bei der Verschwelung erzeugten Dämpfe u. Gase zu einigen der durch Entfernen der Heizelemente zu Gasabzugslöchern umgebildeten säulenförmigen Heizzonen gefördert werden. — Zeichnung. (**D. A. S. 1 008 861** Kl. 26a vom 24/5. 1954, veröff. 23/5. 1957. A. Prior. 25/5. 1953.) E. KAHLES. 8179

Esso Research and Engineering Co., Elizabeth, N. J., V. St. A., *Gewinnung von Öl aus bituminösen Mineralien,* wie Ölschiefern u. Ölsanden. Man mischt die zerkleinerten Mineralien mit einem teilweise hydrierten hocharomat. KW-stofföl (z. B. Erdölspaltteer, Kp. 500—950° F), erhitzt die Mischung auf 700—950° F für ½—10 Std., läßt absitzen u. erhält eine feste Mineral- u. eine fl. Ölphase. Die Mineralphase bringt man in ein Abstreifgefäß, wo man sie mit einer inerten Fl. (z. B. Dampf) abstreift. Die abgestreiften Mineralien brennt man ab, um so mindestens einen Teil der für den Prozeß benötigten Wärme zu gewinnen. — Zeichnung. (**E. P. 764 919** vom 28/5. 1954, ausg. 2/1. 1957. A. Prior. 1/7. 1953.) P. UNGER. 8181

United Chemical Corp. of New Mexico, übert. von: **Marvin Gambill,** Hobbs, N. Mex., V. St. A., *Verfahren zum Lösen, Ablösen und Entfernen von aus Eisenoxyd, Calciumsulfat, Calciumcarbonat, Magnesiumsulfat oder -carbonat bestehenden Krusten* in Ölleitungen, Pumpen, Kühltürmen u. Wärmeaustauschern. Man fügt dem durch die Systeme zirkulierendem W. 1—10 (Gew.-%) Na-Tripolyphosphat, 1 Polyaminopolycarbonsäure als Chelate bildendes Agens u. 0,1—1,0 glucosidhaltiges Cactusextrakt zu. Als gelatinierende M. verwendet man z. B. das Na-Salz der Äthylendiaminotetraessigsäure. (**A. P. 2 777 818** vom 8/10. 1954, ausg. 15/1. 1957.) W. HAUSWALD. 8187

Stanolind Oil & Gas Co., Tulsa, Okla., übert. von: **Roscoe C. Clark jr.,** Midland, Tex., V. St. A., *Konsolidieren des losen Sandes einer ölführenden, vom Bohrloch durchsetzten Formation.* Man prüft zunächst an einer Sandprobe eine Probemischung, bestehend aus harzbildender Fl. (**I**) u. aus Öl als Verdünnungsmittel, u. an einer anderen Sandprobe eine aus **I** u. W. bestehende Mischung aus, um festzustellen, 1. ob das angewandte **I** in der Lage ist, den Sand zu überziehen, u. 2. das Verdünnungsmittel geeignet ist, die Zwischenräume zwischen den Sandkörnern auszufüllen. In die Formation bringt man dann die als geeignet ermittelte Mischung ein, die nur den Sand zu überziehen vermag. Die überflüssige harzbildende Fl. wird dann mit Öl fortgespült. Der verbleibende plast. Film erhärtet auf den Sandkörnern u. bindet diese zusammen. Die Mischung besteht aus 20—80% harzbildender Fl., z. B. partiell kondensierte Phenolaldehydprodd., Rest Verdünnungsmittel. (**A. P. 2 770 306** vom 25/6. 1954, ausg. 13/11. 1956.) W. HAUSWALD. 8191

Standard Oil Co., übert. von: **Mathew L. Kalinowsky,** Chicago, Ill., V. St. A., *Süßen von Kohlenwasserstoffölen mit Alkanolamin, Na-Plumbit und Luft.* Das Verf. besteht in der Behandlung eines mercaptanhaltigen KW-stofföls mit positivem „Doktortest" mit freiem S (im Überschuß über die theoret. erforderliche Menge, um Mercaptane in Disulfide überzuführen) u. freiem O_2, ferner mit Na-Plumbitlsg., die 0,5—50 Vol.-% eines Alkanolamins, z. B. Mono- oder Triäthanolamin, enthält. — Zeichnung. (**A P. 2 766 180** vom 16/6. 1953, ausg. 9/10. 1956.) P. UNGER. 8195

Pure Oil Co., Chicago, übert. von: **Weldon G. Annable,** Mundelein, **Kenneth Lucas,** Woodstock, und **Robert M. Haines,** Crystal Lake, Ill., V. St. A., *Speziallösungsbenzine* aus Erdöl-KW-stoff-Gemischen, die geringe Mengen von Total-S von nicht mehr als 0,025 Gew.-% enthalten, durch Behandlung mit metall. Alkali (Na, Li, K) oberhalb 400° F u. unterhalb 500° F. Nach der Abtrennung erhält man Speziallösungsbenzine, die dem Destillationskorrosionstest genügen. Der S-Geh. der Benzine kann vor der Alkalibehandlung durch katalyt. Entschwefelung herabgesetzt worden sein. Als Ausgangsmaterial kann ein „straight-run"-Bzn. verwendet werden. Es wird in der Dampfphase bei 450° F u. unter 20 lbs./sq.in. mit einer Raumgeschwindigkeit von 0,2—3,0 durch das Alkalimetall geleitet. (**A. P. 2 770 579** vom 9/9. 1954, ausg. 13/11. 1956.) P. UNGER. 8201

Sinclair Refining Co., New York, N. Y., übert. von: **John Walter Nelson,** Lansing, Ill., V. St. A., *Rostverhinderer für Destillatkraftstoffe.* Eine „Foots-oil"-Fraktion (**I**) (Gemisch aus Paraffin u. Öl), die bei der Lösungsmittelentölung von Paraffin oder beim Paraffinschwitzen anfiel, schm. bei 80—120° F, hat einen Ölgeh. von 4—30% u. eine API-Schwere von 30—45. Das Oxydat der I schm. bei 80—95°, hat eine API-Schwere von 10—25 u. eine VZ. von 200—250. Diese Oxydate zeigen eine verbesserte Stabilität, sind gut öllsöl. u. wirken als Rostverhinderer. (**A. P. 2 776 309** vom 16/2. 1954, ausg. 1/1. 1957.) P. UNGER. 8217

Shell Research Ltd., London, England (Erfinder: **Robert Irving, Charles Norman Thompson und Leonard Belchetz**), *Elektrisches Isolieröl.* Man stellt ein gereinigtes Öl (A) her, indem man ein Mineralöldestillat einer Lösungsmittelextraktion mit einem selektiven Lösungsm., z. B. fl. SO_2, für die aromat. Bestandteile des Öles unterwirft. Das Raffinat behandelt man mit konz. H_2SO_4 oder Oleum, entfernt den Säureschlamm u. neutralisiert mit Alkali. Anschließend behandelt man das Raffinat mit einem festen Adsorbens (Fullererde). Weiterhin stellt man aus A ein mit dem Extrakt verschnittenes Öl (B) her. Diese Mischung behandelt man nochmals mit konz. H_2SO_4 oder Oleum, entfernt den gebildeten Säureschlamm; neutralisiert mit Alkali u. behandelt sie mit einem festen Adsorbens. Das mit dem Extrakt verschnittene Öl (B) mischt man mit dem gereinigten Öl (A) derart, daß ein elektr. Isolieröl mit 9—18 Gew.-% an aromat. Bestandteilen entsteht. (**E. P. 752 512** vom 17/6. 1954, ausg. 11/7. 1956.) P. UNGER. 8219

XX. Schieß- und Sprengstoffe. Zündmittel.

Anne-Marie Pujo und **Jacques Boileau**, *Reaktion von Stickstoffperoxyd mit Epoxyden.* Wasserfreies Stickstoffdioxyd (**I**) reagiert bei n. Temp. in fl. oder gasförmiger Phase oder gelöst ($CHCl_3$) mit Epoxyden. Es bilden sich nicht Nitroverbb., sondern mehr oder weniger komplexe Nitrite–Nitrate. Mit Äthylenoxyd (**II**) erhält man Glykolnitritnitrat, (**III**), CH_2ONO_2—CH_2ONO, sd. bei 58—60°/17 mm; $D._{20}$ 1,3053; Brechungsindex n_D^{18} 1,4240 u. Diäthylenglykolnitritnitrat (**IV**), CH_2ONO_2—CH_2—O—CH_2—CH_2ONO, sd. bei 84—86°/1 mm, n_D^{20} 1,4350, ferner Polyäthylenglykolnitritnitrat. Mit Propylenoxyd (**V**) ergeben sich zwei isomere Nitritnitrate des Propylenglykols u. Nitritnitrate von höher kondensierten Produkten. Alle diese Nitritnitrate werden durch W. u. niedere Alkohole schnell zers. u. gehen in die entsprechenden Nitratalkohole über. So erhält man aus **III** bzw. **IV** durch Methanolyse Glykolmononitrat (**VI**), sd. bei 65—66°/1mm, $D._{21}$ 1,3395, n_D^{20} 1,4410; u. Diäthylenglykolmononitrat, CH_2ONO_2—CH_2—O—CH_2—CH_2OH, sd. bei 95—96°/1 mm, $D._{21}$ 1,2620, n_D^{20} 1,4510. Das Verhältnis der aus **I** u. **V** u. nach der Methanolyse gebildeten Isomeren (Propylenglykolmononitrate) wird durch Infrarotspektroskopie nach direkter Synth. der 2 Isomeren zu 20% CH_3—CH(OH)—CH_2ONO_2 u. 80% CH_3—CH(ONO_2)—CH_2OH bestimmt. Es werden einige Eigg. u. Rkk. der gebildeten **Verbb.** angegeben, bes. von **VI**, von dem aus man zum monomeren Vinylnitrat gelangen kann. (Mém. Poudres **37.** 35—48. 1955.) H. FREIWALD. 8290

André Douillet, *Experimentelle Untersuchung der Verbrennungsgesetze für Schwarzpulver bei Atmosphärendruck und darunter.* Vf. berichtet über die Ergebnisse früherer (1936/40) Verss. über die Verbrennungsgeschwindigkeit (VG) von Schwarzpulver (**I**) in Abhängigkeit von der prozentualen Zus. an S, Kohle u. Salpeter, dem Brennen der Kohle, dem Mahlen der Bestandteile, der Feuchtigkeit u. der Art der Herstellung. **I** wird mit ca. 4000 kg/cm² in ringförmige Matrizen gepreßt, so daß es in parallelen Schichten abbrennen kann, u. die VG bei n. u. vermindertem Druck (bis ca. 100 mm Hg) gemessen. Das Gesetz der VG von Pulvern $V = K \cdot P^n$ (V = mm/Sek., P in mm Hg) wird bis ca. 15 mm Hg herab als gültig gefunden, wobei K (ca. 2) von der Behandlung bei der Herst. oder der Art der Verwendung des **I** u. n (ca. 0,6—0,8) stark von der chem. Zus. des **I** u. sehr wenig von seiner äußeren Form beeinflußt wird. (Mém. Poudres **37.** 167—96. 1955.) H. FREIWALD. 8300

Gérard Desseigne, *Verfahren zur kontinuierlichen Herstellung von Isopropylnitrat.* Isopropylnitrat (**I**) wird im kontinuierlichen Verf. hergestellt, in dem man ein Gemisch von 61%ig. HNO_3 mit 95%ig. Isopropylalkohol (**II**), das mit Harnstoff gesätt. ist, in ein zylindr. Gefäß tropfen läßt, in dem sich sd. 50%ig. HNO_3 befindet. Das durch die Rk. gebildete **I** u. W. werden kontinuierlich aus dem Reaktionsgemisch abdestilliert. Das Vol. des Reaktionsgemisches wird durch fortlaufendes Abziehen der zurückbleibenden Säure am Boden des Nitriergefäßes konstant gehalten. An der gleichen Stelle wird durch einen Ring ein Luftstrom durch das Reaktionsgemisch geblasen, um die Durchmischung zu verbessern u. das Abführen der instabilen flüchtigen Verbb. zu erleichtern. Ein zu starker Luftstrom vermindert die Ausbeute. Das günstigste Verhältnis von HNO_3 zu **II** beträgt ca. 2 : 1. Der Umwandlungskoeff. von **II** beträgt 78% u. die Ausbeute, bezogen auf den verbrauchten **II**, 90%. (Mém. Poudres **37.** 97—110. 1955.)
H. FREIWALD. 8304

Albert Le Roux, *Die Neigung des Cumolhydroperoxyd zur Explosion.* An Proben, die 91—95% Cumolhydroperoxyd (I) enthalten, wird gefunden, daß **I** nicht schlagempfindlich ist u. bei n. Temp. nicht detoniert, selbst wenn der Einschluß sehr stark u. die Zündung sehr kräftig ist. Dagegen entzündet es sich leicht u. zers. sich kräftig durch Erhitzen auf eine Temp. von ca. 150°. Weitere Verss. über therm. Zers. mit Proben von 73—86% **I** werden zum Vgl. mit einem Betriebsunfall bei 200 mm Hg mit Mengen von 200—1600 g ausgeführt. Es zeigt sich, daß die Zers. einsetzt, sobald die Temp. des Stahlblechbehälters 165° erreicht, sich aber viel weniger heftig entwickelt, da die Reaktionsprodd. im Vakuum abdest. werden. (Mém. Poudres **37.** 49—58. 1955.) H. Freiwald. 8304

Jean Tranchant, *Umkristallisation von Penthrit für Detonationszündschnüre.* Es wird ein Verf. zur Umkristallisation (K) von Penthrit (I) beschrieben, nach dem man **I** mit einer Ausbeute von 80—90% in Sechseckkristallen mit einer Korngröße zwischen Sieb 30 u. 60 erhält, das zur Füllung von Detonationszündschnur geeignet ist. Geht man vom Roh-I aus, so ist mit der K eine solche Reinigung verknüpft, daß das **I** den Abnahmebedingungen genügt. 60 g Roh-**I** werden in 400 cm³ W. mit 0,1% Emulgatorzusatz (Emulphor CO 10) unter kräftigem Rühren in Suspension gebracht, 100 cm³ Nitromethan (II) zugesetzt u. unter Rühren auf 70° erhitzt, bis alles **I** in den Tröpfchen Lösungsmittel gelöst ist. Nach Zusatz von 8 g Na_2SO_4 wird das azeotrope Gemisch W.-**II** (77,4% **II**; Kp. 83,6°) abdest., filtriert u. gewaschen. Verss. haben gezeigt, daß es günstiger ist, **I** zu suspendieren, als **I** in **II** zu lösen u. in W. mit Emulgatorzusatz zu gießen. (Mém. Poudres **37.** 121—26. 1955.) H. Freiwald. 8308

Claude Fréjacques und **Marius Leclercq,** *Messung der Flüchtigkeit der Gelatinierungsmittel von Pulvern mit der Thermowaage.* Mittels einer Thermowaage mit automat. Registrierung des Gewichts wird der Gewichtsverlust von Pulver (**P.**) mit Gelatinierungsmitteln (**G.**) aufgezeichnet. Die Probe befindet sich in einem auf 60° gehaltenen Ofen, aus dessen Innerem die verdampften Anteile durch vorgewärmte Luft herausgespült werden. Der Flüchtigkeitskoeff. (**F.K.**) wird nach dem Gewichtsverlust in der 10.—15. Std. des Vers. berechnet, um Fehler durch Abgabe von Feuchtigkeit zu vermeiden. Es ergibt sich, daß der Verlust durch Flüchtigkeit eines **G.** im **P.** der Oberfläche der Probe proportional ist u. annähernd proportional der Konz. des **G.** im **P.** u. fast unabhängig von der Dicke der Probe. Der Gewichtsverlust ist beträchtlicher für **G.** im **P.** als für **G.** allein u. wird etwa doppelt so groß, wenn man von einem homogenen **P.** zu einem **P.** übergeht, das Nitroguanidin enthält, wahrscheinlich infolge der Erhöhung der wirklichen Oberfläche des Pulvers. **F.K.** pro Std. bei 60° für Nitroglycerin: ca. 0,38% des im homogenen **P.** vorhandenen **G.**; Diäthanolnitramindinitrat: ca. 0,12; Diäthylenglykolnitrat: 0,67; N-Methylnitroäthanolaminnitrat: ca. 0,40. (Mém. Poudres **37.** 153—62. 1955.) H. Freiwald. 8322

James O. Watts und **Harry Stalcup.** *Chromatographische Säurehydrolysenmethode zur Bestimmung von Triacetin in „Double-base powder“.* Die Meth. zur Best. von *Triacetin* (I) in „double-base powder“ (das Nitrocellulose u. Nitroglycerin [II] enthält) beruht auf der chromatograph. Abtrennung des extrahierten **I** von **II** u. anderen Komponenten u. der anschließenden Hydrolyse mit 0,1n HCl u. Titration der frei gewordenen Essigsäure. Dioctylphthalat u. Fettsäuren werden durch die verd. HCl nicht angegriffen, so daß ihre Ggw. im **I**-Rückstand der chromatograph. Trennung nicht stört. Die Ggw. von 2-Nitrodiphenylamin im **I**-Rückstand stört den Endpunkt der Essigsäuretitration, so daß er vorher entfernt werden muß. Ausführung: Ca. 2 g Probe werden im Soxhlet mit 50 ml CH_2Cl_2 3—4 Std. extrahiert. Der Extrakt wird auf 30 ml eingestellt. Die Chromatographie erfolgt an einer mit 60 ml PAe. angefeuchteten Säule aus einem 2 : 1-Gemisch von SiO_2 (mit 9% W.) u. Celite von 10 cm Höhe; das Chromatogramm wird mit CH_2Cl_2 (170 ml Gesamtvol.) entwickelt. Das Lösungsm. wird im Vakuum entfernt. Der Rückstand wird mit 25 ml 0,1n HCl 75 Min. am Rückfluß erhitzt. Dann titriert man die Summe HCl + CH_3COOH mit 0,1n NaOH gegen Phenolphthalein. (Analytic. Chem. **28.** 975—78. Juni 1956. Indian Head, Md., U. S. Naval Powder Factory, Res. and Developm. Dep.) K. F. Müller. 8322

Paul Aubertein, *Über die Korngrößenmessung von Sprengstoffen.* Die Bestimmung der Korngröße mittels Siebung wird oft als ungenau angesehen. Es ist im Gegenteil möglich, eine genaue Messung auszuführen, wenn gewisse Bedingungen eingehalten werden, wie Auswahl u. Prüfung der Genauigkeit der Siebgewebe, sowie bestimmte Siebverfahren. Das Sieben von Hand muß so ausgeführt werden, daß das Siebgut auf dem Gewebe gleitet, es darf nicht springen; das Sieben muß so lange fortgesetzt werden, bis nichts mehr durch das Siebgewebe hindurchgeht. Das Handsieben gibt befriedigende Resultate, aber schneller u. zu genaueren Ergebnissen gelangt man mit einer mechan. Siebapp., bei der ein Satz Siebe mit bestimmter Geschwindigkeit u. Amplitude hin- u.

herbewegt werden. Die Kristalle mancher Sprengstoffe werden beim Sieben elektr. aufgeladen, was den Siebvorgang stört u. die Resultate beeinträchtigt. Ein Zusatz von 1—2% feinen Graphits behebt in manchen Fällen diese Schwierigkeit. Bei feinen Pulvern, bes. von Hexogen, können genaue Ergebnisse nur durch Siebung unter W. erhalten werden. Die Korngrößenmessung ist relativ genau ($\pm 0,2$), aber die granulometr. Verteilung der üblichen Prodd. ist weniger genau (± 2) wegen ihrer Heterogenität. (Mém. Poudres **37.** 139—48. 1955.) H. FREIWALD. 8324

Soc. An. d'Explosifs et de Produits Chimiques, Paris, Frankreich, *Bohrlochbesatz,* gek. durch ein poröses Material, das im Kontakt mit einer Fl., bes. W., quillt. Bes. geeignet sind künstliche Schwämme. Dem W. können staubbindende oder feuerhemmende Stoffe zugefügt sein. (**E. P. 749 959** vom 17/6. 1954, ausg. 6/6. 1956. F. Prior. 15/4. 1954.) A. GRADL. 8299

Hercules Powder Co., übert. von: **James L. Bennett,** Wilmington, Del., **Robert M. Brooks,** Milltown, **James G. McMillan jr.,** Red Bank, und **Warren L. Plunkett,** Sayreville, N. J., V. St. A., *Herstellung von Salpetersäureestern von Cellulose,* bes. von Nitrocellulose, gek. durch die Anwendung einer Nitriersäure, die aus HNO_3, $MgNO_3$ u. W. besteht u. in der das Verhältnis von $MgNO_3 : H_2O = 1{,}2 : 1-2{,}2 : 1$ beträgt. Die Nitriersäure wird in solchen Mengen angewandt, daß die resultierenden Ester einen N-Geh. von 11—13,5% haben. Bevorzugt wird eine Nitriersäure mit 45—94% HNO_3, 3,3—34% $MgNO_3$ u. 2,7—21% W. u. eine Arbeitstemp. von 15—70°. Zur Herst. von Schießbaumwolle wird kontinuierlich gearbeitet, wobei das Nitrierungsprod. einer Vielzahl von Wäschen mit HNO_3 abnehmender Konz. unterzogen wird. (**A. PP. 2 776 964** u. **2 776 965** vom 28/3. 1956, ausg. 8/1. 1957.) A. GRADL. 8301

Imperial Chemical Industries Ltd., London (Erfinder: **Kenneth Ashbrooke Smith**), England, *Gasdrucksprengpatrone,* gek. durch eine Bruchscheibe aus Kunststoff. Beispiele für brauchbare Kunststoffe: Phenoplaste, Aminoplaste, Celluloseacetat, Polyäthylen, synthet. lineare Polyamide u. Polyester, Polymethylmethacrylat, Polytetrafluoräthylen, Polyvinylchlorid, Polyvinylidenchlorid. (**E. P. 742 061** vom 14/1. 1953, ausg. 21/12. 1955.) A. GRADL. 8305

Ernst Hans Doerpinghaus, Zürich, Schweiz, *Elektrisches Zündverfahren* unter Anwendung von Hochfrequenzwechselstrom, dad. gek., daß zur Zündung ein LECHER-Syst. als Resonator verwendet wird. (**E. P. 772 413** vom 11/11. 1955, ausg. 10/4. 1957. Schwz. Prior. 11/11. 1954.) A. GRADL. 8309

XXI. Leder. Gerbstoffe.

J. T. Chain, *Einfluß der Basizität auf die Chromgerbung.* Auf p_H-Werte von 1,5, 2,0 u. 2,8 gepickelte Kalbsblöße wurde mit 33, 44 u. 55% Cr-Sulfatbrühen (hergestellt aus Bichromat, H_2SO_4 u. Glucose) bei 38° unter Zusatz von 3% NaCl gegerbt. Hierbei wurde gefunden, daß je höher die Basizität der Chromlsg. u. der p_H-Wert der gepickelten Blöße waren, um so höher die Cr_2O_3-Aufnahme u. die Basizität des erhaltenen Leders. Durch Zusätze an Na-Formiat zur Gerblsg. wird die Cr_2O_3-Aufnahme wesentlich erhöht. Die im einzelnen erhaltenen Ergebnisse werden ausführlich beschrieben. (Shoe Leather Reporter **282.** Nr. 7. 13—17. 19/5. 1956. Cleveland, O., Diamond Alkali Co. Chrome Div.) H. G. FRÖHLICH 8336

G. Hofmann, *Die Weichmachung des Kunstleders.* Allgemein verständliche Darst. über die Vorgänge beim Weichmachen von Kunstleder (Igelit). In diesem Zusammenhang werden die speziellen Eigg. der Weichmacher, wie chem. Zus., Flüchtigkeit, Wandervermögen, Wasser- u. Benzinlöslichkeit u. Kältebeständigkeit u. deren Einfl. auf Kunstleder aufgezeigt. (Dtsch. Schuh- u. Leder-Z. **9.** 217—18. Juli. 248—49. Aug. 1955. Wittenberg.) H. G. FRÖHLICH. 8352

G. Gorbach und **R. Nowak,** *Über die Anwendung der Mikrochemie auf dem Ledergebiet.* 2. Mitt. *Die Mikrocarbidmethode für die Bestimmung des Feuchtigkeitsgehalts bei gerberchemischen Untersuchungen.* (1. vgl. C. **1957.** 1328.) Die im einzelnen beschriebene *Mikrocarbidmeth.* zur Best. des Feuchtigkeitsgeh. kann ebenfalls erfolgreich zur Feuchtigkeitsbest. im Leder (sogar während der einzelnen Verarbeitungsstufen), bei Gerbextrakten, Fettungsprodd. u. Gerbereimaterialien angewandt werden. Wie die Vff. zeigen konnten, erweist sich diese Meth. allen anderen infolge der kurzen Durchführungszeit u. Genauigkeit überlegen. (Leder **6.** 221—28. Sept. 1955. Graz, TH.) H. G. FRÖHLICH. 8360

G. Reich, *Eine vereinfachte Methode zur Bestimmung des Gerb- und Bindungswertes.* Es wird eine neue, vereinfachte Meth. zur Best. des Gerb- u. Bindungswertes (GBW) von Gerbstoffen vorgeschlagen. Danach werden an Stelle von Hautpulver Hautstückchen verwendet, da bei Verwendung von Hautpulver Fehler durch in Lsg. gehende Hautsubstanz entstehen können. Der Bindungs- u. Gerbwert selbst wird nun aus den experimentell ermittelten Auswaschverlusten bestimmt. Die mitgeteilten Ergebnisse zeigen, daß die vereinfachte GBW-Best. eine den prakt. Verhältnissen besser gerecht werdende Charakterisierung vegetabil. u. synthet. Gerbstoffe ermöglicht. Ferner sind Zeit- u. Materialaufwand bei erhöhter Genauigkeit geringer. (Leder **6.** 228—32. Sept. 1955.) H. G. FRÖHLICH. 8364

V. Kubelka jr. und **A. Blažej**, *Bestimmung und Bewertung des Salzgehaltes in natürlichen und synthetischen Gerbstoffen und in Gerbstoffbrühen.* Im Gegensatz zu synthet. nimmt der Salzgeh. in natürlichen Gerbstoffen im Verlaufe der Gerbstoffgerbung nicht ab, es wurde jedenfalls bei fortlaufenden Kontrollen während des Gerbvorganges in keinem Falle eine Adsorption der Salze aus den Gerbstoffbrühen durch die Hautsubstanz festgestellt. Während sich ein Teil der geprüften synthet. Gerbstoffe hinsichtlich des Salzgeh. beim Gerben wie die natürlichen Gerbstoffe verhielt, zeigte eine Anzahl anderer entgegengesetztes Verhalten. Bei diesen Gerbstoffen sinkt während des Gerbprozesses der Salzgeh. in der Gerbbrühe ab, da die Kationen ein Bestandteil des Gerbstoffmol. sind u. mit diesem an den Häuten gebunden werden. Die Best. des Salzgeh. durch potentiometr. Titration der rohen u. der an Kationenaustauschern gereinigten Gerbbrühe, wie sie von Vff. angewandt wurde, ist bei letzgenannter Gerbstoffgruppe, in deren Brühen die Salze als Ballaststoffe betrachtet werden, demzufolge ungeeignet, da das Ergebnis die Gesamtkationenkonz. angibt. Vff. führen 4 natürliche, 8 synthet., 1 Gemisch natürlicher u. 5 Gemische synthet. Gerbstoffe an, deren Salzgeh. sowie der ihrer Brühen wie vorst. untersucht wurde. (Chem. Zvesti **9.** 437—44. Sept. 1955. Bratislava, Slov. vys. škol. techn., Úst. Koželužstva a chém. vody.) H. HRUSCHKA. 8364

R. G. Mitton und **R. J. Mawhinney**, *Die Oberflächengröße von Kollagen und Leder.* Es wurde die Oberfläche von nichtgegerbtem u. chromgegerbtem Hautpulver sowie von chrom- u. vegetabil. gegerbtem Leder durch die Absorption von N_2 bei der Temp. des fl. N_2 bestimmt. Hierbei wurde für Hautpulver eine Oberfläche von 0,58 m^2/g, für chromgegerbtes Hautpulver 0,16 m^2/g, für Chromleder 1,18 m^2/g u. für vegetabil. gegerbtes Leder 1,73 m^2/g ermittelt. Mit zunehmendem Feuchtigkeitsgeh. der Haut- u. Lederproben steigt die Oberfläche an, um bei einem Feuchtigkeitsgeh. über 10—12% wieder abzunehmen. Ein Entfetten des trockenen Leders bewirkt ein starkes Wachsen der Oberfläche. So steigt dieselbe bei vegetabil. gegerbtem Leder von 1,75 m^2/g auf 5,3 m^2/g an, während bei Chromleder die Oberfläche nur von 1,18 m^2/g auf 1,75 m^2/g erhöht wird. — 6 Abb., 7 Tabellen. (J. Soc. Leather Trades' Chemists **39.** 172—83. Juni 1955. Egham, Surrey, Brit. Leather Manufacturers Res. Assoc.) H. G. FRÖHLICH. 8368

American Zinc Lead & Smelting Co. (Erfinder: **Harlan A. Depew** und **George R. Wattkins**), V. St. A., *Lederimprägnierung mit Zinksulfid.* Man imprägniert alkal. Häute mit einem lösl. Zn-Salz ($ZnCl_2$, $ZnSO_4$, ammoniakal. Lsg. von $ZnCl_2$ oder $ZnSO_4$ oder ein bas. Salz davon) u. läßt mit lösl. Sulfiden reagieren, wodurch das Zn-Salz auf den Häuten fixiert wird. Als lösl. S-Salze verwendet man K_2S, NaSH, $Ba(SH)_2$, $Ca(SH)_2$, Na_2S oder $(NH_4)_2S$. — Man behandelt 10 Kalbsfelle (ca. 182 [kg]) in einer rotierenden Trommel mit nachst. Lsg.: Je 8,61 NaSH u. NaCl in 147,5 Liter W.; nach 2 Std. haben die Felle eine grüne Farbe, nach 4 Std. ist die Durchdringung der Felle mit der Lsg. vollendet. Man wäscht die Felle 15 Min. u. behandelt sie 2 Std. mit nachst. Lsg.: 143,65 Liter W., je 8,61 kg $ZnSO_4 \cdot H_2O$ u. NaCl. Man läßt 16 Std. in der Zinkbrühe lagern u. rotiert $3^1/_4$ Std. in der Trommel, bis die Felle einheitlich weiß sind. Man wäscht u. fettet die Felle u. kann eine Formaldehyd-,,Syntan" oder Chromgerbung anschließen. Zn-Geh. des Leders 3,7%. (**F. P. 1 121 304** vom 23/3. 1955, ausg. 8/8. 1956. A. Prior. 13/5. 1954.) G. WELTZIEN. 8341

Institut de Recherches pour les Industries du Cuir und **Paul Eugène Chambard**, Rhône, Frankreich, *Wasserdichtmachen von Schuhleder.* Man imprägniert das Leder, das dabei trotzdem luftdurchlässig bleibt, mit entsprechend vorbehandeltem Kautschuk (**I**), in einem Öl, bes. Fischöl (**II**), gelöst. — Man stellt kalt oder bei 100—105° eine Lsg. aus 100—400 g **I** in 1 Liter **II** her. Das Prod. kann durch Einbringen von W. (10—25%) in eine Creme u. durch 2—5 Emulgator, z. B. sulfoniertes Öl u. a., in eine emulgierbare M. übergeführt werden. (**F. P. 1 115 642** vom 1/12. 1954, ausg. 26/4. 1956.) G. WELTZIEN. 8341

René Chavand, Rhône, Frankreich, *Sohlenleder.* Man imprägniert Kernleder mit 15—20% Fetten, entfettet oberflächlich, überzieht mit einem Fettfirnis u. riffelt die Oberfläche. (**F. P. 1 111 679** vom 22/9. 1954, ausg. 2/3. 1956.) G. WELTZIEN. 8341

Maria Isaura Gatti, Argentinien, *Auffrischen von Chamoisleder.* Zum Auffrischen von dunkelgefärbten Gegenständen aus Chamoisleder mischt man 60 (Gewichtsteile) blaues u. 10 schwarzes Mineralfarbpulver miteinander, gibt zu 60 dieser M. 10 Rußschwarz u. formt mit W. oder einem anderen geeigneten Lösungsm. eine Paste, die man in Formen trocknet. Nach Zusatz von $CaSO_4$ zu der M. kann man auch Tabletten pressen. (**F. P. 1 112 089** vom 25/8. 1954, ausg. 8/3. 1956.) G. WELTZIEN. 8341

J. H. Benecke, Deutschland, *Aufrauhen glatter Folien und Überzüge,* zum Beispiel Kunstlederoberflächen aus Polyvinylchlorid oder Polyamid. Man pudert die Oberfläche bei oder nach ihrer Herst. mit in der Wärme sich zers. Salzen [$(NH_4)_2CO_3$, NH_4HCO_3, NH_4Cl] u. erhitzt zur Zers. der Salze. — Verwendung der Folien als *Ledererersatz.* (**F. P. 1 118 667** vom 3/2. 1955, ausg. 8/6. 1956. D. Prior. 5/2. 1954.) M. PANKOW. 8353

XXII. Leim. Klebstoffe usw.

S. R. Badley, *Die Rolle von Klebstoffen in der Industrie.* Übersicht über die verschied. Grundstoffe für Klebstoffe u. deren hauptsächliche Anwendungsgebiete. (Plast. Inst., Trans. and J. **24.** Nr. 58. 337—45. Okt. 1956. Brit. Resins Prod. Ltd.) R. SCHÄFF. 8380

P. K. B. Chaudhuri, *Verbesserung der Leistung von Erdnußmehlleim durch Eiweißanreicherung.* 1. Mitt. *Anreicherung des Eiweißgehaltes in Erdnußmehlen durch Fermentabbau.* Es wurden die Faktoren, die eine Eiweißanreicherung durch Stärkeabbau in hydraul. gepreßtem (**I**) u. mit Lösungsm. extrahiertem Erdnußmehl (**II**) sowie isoliertem Erdnußprotein (**VIII**) beeinflussen u. der Mechanismus der Eiweißanreicherung untersucht. Erdnußmehle sollten nicht weniger als ca. 50% Eiweiß haben u. fein gemahlen sein, um die Wrkg. diastat. Fermente zu erleichtern. Eine Temp. von 50° ist für die Einw. von α-Amylase (**III**), β-Amylase (**IV**), Gerstendiastase (**V**), Malzdiastase (**VI**) u. Mylase-P (**VII**) u. bei Autolyse der Mehle in wss. Suspension optimal. Die Eiweißzunahme bei Einw. der verschied. Fermente u. in wss. Suspension stieg bei Einw. auf **I** in der Reihenfolge: W., **VI, VII, III** u. **V**; bei Einw. auf **II**: **VI, III,** W., **V**. 2—8 Std. nach Beginn der Einw. tritt ein Eiweißverlust ein, der dann von 8—24 Std. nicht weiter ansteigt. Der p_H-Wert der Suspensionen sinkt bei 24std. Einw. auf **I** u. **II** von anfangs 6,5 auf 4,5, bei Einw. auf **VIII** nur von 5,1 auf 4,8. Der Stärkeabbau verläuft in Ggw. von Puffersubstanzen ebenso wie ohne diese. Die Eiweißanreicherung erreichte nach 24 Std. Einw. Höchstwerte u. betrug bei **I** nach Einw. von **V** 17,04%, bei **II** 15,56%. Die Peptisierbarkeit des Eiweißes in 1mol. NaCl-Lsg. nimmt mit fortschreitender Rk. ab, z. B. bei Einw. von **V** auf **I** in 24 Std. von 43 auf 8%. Eine vorangehende Lipoidextraktion mit Lösungsm. beschleunigt den Stärkeabbau, weil Stärke dann leichter peptisierbar u. der Einw. der Fermente zugänglicher wird. Die Eiweißanreicherung erfolgt neben dem Stärkeabbau durch eine Koagulation einer Fraktion peptisierbaren Eiweißes u. dessen Retention im Mehl. (Composite Wood **1.** 56—69. April 1954. Washington, D. C., Fac. of Philos. Univ.) H. LIESE. 8384

P. K. B. Chaudhuri, *Verbesserung der Leistung von Erdnußmehlleim durch Eiweißanreicherung.* 2. Mitt. *Sperrholzleim aus proteinangereicherten Erdnußmehlen.* (1. vgl. vorst. Ref.) Aus verschied. Erdnußmehlen mit 36,9—96,5% Gesamtprotein hergestellte Sperrholzleime wurden auf ihre Trockenbinde- u. Kurzwasserfestigkeit durch Scherprüfung daraus verleimter Prüfkörper untersucht. Viscosität u. Einfl. der geschlossenen Wartezeit auf die Bindefestigkeit wurden studiert. Die Mehle wurden mit Ae. extrahiert u. mit Gerstendiastase fermentiert bzw. autolysiert. Die Leime wurden aus Erdnußmehl, NaOH, Na_2SiO_3, $Ca(OH)_2$ u. W. gemischt, wobei der Geh. an NaOH u. W. schwankte. Mehle unter 50% Protein gaben schlechte, hydraul. gepreßte Mehle mit 48,4—66,4% Protein bei allen Konzz. an NaOH gute Bindefestigkeiten. Mit Lösungsmitteln extrahierte Mehle mit 50% Protein gaben Leime mit guter Trockenbindefestigkeit, aber bei höherem Zusatz von NaOH schlechter Kurzwasserfestigkeit. Leime aus isoliertem Erdnußeiweiß zeigten die höchsten Trocken- u. Kurzwasserfestigkeiten. Durch Anreicherung des Proteingeh. nimmt die Löslichkeit des Proteins ab, u. solche Leime brauchen mehr NaOH u. W., um eine stabile Konsistenz zu erhalten, wie die Viscositätsmessungen zeigten. Die Topfzeit solcher Mischungen kann mit 3 Std. angegeben werden. Eine geschlossene Wartezeit von 5, 10 oder 15 Min. hat keinen Einfl. auf die Bindefestigkeit. Die Viscosität nimmt mit steigendem Geh. an NaOH ab. (Composite Wood **2.** 25—32. März 1955. Washington, D. C., Univ.) H. LIESE. 8384

D. M. Roschkowan, *Leim zur Anfertigung von Schachteln für Waschmittel.* 2 Teile Sulfitcelluloseextrakt werden in 1 Teil W. auf dem Wasserbad gelöst; der Leim wird wie gewöhnlich benutzt. Der Extrakt ist wesentlich billiger als Dextrin u. ergibt hochwertigen Klebstoff für Waschpulverkartons. (Маслобойно-Жировая Промышленность [Öl- u. Fett-Ind.] **23.** Nr. 4. 37. 1957. Kischinew, Waschmittelfabrik.) OTTO MAIER. 8388

Soc. An. Bozel-Maletra, Soc. Industrielle de Produits Chimiques (Erfinder: **René Léon Lehmann** und **Louis Gandon**), Seine, Frankreich, *Stärkeleim.* Man erhält einen wasserbeständigen u. reibfesten Stärkeleim durch Zusatz von wss. Lsgg. von Glyoxal oder mindestens einem seiner Derivv. bei n. oder erhöhter Temp. u. in saurem Milieu. — Zu einem angesäuerten, lösl. Kartoffelstärkeleim [100 (Teile) Stärke, 500 W.] gibt man 50 100% ig. Glyoxal. — Man erhitzt 200 (Gewichtsteile) Maisstärke, 20 Glyoxal, 776 W. u. 4 Na-Pentachlorphenolat auf 65—70° zu einem Gel, erhitzt in Ggw. von 3 Oxalsäure 1½ Std. auf ca. 100° bis zur Verflüssigung des Gels u. läßt wieder bis zur Bldg. eines Gels abkühlen. (**F. P. 1 120 163** vom 18/1. 1955, ausg. 2/7. 1956.) G. WELTZIEN. 8385

Enrico Guidotti, Italien, *Extraktion von Knochenleim.* Gereinigte, gewaschene u. entfettete Knochen werden feinst gemahlen (Rückstand: 5% im KAHL-Sieb Nr. 100), in W. ausgekocht, zu einer Konz. von 14% u. größter Klebefähigkeit filtriert u. stufenweise angereichert, bis alle Phosphate entfernt sind. (**F. P. 1 089 748** vom 18/12. 1953, ausg. 21/3. 1955. It. Prior. 3/3. 1953.) G. WELTZIEN. 8385

Badische Anilin- & Soda-Fabrik Akt.-Ges., Deutschland, *Selbsthärtender Leim.* Man kombiniert wasserlösl. Kondensationsprodd. von Aldehyden u. Prodd., die Aminoplaste bilden, mit wasserlösl. makromol. Polycarbonsäuren oder deren Salzen u. Salze dreiwertiger Metalle in Lsgg. mit p_H 3—5. — Das Kondensationsprod. aus Harnstoff u. 30% ig. wss. CH_2O-Lsg. (Mol.-Verhältnis 1 : 2) wird als trocknes Puder zerstäubt. 1000 (Teile) dieses Prod., 100 Mehl, 100 Na-Salz des Celluloseglykolesters u. 20 fein vermahlenes $Al_2(SO_4)_3$ werden in W. gelöst u. geben, bei 120—160 g/m² verwendet, einen Leim von der trockenen Reißfestigkeit von 40 kg/cm². (**F. P. 1 102 014** vom 9/6. 1954, ausg. 13/10. 1955. D. Prior. 10/6. 1953.) G. WELTZIEN. 8389

M. Milloux und **F. Cazaban Papeteries de Serquigny**, Seine, Frankreich, *Kaltklebefähigkeit von Geweben.* Man macht Gewebe aneinander selbstklebend, indem man sie mit einem Überzug von Polyvinylacetatharz mit einem Überschuß von Plastifiziermittel, z. B. 80—120% Butylphthalat, versieht. (**F. P. 1 085 361** vom 29/10. 1952, ausg. 2/2. 1955.) G. WELTZIEN. 8389

Henkel & Cie., G. m. b. H., Deutschland, *Leim, besonders für Metalle.* Man verwendet Ester von polybas. Carbonsäuren, die im Mol. mehr als eine Epoxygruppe enthalten, z. B. Ester der Oxal-, Bernstein-, Glutar-, Adipin- Pimelin-, Kork-, Sebacin-, Dichlorbernstein-, Nitrilotriessig-, Malein-, Thiodiglykol-, Citracon-, Fumar-, Phthal-, Isophthal- oder Terephthalsäure, Diphenyl-o.o'-dicarbonsäure u. a. mit Glycid, dem 1.2-Oxyd des 4-Oxybutylens, Anhydropentosen u. -hexosen, Oxymethyloxacyclobutan, 9.10-Oxyd des Oleylalkohols u. anderen. Zur Herst. dieser Ester läßt man z. B. unter Druck u. bei erhöhter Temp. das entsprechende Epichlorhydrin auf die Alkalisalze polybas. Carbonsäuren einwirken. — Harz „A“: In einem Autoklaven läßt man 16 Std. unter einem N_2-Druck von 50 at (bei 140—150°) 1300 (g) Di-K-Phthalat (Wassergeh. 2,8%) mit 3400 Epichlorhydrin (I) reagieren; nach Abkühlen löst man das gebildete Salz mit genügend I, vertreibt durch Dest. den Überschuß an I bei 4—5 mm u. 150—170° Badtemp.; Ausbeute an „A“ 1330 g. Zus.: 6,8 (%) Epoxyd-O, 1,5 Cl, Oxyhydrylindex 270, VZ. 403 mittleres Mol.-Gew. 442, 0% Asche. Man schm. bei 120—140° 2 (Gewichtsteile) „A“ mit 1 Phthalsäureanhydrid u. kühlt sogleich, bis man eine bröcklige, braungelbe M. erhält, F. 70—80°. Trägt man dieses Prod. auf 2 Al-Folien auf, die man bei leichtem Druck 5—10 Min. auf 130° erwärmt, erhält man eine gute Verleimung, deren Festigkeit wesentlich erhöht wird, wenn man die Temp. 3—6 Std. beibehält. Auf ähnliche Weise kann man auch Folien aus Phenolharzen, Melamin- oder Polyamidharzen oder Mischgewebe davon verleimen. — 25 Beispiele. (**F. P. 1 090 578** vom 22/9. 1953, ausg. 31/3. 1955. D. Prior. 17/11. 1952.) G. WELTZIEN. 8389

Soc. An. Spécialités Alimentaires Bourguignonnes, Côte-d'Or, Frankreich, *Kleben von Polyäthylen auf Unterlagen*, wie Karton, Kork, Fe, Polyäthylen (I). Man verwendet als Klebstoff eine Mischung aus wenigstens einem Harz (Kolophonium, Kunstharz) u. wenigstens einem Paraffin, Wachs, Fett oder Öl, bringt die Mischung heiß (80—120°) auf u. drückt I auf die Unterlage. Man nimmt z. B. 60% Kolophonium u. 40% Bienenwachs. — Vorr. zum Verkleben. (**F. P. 1 107 800** vom 11/9. 1954, ausg. 5/1. 1956.) M. PANKOW. 8389

Connecticut Hard Rubber Co. (Erfinder: **Frederick Levis Kilbourne jr., Thomas Sperando Moroney** und **Alfred Spiller Kidwell**), V. St. A., *Klebestreifen.* Er besteht aus 5—10 (Raumteilen) Dimethylsiliconöl, 0,1—5,0 Gummi (Polymeres des Dimethylsilicons), als Verstärkungseinlage 0,1—0,15 SiO_2, TiO_2, Al_2O_3, ZnO, Diatomeenerde, Rußschwarz u. 0,1—0,5 tert.-Butylperbenzoat als Vulkanisator. Man erhitzt die M. 10—60 Min. auf 120—205° u. vulkanisiert in einem flüchtigen Lösungsmittel. (**F. P. 1 086 529** vom 4/8. 1953, ausg. 14/2. 1955. A. Prior. 9/8. 1952.) G. WELTZIEN. 8389

Institute of Paper Chemistry, V. St. A., *Klebestreifen für Papier.* Ein Klebestreifen ohne Unterlage zum Kleben von Papier besteht aus 5—20 (Gew.-%) Polyvinylacetat (I) u. Dibutylphthalat, Monokresyldiphenylphosphat oder Triäthylenglykoldi-2-äthylbutyrat (II) als Plastifiziermittel. Der Klebestreifen wird in der Klebemaschine auf 175° erwärmt. — Man stellt aus einer wss. Dispersion von 50 (Gew.-%) I (Mol.-Gew. 12500), 50 W. u. 4 II eine homogene M. her, die man auf Glasplatten dünn ausgießt. (**F. P. 1 111 560** vom 23/8. 1954, ausg. 1/3. 1956.) G. WELTZIEN. 8389

Minnesota Mining & Mfg. Co. (Erfinder: **Victor R. Franer** und **Armin H. Steinhauser**), V. St. A., *Klebestreifen zum Beschriften.* Man verwendet eine Folie aus regenerierter Cellulose von $^4/_{100}$ mm Dicke, die an ihrer Oberfläche einen Überzug trägt, der geeignet ist, mit Bleistift beschrieben zu werden. Die Unterseite ist mit einer dünnen Schicht Appretur versehen, z. B. einer Mischung aus Polyvinylalkohol u. künstlichem Kautschuk (I)-Latex in einem wss. Lösungsm., u. darunter mit einem durch Andrücken haftenden Klebestreifen, z. B. aus einer Mischung zu gleichen Gewichtsteilen von Pigmentweiß, natürlichem I, Butadien-Styrol-Mischpolymerisat u. Terpenharz oder polymerisiertem Kolophonium in einem flüchtigen Lösungsmittel. Zur Herst. des Überzugsfilms löst man 100 (Teile) Naturlack in einer Mischung von 200 A. u. 25 konz. NH_4OH; daneben quillt man 100 Casein 15 Min. bei 50—65° in 750 W. u. rührt 50 NH_3 mit 10 β-Naphthol darunter, bis man eine homogene M. erhält; man mischt beide Lsgg. u. fügt 37,5 Glycerin u. 250 Talkum [62 (%) SiO_2, 26 MgO, 5 CaO] hinzu. Mit der erhaltenen homogenen Lsg. überzieht man die Oberfläche des Klebestreifens derart, daß die Schicht nach dem Trocknen 4—6 g/m² stark ist. — 3 Zeichnungen. (**F. P. 1 102 380** vom 15/6. 1954, ausg. 19/10. 1955. A. Prior. 15/6. 1953.) G. WELTZIEN. 8389

Minnesota Mining & Mfg. Co. (Erfinder: **Joseph F. Abere, Ambrose F. Schmelzle** und **Henry W. Murray**), V. St. A., *Klebestreifen für hohe Temperaturen.* Man verwendet ein entsprechendes Papier mit einer Schicht aus einem Copolymeren eines Butadiens von niederem Mol.-Gew. u. einem Acrylnitril der Viscosität 0,2—0,6 im Verhältnis von 50:50 bis 80:20, das in situ durch ein Thiurampolysulfid vulkanisiert wird. — 100 (Gewichtsteile) Butadien–Acrylonitril-Polymeres (60:40) (niedriges Mol.-Gew., Viscosität 0,32—0,42), 10 ZnO, 83 Xylol, 28 n-Butylalkohol, 15 Aldehydphenolharz („Durez Nr. 175“, gelöst in der gleichen Menge Methylisobutylketon) u. 4 Dipentamethylenthiuramtetrasulfid („Tétrone-A“ gelöst in Paraffinöl zu 60%). (**F. P. 1 104 435** vom 29/4. 1954, ausg. 18/11. 1955. A. Prior. 4/5. 1953.) G. WELTZIEN. 8389

XXIV. Photographie.

John L. Forrest, *Die Verarbeitung von Anscochrom-Kinofilmen für industrielle und wissenschaftliche Anwendungszwecke.* Vf. beschreibt Aufbau, Eigg. u. Verarbeitung des 16 mm Anscochrom-Umkehrfilmes für Tages- u. Kunstlicht. Entwicklungsschema u. Angaben für die Zus. der Behandlungsbäder. (J. SMPTE [Soc. Motion Picture Television Engr.] **64.** 679—81. Dez. 1955. Binghamton, N. Y., Ansco, Motion Picture Developm. Labor.) W. GÜNTHER. 8590

I. Hayn, G. Langhammer und **H. Staude,** *Adsorption von Reif- und Hemmkörpern an bindemittelfrei gefälltem Bromsilber.* Vff. untersuchten das Verh. von künstlichen u. natürlichen, in der Gelatine vorkommenden Reif- u. Hemmkörpern bzgl. ihrer Adsorption an bindemittelfrei gefälltem AgBr u. einer Bromjodsilberemulsion. Modellsubstanzen, wie Na-Thiosulfat als Vertreter der künstlichen Reifkörper bzw. Cystin, Cysteinhydrochlorid oder Thiazolidincarbonsäure als Vertreter der künstlichen Hemmsubstanzen, wurden als wss. Lsgg. dem vorher mit KBr bzw. $AgNO_3$ im Überschuß gefällten AgBr zugesetzt. Da die adsorbierten Mengen so gering sind, daß ein direkter Nachw. sehr schwierig ist, wurde die Adsorption der genannten Stoffe auf photograph. Weg geprüft, indem die entsprechenden Schwärzungskurven verglichen werden. — Es wird gezeigt, daß Na-Thiosulfat am bindemittelfrei gefällten AgBr adsorbiert wird, sowohl am Bromkörper, dem mit KBr-Überschuß gefällten AgBr, als auch am Silberkörper, dem mit $AgNO_3$-Überschuß gefällten AgBr. Die Adsorption am Silberkörper ist deutlich stärker als die am Bromkörper. Von den Hemmkörpern wird Cystin u. Cystein am Bromkörper nicht adsorbiert, während Thiazolidincarbonsäure an diesem adsorbiert wird. Aus dem Verlauf der Schwärzungskurven wird geschlossen, daß Cystin, das vorher mit dem Silberkörper des AgBr behandelt worden war, daran adsorbiert wird. Bei sämtlichen Verss. wurde eine Adsorptionszeit von 30 Min. bei 35° eingehalten. — Zur Unters. der Adsorption der natürlichen Reif- u. Hemmkörper von Gelatinen dienten drei verschied. Typen, eine mit sehr hohem Reif- u. niedrigem Hemmkörpergeh., eine mit mittlerem Reif- u. mittlerem Hemmkörpergeh. u. eine mit relativ hohem Reif- u. Hemmkörpergehalt. Es lassen sich nur qualitative Angaben über den Geh. an Reif- u. Hemmkörpern machen, der in den mit AgBr behandelten bzw. mit Eiswasser gewaschenen Gelatinen verblieben ist (Tabelle). — Die Versuchsergebnisse zeigen, daß keinesfalls nur die Verbb. das Kristallwachstum des Halogensilbers beeinflussen, die am Bromkörper des AgBr adsorbiert werden. Diese Feststellung geht parallel zu den Beobachtungen von BIRR, der bei den Azaindolizinen ebenfalls keine Beziehungen zwischen ihrem Adsorptionsverh. an gefälltem AgBr u. ihrer stabilisierenden Wrkg. in der Emulsion feststellen konnte. Da die natürlichen Hemmkörper vorwiegend von AgBr adsorbiert werden, Cystin, Cystein u. Thiazolidincarbonsäure dagegen nicht, so ist daraus zu schließen, daß diese Substanzen nicht oder nicht allein als die natürlichen Hemmkörper der Gelatine anzusehen sind. (Photogr. Korresp. **93.** 83—89. 1957. Leipzig, Univ., Physikal.-Chem. Inst.) W. GÜNTHER. 8600

J. F. Carroll und **John M. Calhoun,** *Über die Einwirkung von gasförmigen Stickstoffoxyden auf entwickeltem Acetatfilm.* Es war beobachtet worden, daß Kinofilmkopien auf Acetatfilm leiden, wenn sie zusammen mit Nitrofilm aufbewahrt wurden, der sich allmählich zersetzt. Das Silberbild verfärbt sich hierbei u. verliert mit der Zeit an Deckung. Vff. konnten den Nachw. erbringen, daß N_2O u. NO ungefährlich sind, daß hingegen NO_2 schon in geringen Konzz. mit feinverteiltem Ag reagiert: $2\,NO_2 + Ag \rightarrow NO + AgNO_3$. NO_2 reagiert mit W. unter Bldg. von HNO_3 u. HNO_2. HNO_3 reagiert wiederum mit Ag, wobei die Ggw. von HNO_2 beschleunigend wirkt. Die Zers. des Acetatfilmes in Ggw. von Nitrofilm nimmt zu mit der Erhöhung der relativen Feuchtigkeit. Zuerst verschwindet das Silber- bzw. das Farbstoffbild, dann wird die Gelatine u. zuletzt die Unterlage angegriffen. Vergleichsweise wird gezeigt, daß entwickelter Kinofilm auf Acetatunterlage bei Behandlung mit 0,4% NO_2 bei 50% relativer Feuchtigkeit nach ca. 2 Std. das Silberbild verliert, daß die Gelatine nach zwei Tagen klebrig wird, u. die Acetatunterlage nach ca. 2 Wochen erweicht u. ihre Form verliert. — Als Ergebnis der Verss. ergibt sich die Forderung, Acetatfilme nicht in den gleichen Behältern u. möglichst auch nicht in den gleichen Räumen zusammen mit Nitrofilmen aufzubewahren. — 6 Literaturhinweise. (J. SMPTE [Soc. Motion Picture Television Engr.] **64.** 501—07. Sept. 1955. Rochester, N. Y., Eastman Kodak Co., Mfg. Exp. Div.) W. GÜNTHER. 8602

Deane R. White, Charles J. Gass, Emery Meschter und **Wilton R. Holm,** *Polyester als photographische Filmunterlage.* Vf. beschreibt Aufbau u. Eigg. der neuen Filmunterlage „*Cronar*". Als Ausgangsmaterialien zu ihrer Herst. dienen Dimethylterephthalat u. Äthylenglykol. Die neue Folie zeichnet sich durch eine sehr geringe Wasseraufnahme aus. Da sie ohne Lösungsmittel u. ohne Weichmacher hergestellt wird, übertrifft sie Cellulosetriacetat in ihrer Maßhaltigkeit um ein beträchtliches. Chem. ist die Polyesterfolie weitgehend beständig, bei 20° wird sie von Aldehyden, Estern, Äthern, Alkoholen, aromat. oder aliphat. KW-stoffen u. chlorierten KW-stoffen nicht angegriffen. Bei Tempp. um 100° kann sie durch Trifluoressigsäure, einigen Phenolen, aromat. Alkoholen u. Halogen-KW-stoffen in Lsg. gebracht werden. Eisessig bewirkt nur einen geringen Lösungseffekt. Die Einw. von starken Basen ist bei Zimmertemp. von geringer Bedeutung. Die Knickfestigkeit ist selbst bei Tempp. bis zu —40° sehr gut. — In ausgedehnten Testreihen wurde die Eignung der neuen Polyesterfolie als Unterlage für Kinofilme im Vgl. zu Triacetat untersucht, wobei die Überlegenheit des neuen Materials deutlich zum Ausdruck kam. (J. SMPTE [Soc. Motion Picture Television Engr.] **64.** 674—78. Dez. 1955. Parlin, N. J., E. I. du Pont de Nemours & Co., Inc., Photo Products Dep.) W. GÜNTHER. 8602

A. W. Borin und **W. P. Agatitzkaja,** *Der Einfluß der Gelatine auf die optische Sensibilisierung von photographischen Emulsionen.* Es wird die spektrale Empfindlichkeit von Emulsionsschichten untersucht, die mit 2 verschied. Farbstoffen sensibilisiert sind: 3.3'-Dimethyl-9-äthyl-4.5.4'.5'-dibenzthiacarbocyanin (I) u. einem 5.5'-disubstituierten 9-Äthylthiacarbocyanin (**II**), beide in 0,1%ig. Lsg. in Methanol. Es wird dabei mit **I** eine starke Schwankung der Intensität der j-Bande (Bezeichnung nach SCHEPPARD) in Abhängigkeit von der Natur der in ca. 5—10%ig. Lsg. angewandten Gelatine (**III**) festgestellt. Der relative Wert der Intensitäten der Hauptbanden stimmt mit den relativen Intensitäten der entsprechenden Sensibilisierungsbanden gut überein. Vff. nehmen an, daß sich ein Komplex **III** + **I** bildet, der eine fixierte spektrale Absorption aufweist. Bei dem mit Gelatine nicht chem. reagierenden Farbstoff **II** bestimmt hauptsächlich der Zustand des in adsorbierter Schicht an der Oberfläche der AgBr-Mikrokristalle die spektrale Empfindlichkeit. Da **III** die Aggregation von **II** in der Lsg. hemmt, nimmt die mol. Form von **II** u. damit die Mesophase am AgBr zu, bei der Bldg. einer Mesophase mit **III** dagegen ab, damit auch die spektrale Empfindlichkeit im Gebiet der j- u. der α-Phase. (Журнал Прикладной Химии [J. angew. Chem.] 29. 1393—1401. Sept. 1956.) R. K. MÜLLER. 8604

P. Fjeld, *Über die Mikrophotographie mit Beleuchtung durch Elektronenblitz.* Angabe einer Anordnung nach dem KÖHLERschen Prinzip für mikrophotograph. Aufnahmen mit Blitzlampen als Zusatzlichtquelle. Wiedergabe von Diagrammen für die Beziehungen zwischen den für die Aufnahmen wichtigen opt. u. photograph. Größen. (Mikroskopie [Wien] **10.** 172—77. Dez. 1955. Oslo-Blindern, Univ., Zool. Labor. B.) H.-J. EICHHOFF. 8612

Steven Levinos und **Margarete Ehrlich,** *Stabilisierende Filmbehandlung für Röntgen- und γ-Strahlendosimetrie.* Vff. benutzen als Entwickler Diaminophenolhydrochlorid mit Thioharnstoff als Bleichmittel in Verbindung mit einem Härtebad u. einer Thioharnstofflsg. als Stabilisator. (Nucleonics **14.** Nr. 7. 72—74. Juli 1956. Signal Corps Engng. Labors., u. Nat. Bur. of Standards, Radiat. Phys. Labor.) W. MENZ. 8618

General Electric Co., Schenectady, N. Y. (Erfinder: **George Weir Cressman,** Cleveland, O.), V. St. A., *Zündmasse für Blitzlichtlampen* aus einem Pulvergemisch von Zr, Mg, $KClO_4$ in einem organ. Bindemittel, dad. gek., daß das Bindemittel aus 0,15 bis 0,4 (%) eines Grundbindemittels, bezogen auf Mischungsgewicht, u. 0,025—1,5 eines bei $> 350^0$ wärmestabilen Harzes, bes. eines Siliconharzes, besteht. — Beispiel: 1—8 Mg, 60—90 Zr, 9—25 $KClO_4$ u. 0,05—0,75 organ. Harzbinder. (**D. B. P. 963 940** Kl. 78d vom 29/10. 1955, ausg. 16/5. 1957. Anmeldung bekanntgemacht 15/11. 1956. A. Prior. 29/10. 1954.) A. GRADL. 8615

VEB Filmfabrik Agfa Wolfen, Wolfen, Kr. Bitterfeld (Erfinder: **Wilhelm Schneider,** Dessau), *Mehrschichtiges photographisches Material für Farbenphotographie und -kinematographie,* bestehend aus einem Träger, auf dem zuerst eine grünempfindliche (**I**), darüber eine rotempfindliche (**II**) u. über dieser eine blauempfindliche Halogensilberemulsionsschicht (**III**) angeordnet sind u. bei dem **II** mit einem Sensibilisierungsfarbstoff mit hoher Rotempfindlichkeit u. ausgeprägter Grünlücke sensibilisiert ist. Derartige Sensibilisatoren sind in den D. R. PP. 606 699, C. **1935.** I. 4417; 625 181, C. **1936.** I. 5552; 630 317, C. **1936.** II. 4736 u. in den F. PP. 42 245, Zusatz zu F. P. 730 966 u. 42 256, Zusatz zu F. P. 734 200, beschrieben worden. **I, II** u. **III** enthalten diffusionsechte Farbstoffkomponenten für Rot, Blau u. Gelb. Zwischen **II** u. **III** ist ein Gelbfilter angebracht bzw. **III** enthält so viel Gelbfilterfarbstoff, daß das Gelbfilter weggelassen oder dünner gehalten werden kann. Das Material kann sowohl für Umkehrzwecke als auch für das Negativ-Positiv-Verf. verwendet werden. Bei Verwendung eines undurchsichtigen Trägers können Aufsichtsbilder daraus hergestellt werden. (**D. P. [DDR] 4 915** Kl. 57b vom 1/10. 1936, ausg. 7/1. 1955 [Wirtschaftspatent].) H. ASMUS. 8631

Eastman Kodak Co. (Erfinder: **William Beveridge Kendall**), Rochester, N. Y., V. St. A., *Bildtonverbesserung.* Zur Verhinderung des Bildabbaus von entwickelten Silberbildern, z. B. durch Verschiebung des Bildtons nach Braun oder Blau, bes. bei der Hochglanz-Heißtrocknung, wird eine der Nachbehandlungsstufen (Fixieren, Waschen, Trocknen usw.) in Ggw. von *Endothiophenylthiodiazolinthiol* oder seines K-Salzes (hergestellt nach J. prakt. Chem. **60.** [1899.] 206) ausgeführt. Vorzugsweise wird hierzu die Verb. in Mengen von 0,1—4 g auf 1 Mol Halogensilber der Emulsion zugesetzt. (**D. A. S. 1 005 839** Kl. 57b vom 2/5. 1955, veröff. 4/7. 1957. A. Prior. 3/5. 1954.) A. KALIX. 8637

REDAKTIONSSCHLUSS: 18. September 1957.

Herausgeber u. verantwortlich für den Inhalt: Prof. Dr. Maximilian Pflücke, Berlin N 4, Schiffbauerdamm 19, Fernsprecher: 425571. Redaktion: Chefredakteure Dr. Eugen Klever und Prof. Dr. Maximilian Pflücke. Verlag: Akademie-Verlag GmbH, Berlin W 8, Mohrenstraße 39 (Fernsprecher 200386, Postscheckkonto Berlin 35021), u. Verlag Chemie, GmbH, Weinheim/Bergstraße (Fernsprecher Sammelnummer 3635, Fernschreiber 04 65516 chemieverl wnh, Postscheckkonto Frankfurt/M. 145314 u. Berlin-West 7430). Bestell- u. Verlags-Nr.: 1007/128. Das Chemische Zentralblatt erscheint wöchentlich. Preis des Jahrganges einschl. Autoren-, Patent-, Sach- und Formelregister: DM 680,—; einseitig bedruckte Ausgabe: DM 750,—. Abgabe der Zeitschrift nur mit sämtlichen Registern.

Satz u. Druck: VEB Leipziger Druckhaus, Leipzig, III/18/203. XI. 57.
Veröffentlicht unter der Lizenznummer 1212 des Amtes für Literatur und Verlagswesen der Deutschen Demokratischen Republik.
Printed in Germany.

Fortsetzung s. umstehend

1949	Ergänzungsband 4	DM 60,—
	Ergänzungsband 5	DM 52,—
	Ergänzungsband 6	DM 38,—
	Ergänzungsband 7	DM 52,—
	Ergänzungsband 8	im Druck
	Ergänzungsband 9	in Bearbeitung
1950	I. Halbjahr . . . . nur noch einzelne Hefte lieferbar	
	II. Halbjahr (Heft 1 bis 26) einschl. Autoren- und Patentregister	DM 125,—
	Autoren- und Patentregister I. Halbjahr (einzeln)	DM 12,—
	Autoren- und Patentregister II. Halbjahr (einzeln)	DM 16,—
	Sach- und Formelregister	DM 80,—
1950—54	Sonderband 1	DM 42,—
	Sonderband 2	DM 48,—
	Sonderband 3	im Druck
	Sonderband 4	im Druck
1951	I. Halbjahr (Heft 1 bis 25) (Autoren- und Patentregister vergriffen)	DM 125,—
	II. Halbjahr (Heft 1 bis 25) (Autoren- und Patentregister vergriffen)	DM 125,—
	Sach- und Formelregister	DM 80,—
1952	Jahresbezugspreis einschl. Autoren- und Patentregister	DM 320,—
	Sach- und Formelregister	DM 96,—
1953	Jahresbezugspreis einschl. Autoren- und Patentregister	DM 320,—
	Sach- und Formelregister	DM 96,—
1954	Jahresbezugspreis einschl. Autoren- und Patentregister	DM 370,—
	Sach- und Formelregister	DM 96,—
1955	Jahresbezugspreis einschl. Autoren- und Patentregister	DM 370,—
	Sach- und Formelregister	DM 96,—
1956	Jahresbezugspreis einschl. Autoren-, Patent-, Sach- und Formelregister	DM 680,—
1957	Jahresbezugspreis einschl. Autoren-, Patent-, Sach- und Formelregister	DM 680,—

Generalregister IX (1935 bis 1939)

		Preis
Teil IV: Sachregister	1. Lieferung	vergriffen
	2. Lieferung	DM 56,—
	3. Lieferung	DM 52,—
	4. Lieferung	DM 55,—
	5. Lieferung	DM 52,—
	6. Lieferung	DM 52,—
	7. bis 8. Lieferung	im Druck

Generalregister X (1940 bis 1944)

		Preis
Teil I: Autorenregister	1. bis 4. Lieferung	zur Zeit nicht lieferbar
	5. bis 7. Lieferung	je DM 50,—
Teil II: Patentregister		vergriffen
Teil III: Formelregister		vorgesehen
Teil IV: Sachregister		vorgesehen

Generalregister XI (1945 bis 1949) . . . . vorgesehen

Generalregister XII (1950 bis 1954)

	Preis
Teil I: Autorenregister	in Bearbeitung
Teil II: Patentregister	DM 33,—
Teil III und IV	vorgesehen

Periodica Chimica (Verzeichnis der im Chemischen Zentralblatt referierten Zeitschriften mit den genormten Titelabkürzungen) . . . . . . DM 35,—

Lieferungsmöglichkeit vorbehalten

A K A D E M I E - V E R L A G · B E R L I N

VERLAG CHEMIE · GMBH · WEINHEIM/BERGSTR.

FSC
www.fsc.org
MIX
Papier | Fördert
gute Waldnutzung
FSC® C083411

Zeitfracht Medien GmbH
Ferdinand-Jühlke-Straße 7
99095 Erfurt, Deutschland
produktsicherheit@kolibri360.de